CONVERSÕES SISTEMA MÉTRICO-UNIDADE INGLESA E UNIDADE INGLESA-SISTEMA MÉTRICO

PREFIXOS UTILIZADOS COM UNIDADES DO SISTEMA MÉTRICO

Prefixo	Símbolo	Valor	Equivalência	Exemplos
quilo-	k	1.000 ou 10^3	1 quilômetro (km) = 1×10^3 m	(seis décimos de uma milha)
centi-	c	1/100 ou 10^{-2}	1 centímetro (cm) = 0,01 m	1/100 m (corresponde à largura de seu menor dedo)
mili-	m	1/1.000 ou 10^{-3}	1 milímetro (mm) = 0,001 m	1/1.000 m (menor do que a largura de uma letra desta página)
micro-	μ	1/1.000.000 ou 10^{-6}	1 micrômetro (mm) = 1×10^{-6} m	1/1.000.000 m (1/100 da espessura de uma página deste livro)
nano-	n	1/1.000.000.000 ou 10^{-9}	1 nanômetro (nm) = 1×10^{-9} m	1/1.000.000.000 m (1/3 do tamanho de uma pequena molécula de proteína; mioglobina tem cerca de 3 nm de diâmetro)

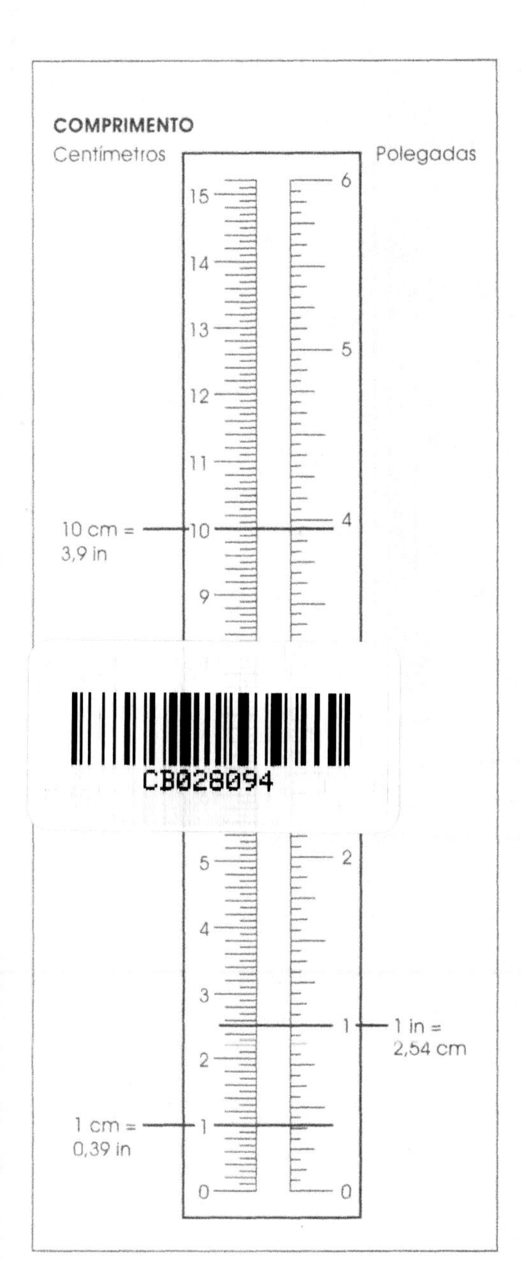

COMPRIMENTO

Sistema métrico	=	Unidade Inglesa (EUA)
milímetro (0,001 m)	=	0,039 in
centímetro (0,01 m)	=	0,39 in
metro	=	3,28 pés, 39,37 in
quilômetro (1×10^3 m)	=	0,62 mi, 1.091 yd, 3.273 pés

Unidade Inglesa (EUA)	=	Sistema métrico
polegada	=	2,54 cm
pés	=	0,30 m, 30,48 cm
jardas	=	0,91 m, 91,4 cm
milhas (estatuto, 5.280 pés)	=	1,61 km, 1.609 m

ÁREA

Sistema métrico	=	Unidade Inglesa (EUA)
centímetros quadrados x 0,155	=	polegadas quadradas
metros quadrados x 10,7641	=	pés quadrados
metros quadrados x 1,196	=	jardas quadradas
quilômetros quadrados x 0,3861	=	milhas quadradas
hectares x 2,471	=	acres
hectares x 0,00386	=	milhas quadradas

Unidade Inglesa (EUA)	=	Sistema métrico
polegadas quadradas x 6,4515	=	centímetros quadrados
pés quadrados x 0,0929	=	metros quadrados
jardas quadradas x 0,8861	=	metros quadrados
milhas quadradas x 2,59	=	quilômetros quadrados
acres x 0,405	=	hectares
milhas quadradas x 259,07	=	hectares

PESO		
Sistema métrico	=	**Unidade Inglesa (EUA)**
miligrama	=	0,02 Grão (0,000035 oz)
grama	=	0,04 oz
quilograma	=	35,27 oz, 2,20 lb
tonelada métrica (1.000 kg)	=	1,10 toneladas
Unidade Inglesa (EUA)	=	**Sistema métrico**
Grão	=	64,80 mg
onça (oz)	=	28,35 g
libra (lb)	=	453,60 g, 0,45 kg
tonelada (baixo, 2.000 lb)	=	0,91 tonelada métrica (907 kg)

VOLUME		
Sistema métrico	=	**Unidade Inglesa (EUA)**
centímetro cúbico	=	0,06 in^3
metro cúbico	=	35,3 $pés^3$, 1,3 yd^3
mililitro*	=	0,03 oz
litro	=	2,12 pt, 1,06 qt, 0,27 gal
Unidade Inglesa (EUA)	=	**Sistema métrico**
polegada cúbica	=	16,39 cm^3
pés cúbicos	=	0,03 m^3
jardas cúbicas	=	0,765 m^3
onça	=	0,03 litro, 3 ml*
quartilho (pt)	=	0,47 litro
quarto (qt)	=	0,95 litro
galão (gal)	=	3,79 litros

* 1 litro 1.000 = 1 mililitro ou centímetro cúbico (10^{-3} litro); i.e., 1 ml = 1 cm^3

PRESSÃO		
Sistema métrico	=	**Unidade inglesa (EUA)**
quilogramas por centímetro quadrado x 14,2231	=	libras por polegada quadrada
Unidade inglesa (EUA)	=	**Sistema métrico**
libras por polegada quadrada x 0,0703	=	quilogramas por centímetro quadrado

TEMPERATURA

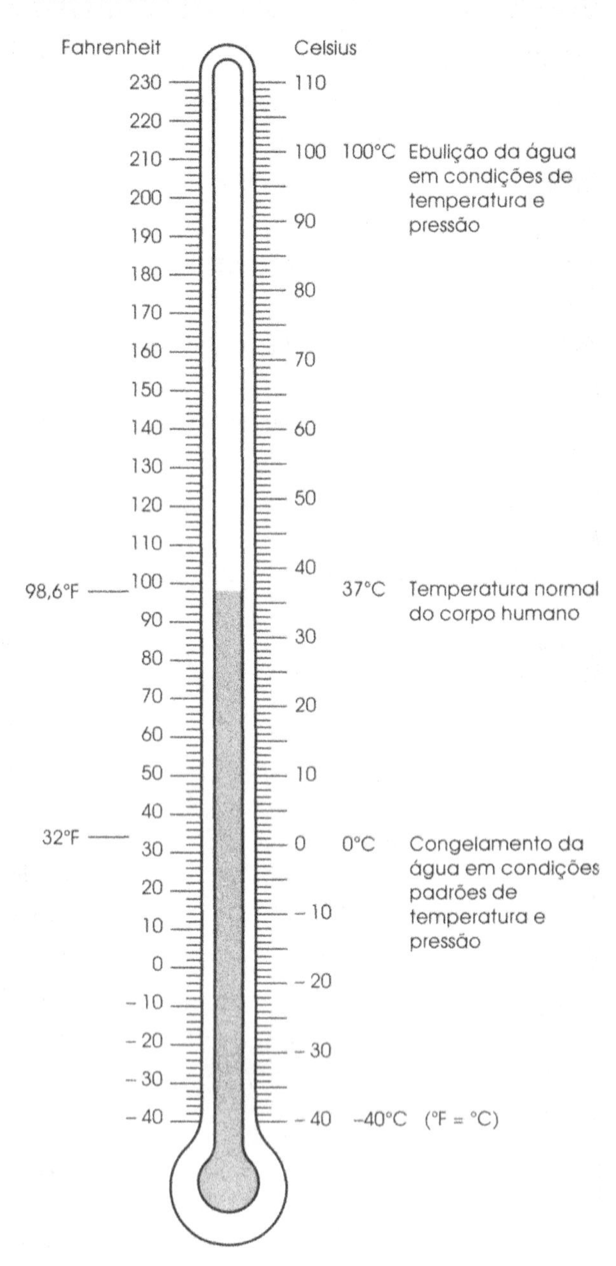

Para converter escalas de temperatura:

Fahrenheit para Celsius: °C = 5/9 (°F – 32)

Celsius para Fahrenheit: °F = 9/5°C + 32

Prefixos e Formas de Combinação Utilizados como Prefixos

Prefixo	Significado	Exemplo
a-, an-	não, sem	avirulento (perda de virulência
acet-, aceto-	pertinente ao ácido acético	acetobactérias
aer-, aero-	ar	aeróbio
amil-, amilo-	amido	amilase
ant-, anti-	contra	anti-séptico
aqua-, aque-	água	aquático
arque-, arqueo-	primitivo	arqueobactéria
artro-	articulação	artrópode
asco-	saco, bolsa	ascósporo
auto-	de si mesmo	autotrófico
axi-, axio-	eixo	filamento axial
azo-, azot-, azoto-	presença de nitrogênio	*Azotobacter*
bacil-, bacili-	pequeno bastão, haste	bacilo
bacteri-, bacterio-	representa bactéria	bacteremia, bactericida
basidi-, basidio-	pequena base	basidiomicetos
bio-	vida	biomassa (matéria viva)
blast-	célula em formação	blastomicetos
calc-, calci-, calco-	cálcio	calcificado
calori-	calor	calorias
carb-, carbo-	que possui carbono ou carboxila	carboidrato
carcin-, carcino-	pertinente a câncer	carcinoma
cardi-, cardio-	coração	cardite (inflamação do coração)
cauli-, caulo-	caule	*Caulobacter*
celul-, celuli-, celulo-	célula ou celular	celulolítico
centi-	centena ou centésimo	centímetro
cromato-, cromo-	cor	cromobactéria
co-, com-, con-	junto	co-enzímaco
coco-	grão	cocóide
corine-	clava	*Corynebacterium*
cri-, crio-	frio	criobiologia
cian-, ciano-	azul	cianobactéria
cit-, cito-	célula	citoplasma
de-	para baixo, de	desidratar (remover água)
dermato-	pele	dermatófito (fungos parasitas da pele)
dessulfo-, dessulfuro-	redução de compostos sulfurados	dessulfovíbrio
di-, diplo-	dois, duplo	(que ocorre em duas formas)
ecto-	fora	ectógeno (que cresce fora do hospedeiro)
endo-	dentro	endógeno (que cresce dentro do hospedeiro)
enter-, entero-	intestino	enterotoxina (toxina específica para o intestino)
epi-	sobre	epiderme
eritro-	vermelho	eritrócitos (células vermelhas do sangue)
eu-	normal, verdadeiro	eubactéria
exo-	fora	exotoxina
extra-	fora	extracelular
fibrin-, fibrino-	pertinente à fibrina	fibrinogênio
flav-, flavo-	amarelo	flavoproteína
fusi-, fuso-	fuso, eixo	fusiforme
gastro-	estômago	gastrotoxina
gengiv-, gengivo-	gengiva	gengivite (doença da gengiva)
glic-, glico-	doce, açúcar	glicogênio
halo-	sal, água salgada	halófilo
hem-, hema-, hemo-	sangue	hemoglobina
hepat-, hepato	fígado	hepatite
hetero-	diferente	heterotrófico
hist-, histo-	tecido	histologia
holo-	completo	holoenzima
hom-, homo-	parecido, semelhante	homólogo
hip-, hipo-	deficiência, abaixo	hipotônico
hiper-	acima do normal	hipersensível
imun-, imuno-	resistência	imunização
inter-	entre	intercelular
intra-, intro-	dentro	intradérmico
iso-	mesmo, igual	isotônico
cari-, cario-	núcleo, nuclear	cariogamia
cin-, cine-, cino-	ação ou movimento	cinético
lepto-	fino ou estreito	*Leptospira*
leuco-	branco	leucócito
lip-, lipo-	relacionado a gorduras (lipídeos)	lipase
lit-, lito-	pedra, mineral	litotrófico
linf-, linfo-	sistema linfático	linfócito
macro-	grande	macroscópico
meso-	médio	mesofílico
micro-	pequeno	microrganismo
mili-	um milésimo	milímetro
mono-	um	monotríquio
multi-	muitos	multinuclear
micet-, mico-	fungo	micótico
nano-	uma bilionésima parte de (10^{-9})	nanômetro

Prefixos e Formas de Combinação Utilizados como Prefixos

Prefixo	Significado	Exemplo
necro-	morto	necrópsia
neo-	novo	neoplasma
nitro-	nitroso, produção de nitrato	*Nitrobacter*
nitroso-	nitroso, produção de nitrito	*Nitrosomonas*
noso-	doença	nosocomial
nucle-, nucleo-	núcleo, nuclear	nucleóide
olig-, oligo-	pouco, deficiência	oligossacarídeo
onco-	pertinente a tumores	oncogênese (formação de tumores)
oro-	boca	orofaringe
ost-, oste-, osteo-	osso	osteomielite
oxi-	oxigênio	oxihemoglobina
pan-	todos, muitos	pandêmico
para-	como, junto a	paratifóide
pato-	doença	patogênico
peri-	em torno, ao redor	peritríquio
foto-	luz	fotossíntese
pico-	uma trilhonésima parte de (10^{-12})	picograma
pleo-	mais, múltiplo	pleomorfismo
pleur-, pleuro-	membrana que envolve o pulmão	pleurite
pneumo-	pulmonar	pneumococos
poli-	muitos	polissacarídeo
pós-	após, atrás	pós-natal
pre-	antes	precursor
pro-, proto-	antes	protozoário
pseudo-	falso	pseudópode
psicr-, psicro-	frio	psicrófilo
pio-	pus	piogênico
riz-, rizo-	raiz	rizóide
sacar-, sacaro-	açúcar	sacarolítico
sapro-	podridão, pútrido	saprófita
sub-	abaixo	subcutâneo
sim-, sin-	com, junto	simbiose
tax, taxi, taxo	arranjo	taxonomia
termo-	calor	termofílico
tio-, thio-	presença de enxofre	*Thiobacillus*
tox-, toxi-, toxo-	veneno, tóxico	toxemia
trico-	cabelo, filamento	tricoma
vas-, vasi, vaso-	pertinente a vasos sanguíneos	vascular (provido com vasos)
zoo-	vivo	zoologia
zigo-	unidos	zigoto
zim-, zimo-	fermento	zimogênio

Sufixos e Formas de Combinação Utilizadas como Sufixos

Sufixo	Significado	Exemplo
-ase	enzima	penicilinase
-bacter	denota bactéria	*Azotobacter*
-biota	organismos vivos	microbiota
-blasto	célula em formação	ameloblasto
-cida	morte	fungicida
-cito	célula	linfócito
-cromo	pigmento	citocromo
-dade	estado ou condição	imunidade
-emia	condição do sangue	leucemia
-fago	que come	bacteriófago
-fito	planta	saprófita
-fobia	medo de	hidrofobia
-foro	produtor de	conidióforo
-gene, -gênese	origem	abiogênese
-gonia	prole, reprodução	esporogonia
-ia	condição anormal	anemia
-iase	condição de doença	giardíase
-ismo	condição ou doença	parasitismo
-ite	inflamação	dermatite
-lise	desintegração	bacteriólise
-logia	campo de estudo	microbiologia
-metria	medida	simetria
-micete	fungo	ficomicete
-micina	substância originada do fungo	estreptomicina
-monas	unidade	*Pseudomonas*
-nema	espiralado	treponema
-oide	assemelha-se	linfóide
-olo	pequeno	vacúolo
-oma	tumor	carcinoma
-ose	açúcar	lactose
-ose	processo ou condição	leucocitose
-oso	que tem, pertinente a	filamentoso
-otico	qua causa uma condição	micótico
-patia	denota doença	citopatia
-penia	deficiência	leucopenia
-pode	pés, perna	pseudópode
-rragia	liberação excessiva	hemorragia
-rréia	secreção	gonorréia
-scopia, -scópio	instrumento para exame	microscópio
-séptico	putrefação, infecção	anti-séptico
-stase, -stático	inibição de crescimento	bacteriostático
-taxia	orientação	quimiotaxia
-thrix	cabelo	*Streptothrix*
-tomo	corte	micrótomo
-trofico	nutrição, crescimento	autotrófico
-trópico	tem uma afinidade por	dermatotrópico
-uria	pertinente à urina	albuminúria
-zima	fermento ou enzima	enzima

MICROBIOLOGIA

CONCEITOS E APLICAÇÕES

VOLUME 1

2ª edição

MICROBIOLOGIA

CONCEITOS E APLICAÇÕES

VOLUME 1

2ª edição

Michael J. Pelczar, Jr.
Vice-Presidente Emérito de Estudos de Gradução e Pesquisa
Professor de Microbiologia – Universidade de Maryland

E. C. S. Chan
Professor de Microbiologia – Faculdade de Medicina, Faculdade de odontologia Universidade McGill

Noel R. Krieg
Professor de Microbiologia e Imunologia – Instituto Politécnico e Universdidade do estado de Virgínia

Diane D. Edwards
Escritora Científica

Merna F. Pelczar
Colaboradora

Revisão Técnica:
Celso Vataru Nakamura
Doutor em Ciências (Microbiologia)
Professor Adjunto da Universidade Estadual de Maringá

Tradução:
Sueli Fumie Yamada Mestre em Ciências Biológicas (Microbiologia)/Professora Assistente da Univ. estadual de Maringá
Tania Ueda Nakamura Mestre em Ciências Biológicas (Microbiologia)/Professora Assistente da Univ. estadual de Maringá
Benedito Prado Dias Filho Doutor em Ciências (Microbiologia)/Professor Adjunto da Univ. estadual de Maringá

Colaboração:
Luciana Sartor Lima First Certificate in english on the Cambridge University

Dados Internacionais de Catalogação na Publicação (CIP)
(Câmara Brasileira do Livro, SP, Brasil)

Pelczar Jr., Michael Joseph
Microbiologia; conceitos e aplicações, v. 1, 2.ed / Michael J. Pelczar Jr., E.C.S. Chan, Noel R. Krieg; tradução Sueli Fumie Yamada, Tania Ueda Nakamura, benedito Pardo Dias Filho; revisão técnica Celso Vataru Nakamura.
São Paulo: Pearson Makron Books, 1997.

Título original: Microbiology - Concepts and Applications

Bibliografia.

ISBN 978-85-346-0196-2

1. Microbiologia I. Chan, E. C. S. II. Krieg, Noel R. III. Título.

95-2067 CDD-576

Índice para catálogo sistemático:
1. Microbiologia 576

Direitos exclusivos cedidos à
Pearson Education do Brasil Ltda.,
uma empresa do grupo Pearson Education
Avenida Santa Marina, 1193
CEP 05036-001 - São Paulo - SP - Brasil
Fone: 11 2178-8609 e 11 2178-8653
pearsonuniversidades@pearson.com

Este livro é dedicado a Walter A. Konetzka (in memorian),
Professor Emérito de Microbiologia da Universidade de Indiana,
por suas numerosas contribuições para a microbiologia e especialmente
pelo seu empenho em aprimorar os ensinamentos da microbiologia.

Agradecimentos

Nossos agradecimentos a muitos indivíduos e corporações que nos auxiliaram com materiais para este livro-texto. Estamos particularmente agradecidos às seguintes pessoas: Joseph O. Falkinham III, do Instituto Politécnico e Universidade do Estado de Virgínia, pela ajuda especial nos capítulos sobre genética microbiana e engenharia genética; e Malcolm G. Baines, da Universidade McGill, pela ajuda especial nos capítulos sobre imunologia.

Muitos de nossos colegas nos auxiliaram fornecendo revisões especializadas em capítulos específicos. Desejamos agradecer a estes revisores: John R. Chipley, microbiologista sênior, United States Tobacco Company; Frank B. Dazzo, Universidade do Estado de Michigan; Klaus D. Elgert, Instituto Politécnico e Universidade do Estado de Virgínia; Dennis D. Focht, professor de Microbiologia do Solo, da Universidade da Califórnia, Riverside; L. E. Hallas, Monsanto Agricultural Co.; Thomas R. Jewell, Universidade de Wisconsin; Ted R. Johnson, St. Olaf College; Daniel E. Morse, Universidade da Califórnia, Santa Bárbara; Michael E. Pelczar, Hospital St. Agnes; e H. Jean Shadomy, Universidade Commonwealth de Virgínia.

Também desejamos agradecer aos muitos revisores dos manuscritos: Robert K. Alico, Universidade Indiana da Pensilvânia; Glenn W. Allman, Universidade Brigham Young; Paul V. Benko, Universidade do Estado de Sonoma; Frank X. Biondo, Universidade de Long Island, C.W. Post Campus; Jonathan W. Brosin, Sacramento City College; Albert G. Canaris, Universidade do Texas, em El Paso; Sally S. DeGroot, St. Petersburg Junior College; Monica A. Devanas, Universidade de Rutgers; James G. Garner, Universidade de Long Island, C.W. Post Campus; Joseph J. Gauthier, Universidade de Alabama, em Birmingham; Robert Gessner, Universidade de Western Illinois; Caryl E. Heintz, Universidade Tech do Texas; Alice C. Helm, Universidade de Illinois, Urbana; Diane S. Herson, Universidade de Delaware; Gary R. Jacobson, Universidade de Boston; Thomas R. Jewell, Universidade de Wisconsin, Eau Claire; Pat Hilliard Johnson, Palm Beach Community College; H. Bruce Johnston, Fresno City College; Joseph S. Layne, Universidade do Estado de Memphis; Glendon R. Miller, Universidade do Estado de Wichita; Vladimir Munk, SUNY Plattsburgh; Richard L. Myers, Universidade do Estado do Southwest Missouri; William B. Nelson, SUNY College of Technology, Delhi; Robert Pacha, Universidade Central de Washington; Dorothy Read, Universidade de Massachusetts, Dartmouth; Virginia Schurman, Essex Community College; H. Jean Shadomy, Universidade Commonwealth de Virgínia; Michael P. Shiaris, Universidade de Massachusetts, Boston; Carl E. Sillman, Universidade do Estado da Pensilvânia; Deborah Simon-Eaton, Santa Fe Community College; Samuel Singer, Universidade de Western Illinois; Robert E. Sjogren, Universidade de Vermont; Jay F. Sperry, Universidade de Rhode Island; Richard St. John, Universidade Widener; Frank van Steenbergen, Universidade do Estado de San Diego; Rosalie H. Stillwell, Universidade de Hofstra; William L. Tidwell, professor emérito, Universidade do Estado de San Jose; Thomas Weber, Universidade de Nebrasca em Omaha; e Gary Wilson, Universidade McMurry. As sugestões e modificações valiosas destas pessoas contribuíram imensamente para a qualidade deste novo livro.

Somos gratos aos nossos colegas da McGraw-Hill por sua excelente cooperação, assistência profissional e construtiva na função de preparar e publicar este livro. Desejamos agradecer particularmente a nossa editora de biologia da McGraw-Hill, Kathi Prancan, por seu conhecimento editorial, habilidade organizacional, talento e encorajamento. Nossos agradecimentos a nossa editora Denise Schanck, pela orientação e apoio geral. Também somos gratos ao supervisor de edição, Holly Gordon, por seu trabalho devotado e criterioso; a Safra Nimrod, por sua supervisão na pesquisa das fotos; e a Gayle Jaeger, por sua visão no desenvolvimento e implementação do programa de ilustração padrão. Agradecimentos especiais a Arthur Ciccone, por seus excelentes conselhos e ajuda com as ilustrações.

Michael J. Pelczar, Jr.
E. C. S. Chan
Noel R. Krieg

Sumário

VOLUME II

Prefácio

Meu Deus, que maravilhas existem em uma criatura tão pequena!

Relato de Leeuwenhoek a um escrivão em sua carta de 15 de outubro de 1693, para a Royal Society de Londres.

Os organismos que devem ser ampliados centenas ou milhares de vezes para serem visualizados têm fascinado muitas pessoas desde a época de Leeuwenhoek. Como entidades tão minúsculas podem exibir todas as propriedades de um ser vivo tem sido motivo de intensas pesquisas por muitos biólogos. O conhecimento fundamental sobre os microrganismos ao longo da última década tem resultado no acúmulo de novos conhecimentos. O conhecimento de ultra-estrutura, metabolismo e propriedades hereditárias dos microrganismos tem contribuído para os conhecimentos atuais sobre a natureza fundamental de *todos* os organismos vivos.

Embora os microrganismos por si só sejam interessantes, o interesse é maior porque eles participam de quase todos os aspectos da existência humana com efeitos benéficos ou nocivos. Por esta razão, mesmo as pessoas que não são cientistas deveriam estar de alguma forma familiarizadas com as propriedades e atividades dos microrganismos.

É importante que os alunos compreendam que toda a vida no planeta depende em última instância das atividades dos microrganismos. Além do mais, os micróbios estão contribuindo com soluções para muitos dos problemas humanos, tais como melhoramento na produção de alimentos, exploração de minérios, e com a solução para os derramamentos de óleo. Por meio das técnicas de engenharia genética e biologia molecular, os micróbios estão sendo "feitos sob medida" para produzir compostos industriais e medicamentos valiosos, culturas resistentes a doenças, vacinas e outros produtos. Os desenvolvimentos que têm ocorrido em anos recentes nos têm incentivado a escrever um livro-texto atualizado em microbiologia: *Microbiologia: Conceitos e Aplicações*. Neste novo livro tentamos captar o entusiasmo da microbiologia – passado, presente e futuro, mas mais particularmente o presente e o futuro – que tem sido ampliado pelos estudos e o uso dos micróbios em nível molecular.

A importância da microbiologia como uma combinação das ciências básica e aplicada não interessa somente aos estudantes de biologia mas também aos estudantes de outras áreas: recursos humanos, administração florestal, agricultura, ciência animal e de alimentos, nutrição humana, ciências ligadas à saúde, enfermagem, artes liberais, direito, ciências políticas e administração. É especialmente importante que os estudantes destas outras áreas tenham alguma familiaridade com a microbiologia, porque muitos deles se tornarão os líderes políticos, administrativos e financeiros do futuro. Nestas posições de liderança, eles influenciarão profundamente o progresso da ciência. A maioria dos livros-textos introdutórios de microbiologia, entretanto, não são escritos visando a este importante grupo de pessoas. Em vez disso, os livros-textos introdutórios de microbiologia têm-se tornado verdadeiros compêndios abarrotados de informações difíceis até mesmo para os estudantes de biologia, que devem digeri-los em um curso introdutório. Muitos dos detalhes deveriam ser guardados para os cursos avançados de microbiologia.

Microbiologia: Conceitos e Aplicações foi escrito para estudantes de graduação em um curso introdutório em microbiologia. Antecipamos que o conteúdo deste livro ficará limitado a conhecimentos prévios de química e biologia. Conseqüentemente, atenção especial foi dada para a seleção de conceitos fundamentais, explicações diretas de vários fenômenos, esclarecimento das propriedades únicas da biologia dos microrganismos e explicações de termos técnicos à medida que eles são introduzidos em cada capítulo.

Para assegurar a facilidade de leitura aos estudantes, clareza e um estilo de linguagem consistente, tivemos a sorte de contar com os serviços de uma escritora de ciências, Diane D. Edwards, que monitorizou todos os manuscritos para garantir a clareza e a qualidade dos nossos escritos, fornecendo uma versão final que permitiu a todos falar uma mesma linguagem.

Conteúdos e Organização

Os temas principais deste livro – o que são microrganismos e o que eles fazem – refletem os fundamentos e as aplicações da ciência. Com base em nossas experiências no magistério, apresentamos o material em dois volumes, uma seqüência lógica de onze partes, cada uma delas contendo dois ou mais capítulos.

No Volume I, a perspectiva histórica é apresentada no Prólogo. Na Parte I, o capítulo inicial fornece as informações básicas de química e bioquímica de que os estudantes necessitam a fim de compreender amplamente o que segue neste livro, pois os microrganismos são, de certa forma, máquinas químicas. A abrangência da microbiologia e as características dos microrganismos eucarióticos e procarióticos são tratadas na seqüência dos capítulos da Parte I.

A Parte II discute as necessidades nutricionais e os hábitos particulares de crescimento dos micróbios. A Parte III lida com o controle dos microrganismos pelos agentes físicos e químicos. Uma visão compreensível dos principais grupos dos micróbios procarióticos e eucarióticos é encontrada na Parte IV. O metabolismo microbiano é um assunto difícil para muitos estudantes de microbiologia. A compreensão deste assunto é facilitada por muitos diagramas unificados como os encontrados na Parte V.

Os tópicos essenciais e gerais de genética microbiana e biologia molecular são encontrados nos Capítulos 13 e 14 da Parte VI. A Parte VII caracteriza a natureza das viroses.

No Volume II, a Parte VIII lida com a resistência do hospedeiro à infecção. A flora normal do corpo humano é revelada no Capítulo 17. Os Capítulos 18, 19 e 20 apresentam para o estudante a ciência da imunologia, junto com todo seu vocabulário distinto. Os agentes quimioterápicos são discutidos no Capítulo 21.

A Parte IX descreve a microbiologia médica, sendo o modo de transmissão o tema de unificação para cada capítulo. Informações atualizadas incluem as doenças de Lyme e a AIDS. A Parte X trata da função que os microrganismos têm no ecossistema, bem como em saúde pública. A Parte XI esclarece as numerosas aplicações dos microrganismos na indústria.

Reconhecemos que em algumas situações o professor pode optar por rearranjar o enfoque e a ordem das "Partes". Isto pode ser feito com sucesso; por exemplo, a Parte IX, "Microrganismos e Doenças: Doenças Microbianas", pode ser trocada com as Partes X e XI, "Ecologia Microbiana" e "Microbiologia Industrial". O material pode apresentar a mesma eficiência quando é rearranjado a fim de atender a preferências individuais.

Tivemos uma preocupação especial de fornecer um balanço apropriado entre os vários aspectos da microbiologia, de tal forma que nenhum aspecto singular dominasse o livro. Por exemplo, os princípios de microbiologia médica são tratados sem negligenciar outros tópicos importantes tais como microbiologia ambiental e genética microbiana. Omitimos muitos detalhes que podem estar presentes em outros textos e concentramo-nos em informações básicas, conceitos principais e princípios importantes. Por exemplo, não mostramos as vias metabólicas de forma ampla no capítulo sobre a produção de energia microbiana, preferindo no entanto esclarecer melhor a geração e o funcionamento das forças protomotivas. Grande ênfase foi dada para os desenvolvimentos recentes em microbiologia. Por exemplo, o Capítulo 14 é dedicado à engenharia genética, uma grande parte do Capítulo 23 lida com a epidemia atual de AIDS, o Capítulo 19 descreve os desenvolvimentos recentes em imunologia celular e o Capítulo 31 fornece muitos exemplos de biotecnologia moderna.

O Volume I e o Volume II deste livro, em uma visão geral, têm mais material do que pode ser tratado em um período. Entretanto, ele dá ao professor a flexibilidade e a opção para tratar de assuntos selecionados que levam em consideração quaisquer circunstâncias relacionadas aos estudantes em sala de aula. Esperamos que os estudantes, depois de completar com sucesso este curso, tenham adquirido uma compreensão da biologia dos microrganismos, sua grande diversidade bioquímica e sua função em nosso ambiente, nossa saúde e nossa economia.

Pedagogia

Nosso grupo de autores tem argumentado solidamente em favor de um comprometimento firme com a alta qualidade para o ensino de graduação. Este comprometimento é acompanhado por décadas de experiência no ensino.

Assim, ao escrever este livro, atentamos especialmente para todos os aspectos de sua produção que aumentariam o seu valor pedagógico.

Também incluímos mais recursos auxiliares às aulas do que é normalmente encontrado em livros introdutórios de microbiologia. Preparamos estes materiais auxiliares para reforçar a compreensão dos alunos e a retenção do assunto do texto. Cada capítulo começa com uma lista de objetivos e uma introdução que pretende fornecer um esquema organizado do assunto que virá. Ao fim de cada seção principal em cada capítulo, colocamos algumas questões para que os estudantes possam avaliar sua compreensão do texto imediatamente. O resumo no fim do capítulo une os conceitos principais apresentados no material que o precede. As questões de revisão e discussão estão colocadas no final do capítulo. A mais importante de todas é a "Revisão" no final de cada capítulo – uma série de questões de revisão "em estilo de exame" (questões de múltipla escolha, de associação, preencher os espaços em branco) que seguem a ordem de apresentação do material no texto. Se o aluno não sabe a resposta para a questão na "Revisão", pode reportar-se rapidamente ao assunto apropriado no capítulo. Além disso, cada capítulo contém um ou mais quadros de "Descoberta" que esclarecem tópicos de interesse especial, tais como bactérias que se movem para o norte, bactérias que crescem em temperaturas acima do ponto de ebulição da água e microrganismos que substituem os inseticidas químicos.

Descobrindo o Mundo Microbiano

Em todas as questões humanas há um único fator dominante – o tempo. Para compreender o estado atual da ciência, precisamos saber como ela chegou a ser assim: nós não podemos evitar os acontecimentos históricos... Para avançar rumo ao futuro devemos olhar para trás, no passado.

J. M. Ziman[1]

Microbiologia é o estudo de organismos microscópicos; tal denominação deriva de três palavras gregas: *mikros* ("pequeno"), *bios* ("vida") e *logos* ("ciência"). Assim, a microbiologia significa o estudo da vida microscópica.

Os cientistas deduziram que os microrganismos originaram-se aproximadamente há 4 bilhões de anos, a partir de um material orgânico complexo em águas oceânicas, ou possivelmente de nuvens que circundavam nossa primitiva Terra. Como os primeiros indícios de vida na Terra, os microrganismos são considerados ancestrais de todas as outras formas de vida.

Embora os microrganismos sejam antigos, a microbiologia é uma ciência jovem. Parece inacreditável que os pesquisadores tenham observado os microrganismos pela primeira vez somente há 300 anos e que estes tenham sido tão pouco compreendidos durante muitos anos após sua descoberta. Existe um período de quase 200 anos a partir das primeiras observações até o reconhecimento de sua importância.

Em meio a muitas tentativas científicas de se obter novos conhecimentos sobre microrganismos, algumas podem ser mencionadas por terem contribuído mais intensamente ao reconhecimento da microbiologia como ciência. A primeira delas surgiu na segunda metade do século XIX, quando os cientistas provaram que os microrganismos originaram-se de pais iguais a eles próprios e não de causas sobrenaturais ou de plantas e animais em putrefação. Mais tarde, os cientistas provaram que os micróbios não são o resultado, mas sim a causa dos processos fermentativos no suco de uva para produção de vinho. Eles também descobriram que um tipo específico de micróbio causa uma doença específica. Estas informações foram o início do reconhecimento e da compreensão da influência crítica destas "novas" formas de vida sobre a saúde e o bem-estar do homem. Durante o início do século XX, os microbiologistas aprenderam que os micróbios são capazes de realizar uma grande variedade de reações químicas, aquelas que envolvem a quebra de substâncias ou a síntese de novos compostos. O termo ***diversidade bioquímica*** foi criado para caracterizar os microrganismos. Igualmente importante foi a observação de que o mecanismo pelo qual estas reações químicas são produzidas pelos microrganismos é muito semelhante àquele que ocorre em formas de vida superiores.

Microbiologia, Ciência e Sociedade

Durante as últimas décadas, os microrganismos têm surgido como parte do eixo principal das ciências biológicas. Entre as razões para isto, está o conceito de "unidade em bioquímica", que significa que muitos dos processos bio-

1 J. M. Ziman, *The Force of Knowledge*, Cambridge, Inglaterra, Cambridge University Press, 1976.

químicos que ocorrem em microrganismos são essencialmente os mesmos em todas as formas de vida, inclusive o homem, e a mais recente descoberta de que toda informação genética de todos os organismos, dos microrganismos a seres humanos, é codificada pelo DNA. Em virtude da relativa simplicidade em realizar experimentos com microrganismos, associada à rápida velocidade de crescimento e de sua variedade de atividades bioquímicas, os microrganismos tornaram-se o modelo experimental de escolha para o estudo da genética. Atualmente eles são extensivamente utilizados na investigação de fenômenos biológicos fundamentais.

Os microrganismos têm também emergido como novas fontes de produtos e processos para o benefício da sociedade. Por exemplo, o álcool produzido por meio da fermentação de grãos pode tornar-se uma nova fonte de combustível. Novas variedades de microrganismos produzidos por engenharia genética podem produzir substâncias medicinais importantes, tais como a insulina humana. Durante anos, somente a insulina bovina, extraída do pâncreas de bezerro, era disponível para o tratamento do diabetes, e alguns pacientes não podiam utilizá-la. Hoje, a insulina humana pode ser produzida em quantidades ilimitadas por uma bactéria geneticamente construída. Os microrganismos têm um grande potencial para ajudar na limpeza do ambiente: da decomposição de componentes de petróleo em derramamento de óleos à decomposição de herbicidas e inseticidas usados na agricultura. De fato, variedades específicas de microrganismos estão em uso e outras estão sendo desenvolvidas para substituir substâncias químicas atualmente utilizadas para o controle de insetos. A habilidade para construir geneticamente microrganismos para finalidades específicas criou um novo campo da microbiologia industrial, a ***biotecnologia.***

O desenvolvimento e o uso de microrganismos construídos geneticamente em um ambiente aberto têm criado um grande problema, um problema de dimensões globais. A questão levantada é: pode o microrganismo recentemente introduzido ter um efeito adverso sobre o ambiente? Muitas conferências nacionais e internacionais têm debatido a questão. Calorosos debates, freqüentemente emocionados levantam os prós e os contras desta questão. Orientações e regulamentações nacionais e internacionais estão sendo estabelecidas para controlar esta prática.

À medida que ler sobre microrganismos, você aprenderá a apreciar o mundo freqüentemente invisível de bactérias, algas, fungos, protozoários e vírus. Alguns são nocivos e podem causar doenças no homem, em animais e

Figura P.1 Leeuwenhoek mostrando seus microscópios à rainha Catherine da Inglaterra.

Figura P.2 O microscópio de Leeuwenhoek. [**A**] Réplica de um microscópio feito em 1673 por Leeuwenhoek. [**B**] Construção do microscópio de Leeuwenhoek: (1) lentes; (2) pino para colocar os espécimes; (3, 4) botão para focalizar.

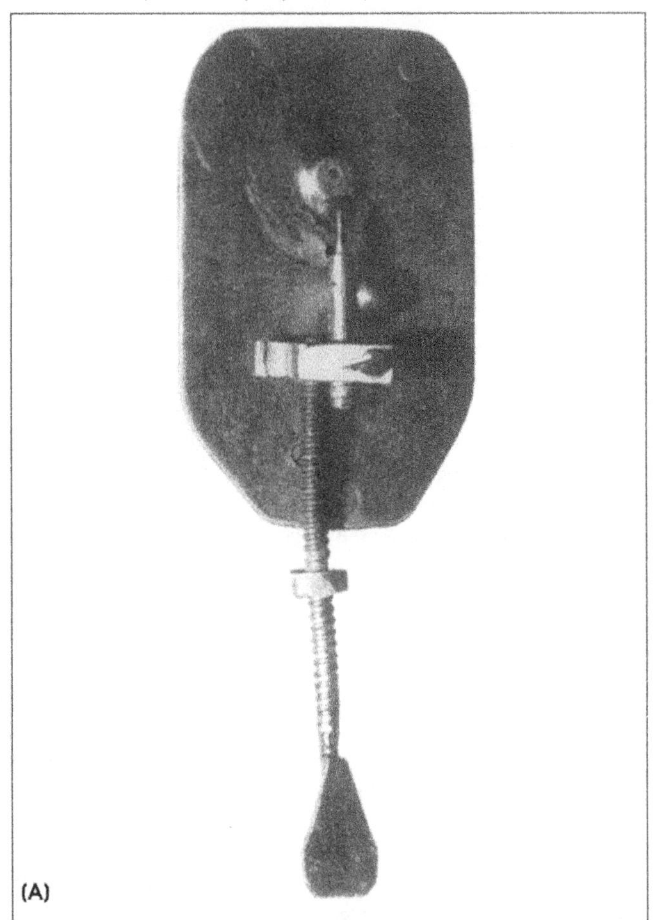

(A)

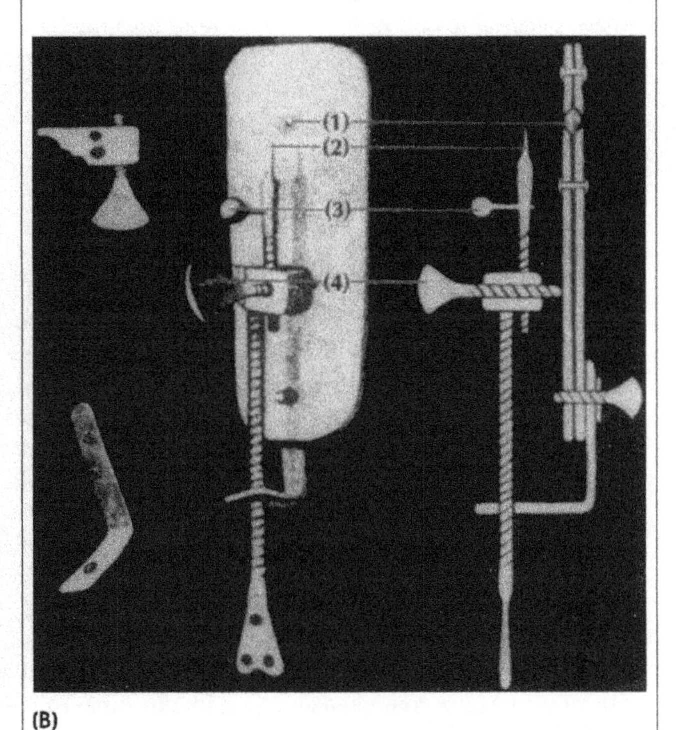

(B)

plantas. Alguns são responsáveis pela deterioração de tecidos, madeiras e metais. Entretanto, muitos deles (a maioria) são bastante importantes pois realizam alterações no ambiente que são essenciais para a manutenção da vida, como nós a conhecemos, no planeta Terra. E há ainda outros microrganismos que são explorados para produzir uma variedade de substâncias químicas utilizadas na indústria.

Para compreender o atual estágio da ciência da microbiologia, precisamos conhecer como ela chegou até onde estamos atualmente. A descoberta do mundo microbiano inclui histórias sobre orgulho, nacionalismo, clamor público para curas e questões sobre ética. Os primeiros cientistas que optaram por estudar microbiologia foram motivados, no decorrer de suas descobertas, por competição, inspiração e sorte. Houve conceitos errôneos que levaram a verdade e verdades que não foram inicialmente reconhecidas. Tudo começou com indivíduos fascinados pelo que os outros não podiam ver.

Leeuwenhoek e Seus Microscópios

Algumas descobertas importantes na ciência são feitas por amadores, em vez de por cientistas profissionais. Uma das maiores figuras na história da microbiologia possuía seu próprio armazém, era zelador da prefeitura e servia como provador oficial de vinhos para a cidade de Delft, na Holanda. Antony van Leeuwenhoek (1632-1723; Figura P.1) estava familiarizado com o uso de lentes de aumento para inspecionar fibras e tecelagens de roupas. Como um *hobby*, ele polia lentes de vidro e as montava entre finas placas de prata ou bronze para formar simples microscópios (Figura P.2). Ele não foi a primeira pessoa a usar o microscópio para estudar organismos doentes ou outros organismos vivos extremamente pequenos. Mas Leeuwenhoek tinha uma curiosidade insaciável sobre o mundo natural, e a descrição detalhada que fez sobre o que viu tornou-o um dos fundadores da microbiologia.

Leeuwenhoek usou seu microscópio rudimentar para observar águas de rios, infusões de pimenta, saliva, fezes etc. Ficou excitado ao ver um grande número de diminutos objetos móveis e invisíveis a olho nu. Chamou esses corpos microscópicos de "animálculos" porque acreditava que eram pequeninos animais vivos. Este achado incendiou seu entusiasmo para realizar mais observações e para polir e montar mais lentes. Eventualmente, ele fez mais de 250 microscópios, o mais poderoso dos quais aumentava um objeto 200 a 300 vezes.

Leeuwenhoek anotou cuidadosamente suas observações em uma das cartas dirigidas à Sociedade Real Inglesa. Em uma das primeiras cartas, datada de 7 de setembro de

1674, ele descreveu os "pequeninos animálculos" que nós reconhecemos como protozoários de vida livre. Em 9 de outubro de 1676, escreveu:

"No ano de 1675 descobri seres vivos na água da chuva que tinha ficado alguns dias num pote de barro, vitrificado por dentro. Isto me levou a olhar esta água com grande atenção, especialmente aqueles animaizinhos que me pareciam dez mil vezes menores do que os (...) que podem ser percebidos na água a olho nu".

O autor descreveu seus pequeninos animálculos com grandes detalhes, deixando poucas dúvidas para o observador moderno de que ele viu bactérias, fungos e muitas formas de protozoários. No dia 16 de junho de 1675, enquanto examinava uma amostra de água de poço, na qual havia mergulhado uma pimenta no dia anterior, ele relatou o seguinte:

"Descobri, numa minúscula gota d'água, um incrível número de pequeníssimos animálculos, de formas e tamanhos diversos. Eles se moviam por meio de ondulações, nadando sempre com a cabeça para frente, nunca ao contrário. No entanto, esses animálculos podiam mover-se tanto para frente como para trás, embora seus movimentos fossem muito lentos".

Em uma carta, esse microscopista amador forneceu a primeira descrição dos microrganismos agora conhecidos como bactérias (Figura P.3). Ele também observou esses animálculos em material retirado de seus dentes. Entre 1673 e 1723, Leeuwenhoek descreveu meticulosamente

Figura P.3 Esboços de bactérias da cavidade oral humana, observadas por Leeuwenhoek. Esses desenhos mostram que ele observou bacilos, cocos e bactérias espiraladas. Também demonstrou a motilidade de algumas bactérias, isto é, o traçado de C a D.

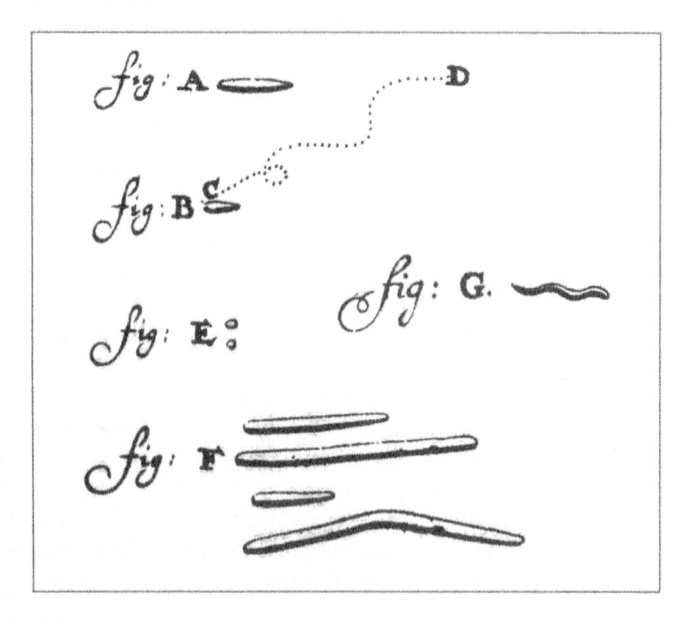

suas observações e desenhos em mais de 300 cartas. Essas cartas alertaram o mundo para a existência de formas microscópicas de vida e originaram a microbiologia.

Origem dos Animálculos de Leeuwenhoek

A descoberta dos microrganismos de Leeuwenhoek, um conjunto de formas vivas invisíveis a olho nu, incitou calorosas discussões sobre a origem destes animálculos. Duas escolas de pensamento sobre a origem dos microrganismos surgiram. Uma delas estava inclinada a admitir a existência destas estruturas, mas considerava que elas eram resultado da decomposição de plantas e tecidos animais (isto é, por meio da fermentação ou putrefação). Em outras palavras, os microrganismos eram resultado, em vez de causa das mudanças ocorridas nesses tecidos. Os defensores dessa escola acreditavam que a vida surgia de objetos inanimados, um processo denominado ***abiogênese.*** Isto, basicamente, foi o conceito da ***geração espontânea.***

Por outro lado, outra escola defendia que os animálculos de Leeuwenhoek se originaram de pais, como as formas de vida superiores. A esta idéia, de que os animálculos já existentes deram origem a outros animálculos, foi dado o nome ***biogênese***.

A microbiologia como ciência não podia evoluir até que o falso conceito da geração espontânea fosse refutado. Foram necessários experimentos esclarecedores, que hoje parecem simples, e mais de uma centena de anos para resolver a controvérsia.

Biogênese *versus* Abiogênese

A idéia da geração espontânea tem sua origem na Grécia antiga, que acreditava que rãs e minhocas surgiam espontaneamente de um pequeno lago de lama. Outros foram convencidos de que larvas de insetos e moscas eram produzidas da mesma maneira, a partir de carne em decomposição. Havia receitas para produzir camundongos, tais como colocar trapos de estofo em um recipiente e colocá-lo em uma área separada, por várias semanas. Mas, no século XVII, pensadores críticos foram discordando dessas idéias. Um oponente da teoria, o médico italiano chamado Francesco Redi (1626-1697), demonstrou em 1668 que as larvas encontradas na carne em putrefação eram larvas de ovos de insetos, e não um produto da geração espontânea. Mas esse foi um dos estudos com larvas de insetos, entre vários outros, para compreender a origem dos organismos que podiam ser vistos somente por meio do microscópio.

Refutação da Abiogênese

Houve vencedores e desafiantes da teoria da geração espontânea, cada um com uma nova e às vezes fantástica explicação ou uma prova da evidência experimental. Em 1745, John Needham (1713-1781) cozinhou pedaços de carne para destruir microrganismos preexistentes e colocou-os em frascos abertos. Eventualmente, ele viu colônias de microrganismos na superfície e concluiu que elas surgiam espontaneamente a partir da carne. Em 1769, Lazzaro Spallanzani (1729-1799), ferveu caldo de carne em um frasco durante uma hora e então vedou-o. Nenhum microrganismo apareceu no caldo, assim, esse resultado contrariou a abiogênese. Mas Needham simplesmente insistia que o ar era essencial à vida e também para a geração espontânea dos microrganismos, e este tinha sido excluído no experimento de Spallanzani.

Quase 100 anos depois do primeiro experimento de Needham, dois outros investigadores tentaram resolver a controvérsia da "essencialidade do ar". Em 1836, Franz Schulze (1815-1873) passava o ar através de uma solução de ácido forte e depois aerava uma infusão de carne previamente fervida em frasco fechado (Figura P.4A). No ano seguinte, Theodor Schwann (1810-1882) forçava a passagem do ar através de tubos aquecidos e então aerava o caldo (Figura P.4B). Em nenhum dos casos surgiram os micróbios, porque aqueles que estavam presentes no ar foram mortos pelo calor ou pelo ácido. No entanto, os advogados que defendiam a teoria da geração espontânea não foram, ainda, convencidos. Eles diziam que o ácido e o calor alteravam o ar, assim, não permitiram o crescimento microbiano. Até 1854, os cientistas não haviam resolvido esse debate sobre a passagem de ar através de tubos vedados com algodão contendo caldo fervido (Figura P.4C). Os micróbios ficavam retidos no algodão e o ar passava livremente. Não houve crescimento microbiano nesses frascos, fornecendo evidências para os defensores da biogênese.

Demonstração da Biogênese

Durante o mesmo período de realização desses experimentos, surgiu um químico francês chamado Louis Pasteur (1822-1895; Figura P.5). Mais tarde, Pasteur dedicou seus consideráveis talentos ao estudo dos microrganismos. Como resultado, ele se interessou pela indústria de vinhos franceses e pela função dos micróbios na produção de álcool. Este interesse incentivou-o a continuar o debate sobre a origem dos microrganismos.

Um dos fiéis defensores da geração espontânea durante o período de Pasteur foi o naturalista francês Félix Archimède Pouchet (1800-1872). Ele publicou um extensivo relato em 1859 que sustentava a abiogênese. No en-

Figura P.4 Modelo experimental realizado em meados do século XIX para fornecer evidências a fim de refutar a teoria da geração espontânea (abiogênese). Cada um dos experimentos foi baseado na suposição de que os micróbios estavam suspensos sobre as partículas de ar. Se o ar fosse tratado para matar ou remover os micróbios (ou remover partículas de poeira) em materiais previamente esterilizados, não haveria crescimento após introdução do ar "tratado". [**A**] Schulze passou ar através de soluções de ácido forte antes de inseri-lo nos frascos contendo infusão de carne previamente fervida. [**B**] Schwann passou ar através de um tubo aquecido ao rubro antes de inseri-lo em um frasco contendo caldo estéril. [**C**] Schröder e von Dusch permitiram o contato de um caldo nutritivo estéril contido em um frasco com ar previamente filtrado com algodão existente no tubo de entrada do frasco.

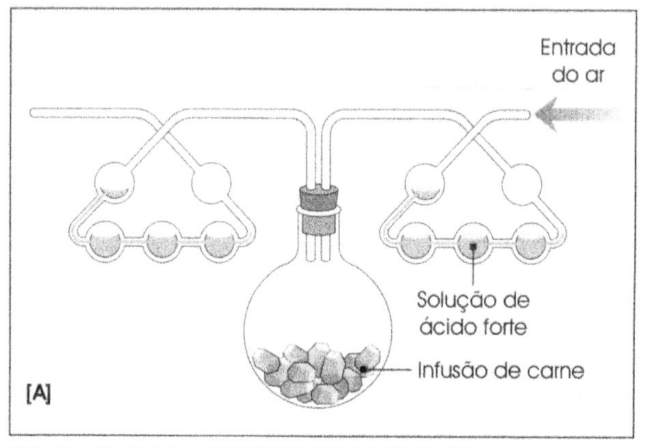

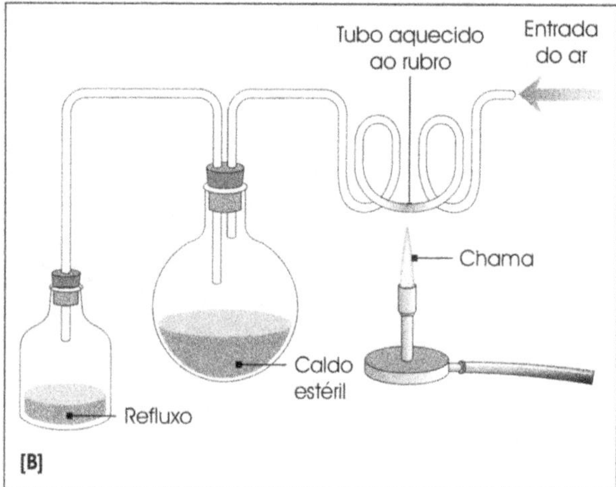

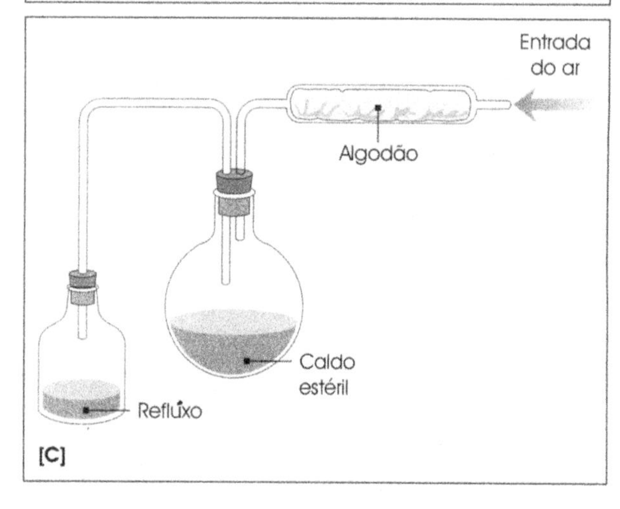

Figura P.5 Louis Pasteur em seu laboratório.

Figura P.6 Frasco em pescoço de cisne de Pasteur que foi utilizado nos experimentos para refutar a teoria da geração espontânea. As partículas de poeira sedimentavam-se na região encurvada inferior do pescoço do frasco, assim os microrganismos não contaminavam o caldo no frasco. Este frasco está preservado no Museu Pasteur.

tanto, ele foi detido ao deparar com o teimoso e genioso Pasteur. Irritado pela lógica e dados de Pouchet, Pasteur fez uma série de experimentos definitivos. Ele usou frascos com colo longo e curvados, semelhantes ao pescoço de cisnes (Figura P.6), que foram preenchidos com caldo nutritivo e aquecidos. O ar podia passar livremente através dos frascos abertos, mas nenhum micróbio surgiu na solução. As partículas de poeira e os microrganismos depositavam-se na região sinuosa em forma de U do tubo, mas não atingiam o caldo.

Pasteur também levou frascos com caldo nutritivo ao alto dos Pirineus e Alpes, onde os frascos foram abertos e, a seguir, fechados novamente. O químico-microbiologista sabia que as partículas de poeira carregavam os microrganismos através do ar, e seus experimentos nas montanhas demonstraram que quanto mais puro o ar que penetrava no frasco, menor a probabilidade de ocorrer contaminação.

Pasteur comunicou seus resultados com entusiasmo na Sorbonne, em Paris. Em 7 de abril de 1864 ele disse:

> "Pois eu afastei deles, e ainda mantenho afastada, a única coisa que está acima do poder humano: eu afastei deles os germes que flutuam no ar, eu afastei deles a vida".

Ele lançou ainda alguns dardos nos defensores da abiogênese:

> "Não há condição conhecida hoje em dia pela qual vocês possam afirmar que seres microscópicos vêm ao mundo sem germes, sem pais iguais a eles. Os que defendem isto exercitam o esporte das ilusões, das experiências malfeitas, viciadas por erros que não foram capazes de reconhecer e que não souberam como evitar".

Um dos argumentos tradicionais contra a biogênese era a alegação de que o calor usado para esterilizar o ar ou amostras durante os experimentos também destruía a "força vital" essencial. Os defensores da abiogênese diziam que, sem essa força, os microrganismos não poderiam aparecer espontaneamente. Em resposta a este argumento, o físico John Tyndall (1820-1883) demonstrou que o ar poderia ficar isento de microrganismos simplesmente por permitir que partículas de poeira se sedimentassem no fundo de uma caixa fechada (Figura P.7). Ele, então, inseriu tubos-testes contendo líquido estéril dentro da caixa. O líquido permaneceu estéril, provando que a "força vital" não era responsável pelo surgimento dos microrganismos.

Os experimentos de Pasteur e Tyndall promoveram a aceitação geral da teoria da biogênese. Pasteur, então, dedicou seus estudos à utilização dos microrganismos na produção do vinho e aos microrganismos como causa de doenças.

Figura P.7 Caixa de Tyndall livre de poeira. Uma vez que a caixa estava livre de poeira (o que podia ser constatado através da observação do feixe de luz que passava no centro da caixa), os tubos contendo caldo nutritivo estéril permaneceriam estéreis, mesmo que o ar na caixa estivesse em contato direto com o exterior por meio da abertura dos tubos contorcidos.

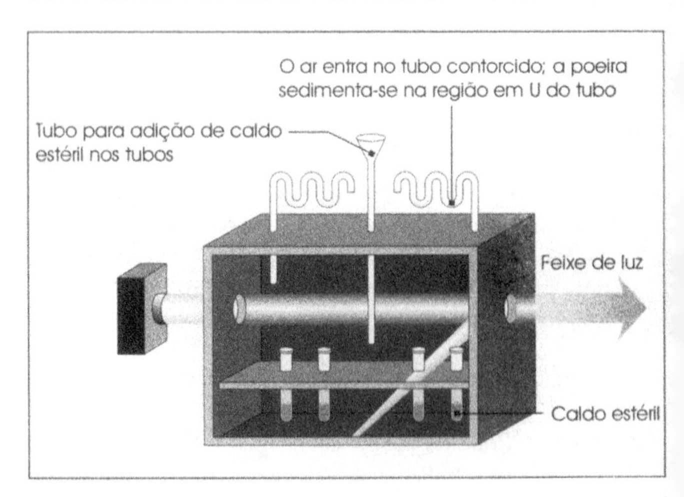

Teoria Microbiana da Fermentação

Quando o suco de fruta fica estagnado, ocorre a ***fermentação***, e, por meio de uma série de reações bioquímicas, álcool e outras substâncias químicas são produzidos a partir do açúcar da uva. Por esta razão, Pasteur estava ansioso para refutar a teoria da geração espontânea: existia a convicção de que os produtos da fermentação do suco de uva eram resultado da presença de microrganismos, e não que a fermentação produzia microrganismos, como alguns acreditavam.

Muitas civilizações antigas produziram bebidas e alimentos que, atualmente sabemos, são produtos da fermentação microbiana. A produção de vinho existe há muito tempo; já na Grécia antiga acreditava-se que o vinho fora inventado por Dionísio, o deus da fertilidade, do drama e do vinho na mitologia grega. Uma cerveja derivada do arroz na China, chamada *kiu*, tem sua origem por volta de 2300 a.C. O *saquê* é uma bebida japonesa produzida pela fermentação microbiana de arroz moído (Figura P.8). O molho de soja da China e do Japão tem sido produzido durante séculos a partir de grãos fermentados. Durante centenas de anos, o povo dos países balcânicos tem consumido produtos de leite fermentado. Tribos da Ásia Central apreciam *koumiss*, uma bebida alcoólica feita de leite de égua ou de camelo. Os antropologistas e os historiadores não conhecem nenhuma sociedade que não utilize a fermentação para produzir alimentos ou bebidas.

Por volta de 1850, Pasteur respondeu a uma solicitação de ajuda da indústria de vinho francês. Examinando lotes de vinho bom e ruim, ele encontrou microrganismos de tipos diferentes. Certos tipos de microrganismos predominavam nos lotes bons de vinho, enquanto outros eram mais numerosos nos vinhos de qualidade inferior. Pasteur concluiu que a seleção de micróbios podia assegurar um bom produto. Para certificar-se disso, ele destruiu os microrganismos já existentes no suco de fruta, primeiro aquecendo e depois resfriando. Em seguida, inoculou o suco com vinho de alta qualidade que continha o tipo desejado de microrganismo. Ele também observou que o produto final (vinho) podia ser preservado sem qualquer alteração do sabor se fosse aquecido a 50–60°C, por vários minutos.

Figura P.8 A fermentação de saquê no Japão como ilustrado em uma escultura histórica, em madeira.

Hoje, este processo, denominado ***pasteurização***, é intensamente utilizado na indústria de alimentos. Mas, para o público geral, o tratamento do leite e seus derivados é o processo de pasteurização mais familiar.

Nos tempos remotos, os povos aperfeiçoaram seus produtos fermentados por tentativa e erro, sem compreenderem, no entanto, que a qualidade do produto dependia do fornecimento de um tipo especial de microrganismo.

Teoria Microbiana da Doença

Pasteur e seus assistentes estavam revolucionando a indústria do vinho, e ao mesmo tempo eles afirmavam uma nova teoria sobre a origem das doenças. Eles descobriram o *agente etiológico* de algumas das mais sérias doenças que afetam o homem e os animais. No entanto, mesmo antes de Pasteur provar que os micróbios eram a causa de algumas doenças, vários observadores cuidadosos revelaram fortes argumentos em favor da ***teoria microbiana da doença***. Antes de suas observações, por muito tempo acreditava-se na história da humanidade que a doença era causada por fatores vagos, tais como ar ou sangue ruins.

Em 1546, Girolamo Fracastoro (1483-1553), de Verona, sugeriu que as doenças surgiam devido a organismos, pequenos demais para serem vistos, que podiam ser transmitidos de uma pessoa para outra. Muitas de suas informações vinham de conversas com marinheiros que retornavam de expedições ao exterior, onde testemunharam a propagação de muitas doenças. Mais de 200 anos após, Anton von Plenciz (1705-1786), de Viena, não apenas estabeleceu que seres vivos eram causas de doenças, mas diferentes agentes eram responsáveis por diferentes doenças. Ao mesmo tempo, o conceito de um organismo vivo vivendo em ou sobre o outro, a partir do qual retirava seus nutrientes, foi tornando-se aceitável. Este fenômeno de ***parasitismo*** está refletido num verso escrito no século XVIII por um poeta satírico inglês, Jonathan Swift (1667-1745):

"Assim, os naturalistas observam, uma pulga
Tem pulgas menores que a fazem de presa
E estas têm pulgas menores ainda para picá-las:
E assim acontece ad infinitum".

Após seu sucesso com a fermentação, Pasteur foi requisitado para investigar a doença do bicho-da-seda, que ameaçava arruinar a indústria de seda francesa. Ele gastou seis anos tentando provar que um tipo de microrganismo, denominado ***protozoário***, causava a doença. Ele também demonstrou aos criadores de bicho-da-seda como eliminar a doença, selecionando somente bichos-da-seda saudáveis, livres da doença, para reproduzir novas linhagens de insetos.

Na Alemanha, Robert Koch (1843-1910) começou sua carreira profissional como médico. Após ganhar de sua esposa um microscópio pelos seus 28 anos, ele começou a explorar o mundo microbiano, já conhecido por Pasteur. Koch e Pasteur, profissionais rivais de longa data, estavam ansiosos por descobrir a causa do carbúnculo, uma doença responsável pela dizimação de condutores de gado e ovelhas na Europa. Koch eventualmente encontrou uma bactéria, em forma de bastão, no sangue de carneiro que havia morrido de carbúnculo.

Freqüentemente negligenciando sua prática médica, Koch provou que estas bactérias eram a causa do carbúnculo, separando-as de qualquer outra bactéria presente, e então inoculando-as em camundongo saudável. O camundongo desenvolvia o carbúnculo: as bactérias isoladas do camundongo doente eram idênticas àquelas observadas no carneiro doente. Em 1876, cerca de seis anos depois de ter fixado os olhos pela primeira vez em seu microscópio, ele anunciou ao mundo que havia descoberto a bactéria do carbúnculo. Koch sugeriu, também, que animais doentes deviam ser mortos e queimados ou enterrados bem fundo, após demonstrar que os esporos bacterianos podiam sobreviver, por meses, em produtos contaminados.

Com a sua descoberta sobre o carbúnculo, Koch foi o primeiro a provar que um tipo específico de micróbio causa um tipo definido de doença. Mais tarde, ele e seus colegas descobriram as bactérias causadoras da cólera e da tuberculose.

Desenvolvimento de Técnicas Laboratoriais para o Estudo dos Microrganismos

Neste momento, na história da microbiologia, as informações vieram a partir de observações de amostras de gotas de fluidos, que freqüentemente continham misturas de microrganismos. O estudo dessas amostras era dificultado devido ao tamanho diminuto, à transparência e motilidade dos que Pasteur, uma vez, denominou de "corpúsculos organizados". Obviamente, havia a necessidade de técnicas laboratoriais para isolar e estudar tipos individuais de micróbios.

Figura P.9 Robert Koch (1843-1910) observando um espécime em um microscópio. Koch e seus assistentes contribuíram com vários procedimentos laboratoriais de significado fundamental que são usados até os dias atuais.

Koch e seus assistentes forneceram muitas dessas técnicas. Entre elas, o procedimento de coloração de bactérias para observação ao microscópio ótico (Figura P.9). Um dos discípulos de Koch, Paul Ehrlich (1854-1915), que fazia pesquisas sobre corantes, usava-os para corar bactérias, incluindo a bactéria que causava a tuberculose.

Técnica da Cultura Pura

Acidentalmente, os cientistas alemães viram colônias crescendo sobre batatas fervidas e subseqüentemente encontraram maneiras para separar micróbios individuais. Para fazer isso, eles desenvolveram ***meios*** específicos para cultivar os microrganismos. Meios são constituídos por substâncias que satisfazem as necessidades nutricionais dos microrganismos. Koch e seus colegas também demonstraram como uma substância extraída de algas, denominada ***ágar***, podia solidificar o referido meio. Eles aprenderam a cultivar os micróbios específicos em *cultu-*

Figura P.10 O laboratório de Robert Koch. Observe o equipamento fotográfico construído em casa, no lado esquerdo, que ele usou para fotografar as bactérias do carbúnculo e da tuberculose.

ras puras, usando métodos descritos mais adiante neste livro. Richard J. Petri (1852-1921) inventou uma placa de vidro especial para depositar o meio contendo ágar. Esta placa, chamada de placa de Petri, está ainda em uso e atualmente a maioria delas são feitas de plástico, em vez de vidro. Por volta de 1892, Koch e seus alunos descobriram os agentes de febre tifóide, difteria, tétano, pneumonia lobar aguda, doença do mormo e outros.

Koch defendia o uso de animais como modelos de doença humana, inoculando bactérias em camundongos, coelhos, porcos da Guiné ou carneiros saudáveis. Ele adaptou uma câmera em seu microscópio e tirou fotografias que usava para convencer os duvidosos (Figura P.10).

Postulados de Koch

Por volta de 1880, Koch utilizou-se dos métodos laboratoriais recentemente desenvolvidos e organizou os quatro critérios necessários para provar que um micróbio específico causa uma doença particular. Esses critérios são conhecidos como ***postulados de Koch***:

1. Um microrganismo específico pode sempre estar associado a uma doença.

2. O microrganismo pode ser isolado e cultivado em cultura pura, em condições laboratoriais.

3. A cultura pura do microrganismo produzirá a doença quando inoculada em animal susceptível.

4. É possível recuperar o microrganismo inoculado do animal infectado experimentalmente.

Subseqüentemente à descoberta dos vírus, agentes que não crescem no laboratório em meios artificiais, como fazem as bactérias, foram requeridas algumas modificações dos postulados de Koch. Agora, também sabemos que há algumas doenças causadas por mais de um microrganismo, enquanto outros micróbios podem causar várias doenças distintas. Indiferente a essas modificações, dentro de um curto período de tempo após o estabelecimento da teoria microbiana (menos do que 30 anos), o postulado conduziu à descoberta da maioria das bactérias que causam doença humana (Tabela P.1).

Figura P.11 T. J. Burrill (1839-1916) figurava entre os primeiros microbiologistas americanos. Em 1878, ele descobriu que a ferrugem das pereiras era causada por uma bactéria.

Figura P.12 E. F. Smith (1854-1929) foi um dos pesquisadores pioneiros que estabeleceram a função dos microrganismos como agentes etiológicos de muitas doenças de plantas e animais.

Foi por meio do estudo das causas de doenças em plantas que outros cientistas descobriram o ***vírus*** (do latim *virus,* que significa líquido viscoso ou veneno). Em 1892, Dmitri Ivanovski (1864-1920) descobriu que o agente da doença do mosaico do tabaco podia ser transmitido por suco filtrado da planta doente. O filtro, inventado por um colaborador de Pasteur, prevenia a passagem de bactérias. Outros experimentos demonstraram que o material que passava através do filtro continha uma nova classe de agentes causadores de doença, os quais eram muito menores que as bactérias.

Um botânico americano, Thomas J. Burrill (1839-1916; Figura P.11), descobriu na Universidade de Illinois uma doença nas pereiras conhecida como *ferrugem* e que era causada por uma bactéria. Esse pesquisador ajudou a estabelecer que as plantas, assim como os animais, são susceptíveis às doenças bacterianas. Trabalhando para o Departamento de Agricultura dos Estados Unidos, Erwin F. Smith (1854-1929; Figura P.12) transmitiu a doença, denominada de *pêssegos amarelos,* de plantas doentes para plantas sadias, mas não conseguiu isolar o agente etiológico da mesma. Várias décadas mais tarde, outros pesquisadores demonstraram que tais doenças eram de etiologia viral.

Theobald Smith (1859-1934), médico americano, autodidata e estudioso da microbiologia, empregado do

Figura P.13 Major Walter Reed e membros da Comissão da Febre Amarela observam um paciente. Suas pesquisas realizadas em Havana, Cuba, demonstraram que a doença era causada por um vírus transmitido por insetos. Programas de controle de insetos virtualmente eliminaram a febre amarela epidêmica de Cuba e áreas da América Central e do Sul, o que tornou possível terminar a construção do canal do Panamá.

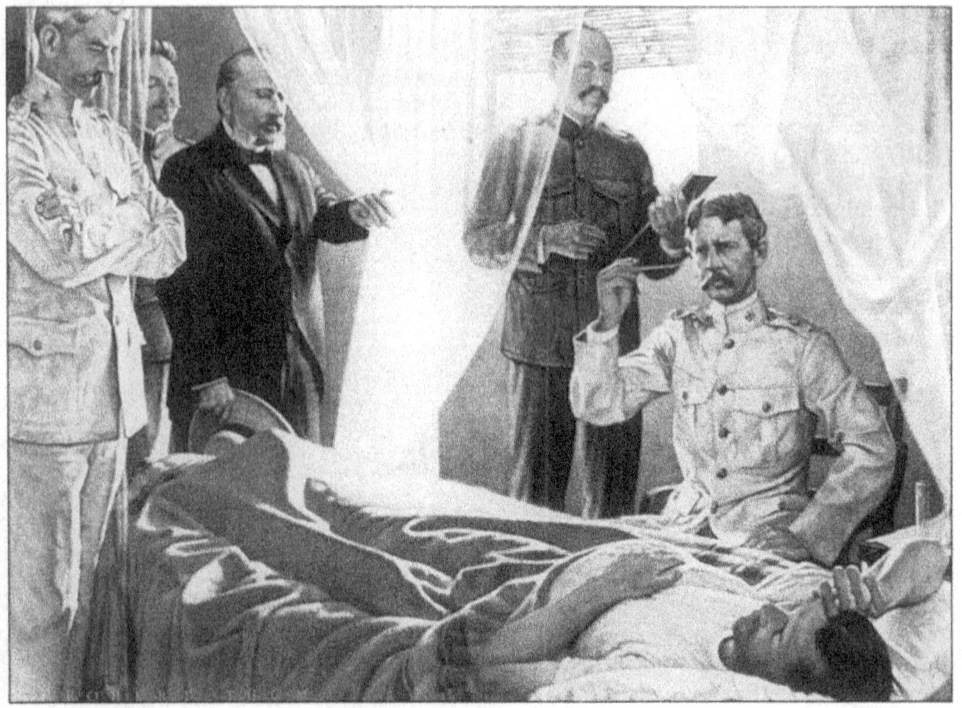

Tabela P.1 Recentes descobertas de bactérias causadoras de doenças humanas e de animais.

Ano	Doença ou infecção	Agente etiológico*	Descobridor+
1876	Carbúnculo	*Bacillus anthracis*	Koch
1879	Gonorréia	*Neisseria gonorrhoeae*	Neisser
1880	Febre tifóide	*Salmonella typhi*	Eberth
1880	Malária	*Plasmodium* ssp.	Laveran
1881	Infecções de feridas	*Staphylococcus aureus*	Ogston
1882	Tuberculose	*Mycobacterium tuberculosis*	Koch
1882	Mormo	*Pseudomonas mallei*	Loeffler e Schütz
1883	Cólera	*Vibrio cholerae*	Koch
1883-1884	Difteria	*Corynebacterium diphtheriae*	Klebs e Loeffler
1885	Erisipela suína	*Erysipelothrix rhusiopathiae*	Loeffler
1885	Tétano	*Clostridium tetani*	Nicolaier
1886	Pneumonia bacteriana	*Streptococcus pneumoniae*	Fraenkel
1887	Meningite	*Neisseria meningitidis*	Weichselbaum
1887	Febre de Malta	*Brucella* ssp.	Bruce
1888	Estrangulamento eqüino (*Equine strangles*)	*Streptococcus* ssp.	Schütz
1889	Cancro mole	*Haemophilus ducreyi*	Ducrey
1892	Gangrena gasosa	*Clostridium perfringens*	Welch e Nuttall
1894	Peste	*Yersinia pestis*	Kitasato e Yersin
1895	Tifo de aves	*Salmonella gallinarum*	Moore
1896	Botulismo (intoxicação alimentar)	*Clostridium botulinum*	Van Ermengem
1897	Doença de Bang (aborto bovino)	*Brucella abortus*	Bang
1898	Disenteria	*Shigella dysenteriae*	Shiga
1898	Pleuropneumonia de gado	*Mycoplasma mycoides*	Nocard e Roux
1905	Sífilis	*Treponema pallidum*	Schaudinn e Hoffman
1906	Coqueluche	*Bordetella pertussis*	Bordet e Gengou
1909	Febre das Montanhas Rochosas	*Rickettsia rickettsii*	Ricketts
1912	Tularemia	*Francisella tularensis*	McCoy e Chapin

* Nome atual do agente etiológico; o nome original, em muitos casos era diferente.
+ Em alguns casos, o indivíduo simplesmente observou o agente etiológico; em outros, o investigador isolou o agente em cultura pura.

Escritório da Indústria Animal dos Estados Unidos, dispôs-se a vencer a febre do gado do Texas. Ele provou que um protozoário era responsável pela doença e este era um parasita intracelular de insetos que se alimentavam no gado. Foi a primeira descrição de um microrganismo veiculado por um artrópode. A importância desta observação é difícil de avaliar, pois conduziu às pesquisas de doenças microbianas transmitidas por artrópodes. Entre as doenças observadas como resultado da descoberta de Smith estão a malária, a febre amarela e a doença do sono.

A febre amarela foi a primeira doença humana atribuída ao vírus. Em 1900, um cirurgião do exército chamado Walter Reed (1851-1902; Figura P.13), usando voluntários humanos, provou que os vírus eram transmitidos por certos insetos. No ano anterior, dois cientistas na Índia e Itália demonstraram que há outros insetos transmissores da malária. Uma das medidas mais importantes para a prevenção destas doenças foi a remoção de águas estagnadas usadas pelos insetos como locais de reprodução.

Desenvolvimento nos Processos de Prevenção das Doenças

É difícil compreender a magnitude da miséria humana e da devastação causada por doenças microbianas e virais antes da última metade do século XX. Peste, tifo, difteria, varíola, cólera e influenza devastaram grandes regiões do mundo. Uma epidemia (doença restrita a uma localidade particular) de peste bubônica, conhecida como "morte negra" e causada por uma bactéria, ocorreu na Europa durante o período de 1347 a 1350. De um terço à metade da população francesa morreu da doença, e estima-se que 25 milhões de pessoas na Europa morreram de peste no período em que a disseminação da doença cessou. Roedores, especialmente ratos, são reservatórios para o bacilo da peste e este pode ser transmitido dos ratos para o homem, por meio das pulgas.

Uma outra doença causada por um vírus, a influenza, foi endêmica e pandêmica (que ocorre no mundo todo) em 1173, e houve pelo menos outros 37 episódios entre 1510 e 1973. A influenza e suas complicações durante a epidemia de 1917 a 1919 mataram cerca de 500.000 americanos e 21 milhões de pessoas no mundo inteiro – quase três vezes o número de mortos na Primeira Guerra Mundial. Os microrganismos provaram ser mais fortes que as armas.

A partir do conhecimento de que os microrganismos causam doenças, os cientistas passaram a dar maior atenção a sua prevenção e tratamento. Os funcionários hospitalares adotaram a ***anti-sepsia***, que previne a propagação das doenças infecciosas por inibir ou destruir os agentes etiológicos. Foi descoberta a ***imunização,*** que é um processo que estimula as defesas do corpo contra a infecção. A ***quimioterapia***, tratamento de uma doença com uma substância química, evoluiu à medida que os pesquisadores encontraram drogas melhores. Menos dramáticas, mas mais efetivas, medidas de melhoramento da saúde pública, como o sanitarismo, particularmente aquelas relacionadas com a água e alimentos, reduziram a propagação dos microrganismos e a incidência das doenças.

Anti-sepsia

Em geral, a palavra ***sêpsis*** refere-se ao efeito tóxico da presença do microrganismo no corpo durante a infecção, enquanto a ***anti-sepsia*** refere-se às medidas que eliminam aqueles efeitos por prevenir a infecção. A anti-sepsia foi praticada mesmo antes da teoria microbiana da doença ser comprovada.

Oliver Wendell Holmes (1809-1894), um bem-sucedido médico americano, assim como um homem de letras, insistiu em 1843 que a febre de parturiente era contagiosa e, portanto, era transmitida de uma mulher para outra pelas mãos dos médicos e parteiras. Agora conhecida como *febre puerperal*, naquela época era uma infecção séria, freqüentemente fatal à mãe após o nascimento do bebê. Em 1846, o médico húngaro Ignaz Philipp Semmelweis (1818-1865) trabalhou para convencer seus colegas de que o uso de soluções cloradas fazia a anti-sepsia das mãos dos obstetras.

Por volta de 1860, um cirurgião inglês de nome Joseph Lister (1827-1912) pesquisava uma maneira de manter as incisões cirúrgicas livres de contaminação pelos microrganismos. Naquele período, mortes por infecção pós-cirúrgi-

Figura P.14 J. Lister produzindo uma névoa de ácido carbólico (fenol) durante cirurgia, para reduzir a incidência de infecção.

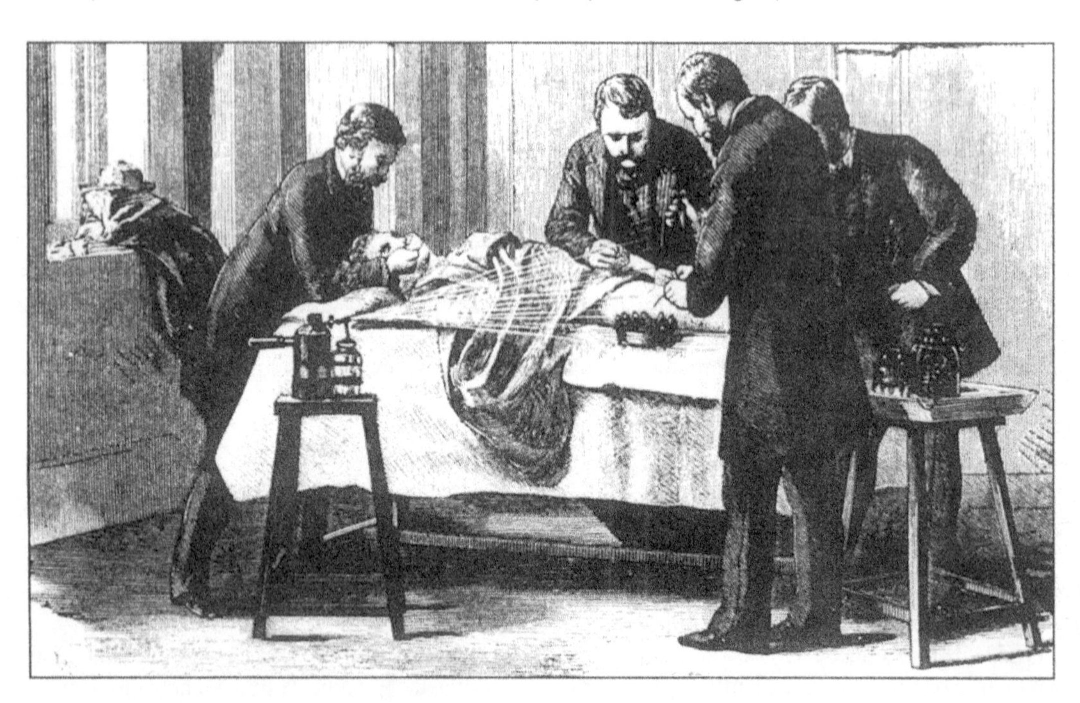

Figura P.15 O princípio da imunização como demonstrado por Pasteur. Inicialmente Pasteur inoculou as galinhas com uma cultura velha de bactérias que causam a cólera aviária; essas galinhas permaneceram sadias. Várias semanas mais tarde, ele inoculou as mesmas galinhas com uma cultura jovem das bactérias. Esta cultura virulenta foi inócua às galinhas previamente inoculadas, mas foi fatal para as galinhas não inoculadas. Esse experimento mostrou que as culturas "velhas" de bactérias da cólera aviária, embora incapazes de produzir doença, eram capazes de produzir substâncias protetoras no sangue, denominadas "anticorpos"

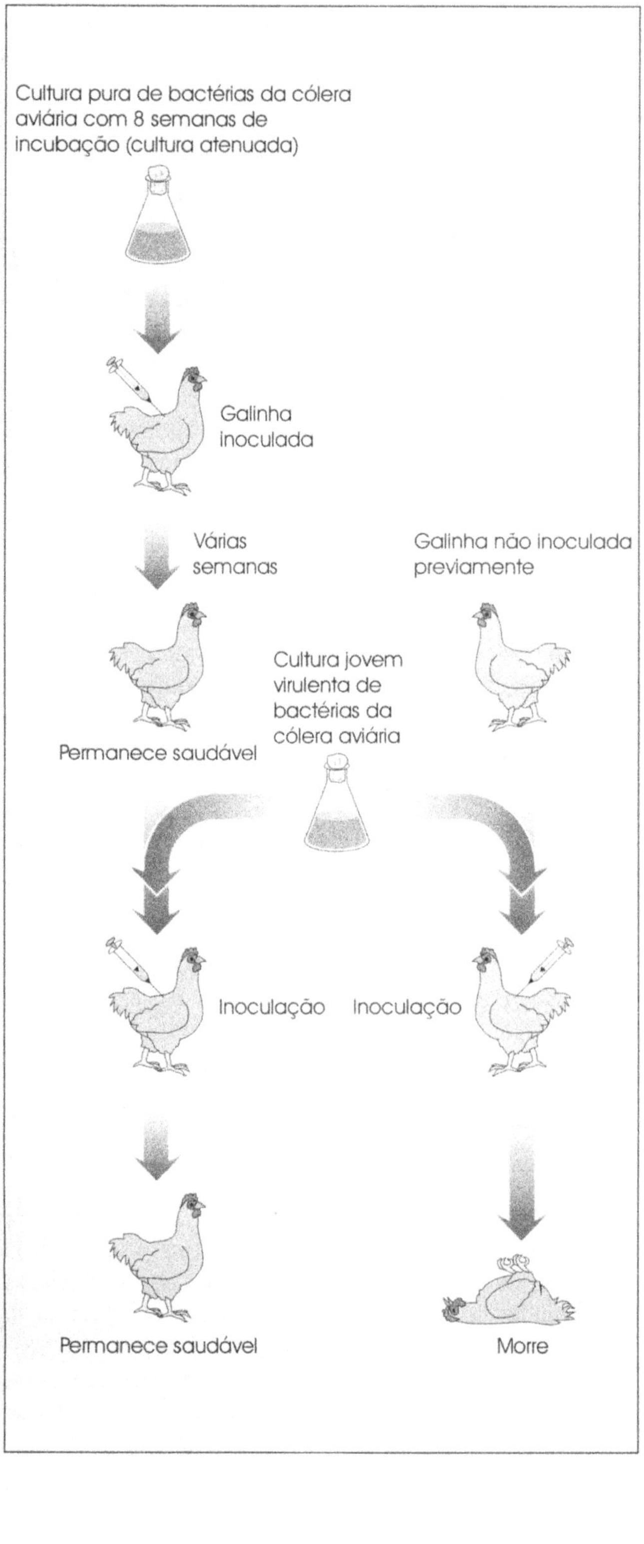

Cultura pura de bactérias da cólera aviária com 8 semanas de incubação (cultura atenuada)

Galinha inoculada

Várias semanas

Galinha não inoculada previamente

Cultura jovem virulenta de bactérias da cólera aviária

Permanece saudável

Inoculação

Inoculação

Permanece saudável

Morre

ca eram freqüentes. Em 1864, por exemplo, os relatos de Lister demonstraram que 45% de seus próprios pacientes morreram desta maneira.

O ácido carbólico, também chamado de *fenol*, destruía as bactérias, propriedade já conhecida naquela época. Assim, Lister embebeu as compressas cirúrgicas com uma solução diluída dessa substância química e ainda borrifou-a na sala de cirurgia (Figura P.14). Tão notável foi seu sucesso que a técnica foi rapidamente aceita por outros cirurgiões astutos o suficiente para reconhecer o significado dos achados de Lister. Seus experimentos deram origem às ***técnicas assépticas*** atuais que previnem infecções. Hoje, uma variedade de substâncias químicas e processos físicos pode reduzir o número de microrganismos em salas cirúrgicas, enfermarias para recém-nascidos prematuros e salas onde as drogas são distribuídas em frascos estéreis.

Imunização

Em 1880, Pasteur usou as técnicas de Koch para isolar e cultivar a bactéria que causa a cólera aviária. Para confirmar a sua descoberta, ele organizou uma demonstração pública na qual repetiu um experimento que havia sido bem-sucedido em várias tentativas preliminares, em seu laboratório. Ele inoculou uma cultura pura da bactéria em galinhas sadias e esperou que elas manifestassem os sintomas e morressem, logo após. Mas, para sua surpresa, as galinhas não adoeceram e não morreram (Figura P.15)!

Figura P.16 Edward Jenner vacinando (inoculando) James Phipps com material proveniente de animal com varíola bovina, que resultou no desenvolvimento de resistência à infecção pelo vírus da varíola humana.

Pasteur, revisando cada etapa de seu experimento, verificou que acidentalmente tinha usado culturas com várias semanas de incubação, em vez das culturas jovens, recentemente preparadas para a demonstração. Algumas semanas mais tarde, ele repetiu o experimento usando dois grupos de galinhas: o primeiro grupo foi inoculado no experimento inicial com culturas velhas e o outro grupo não foi exposto à bactéria da cólera. Depois, os dois grupos receberam bactérias provenientes de culturas jovens. As galinhas do segundo grupo morreram, mas as do primeiro permaneceram sadias.

Intrigado, Pasteur logo encontrou a explicação. Ele descobriu que as bactérias podiam tornar-se ***avirulentas*** (isto é, perder sua ***virulência,*** ou habilidade de produzir uma doença), quando cultivadas por muito tempo. Mas essas bactérias avirulentas ainda podiam estimular no hospedeiro, no caso as galinhas, a produção de substâncias que protegem de infecções subseqüentes e, assim, torná-lo ***imune*** às doenças.

Pasteur, em seguida, aplicou este princípio de imunização na prevenção do carbúnculo, e outra vez, ele funcionou. Ele denominou as culturas avirulentas de ***vacinas*** (do latim *vacca*, vaca) e o processo de imunização com tais culturas, de ***vacinação***. Usando estes termos, Pasteur reconheceu os trabalhos prévios de Edward Jenner (1749-1823), que tinha vacinado com sucesso um garoto contra a varíola humana em 1798 (Figura P.16). Jenner ouviu relatos de leiteiros que adquiriram a varíola bovina de suas vacas, e estes nunca desenvolveram quadros sérios de varíola humana. Ele supôs que a exposição à varíola bovina de alguma maneira os protegia contra a varíola humana. Para testar esta hipótese, ele inoculou soro de animal com varíola bovina em James Phipps e posteriormente injetou amostras que continham o agente da varíola humana. O garoto não adquiriu varíola humana.

Figura P.17 Este monumento, nos jardins do Instituto Pasteur, Paris, homenageia as contribuições de Pasteur no controle da raiva.

Figura P.18 Elie Metchnikoff, um microbiologista russo trabalhando no laboratório de Pasteur, foi a primeira pessoa a reconhecer a função de certas células brancas do sangue em combater uma infecção bacteriana.

A fama de Pasteur espalhava-se por toda a França, tornando-se prevalecente a crença de que ele poderia operar milagres com os microrganismos. Não foi surpresa quando ele foi consultado para fazer uma vacina contra a hidrofobia ou raiva, uma doença transmitida às pessoas pela mordida de cães, gatos e outros animais infectados. Sendo um químico e não um médico, Pasteur não estava acostumado a tratar humanos. No entanto, finalmente ele concordou em devotar sua usual determinação e habilidade no combate à raiva, que era quase invariavelmente uma doença fatal.

Apesar do fato de que o agente causal da raiva era desconhecido, Pasteur acreditou firmemente que se tratava de um microrganismo. Ele reproduziu a doença em coelhos inoculados com saliva de cães raivosos. Quando o coelho inoculado morria, Pasteur e seus assistentes retiravam o cérebro e a medula espinal, secavam-nos por vários dias, pulverizavam-nos e, por fim, faziam uma suspensão do pó obtido. A inoculação de cães com esta mistura protegia-os contra a raiva.

Contudo, a vacinação de cães era bastante diferente do tratamento da doença humana. Então, em julho de 1885, um jovem chamado Joseph Meister foi mordido por um lobo raivoso e sua família persuadiu Pasteur a vacinar a criança. O preocupado Pasteur ficou tão aliviado como qualquer outra pessoa quando, após várias semanas de inoculação, o garoto não morreu (Figura P.17).

Quando Pasteur salvou a maioria de um grupo de lavradores russos que foram mordidos por lobos raivosos, o czar enviou-lhe 100.000 francos. Esse dinheiro, em conjunto com outros donativos provenientes de todos os lugares do mundo, foi o início do mundialmente famoso Instituto Pasteur, em Paris.

Um outro conceito fundamental da imunologia foi descoberto pelo russo Elie Metchnikoff (1845-1916; Figura P.18). Enquanto estudava larvas de estrelas-do-mar, ele observou que certas células englobavam lascas de madeira que tinham sido introduzidas na larva. Tais células foram denominadas ***fagócitos***, palavra originada do grego que significa "devorador de células". Metchnikoff, enquanto trabalhava no Instituto Pasteur em Paris, verificou que certos leucócitos (células sanguíneas da série branca) "comiam" bactérias causadoras de doenças, na maioria dos animais, incluindo o homem. Ele formulou a teoria de que os fagócitos eram a primeira e mais importante linha de defesa contra a infecção. Por esta descoberta, ele (junto com Paul Ehrlich) recebeu o Prêmio Nobel, em 1908.

Quimioterapia

A *quimioterapia* tem sido praticada por centenas de anos. O mercúrio era usado para tratar a sífilis já no ano de 1495, e a casca da cinchona (que contém quinina) foi usada na América do Sul durante o século XVII para tratar a malária. Antes da viagem de Colombo à América, nativos do Brasil usavam a raiz de ipecacuanha para tratar disenteria. Assim, as plantas funcionavam como fonte original de agentes quimioterapêuticos. Somente com a brilhante descoberta de Paul Ehrlich é que a quimioterapia moderna teve seu início.

O desejo de Ehrlich era encontrar uma "arma mágica" – uma substância química tão eficaz que fosse capaz de destruir um micróbio causador de uma doença específica sem contudo afetar as células do paciente. Particularmente, ele desejava encontrar uma arma mágica que pudesse ser usada no tratamento de pacientes sifilíticos. Para este fim, sintetizou sistematicamente centenas de compostos químicos, com sucesso limitado. Em 1909, um ano depois, ele ganhou o Prêmio Nobel pelos trabalhos pioneiros sobre como os anticorpos são formados e também sintetizou seu 606º composto. Era um composto arsenical sintético denominado *salvarsan* que se mostrou ativo contra a bactéria da sífilis.

Um outro avanço na quimioterapia ocorreu em 1932, durante a Segunda Guerra Mundial. Gerhard Domagk (1895-1964), um médico alemão, descobriu que o grupo de substâncias químicas denominado *sulfonamidas* ou sulfas era muito efetivo contra várias infecções bacterianas. Como exemplo dessa efetividade, a taxa de fatalidades por infecções meningocócicas entre os soldados americanos na Segunda Guerra Mundial foi apenas 3,9%, comparada com 39% na Primeira Guerra Mundial. Domagk ganhou o Prêmio Nobel por seus esforços e auxílios prestados nas pesquisas de agentes quimioterápicos. Esses agentes uniram-se às substâncias químicas extraídas de plantas no combate às doenças.

A descoberta da *penicilina* iniciou um outro período importante da quimioterapia, aquele que contava com substâncias produzidas pelos microrganismos. Em 1928, anos antes do advento do tratamento com sulfonamidas, o microbiologista escocês Alexander Fleming (1881-1955) relatou que uma substância sintetizada por um fungo comum, o *Penicillium notatum*, inibia o crescimento de certas bactérias. Foi uma descoberta quase ao acaso.

A descoberta da substância, que foi denominada penicilina, levou a um círculo vicioso. Um dia Fleming notou que um fungo tinha contaminado algumas placas de cultura de bactérias que estava estudando e rejeitou-as, imaginando que as culturas estivessem inutilizadas. Mas quando ele observou mais atentamente, notou que as bactérias não cresciam próximas do fungo, mais tarde reconhecido como *Penicillium notatum*. Fleming imaginou que o fungo produzia alguma substância que inibia o crescimento da bactéria. Seu relato original não foi notificado até dez anos após a sua observação, mas o foi somente quando um grupo da Universidade de Oxford verificou que a substância química antibacteriana tinha origem microbiana. O impulso maior para essa pesquisa foi a Segunda Guerra Mundial e as doenças dos campos de batalha. O grupo, conduzido por Howard W. Florey (1898-1968) e Ernst Chain (1906-1979), conduziu experimentos clínicos com a penicilina, com resultados fantásticos, o que fez com que a penicilina fosse rapidamente referida como a "droga milagrosa". Florey, Chain e Fleming, posteriormente, ganharam o Prêmio Nobel em 1945 por seus trabalhos.

Desenvolvimento em Outras Áreas da Microbiologia

É natural que a microbiologia médica tenha-se desenvolvido primeiro. Entretanto, as descobertas de Pasteur e Koch sobre o papel dos microrganismos nas doenças foram logo comparadas com os resultados das atividades

Figura P.19 Dois dos principais colaboradores para o conhecimento sobre a importante função dos microrganismos no solo, [**A**] Sergei Winogradsky (1856-1953) e [**B**] Martinus Beijerinck (1851-1931), descobriram muitas das reações químicas realizadas pelos microrganismos no solo.

(A)

(B)

dos microrganismos na agricultura e na indústria. A microbiologia do solo iniciou-se no final do século XIX com o microbiologista russo Sergei Winogradsky (1856-1953; Figura P.19A). Ele descobriu que certas bactérias do solo podiam absorver o nitrogênio atmosférico e convertê-lo em nutrientes para as plantas. Também descobriu que outras espécies de bactérias podiam transformar a amônia, que era liberada de plantas e animais em decomposição, em nitratos – uma fonte primária de nitrogênio para as plantas. Winogradsky fez uma observação fundamental sobre a função dos microrganismos na transformação química envolvendo enxofre, ferro e seus derivados. Durante os estudos, ele descobriu que certos micróbios cresciam somente em presença de compostos inorgânicos – um exemplo desta categoria nutricional de microrganismo será descrito neste texto. Eles não cresciam em ágar nutriente, utilizado por Koch e seus colaboradores, para o cultivo dos micróbios que causavam doenças.

Winogradsky e seu contemporâneo, o microbiologista alemão Martinus W. Beijerinck (1851-1931; Figura P.19B) introduziram as técnicas de enriquecimento de culturas – um procedimento que melhorou a possibilidade de isolar tipos especiais de microrganismos, tais como os do solo e da água. Por exemplo, suponha que você queira isolar um microrganismo do solo que tenha habilidade de decompor celulose, que é a substância mais rica em carbonos, em plantas. Inicialmente, prepararíamos um meio líquido com celulose como única fonte de carbono em frascos ou tubos de ensaio. A seguir, inocularíamos o meio com amostras do solo, incubaríamos por vários dias e faríamos a transferência para um meio de cultura novo. O processo é repetido várias vezes. Os microrganismos capazes de usar celulose aumentarão em número (o meio é *enriquecido* com essa população). De certa forma, este procedimento é análogo ao processo de seleção natural – a composição do meio favorece o crescimento de um tipo particular de microrganismo. Usando esta técnica, Beijerinck descobriu que o odor desagradável do canal Delft no verão era devido às bactérias que podiam transformar sulfatos em sulfeto de hidrogênio, que tem odor de ovo estragado.

Beijerinck também descobriu as bactérias que crescem nas raízes de leguminosas, tais como alfafa, alho e soja. Elas causam um espessamento do tecido da raiz, formando um nódulo. As bactérias absorvem nitrogênio atmosférico fornecendo-o como alimento para as plantas. Atualmente os agricultores, antes de plantarem, inoculam nas sementes de leguminosas culturas especiais dessas bactérias para aumentar a produção.

A introdução da microbiologia na indústria foi sugerida pelas pesquisas de Pasteur em processos de fermentação da uva para produção de vinho. Entretanto, uma abordagem mais precisa foi lançada por Emil Christian Hansen

Figura P. 20 A. J. Kluyver (1888-1956) e C. B. van Niel (1897-1985). Kluyver sucedeu Beijerinck como diretor do Laboratório de Microbiologia da Universidade Técnica de Delft, Holanda, em 1922. Ele – inicialmente sozinho e mais tarde com seu estudante C. B. van Niel – deu contribuições significativas para o conhecimento sobre a atividade química dos microrganismos.

(1842-1909) em Copenhague, Dinamarca. Hansen abriu o caminho para o uso de *culturas iniciadoras*, culturas de tipos desejados de microrganismos para a produção de substâncias específicas. Assim, "adivinhar" qual produto será elaborado pelos microrganismos usados na indústria estava fora de questão. Hoje, vinícolas, cervejarias, fábricas de queijo, manteiga e produtos fermentados tais como iogurte utilizam culturas "iniciadoras" para manter a qualidade de seus produtos.

Microbiologia e Bioquímica

Durante o início do século XX, houve um crescente conhecimento da enorme capacidade dos microrganismos em realizar transformações químicas. As pesquisas de Winogradsky, Beijerinck e outros revelaram a atividade química dos microrganismos no solo. Foi-se compreendendo que o uso de microrganismos para a produção industrial era dependente da habilidade para produzir transformações químicas. Além disso, a necessidade de informação mais descritiva para caracterizar e diferenciar os microrganismos foi reconhecida. Logo, pesquisas sobre as atividades químicas dos microrganismos – a bioquímica – começaram a fornecer várias informações. Parece não haver limites para os tipos de substâncias que podem ser decompostas ou o tipo de novos compostos químicos produzidos pelos microrganismos. Os estudos foram direcionados no sentido de determinar as etapas das transformações químicas.

Esta aparentemente complicada diversidade bioquímica entre os microrganismos foi brilhantemente interpretada pelo microbiologista holandês A. J. Kluyver (1888-1956). Kluyver sucedeu Beijerinck como líder da escola de microbiologistas de Delft. Ele observou que muitas reações químicas microbianas também ocorriam em outros organismos, inclusive o homem. Concluiu que, apesar desta aparente diversidade, há um grau de semelhança significativo entre os sistemas vivos, ou *unidade bioquímica*. Um dos alunos de Kluyver, C. B. van Niel (1897-1985), tornou-se diretor do Laboratório Marinho Pacific Grove, onde prosseguiu com o tema de unidade bioquímica entre os microrganismos. Muitos microbiologistas contemporâneos foram educados e treinados sob sua supervisão.

Outras evidências para o conceito de unidade na bioquímica de sistemas vivos vieram de experimentos nutricionais com bactérias. Já é conhecido que o crescimento de bactérias é dependente de ou acentuado por pequenas quantidades de extratos de fígado, leveduras e outros materiais. Esses extratos, referidos como *fatores de crescimento*, foram mais tarde identificados como sendo

(A)

(B)

vitaminas, incluindo tiamina (vitamina B_1), piridoxamina (vitamina B_6), cobalamina (vitamina B_{12}) e outras. Algumas bactérias requerem as mesmas vitaminas requeridas pelos animais e pelo homem; a função das vitaminas é a mesma em todos os sistemas biológicos.

As realizações, durante este período da microbiologia, foram ressaltadas por Kluyver e van Niel em 1954, na Universidade de Harvard, em uma série de conferências intituladas *A Contribuição dos Microrganismos para a Biologia* (Figura P.20).

Microbiologia e Genética (Biologia Molecular)

Antes de 1940 havia especulações com poucos fatos sobre a genética de microrganismos. O conhecimento sobre genética vinha de pesquisas com plantas e animais. Ficava aberta a questão sobre quantos dos resultados obtidos por meio dessas pesquisas eram aplicáveis aos microrganismos. Entretanto, uma reviravolta radical ocorreu no período de 1940 – uma série de descobertas colocou os microrganismos na linha de frente da pesquisa genética. George Beadle e Edward Tatum, em 1941, trabalhando com o fungo *Neurospora*, isolaram mutantes com diferentes deficiências em sua habilidade para sintetizar um composto particular. A cepa parental de *Neurospora* não tinha nenhuma deficiência nutricional. Por meio de estudos com esses mutantes nutricionais, foi possível estabelecer a via pela qual o dado composto é sintetizado. Beadle (Figura P.21A) e Tatum (Figura P.21B) foram agraciados com o Prêmio Nobel em 1958 por suas descobertas genéticas em *Neurospora*. Juntamente com eles, Joshua Lederberg recebeu o Prêmio Nobel (Figura P.21C), pela descoberta de que o material genético podia ser transferido de uma bactéria para outra.

A função do DNA na genética bacteriana foi observada por Oswald Avery, Colin MacLeod e Maclyn McCarty, em suas pesquisas no Instituto Rockefeller com uma bactéria que causa pneumonia, denominada pneumococos. Eles descobriram que o DNA de um tipo de pneumococos podia "transferir" uma característica hereditária (informação genética) a um outro tipo de pneumococo. Mais tarde veio a marcante descoberta da estrutura molecular do ácido desoxirribonucléico (DNA) por James Watson, Francis Crick e Maurice Wilkins (vencedores do Prêmio Nobel, em 1962). Essas descobertas, junto com outras, estabeleceram que a informação genética de todos os microrganismos era codificada pelo DNA. Isto fez com que os microrganismos se tornassem modelos extremamente atrativos para a pesquisa genética. Recentemente, muitas descobertas fundamentais de processos genéticos em nível molecular têm sido realizadas mediante pesquisas com microrganismos. Os cientistas também têm analisado e diferenciado DNAs isolados de muitos organismos. Além disso, habilidades técnicas e o uso de novas enzimas têm sido desenvolvidos, por meio dos quais a molécula de DNA pode ser "cortada e emendada" para incorporar um novo fragmento de DNA; este novo fragmento de DNA confere ao micróbio receptor uma nova capacidade bioquímica. Estas técnicas de transferência de um fragmento de DNA de um organismo para outro são chamadas de *tecnologia do DNA recombinante* ou *engenharia genética*. O resultado das pesquisas genéticas com microrganismos tem sido tão significativo que muitos pesquisadores, além daqueles já mencionados, têm sido agraciados com o Prêmio Nobel por suas descobertas.

(C)

Figura P.21

Em 1958 o Prêmio Nobel em Fisiologia ou Medicina foi conferido a [**A**] George W. Beadle; [**B**] Edward L. Tatum; e [**C**] Joshua Lederberg, por suas descobertas de fenômenos genéticos em microrganismos.

Tabela P.2 Alguns eventos importantes para o desenvolvimento da microbiologia.

Evento	Autor	Período
Descoberta do mundo microbiano	Antony van Leeuwenhoek	Século XVII
Primeiro sistema de classificação dos microrganismos	Carl Linnaeus	Século XVIII
Descoberta de que a vacinação com vírus da varíola bovina prevenia a varíola humana	Edward Jenner	
Refutação da teoria da geração espontânea	Louis Pasteur	Século XIX
Estabelecimento de que a febre do recém-nascido era transmitida pelas mãos contaminadas dos médicos	Ignaz Semmelweis	
Desenvolvimento dos conceitos de técnica asséptica	Joseph Lister	
Comprovação da teoria microbiana da fermentação	Pasteur	
Estabelecimento da teoria microbiana das doenças	Pasteur e Robert Koch	
Desenvolvimento de técnicas laboratoriais microbiológicas	Koch	
Postulados de Koch: critério para estabelecer o agente causal da doença	Koch	
Descoberta de que culturas avirulentas produziam imunidade	Pasteur	
Descrição da função das células sanguíneas da série branca e a teoria da imunidade celular (fagocitose)	Elie Metchnikoff	
Descoberta das atividades químicas dos microrganismos no solo	Sergei Winogradsky e Martinus Beijerinck	
Desenvolvimento da coloração diferencial para bactérias (coloração de Gram)	Hans Christian Gram	
Descoberta das doenças de plantas causadas por bactérias	Thomas J. Burrill e Erwin S. Smith	
Descoberta do vírus	Dmitri Ivanovski	Século XX
Descoberta da relação dos vírus com o câncer	Beijerinck e Peyton Rous	Primeira década do século XX
Descoberta de um agente quimioterápico específico para curar uma doença bacteriana – conceito de quimioterapia	Paul Ehrlich	
Descoberta dos vírus bacterianos (bacteriófagos)	Felix d'Herelle e Frederick Twort	
Reconhecimento da diversidade bioquímica dos microrganismos e desenvolvimento do conceito de unidade na bioquímica de sistemas vivos	A. J. Kluyver e C. B. van Niel	Segunda década do século XX
Cultivo dos vírus em células animais (cultura de tecidos)	F. Parker e R. N. Nye	
Primeira edição do *Bergey's Manual*	D. Bergey e R. Buchanan	

Tabela P.2 Alguns eventos importantes para o desenvolvimento da microbiologia. (*Continuação.*)

Evento	Autor	Período
Descoberta dos efeitos antibacterianos da sulfonamida – Prontosil	Gerhard Domagk	Terceira década do século XX
Descoberta da penicilina	Alexander Fleming, E. B. Chain e H. W. Florey	
Introdução da microscopia eletrônica	Max Knoll e Ernst Ruska	
Cristalização de um vírus	Wendell Stanley	
Isolamento de mutantes bioquímicos e descoberta de que a exposição ao raio X aumentava a freqüência de mutação	George W. Beadle e Edward L. Tatum	Quarta década do século XX
Definição do DNA como substância química responsável pela hereditariedade	Oswald Avery, Colin MacLeod e Maclyn McCarty	
Descoberta dos processos genéticos em microrganismos que regulam processos químicos específicos	Beadle, Joshua Lederberg e Tatum	Quinta década do século XX
Descoberta do ciclo do ácido cítrico	Hans A. Krebs	
Descoberta da estrutura em dupla hélice do DNA e início da genética molecular	James Watson e Francis Crick	
Desenvolvimento da vacina antipoliomielite	Jonas Salk e Albert Sabin	Sexta década do século XX
Controle da replicação viral pelo DNA	Alfred D. Hershey e Martha C. Chase	
Descoberta do interferon, um inibidor da replicação viral	Alick Isaacs	
Descoberta da natureza das regiões de controle da molécula de DNA para produção de enzimas reguladoras (teoria do operon)	Francis Jacob, Jacques Monod e André Lwoff	
Decifrando o código genético	Robert W. Holley, H. Gobind Khorama e Marshall Nirenberg	Sétima década do século XX
Desenvolvimento de técnicas para o estudo da organização genética (mapeamento genético)	Werner Arber, Daniel Nathans e Hamilton O. Smith	
Descoberta da interação entre o vírus tumoral e o material genético celular	David Baltimore, Howard M. Temin e Renato Dulbecco	
Desenvolvimento da engenharia genética utilizando tecnologia do DNA recombinante	Paul Berg, Walter Gilbert e Frederick Sanger	
Unificação da teoria do desenvolvimento do câncer – demonstração de oncogenes nas células	J. Michael Bishop e Harold E. Varnus	Oitava década do século XX

Assim, em um período de aproximadamente 150 anos (como resumido na Tabela P.2) temos observado a microbiologia emergir de debates sobre a existência e a origem dos microrganismos para uma disciplina científica maior dentro das ciências biológicas. Além disso, os microrganismos estão-se tornando um "instrumento experimental" poderoso para explorar os fenômenos biológicos em todas as formas de vida.

Parte I

Introdução à Microbiologia

Capítulo 1

Bioquímica Essencial para a Microbiologia

Objetivos

Após a leitura deste capítulo, você deve ser capaz de:

1. Diferenciar átomos, íons, elementos e moléculas.
2. Compreender os princípios básicos dos três tipos de ligação química.
3. Explicar as diferenças nas propriedades de solubilidade de vários compostos químicos.
4. Diferenciar porcentagem e molaridade das substâncias em solução, ácidos e bases, pH e concentração iônica de hidrogênio.
5. Descrever as quatro principais classes de compostos biologicamente importantes.
6. Listar as unidades estruturais dos polissacarídeos, ácidos graxos, fosfolipídeos, proteínas, DNA e RNA.
7. Identificar as características diferenciais das proteínas.
8. Compreender a natureza das enzimas e a função vital desempenhada em organismos vivos.

Introdução

Organismos vivos freqüentemente são designados como "máquinas químicas", porque eles são feitos de compostos químicos e vivem por meio de reações químicas. Assim, o conhecimento da *química* é essencial para compreender os microrganismos. A química é a ciência que estuda a composição, a estrutura e as propriedades de substâncias e as transformações que elas sofrem. O processo de combustão da gasolina que impulsiona o automóvel, levando-o a se locomover, é uma reação química. Uma ramificação da química chamada *bioquímica* trata especificamente da química relacionada a processos vitais, tais como as reações envolvidas na respiração e fotossíntese.

Como toda a matéria, organismos vivos contêm átomos e moléculas como suas unidades estruturais básicas. A forma como estes átomos e moléculas interagem determina as qualidades fundamentais dos compostos, tais como solubilidade e acidez. Tais aspectos da química também são de grande importância para os microrganismos, que dependem de nutrientes solúveis e são afetados por seus ambientes. As substâncias químicas importantes nos organismos vivos são baseadas em elementos contendo carbono e incluem carboidratos, lipídeos, proteínas e ácidos nucléicos. Os processos bioquímicos dependem de substâncias especiais denominadas *enzimas*, que podem aumentar significativamente a velocidade na qual uma reação específica ocorre.

Por meio do equilíbrio entre produção e utilização de milhares de substâncias químicas, cada microrganismo pode regular e mesmo contribuir para o seu ambiente.

Átomos e Moléculas

Matéria é a substância pela qual qualquer objeto físico é constituído, desde partículas de silicone a outros minerais que formam uma montanha. Entretanto, os cientistas são capazes de estudar componentes diminutos da matéria. Evidências experimentais indicam que toda a matéria é constituída de partículas elementares que diferem muito pouco uma das outras. Três tipos dessas partículas elementares são especialmente importantes na compreensão dos compostos químicos e sua função no mundo microbiano: *elétrons*, *prótons* e *nêutrons*. Um elétron tem uma unidade de carga elétrica negativa (–1) e é uma partícula relativamente leve. Em contraste, um próton tem uma unidade de carga positiva (+1) e é cerca de 1.840 vezes mais pesado que um elétron. Um nêutron tem aproximadamente o mesmo peso de um próton, mas não carrega cargas elétricas e é considerado uma partícula "neutra".

Átomos

Elétrons, prótons e nêutrons ocorrem em várias combinações para formar os ***átomos***, a menor unidade da matéria que tem uma característica única. Descrito pela primeira vez em 1808, o átomo tem uma região central densa, o ***núcleo***, composto de prótons e nêutrons. Os elétrons descrevem uma órbita ao redor do núcleo, em alta velocidade, e são *numericamente iguais aos prótons* no átomo. O resultado é um átomo sem carga elétrica líquida, porque o total de cargas positivas dos prótons no núcleo é exatamente balanceado pelo total de cargas negativas dos elétrons da órbita do núcleo.

O fato de os elétrons girarem ao redor do núcleo, de uma maneira complexa, torna impossível localizar com precisão a posição dos mesmos em um dado momento. Desta maneira, os elétrons são tão indefiníveis que os cientistas estudam a região do espaço onde há maior probabilidade de um elétron estar presente. Tal região é denominada *orbital* de um elétron (Figura 1.1). Contudo, para compreender as propriedades químicas básicas do átomo, podemos usar modelos mais simples de átomos nos quais os elétrons estão localizados em uma série de anéis concêntricos denominados *níveis de energia* e designados pelas letras K, L, M, N e assim por diante (Figura 1.2A).

Esses anéis não representam a órbita atual, mas sim a energia possuída pelos elétrons devido à alta velocidade na qual eles circulam ao redor do núcleo. Os elétrons nos anéis mais externos circulam em alta velocidade e possuem a maior energia, enquanto aqueles nos anéis mais internos, ou anel K, têm a menor energia. O número máximo de elétrons permitido nos anéis K e L é 2 e 8, respectivamente. Para níveis de energia maiores, se um anel é o mais externo, este possui um máximo de 8 elétrons. Por outro lado, ele pode possuir mais, por exemplo, mais de 18 elétrons no anel M. Se um nível de energia sustentar todos os elétrons permitidos, ele contém um "orbital completo" de elétrons.

Figura 1.1 Exemplos de orbitais, região ao redor de um núcleo atômico onde os elétrons podem ser encontrados. As setas representam o espaço tridimensional e o núcleo atômico é mostrado como um ponto preto central. **[A]** Elétrons no nível energético mais inferior, denominado de nível K, ocupando uma órbita esférica única que pode conter até dois elétrons. **[B]** Elétrons no nível energético seguinte, denominado nível L, ocupam quatro orbitais, um esférico e três em forma de halteres. Cada orbital pode conter no máximo oito elétrons. Adicionalmente, níveis energéticos maiores podem ocorrer, dependendo do átomo particular.

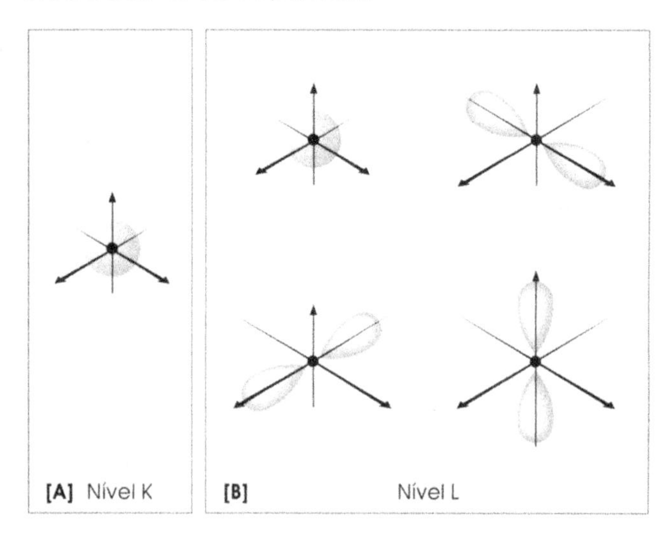

Elementos. Há 92 tipos de átomos que ocorrem naturalmente, cada um denominado ***elemento*** (Tabela 1.1). São exemplos o oxigênio, o cobre, o nitrogênio, o cálcio, o enxofre e o zinco. Um elemento é definido pelo seu *número atômico*, o número de prótons no núcleo do átomo. Como o número de prótons não varia para um dado elemento, todos os átomos daquele elemento particular têm o mesmo número atômico. Exceto para o hidrogênio, o núcleo de todos os átomos também possui nêutrons. O número de nêutrons, porém, pode variar nos átomos de um dado elemento. Átomos que possuem o mesmo número de prótons em seus núcleos mas diferem no número de nêutrons são denominados *isótopos*.

Para finalidades práticas, o *peso atômico* de um átomo é igual à soma de nêutrons e prótons no núcleo. O átomo de hidrogênio é o mais simples e tem somente um próton e um elétron (Figura 1.2B). O único próton significa que o número atômico do hidrogênio é 1, e a ausência de nêutrons significa que o peso atômico do hidrogênio é o mesmo que o seu número atômico. Por outro lado, um átomo de carbo-

Figura 1.2 [**A**] Níveis energéticos de elétron podem ser representados como uma série de anéis concêntricos (K, L, M, N e outros) circundando o núcleo. [**B**] Alguns elementos comuns encontrados em organismos vivos. O nível energético K pode conter até dois elétrons e o nível L, até oito elétrons. Quando o nível energético M é o mais externo (como nos átomos de enxofre e fósforo), ele pode conter mais de oito elétrons.

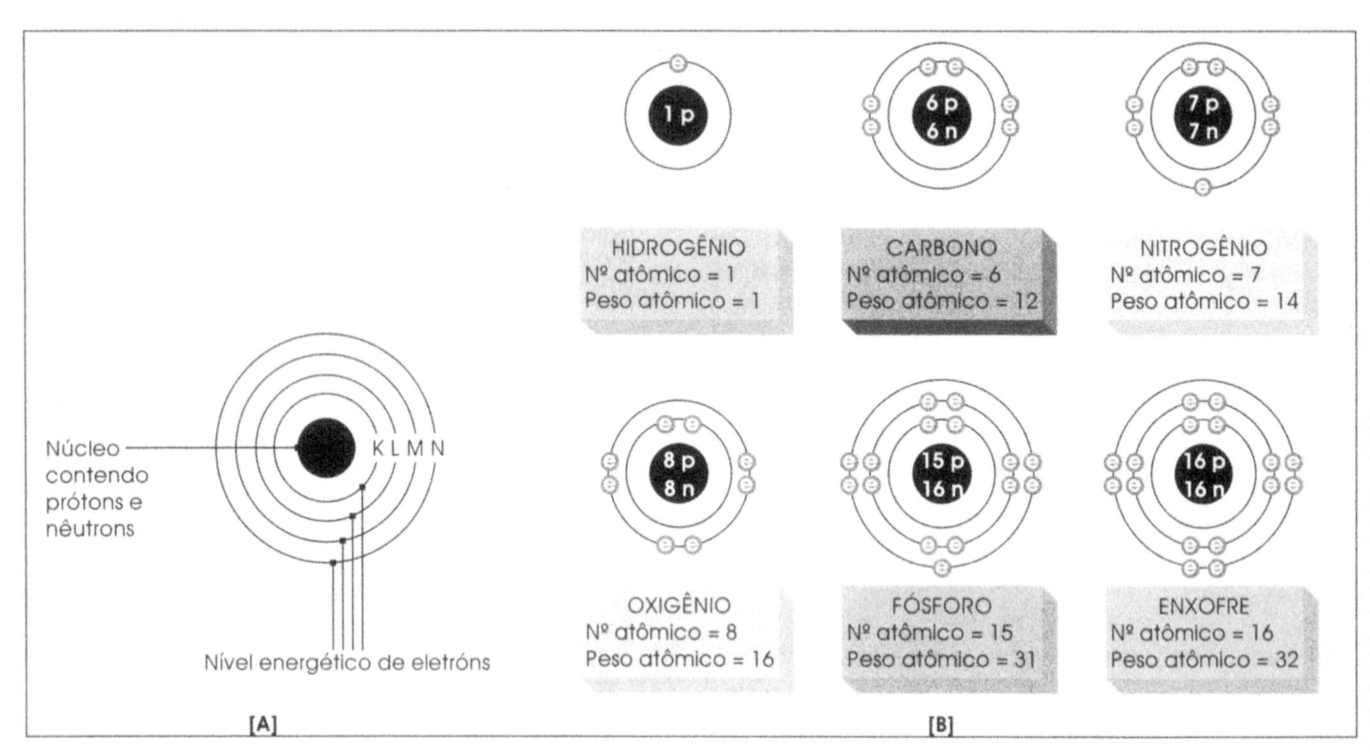

Tabela 1.1 Alguns elementos essenciais em microrganismos.

Elemento	Símbolo
Principais elementos (abundantes em microrganismos)	
Hidrogênio	H
Carbono	C
Nitrogênio	N
Oxigênio	O
Outros elementos (pequenas quantidades em microrganismos)	
Fósforo	P
Enxofre	S
Sódio (Latim: *natrium*)	Na
Magnésio	Mg
Cloro	Cl
Potássio (Latim: *kalium*)	K
Ferro (Latim: *ferrum*)	Fe
Cálcio	Ca
Elementos traços (quantidades diminutas em microrganismos)	
Cobre (Latim: *cuprum*)	Cu
Zinco	Zn
Manganês	Mn
Cobalto	Co
Molibdênio	Mo
Níquel	Ni
Boro	B
Vanádio	V

no contém 6 prótons, 6 nêutrons e 6 elétrons. Assim, o número atômico do carbono é 6 e o seu peso atômico é 6 + 6 = 12.

Íons. Os átomos são eletricamente neutros porque o número de elétrons com suas cargas negativas é igual ao número de prótons carregados positivamente. Entretanto, um átomo pode ganhar ou perder elétrons, e nestes casos ele adquire uma carga elétrica e se torna um ***íon*** (Figura 1.3). Se a carga líquida é positiva, o íon é um ***cátion;*** se ela é negativa, o íon é um ***ânion***. Por exemplo, se um átomo de sódio (Na) perde um elétron, ele terá uma carga elétrica positiva extra e se torna o cátion sódio (Na^+). Um átomo de cloro (Cl) pode ganhar o elétron perdido pelo átomo de sódio e, assim, tem uma unidade de carga negativa, tornando-o um ânion (Cl^-). Os dois novos íons em combinação são a base para a formação do sal (NaCl).

Alguns tipos de átomos podem ganhar ou perder mais de um elétron. Os íons resultantes, então, têm mais do que uma unidade de carga elétrica, tal como ocorre com o íon magnésio (M_g^{2+}), com uma carga positiva líquida igual a 2.

Figura 1.3 Um átomo, que é eletricamente neutro, pode ganhar ou perder elétrons de seu nível energético mais externo e torna-se um íon, que apresenta uma carga elétrica.

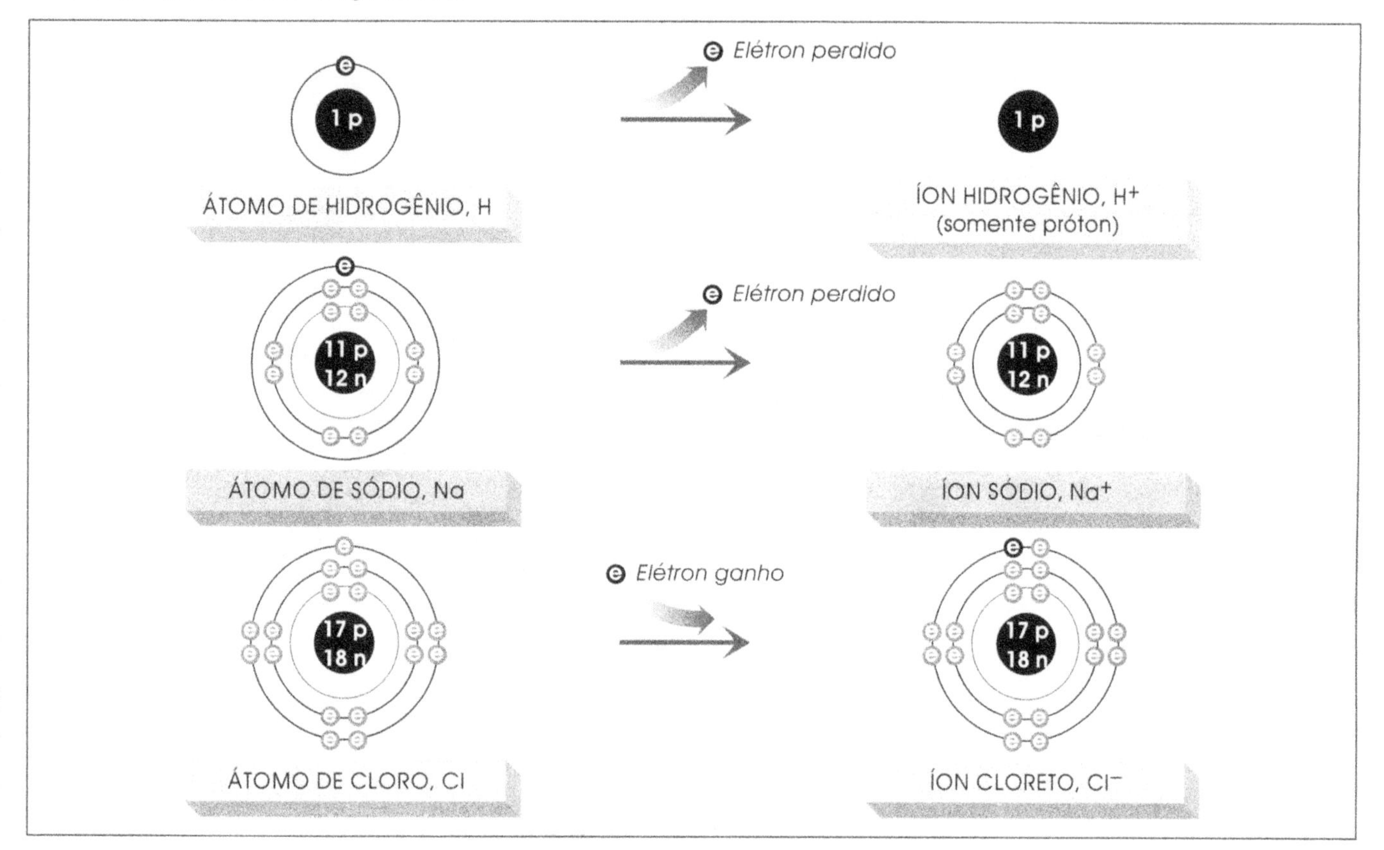

Moléculas

No ano de 1794, o químico francês Antoine Lavoiser foi decapitado pelos revolucionários por coletar taxas de pessoas comuns; sua contribuição foi a distinção entre elementos químicos e compostos químicos. Em 1811, o cientista italiano Amedeo Avogrado descreveu as diferenças entre átomos e ***moléculas***. Moléculas são formadas por átomos ligados uns aos outros. Substâncias constituídas por um tipo simples de moléculas são denominadas ***compostos***. Um exemplo é o óxido férrico, um composto constituído de ferro e oxigênio, que é o componente primário da ferrugem.

Qualquer composto pode ser abreviado por uma *fórmula* que denota sua composição atômica. NaCl é a fórmula para o composto conhecido como cloreto de sódio (sal). Essa fórmula indica que cada molécula desse composto consiste em um átomo de sódio e um átomo de cloro. CH_4 é a fórmula para o gás metano, um produto da decomposição de plantas no trato digestivo de ruminantes. Cada molécula desse composto contém um átomo de carbono e quatro átomos de hidrogênio. A glicose tem uma fórmula mais complexa: $C_6H_{12}O_6$. ***Compostos inorgânicos***, tais como NaCl e H_2O (água) não contêm carbono, enquanto compostos com carbono são denominados ***compostos orgânicos***.

Três tipos principais de ligações unem os átomos de uma molécula com um átomo de uma outra molécula. Dependendo do tipo de interações entre os átomos envolvidos, elas são chamadas de *ligações iônicas, ligações covalentes* ou *ligações hidrogeniônicas*. As ligações químicas são baseadas na tendência do átomo em buscar uma órbita completa de elétrons no nível energético mais externo, desta forma tornando-se um arranjo mais estável.

Ligações Iônicas. Em alguns casos, dois átomos podem complementar o nível energético mais externo, se um átomo *doar* um elétron a outro átomo. É o que acontece com os sais. Um átomo de cloro tem somente sete elétrons no anel M (Figura 1.3). Se ele ganhasse um elétron, teria o orbital completo com oito elétrons. Por outro lado, um átomo de sódio tem somente um único elétron em seu anel

Figura 1.4 Ligações covalentes são formadas quando elétrons são compartilhados entre átomos.

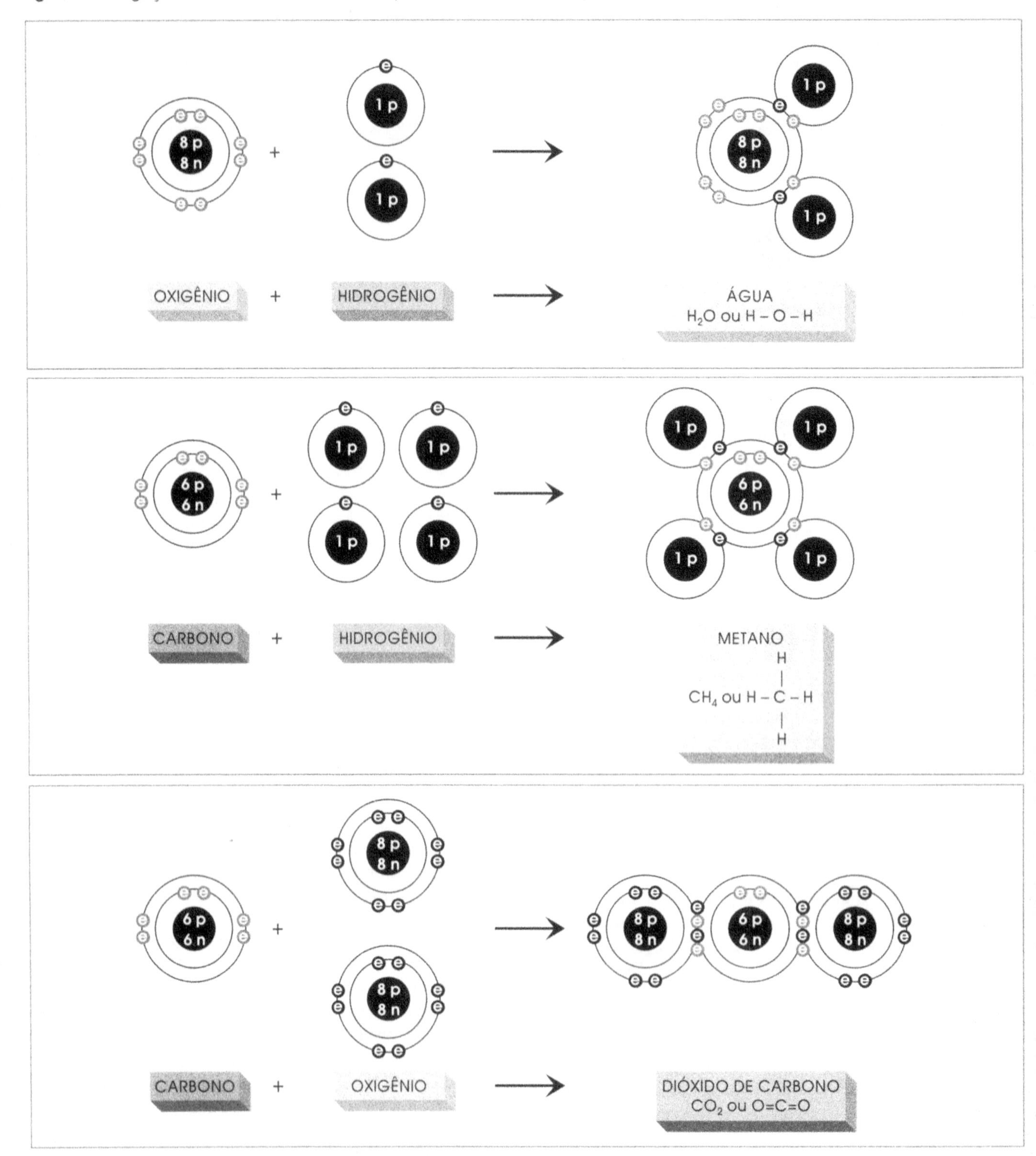

M. Se ele perdesse um elétron, o nível energético inferior (anel L) ficaria com a órbita completa com oito elétrons em seu novo anel mais externo. Se um átomo de sódio doar seu elétron em excesso ao átomo de cloro, o íon sódio carregado positivamente liga-se por meio de uma forte atração elétrica ao íon cloreto, carregado negativamente. O resultado é uma molécula de cloreto de sódio. Este é um exemplo de ***ligação iônica***, onde há uma atração elétrica entre o átomo que ganha e o outro que perde elétrons.

Ligações Covalentes. Átomos também podem atingir uma órbita completa mais externa por *compartilhar* elétrons com outro átomo. O exemplo mais comum é a molécula de água. Um átomo de hidrogênio tem um único elétron em seu nível energético mais externo (nível K), enquanto uma órbita completa seria com dois elétrons. Contudo, um átomo de oxigênio tem seis elétrons em seu nível energético mais externo (nível L), enquanto uma órbita completa seria de oito elétrons. Para estabilizar, dois átomos de hidrogênio podem compartilhar seus elétrons com um átomo de oxigênio, assim formando uma molécula de água (Figura 1.4.) Este tipo de ligação baseada no compartilhamento de um par de elétrons é a ***ligação covalente***, que pode ser representada por um traço conectando dois símbolos para os elementos na fórmula:

H–O–H

Água

Similarmente, quatro átomos de hidrogênio podem compartilhar seus elétrons com um átomo de carbono e formar uma molécula de metano (CH_4), como demonstrado na Figura 1.4. A forma abreviada é:

```
  H
  |
H-C-H
  |
  H
```

Metano

Em alguns casos, dois pares de elétrons são compartilhados entre dois átomos, formando assim uma *ligação covalente dupla*, como aquela na molécula de dióxido de carbono (CO_2):

O= C =O

Dióxido de carbono

Ainda, dois átomos podem compartilhar três pares de elétrons formando uma *ligação covalente tripla*, como na molécula do gás nitrogênio (N_2):

N≡N

Gás nitrogênio

Embora a abreviação das moléculas usadas rotineiramente torne-as diminutas, na verdade as moléculas apresentam formas tridimensionais (Figura 1.5). Estas formas dependem do composto, de como os átomos estão envolvidos e de que tipo de ligação existe entre eles.

Em algumas ligações covalentes, os elétrons não são compartilhados igualmente entre os dois átomos. Eles podem ficar mais próximos do núcleo de um átomo do que do outro. Tais ligações são denominadas *ligações covalentes polares*. Novamente, o exemplo da água: o átomo de oxigênio atrai o elétron compartilhado para o seu próprio núcleo, afastando-o do núcleo do átomo de hidrogênio. O resultado é uma molécula com polaridade elétrica: o átomo de oxigênio adquire uma leve carga negativa devido ao ganho parcial de elétron, enquanto o hidrogênio adquire uma carga positiva devido à perda parcial do elétron. Moléculas com áreas carregadas positivamente ou negativamente são chamadas de ***moléculas polares***.

Figura 1.5 Configuração geométrica das ligações químicas ao redor dos átomos de carbono, nitrogênio e oxigênio.

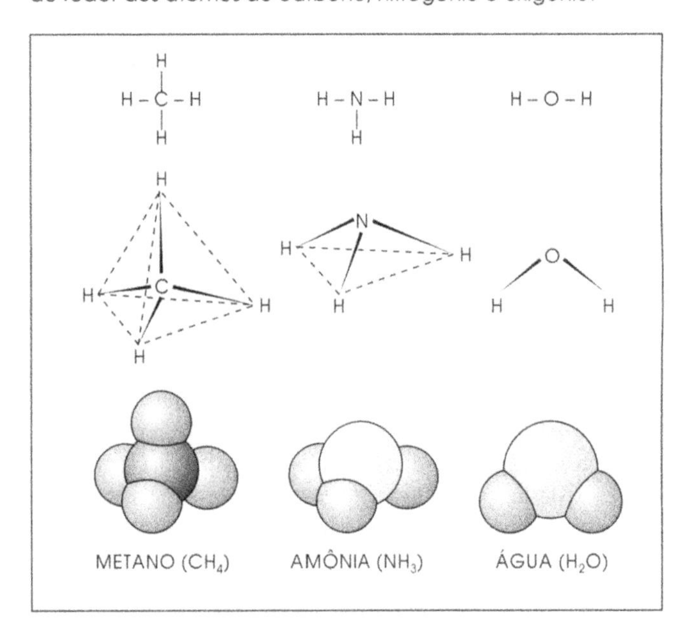

Figura 1.6 Moléculas de água podem ser ligadas por pontes de hidrogênio. As esferas pequenas são átomos de hidrogênio e as maiores, átomos de oxigênio.

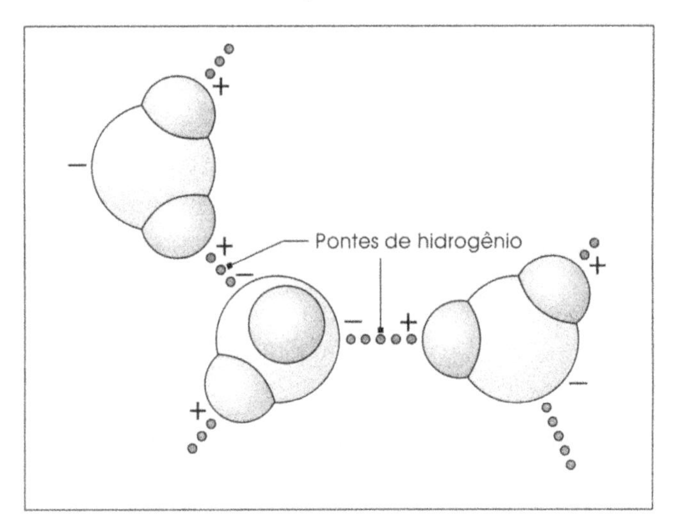

Pontes de Hidrogênio. Moléculas polares tendem a ser atraídas por outras moléculas polares; por exemplo, as moléculas de água são atraídas por outras moléculas de água, fornecendo-lhes algumas de suas propriedades físicas, como a tendência de formar gotas de chuva. Isto ocorre porque os átomos de hidrogênio carregados positivamente de uma molécula de água são atraídos pelo átomo de oxigênio carregado negativamente (Figura 1.6). Este tipo de ligação entre um átomo de hidrogênio polar e outro átomo polar é denominado ***pontes de hidrogênio***. As pontes de hidrogênio podem ser formadas entre moléculas de água, entre outras moléculas polares e também dentro da região polar da mesma molécula. Elas são muito mais fracas que as ligações iônicas e covalentes, mas se há muitas pontes de hidrogênio em uma substância, o efeito total pode ser significativo.

Uma boa ilustração deste princípio é a quantidade de energia necessária para aquecer diferentes substâncias. O aquecimento causa o aumento da temperatura. A água fervente é um evento comum na maioria das casas de família, contudo esse procedimento gasta muito mais energia do que aquecer a maioria das outras substâncias. Isto acontece porque a molécula de água apresenta uma enorme rede de pontes de hidrogênio que devem ser rompidas antes de ocorrer o aumento da temperatura. Uma vez aquecida, a água resfria mais lentamente porque, quando as pontes de hidrogênio são refeitas, o calor originalmente necessário para quebrá-las é liberado. Assim, a água pode reter calor por um longo período, fornecendo a base científica de alguns sistemas solares de aquecimento que usam tanques de água ou pipas cheias d'água para armazenar calor.

Responda

1 O que é um átomo? Um íon? Um elemento? Uma molécula?

2 Se um átomo tem 8 prótons, 8 nêutrons e 8 elétrons, qual é o seu número atômico? Qual é o seu peso atômico?

3 Qual é a diferença entre ligação iônica, ligação covalente e pontes de hidrogênio?

4 Como um composto inorgânico difere de um composto orgânico?

Solubilidade de Compostos

A água representa cerca de 80 a 90% do peso da célula, o restante é constituído por uma combinação de outros compostos químicos. Se a água for removida dos animais ou microrganismos, somente uma pequena quantidade de resíduo permaneceria. Todas as células necessitam de água para crescer e multiplicar. Esse líquido essencial é utilizado em várias funções importantes para os organismos vivos:

1. A água tende a resistir ao aquecimento ou resfriamento devido à grande quantidade de pontes de hidrogênio. Assim, ela atua como isolante, protegendo as células contra as mudanças súbitas de temperatura.

2. A água funciona como um meio fluido onde ocorre a maioria das reações bioquímicas celulares.

3. A água participa diretamente em muitas das atividades bioquímicas da célula, especialmente aquelas atividades envolvendo ***hidrólise*** (rompimento pela água), em que a água é usada para quebrar as ligações químicas dentro da molécula.

4. A água é utilizada para dissolver uma grande variedade de substâncias (denominadas ***solutos***) e, portanto, é um excelente ***solvente***.

Esta última característica é muito importante porque a maioria dos microrganismos pode viver somente onde os nutrientes estão dissolvidos na água, embora certos microrganismos, tais como os protozoários, possam ingerir partículas insolúveis. Assim, é essencial compreender como a água age como solvente e quais os tipos de compostos químicos que podem ser dissolvidos na água.

Solubilidade de Compostos Ionizáveis

Moléculas de sais não existem individualmente. Elas se ligam para formar um *cristal*, que pode ser grande o suficiente para ser visível a olho nu. Os cristais são materiais sólidos com arranjo repetido e regular de átomos ou moléculas.

As ligações iônicas entre íons sódio carregados positivamente e íons cloreto carregados negativamente formam os cristais do sal. Porém, quando adicionamos cristais de NaCl na água, cada íon sódio e íon cloreto é circundado por moléculas de água (Figura 1.7, caderno em cores). Esta "hidratação" mantém os íons sódio e cloreto separados, ou dissociados, e permite que o sal seja completamente dissolvido em água. A habilidade dos íons em atrair moléculas de água indica que os íons são *hidrofílicos* ("afinidade por água"). Os compostos que se dissociam em íons são considerados ionizáveis, e a presença de grupos iônicos confere a solubilidade das moléculas em água (Tabela 1.2).

Um átomo que ganha ou perde um elétron é chamado de íon, mas o termo *íon* também é aplicado a moléculas que contêm átomos que ganham ou perdem elétrons. Por exemplo, a dissociação ocorre se os cristais de acetato de sódio, um nutriente microbiano, são dissolvidos em água:

Tabela 1.2 Alguns grupos químicos que afetam a solubilidade das moléculas em água.

Grupo químico*	Forma abreviada	Nome	Propriedades
$R-C(=O)-OH$	R-COOH	Grupo carboxil (ácido)	Ioniza a $R\text{-}COO^-$
$R-N(-H)-H$	$R\text{-}NH_2$	Grupo amino (básico)	Ioniza a $R\text{-}NH3^+$
$R-P(=O)(-OH)-OH$	$R\text{-}PO_3H_2$	Grupo fosfato (ácido)	Ioniza a $R\text{-}PO_3^{2-}$
R—OH	. . . .	Grupo hidroxil	Polar
$R(R)C=O$	R-CO-R	Grupo carbonil (grupo ceto)	Polar
$R-C(H)(H)-H$	$R\text{-}CH_3$	Grupo metil	Apolar
$R-C(H)(H)-C(H)(H)-H$	$R\text{-}CH_2\text{-}CH_3$	Grupo etil	Apolar
$R-C(H)(H)-C(H)(H)-C(H)(H)-H$	$R\text{-}CH_2\text{-}CH_2\text{-}CH_3$	Grupo propil	Apolar
$R-C_6H_5$ (anel benzênico)	R—⌬	Grupo fenil	Apolar

*R = restante da molécula

$$H-C(H)(H)-C(=O)-O-Na \rightarrow H-C(H)(H)-C(=O)-O^- + Na^+$$

Acetato de sódio — Íon acetato — Íon sódio

O íon acetato é exemplo de um ânion; o íon sódio é um cátion. Os íons acetato e sódio são circundados por moléculas de água, o que significa que o acetato de sódio é prontamente dissolvido na água, interna ou externamente à célula.

Se a água destas soluções é removida ou evaporada, os cristais formam-se novamente. Os minerais dissolvidos em água e a recristalização dos mesmos conduzem à formação de montanhas em algumas cavernas subterrâneas. Este fenômeno também ocasionou uma situação problemática no solo denominada *nascente salina*, onde o solo torna-se bastante alcalino para a agricultura, devido aos compostos químicos depositados pela água.

Solubilidade de Compostos Polares

Outros nutrientes celulares, tais como a glicose, não contêm ligações iônicas, e mesmo assim eles podem ser dissolvidos em água. Isto acontece porque estes nutrientes são constituídos por moléculas polares contendo grupamentos químicos que apresentam carga elétrica, ou polaridade. A glicose, que é um nutriente para muitos organismos vivos, contém vários grupos –OH (hidroxila) que conferem à molécula uma leve carga elétrica. Quando um cristal de glicose é misturado à água, cada molécula de glicose é circundada por moléculas de água atraídas pelos grupos –OH. A Tabela 1.2 apresenta vários compostos polares que ajudam na solubilidade das moléculas em água, tornando-as hidrofílicas.

Solubilidade de Compostos Apolares

Compostos não-ionizáveis ou que não apresentam grupamentos polares são ***compostos apolares***. Eles são pouco solúveis em água e raramente são usados como nutrientes pelos microrganismos, a menos que sejam, inicialmente, degradados a moléculas menores por meio de enzimas microbianas, que os tornam solúveis em água; tais compostos contêm grupamentos químicos apolares (Tabela 1.2) que os tornam insolúveis. Exemplos de compostos apolares são óleos e ácidos graxos. Quando são colocadas na água, moléculas apolares tendem a permanecer juntas e não são dispersas. A separação do óleo e vinagre em um molho de salada e as camadas de óleo flutuando na superfície do oceano após um derramamento são exemplos desse fenômeno. Essa tendência em se agregar na água é definida pelo termo *ligação hidrofóbica* ("aversão por água"). Contudo, isso não é uma ligação verdadeira entre as moléculas, mas meramente uma aversão a solventes polares, como a água. Compostos apolares são solúveis em solventes apolares, tais como clorofórmio e éter.

Compostos Anfipáticos

Alguns compostos contêm grupos polares ou ionizados em uma das extremidades da molécula e uma região apolar na extremidade oposta. Tais compostos são denominados compostos ***anfipáticos***. Os sabões, tais como o oleato de sódio, são exemplos destes compostos. Quando colocados em água, os íons oleato formam grupamentos esféricos denominados *micelas*, nas quais as regiões hidrofílicas estão em contato com a água e as regiões hidrofóbicas ficam voltadas para o interior, fora do contato com a água (Figura 1.8). Os sabões são capazes de limpar devido à habilidade em capturar a sujeira para dentro do centro hidrofóbico das micelas, assim a mesma é removida quando o material é enxaguado. Mais adiante neste capítulo você verá que certas moléculas anfipáticas denominadas *fosfolipídeos* desempenham uma função importante na estrutura das membranas celulares.

Responda

1 Qual o fator responsável pelas diferenças nas propriedades de solubilidade de vários compostos químicos?

2 Como um cristal de NaCl se dissolve em água?

3 Qual a diferença entre grupamentos polares e grupamentos apolares? E entre compostos hidrofílicos e compostos hidrofóbicos?

4 Que propriedade das moléculas de sabão resulta em formação de micelas na água?

Concentração de Compostos em Solução

Diferentes soluções contêm diferentes quantidades ou concentrações de compostos dissolvidos. Esta concentração é importante em microbiologia porque alguns microrganismos requerem ou toleram uma concentração particular de certos compostos. Por exemplo, um fungo que cresce em um pedaço de pão não é capaz de crescer em uma fatia de presunto porque esta é mais salgada.

Uma maneira comum de expressar a concentração de um composto químico em solução é em termos de *porcentagem* ou unidades por 100 unidades de solução. Porcentagem pode ser expressa com base em peso por peso (p/p): se há 10 gramas (g) de NaCl em cada 100 gramas de solução, a concentração de NaCl é 10% (p/p). Ou a porcentagem pode ser expressa como peso por volume (p/v): dissolver 10 gramas de NaCl num volume final de 100 mililitros de solvente resulta em uma solução a 10% (p/v). [Um litro equivale a 1.000 mililitros (ml)].

Os bioquímicos geralmente utilizam um sistema diferente para expressar concentração, baseado no *peso molecular* de um composto. O *peso molecular é a soma dos pesos atômicos de todos os átomos na molécula de um composto*. Por exemplo, o peso molecular de NaCl equivale ao peso atômico do sódio (23) mais o peso atômico do

Figura 1.8 Oleato de sódio, um sabão, ioniza em água para formar íons oleato, os quais têm um grupamento carboxil carregado negativamente em uma extremidade e um hidrocarboneto apolar em outra extremidade. Assim, o íon oleato é anfipático. Na água, íons oleato formam agregados denominados micelas, nas quais os grupos apolares ficam no interior e os grupos ionizados ficam em contato com a água.

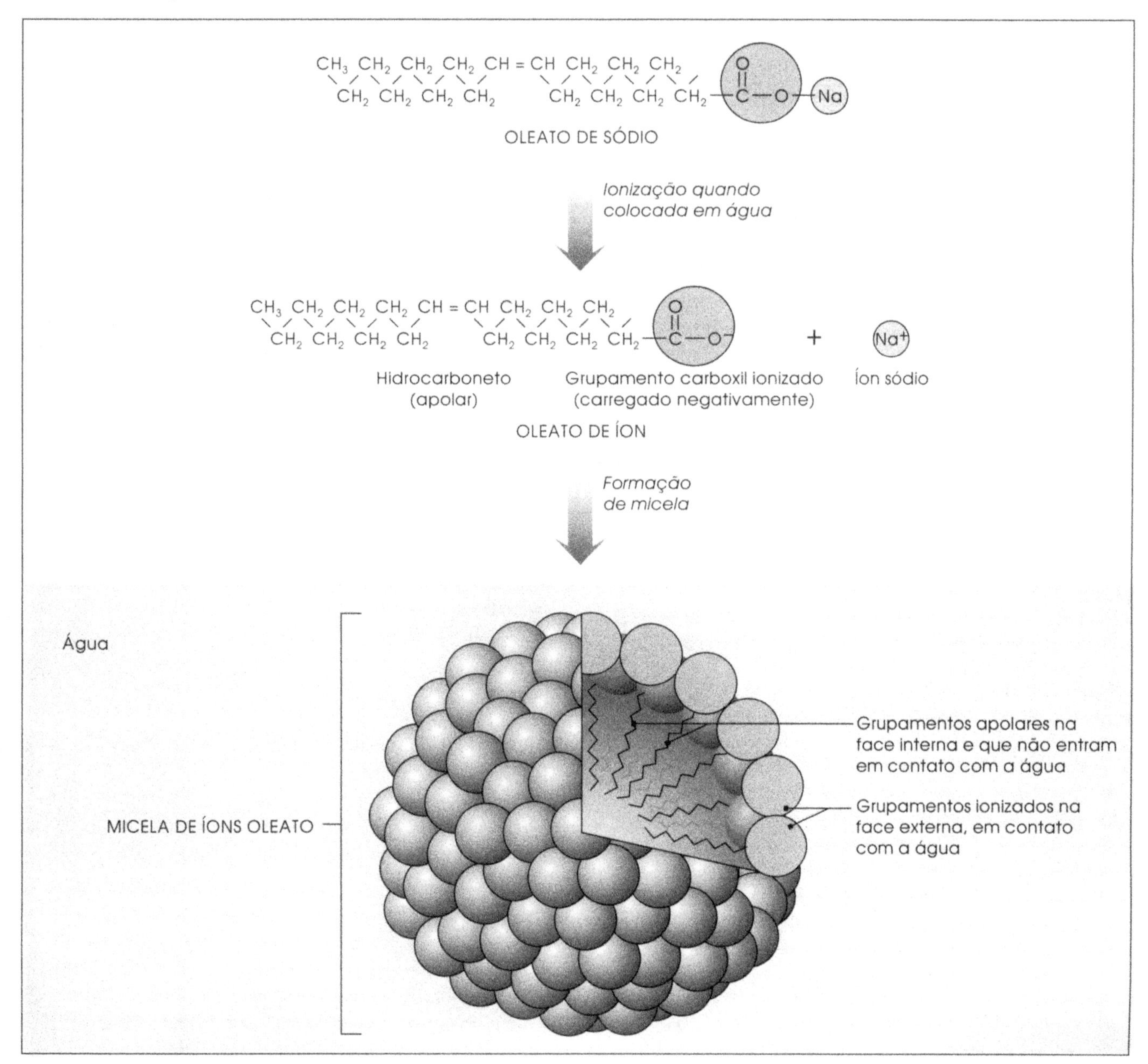

cloro (35) ou 23 + 35 = 58. Contudo, os cientistas não podem trabalhar com moléculas individuais no laboratório, porque elas são muito pequenas.

Este problema é solucionado pelo uso de uma unidade de medida maior denominada *peso molecular-grama* ou ***mol*** de um composto. Isto é, *o peso de um composto em gramas equivale ao valor numérico de seu peso molecular*. Avogadro determinou que um mol de qualquer composto contém o mesmo número de moléculas (constante de Avogadro = $6{,}023 \times 10^{23}$). Assim, um mol (1 mol) de NaCl pesa 58 gramas, uma quantidade suficiente para ser pesada em balanças de laboratórios, e esta quantidade contém $6{,}023 \times 10^{23}$ moléculas de NaCl. Você pode calcular o número de moles de qualquer massa de um composto utilizando a seguinte fórmula:

$$\text{Número de moles} = \frac{\text{peso em gramas}}{\text{peso molecular}}$$

Em concentração, uma solução *um molar* (1 *M*) de um composto contém um mol do composto dissolvido em um litro de volume final de solvente. Assim, uma solução 1 *M* de NaCl contém 58 gramas de NaCl por litro da solução final. A vantagem em expressar concentração em termos de molaridade é que, *se diferentes compostos em solução apresentam 1 M, então cada litro de solução contém o mesmo número de moléculas (constante de Avogadro), não importando quais compostos ela contenha.*

Ácidos, Bases e pH

Se uma substância é ácida ou alcalina (básica) depende da concentração de íons hidrogênio. Esta qualidade é crítica para muitos microrganismos, bem como para outras células. Os organismos vivos geralmente toleram somente uma certa variação de acidez ou alcalinidade em seu ambiente. Por outro lado, eles podem produzir substâncias que são ácidas ou básicas. Os microrganismos, por exemplo, são usados para produzir comercialmente chucrute, vinagre e iogurte por causa de sua habilidade em produzir ácido. Alguns microrganismos que produzem ácido não são desejáveis, tais como aqueles que contaminam vinho e azedam o leite.

Os fenômenos da acidez e da alcalinidade dependem da ionização das substâncias. Por exemplo, a água pura pode ionizar em íons hidroxila da seguinte maneira:

H–O–H	→	H^+	+	OH^-
Água		Íon hidrogênio		Íon hidroxila

Contudo, somente poucos íons hidrogênio e hidroxila apresentam-se isolados na água, porque eles têm uma forte tendência a recombinar-se um com o outro. Um litro de água contém 55,55 mol de água, mas somente 10^{-7} mol (0,0000001 mol) estão na forma ionizada. Somente uma molécula de água de cada 555.500.000 é separada em íons. Desde que cada molécula que ioniza dá origem a um H^+ e um OH^-, há 10^{-7} mol de H^+ e 10^{-7} mol de OH^- por litro.

A acidez e a alcalinidade de uma solução referem-se à concentração molar de íons hidrogênio (expressa por $[H^+]$) na solução. Quanto maior a $[H^+]$, mais ácida é a solução. A concentração molar de íons hidrogênio é mais convenientemente expressa em termos de ***pH*** (potencial de hidrogênio), que é definido como:

$$pH = -\log_{10} [H^+]$$

Desde que a água pura tem uma $[H^+]$ de 10^{-7} *M*, seu pH é $-\log_{10} 10^{-7} = -(-7) = 7$. Este pH representa a neutralidade, o que significa que ela não é nem ácida nem alcalina. O vinagre tem uma $[H^+]$ de 10^{-3} *M* (0,001 *M*), assim ele é ácido e seu pH é 3. Por outro lado, se a $[H^+]$ é menor do que 10^{-7} *M*, a solução é alcalina. O leite de magnésia tem uma $[H^+]$ de 10^{-10}, tornando-o alcalino com um pH igual a 10.

Para finalidades práticas, a escala de pH varia de 0 a 14 (Figura 1.9, caderno em cores). É importante compreender que esta é uma *escala logarítmica*. Nesta escala pH 5 representa que a acidez é *10 vezes* maior do que em pH 6; pH 4 é *100 vezes* mais ácido que pH 6.

Ácidos

Substâncias que são ***ácidas*** ionizam em água e liberam um íon hidrogênio. Por exemplo, o ácido clorídrico (ácido estomacal) ioniza da seguinte maneira:

HCl	→	H^+	+	Cl^-
Ácido clorídrico		Íon hidrogênio		Íon cloreto

Ácido acético (vinagre) também ioniza em hidrogênio livre:

CH_3COOH	→	H^+	+	CH_3COO^-
Ácido acético		Íon hidrogênio		Íon acetato

Alguns ácidos, tais como o HCl são *ácidos fortes*, porque são quase que completamente ionizados em água, assim liberam muitos íons hidrogênio. Outros, tais como o ácido acético, são *ácidos fracos*, porque estão parcialmente ionizados em solução.

Bases

Uma ***base*** (ou material alcalino) é uma substância que, quando ionizada, libera um íon carregado negativamente que aceita um íon hidrogênio. Se NaOH (hidróxido de sódio, também conhecido como soda cáustica) é dissolvido em água pura, ele ioniza em íons hidroxila da seguinte maneira:

NaOH	→	Na^+	+	OH^-
Hidróxido de sódio		Íon sódio		Íon hidroxila

A água pura na qual o NaOH foi adicionado inicialmente continha 10^{-7} *M* de íons hidrogênio (pH 7). Entretanto, alguns desses hidrogênio são agora removidos para formar mais moléculas de água com os íons hidroxila livres do NaOH:

OH^-	+	H^+	→	H_2O
Íon hidroxila		Íon hidrogênio		Água

O resultado é um aumento no pH e uma solução que é mais alcalina. O NaOH é uma *base forte*, porque os íons hidroxila resultantes dessa ionização têm uma grande habilidade para capturar íons hidrogênio. Em uma solução de NaOH 1,0 *M*, a concentração de íons hidrogênio é somente 10^{-14} *M*, e a solução tem um pH igual a 14 (Figura 1.9, caderno em cores).

Sais

Se um composto iônico não contém H^+ ou OH^-, é considerado um ***sal***. O NaCl é um exemplo de sal que ioniza em água produzindo íons sódio e íons cloreto. O NaCl não é um ácido nem uma base, mas alguns sais como o acetato de sódio podem atuar como base. O acetato de sódio é um sal porque um Na^+ substitui o H^+ no ácido acético. Ele ioniza da seguinte maneira:

CH_3COONa →	CH_3COO^- +	Na^+
Acetato de sódio	Íon acetato	Íon sódio

Devido a sua carga negativa, alguns íons acetato podem ligar-se a íons hidrogênio:

CH_3COO^- +	H^+ →	CH_3COOH
Íon acetato	Íon hidrogênio	Ácido acético

Portanto, embora a ionização do ácido acético libere íons hidrogênio, sendo assim um *ácido*, o acetato de sódio ioniza em íons acetato que podem capturar íons hidrogênio e assim atuar como uma *base*. De fato, para cada ácido fraco há um sal correspondente que é uma base conjugada.

Um sal é uma *base fraca*, porque os ânions resultantes têm somente uma fraca habilidade de capturar íons hidrogênio. Uma solução 0,1 *M* de acetato de sódio tem um pH igual a 8, enquanto uma solução 0,1 *M* de uma base forte, como o hidróxido de sódio, tem um pH igual a 13 – cerca de 100.000 vezes mais alcalina.

Tampões

A maioria dos microrganismos cresce melhor em valores de pH entre 6,5 e 7,5 e poucos, abaixo de 5 ou acima de 9. Entretanto, muitos microrganismos excretam substâncias ácidas ou alcalinas que podem alterar o pH de seu ambiente, tornando-o desfavorável ao crescimento. Na natureza, estes produtos de excreção podem ser removidos por meio da adição de água ou neutralizados por substâncias químicas no interior das células. Em culturas laboratoriais, um ***tampão*** é usualmente adicionado ao meio de crescimento para manter um pH desejado.

Um tampão é uma mistura de substâncias químicas que torna possível uma solução resistir a variações de pH. Mais especificamente, um tampão é uma mistura de ácido fraco e seu sal correspondente – como, por exemplo, ácido acético e acetato de sódio. Cada tampão tolera uma variação de pH dentro de uma faixa particular. Por exemplo, um tampão de ácido acético-acetato de sódio é efetivo entre a faixa de pH 3,5 a 5,5, mas tem pouca capacidade tamponante em pH 7. Portanto, este tampão seria inadequado para a maioria dos sistemas de cultivo de microrganismos. Um tampão comumente utilizado pelos microbiologistas é a mistura de um ácido fraco, o fosfato monopotássico (KH_2PO_4), e seu sal, o fosfato dipotássico (K_2HPO_4). Esta mistura tem uma forte capacidade tamponante entre pH 6 a 8.

Capacidade tamponante em um sistema biológico pode ser crucial à vida. Em animais, o pH do sangue não pode variar muito ou o organismo está em perigo. Se o pH do estômago não está ácido, o alimento não pode ser digerido apropriadamente, mas se ele se torna muito ácido, ocorre um desconforto gástrico. As atividades químicas de microrganismos aquáticos contribuem para a estabilidade do pH em lagos e ribeirões. Porém, se a água se torna muito ácida devido à poluição, os organismos vivos presentes podem morrer.

Responda

1 Se a glicose tem um peso molecular de 180, como você prepararia uma solução 1 *M* de glicose? E uma solução 1% (p/p)?

2 Qual a relação entre a concentração molar de íons hidrogênio em uma solução e o pH desta solução?

3 Qual a diferença entre ácidos, bases e sais? Que propriedade torna o ácido clorídrico um ácido forte? O ácido acético, um ácido fraco? Acetato de sódio, uma base fraca?

4 O que são tampões e como eles são usados em microbiologia?

Compostos Biologicamente Importantes

As células de todos os organismos vivos, desde os microrganismos até o homem, são constituídas por compostos químicos. Vários compostos inorgânicos são encontrados em todos os organismos, mas os compostos orgânicos têm um maior significado biológico. Existem milhares desses compostos orgânicos, a maioria dos quais pode ser agrupada em uma das quatro categorias principais – carboidratos, lipídeos, proteínas e ácidos nucléicos.

Carboidratos

Açúcares e amido são carboidratos, a fonte primária de energia nas células. Alguns carboidratos também são encontrados nas paredes celulares microbianas, enquanto outros servem como fonte de reserva nutritiva e atuam como precursores de proteínas, lipídeos e ácidos nucléicos. Os carboidratos têm a formula geral $(CH_2O)_n$, onde *n* é qualquer número inteiro. Eles podem apresentar estruturas bastante simples ou conter um grande número de moléculas arranjadas de maneira complexa.

Os carboidratos mais simples são os *monossacarídeos* ou açúcares simples (Figura 1.10). Os mais simples têm somente três átomos de carbono por molécula e são chamados de *trioses;* o *gliceraldeído* é um exemplo. Os monossacarídeos com quatro carbonos são *tetroses* (por exemplo, *eritrose*), aqueles com cinco carbonos são *pentoses* (por exemplo, *ribose* e *desoxirribose*) e aqueles com seis carbonos são *hexoses* (por exemplo, *glicose, galactose, manose* e *frutose*). A glicose é de interesse especial aos bioquímicos porque consiste na maior fonte de carbono para muitos organismos vivos. Os monossacarídeos com mais de sete carbonos raramente ocorrem na natureza, embora um (sedoheptulose) seja importante no metabolismo. As moléculas de monossacarídeos podem ser estruturas lineares, mas, quando dissolvidas em água, muitas delas apresentam-se sob a forma de anel (Figura 1.10).

As moléculas de carboidratos maiores que os monossacarídeos são formadas pela ligação de dois ou mais monossacarídeos. Uma molécula de *lactose*, o açúcar encontrado no leite, é constituída de dois monossarídeos, galactose e glicose (Figura 1.11, caderno em cores). A glicose e a frutose combinam-se para formar a sacarose ou o açúcar comum. A sacarose e a lactose são *dissacarídeos*.

Quando um grande número de monossacarídeos está ligado entre si, como na molécula de amido, o resultado é denominado *polissacarídeo*. Estes compostos freqüentemente não são solúveis em água, mas são importantes na estrutura das células e no armazenamento de energia. São exemplos de polissacarídeos a dextrana, sintetizada por bactérias e utilizada em substituição do plasma sangüíneo, e a celulose, encontrada nas paredes celulares de plantas e da maioria das algas.

Isômeros Óticos. O termo geral *isômero* é aplicado a compostos que têm o mesmo número e tipos de átomos, mas diferem no arranjo espacial destes átomos. Isômeros não necessariamente apresentam as mesmas propriedades químicas. Por exemplo, os monossacarídeos glicose e frutose são isômeros porque eles têm a mesma composição, $C_6H_{12}O_6$. Mas o arranjo dos átomos na glicose difere dos átomos da frutose, e os dois compostos têm propriedades químicas diferentes. Por outro lado, ***isômeros óticos***, (freqüentemente denominados **D** e **L** ***isômeros***) são duas formas de um composto, cada uma das quais é uma imagem de espelho da outra. Por causa desta única diferença, as duas formas têm as mesmas propriedades químicas. Isômeros óticos podem ocorrer quando um dos átomos de carbono de um composto é *assimétrico*, o que significa que

Figura 1.10 Alguns exemplos de monossacarídeos ou açúcares simples.

GLICERALDEÍDO
(uma triose)

ERITROSE
(uma tetrose)

Forma de anel

RIBOSE
(uma pentose)

Forma de anel

Observe a ausência de átomos de oxigênio (compare com a ribose)

DESOXIRRIBOSE
(uma pentose)

Forma de anel

GLICOSE
(uma hexose)

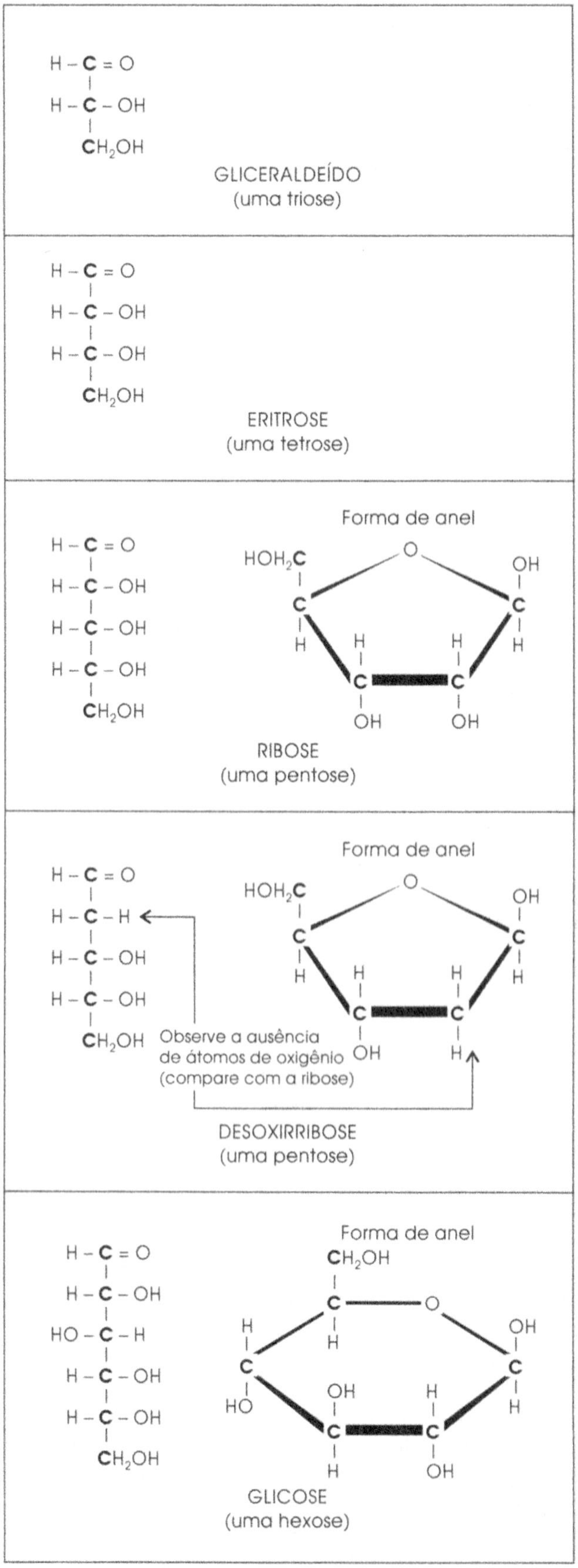

quatro diferentes grupos químicos estão ligados a ele. Por exemplo, em uma molécula de gliceraldeído, o átomo de carbono mediano tem os seguintes grupos químicos ligados a ele: –OH, –H, –CHO e $-CH_2OH$. Assim, o gliceraldeído pode existir na configuração D-gliceraldeído ou L-gliceraldeído, cada um sendo a imagem de espelho do outro (Figura 1.12). Além disso, se os isômeros D ou L de um composto formam cristais, os cristais do isômero D são imagens de espelho daqueles formados pelo isômero L. Este fenômeno foi inicialmente descoberto por Louis Pasteur durante seus estudos com o ácido tartárico (DESCOBERTA 1.1).

A diferença entre os isômeros D e L pode parecer pequena, mas é similar à diferença entre a mão esquerda e a mão direita. As células podem observar essa diferença – organismos vivos, em geral, preferencialmente sintetizam *um ou outro isômero de um composto, nunca os dois*. Por exemplo, se o gliceraldeído é sintetizado em um laboratório, o produto é uma mistura de quantidades iguais de isômeros D e L. Mas quando um organismo sintetiza esse composto, somente um dos isômeros óticos é produzido.

Lipídeos

Substâncias orgânicas são agrupadas em ***lipídeos*** quando elas são solúveis em solventes apolares, tais como a acetona, clorofórmio, éter ou benzeno. Assim, a maioria dos lipídeos é insolúvel em água. Eles são constituídos principalmente de átomos de hidrogênio e carbono, com menor quantidade de outros elementos como o oxigênio, nitrogênio e fósforo. Existem três categorias principais de lipídeos biologicamente importantes, baseados nas diferenças estruturais: triglicerídeos, fosfolipídeos e esteróis.

Triglicerídeos. As gorduras são lipídeos simples constituídos de dois tipos de grupamentos: *glicerol* e *ácidos graxos* (Figura 1.13A). Moléculas de glicerol contêm três átomos de carbono:

$$\begin{array}{l} H_2C - OH \\ \quad | \\ HC - OH \\ \quad | \\ H_2C - OH \end{array}$$

Figura 1.12 O gliceraldeído tem um átomo de carbono assimétrico e, assim, pode existir como dois isômeros óticos, as formas D e L, que são imagens de espelhos entre si.

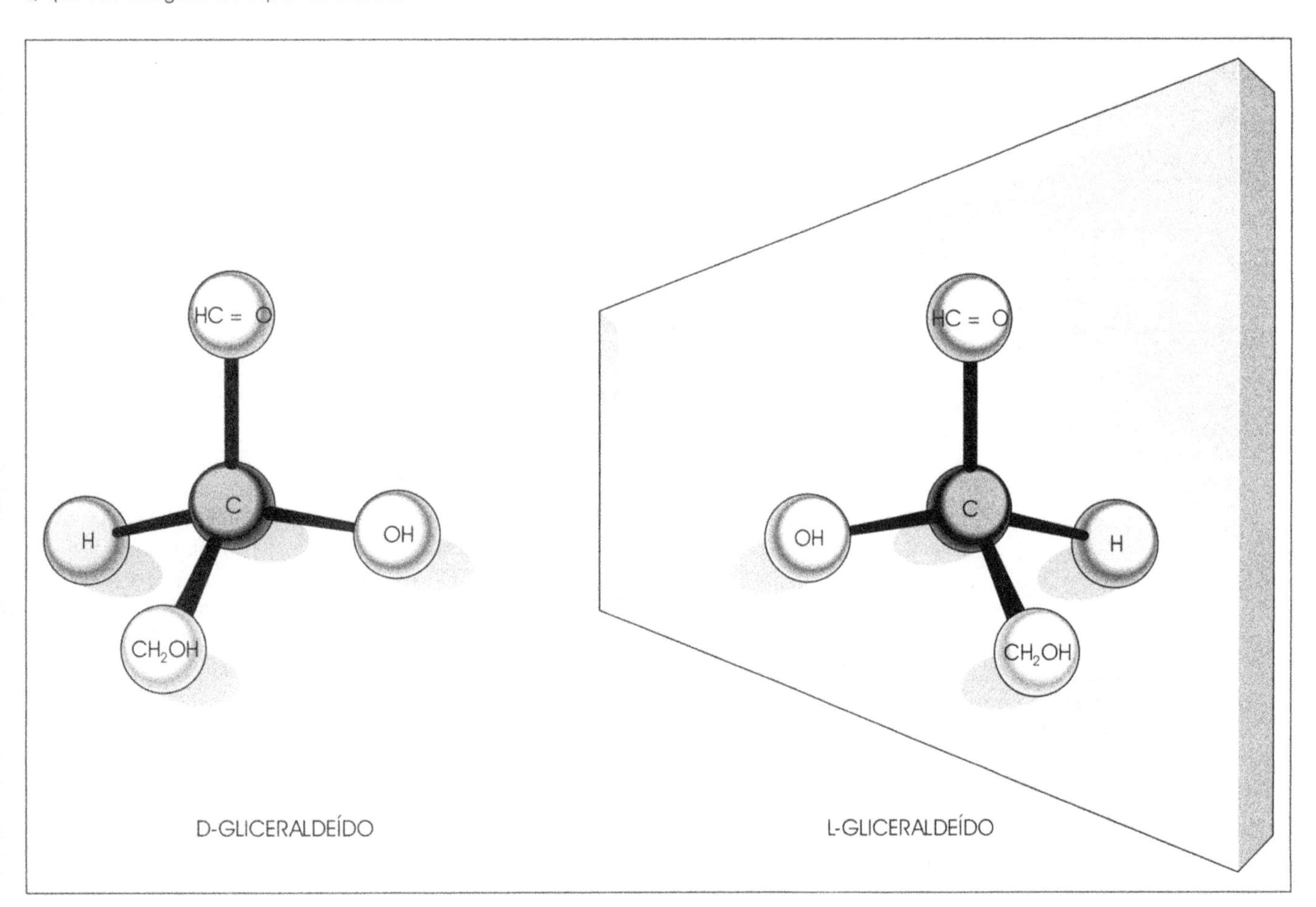

Figura 1.13 [**A**] Moléculas de glicerol e ácido graxo são as unidades estruturais das gorduras. [**B**] Três moléculas de ácido graxo estão ligadas a uma molécula de glicerol através da remoção de três moléculas de água para formar uma molécula de gordura, isto é, um triglicerídeo.

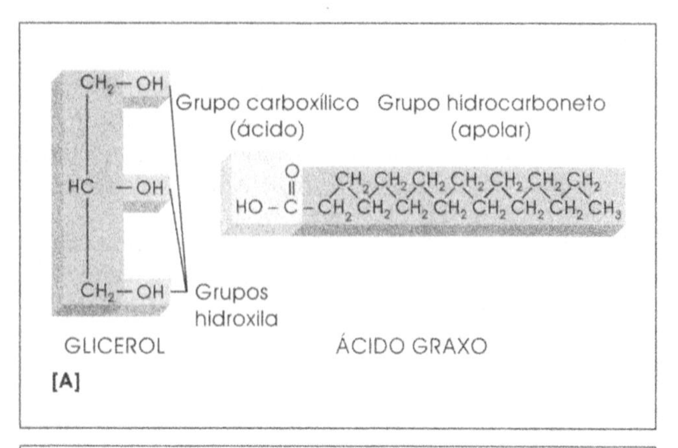

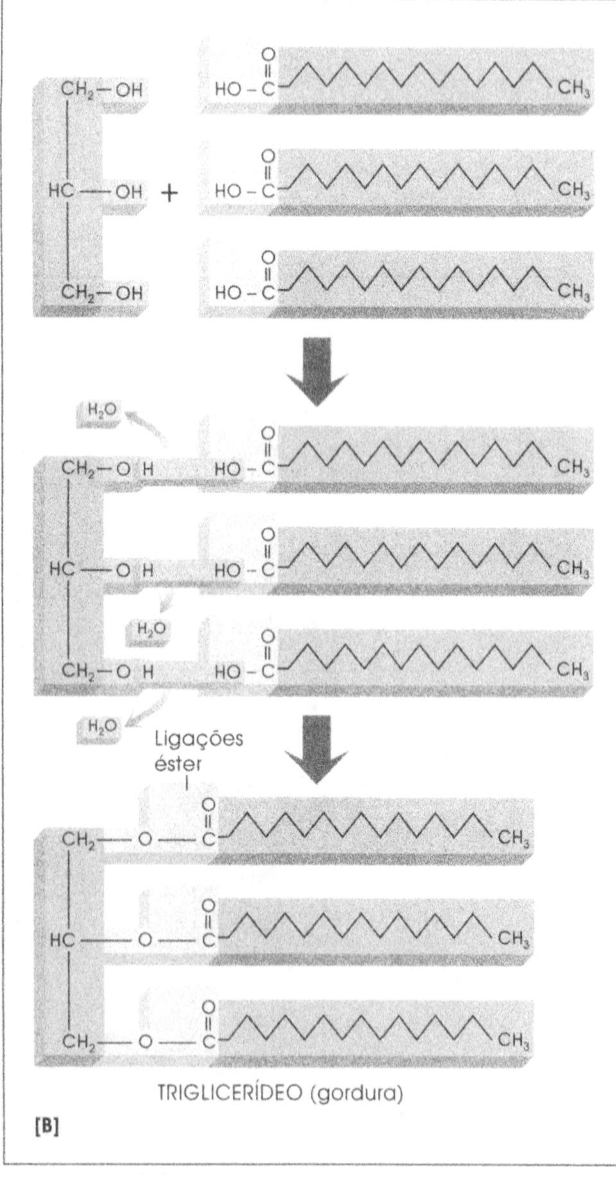

Os grupamentos hidroxila (–OH), que são polares, tornam o glicerol solúvel em água. Os ácidos graxos têm a fórmula geral CH_3–$(CH_2)_n$–COOH, onde *n* é usualmente um número par. Por exemplo, na fórmula do ácido palmítico, *n* = 14.

$$CH_3 - CH_2 - CH_2 - CH_2 - CH_2 - CH_2 - CH_2 - CH_2 - CH_2 - CH_2 - CH_2 - CH_2 - CH_2 - CH_2 - CH_2 - COOH$$

Quando *n* é muito grande, como no ácido palmítico, o ácido graxo é denominado *ácido graxo de cadeia longa*. Uma molécula de gordura é formada quando três moléculas de ácidos graxos são ligadas por uma enzima a uma molécula de glicerol (Figura 1.13B). Assim, gorduras são freqüentemente chamadas de *triglicerídeos*.

Fosfolipídeos. Os lipídeos complexos conhecidos como *fosfolipídeos* são componentes importantes de membranas celulares. Por exemplo, uma única célula da bactéria *Escherichia coli* contém 22.000.000 de moléculas de fosfolipídeos em sua membrana. Os fosfolipídeos diferem dos triglicerídeos em dois aspectos: (1) somente duas moléculas de ácidos graxos estão ligadas à molécula de glicerol, e (2) um grupo fosfato está ligado ao glicerol (Figura 1.14A, caderno em cores). O fosfolipídeo mais simples não tem componentes adicionais, mas outros têm componentes químicos adicionais ligados ao grupo fosfato. Os nomes desses lipídeos refletem o grupo adicional. Por exemplo, *fosfatidilserina* tem um grupamento serina adicional.

Em qualquer fosfolipídeo, o grupo fosfato é hidrofílico, devido à presença de carga negativa, quando no estado ionizado ($-PO_3H_2 \rightarrow -PO_3H^- + H^+$). Contudo, as cadeias longas de hidrocarbonetos dos ácidos graxos são apolares, portanto grupos hidrofóbicos. Desta forma, uma molécula de fosfolipídeo é anfipática. A natureza anfipática é responsável pelo comportamento característico dos fosfolipídeos quando são colocados em contato com a água. Eles formam uma *bicamada lipídica*, na qual os grupamentos fosfatos ionizados hidrofílicos estão em contato com a água e a cadeia de hidrocarbonetos apolares de ácidos graxos está voltada à parte interna da bicamada (Figura 1.14B). *Esta bicamada forma a estrutura fundamental das membranas celulares.* O desenvolvimento de antibióticos freqüentemente conta com substâncias químicas que rompem essas bicamadas e conseqüentemente destroem os microrganismos. A polimixina B é um exemplo de antibiótico que se liga ao fosfolipídeo das membranas celulares e fatalmente prejudica a célula.

Esteróis. Uma molécula de esterol é altamente apolar e consiste principalmente em vários anéis constituídos de átomos de carbono ligados entre si. Os animais utilizam os esteróis para sintetizar a vitamina D e os hormônios esteróides, e eles são encontrados em membranas de células eucarióticas e algumas bactérias. O composto *colesterol*,

Figura 1.15 [**A**] O colesterol é um lipídeo caracterizado por uma série de anéis interconectados. [**B**] O poli-β-hidroxibutirato é uma cadeia de muitas moléculas de ácido β-hidroxibutírico ligados entre si através da remoção de moléculas de água; somente uma pequena porção da molécula é mostrada.

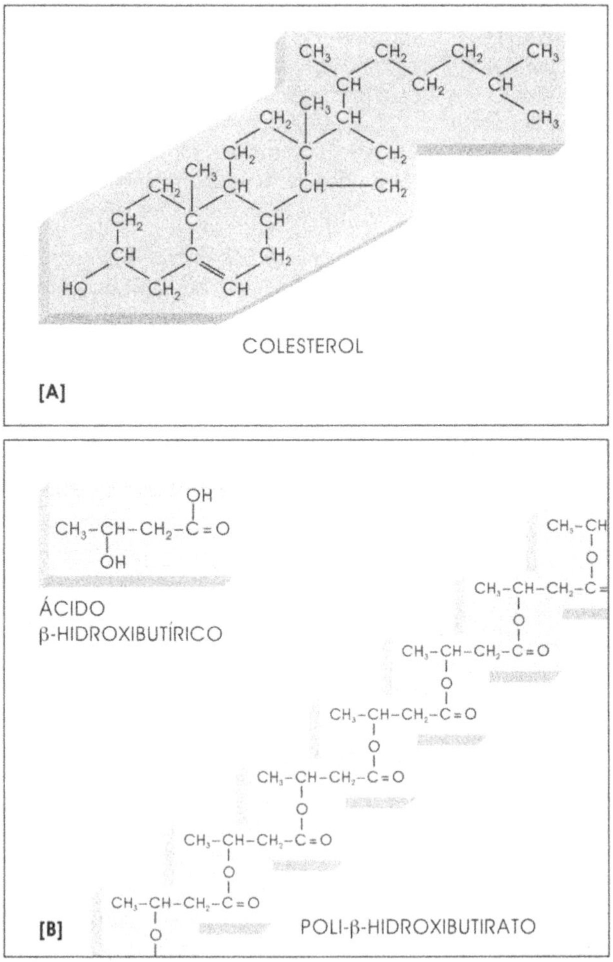

COLESTEROL

[A]

ÁCIDO β-HIDROXIBUTÍRICO

POLI-β-HIDROXIBUTIRATO

[B]

um componente normal de algumas membranas, é um membro desse grupo de lipídeos (Figura 1.15A). Certas drogas antifúngicas combinam com os esteróides nas membranas dos fungos e eventualmente matam as células.

Outros Lipídeos. Além dos três grupos principais de lipídeos, outros são encontrados nos microrganismos. Entre eles estão os lipídeos da clorofila, aqueles presentes na parede celular da bactéria que causa a tuberculose e aqueles que são responsáveis pelos pigmentos vermelhos e amarelos de alguns microrganismos. Um lipídeo, o *poli-β-hidroxibutirato* ou *PHB* ocorre somente em certas bactérias e funciona como fonte de reserva de carbono e energia. Ele é insolúvel não somente em água, mas também em muitos solventes apolares, incluindo o álcool e o éter. Entretanto é solúvel em clorofórmio quente. Moléculas de PHB são constituídas de centenas de moléculas de ácido β-hidroxibutírico ligadas entre si (Figura 1.15B).

Proteínas

Em termos de peso, as proteínas ultrapassam os lipídeos e os carboidratos na célula. Em termos de função, elas apresentam múltiplas tarefas. Algumas podem ser enzimas, os agentes catalíticos que controlam todos os processos bioquímicos. Outras podem fazer parte da estrutura da célula, como o flagelo, ou podem controlar o transporte de nutrientes através da membrana. As toxinas liberadas pelas células bacterianas são proteínas. As proteínas são compostas de muitas moléculas de ***aminoácidos*** ligadas entre si, formando uma cadeia. Para compreender a natureza das proteínas, é importante compreender a natureza dos aminoácidos, as unidades estruturais das proteínas.

Todos os 20 aminoácidos dos quais as proteínas são formadas consistem em quatro grupamentos químicos ligados ao átomo de carbono (Figura 1.16). Os quatro grupos são: (1) um grupo amino (–NH_2), que pode aceitar um hidrogênio e, assim, é um grupo básico; (2) um grupo carboxila (–COOH), que pode liberar um átomo de hidrogênio e é um grupo ácido; (3) um átomo de hidrogênio; e (4) um grupo "R" que varia em cada tipo de aminoácido (Figura 1.17, caderno em cores).

Na maioria destes 20 aminoácidos, o átomo de carbono é um carbono assimétrico, uma vez que os quatro grupos ligados a ele diferem uns dos outros. A única exceção é o aminoácido *glicina,* que tem dois átomos de hidrogênio ligados ao átomo central (Figura 1.17). Devido ao átomo de carbono assimétrico, os aminoácidos podem existir nas duas formas óticas. Organismos vivos usualmente sintetizam a forma L. Os D-aminoácidos são raros na natureza, embora alguns ocorram em paredes celulares de bactérias.

Figura 1.16 Estrutura geral de um aminoácido. O grupo amino é básico, pode aceitar um íon hidrogênio e se torna carregado positivamente, enquanto o grupo carboxila é ácido, pode liberar um íon hidrogênio e se torna carregado negativamente.

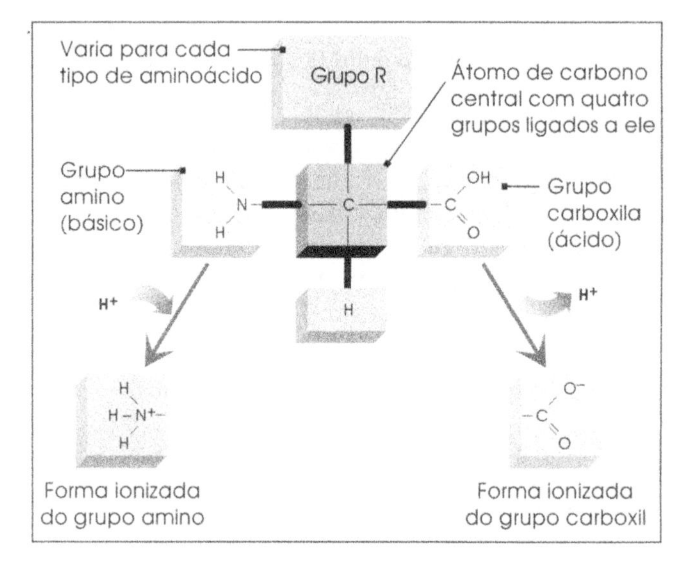

DESCOBERTA!

1.1 A SURPREENDENTE DESCOBERTA DA "IMAGEM DE ESPELHO" BIOLÓGICA

Em 1844, Louis Pasteur resolveu um mistério e descobriu um princípio importante envolvido nos processos químicos de organismos vivos. Outros químicos tentavam decifrar um composto orgânico chamado ácido tartárico. O ácido tinha dois tipos de sais cristalinos, um de ocorrência natural e o outro sintetizado em laboratório. O *tartarato* formava uma crosta nos tanques de fermentação de vinho, enquanto os experimentos químicos produziam *paratartarato*. As duas substâncias tinham a mesma composição e propriedades químicas. Entretanto, havia uma diferença: quando um feixe de luz polarizada passava através de uma solução de tartarato, o feixe era desviado para a direita, mas quando passava através da solução de paratartarato não foi demonstrada nenhuma rotação. Os químicos daquela época não puderam compreender como dois compostos podiam ser idênticos em todos os aspectos, exceto no efeito da luz polarizada.

Quando Pasteur usou seu microscópio para estudar os cristais de paratartarato, ele notou algo extraordinário. Alguns cristais diferiam de outros em suas formas. De fato, parecia haver dois tipos de cristais, cada um sendo a imagem de espelho do outro (ver a ilustração). Pasteur cuidadosamente separou uma pilha de cristais em duas porções, cada uma com um tipo de cristal. Quando uma porção foi dissolvida em água e um feixe de luz polarizada atravessou a solução, a luz desviou à esquerda. Porém, a solução do segundo tipo de cristal desviou o feixe de luz para a direita, como o tartarato.

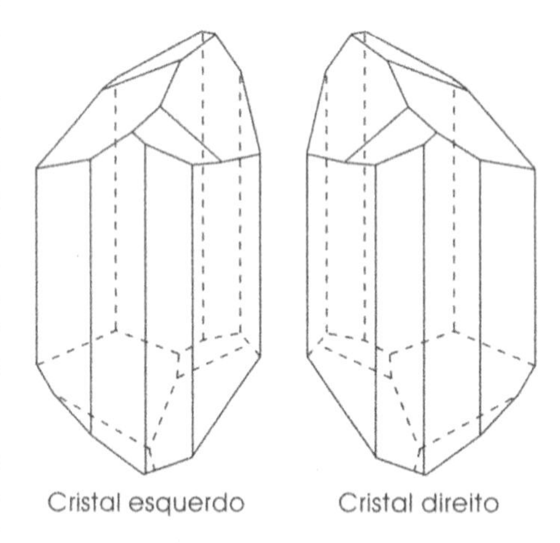

Uma mistura de quantidades iguais dos dois tipos de cristais comportou-se como a solução original de paratartarato: ela não afetou a trajetória da luz. Mais tarde, Pasteur descobriu que um número de outros compostos biológicos, como os aminoácidos, podiam também existir na forma "esquerda" e na forma "direita".

Pasteur descobriu, em seus estudos sobre fermentação microbiana, que os microrganismos só utilizavam uma das duas formas de paratartarato. Esta descoberta mostrou que a realização de muitos processos bioquímicos era mais específica do que se imaginava. Agora está claro que esta especificidade é decorrente das enzimas que catalisam as reações químicas. Uma molécula ajusta-se em uma cavidade na superfície de uma enzima, tal como uma mão se ajusta numa luva. Se a cavidade é designada para a forma "esquerda" da molécula, a forma "direita" não se ajustará, assim como a mão esquerda não se ajustará na luva direita. O oposto também é verdadeiro, o que torna possível às enzimas reconhecerem a forma da molécula.

As *ligações peptídicas* formadas pela remoção de uma molécula de água (Figura 1.18A) entre os aminoácidos permitem a formação de uma cadeia longa, denominada *cadeia polipeptídica* (Figura 1.18B, caderno em cores). As proteínas são constituídas por uma ou mais dessas cadeias polipeptídicas, que variam em comprimento, de pouco mais de 100 a mais do que 1.000 aminoácidos.

Níveis Estruturais de Proteínas. Uma célula viva contém 1.000 ou mais diferentes tipos de proteínas, e cada tipo tem uma seqüência própria e única de aminoácidos. Esta seqüência de aminoácidos é chamada *estrutura primária* da proteína. Por exemplo, a seqüência de aminoácidos da enzima ribonuclease contém 124 aminoácidos em uma ordem específica (Figura 1.19).

Uma cadeia polipeptídica pode dobrar-se em uma forma específica, como uma fita. Algumas porções da cadeia podem formar uma hélice, enquanto outras podem formar arranjos lado a lado ou outras conformações. Estas formas constituem a *estrutura secundária* da proteína e isto é possível graças às pontes de hidrogênio entre os grupos –C=O polares e –NH ao longo da cadeia (Figura 1.20A).

A *estrutura terciária* da proteína refere-se às várias dobras da molécula em uma forma específica, como uma fita emaranhada (Figura 1.20B). Esta forma é causada pela interação entre diferentes partes da cadeia polipeptídica. Por exemplo, as *pontes dissulfeto,* ou ligações entre íons enxofre, contribuem para a formação da estrutura terciária por meio da ligação de moléculas de cisteína localizadas em diferentes regiões da cadeia polipeptídica:

$$\underset{\text{Cisteína}}{H_2N-\underset{\displaystyle COOH}{\overset{\displaystyle H}{C}}-CH_2-SH} + \underset{\text{Cisteína}}{H_2N-\underset{\displaystyle COOH}{\overset{\displaystyle H}{C}}-CH_2-SH} + \tfrac{1}{2}O_2 \rightarrow \underset{\text{Formação de pontes}}{H_2N-\underset{\displaystyle COOH}{\overset{\displaystyle H}{C}}-CH_2-S-S-CH_2-\underset{\displaystyle COOH}{\overset{\displaystyle H}{C}}-NH_2} + H_2O$$

A Figura 1.19 mostra a localização das pontes dissulfeto na enzima ribonuclease. Algumas proteínas contêm duas ou mais cadeias polipeptídicas para sua própria atividade (Figura 1.20C). Esta combinação de cadeias polipeptídicas constitui a *estrutura quaternária* da proteína. Por exemplo, a hemoglobina, uma proteína do sangue, contém quatro cadeias polipeptídicas.

Figura 1.19 A seqüência de aminoácidos da enzima ribonuclease. A molécula contém 124 aminoácidos, o primeiro é a lisina e o último, a valina. As áreas amarelas entre as cisteínas representam as pontes de dissulfeto. A ilustração é esquemática: a cadeia de proteína está dobrada para dar uma configuração tridimensional complexa.

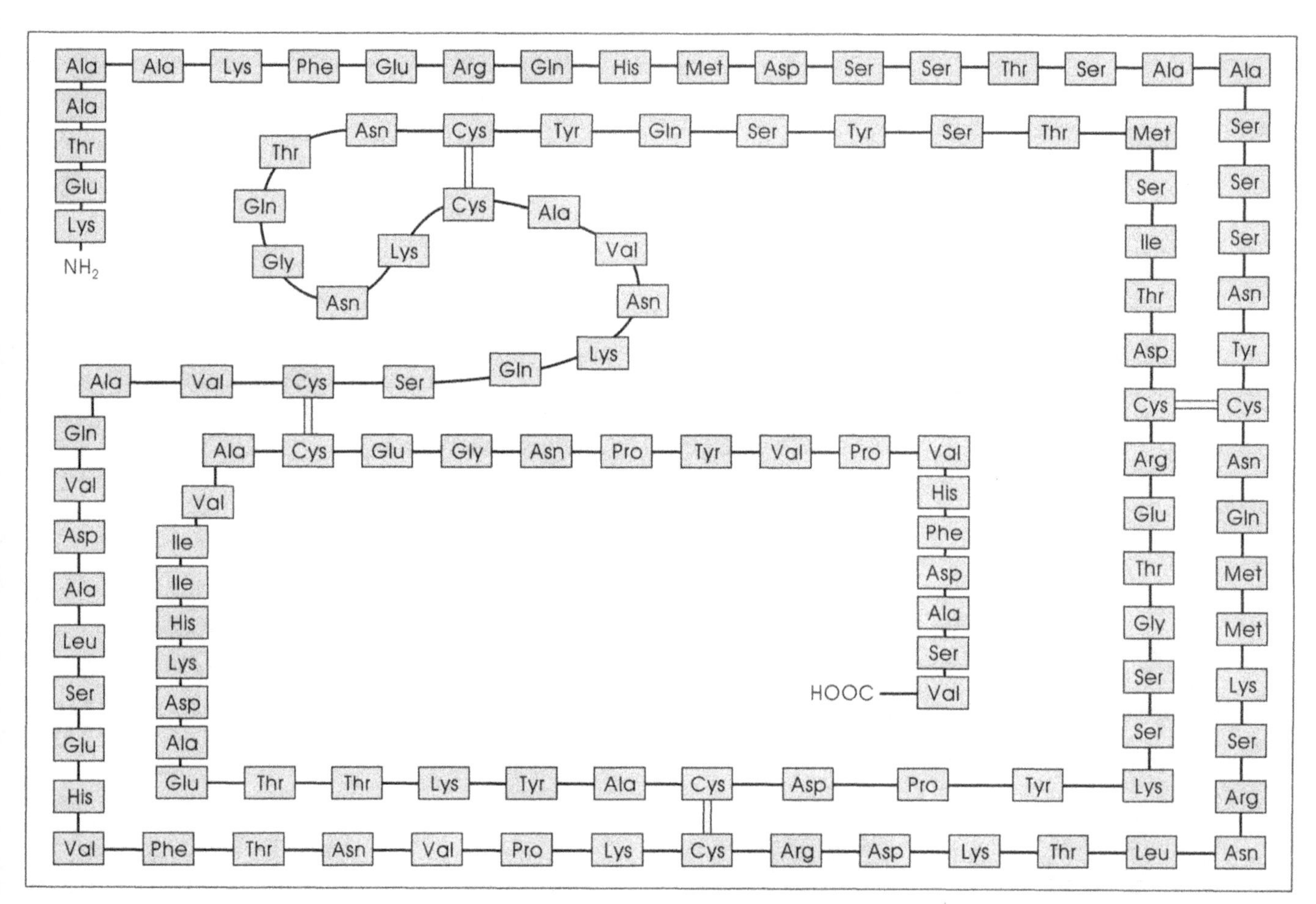

Ácidos Nucléicos

A descoberta das substâncias químicas que carregam a informação genética nas células foi um dos achados mais excitantes do século XX. Em 1944, os microbiologistas americanos, Oswald Avery, Colin MacLeod e Maclyn McCarty foram os primeiros a identificar o ***ácido desoxirribonucléico*** (***DNA***) como a substância responsável pelas características hereditárias dos organismos vivos. Durante uma década, os trabalhos de James Watson, Francis Crick, Rosalind Franklin e Maurice Wilkins resultaram na compreensão da aparência física do DNA, bem como o seu funcionamento. O DNA e uma outra substância, inicialmente encontrada nos núcleos das células, o ***ácido ribonucléico*** (***RNA***), são denominados ácidos nucléicos. O DNA é a substância que contém a informação hereditária da célula, enquanto o RNA está usualmente envolvido em decifrar a informação do DNA e carregar sua instrução.

Ácido Desoxirribonucléico. As moléculas de DNA são as mais longas nas células vivas. Uma célula de *Escherichia coli* contém uma molécula de DNA que, quando completamente estendida, seria cerca de 1.000 vezes maior que o tamanho da célula. A molécula ajusta-se dentro da célula porque ela se enrola de uma forma altamente compacta. Uma única molécula de DNA contém uma vasta livraria de informação genética, mas tem uma estrutura química relativamente simples:

1. Uma molécula de DNA é composta por moléculas, denominadas ***nucleotídeos*** (Figura 1.21).

Figura 1.20 [**A**] Estrutura secundária de uma proteína. Parte da cadeia polipeptídica se arranja em forma de uma α-hélice devido às pontes de hidrogênio (•••••) entre os grupos –C=O e –NH das ligações peptídicas. (Para simplificar, somente os átomos de hidrogênio envolvidos nas pontes de hidrogênio são mostrados). O grupo R do aminoácido na cadeia se projeta para fora da hélice. [**B**] A estrutura terciária da proteína é determinada por interações entre diferentes porções da cadeia. [**C**] Estrutura quaternária de uma proteína. A proteína apresentada aqui é composta de duas cadeias polipeptídicas idênticas, mas algumas proteínas são compostas por vários tipos diferentes de cadeias.

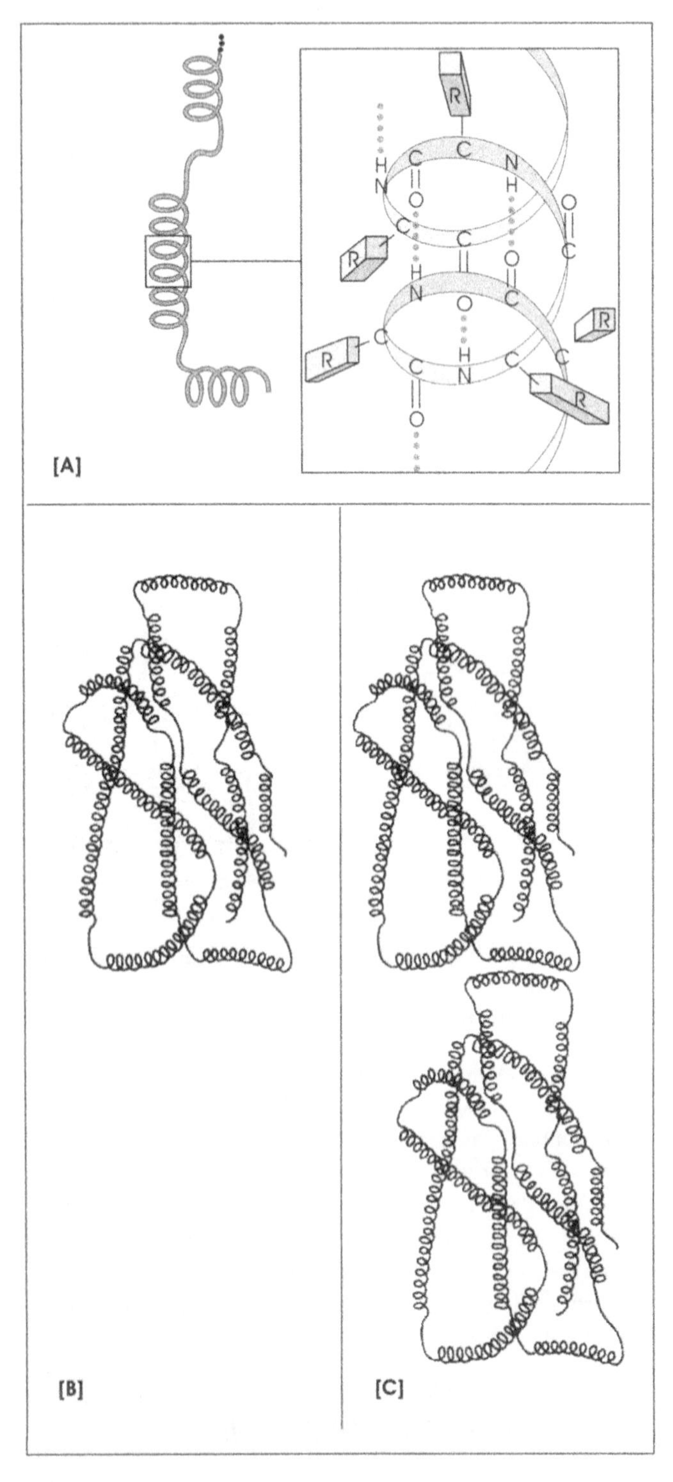

2. Cada nucleotídeo é constituído por três partes:

   (**a**) uma molécula de uma classe de composto nitrogenado, as *bases nitrogenadas*;

   (**b**) uma molécula de pentose, a *desoxirribose* (ver Figura 1.10);

   (**c**) um grupo fosfato.

3. Usando a energia obtida de fontes nutritivas, uma célula liga estas três partes e forma um nucleotídeo.

Figura 1.21 Os nucleotídeos são unidades estruturais dos ácidos nucléicos. No ácido desoxirribonucléico (DNA), um nucleotídeo é composto por uma molécula de uma base nitrogenada, uma molécula do açúcar desoxirribose e uma molécula de fosfato.

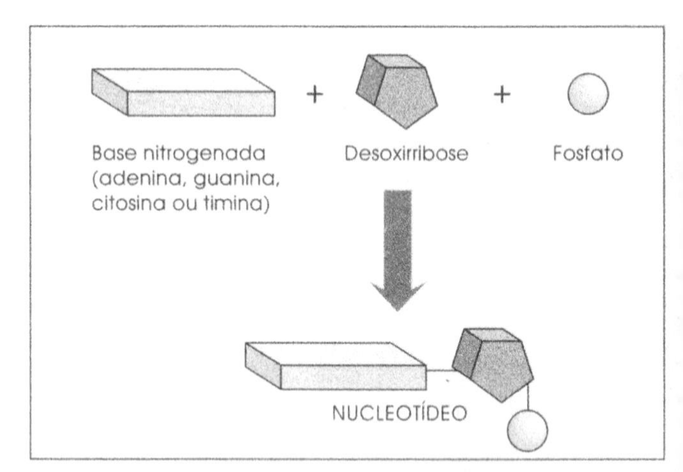

4. Quatro tipos de bases nitrogenadas ocorrem no DNA (Figura 1.22A). Duas delas são *adenina* e *guanina* que são denominadas *purinas*. As outras duas são *pirimidinas* – *citosina* e *timina*. Assim, há quatro tipos de nucleotídeos no DNA, cada um apresentando uma base púrica ou pirimídica particular (Figura 1.22B).

5. Uma célula mantém ligados milhares de nucleotídeos para formar uma única fita de DNA (Figura 1.22C). Dois fatos são interessantes sobre esta fita: cada fosfato está ligado a duas desoxirriboses, e estas se alternam com os fosfatos para formar um "esqueleto" a partir do qual as purinas e pirimidinas se projetam.

6. Finalmente, duas fitas apresentam ligações cruzadas por meio das projeções das bases púricas e pirimídicas formando uma fita dupla de DNA (Figura 1.23). Pontes de hidrogênio ligam as bases de uma cadeia com as bases de outra cadeia. Duas bases ligadas desta maneira são denominadas ***pares de bases complementares***. Somente dois tipos de pares de bases complementares são encontrados na fita dupla de DNA:

Figura 1.22 [**A**] Quatro tipos de bases nitrogenadas ocorrem no DNA. Duas delas, adenina (A) e guanina (G) são purinas; as outras duas, timina (T) e citosina (C) são pirimidinas. [**B**] Quatro tipos de nucleotídeos podem ser sintetizados usando desoxirribose (pentágono), fosfato (esfera) e quatro bases nitrogenadas. [**C**] Os nucleotídeos podem ser ligados para formar uma fita de polinucleotídeos de DNA. Somente uma pequena parte da fita é mostrada; uma fita completa conteria milhares de nucleotídeos. Observe que as desoxirriboses e os fosfatos formam a "coluna vertebral" a partir da qual as bases púricas e pirimídicas se projetam.

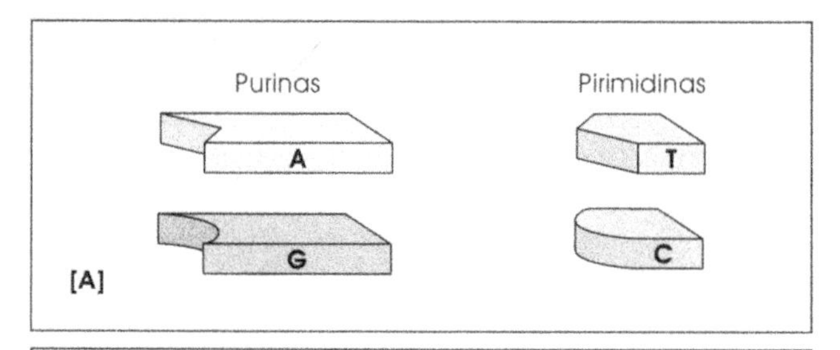

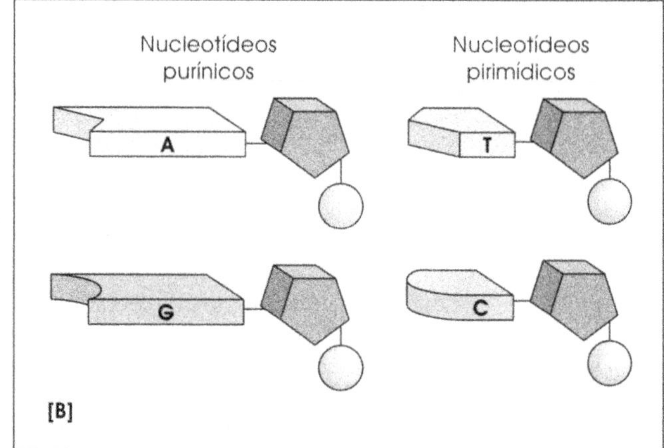

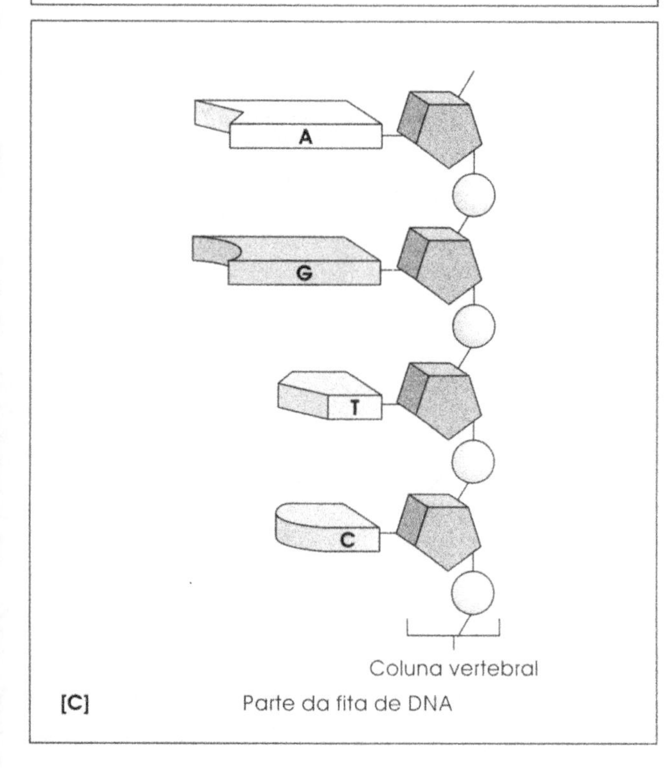

Adenina (A) ligada a timina (T)

Guanina (G) ligada a citosina (C)

Assim, a proporção de A com T ou G com C na fita dupla de DNA é sempre 1:1.

Figura 1.23 Parte da fita dupla de DNA mostrando duas cadeias ligadas por pontes de hidrogênio (•••••). Observe que o pareamento ocorre sempre entre bases púricas e pirimídicas complementares, isto é, entre adenina (A) e timina (T), e entre guanina (G) e citosina (C).

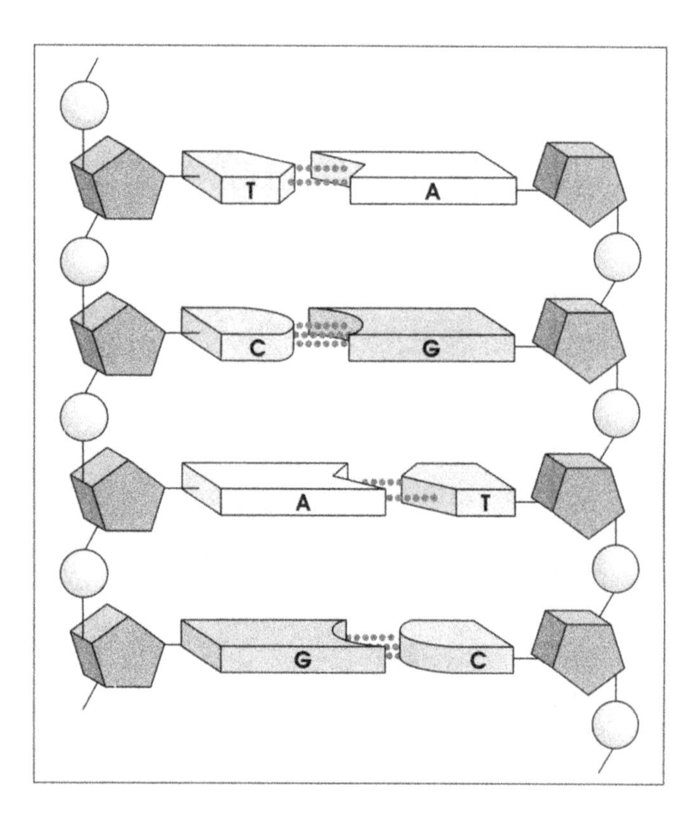

A complementaridade das purinas e pirimidinas significa que a seqüência de bases em uma das fitas ordena a seqüência da outra. Isto é de importância crítica na síntese de novas fitas de DNA durante a divisão celular, porque *esta é a seqüência de bases no DNA que representa a informação genética da célula*. Há uma seqüência diferente para cada espécie de organismo vivo.

7. Em uma fita dupla de DNA, as duas fitas não estão retas, mas sim enroladas ao redor de cada uma para formar uma dupla hélice (Figura 1.24, caderno em cores). Como já mencionado, as duas fitas na dupla hélice são mantidas unidas por pontes de hidrogênio entre as bases complementares.

Ácido Ribonucléico. Uma molécula de RNA é também composta por cadeias de nucleotídeos. Contudo, ela difere do DNA em certos aspectos (Figura 1.25):

1. O açúcar do RNA é uma *ribose*, não desoxirribose (o prefixo *desoxi–* significa "falta de oxigênio", e a ribose tem um ou mais átomos de oxigênio do que a desoxirribose).

2. A base pirimídica timina é substituída por outra base pirimídica denominada *uracila*.

3. Diferente da fita dupla de DNA, a fita de RNA é simples. Isto significa que não há uma segunda fita complementar pareada com ela. Assim, a porcentagem de A com T e G com C pode variar entre diferentes moléculas de RNA e não é necessariamente 1:1 como visto no DNA.

Figura 1.25 Estrutura do RNA. O RNA difere do DNA por apresentar ribose em vez de desoxirribose, e a pirimidina uracila (U) em vez da timina. As outras três bases (A, adenina; G, guanina; e C, citosina) ocorrem tanto em RNA como em DNA. Diferentemente do DNA, o RNA é uma fita simples.

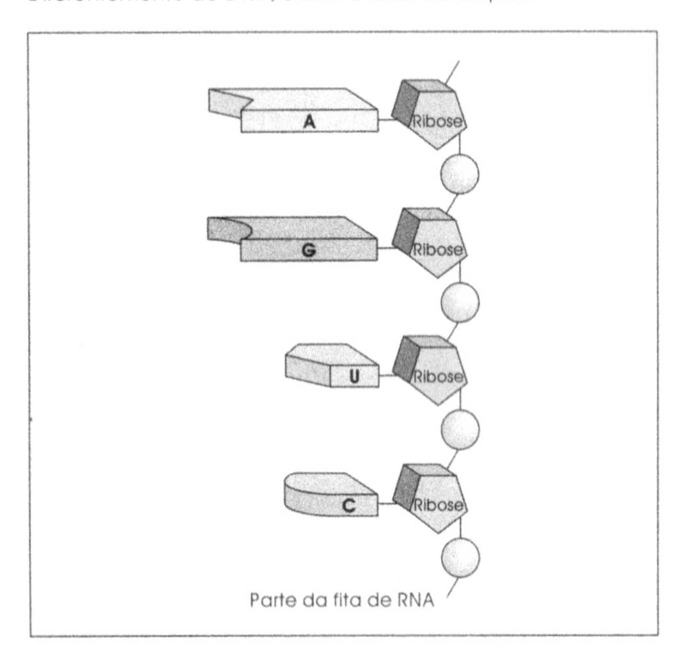

Responda

1 Quais são as quatro principais classes de compostos biologicamente importantes e quais são as suas principais características?

2 De que maneira os isômeros óticos de um composto diferem um do outro? Os organismos podem notar essa diferença?

3 Quais compostos são as unidades estruturais de polissacarídeos, triglicerídeos, fosfolipídeos, proteínas, DNA e RNA?

4 Como os fosfolipídeos formam a estrutura fundamental das membranas celulares?

5 Que função os pares de bases complementares desempenham na estrutura do DNA?

Introdução a Reações Químicas

Uma ***reação química*** é a interação de moléculas, átomos ou íons, resultando na formação de uma ou mais substâncias. Ela envolve a síntese e a quebra de ligações químicas: alguns exemplos incluem as reações fotossintéticas que convertem CO_2 e água em matéria orgânica e a produção de álcool pelas leveduras. Um organismo vivo deve ser capaz de realizar inúmeras reações químicas para permanecer vivo, crescer e reproduzir. Embora reações químicas importantes aos microrganismos sejam amplamente discutidas mais adiante neste capítulo, é importante compreender as características fundamentais das reações químicas comuns a todas as formas de vida.

Reações Químicas

Algumas reações químicas envolvem um único composto que sofre mudança em sua estrutura molecular, resultando na formação de um novo composto:

Composto A $\rightleftharpoons$ Composto B

Outras reações podem envolver dois compostos:

Composto V + Composto W $\rightleftharpoons$ Composto X + Composto Y

Todas as reações químicas são reversíveis. As duas setas em cada reação citada indicam a reação de formação do novo produto e a reação reversa da alteração química. Qualquer reação química, em tempo suficiente, atinge um estado de *equilíbrio químico*, no qual a velocidade de formação do produto e a reação de reversão são iguais. Não haverá alteração líquida nos níveis dos reagentes e produtos. Por exemplo, na segunda reação, a quantidade líquida de V, W, X e Y não se alterará. Isto ocorre porque, embora V e W continuem a reagir para formar X e Y, X e Y também reagem para formar V e W exatamente na mesma velocidade. Entretanto, isto não significa que as *concentrações finais das reações* serão iguais no equilíbrio.

Enzimas

Todas as reações químicas buscam o equilíbrio, mas a velocidade é freqüentemente baixa. Para acelerar estas reações, as células contêm substâncias chamadas ***enzimas*** (usualmente proteínas) que agem para acelerar as reações químicas. As enzimas funcionam como agentes *catalíticos* e são específicas a uma reação química particular. Algumas são capazes de aumentar a velocidade de uma reação química milhares de vezes em relação à que ocorre em uma reação espontânea. Sensíveis ao seu ambiente, as enzimas podem também ser inibidas de várias maneiras, como veremos mais adiante nesta seção, na discussão sobre inibição de enzimas.

Catalisadores são substâncias que, mesmo em pequenas quantidades, têm a habilidade de aumentar a velocidade de uma reação química. Entretanto, um catalisador não é consumido nem destruído durante a reação em que participa. Por exemplo, o gás hidrogênio e o gás oxigênio podem reagir e formar água, mas a reação é tão lenta sob condições atmosféricas normais que levaria um período de tempo muito longo para formar quantidade apreciável de água. Entretanto, se o metal platina é adicionado a uma mistura gasosa, os gases reagem imediatamente e produzem água. A platina, portanto, age como um catalisador neste exemplo, porque aumentou a velocidade da interação química sem, contudo, ser utilizada pela reação.

Diferente dos catalisadores inorgânicos, como a platina, as enzimas são substâncias orgânicas produzidas por células vivas. Até recentemente, acreditava-se que todas as enzimas eram proteínas. Porém, em 1989, Sidney Altman, da Universidade de Yale, e Thomas Cech, da Universidade de Colorado, receberam o Prêmio Nobel de Química por suas descobertas de que o RNA também pode catalisar certas reações químicas nas células. Esta descoberta tem revolucionado a idéia sustentada por bioquímicos sobre a origem e natureza das enzimas.

As enzimas também diferem dos catalisadores inorgânicos em especificidade; isto é, uma enzima particular somente catalisa um certo tipo de reação química. Em contraste, cada catalisador inorgânico participa de muitos tipos diferentes de reações químicas.

Algumas enzimas são proteínas puras, mas muitas consistem em uma proteína combinada com pequeníssimas quantidades de moléculas não-protéicas chamadas *co-enzimas*. A co-enzima ajuda a parte protéica, denominada *apoenzima*, aceitando ou doando átomos, quando necessário. Quando ligadas, as duas partes formam uma enzima completa, a *holoenzima*.

[Apoenzima]	+	[Co-enzima]	→	[Holoenzima]
Inativa isoladamente Proteína Alto peso molecular		Inativa isoladamente Não-protéica Baixo peso molecular		Ativa

Uma *vitamina* pode ser uma co-enzima ou um componente principal de uma co-enzima particular. As vitaminas são substâncias orgânicas que ocorrem naturalmente em pequenas quantidades, mas são essenciais a todas as células. As vitaminas que o organismo não pode sintetizar devem ser fornecidas na dieta. A Tabela 1.3 apresenta algumas co-enzimas que contêm vitaminas. Íons metálicos, tais como íons magnésio (Mg^{2+}) e íons zinco (Zn^{2+}), também podem ser necessários para ativar certas enzimas. Tais íons são conhecidos como co-enzimas inorgânicas, ou *co-fatores*. Em algumas situações, um co-fator e uma co-enzima são requeridos pela enzima para atuar como um catalisador.

As características gerais das enzimas são similares, sejam elas produzidas por células de microrganismos, humanas ou outras formas de vida. De fato, células de diferentes organismos podem conter algumas enzimas com funções similares ou idênticas, mesmo que as seqüências de aminoácidos das diferentes enzimas não sejam as mesmas. Por exemplo, muitas das reações químicas que ocorrem em leveduras são idênticas àquelas que ocorrem nas células musculares humanas, sendo catalisadas por enzimas funcionalmente similares.

Embora existam milhares de tipos de enzimas, elas podem ser agrupadas em seis classes principais, dependendo do tipo geral de reação que catalisam (Tabela 1.4). O nome de qualquer enzima sempre tem o sufixo *–ase* e é usualmente baseado na reação química particular que ela catalisa. Um exemplo é a enzima que remove átomos de hidrogênio do ácido lático: *ácido lático desidrogenase*.

Complexo Enzima-Substrato. Em uma reação química, o composto-alvo da enzima é denominado *substrato*. Ele é convertido a um outro composto, denominado *produto*. A enzima e o substrato combinam como um *complexo enzima-substrato*, que então se quebra formando o produto:

En	+	S	→	EN–S	→	En	+	P
Enzima		Substrato		Complexo enzima-substrato		Enzima		produto

Após a reação, a enzima é liberada para que possa reagir com outra molécula do substrato. Este processo é repetido várias vezes até a reação atingir o equilíbrio. Tipicamente, uma molécula de enzima pode catalisar a conversão de 10 a 1.000 moléculas do substrato a produto, em um segundo. As reações catalisadas por enzimas podem ser de milhares a 1 bilhão de vezes mais rápidas do que a mesma reação sem enzima. Cálculos têm demonstrado que, se as enzimas estão ausentes, a quebra de proteínas no processo de digestão do homem levaria mais de 50 anos, em vez de poucas horas!

Especificidade Enzimática. Como indicado inicialmente, uma característica marcante das enzimas é o seu alto grau de especificidade em relação aos substratos. Uma única enzima pode reagir com único substrato ou, em alguns casos, com um grupo de substratos intimamente relacionados. Isto significa que uma célula tipicamente produz uma enzima diferente para cada composto que utiliza. Além disso, cada enzima causa alteração em uma etapa no substrato. A maioria dos processos biológicos requer, portanto, uma forma de cooperação entre os grupos de enzimas, como uma corrida de revezamento em longa distância. Por exemplo, quando leveduras degradam glicose a álcool e dióxido de carbono, o processo completo é uma série de 12 etapas individuais, cada uma catalisada por uma enzima diferente. Juntas, estas enzimas constituem um *sistema enzimático.*

Tabela 1.3 Algumas co-enzimas e seus constituintes vitamínicos.

Co-enzima	Vitamina
Co-enzima A (CoA)	Ácido pantotênico
Cocarboxilase (tiamina pirofosfato, TPP)	Tiamina (B_1)
Flavina adenina dinucleotídeo (FAD)	Riboflavina (B_2)
Nicotinamida adenina dinucleotídeo (NAD) e nicotinamida adenina dinucleotídeo fosfato (NADP)	Niacina (ácido nicotínico)
Piridoxal fosfato	Piridoxal (B_6)
Ácido tetraidrofólico	Ácido fólico

A especificidade enzimática é baseada, em grande parte, na estrutura tridimensional do *sítio ativo* na molécula da enzima. Um sítio ativo é a área na superfície da enzima na qual o substrato se encaixa. A especificidade de um sítio ativo estende-se ainda a um isômero ótico particular – o isômero L de uma substância pode encaixar-se bem em uma enzima, enquanto o isômero D não; o contrário pode também ser verdadeiro. Tentar encaixar o isômero ótico errado no sítio ativo é como tentar colocar a mão esquerda na luva da mão direita. Entretanto, se o substrato se encaixar no sítio ativo, ele é convertido em um produto. O produto é então liberado do sítio ativo e a enzima está livre para se combinar com mais substratos e repetir a ação (Figura 1.26).

Inibição Enzimática. Embora algumas enzimas sejam extremamente eficientes em acelerar reações químicas, essa eficiência é altamente vulnerável a vários fatores ambientais. A atividade pode diminuir significativamente ou mesmo ser destruída por uma variedade de condições físicas ou químicas, tais como calor excessivo, tratamento com álcool ou variações de pH. Algumas enzimas são muito mais sensíveis do que outras à inibição por pequenas variações ambientais.

Uma outra maneira de inibir a atividade enzimática é bloquear o sítio ativo. Um composto semelhante ao substrato, de uma enzima particular, pode ligar-se ao sítio ativo da enzima e, assim, prevenir que o substrato verdadeiro se ligue. A enzima *succinato desidrogenase*, que tem o ácido succínico como substrato, é inibida pelo ácido malônico, que é estruturalmente similar ao ácido succínico (Figura 1.27). Quando o ácido malônico se liga ao sítio ativo, a molécula de ácido succínico não pode se ligar à enzima e a reação não ocorre. Este tipo de inibição é denominado ***inibição competitiva***, devido à competição de duas moléculas diferentes pelo mesmo sítio ativo. Este conceito tem sido usado para designar substâncias químicas que inibem enzimas microbianas por mimetizar seus substratos.

A ***inibição não-competitiva*** de uma enzima também pode ocorrer. Neste tipo, o inibidor não compete com o substrato pelo sítio ativo. Ao invés, o inibidor liga-se a um outro componente da enzima. O cianeto inibe enzimas que

Tabela 1.4 Principais classes de enzimas.

Número da classe	Nome da classe	Reação catalítica	Exemplo de enzima e a reação que catalisa
1	Oxirredutases	Reações de transferência de elétrons (transferência de elétrons ou átomos de hidrogênio de um composto para outro)	Álcool desidrogenase: Álcool etílico + NAD → acetaldeído + $NADH_2$
2	Transferases	Transferência de grupos funcionais (tais como grupos fosfato, amino e metil)	Hexoquinase: D-Hexose + ATP → D-Hexose-6-fosfato
3	Hidrolases	Reações de hidrólise (adição de uma molécula de água para quebrar a ligação química)	Lipase: Triglicerídeo + H_2O → diglicerídeo + ácido graxo
4	Liases	Adição de duplas ligações a uma molécula, bem como remoção não-hidrolítica de grupos químicos	Piruvato descarboxilase: Piruvato → acetaldeído + CO_2
5	Isomerases	Reações de isomerização (um composto é alterado em outro, permanecendo com o mesmo número e tipos de átomos, mas difere na estrutua molecular)	Triose fosfato isomerase: D-Gliceraldeído-3-fosfato → diidroxiacetona fosfato
6	Ligases	Formação de ligação com clivagem ou quebra de ATP (adenosina trifosfato)	Acetil co-enzima A sintetase: ATP + acetato + co-enzima A → AMP + pirofosfato + acetil coenzima A

apresentam átomos de ferro como co-fatores, porque ele combina com o ferro e previne a ligação do metal às enzimas. Os íons de certos metais pesados podem inibir enzimas alterando a forma das enzimas, inativando-as. Os íons mercúrio (Hg^{2+}) agem como inibidores dessa maneira, quando se ligam aos átomos de enxofre da cisteína.

Algumas vezes, a atividade enzimática é diminuída ou interrompida quando há produto em quantidade suficiente, pelo menos temporariamente. Este fenômeno, ou seja, a ***inibição por feedback*** é encontrado em muitos sistemas biológicos. Neste processo, o produto final de uma via biossintética inibe alguma enzima das reações iniciais da via. Isto acontece por causa de uma *inibição alostérica*, uma inibição não-competitiva na qual o inibidor (neste caso a molécula do produto) liga-se à enzima em algum lugar diferente do sítio ativo. Esta ligação deforma o sítio ativo, assim o substrato não pode encaixar-se nele (Figura 1.28). A inibição alostérica é um tipo de regulação usado pelos microrganismos para controlar a produção de aminoácidos, purinas, pirimidinas e vitaminas.

As enzimas e suas atividades são bons exemplos de como os processos bioquímicos trabalham juntos para a manutenção da vida. Neste capítulo, você aprendeu sobre como íons, átomos e moléculas combinam-se para formar elementos e compostos. Da mesma forma, diferentes unidades estruturais, tais como os monossacarídeos, ácidos graxos ou aminoácidos são arranjados em substâncias complexas, como polissacarídeos, fosfolipídeos ou proteínas. A síntese e a utilização destes compostos são controladas pela informação contida no DNA e RNA, compostos que também são formados a partir de estruturas pequenas.

Responda

1. Que são enzimas e que função vital elas realizam em organismos vivos?
2. Qual a relação existente entre co-enzima ou co-fator e uma enzima? E entre vitaminas e co-enzimas?
3. O que é um sítio ativo de uma enzima?
4. Como a inibição competitiva de uma reação catalisada por uma enzima difere de uma inibição não-competitiva?

Figura 1.26 Esquema de uma reação enzima-substrato. O substrato combina com a enzima no sítio ativo, que está configurado para encaixar a molécula do substrato. Como na ilustração, os grupos químicos da enzima ligados ao substrato estão ajustados e o resultado é a clivagem do mesmo. Os produtos são liberados e a enzima está livre para combinar com mais substrato e repetir o processo.

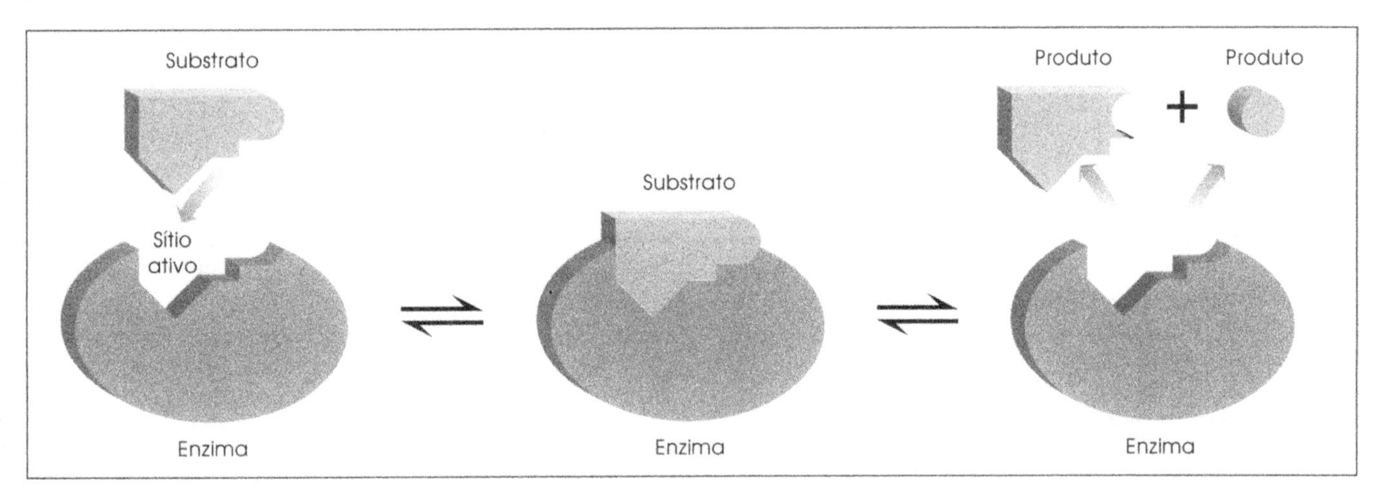

Figura 1.27 Inibição competitiva (esquema) da enzima succinato desidrogenase pelo ácido malônico. O ácido malônico tem uma estrutura que é similar ao do substrato, o ácido succínico, permitindo, assim, uma competição entre ambos pela ligação ao sítio ativo presente na superfície da enzima. Se o ácido malônico ocupa o sítio, a atividade da enzima é bloqueada, pois ele não sofre alteração por esta enzima.

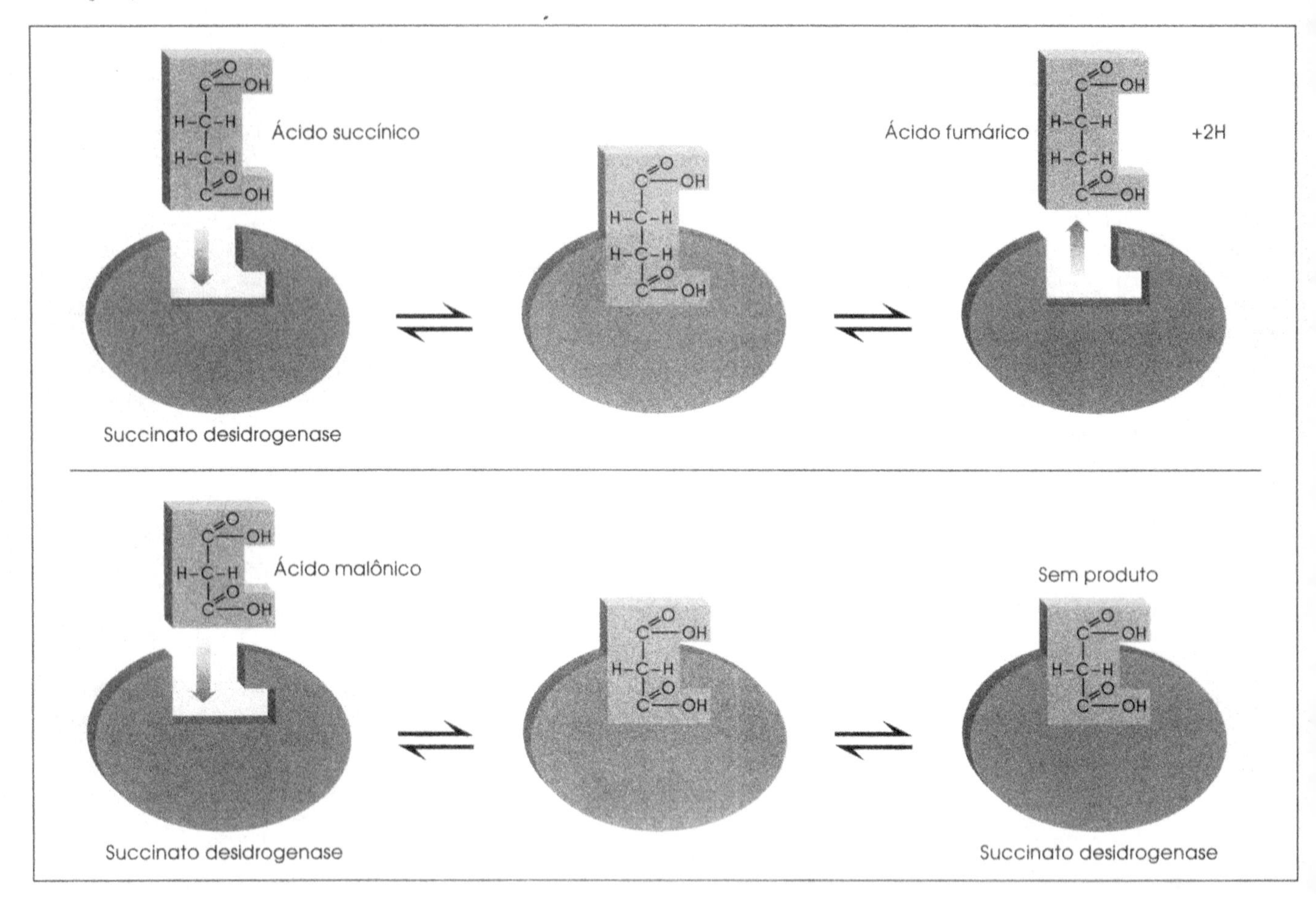

Figura 1.28 Inibição alostérica de uma enzima. [A] Um sítio alostérico está localizado em uma região da enzima diferente do sítio ativo. Quando o sítio alostérico não está ocupado, o substrato para a enzima pode encaixar-se no sítio ativo. [B] Quando o inibidor específico ocupa o sítio alostérico, o sítio ativo é deformado e o substrato não pode encaixar-se.

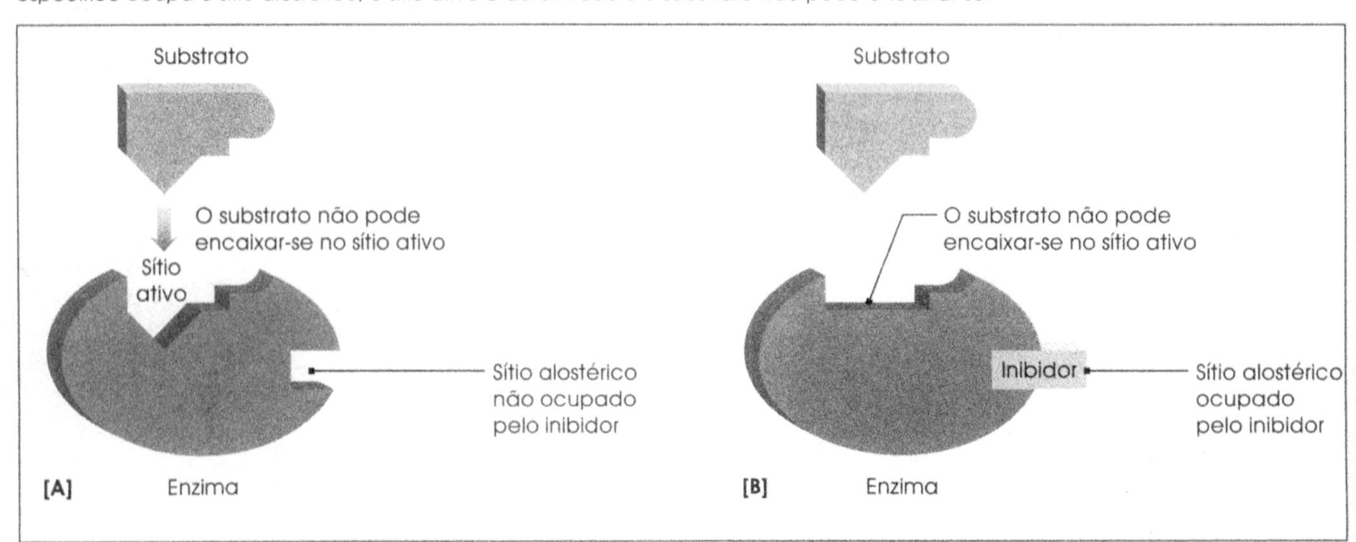

Resumo

1. Átomos, as menores unidades da matéria, apresentam propriedades químicas únicas: são compostos de elétrons, prótons e nêutrons. Existem 92 tipos de átomos de ocorrência natural. Cada tipo é chamado de *elemento* e é definido pelo seu número atômico.

2. As moléculas são formadas pela ligação dos átomos: um composto é uma substância constituída por um único tipo de molécula. Ligações químicas podem ser: ligações iônicas, ligações covalentes ou pontes de hidrogênio. As moléculas que apresentam grupos iônicos ou polares são hidrofílicas e solúveis em água, enquanto moléculas apolares são hidrofóbicas e insolúveis em água. Algumas moléculas são anfipáticas e tendem a formar micelas ou bicamadas na água.

3. Uma solução um molar (1 *M*) de um composto contém um grama molecular (um mol) do composto em cada litro de solução. A concentração de íons hidrogênio na água pura é 10^{-7} mol por litro, assim o seu pH é 7. Em solução, substâncias ácidas liberam íons hidrogênio, enquanto substâncias básicas aceitam átomos de hidrogênio. Uma mistura de ácido fraco e sua base conjugada (por exemplo, ácido acético e acetato) age como um tampão que previne alterações de pH.

4. Os carboidratos têm a fórmula geral $(CH_2O)_n$. Os carboidratos mais simples são os monossacarídeos; os mais complexos são os polissacarídeos. Os monossacarídeos contêm pelo menos um carbono assimétrico e, portanto, podem existir em duas formas chamadas *isômeros óticos*. Organismos vivos utilizam somente uma dessas duas formas.

5. Os lipídeos são dissolvidos por solventes não-polares, tal como o éter, mas não pela água. Há vários tipos de lipídeos importantes para os organismos vivos. Triglicerídeos são apolares, enquanto fosfolipídeos são anfipáticos e tendem a formar bicamadas quando em contato com a água. Esteróis são lipídeos constituídos por vários anéis carbônicos interconectados. Outros tipos de lipídeos podem ser encontrados em certos organismos.

6. As proteínas são compostas de 20 diferentes tipos de aminoácidos ligados por meio de ligações peptídicas. Cada tipo de proteína tem uma seqüência de aminoácidos característica, denominada *estrutura primária*. Uma proteína também tem estrutura secundária, terciária e, algumas vezes, quaternária.

7. As purinas e pirimidinas fazem parte da estrutura do DNA e RNA, os compostos necessários à transferência da informação genética de uma célula a outra. A seqüência base de DNA representa a informação genética da célula; o RNA ajuda a converter essa informação em uma forma utilizável pela célula. O DNA é constituído por desoxirribose, fosfato e quatro tipos de base contendo nitrogênio (adenina, guanina, citosina e timina). Duas fitas de DNA formam uma estrutura em dupla hélice quando estão ligadas por pontes de hidrogênio entre as bases complementares (adenina–timina ou guanina–citosina). O RNA difere do DNA por conter ribose em vez de desoxirribose e uracila em vez de timina, e por ser uma fita simples em vez de fita dupla.

8. As enzimas são catalisadores biológicos altamente específicos que aumentam a velocidade da reação química até o equilíbrio. Quase todas as enzimas são proteínas. As enzimas são vulneráveis a vários fatores ambientais, tais como mudanças de temperatura. A atividade enzimática pode ser inibida por compostos que mimetizam o substrato normal, por compostos que inativam co-fatores ou co-enzimas ou por produtos finais das reações.

Palavras-Chave

Ácido desoxirribonucléico (DNA)
Ácido ribonucléico (RNA)
Ácidos
Aminoácidos
Anfipáticos
Ânion
Átomo
Base
Bioquímica
Cátion
Compostos
Compostos apolares
Compostos inorgânicos
Compostos orgânicos
Elemento
Enzimas
Hidrólise
Inibição competitiva
Inibição não-competitiva
Inibição por *feedback*
Íon
Isômeros óticos (isômeros D e L)
Ligações covalentes
Ligações iônicas
Lipídeos
Mol
Moléculas
Moléculas polares
Núcleo
Nucleotídeos
Par de base complementar
pH
Pontes de hidrogênio
Química
Reação química
Sal
Solutos
Solventes
Tampão

Revisão

ÁTOMOS E MOLÉCULAS

1. Dos três principais tipos de partículas elementares de um átomo, o que apresenta uma carga elétrica positiva é: (**a**) nêutron; (**b**) próton; (**c**) íntron; (**d**) elétron; (**e**) nenhuma das alternativas.

2. O número máximo de elétrons permitido nos níveis energéticos K e L de um átomo são, respectivamente: (**a**) 2 e 8; (**b**) 1 e 4; (**c**) 8 e 2; (**d**) 2 e 4; (**e**) 2 e 16.

3. Cada elemento é definido por seu ____________ atômico.

4. Um isótopo mais pesado de um elemento natural conteria em maior quantidade quais das partículas subatômicas em seu núcleo? (**a**) elétrons; (**b**) prótons; (**c**) nêutrons; (**d**) íons; (**e**) elétrons e prótons.

5. Se um átomo ganha ou perde um elétron ele se torna ___________.

6. Substâncias constituídas por um único tipo de molécula são chamadas de _________.

7. O tipo de ligação que ocorre entre os átomos de sódio e cloro no NaCl é: (**a**) iônica; (**b**) covalente; (**c**) hidrogênio; (**d**) hidrofóbica; (**e**) covalente polar.

8. Associar cada definição da direita com o item apropriado da esquerda:

__Molécula	(**a**) Produto formado pela ligação de dois ou mais átomos
__ Íon	(**b**) Partícula sem carga elétrica encontrada no núcleo da maioria dos átomos
__ Ligação covalente	(**c**) Ligação que ocorre quando dois átomos compartilham elétrons
__ Nêutron	(**d**) Ligação fraca formada a partir da interação eletrostática entre duas moléculas polares
__ Pontes de hidrogênio	(**e**) Um átomo que possui uma carga elétrica positiva ou negativa

9. Compostos orgânicos são compostos que contêm: (**a**) hidrogênio; (**b**) nitrogênio; (**c**) oxigênio; (**d**) carbono; (**e**) fósforo.

SOLUBILIDADE DE COMPOSTOS

10. Quando um cristal de NaCl é colocado em água, cada íon de sódio e cloro torna-se circundado por uma camada de ___________ orientadas.

11. Quando o acetato de sódio é dissolvido em água, ele se dissocia em íon _____ e íon _____.

12. Glicose não ioniza em água, mas se solubiliza porque ela contém grupos –OH que são (indicar as duas respostas corretas): (**a**) grupos iônicos; (**b**) grupos apolares; (**c**) grupos polares; (**d**) grupos hidrofílicos; (**e**) grupos hidrofóbicos.

13. A tendência de moléculas apolares em formar agregados em água é denominado ligações ________________________________.

14. Associar cada descrição da direita com o item apropriado da esquerda:

__ Anfipático	(**a**) Composto no qual outras substâncias podem ser dissolvidas
__ Apolar	(**b**) Material sólido constituído por um arranjo regular de átomos ou moléculas repetidas
__ Solvente	(**c**) Compostos não-ionizáveis e sem grupos polares
__ Cristal	(**d**) Compostos que apresentam grupos polares ou ionizados em uma extremidade da molécula e uma região apolar em outra extremidade

__ Micela (e) Agrupamento esférico de moléculas que se forma quando o detergente é colocado na água.

CONCENTRAÇÃO DE COMPOSTOS EM SOLUÇÃO

15. Se nós temos 5 g de glicose em cada 100 g de solução, a concentração da glicose é __ % (__/__).

16. Se nós temos 5 g de glicose em cada 100 ml de solução, a concentração é __% (__/__).

17. O peso molecular da glicose é 180. Assim 18 g de glicose representam: (**a**) 1 mol de glicose; (**b**) 0,1 mol de glicose; (**c**) 10 mol de glicose; (**d**) 0,5 mol de glicose; (**e**) 18 mol de glicose.

18. Associar cada definição da direita com o item apropriado da esquerda:

___ Solução 1 *M* (**a**) Um grama de NaCl por 100 g de solução

___ Solução NaCl 1% (p/p) (**b**) Soma dos pesos atômicos de todos os átomos na molécula do composto

___ Mol (**c**) O peso de um composto em gramas é igual ao valor numérico de seu peso molecular

___ Peso molecular (**d**) Um grama de NaCl por 100 ml de solução

___ Solução NaCl 1% (p/v) (**e**) Um mol de um composto por litro de solução

ÁCIDOS, BASES, pH

19. Se o pH de uma solução é 9, a concentração do íon hidrogênio na solução é (assinale as duas respostas corretas): (**a**) 10^9 *M*; (**b**) 9 *M*; (**c**) 90 *M*; (**d**) 10^{-9} *M*; (**e**) 0,000000001 *M*.

20. Uma solução com pH 4 é ________ vezes mais ácida do que uma que tem pH 6.

21. Uma substância que pode ionizar em água e liberar um íon hidrogênio é chamada de ________________________.

22. Uma substância que pode ionizar em água e formar um ânion que aceita um íon hidrogênio é chamada de: (**a**) ácido; (**b**) base; (**c**) cátion; (**d**) isótopo; (**e**) anfipático.

23. Associar cada descrição da direita com o item apropriado da esquerda:

___ Tampão (**a**) NaOH

___ Sal (**b**) Um composto iônico que não contém H^+ nem OH^-

___ Ácido fraco (**c**) $-\log_{10} [H^+]$

___ pH (**d**) Uma mistura de substâncias químicas que não permitem variações de pH

___ Base forte (**e**) CH_3COOH

___ Ácido forte (**f**) HCl

COMPOSTOS BIOLÓGICOS IMPORTANTES

24. Carboidratos têm fórmula geral: (**a**) $(CH_2O)_n$; (**b**) $(CHO)_n$; (**c**) $(C_2H_5O_2)_n$; (**d**) $(CH_2)_n$; (**e**) nenhuma das alternativas.

25. Uma hexose é um monossacarídeo que contém: (**a**) 7 átomos de carbono; (**b**) 5 átomos de carbono; (**c**) 6 átomos de carbono; (**d**) 12 átomos de carbono; (**e**) 6 átomos de oxigênio; (**f**) 6 átomos de hidrogênio.

26. Moléculas que são imagens de espelho uma da outra são denominadas __________.

27. Para existir como isômeros óticos, as moléculas de um composto devem conter átomos de carbono ____.

28. Uma molécula de polissacarídeo contém muitos ______________ que estão ligados entre si.

29. Um lipídeo é uma substância orgânica insolúvel em água, mas solúvel em: (**a**) solventes aniônicos; (**b**) solventes polares; (**c**) solventes apolares; (**d**) solventes catiônicos.

30. Uma molécula de triglicerídeo é composta por uma molécula de ______________ e três de ______________________________.

31. O tipo mais simples de fosfolipídeo é composto por uma molécula de fosfato, duas moléculas de ácido graxo e uma de: (**a**) nitrogênio; (**b**) glicerol; (**c**) triglicerídeo; (**d**) glicose; (**e**) amônia.

32. Associar cada descrição da direita com o item apropriado da esquerda:

__ Dissulfito (**a**) Estrutura formada quando moléculas de fosfolipídeos são colocadas em água

__ Desoxirribose (**b**) Unidades estruturais das proteínas

__ Bicamada (**c**) Aminoácido que não apresenta carbono assimétrico, portanto não ocorre em formas D e L

__ Nucleotídeos (**d**) Seqüência de aminoácidos de uma proteína

__ Glicina (**e**) Pontes (ligações) que ocorrem em estruturas secundárias de uma proteína

__ Estrutura primária (**f**) Unidades estruturais do DNA

__ Aminoácidos (g) Açúcar componente do nucleotídeo de DNA

33. Pareamento de bases entre duas fitas de DNA ocorre entre as seguintes bases nitrogenadas: _____________ e timina, e _________________ e citosina.

34. A informação hereditária da molécula de DNA é representada pela seqüência de: (**a**) riboses; (**b**) desoxirriboses; (**c**) fosfatos; (**d**) bases nitrogenadas; (**e**) pontes de hidrogênio.

35. Em RNA, a base nitrogenada _______ substitui a timina, e o açúcar __________ substitui a desoxirribose.

INTRODUÇÃO A REAÇÕES QUÍMICAS

36. Quando uma reação química atinge o equilíbrio, a velocidade de formação do produto é igual à velocidade de ____.

37. Associar cada descrição da direita com o item apropriado da esquerda:

__ Competitiva (**a**) Catalisadores orgânicos

__ Substrato (**b**) Pequena molécula orgânica não protéica que combina com a a-poenzima para formar uma holoenzima ativa

__ Não-competitiva (**c**) Parte integral de algumas co-enzimas

__ Co-enzima (**d**) Composto específico de uma enzima

__ Enzimas (**e**) Inibição da enzima na qual o inibidor apresenta semelhança estrutural com o substrato natural

__ Vitaminas (**f**) Inibição da enzima na qual o inibidor não se liga ao sítio ativo

38. Um sítio ativo em uma enzima é o local no qual o ____________ se encaixa.

39. Os nomes das enzimas terminam com o sufixo: (**a**) *–eto*; (**b**) *–ase*; (**c**) *–ando*; (**d**) *–ado*; (**e**) *–ose*.

Questões de Revisão

1. Como Pasteur descobriu a existência de isômeros óticos?

2. Muitos compostos de importância biológica são formados a partir de moléculas menores que se ligam como resultado da remoção de uma molécula de água, por exemplo a ligação dos aminoácidos para formar uma cadeia polipeptídica. Em quais outros compostos, discutidos neste capítulo, a ligação resulta da remoção de moléculas de água?

3. Qual a importância das pontes de hidrogênio na fita dupla de DNA?

4. De que maneira um tipo de proteína difere de outra proteína?

5. De que maneira o DNA difere do RNA?

6. Quais são as principais diferenças entre fosfolipídeos e triglicerídeos?

7. Como as enzimas são essenciais para os organismos vivos?

Questões para Discussão

1. Um átomo de carbono tem 6 prótons, 6 nêutrons e 6 elétrons. Um outro átomo tem 6 prótons, 8 nêutrons e 6 elétrons. Que relação o segundo átomo tem com o átomo de carbono? Se o segundo átomo é radioativo, como você pode usá-lo para as pesquisas bioquímicas? Por exemplo, como você o usaria para determinar se a glicose é ou não absorvida pela *Escherichia coli* e utilizada como nutriente?

2. Suponha que você necessite preparar uma solução de NaCl 0,15 *M* e só necessite de 200 ml desta solução. Como você faria para obter o volume necessário sem preparar um litro da solução? Como você descreveria esta mesma solução em termos de porcentagem de NaCl (p/v)?

3. Suponha que você seja um viajante do espaço. Sua reserva alimentar está diminuindo e você encontra um planeta onde os animais e plantas são abundantes. Os animais e as plantas desse planeta são semelhantes aos do planeta Terra, mas suas proteínas consistem somente em D-aminoácidos. Por que você entrará num estado de inanição até a morte se você permanecer nesse planeta?

4. Suponha que você esteja cultivando um microrganismo em caldo de carne (pH 7) em seu laboratório, mas esses microrganismos produzem compostos químicos ácidos durante o crescimento. Isto ocasiona uma diminuição do pH de 7 a 5, provocando a morte das células em 24 horas. Quando você adiciona uma pequena quantidade de uma base, tal como hidróxido de potássio (KOH) a cada hora, a fim de restaurar o pH 7, você notará que os microrganismos podem continuar o crescimento por vários dias. Como você pode obter resultado similar sem ter de adicionar uma base a cada hora?

Capítulo 2

Objetivos da Microbiologia

Objetivos

Após a leitura deste capítulo, você deve ser capaz de:

1. Explicar por que as células são consideradas unidades estruturais da vida.
2. Descrever como os microrganismos são classificados em relação a outras formas de vida.
3. Distinguir uma célula eucariótica de uma célula procariótica.
4. Resumir as principais diferenças entre os sistemas de classificação de Whittaker e Woese.
5. Caracterizar os principais grupos de microrganismos eucarióticos.
6. Caracterizar os principais grupos de microrganismos procarióticos.
7. Distinguir uma eubactéria de uma arqueobactéria.
8. Explicar por que os vírus são estudados em microbiologia.
9. Dar um exemplo da função dos microrganismos no ambiente natural.
10. Distinguir microbiologia básica de microbiologia aplicada e citar exemplos.

Introdução

Se você olhar em qualquer direção, verá sinais do trabalho microbiano. As bactérias absorvem nitrogênio do ar e ajudam algumas plantas a crescer. As bactérias e os fungos degradam resíduos, tais como plantas mortas, óleos de derramamentos, despejos de esgoto e restos de alimentos. Produção de alimentos, de drogas e de outros derivados industriais freqüentemente utilizam os microrganismos ou seus produtos. Os microrganismos são, portanto, o grupo de organismos mais amplamente distribuído na Terra. Observe-se em um espelho e você verá um local contendo aproximadamente 100 trilhões de microrganismos. Eles estão em sua pele e cabelo, no tártaro de seu dente, ao longo de seu intestino e também nas superfícies do seu corpo. Cada grama de fezes excretado pelo intestino contém 10 bilhões de microrganismos, que são rapidamente substituídos por outros.

Nenhum outro organismo tem a habilidade de alterar quimicamente as substâncias de várias maneiras como os microrganismos. As alterações químicas causadas pelos microrganismos são chamadas de reações bioquímicas porque elas envolvem organismos vivos. Algumas dessas reações bioquímicas são as mesmas que ocorrem em outras formas de vida, inclusive o homem. Tais similaridades, aliadas à conveniência de estudar os microrganismos, tornam-nos importantes ferramentas para a pesquisa. Químicos, fisiologistas, geneticistas e outros freqüentemente utilizam os microrganismos para explorar os processos fundamentais da vida.

A microbiologia está relacionada com todos os aspectos dos microrganismos: sua estrutura, nutrição, reprodução, genética, atividade bioquímica, classificação e identificação. Ela estuda sua distribuição e atividades na natureza, sua relação com outros organismos e sua habilidade de causar alterações físicas e químicas no ambiente. Como você aprendeu no Prólogo deste livro, o estudo dos microrganismos busca uma compreensão de como eles afetam a saúde e o bem-estar de toda vida na Terra.

A Célula como a Unidade Estrutural da Vida

As células são consideradas as unidades básicas de qualquer organismo, desde os microrganismos constituídos por uma única célula às formas de vida com tecidos especializados e órgãos complexos. A palavra *célula* surgiu, inicialmente, em 1665, quando um inglês, Robert Hooke, usou-a para descrever materiais de plantas que observou por meio de seu microscópio (Figura 2.1A). Observando através de cortes finos de cortiça, ele mostrou estruturas semelhantes ao favo de mel formadas pelas paredes das células (Figura 2.1B). Baseados nestas e outras observações, os cientistas alemães Matthias Schleiden e Theodor Schwann desenvolveram a ***teoria celular*** em 1838-1839. Eles sugeriram que as células são as unidades estruturais e funcionais básicas de todos os organismos.

Com a aceitação da teoria celular, os investigadores especularam sobre a substância dentro da célula, o ***protoplasma*** (do grego *prôtos*, "primeiro"; *plásma*, "substância formada"). O protoplasma é uma mistura complexa e gelatinosa de água e proteínas, lipídeos e ácidos nucléicos. Ele é envolvido por uma membrana flexível e algumas vezes por uma parede celular rígida.

Dentro de cada célula existe uma região que controla a função celular e a hereditariedade. Em algumas células, esta região é representada por uma estrutura denominada ***núcleo***, que é circundada por uma ***membrana nuclear***. Em células mais simples, existe um material similar, porém este não é separado fisicamente do restante da célula por uma membrana. Neste caso, a região é referida como ***nucleóide***. Em cada tipo celular, o núcleo ou nucleóide contém informação genética, as instruções codificadas que permitem a transmissão de características hereditárias dos organismos para suas gerações seguintes. A outra parte do protoplasma, a área não-nuclear, é chamada de ***citoplasma***. A Figura 2.2 (caderno em cores) mostra uma estrutura procariótica típica (bactéria) e uma célula eucariótica (animal e vegetal).

Em um organismo ***unicelular*** (constituído por uma única célula), todos os processos vitais ocorrem dentro da célula. Se um organismo contém muitas células, ele é ***multicelular***. Em formas de vida superior, como as plantas e os animais, estas células estão arranjadas em estruturas

Figura 2.1 [**A**] O microscópio utilizado por Robert Hooke no século XVII para examinar cortes finos de tecidos de plantas. [**B**] Os esboços de corte de cortiça de Robert Hooke mostrando a estrutura celular do tecido. Este esboço foi incluído em seu relato apresentado à Royal Society (Londres), em 1665.

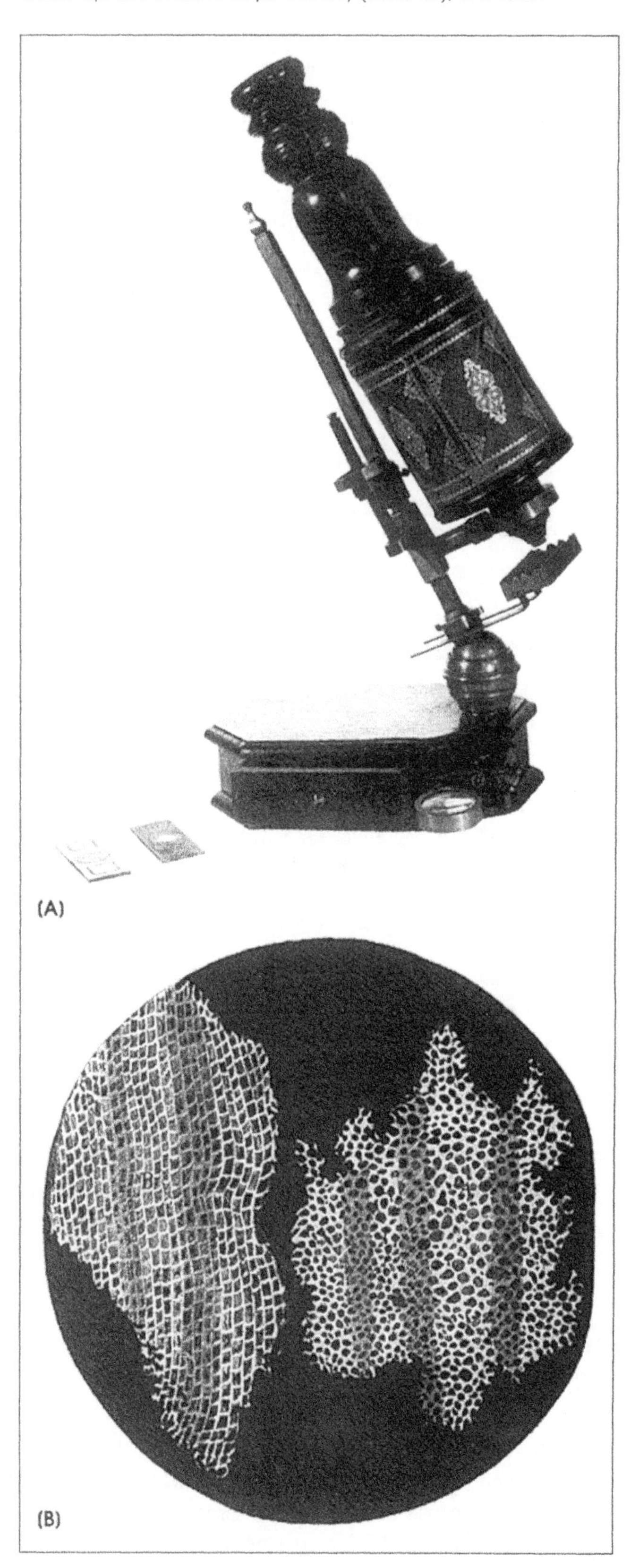

chamadas de *tecidos* ou órgãos, com funções específicas. Todos os organismos, unicelulares ou multicelulares, apresentam as seguintes características:

1. Reprodução.
2. Utilização de alimento como fonte de energia.
3. Síntese de substâncias e estruturas celulares.
4. Excreção de substâncias.
5. Resposta a alterações ambientais.
6. Mutações, que são alterações súbitas em suas características hereditárias, embora ocorram raramente.

Responda

1 O que é teoria celular?
2 Qual o significado do termo *protoplasma*?
3 Qual a função do núcleo de uma célula? Como o nucleóide difere do núcleo?

Classificação dos Organismos Vivos

Há cerca de 10 milhões de espécies de organismos vivos no mundo, incluindo milhares de espécies microbianas. A necessidade de organizar esta quantidade e variedade de organismos é característica da mente humana. Assim, os cientistas tentam colocá-los em grupos baseados em suas similaridades.

A ciência da ***taxonomia*** inclui a ***classificação*** (arranjo), ***nomenclatura*** (nome) e ***identificação*** (descrição e caracterização) dos organismos vivos. Os biólogos agrupam os organismos que compartilham certas características comuns em grupos taxonômicos denominados ***taxa*** (singular *táxon*). O ***táxon*** básico é a ***espécie***, que é uma coleção de cepas com características similares – especialmente em seu material hereditário. (Uma *cepa* é constituída de descendentes de uma única colônia em uma cultura pura.) Outras características usadas para agrupar os organismos em espécies incluem morfologia e exigências nutricionais. Espécies intimamente relacionadas são agrupadas em ***gênero***, os gêneros em *famílias*, as famílias em *ordens*, as ordens em *classes*, as classes em *filos* ou *divisões*, e os filos ou divisões em *reinos*.

A Tabela 2.1. mostra os esquemas de classificação de três espécies: uma bactéria, uma alga e um animal. Observe que o nome de uma espécie é sempre dado como uma combinação latina de duas partes (*binomial*), consistindo no nome do gênero e no nome específico que denota a espécie. Por exemplo, o homem pertence à espécie *Homo sapiens*, enquanto a bactéria que causa a doença de Lyme pertence à espécie *Borrelia burgdorferi*.

Por causa das diferentes tradições entre as várias ciências biológicas, não há consenso na nomenclatura e classificação de cada táxon. Por exemplo, os zoologistas e os botânicos concordam, com poucas exceções, com o arranjo dos animais e das plantas em filos (os botânicos preferem o termo *divisão*). Por outro lado, os microbiologistas não estabeleceram ainda um filo que satisfaça aos bacteriologistas, ficologistas, protozoologistas e outros. Assim, em concordância, o gênero e a espécie permanecem como as duas taxas mais importantes entre as bactérias.

Responda

1 Qual é a função de cada uma das ramificações da taxonomia?
2 Qual é a unidade taxonômica básica?
3 Qual a relação entre cepa, espécie, gênero, família, ordem, classe, filo ou divisão e reino?
4 Como você escreve o nome científico de um organismo?

Classificação dos Microrganismos

Durante a metade do século XVIII, todos os organismos vivos foram distribuídos por Carolus Linnaeus em dois reinos, Plantae ou Animalia. Médico e botânico sueco, Linnaeus desenvolveu o ***sistema binomial*** dos nomes das espécies descritas na seção anterior. Embora os trabalhos pioneiros de Linnaeus sejam contribuições científicas importantes, este e outros sistemas de classificação iniciais apresentavam falhas ou esquemas errados, porque eram baseados em informações imprecisas. Atualmente, os sistemas de classificação, particularmente aqueles para microrganismos, estão evoluindo ainda, pois os pesquisadores estão descobrindo mais informações sobre as características físicas e químicas dos organismos.

Exemplos do aspecto dinâmico de classificação são *Streptococcus pneumoniae* (anteriormente membro do gênero *Diplococcus*) e *Pneumocystis carinii*, que é considerado como um fungo por alguns cientistas e protozoário por outros. Alterações na classificação são baseadas em resultados gerados por poderosos instrumentos de pesquisa analítica, como aquelas que determinam a composição e estrutura das substâncias químicas mais fundamentais dos organismos – o material hereditário DNA. A despeito de serem baseados em informações mais científicas, os sis-

Tabela 2.1 Alguns exemplos de classificação de organismos.

Taxa (categorias)	Organismo		
	Gato	**Alga**	**Bactéria**
Reino ou grupo principal	Animal	Plantae	Eubacteria
Divisão		Chlorophyta	Gracilicutes
Filo	Chordata		
Subfilo	Vertebrata		
Classe	Mammalia	Chlorophyceae	Scotobacteria
Subclasse	Eutheria		
Ordem	Carnivora	Volvocales	Spirochaetales
Família	Felidae	Chlamydomonadaceae	Leptospiraceae
Gênero	*Felis*	*Chlamydomonas*	*Leptospira*
Espécie	*F. domesticus*	*C. eugametos*	*L. interrogans*

temas correntes foram iniciados há mais de 200 anos de taxonomia. As principais características dos esquemas de classificação discutidos nas seções seguintes estão resumidas na Tabela 2.2.

Reino *Protista*

Em seu esquema de classificação, Linnaeus colocou os protozoários no reino animal e outros microrganismos com as plantas. Entretanto, esse conceito simples era impraticável para os microrganismos, alguns dos quais são predominantemente semelhantes às plantas, outros aos animais e outros têm características de ambos. Em 1866, Ernst H. Haeckel, um zoologista alemão e estudioso de Charles Darwin, propôs um terceiro reino para resolver o dilema. Esse reino, chamado *Protista*, incluía aqueles microrganismos que tinham características tanto de plantas, como de animais. De acordo com Haeckel, bactérias, algas e protozoários foram incluídos neste reino. Entretanto, com o acesso às informações sobre as estruturas internas dos microrganismos, a validade do reino Protista foi questionada.

Microrganismos Procarióticos e Eucarióticos

Os avanços da microscopia eletrônica na década de 1940 expôs muito mais a estrutura celular interna do que era possível com os microscópios óticos (Figura 2.3). Uma descoberta particularmente importante em termos de taxonomia foi que as células microbianas podem ser divididas em duas categorias com base em como a substância nu-

Tabela 2.2 Principais esquemas de classificaço dos organismos vivos.

Esquema de Classificação	Reinos	Organismos Incluídos
Linnaeus (1753)	Plantae	Bactérias, fungos, algas, plantas
	Animalia	Protozoários e animais superiores
Haeckel (1865)	Plantae	Algas multicelulares e plantas
	Animalia	Animais
	Protista	Microrganismos, incluindo bactérias, protozoários, algas, bolores e leveduras
Whittaker (1969)	Plantae	Algas multicelulares e plantas
	Animalia	Animais
	Protista	Protozoários e algas unicelulares
	Fungi	Bolores e leveduras
	Monera	Todas as bactérias (procariotos)
Woese (1977)	Archaeobacteria	Bactérias que produzem gás metano, requerem altas concentrações de sal ou requerem altas temperaturas
	Eubacteria	Todas as outras bactérias, incluindo aquelas mais familiares aos microbiologistas, tais como causadoras de doenças, bactérias do solo e da água e bactérias fotossintéticas
	Eucaryotes	Protozoários, algas, fungos, plantas e animais

Figura 2.3 [**A**] A bactéria, *Escherichia coli*, uma típica célula procariótica. O esquema mostra uma célula dividindo-se em duas. Observe a ausência de qualquer estrutura intracelular. A área clara central representa o material nuclear; a área escura é o citoplasma. Muitos ribossomos também são visíveis. [**B**] Micrografia eletrônica da alga *Chlamydomonas reinhardii*, uma célula eucariótica. Observe o núcleo bem definido e numerosas estruturas intracelulares.

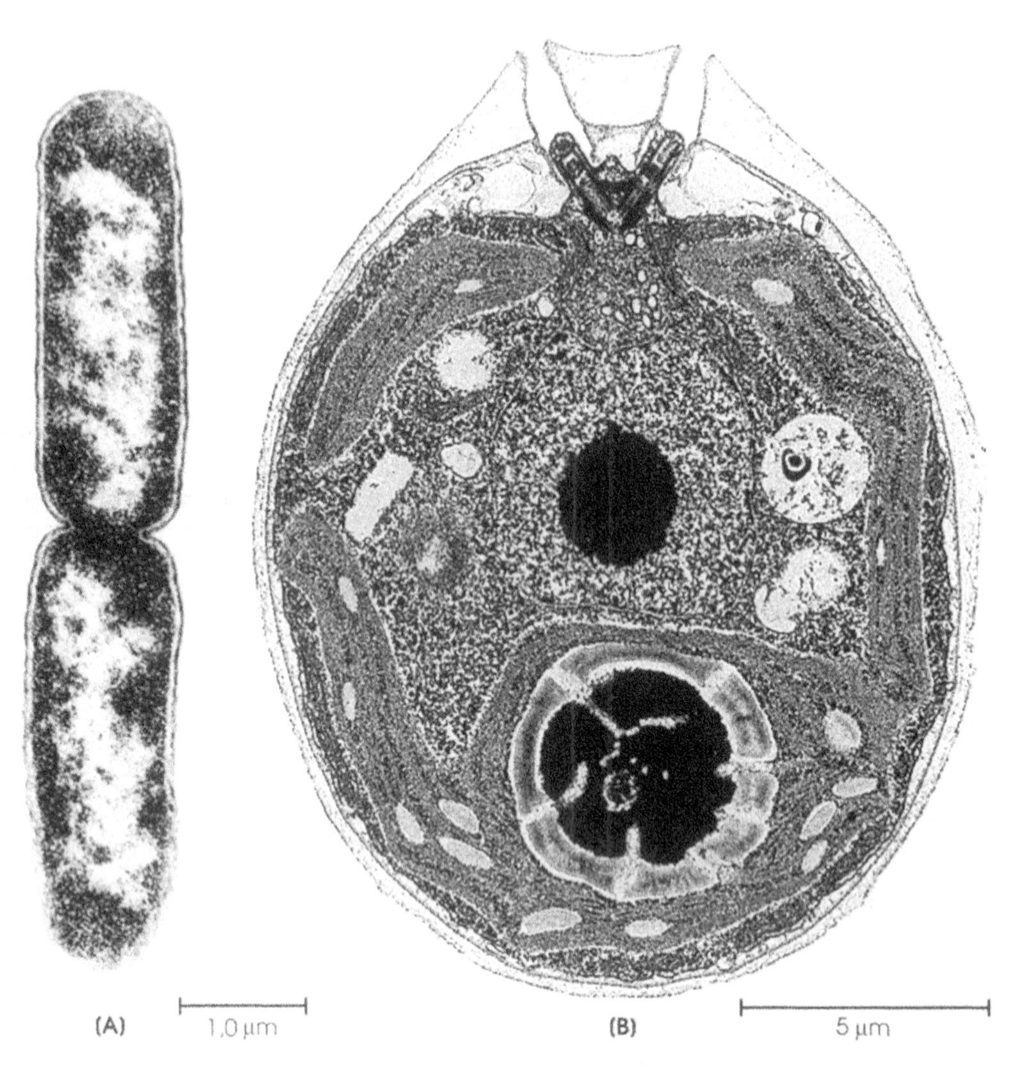

clear se apresente dentro da célula: *células eucarióticas* têm um núcleo separado do citoplasma por uma membrana nuclear, enquanto as células *procarióticas* apresentam material nuclear sem membrana. Esta diferença é a base para a separação de bactérias de outros tipos de microrganismos e de todas as outras células, de plantas e de animais. As bactérias têm uma estrutura celular procariótica e são ***procariotos***. Outras células, incluindo algas, fungos, protozoários e células vegetais e animais têm uma estrutura celular eucariótica e são ***eucariotos*** (Tabela 2.3).

O Conceito de Classificação dos Cinco Reinos

A maneira pela qual o organismo obtém nutrientes de sua alimentação é a base do sistema de cinco reinos de classificação proposto em 1969 por Robert H. Whittaker. Ele ampliou o sistema de classificação de Haeckel e sugeriu três níveis de organização celular para acomodar os três modos principais de nutrição: (1) ***fotossíntese***, o processo pelo qual a luz fornece energia para converter o dióxido de carbono em água e açúcares; (2) ***absorção***, a captação de nutrientes químicos dissolvidos em água; e (3) ***ingestão***, entrada de partículas de alimentos não-dissolvidas.

Neste esquema de classificação (Figura 2.4, caderno em cores), os *procariotos* constituem o reino ***Monera***, que até recentemente foi considerado como o reino mais primitivo e acreditava-se que era o ancestral dos eucariotos. Os procariotos normalmente obtêm nutrientes somente por absorção, e não podem ingerir alimentos ou realizar fotossíntese (como as plantas). O reino *Protista* inclui os microrganismos *eucarióticos* unicelulares, que representam todos os três tipos nutricionais: as algas são fotossintéticas,

Tabela 2.3 Algumas características diferenciais entre procariotos e eucariotos.

Características	Procariotos	Eucariotos
Material genético separado do citoplasma por um sistema de membranas	Não	Sim
Tamanho usual da célula ou diâmetro	0,2 a 2,0 μm	>2,0 μm
Mitocôndria	Ausente	Presente
Cloroplastos (em espécies fotossintéticas)	Ausentes	Presentes
Retículo endoplasmático e complexo de Golgi	Ausente	Presente
Vacúolos de gás	Formados por algumas espécies	Ausentes
Inclusões de poli-β-hidroxibutirato	Formados por algumas espécies	Ausentes
Fluxo citoplasmático	Ausente	Freqüentemente presente
Habilidade em ingerir partículas alimentares insolúveis	Ausente	Presente em algumas espécies
Flagelos, se presentes:		
Diâmetro	0,01 a 0,02 μm	Ca. 0,2 μm
Arranjo dos microtúbulos: "9 + 2"	Não	Sim
Esporos termorresistentes (endósporos)	Formados por algumas espécies	Ausentes
Ácidos graxos polinsaturados ou esteróis em membranas	Raros	Comuns
Ácido murâmico na parede celular	Comum	Ausente
Habilidade de utilizar compostos inorgânicos como única fonte de energia	Presente em algumas espécies	Ausente
Habilidade em fixar nitrogênio atmosférico	Presente em algumas espécies	Ausente
Habilidade em reduzir nitratos a gás nitrogênio	Presente em algumas espécies	Ausente
Habilidade em produzir gás metano	Presente em algumas espécies	Ausente
Sítio da fotossíntese, se ocorrer	Extensões de membrana citoplasmática: tilacóides	Cloroplastos
Divisão celular ocorre por mitose	Não	Sim
Mecanismo de transferência genética e recombinação, se ocorrerem, envolvem gametogênese e formação de zigoto	Não	Sim
Cromossomos:		
Forma	Circular	Linear
Número por célula	Usualmente 1	Usualmente > 1
Ribossomos:		
Localização na célula	Dispersos no citoplasma	Ligados ao retículo endoplasmático
Coeficiente de sedimentação (em unidade Svedberg)	70 S	80 S*

* Exceto em mitocôndrias e cloroplastos, que têm ribossomos típicos de procariotos (70 S).

os protozoários podem ingerir seu alimento e os fungos limosos (os fungos inferiores) somente absorvem os nutrientes. Organismos eucarióticos superiores são colocados nos reinos ***Plantae*** (plantas verdes fotossintéticas e algas superiores), ***Animalia*** (animais que ingerem os alimentos) e ***Fungi***, organismos que têm parede celular mas não apresentam o pigmento fotossintético clorofila encontrado em outras plantas, portanto eles absorvem os nutrientes.

Assim, os microrganismos foram colocados em três dos cinco reinos: *Monera* (bactéria), *Protista* (protozoários e algas microscópicas) e *Fungi* (os fungos microscópicos: *leveduras* e *bolores*). O sistema de Whittaker coloca todas as bactérias no reino *Monera* e sugere um ancestral comum para todos os membros deste reino. Entretanto, resultados de intensas pesquisas durante décadas recentes sugerem um ancestral diferente entre os microrganismos, como descrito na seção seguinte.

Responda

1. Quais os dois reinos em que Linnaeus classificava os organismos?
2. Quais os três reinos em que Haeckel classificava os organismos? Qual continha os microrganismos?
3. Qual a diferença entre microrganismos eucariotos e procariotos? Em qual reino Whittaker colocou os microrganismos procariotos?

Arqueobactérias, Eubactérias e Eucariotos

Até 1977, os cientistas achavam que os procariotos eram os mais primitivos de todos os organismos. O prefixo *pro* significa "mais primitivo que", ficando subentendido que esses organismos, por causa da simplicidade estrutural, eram os ancestrais de eucariotos mais complexos. Então Carl Woese e seus colaboradores na Universidade de Illinois descobriram que nenhum grupo tinha se desenvolvido a partir de outro. Eles descobriram que os procariotos e eucariotos aparentemente tinham evoluído por vias completamente diferentes de uma forma ancestral comum.

Evidências para sustentar esta idéia vieram de estudos com o *ácido ribonucléico ribossômico,* ou *r*RNA, que é essencial para a síntese protéica e, portanto, para a sobrevivência da célula. Foi descoberto que nos ribossomos de todos os organismos vivos, o *r*RNA é composto de muitas unidades pequenas denominadas *ribonucleotídeos*. Existem quatro tipos de ribonucleotídeos, arranjados em várias combinações para formar uma única e longa cadeia de centenas de unidades. O *r*RNA de qualquer organismo particular tem um arranjo distinto de ribonucleotídeos, ou uma *seqüência nucleotídica* específica (ver Figura 1.25).

Figura 2.5 Representação das vias pelas quais os organismos vivos evoluíram, como deduzido através de estudos comparativos de RNA ribossômico. As três maiores ramificações evolucionárias são mostradas como arqueobactérias, eubactérias e eucariotos. Entre as eubactérias pelo menos dez linhas de descendentes distintos ocorrem; nas arqueobactérias, pelo menos três. No caso dos eucariotos, há evidências de que certas eubactérias Gram-negativas invadiram células eucarióticas primitivas e evoluíram como organelas intracelulares chamadas mitocôndrias. Cloroplastos, as organelas fotossintéticas de células de plantas, parecem ter evoluído de maneira similar, a partir de uma cianobactéria.

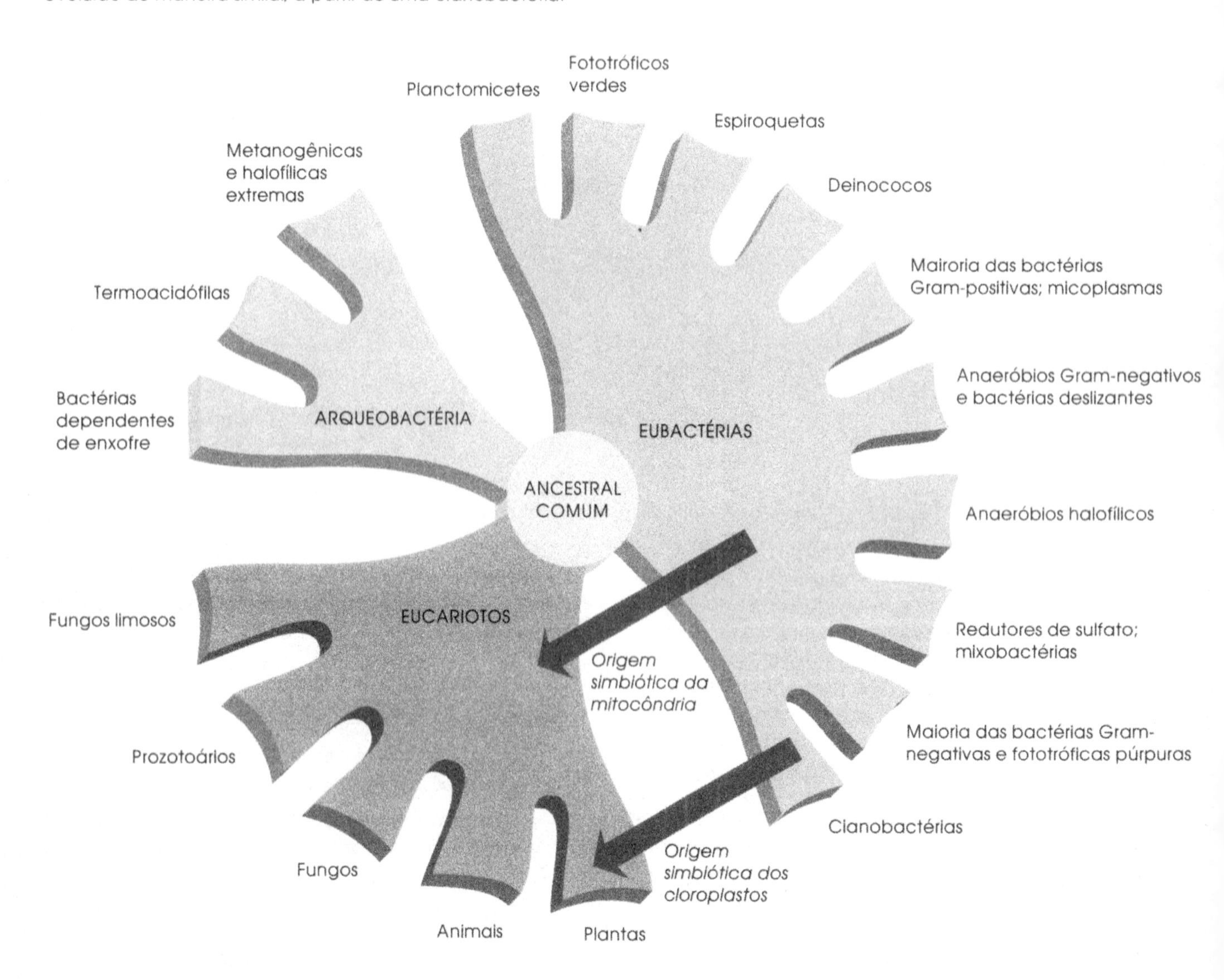

Os genes que controlam a seqüência nucleotídica de *r*RNA variam lentamente durante milhões de anos de evolução. Portanto, o *r*RNA pode servir como um indicador de como os organismos estão intimamente relacionados. Algumas regiões da molécula de *r*RNA de todos os organismos vivos permanecem quase as mesmas, a despeito dos 3,5 a 4 bilhões de anos de evolução. Esta constância sustenta a idéia de que todos os organismos têm-se desenvolvido de formas ancestrais comuns.

Ao mesmo tempo, a quantidade de diferenças entre as outras regiões de *r*RNA pode ser usada para medir o grau de relacionamento entre os organismos. Por exemplo, se as seqüências de ribonucleotídeos de dois tipos de organismos diferem em grande extensão, a relação entre ambos é muito distante; isto é, os organismos divergiram há muito tempo de um ancestral comum. Porém, se as seqüências mostram mais similaridades, os organismos estão intimamente relacionados e têm um ancestral em comum relativamente recente.

Usando essas técnicas, Woese descobriu que as moléculas de *r*RNA em grupos de organismos diferem no arranjo ou seqüência de seus nucleotídeos. Os eucariotos possuem um tipo geral de seqüência e os procariotos, um segundo tipo. Mas ele também descobriu que *alguns procariotos têm um terceiro tipo de* rRNA e o arranjo desse *r*RNA difere dos outros procariotos e dos eucariotos. Em outras palavras, *existem dois tipos principais de bactérias*. Agora está claro que estes dois tipos de bactérias, designadas de ***arqueobactérias*** e ***eubactérias***, são tão diferentes uma das outras como também são dos eucariotos.

A explicação mais razoável é que arqueobactérias, eubactérias e eucariotos evoluíram por caminhos diferentes a partir de um ancestral comum (Figura 2.5). Dentro do grupo das eubactérias, existem pelo menos dez linhas diferentes de descendência evolucionária; dentro do grupo das arqueobactérias, pelo menos três. Woese propôs que arqueobactérias, eubactérias e eucariotos representam os três reinos primários da vida, um conceito que está ganhando adeptos entre os cientistas.

Também existem evidências consideráveis de que as bactérias podem ter desempenhado uma função inesperada na evolução das células eucarióticas. Atualmente as células eucarióticas diferem, em estrutura, das células eucarióticas primitivas – elas contêm ***organelas*** auto-replicativas e seus ancestrais não. (Organelas são estruturas celulares internas que desempenham funções específicas.) As organelas denominadas *cloroplastos* e *mitocôndrias* têm genes e ribossomos próprios. Além disso, estudos comparativos das propriedades estruturais e bioquímicas destas organelas com as eubactérias sugerem que as mitocôndrias e os cloroplastos parecem ter sido derivados das eubactérias. Forte evidência para essa idéia vem de análises de seqüências nucleotídicas de *r*RNA realizadas desde 1980. Acredita-se que, em algum estágio da evolução, uma bactéria invadiu uma célula eucariótica. Em vez de causar prejuízo, a bactéria forneceu habilidades respiratórias e fotossintéticas que previamente estavam ausentes nessa célula. Ambas se beneficiaram desta associação e cada uma tornou-se gradualmente dependente uma da outra. A bactéria eventualmente alterou-se e tornou-se mitocôndria e cloroplasto, que são responsáveis pela respiração e fotossíntese, respectivamente. A idéia de origem das organelas eucarióticas a partir dos procariotos é conhecida como *teoria endossimbiôntica* (Figura 2.6).

Responda	
1	Em que se baseia a diferença entre as eubactérias e as arqueobactérias?
2	O que é teoria endossimbiôntica da origem da mitocôndria e do cloroplasto em células eucarióticas?

Características Distintivas dos Principais Grupos de Microrganismos

Como qualquer coleção de organismos, os microrganismos podem ser arranjados em grupos maiores baseados em certos aspectos. Como as várias espécies de gatos e insetos se assemelham entre elas de alguma forma, os microrganismos compartilham características com outros do seu tipo. Os principais grupos de microrganismos são protozoários, fungos, algas e bactérias. Os vírus, apesar de não serem considerados vivos, têm algumas características de células vivas: causam doenças em humanos, animais e plantas e são estudados como microrganismos. Embora esses grupos sejam descritos em detalhes em capítulos posteriores, a discussão seguinte revela suas maiores semelhanças e diferenças.

Protozoários

Os **protozoários** são microrganismos eucarióticos, unicelulares. Como os animais, eles ingerem partículas alimentares, não apresentam parede celular rígida e não contêm clorofila. Alguns movem-se na água por meio do auxílio de apêndices curtos e finos chamados *cílios* (Figura 2.7A) ou apêndices em chicote, longos, denominados *flagelos* (Figura 2.7B). O movimento rápido em disparada numa gota d'água é que atrai a atenção quando se observa uma espécie de protozoário ao microscópio.

Figura 2.6 A teoria endossimbiôntica, que propõe a maneira pela qual as células eucarióticas têm evoluído. Esta teoria sugere que uma célula "pré-eucariótica" desenvolveu uma invaginação na membrana citoplasmática [**A**]. Uma bactéria entrou pela invaginação como um simbionte [**B**] e se tornou parte integrante da célula [**C**]. Quando o simbionte bacteriano era um procarioto fotossintético, funcionava como cloroplasto, e a célula vegetal evoluiu. Quando o simbionte bacteriano era um aeróbio não-fotossintético, funcionava como mitocôndria (fornecendo energia) e um tipo de célula animal ou protista evoluiu.

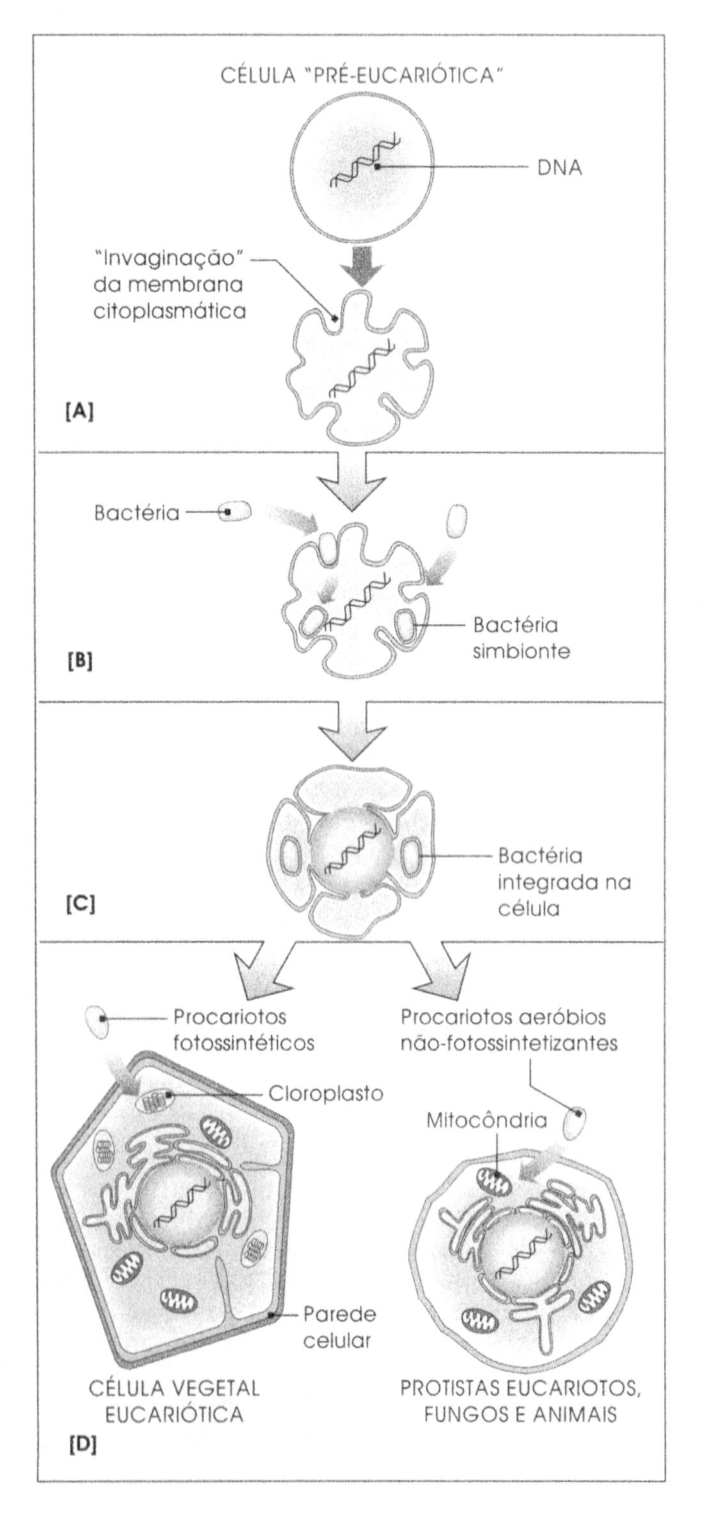

Outros protozoários, as *amebas*, não se movimentam mas podem arrastar-se sobre superfícies por meio da emissão de uma porção da célula em determinada direção (um pseudópode) e então permitir que o restante da célula flua nessa direção (Figura 2.7C). Essa forma de locomoção é chamada de *movimento amebóide*. Um outro tipo de protozoários são os chamados *esporozoários*, porque formam corpos de repouso, os esporos, durante uma fase de seu ciclo vital; eles são usualmente imóveis nessa fase.

Os protozoários são amplamente distribuídos na natureza, particularmente em ambientes aquáticos. Alguns causam doenças no homem e animais, tais como coccidiose em galinhas e malária no homem. Alguns protozoários são úteis, como aqueles encontrados no estômago do gado, carneiro e cupim, onde auxiliam na digestão de alimentos.

Figura 2.7 Ilustração esquemática de vários tipos de protozoários: [**A**] ciliados, [**B**] flagelados e [**C**] ameba. Os protozoários são organismos microscópicos com características semelhantes aos animais.

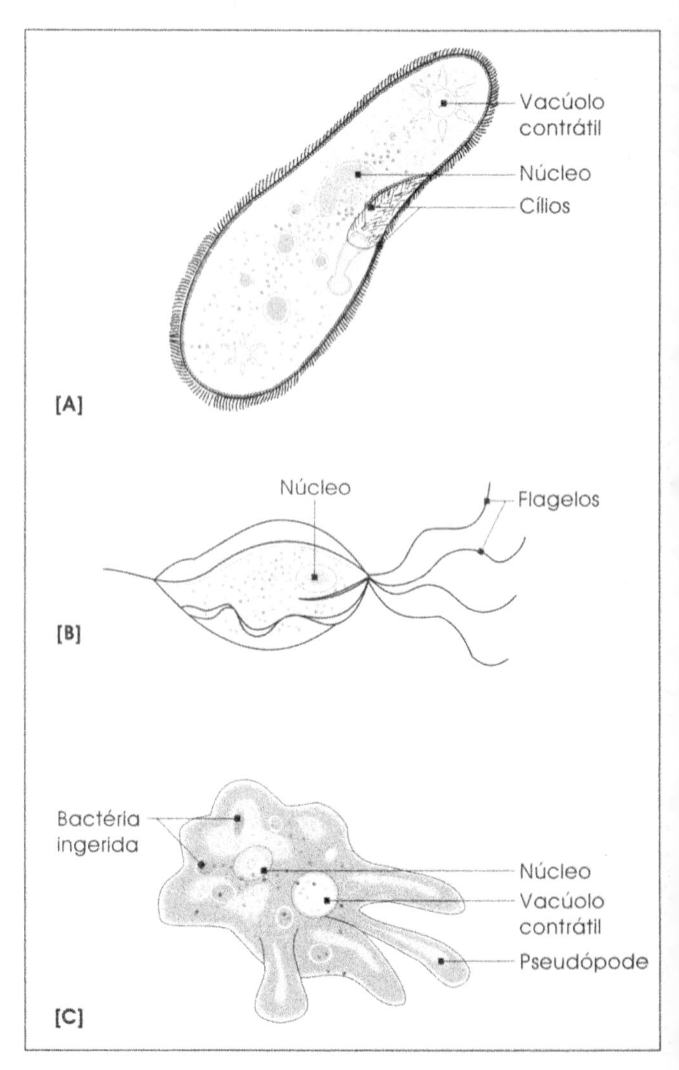

Figura 2.8 Ilustração esquemática e micrografias óticas de vários tipos de algas microscópicas: [**A**] *Chlamydomonas*; [**B**] *Spirogyra*; [**C**] *Euglena*.

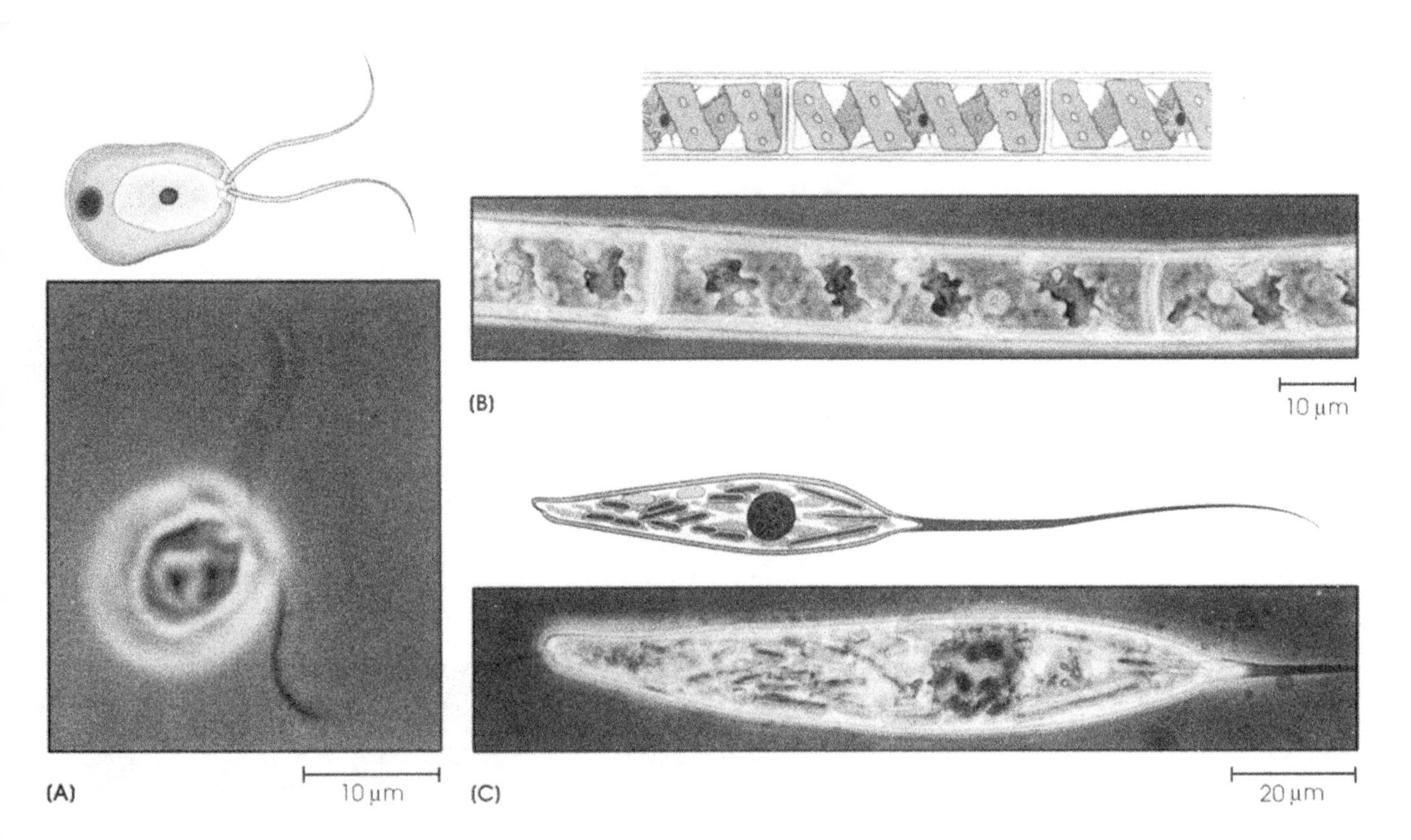

Algas

As ***algas*** são consideradas semelhantes às plantas porque contêm o pigmento verde clorofila que participa do processo de fotossíntese e apresentam uma parede celular rígida. Estes eucariotos podem ser unicelulares e microscópicos em tamanho, ou multicelulares até vários metros de comprimento. Como mostrado na Figura 2.8, as espécies de algas têm uma grande variedade de tamanho e forma. Esses organismos crescem em muitos ambientes diferentes, sendo a maioria aquáticos, e constituem-se em fonte de alimentos para os animais. Elas causam problemas por obstruir caixas d'água, liberar substâncias químicas tóxicas em leitos de água, ou crescer em piscinas. Entretanto, extratos de uma espécie específica de alga têm uso comercial importante: como espessante e emulsificante de alimentos tais como sorvete e pudim; como drogas antiinflalmatórias para o tratamento de úlceras; e como fonte de ágar, que é usado para solidificar soluções nutritivas sobre as quais os microrganismos crescem.

Fungos

Os ***fungos*** são organismos eucariotos que, como as algas, têm parede celular rígida e podem ser uni ou multicelulares. Alguns podem ser microscópicos em tamanho, enquanto outros são muito maiores, como os cogumelos e fungos que crescem em madeira úmida ou solo. Diferentemente das algas, os fungos são desprovidos de clorofila e, portanto, não realizam fotossíntese. Os fungos não ingerem alimentos, mas devem absorver os nutrientes dissolvidos no ambiente. Entre os fungos classificados como microrganismos estão aqueles que são multicelulares, produzem estruturas filamentosas microscópicas e são freqüentemente chamados de *bolores*, enquanto as *leveduras* são fungos unicelulares.

Nos bolores, as células são cilíndricas e estão ligadas nas extremidades para formar um filamento denominado ***hifa***, que pode apresentar esporos (Figura 2.9A e B). Individualmente, as hifas são microscópicas. Porém, quando grande quantidade de hifas acumulam-se em um pedaço de pão, por exemplo, a massa fúngica denominada *micélio* é visível a olho nu (Figura 2.9C). Os bolores têm valor considerável; eles são usados para produzir o antibiótico penicilina, molho de soja, queijos Roquefort e Camembert e muitos outros produtos. Contudo, eles também são responsáveis pela deterioração de materiais, tais como matéria têxtil e madeira, e pelo aspecto desagradável em seu banheiro. Eles causam doenças em humanos, animais e plantas, incluindo pé-de-atleta e a deterioração fúngica do amendoim.

Figura 2.9 Tipos de fungos, referidos como bolores, produzem um emaranhado de filamentos durante o crescimento. Os filamentos individuais, as *hifas*, podem apresentar esporos, que são corpos reprodutivos. Cada esporo pode dar origem a um novo crescimento. [**A**] *Aspergillus* sp.; [**B**] *Penicillium* sp., o organismo que produz penicilina; [**C**] *Rhizopus* sp., bolor comum em pães. [**D**] O crescimento semelhante à penugem; o micélio é constituído por milhares de hifas.

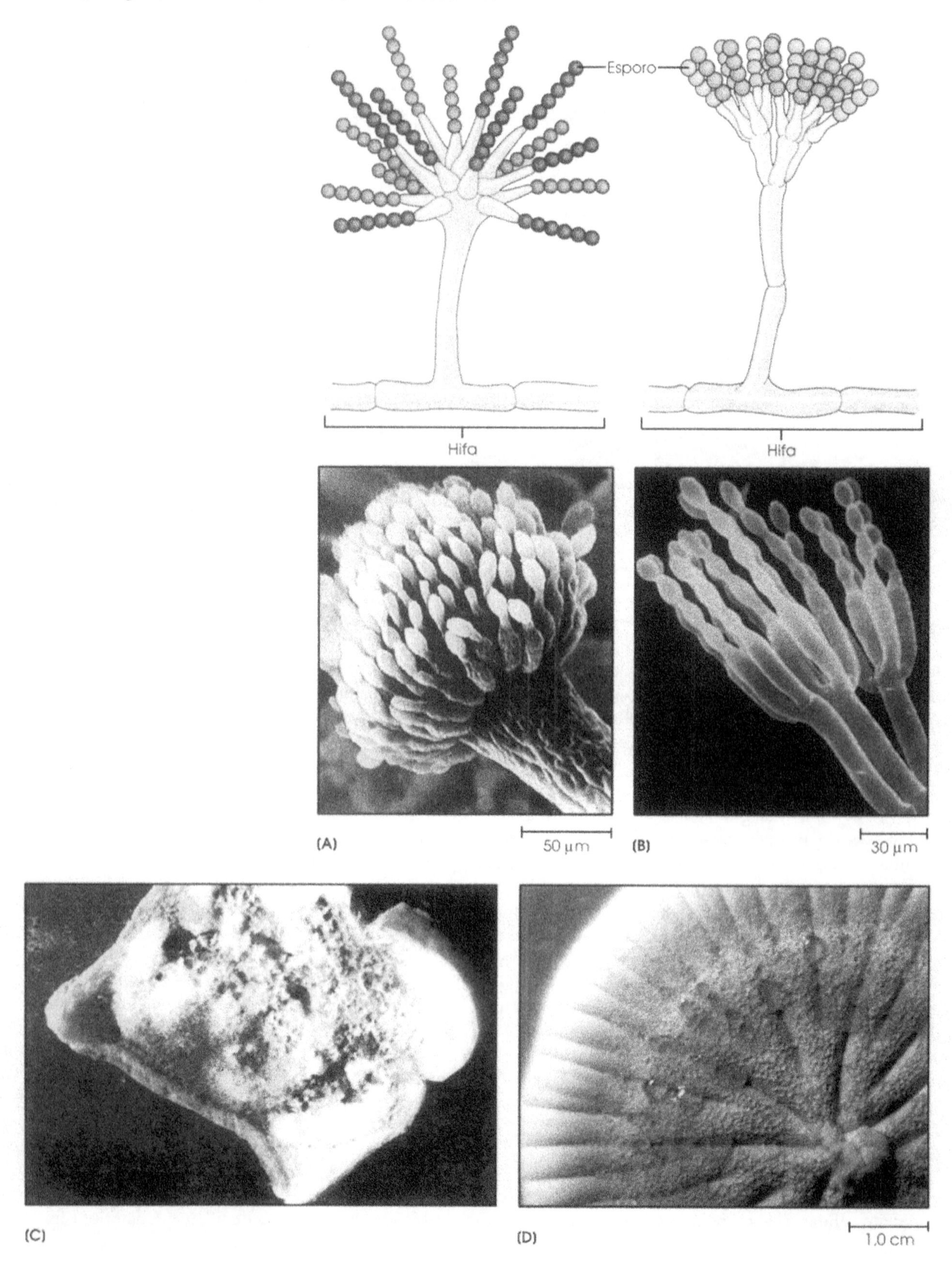

Figura 2.10

A morfologia das leveduras é muito variada.
[**A**] *Saccharomyces cerevisiae*: células vegetativas, células em brotamento e esporos;
[**B**] *Saccharomyces ludwigii*;
[**C**] *Geotrichum candidum*;
[**D**] *Pichia membranaefaciens*.

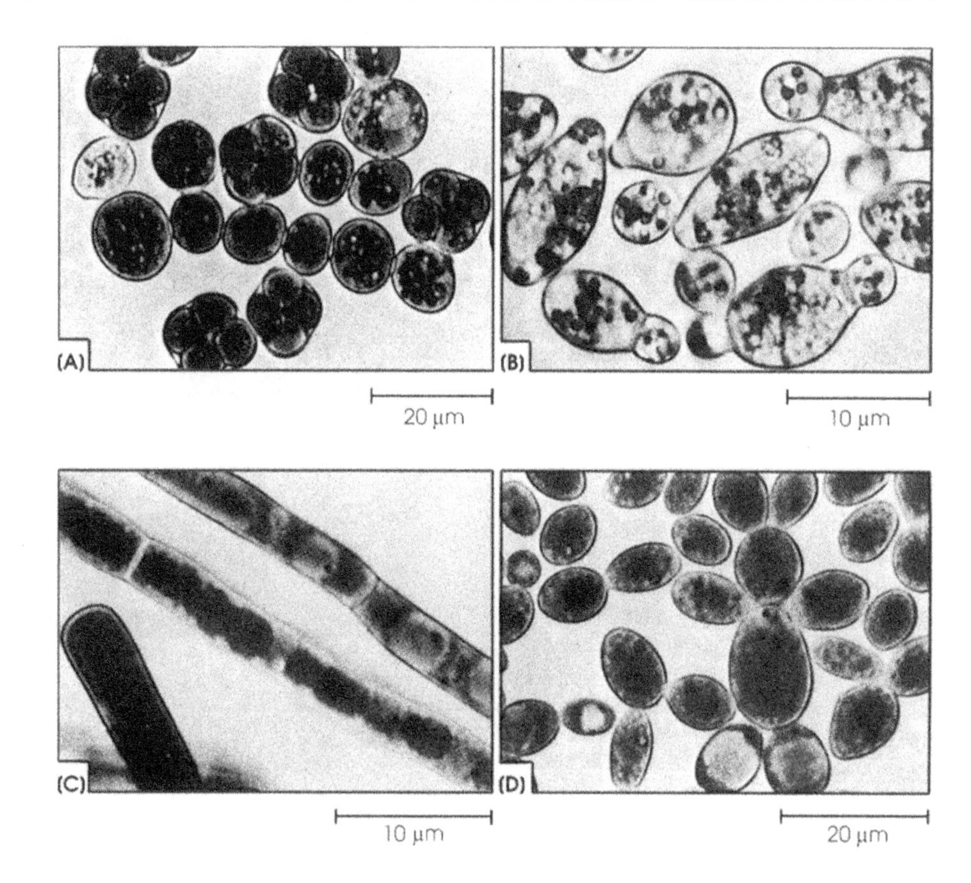

Figura 2.11 Bactérias. As células bacterianas, geralmente, são de um dos seguintes tipos morfológicos: [**A**] esféricos (cocos); [**B**] em formas de bastão (bastonetes ou bacilos); [**C**] helicoidais (espirilos). Existem, porém, muitas modificações destas três formas, e bactérias de todas as formas podem variar em tamanho.

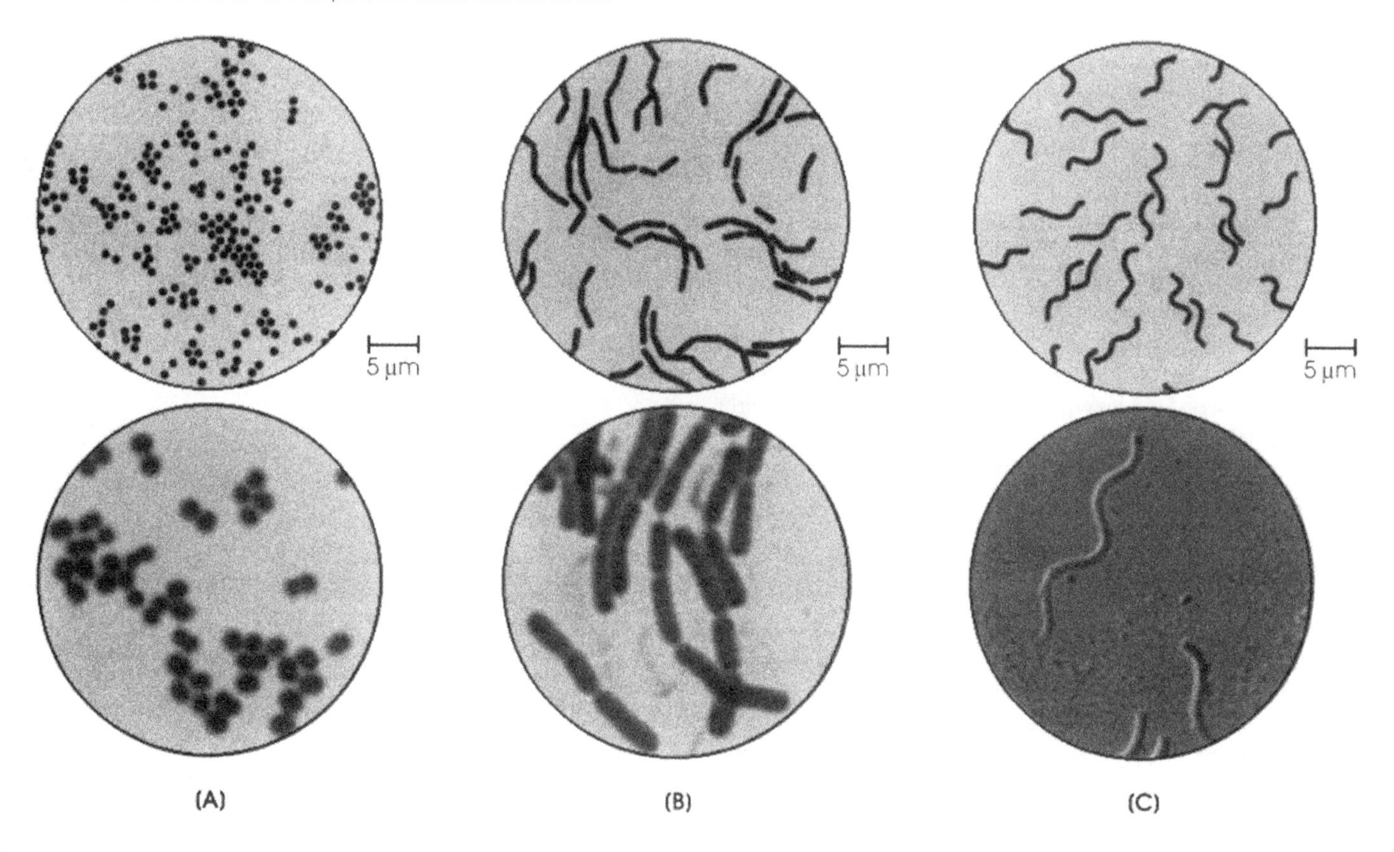

DESCOBERTA!

2.1 MANCHAS QUENTES (FENDAS HIDROTÉRMICAS) NO SOLO OCEÂNICO SERVEM DE AMBIENTE PARA OS MICRORGANISMOS

Embora as águas superficiais do oceano contenham muitas bactérias, durante muito tempo acreditava-se que poucas bactérias habitavam o solo oceânico. A vida torna-se difícil por causa da baixa temperatura (2 a 4°C), da escassez de nutrientes, da ausência de luz para fornecer energia para o crescimento e da enorme pressão (por exemplo, 5.600 lb/pol^2 a 3.800 m). A vida se encontra dispersa em várias regiões do solo oceânico, entretanto, por volta de 1970, algumas exceções surpreendentes foram reveladas mediante a exploração do solo oceânico, por um veículo submersível chamado *Alvin* [A]. Os cientistas participantes da pesquisa submarina encontraram no fundo do mar "aberturas" hidrotérmicas (nascentes submarinas quentes) localizadas ao longo de fendas e cadeias de montanhas no solo oceânico. Uma abertura hidrotérmica tem uma aparência espetacular. Em forma de cone, com 3 a 10 m de altura, projeta água superaquecida (350 a 400°C) em grande quantidade. Devido à presença de íons sulfidrilas, a água freqüentemente é negra. Aberturas que lançam essas águas são chamadas de *fumantes negros*. Nas áreas adjacentes às aberturas, organismos vivos foram descobertos em abundância não-estimada, variando de bactérias a animais como moluscos gigantes e vermes vermelhos luminosos com 1,80 m de comprimento [B].

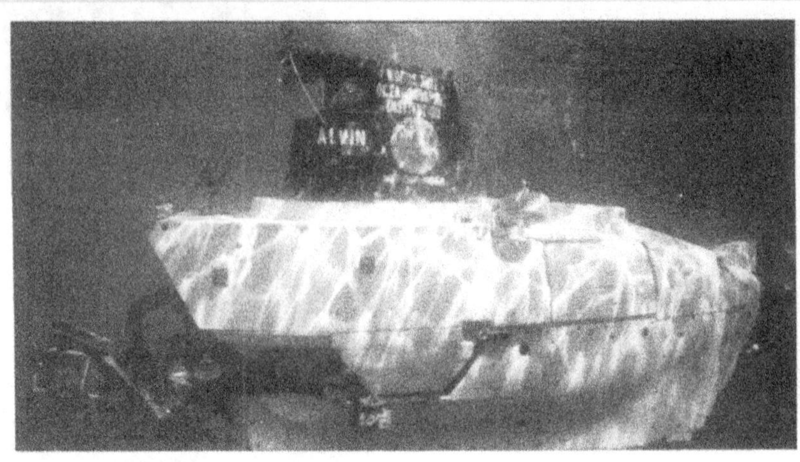

(A)

[A] O veículo submersível de pesquisa Alvin celebrou seu qüinquagésimo aniversário em 1989. A nave pode levar três tripulantes: dois cientistas ou observadores e um operador, e é capaz de chegar a uma profundidade máxima de aproximadamente 4.000 m. Os trabalhos com o Alvin resultaram em muitas descobertas no campo da oceanografia, incluindo descobertas na microbiologia do fundo do mar. [B] Cientistas a bordo do Alvin, que exploraram as fendas dos Galápagos em 1977 e 1979, descobriram um arranjo de vida animal semelhante ao mostrado na foto (vermes, camarões, mexilhões e outros) ao redor das aberturas hidrotérmicas. [C] Vermes tutulares provenientes de uma abertura hidrotérmica que foram cortados e examinados através da microscopia eletrônica de varredura revelam uma grande população de bactérias no interior do tubo.

Esta proliferação de vida é responsável, em parte, pela temperatura relativamente alta da água nas regiões ao redor das fendas (10 a 20°C acima da temperatura normal da água do mar, de 2,1°C). Entretanto, isto não responde à questão da fonte de carbono e energia de que todos os organismos dependem. A resposta vem com a descoberta de que as fendas descarregam água rica em sulfeto de hidrogênio (H_2S) geotermicamente produzido e outros compostos inorgânicos reduzidos. Além disso, evidências geológicas e geoquímicas indicam que

As leveduras unicelulares apresentam-se sob forma variada – de esférica a ovóide, de elipsóide a filamentosa (Figura 2.10). Como os bolores, as leveduras são tanto benéficas quanto prejudiciais. Elas são amplamente utilizadas em indústria de pães, onde produzem gás que faz a massa de farinha crescer. Devido a sua habilidade em produzir álcool, as leveduras são essenciais para a produção de bebidas alcoólicas fermentadas. Por outro lado, elas causam deterioração de alimentos e doenças como vaginites e sapinho (uma infecção oral).

Bactérias

Diferente dos microrganismos previamente descritos, as ***bactérias*** são procariotos, carecendo de membrana nuclear e outras estruturas intracelulares organizadas observadas em eucariotos. Com base nas pesquisas discutidas anteriormente, as bactérias são divididas em dois grupos maiores, as *eubactérias* e as *arqueobactérias*.

As eubactérias apresentam várias formas, especialmente esféricas, bastonetes e espirilos (Figura 2.11A e C). Em relação ao tamanho, variam de 0,5 a 5,0 micrômetros (μm; 1 micrômetro = 10^{-6} metros) de diâmetro. Embora sejam unicelulares, as eubactérias freqüentemente aparecem aos pares, em cadeias, formando tétrades (em grupo de quatro), ou agrupadas. Algumas apresentam flagelos e, portanto, podem locomover-se rapidamente em líquidos. De grande importância na natureza e na indústria, as eubactérias são essenciais na reciclagem de lixos orgânicos e na produção de antibióticos, como a estreptomicina. Infecções causadas por eubactérias incluem infecção estreptocócica de garganta, tétano, peste, cólera e tuberculose.

As arqueobactérias assemelham-se às eubactérias, quando observadas por meio de um microscópio. Mas existem diferenças importantes quanto a sua composição química, à atividade e ao ambiente no qual elas se desenvolvem. Muitas arqueobactérias são notadas por sua habi-

(B)

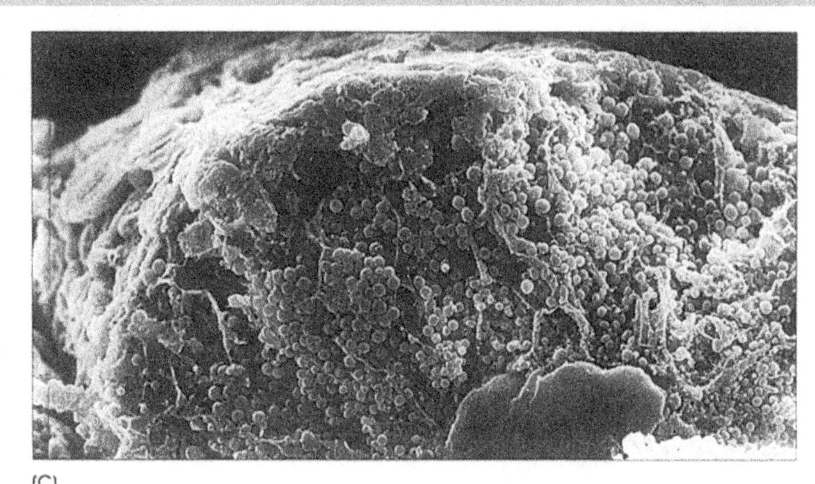

(C)

a água do mar contendo oxigênio percola próximo às lavas porosas e se mistura com a água que esguicha das fendas. Este fornecimento de H_2S e oxigênio permite o crescimento de espécies bacterianas que utilizam oxigênio para oxidar H_2S. A energia é liberada por essa reação de oxidação, que então capacita as bactérias a utilizarem o dióxido de carbono (CO_2) disponível como fonte de carbono e sintetizar material orgânico. Por outro lado, as bactérias representam a fonte primária de nutrientes e energia para os animais marinhos que habitam as regiões próximas às fendas. Algumas células microbianas vivem dentro das dobras (células profundas) de moluscos gigantes, enquanto outras preenchem a cavidade corpórea dos grandes vermes tubulares [C]. Realmente, os vermes parecem ter perdido todos os traços da boca, do estômago e do trato intestinal encontrados em vermes normais. Eles dependem completamente das bactérias, que substituem esses órgãos.

Além da descoberta da função cardinal das bactérias como fonte primária de nutrientes na comunidade biológica das fendas hidrotérmicas, uma outra descoberta é o isolamento de novas espécies bacterianas que crescem em temperaturas próximas e acima de 100°C.

A inesperada abundância de vida nestas regiões incomuns da Terra parece algo que foi imaginado por Júlio Verne em seu *Vinte Mil Léguas Submarinas*. Está aberta uma área inteiramente nova e excitante para a pesquisa.

lidade em sobreviver em ambientes não-usuais, como aqueles com altas concentrações salinas ou elevada acidez e altas temperaturas. Elas vivem em lagoas salinas e piscinas térmicas, por exemplo. Algumas são capazes de desempenhar atividade química especial – produção de gás metano a partir de dióxido de carbono e hidrogênio. As arqueobactérias produtoras de metano vivem somente em ambientes anaeróbios, como no fundo de pântanos ou no intestino de ruminantes, tais como gado e carneiro.

Vírus

Estruturas denominadas ***vírus*** representam o limite entre as formas vivas e as sem vida. Eles não são células como os microrganismos discutidos até aqui. Eles são muito menores (20 a 300 nanômetros ou nm de diâmetro; 1 nm = 1/1.000 μm) e muito mais simples em estrutura do que as bactérias, e ainda podem inserir-se no material genético da célula e causar grandes danos. A AIDS é causada pelo vírus da imunodeficiência humana (HIV). Resfriado comum, herpes genital, poliomielite e hepatite são doenças virais, assim como o mosaico do tabaco (doença da planta do tabaco) e a febre aftosa em animais. Os vírus podem também estar implicados no crescimento de alguns tumores malignos.

Diferentemente das células, os vírus contêm somente um tipo de ácido nucléico, RNA ou DNA, que é circundado por um envelope protéico ou capa. Devido à ausência de componentes celulares necessários para o metabolismo ou reprodução independente, os vírus podem multiplicar-se somente dentro de células vivas. Após invadir uma célula vegetal ou animal ou um microrganismo, um vírus tem a habilidade de induzir a maquinaria genética da célula hospedeira a fazer muitas cópias do vírus. Apesar de sua simplicidade estrutural, os vírus apresentam-se sob várias formas (Figura 2.12).

Responda

1 Quais são os principais grupos de microrganismos?

2 Quais são as características diferenciais de protozoários, algas, fungos e bactérias?

3 Por que os vírus são estudados com os microrganismos?

Figura 2.12 Os vírus podem apresentar várias formas, desde filamentos semelhantes a uma agulha a vários modelos geométricos. O alto poder de ampliação da microscopia eletrônica é requerido para observar a sua estrutura.

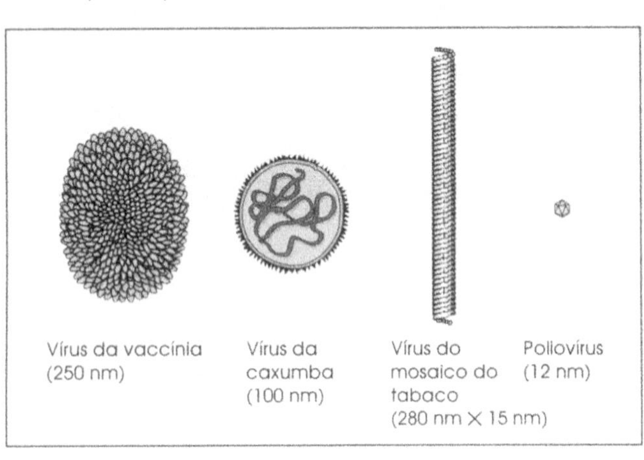

Microrganismos e o Ambiente

Os microrganismos são universais. As correntes de ar carregam os microrganismos das superfícies terrestres para a atmosfera, e de continente para continente. Os microrganismos habitam todos os ambientes marinhos, das superfícies aquáticas ao fundo do oceano (DESCOBERTA 2.1). Podem existir milhões de microrganismos em uma colher de solo fértil. Somente medidas extremas podem eliminar todos os microrganismos do ambiente.

Tem sido estimado que a massa total de células microbianas na Terra é aproximadamente 25 vezes o total da massa animal. Os animais carregam uma grande população de microrganismos em suas superfícies corpóreas, no trato intestinal e em seus orifícios. O corpo humano, por exemplo, contém 10 bilhões de células e 100 trilhões de microrganismos – 10 microrganismos para cada célula humana. As bactérias auxiliam na digestão e são responsáveis por mais de 50% do peso das fezes humanas e de animais.

Das milhares de espécies bacterianas conhecidas, relativamente poucas podem causar doença humana. Entretanto, aquelas que causam doenças têm criado a impressão de que todos os microrganismos são germes e, assim, são

Figura 2.13 Ilustração esquemática da função dos microrganismos na reciclagem de compostos e elementos (fontes naturais) na natureza. Elementos ligados em moléculas orgânicas complexas são liberados pela atividade metabólica dos microrganismos, ficando disponíveis como nutriente para as plantas. O processo de quebra de compostos orgânicos em seus elementos constituintes é chamado de *mineralização*.

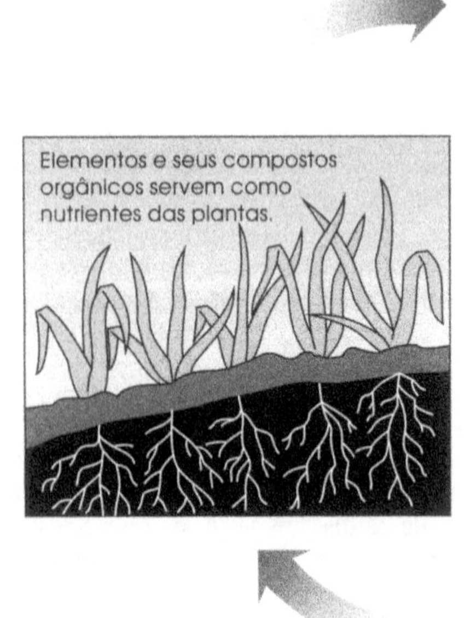

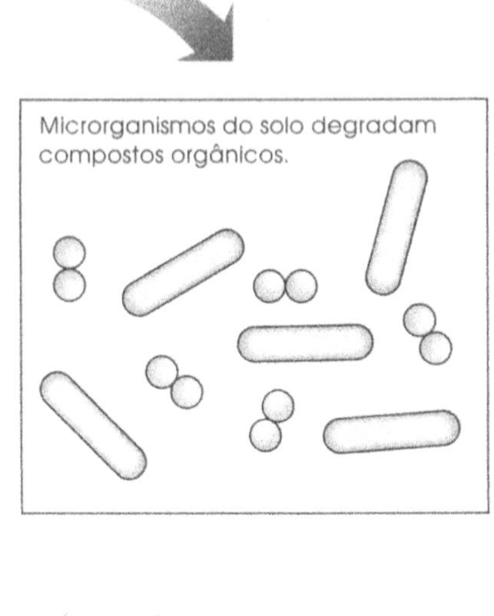

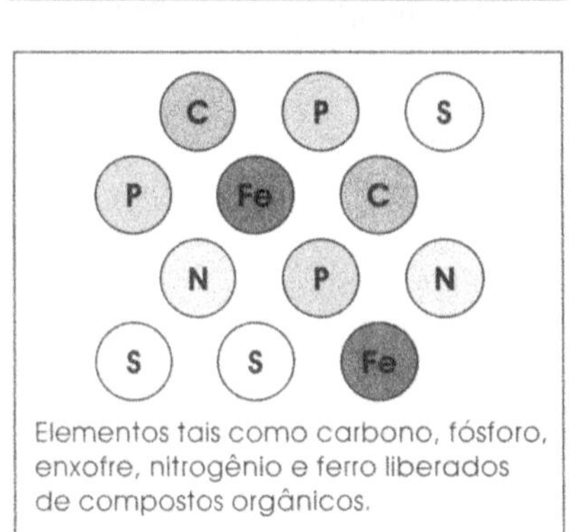

prejudiciais. Isto está longe da verdade. Tanto a vida animal quanto a vegetal dependem das alterações químicas realizadas pelos microrganismos no ambiente.

Os microrganismos desempenham a função-chave na reciclagem dos elementos na natureza. Na cadeia alimentar, os animais alimentam-se das plantas e de outros animais, e as plantas usam os animais em deterioração como nutrientes. Entretanto, os microrganismos devem, em certo sentido, agir como tradutores neste processo, por converter substâncias químicas para formar produtos utilizáveis por animais e por plantas. Em geral, as plantas usam elementos que são inorgânicos; elas não podem utilizar elementos que constituem as moléculas orgânicas (isto é, combinadas com carbono). Mas o homem e outros animais requerem compostos orgânicos e excretam material orgânico.

Um esquema para a função essencial desempenhada pelos microrganismos na reciclagem das substâncias na natureza, de compostos complexos a elementos, e vice-versa, é mostrado na Figura 2.13. Os elementos ligados a moléculas orgânicas, como carboidratos, ácidos graxos e proteínas originados de plantas e animais, são liberados pela ação dos microrganismos. Estes elementos constituem a fonte alimentar das plantas, que, por sua vez, constituem a fonte alimentar dos animais. Finalmente, as plantas e os animais e seus excretas encontram-se no solo e o processo se repete.

A degradação ou decomposição de material orgânico faz parte do ciclo do nitrogênio e de processos similares. Isto também é ponto central para argumentos sobre o ambiente. Sem bactérias e outros microrganismos trabalhando em conjunto, a vida na Terra seria destruída pelo seu próprio processo natural. Galhos caídos e folhas mortas se acumulariam, assim como os animais mortos. Os materiais que podem ser decompostos por meio do processo natural são conhecidos como *biodegradáveis*. Hoje existe a preocupação de que produtos não-biodegradáveis, como a maioria dos plásticos, poluem o ambiente. Respondendo a esta preocupação, os cientistas estão desenvolvendo materiais que são mais facilmente degradados pelos microrganismos, que podem decompor um amplo espectro de materiais.

Responda

1 Qual a magnitude da população microbiana no corpo humano?

2 Todas as bactérias são prejudiciais?

3 Que função importante as bactérias realizam na natureza?

4 Como os produtos não-biodegradáveis ameaçam o ambiente?

Microbiologia como uma Ciência

Há duas áreas principais de estudo no campo da microbiologia: ***microbiologia básica***, que estuda a natureza fundamental e as propriedades dos microrganismos, e ***microbiologia aplicada***, em que a informação aprendida na microbiologia básica é empregada para controlar e usar os microrganismos de maneira benéfica.

Microbiologia Básica

A microbiologia básica abrange as descobertas científicas que conduzem ao conhecimento fundamental sobre as células e a população microbiana. Os temas da pesquisa básica em microbiologia serão discutidos em outros capítulos e podem ser resumidos como:

1. *Características morfológicas*: a forma e o tamanho das células, composição química e função de suas estruturas internas.

2. *Características fisiológicas*: por exemplo, a necessidade nutricional específica e as condições físicas necessárias ao crescimento e reprodução.

3. *Atividades bioquímicas*: como os microrganismos quebram os nutrientes para obter energia e como eles usam esta energia para sintetizar componentes celulares.

4. *Características genéticas*: a hereditariedade e a variabilidade das características.

5. *Potencial de causar doença*: presença ou ausência, para o homem, outros animais e plantas; inclui o estudo da resistência do hospedeiro à infecção.

6. *Características ecológicas*: a ocorrência natural dos microrganismos no ambiente e sua relação com outros organismos.

7. *Classificação*: a relação taxonômica entre os grupos no mundo microbiano.

Os microrganismos têm-se tornado o organismo experimental de escolha na ***biologia molecular***, que é a pesquisa sobre os processos bioquímicos em nível molecular. Isto acontece porque os microrganismos são fáceis de manipular em laboratórios, quando comparados com os animais e as plantas. Muitos processos bioquímicos fundamentais, como a forma e a função do DNA, são os mesmos em todas as formas de vida. Muitos dos conhecimentos atuais da genética de mamíferos, por exemplo, têm sido deduzidos a partir das pesquisas com microrganismos.

Associados a outros procedimentos laboratoriais, como experimentos com animais vivos ou com culturas de células animais, os microrganismos têm auxiliado nas explicações da origem de doenças como o câncer. As bactérias, em particular a *Escherichia coli*, são consideradas essenciais para a pesquisa biológica, porque elas fornecem indícios para as características metabólicas e genéticas da vida em geral. Realizando este tipo de pesquisa, os cientistas podem utilizar os princípios básicos da microbiologia e aplicar os microrganismos às suas finalidades específicas.

Microbiologia Aplicada

As aplicações da microbiologia são ilimitadas e variadas em suas áreas. Os principais campos de aplicação da microbiologia incluem aqueles que focalizam a medicina, alimentos e laticínios, agricultura, indústria ou ambiente. Freqüentemente a microbiologia fornece a melhor solução para um problema, como, por exemplo, um método mais econômico para produzir vacinas ou processos mais eficientes para o tratamento de esgotos.

Os microrganismos sintetizam uma variedade de substâncias químicas relativamente simples, desde o ácido cítrico a antibióticos mais complexos e enzimas. A produção destas substâncias em grande escala é um exemplo da microbiologia industrial. Alguns microrganismos são cultivados em grande quantidade e enriquecem a ração animal ou são usados como suplemento alimentar humano denominado *proteína de célula única* (*SCP*). Os carboidratos de algas são amplamente utilizados em indústrias farmacêutica e alimentar. Estas fontes de nutrientes relativamente econômicas são atrativas em áreas do mundo com fontes inadequadas de alimentos.

Certos microrganismos são capazes de fermentar material orgânico humano e animal, produzindo gás metano que pode ser coletado e usado como combustível. Nos países em desenvolvimento, sistemas de geração de metano são usados em casas individuais para fornecer calor e luz. Um tanque contendo restos de material orgânico enterrado fora de casa funciona como um vaso de fermentação no qual as arqueobactérias produzem metano, que é conduzido para dentro da casa. Em modernos depuradores de despejos e esgotos, milhares de metros cúbicos de metano são produzidos diariamente, e grande quantidade desse gás é usada para aquecer e operar as máquinas. Os cientistas estão agora analisando as bactérias que podem converter carvão em metano para ser usado em máquinas industriais.

Além da indústria, os microrganismos são utilizados para alterar ambientes específicos. Por exemplo, a biometalurgia explora as atividades químicas de bactérias para extrair minerais, como cobre e ferro de minérios de baixa qualidade. Os microbiologistas do solo estão buscando microrganismos que podem degradar poluentes específicos, como herbicidas e inseticidas. Alguns produtos microbianos podem melhorar a capacidade dos detergentes caseiros em remover manchas.

Em uma área, chamada *controle biológico*, os microrganismos estão sendo usados como "inseticidas biológicos" no lugar dos produtos químicos. Em vez de usar produtos tóxicos para controlar insetos que danificam as safras, os agricultores serão capazes de borrifar as plantas com microrganismos que infectam e destroem os insetos. Um outro método que está sendo desenvolvido é a inserção de genes bacterianos (como, por exemplo, o *Bacillus thuringiensis*) no material genético das plantas. Esses genes bacterianos codificam proteínas que matam os insetos e são sintetizadas por plantas alteradas geneticamente. As plantas, dessa forma, apresentam um inseticida interno, que é uma cortesia do microrganismo. Outros microrganismos, após serem alterados geneticamente, ajudarão, eventualmente, a proteger as plantas contra o congelamento. O desenvolvimento da biologia molecular e da engenharia genética amplia o uso dos microrganismos para o benefício da sociedade.

Recentemente, algumas das aplicações mais significativas da microbiologia têm sido na medicina. Estas descobertas têm ajudado os profissionais da saúde a compreender, diagnosticar e tratar as doenças não muito bem compreendidas inicialmente. Está claro que certas condições, como a queda de um dente e alguns tipos de úlceras, estão relacionadas com a ação dos microrganismos. Este conhecimento conduzirá a melhores tratamentos, novos métodos de diagnóstico e talvez a uma vacina contra úlceras. Por meio da microbiologia, provavelmente melhores tratamentos serão alcançados para doenças recentemente descritas – incluindo a AIDS, a doença de Lyme e a doença dos legionários – que são causadas por microrganismos. Algumas leucemias e outros tipos de câncer parecem que são causados, pelo menos em parte, pelos microrganismos e podem algum dia ser tratados como doenças microbianas.

A engenharia genética e a microbiologia médica visam juntas à produção de enzimas bacterianas que dissolvem coágulos sanguíneos, vacinas humanas utilizando vírus de insetos e testes laboratoriais rápidos para diagnóstico de infecção viral. As drogas e vacinas em uso atualmente estão sendo melhoradas por meio da microbiologia. A linha de frente da pesquisa médica é o uso de vírus para inserir genes de mamíferos em animais individuais que necessitam destes genes. Este é um exemplo de microbiologia básica no limite de se tornar uma microbiologia aplicada.

É importante lembrar que a microbiologia básica fornece os princípios fundamentais utilizados pela microbiologia aplicada, e que a aplicação destes princípios freqüentemente funciona como estímulo para a descoberta de mais informações básicas. As duas áreas contribuem para uma melhor compreensão do complexo mundo da vida que literalmente cobre a Terra. Se são valorizados por seus produtos industriais, são temidos porque causam doenças, ou simplesmente são ignorados porque não podem ser vistos, os microrganismos estão sempre conosco. Como dizia Louis Pasteur: "O microrganismo terá a última palavra".

Responda

1 Qual é a diferença entre microbiologia básica e microbiologia aplicada?

2 Quais áreas estão incluídas na microbiologia básica?

3 Por que as bactérias são consideradas instrumentos experimentais importantes em pesquisas biológicas?

4 Qual o uso prático dos microrganismos em processos industriais, produção de combustível, controle de pestes e depuradores de esgotos?

Resumo

1. A célula é a unidade estrutural e funcional básica de todos os organismos. Muitos microrganismos são unicelulares, constituídos de uma única célula, enquanto outros são multicelulares.

2. Todos os organismos vivos, unicelulares ou multicelulares, compartilham a habilidade para reproduzir, ingerir ou obter seus alimentos a fim de produzir energia e sintetizar compostos químicos para as estruturas celulares e excretar restos de matéria. Eles também estão sujeitos à mutação.

3. Devido à existência de muitas espécies de microrganismos, é útil arranjá-los em grupos baseados em suas similaridades. A ciência da taxonomia envolve a classificação, nomenclatura e identificação de espécies.

4. Os sistemas de classificação iniciais agrupavam todas as espécies vivas no reino animal ou vegetal. Mais tarde tornou-se evidente que os microrganismos não se ajustam neste esquema. Haeckel sugeriu que eles deviam ser colocados em um terceiro reino, o *Protista*. Entretanto, estudos mais recentes revelaram diferenças fundamentais entre vários microrganismos. Whittaker agrupou aqueles que eram procariotos no reino *Monera* e os eucariotos ficaram distribuídos no reino Protista ou no reino Fungi.

5. Geralmente, era aceito que os eucariotos evoluíram dos procariotos. Mas estudos do ácido ribonucléico ribossômico (*r*RNA) mostraram que nenhum grupo tinha evoluído do outro. Em vez disso, ambos tinham evoluído separadamente de uma forma ancestral comum. Woese observou que os procariotos por si só tinham evoluído por duas vias diferentes de uma forma ancestral comum: uma conduziu às eubactérias e a outra, às arqueobactérias. Portanto, seus estudos indicaram que há três reinos primários: arqueobactérias, eubactérias e eucariotos.

6. Os microrganismos são amplamente distribuídos. Suas atividades bioquímicas em vários ambientes são essenciais para a continuidade da vida na Terra.

7. Em um sentido mais amplo, a ciência da microbiologia pode ser dividida em duas áreas principais: o estudo da biologia dos microrganismos, a microbiologia *básica*; e o estudo de como os microrganismos podem ser controlados ou usados para várias finalidades práticas, chamado microbiologia *aplicada*. Na microbiologia aplicada, os microrganismos fazem parte de muitos processos industriais (por exemplo, síntese de alimentos e drogas, produção de combustível, extração de minerais e depuradores de esgotos). Eles também podem ser usados para proteger as plantas contra a destruição pelos insetos e para compreender melhor as doenças animais e vegetais.

Palavras-Chave

Absorção
Algas
Animalia
Arqueobactéria
Bactérias
Biologia molecular
Bioquímica
Célula
Citoplasma
Espécies
Eubactérias
Eucariotos
Fotossíntese
Fungi
Gênero
Hifas
Ingestão
Membrana nuclear
Microbiologia aplicada
Microbiologia básica
Monera
Multicelular
Núcleo
Nucleóide
Organelas
Plantae
Procariotos
Protista
Protoplasma
Protozoários
Sistema binomial
Taxa (singular, *táxon*)
Taxonomia
Teoria celular
Unicelular
Vírus

Revisão

CÉLULAS COMO UNIDADES ESTRUTURAIS DA VIDA

1. A palavra *célula* foi introduzida por _______________ para descrever a estrutura microscópica de _______________ e outros materiais vegetais.

2. A teoria celular afirma que as células são as unidades _______________ e funcionais de todos os organismos.

3. O material que constitui a substância da célula é chamado de _______________.

4. O protoplasma consiste quase inteiramente em água e três tipos de substâncias químicas: _______________, lipídeos e ácidos _______________.

5. A estrutura celular chamada _______________ ou _______________ contém a informação genética da célula.

6. A habilidade para se reproduzir é uma das características de todos os _______________.

7. Qual das seguintes afirmações não é verdadeira para as células de todas as formas de vida, unicelular ou multicelular?

(**a**) Elas se reproduzem.

(**b**) Elas excretam materiais.

(**c**) Elas não estão sujeitas à mutação.

(**d**) Elas sintetizam substâncias e estruturas.

(**e**) Elas respondem às variações ambientais.

CLASSIFICAÇÃO DOS ORGANISMOS VIVOS

8. O grupo taxonômico básico na classificação dos organismos vivos é a _______________.

9. O nível mais alto do grupo taxonômico representando uma das categorias na qual todas as formas de vida estão divididas é chamado de _______________.

10. Um grupo de cepas relacionadas é denominado _______________.

11. O sistema para denominar os microrganismos é chamado de nomenclatura _______________.

12. Arranjar os seguintes níveis taxonômicos em ordem crescente de similaridade (do menos para o mais) dos microrganismos em cada grupo taxonômico: (**a**) família; (**b**) gênero; (**c**) reino; (**d**) ordem; (**e**) espécies.

CLASSIFICAÇÃO DOS MICRORGANISMOS

13. Até o século XVIII todos os organismos vivos eram classificados no reino _______________ ou no reino _______________.

14. E. H. Haeckel propôs o reino _______________ para microrganismos unicelulares que não eram plantas ou animais típicos.

15. A classificação dos cinco reinos de Whittaker é baseado em três níveis de organização celular, os quais evoluíram para apresentar três modos de nutrição denominados _______________, _______________ e _______________.

16. No sistema de classificação dos cinco reinos, as bactérias foram colocadas no reino _______________, enquanto protozoários e algas microscópicas foram colocados no reino _______________.

17. Antes do trabalho de Carl Woese pensava-se que os eucariotos tinham evoluído dos _______________.

18. A evidência para uma origem evolucionária distinta de eubactérias, arqueobactérias e eucariotos é baseada em grande parte em estudos comparativos da seqüência de ________________ dos ______________________ dos microrganismos.

19. Utilizando o sistema de classificação de Whittaker, identificar o reino a que pertence cada um dos seguintes microrganismos:

(**a**) Bactérias ______________________

(**b**) Algas _________________________

(**c**) Leveduras ______________________

(**d**) Bolores _________________________

(**e**) Protozoários ______________________

20. A partir de um ancestral comum, os organismos vivos têm evoluído ao longo de três linhas principais. Quais?

(**a**) Bactérias Gram-positivas, bactérias Gram-negativas e arqueobactérias

(**b**) Bactérias Gram-negativas, bactérias Gram-positivas e protozoários

(**c**) Bactérias, vírus e plasmídios

(**d**) Eubactérias, arqueobactérias e eucariotos

(**e**) Arqueobactérias, eubactérias e vírus

21. Acredita-se que dois tipos de organelas de células eucarióticas, denominadas ___________ e _____________, têm evoluído a partir da invasão de células eucarióticas pela bactéria.

CARACTERÍSTICAS DIFERENCIAIS DOS PRINCIPAIS GRUPOS DE MICRORGANISMOS

22. Protozoários são microrganismos unicelulares semelhantes aos ______________.

23. Os protozoários podem locomover-se por meio do batimento de apêndices finos e curtos, denominados __________ ou por apêndices longos em forma de chicote denominados ___________.

24. As algas contêm o pigmento verde _____________ e, diferentemente dos protozoários, apresentam uma _______________ rígida.

25. Os fungos microscópicos denominados _______________ formam filamentos chamados _____________.

26. Os fungos microscópicos denominados ______________ são amplamente utilizados nas indústrias de fermentação e panificadoras.

27. Baseados na natureza de seus genes *r*RNA, as bactérias podem ser divididas em dois grupos principais: __________ e _____________.

28. Os três tipos morfológicos principais das células bacterianas são ___________, _____________, e______________.

29. As bactérias que produzem gás metano a partir do dióxido de carbono e hidrogênio pertencem ao grupo de bactérias conhecido como ______________________________.

30. Os vírus podem multiplicar-se somente dentro de _______________.

31. Associar cada descrição da direita com o item apropriado da esquerda:

___ Vírus (**a**) Contêm clorofila

___ Arqueobactérias (**b**) Crescem em temperaturas extremamente altas

___ Protozoários (c) Fungos unicelulares

___ Leveduras (d) Contêm um tipo de ácido nucléico

___ Algas (e) Ingerem alimentos particulados

32. Indicar se cada uma das seguintes afirmações é verdadeira (V) ou falsa (F):

(a) __ Os vírus não podem se multiplicar fora das células.

(b) __ As arqueobactérias podem crescer em ambientes muito incomuns, como altas temperaturas, condições ácidas e sem oxigênio.

(c) __ As leveduras são categorias de fungos.

(d) __ Os fungos contêm organelas chamadas *cloroplastos*.

(e) __ As algas são fontes de ágar, que é amplamente utilizado em meios microbiológicos.

MICRORGANISMOS E O AMBIENTE

33. Os microrganismos são responsáveis por mais de ___ % das fezes humanas e animais.

34. Que generalização pode ser feita com o conteúdo microbiano de uma colher de solo fértil?

35. Qual palavra melhor descreve a ocorrência dos microrganismos na natureza?

36. Os microrganismos são germes, e a maioria deles é responsável por doenças humanas, de animais e de plantas: verdadeiro (V) ou falso (F)?

37. A função-chave dos microrganismos na natureza é a ______________ dos elementos.

MICROBIOLOGIA COMO UMA CIÊNCIA

38. A microbiologia é dividida em duas áreas maiores: microbiologia __________ e microbiologia ________________.

39. Quais das seguintes áreas de estudo seriam caracterizadas como microbiologia aplicada?

(a) Características bioquímicas de uma espécie

(b) Composição química das células

(c) Biometalurgia

(d) Proteína celular simples (SCP)

(e) Deterioração microbiana de alimentos

40. Os microrganismos são os organismos de escolha para o estudo dos processos bioquímicos em nível molecular: verdadeiro (V) ou falso (F)? Citar duas justificativas para a sua resposta.

____

____

____

____

____

Questões de Revisão

1. Identificar as estruturas que estão presentes em uma célula típica.
2. Quem propôs o termo Protista? Quem são os protistas?
3. Distinguir células eucarióticas de células procarióticas.
4. Os vírus são células? Por que eles estão incluídos na ciência da microbiologia?
5. Listar várias atividades biológicas realizadas pelas células, incluindo os microrganismos.
6. Quais são as características essenciais do sistema de classificação dos cinco reinos de Whittaker? Cite-os.
7. Descrever brevemente os protistas eucariotos e protistas procariotos.
8. Que novas linhas do desenvolvimento evolucionário têm sido identificadas a partir de estudos comparativos dos genes do ácido ribonucléico ribossômico (*r*RNA) de diferentes organismos?
9. Comparar as arqueobactérias com as eubactérias.
10. Que explicação tem sido proposta para a ocorrência de cloroplastos e mitocôndrias em células eucarióticas?
11. Descrever a ocorrência de microrganismos na natureza.
12. Descrever a importância dos microrganismos em várias áreas da microbiologia aplicada.
13. Enumerar as áreas de estudo da microbiologia básica.

Questões para Discussão

1. Um microrganismo foi isolado de um lago e há uma diferença de opinião entre os integrantes do laboratório: se ele deve ser classificado com as algas ou com os protozoários. Como você pode justificar os diferentes pontos de vista?
2. Se você se referir às várias edições do *Bergey's Manual of Determinative Bacteriology* (o padrão de referência para a classificação e identificação de bactérias), você encontrará na primeira edição (1923) 75 espécies do gênero *Bacillus*, enquanto na oitava edição (1974), somente 22 espécies do gênero. Por outro lado, na sexta edição (1948), 73 espécies do gênero *Streptomyces* foram listadas e na oitava edição, 415 espécies desse gênero. Como você poderia explicar essas flutuações em número de espécies reconhecidas ao longo do tempo?
3. As variações nas condições ambientais podem influenciar significativamente no número e tipo de microrganismos que existem na atmosfera. Identificar vários cenários ambientais e explicar o impacto resultante sobre a população microbiana na atmosfera.
4. Os estudos em microbiologia básica e microbiologia aplicada podem ser considerados como um sistema interativo – cada um se beneficia do outro. Citar evidências para sustentar este conceito.

Capítulo 3

Caracterização dos Microrganismos

Objetivos

Após a leitura deste capítulo, você deve ser capaz de:

1. Descrever os métodos para isolamento de microrganismos em cultura pura.
2. Denominar várias técnicas que utilizam a microscopia ótica e identificar a(s) vantagem(ns) de cada técnica.
3. Distinguir magnitude e poder de resolução em microscopia.
4. Identificar as vantagens e as limitações da microscopia eletrônica comparando-a com a microscopia ótica.
5. Distinguir uma coloração simples de uma coloração diferencial e citar exemplos.
6. Identificar as etapas da técnica da coloração de Gram.
7. Listar as principais categorias de características microbianas utilizadas para identificar os microrganismos. Explicar por que algumas fornecem informações mais específicas para a identificação do que outras.

Introdução

Uma população microbiana, sob condições naturais, contém muitas espécies diferentes, não somente espécies de bactérias, mas também espécies de leveduras, bolores, algas e protozoários. Talvez também possam existir milhares de vírus. Freqüentemente é importante identificar quantos e quais tipos de microrganismos estão presentes em um ambiente particular. Por exemplo, os microbiologistas fundamentam um dos testes rotineiramente empregados para determinar a segurança de águas potáveis públicas pela presença ou ausência da bactéria *Escherichia coli*. Águas potáveis seguras não contêm esses organismos, que fazem parte da população microbiana normal que habita o intestino. Além disso, você pode querer determinar o número total e os tipos de espécies em uma amostra de água corrente, com a finalidade de compreender como a população de microrganismos interage em um ambiente aquático. Um outro exemplo comum é separar bactérias que causam doenças, como aquelas responsáveis pela inflamação de garganta, de outros microrganismos saprófitas que vivem no corpo humano. Isolar esses microrganismos faz parte do diagnóstico e tratamento médico. Por esta razão, os microbiologistas devem ser capazes de isolar, enumerar e identificar os microrganismos em uma amostra. Este capítulo descreverá alguns dos métodos utilizados para caracterizar e identificar os microrganismos.

Técnicas de Cultura Pura

Ao determinar as características de um microrganismo, ele deve estar em ***cultura pura***, em que todas as células na população são idênticas no sentido de que elas se originaram de uma mesma célula parental. Os microrganismos na natureza normalmente existem em ***culturas mistas***, com muitas espécies diferentes ocupando o mesmo ambiente (Figura 3.1). Portanto, o primeiro passo é isolar as diferentes espécies contidas em um espécime.

Figura 3.1. Colônias de microrganismos que se desenvolveram em placas de ágar após exposição ao ar ambiente.

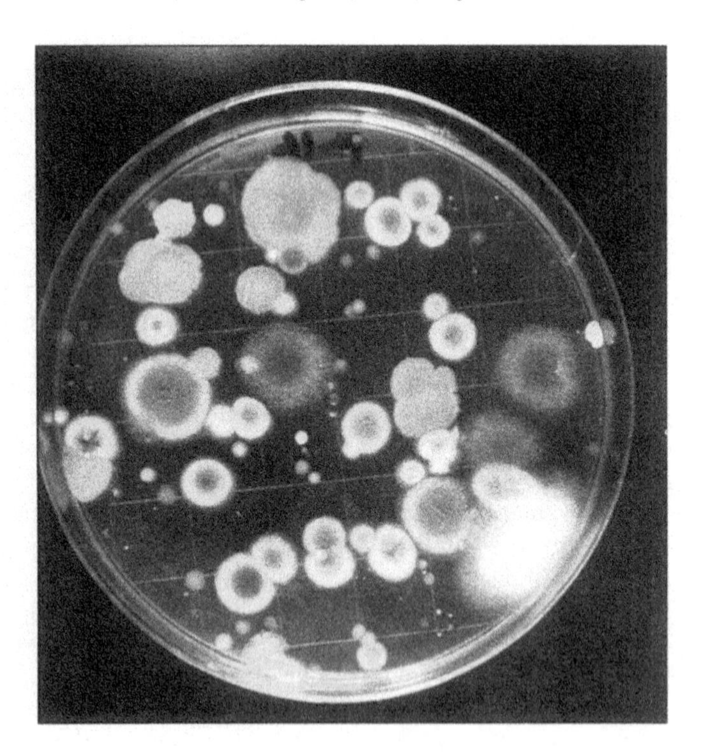

Isolamento e Cultivo de Culturas Puras

Em laboratório, os microrganismos são cultivados ou desenvolvidos em material nutriente denominado ***meio de cultura***. Caminhar em um laboratório de preparo de meios de cultura é como entrar em uma cozinha alinhada com jarras de alimentos para dietas especiais. Alguns laboratórios preparam seus próprios meios a partir de pós-desidratados, enquanto outros compram meios preparados ("prontos para uso") em placas de Petri ou tubos de ensaio (Figura 3.2). Existe à disposição uma extensa lista de meios comerciais, e o tipo utilizado depende de muitos fatores. Esses fatores incluem considerações sobre a origem do material a ser analisado, a espécie que se imagina estar presente nesta amostra e as necessidades nutricionais dos organismos. O ágar, nutriente constituído por extrato de carne e proteína digerida (peptonas), é um tipo desse meio. Meios mais específicos podem conter compostos químicos ou substâncias como bile ou sangue que inibem ou acentuam o crescimento microbiano. Como um bom detetive ao resolver um mistério, os microbiologistas usam meios em combinação que ajudam a revelar a identidade dos microrganismos.

Figura 3.2. Meios preparados comercialmente. [**A**] Meios que variam em composição química e na maneira pela qual são distribuídos (placas de Petri, tubos de ensaio ou garrafas) estão disponíveis a partir de muitas fontes comerciais. [**B**] Meio com ágar preparado comercialmente, em placas de Petri, sendo inspecionado quanto à qualidade.

(A)

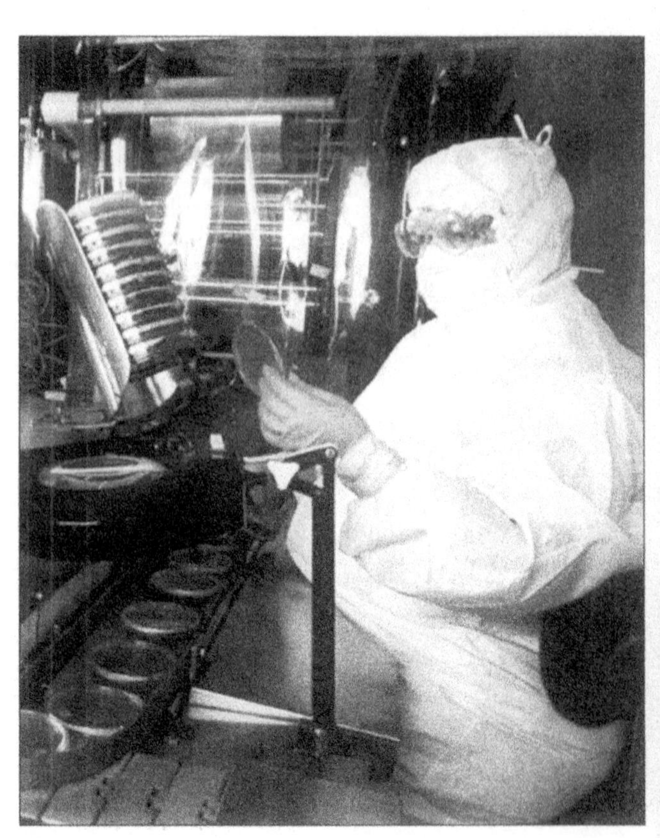

(B)

Figura 3.3 Técnicas de isolamento de microrganismos em placas, em cultura pura. [**A**] Método de esgotamento por meio de estrias superficiais. A amostra é semeada na superfície do meio solidificado com uma alça de semeadura para esgotar a população. Assim, em algumas regiões do meio, células individuais estarão presentes. [**B**] Método da semeadura em superfície com o auxílio de uma alça de vidro (alça de Drigalsky). Uma gota da amostra diluída é colocada na superfície do ágar e com o auxílio de uma alça de semeadura de vidro esta gota é espalhada sobre o meio. [**C**] Método de *pour-plate*. A amostra, neste exemplo uma cultura de *Serratia marcescens*, é diluída em tubos contendo meios liquefeitos. Após homogeneização, os tubos de meios contendo as bactérias são distribuídos em placas de Petri; após solidificação, elas são incubadas. Neste procedimento, as colônias se desenvolverão tanto acima quanto abaixo da superfície (colônias internas), considerando que algumas células permaneçam incorporadas ao ágar quando ele se solidifica. Em cada uma dessas técnicas [**A, B, C**] o objetivo é diminuir a população microbiana, assim as células individuais estarão localizadas a uma certa distância umas das outras. As células individuais, se estiverem distantes o suficiente, produzirão uma colônia que não entra em contato com outras colônias. Todas as células em uma colônia têm o mesmo parentesco. Para isolar uma cultura pura, uma colônia individual é transferida do meio para um tubo de ensaio.

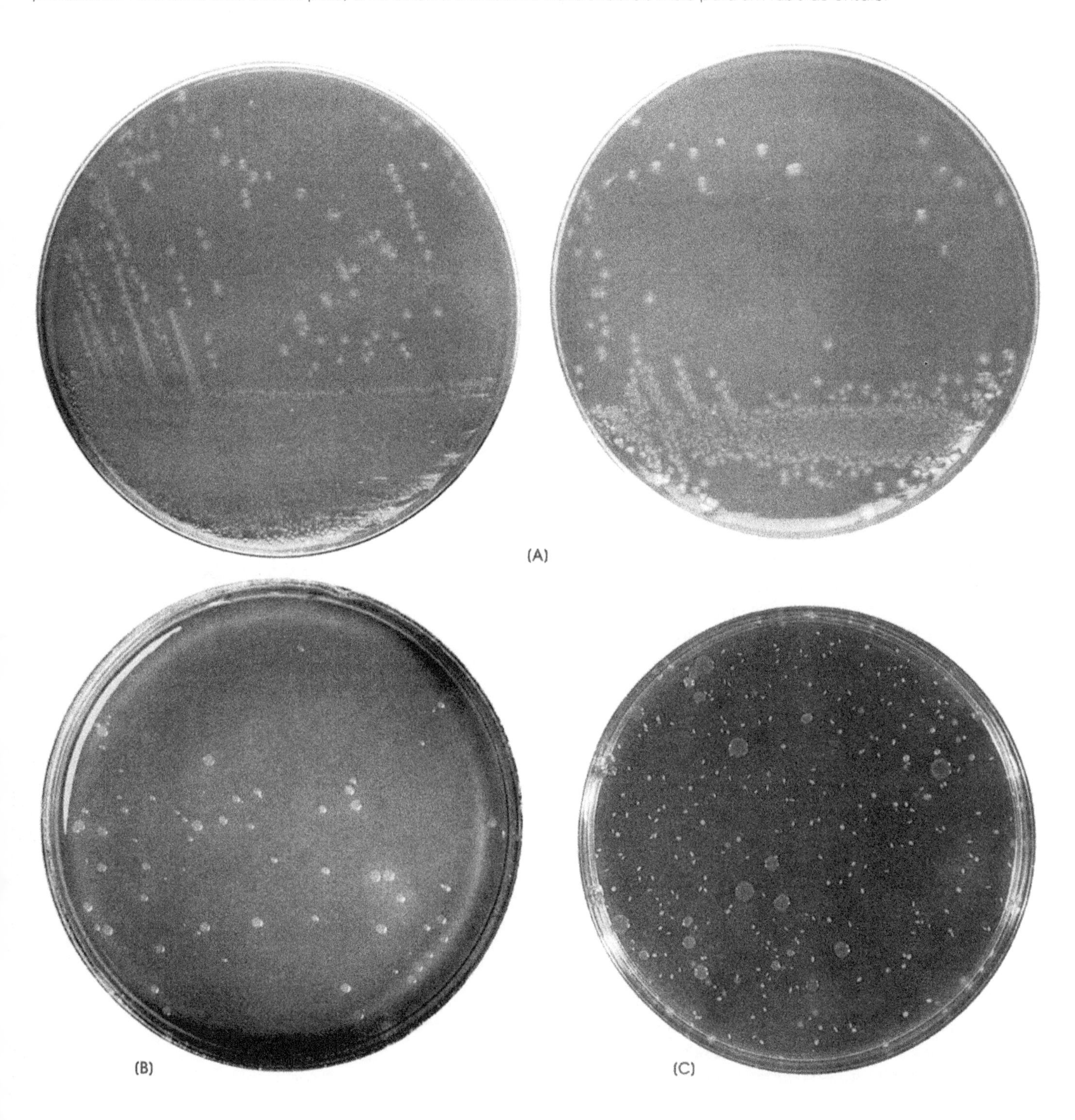

Imagine que você deseja isolar culturas puras de microrganismos de uma boca. Você pode coletar a saliva em um recipiente estéril, ou, como a maioria dos laboratórios faz, usar um *swab* de algodão estéril e esfregar em alguma região da boca ou garganta. Com o próprio *swab* ou com um fio de metal estéril, a *agulha de transferência* ou *alça de semeadura,* a saliva é semeada por meio de estrias sobre a superfície do ágar, assim células individuais tornam-se separadas umas das outras. O material colocado no meio de cultura é chamado de *inóculo*. O processo de inoculação pode ser feito mediante a ***técnica de esgotamento por estrias*** (Figura 3.3A) descrito como esgotamento do material contido numa alça ou agulha de semeadura por meio de estrias na superfície do meio; ou com a ***técnica da semeadura em superfície*** (Figura 3.3B), em que o inóculo é espalhado na superfície do ágar com o auxílio de uma alça de vidro (alça de Drigalsky). Uma outra abordagem é o ***método de pour-plate*** (Figura 3.3C), na qual o inóculo é misturado em um ágar fundido que tenha sido resfriado a 45°C e distribuído em placas de Petri estéreis (o ágar deve ser aquecido para se liquefazer).

Durante a incubação do meio inoculado, as células individuais multiplicam-se e produzem um grande número de células, que juntas formam uma ***colônia***. Visível a olho nu, cada colônia é uma cultura pura com um ancestral único. Morfologicamente, as colônias não são iguais para todas as espécies. Por exemplo, algumas espécies de microrganismos podem formar uma colônia aderente (pegajosa), elevada, enquanto outras formam colônias lisas e secas. No caso da saliva, haverá muitos tipos de colônias crescendo na superfície ou no interior do meio, a menos que você utilize um meio especial que permita o crescimento somente de certos tipos de microrganismos. Além do uso de diferentes meios, você pode manipular o crescimento microbiano por variar a temperatura de incubação, a aeração e outras condições.

Conservação das Culturas Puras

Uma vez que os microrganismos tenham sido isolados em cultura pura, é necessário manter as culturas vivas por um período de tempo com o objetivo de estudá-las. Se a cultura é mantida por somente um curto período (dias a meses, dependendo da resistência do microrganismo), ela pode ser armazenada à temperatura de refrigeradores (4 a 10°C). Alguns microrganismos, tal como *Haemophilus influenzae*, devem ser transferidos diariamente a um novo meio, caso eles não estejam estocados por longo período. Para armazenar por um longo período, as culturas são mantidas em nitrogênio líquido a –196°C ou em freezers a –70 a –120°C, ou são congeladas e então desidratadas e fechadas a vácuo em um processo denominado ***liofilização*** (Figura 3.4). Amplamente utilizado em laboratório (também

Figura 3.4 Processo de liofilização para preservação de microrganismos. [**A**] Frascos pequenos com tampa de algodão contendo suspensões de microrganismos congelados são ligados a um condensador e a uma bomba de vácuo. O sistema desidrata a amostra enquanto ela está congelada. [**B**] Após a desidratação da amostra, os tubos contendo os frascos pequenos são lacrados ainda sob vácuo. Detalhes de uma amostra individual liofilizada estão ampliados. Essas culturas de microrganismos liofilizadas permanecerão viáveis por anos.

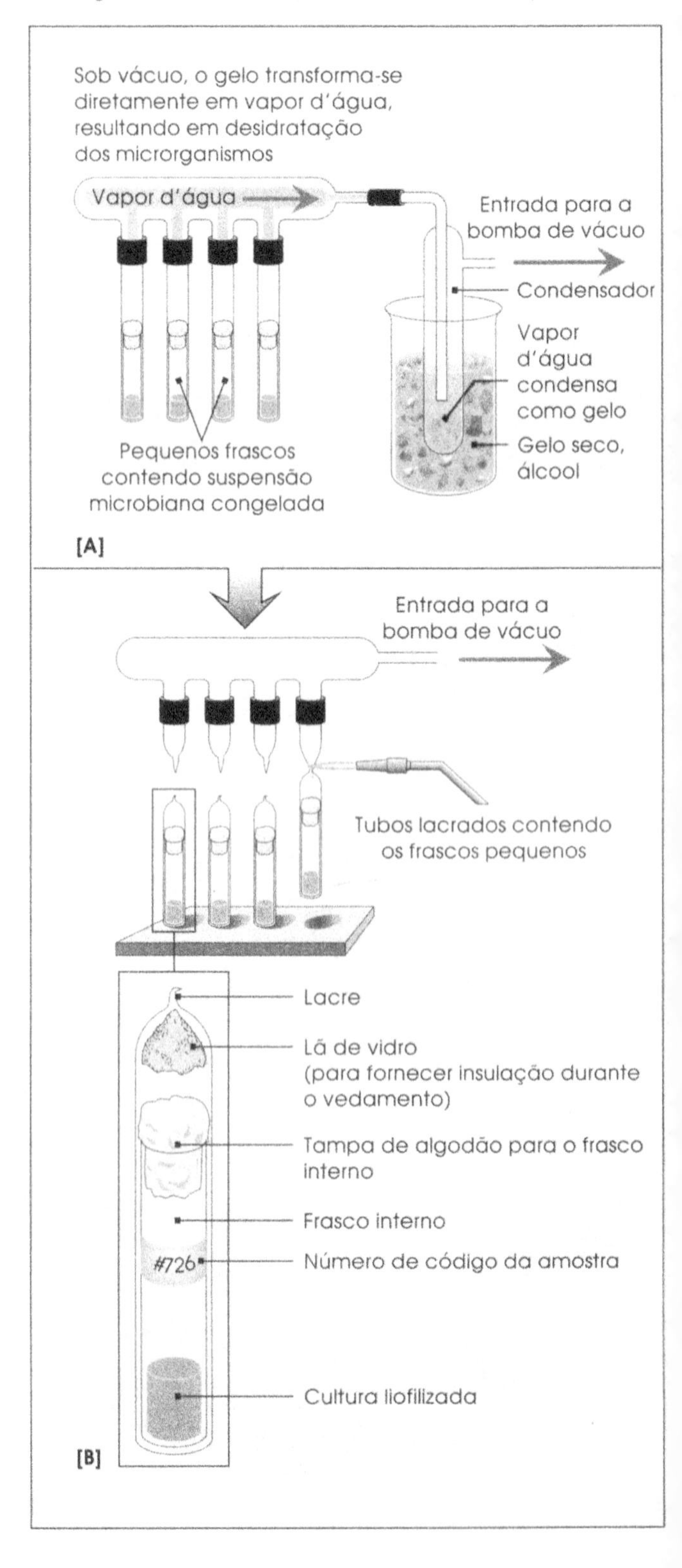

DESCOBERTA!

3.1 COLEÇÃO DE MICRORGANISMOS PARA O FUTURO

Como os pesquisadores decidem se um microrganismo mutante é realmente a bactéria que eles pensavam? Como estabelecer uma disputa legal sobre a propriedade da pesquisa com a cultura celular recentemente desenvolvida? Como você identifica corretamente um tipo incomum de protozoário ou vírus recém-isolado de um paciente? Para solucionar esses desafios, é útil ter um conjunto "padrão" de microrganismos para comparar suas próprias amostras – um conjunto de células de referência de uma ***coleção de cultura padrão***. Nos Estados Unidos, a American Type Culture Collection (ATCC) está sediada próximo a Washington. Constitui-se em um banco de microrganismos e outras células que estão à disposição dos pesquisadores, professores, investigadores de patentes e todo aquele que necessite estudar um tipo particular de microrganismo. As células são congeladas em cubas de nitrogênio líquido (ver foto) ou liofilizadas para resistir a qualquer variação que possa destruir a identidade da célula original. Uma organização não-lucrativa, independente, a ATCC foi fundada em 1925 para servir como uma área de armazenamento central, essencialmente um lugar para preservar algas, bactérias, linhagens celulares, DNA, vírus, tecidos de plantas, protozoários e oncogenes (genes causadores de câncer).

Microrganismos e várias linhagens de células eucarióticas são armazenados em frascos individuais identificados que são guardados congelados em grandes recipientes contendo nitrogênio líquido.

Como qualquer banco, a ATCC aceita depósitos e autoriza retiradas. Correntemente, mantém aproximadamente 50.000 cepas de 9.500 espécies, submetidas a estudos pelos cientistas durante muitos anos. É o local de depósito de material genético utilizado em pesquisa pelos membros de 19 sociedades científicas. Desde 1981, também tem servido como centro de patenteamento internacional de cultura. Quando os pesquisadores descobrem um novo tipo de microrganismo, por exemplo, eles enviam amostras à ATCC; a informação sobre uma amostra particular é mantida em segredo até a publicação da patente. Materiais como embrião congelado de camundongo, recentemente desenvolvido como modelo de câncer pela Universidade de Harvard, também estão armazenados na coleção. Entretanto, a maior parte do inventário da ATCC é de microrganismos não-patenteados e outras células que podem ser encomendadas do catálogo da ATCC. Cada ano, mais de 90.000 culturas são distribuídas para indústrias e cientistas do mundo inteiro.

conhecido como *congelamento a seco*), este processo mantém a viabilidade das culturas por muitos anos e é o elemento-chave para construir uma coleção de microrganismos de referência (DESCOBERTA 3.1).

Uma vez que você tenha isolado um microrganismo em cultura pura, você está pronto para realizar os testes laboratoriais necessários para identificar o microrganismo. Estes testes geralmente incluem o uso de diferentes meios e diferentes reações químicas, mas um dos seus instrumentos mais poderosos para a investigação será o microscópio.

Responda

1 O que é uma cultura pura?

2 Em termos das espécies presentes, como você caracterizaria a população microbiana de um ambiente natural, tal como o solo do jardim?

3 Como as culturas puras são obtidas? Como elas são preservadas?

Microscópios

No Prólogo, você aprendeu sobre a invenção e a evolução inicial do microscópio, um instrumento ótico que amplia a imagem de um pequeno objeto. O microscópio é o instrumento mais freqüentemente utilizado em um laboratório que estuda os microrganismos. Utilizando um sistema de lentes e fontes de iluminação, o microscópio torna o objeto visível. Os microscópios podem ampliar de 100 a centenas de milhares de vezes o tamanho original, revelando a simetria simples dos vírus ou estruturas internas complexas de protozoários.

O tamanho da célula microbiana e dos vírus é expresso em ***micrômetro*** (*μm*) e ***nanômetro*** (*nm*).(Comparação de tamanho entre diferentes microrganismos está mostrada na Figura 3.5.) Embora o primeiro objeto que você deseje observar seja o microrganismo inteiro, com o auxílio adicional de corantes e sistemas especiais de iluminação o microscópio pode detectar estruturas internas como membranas, núcleo e outros corpos intracelulares.

Existem duas categorias de microscópios em uso corrente: ***microscópio luminoso*** e ***microscópio eletrônico.*** Eles diferem no princípio pelo qual a ampliação é produzida. Para ampliar um objeto, microscópios luminosos modernos usam um sistema de lentes para direcionar o caminho que um feixe de luz percorre entre o objeto a ser estudado e o olho. Em vez de usar uma fonte de luz e um conjunto de lentes, o microscópio eletrônico utiliza um feixe de elétrons controlado por um sistema de campo magnético.

O Microscópio Luminoso

O microscópio luminoso ou ótico apresenta o poder de ampliar um objeto. As partes principais de um microscópio

Figura 3.5 [**A**] Uma comparação de tamanhos de microrganismos selecionados. [**B**] Uma tabela de equivalência no sistema métrico para as unidades usadas para expressar dimensões das células microbianas.

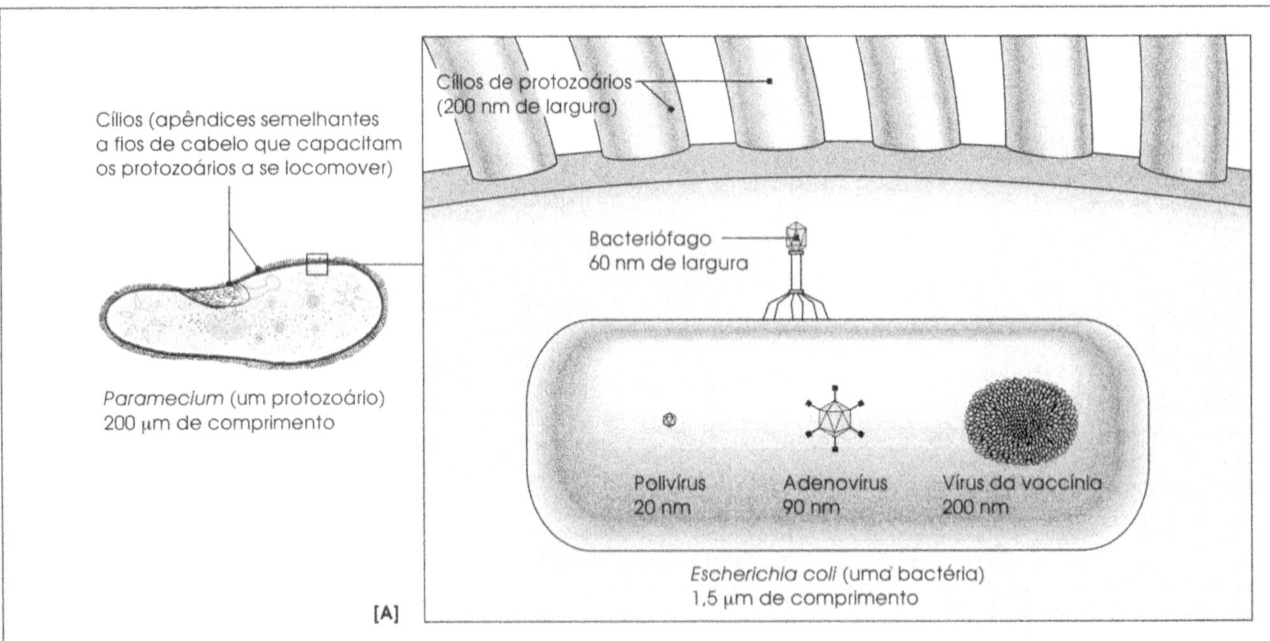

Unidades de comprimento	Metro (m)	Centímetro (cm)	Milímetro (mm)	Micrômetro (mm)	Nanômetro (nm)
Micrômetro (μm)	0,000001 10^{-6}	0,0001 10^{-4}	0,001 10^{-3}	1	1.000 10^{3}
Nanômetro (nm)	0,000000001 10^{-9}	0,0000001 10^{-7}	0,000001 10^{-6}	0,001 10^{-3}	1
Angström (Å)	0,0000000001 10^{-10}	0,00000001 10^{-8}	0,0000001 10^{-7}	0,0001 10^{-4}	0,1 10^{-1}

[B]

Figura 3.6 Um moderno microscópio ótico composto. [**A**] Identificação das partes. [**B**] Corte de um esboço de um microscópio mostrando as partes óticas e o caminho da luz.

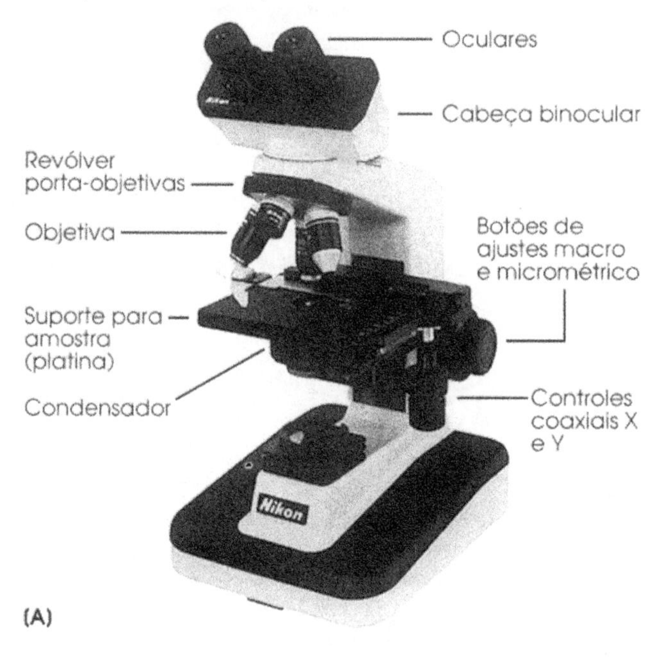

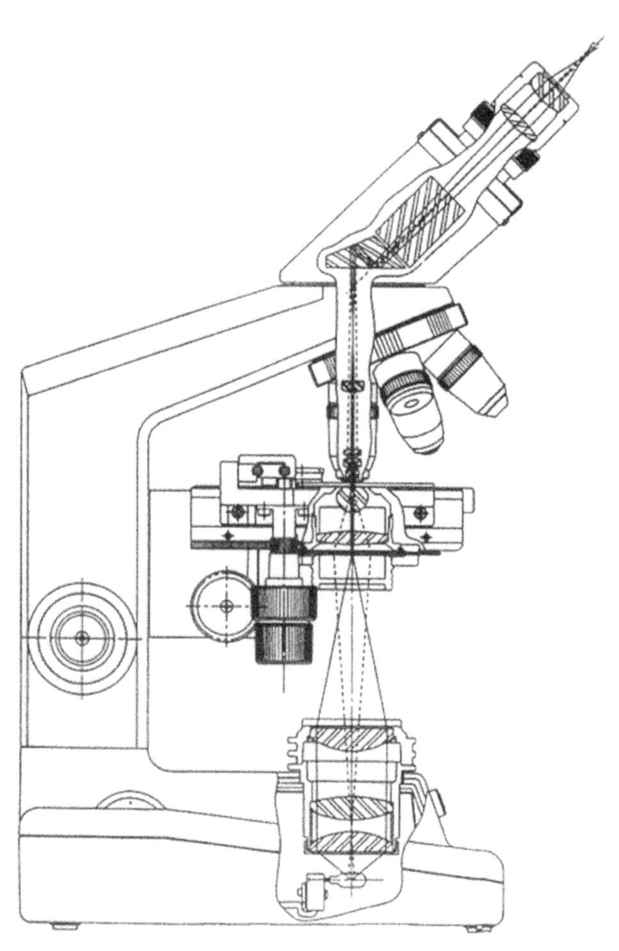

luminoso e o caminho que os raios luminosos seguem para ampliar o objeto são mostrados na Figura 3.6. Os microscópios deste tipo geralmente produzem uma ampliação máxima útil de cerca de 1.000 vezes o tamanho original. O termo *ampliação útil* significa para os microscopistas um nível em que as estruturas ainda são claramente distinguíveis, em vez de estarem embaçadas. Com algumas modificações, incluindo oculares de alta potência, a ampliação máxima de um instrumento pode ser aumentada. Mesmo com estes ajustes, o limite de ampliação útil do microscópio luminoso é de aproximadamente 2.000 vezes.

Como você pode observar na Figura 3.6, existem lentes no *condensador*, na(s) *objetiva(s)* e há a lente *ocular*. As lentes do condensador focalizam a luz no espécime. Alguns dos raios de luz passam diretamente para dentro das lentes objetivas, enquanto outros raios atingem o espécime e são desviados. Estes são conduzidos às lentes objetivas para formar uma imagem do objeto a ser estudado.

Os microscópios comumente empregados em microbiologia são equipados com três objetivas denominadas *de baixo poder, alto poder* e *de imersão* – cada uma com lentes que fornecem diferentes ampliações. Elas são montadas sobre um revólver porta-objetivas que pode ser girado para mover qualquer uma delas em alinhamento com o condensador.

Usando a objetiva de imersão, uma gota de óleo especial é colocada na lâmina da amostra, e a parte inferior da objetiva é emergida no óleo. A imagem é focalizada, mantendo a lente da objetiva em contato com o óleo. O óleo ajuda a manter os raios de luz juntos quando eles passam entre o espécime e as lentes da objetiva (isto é, o índice de refração do vidro e do óleo são os mesmos); isto permite que as lentes formem uma imagem mais detalhada e mais clara, resultando em ampliação máxima possível, com o microscópio. A objetiva do óleo de imersão é comumente usada para o exame de microrganismos, por causa do seu tamanho reduzido.

A imagem formada pelas objetivas é também ampliada pelas lentes oculares. Assim, a combinação do sistema de lentes da objetiva e o sistema de lentes oculares produz a ampliação. A ampliação total obtida com qualquer uma das objetivas é determinada pela multiplicação do poder de ampliação da objetiva pelo poder de ampliação da ocular (geralmente 10 vezes), como mostrado a seguir:

Designação da objetiva	Ampliação da objetiva	Ampliação da ocular	Ampliação total
Baixo poder	10	10	100
Alto poder (a seco)	40	10	400
Imersão	100	10	1.000

Figura 3.7 Um microcópio eletrônico digital de varredura. Observe a coluna do microscópio na esquerda e os monitores na direita.

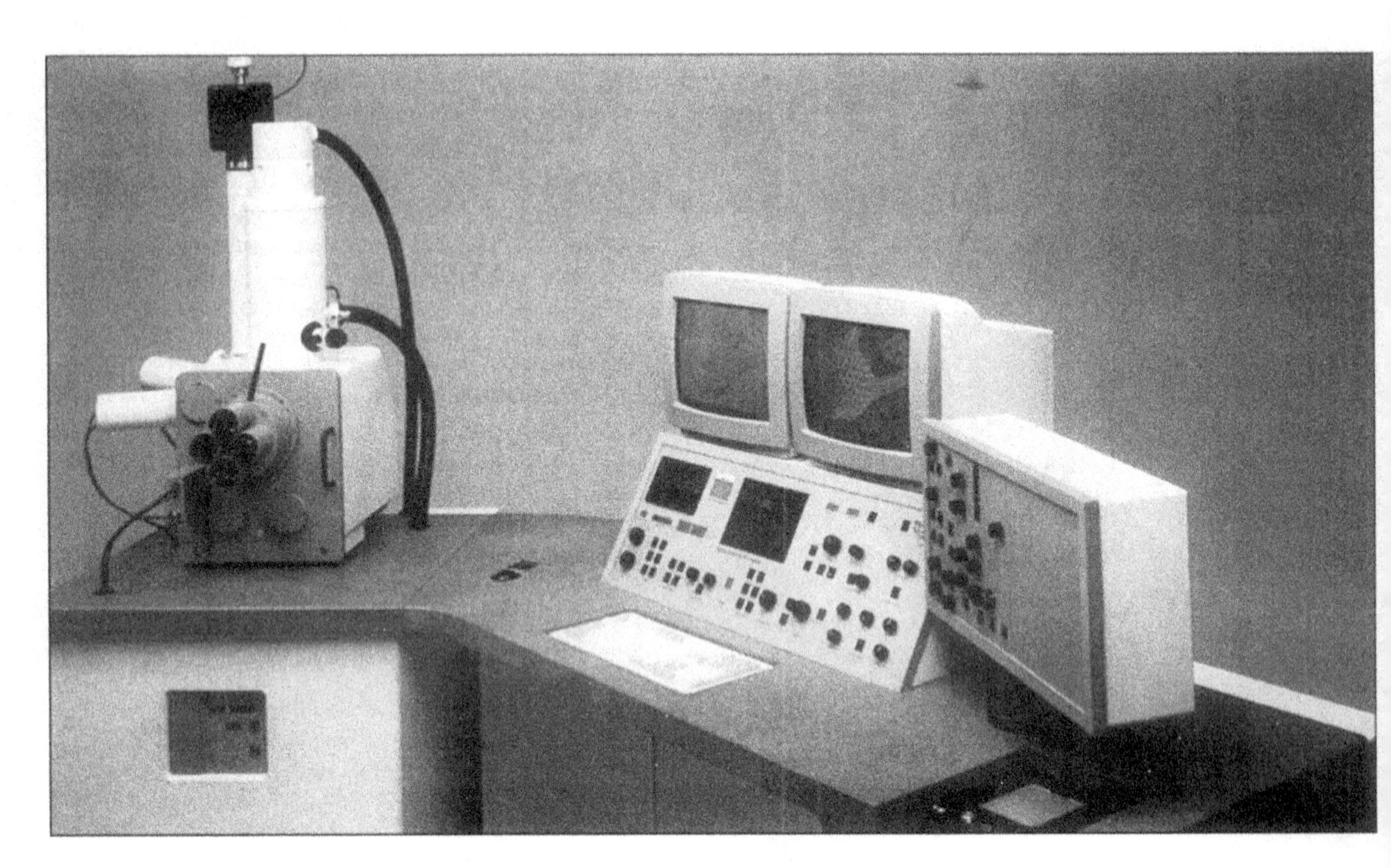

Poder de Resolução. A ampliação útil de um microscópio é limitada pelo seu ***poder de resolução*** ou sua habilidade de distinguir imagens de dois objetos muito próximos, mas separados como entidades distintas. O poder de resolução é função do comprimento de onda da luz e da abertura numérica do sistema de lentes. Alto poder de resolução significa uma melhor visualização de características estruturais específicas das células, como o núcleo e a parede celular. Entretanto, o poder de resolução máximo de um microscópio é fixado pelo comprimento de onda da luz utilizada e pelas propriedades óticas das lentes. Os microscópios luminosos que utilizam a luz visível têm um poder de resolução de aproximadamente 0,25 μm, o que significa que partículas de tamanhos menores não podem ser distinguidas umas das outras. Recentes avanços na tecnologia dos microscópios, tais como microscopia eletrônica, têm melhorado o poder de resolução disponível aos microbiologistas.

O Microscópio Eletrônico

Por causa do seu alto poder de resolução, o microscópio eletrônico permite maiores ampliações do que pode ser obtido com o microscópio luminoso. Isto só é possível por causa do comprimento de onda muito curto dos feixes de elétrons utilizados, em vez da luz. Esses feixes têm comprimento de onda que varia de 0,005 a 0,0003 nm, muito curto quando comparado com os comprimentos de onda da luz visível. Portanto, o poder de resolução é centenas de vezes maior que o do microscópio luminoso. É possível, com o auxílio do microscópio eletrônico, *decifrar* objetos separados a uma distância de 0,003 μm, em comparação com 0,25 μm do microscópio luminoso. Uma imagem pode ser ampliada cerca de 1 milhão de vezes, fotografando-se a imagem e depois ampliando-se a fotografia. Um microscópio eletrônico de alta resolução é mostrado na Figura 3.7. Compare as figuras da *Escherichia coli* obtidas com um microscópio luminoso, um microscópio eletrônico de transmissão e um microscópio eletrônico de varredura (ver Figura 3.11).

Para preparar microrganismos para o exame por meio de um microscópio eletrônico, uma amostra é inicialmente seca em um filme de plástico extremamente fino sustentado por uma grade blindada. O espécime é, então, colocado no instrumento em um ponto entre o condensador magnético e as objetivas magnéticas, que são comparáveis ao condensador e às objetivas do microscópio ótico. Você pode então observar a imagem ampliada em um filme fluorescente ou gravá-la em um filme fotográfico usando uma câmera acoplada.

Responda

1 Como a ampliação máxima útil obtida com um microscópio luminoso é comparada com aquela obtida com o microscópio eletrônico? O que é responsável por esta grande diferença?

2 O que é "poder de resolução" e como ele está relacionado à ampliação máxima útil?

Microscopia

Como um estudante iniciante em microbiologia, você terá um treinamento em microscopia básica que tem sido utilizada durante anos pelos microbiologistas. A ***microscopia*** é o uso de microscópios em todas as suas várias formas. Embora a maioria senão todos os exames sejam realizados com o auxílio da microscopia de campo claro, é possível usar o microscópio luminoso para realizar diferentes funções, como microscopia de campo claro, de campo escuro, de fluorescência e de contraste de fase. Os cientistas continuam a desenvolver e refinar técnicas de microscopia ótica que realizam funções especializadas adicionais, tais como avaliação de como processos bioquímicos ocorrem dentro de uma célula viva.

Além do microscópio luminoso, existem as diferentes aplicações do microscópio eletrônico. Quando foi desenvolvido, esse microscópio mostrou aos cientistas partes das células que estavam escondidas. Existem avanços mais recentes na microscopia, como aquelas que utilizam computadores, outras fontes de iluminação, ou novas técnicas de coloração. As técnicas aprendidas através do tempo, desde Leeuwenhoek, aumentando o conhecimento sobre a química das células, oferecem agora aos microbiologistas uma excitante seleção de métodos microscópicos para estudo dos microrganismos. A Tabela 3.1 resume as características essenciais e aplicações dos diferentes tipos de microscopia.

Microscopia de Campo Claro

A ***microscopia de campo claro*** utiliza uma fonte de luz direta semelhante a uma lâmpada de luz ou à luz do dia, que ilumina todo o campo microscópico da amostra. Como previamente mencionado, os raios de luz que incidem em um objeto no espécime são desviados e então refocalizados pelas lentes objetivas. Uma vez que os microrganismos são transparentes, eles não se destacam muito com este tipo de microscopia. Portanto, os microbiologistas usualmente colorem ou tingem com corantes os microrganismos observados em microscopia de campo claro. A maioria das técnicas de coloração mata os microrganismos, portanto esta abordagem tem algumas limitações.

Microscopia de Campo Escuro

A ***microscopia de campo escuro*** utiliza um microscópio luminoso equipado com uma objetiva e um condensador especial para iluminar os microrganismos em uma amostra, contra um fundo escuro. O que é visto por meio das oculares assemelha-se a um dançarino em um foco de luz sobre um palco, tendo ao fundo uma cortina escura. O condensador de campo escuro direciona os raios de luz dentro do campo microscópico da amostra em tal ângulo que somente os raios que incidem sobre o objeto no campo

Tabela 3.1 Comparação de diferentes tipos de microscópios.

Tipo de microscópio	Ampliação máxima útil	Observação do espécime	Aplicações
Campo claro	1.000 – 2.000	Espécimes corados ou descorados; as bactérias, geralmente coradas, aparecem com a cor do corante	Características morfológicas grosseiras de bactérias, leveduras, bolores, algas e protozoários
Campo escuro	1.000 – 2.000	Geralmente descorados; aparecem brilhantes ou "iluminados" sobre um campo escuro	Microrganismos que exibem algumas características morfológicas especiais quando vivos e em suspensão fluida; por exemplo, os espiroquetas
Fluorescência	1.000 – 2.000	Luminoso e corado; cor do corante fluorescente	Técnicas de diagnóstico em que o corante fluorescente fixado ao organismo revela a sua identidade
Contraste de fase	1.000 – 2.000	Graus variáveis de iluminação	Exame de estruturas celulares em microrganismos maiores e vivos; por exemplo, leveduras, algas, protozoários e algumas bactérias
Eletrônico	200.000 – 400.000	Observado em tela fluorescente	Exame de vírus e das ultra-estruturas das células microbianas

Figura 3.8 [**A**] O feixe de luz solar através da janela de um quarto escuro mostra pontinhos de poeira flutuando no ar. Um princípio similar é usado no microscópio de campo escuro para observar bactérias vivas em uma preparação a fresco. [**B**] Trajeto da luz através de um sistema microscópico de campo escuro. Alguns raios de luz são bloqueados de toda parte inferior do condensador. Aqueles que entram no condensador são refletidos na interface ar-vidro para formar um cone vazio de luz que atinge a amostra. Somente aqueles raios que são refletidos pela amostra podem entrar nas lentes objetivas e atingir o olho do observador. [**C**] Fotomicrografia de campo escuro de uma cultura pura de espiroquetas, *Treponema* sp.

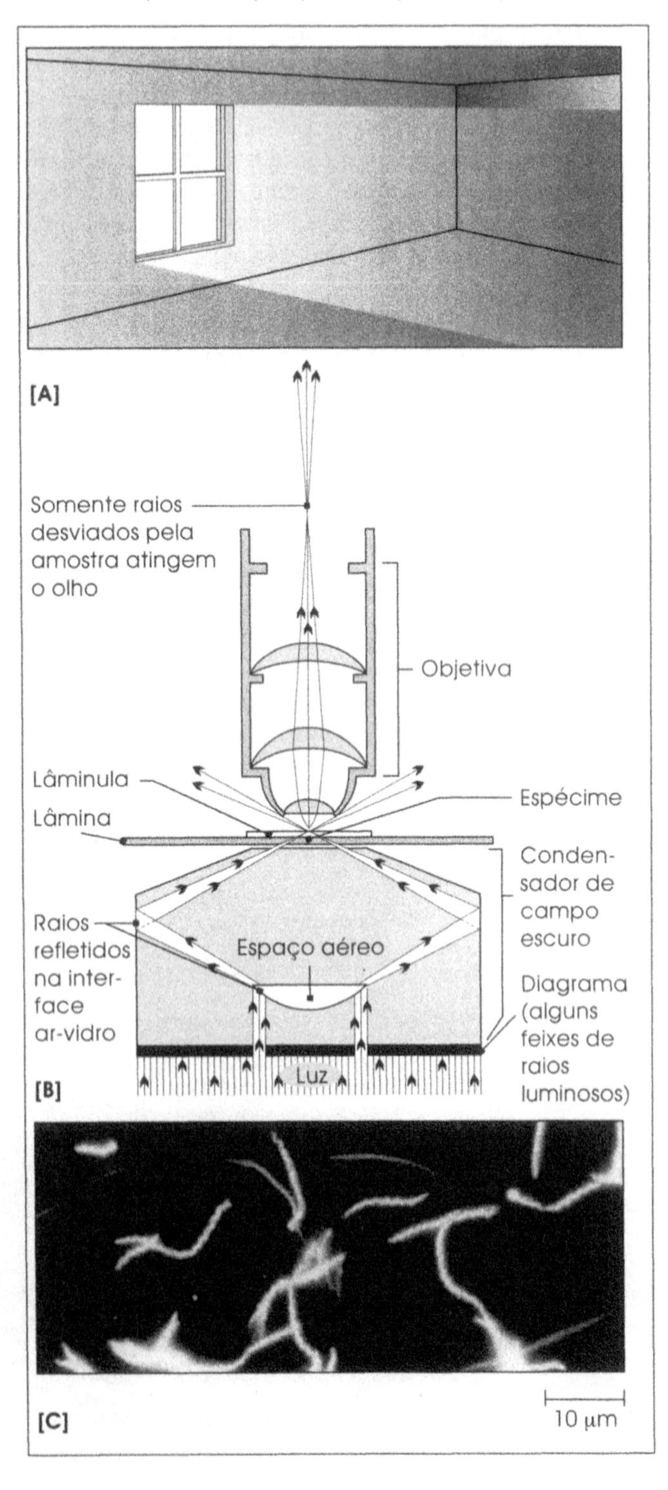

são desviados ou refratados para as objetivas (Figura 3.8). Este método é particularmente valioso para o exame de microrganismos vivos não-corados. Por exemplo, ele é útil para a identificação da bactéria que causa a sífilis, que tem forma e movimento característico, quando viva (Figura 3.8C).

Microscopia de Fluorescência

A ***microscopia de fluorescência*** é a técnica de microscopia ótica utilizada em hospitais e laboratórios clínicos, porque pode ser adaptada a testes rápidos que identificam os microrganismos patogênicos. Um espécime é corado com um corante fluorescente que absorve a energia da luz com comprimentos de onda curtos, como aqueles da luz azul. O corante então libera ou emite luz de um comprimento de onda maior, como da luz verde. Este fenômeno é chamado de *fluorescência* e seu uso tem aumentado nos laboratórios de microbiologia.

Um procedimento laboratorial comum usando este princípio é chamado de técnica do *anticorpo fluorescente*, ou *imunofluorescência*. Um ***anticorpo*** é uma proteína que se desenvolve no sangue após o animal ser exposto de alguma maneira a um corpo estranho, tais como os microrganismos. Os anticorpos surgem após infecções como sarampo e hepatite, por exemplo. Um anticorpo reage ou combina especificamente com o agente que tenha estimulado a sua produção. Para o teste de anticorpo fluorescente, o corante fluorescente é ligado a um anticorpo conhecido que reage especificamente com certos microrganismos. Este complexo anticorpo-corante é misturado com microrganismos desconhecidos e examinados por meio de um microscópio. Se o anticorpo se ligar a quaisquer microrganismos na amostra, estes ficarão fluorescentes e, assim, serão identificados (Figura 3.9). O uso de anticorpos torna a identificação dos microrganismos mais específica e mais rápida do que as técnicas de cultivos.

Figura 3.9 Fluorescência dos corpos elementares da bactéria *Chlamydia*, que aparecem como objetos pequenos, circulares e esverdeados. Os corpos largos e vermelhos são as células epiteliais.

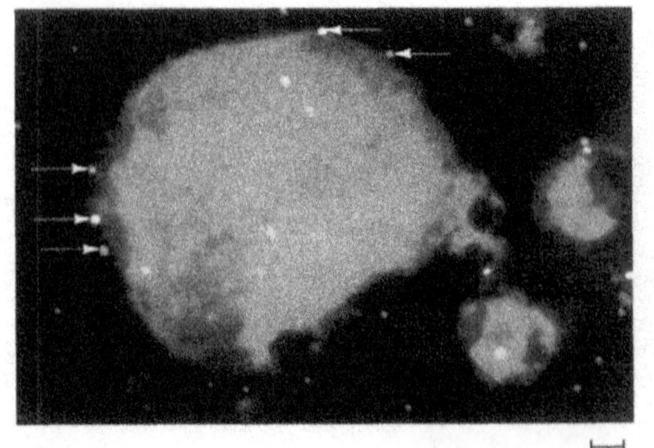

Figura 3.10 A mesma amostra de protozoário visualizada por três métodos de microscopia: [**A**] contraste de fase, [**B**] campo escuro e [**C**] campo claro. Observe as diferenças de imagem das estruturas intracelulares reveladas por cada tipo de microscopia.

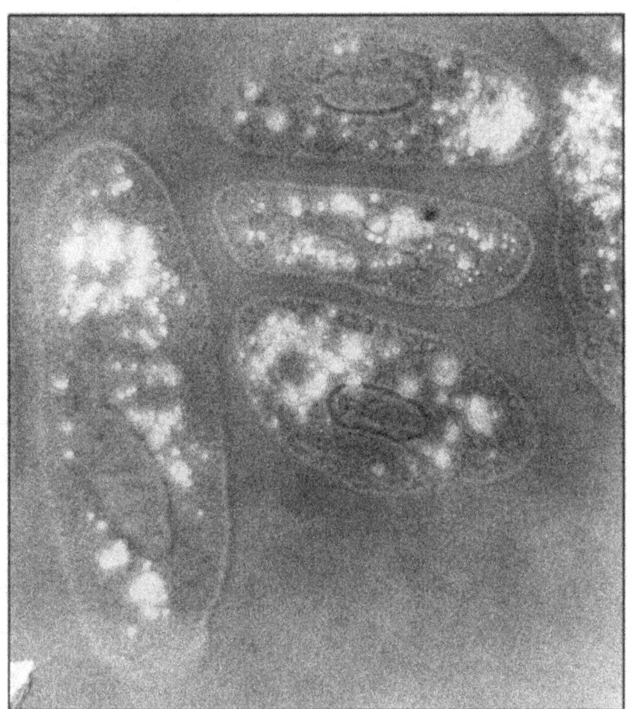

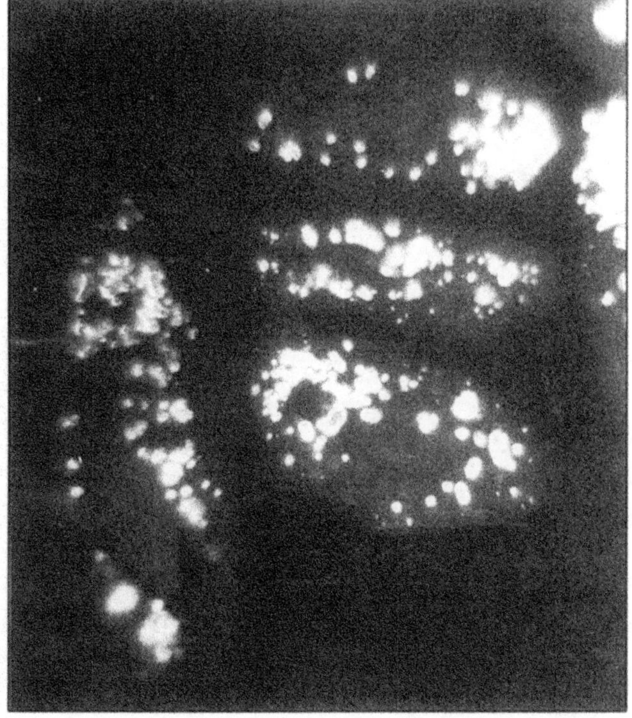

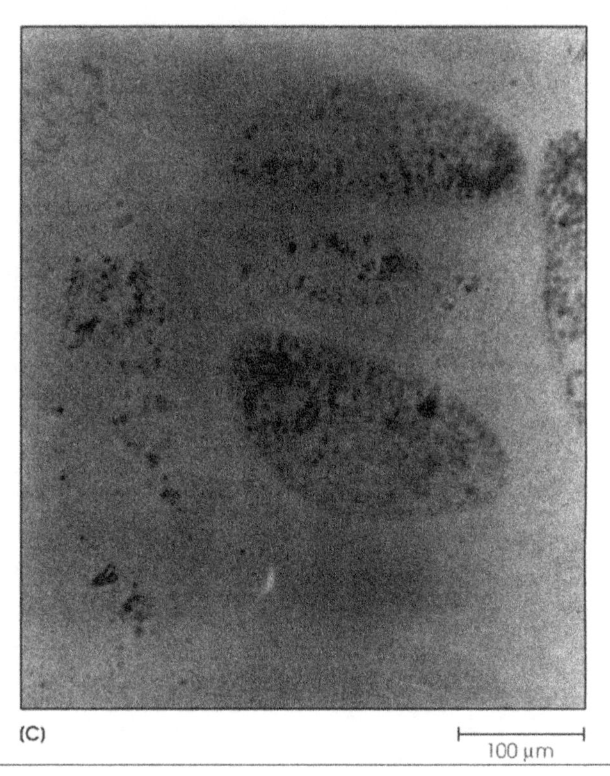

Microscopia de Contraste de Fase

A ***microscopia de contraste de fase*** utiliza um microscópio luminoso modificado que permite maior contraste entre materiais de espessuras ou densidades diferentes. Um condensador especial e a objetiva controlam a iluminação de maneira que essas diferenças sejam acentuadas por causa da incidência da luz através de várias direções em diferentes partes da célula. O resultado é uma imagem com graus variáveis de luminosidade, coletivamente denominados *contraste* (Figura 3.10). Com este método, os materiais mais densos aparecem claros, enquanto partes das células que têm densidade próxima à da água (por exemplo, o citoplasma) aparecem escuras. Uma vantagem desta técnica é a capacidade de mostrar a estrutura celular sem utilizar corantes ou matar o organismo.

Microscopia Eletrônica

Com a habilidade de tornar visíveis os vírus e as estruturas diminutas, a microscopia eletrônica freqüentemente é um dos mais importantes equipamentos em um laboratório de pesquisa moderno (Figura 3.11, caderno em cores). Existem várias técnicas disponíveis para essa microscopia, incluindo métodos de coloração que utilizam metais pesados e substâncias radioativas. O método a ser utilizado depende em parte do tipo de microscópio eletrônico disponível, bem como da finalidade do exame.

As técnicas que utilizam corantes, ou aquelas que cortam os microrganismos em seções finas, são aplicáveis à ***microscopia eletrônica de transmissão*** (***MET***). Nesta técnica, os feixes de elétrons atravessam o espécime e a transmissão destes feixes forma uma imagem como aquelas descritas anteriormente (Figura 3.11B, caderno em cores). Os metais pesados podem ser usados como corantes, fazendo com que algumas partes das células apareçam escuras porque os elétrons não podem atravessá-las. Em uma outra técnica, o microscópio eletrônico pode ser modificado para usar um feixe de elétrons estreito que se move para trás e para frente da superfície dos microrganismos, coberta com um filme fino de metal. Os padrões de elétrons são detectados por um dispositivo similar a uma câmera de televisão. A ***microscopia eletrônica de varredura*** (***MEV***) fornece uma visão tridimensional da superfície celular (Figura 3.11C, caderno em cores). Estas imagens fornecem aos cientistas uma idéia sobre certos aspectos físicos dos microrganismos, tais como a aderência das células bacterianas aos objetos.

Novas Técnicas de Microscopia e Microscópios

Desde o desenvolvimento da microscopia eletrônica, os cientistas têm impulsionado a microscopia aos limites da tecnologia conhecida. Eles têm utilizado os computadores, a eletrônica e a química para melhorar a imagem observada e para compreender a atividade celular em nível molecular. A seguir, veremos uma breve descrição de algumas das mais recentes inovações; entretanto, novas descobertas estão sendo relatadas com considerável freqüência. Embora algumas destas tecnologias estejam em uso corrente, inicialmente em células eucarióticas, aplicações adicionais incluirão o estudo de procariotos.

Dois dos novos métodos de microscopia luminosa têm adicionado câmeras e computadores a suas lentes e fontes de luz. A *microscopia de contraste acentuada por vídeo* mostra mais detalhes do que a microscopia luminosa rotineira, porque múltiplas imagens são capturadas em videotapes. Um computador, então, melhora o contraste por combinar aquelas imagens e subtrair a "informação" não-essencial também presente no espécime. A *microscopia "low-light dose"* usa corantes marcadores fracamente fluorescentes que se ligam a uma parte específica da célula e um computador que acentua os sinais fluorescentes gerados quando processos bioquímicos acontecem na célula. Por exemplo, se uma substância química usada como marcador fluoresce de forma variada em diferentes valores de pH, os pesquisadores podem detectar atividade metabólica alterando o pH no interior das células.

Um método denominado *microscopia imunoeletrônica* emprega algumas das tecnologias utilizadas nas técnicas dos anticorpos fluorescentes (Figura 3.12). Os anticorpos ligados às partículas de ouro são misturados com as células; ao se ligarem à superfície celular ou a outros anticorpos já fixados às células, estas partículas de ouro aparecem como pontos negros dentro ou sobre as células quando vistas por meio de um microscópio eletrônico. Com a escolha de anticorpos específicos, os investi-

Figura 3.12 Marcação imune com ouro de microsferas de 0,5 μm cobertas com enterotoxina estafilocócica [**A,B,C**] ou uma célula lisada pelo vírus herpes simples [**D,E,F**]. [**A,B**] e [**C**] mostram esferas cobertas com enterotoxina estafilocócica – antígeno B, incubadas com soro pré-imune de coelho normal [**A**] e com anti-soro de coelho antienteritoxina estafilocócica [**B, C**]. [**C**] é um espessamento de uma das esferas imunomarcadas com ouro mostradas em [**B**]. [**D, E**] e [**F**] mostram microsferas cobertas com antígeno de herpes simples e incubadas com soro pré-imune de coelho normal [**D**] ou anti-soro de coelho antiantígeno do vírus herpes simples [**E, F**]. [**F**] é um espessamento de uma esfera de [**E**]. Em todos os casos, as esferas expostas ao soro primário de coelho foram subseqüentemente tratadas com ouro sensibilizado com anti-soro de cabra anti-anticorpos de coelho para marcação imune.

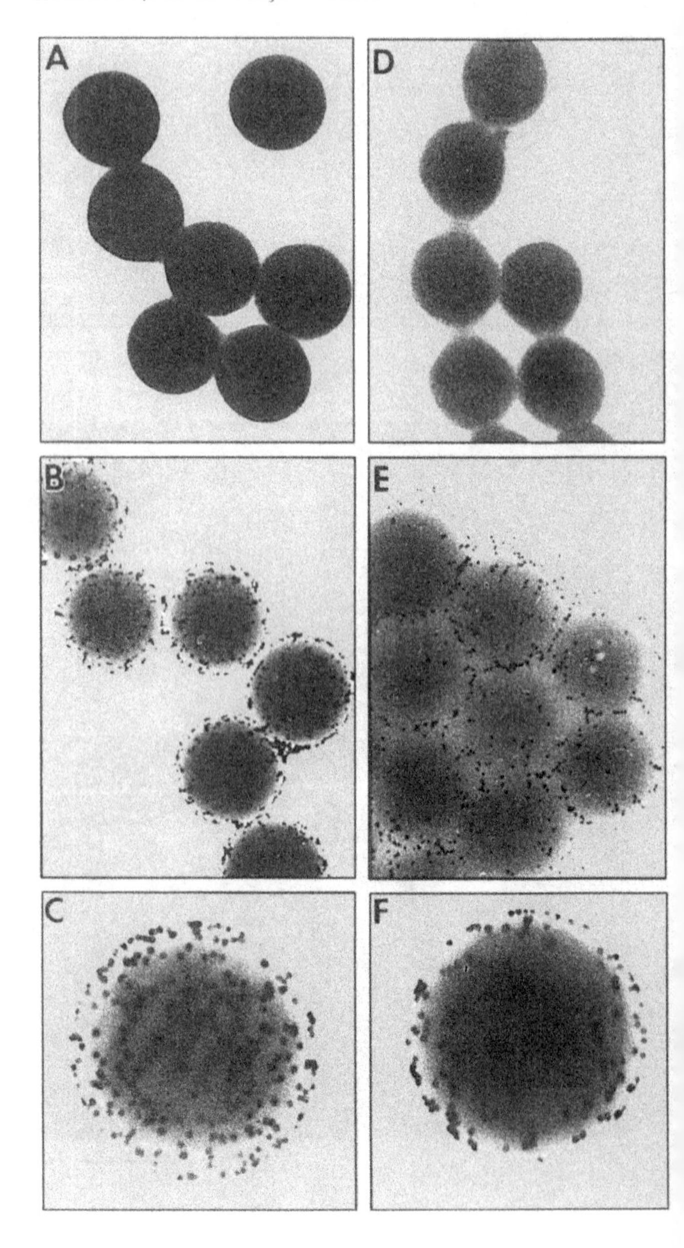

gadores podem detectar quais estruturas internas dos microrganismos estão produzindo certas substâncias químicas. Isto é possível porque anticorpos específicos podem ligar-se a estruturas celulares específicas ou produtos celulares específicos, tais como certas enzimas. A técnica pode também distinguir tipos patogênicos de um microrganismo particular daqueles tipos menos propensos a causar doenças. Por exemplo, alguns tipos de *Candida albicans* estão mais freqüentemente associados com doenças do que outros, e a microscopia imunoeletrônica pode diferenciar entre os dois grupos de leveduras com base nas substâncias químicas que elas produzem.

A *microscopia de tunelamento* também utiliza os elétrons em vez da luz; mas eles são usados de maneira diferente daqueles da MET e MEV. Uma forma extremamente afilada rastreia a superfície a ser analisada, semelhante a uma agulha fonográfica sobre um disco. Os elétrons movem-se entre a superfície e a agulha, e os pesquisadores obtêm uma imagem por meio da medida de corrente necessária para manter a agulha em uma altura constante acima do espécime. Em vez de dar uma imagem total do microrganismo ou outros materiais, esta tecnologia localiza átomos individuais sobre as superfícies. Relacionada a essa microscopia está a ***microscopia de força atômica***, que aplica a força entre a agulha e a superfície.

Algumas das últimas técnicas de microscopia não utilizam elétrons ou comprimentos de ondas da luz. Em 1988, os cientistas publicaram a primeira imagem de uma *microscopia de transmissão positrônica*. Ainda em fase experimental, esta microscopia utiliza um feixe de pósitrons (partículas atômicas emitidas por alguns materiais radioativos) em vez de elétrons para criar uma imagem. Também em 1988, os pesquisadores inventaram um microscópio que mostra ao observador os objetos em movimento enquanto bloqueia a imagem dos objetos estacionados – uma técnica útil para localizar microrganismos móveis, como os protozoários, entre os microrganismos imóveis e debris. O microscópio utiliza o laser para produzir hologramas de objetos em movimento, com cada holograma sucessivo criando um "rastro" quando ele é registrado.

Da mesma forma que o conhecimento da microbiologia tem sido aplicado à medicina, as técnicas agora comuns na medicina estão sendo adaptadas à microbiologia. Agora os microbiologistas realizam "microcirurgias" nas células, usando microscópios equipados com microinstrumentos para manipular células simples (Figura 3.13).

Técnicas de imagem usadas em hospitais e clínicas médicas que reproduzem órgãos internos estão sendo transformadas em instrumentos microscópicos. A *microtomografia de raios X* utiliza os raios X para produzir imagens tridimensionais de objetos que apresentam dimensões de alguns micrômetros. Contudo, a concentração de raios X necessária mata os organismos vivos e, portanto, estas técnicas apresentam limitações. Uma outra técnica que pode ser mais promissora é baseada no princípio da ressonância magnética, na qual o campo magnético força os elétrons a mudar de posição nos tecidos vivos. Quando eles retornam a sua localização original, os computadores ajudam a criar imagens baseadas nos padrões de energia que eles liberam.

Figura 3.13 Um micromanipulador que permite ao microbiologista realizar "microcirurgia" nas células ou selecionar (isolar) células individuais. Os anexos fixados ao microscópio fornecem dados das dimensões microscópicas que permitem a manipulação de células individuais.

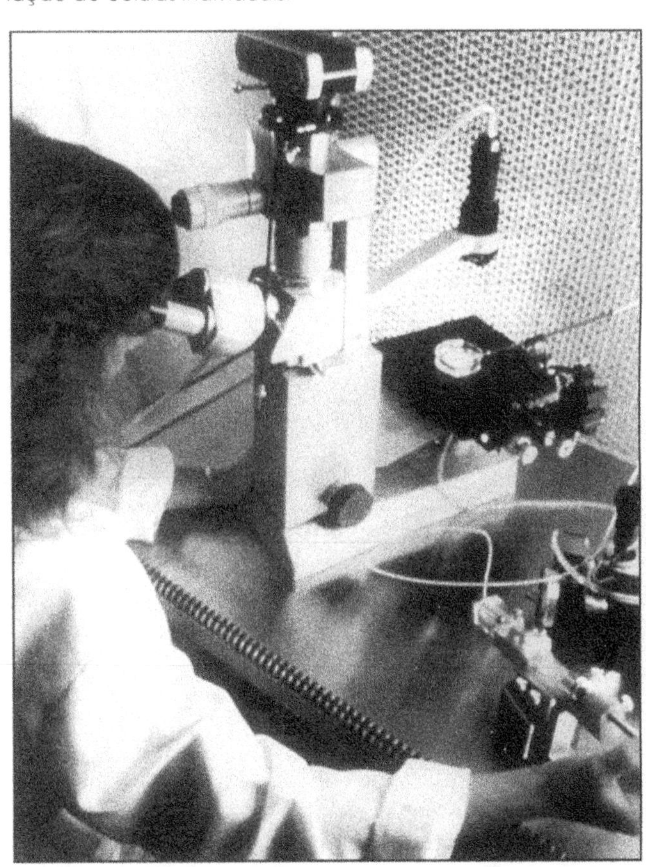

Responda

1. Quais são os diferentes tipos de exames microscópicos que podem ser realizados com o microscópio luminoso? Qual é a vantagem de cada método?
2. Qual é a principal diferença entre a imagem produzida pela microscopia eletrônica de transmissão (MET) e a microscopia eletrônica de varredura (MEV) quando uma amostra de microrganismo é examinada?
3. Quais são alguns dos novos tipos de microscopia que foram recentemente introduzidos?

Tabela 3.2 Resumo de preparações para exame em microscopia luminosa.
Obs.: Ilustração de lâminas enumeradas no caderno em cores

Técnica	Preparação	Aplicação*
Entre lâmina e lamínula e gota pendente	Gota de fluido contendo os organismos em uma lâmina de vidro ou lamínula	Estudo de morfologia, estruturas celulares internas, motilidade ou variações celulares
Colorações	Suspensão de células anexadas à lâmina como um filme, usualmente pelo calor	Várias técnicas de colorações
Coloração simples	Esfregaço corado com uma solução de corante simples	Mostra tamanho, forma e arranjo das células
Coloração diferencial	Dois ou mais reagentes são utilizados no processo de coloração	Diferença observável entre as células ou partes das células
Gram (**1** e **2**)	Corante principal (cristal violeta) é aplicado ao esfregaço e então tratado com reagentes e contracorado com safranina	Caracteriza as bactérias em um dos dois grupos: 1. Gram-positivo – violeta 2. Gram-negativo – vermelho
Álcool-ácido resistência (**3**)	O esfregaço é corado com carbolfucsina, descorado e contracorado com azul de metileno	Bactérias álcool-ácido (por exemplo, as micobactérias) são separadas daquelas que não são
Giemsa (**4**)	Coloração aplicada a esfregaço sanguíneo ou esfregaços de outros espécimes	Observação de protozoários em esfregaços sanguíneos; riquétsias (pequenas bactérias parasitas) em certas células do hospedeiro; material nuclear em bactérias
Endósporo (**5**)	Corante primário (verde malaquita) aplicado com aquecimento para penetrar nos esporos; as células vegetativas são contracoradas com safranina	Endósporos podem ser vistos em espécies de *Bacillus* e *Clostridium*
Cápsula (**6**)	Coloração do esfregaço seguida de tratamento com sulfato de cobre	As cápsulas podem ser observadas como uma zona clara ao redor das células de microrganismos capsulados
Flagelo (**7**)	O mordente aumenta a espessura do flagelo antes da coloração	Observar flagelos bacterianos
Coloração negativa (**8**)	O espécime é misturado com tinta-da-Índia e espalhado como um esfregaço fino	Estudo da morfologia; a técnica e os reagentes são muito suaves em seu efeito sobre o microrganismo; a técnica recebe a denominação de coloração negativa porque o microrganismo não é corado e se torna visível porque o meio circundante fica escuro

*As estruturas bacterianas aqui referidas são descritas no Capítulo 4.

Preparo dos Microrganismos para Microscopia Luminosa

Existem dois métodos gerais utilizados para preparar espécimes microbiológicos para observação por meio do microscópio luminoso. Um utiliza uma suspensão de microrganismos vivos em uma gota ou uma camada líquida. No outro método a camada fina do espécime é seca e corada, assim os microrganismos ficam fixados à superfície e apresentam-se corados para facilitar a visualização. As diferentes técnicas de ambos os tipos estão resumidas na Tabela 3.2.

Técnicas entre Lâmina e Lamínula e Gota Pendente

Os microbiologistas utilizam a ***gota pendente*** e ***preparações entre lâmina e lamínula*** para examinar organismos vivos em microscopia de campo claro, campo escuro ou de contraste de fase. As preparações entre lâmina e lamínula são realizadas colocando-se uma gota de fluido contendo os organismos em uma lâmina de vidro que depois é coberta com uma *lamínula*. Para reduzir a velocidade de evaporação e excluir o ar corrente, as bordas da lamínula podem ser seladas com vaselina ou material similar. Lâminas especiais com uma área côncava central estão disponíveis para as preparações em gota pendente (Figura 3.14). As preparações a fresco são especialmente úteis quando a estrutura de um microrganismo pode ser distorcida pelo calor ou agentes químicos, ou quando o microrganismo não se cora facilmente. Elas também são os métodos de escolha quando alguns processos, como motilidade ou ingestão de alimentos particulados, estão sendo observados.

Técnicas de Coloração

Os compostos orgânicos coloridos ou corantes usados para corar os microrganismos podem preencher uma paleta de artista, e mais ainda. Existem corantes que se ligam somente a compostos químicos específicos nas células, corantes que apresentam fluorescência, corantes que mudam de cor na presença de reações químicas e corantes que atuam em conjunto para produzir uma imagem. Os microbiologistas usam técnicas de coloração para *mostrar as várias estruturas dos microrganismos, para identificar suas estruturas internas e para ajudar a identificar e separar microrganismos similares.*

As principais etapas do preparo de um espécime microbiano corado para exame microscópico são:

1. Confeccionar um ***esfregaço,*** ou uma camada fina do espécime sobre uma lâmina de vidro.

Figura 3.14 Ilustração esquemática da preparação de uma gota pendente.

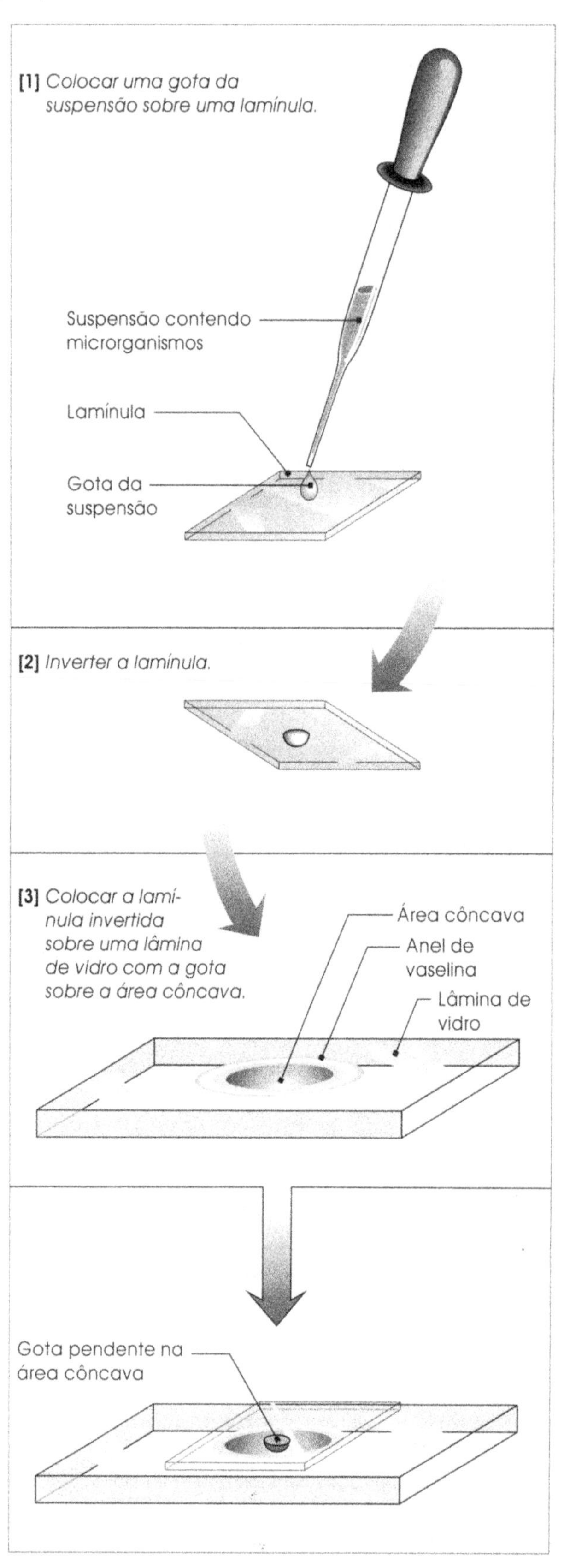

2. Fixar o esfregaço seco à lâmina, usualmente com o calor, para fazer aderir o microrganismo à lâmina.

3. Coloração com um ou mais corantes.

Coloração Simples. A coloração de bactérias ou outros microrganismos com uma única solução de corante é denominada ***coloração simples***. O esfregaço fixado é coberto com a solução de corante por um determinado período de tempo, e então é enxaguado com água e seco. As células usualmente coram-se uniformemente com esta técnica. Algumas estruturas celulares internas podem também ser tingidas com um único corante – por exemplo, o azul de metileno é usado para detectar grânulos metacromáticos em *Corynebacterium diphtheriae*, e o iodo é usado para corar grânulos de glicogênio.

Coloração Diferencial. Diferenças entre as células microbianas ou partes das células podem ser vistas com técnicas de ***coloração diferencial***. Elas envolvem mais de uma solução corante: os corantes podem ser adicionados, um após o outro. Um exemplo de coloração diferencial é a coloração de álcool-ácido resistência para a bactéria que causa a tuberculose. Os compostos lipídicos da parede celular tornam difícil a detecção deste microrganismo com coloração simples e, assim, medidas especiais devem ser realizadas para forçar a entrada do corante nas células bacterianas. Tal coloração também distingue esta bactéria patogênica, por meio da cor (vermelho, pelo corante principal), de outras bactérias (azul, pelo corante de fundo) encontradas em amostras como saliva e escarro.

Coloração de Gram. Uma das mais importantes e amplamente utilizadas técnicas de coloração diferencial para bactérias é a ***coloração de Gram***. A técnica foi inicialmente descrita em 1884 por Christian Gram, na Dinamarca. Ele desenvolveu esta técnica enquanto pesquisava uma maneira para mostrar a bactéria pneumococo em tecido pulmonar de pacientes que morreram de pneumonia.

Neste processo, o esfregaço bacteriano é tratado com os reagentes na seguinte ordem: o corante púrpura *cristal violeta*, a *solução de iodo* (um mordente, que é a substância que fixa o corante no interior da célula), o *álcool* (agente descorante que remove o corante de certas bactérias) e o corante vermelho, *safranina*.

As bactérias coradas pelo método de Gram são classificadas em dois grupos: as bactérias ***Gram-positivas***, que retêm o corante cristal violeta e aparecem coradas em violeta-escuro; e as bactérias ***Gram-negativas***, que perdem o cristal violeta quando tratadas com álcool. As bactérias Gram-negativas são coradas com o corante safranina e aparecem coradas em vermelho. As etapas do procedimento, bem como a imagem das células em cada estágio, estão resumidas na Figura 3.15 (caderno em cores).

Por que algumas bactérias se coram em violeta e outras se coram em vermelho? A resposta parece estar relacionada a diferenças na espessura e estrutura de suas paredes celulares. As razões para esta reação de coloração serão discutidas em capítulos posteriores, após você ter tido oportunidade de aprender mais sobre a estrutura e a composição química das células bacterianas. Mas, independente do mecanismo envolvido, a coloração de Gram é particularmente valiosa em diagnósticos laboratoriais de hospitais.

Por exemplo, bactérias esféricas Gram-negativas encontradas em uma amostra de fluido espinal fortemente sugerem meningite meningocócica. Células esféricas Gram-positivas, arranjadas em cadeias curtas em um esfregaço sanguíneo, indicariam uma infecção por estreptococos. Tal informação, útil para selecionar um antibiótico (ou outro tratamento) para o paciente, está disponível antes da identificação do microrganismo em uma cultura.

Outros procedimentos são disponíveis para corar estruturas celulares específicas, tais como flagelos e cápsulas (Tabela 3.2).

Responda

1 Qual é a finalidade de corar microrganismos antes do exame microscópico?

2 Citar várias técnicas de coloração diferencial.

3 Qual é a função do álcool como um reagente na técnica da coloração de Gram?

Informações Utilizadas para Caracterizar os Microrganismos

As técnicas laboratoriais para caracterizar os microrganismos variam desde uma microscopia relativamente simples à análise de material genético encontrado na célula. As principais categorias de informações disponíveis em laboratório são descritas brevemente nesta seção: cada uma será discutida em maiores detalhes nos capítulos subseqüentes. Um exemplo do tipo de informação utilizada para caracterizar espécies bacterianas é mostrado na Tabela 3.3. Diferentes coleções de dados são usadas para caracterizar espécies diferentes.

Características Morfológicas

Tamanho, forma e arranjo das células podem ser determinados por meio de vários tipos de microscópios e com diferentes métodos de coloração; tanto estruturas celulares internas quanto a célula inteira podem ser estudadas.

Características Nutricionais e Culturais

O conhecimento sobre as necessidades nutricionais dos microrganismos e as condições físicas necessárias para o seu crescimento ajudam a identificá-los e a agrupá-los em grupos taxonômicos. Alguns são capazes de se desenvolverem em compostos químicos muito simples, enquanto outros requerem um sortimento elaborado de nutrientes. Condições físicas como temperatura, luminosidade e atmosfera também são importantes para sustentar a vida dos microrganismos. Por exemplo, os microrganismos do corpo humano crescem a 35° C e os do oceano a temperaturas entre 4 e 20°C.

Características Metabólicas

Os microrganismos realizam uma grande variedade de reações químicas. Algumas resultam na conversão de nutrientes para as substâncias celulares, em que compostos químicos relativamente simples tornam-se moléculas complexas grandes. Outras reações quebram as macromoléculas em moléculas pequenas. O total dessas reações bioquímicas é conhecido como ***metabolismo*** do microrganismo. Existem vários testes laboratoriais que podem determinar a atividade metabólica de um organismo. Um registro das reações realizadas por uma espécie microbiana é útil e muitas vezes essencial para sua identificação, como mostrado na Tabela 3.3.

Características Antigênicas

Um ***antígeno*** é uma substância que estimula a produção de anticorpos quando injetado em um animal. Uma célula microbiana apresenta muitas estruturas físicas em sua superfície que podem agir como antígeno e induzir, desta forma, a produção de anticorpos. Os anticorpos produzidos em animais de laboratório podem ser usados para detectar a presença de antígenos únicos em culturas bacterianas e são usados para caracterizar os microrganismos.

Características Patogênicas

Alguns microrganismos causam doença e são chamados de ***patogênicos;*** aqueles que não causam são não-patogênicos. O organismo infectado (plantas, animais ou micróbios) é referido como ***hospedeiro.*** Quando um microrganismo está sendo caracterizado, é importante determinar se é ou não um patógeno.

Tabela 3.3 Características gerais de duas espécies de bactérias – *Pseudomonas diminuta* e *Pseudomonas vesicularis.*

Características	*P. diminuta*	*P. vesicularis*
Diâmetro da célula (μm)	0,5	0,5
Comprimento da célula (μm)	1,0 – 4,0	1,0 – 4,0
Número de flagelos	1	1
Comprimento do flagelo (μm)	0,6 – 1,0	0,6 – 1,0
Produção de pigmentos solúveis	–	–
Pigmentos celulares amarelos ou alaranjados	–	+
Requerimento para fatores de crescimento orgânicos	+[a]	+[b]
Crescimento autotrófico com H_2	–	–
Reação de oxidase	+	W[c]
Nitrato usado como fonte de nitrogênio	–	–
Reserva de poli-β-hidroxibutirato	+	+
Reserva de glicose	–	+
Liquefação da gelatina	–	–
Lecitinase (gema do ovo)	–	–
Lipase (hidrólise de Tween 80)	–	–
Hidrólise de poli-β-hidroxibutirato extracelular	–	–
Hidrólise de amido	–	–
Desnitrificação	–	–
Redução de nitrato a nitrito	+/–	–
Crescimento a 4°C	–	–
Crescimento a 41°C	+/–	–
Mol% de G + C do DNA	66,3 – 67,3	65,8

a. Requerem pantotenato, biotina e cianocobalamina.
b. Requerem pantotenato, biotina, cianocobalamina e cistina ou metionina.
c. Reação fraca

Fonte: N. R. Krieg e J. G. Holt, eds., *Bergey's Manual of Systematic Bacteriology*, vol. 1, Baltimore, Williams & Wilkins, 1984.

Características Genéticas

A maioria dos microbiologistas conta atualmente com técnicas que permitem realizar análises genéticas para classificar ou identificar os microrganismos ou compreender a sua atividade. Muitos dos trabalhos correntes para desenvolver vacinas contra a AIDS dependem deste tipo de informação. Novos métodos analíticos na biologia molecular têm tornado os estudos genéticos das bactérias mais simples e mais práticos. A ***sonda de DNA*** é um exemplo de procedimento genético rápido e amplamente utilizado. Uma fita de DNA de uma espécie conhecida é misturada com uma fita de uma espécie desconhecida. Se os microrganismos são da mesma espécie, as duas fitas se combinarão, ou se ligarão. Esta combinação aparece como uma fita dupla de DNA com um marcador ligado (Figura 3.16). Esta tecnologia está sendo empacotada em *kits* e comercializada para fins de pesquisa e diagnóstico. Um exemplo do que agora está no mercado é um *kit* para detectar *Salmonella* sp. que causa intoxicação alimentar.

Responda

1 Quais são as principais categorias de características utilizadas para descrever e identificar os microrganismos?

2 O que é a sonda de DNA e como ela é utilizada?

Tecnologia Automatizada

Testes automatizados em laboratório têm-se tornado necessários quando os microbiologistas tentam responder a uma grande demanda de questões rápidas. Existem números crescentes de espécimes em estudo, mais pressão para obter resultados rápidos e uma quantidade crescente de dados disponíveis que devem ser analisados para identificar um microrganismo ou sua ação. O tamanho de um microrganismo, por exemplo, pode ser determinado não somente pela observação ao microscópio, mas também pela sedimentação em uma centrífuga ou passagem por um feixe de laser usado para medir comprimento.

A contagem de células pode ser determinada mediante a absorção de feixes luminosos pelas culturas líquidas, para medir turbidez e, portanto, o número de células. Os cientistas podem rapidamente separar e identificar espécies por meio da adição de certos compostos químicos às culturas microbianas e então usar programas de computadores para coletar dados sobre a reação metabólica resultante. Uma dessas técnicas desenvolvidas para identificação rápida de microrganismos é mostrada na Figura 3.17. Neste procedimento, um microrganismo é caracterizado com base em sua habilidade de utilizar 96 diferentes fontes de carbono. Em cada etapa, quando uma fonte de carbono é utilizada, a cor do fluido na cavidade da

Figura 3.16 Ilustração esquemática do princípio da técnica da sonda de DNA para identificação de bactérias.

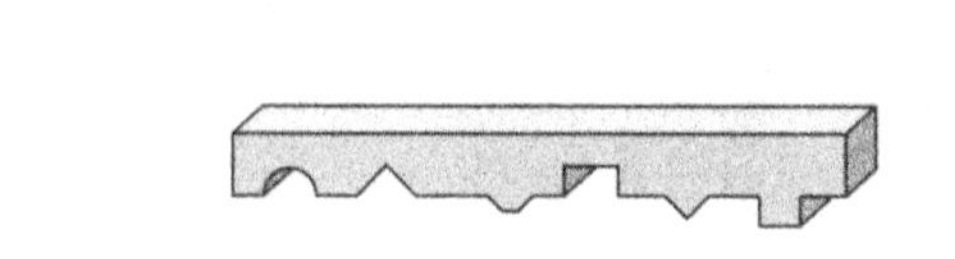

Uma fita de DNA é isolada de uma espécie "conhecida" de bactéria. Se a seqüência nucleotídica desta fita de DNA é exclusiva da espécie, a fita pode ser usada como uma sonda de DNA.

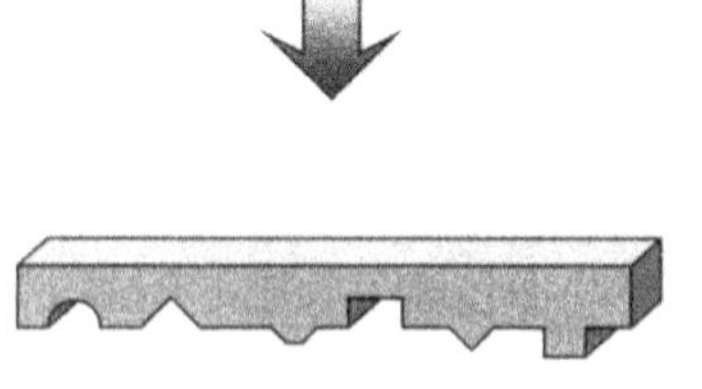

A fita de DNA é marcada com um elemento radioativo ou outra substância que pode ser prontamente detectada.

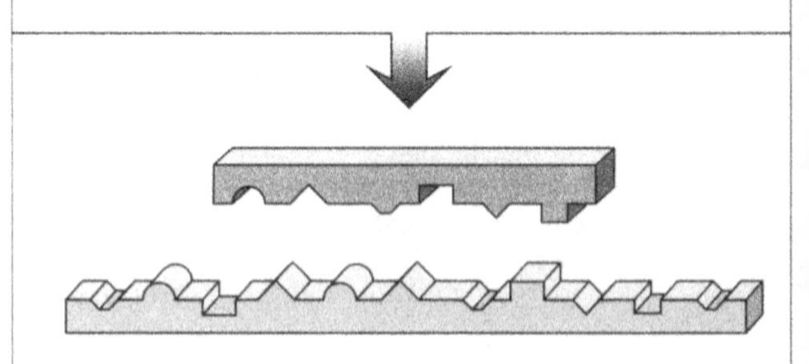

A sonda é misturada com uma fita de DNA que foi isolada de uma bactéria desconhecida sob condições específicas.

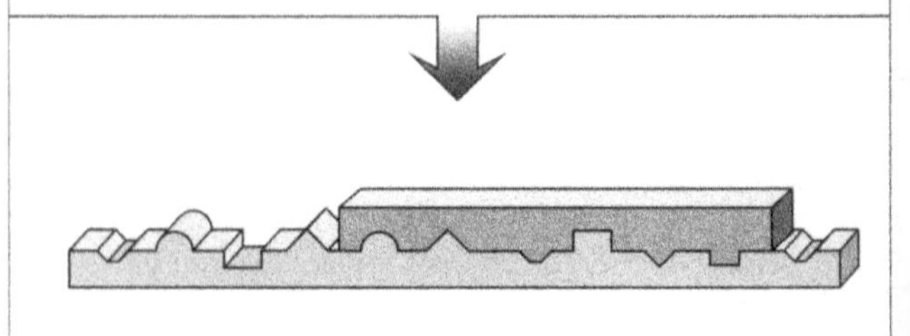

Se a sonda de DNA e a fita se combinam para formar um dúplex (DNA fita dupla), a bactéria desconhecida é da mesma espécie da qual a sonda foi isolada.

microplaca torna-se púrpura. Após incubação, a leitura da microplaca é feita automaticamente e, para a identificação, o perfil resultante é comparado com aquele de espécies conhecidas. Um outro tipo de sistema laboratorial automatizado é usado para testar um grande número de bactérias em relação a sua susceptibilidade aos antibióticos. Ele emprega procedimentos similares para ajudar a identificar as espécies que estão sendo analisadas. Este sistema pode inocular automaticamente e simultaneamente 240 cavidades em uma microplaca de um *kit*.

As técnicas laboratoriais discutidas neste capítulo, automatizadas ou convencionais, são aspectos essenciais da microbiologia. A identificação de diferentes microrganismos não é meramente uma matéria de curiosidade científica. O diagnóstico e o tratamento da doença, a produção de vinhos e derivados do leite e o tratamento de esgoto são apenas alguns exemplos diários em que alguns microrganismos são desejáveis e outros não. Conhecer qual microrganismo está presente é a primeira etapa na análise microbiológica.

Responda

1 Por que a tecnologia automatizada é um desenvolvimento importante para os testes microbiológicos?

2 Descrever uma técnica microbiológica automatizada.

Figura 3.17 Tecnologia automatizada e equipamento para identificação rápida de microrganismos. [**A**] Visão esquemática do procedimento. [**B**] O aspecto de uma microplaca após inoculação e incubação. [**C**] O equipamento.

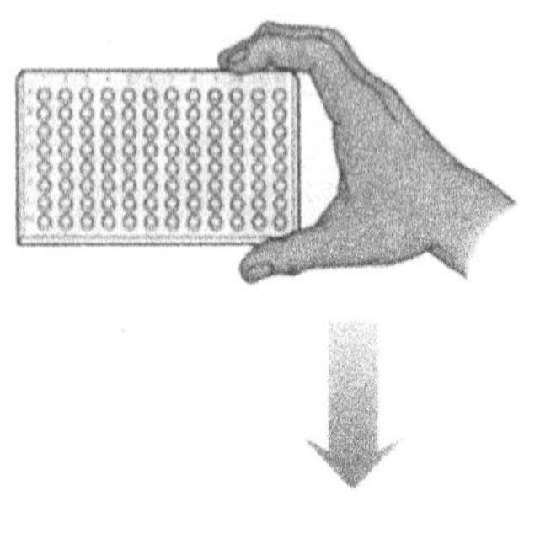

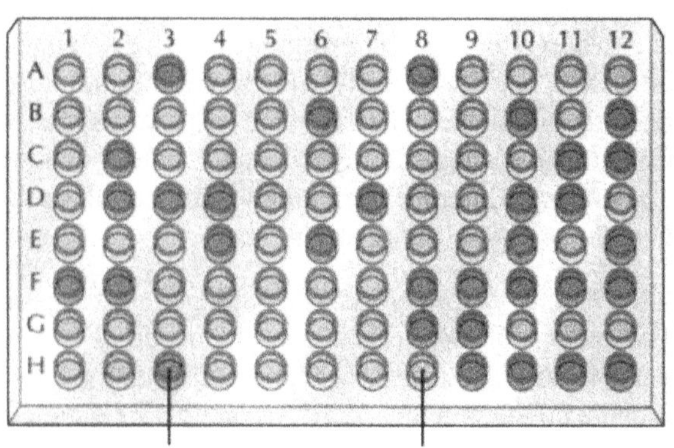

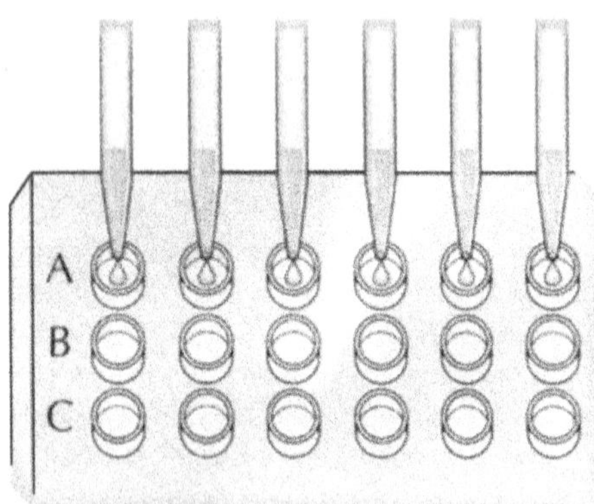

(A)

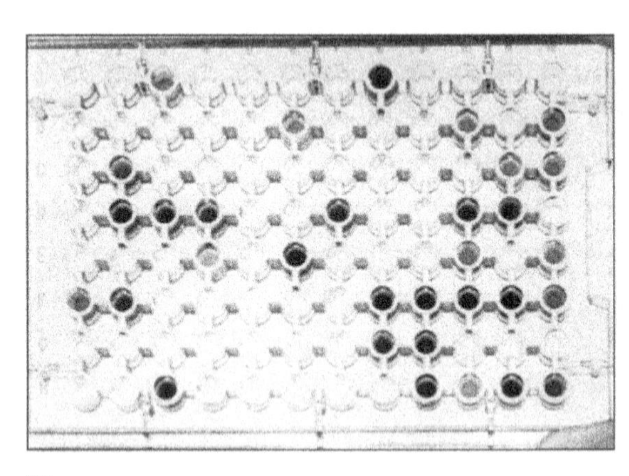

(B)

(C)

Resumo

1. Na natureza, os microrganismos existem em culturas mistas. Antes de identificar espécies individuais de uma população microbiana mista, é necessário isolar as diferentes espécies em cultura pura. Uma vez obtida a cultura pura, por meio de técnicas laboratoriais, é possível determinar as características de identificação dos microrganismos.

2. A microscopia é uma das principais técnicas usadas para caracterizar os microrganismos. A maioria dos microscópios são de dois tipos: microscópio luminoso e microscópio eletrônico. Estão à disposição modificações do microscópio luminoso, tais como microscopia de contraste de fase e de campo escuro. Estes e outro métodos microscópicos especiais apresentam características próprias para melhorar o exame da célula microbiana.

3. Espécimes de microrganismos podem ser observados por meio de um microscópio em condições naturais (vivos), suspendendo-os em um líquido (técnica da gota pendente ou entre lâmina e lamínula). Eles também podem ser examinados mediante uma preparação microscópica corada.

4. Existem dois tipos básicos de técnicas de coloração microbiana: a simples e a diferencial. A coloração simples meramente "cora" a célula ou seus grânulos de inclusão, enquanto a coloração diferencial permite fazer a distinção entre os principais grupos de microrganismos ou partes da célula microbiana. Uma das colorações diferenciais amplamente utilizada é a coloração de Gram. Em geral, as bactérias são Gram-negativas ou Gram-positivas.

5. As principais propriedades de um microrganismo podem ser agrupadas nas seguintes características: morfológica, nutricional e cultural, metabólica, antigênica, patogênica e genética. Algumas ou todas as características são usadas para identificar espécies de microrganismos.

6. A instrumentação eletrônica tem sido adaptada a procedimentos laboratoriais, fornecendo resultados mais rápidos e mais eficientes. Muitos dos procedimentos que levavam dias para se completarem podem agora ser executados dentro de um período de tempo muito curto.

Palavras-Chave

Anticorpo
Antígeno
Coleção tipo de cultura
Colônia
Coloração diferencial
Coloração de Gram
Coloração simples
Cultura mista
Cultura pura
Esfregaço
Gram-negativo
Gram-positivo
Hospedeiro
Inóculo
Liofilização
Meio de cultura
Metabolismo
Método da semeadura em superfície
Método de esgotamento por estrias
Método de *pour-plate*
Micrômetro (μm)
Microscopia
Microscopia de campo claro
Microscopia de campo escuro
Microscopia de contraste de fase
Microscopia de fluorescência
Microscopia eletrônica de transmissão (MET)
Microscopia eletrônica de varredura (MEV)
Microscópios eletrônicos
Microscópios luminosos
Nanômetro (nm)
Patógenos
Poder de resolução
Preparação em gota pendente
Preparação entre lâmina e lamínula
Sonda de DNA

Revisão

TÉCNICAS DE CULTURA PURA

1. Os microrganismos, em ambientes naturais, usualmente ocorrem em culturas _________.

2. Antes de poder caracterizar e identificar uma espécie de microrganismo, ele deve ser isolado como uma ____.

3. Uma cultura de microrganismos na qual todas as células derivaram de uma mesma célula parental é denominada cultura _____________________________________.

4. Um espécime de células que é cultivado sobre a superfície de um ágar é denominado ____.

5. A massa de células crescendo sobre uma superfície sólida e que se torna visível a olho nu é denominada ____.

6. Duas técnicas de isolamento de culturas puras por meio da inoculação na superfície de um ágar são conhecidas como técnica de _______________e técnica de _______________.

7. Uma coleção de culturas mantidas como referência é denominada coleção __________.

8. Um processo para manutenção de culturas que envolvem congelamento e secagem da cultura é chamado de ____.

9. Uma amostra de secreção de garganta de um paciente colhida com *swab* é semeada na superfície de um meio solidificado. O meio inoculado é incubado e então observado. Qual(is) da(s) seguinte(s) afirmação(ções) é(são) falsa(s)?

(**a**) As colônias se desenvolverão no meio.

(**b**) As colônias coletivamente representam uma cultura mista.

(**c**) As colônias muito semelhantes representam várias espécies.

(**d**) As colônias individuais representam culturas puras.

(**e**) O crescimento total provavelmente é uma cultura pura.

10. A liofilização é um método para caracterização dos microrganismos: verdadeiro (V) ou falso (f)?

MICROSCÓPIOS

11. O limite de ampliação útil é determinado pela característica do microscópio denominado poder de ____.

12. Um microscópio luminoso de rotina usado em microbiologia apresenta três objetivas: (**a**) _______________, (**b**) _______________e (**c**) _______________.

13. A ocular de um microscópio fornece ampliação de ___X.

14. O poder de resolução de um microscópio é determinado por dois fatores: ___________________________ e ___________________________.

15. A ampliação máxima útil obtida com um microscópio luminoso é ___X.

16. A objetiva de um microscópio luminoso que oferece a maior ampliação é, em geral, do tipo ____.

17. Comparado com o comprimento de onda dos feixes de elétrons usados na microscopia eletrônica, quantas vezes o comprimento de onda da luz usada em microscópio luminoso é maior?

(**a**) 10.000 (**b**) 1 milhão (**c**) 1.000

18. A resolução obtida com o microscópio eletrônico está na faixa de:

(**a**) 0,3 μm (**b**) 0,03 μm (**c**) 0,003 μm

MICROSCOPIA

19. Em qual tipo de microscopia o espécime (microrganismo) provavelmente mostra graus variáveis de luminosidade dentro da célula?

(**a**) campo claro (**b**) campo escuro (**c**) eletrônico

(**d**) contraste de fase (**e**) campo luminoso

20. Qual(is) dos seguintes tipos de microscopia é(são) realizado(s) com um microscópio luminoso?

(**a**) campo claro (**b**) contraste de fase (**c**) campo escuro

(**d**) fluorescência (**e**) todas as alternativas anteriores

21. Microscopia de campo escuro ou de contraste de fase são particularmente úteis para examinar ______________________________.

22. O exame de um espécime utilizando microscópio eletrônico no qual os feixes de elétrons passam através do espécime é denominado microscopia eletrônica de ____________; a técnica pela qual o feixe de elétrons se move para frente e para trás da superfície das células é denominada microscopia eletrônica de ______________________.

23. Microscopia eletrônica de varredura produzirá uma visão tridimensional das células microbianas: verdadeiro (V) ou falso (**f**)?

24. Independente das dimensões microscópicas das células microbianas, elas podem ser seccionadas em cortes finos para observação por microscopia eletrônica: verdadeiro (V) ou falso (**f**)?

25. Microscopia eletrônica é usada somente para exame de vírus: verdadeiro (V) ou falso(**f**)?

PREPARO DOS MICRORGANISMOS PARA MICROSCOPIA LUMINOSA

26. A técnica de gota pendente permite a observação dos microrganismos em condições ____.

27. Um esfregaço fino de um espécime sobre uma lâmina de microscopia é chamada de ____.

28. A coloração da bactéria aplicando um único corante para a preparação de uma lâmina é denominada coloração ____________________________________.

29. A coloração de Gram é classificada como coloração ____________________.

30. As bactérias, após serem coradas pela coloração de Gram, aparecerão coradas em ______________________________ ou ______________________________.

31. A cor da bactéria Gram-negativa, após ser corada pelo método de Gram, será visualizada como ____.

32. A coloração de álcool-ácido resistência, como a coloração de Gram é uma coloração ____.

33. O descoramento da bactéria na técnica de coloração de Gram é efetuado com ____.

34. O exame de esfregaços corados de bactérias é mais bem realizado com microscopia de ____.

35. Qual das seguintes técnicas não é uma coloração diferencial?

(**a**) Coloração de Gram

(**b**) Coloração de álcool-ácido resistência

(**c**) Coloração de Giemsa

(**d**) Coloração com cristal violeta

(**e**) Coloração de cápsula

INFORMAÇÃO USADA PARA CARACTERIZAR OS MICRORGANISMOS

36. Associar cada descrição da direita com as principais categorias que melhor enquadram as da esquerda.

___Genética	(**a**) Reação de Gram
___Morfologia	(**b**) Crescimento a 37°C
___Bioquímica	(**c**) Sonda de DNA
___Nutricional	(**d**) Metabolismo
___Cultural	(**e**) Meio simples

37. Não há distinção significativa entre os microrganismos quando eles são caracterizados de acordo com a temperatura requerida para o crescimento: verdadeiro (V) ou falso (**f**)?

38. Todas as atividades bioquímicas de um microrganismo são denominadas ___________.

39. Em termos de capacidade para produzir doenças, os microrganismos podem ser divididos em dois grupos: ______________________________ e ______________________________.

40. A principal característica dos microrganismos que está associada com a habilidade de um micróbio (ou parte de um micróbio) para produzir substâncias em um animal, chamados de anticorpos, é sua característica ____.

41. As técnicas de biologia molecular estão geralmente associadas com as características ____ dos microrganismos.

TECNOLOGIA AUTOMATIZADA

42. Qual(is) das seguintes afirmações é(são) falsa(s) em relação às vantagens de uma tecnologia automatizada?

(**a**) Os resultados são alcançados mais rapidamente.

(**b**) Um grande número de espécimes pode ser examinado.

(**c**) Equipamento menos complexo é necessário.

(**d**) Os resultados são analisados por um programa de computador.

(**e**) Múltiplos espécimes podem ser analisados simultaneamente.

43. As cavidades de uma microplaca de plástico em um aparelho utilizado para realizar a caracterização automatizada de microrganismos são preenchidas com ____________________.

44. A leitura automatizada dos resultados das reações nas cavidades da microplaca de plástico em um equipamento automatizado é feita por ____.

Questões de Revisão

1. Distinguir uma cultura pura de uma cultura mista.
2. Descrever como as culturas podem ser isoladas.
3. Qual é a função da American Type Culture Collection?
4. Que características de um microscópio determinam a sua ampliação máxima útil?
5. Comparar as ampliações obtidas com a microscopia luminosa e com a microscopia eletrônica.
6. Qual a função do óleo quando usado com a objetiva de imersão?
7. Imagine que uma levedura é examinada por microscopia de **(a)** campo claro, **(b)** contraste de fase e **(c)** campo escuro. Descrever as prováveis diferenças na imagem da célula quando observadas por esses métodos.
8. Por que os microrganismos são corados?
9. Listar as várias técnicas de coloração e descrever o tipo de informação que cada uma fornece.
10. Comparar o tipo de imagem obtida com a microscopia eletrônica de varredura com aquela obtida com a microscopia eletrônica de transmissão.
11. Quais são as principais categorias nas quais as propriedades de um microrganismo podem ser agrupadas? Identificar cada uma, brevemente.

Questões para Discussão

1. Imagine que você isolou uma nova espécie de bactéria. Como você preservaria esta amostra por um período de poucos meses? E por alguns anos?
2. Identificar uma situação onde a microscopia de campo escuro seria apropriada para exame do espécime. Por que você a escolheria?
3. Qual das várias técnicas de coloração diferencial fornece a maior quantidade de informação sobre o espécime bacteriano? Explicar.
4. Comparar a microscopia eletrônica de varredura (MEV) com a microscopia eletrônica de transmissão (MET) em termos de informação que cada uma revela em relação à natureza do microrganismo.
5. Informação de várias categorias diferentes é usada para caracterizar e identificar os microrganismos. Qual categoria de informação é a mais geral? E a mais específica? Explicar.
6. Traçar um esquema que ilustre uma característica essencial de uma técnica laboratorial automatizada.

Capítulo 4

Estrutura das Células Procarióticas e Eucarióticas

Objetivos

Após a leitura deste capítulo, você deve ser capaz de:

1. Reconhecer forma, tamanho e arranjo das células bacterianas e compará-las com a morfologia dos microrganismos eucarióticos.
2. Descrever a estrutura e a função do flagelo bacteriano e compará-lo com o flagelo e cílio eucariótico.
3. Explicar o que é glicocálice e qual a sua função em uma célula bacteriana.
4. Listar as diferenças entre as paredes celulares de eubactérias Gram-negativas e Gram-positivas.
5. Comparar as estruturas e funções das paredes celulares e membranas citoplasmáticas eucarióticas e procarióticas.
6. Descrever algumas das diferentes inclusões que podem ocorrer no citoplasma bacteriano.
7. Discutir a estrutura e a função das várias organelas celulares encontradas dentro dos microrganismos eucarióticos.
8. Listar as propriedades únicas dos endósporos bacterianos e explicar como eles diferem das outras formas latentes de microrganismos.

Introdução

A observação dos microrganismos por meio de um microscópio revela-nos sua morfologia grosseira – o tamanho, o tipo e o arranjo celular. Se observarmos mais perto da superfície ou até mesmo dentro da célula, haverá mais estruturas detalhadas a explorar. Conhecer o que estas diferentes estruturas fazem pela célula microbiana ampliará o conhecimento de como a célula funciona. Este capítulo discute as estruturas de microrganismos eucarióticos e procarióticos.

Os cientistas têm separado os microrganismos a fim de examinar suas estruturas e analisar sua composição química. Técnicas tais como o tratamento de células com ondas sonoras de alta freqüência têm sido desenvolvidas para desintegrar as paredes celulares e isolar os vários componentes celulares. Tais estudos não são apenas de interesse dos microbiologistas curiosos sobre o interior das células. A presença ou a ausência de certas estruturas é utilizada para classificar os micróbios; o conhecimento de como eles funcionam é utilizado para a síntese de drogas antimicrobianas que atacam componentes específicos da célula.

Como você poderá ver, a morfologia das células afeta a maneira com que elas respondem ao seu meio. As estruturas encontradas no exterior das células tornam alguns microrganismos mais patogênicos. São exemplos aquelas estruturas que permitem que a bactéria que causa a sífilis invada os tecidos e aquelas que protegem as bactérias invasoras do sistema imunológico. Outros componentes celulares causam febre e choque.

Características Morfológicas dos Microrganismos Procarióticos

Como já foi visto, as bactérias são microrganismos procarióticos. A maioria delas é unicelular e apresenta uma forma simples, apesar dos 3,5 a 4 bilhões de anos durante os quais elas têm evoluído. Esta simplicidade é evidente se observarmos forma, tamanho e arranjo das células bacterianas com um microscópio comum. Entretanto, esta aparente simplicidade é enganosa, da mesma forma que as linhas suaves de uma nave espacial escondem uma instrumentação e maquinário altamente complexos no seu interior. De certa maneira, uma célula bacteriana é como uma nave espacial microscópica existindo em um universo aquático. Se utilizarmos o microscópio eletrônico moderno para examinar mais intimamente as partes internas e externas de uma célula bacteriana, encontraremos uma complexidade fascinante e detalhes estruturais que raramente poderiam ter sido imaginados pelos primeiros microbiologistas.

Morfologia das Bactérias

Tamanho. Invisíveis ao olho humano, as bactérias são normalmente medidas em micrômetros (μm), que são equivalentes a 1/1.000 mm (10^{-3} mm). As células bacterianas variam em tamanho dependendo da espécie, mas a maioria tem aproximadamente de 0,5 a 1 μm em diâmetro ou largura (Figura 4.1). Por exemplo, os estafilococos e os estreptococos são bactérias esféricas com diâmetros variando de 0,75 a 1,25 μm. A bactéria cilíndrica causadora da febre tifóide e da disenteria possui de 0,5 a 1 μm de largura e 2 a 3 μm de comprimento. As células de algumas espécies bacterianas possuem de 0,5 a 2 μm de diâmetro e mais de 100 μm de comprimento. Admitindo-se um diâmetro ou comprimento de 1 μm, 10.000 bactérias colocadas estendidas ou lado a lado ocupariam somente 1 centímetro (cm).

É difícil imaginar o tamanho diminuto da bactéria. Os cálculos mostram que aproximadamente 1 trilhão (1.000.000.000.000 ou 10^{12}) de células bacterianas pesariam somente um grama, ou em torno de um quinto do peso de um níquel. As bactérias são comumente vistas pelo microscópio em uma magnitude de 1.000 vezes. Uma mosca doméstica sob a mesma magnitude pareceria ter mais de 9 m de comprimento!

Se compararmos a área de superfície bacteriana e o volume celular, uma propriedade distintiva das células bacterianas torna-se evidente. A relação da área de superfície pelo volume para as bactérias é muito alta comparada àquela dos organismos maiores de morfologia similar. Em termos práticos, isto significa que existe uma grande

Figura 4.1 Tamanho relativo de três tipos de bactérias: [**A**] esquematicamente e [**B**] microscopicamente em culturas mistas: [**1**] células esféricas, [**2**] células cilíndricas, e [**3**] células espirais.

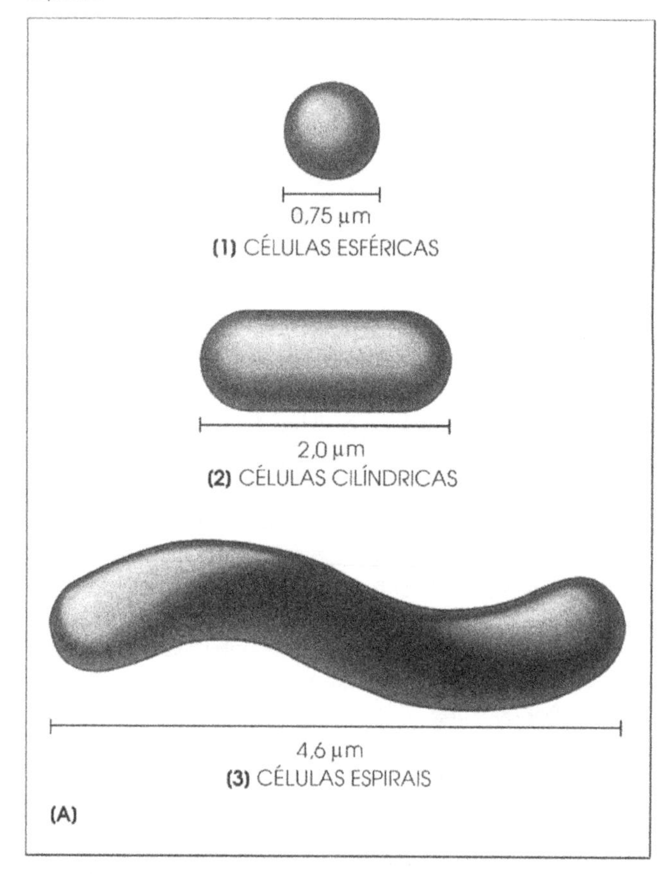

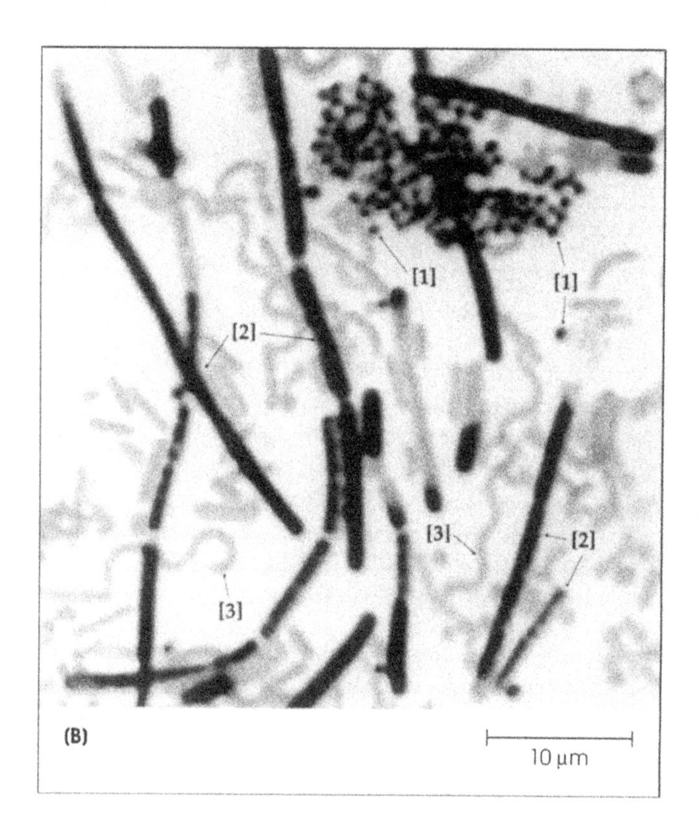

superfície através da qual os nutrientes podem entrar em relação a um pequeno volume de substância celular a ser alimentada. Esta característica é responsável, em parte, pela alta taxa de metabolismo e crescimento da bactéria. O seu rápido crescimento é uma das razões pelas quais estes microrganismos são tão freqüentemente utilizados em pesquisas de biologia molecular. A rápida replicação das células bacterianas é utilizada em experimentos para fornecer mais informações, em pouco tempo. Por exemplo, a bactéria *Escherichia coli* sofre divisão celular a cada 20 minutos, enquanto as células de mamíferos em culturas de laboratório levam de 13 a 24 horas para se dividir em duas células.

Forma. Nem todas as bactérias são iguais. As células bacterianas individuais apresentam uma das três formas básicas: elas podem ser *esféricas, cilíndricas* ou *espiraladas* (Figura 4.2). As células esféricas são denominadas ***cocos***. São geralmente arredondadas, mas podem ser ovóides ou achatadas em um dos lados quando estão aderidas a uma outra célula. As células cilíndricas ou em forma de bastão são chamadas ***bacilos***. Existem diferenças consideráveis em comprimento e largura entre as várias espécies de bacilos. As porções terminais de alguns bacilos são quadradas, outras são arredondadas, e ainda outras são afiladas ou pontiagudas. As bactérias espiraladas ou helicoidais assemelham-se a saca-rolhas e são chamadas ***espirilos***.

Existem muitas modificações destas três formas básicas, como veremos neste livro. Por exemplo, as células de *Pasteuria* apresentam-se sob a forma de pêra, já as células de *Caryophanon* têm forma de discos arranjados como pilhas de moedas. Embora a maior parte das espécies bacterianas tenham células que são muito constantes em forma, algumas espécies podem ter uma variedade de tipos celulares e, assim, serem denominadas *pleomórficas*. Pleomorfismo em espécies bacterianas pode levar-nos a pensar que uma cultura está contaminada com outros tipos de bactérias. A *Arthrobacter* é um exemplo de uma bactéria pleomórfica, porque muda sua forma à medida que a cultura envelhece (Figura 4.3).

Arranjo. Se observarmos as células microbianas por meio de um microscópio, veremos que elas estão freqüentemente acopladas umas às outras. Enquanto as bactérias espiraladas normalmente aparecem como células únicas, outras espécies de bactérias podem crescer em arranjos ou padrões característicos. Por exemplo, os cocos podem ser encontrados em diversos arranjos, dependendo do plano de divisão celular e se as células-filhas permanecem juntas após esta divisão (Figura 4.4).

Cada um desses arranjos é típico para uma espécie particular e pode ser utilizado na identificação. Quando um coco se divide em um plano ele forma um *diplococo*, ou duas células ligadas. Isto caracteriza algumas espécies de *Neisseria*, incluindo o agente etiológico da gonorréia.

Figura 4.2 As bactérias são geralmente [A] esféricas (cocos), [B] cilíndricas (bacilos) ou [C] helicoidais (espirilos). Entretanto, existem muitas modificações destas três formas básicas. As micrografias mostram: [A] *Staphylococcus aureus;* [B] *Klebsiella pneumoniae;* e [C] *Aquaspirillum itersonii* (coloração negativa).

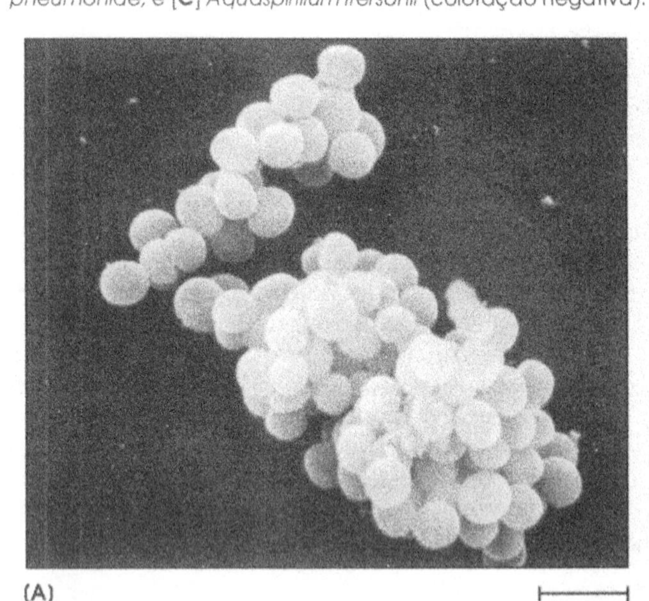

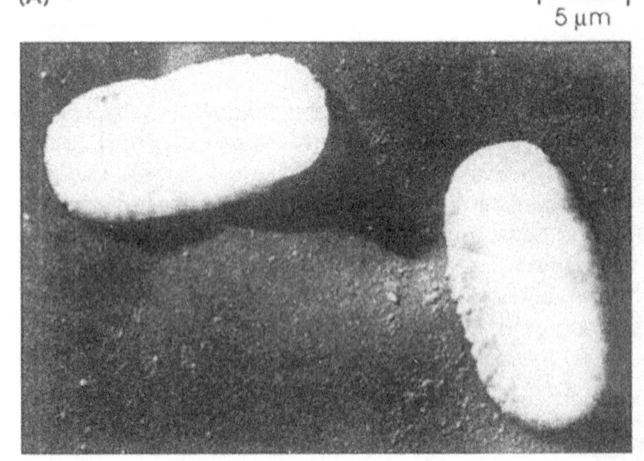

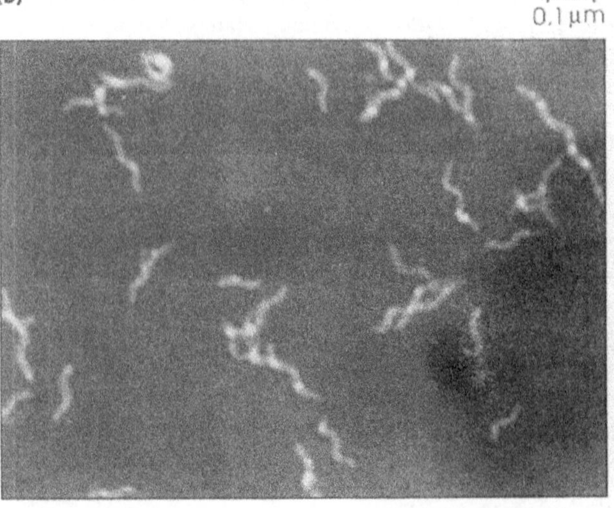

Figura 4.3 Pleomorfismo em *Arthrobacter globiformis*. Note a mudança na morfologia da cultura (de bacilo para coco) à medida que envelhece durante o tempo de incubação (mostrado em horas).

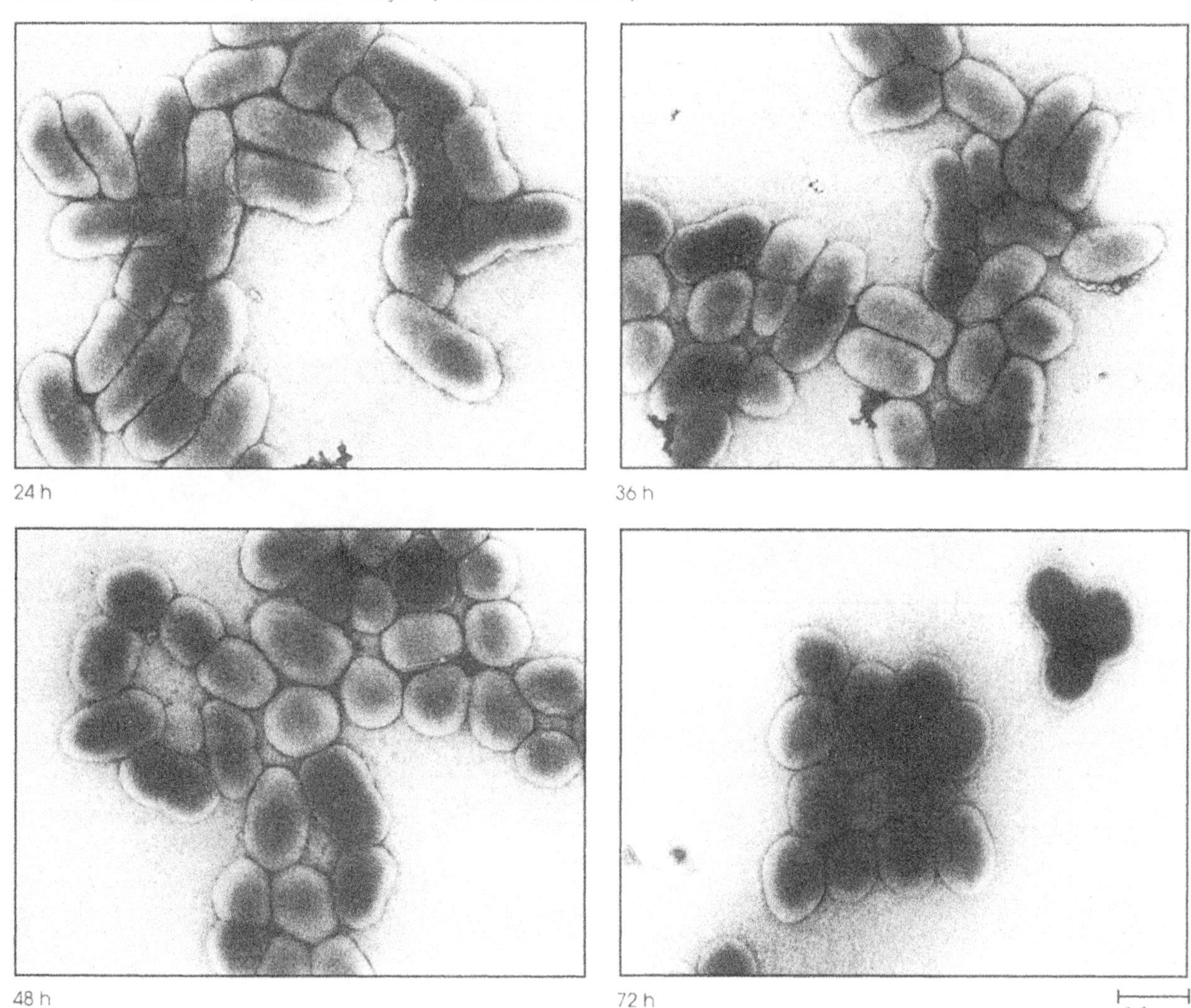

Quando um coco se divide em um plano e permanece ligado depois de várias divisões, formando uma cadeia, esta tem o arranjo dito *estreptocócico*. As espécies de *Streptococcus*, como aquelas causadoras das infecções de garganta e feridas, mostram este padrão durante o crescimento.

Se a célula se divide em mais de um plano ou dimensão durante o crescimento, os arranjos celulares tornam-se mais complexos. Quando um coco tal como o *Pediococcus* se divide no ângulo direito no primeiro plano de divisão, há formação de *tétrades*, ou grupos de quatro em forma de um quadrado. Uma divisão adicional no terceiro plano pode resultar em pacotes cúbicos de oito células, conhecidos como *sarcinas*. Obviamente, as espécies de *Sarcina* possuem este arranjo. Se ocorre divisão em três planos, em um plano irregular, formam-se agrupamentos em forma de cachos de uva. As espécies de *Staphylococcus* possuem este padrão celular.

Deve-se observar que raramente todas as células de uma dada espécie estão arranjadas exatamente no mesmo padrão. O arranjo predominante é o mais importante no estudo das bactérias. Além do mais, algumas palavras tais como *espirilo* e *bacilo* podem ser usadas tanto para nomes de gêneros quanto como um termo morfológico para denotar forma ou arranjo.

Ao contrário dos cocos, os bacilos formam arranjos em uma variedade de padrões característicos. Mas existem exceções (Figura 4.5); por exemplo, o bacilo da difteria tende a produzir grupos de células alinhados lado a lado como palitos de fósforo em um arranjo *de paliçada*. As células do gênero *Caulobacter* (bacilos aquáticos) crescem em forma de *rosetas* sobre rochas e superfícies similares. Dentro do gênero *Bacillus*, algumas espécies formam cadeias e são chamadas *estreptobacilos*. As espécies *Beggiatoa e Saprospira* formam *tricomas*, que são similares a cadeias, mas têm uma área de contato muito maior entre as células adjacentes (Figura 4.6).

O tamanho, a forma e o arranjo das bactérias constituem sua morfologia grosseira, sua aparência "externa".

Figura 4.4 Arranjos característicos dos cocos, com ilustrações esquemáticas dos padrões de multiplicação. [**A**] Diplococos: as células se dividem em um plano e permanecem acopladas predominantemente em pares (escaneamento por micrografia eletrônica de varredura). [**B**] Estreptococos: as células se dividem em um plano e permanecem acoplados para formar cadeias (micrografia eletrônica de varredura). [**C**] Tretacocos: as células se dividem em dois planos e caracteristicamente formam grupos de quatro células. As espécies mostradas são *Gaffkya tetragena*. [**D**] Estafilococos: as células se dividem em três planos, em um padrão irregular, formando cachos de cocos. As espécies mostradas são *Staphylococcus aureus*. [**E**] Sarcinas:as células se dividem em três planos, em um padrão regular, formando um arranjo cúbico de células.

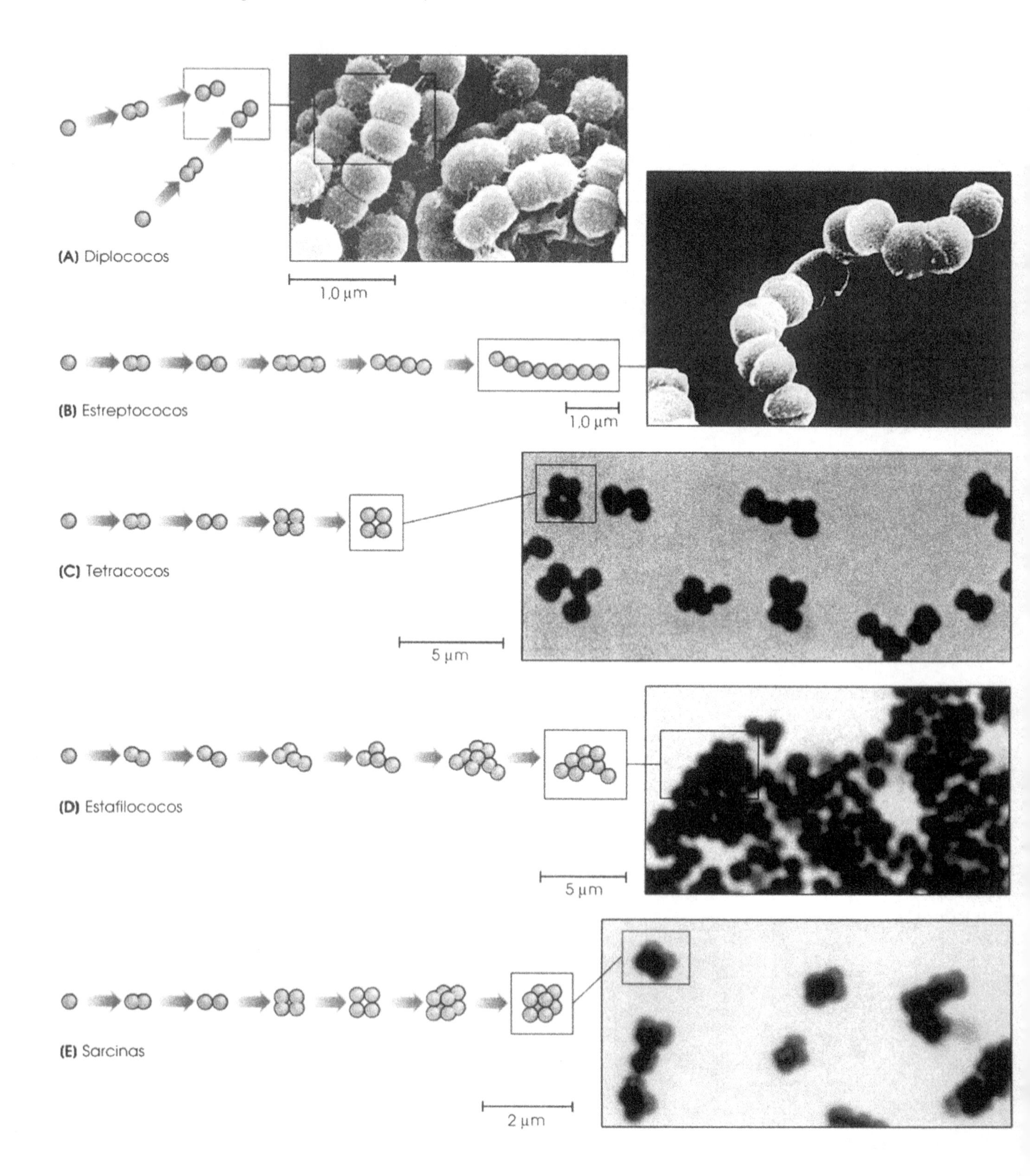

Figura 4.5 Padrões de arranjos dos bacilos. [**A**] Arranjo em paliçada de *Corynebacterium diphtheriae*. [**B**] Arranjo em rosetas do *Caulobacter* . [**C**] Arranjo em cadeias de *Streptobacillus.*

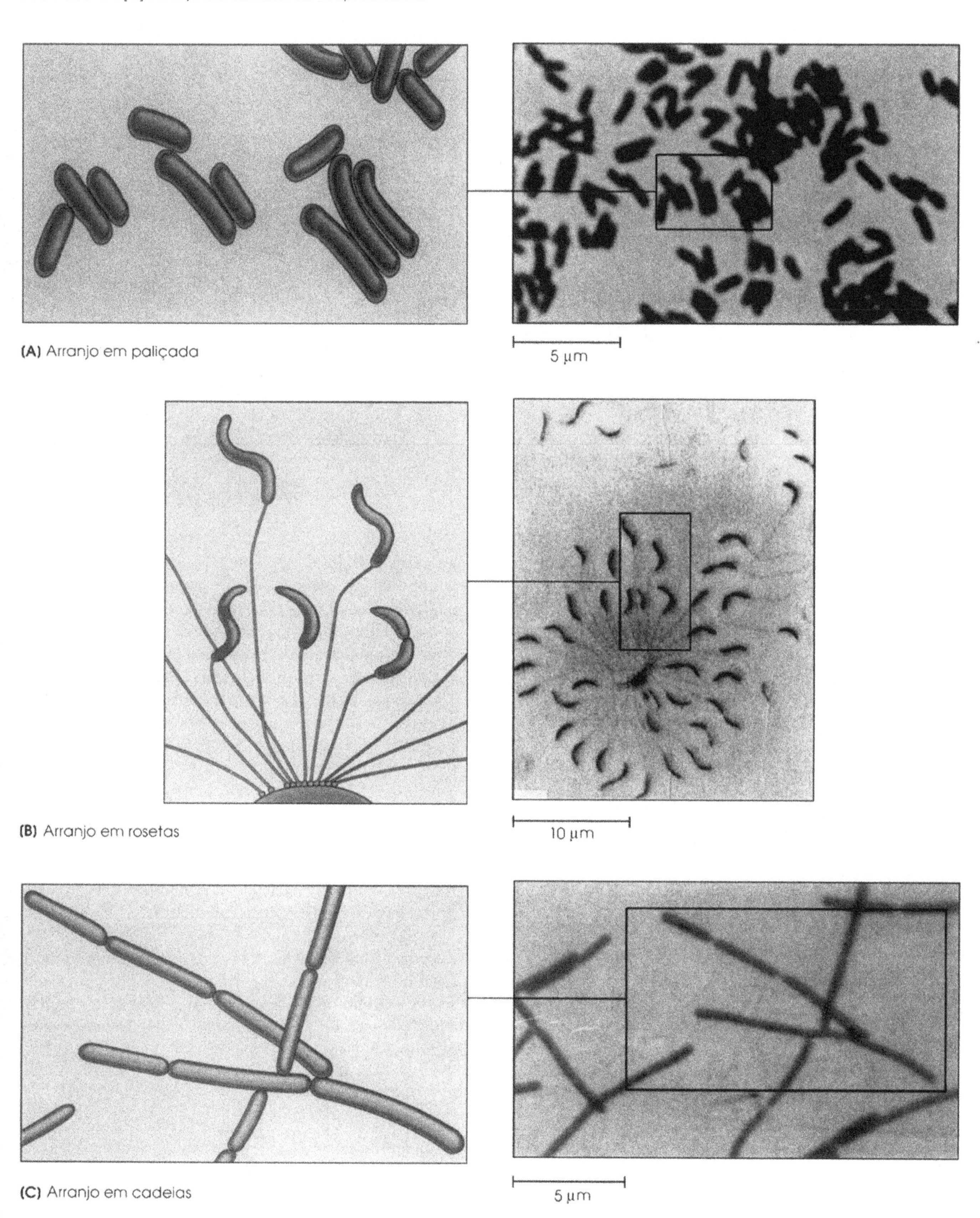

(**A**) Arranjo em paliçada

(**B**) Arranjo em rosetas

(**C**) Arranjo em cadeias

Figura 4.6 Fotomicrografias de tricomas de *Saprospira grandis*, composto de células de bacilos individuais que têm de 1 a 5 μm de comprimento e estão fixadas intimamente umas às outras.

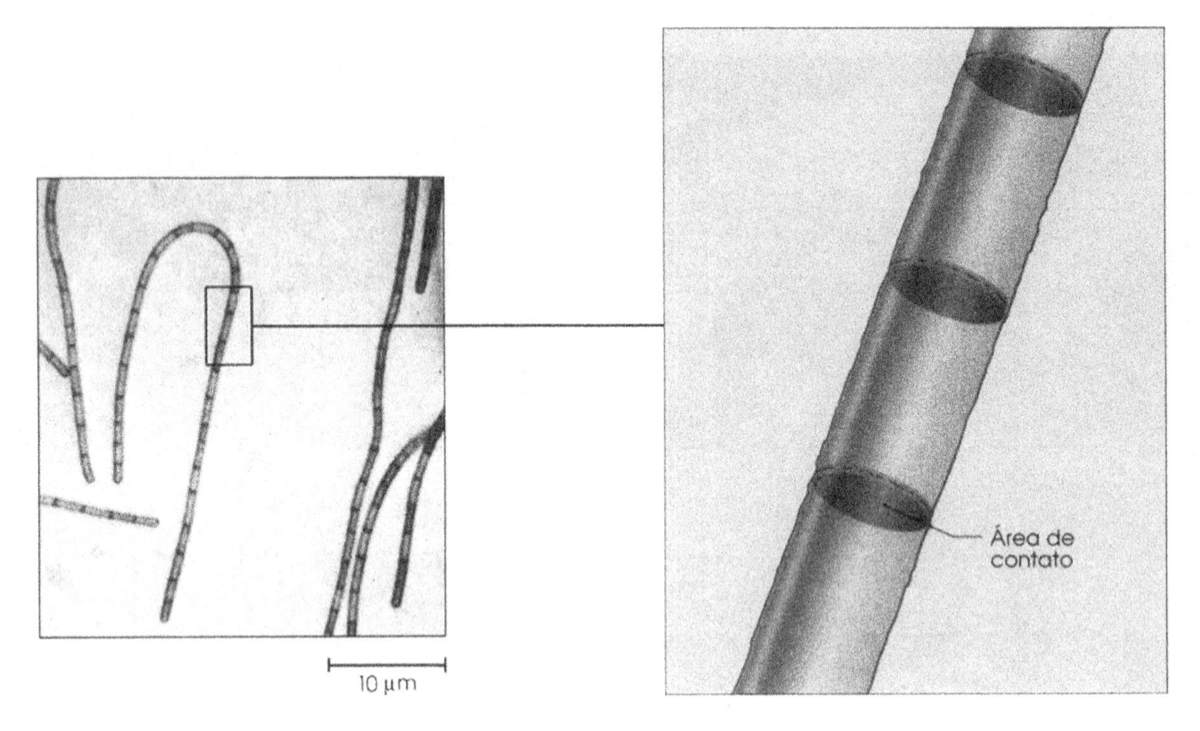

Mas uma observação interna das estruturas celulares individuais dá-nos uma idéia de como a bactéria funciona no seu ambiente.

Responda
1 Qual é o tamanho médio das bactérias em termos de diâmetro ou largura?
2 Qual a relação da área de superfície em relação ao volume nas células bacterianas?
3 Quais são as três formas básicas das células bacterianas?
4 Qual é o significado de *pleomorfismo* em bactérias?
5 Quais são os arranjos celulares comuns das bactérias cocóides?
6 Os bacilos exibem arranjos celulares característicos?
7 Qual é o significado de *tricomas*?

Ultra-estrutura dos Microrganismos Procarióticos

As técnicas de microscopia revelam que uma célula bacteriana tem uma diversidade de estruturas funcionando juntas. Algumas destas estruturas são encontradas externamente fixadas à parede celular, enquanto outras são internas. Algumas estruturas são comuns a todas as células, tais como a parede celular e a membrana citoplasmática. Mas outros componentes celulares estão presentes somente em certas espécies ou sob certas condições ambientais. Combinando as estruturas mais freqüentemente encontradas dentro e sobre a bactéria, é possível desenhar a estrutura de uma célula bacteriana típica (Figura 4.7).

Flagelos e Pêlos

Algumas estruturas das células bacterianas são encontradas externamente à parede celular. Algumas são usadas para se locomover e permitir que a bactéria se mova em direção a um meio mais favorável. Outras permitem às bactérias aderirem às superfícies de vários objetos. As reações bioquímicas que ajudam a mover ou sintetizar estas estruturas têm sido estudadas extensivamente pelos microbiologistas.

Flagelo. Os ***flagelos*** bacterianos são filamentos finos, como fios de cabelo com uma forma helicoidal que se estendem a partir da membrana citoplasmática e atravessam a parede celular (Figura 4.7). O flagelo propulsiona a bactéria através do líquido, algumas vezes chega até 100 μm por segundo – o equivalente a 3.000 vezes o seu

Figura 4.7 Representação esquemática da estrutura geral de uma célula (bacteriana) procariótica típica (veja Figura 4.8C para maiores detalhes do acoplamento flagelar).

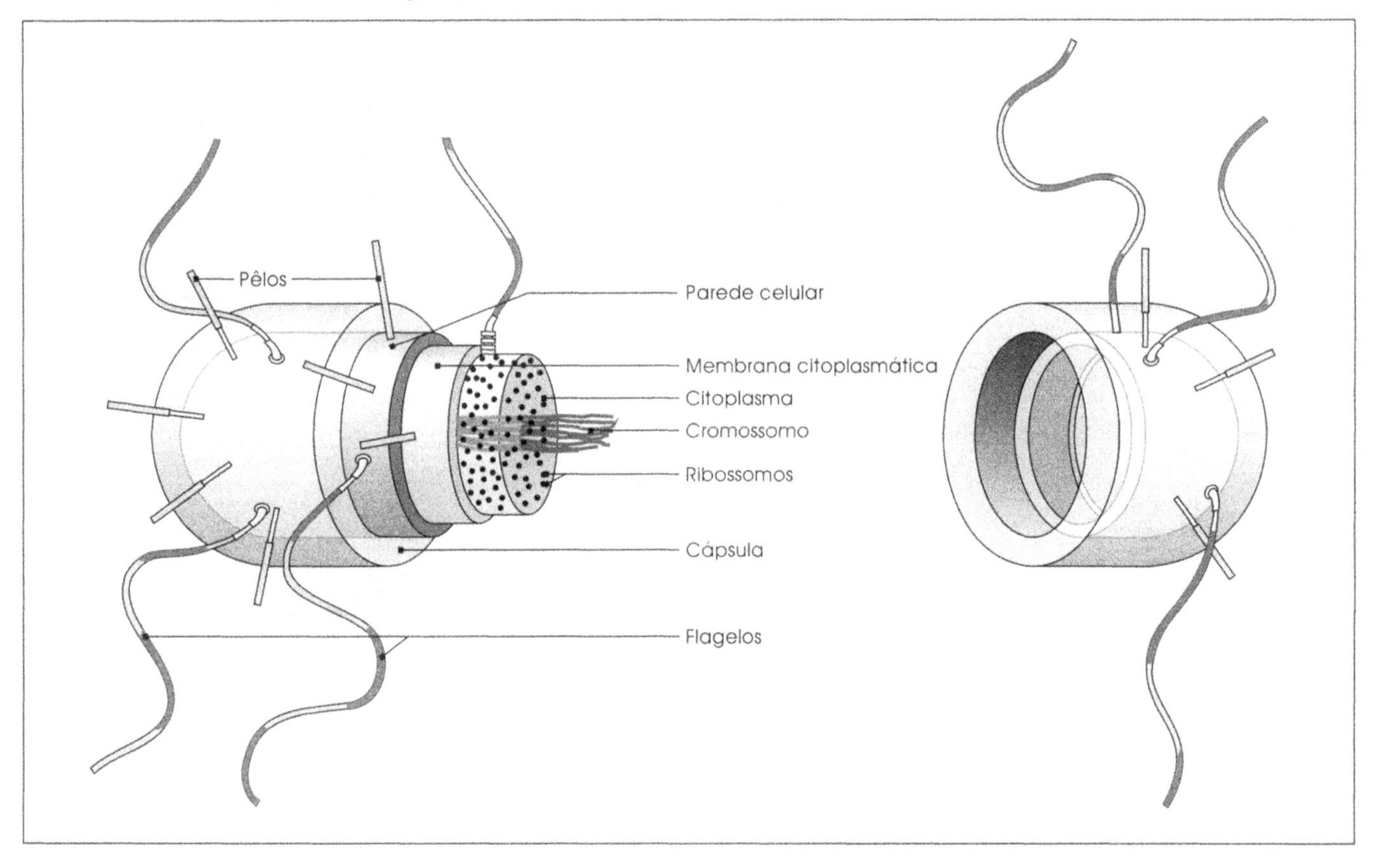

comprimento por minuto! A xitá, um dos animais mais rápidos, tem a velocidade máxima em 1.500 vezes o comprimento do seu corpo por minuto.

Um flagelo tem três partes: o *corpo basal;* uma estrutura curta em forma de gancho; e um longo filamento helicoidal (Figura 4.8). O corpo basal é uma peça fina de engenharia. A região ligada à célula consiste em um pequeno gancho central, circundado por uma série de anéis. As bactérias Gram-negativas têm dois pares, os anéis externos ancorados na parede celular e os internos ligados à membrana citoplasmática. Em bactérias Gram-positivas, um único par de anéis está presente – um anel se dispõe sobre a membrana citoplasmática e o outro sobre a parede celular. Estes anéis são, em última análise, responsáveis pelo movimento da bactéria.

O flagelo funciona por rotação semelhante ao movimento do saca-rolhas, o qual move a bactéria através de um líquido. A água é uma substância muito viscosa para a bactéria, da mesma forma que o melado parece muito viscoso para nós, assim "nadadeiras" microscópicas seriam úteis em tal líquido. Entretanto, pela rotação do flagelo, a bactéria pode mover-se através da água da mesma forma que um saca-rolhas pode penetrar em um pedaço de rolha (DESCOBERTA 4.1). Os anéis do corpo basal, por meio de reações químicas, rotacionam o flagelo. O gancho emergindo do corpo basal posiciona o filamento de tal forma que o filamento helicoidal gira sobre o seu longo eixo em vez de rotacionar fora do centro, como faria se viesse direto da parede celular. O filamento é composto de moléculas de uma proteína chamada *flagelina*. Estas moléculas são produzidas na célula e então passam ao longo da cavidade central do flagelo para serem adicionadas à porção distal do filamento. Assim um flagelo cresce na sua ponta em vez de em sua base.

Os flagelos são muitas vezes mais longos que a célula, atingindo de 15 a 20 μm de comprimento. Mas o diâmetro de um flagelo é somente uma fração do diâmetro da célula – de 12 a 20 nanômetros (1 nm = 1/1.000 μm). Os flagelos são muito finos para serem vistos com o microscópio ótico comum, uma vez que a resolução de tais microscópios é aproximadamente de 0,2 μm ou 200 nm. Entretanto, os procedimentos de coloração que colocam uma camada de corante precipitado na superfície dos flagelos fazem com que eles pareçam mais espessos e, assim, visíveis ao microscópio ótico comum.

Nem todas as bactérias possuem flagelo. Os cocos raramente têm estas organelas. Mas, para as bactérias que apresentam, incluindo muitas espécies de bacilos e espirilos, o padrão de fixação flagelar e o número de flagelos são utilizados para classificá-los em grupos taxonômicos.

Figura 4.8 Fixação do flagelo à célula bacteriana Gram-negativa (*Pseudomonas aeruginosa*). [**A**] Antes do exame ao microscópio eletrônico, as células foram parcialmente lisadas e então coradas negativamente para tornar os pontos de fixação dos flagelos (corpo basal) mais visíveis. [**B**] Flagelo isolado mostrando o corpo basal que consiste de dois pares de anéis em uma extremidade. [**C**] Desenho de um corpo basal ilustrando sua estrutura e a fixação a bactérias Gram-negativas. O flagelo de bactérias Gram-positivas tem somente dois anéis (um par) que fixam o flagelo à membrana citoplasmática.

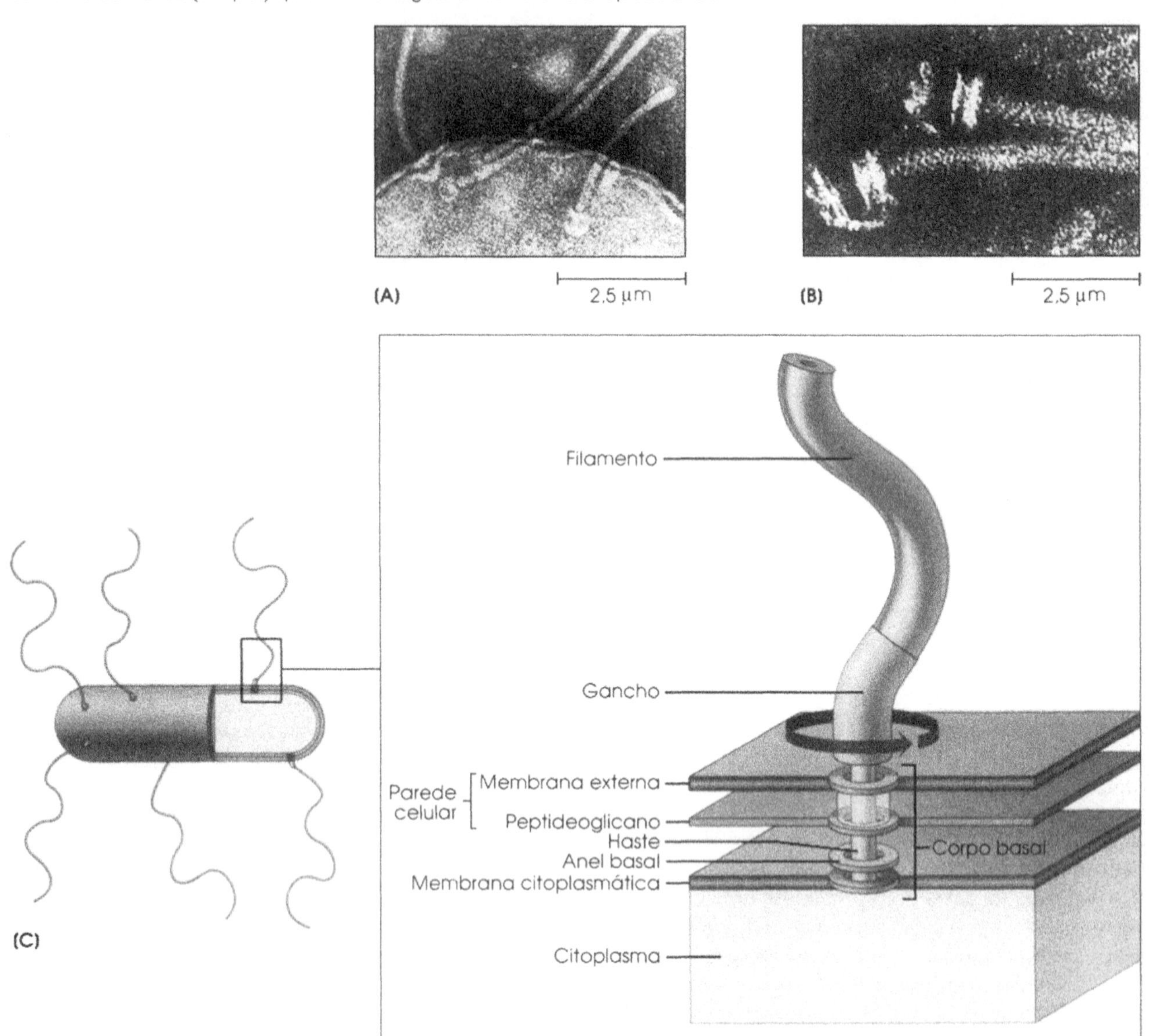

Algumas bactérias têm flagelos *polares* (Figura 4.9). As bactérias Gram-negativas do gênero *Pseudomonas* têm espécies caracterizadas por um arranjo de flagelos chamado *monotríquio* (*monotrichous,* do grego *mónos*, "único"; *trichos*, "cabelo"). Algumas bactérias, como os espirilos, exibem flagelos *anfitríquios* (em ambos os lados). Um agrupamento de flagelos em um pólo da célula, como visto em algumas pseudomonas, é chamado flagelos *lofotríquios*. Ao contrário daquelas bactérias com flagelos polares, o gênero *Escherichia* apresenta flagelos *peritríquios* (sobre toda a superfície) (Figura 4.9D).

Um grupo de bactérias helicoidais chamado *espiroquetas* tem um flagelo especial denominado ***flagelo periplásmico*** (também conhecido como *filamento axial*) que se origina nos pólos da célula e gira em torno do corpo celular (cilindro protoplásmico) abaixo da membrana externa da parede celular (Figura 4.10). Estes flagelos especializados são responsáveis pelo movimento em forma de saca-rolhas dos espiroquetas (DESCOBERTA 4.2).

As bactérias móveis locomovem-se em uma ou outra direção por diversas razões. Seu movimento pode ser completamente ao acaso, mas freqüentemente elas se movem em direção a ou se afastam de alguma coisa presente no seu meio. As bactérias movem-se possivelmente buscando luz ou fugindo do calor. Elas também exibem ***quimiotaxia***, que é o movimento em resposta às substâncias

DESCOBERTA!

4.1 COMO SE SABE QUE O FLAGELO BACTERIANO GIRA SE NÃO PODEMOS VÊ-LO?

Até 1974 este foi o tema de grandes debates acerca de duas teorias sobre o flagelo bacteriano. De acordo com a teoria da "rotação", os flagelos eram filamentos em forma de saca-rolhas que poderiam girar em uma direção. Entretanto, na teoria da "flexão", os flagelos não poderiam rotacionar. Ao contrário, as curvas do saca-rolhas eram continuamente formadas ao longo do filamento, da base para a ponta. Qual das teorias estava correta é uma pergunta que não poderia ser respondida meramente pela observação do flagelo em uma bactéria viva, porque os flagelos são muito finos para serem vistos ao microscópio comum. O microscópio eletrônico não foi útil porque somente poderia ser utilizado para amostras secas a vácuo. Entretanto, em 1974, Michael Silverman e Melvin Simon, da Universidade da Califórnia, em San Diego, encontraram a resposta. Eles utilizaram um experimento simples, elegante, chamado sistema "célula-presa", que tem sido repetido sob diversas formas por muitos outros pesquisadores.

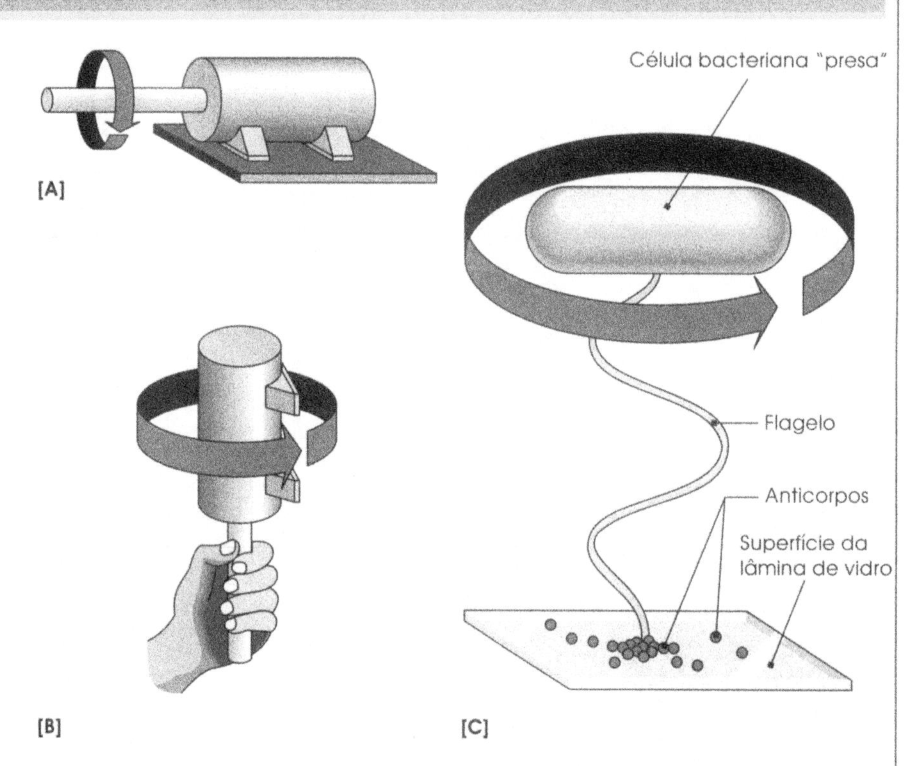

Princípio dos experimentos da "célula-presa", mostrando que o flagelo bacteriano realmente gira em uma direção. [**A**] Quando um motor elétrico é colocado sobre uma mesa, o eixo gira enquanto o motor permanece parado. [**B**] Se o motor for seguro pelo eixo, o corpo do motor girará, enquanto o eixo permanecerá parado. [**C**] Uma célula bacteriana com um único flagelo pode ser presa a uma lâmina de vidro que tenha sido coberta com anticorpos para imobilizar o flagelo. Tal célula girará como um cata-vento, como o corpo do motor em [**B**].

O princípio do sistema "célula-presa" pode ser mais bem compreendido se considerarmos como funciona um motor elétrico. Se colocarmos o motor em uma mesa, o eixo gira enquanto o corpo do motor permanece parado. Entretanto, se segurarmos o motor pelo eixo, então o motor girará enquanto o eixo for mantido parado. Se a teoria da rotação flagelar estiver correta, um flagelo bacteriano seria como o eixo do motor e a célula bacteriana seria como o corpo do motor. Se isto for verdade, então, se pudermos segurar o flagelo de tal forma que ele não gire, a bactéria irá girar. Por outro lado, se a teoria de flexão estiver certa, a célula não poderá girar, mas somente flexionar-se. A vantagem deste experimento é que a célula bacteriana pode ser facilmente observada ao microscópio ótico, pois é muito maior que o flagelo.

Em um experimento típico, a bactéria usada tem um flagelo por célula. Uma lâmina de vidro é coberta com anticorpos (moléculas de proteínas específicas) que podem se ligar ao flagelo. Se adicionarmos uma gota de água contendo a bactéria, os anticorpos na lâmina de vidro aderirão na extremidade de cada flagelo, imobilizando-o. Se a teoria da rotação estiver correta, as células não deveriam flexionar-se, mas deveriam girar como um catavento. Isto foi de fato exatamente o que aconteceu. Este fenômeno torna o flagelo a única estrutura celular conhecida que gira em uma direção.

químicas em seu meio. Por exemplo, as bactérias movem-se em busca de níveis elevados de substâncias atraentes tais como nutrientes ou se afastam de níveis elevados de substâncias inibitórias tais como excesso de sal. A quimiotaxia, portanto, capacita a célula a encontrar meios mais favoráveis de vida e evitar condições que lhe sejam inadequadas. Como a bactéria se move em resposta a tais estímulos depende de seu arranjo flagelar.

As bactérias com flagelos polares movem-se para trás e para frente. Elas mudam a sua direção revertendo a direção da rotação flagelar.

As bactérias com flagelos peritríquios movem-se de forma mais complicada (Figura 4.11). Seus flagelos operam em sincronia como um feixe que se estende para trás da célula; a célula se move por um trajeto relativamente

Figura 4.9 O flagelo bacteriano visto pelo microscópio ótico em esfregaços corados. [**A**] Flagelo monotríquio; flagelo único localizado na extremidade da célula. [**B**] Flagelo lofotríquio; um feixe de flagelos em um pólo da célula. [**C**] Flagelo anfitríquio; flagelo único ou feixe de flagelos em cada pólo da célula. [**D**] Flagelo peritríquio; distribuição ao acaso dos flagelos em toda a superfície da célula.

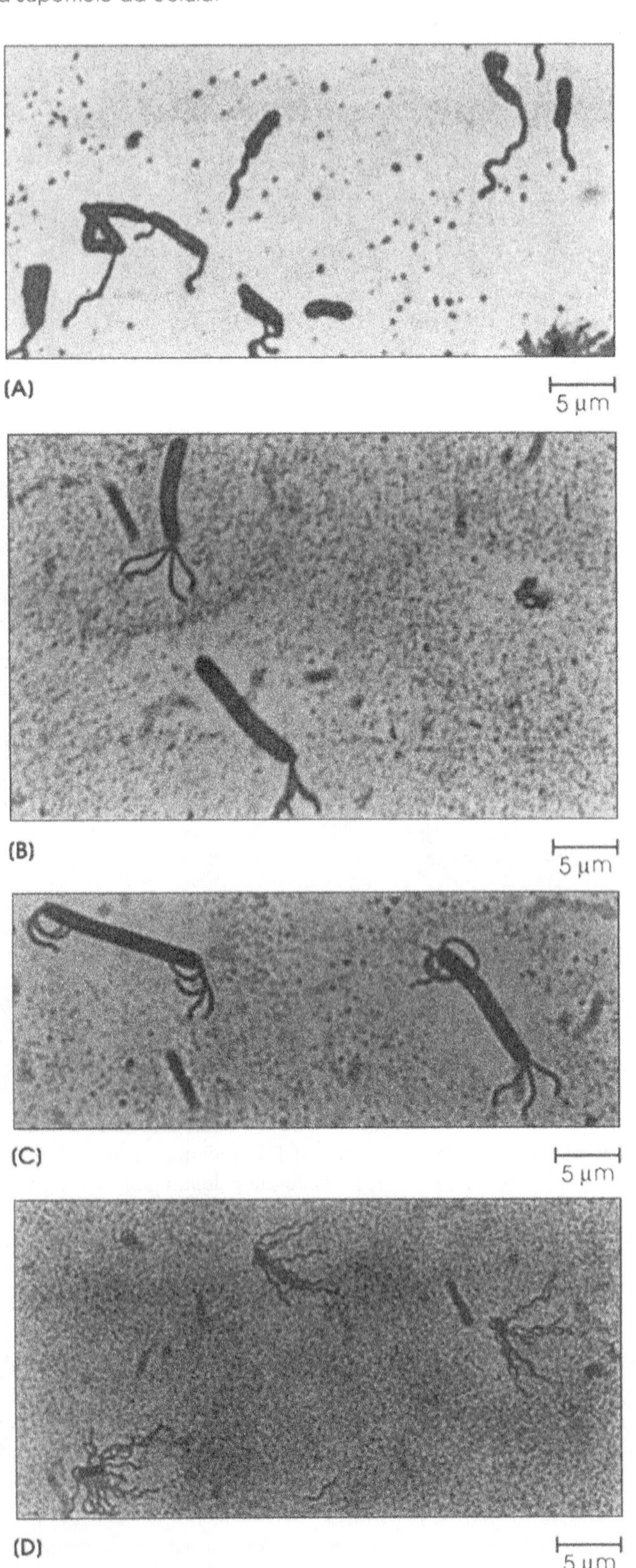

Figura 4.10 [**A**] *Treponema denticola*, um espiroqueta, exibe flagelo periplásmico sob a membrana externa como indicado pela seta. [**B**] Representação esquemática de um treponema, mostrando três áreas seccionais cruzadas, ampliadas para mostrar os detalhes.

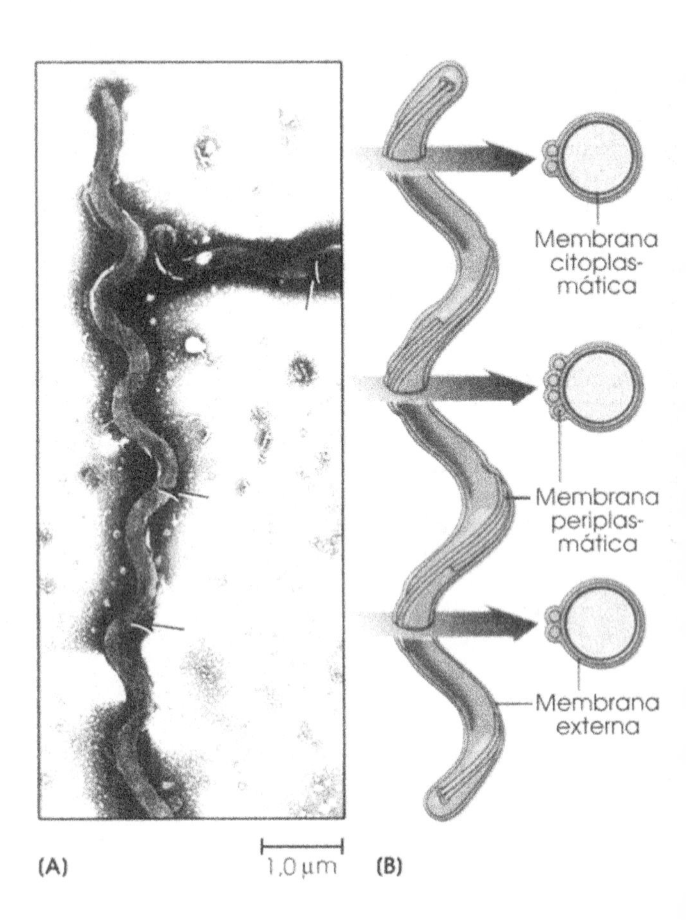

reto chamado *run*. Quando os motores flagelares se invertem, o feixe de flagelos divide-se e a célula faz um *tumble* ("cambalhota"). Mas o feixe forma-se novamente e a célula se ajusta em um novo *run* em uma direção diferente. Os *runs* e *tumbles* alternam-se, resultando em uma via chamada *caminho tridimensional ao acaso*. No caso da quimiotaxia, as bactérias peritríquias têm *runs* mais longos e menos *tumbles* se estão se direcionando a uma substância atraente ou se estão fugindo de um repelente. Mas se as condições gerais são desfavoráveis à célula, há um aumento nas vias de tal forma que a célula pode rapidamente mudar sua direção.

Pêlo (fímbria). Muitas bactérias, particularmente as Gram-negativas, têm acessórios que não estão relacionados com motilidade. Estas estruturas filamentosas são ocas como os flagelos, mas não são helicoidais. São também mais finas (3 a 10 nm de diâmetro), menores, mais retas e mais numerosas que os flagelos. Estas estruturas são chamadas **pêlos** ou *fímbrias*.

DESCOBERTA!

4.2 INVASIVIDADE DOS ESPIROQUETAS EM INFECÇÃO

Algumas bactérias que causam doenças são móveis; outras não. Assim, parece que um micróbio não precisa ser móvel para ser patogênico. Há um grupo de bactérias, entretanto, que parece utilizar sua motilidade para invadir ativamente o organismo. Devido à sua morfologia e modo de locomoção, os espiroquetas podem ficar ocultos nos tecidos. Eles são longos, finos, helicoidais, com um ou mais flagelos polares que se estendem a partir da membrana externa e ao redor do corpo da célula. Estas bactérias giram e são capazes de flexionar suas espirais. Movimentam-se rotacionando seus flagelos e rolando sobre seus eixos helicoidais. De fato, os espiroquetas perfuram seu caminho em um meio gelatinoso, assim como um saca-rolhas entra na rolha. Observados sob um microscópio de campo escuro, seus movimentos parecem ser adequados para este tipo de vida, invadindo tecidos ou membranas. Isto é o que acontece quando a bactéria *Treponema pallidum* causa a sífilis.

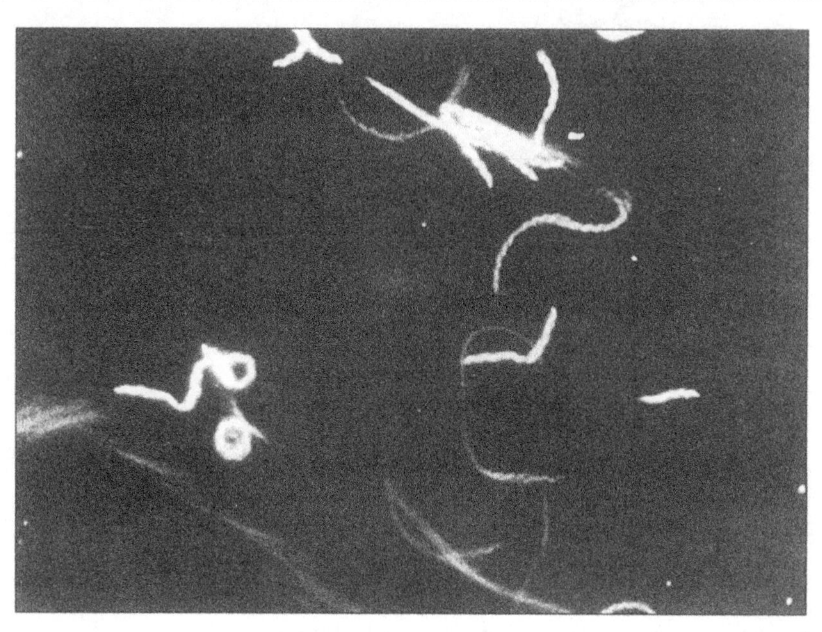

Rastros deixados pelos espiroquetas movimentando-se através de um meio viscoso. Iluminação em campo escuro.

Figura 4.11 Quimiotaxia em bactérias com flagelos peritríquios é acompanhada pela alternância entre *runs* e *tumbles*. Depois de cada *tumble*, a célula se locomove em uma direção diferente; se ela estiver movimentando na direção correta, por exemplo, em direção a uma substância atrativa, haverá menos *tumble*, uma vez que não há necessidade de mudar de direção. Durante a locomoção os flagelos giram no sentido anti-horário, em sincronia para formar um feixe. As setas grandes indicam a direção de locomoção, enquanto as setas pequenas indicam a direção de propagação das ondas helicoidais ao longo do flagelo. Durante o *tumble*, os flagelos invertem a sua rotação, partes dos flagelos adquirem um comprimento de onda curto e a configuração de rotação no sentido horário, e o feixe flagelar se divide.

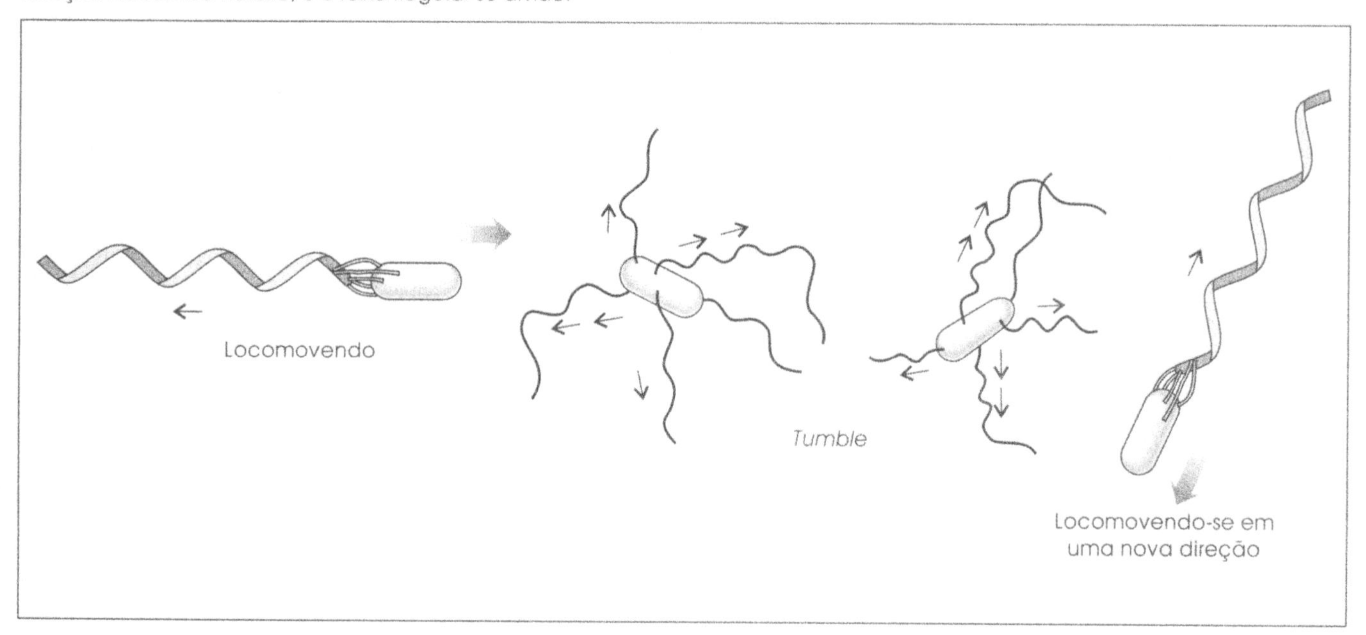

Figura 4.12 As células de *Escherichia coli* exibindo muitos pêlos que se estendem sobre a sua superfície.

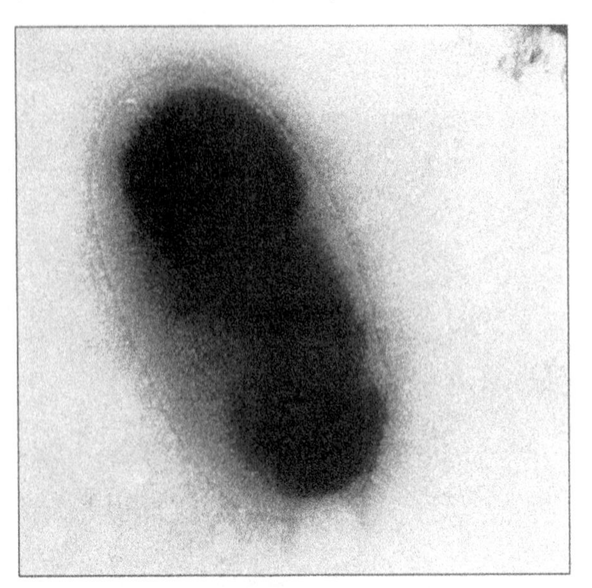

Figura 4.13 O pêlo sexual mantido unido em um par de *Escherichia coli*. A célula macho (à direita) também tem um pêlo de outro tipo além do pêlo sexual. Os pequenos bacteriófagos de RNA adsorvidos pelo pêlo sexual aparecem como um ponto.

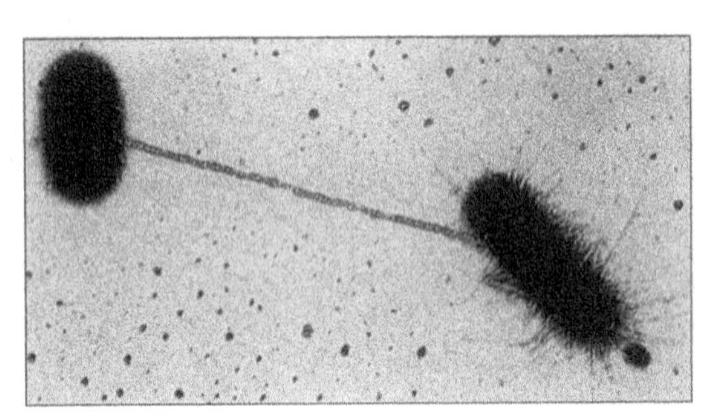

Sua estrutura, que pode ser vista somente ao microscópio eletrônico, é relativamente simples (Figura 4.12). Os pêlos penetram na parede celular, mas não foi observada nenhuma estrutura de ancoragem complexa análoga aos corpos basais flagelares. As subunidades individuais de uma proteína chamada *pilina* são arranjadas em forma de espiral em torno de um espaço central para formar a estrutura do pêlo. Existe uma variedade de tipos morfológicos de pêlos, e eles podem variar de um a várias centenas por célula.

Os diferentes tipos de pêlos estão associados com diferentes funções. Um destes é conhecido como pêlo F (ou pêlo sexual), que está envolvido na reprodução sexual da bactéria. As bactérias que possuem um pêlo F são consideradas células doadoras e aquelas que não possuem são as células receptoras.

Os pêlos de células doadoras reconhecem os receptores na superfície de células receptoras, aderem a eles e em seguida o material genético passa para dentro das células receptoras (Figura 4.13). A maior parte dos outros tipos de pêlos está envolvida com a adesão a superfícies.

Em infecções, os pêlos auxiliam a bactéria patogênica a aderir às células superficiais do trato respiratório, intestinal ou geniturinário, assim como as outras células hospedeiras. Esta adesão previne que as células bacterianas sejam retiradas do local pelo fluxo de muco ou outros fluidos corporais e permite o início da infecção. Por exemplo, a bactéria patogênica *Neisseria gonorrhoeae*, que causa a gonorréia, possui pêlos que reconhecem e aderem a receptores em certas células humanas.

Glicocálice

Algumas células bacterianas são circundadas por uma camada de material viscoso chamada ***glicocálice***. Corantes especiais podem ser utilizados para mostrar esta camada (Figura 4.14), que também pode ser vista pela suspensão das células em uma preparação coloidal, tal como a tinta da Índia que contém partículas em suspensão. As partículas não podem penetrar na camada viscosa da célula e então ela aparece como um halo, quando observada por meio do microscópio ótico.

Figura 4.14 As células encapsuladas da bactéria *Streptococcus pneumoniae*.

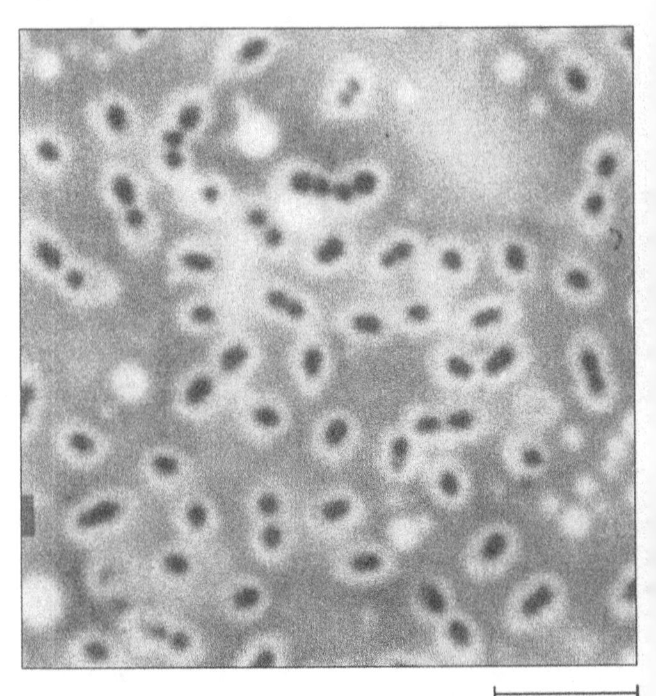

O glicocálice é composto de *polímeros*, grandes moléculas que são formadas por centenas ou milhares de unidades repetidas. Se o glicocálice estiver organizado de maneira definida e estiver acoplado firmemente à parede celular, ele é uma ***cápsula***. Mas se estiver desorganizado e sem qualquer forma e ainda estiver acoplado frouxamente à parede celular, é então descrito como **camada limosa**. A camada limosa tende a ser solúvel em água, de tal forma que o meio contendo a bactéria torna-se altamente viscoso. Por exemplo, bactérias que possuem um glicocálice altamente solúvel em água produzirão viscosidade no leite.

A estrutura da cápsula pode ser vista por microscopia eletrônica (Figura 4.15). O que se vê é uma malha ou rede de fios finos, normalmente formadas de polissacarídeos. As cápsulas compostas de um único tipo de açúcar são denominadas cápsulas *homopolissacarídeas*. A síntese de glicana, a partir de sacarose feita pelo *Streptococcus mutans* é um exemplo. A bactéria utiliza a glicana, um polímero de glicose, para aderir firmemente às superfícies lisas dos dentes e causa cárie dentária. Sem a aderência da glicana, o microrganismo seria expelido pelo fluxo da saliva.

Outras cápsulas, as *heteropolissacarídeas*, contêm mais de um tipo de açúcar. Diferentes açúcares podem ser encontrados em diferentes tipos de cápsulas de uma bactéria particular. Por exemplo, a cápsula tipo VI do *Streptococcus pneumoniae* consiste em galactose, glicose e ramnose. Outros tipos capsulares desta bactéria causadora de pneumonia contêm outras combinações de açúcares. A determinação dos constituintes da cápsula é normalmente um passo importante na identificação de certas bactérias patogênicas.

Algumas cápsulas são feitas de polipeptídeos, e não de polissacarídeos. A cápsula do *Bacillus anthracis,* o agente do carbúnculo, é constituída unicamente por um polímero do ácido glutâmico. Este polímero não é comum porque o ácido glutâmico é um isômero óptico D raro, ao contrário do isômero L normalmente encontrado na natureza.

O glicocálice apresenta diversas funções, dependendo da espécie bacteriana. A aderência é a principal delas, função que capacita a bactéria a aderir a várias superfícies, tais como pedras em águas de grande movimentação, raízes de plantas e dentes humanos. As cápsulas normalmente possuem muitos grupos polares e podem proteger a célula contra o dessecamento temporário, ligando-se a moléculas de água. Também podem servir como reservatório de alimentos. Podem ainda evitar a adsorção e lise da célula por **bacteriófagos**, que são vírus que atacam as bactérias. As cápsulas protegem as bactérias patogênicas da fagocitose por células sanguíneas da série branca, que defendem o corpo dos mamíferos, aumentando a chance de infecção.

Figura 4.15 As células bacterianas tratadas com técnicas e cuidados especiais, tal como uma reação com anticorpos capsulares específicos que podem ser marcados com compostos químicos que se apresentam escuros ao feixe eletrônico, permitindo a visualização de cápsulas sob o microscópio eletrônico. [**A**] Corte fino da célula de *Escherichia coli* mostrando uma grande cápsula aderida. [**B**] Corte fino de célula de *Streptococcus pyogenes* exibindo cápsula.

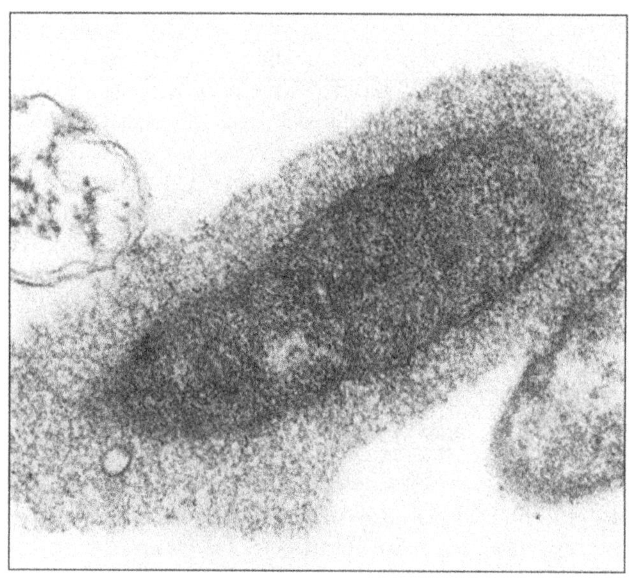

(A) 0,5 μm

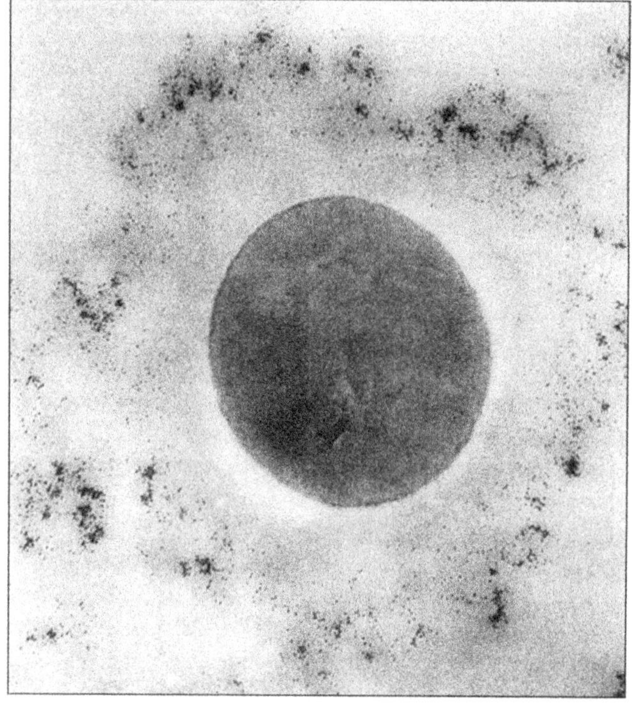

(B) 0,5 μm

As bactérias que possuem glicocálice podem ser uma praga para a indústria. Elas são responsáveis pelo acúmulo de lodo nos equipamentos, o que pode entupir os filtros e fechar tubos ou outros equipamentos, afetando assim a qualidade final dos produtos.

Parede Celular

A parede celular de organismos procarióticos é uma estrutura rígida que mantém a forma característica de cada célula bacteriana. A estrutura é tão rígida que mesmo altas pressões ou outras condições físicas adversas raramente mudam a forma das células bacterianas. A parede celular previne a expansão e eventualmente o rompimento da célula devido à entrada de água. (A maioria das bactérias vive em ambientes que induzem a absorção de água pela célula.) A parede celular bacteriana é normalmente essencial para o crescimento e divisão da célula; células cujas paredes foram removidas em laboratório são incapazes de crescer e se dividir normalmente. Dependendo da espécie e das condições da cultura, a parede celular pode corresponder a cerca de 10 a 40% do peso seco da célula.

Propriedades e Composição Química da Parede Celular Bacteriana. As paredes celulares não são estruturas homogêneas, mas são camadas de diferentes substâncias, que variam de acordo com o tipo de bactéria envolvida. Elas diferem em espessura, assim como em composição. Estas diferenças ajudam a identificar e classificar as bactérias. Também ajudam a explicar alguns dos traços característicos das bactérias, tais como sua resposta à coloração de Gram e sua habilidade em causar doença.

Entre as eubactérias, as paredes celulares das espécies Gram-negativas são geralmente mais finas (10 a 15 nm) que as das Gram-positivas (20 a 25 nm). As paredes celulares de arqueobactérias Gram-negativas também são mais finas que as paredes celulares das arqueobactérias Gram-positivas.

Nas eubactérias, o componente da parede celular que determina a sua forma é em grande parte o **peptideoglicano** (algumas vezes chamado de *mureína*), que é um polímero poroso e insolúvel de grande resistência. Encontrado somente em procariotos, o peptideoglicano é uma molécula gigante, simples, que circunda a célula como uma rede (Figura 4.16, caderno em cores). Difere ligeiramente em composição química e estrutura de uma espécie para outra, mas a estrutura básica contém três tipos de unidades estruturais: (1) *N-acetilglicosamina* (*NAG*), (2) *ácido N-acetilmurâmico* (*NAM*) e (3) um peptídeo formado de quatro aminoácidos, ou tetrapeptídeo. Este tetrapeptídeo contém alguns D-aminoácidos.

Para formar a estrutura rígida ao redor da célula, os tetrapeptídeos em uma cadeia peptideoglicana formam ligações cruzadas com os tetrapeptídeos de uma outra cadeia (Figura 4.16C). Ao mesmo tempo, as partes dessa estrutura devem ser continuamente desdobradas por enzimas bacterianas chamadas *autolisinas*, de tal forma que um novo polímero possa ser adicionado e a célula possa crescer e se dividir. A formação das ligações cruzadas entre os tetrapeptídeos pode ser evitada pela ação de alguns antibióticos, como a penicilina, que inibe a síntese normal de parede celular.

Figura 4.17 Células gravadas-congeladas de *Desulfurococcus mobilis* examinadas por microscopia eletrônica, com a técnica de gravação por congelamento, mostrando uma rede de proteínas de superfície tetragonal.

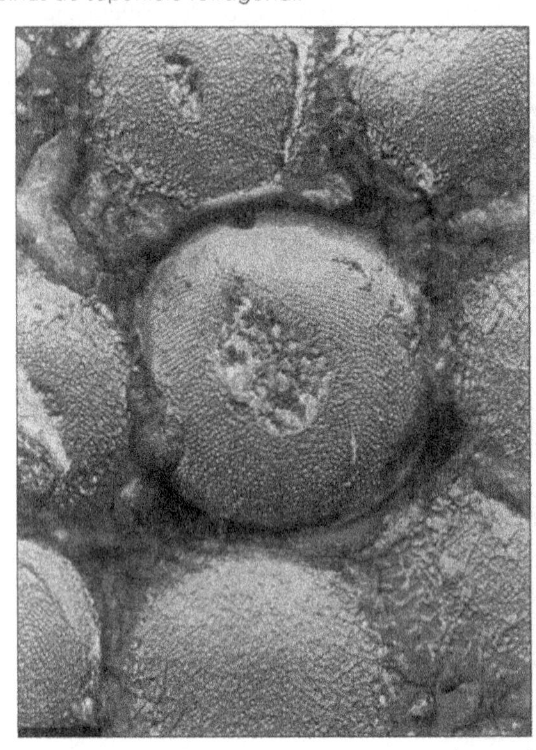

As paredes celulares de arqueobactérias diferem das eubactérias tanto em composição química quanto na estrutura. Tais paredes celulares contêm proteínas, glicoproteínas (moléculas compostas de proteínas e carboidratos) ou polissacarídeos complexos, mas elas não possuem ácido *N*-acetilmurâmico e D-aminoácidos e, portanto, não contêm peptideoglicanos. As diferenças químicas das paredes celulares entre os dois grupos bacterianos são uma outra prova da hipótese de que estes grupos evoluíram separadamente.

As paredes celulares de algumas bactérias Gram-negativas e Gram-positivas são cobertas por uma camada (em mosaico) reticulada de proteínas visível por meio do microscópio eletrônico (Figura 4.17). As funções destas camadas não são bem compreendidas, mas uma função conhecida é a proteção conferida às bactérias Gram-negativas contra o ataque por outras bactérias predadoras.

Qualquer que seja a composição e o aspecto da parede celular, esta tem várias funções além daquelas que dão forma característica ao microrganismo. Serve como uma barreira a algumas substâncias, prevenindo a evasão de certas enzimas, assim como o influxo de certas substâncias químicas e enzimas que poderiam causar danos à célula. Corantes, alguns antibióticos, sais biliares, metais pesados e enzimas degradativas podem ser retidas pela parede celular. Ao mesmo tempo, nutrientes líquidos necessários à célula têm passagem permitida.

A importância da parede celular é compreendida em parte por causa de experimentos que utilizam enzimas que removem a parede celular bacteriana total ou parcialmente. A parede celular de uma bactéria Gram-positiva é quase completamente destruída por certas enzimas, resultando em uma célula esférica chamada *protoplasto*. As paredes celulares de Gram-negativas são mais resistentes a tal tratamento e perdem menos de sua parede celular; porém, o *esferoplasto* produzido desta maneira é similar ao protoplasto, pois permite a entrada de grande quantidade de água, resultando em lise celular.

Paredes de Eubactérias Gram-positivas. Comparadas com as eubactérias Gram-negativas, as eubactérias Gram-positivas normalmente têm uma quantidade maior de peptideoglicano em sua parede celular, o que torna a parede muito espessa (Figura 4.18). O polímero representa 50% ou mais do peso seco da parede de algumas espécies Gram-positivas, mas somente em torno de 10% da parede de espécies Gram-negativas. Muitas eubactérias Gram-positivas também contêm polissacarídeos denominados ***ácidos teicóicos*** na sua parede (Figura 4.19A). Os ácidos teicóicos, que são polímeros de glicerol e ribitol fosfatos, estão ligados ao peptideoglicano ou à membrana citoplasmática. Carregados negativamente, eles podem ajudar no transporte de íons positivos para dentro e para fora da célula e no armazenamento de fósforo.

Paredes de Eubactérias Gram-negativas. Mais complexas que as paredes celulares de Gram-positivas, as paredes de eubactérias de Gram-negativas possuem uma *membrana externa* cobrindo uma camada fina de peptideoglicano. Como afirmado anteriormente, a camada de peptideoglicano das Gram-negativas representa somente 5 a 10% do peso seco da parede celular. Esta camada é encontrada no espaço periplasmático entre a membrana citoplasmática e a membrana externa. As bactérias Gram-positivas não possuem este espaço, assim como não têm uma membrana externa como parte de sua parede celular.

Mas é a membrana externa, não a camada de peptideoglicano, que distingue as bactérias Gram-negativas. Como a parede celular espessa das células Gram-positivas, a membrana externa serve como uma barreira seletiva que controla a passagem de algumas substâncias para dentro e para fora da célula. Pode ainda causar efeitos tóxicos sérios em animais infectados. A estrutura básica das membranas externas de Gram-negativas é a mesma das membranas típicas discutidas anteriormente – é uma estrutura em bicamada contendo fosfolipídeos, com sua face apolar voltada para dentro, protegida dos meios aquosos, e a face polar voltada para fora. Está ancorada ao peptideoglicano por uma ***lipoproteína***, uma molécula composta por uma proteína e um lipídeo (Figura 4.19B, caderno em cores). Os fosfolipídeos da membrana externa são semelhantes àqueles da membrana citoplasmática (a ser discutida brevemente). Além dos fosfolipídeos, a membrana externa da parede contém proteínas e ***lipopolissacarídeos (LPSs)***. Os lipopolissacarídeos estão localizados exclusivamente na camada externa da membrana, enquanto os fosfolipídeos estão presentes quase completamente na camada interna. Os lipolissacarídeos são característicos de bactérias Gram-negativas; as paredes celulares de bactérias Gram-positivas não contêm tais substâncias. Os LPSs ocorrem somente na membrana externa e são compostos por três segmentos ligados covalentemente: (1) *lipídeo A*, firmemente embebido na membrana; (2) *cerne do polissacarídeo*, localizado na superfície da membrana; e (3) *antígenos O*, que são polissacarídeos que se estendem como pêlos a partir da superfície da membrana em direção ao meio circundante (Figura 4.19C). A porção lipídica de um LPS é também conhecida como uma *endotoxina* e pode atuar como um veneno – causando febre, diarréia, destruição das células vermelhas do sangue e um choque potencialmente fatal. Diferente dos lipídeos na membrana citosplasmática, o lipídeo A não é composto de fosfolipídeos, mas de ácidos graxos saturados.

Os antígenos O consistem em unidades de carboidratos repetidos e arranjados em uma variedade de combinações. Estes carboidratos incluem hexoses comuns tais como glicose, galactose, manose e ramnose, assim como alguns açúcares raros. Estes antígenos O são responsáveis por muitas das propriedades sorológicas das bactérias que contêm LPS (isto é, como elas reagem com anticorpos em testes laboratoriais). Eles também podem servir como sítios para adsorção de bacteriófagos nas células bacterianas.

Embora seja geralmente uma barreira para moléculas grandes tais como proteínas, a membrana externa é permeável a moléculas menores, tais como purinas e pirimidinas, dissacarídeos, peptídeos e aminoácidos. Assim, a membrana externa é seletivamente permeável a moléculas com base em sua carga elétrica e peso molecular. As moléculas passam através de canais de difusão formados por proteínas especiais chamadas *porinas*, que atravessam a membrana externa (Figura 4.19B). Várias porinas são específicas para diferentes tipos ou classes de moléculas pequenas, e algumas podem permitir a passagem de moléculas essenciais maiores tais como a vitamina B_{12}. Algumas proteínas da membrana externa também servem como sítios receptores para adsorção de vírus bacterianos e

Figura 4.18 Corte fino de uma bactéria Gram-positiva mostrando uma parede celular uniformemente espessa consistindo principalmente do peptideoglicano. Também é mostrada uma estrutura mesossomal, uma invaginação da membrana citoplasmática.

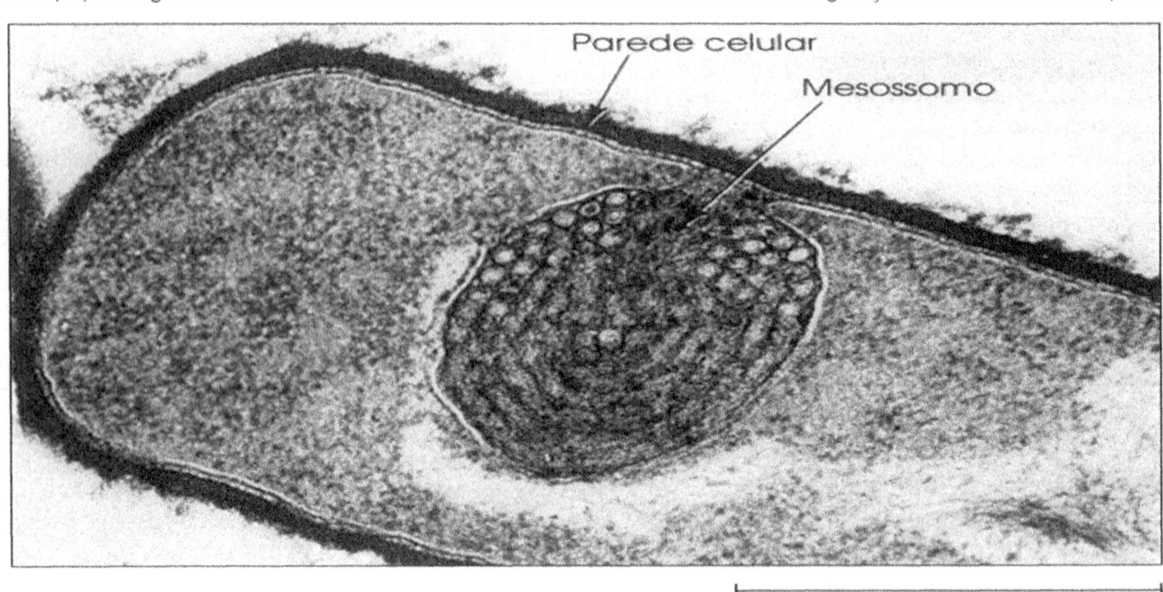

bacteriocinas. As últimas são proteínas produzidas por algumas bactérias que inibem ou matam espécies de bactérias intimamente relacionadas. A designação geral para as *proteínas de membrana externa*, incluindo porinas e receptores, é *Omp (outer-membrane proteins).*

Mecanismo da Coloração de Gram. Agora que conhecemos a estrutura e a composição química da parede celular procariótica, é fácil compreender o mecanismo da coloração de Gram descrito no Capítulo 3. A diferença na coloração entre células de eubactérias Gram-positivas e Gram-negativas é devido à sua relativa resistência ao descoramento pelo álcool. Durante o processo da coloração de Gram, as células são tratadas com cristal violeta (corante primário) e em seguida com uma solução de iodo (um mordente). Isto resulta na formação de um complexo cristal violeta–iodo (CVI) dentro das células. Quando uma bactéria Gram-negativa é tratada com etanol, o lipídeo na membrana externa é dissolvido e removido. Isto rompe a membrana externa e aumenta sua permeabilidade. Assim, o complexo corante pode ser removido, descorando a bactéria Gram-negativa (que pode então ser tingida com o corante de fundo safranina). Em bactérias Gram-positivas, o etanol faz com que os poros no peptideoglicano se contraiam, e o complexo corante CVI permanece no interior da célula.

Membrana Citoplasmática

Imediatamente abaixo da parede celular está a ***membrana citoplasmática.*** Vista no microscópio eletrônico, ela tem a estrutura de outras membranas com bicamada – duas linhas escuras com uma área clara entre elas (Figura 4.20). A membrana citoplasmática é o sítio de atividade enzimática específica e do transporte de moléculas para dentro e para fora da célula. Em alguns casos, invaginações da membrana citoplasmática também se estendem profundamente na célula e participam do metabolismo e da replicação celular.

Estrutura e Composição Química da Membrana Citoplasmática. A membrana citoplasmática tem aproximadamente 7,5 nm de espessura, é composta primariamente de fosfolipídeos (20 a 30%) e proteínas (50 a 70%). Os fosfolipídeos formam uma bicamada na qual a maioria das proteínas estão embebidas (Figura 4.21). Cada molécula de fosfolipídeos contém uma cabeça polar, com carga elétrica (a terminação fosfato) e uma cauda apolar, sem carga elétrica (a terminação hidrocarbônica) (Figura 4.22). Na bicamada fosfolipídica, as terminações polares, solúveis em água, estão alinhadas na porção externa, enquanto as terminações apolares, insolúveis em água, estão do lado de dentro. Os fosfolipídeos na membrana tornam-na fluida, permitindo que os componentes protéicos se movimentem na membrana. Esta fluidez parece essencial para várias funções da membrana. Tal arranjo de fosfolipídeos e proteínas é chamado de *modelo do mosaico fluido.*

Ao contrário da membrana citoplasmática das células eucarióticas, a maioria das membranas citoplasmáticas procarióticas não contém esteróis tais como o colesterol, e desta forma são menos rígidas que as eucarióticas. Uma exceção são os micoplasmas, a única eubactéria sem parede celular rígida. A membrana citoplasmática é a estrutura mais externa da célula do micoplasma e os esteróis, nesta membrana, ajudam-na a manter sua integridade.

Figura 4.20 Grande aumento de um corte fino de uma célula de *Escherichia coli* mostrando a membrana externa, a camada de peptideoglicano e a membrana citoplasmática.

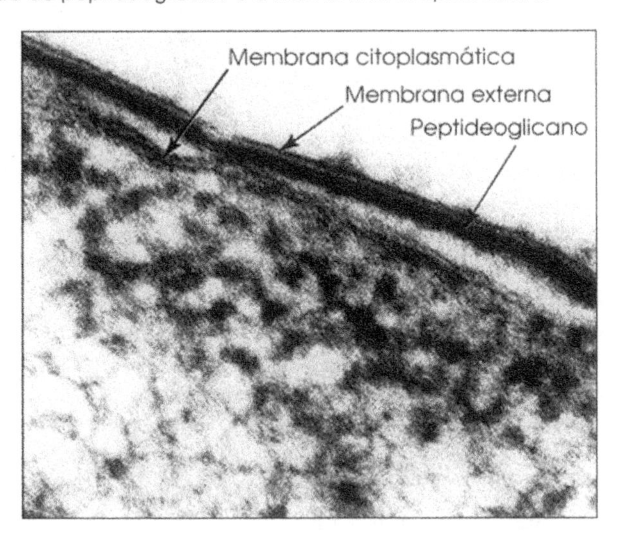

Figura 4.21 Interpretação esquemática da estrutura da membrana citoplasmática. Os fosfolipídeos estão arranjados em uma bicamada de tal forma que as partes polares (esferas) estão voltadas para a face externa e as partes não-polares (filamentos) estão voltadas para a face interna. Também são mostrados os componentes protéicos.

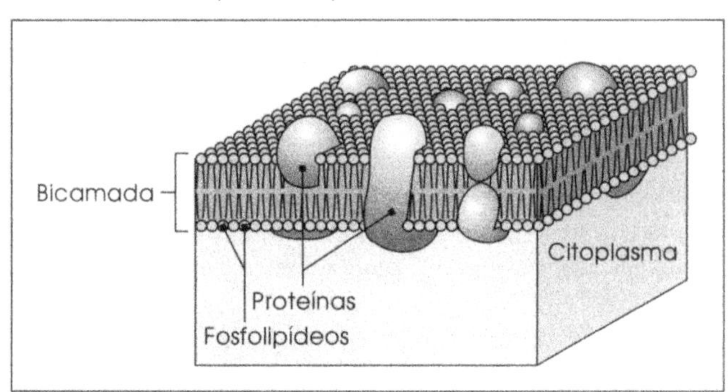

Função da Membrana Citoplasmática. Alguns processos essenciais para a célula estão localizados na membrana citoplasmática. Ela é uma barreira para a maior parte das moléculas solúveis em água, e é muito mais seletiva do que a parede celular. Entretanto, proteínas específicas na membrana chamadas *permeases* transportam pequenas moléculas para dentro da célula. A membrana também contém várias enzimas, algumas envolvidas na produção de energia e síntese da parede celular.

As células bacterianas não contêm organelas limitadas por uma membrana correspondente à mitocôndria e a cloroplastos de células eucarióticas (discutidos nas páginas 133-134). Ao contrário, as membranas citoplasmáticas de muitas bactérias estendem-se no citoplasma para formar túbulos chamados ***mesossomos*** (Figura 4.23). Eles são especialmente proeminentes em bactérias Gram-positivas. Os mesossomos podem colocar-se próximos da membrana citoplasmática ou aprofundar-se no citoplasma. Os mesossomos profundos e centrais parecem estar ligados ao material nuclear da célula. Parece que eles estão envolvidos na replicação de DNA e na divisão celular (Figura 4.24). Os mesossomos periféricos penetram muito pouco no citoplasma, não são restritos à localização central da bactéria e não estão associados com o material nuclear. Parecem estar envolvidos na secreção de certas enzimas a partir da célula, tais como as penicilinases que destroem a penicilina.

Figura 4.22 Exemplo de um fosfolipídeo de eubactéria, mostrando duas cadeias longas sem ramificações de ácidos graxos esterificados a glicerol. (O R é qualquer composto tal como etanolamina, colina, serina, inositol, ou glicerol.) A porção fosfato é carregada, cabeça polar (solúvel em água), enquanto a porção hidrocarbônica não é carregada, cauda não-polar (insolúvel em água).

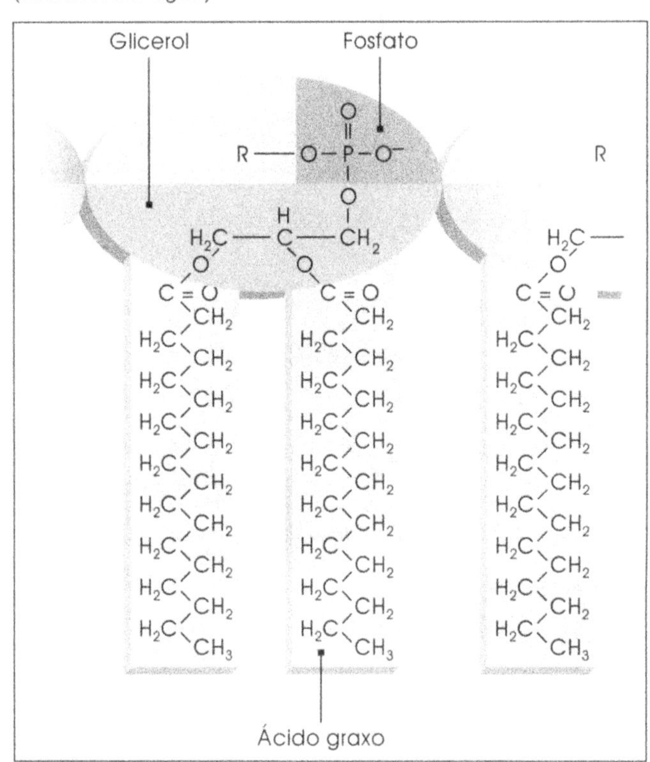

Elaboradas extensões intracelulares da membrana citoplasmática ocorrem em bactérias que têm seu metabolismo baseado na troca de gases ou no uso de energia luminosa. Tais sistemas de membrana aumentam a área de superfície disponível para estas atividades (Figura 4.25). Por exemplo, em bactérias fototróficas estas membranas são o sítio da fotossíntese; as invaginações fornecem uma extensa área para acomodar uma alta concentração de pigmentos que absorvem a luz.

Difusão e Osmose Através da Membrana Citoplasmática. Quando a concentração de uma substância dissolvida (soluto) em água é maior em um lado da membrana biológica, tal como a membrana citoplasmática, existe um *gradiente de concentração*. Isto significa que há uma diferença gradual na concentração do soluto à medida que

Figura 4.23 Mesossomo (seta) visto em um corte fino de uma célula de *Escherichia coli*.

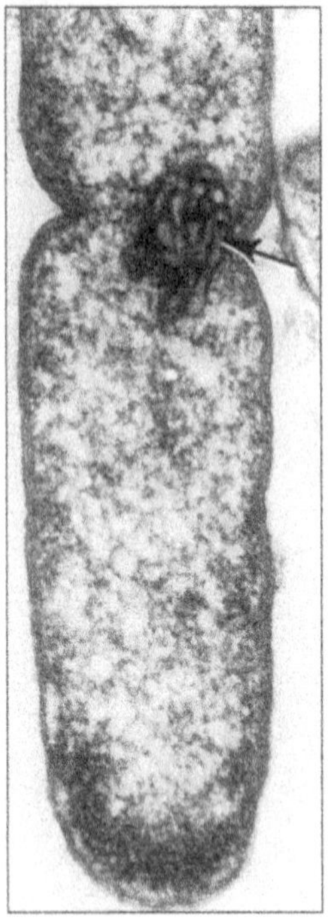

Figura 4.24 Micrografia eletrônica de um corte de *Bacillus subtilis* mostrando material nuclear (áreas mais claras), além da parede celular, da membrana citoplasmática do mesossomo e do estágio inicial da formação da parede celular transversal.

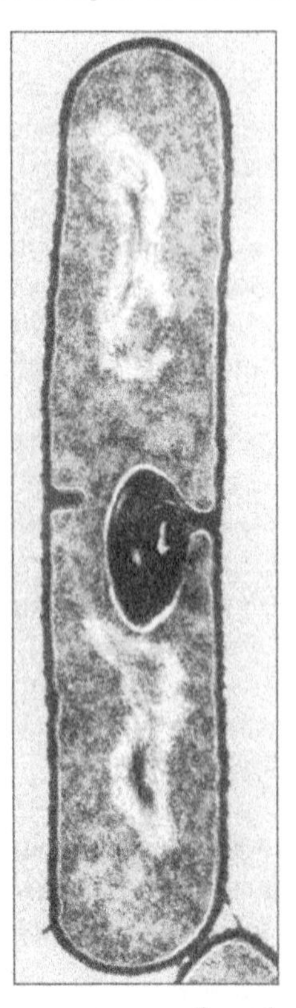

nos movemos de um ponto a outro. Se o soluto pode atravessar a membrana seletivamente permeável, ele se moverá para o lado mais diluído. O *equilíbrio* é atingido quando a taxa de movimento de um lado para o outro é igual. Este movimento de solutos através da membrana *semipermeável* (seletivamente permeável) é referido como uma ***difusão simples***. É um processo passivo, uma vez que a célula não gasta energia para realizá-lo. As células dependem da difusão simples para transportar algumas moléculas pequenas tais como oxigênio e dióxido de carbono, dissolvidos por meio de suas membranas citoplasmáticas. Entretanto, a maior parte dos nutrientes deve ser transportada para dentro da célula por permeases presentes na membrana citoplasmática. Este processo de transporte freqüentemente requer gasto de energia pela célula.

Moléculas solventes, tais como a água, também atravessam livremente a membrana semipermeável, fluindo de uma região na qual as moléculas estão altamente concentradas para uma de baixa concentração. Em outras palavras, os solventes passam de uma solução de baixa concentração de soluto (alta concentração de água) para uma solução com alta concentração de soluto (baixa concentração de água). Isto é chamado de ***osmose***, e a força com a qual a água se move através da membrana é a *pressão osmótica*.

As células microbianas podem ser expostas a três tipos de condições osmóticas em um meio aquoso: isotônico, hipotônico ou hipertônico. Em uma *solução isotônica*, a concentração total dos solutos (assim como moléculas solventes) é a mesma em qualquer lado da membrana semipermeável; não há fluxo líquido de água para dentro ou para fora da célula. Em uma *solução hipotônica*, a concentração dos solutos no meio é mais baixa do que no interior da célula, desta forma a água entra na célula como um resultado da diferença de pressão osmótica. A maioria das bactérias cresce em meios hipotônicos, e o intercrescimen-

Figura 4.25 Micrografia eletrônica de um corte fino de uma bactéria quimioautotrófica, *Nitrosococcus oceanus*, mostrando um amplo sistema de membrana intracelular.

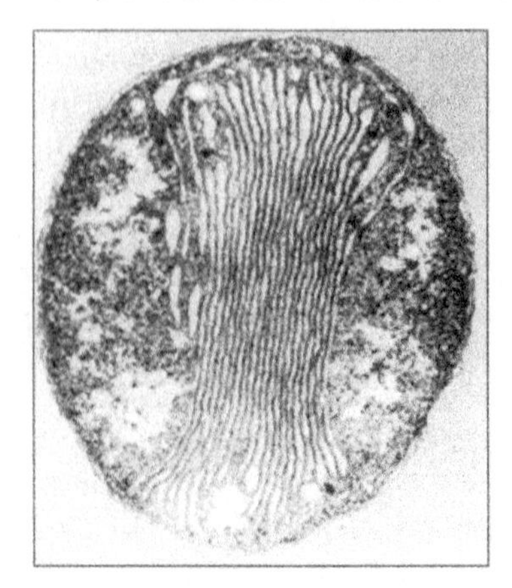

Figura 4.26 Principais estruturas celulares que ocorrem em células bacterianas. Certas estruturas, por exemplo, grânulos ou inclusões, não são comuns a todas as células bacterianas.

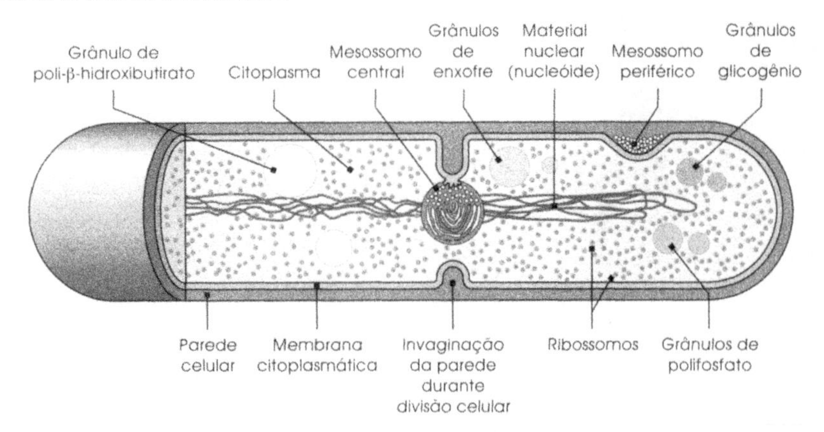

to das células é contido pela parede celular rígida. Uma *solução hipertônica* tem uma concentração mais alta de solutos do que no interior da célula. A água deixa a célula por causa da pressão osmótica, fazendo com que a membrana citoplasmática contraia a partir da parede celular.

Estruturas Celulares Internas

As estruturas internas das células estão na região delimitada pela parede celular e membrana citoplasmática (Figura 4.26). O material delimitado pela membrana citoplasmática pode ser dividido em: (1) a área citoplasmática, que é a porção fluida contendo substâncias dissolvidas e partículas tais como ribossomos, e (2) o material nuclear, ou *nucleóide*, que é rico em material genético, o DNA. Uma descrição geral destes elementos ajudará a completar o estudo das estruturas das células procarióticas.

Área Citoplasmática. Em qualquer célula, o citoplasma tem em torno de 80% de água, além de ácidos nucléicos, proteínas, carboidratos, lipídeos, íons inorgânicos, muitos compostos de baixo peso molecular e partículas com várias funções. Este fluido denso é o sítio de muitas reações químicas, como aquelas envolvidas na síntese de componentes celulares a partir dos nutrientes. Ao contrário do citoplasma eucariótico, o citoplasma em procariotos não flui no interior celular. Portanto, não há evidência de que o citoplasma procariótico tenha um ***citoesqueleto***, uma rede de fibrilas que ajudam a manter a forma da célula.

Os ***ribossomos***, que são partículas densas, estão dispersos no citoplasma e são o sítio da síntese de proteínas. Eles são encontrados em todas as células procarióticas e eucarióticas. Entretanto, diferentemente das células eucarióticas, as células bacterianas não têm sistemas de membranas internas. Alguns ribossomos são encontrados livres no citoplasma procariótico, enquanto outros, especialmente aqueles envolvidos com a síntese de proteínas secretadas, estão associados com a superfície interna da membrana citoplasmática. Os ribossomos em bactérias consistem em duas subunidades de tamanhos diferentes. A maior é a *subunidade 50 S* e a menor é a *subunidade 30 S*; juntas, elas formam o ribossomo bacteriano 70 S. (O "S" refere-se à *unidade de Svedberg*, uma medida de quão rápido a partícula se assenta, ou sedimenta, quando uma suspensão de partículas é centrifugada em alta velocidade. Uma vez que o tipo e o tamanho determinam o índice de sedimentação, as unidades S não são adicionadas aritmeticamente; por exemplo, 50 S + 30 S não é igual a 80 S). Os ribossomos procarióticos são alvos de muitos antibióticos que inibem a síntese de proteínas tais como a estreptomicina, neomicina e as tetraciclinas.

Diferentes tipos de substâncias químicas podem acumular e formar depósitos insolúveis no citoplasma chamados *inclusões*. Por exemplo, algumas espécies de bactérias que oxidam H_2S contêm grande quantidade de enxofre nos glóbulos (Figura 4.27). As inclusões podem servir como uma reserva de energia para a bactéria. ***Grânulos de volutina***, também conhecidos como *grânulos metacromáticos*, são constituídos de polifosfato. Eles se coram em púrpura-avermelhado intenso com corante azul de metileno diluído e são utilizados para auxiliar na identificação de certas bactérias, incluindo o agente causal da difteria. Com o microscópio eletrônico, os grânulos de volutina aparecem como áreas escuras e arredondadas (Figura 4.28).

Uma outra substância freqüentemente encontrada nas bactérias é um material lipídico, solúvel em clorofórmio, chamado *poli-β-hidroxibutirato* (PHB), que atua como uma reserva de carbono e fonte de energia. Os grânulos de PHB podem ser corados com corantes solúveis em lipídeos tal como o azul do Nilo. Ao microscópio eletrônico, eles aparecem como áreas claras e arredondadas (ver Figura 4.28). Ao contrário dos grânulos de volutina ou do PHB, os *grânulos de glicogênio* aparecem como grânulos escuros (ver Figura 4.28). O glicogênio é um polissacarídeo encontrado em algumas bactérias e se cora em marrom, após tratamento com solução de iodo, quando observado em microscópio ótico comum.

Figura 4.27 *Thiospirillum jenense* mostrando grânulos de enxofre.

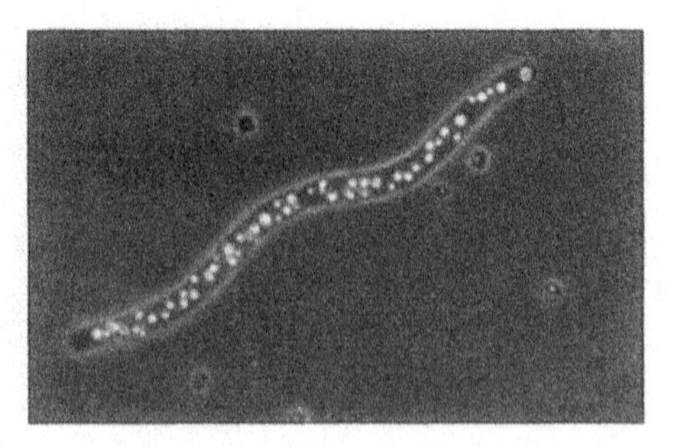

Figura 4.28 Corte fino de *Pseudomonas pseudoflava* mostrando grânulos de polifosfato (PP), grânulos de poli-hidroxibutirato (PHB) e grânulos de glicogênio (G).

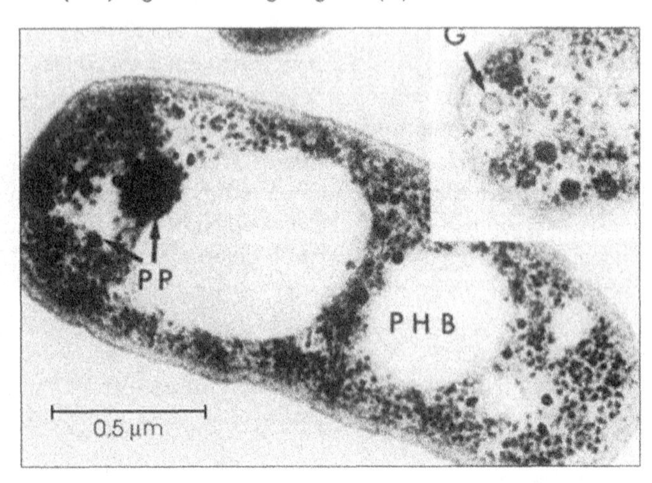

Área Nuclear. Uma célula bacteriana, diferentemente das células de organismos eucarióticos, não apresenta um núcleo delimitado por uma membrana distinta. Ao contrário, o material nuclear nas células bacterianas ocupa uma posição próxima do centro da célula. Parece estar ligado ao sistema membrana citoplasmática-mesossomo (ver Figura 4.24). Este material nuclear total chamado *nucleóide* consiste em um ***cromossomo*** único e circular. O cromossomo é a estrutura interna das células que fisicamente carrega a informação hereditária de uma geração para a outra. Pela microscopia eletrônica, o nucleóide aparece como uma área fibrilar, luminosa (ver Figura 4.24).

Formas Latentes de Microrganismos Procarióticos

Algumas espécies de bactérias produzem formas *latentes* chamadas ***esporos*** e ***cistos*** que podem sobreviver em condições desfavoráveis, tais como dessecamento e calor. Estas formas de repouso são metabolicamente inativas, o que significa que elas não estão crescendo. Entretanto, sob condições ambientais apropriadas, elas podem germinar (começar a crescer) e tornar-se células *vegetativas* metabolicamente ativas, que crescem e se multiplicam. No início da microbiologia, estas formas confundiam os microbiologistas. Algumas das primeiras tentativas de contrariar a teoria da geração espontânea falharam porque as condições experimentais não eliminavam as formas latentes de bactérias e fungos, permitindo que elas crescessem em espécimes tratados inadequadamente. No combate ao carbúnculo entre animais de fazendas, os microbiologistas eventualmente compreenderam que as formas latentes do bacilo do carbúnculo poderiam sobreviver no solo por anos.

Responda

1 Desenhar uma célula bacteriana mostrando todas as estruturas típicas.
2 Como o flagelo propulsiona a célula bacteriana? Quais são os diferentes tipos de distribuição flagelar?
3 Como a bactéria com flagelos peritríquios se movimenta? E as bactérias com flagelos polares?
4 Qual é a diferença entre flagelo e pêlo quanto à forma e à função?
5 Qual é a definição de glicocálice? Quais são as suas funções?
6 Qual a função da parede celular para a célula bacteriana?
7 Quais são as diferenças entre as paredes celulares de eubactérias Gram-negativas e Gram-positivas? Qual a diferença entre a composição da parede celular de arqueobactérias e eubactérias?
8 Qual é o mecanismo mais provável da coloração de Gram?
9 Por que a membrana citoplasmática pode ser descrita como *modelo do mosaico fluido*? E como *semipermeável*?
10 Quais são os diferentes grânulos encontrados no citoplasma bacteriano?

Esporos

Os esporos que se formam dentro da célula, chamados **endósporos**, são exclusivos das bactérias. Eles possuem parede celular espessa, são altamente refráteis (brilham muito com a luz do microscópio) e altamente resistentes às mudanças do ambiente. Em técnicas de colorações para visualizar os esporos ao microscópio ótico comum, é necessário o aquecimento do material para que os mesmos absorvam o corante. Os endósporos, produzidos um por célula, variam em forma e localização dentro da célula

Figura 4.29 [**A**] Localização, tamanho e forma dos endósporos em células de várias espécies de *Bacillus* e *Clostridium*. [**B**] Micrografia mostrando células e esporos (verdes) de *Bacillus subtilis*.

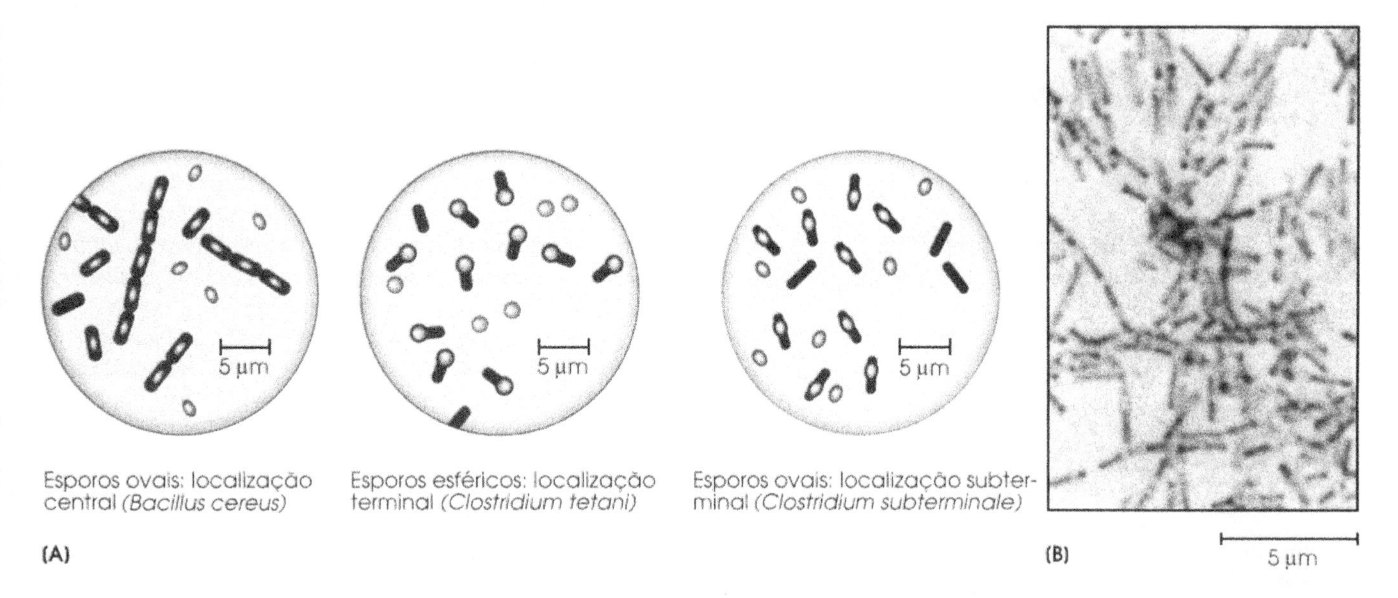

Figura 4.30 Alterações estruturais na célula bacteriana durante a esporulação.

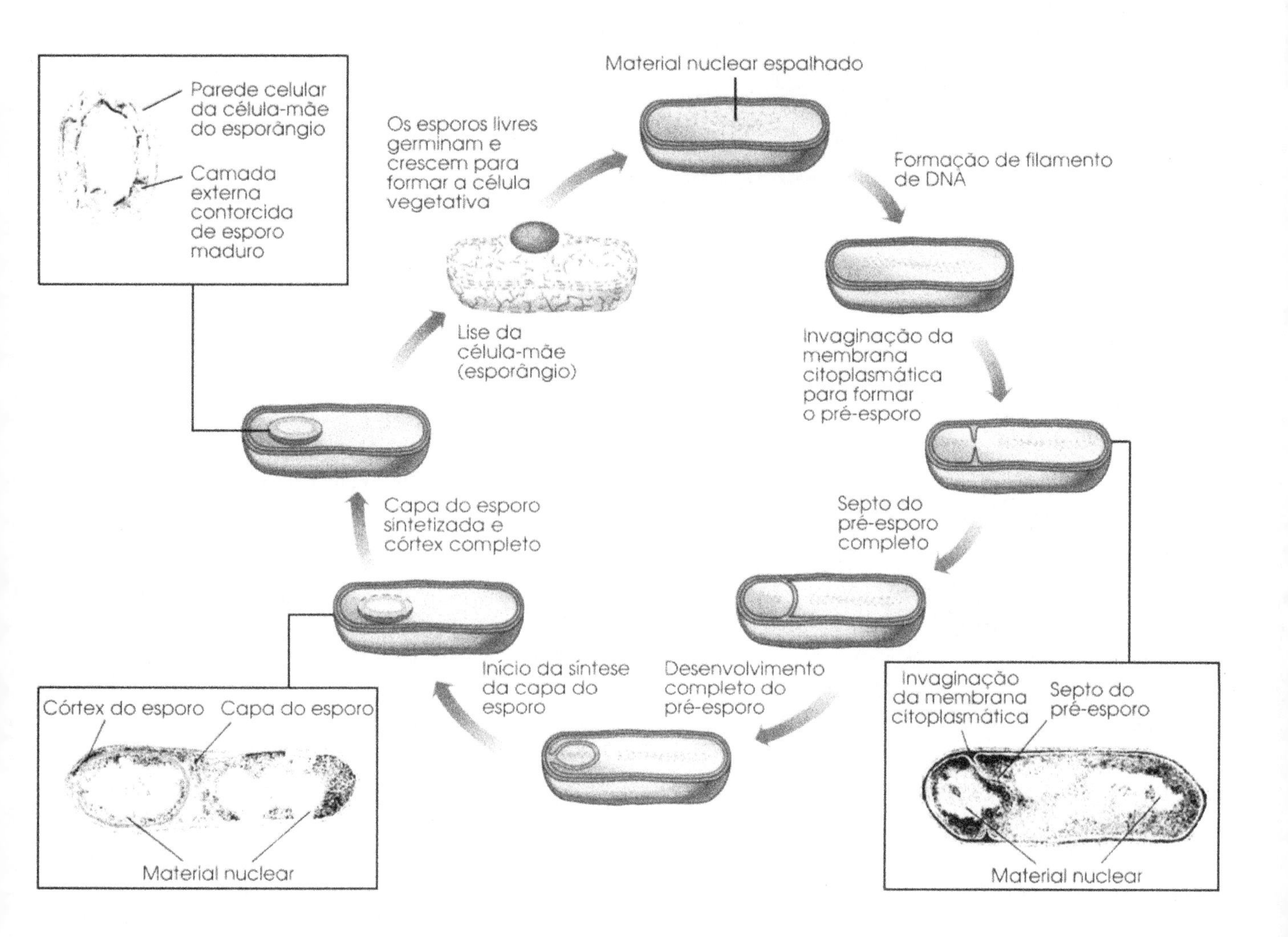

Figura 4.31 Crescimento de esporos a partir de uma cultura de *Bacillus mycoides*: [**A**] crescimento em 2 h a 35°C e [**B**] crescimento em 1:45 h a 35°C . As duas metades da capa do esporo aparecem nas extremidades da célula vegetativa.

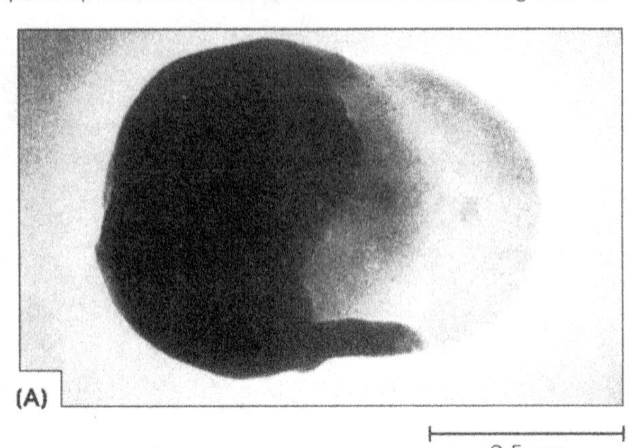

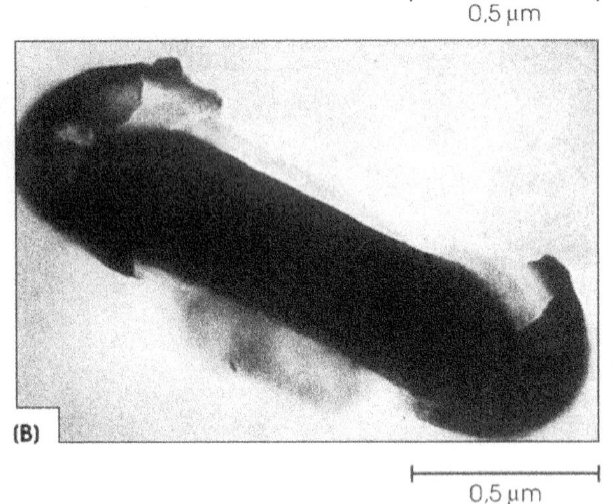

Figura 4.32 Estrutura ultrafina de um cisto de *Azotobacter*. O exospório (Ex) e as duas camadas de exina (CC_1 e CC_2) são visíveis. Além disso, a região (Nr) e a região citoplasmática contém ribossomos que podem ser vistos dentro do corpo central.

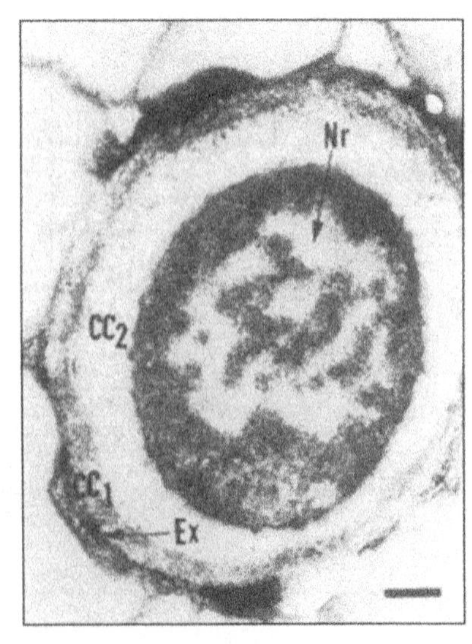

(Figura 4.29). Eles são mais freqüentes nos gêneros *Clostridium e Bacillus* e normalmente aparecem em culturas que se aproximam do final de uma fase de crescimento ativo.

Quando os endósporos são liberados da célula-mãe, ou ***esporângio***, podem sobreviver ao calor e ao dessecamento intensos e à exposição a compostos químicos tóxicos, como alguns desinfetantes. Por exemplo, os endósporos do *Clostridium botulinum*, a causa da intoxicação alimentar chamada *botulismo*, podem resistir à fervura por várias horas. As bactérias formadoras de endósporos são um problema na indústria alimentar porque elas sobrevivem a procedimentos de processamento que não sejam adequados. As células vegetativas são mortas por temperaturas acima de 70°C, mas a maioria dos endósporos pode resistir a 80°C por até 10 min.

O que leva a esta resistência ao calor tem sido assunto de intensas pesquisas por décadas, mas a explicação ainda não está clara. Aparentemente, um processo de desidratação ocorre durante a esporulação, que elimina a maior parte da água do esporo. Isto pode contribuir para a resistência ao calor. Além do mais, todos os esporos contêm grande quantidade de *ácido dipicolínico* (*DPA*), um composto único não encontrado em células vegetativas que pode contribuir na resistência ao calor. O DPA é responsável por 5 a 10% do peso seco do endósporo e ocorre em combinação com grande quantidade de cálcio. Esta combinação provavelmente está localizada na parte central do esporo.

As mudanças estruturais que ocorrem durante o desenvolvimento dos esporos têm sido extensamente estudadas. Algumas das mudanças são mostradas na Figura 4.30. Sob condições adequadas, um esporo formará uma célula vegetativa (Figura 4.31). Esta germinação pode ser iniciada por uma breve exposição ao calor ou por forças mecânicas que atuam sobre o esporo.

Um outro tipo de esporo é produzido por um grupo de bactérias chamadas *actinomicetos*. O esporo, chamado de ***conídio***, não é muito mais resistente ao calor do que uma célula vegetativa, embora seja resistente ao ressecamento. Entretanto, ao contrário das células vegetativas que produzem um único esporo, cada organismo actinomiceto pode produzir muitos destes conídios na extremidade de um filamento. Assim, tais conídios são utilizados para reprodução, e não para proteção.

Cistos

Como os endósporos, os cistos são formas latentes, de parede espessa e resistentes ao calor. Eles se desenvolvem a partir de uma célula vegetativa e mais tarde podem germinar sob condições apropriadas. Entretanto, sua estrutura e composição química são diferentes dos endósporos, e

Figura 4.33 [**A**] O fungo *Aspergillus niger* como visto por um microscópio eletrônico de varredura. Note os filamentos aéreos surgindo das grandes cabeças dos esporos chamadas conídias. [**B**] Uma levedura em germinação vista pelo microscópio eletrônico de varredura. [**C**] Fotomicrografia de campo claro do protozoário *Trypanosoma gambiensem*, agente da doença do sono. O protozoário flagelado é visto entre células vermelhas do sangue. [**D**] *Oocystis*, uma alga verde, ocorrendo como um grupo de células envolvidas por uma parede celular.

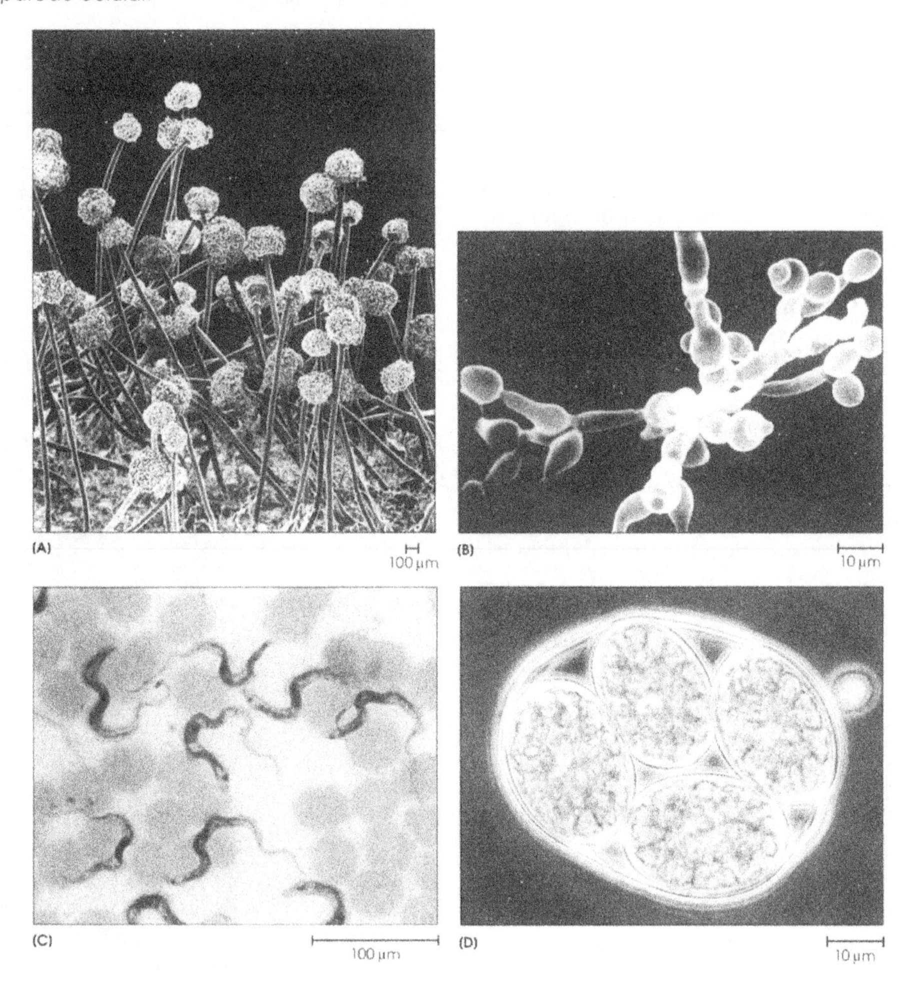

eles não apresentam alta resistência ao calor. O exemplo clássico de um cisto bacteriano é o tipo produzido pelo gênero *Azotobacter* (Figura 4.32). Muitos outros gêneros de bactérias podem diferenciar-se em cistos, mas parece faltar-lhes um grau de complexidade visto nos cistos das azotobactérias.

Responda

1. Quais são as duas estruturas latentes dos microrganismos procarióticos?
2. Quais são os gêneros bacterianos associados à formação de endósporos?
3. Quais são as características fisiológicas dos endósporos bacterianos?
4. Qual é a função provável do ácido dipicolínico no endosporo bacteriano?
5. Qual é o gênero bacteriano que produz cistos?

Características Morfológicas de Microrganismos Eucarióticos

Todos os organismos procarióticos são microrganismos, ainda que somente um pequeno grupo de organismos eucarióticos incluam microrganismos. Estes grupos – algas, fungos, e protozoários – incluem uma grande diversidade de organismos. Contudo, entre eles estão presentes espécies muito grandes para serem consideradas microscópicas. Exemplos óbvios são o joio do mar, que são algas, e os cogumelos, que são fungos. Entretanto, estes são relacionados aos eucariotos microscópicos e são normalmente incluídos no estudo da microbiologia. Outros eucariotos são células diminutas e simples. As diferenças morfológicas entre os fungos, os protozoários e as algas são uma lembrança das diversidades estruturais entre os microrganismos (Figura 4.33).

Morfologia dos Fungos

As leveduras e os bolores são fungos, mas eles diferem na sua morfologia. As leveduras são unicelulares e geralmente são maiores do que a maioria das bactérias, variando em tamanho de 1 a 5 μm em largura e 5 a 30 μm ou mais em comprimento. São normalmente ovais, mas algumas vezes são alongadas ou esféricas. Cada espécie tem uma forma característica, mas mesmo em uma cultura pura há considerável variação no tamanho e na forma das células individuais. As leveduras não têm flagelos nem outros meios de locomoção. Sobre um meio com ágar, elas formam colônias lisas e brilhantes que lembram as colônias bacterianas. Essas colônias são muito diferentes das colônias espalhadas, aveludadas ou filamentosas formadas pelos bolores (Figura 4.34).

Diferentemente das leveduras unicelulares, os bolores são organismos multicelulares que aparecem como filamentos sob baixa ampliação. Com grande ampliação, os bolores parecem uma floresta diminuta com muitas regiões (Figura 4.35A). O corpo, ou ***talo*** de um fungo filamentoso, consiste em um ***micélio*** e nos esporos latentes. Cada micélio é uma massa de filamentos chamada ***hifa.*** Cada hifa tem em torno de 5 a 10 μm de largura e é formada pela reunião de muitas células. As paredes rígidas das hifas são formadas de quitinas, celuloses e glicanas.

As hifas podem ser classificadas como *cenocíticas* ou como *septadas* (Figura 4.35 B e C). As hifas cenocíticas não têm *septo,* que é formado por invaginação da parede celular entre as células que formam um longo filamento. Cada hifa cenocítica é essencialmente uma célula longa contendo muitos núcleos. As hifas septadas têm um septo que divide os filamentos em células distintas contendo núcleos. Entretanto, existe um poro em cada septo que permite que o citoplasma e os núcleos migrem entre as células. Uma hifa cresce por elongação de sua extremidade, e cada fragmento que contém os núcleos é capaz de crescer em um novo organismo.

Algumas hifas estão embebidas em meios sólidos tais como pães ou solo para sustentar e alimentar o talo. Estas hifas especializadas são chamadas de *rizóides*, porque se assemelham às raízes. As *hifas reprodutivas* podem crescer livres em contato com o ar para disseminar os esporos que elas produzem. O processo de germinação do esporo inicia-se com a formação de um tubo germinativo, uma extensão curta semelhante a uma hifa que logo cresce e forma um talo (Figura 4.36). As hifas sem funções especializadas podem simplesmente crescer ao longo da superfície de um substrato e são referidas como *hifas vegetativas*. Outras hifas podem organizar-se em estruturas grandes para formar os assim chamados fungos corpulentos, tais como cogumelos, bufa-de-lobo e orelha-de-pau.

Muitos fungos patogênicos exibem *dimorfismo*, existindo seja em uma forma unicelular como leveduras ou em uma forma filamentosa. A fase de levedura está presente quando o organismo é um parasita, e a forma filamentosa quando o organismo é saprófita no seu hábitat natural (tal como o solo) ou em meio de laboratório incubado a temperatura ambiente (Figura 4.37). A demonstração deste dimorfismo é freqüentemente crucial na identificação destes patógenos.

Figura 4.34 Colônias de fungos em um meio com ágar. [**A**] Colônias de leveduras. [**B**] Colônias de bolores. Note a diferença na textura da superfície entre os dois grupos de fungos: as colônias de leveduras são lisas e brilhantes; as colônias de bolores são filamentosas e com aspecto cotonoso.

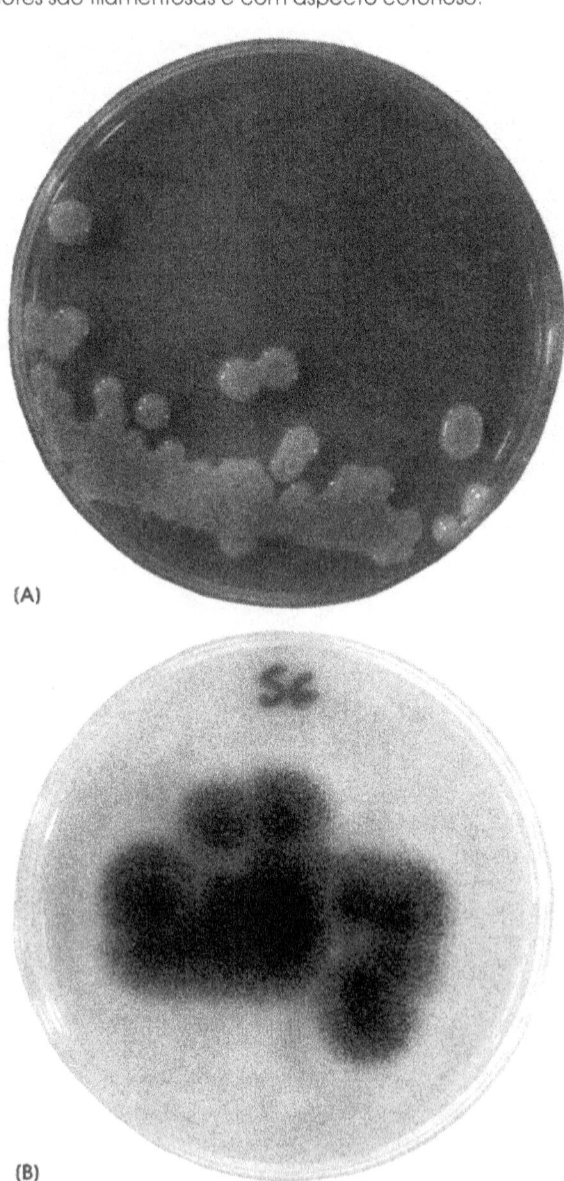

Morfologia das Algas

As algas apresentam grande variedade de tamanhos e formas. As espécies variam de células microscópicas uni-

Figura 4.35 [**A**] O corpo (talo) de um bolor comum de pão, *Rhizopus stolonifer*, forma muitos tipos de hifas (uma massa de hifas é chamada de micélio). Existem hifas semelhantes a raízes (rizóides), hifas vegetativas que também penetram no substrato, e hifas aéreas (esporangióforos) que produzem esporos dentro de sacos denominados esporângios. Estolhos são filamentos em forma de raízes que conectam talos individuais. Numerosos esporângios podem ser vistos na micrografia abaixo. [**B**] Hifa não-septada (cenocítica). Note que não existem septos. [**C**] Hifa septada, com septo dividindo a hifa em duas novas células.

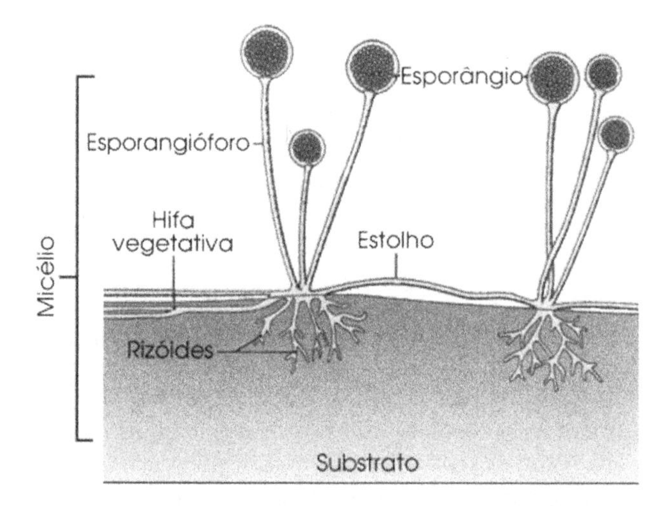

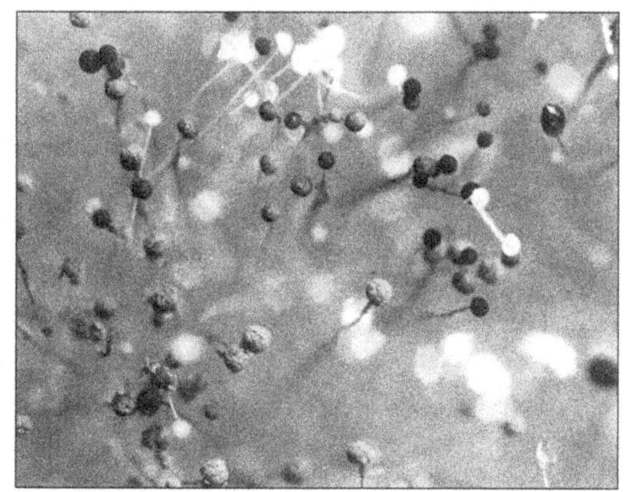

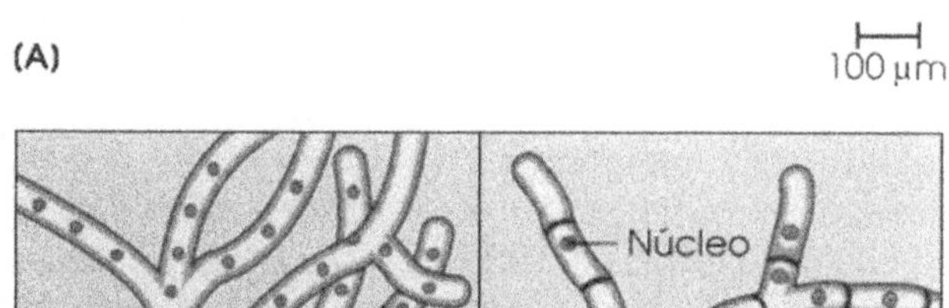

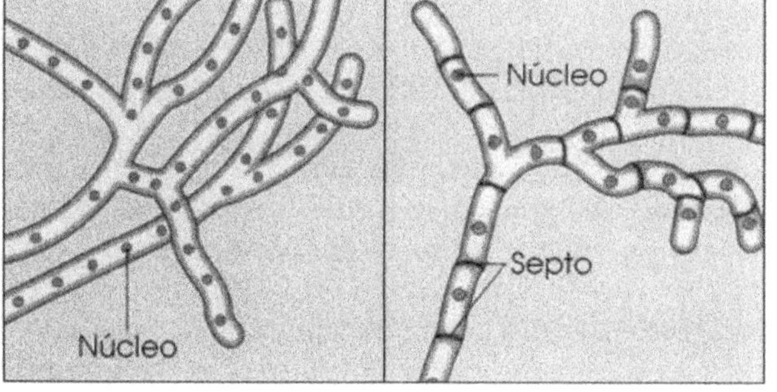

Figura 4.36 Micrografias eletrônicas de varredura de esporos de *Rhizopus stolonifer* em estágios seqüenciais de germinação, com fotomicrografias em contraste de fase correpondente. [**A**] Esporo não-germinado. [**B**] Esporo entumescido. [**C**] Esporo alongado. [**D**] Tubo germinativo emergindo. [**E**] Tubo germinativo alongado.

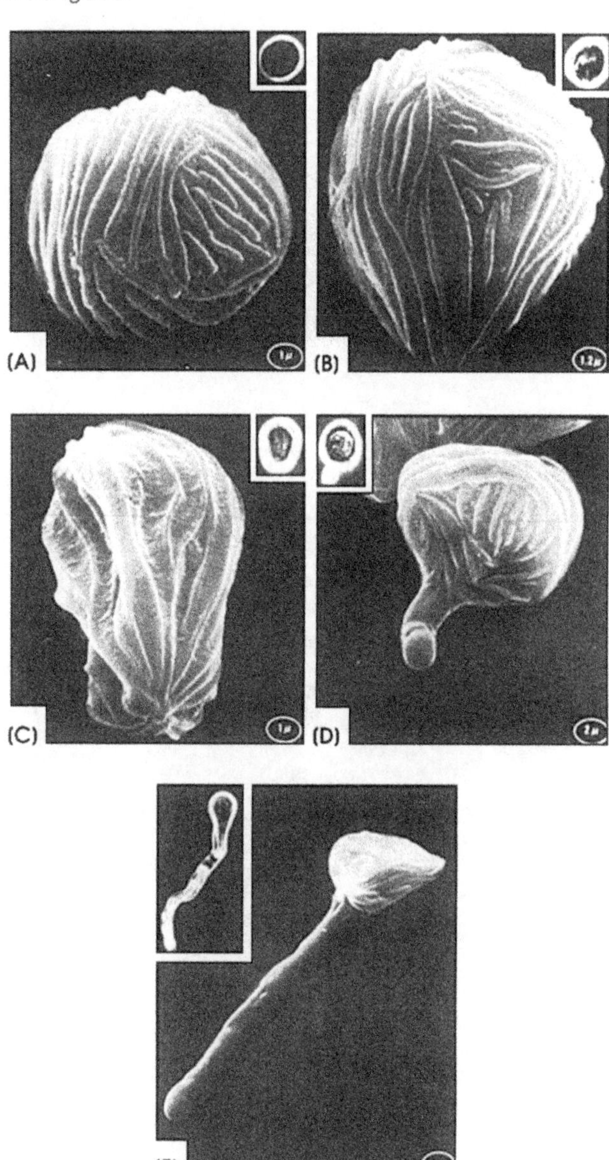

celulares a organismos com vários metros de comprimento. As espécies unicelulares podem ser esféricas, em forma de bastonete, em forma de clavas ou fusiformes. Algumas podem ser móveis (Figura 4.38). As algas multicelulares aparecem em uma variedade de formas e graus de complexidade. Algumas são organizadas como filamentos de células ligadas pelas extremidades; em algumas espécies estes filamentos se entrelaçam em corpos macroscópicos, como as plantas. As algas também ocorrem em colônias, algumas delas são simples agregados de células individuais, enquanto outras contêm tipos celulares diferentes com funções especializadas (Figura 4.39).

Figura 4.37 Dimorfismo em um fungo patogênico, *Blastomyces drematitidis*. [**A**] Fase micelial. [**B**] Fase de levedura. Iluminação por contraste de fase.

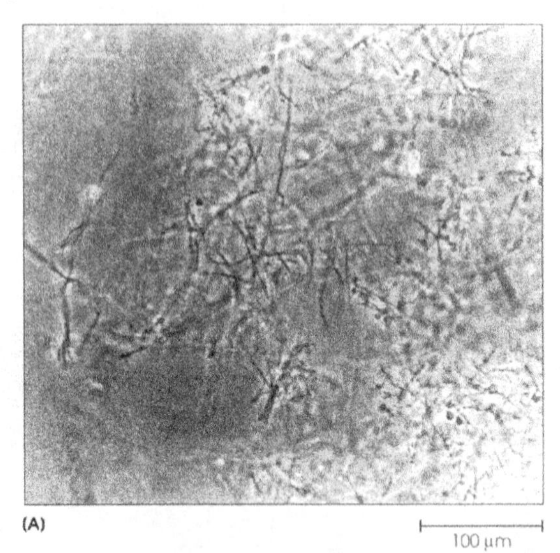

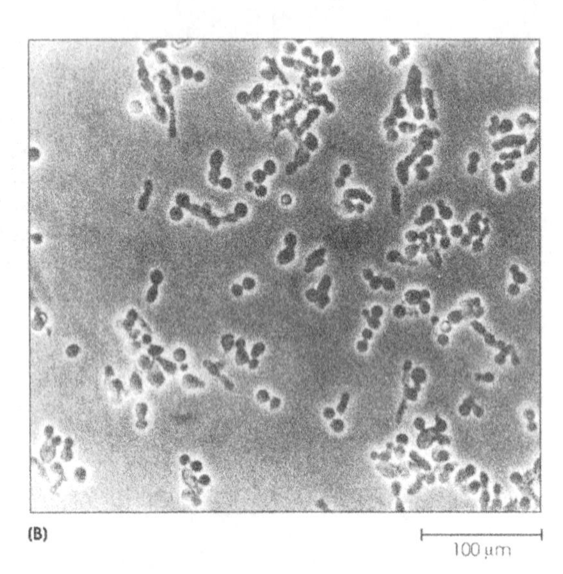

Morfologia dos Protozoários

Alguns protozoários são ovais ou esféricos, outros, alongados. Outros ainda são *polimórficos*, morfologicamente distintos em diferentes estágios do ciclo de vida. As células podem ser tão pequenas quanto 1 μm em diâmetro e tão grandes quanto 2.000 μm ou 2 mm (visíveis sem ampliação). Como os animais, os protozoários não têm parede celular, são capazes de se mover em alguns estágios de seu ciclo de vida e ingerem partículas de alimentos. Cada célula individual é um organismo *completo*, contendo as organelas necessárias para realizar todas as funções de um organismo individual. Conseqüentemente, muitas células de protozoários são mais complexas do que outros tipos de células. Algumas das características gerais que distinguem fungos, algas e protozoários são resumidas na Tabela 4.1.

Responda

1 As leveduras são móveis?

2 Quais as diferenças entre as colônias de leveduras e as colônias de fungos filamentosos?

3 Quais são os termos associados com a morfologia dos fungos filamentosos?

4 O que é dimorfismo? Qual é a sua aplicação prática nos laboratórios de microbiologia?

5 Qual o tamanho médio das algas?

6 Quais são as várias formas de algas multicelulares?

7 Por que alguns protozoários são descritos como *polimórficos*?

8 As algas podem se mover? Justificar a sua resposta.

Ultra-estrutura dos Microrganismos Eucarióticos

As células eucarióticas são geralmente maiores e estruturalmente mais complexas do que as células procarióticas. *A característica predominante das células eucarióticas é o núcleo com cromossomos lineares, envolvido por uma membrana que não é encontrada em procariotos.* Mas o núcleo é somente uma das muitas estruturas que caracterizam os fungos, as algas e os protozoários eucarióticos. A morfologia destes microrganismos pode incluir apêndices, parede celular, membranas e várias estruturas internas. A maior complexidade da célula eucariótica sobre a célula procariótica é evidente quando o diagrama esquemático de uma célula eucariótica (Figura 4.40) é comparado com o da célula procariótica (ver Figura 4.7).

Flagelos e Cílios

Como as bactérias, muitas células eucarióticas têm estruturas delgadas utilizadas para se locomoverem. Denominadas de flagelos e **cílios**, originam-se do corpo basal estendendo-se através da membrana que encerra a célula. Muitos dos protozoários e das algas unicelulares possuem flagelos, que se movimentam como chicotes e propulsionam as células através de meios fluidos (Figura 4.41). Em alguns casos, somente a presença de clorofila distingue uma alga móvel de um protozoário. Os cílios eucarióticos são idênticos aos flagelos eucarióticos em estrutura, mas normalmente são mais numerosos e menores. São comumente arranjados em grupos ou enfileirados na superfície celular. Ao contrário do movimento chicoteante dos flagelos, os cílios batem em um movimento ritmicamente coordenado. Com uma grande ampliação, uma célula coberta com cílios parece um ouriço; várias espécies de protozoários possuem esta aparência (Figura 4.42).

Figura 4.38 [**A**] *Chlamydomonas* em um estado vegetativo palmelóide. Normalmente as células no estado palmelóide não são flageladas e estão embebidas em uma matriz gelatinosa. Os flagelos reaparecem e as células se locomovem quando as condições favoráveis do meio retornam. [**B**] Organização de uma célula de *Chlamydomonas*.

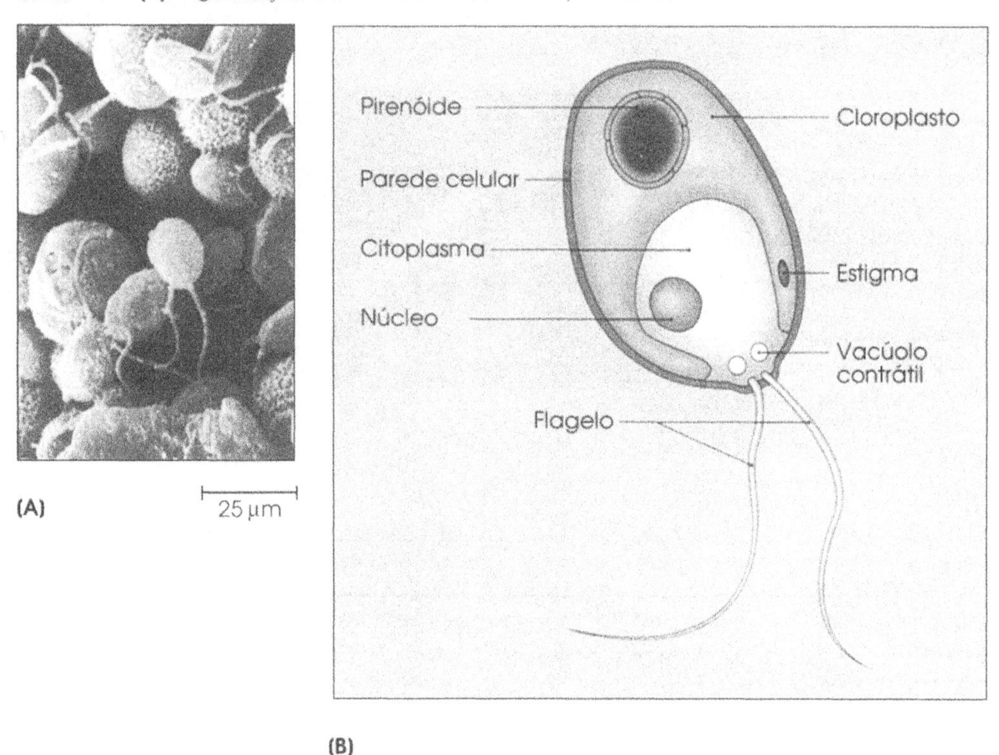

Figura 4.39 [**A**] Colônia esférica de alga verde *Volvox* sp. Cada colônia pode atingir até 500 μm em diâmetro e pode ser visível a olho nu. Cada colônia pode conter até 50.000 células individuais flageladas embebidas em uma matriz gelatinosa e organizadas em uma esfera oca. As células individuais são unidas pelos filamentos citoplasmáticos. Cada célula contém dois flagelos direcionados para o exterior a partir da superfície da esfera. Por uma ação coordenada destas células, toda a colônia pode tornar-se móvel e girar suavemente através da água. Como mostrado, cada colônia parental tem um número de colônias progênies se desenvolvendo, que são formadas pela divisão repetitiva de umas poucas células reprodutivas especializadas. Eventualmente, as colônias progênies são liberadas através da desintegração das colônias parentais. [**B**] Representação esquemática de uma colônia de volvox.

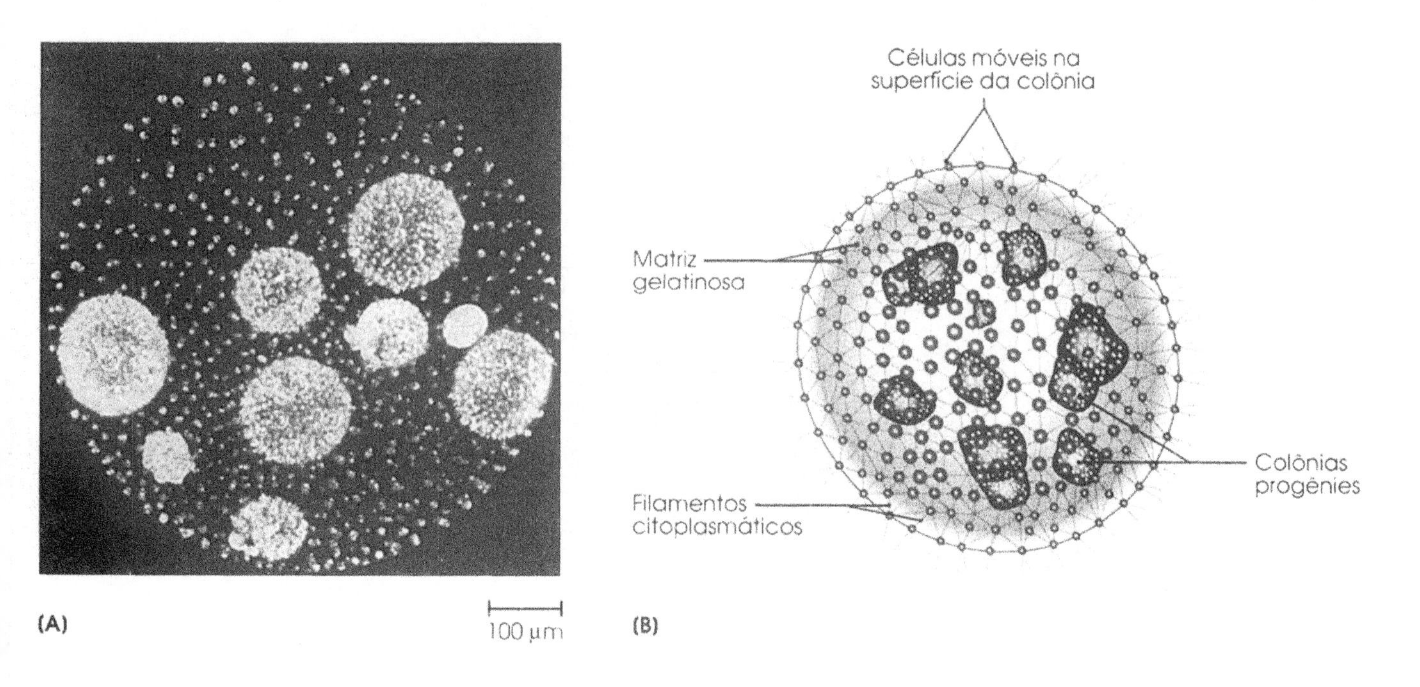

DESCOBERTA!

4.3 FUNGOS ASSASSINOS: A SORTE MERECIDA DAS PRAGAS DE PLANTAS

As plantas algumas vezes morrem porque suas raízes são destruídas por vermes muito finos chamados *nematódeos*. Felizmente, fazendeiros e jardineiros têm um aliado contra estes invasores – um grupo de fungos que podem passar de uma forma saprófita para se tornarem carnívoros ferozes que se alimentam de vermes microscópicos!

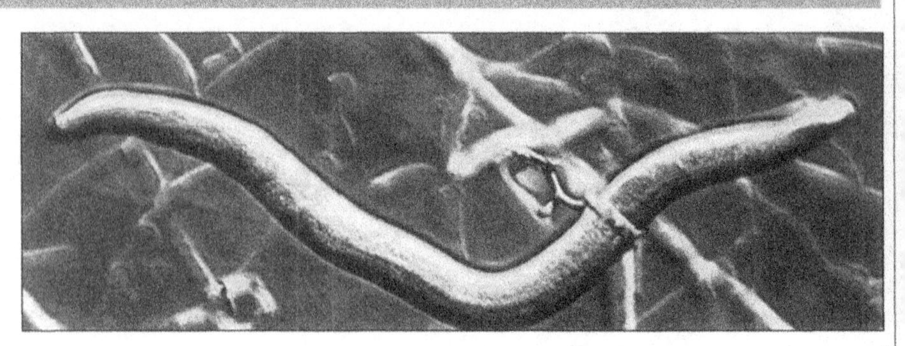

Nematódeo preso pelo fungo. Um nematódeo foi estrangulado por uma armadilha da hifa

Estes fungos predadores são dotados de verdadeiras armadilhas ao longo de seu corpo que lembram uma forca (veja a ilustração). Estes anéis distribuídos em intervalos regulares estão orientados em um ângulo reto em relação ao filamento do fungo. Quando o nematódeo tenta passar através de um dos anéis (atraído por compostos químicos secretados pelo fungo), os três anéis celulares inflam-se em até 3 vezes o seu tamanho normal. Então eles se apertam em 1/10 de segundo, prendendo o verme. Este aperto é tão violento que paralisa o verme imediatamente. Não só os anéis estrangulam o nematódeo, mas logo as hifas se desenvolvem, penetrando profundamente no verme, liberando toxinas venenosas. Em seguida, mais hifas se desenvolvem através do corpo do nematódeo e vão consumindo-o.

As espécies de tais fungos pertencem ao gênero *Dactylella* e *Arthrobotrys*. Obviamente, o cultivo destes fungos canibais tornaria as plantas mais saudáveis, bem como os seres humanos, uma vez que tais agentes biológicos podem substituir os pesticidas nocivos.

Figura 4.40 Diagrama esquemático da estrutura geral de uma célula (animal) eucariótica típica.

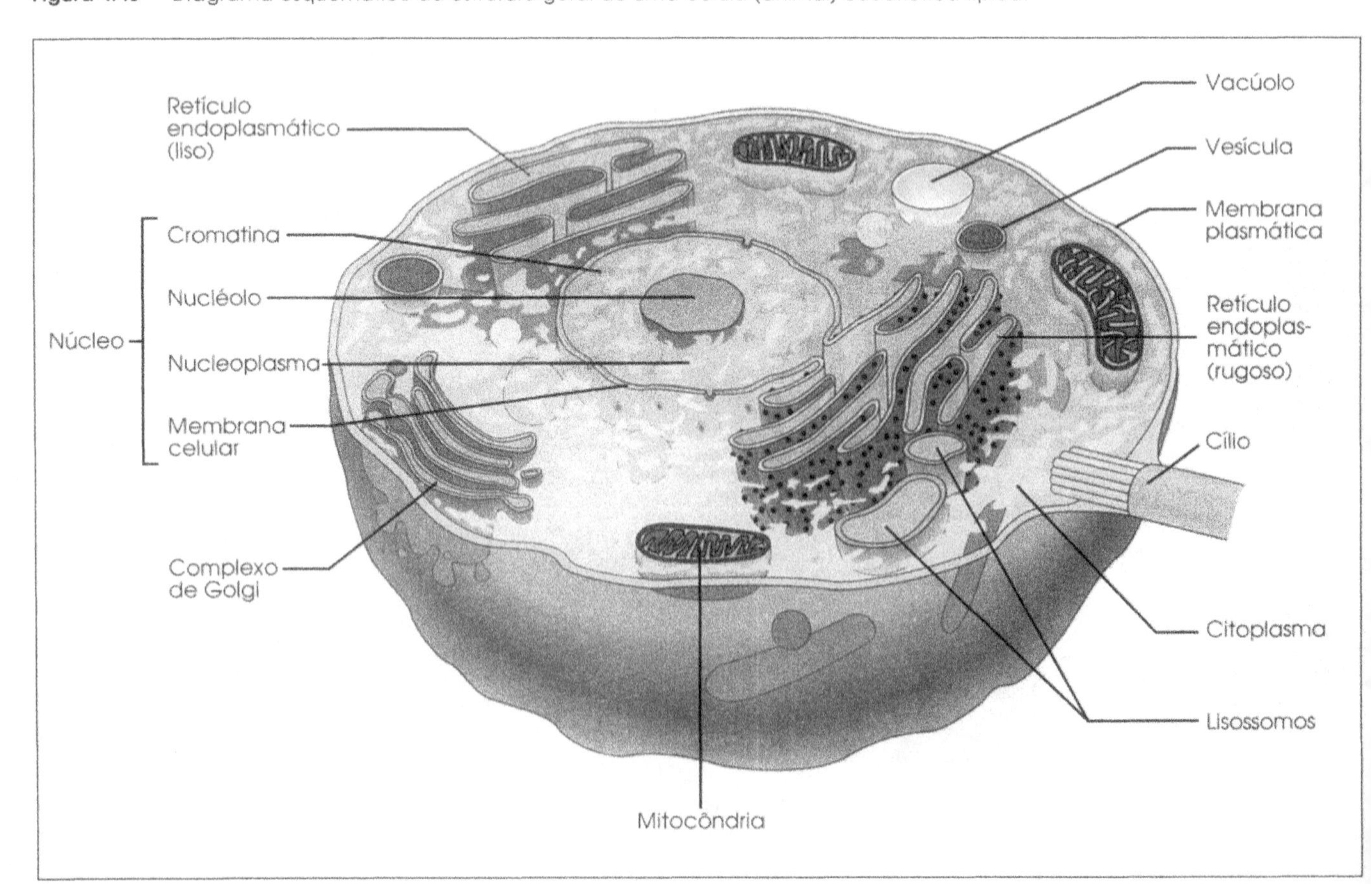

Tabela 4.1 Principais características que diferenciam os protistas eucarióticos.

Protista	Arranjo celular	Modo de nutrição	Motilidade	Miscelânea
Fungos	Unicelular ou multicelular	Quimioheterotrófico pela absorção de nutrientes solúveis	Não-móvel	Esporos Sexuais ou assexuais
Algas	Unicelular ou multicelular	Fotoautotrófico pela absorção de nutrientes solúveis	Principalmente não-móvel	Pigmentos fotossintéticos
Protozoário	Unicelular	Quimioheterotrófico pela absorção ou ingestão de partículas de alimento	Principalmente móvel	Alguns formam cistos

Os flagelos e os cílios eucarióticos são estrutural e funcionalmente mais complexos do que seus correspondentes nos procariotos. São compostos de *microtúbulos* finos, como cabelos: nove pares destes túbulos protéicos circundam um par central em um arranjo chamado "9 + 2". O eixo formado pelos microtúbulos está envolvido por uma membrana (Figura 4.43). A energia necessária para movimentar os apêndices eucarióticos provém da hidrólise do ATP. Por outro lado, a energia para mover os flagelos procarióticos vem da *força protomotiva* (o movimento dos íons hidrogênio através da membrana citoplasmática). Os dois tipos de flagelos também diferem na forma pela qual movem a célula. O flagelo eucariótico propulsiona a célula atuando como um chicote, flexionando-se e girando contra o meio líquido. Entretanto, como você aprendeu anteriormente, o flagelo procariótico move a célula girando como um saca-rolhas.

Figura 4.41 Micrografia eletrônica de varredura de trofozoítas flagelados, ou células em crescimento, de *Giardia lamblia*. Cada célula tem oito flagelos. A *Giardia lamblia* é um parasita comum de humanos e reside na porção superior do intestino delgado. A infecção é normalmente assintomática; entretanto, infecções maciças com este protozoário causam distúrbios gastrintestinais e diarréia.

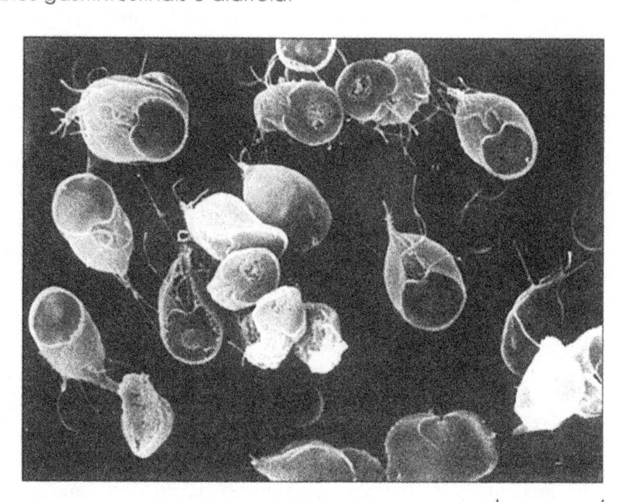

Alguns protozoários têm flagelos; outros têm cílios. Mas um outro grupo de protozoários tem seu próprio modo de locomoção – estruturas especializadas chamadas ***pseudópodes***. Um pseudópode é uma projeção temporária de uma parte do citoplasma e da membrana citoplasmática, a qual é causada por um *fluxo citoplasmático*. Os pseudópodes são característicos das amebas (Figura 4.44) e podem ser usados para capturar partículas de alimentos.

Parede Celular

As plantas, as algas e os fungos têm parede celular, enquanto outras células eucarióticas não têm. A parede celular mantém a forma da célula e evita que ela sofra lise pela pressão osmótica. (Em células animais e na maioria dos protozoários, a ausência de parede celular faz com que a membrana citoplasmática seja a estrutura mais externa.)

Figura 4.42 Micrografia eletrônica de varredura de uma célula ciliada em crescimento, ou trofozoíta, de *Balantidium coli*, o único protozoário ciliado que tem importância médica. Os trofozoítas são ovais e medem entre 40 µm e 150 µm de comprimento. Eles são altamente móveis, e a superfície está coberta com cílios. É o batimento coordenado destes cílios que propulsiona a célula. (Estruturas cristalinas na periferia são grânulos de amido.)

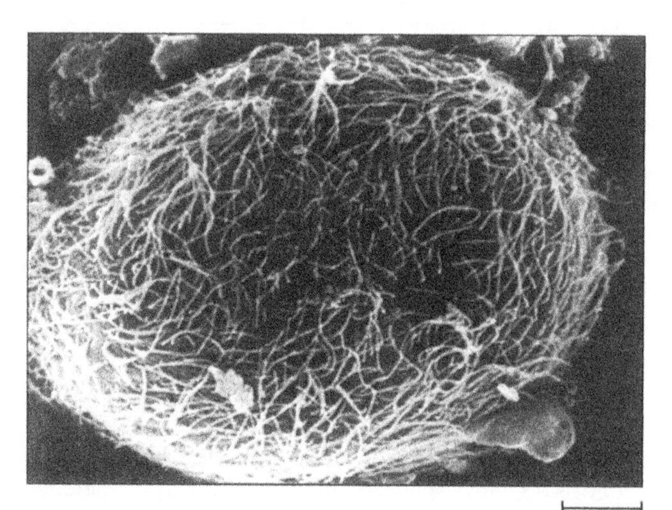

Figura 4.43 [**A**] Corte transversal de uma forma infectante de *Trypanosoma brucei*, mostrando a capa de superfície uniforme, eletrodensa, cobrindo o corpo celular e o flagelo (com a estrutura típica "9 + 2"). SC, capa da superfície; F, flagelo; MT, microtúbulos. [**B**] Diagrama de um corte transversal através de um flagelo mostrando os microtúbulos em seu arranjo "9 + 2".

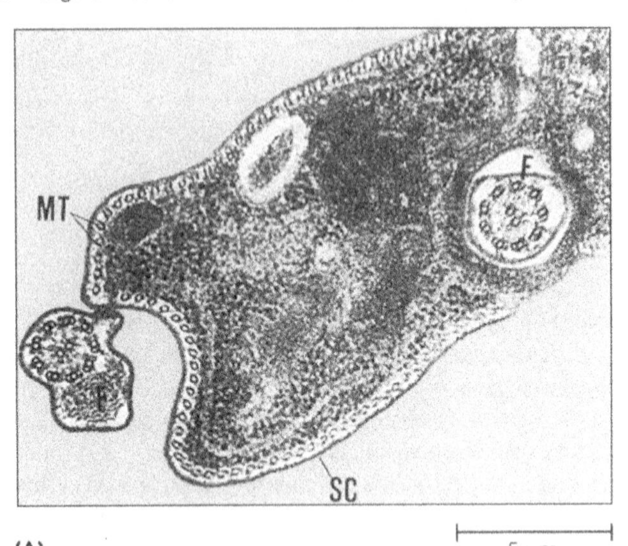

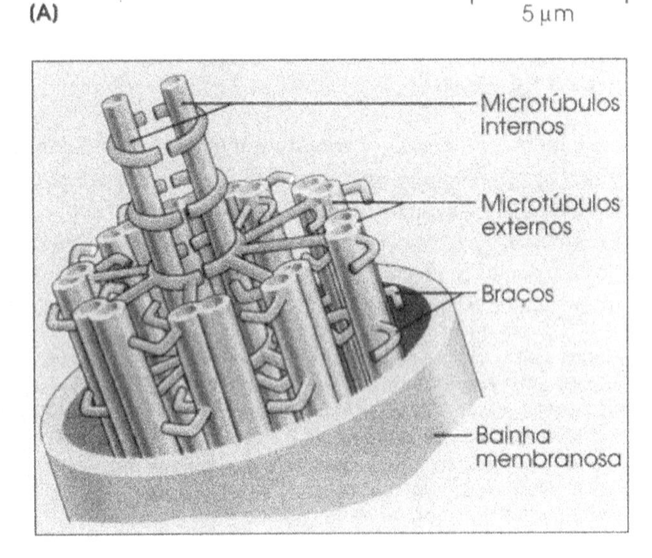

Figura 4.44 [**A**] Uma ameba se aproximando de uma partícula de alimento como visto pela micrografia eletrônica de varredura. Note o pseudópode projetando-se a partir da célula. [**B**] Representação esquemática da anatomia de uma ameba mostrando as estruturas internas.

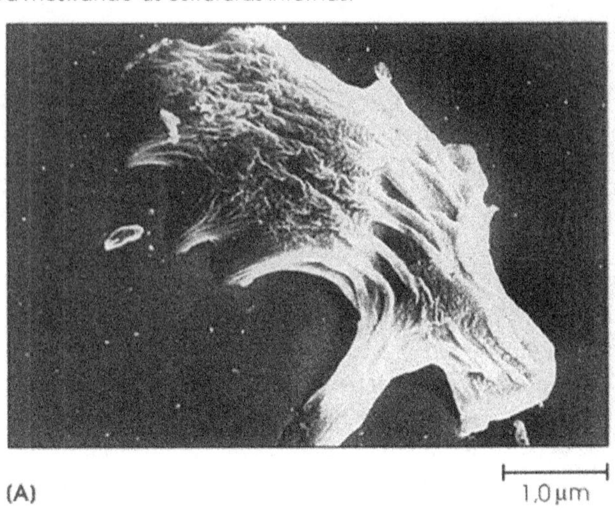

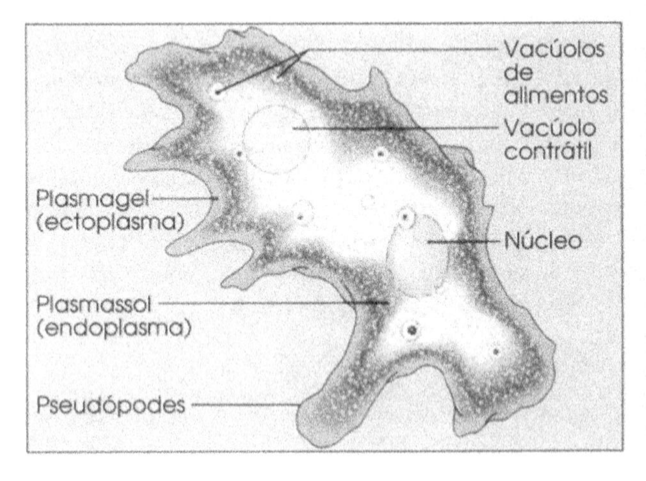

As paredes celulares de plantas, algas e fungos diferem umas das outras e também das paredes celulares de bactérias tanto em composição química quanto em estrutura física. Por exemplo, as paredes celulares eucarióticas não contêm peptideoglicanos, o constituinte principal das paredes celulares bacterianas. Nas plantas a parede celular é rígida; ela é composta principalmente de polissacarídeos tais como celulose e pectina. Os fungos filamentosos têm paredes celulares que contêm quitina e celulose, enquanto as leveduras unicelulares têm paredes de mananas, um polímero de manose. Dependendo do tipo de alga, a parede celular é composta de quantidades variáveis de celulose, outros polissacarídeos e carbonato de cálcio. As paredes de algas chamadas *diatomáceas* são impregnadas com sílica, tornando-as espessas e muito mais rígidas. As superfícies de diatomáceas são delicadamente esculpidas com desenhos intrigantes característicos da espécie.

Mesmo que os protozoários não tenham parede celular, alguns são envolvidos por uma camada de material semelhante ao das conchas. Este pode ajustar-se firmemente ou pode formar uma câmara frouxa, na qual o organismo se move. Escamas ou espinhas podem também estar presentes. As conchas têm uma matriz orgânica reforçada por substâncias inorgânicas, tais como o carbonato de cálcio, sílica ou mesmo grãos de areia.

Membrana Citoplasmática

Mesmo que a célula eucariótica tenha ou não uma parede celular, ela tem uma membrana citoplasmática que envolve o corpo principal da célula (ver Figura 4.40). A membrana semipermeável é uma bicamada lipídica com proteínas inseridas que podem estender-se em um dos lados da membrana. Algumas proteínas atravessam a extensão completa da membrana, freqüentemente criando poros através dos quais os nutrientes entram na célula. Servem como *permeases* que transportam ativamente os nutrientes específicos através da membrana. O princípio básico da difusão e osmose descrito anteriormente para os procariotos também se aplica à membrana citoplasmática dos eucariotos. Assim, a membrana citoplasmática eucariótica possui morfologia e funções semelhantes às das células procarióticas.

Entretanto, existem diferenças entre as membranas citoplasmáticas de eucariotos e procariotos. As membranas citoplasmáticas eucarióticas contêm esteróis (principalmente o colesterol), enquanto a membrana procariótica geralmente não os possui. Os esteróis entrelaçam-se na bicamada lipídica e conferem resistência à membrana. Em microrganismos eucarióticos que não apresentam parede celular, a membrana citoplasmática é reforçada por fibras de microtúbulos formadas pelas proteínas actina e miosina. Ao contrário dos microrganismos procarióticos, eles não apresentam enzimas em sua membrana citoplasmática envolvidas no metabolismo gerador de energia.

Organelas Celulares

A região delimitada pela membrana citoplasmática é o *protoplasma*, que é dividido em *carioplasma* e *citoplasma*. O carioplasma é o material nuclear contido pela membrana nuclear, enquanto o citoplasma é o material entre a membrana nuclear e a membrana citoplasmática. O citoplasma é rico em compostos químicos, forma o volume celular e é a residência das *organelas* celulares. As organelas são estruturas envolvidas por uma membrana que realizam funções específicas, tais como a fotossíntese e a respiração. Ao contrário do citoplasma procariótico, o citoplasma eucariótico tem uma extensa rede de microtúbulos e estruturas protéicas que constituem o citoesqueleto das células. O citoesqueleto confere a forma e a proteção da célula, servindo como um "arcabouço" ao longo do qual as organelas se movem através do citoplasma.

Núcleo. A característica marcante do núcleo eucariótico é a ***membrana nuclear***. Esta membrana dupla, que se assemelha a duas membranas citoplasmáticas juntas, distingue a célula *eucariótica* da célula *procariótica*. A membrana nuclear contém muitos poros grandes através dos quais as substâncias, tais como as proteínas e o RNA, podem passar (Figuras 4.45 e 4.46). Esta membrana freqüentemente dá origem ou é contínua ao ***retículo endoplasmático***, uma

Figura 4.45 Cortes ultrafinos de um euglenóide (uma alga) *Astasia longa* vista pela microscopia eletrônica de transmissão em dois aumentos. [A] A célula é flagelada e é circundada por uma película, ou capa celular. [B] Outras estruturas internas vistas são os núcleos, nucléolos, mitocôndria, complexo de Golgi, retículo endoplasmático e o paramilon, um grânulo de reserva de carboidratos.

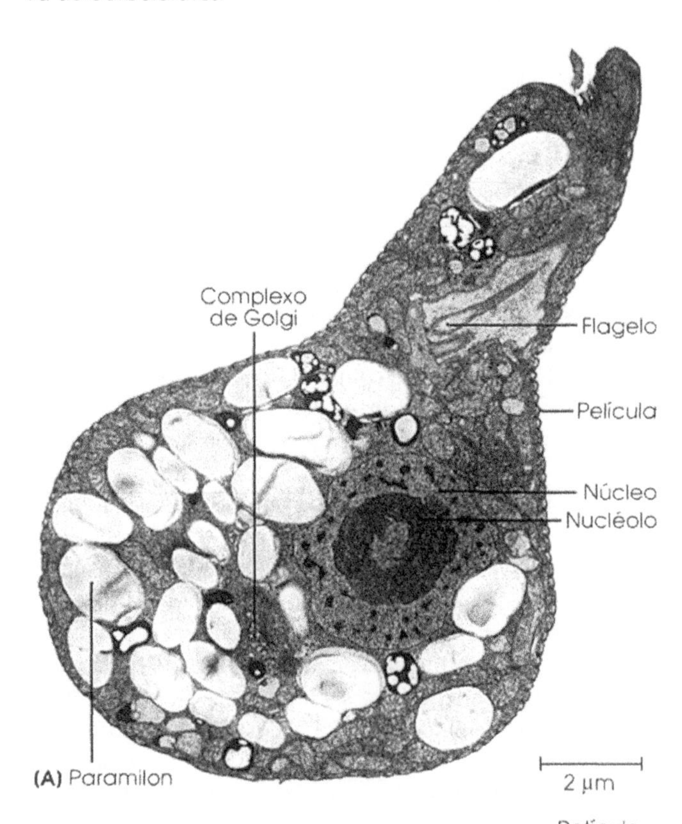

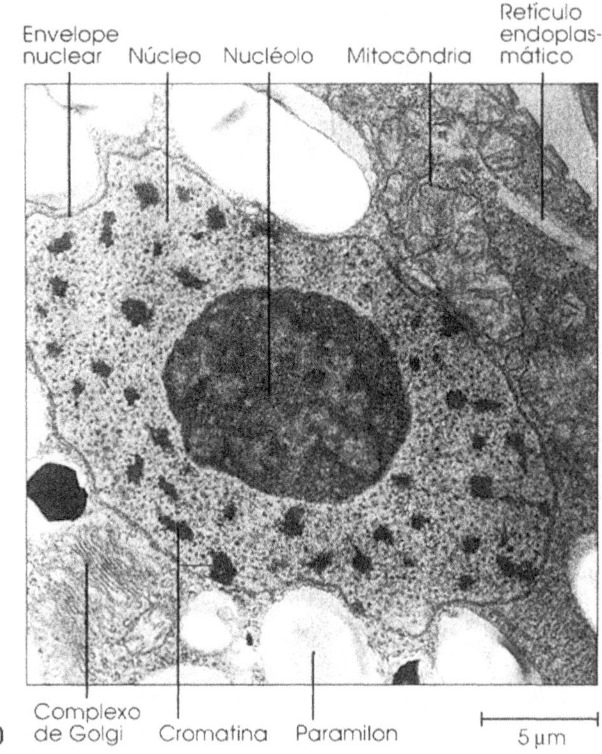

rede de membranas intracelulares onde as proteínas são sintetizadas (como discutido na seção sobre o "Retículo Endoplasmático").

O núcleo, normalmente esférico ou oval, é a maior organela na célula eucariótica. Ele contém as informações hereditárias da célula na forma de DNA. No carioplasma não-dividido, o DNA é combinado com as proteínas básicas, tais como as histonas, que dão uma aparência fibrilar (ver Figura 4.45). Estas fitas de DNA combinadas com as proteínas são chamadas *cromatinas*. Durante a divisão celular, a cromatina se condensa em cromossomos, que são moléculas grandes e discretas de DNA visíveis ao microscópio ótico.

Dentro do carioplasma há um ***nucléolo*** elétron denso, que aparece muito escuro ao microscópio eletrônico (Figura 4.45). O núcleo é constituído de 5 a 10% de RNA e o restante é representado principalmente pelas proteínas. Esta estrutura é o sítio da síntese do RNA ribossomal, um componente essencial dos ribossomos. Os componentes protéicos dos ribossomos no citoplasma entram no núcleo através dos poros para combinar com o RNA ribossomal recém-formado. Juntos, as proteínas e o RNA formam as subunidades grandes e pequenas dos ribossomos. Estas subunidades então deixam o carioplasma através dos poros e tornam-se completamente funcionais no citoplasma. Os ribossomos eucarióticos são maiores (80 S) do que os ribossomos procarióticos (70 S). Isto ocorre porque o ribossomo eucariótico consiste em uma subunidade 60S e uma subunidade 40 S, em vez de em uma subunidade 50 S e uma subunidade 30 S.

Muitos protozoários possuem vários núcleos durante a maior parte do seu ciclo de vida. Os ciliados possuem um grande núcleo (macronúcleo) e um núcleo pequeno (micronúcleo). Os macronúcleos controlam atividades metabólicas, o crescimento e a regeneração; os micronúcleos controlam as atividades reprodutivas.

Retículo Endoplasmático. O retículo endoplasmático (RE) é uma rede membranosa de sacos achatados e túbulos que estão freqüentemente conectados às membranas nuclear e citoplasmática. Este sistema elaborado de membranas não está presente nas células procarióticas. Existem duas formas de retículo endoplasmático – *rugoso* e *liso*. O RE rugoso apresenta ribossomos ligados (Figura 4.47), enquanto o RE liso não. As proteínas produzidas pelos ribossomos no RE rugoso são liberadas no citoplasma ou passam através da membrana do RE por canais, de onde vão para várias partes da célula.

Em vez da síntese protéica, o RE liso está envolvido na síntese de glicogênio, lipídeos e esteróides. A quantidade e função do RE liso encontrado na célula depende do tipo de célula; por exemplo, é mais abundante em células produ-

Figura 4.46 Representação esquemática do núcleo de uma célula eucariótica.

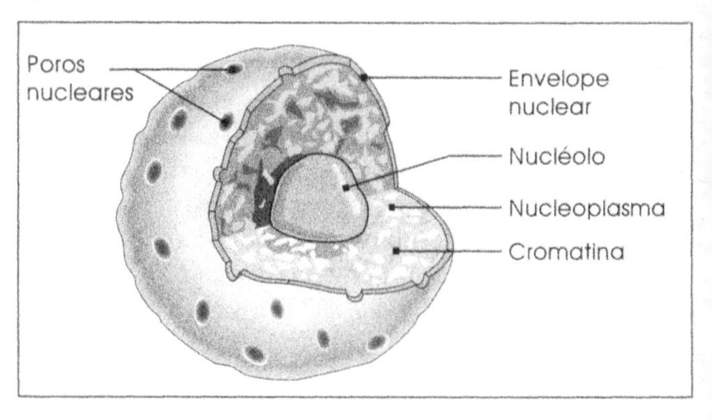

Figura 4.47 Diagrama de um retículo endoplasmático rugoso.

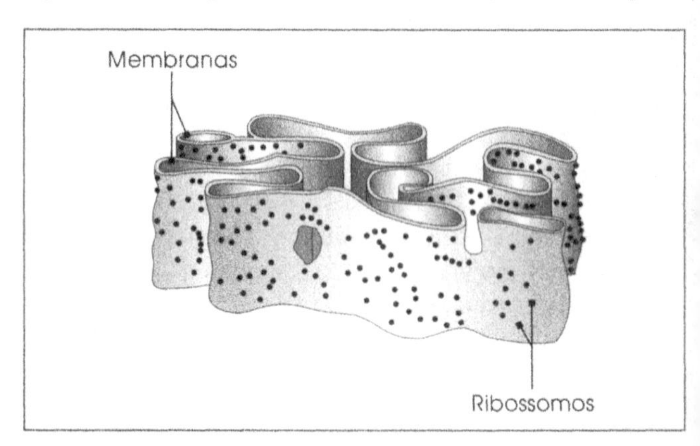

toras de esteróides do que naquelas células que sintetizam principalmente proteínas. Os canais do RE liso também ajudam na distribuição das substâncias sintetizadas em toda a célula.

Complexo de Golgi. O ***complexo de Golgi*** é composto de sacos membranosos achatados com vesículas esféricas em suas extremidades (Figura 4.48). Esta organela foi descoberta pela primeira vez por Camilo Golgi em 1898. É o *centro de empacotamento* das células eucarióticas, responsável pelo transporte seguro dos compostos sintetizados para o exterior da célula e pela proteção da célula ao ataque de suas próprias enzimas. Parte de suas funções está ligada ao fato de ser o centro de distribuição da célula. O complexo de Golgi está conectado à membrana citoplasmática da célula e se funde a esta a fim de liberar o seu conteúdo para fora da célula, um processo chamado *exocitose*.

Uma outra função do complexo de Golgi é o empacotamento de certas enzimas sintetizadas pelo RE rugoso dentro de organelas chamadas ***lisossomos***. Estas enzimas catalisam reações hidrolíticas, nas quais a água é usada para romper compostos químicos. Elas incluem as proteases, nucleases, glicosidases, sulfatases, lipases e fosfatases. Os conteúdos dos lisossomos não são excretados, mas permanecem no citoplasma e participam da digestão cito-

Figura 4.48 Diagrama de um complexo de Golgi.

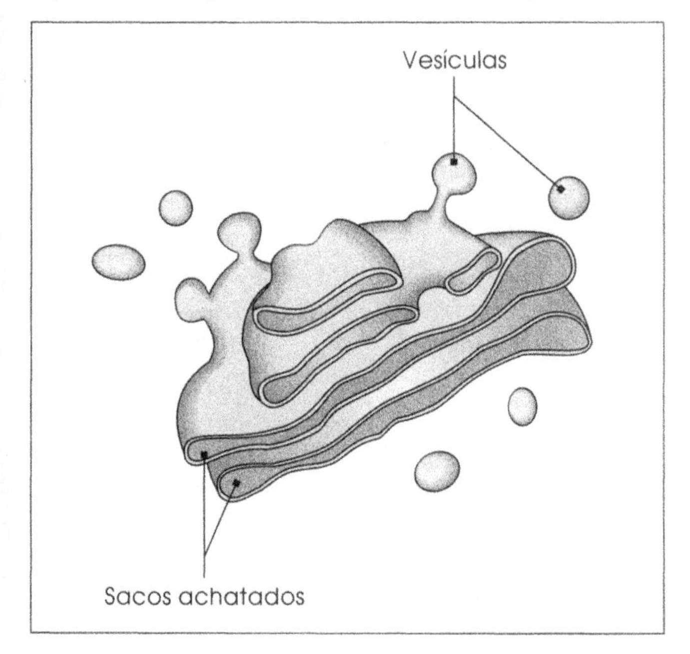

plasmática de materiais ingeridos ou absorvidos pela célula. As enzimas hidrolíticas contidas nos lisossomos também protegem as células da ação danosa de suas próprias enzimas.

Além disso, o complexo de Golgi normalmente contém enzimas glicosil transferases que unem moléculas de carboidratos tais como glicose a certas proteínas, produzindo glicoproteínas. As moléculas de carboidratos são necessárias para o funcionamento adequado das proteínas nas células. As proteínas sintetizadas no RE rugoso são levadas para o interior do complexo de Golgi, onde os açúcares são adicionados para produzir as glicoproteínas.

Mitocôndria. As atividades celulares requerem energia, seja para a síntese de macromoléculas seja para o transporte das substâncias através ou para fora do citoplasma. As ***mitocôndrias*** são organelas citoplasmáticas em que moléculas de adenosina trifosfato (ATP) ricas em energia são geradas durante um processo bioquímico denominado *respiração aeróbia*. Por causa de sua função, as mitocôndrias são chamadas de "casas de força"das células eucarióticas.

Uma mitocôndria típica mede em torno de 0,5 a 1,0 μm de diâmetro e vários micrômetros de comprimento. Apesar de seu tamanho diminuto, esta organela é um eficiente produtor de energia. A membrana interna é altamente invaginada (Figura 4.49), muito parecida com a superfície de uma esponja natural. A conversão de energia realizada na membrana interna da mitocôndria é uma função semelhante à da membrana citoplasmática das células procarióticas. As invaginações da membrana interna, denominadas ***cristas***, aumentam a área da superfície disponível para atividade respiratória.

Figura 4.49 Em células bacterianas o sistema de transporte de elétrons ocorre em uma membrana citoplasmática. Em células eucarióticas o sistema de transporte de elétrons está localizado em pequenas organelas chamadas *mitocôndrias*, que tem em torno de 1 a 3 μm de comprimento (o mesmo tamanho de uma bactéria). Uma mitocôndria tem duas membranas; a interna contém um sistema de transporte de elétrons e tem inúmeros envoltórios.

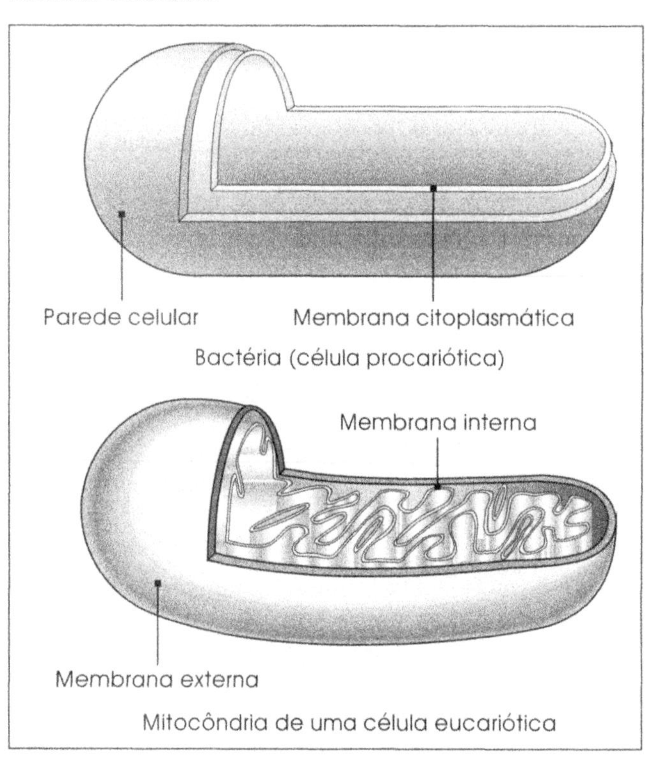

Embora as mitocôndrias sejam organelas das células eucarióticas, assemelham-se às células procarióticas em vários aspectos. Por exemplo, elas contêm seus próprios ribossomos, que são do tipo procariótico (70 S) em vez do tipo eucariótico (80 S). Também contêm seu próprio DNA, o qual é uma molécula única, em fita dupla como nos procariotos. O tamanho exato do seu DNA depende das espécies de eucariotos, mas está em torno de 1/200 do tamanho do DNA procariótico. Ele carrega as informações genéticas para sintetizar um número limitado de proteínas, que são produzidas nos ribossomos mitocondriais. Finalmente, as mitocôndrias dividem-se para formar uma nova mitocôndria, praticamente da mesma forma pela qual as células procarióticas se dividem, e elas se dividem independentemente do núcleo celular. (Entretanto, elas são incapazes de se dividir se forem removidas do citoplasma.)

Cloroplastos. Além das mitocôndrias, as algas possuem uma outra organela citoplasmática geradora de energia chamada ***cloroplasto*** (Figura 4.50). Este é o sítio das reações fotossintéticas, nas quais a luz é utilizada como uma fonte de energia para a célula. Esta energia é usada para converter dióxido de carbono em açúcares e converter os átomos de oxigênio da água em moléculas de oxigênio gasoso. O cloroplasto é um corpo em forma de pepino (2 a

Figura 4.50 Em células eucarióticas, os tilacóides ocorrem em organelas especiais chamadas *cloroplastos*, que são maiores do que as mitocôndrias. Em cloroplastos de células de plantas os tilacóides são sacos achatados, em forma de discos empilhados; cada pilha é chamada uma grana. Algumas das granas tilacóides são conectadas aos tilacóides em outras granas.

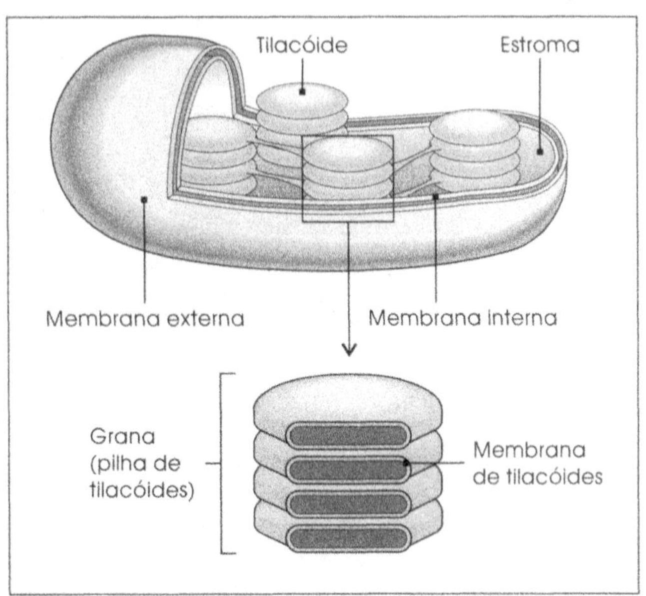

3 µm de largura, 5 a 10 µm de comprimento) circundado por uma dupla membrana. Seu interior é chamado de *estroma*, onde o DNA (circular, como o DNA procariótico) codifica proteínas no ribossomo do cloroplasto (70 S, como os ribossomos procarióticos) e enzimas necessárias para a utilização de dióxido de carbono do ar. A membrana interna dobra-se no estroma para formar pilhas de sacos em forma de disco ou fita chamados ***tilacóides***, que contêm os pigmentos clorofila e carotenóides que têm função na fotossíntese. Cada pilha é chamada de ***grana***. Alguns dos tilacóides em uma grana acoplam-se aos tilacóides de outra grana, formando uma rede. Da mesma forma que as mitocôndrias, os cloroplastos são capazes de se dividir por fissão binária no citoplasma.

As similaridades entre as mitocôndrias e os cloroplastos com os microrganismos procarióticos estão de acordo com a teoria endossimbiôntica da origem destas organelas (ver Capítulo 2).

Formas Latentes dos Microrganismos Eucarióticos

Como descrito anteriormente neste capítulo, alguns microrganismos podem produzir formas latentes chamadas *esporos* e *cistos* que podem sobreviver em condições desfavoráveis. Os fungos e os protozoários incluem espécies que usam tais estruturas de latência para proteção e reprodução. As algas também formam esporos mas sua função principal é de reprodução. As algas não formam cistos.

Responda

1 De que forma a célula eucariótica é mais complexa morfologicamente do que as células procarióticas?

2 Qual é o significado da estrutura "9 + 2" dos flagelos e cílios dos eucarióticos? Qual o tipo de energia que movimenta estas organelas?

3 Como as amebas se movem?

4 O que pode ser dito sobre a composição geral das paredes celulares de fungos e algas? De que forma elas se diferenciam das paredes celulares de procariotos?

5 Qual a diferença entre a membrana citoplasmática dos eucariotos em relação à dos procariotos?

6 Qual é a diferença entre o *carioplasma* e o *citoplasma*?

7 Quais são as funções das várias organelas (tais como núcleo, retículo endoplasmático, complexo de Golgi, mitocôndria e cloroplasto) na célula eucariótica?

Esporos

Os fungos produzem esporos *sexuados* e *assexuados*. Os esporos sexuados são produzidos como um resultado da fusão de duas células reprodutivas especializadas chamadas *gametas* em uma célula fertilizada. A formação dos esporos assexuados não envolve a fusão de gametas. Cada talo pode produzir centenas de milhares de esporos assexuados, que são produzidos pelas hifas aéreas. Sua finalidade é disseminar a espécie e são especialmente estruturados para serem dispersos do talo-mãe. Os esporos de fungos aquáticos podem ser móveis na água; os esporos dos fungos do solo podem ser recobertos por camadas espessas para evitar ressecamento ou podem ser leves o suficiente para serem carregados em correntes de ar. Os esporos assexuados são normalmente brancos quando recém-produzidos, mas adquirem uma cor característica com a idade. Por exemplo, os esporos de colônias de *Penicilium notatum* são tipicamente azul-esverdeados, enquanto os do *Aspergillus niger* são negros. Muitos tipos de esporos sexuados são encontrados entre os fungos (Figura 4.51).

Os esporos sexuados são produzidos menos freqüentemente e em menor número do que os esporos assexuados. As Figuras 4.52 a 4.55 ilustram com mais detalhes a formação de diferentes tipos de esporos sexuados. Embo-

Figura 4.51 Tipos de esporos assexuados nos fungos.

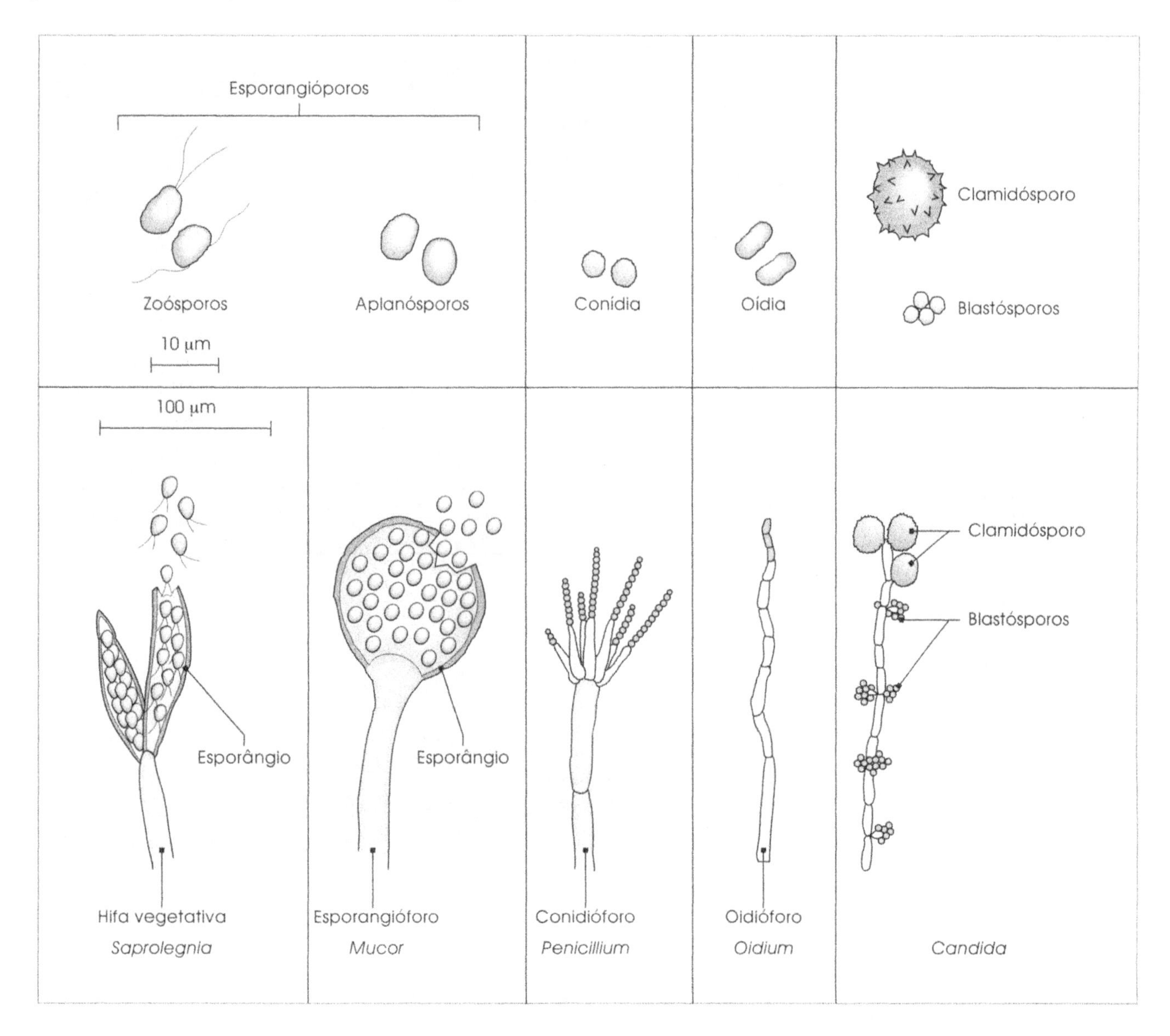

ra um único fungo possa produzir esporos sexuados e assexuados por vários métodos em épocas diferentes, as estruturas dos esporos são suficientemente constantes e, dessa forma, podem ser usadas para identificação e classificação dos fungos.

Cistos

Muitos protozoários produzem formas latentes denominadas *cistos.* Existem duas formas possíveis de cistos de protozoários: os cistos de *proteção* e os de *reprodução.* As formas vegetativas dos protozoários, ou ***trofozoítas***, produzem os cistos protetores que são resistentes a dessecamento, ausência de alimento e de oxigênio ou acidez estomacal no hospedeiro. Quando as condições mais uma vez tornam-se favoráveis, os cistos formam trofozoítas que se alimentam e crescem. Ao contrário, os cistos reprodutivos não são induzidos pelas condições adversas do meio. Eles freqüentemente têm uma parede fina e não apresentam a mesma resistência dos cistos de proteção.

As espécies parasitas de protozoários freqüentemente são transmitidas de um hospedeiro a outro na forma de cistos, tornando estas estruturas muito importantes como formas de transmissão. Tais cistos formam-se no trato intestinal e são excretados nas fezes, que contaminam a água e os alimentos ingeridos pelo próximo hospedeiro. Em muitos destes parasitas, o cisto é a única forma na qual os protozoários são capazes de sobreviver fora do hospedeiro. A *Giardia lamblia,* um agente causal da diarréia e cólica abdominal em humanos, é transmitida pelos cistos presentes nas águas contaminadas com fezes (ver Figura 4.41).

Figura 4.52 [**A**] Os basidiósporos são formados de extremidades com projeções afiladas a partir de uma célula chamada basidio. [**B**] Micrografia eletrônica de varredura de um basídio sustentando quatro basidiósporos.

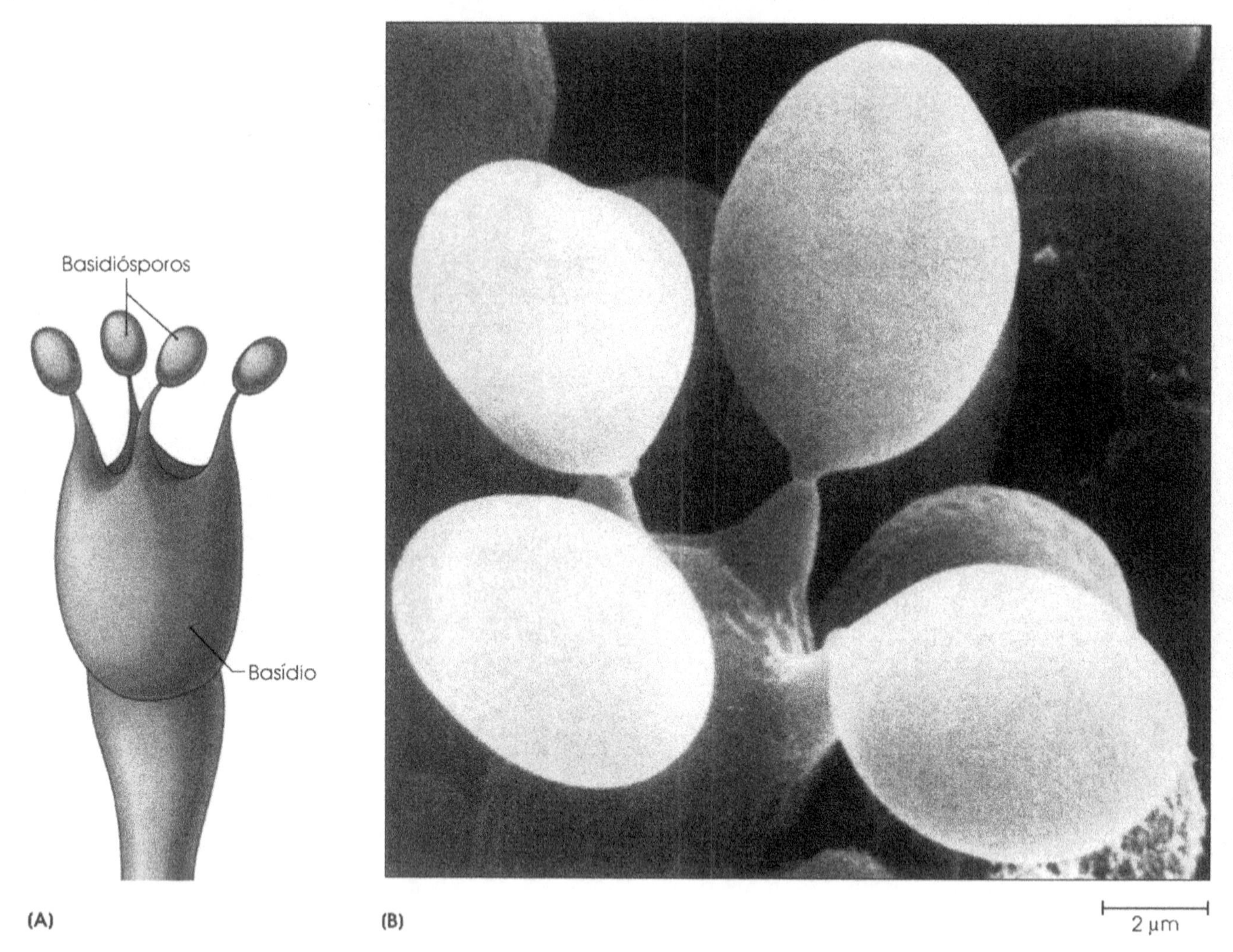

Responda

1 Quais grupos de microrganismos eucarióticos produzem formas latentes?
2 Quais são as características dos esporos assexuados dos fungos? Quais as diferenças entre os esporos assexuados e os esporos sexuados?
3 Quando os trofozoítas formam cistos de proteção?
4 Os cistos são importantes na transmissão de doenças?

Figura 4.53 [**A**] Na formação dos ascósporos, a fusão nuclear (cariogamia) ocorre no asco. O núcleo do zigoto diplóide se divide por meiose quase imediatamente após a cariogamia e produz quatro núcleos haplóides. Estes núcleos haplóides se dividem mais uma vez por mitose, formando os oito ascósporos produzidos em cada asco. [**B**] Fotomicrografia de ascos contendo ascósporos.

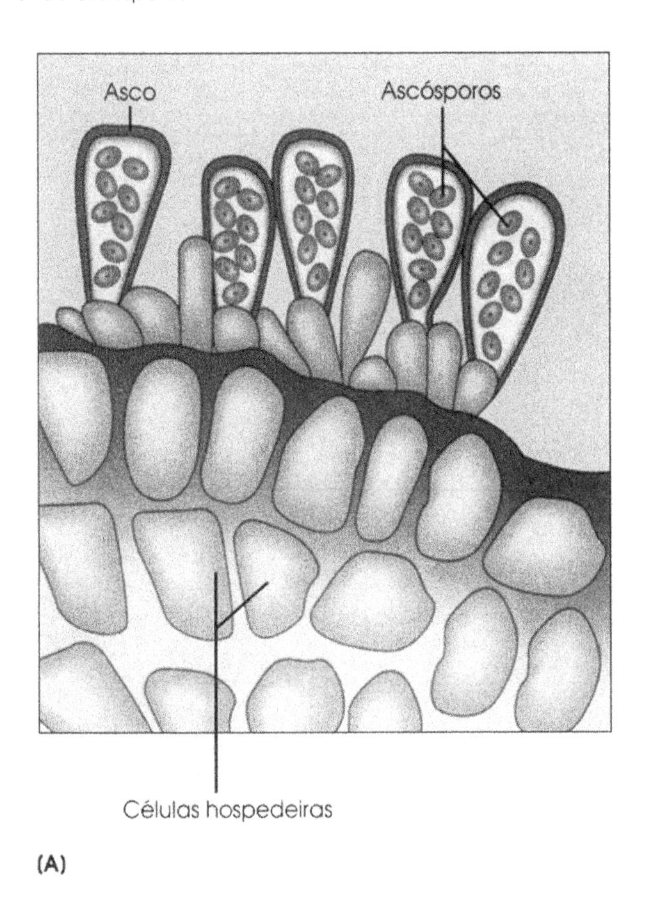

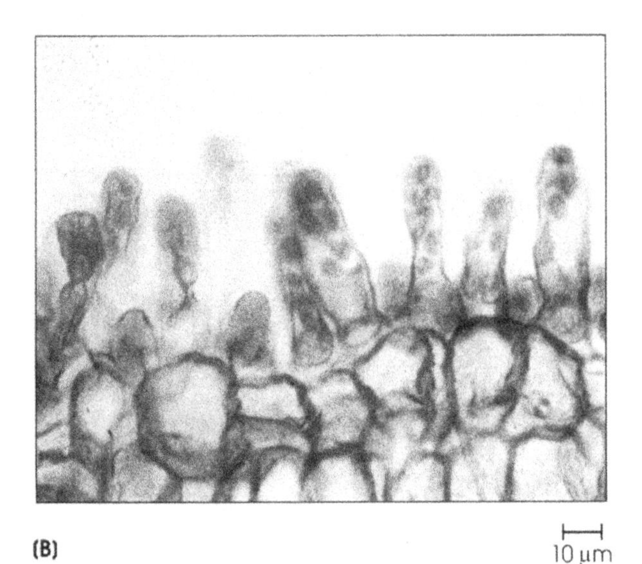

Figura 4.54 Formação de zigósporos. [**A**] A formação de zigósporos tem início quando dois gametângios compatíveis fundem-se. Note a presença também de um esporângio contendo esporangiósporos. [**B**] Os zigósporos em *Mucor hiemalis*. Reprodução sexuada ocorre quando dois *mating type* semelhantes, + e -, entram em contato uns com os outros e produzem zigósporos.Os zigósporos de diferentes idades são mostrados: o mais velho é o mais escuro, o maior e mais rugoso.

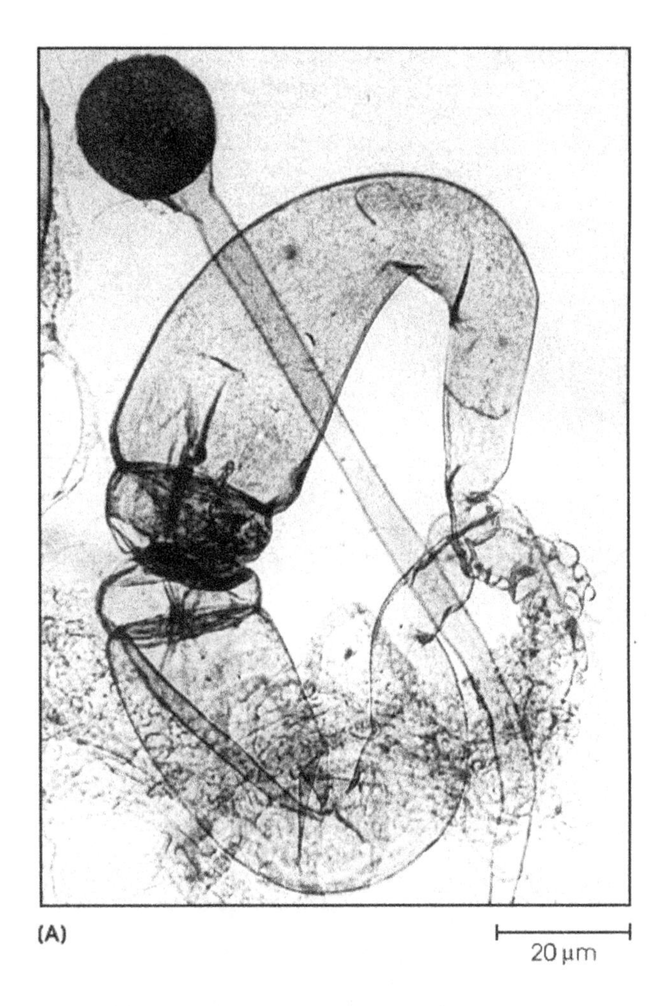

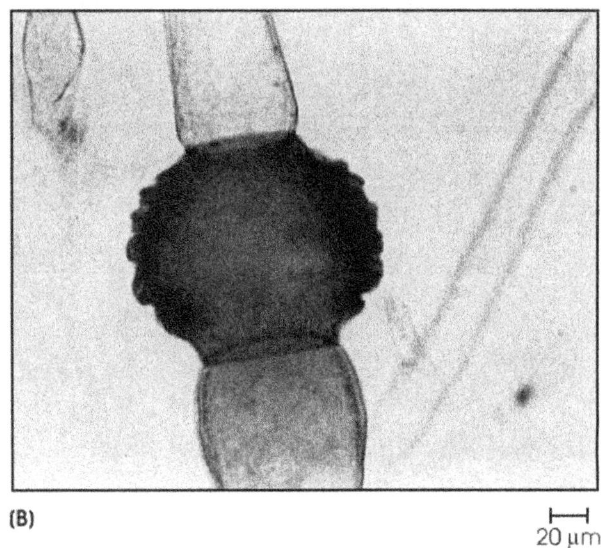

Figura 4.55 [**A**] Gametas femininos, células-ovo chamadas *oosferas*, são formados em uma estrutura feminina especial chamada *oogônia*. Os oósporos se desenvolvem quando as oosferas são fertilizadas por gametas masculinos produzidos em estruturas chamadas *anterídio*. [**B**] Fotomicrografia de uma espécie de *Achlya* mostrando muitas oogônias, cada uma contendo várias oosferas (corpos escuros). [**C**] Fotomicrografia de uma oogônia contendo três oosferas. Dois anterídios estão em contato com a porção inferior da oogônia. Note as protuberâncias que ocorrem ao longo da parede da oogônia. [**D**] Micrografia eletrônica de varredura de uma oogônia de *Achlya recurva*, mostrando o anterídio (estruturas semelhantes a filamentos) colocado em contato próximo com a oogônia. Projeções como nós ao longo da superfície da oogônia dando a ela uma aparência de uma mina. As oosferas não são visíveis na oogônia.

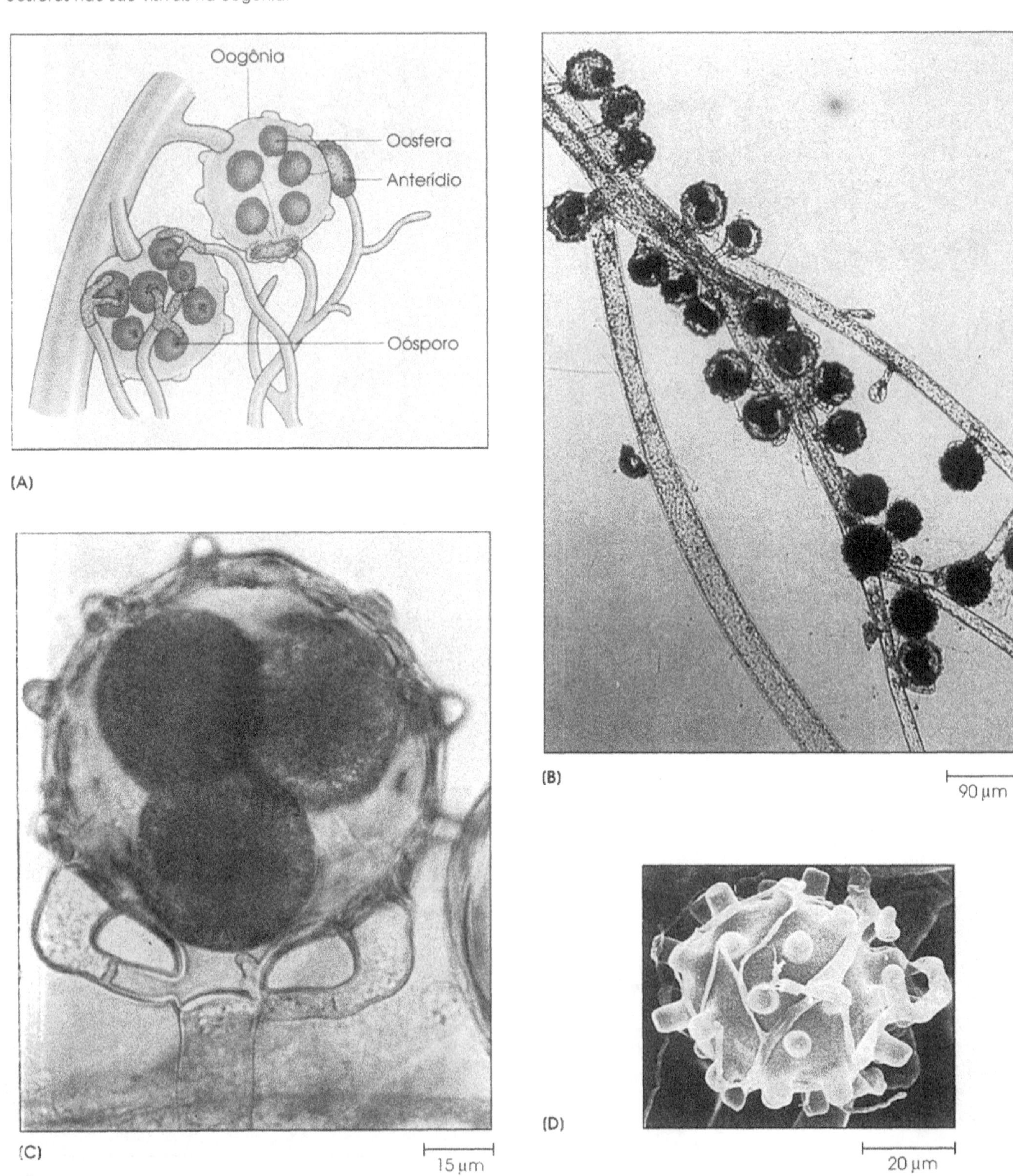

Resumo

1. As bactérias são células procarióticas pequenas que têm em média 0,5 a 1,0 μm de diâmetro ou largura. Existem três tipos básicos de bactérias: esféricas, cilíndricas e helicoidais. Outras formas são menos comuns, mas também ocorrem. Certos arranjos de células, tais como pares ou cadeias, são características de diferentes espécies bacterianas.

2. Muitas bactérias têm flagelos para locomoção; diferentes espécies de bactérias móveis exibem números e arranjos característicos de flagelos. Os pêlos ajudam a célula a aderir à superfície ou a colocar as células em contato para troca de material genético de uma célula para outra.

3. O glicocálice ajuda a célula a aderir às superfícies, mas isto pode também servir para o armazenamento de energia e como uma capa que protege a bactéria contra o ataque de outras células.

4. A parede celular dá forma à célula e a protege de forças tais como a pressão osmótica. Existem dois tipos principais de paredes celulares de eubactérias: a Gram-negativa e a Gram-positiva. Elas são diferentes em estrutura e em composição química, e a reação de Gram é baseada nestas diferenças.

5. A membrana citoplasmática dos procariotos é composta principalmente de fosfolipídeos e componentes protéicos arranjados em uma bicamada. Sua função principal é regular a permeabilidade e o transporte para dentro e para fora da célula. É também o sítio de produção de energia.

6. Os ribossomos e o DNA são as estruturas primárias encontradas dentro das células procarióticas. Os ribossomos funcionam na síntese protéica, enquanto o DNA é o sistema genético da célula. Vários tipos de inclusões são também encontrados no citoplasma procariótico, e muitos deles acumulam diferentes moléculas que servem como fonte de nutrientes.

7. Algumas bactérias diferenciam-se em corpos metabolicamente latentes, tais como endósporos, conídios e cistos, que são resistentes aos meios adversos.

8. Os microrganismos eucarióticos mostram uma diversidade ainda maior em tamanho, forma e arranjo do que os procarióticos. Eles podem formar estruturas complexas.

9. Os flagelos e cílios eucarióticos são estrutural e funcionalmente mais complexos do que suas partes equivalentes em procarióticos. Os apêndices eucarióticos são formados de microtúbulos agrupados; eles obtêm energia e se movem de maneira diferente das mesmas estruturas em procariotos.

10. As paredes celulares e membranas citoplasmáticas dos organismos eucarióticos diferem daquelas dos procariotos e entre si em estrutura e composição.

11. Os eucariotos são distintos dos procariotos primariamente por apresentarem um núcleo envolvido por uma membrana. Os eucariotos contêm outras organelas celulares, tais como retículo endoplasmático, complexo de Golgi, mitocôndria e cloroplastos.

12. Assim como as bactérias, os eucariotos produzem formas latentes que ajudam a protegê-los de condições adversas. Algumas destas estruturas são também utilizadas para disseminar as espécies.

Palavras-Chave

Ácidos teicóicos
Bacilos
Bacteriófagos
Camada limosa
Cápsula
Cílios
Cistos
Citoesqueleto
Cloroplasto
Cocos
Complexo de Golgi
Conídio
Cristas
Cromossomo
Difusão simples
Endósporos
Espirilos
Esporângio
Esporos
Flagelo periplásmico
Flagelos
Glicocálice
Grana
Grânulos de volutina
Hifas
Lipopolissacarídeos (LPSs)
Lipoproteína
Lisossomos
Membrana citoplasmática
Membrana nuclear
Mesossomos
Micélio
Mitocôndrias
Nucléolo
Osmose
Pêlo
Peptideoglicano
Pseudópodes
Quimiotaxia
Retículo endoplasmático
Ribossomos
Talo
Tilacóides
Trofozoítas

Revisão

INTRODUÇÃO

1. Tratando células bacterianas com ondas sonoras de alta freqüência irá ________________ suas paredes celulares.

2. As estruturas encontradas no lado externo da célula tornam os microrganismos mais _______.

CARACTERÍSTICAS MORFOLÓGICAS DOS MICRORGANISMOS PROCARIÓTICOS

3. A maioria das bactérias tem aproximadamente _______ a _________µm em largura ou diâmetro.

4. As bactérias helicoidais são chamadas ____________________.

5. Os cocos são células ______________________.

6. A *Pasteuria* tem células __________, já o *Caryophanon* tem células ____________.

7. Nas células bacterianas, a relação de área de superfície pelo volume quando comparada com aquela dos organismos maiores de forma similar é: (**a**) maior; (**b**) menor; (**c**) a mesma.

8. Os cocos divididos em um plano e permanecendo acoplados para formar cadeias são descritos como _________________.

9. O padrão de arranjo das espécies *Caulobacter* é descrito como um arranjo ____________.

10. Qual destas descrições melhor se ajusta ao tipo celular de *Arthrobacter*?

(**a**) forma de pêra

(**b**) discos arranjados como pilhas de moedas

(**c**) pleomórfica

(**d**) forma de cigarro

ULTRA-ESTRUTURA DOS MICRORGANISMOS PROCARIÓTICOS

11. O corpo basal do flagelo de bactérias Gram-negativas tem _______________pares de anéis.

12. As moléculas de proteínas que formam os filamentos dos flagelos bacterianos são chamadas ____.

13. Uma célula bacteriana com um tufo de flagelos em um pólo é chamada _____________.

14. Os flagelos dos espiroquetas são chamados flagelos ______________________.

15. A via por onde uma bactéria peritríquia se locomove é chamada ________________.

16. Quando os motores dos flagelos se invertem e o feixe de flagelos se divide, diz-se que a célula sofre ______________________.

17. A maioria dos pêlos bacterianos tem função de ____________________das células às superfícies.

18. O pêlo F é também conhecido como o pêlo____________________.

19. Se o glicocálice é organizado e está acoplado firmemente à célula, este é conhecido como uma ____.

20. A célula bacteriana cuja parede tenha sido completamente removida é conhecida como ______________________.

21. As paredes de bactérias Gram-negativas são morfologicamente ______________ do que as espécies Gram-positivas.

22. Um outro nome para o peptideoglicano é ____.

23. As três partes constituintes de uma unidade de peptideoglicano são ____________, ____________ e um peptídeo curto.

24. Ao contrário das paredes celulares das eubactérias, as paredes celulares das arqueobactérias não contêm ________________________.

25. Os ácidos ________________ são polímeros de glicerol e ribitol fosfato encontrados nas paredes celulares de bactérias Gram-positivas.

26. Uma membrana externa é encontrada na parede celular da eubactéria________________.

27. A membrana externa de uma bactéria Gram-negativa é composta de lipoproteína e _______.

28. A camada de peptideoglicano de uma bactéria Gram-negativa está localizada no espaço ____.

29. O lipídio A do LPS é também conhecido como _________________.

30. As três partes covalentemente ligadas do LPS são ____________, ______________ e o polissacarídeo do antígeno O.

31. Proteínas especiais chamadas ___________________ na membrana externa permitem que pequenas moléculas selecionadas passem através da membrana.

32. As invaginações da membrana no citoplasma bacteriano são conhecidas como __________.

33. Uma inclusão semelhante a um lipídeo, solúvel em clorofórmio, na bactéria, é composta de ____.

34. O material nuclear na célula bacteriana é conhecido como ____________________.

35. Associar cada afirmação da direita com o adjetivo correto para descrever o meio à esquerda:

____Hipertônico (**a**) As concentrações gerais dos solutos são as mesmas em ambos os lados da membrana semipermeável.

____Hipotônico (**b**) A concentração dos solutos é menor fora do que dentro da célula

____Isotônico (**c**) A concentração dos solutos é maior fora do que dentro da célula

FORMAS LATENTES DOS MICRORGANISMOS PROCARIÓTICOS

36. As estruturas latentes facilitam a ________________ sob condições desfavoráveis do meio.

37. Ao microscópio ótico, os endósporos bacterianos são vistos como estruturas altamente ____.

38. O número de endósporos produzido por célula pelas espécies de bactérias pertencentes aos gêneros *Bacillus* e *Clostridium* é ________________________________.

39. Os endósporos bacterianos podem sobreviver a _______________ extremas, dessecamento e compostos químicos tóxicos.

40. O gênero de eubactéria mais conhecido pela produção de cistos é o________________.

41. Associar a forma de esporo à direita com a bactéria à esquerda.

_____*Bacillus* (**a**) Conídio

_____*Azotobacter* (**b**) Endósporo

_____Actinomicetos (**c**) Cisto

CARACTERÍSTICAS MORFOLÓGICAS DOS MICRORGANISMOS EUCARIÓTICOS

42. Exemplos de algas e fungos que não são microscópicos são as ______________ e os ________________, respectivamente.

43. Enquanto as leveduras são geralmente ovais e unicelulares, os bolores são ____________ e multicelulares.

44. Os fungos patogênicos que se apresentam como leveduras unicelulares quando parasitas e em uma forma filamentosa quando saprófitas exibem o ___________________________.

45. Os protozoários têm as seguintes características semelhantes aos animais: podem mover-se, não possuem ______________________ e podem ingerir ______________________.

46. A característica que distingue as algas de outros protistas eucarióticos é que elas são ____.

ULTRA-ESTRUTURA DOS MICRORGANISMOS EUCARIÓTICOS

47. Associar cada organismo ou célula à direita com o composto da parede celular mais apropriado à esquerda:

____Peptideoglicano	(a) Leveduras
____Manana	(b) Fungos filamentosos
____Celulose, outros polissacarídeos, sílica e carbonato de cálcio	(c) Algas
____Quitina, celulose	(d) Bactérias
____Celulose, hemicelulose, pectina	(e) Plantas

48. Associar cada descrição da direita com o termo mais apropriado à esquerda:

____DNA hereditário da célula	(a) Propriedade da membrana citoplasmática
____Semipermeabilidade	(b) Estrutura fina do cílio e flagelo eucariótico
____Síntese protéica	(c) Substâncias no núcleo
____Centro de empacotamento	(d) Função do retículo endoplasmático rugoso
____"Casa de força"	(e) Função do complexo de Golgi
____Fotossíntese	(f) Função realizada pelos cloroplastos
____ "9 + 2"	(g) Termo para a mitocôndria

FORMAS LATENTES DE MICRORGANISMOS EUCARIÓTICOS

49. Fungos e ___________________ incluem espécies que produzem esporos ou cistos que podem resistir em condições desfavoráveis.

50. Os esporos assexuados das colônias de *Penicillium notatum* possuem tipicamente a cor ____________, enquanto aqueles de *Aspergillus niger* são __________________.

51. Cada talo fúngico produz centenas ou milhares de esporos ____________________.

52. Os protozoários produzem dois tipos de cistos: o cisto _________ e o cisto_________.

Questões de Revisão

1. Quais são as implicações práticas para a célula bacteriana em ter uma relação de área superficial por volume alta?
2. Descrever as características e o arranjo celular único de algunıas espécies bacterianas.
3. Desenhar uma célula bacteriana e identificar as suas partes.
4. Com a ajuda de um diagrama, explicar o significado de *tumbles* e *runs* na quimiotaxia de uma célula bacteriana que apresenta flagelados peritríquios.
5. Quais são as diferentes formas e funções do glicocálice da célula bacteriana?
6. Comparar a estrutura e a composição química das paredes celulares de bactérias Gram-negativas e Gram-positivas.
7. Explicar a função das porinas na membrana externa de células bacterianas Gram-negativas.
8. O que são mesossomos e quais são suas funções mais prováveis?
9. Onde se localizam os ribossomos na célula bacteriana?
10. Quando os ribossomos são o sítio de uma ação antibiótica, que processo metabólico é inibido?
11. Descrever algumas inclusões na célula bacteriana e indicar como sua natureza química pode ser determinada citologicamente.
12. Descrever algumas propriedades únicas dos endósporos bacterianos.
13. Explicar por que a formação dos endósporos nas bactérias não é um modo de reprodução da célula.
14. O que é dimorfismo? Que microrganismo o exibe?
15. Descrever a morfologia do talo e do fungo filamentoso.
16. Qual o significado de polimorfismo nos protozoários?
17. Qual é a característica ultra-estrutural marcante das células eucarióticas que as distingue das células procarióticas?
18. Descrever o arranjo único dos microtúbulos que formam os flagelos e os cílios eucarióticos.
19. Como as amebas se movem?
20. Qual a forma e a função das seguintes organelas nas células eucarióticas? (**a**) retículo endoplasmático, (**b**) complexo de Golgi, (**c**) mitocôndria, (**d**) cloroplastos.
21. Descrever as diferentes formas de esporos fúngicos sexuados e assexuados.

Questões para Discussão

1. Quais são as propriedades dos espiroquetas que as separam dos espirilos?
2. Como as organelas locomotoras das células procarióticas diferem daquelas das células eucarióticas com relação aos mecanismos de obtenção de energia e movimentação?
3. Por que se diz que as bactérias respondem quimiotaticamente a um *gradiente temporal*?
4. Explicar por que o glicocálice tem importância em um processo infeccioso dos microrganismos patogênicos.
5. Explique por que o peptideoglicano tem sido chamado de uma "macromolécula em forma de bolsa".
6. Como a composição química da parede celular das eubactérias e das arqueobactérias refletem em parte as suas diferenças evolucionárias?
7. Descrever os três segmentos covalentemente ligados dos lipossacarídeos na membrana externa de bactérias Gram-negativas, e discuta sua relevância na medicina.
8. Descrever as funções das proteínas na membrana externa de bactérias Gram-negativas.
9. Qual é o mecanismo geralmente aceito para a reação diferencial da coloração de Gram?
10. Como a composição química da membrana citoplasmática permite que ela tenha fluidez dinâmica?
11. Explicar o que acontece às células bacterianas quando estão em suspensão em um meio: isotônico, hipertônico ou hipotônico.
12. Comparar a distribuição dos ribossomos em células procarióticas e eucarióticas.
13. O que se conhece sobre o mecanismo de resistência ao calor dos endósporos bacterianos?
14. De que forma as colônias de algas diferem das colônias de bactérias?
15. Comparar e diferenciar o flagelo procariótico com o eucariótico em termos de sua ultra-estrutura.
16. Discutir a estrutura fina da membrana nuclear eucariótica e as estruturas envolvidas por ela.
17. Que propriedades das mitocôndrias e dos cloroplastos dão suporte à teoria endossimbiôntica?
18. Como as formas latentes de protozoários contribuem para a transmissão de doenças?

Parte II

Nutrição e Cultivo de Microrganismos

Capítulo 5

Exigências Nutricionais e o Meio Microbiológico

Objetivos

Após a leitura deste capítulo, você deve ser capaz de:

1. Discutir a importância do cultivo de microrganismos em laboratório.
2. Explicar em termos gerais como os elementos químicos são utilizados para o desenvolvimento das células.
3. Distinguir autotróficos e heterotróficos e explicar como estas categorias são utilizadas na classificação nutricional dos organismos.
4. Explicar por que as exigências nutricionais são utilizadas para classificar as bactérias e leveduras em dois grupos taxonomicamente diferentes.
5. Distinguir um meio quimicamente definido de um meio complexo, e meio sólido de líquido.
6. Determinar como e quando utilizar um meio específico.
7. Discutir a importância das culturas de tecido e como são cultivadas.

Introdução

De todos os organismos vivos, os microrganismos são os mais versáteis e diversificados em suas exigências nutricionais. Os homens e outros animais requerem certos tipos de compostos complexos contendo carbono como nutrientes, enquanto os microrganismos nem sempre. Alguns microrganismos podem crescer com algumas poucas substâncias inorgânicas como sua única exigência nutricional, enquanto outros microrganismos assemelham-se aos organismos superiores na sua necessidade de compostos orgânicos complexos. Mas todos os organismos vivos compartilham algumas necessidades nutricionais em comum, tais como a necessidade de carbono, nitrogênio e água. A água é particularmente importante para os microrganismos, porque a maioria deles pode absorver nutrientes somente quando as substâncias químicas estão dissolvidas na água. Estas exigências químicas, juntamente com as condições físicas que serão discutidas no próximo capítulo, devem ser fornecidas pelo meio onde o organismo se encontra, permitindo assim o seu desenvolvimento.

Algumas vezes os microrganismos são estudados em seu hábitat natural. Os microbiologistas realizaram pesquisas na Antártica, nas piscinas quentes e nascentes do Parque Nacional de Yellowstone, no fundo dos oceanos e nas estações de tratamento de esgoto das grandes cidades. O cultivo em laboratório das células microbianas é necessário para caracterizar as suas propriedades morfológicas, fisiológicas e bioquímicas. O controle do meio no qual os microrganismos crescem pode ser utilizado para fazer identificação precisa das espécies e para medir o crescimento microbiano.

O cultivo de microrganismos requer meios de cultura apropriados. Os meios são preparações de nutrientes utilizados para o crescimento dos microrganismos em laboratório. Muitos microrganismos, assim como células de plantas e animais, podem crescer *in vitro* (em meios artificiais de laboratório) se o meio apropriado for utilizado. Alguns microrganismos apresentam exigências nutricionais complexas, indefinidas, razão pela qual não têm sido cultivados em meios artificiais. Tais microrganismos – por exemplo, o agente etiológico da hanseníase – devem ser cultivados *in vivo*, ou em um hospedeiro vivo. Compreendendo e manipulando as fontes nutricionais disponíveis em laboratório, os microbiologistas podem selecionar, identificar e estudar microrganismos específicos.

Elementos Químicos como Nutrientes

Para crescer, todos os organismos necessitam de uma variedade de elementos químicos como nutrientes. Estes elementos são necessários tanto para a síntese como para as funções normais dos componentes celulares. Eles existem na natureza em uma grande variedade de compostos, que são inorgânicos ou orgânicos. Os detalhes do metabolismo microbiano são encontrados em capítulos posteriores neste livro, mas basicamente cada microrganismo utiliza os compostos presentes em seu hábitat natural (DESCOBERTA 5.1). Quando os microrganismos são removidos do seu meio e cultivados em laboratório, os microbiologistas utilizam meios que simulam ou até mesmo melhoram as condições naturais. Um dos fatores que devem ser observados é o fornecimento de elementos químicos essenciais. Os elementos químicos principais para o crescimento das células incluem carbono, nitrogênio, hidrogênio, oxigênio, enxofre e fósforo.

Carbono

O carbono é um dos elementos químicos mais importantes necessários para o crescimento microbiano. Todos os organismos requerem carbono de alguma forma. Em geral, os compostos *orgânicos* são aqueles que contêm carbono, enquanto os compostos *inorgânicos* são aqueles que não contêm. (Uma exceção é o dióxido de carbono, que os biólogos consideram como um composto inorgânico.) Como você aprendeu no Capítulo 1 deste livro, o carbono forma o esqueleto das três maiores classes de nutrientes orgânicos: carboidratos, lipídeos e proteínas. Tais compostos fornecem energia para o crescimento da célula e servem como unidade básica do material celular. Aqueles microrganismos que utilizam compostos orgânicos como sua principal fonte de carbono são chamados *heterotróficos*. Os heterotróficos obtêm tais moléculas orgânicas absorvendo-as a partir do meio, ou ingerindo organismos autotróficos ou outros heterotróficos.

Os microrganismos que utilizam dióxido de carbono (a forma mais oxidada do carbono) como sua principal ou até mesmo única fonte de carbono são chamados *autotróficos*. Eles podem viver exclusivamente às custas de moléculas inorgânicas relativamente simples e de íons absorvidos do meio.

Nitrogênio

Todos os organismos também necessitam de nitrogênio em alguma forma. O elemento é uma parte essencial dos aminoácidos que juntos formam as proteínas. As bactérias são particularmente versáteis na utilização de nitrogênio. Ao contrário das células eucarióticas, algumas bactérias podem utilizar nitrogênio gasoso ou atmosférico para a síntese celular por meio de um processo chamado ***fixação de nitrogênio***. Outras utilizam compostos nitrogenados inorgânicos tais como nitratos, nitritos ou sais de amônia, enquanto algumas utilizam compostos de nitrogênio orgânicos tais como aminoácidos ou peptídeos.

Hidrogênio, Oxigênio, Enxofre e Fósforo

Outros elementos essenciais para todos os organismos são o hidrogênio, o oxigênio, o enxofre e o fósforo. O hidrogênio e o oxigênio fazem parte de muitos compostos orgânicos. O enxofre é necessário para a biossíntese dos aminoácidos cisteína, cistina e metionina. O fósforo é essencial para a síntese de ácidos nucléicos e ***adenosina trifosfato (ATP)***, um composto que é extremamente importante para o armazenamento e a transferência de energia. Alguns destes elementos são encontrados na água, como componentes de vários nutrientes, ou na atmosfera gasosa do meio. Os íons inorgânicos tais como sulfato (SO_4^{-2}) e o fosfato (PO_4^{-3}) podem também suprir os principais elementos necessários para os microrganismos.

Outros Elementos

Muitos outros elementos essenciais são requeridos, embora em menores quantidades do que os elementos já citados. Estes podem facilitar o transporte de materiais através das membranas celulares. Por exemplo, o Na^+ é requerido pela permease que transporta o açúcar melibiose em células de *Escherichia coli*. Além do mais, os elementos essenciais são freqüentemente exigidos como co-fatores para as enzimas. Por exemplo, o Fe^{+2} é requerido por enzimas como citocromos, catalases e succinil desidrogenase. Os microrganismos diferem na concentração dos íons de que eles necessitam. Algumas bactérias que "gostam de sal", chamadas *bactérias halofílicas extremas*, não podem crescer em meios com menos de 15% de cloreto de sódio.

Outros elementos minerais também são necessários, mas normalmente em quantidades extremamente pequenas (uns poucos miligramas por litro). Exemplos destes *elementos-traço* são o zinco (Zn^{+2}), cobre (Cu^{+2}), manganês (Mn^{+2}), molibdênio (Mo^{+6}) e cobalto (Co^{+2}). Eles são requeridos para ativar enzimas. Por exemplo, o Mo^{+6} é requerido pela nitrogenase, a enzima que converte o gás nitrogênio atmosférico (N_2) para amônia (NH_3) durante a fixação de nitrogênio. Eles podem ser adicionados especificamente como sais ao meio microbiológico, mas normalmente ocorrem como impurezas de outros componentes dos meios. Os meios e até mesmo a água devem ser cuidadosamente purificados para assegurar a ausência de elementos-traço contaminantes quando as necessidades nutricionais são estudadas (Figura 5.1). A necessidade dos elementos-traço para o crescimento bacteriano foi descoberta na última metade do século XIX por um discípulo de Pasteur, Jules Raulin. Raulin passou dez anos estudando as exigências nutricionais de um único bolor.

Figura 5.1 A destilação é uma forma de produzir água pura em laboratório para a preparação de um meio. Aqui é mostrado um destilador compacto usado nos laboratórios microbiológicos para produzir água destilada.

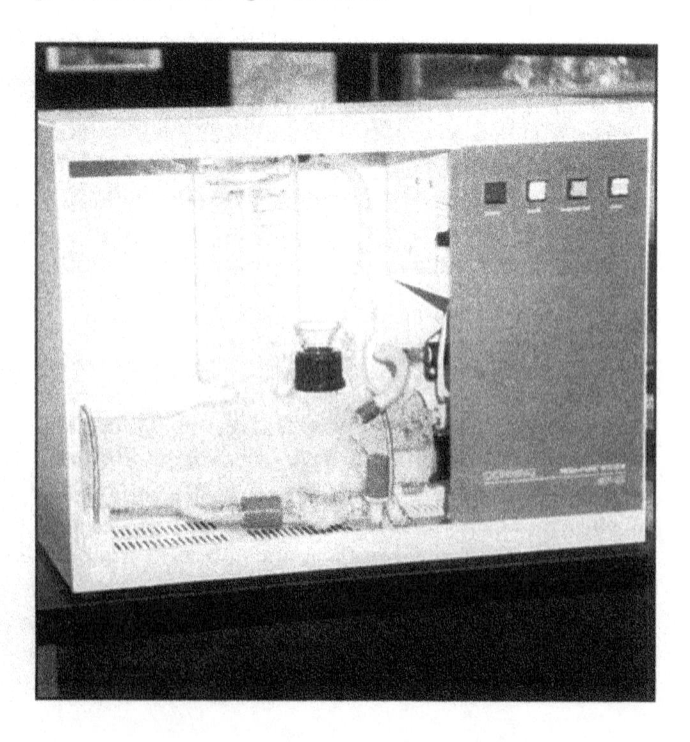

Responda

1. Por que os organismos necessitam de elementos químicos como nutrientes?
2. Quais são os elementos essenciais para o crescimento da célula?
3. Qual é a forma de carbono de que os heterotróficos precisam para sua nutrição? E os autotróficos?
4. Por que todos os organismos precisam de nitrogênio?
5. Quais são os aminoácidos que contêm enxofre?
6. Qual é a função dos elementos-traço nas células?

Classificação Nutricional dos Microrganismos

Os organismos que utilizam compostos químicos para obter energia são chamados ***quimiotróficos***. Aqueles que dependem primariamente da energia radiante (luz) são denominados ***fototróficos***. Pela combinação destes termos com aqueles relacionados às principais fontes de carbono, os seguintes grupos emergem:

1. ***Quimioautotróficos*** – aqueles organismos que utilizam substâncias químicas (inorgânicas) como fontes de energia e dióxido de carbono como principal fonte de carbono.

2. ***Quimioheterotróficos*** – aqueles que utilizam substâncias químicas (orgânicas) como fontes de energia e os compostos orgânicos como fonte principal de carbono.

3. ***Fotoautotróficos*** – aqueles que utilizam a luz como fonte de energia e dióxido de carbono como fonte principal de carbono.

4. ***Fotoheterotróficos*** – aqueles que utilizam a luz como fonte de energia e compostos orgânicos como fonte principal de carbono.

Esta classificação nutricional de microrganismos e exemplos de cada classe estão resumidos na Tabela 5.1.

Entretanto, algumas espécies de microrganismos são versáteis quanto à necessidade nutricional e, portanto, não podem ser classificadas exclusivamente em um dos quatros grupos. Por exemplo, certas bactérias fototróficas podem também crescer como quimiotróficas. Na ausência de oxigênio (condições anaeróbias) o *Rhodospirillun rubrun* depende da luz como fonte de energia e vive como um fotoheterotrófico. Por outro lado, na presença de oxigênio (condições aeróbias) e na ausência de luz, pode crescer como um quimioheterotrófico.

DESCOBERTA!

5.1 UM ORGANISMO PODE AJUDAR OUTRO A CRESCER

Na natureza, os organismos freqüentemente competem uns com os outros pelo alimento disponível. Mas existem também muitos casos nos quais um organismo ajuda o outro a obter nutrientes para crescer. Isto pode ser observado quando um organismo utiliza produtos de excreção de outro microrganismo como alimento. Um bom exemplo é a relação das três espécies de bactérias – *Streptococcus thermophilus, Lactobacillus bulgaricus* e *Propionibacterium shermanii* – utilizadas na fabricação de um queijo suíço. Os estreptococos e lactobacilos fermentam o açúcar lactose do leite e produzem ácido láctico como seu produto de excreção. A propionibactéria, que não utiliza a lactose, pode então crescer no ácido láctico para produzir o ácido propiônico em sua excreção. O ácido propiônico dá ao queijo suíço sua característica de sabor lembrando amêndoa. Similarmente, na produção do vinagre, a levedura fermenta a glicose e produz álcool etílico como seu produto de excreção. As bactérias do ácido acético (*Acetobacter*) então crescem neste álcool etílico e produzem ácido acético, que dá ao vinagre o seu sabor acre.

Dois organismos podem beneficiar-se igualmente quando cada um produz um nutriente essencial requerido pelo outro. Por exemplo, o *Bacillus polymyxa* e o *Proteus vulgaris* não crescem separadamente em um meio de cultura no laboratório com ausência das vitaminas niacina e biotina. Entretanto, eles podem crescer juntos como uma cultura mista. Isto acontece porque o *B. polymyxa* produz a niacina requerida pelo *P. vulgaris*, que produz a biotina necessária para o *B. polymyxa*. Assim, os dois organismos podem crescer juntos sob condições em que nenhum deles poderia crescer sozinho. Um outro exemplo de uma interação mutuamente benéfica é aquela entre a rizóbia e as plantas leguminosas. As bactérias vivem nas raízes de plantas tais como soja, trevo e alfafa. Elas convertem nitrogênio atmosférico em amônia, que é utilizada pelas plantas como fonte de nitrogênio. À medida que as plantas crescem, os produtos de sua fotossíntese provêm fontes de carbono essenciais para a rizóbia.

Tabela 5.1 Classificação nutricional das bactérias e de outros organismos.

Grupo nutricional	Fonte de carbono	Fonte de energia	Exemplos
Quimioautotróficos	Dióxido de carbono	Compostos inorgânicos	Bactérias nitrificantes, do ferro, hidrogênio e enxofre
Quimioheterotróficos	Compostos orgânicos	Compostos orgânicos	Muitas bactérias, fungos, protozoários e animais
Fotoautotróficos	Dióxido de carbono	Luz	Bactérias do enxofre verde e púrpura, algas, plantas e cianofíceas
Fotoheterotróficos	Compostos orgânicos	Luz	Bactérias púrpuras e verdes não-enxofradas

Responda

1 As bactérias podem ser classificadas com base nas suas necessidades nutricionais?

2 Por que o *Rhodospirillum rubrum* é interessante nutricionalmente?

3 Qual é a base para a classificação nutricional das bactérias e de outros organismos?

As exigências específicas de diferentes bactérias e leveduras são utilizadas extensivamente com propósitos taxonômicos. De fato, com os avanços da tecnologia dos computadores e das técnicas laboratoriais, existem agora sistemas automatizados que rapidamente identificam as espécies de bactérias ou leveduras com base na utilização de nutrientes. Em vez de esperar dias pelos resultados, os microbiologistas agora podem identificar um microrganismo em horas utilizando este sistema. Os testes específicos têm sido designados para grupos especiais de bactérias e leveduras, tais como bacilos intestinais Gram-negativos (Figura 5.2) e leveduras clinicamente significativas como a *Candida*.

Meios Utilizados para o Cultivo de Microrganismos

Para determinar as necessidades nutricionais de um microrganismo, são utilizados *meios quimicamente definidos*, uma vez que se conhece a composição exata de tais meios. Retirando ou adicionando um constituinte ao meio definido, pode-se saber se aquele constituinte é essencial para o crescimento dos microrganismos (Figura 5.3). Entretanto, para o cultivo de *rotina* no laboratório e o estudo dos microrganismos heterotróficos, são utilizados meios de cultura *complexos* preparados a partir de produtos naturais.

Figura 5.2 Fotomicrografia de uma bactéria intestinal *Escherichia coli*.

Tais meios são quimicamente indefinidos, mas eles têm a função de simular e até mesmo melhorar o ambiente natural dos microrganismos que estão sendo estudados.

Os exemplos de produtos naturais adicionados ao meio incluem extratos de carne (um extrato de carne aquoso concentrado como uma pasta), peptonas (proteínas que têm sido parcialmente degradadas, tais como o hidrolisado de caseína do leite e hidrolisado de proteínas de soja), extrato de levedura, sangue, soro, leite, extrato de solo e fluido de rúmen de bovino. Todos estes substratos são substâncias químicas complexas contendo açúcares, aminoácidos, vitaminas e sais; sua composição exata é desconhecida. Os produtos naturais que são adicionados ao meio estimulam o crescimento de uma grande variedade de microrganismos heterotróficos. Os extratos de leveduras, por exemplo, contêm vitaminas do complexo B que permitem o crescimento bacteriano.

Figura 5.3 Para verificar se um constituinte nutricional é ou não essencial para o crescimento de uma bactéria, pode ser realizado um teste em um meio quimicamente definido. Tal teste é mostrado nesta série de placas. A placa "controle" contém um meio mínimo quimicamente definido; o meio é constituído somente de glicose e sais sem outro suplemento orgânico. Os suplementos orgânicos para as outras três placas são indicados como "ácido antranílico", "indol" e "triptofano". A partir do crescimento bacteriano obtido por estrias e incubação das placas, pode-se concluir que a cepa bacteriana no 2 (no setor marcado "2") é *prototrófico*, i.e., não requer qualquer suplemento orgânico, pois pode crescer em uma placa com meio mínimo marcada "controle". As cepas 1 e 3 são *auxotróficas*; i.e., necessitam de suplementos orgânicos em um meio mínimo para poder desenvolver-se (note que não houve qualquer crescimento no "controle"). A cepa 1 cresce quando suplementada com triptofano, enquanto a cepa 3 cresce quando suplementada com indol e triptofano. Isto significa que as cepas 1 e 3 são bloqueadas em passos diferentes na síntese do triptofano. O esquema simplificado para a biossíntese de triptofano é o que segue:

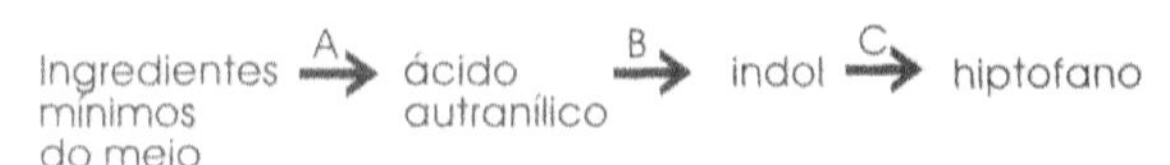

A cepa prototrófica 2 não é bloqueada em nenhum passo e pode sintetizar triptofano a partir dos ingredientes de um meio mínimo. A cepa 1 é bloqueada no passo C, uma vez que não pode sintetizar o triptofano mesmo quando suplementado com o ácido antranílico e indol. A cepa 3 é bloqueada no passo B, uma vez que a suplementação com o ácido antranílico não dá suporte ao crescimento, mas o suplemento de indol permite a síntese de triptofano. De modo geral, os auxotróficos têm sido utilizados para elucidar as vias biossintéticas de muitos compostos bioquímicos.

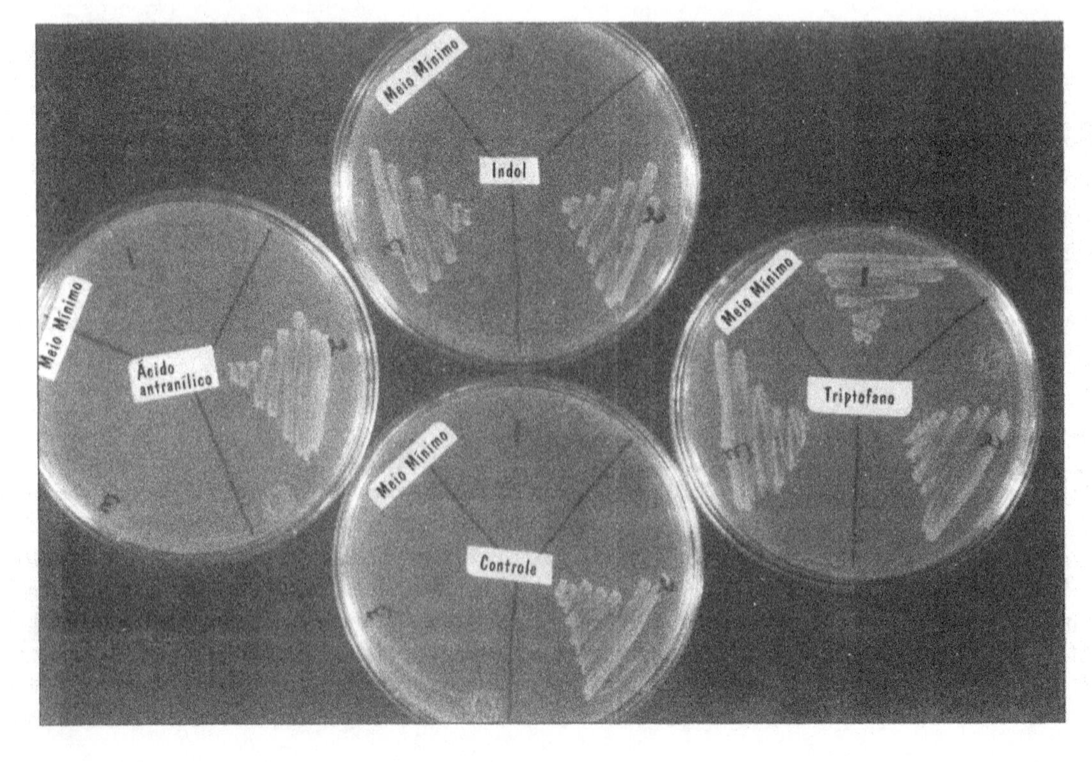

Quando um meio solidificado é necessário para o crescimento ou estudo dos microrganismos, um agente solidificante é adicionado ao meio líquido. Os microbiologistas normalmente adicionam ***ágar***, um polissacarídeo complexo extraído de uma alga marinha. O ágar, que é utilizado em uma concentração em torno de 1,5% (p/v), ou 1,5g/100 ml, tem muitas propriedades que o tornam um agente solidificante ideal. O ágar funde-se em torno do ponto de ebulição da água (100°C), formando uma solução transparente, e então permanece no estado líquido até em torno de 40°C. Uma vez que a maioria dos microrganismos não são mortos a 45°C, eles podem ser adicionados a um meio contendo ágar liquefeito antes que o meio seja solidificado em tubos de ensaio ou placas de Petri. Uma vez que o meio contendo ágar se resfria e se solidifica, este permanecerá solidificado a temperaturas de incubação e pode ser inoculado com microrganismos. O ágar não serve como nutriente para a maioria dos microrganismos e não é metabolizado durante o crescimento.

Existem centenas de meios diferentes disponíveis comercialmente (Figura 5.4, caderno em cores), desde aqueles que permitem o crescimento de muitos microrganismos até aqueles que permitem o crescimento de somente um tipo de microrganismo. Alguns deles contêm indicadores químicos para detectar mudanças de pH devido ao metabolismo dos substratos (Figura 5.5); outros induzem os microrganismos a produzir cápsulas ou endósporos. Para uma rápida identificação dos microrganismos em laboratório, alguns fabricantes produziram microplacas de plástico contendo muitas cavidades, cada uma contendo um meio de cultura desidratado diferente (Figura 5.6). Quando se adiciona uma suspensão microbiana a cada cavidade, esta reidrata o meio e ao mesmo tempo inocula o microrganismo em estudo. Também estão disponíveis instrumentos que permitem a semeadura de múltiplas amostras de uma suspensão bacteriana nos meios em uma única etapa, em vez de semear uma a uma. Outros sistemas eficientes oferecem uma placa de Petri que é dividida em vários compartimentos, como uma torta que foi cortada para ser servida. Cada compartimento contém um meio solidificado diferente, que pode ser semeado com uma gota de suspensão microbiana. Os resultados obtidos nestes meios podem ser avaliados por um programa de computador que os compara com os resultados obtidos com um microrganismo conhecido.

Os microbiologistas podem preparar os meios a partir de matérias-primas ou pós desidratados, ou podem comprar meios prontos produzidos por indústrias de suprimentos para laboratório. Os meios são distribuídos em tubos de teste, placas de Petri, garrafas, placas prontas para testes automatizados. Existem muitos meios microbiológicos para que possamos discutir cada um aqui, mas uma visão das exigências nutricionais gerais e dos meios que os satisfazem mostrará como os microbiologistas utilizam os meios para estudar os microrganismos.

Figura 5.5 No meio de MacConkey a *Escherichia coli* forma colônias vermelhas [**A**] enquanto a *Shigella sonnei* não forma [**B**]. A coloração vermelha é devida à reação de um corante vermelho neutro com o ácido formado a partir da fermentação da glicose pela *E. coli*.

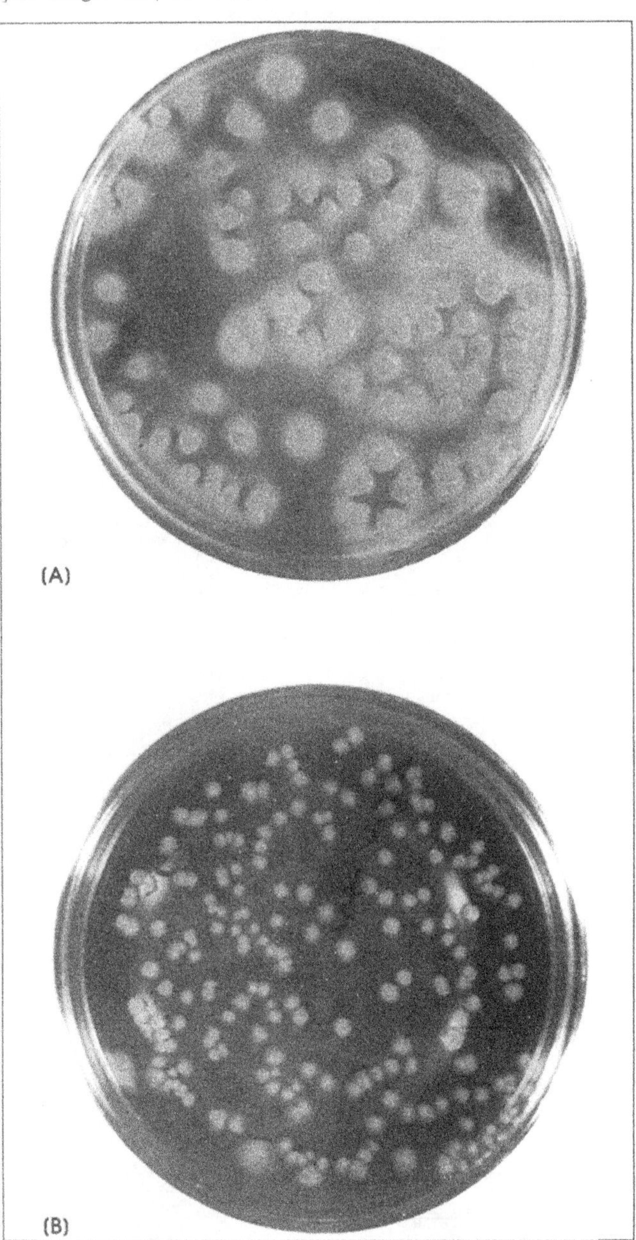

Meios para o Cultivo de Bactérias

Os meios escolhidos para o cultivo de bactérias específicas normalmente imitam o hábitat normal das mesmas. Se uma bactéria prefere os nutrientes encontrados no sangue, então o sangue pode ser adicionado ao meio. Se a glicose é um

Figura 5.6 Muitas indústrias produzem versões miniaturizadas de procedimentos convencionais para a identificação de bactérias. O sistema API 20E mostrado aqui serve para a identificação das bactérias pertencentes à família das *Enterobacteriaceae* e outras bactérias Gram-negativas. É um sistema de microtubos pronto para uso destinado à realização de testes bioquímicos padrões nas colônias isoladas de bactérias retiradas do meio em placa. Os microtubos na fileira do controle (esquerda) foram inoculados com uma solução salina estéril (0,85% de NaCl), enquanto aqueles na fileira da direita foram inoculados com uma suspensão salina de células de *Escherichia coli*. Os meios desidratados foram reconstituídos com a adição da salina. Durante a incubação (18 a 24 h em 35 a 37°C), quaisquer células presentes reagiriam com os constituintes dos microtubos, causando mudanças de cor no tubo.

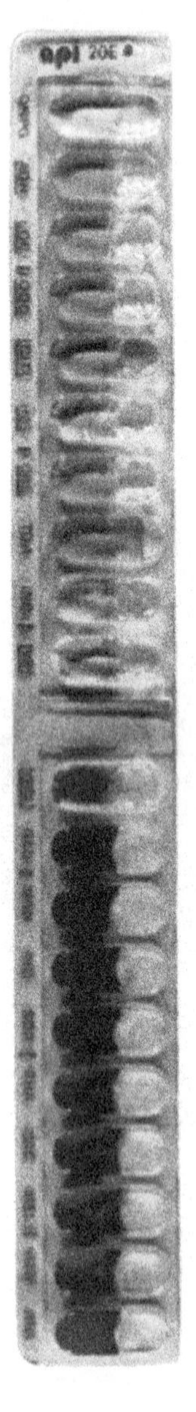

constituinte comum de um nicho bacteriano, então o açúcar é adicionado ao meio de cultura. As bactérias podem ser autotróficas ou heterotróficas, e o meio selecionado pode refletir estas características. Como mencionado previamente, as bactérias fototróficas requerem luz para produção de energia e dióxido de carbono, água e alguns íons inorgânicos para o crescimento. As bactérias quimioautotróficas possuem as mesmas exigências nutricionais, mas elas obtêm energia a partir de substâncias inorgânicas simples, em vez de luz. A Tabela 5.2 mostra a composição de um meio quimicamente definido para bactérias quimioautotróficas.

Os compostos orgânicos exigidos pelas bactérias heterotróficas variam em tipo e número, de um grupo de bactérias para outro. Alguns, tais como a *Escherichia coli*, podem crescer muito bem em meios contendo um único composto orgânico, tal como um açúcar mais os íons inorgânicos. A fórmula de um meio quimicamente definido para tais bactérias está descrita na Tabela 5.3. Por outro lado, certas bactérias heterotróficas necessitam de cerca de 20 aminoácidos e várias vitaminas para crescer. Os microrganismos com tais exigências nutricionais são descritos como ***fastidiosos.*** Comumente, os meios complexos são utilizados para cultivar estas bactérias, uma vez que produzir o meio quimicamente definido apropriado demanda tempo e trabalho manual. Os meios complexos contêm uma grande variedade de substâncias orgânicas preparadas a partir de materiais naturais e, portanto, não são quimicamente definidos. A Tabela 5.4 mostra a composição de um meio complexo típico utilizado para o cultivo de bactérias heterotróficas.

As bactérias mais fastidiosas podem exigir a adição de sangue ou soro animal ao meio de cultivo. Existem algumas bactérias que não podem ser cultivadas *in vitro* em meios laboratoriais, não importando qual meio é utilizado. Um exemplo é o *Treponema pallidum*, a bactéria que causa a sífilis. Embora este espiroqueta tenha sido cultivado em coelhos e em culturas de células de coelho, ele não tem sido cultivado em meios laboratoriais na ausência de células hospedeiras (Figura 5.7).

Tabela 5.2 Meio quimicamente definido para uma bactéria quimioautotrófica.

Ingredientes	Função	Quantidade
$(NH_4)_2SO_4$	Fonte de nitrogênio bem como de energia	0,5 g
$NaHCO_3$	Fonte de carbono na forma de CO_2 em solução aquosa	0,5 g
Na_2HPO_4	Tampão e íons essenciais	13,5 g
KH_2PO_4	Tampão e íons essenciais	0,7 g
$MgSO_4.7H_2O$	Íons essenciais	0,1 g
$FeCl_3.6H_2O$	Íons essenciais	0,014 g
$CaCl_2.2H_2O$	Íons essenciais	0,18 g
Água	Solvente	1.000 ml

Tabela 5.3 Meio quimicamente definido para uma bactéria heterotrófica.

Ingredientes	Função	Quantidade
Glicose	Fonte de energia e de carbono	1 g
$NH_4H_2PO_4$	Fonte de nitrogênio, tampão e íons essenciais	5 g
K_2HPO_4	Tampão e íons essenciais	1 g
NaCl	Íons essenciais	5 g
$MgSO_4 . 7 H_2O$	Íons essenciais	0,2 g
Água	Solvente	1.000 ml

Os ingredientes acima representam os contituintes mínimos em um meio para uma bactéria não-fastidiosa tal como o tipo selvagem de *Escherichia coli*. Para uma espécie fastidiosa, tal como o *Lactobacillus acidophilus*, substâncias adicionais tais como aminoácidos e vitaminas têm sido adicionadas ao meio.

Tabela 5.4 Composição do caldo nutriente, um meio complexo para o crescimento de uma bactéria heterotrófica.

Ingredientes	Função	Quantidade
Extrato de carne	Substâncias hidrossolúveis de tecido animal: carboidratos, compostos de nitrogênio orgânico, vitaminas, sais	3 g
Peptona	Nitrogênio orgânico, algumas vitaminas	5 g
Cloreto de sódio	Íons e requerimentos osmóticos	8 g
Água	Solventes	1.000 ml

Se um meio solidificado é requerido, o ágar (15 g) é adicionado; o meio é então chamado *ágar nutriente*.

Meios para o Cultivo de Fungos

Assim como as bactérias, os fungos absorvem nutrientes, em vez de ingeri-los. A absorção é auxiliada por enzimas secretadas no meio, que quebram as moléculas orgânicas em porções menores que podem ser transportadas mais facilmente para dentro da célula. Todos os fungos são heterotróficos. Em laboratório, muitos fungos podem crescer em uma mistura simples contendo um açúcar, uma fonte de nitrogênio inorgânico ou orgânico e alguns minerais. Alguns necessitam de vitaminas. Outros podem crescer somente em um meio complexo que contenha uma grande variedade de compostos orgânicos providos pela peptona e extratos de carne.

Figura 5.7 *Treponema pallidum* em um corte de fígado fetal de uma amostra de autópsia. Coloração pela prata de Levaditi.

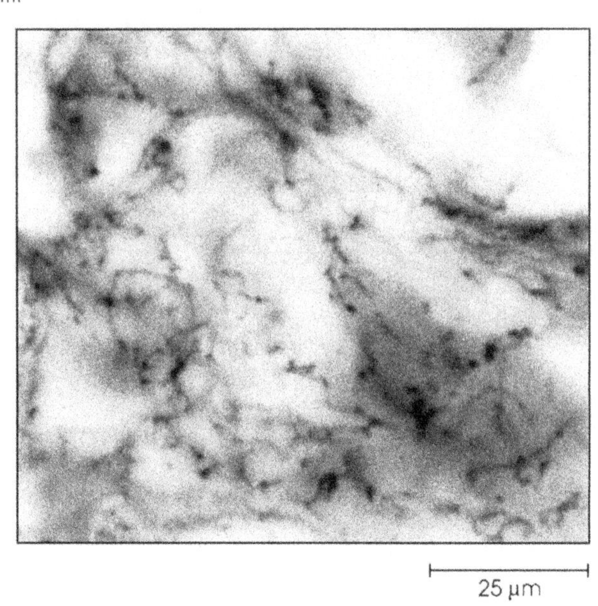

Em geral, os meios para cultivo de fungos têm uma concentração maior de açúcar (4%) e um pH menor (3,8 a 5,6) que o meio para o cultivo bacteriano (geralmente, pH 6,5 a 7,5). Isto se verifica em meios naturais, particularmente quando se observa que as bactérias freqüentemente contaminam a carne e o leite, enquanto os fungos crescem em frutas cítricas (Figura 5.8, caderno em cores), produtos de padaria, geléias e compotas de frutas. A Tabela 5.5 mostra um meio complexo para o cultivo de muitos fungos ***saprófitas***, aqueles que vivem em matéria orgânica morta. Observe a alta concentração de glicose (4%) e o pH relativamente baixo (5,6). Esta combinação favorece o crescimento do fungo, mas inibe o crescimento da maioria das bactérias. Alguns fungos ***parasitas***, que vivem em ou sobre um hospedeiro, têm sido cultivados *in vitro*.

Meios para o Cultivo de Protozoários

A maioria dos protozoários requer um pH que pode variar de 6 a 8 para um crescimento ótimo. Os protozoários são heterotróficos aeróbios com exigências nutricionais complexas. Muitos não têm sido cultivados *in vitro*. Aqueles que podem ser cultivados *in vitro* exigem uma variedade de aminoácidos e vitaminas mais carboidratos. Por exemplo, *Tetrahymena pyriformis* pode ser cultivada em um meio contendo 10 aminoácidos, 7 vitaminas, os compostos guanina e uracila e alguns sais inorgânicos. Algumas amebas podem crescer em um caldo peptonado relativamente simples; outros protozoários requerem suplementos tais como emulsões de tecidos cerebrais, soro fetal de vitelo ou infusão de fígado. Alguns protozoários podem crescer em um caldo nutriente ou água solidificada com ágar contendo células bacterianas que serão ingeridas como alimento.

Tabela 5.5 Composição de um meio utilizado para isolamento e crescimento de fungos em geral, ágar Sabouraud.

Ingredientes	Função	Quantidade
Peptona	Fonte de carbono, nitrogênio, elementos	10 g
Glicose	Fonte de carbono e energia; alta concentração favorece o crescimento dos fungos, mas inibe o crescimento das bactérias	40 g
Ágar	Agente solidificante	15 g
Água	Solvente	1.000 ml
pH	Valores de pH baixos suprimem o crescimento bacteriano, mas favorecem o crescimento dos fungos	5,6

Meios para o Cultivo de Algas

As algas utilizam luz para produzir energia e requerem somente dióxido de carbono, água e vários íons inorgânicos solúveis para crescer. Assim, elas são fotoautotróficas. Entretanto, certas algas, tais como algumas espécies de *Euglena*, são capazes de crescer heterotroficamente no escuro utilizando uma pequena variedade de substratos. Algumas algas propagam-se mais facilmente *in vitro* do que outras, especialmente se um meio complexo é utilizado. Os meios complexos para algas normalmente contêm suplementos tais como extrato de soja, uma rica fonte de nutrientes. Ao contrário dos meios para bactérias e fungos, existem poucos meios "prontos" e padronizados, comercialmente disponíveis para algas. Os meios podem ser preparados a partir de seus ingredientes individuais. Ao preparar um meio definido para algas marinhas, esta poderá se tornar uma tarefa tediosa se todos os sais existentes na água do mar tiverem de ser adicionados individualmente.

Meios com Finalidades Especiais (Meios Especiais)

Quando os microbiologistas querem isolar, identificar ou contar os microrganismos, eles utilizam meios especiais destinados a fornecer informações específicas sobre os microrganismos. Estes incluem os meios para microrganismos anaeróbios, meios que permitem o crescimento de certos organismos e meios que são utilizados com o propósito de ajudar a classificar os microrganismos com base nas suas características de crescimento.

Meios para Anaeróbios. Os microbiologistas têm reconhecido a existência de alguns microrganismos chamados ***anaeróbios***, organismos que toleram baixas concentrações ou nenhum oxigênio livre e não o utilizam para obtenção de energia. Em 1885, os microbiologistas descobriram que a bactéria anaeróbia *Clostridium tetani* era a causa do tétano. Durante anos as bactérias anaeróbias foram cultivadas *na camada profunda de um meio solidificado.* As bactérias podiam crescer no fundo desses tubos, pois a camada de ágar da superfície exclui o oxigênio atmosférico (Figura 5.9).

Posteriormente foram desenvolvidas técnicas refinadas, como a adição de um agente redutor ao meio que removeria o oxigênio, para produzir o que chamamos de ***meio reduzido***. O tioglicolato de sódio é comumente utilizado como um agente redutor; ele combina quimicamente com o oxigênio dissolvido em um meio e torna-o não-disponível para os microrganismos.

Figura 5.9 Desenho ilustrando o crescimento de grupos fisiológicos diferentes de bactérias em tubos de ágar em camada alta, mostrando as variações no crescimento em resposta ao oxigênio atmosférico.

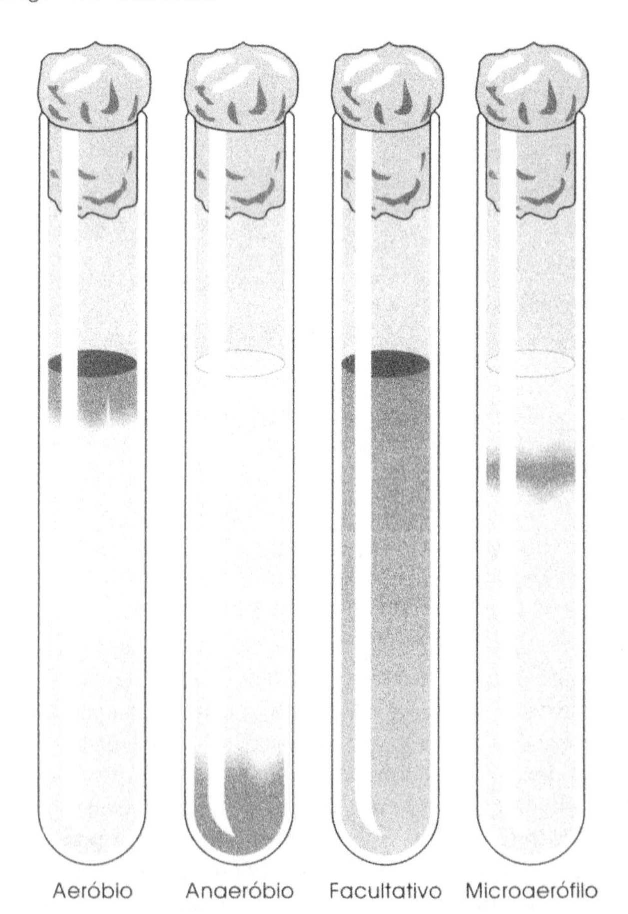

Figura 5.10 Frasco simples montado para uma autoclavação eficiente e segura de um meio microbiológico na ausência de oxigênio. A válvula de selagem (VS), fixada na parte superior do frasco, mantém o ar de todo o recipiente e previne qualquer mudança de pressão no frasco durante o processo de autoclavação.

Alguns anaeróbios podem tolerar baixos níveis de oxigênio, mas outros, chamados ***anaeróbios estritos***, não podem tolerar nenhuma concentração de oxigênio, como, por exemplo as arqueobactérias que produzem gás metano. Os anaeróbios estritos podem ser cultivados somente quando precauções especiais ao preparar os meios são tomadas. Durante a preparação dos meios, eles são fervidos para que a maior parte do oxigênio dissolvido seja retirada. O gás nitrogênio livre de oxigênio é colocado nos tubos contendo o meio, e então um agente redutor deve ser adicionado (normalmente cisteína), o qual remove os últimos traços de oxigênio. Os meios são esterilizados em autoclave (aquecimento sob pressão) na completa ausência de oxigênio. Um método para autoclavar os meios anaeróbios é utilizar uma válvula de selagem no topo do frasco para prevenir a entrada de oxigênio (Figura 5.10). No Capítulo 6 estudaremos os sistemas especiais de incubação em anaerobiose que simplificaram o cultivo de microrganismos anaeróbios.

Meios Seletivos. Os ***meios seletivos*** permitem o crescimento de um tipo particular de microrganismo ou *suprimem* o crescimento de outros tipos de microrganismos (alguns compartilham as duas propriedades). Utilizando tal meio, pode-se *selecionar* um certo microrganismo. Como mostrado na Tabela 5.5, o ágar Sabouraud é seletivo para fungos, pois tem um pH baixo de 5,6 e uma alta concentração de glicose. Os meios seletivos são utilizados em laboratórios de saúde pública e análises clínicas para isolar microrganismos específicos associados a doenças. Estes são particularmente úteis quando estudamos espécimes que contêm mais de um tipo de microrganismo, tais como fezes, saliva e exsudotos de abcessos. Um exemplo é o ágar verde brilhante, utilizado para isolar os bacilos Gram-negativos do gênero *Salmonella*. Algumas destas espécies causam infecções alimentares em humanos. O corante verde brilhante adicionado ao ágar inibe as bactérias Gram-positivas, habitantes comuns do trato intestinal. Por outro lado, o ágar feniletanol inibe o crescimento de bactérias Gram-negativas, mas não inibe os organismos Gram-positivos tais como os estreptococos e estafilococos. Atualmente os antibióticos são adicionados ao meio, tornando-os seletivos para microrganismos que são resistentes a estes agentes antimicrobianos. Por exemplo, se o antibiótico rifampicina é utilizado, as bactérias espiraladas chamadas *espiroquetas* podem ainda crescer pois são resistentes ao antibiótico, enquanto muitos outros tipos de bactérias são inibidos (Figura 5.11).

Meios Diferenciais. Os microbiologistas utilizam ***meios diferenciais*** quando querem diferenciar os vários tipos de microrganismos em uma placa com ágar. Por exemplo, se uma mistura de bactérias é semeada em um meio solidificado contendo sangue (ágar sangue), algumas bactérias podem produzir enzimas que lisam (dissolvem) as células vermelhas do sangue, enquanto outras não. Dependendo do padrão de lise ao redor de cada colônia de bactérias, é possível distinguir as bactérias ***hemolíticas*** das não-hemolíticas a partir do mesmo espécime. Assim, uma amostra da garganta semeada em uma placa de ágar sangue mostrará se o *Streptococcus pyogenes* está presente. O *S. pyogenes*, agente etiológico da infecção de garganta e da escarlatina, produz β-hemólise ou zonas claras ao redor de cada colônia (Figura 5.12).

Meios Seletivos/Diferenciais. Alguns meios de cultura são seletivos e diferenciais. Eles são particularmente úteis em microbiologia de saúde pública; por exemplo, na determinação da qualidade da água ou na identificação da causa de infecção alimentar. Um destes meios é o ágar MacConkey, que contém sais biliares e o corante cristal violeta para inibir o crescimento das bactérias Gram-positivas e permite o desenvolvimento de bactérias Gram-negativas. A lactose também está presente, e as bactérias Gram-negativas que produzem ácido a partir deste açúcar podem ser diferenciadas das bactérias Gram-negativas que não o produzem. As colônias de bactérias que utilizam lactose são ácidas e tornam-se vermelhas, uma vez que o indicador de

Figura 5.11 O uso do antibiótico rifampina em um meio de cultura especial tem facilitado o isolamento de espiroquetas anaeróbios da cavidade oral. Este grupo de bactérias é relativamente resistente à rifampicina, enquanto a maioria das outras bactérias da cavidade oral é susceptível a sua atividade antibacteriana seletiva. [**A**] colônias isoladas de um espiroqueta da cavidade oral típica. As colônias são superficiais e exibem filamentos cotonosos. [**B**] uma cultura pura de espiroquetas vista com microscopia de campo escuro. Algumas das longas fitas que são vistas são células locomovendo-se, o que é registrado pela exposição ao filme.

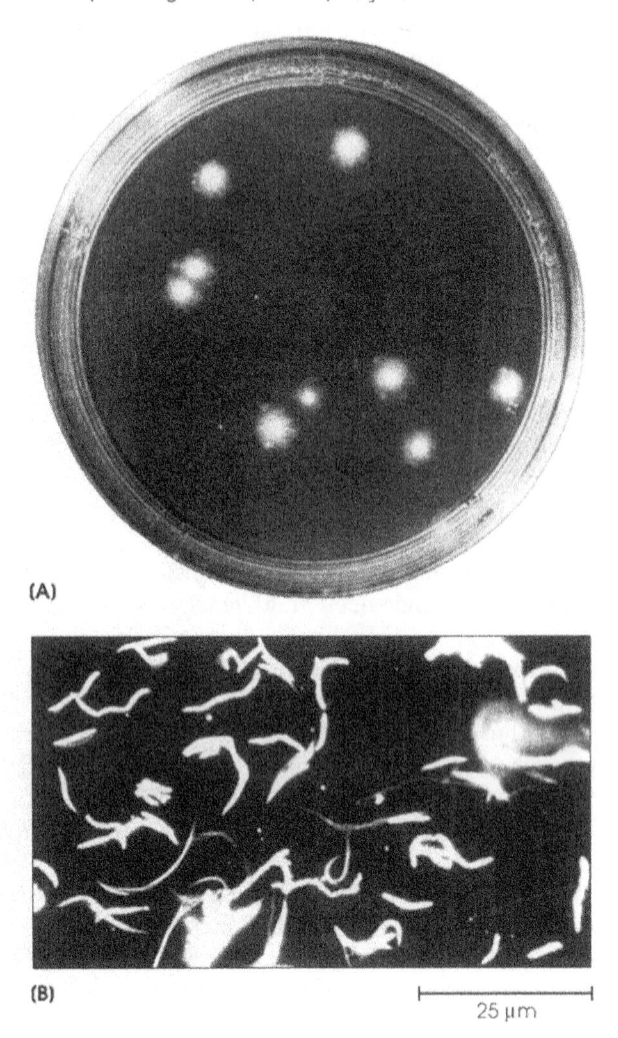

Figura 5.12 Uma placa colonizada pela bactéria *Streptococcus pyogenes* em um meio de ágar-sangue. Observe as zonas claras ao redor das colônias; tais zonas são indicativas da β-hemólise das células do sangue, uma característica distintiva de algumas espécies bacterianas.

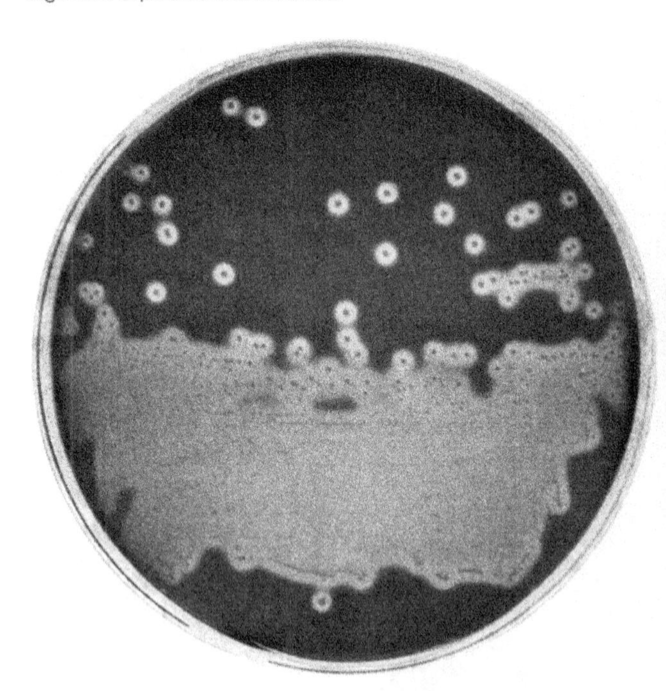

Figura 5.13 Uma cepa mutante lactose negativa de *Escherichia coli* (incapaz de fermentar a lactose) é cultivada em um meio seletivo e diferencial chamado ágar MacConkey. Tais colônias são incolores. Entretanto, esta forma mutante não é muito estável e freqüentemente se transforma em células do tipo selvagem, i.e., retorna do processo de mutação para a característica lactose positiva. Estas colônias se tornam vermelha ou rosa.

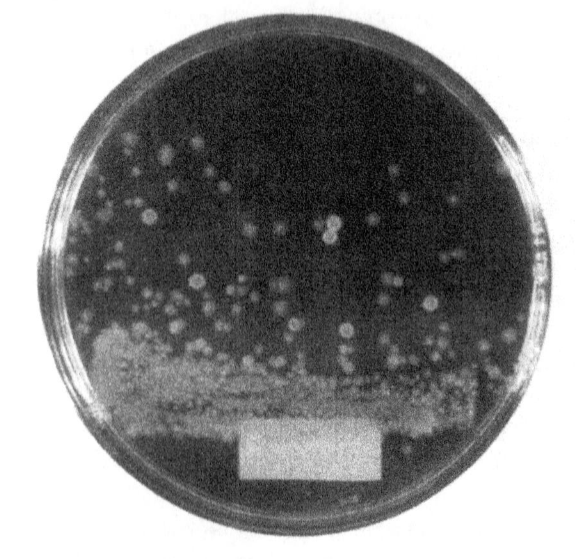

pH vermelho neutro também faz parte do meio (Figura 5.13). A Tabela 5.6 descreve alguns dos meios seletivos e/ou diferenciais disponíveis comercialmente em forma desidratada.

Meios de Enriquecimento. Os ambientes naturais são normalmente constituídos por numerosos tipos de bactérias ou outros microrganismos. Quando uma espécie de interesse especial está presente, mas somente em pequeno número, os microbiologistas utilizam um ***meio de enriquecimento***. O meio favorece o crescimento da espécie desejada, mas não o crescimento das outras espécies presentes em uma população mista. As técnicas de enriquecimento proporcionam um ambiente tanto químico quanto físico, que resulta em um aumento do número da espécie que inicialmente era minoria. Ao contrário do meio seletivo, nenhum agente inibidor é utilizado para prevenir o cresci-

Tabela 5.6 Alguns meios seletivos e/ou diferenciais comercialmente disponíveis para bactérias.

Meio	Uso pretendido	Princípios de uso
Ágar MacConkey	Meio seletivo e diferencial para isolamento e diferenciação das bactérias Gram-negativas fermentadoras de lactose das bactérias entéricas não-fermentadoras de lactose	As colônias de bactérias capazes de fermentar lactose produzem uma variação de pH que pode ser evidenciada pela mudança de cor de um indicador de pH (vermelho neutro), que confere cor vermelha às colônias, assim como uma zona de bile precipitada. Os sais biliares também inibem as bactérias Gram-positivas. As colônias não-fermentadoras de lactose permanecem incolores e translúcidas
Ágar desoxicolato	Meio diferencial e seletivo em placa para o isolamento de bacilos entéricos Gram-negativos	As colônias de coliformes (fermentadoras de lactose) são vermelhas; as colônias não-fermentadoras são incolores. O desoxicolato de sódio suprime as bactérias Gram-positivas
Ágar feniletanol	Meio seletivo para o isolamento de estafilococos e estreptococos Gram-positivos a partir de espécimes também contendo organismos Gram-negativos	O feniletanol permite o crescimento dos organismos Gram-positivos, mas inibe o crescimento dos organismos Gram-negativos encontrados no mesmo espécime
Ágar Columbia CNA	O meio seletivo ao qual se adicionou sangue, utilizado para o isolamento dos cocos Gram-positivos	Os agentes antimicrobianos colistina e ácido nalidíxico em um meio suprimem o crescimento das bactérias Gram-negativas

mento de microrganismos indesejáveis. Após cultivos seriados em meios novos, a espécie desejada emerge como uma população predominante ou enriquecida. Por exemplo, as bactérias que oxidam o fenol podem ser isoladas a partir de amostras do solo, utilizando um meio constituído de sais de amônia, com o fenol como a única fonte de carbono e energia. Somente os microrganismos capazes de oxidar o fenol estarão presentes em grande número, depois de vários cultivos seriados.

Meios para Ensaios Microbiológicos. Microrganismos específicos podem ser utilizados para medir as concentrações de substâncias tais como antibióticos e vitaminas (ver Capítulo 21, Volume II). Por exemplo, a concentração de antibióticos presente no soro sanguíneo ou em outros fluidos teciduais pode ser analisada por meio do uso de microrganismos que são sensíveis aos mesmos. Este tipo de análise envolve a medida da inibição do crescimento causada pelo antibiótico. Dentro de limites estabelecidos, o grau de inibição é proporcional à quantidade da droga. Em uma das técnicas, as amostras dos fluidos são colocadas em cavidades feitas em um meio solidificado em placa semeado com bactérias. À medida que o fluido se difunde a partir das cavidades, zonas de inibição do crescimento microbiano tornam-se visíveis (Figura 5.14). Os ensaios microbiológicos de antibióticos são também feitos em produtos farmacêuticos, rações animais e outros materiais.

Os organismos isolados a partir de espécimes clínicos são rotineiramente caracterizados de acordo com a sua susceptibilidade aos agentes antimicrobianos selecionados. O resultado de um ensaio deste tipo é chamado de ***concentração mínima inibitória*** (*MIC*), que é a menor concentração do agente testado que inibe o crescimento do microrganismo. Os resultados dos vários testes de sensibilidade orientam o médico na seleção do tratamento apropriado para os pacientes infectados. Meios padronizados para ensaios microbiológicos de diferentes agentes químicos estão disponíveis comercialmente.

Responda

1. Por que os microbiologistas utilizam meios quimicamente definidos?
2. Explique por que os meios complexos contendo substratos naturais são quimicamente indefinidos.
3. Por que o ágar é o agente solidificante ideal para uso em microbiologia?
4. Como as fontes químicas de energia diferem entre os quimioautotróficos e os quimioheterotróficos?
5. Cite duas formas pelas quais os meios para o crescimento de fungos diferem dos meios para crescimento de bactérias.
6. Além dos íons inorgânicos, quais substratos são necessários para a nutrição das algas?
7. Como as bactérias anaeróbias podem ser cultivadas sem uma jarra ou câmara de anaerobiose?
8. Quais são as diferenças entre os *meios seletivos, meios diferenciais, meios de enriquecimento* e *meios para ensaios microbiológicos*?

Figura 5.14 O ensaio de um antibiótico (espiramicina) no soro sanguíneo. A bactéria padrão utilizada foi o *Micrococcus luteus*; as células do organismo foram suspensas em ágar fundido a 40°C e em seguida transferidas para as placas de Petri. As perfurações foram feitas no ágar sólido (agora inoculado com bactérias) e pequenos volumes de soro sanguíneo a ser ensaiado foram pipetados em cada perfuração. Depois de incubadas por 18 h, as células susceptíveis cresceram uniformemente no meio exceto onde o antibiótico havia se difundido no meio. Isto é indicado pelas zonas claras de inibição. Nesta ilustração, cada placa contém o ensaio para uma amostra de soro testada seis vezes. Os números indicam o tempo em horas depois da ingestão do antibiótico pelo paciente, i.e., quando as amostras de sangue foram retiradas do paciente. Note que a concentração da droga atingiu o seu máximo em torno de 4 a 6 h depois da medicação; a 24 h, a concentração no soro da droga havia diminuído.

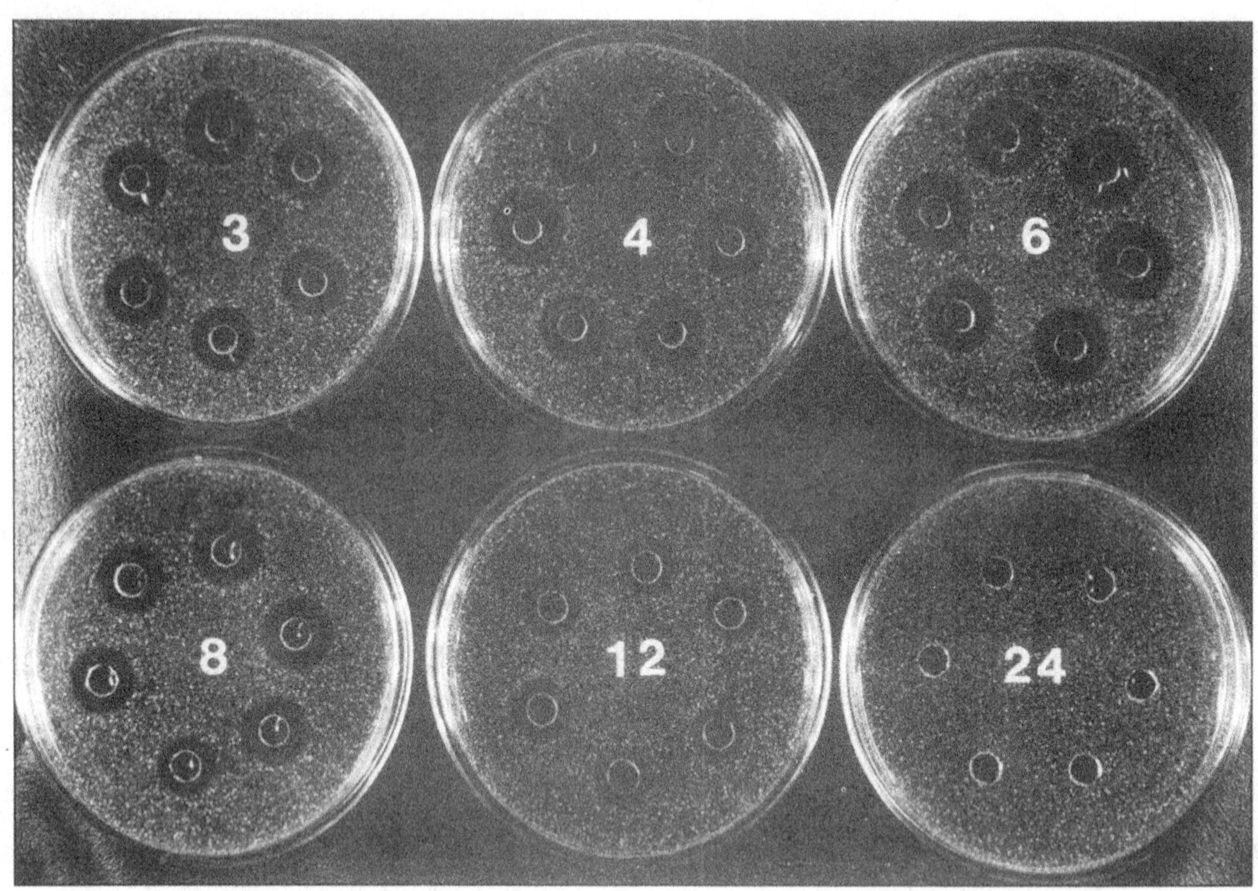

Meios e Métodos para Cultura de Tecidos

As culturas de tecidos são células animais e de plantas cultivadas em laboratório em meios específicos. Os métodos para cultura de tecidos foram desenvolvidos para cultivar vírus *in vitro*, uma vez que eles podem replicar somente dentro de células hospedeiras vivas. As clamídias, riquétsias e alguns espiroquetas são cultivados em culturas de tecido. Em 1949, John F. Enders e seus colaboradores demonstraram que os vírus poderiam ser regularmente propagados a altas concentrações em células animais e tecidos em crescimento nas culturas. As culturas de tecidos também são utilizadas para fornecer produtos animais ou de plantas, tais como hormônios. Geralmente são mais convenientes e mais econômicas do que trabalhar com animais ou plantas vivas. Entretanto, requerem uma cuidadosa preparação e manuseio, para evitar contaminação com microrganismos que podem matar as células (Figura 5.15). Apesar das suas limitações, as culturas de tecidos são elementos-chave em pesquisas médicas, nas quais são utilizadas para estudar os vírus tais como o agente da síndrome de imunodeficiência adquirida, ou AIDS (DESCOBERTA 5.2).

Culturas de Células Animais

As culturas de células animais tornaram-se viáveis quando os meios foram formulados para satisfazer as exigências nutricionais das células animais. O uso de antibióticos facilitou a manutenção de um meio livre de bactérias. As culturas de células animais são iniciadas cortando-se tecido estéril em pequenos pedaços (em torno de 0,5 a 2 mm), enquanto a amostra do tecido está imersa em uma *solução salina balanceada e estéril*, que é uma solução contendo glicose e vários sais inorgânicos em concentrações similares àquelas presentes em fluidos teciduais normais. Estes

Figura 5.15 A fotografia mostra um microbiologista trabalhando em um equipamento especial utilizado para prevenir a contaminação microbiológica das culturas de células animais. A técnica asséptica é empregada na transferência do soro para os frascos com culturas de tecidos.

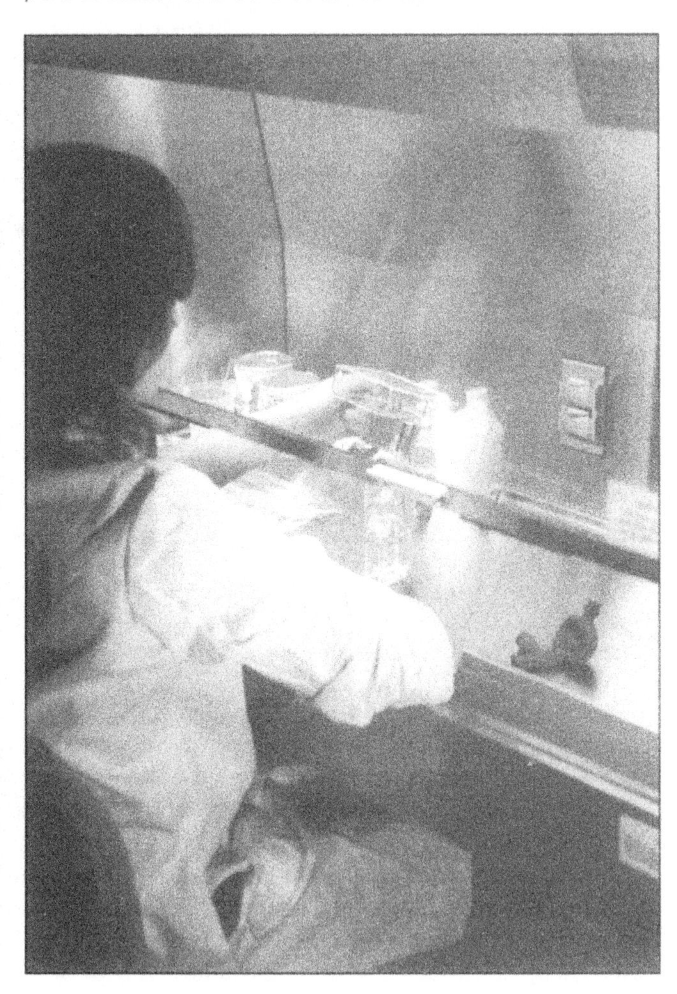

Figura 5.16 Uma cultura de células de rim de macaco em uma monocamada. O espécime foi corado com o corante de Giemsa.

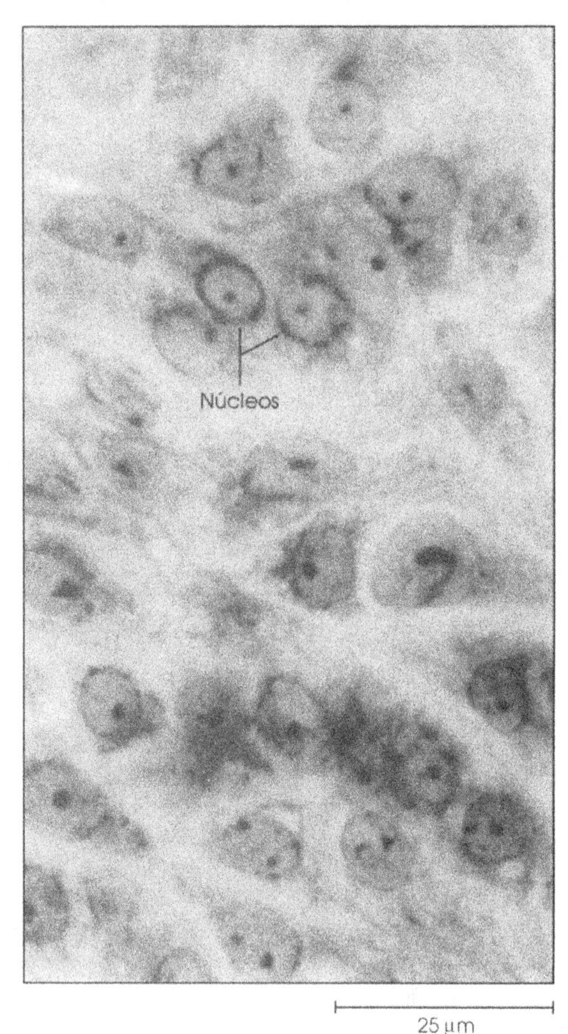

pedaços são chamados ***explants***. Pedaços inteiros do tecido ou células individualizadas, após tratamento enzimático, podem ser colocados no meio de cultura. As células animais tendem a aderir ao vidro ou a recipientes de plástico e formam uma monocamada, ou camada simples de células, à medida que se reproduzem (Figura 5.16).

Infelizmente, *as **linhagens de células primárias*** derivadas dos *explants* tendem a morrer depois de algumas poucas gerações. As técnicas para *cultura contínua* de células foram inicialmente desenvolvidas no laboratório de Wilton R. Earle no final da década de 1940. As ***linhagens de células contínuas*** consistem em ***células transformadas***, que adquiriram propriedades distintas das células originais. (Transformação é um dos primeiros estágios que levam ao câncer, mas não há certeza de que todas as células que se transformam serão células cancerosas.) Uma destas propriedades é a *imortalização*, o que significa que as células podem multiplicar-se eternamente em um ambiente laboratorial apropriado, com condições físicas apropriadas. Assim, as células podem ser mantidas por um número indefinido de gerações. As culturas de células contínuas têm sido estabelecidas a partir de um grande número de vertebrados e invertebrados e de uma grande variedade de órgãos e tecidos. Algumas vezes as células de uma dada espécie são utilizadas para o cultivo de vírus que normalmente não infectam aquelas espécies. Um exemplo é a cultura de células de insetos utilizadas para estudar vírus de plantas.

Talvez a mais famosa das culturas de células seja a cepa de células HeLa, isoladas em 1951 de uma mulher com câncer cervical. As células cancerosas de HeLa são freqüentemente utilizadas em pequisa porque estão prontamente disponíveis e permitem o crescimento de muitos vírus humanos.

Apesar do sucesso do cultivo em culturas de células, alguns vírus ainda não foram cultivados com sucesso em laboratório.

DESCOBERTA!

5.2 DIETA, CÂNCER E NUTRIÇÃO CELULAR EM CULTURA

A partir da década de 1950, a microbiologia incluiu o estudo de células de animais e de plantas em culturas de laboratório. Esta nova dimensão adicionada à pesquisa microbiológica tem contribuído imensuravelmente para o bem-estar da humanidade, especialmente com a investigação das viroses e células cancerígenas.

Em meados de 1960, trabalhando com culturas de células rotineiramente, os cientistas observaram que, durante a divisão celular, ocorria quebra de cromossomos em uma pequena porcentagem de células humanas saudáveis. Muitos anos mais tarde, o geneticista australiano Grant Sutherland reproduziu estas quebras cromossômicas pelo uso de um meio de cultura pobre em vitamina B (ácido fólico). O ácido fólico é essencial para a síntese de timina, um dos componentes da pirimidina de DNA.

Este método de cultura foi repetido por outros laboratórios e agora sabe-se que existem 96 sítios frágeis nos cromossomos humanos que são vulneráveis a este tipo de quebra. Estes sítios são provavelmente ricos em timina. Trinta e oito destes sítios frágeis têm sido associados com vários tipo de câncer. Por exemplo, pacientes com cinco tipos de leucemia e linfoma têm um número aumentado de quebras cromossômicas em suas células saudáveis que correspondem às quebras nas suas células cancerosas. Estas descobertas sugerem que alguns indivíduos são mais susceptíveis às quebras cromossômicas que outros, e que tais quebras os tornam mais propícios a certos tipos de câncer.

Todas as células necessitam de ácido fólico para a síntese de DNA. Se há quantidade insuficiente de ácido fólico, os cromossomos podem quebrar nestes sítios frágeis. Seria possível eliminar os riscos de desenvolvimento de câncer por meio da administração de suplementos de ácido fólico em indivíduos mais susceptíveis às quebras cromossômicas? Somente estudos adicionais e o tempo dirão!

Culturas de Células Vegetais

As culturas de células de plantas não têm sido desenvolvidas na mesma extensão que as culturas de células animais. Isto provavelmente se deve ao fato de que o uso de plantas vivas para o cultivo de vírus de plantas não é tão caro e inconveniente quanto o uso de animais vivos para o cultivo de vírus animais. Além disso, grande quantidade de vírus de plantas pode ser obtida a partir de células de plantas infectadas sem recorrer às culturas de células de plantas. Ao contrário da maioria das células animais, as células de plantas infectadas podem continuar a produzir vírus sem lisar ou morrer.

Os tecidos de plantas podem ser cultivados em meio solidificado ou líquido. Quando cultivados no ágar, os tecidos formam um ***calo***, ou uma massa de células desorganizadas. As culturas em meios líquidos contêm células únicas ou agrupamentos de células. Quase todas as partes de uma planta podem ser induzidas a produzir um calo ou uma cultura em suspensão. Em geral, as sementes ou os cortes das plantas são primeiro desinfetados em etanol a 70% e em alvejante comercial a 20%, e então enxaguados com água. Quando colocadas em um meio, as sementes germinam e os cortes de tecidos de plantas atuam como *explants*. Os meios quimicamente definidos para o cultivo de plantas consistem em sais minerais, uma fonte de carbono, vitaminas e reguladores de crescimento.

Os avanços recentes em culturas de células para vírus de plantas têm seguido em duas direções: (1) a preparação dos ***protoplastos*** de células de plantas, que não possuem parede celular e podem ser infectadas *in vitro* (a parede celular bloqueia a entrada de vírus); e (2) o desenvolvimento de culturas de monocamadas de células de insetos que carregam o agente etiológico de uma doença viral de uma planta para outra.

O cultivo dos vírus de plantas é uma aplicação importante da cultura de células vegetais, entretanto o uso destas em ***biotecnologia*** é mais significativo. A biotecnologia é a combinação dos princípios científicos e de engenharia que utilizam agentes biológicos para processar compostos em produtos comercialmente disponíveis. Algum dia as culturas de células vegetais poderão produzir proteínas celulares simples (SCP) como suplemento alimentar, bem como ser fonte de produtos vegetais secundários valiosos tal como o hormônio de crescimento.

Responda

1. Qual foi a contribuição de John Enders e seus colaboradores?
2. Quais os desenvolvimentos que facilitaram o cultivo de células animais?
3. Defina *explants, linhagens de células primárias* e *linhagens de células contínuas*.
4. Todas as células transformadas podem tornar-se cancerosas?
5. De que forma as células de plantas infectadas por vírus diferem das células animais infectadas por vírus?
6. O que é "calo"?
7. Qual é a perspectiva das culturas de células de plantas para a biotecnologia?

Resumo

1. Os microrganismos são muito diversificados nas suas exigências nutricionais, mas compartilham com todas as células vivas a necessidade de elementos químicos essenciais como alimento e/ou fontes de energia.

2. Diferentes grupos de microrganismos exigem diferentes fontes de carbono – alguns são autotróficos, enquanto outros são heterotróficos. Todos os microrganismos requerem ainda nitrogênio, hidrogênio, oxigênio, enxofre e fósforo, além de pequenas quantidades de outros elementos. Estes elementos são necessários como precursores das estruturas celulares, como componentes essenciais para a atividade das organelas ou como co-enzimas. Alguns microrganismos podem utilizar nitrogênio da atmosfera.

3. Alguns microrganismos utilizam substâncias químicas como fontes de energia e outros utilizam a luz.

4. Os microrganismos podem ser classificados em grupos nutricionais baseados na sua fonte de energia e na sua principal fonte de carbono. Os padrões nutricionais são úteis na classificação das bactérias e das leveduras.

5. Os meios microbiológicos utilizados no cultivo de microrganismos podem ser tanto quimicamente definidos como indefinidos (complexos), e ainda fluidos ou solidificados com ágar. Os meios fluidos quimicamente definidos são utilizados na determinação dos requerimentos nutricionais precisos dos microrganismos.

6. Existem diferentes meios que propiciam o crescimento específico de bactérias, fungos, protozoários ou algas. Os meios com uma finalidade específica incluem meios para anaeróbios, meios seletivos, meios diferenciais, meios de enriquecimento e meios para ensaios microbiológicos.

7. Os meios também têm sido utilizados para o cultivo de células de animais e de plantas. As culturas de células animais são usadas rotineiramente pelos microbiologistas para propagar os vírus. Muitos estudos básicos foram realizados com culturas de células vegetais, que têm também um grande potencial em biotecnologia.

Palavras-Chave

Adenosina trifosfato (ATP)
Ágar
Anaeróbios
Anaeróbios estritos
Autotróficos
Biotecnologia
Calo
Células transformadas
Concentração mínima inibitória (MIC)
Explants
Fastidioso
Fixação de nitrogênio
Fotoautotróficos
Fotoheterotróficos
Fototróficos
Hemolítico
Heterotróficos
Inorgânico
Linhagens de células contínuas
Linhagens de células primárias
Meios
Meios diferenciais
Meios de enriquecimento
Meios reduzidos
Meios seletivos
Meios quimicamente definidos
Orgânico
Parasitário
Protoplastos
Quimioautotróficos
Quimioheterotróficos
Quimiotróficos
Saprofítico

Revisão

INTRODUÇÃO

1. Algumas bactérias podem viver com poucas substâncias ____________ como seu único requerimento nutricional, enquanto outras bactérias requerem substâncias ____________ complexas.

2. A água é importante na nutrição dos microrganismos porque o alimento da maioria dos microrganismos está ____________________na água.

3. O cultivo de microrganismos requer a formulação de ________________de cultura apropriados.

4. O crescimento de microrganismos em laboratório é denominado cultivo: (**a**) *in vitro*; (**b**) *in vivo*; (**c**) *in situ*; (**d**) *in utero*.

ELEMENTOS QUÍMICOS COMO NUTRIENTES

5. Os elementos químicos são necessários para a __________________de componentes celulares, assim como as funções normais destes componentes.

6. Os principais elementos químicos para o crescimento celular incluem ___________, ___________, hidrogênio, oxigênio, enxofre e fósforo.

7. Para que tipo de microrganismos os compostos orgânicos servem como uma fonte de energia e como uma fonte de carbono na síntese das unidades estruturais? (**a**) Autotróficos; (**b**) heterotróficos; (**c**) fixadoras de nitrogênio; (**d**) bactérias halofílicas; (**e**) bactérias barofílicas.

8. Os _______________ são os organismos que fazem uso de dióxido de carbono como sua fonte principal de carbono.

9. Qual dos seguintes itens representa mais precisamente a principal fonte de carbono usada pelos heterotróficos? (**a**) dióxido de carbono; (**b**) somente açúcar; (**c**) somente aminoácidos; (**d**) compostos orgânicos; (**e**) compostos inorgânicos.

Indique se a seguinte afirmação é verdadeira (V) ou falsa (F); se falsa, reescreva-a.

10. O processo pelo qual algumas bactérias utilizam nitrogênio gasoso como uma fonte de nitrogênio para a célula é chamado de *fixação de nitrogênio*. ____

____

____

____

11. O nitrogênio é um elemento essencial dos __________________, que são as unidades estruturais das proteínas.

12. O enxofre é necessário para a biossíntese de aminoácidos tais como a metionina, ______________________________ e ______________________________.

13. O fósforo é essencial para a biossíntese de ____________, bem como de ATP.

14. Os elementos-traço são necessários para a célula para ________________as enzimas.

CLASSIFICAÇÃO NUTRICIONAL DOS MICRORGANISMOS

15. Os ______________________________contam com os compostos químicos para obter energia, enquanto os fototróficos dependem de______________________para obter energia.

16. Os microrganismos que utilizam substâncias químicas inorgânicas como fonte de energia e dióxido de carbono como fonte principal de carbono são chamados de ________________.

17. Os __________________utilizam a luz como fonte de energia e dióxido de carbono como principal fonte de carbono.

Indique se a seguinte afirmação é verdadeira (V) ou falsa (F); se falsa reescreva-a.

18. Sob condições anaeróbias, a *Rhodospirillum rubrum* depende da luz como sua fonte de energia e vive como um heterotrófico. _____

____

____

____

MEIOS UTILIZADOS PARA O CULTIVO DOS MICRORGANISMOS

19. Se a composição química exata de um meio é conhecido, o meio pode ser descrito como (**a**) complexo; (**b**) enriquecido; (**c**) seletivo; (**d**) quimicamente definido; (**e**) diferencial.

20. A __________________ é um produto dessecado da degradação de materiais protéicos tais como caseína e carne.

21. Os extratos de leveduras contêm muitas __________________ que promovem o crescimento de microrganismos.

22. O ágar se funde no ponto de fervura da água, mas permanece no estado liquefeito até _______°C.

23. Os meios para fungos têm uma concentração maior de ____________________e menor de ____________________do que os meios para as bactérias.

24. Um bom meio para o crescimento de fungos é chamado de ágar _______________.

25. Nutricionalmente, as algas são (**a**) quimioheterotróficas; (**b**) quimioautotróficas; (**c**) fotoautotróficas; (**d**) fotoheterotróficas.

26. O tioglicolato de sódio é um agente químico adicionado ao meio para o crescimento de bactérias ____.

27. Uma válvula de selagem pode ser utilizada na __________________de um meio em ausência de oxigênio.

28. Os meios desenvolvidos para favorecer o crescimento e a predominância de um tipo particular de bactéria e para suprimir o crescimento de microrganismos indesejáveis são chamados meios

____

____.

29. O ágar MacConkey é um meio tanto seletivo quanto ____________________________.

30. Os meios que propiciam o crescimento de um tipo fisiologicamente particular de micróbio, mas não propiciam o crescimento dos outros tipos presentes, são chamados meios ___________.

MEIOS DE CULTURA DE TECIDOS E MÉTODOS

31. Enders e seus colaboradores foram os primeiros a demonstrar que os vírus podem ser cultivados em ____________________________ou____________________________.

32. A ação _______________dos antibióticos tem ajudado no cultivo de células animais.

33. Pedaços cortados de tecidos animais colocados no meio para crescimento são chamados

____

____.

34. As linhagens de células __________________ tendem a morrer depois de algumas gerações.

35. As linhagens de células contínuas são células __________________ que podem ser mantidas ao longo de um número indefinido de gerações.

36. O desenvolvimento de culturas de monocamadas de células susceptíveis de ______________ , que são _________________de certas doenças causadas por vírus de plantas, tem sido utilizado na propagação *in vitro* dos vírus de plantas.

37. Uma massa de células de plantas desorganizadas em um meio com ágar é chamado de
____.

38. Um meio definido para o crescimento de culturas de plantas consiste em sais minerais, uma fonte de carbono, vitaminas e ____.

Questões de Revisão

1. Explicar por que é útil estudar microrganismos em laboratório e não somente *in situ* no hábitat natural.
2. Dar uma razão de por que a água é requerida para a nutrição da maioria dos microrganismos.
3. Discutir a utilização nutricional do carbono e do nitrogênio pelos microrganismos.
4. Descrever como os microrganismos aeróbios, anaeróbios, facultativos e microaerófilos crescem em um meio com ágar de camada alta.
5. Descrever os grupos nutricionais de microrganismos de acordo com as fontes de energia e a fonte principal de carbono.
6. Todos os organismos podem ser rigidamente classificados em um esquema de classificação nutricional? Se não, por quê?
7. Comparar o uso dos meios quimicamente definidos e complexos para o crescimento de microrganismos.
8. Comparar as necessidades nutricionais gerais de bactérias, protozoários, fungos, algas e vírus.
9. Discutir as vantagens de utilizar um meio diferencial e/ou seletivo em microbiologia. Dar exemplos específicos de tais meios para complementar a sua resposta.
10. Quando um microbiologista utiliza um meio de enriquecimento para o cultivo de microrganismos?
11. Explicar a provável razão por que as culturas de células de plantas não são utilizadas tão extensivamente quanto as culturas de células animais.
12. Comparar a produção de vírus em células de plantas infectadas e em células animais infectadas.
13. Citar dois progressos que contribuíram de forma importante para um cultivo bem-sucedido de culturas de células animais.

Questões para Discussão

1. Por que dizemos que os microrganismos são mais versáteis do que os humanos e outros animais quanto à sua nutrição?
2. Por que o processo de fixação de nitrogênio é extremamente importante na economia da natureza?
3. Que grupo nutricional de organismos não depende de outros organismos vivos para viver e crescer? Explicar.
4. Explicar por que é difícil afirmar com precisão o requerimento por elementos-traço dos microrganismos em laboratório.
5. Por que é necessário utilizar as exigências nutricionais como uma ferramenta taxonômica na classificação das bactérias e leveduras?
6. Quando se utiliza um meio quimicamente definido em vez de um meio complexo em laboratório para o estudo de microrganismos?
7. Comparar as vantagens de utilizar ágar como um agente solidificante para meios microbiológicos em vez de utilizar outros agentes solidificantes.
8. Qual é a finalidade da biotecnologia?
9. Qual é a utilidade de cultivar um patógeno em um meio de cultura em laboratório?
10. Que grupo de microrganismos você considera mais valioso para o cultivo em uma nave espacial?
11. Explicar como os meios diferenciais são úteis nos estudos genéticos.
12. Como algumas células tornam-se imortais?

Capítulo 6

Cultivo e Crescimento de Microrganismos

Objetivos

Após a leitura deste capítulo, você deve ser capaz de:

1. Descrever as condições físicas necessárias para o cultivo bem-sucedido de microrganismos.
2. Explicar o conceito de temperatura cardinal e sua relação com os diferentes grupos de microrganismos.
3. Especificar os tipos de condições atmosféricas necessárias para o crescimento dos vários microrganismos.
4. Explicar a importância do pH no crescimento dos microrganismos.
5. Descrever o efeito da pressão osmótica e pressão hidrostática no crescimento microbiano.
6. Explicar o processo de reprodução assexuada e sexuada em microrganismos eucarióticos.
7. Descrever como os microrganismos procarióticos se reproduzem.
8. Explicar o conceito de crescimento exponencial e como ele pode ser determinado.
9. Descrever o padrão de crescimento das células semeadas em um meio em frasco ou em tubo.
10. Descrever como o crescimento microbiano é determinado.
11. Discutir o uso dos quimiostatos na obtenção de culturas contínuas.
12. Explicar o que significa crescimento sincrônico.

Introdução

Muito do que você já aprendeu em microbiologia vem do cultivo de microrganismos em laboratório. Os cientistas aprenderam a cultivar muitos tipos de microrganismos, conseguindo fazê-los crescer e mantê-los viáveis. Como já aprendemos, os microrganismos são cultivados em meios, que contêm nutrientes. Além disso, o meio físico apropriado deve ser fornecido para um crescimento ótimo. Os microrganismos apresentam grandes diferenças com relação às condições físicas requeridas para o crescimento. Algumas espécies crescem em temperaturas próximas ao ponto de congelamento da água; outras crescem em temperaturas tão altas quanto 110°C. O oxigênio é essencial para alguns, tóxico para outros. A maioria das bactérias cresce melhor em pH neutro, mas o pH preferido para o crescimento dos micróbios varia do alcalino ao ácido. Assim, as condições físicas devem ser ajustadas no laboratório para satisfazer as necessidades especiais de crescimento das espécies.

Uma vez que as necessidades físicas e químicas são satisfeitas, é possível estudar o modo de crescimento e reprodução de uma espécie de microrganismo. Como você verá neste capítulo, os eucariotos e procariotos diferem nos seus métodos de reprodução. Por exemplo, os eucariotos têm desenvolvido processos elaborados para assegurar que cada célula-filha receba o número correto de cromossomos após a reprodução sexuada. Entretanto, é importante lembrar que o comportamento de uma espécie em cultura pura em laboratório pode não ter as mesmas características que o seu crescimento na natureza. As culturas puras em laboratório crescem muito bem, porque elas normalmente têm uma abundância de nutrientes e não há competição com outros microrganismos pelo alimento em disponibilidade. Algumas células animais têm sido tão bem adaptadas para viver em culturas laboratoriais que elas crescem como os microrganismos cultivados. Um exemplo são as células HeLa derivadas de células de câncer cervical humano. Com a compreensão das necessidades para o crescimento microbiano, os microbiologistas podem aprender sobre como os microrganismos crescem como células individuais e como comunidades ou culturas.

Condições Físicas para o Cultivo dos Microrganismos

Quatro condições principais influenciam o meio físico de um microrganismo: temperatura, pH, atmosfera gasosa e pressão osmótica. O cultivo bem-sucedido dos vários tipos de microrganismos requer uma combinação de nutrientes apropriados e de uma condição física apropriada. Os microbiologistas devem conhecer quais são as necessidades específicas dos microrganismos para o crescimento, satisfazer estas necessidades e checar as culturas para ter certeza de que os microrganismos estão-se desenvolvendo.

Temperatura

A temperatura tem uma grande influência no crescimento dos microrganismos. Não é de surpreender, uma vez que todos os processos de crescimento são dependentes de reações químicas que são afetadas pela temperatura. Ao contrário das células de um mamífero, que crescem em uma variação de temperatura relativamente pequena (próximo a 37°C), os microrganismos podem crescer em uma faixa muito maior de temperatura. Entretanto, esta variação pode ser maior para alguns do que para outros. Por exemplo, a variação para o *Bacillus subtilis* é de 8 a 53°C, uma variação de 45°C; para a *Neisseria gonorrhoeae* é de 30 a 40°C, uma variação de 10°C. Em temperaturas mais favoráveis para o crescimento, o número de divisões celulares por hora, chamado de ***taxa de crescimento***, geralmente dobra para cada aumento de temperatura de 10°C. Este comportamento do crescimento é similar ao da maioria das reações catalisadas por enzimas, dando suporte ao princípio de que o crescimento é o resultado de uma série de reações enzimáticas. A temperatura na qual uma espécie de microrganismo cresce mais rapidamente é a ***temperatura ótima de crescimento.***

Para qualquer microrganismo particular, as três temperaturas importantes são as temperaturas de crescimento *mínima, ótima e máxima* (Figura 6.1). Estas são conhecidas como ***temperaturas cardinais*** de uma espécie de microrganismo. As temperaturas cardinais de uma espécie particular podem variar em um estágio no ciclo de vida do microrganismo e com o conteúdo nutricional do meio. A temperatura pode afetar a taxa de crescimento, assim como o tipo de reprodução. Entretanto, a temperatura ótima para o crescimento pode não ser necessariamente a temperatura ótima para toda atividade celular.

Figura 6.1 Respostas típicas de crescimento de um microrganismo às temperaturas de incubação, mostrando as temperaturas mínima, ótima e máxima.

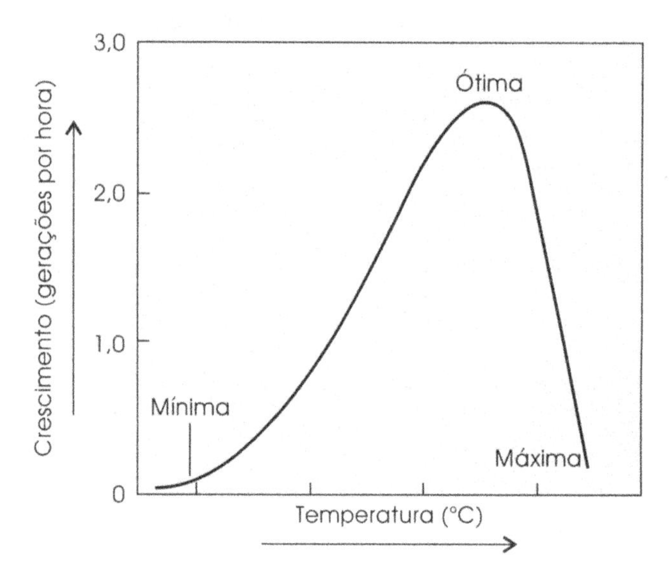

A temperatura ótima para uma espécie microbiana não é a temperatura mediana entre as temperaturas máxima e mínima. Em vez disso, é mais próxima do limite superior da variação de temperatura, porque a velocidade das reações enzimáticas aumenta com o aumento da temperatura até um ponto em que as enzimas são danificadas pelo calor e as células param de crescer. Os microrganismos podem ser divididos em três grupos, de acordo com a variação de temperatura na qual crescem melhor (Figura 6.2):

1. ***Psicrófilos,*** ou microrganismos que crescem em baixas temperaturas.
2. ***Mesófilos,*** ou microrganismos que crescem em temperaturas moderadas.
3. ***Termófilos,*** ou microrganismos que crescem em altas temperaturas.

Psicrófilos. Os microrganismos psicrófilos crescem melhor em temperaturas de 15 a 20°C, embora possam crescer em temperaturas mais baixas. Alguns morrem se forem expostos à temperatura ambiente (em torno de 25°C) por um tempo curto. As razões fisiológicas para as baixas temperaturas requeridas pelos psicrófilos estritos não são completamente compreendidas. Entretanto, se a temperatura é muito alta, certas enzimas e/ou a membrana

DESCOBERTA!

6.1 AS BACTÉRIAS EXTREMAMENTE TERMOFÍLICAS

Em 1982, os microbiologistas alemães estavam examinando amostras de água e depósitos de enxofre em uma região vulcânica submarina próxima da Itália. No momento de sua coleta, as amostras apresentaram uma temperatura entre 95 e 103°C, mas, mesmo assim, os cientistas conseguiram isolar um novo gênero de arqueobactéria, chamado *Pyrodictium*. As estranhas células em forma de disco eram autotróficas anaeróbias que cresceram em frascos selados e pressurizados, com meios inorgânicos contendo o enxofre elementar, CO_2, e H_2. A propriedade mais impressionante, entretanto, foi que elas tinham uma tmperatura ótima de crescimento de 105°C, podendo crescer também a 110°C! Entretanto, 80°C – uma temperatura que rapidamente destruiria a maioria dos organismos vivos – era um tanto fria.

É difícil explicar como os organismos podem crescer em tão altas temperaturas. Entretanto, existem algumas evidências. (1) A maioria das termófilas extremas são arqueobactérias, que têm membranas que são quimicamente diferentes daquelas das eubactérias; por exemplo, as membranas das arqueobactérias, com suas longas cadeias de éter lipídico, podem ser mais termostáveis. (2) As arqueobactérias termofílicas têm proteínas que funcionam bem em temperaturas extremamente altas, embora as razões ainda não sejam claras. (3) O DNA em dupla fita "funde-se" (separa-se em duas fitas) quando aquecido a temperaturas de 80 a 85°C. Entretanto, o DNA das arqueobactérias pode não se separar tão facilmente, uma vez que possui proteínas especializadas que se ligam às cadeias de DNA unidas firmemente.

Organismos como o *Pyrodictium* dão aos microbiologistas uma nova área fascinante de pesquisa.

Figura 6.2 Variações de temperatura aproximadas para o crescimento de vários grupos fisiológicos de microrganismos (excluindo as arqueobactérias termófilas extremas).

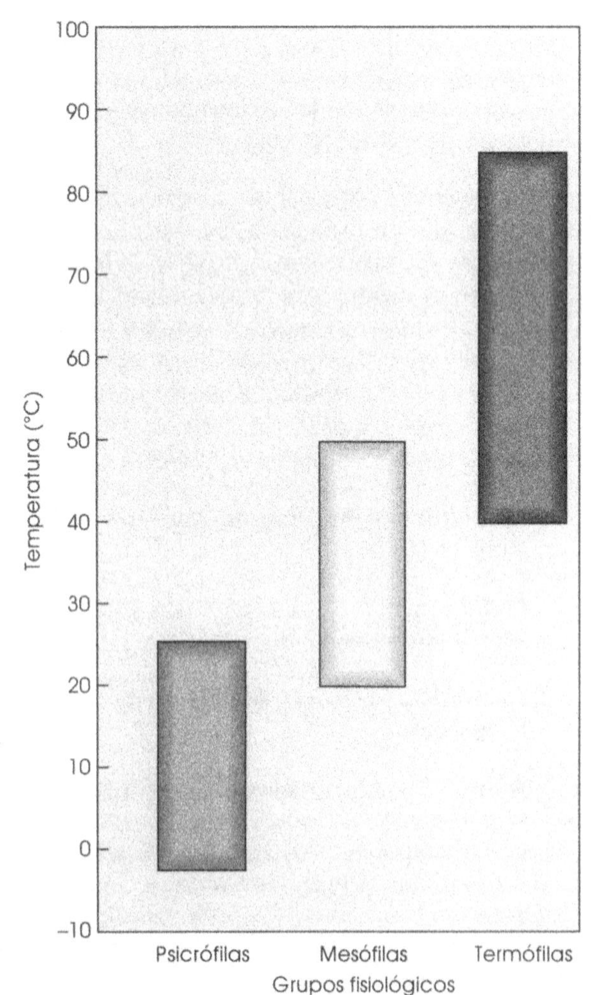

citoplasmática podem ser danificadas. As enzimas de células psicrófilas são catalisadores mais eficientes nas reações que ocorrem em temperaturas baixas. Tais células também são capazes de transportar solutos através da membrana citoplasmática em temperaturas baixas.

Existem bactérias, fungos, algas e protozoários que são psicrófilos. Eles são encontrados em águas frias e solos tais como os oceanos e as regiões polares. A maioria dos microrganismos marinhos pertence a esse grupo. Em temperaturas de 4 a 10°C, os microrganismos psicrófilos deterioram o alimento estocado por períodos prolongados. Entre as bactérias, muitos psicrófilos são membros do gênero *Pseudomonas, Flavobacterium* e *Alcaligenes*.

Mesófilos. A maioria dos microrganismos são mesófilos, crescendo melhor em temperaturas que variam de 25 a 40°C. As bactérias saprófitas, os fungos, as algas e os protozoários crescem no limite mínimo da variação de temperatura mesofílica. Os microrganismos parasitários de humanos e animais crescem no limite máximo dessa variação. Aqueles que são patogênicos para o homem crescem melhor em torno da temperatura corporal, que é 37°C. A temperatura elevada de uma febre pode inibir o crescimento de alguns patógenos.

Termófilos. A maioria dos termófilos cresce a temperaturas em torno de 40 a 85°C, mas eles crescem melhor entre 50 e 60°C. Esses microrganismos podem ser encontrados em áreas vulcânicas, em mistura de fertilizantes e em nascentes quentes (DESCOBERTA 6.1). A maioria dos microrganismos termofílicos são procarióticos; nenhuma célula eucariótica conhecida cresce em uma temperatura superior a 60°C.

Existem muitos fatores que capacitam os termófilos como o *Bacillus stearothermophilus* a crescer em temperaturas elevadas. As enzimas dos termófilos são produzidas mais rapidamente do que as enzimas dos mesófilos, por isso aquelas que são danificadas pelas altas temperaturas são rapidamente substituídas. Entre os procariotos, certas arqueobactérias são capazes de crescer acima do ponto de ebulição da água. Por exemplo, o *Pyrodictium occultum* pode crescer a 110°C, o *Pirococcus woesei* cresce a 104,8°C e o *Thermococcus celer* cresce a 103°C. Estes organismos têm sido isolados de sedimentos próximos às fendas do solo oceânico, que esguicham águas superaquecidas. Os ribossomos, as membranas e as várias enzimas das bactérias termófilas funcionam melhor a altas temperaturas do que a baixas temperaturas. A perda de função da membrana citoplasmática em baixas temperaturas pode ser o que determina a temperatura de crescimento mínimo dos termófilos.

Responda

1 Como se define a temperatura ótima de crescimento dos microrganismos?
2 O que significa temperatura cardinal de uma espécie de microrganismo?
3 Que atividade celular é influenciada pela temperatura?
4 Descrever os três grupos de microrganismos conforme a variação de temperatura na qual eles crescem.
5 Quais são os fatores que permitem às eubactérias crescerem como termófilas?
6 Quais são os fatores que permitem às arqueobactérias crescerem como termófilas extremas?

Atmosfera Gasosa

Os microrganismos no seu hábitat natural necessitam de quantidades variadas de gases tais como o oxigênio, dióxido de carbono, nitrogênio e metano. A fim de cultivar células microbianas, vegetais e animais em laboratório, o gás atmosférico apropriado deve estar presente. Alguns gases são utilizados no metabolismo celular; outros podem ter sido excluídos de uma cultura porque eles são tóxicos às células. Por exemplo, o dióxido de carbono é utilizado por todas as células para certas reações químicas; entretanto, o oxigênio é requerido por alguns microrganismos, mas é tóxico para outros. O dióxido de carbono e o oxigênio são os dois gases principais que afetam o crescimento de células microbianas.

De acordo com a resposta ao oxigênio gasoso, os microrganismos são divididos em quatro grupos fisiológicos: ***microrganismos aeróbios, facultativos, anaeróbios*** e ***microaerófilos*** (ver Figura 5.9).

Microrganismos Aeróbios. Os microrganismos que normalmente requerem oxigênio para o crescimento e podem crescer em uma atmosfera padrão de 21% de oxigênio são classificados como aeróbios. Os fungos filamentosos e as bactérias do gênero *Mycobacterium* e *Legionella* são exemplos de microrganismos aeróbios. Os aeróbios adquirem mais energia dos nutrientes disponíveis do que os microrganismos que não utilizam oxigênio. Alguns aeróbios podem crescer mais lentamente quando o oxigênio é limitado, então cuidados devem ser tomados para fornecer o suprimento adequado de gás. Quando os microrganismos crescem na superfície de um meio solidificado, isto geralmente não é um problema. Entretanto, os microrganismos crescendo em meio líquido podem rapidamente utilizar o oxigênio dissolvido na camada superficial do meio. Para prevenir este problema, as culturas líquidas de microrganismos aeróbios são algumas vezes agitadas em um agitador mecânico para aumentar o suprimento de oxigênio dissolvido e produzir um estoque celular maior num tempo de incubação menor (Figura 6.3).

Algumas células também têm necessidades específicas em termos de dióxido de carbono. As células de mamíferos, que são aeróbias, são mais bem cultivadas em uma estufa de incubação com uma atmosfera úmida e um suprimento contínuo de 5% de dióxido de carbono (Figura 6.4). Existem alguns grupos de microrganismos que requerem níveis elevados de dióxido de carbono. Por exemplo, a bactéria que causa gonorréia, *Neisseria gonorrhoeae*, cresce melhor em uma atmosfera enriquecida com 5 a 10% de dióxido de carbono. Uma estufa de incubação especial pode suprir esta atmosfera, mas um aparato chamado *jarra microaerófila* também pode ser utilizado. Depois de semeados, os meios são colocados dentro da jarra – juntamente com uma vela acesa – que é então fechada hermeticamente. A vela queima enquanto há oxigênio suficiente para manter a combustão; a atmosfera então contém uma quantidade reduzida de oxigênio livre (em torno de 17% de oxigênio) e uma concentração de dióxido de carbono aumentada (em torno de 3,5%).

Microrganismos Facultativos. Os microrganismos facultativos são aqueles que crescem na presença do ar atmosférico e podem também crescer em anaerobiose. Eles não requerem oxigênio para o crescimento, embora possam utilizá-lo para a produção de energia em reações químicas. Sob condições anaeróbias, eles obtêm energia por um processo metabólico chamado *fermentação.* Os membros da família bacteriana Enterobacteriaceae, tais como *Escheri-*

Figura 6.3 Agitador mecânico. Os frascos são fixados firmemente em uma plataforma, que se move circularmente. Isto agita constantemente o meio fluido durante a incubação. Desta forma expõe maiores superfícies da cultura ao ar.

Figura 6.4 Uma microbiologista ajustando o nível apropriado de fluxo de dióxido de carbono em uma incubadora com dióxido de carbono utilizada para o cultivo de células de mamíferos.

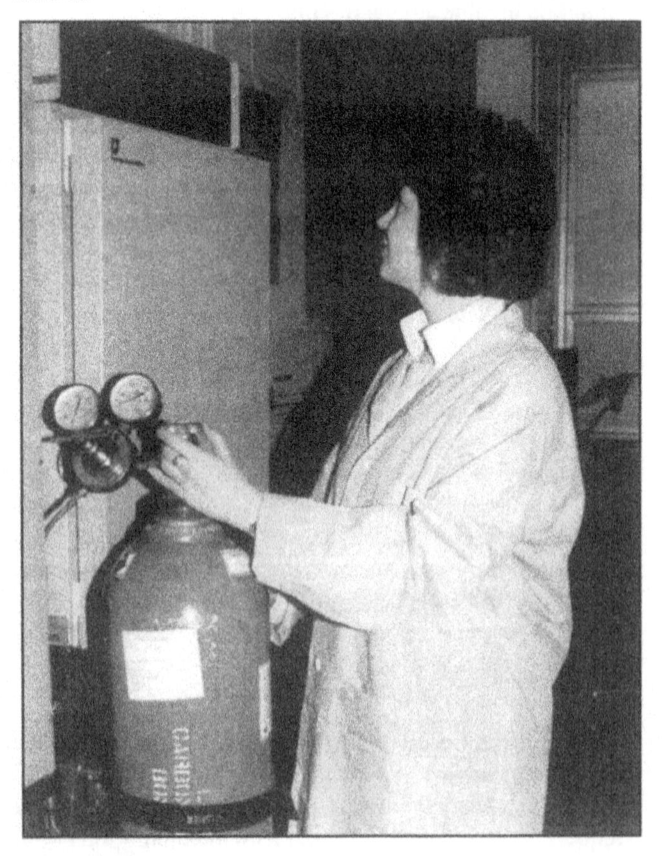

chia coli, são facultativos, assim como muitas leveduras. Um exemplo é a *Saccharomyces cerevisiae*, que é uma levedura comum dos pães.

Microrganismos Anaeróbios. Os microrganismos anaeróbios são aqueles que podem ser mortos pelo oxigênio, não podem crescer em presença do ar e não utilizam oxigênio para as reações de produção de energia. Alguns anaeróbios podem tolerar baixas concentrações de oxigênio, mas os *anaeróbios estritos* são mortos por uma breve exposição ao gás. É evidente a grande variedade de níveis de tolerância ao oxigênio entre os microrganismos anaeróbios. O *Clostridium perfringens* é altamente tolerante ao oxigênio, o *Clostridium tetani* é moderadamente tolerante ao oxigênio e o *Methanobacterium* e o *Methanospirillum* são anaeróbios estritos.

A toxicidade do oxigênio para anaeróbios estritos deve-se a certas moléculas produzidas durante as reações envolvendo oxigênio. Algumas destas reações resultam na adição de um único elétron à molécula de oxigênio, formando um ***radical superóxido***:

$$\underset{\text{Oxigênio}}{O_2} + \underset{\text{Elétron}}{e^-} \rightarrow \underset{\text{Radical superóxido}}{O_2^{\cdot -}} \quad (1)$$

Os radicais superóxido podem causar danos às células, mas eles também dão origem ao *peróxido de hidrogênio* H_2O_2 e aos ***radicais hidroxila***, OH, que podem destruir os componentes vitais da célula. Os radicais hidroxila são produzidos a partir dos radicais superóxido por meio de duas reações. Na primeira etapa, dois radicais superóxido reagem um com o outro para produzir peróxido de hidrogênio, H_2O_2 :

$$2O_2^- + 2H^+ \rightarrow O_2 + H_2O_2 \quad (2)$$

No segundo passo, os radicais superóxido reagem com o peróxido de hidrogênio na presença de complexos de ferro para formar radicais hidroxila:

Figura 6.5 Uma câmara de anaerobiose para o cultivo de microrganismos anaeróbios. A manipulação na câmara é feita através de luvas acopladas; por esta razão, tal incubadora é denominada *glove box* (câmara com luvas acopladas). O ambiente dentro da câmera é preenchido com uma mistura de nitrogênio, dióxido de carbono e hidrogênio.

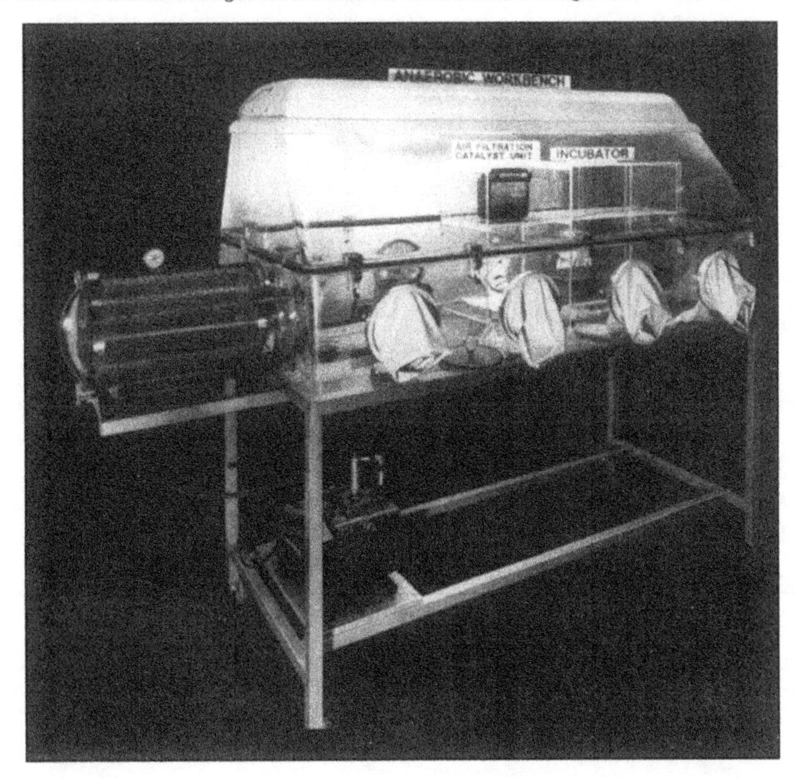

$$O_2^- + H_2O_2 \rightarrow O_2 + OH^{-2} + OH\cdot \quad (3)$$

Os radicais hidroxila têm uma vida muito curta, durando menos de 1/10.000 segundos, porque eles estão entre as substâncias químicas mais reativas conhecidas. Eles podem danificar quase todo tipo de molécula encontrada em uma célula viva, incluindo o material genético DNA.

Os microrganismos aeróbios, microrganismos facultativos que crescem em aerobiose, e alguns microrganismos anaeróbios têm desenvolvido vários mecanismos protetores contra estas formas tóxicas de oxigênio. Um dos mecanismos é a produção da enzima ***superóxido dismutase***, que elimina os radicais superóxido convertendo-os rapidamente em peróxido de hidrogênio, como mostrado na Equação (2). O peróxido de hidrogênio produzido por esta reação pode ser metabolizado por duas outras enzimas: ***catalase***, que converte peróxido de hidrogênio em oxigênio molecular e água; e ***peroxidase***, que converte peróxido de hidrogênio em água. A eliminação dos radicais superóxido e do peróxido de hidrogênio significa que a reação na Equação (3) não ocorre mais e que os radicais hidroxila não serão formados.

A reação da catalase é utilizada para identificar algumas espécies bacterianas. Quando uma gota de peróxido de hidrogênio é adicionada a uma colônia de células bacterianas contendo catalase, bolhas de oxigênio são imediatamente liberadas. Tais bactérias são denominadas *catalase-positiva*. Por exemplo, os membros do gênero *Neisseria* são catalase-positivos, incluindo a *N. gonorrhoeae* e a *N. meningitidis* (o agente etiológico da meningite cerebroespinhal epidêmica). Quando se faz este teste, deve-se assegurar que os outros componentes do meio (tal como o sangue, que contém catalase) ou outras espécies catalase-positivas não estão causando a formação de bolhas.

Para o cultivo de bactérias anaeróbias, o oxigênio deve ser eliminado da atmosfera. Uma incubadora chamada *câmara de anaerobiose* ou *glove box,* pode ser utilizada (Figura 6.5). Um técnico realiza o seu trabalho dentro da câmara colocando os braços em luvas especiais acopladas às paredes da câmara. A atmosfera dentro da câmara é uma mistura de hidrogênio, dióxido de carbono e nitrogênio. Os meios de culturas são colocados dentro ou removidos da câmara por meio de um sistema fechado para o ar, podendo esta ser esvaziada e preenchida com uma mistura gasosa livre de oxigênio ou com nitrogênio. Qualquer resíduo de oxigênio na câmara é removido pela reação com o hidrogênio, na presença do catalisador paládio: $O_2 + 2H_2 \rightarrow 2H_2O$.

Os anaeróbios também podem ser cultivados em uma jarra de anaerobiose, que é na verdade uma miniatura da câmara de anaerobiose (Figura 6.6). Os meios inoculados são colocados em uma jarra juntamente com um envelope que contém substâncias químicas que geram hidrogênio e

Figura 6.6 A jarra de anaerobiose: sistema de GasPak. [**A**] Meios de cultura em placas são semeados e colocados em uma jarra. A água é adicionada ao envelope GasPak, promovendo uma liberação de H_2 e CO_2. O hidrogênio reage com o oxigênio na superfície de um catalisador de paládio, formando água e estabelecendo as condições de anaerobiose. O dióxido de carbono auxilia o crescimento dos anaeróbios. Uma fita indicadora de anaerobiose (uma fita saturada com uma solução de azul de metileno) muda de azul para incolor na ausência de oxigênio. [**B**] Foto de uma jarra anaeróbia com placas de Petri semeadas, o envelope GasPak e a fita indicadora de anaerobiose.

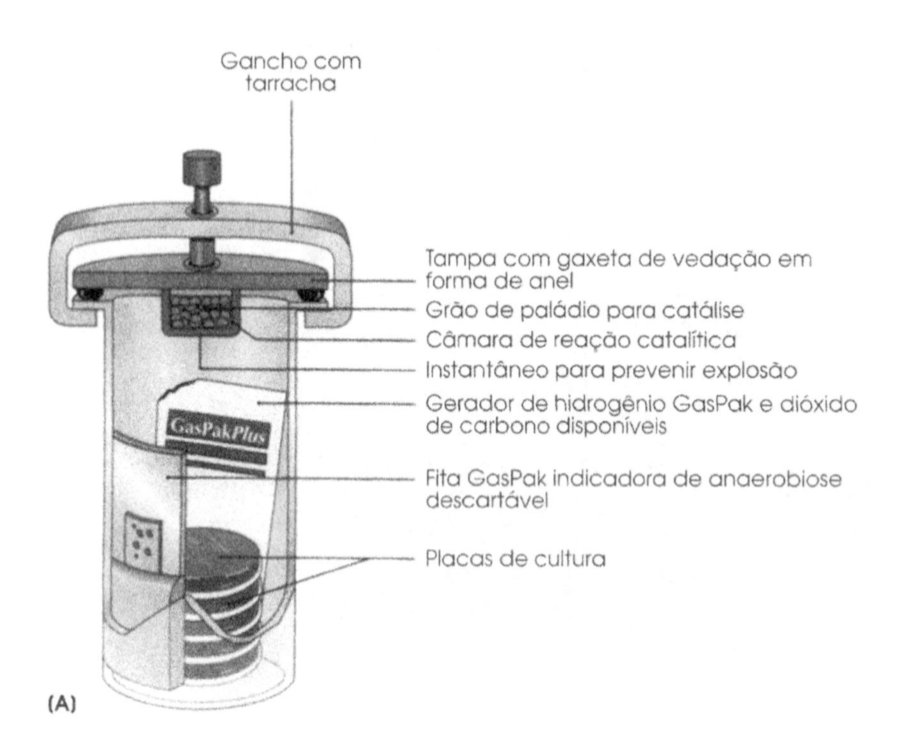

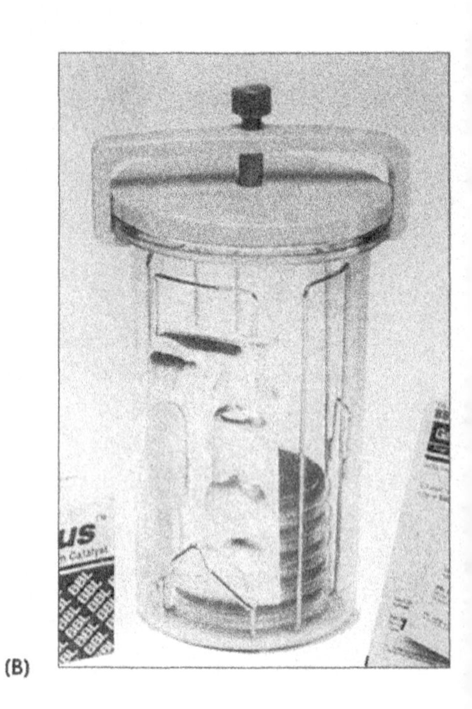

dióxido de carbono. Depois que a jarra é fechada, o oxigênio presente é removido em horas pela mesma reação catalisada pelo paládio, mas este sistema é inadequado para o cultivo de anaeróbios estritos. Muitos laboratórios utilizam jarras de anaerobiose por serem mais convenientes e porque os principais microrganismos de interesse médico podem normalmente tolerar baixos níveis de oxigênio.

Microrganismos Microaerófilos. Os microaerófilos são organismos que, assim como os aeróbios, podem utilizar oxigênio nas reações químicas para a produção de energia. Entretanto, ao contrário dos aeróbios, eles não podem resistir a níveis de oxigênio (21%) presentes na atmosfera e normalmente crescem melhor em níveis de oxigênio variando de 1 a 15%. Esta tolerância moderada ao oxigênio deve-se à alta susceptibilidade aos radicais peróxido e peróxido de hidrogênio, que são formados nas culturas incubadas sob condições de anaerobiose. As bolsas de incubação especiais com meio gasoso apropriado são atualmente disponíveis para o cultivo de tais bactérias microaerófilas, como *Campylobacter jejuni*, uma bactéria que freqüentemente causa diarréia em humanos. O isolamento do *C. jejuni* a partir de amostras do bolo fecal requer níveis baixos de oxigênio.

Responda

1 Quais os dois gases que afetam o crescimento dos microrganismos?

2 Quais são os quatro grupos fisiológicos de microrganismos quanto à tolerância ao oxigênio gasoso?

3 Por que os microrganismos facultativos são considerados fisiologicamente versáteis?

4 Explicar a base química da toxicidade ao oxigênio.

5 Explicar como alguns microrganismos superam a toxicidade das moléculas reativas produzidas durante as reações envolvendo oxigênio.

6 Como são cultivados os microrganismos anaeróbios?

pH

Ao contrário da temperatura ótima, o pH ótimo para o crescimento microbiano encontra-se no valor mediano da variação de pH sobre a qual o crescimento acontecerá. O pH ótimo é normalmente bem definido para cada espécie; as diferentes espécies são adaptadas ao crescimento em vários valores de pH. Mas para crescer bem em um meio ácido ou básico, um microrganismo deve ser capaz de manter o seu pH intracelular em torno de 7,5, não importando qual o valor do pH externo. Uma célula viva tem a habilidade, dentro de limites próprios, de manter o pH interno constante pela expulsão ou absorção de íons hidrogênio pela célula. Assim, o pH do meio externo normalmente tem de ser mudado drasticamente antes que o pH interno da célula seja afetado.

Quando consideramos a extensa variação do pH na natureza e o fato de que os microrganismos são encontrados praticamente em todos os lugares, compreendemos que as diferentes espécies de microrganismos têm tolerâncias diferentes de pH. As águas de escoamento de solos vulcânicos e de minas podem ser altamente ácidas, com um valor de pH entre 1 e 3. As águas de nascentes podem ter valores de pH próximos a 10, enquanto um pH igual a 11 pode ser encontrado em solos ricos em amônia. Os oceanos têm um pH em torno de 8 e as águas polares em torno de 6 porque o dióxido de carbono dissolvido torna-os levemente ácidos. Os microrganismos são encontrados em todos estes ambientes.

Para a maioria das bactérias, o valor mínimo de pH está em torno de 4, com pH igual a 9 como máximo para o crescimento. Mas algumas espécies de *Bacillus*, por exemplo, podem crescer em pH igual a 11, enquanto outros são altamente tolerantes às condições ácidas. Algumas espécies de *Thiobacillus* podem crescer com valores de pH tão baixos quanto 0,5 e são encontradas em águas ácidas de escoamento das minas onde o enxofre e o ferro estão presentes. Os alimentos tais como chucrute e picles são preservados por ácidos orgânicos resultantes da fermentação bacteriana, uma vez que as bactérias que deterioram os alimentos não podem crescer em valores de pH de 3 a 4.

Os bolores e as leveduras têm uma variação de pH mais extensa do que as bactérias. Além disso, o pH ótimo para o seu crescimento é mais baixo do que o das bactérias – em torno de 5 a 6. O pH ótimo para o crescimento dos protozoários está geralmente entre 6,7 e 7,7. As algas têm uma variação de pH mais extensa – de 4 a 8,5 – para o crescimento ótimo.

Quando os microrganismos em crescimento ativo são cultivados em um meio de cultura, o pH do meio sofrerá alteração à medida que os compostos ácidos ou alcalinos são produzidos. Esta mudança no pH pode ser tão grande que o crescimento posterior é inibido; tais variações são prevenidas pela adição de um tampão ao meio.

Responda

1 Diferentes espécies microbianas têm diferentes pHs ótimos para o crescimento?

2 Os valores de pH intracelular de uma célula microbiana sempre são os mesmos que os valores de pH extracelulares?

3 Qual é a variação de pH ideal para o crescimento da maioria das bactérias? E dos fungos?

Outras Condições

A temperatura, os gases do meio e o pH são os principais fatores físicos que, juntos, criam as condições ótimas para o crescimento celular. Entretanto, os microrganismos podem apresentar outras necessidades. Um exemplo óbvio são os microrganismos fotossintéticos que necessitam de luz. A água, que representa 80 a 90% da célula, é um outro fator do meio que afeta o crescimento microbiano. Além da função ligada ao metabolismo celular e aos nutrientes, a água influencia o crescimento por meio da pressão osmótica e da pressão hidrostática.

Como vimos no Capítulo 4, a *pressão osmótica* é a força com a qual a água se move através da membrana citoplasmática de uma solução contendo uma baixa concentração de substâncias dissolvidas (solutos) para outra contendo uma alta concentração de solutos. Quando as células microbianas estão em um meio aquoso, não devem existir grandes diferenças na concentração de solutos dentro e fora da célula, ou as células poderiam desidratar-se ou romper-se (Figura 6.7). Em uma solução *isotônica*, o fluxo de água para dentro e para fora da célula está em equilíbrio e a célula cresce normalmente. Entretanto, quando o meio externo é *hipertônico*, com uma concentração de solutos mais alta do que no citoplasma da célula, a célula perde água e seu crescimento é inibido. Peixe salgado e frutas em calda são conservados pela retirada osmótica da água de quaisquer células microbianas que estejam presentes. Ao contrário, quando a solução externa é muito *hipotônica*, com uma concentração de solutos muito mais baixa do que na célula, a água flui para dentro da célula e a rompe.

A ***pressão hidrostática*** também pode influenciar o crescimento microbiano. Esta pressão é aquela exercida nas células pelo peso da água que permanece na superfície delas. Os microrganismos têm sido isolados do fundo do oceano, que está a 2.500 m abaixo do nível do mar, onde a pressão é maior do que 250 bars (250 vezes a pressão atmosférica). Estes organismos não crescerão em laboratório a menos que o meio esteja sob uma pressão similar. Os microrganismos dependentes de pressão são chamados ***ba-***

Figura 6.7 O efeito da pressão osmótica em uma célula microbiana. [**A**] Células em um meio isotônico. A concentração de solutos em um meio é igual àquela no interior da célula. Não há movimento de água para dentro ou para fora da célula. [**B**] Células em um meio hipertônico. A concentração dos solutos no meio externo é maior do que dentro da célula. A água flui para fora da célula, resultando na desidratação e contração do protoplasto. O crescimento celular é inibido; a célula pode morrer. [**C**] Células em um meio hipotônico. A concentração de solutos no meio externo é menor do que dentro da célula. A água flui para dentro da célula. O influxo de água força o protoplasto contra a parede celular. Se a parede for fraca, pode romper-se; o protoplasto pode inchar e eventualmente romper-se.

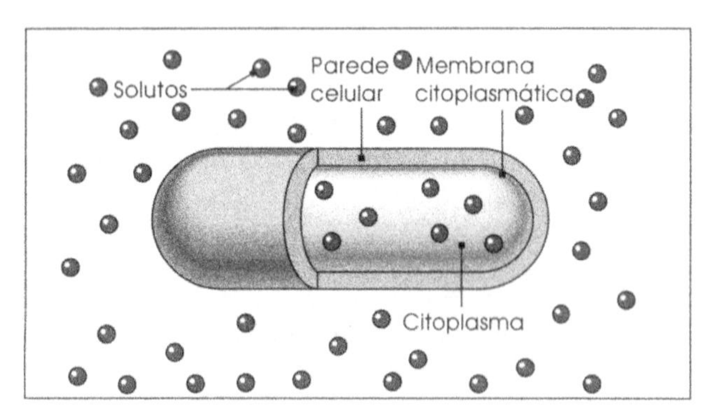

[A]

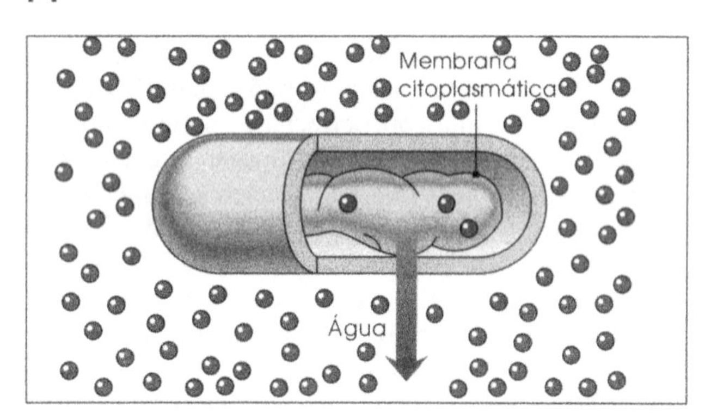

[B]

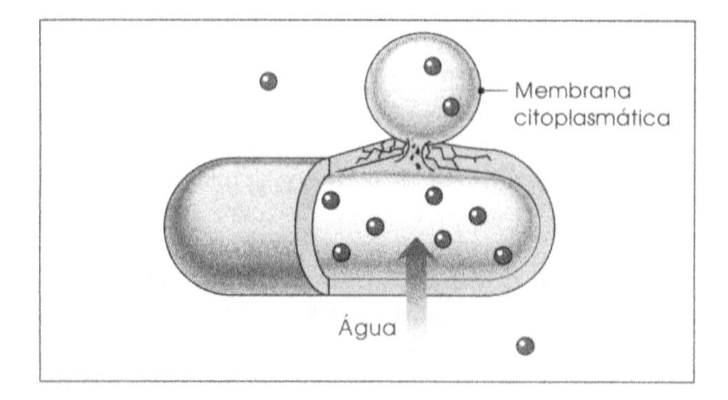

[C]

rófilos. Eles morrem em um meio com baixa pressão hidrostática porque contêm vesículas de gás que se expandem com grande força na descompressão e rompem as células.

Responda

1 Como a concentração do soluto afeta a pressão osmótica na célula?
2 Que são barófilos?
3 O que é uma solução isotônica?

Reprodução e Crescimento dos Microrganismos

Quando os microrganismos são semeados em um meio de cultura apropriado e incubados em condições ótimas para o crescimento, um grande aumento no número de células ocorre em um período de tempo relativamente curto. Em algumas espécies bacterianas, a população máxima é atingida em 24 horas, mas a maioria das outras espécies de microrganismos requer um período de incubação maior para atingir o crescimento máximo. O crescimento em uma cultura microbiana normalmente significa um aumento no número total de células devido à reprodução dos organismos individuais na cultura. Portanto, existem dois fenômenos em funcionamento: o crescimento, ou reprodução, das células individualmente; e o crescimento, ou aumento na população, de uma cultura microbiana.

A Reprodução em Microrganismos Eucarióticos

Um dos critérios que definem a vida é que um organismo tem a capacidade de produzir indivíduos semelhantes a ele. Isto é, todos os organismos vivos, incluindo os microrganismos, se reproduzem. Na natureza, a reprodução ocorre por duas maneiras: *reprodução assexuada* e *reprodução sexuada*. A reprodução assexuada basicamente resulta em novas células idênticas às originais, enquanto a reprodução sexuada permite a troca de material genético e, assim, a geração de um único ser. Entre os microrganismos eucarióticos, os dois tipos de reprodução ocorrem, mas ambos precedidos de processos que determinam o número de cromossomos envolvidos, que serão explicados nas seções seguintes.

Reprodução Assexuada. A reprodução assexuada não envolve a união de núcleos, células sexuais ou órgãos sexuais. Ela não implica variação genética, mas é mais eficiente que a reprodução sexuada em propagar as espécies. Na reprodução assexuada, novos indivíduos são produzidos por *um* organismo parental, ou, no caso de organismos unicelulares, por *uma* célula. As bactérias se reproduzem assexuadamente por fissão binária, na qual uma única célula parental simplesmente se divide em duas células-filhas idênticas. A reprodução assexuada dos microrganismos eucarióticos é mais complexa, pois deve ser precedida de ***mitose***. A mitose é uma forma de divisão nuclear na qual todos os cromossomos da célula são duplicados e os dois novos conjuntos se separam para formar os núcleos-filhos idênticos. A célula então se divide em duas células-filhas, cada uma recebendo um núcleo. Desta forma cada célula-filha tem o mesmo número de cromossomos e a mesma composição genética que a célula parental. A mitose é um processo contínuo, com cada fase unindo-se à fase seguinte.

Entre as mitoses, as células se apresentam em um estágio de "repouso" em relação à divisão nuclear; esta é a chamada ***intérfase***. Durante a intérfase, os cromossomos não são visíveis nas células vivas, mas eles podem ser vistos como fitas de cromatina irregulares em preparações coradas. É durante um período particular na intérfase que os cromossomos são duplicados. Entretanto, as duas duplicatas não se separam até que a última fase da mitose se inicie. Para finalidades descritivas, o processo de mitose pode ser dividido em quatro fases: ***prófase, metáfase, anáfase*** e ***telófase*** (Figura 6.8, caderno em cores).

Assim que as células entram em *prófase*, os cromossomos condensam-se em estruturas em forma de fitas e tornam-se visíveis por meio de um microscópio. Mas eles não aparecem duplicados até a metade da prófase, quando cada cromossomo então se duplica, disponda-se lado a lado, unidos no centro por um anel de proteínas chamado ***centrômero***. As duas fitas duplicadas podem ser chamadas de cromossomos-filhos enquanto eles permanecem conectados. Ao mesmo tempo, os ***centríolos*** (cilindros de microtúbulos protéicos) migram para lados opostos da célula. À medida que estes centríolos se separam, um ***fuso mitótico*** começa a se formar entre eles. Esta estrutura consiste em um sistema de microtúbulos, alguns dos quais permanecem conectados aos centrômeros. No final da prófase os centríolos se movem para os pólos opostos da célula com o fuso entre eles. Durante esta fase mitótica, a membrana nuclear também começa a desintegrar.

Na *metáfase*, a membrana nuclear desaparece. Os cromossomos parecem estar acoplados pelos seus centrômeros às fibras do fuso. Os cromossomos estão completamente condensados e alinhados na região equatorial do fuso, que agora se estende de um pólo da célula para o outro. Durante a metáfase, o centrômero de cada cromossomo se divide e os dois cromossomos-filhos em cada conjunto se separam completamente. O centrômero de cada novo cromossomo então começa a se mover em direção ao pólo, marcando o início da anáfase.

A *anáfase* é normalmente o estágio mais curto da mitose. Nesta fase o cromossomo-filho se move para um dos lados da célula, utilizando as fibras do fuso como guia.

A chegada dos dois conjuntos de cromossomos em um dos pólos do fuso marca a *telófase*. Uma membrana nuclear forma-se ao redor do agrupamento dos cromossomos em cada pólo e o cromossomo se alonga em fitas de cromatina típicas da intérfase. O citoplasma da célula se divide então por um processo chamado *citocinese*.

O processo mitótico, seguido pela citocinese, resulta em duas células-filhas a partir de uma única célula parental; cada célula-filha recebe exatamente o mesmo número e tipo de cromossomos que estavam presentes na célula parental. Todas as células derivadas da mitose de um organismo eucariótico têm então o mesmo número e tipo de cromossomos, e o mesmo número e tipo de genes das células parentais.

Reprodução Sexuada. Na reprodução sexuada dos microrganismos eucarióticos, bem como em organismos maiores, um novo indivíduo é formado pela fusão de duas células sexuais diferentes conhecidas como ***gametas***, que são procedentes de dois pais de sexos diferentes ou tipos de relação sexuada. A fusão de gametas é denominada *fertilização* e a célula resultante é chamada ***zigoto***. Os zigotos contêm uma mistura de materiais genéticos dos dois gametas. Por meio das divisões mitóticas, cada zigoto se torna um novo organismo. Por exemplo, um humano adulto possui aproximadamente 60 trilhões (6×10^{13}) de células – todas elas derivadas da reprodução assexuada, ou divisões mitóticas, de um zigoto unicelular formado quando um espermatozóide e um óvulo se fundem!

Segue-se a esta discussão que as células corporais comuns (não-sexuais), ou células *somáticas*, apresentam duas vezes a quantidade de DNA dos gametas. Em outras palavras, uma célula de fígado é uma célula somática e tem duas vezes o DNA encontrado em uma célula espermatozóide (gameta masculino) ou óvulo (gameta feminino, célula-ovo). Isto porque as células somáticas formam-se durante a mitose de um zigoto que tem dois cromossomos de ambas as células gametas, dando à célula somática um conjunto duplo de cromossomos. As células somáticas são portanto *diplóides*, com pares de cromossomos emparelhados, o que é conhecido pelo número $2n$. Tais cromossomos emparelhados são conhecidos como *cromossomos homólogos*; eles contêm seqüências idênticas de genes no seu DNA.

Meiose. Na formação dos gametas, algum processo deve ocorrer para evitar que as células somáticas formadas a partir do zigoto tenham muitos cromossomos. Durante o ciclo de vida de um organismo, as células somáticas podem promover um outro tipo de divisão celular, chamada ***meiose***, para formar gametas. Os gametas são *haplóides* – eles contêm somente um cromossomo de cada par de cromossomos presente na célula somática, uma condição referida pelo número $1n$. Por exemplo, em humanos o número diplóide ($2n$) é 46 e o haplóide ($1n$) é 23.

Figura 6.9 Resumo dos principais eventos que ocorrem na meiose. Para simplificar, as células parentais são mostradas tendo dois pares de cromossomos, um tipo sendo mais curto do que o outro. A meiose pode ser visualizada em duas fases, as fases I e II. Na meiose I, os cromossomos das células diplóides se replicam, os conjuntos de pares de cromossomos homólogos se emparelham e então os pares se separam. Na meiose II, os gametas são formados, cada um tendo um conjunto de cromossomos haplóides.

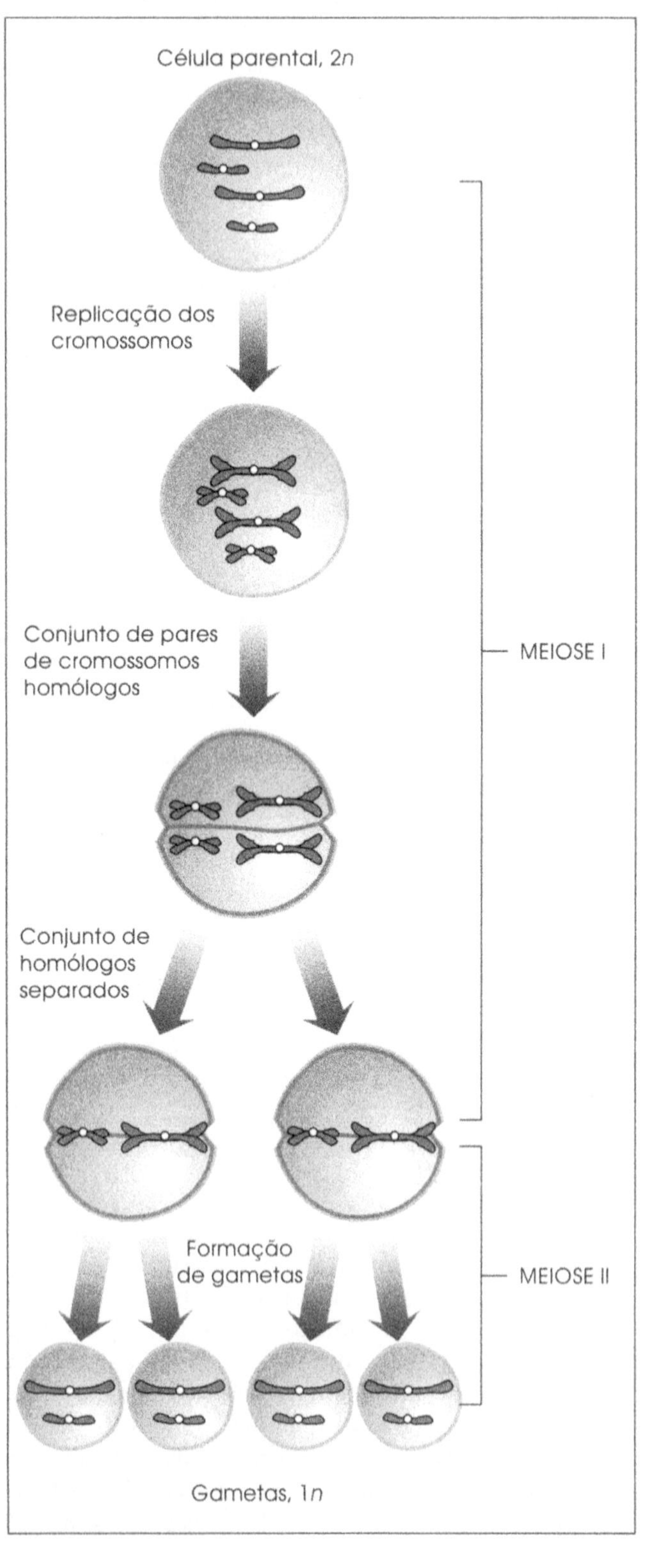

Portanto, uma célula de fígado tem 46 cromossomos, enquanto um óvulo ou um espermatozóide contém 23, ou seja, metade do número de cromossomos. Por meio dos seus gametas, cada um dos pais contribui com um conjunto de 23 cromossomos, contendo todos os genes necessários para a atividade celular.

Quando dois gametas se fundem durante a fertilização, cada um dá um conjunto de cromossomos para o zigoto, tornando-o diplóide. Portanto, cada célula de uma nova progênie que se desenvolve a partir do zigoto também é diplóide, com dois conjuntos de material genético, um recebido do parental feminino e um do masculino. No processo descrito até então, é claro que as células diplóides em órgãos reprodutivos podem formar gametas haplóides pela meiose. Quando células diplóides se alternam com as células haplóides durante o ciclo de vida de um organismo, o processo é denominado *alternância de gerações*.

Como discutido previamente, o processo de *mitose* assegura que cada célula-filha receba exatamente o mesmo número e tipo de cromossomos das células parentais. Entretanto, o processo de *meiose* garante que, durante a reprodução sexuada, o número de cromossomos permaneça o mesmo em gerações sucessivas, apesar do fato de que os dois gametas se fundem para formar o zigoto. Isto é acompanhado pelo número reduzido de cromossomos nos gametas (Figura 6.9). A meiose também permite rearranjos e recombinações dos cromossomos de uma geração a outra, dando a cada progênie seu programa único de genes.

Quando existe a formação de zigotos, a meiose ocorre somente entre células sexuais especializadas encontradas nos órgãos reprodutivos. Tais células resultam em células haplóides, pois duplicam seu conjunto completo de cromossomos uma vez e então se dividem duas vezes sucessivamente. Portanto, uma única replicação do DNA é seguida por duas divisões nucleares seqüenciais, produzindo quatro gametas haplóides a partir de cada célula sexuada. As divisões nucleares são compostas das mesmas quatro fases vistas anteriormente na mitose: prófase, metáfase, anáfase e telófase. Elas também envolvem as mesmas organelas – fuso, centríolos e centrômeros. No final, a meiose produz quatro células, cada uma delas contendo metade do número de cromossomos encontrados em uma única célula sexuada diplóide que as originou. A Figura 6.10 (caderno em cores) ilustra a função da meiose prévia para o processo de fertilização.

O Ciclo Celular Eucariótico. Durante seu ciclo de vida, todas as células eucarióticas perfazem um *ciclo celular* semelhante, com exceção dos gametas. O ciclo celular eucariótico é dividido em duas partes: *intérfase* e *mitose* (M). A intérfase é o período entre as mitoses; consiste nas fases de crescimento 1 (G_1), síntese de DNA (S) e crescimento 2 (G_2) (Figura 6.11). Portanto, as fases nas quais

Figura 6.11 O ciclo celular eucariótico. A fase S é iniciada pelo início da replicação do DNA; o início da mitose começa na fase M. A fase G_1 segue a mitose e a fase G_2 segue a síntese de DNA.

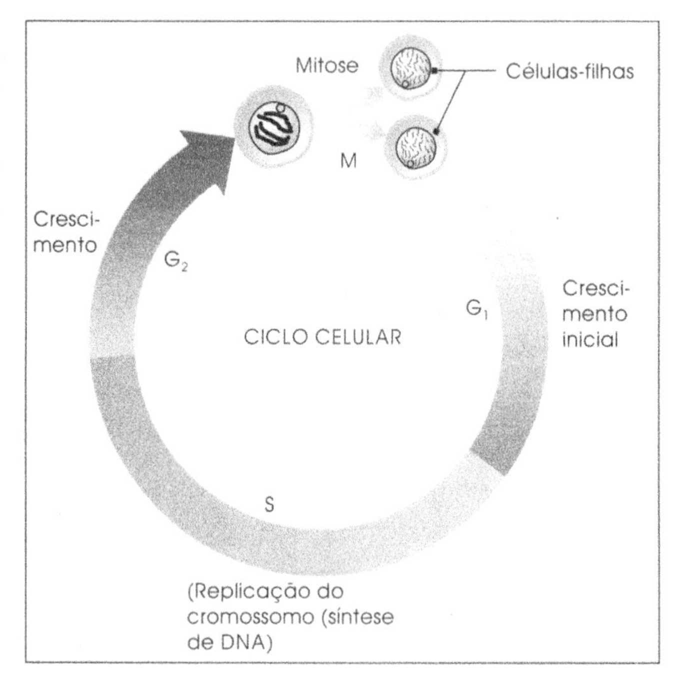

nem a mitose nem a síntese de DNA ocorrem no núcleo é a fase G_1 (seguindo a mitose) e a fase G_2 (seguindo a síntese de DNA). Durante a fase G_1, a célula cresce e sintetiza proteína. Durante a fase S, a célula continua a crescer e a síntese de DNA ocorre no núcleo até que a quantidade de DNA seja duplicada. Durante a fase G_2, o crescimento celular atinge o seu máximo. Durante a fase M, mitótica, a síntese de macromoléculas quase cessa e o núcleo sofre mitose. A mitose distribui o material genético nos dois conjuntos iguais em dois núcleos-filhos durante a *cariocinese*. A célula completa então se divide em duas células-filhas (por meio da citocinese) com um núcleo-filho em cada célula.

Responda

1 Quais são os dois fenômenos que estão em funcionamento no crescimento de uma cultura microbiana?
2 Quais são os dois tipos de reprodução que ocorrem nos organismos vivos?
3 Descrever o processo da mitose.
4 Qual é a importância da meiose para a reprodução sexuada?
5 Quais são as diferentes fases dos ciclos celulares eucarióticos?
6 A duração do ciclo celular é a mesma para todas as células eucarióticas?

A duração do ciclo celular varia de um tipo de célula para outro. Por exemplo, as células crescendo ativamente no corpo humano podem ter um ciclo celular de 9 h, enquanto a célula de levedura leva em torno de 90 a 120 min.

A Reprodução em Microrganismos Procarióticos

A maioria das bactérias se multiplica pelo processo de reprodução assexuada, um processo que não envolve células sexuais (gametas). Assim, novas células surgem apenas de uma célula parental. Em microrganismos unicelulares, cada célula divide-se em duas células-filhas idênticas (Figura 6.12). Na maioria dos procariotos unicelulares o modo de reprodução assexuada é a *fissão binária transversa*, na qual as células dividem-se individualmente em duas células-filhas de tamanho aproximadamente igual. Anteriormente à divisão celular, os conteúdos celulares se duplicam, e o nucleóide é replicado. Isto se adapta ao crescimento no sentido biológico, que é um aumento ordenado em todos os constituintes químicos de um organismo.

Figura 6.12 Multiplicação bacteriana pela fissão binária transversa.

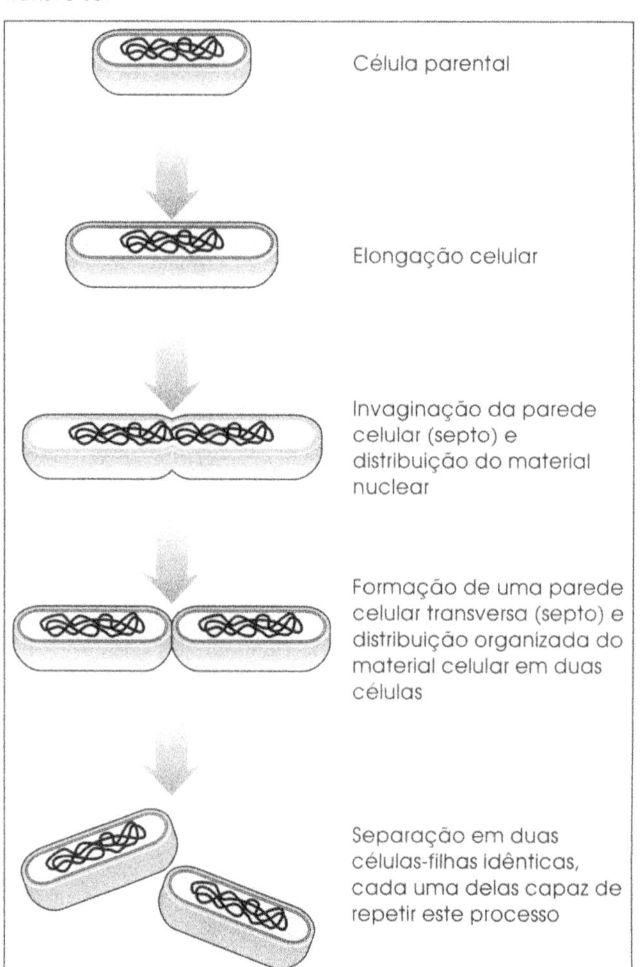

Figura 6.13 Micrografia eletrônica (de cortes finos) mostrando a formação do septo em *Escherichia coli*, em diferentes estágios [**A** e **B**] da divisão. Observe que o material nuclear (árres branca) está dividido para cada metade da célula.

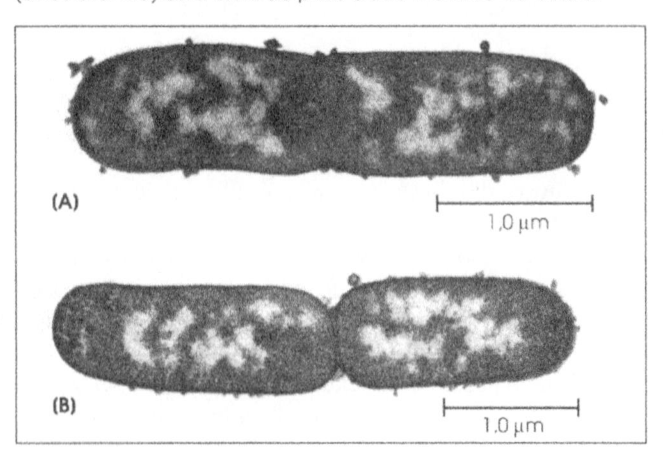

À medida que as células parentais aumentam, a membrana citoplasmática se estende e o material nuclear se separa (Figura 6.13A). A divisão celular ocorre na zona entre os dois nucleóides, à medida que a membrana próxima ao centro da célula aumentada invagina-se para o centro. Ao mesmo tempo, um novo material para a parede celular cresce na direção interna para formar uma parede cruzada (septo) entre as duas células-filhas (Figura 6.13B). As células-filhas podem separar-se completamente, mas em algumas espécies elas permanecem acopladas para formar pares característicos, arranjos ou cadeias.

Alguns procariotos reproduzem-se assexuadamente por modelos de divisão celular diferentes daqueles da fissão binária (Figura 6.14). Algumas bactérias, tais como a *Rhodopseudomonas acidophila*, reproduzem-se por *brotamento*, um processo no qual uma pequena protuberância cresce em uma extremidade da célula. Este brotamento aumenta, eventualmente torna-se uma nova célula com todos os constituintes celulares e então se separa da célula parental. As bactérias que produzem um crescimento filamentoso, tal como as espécies de *Nocardia*, reproduzem-se pela *fragmentação* dos filamentos em células pequenas cocóides ou em forma de bastão, cada uma das quais dá origem a um novo crescimento. As espécies do gênero *Streptomyces* e outros actinomicetos produzem cadeias de esporos externos (exósporos), chamados *conídios*, desenvolvendo septos nas terminações das hifas. Cada conídio pode desenvolver-se em um novo organismo.

Responda

1 Qual é o significado para fissão binária transversa?

2 Como se formam os arranjos ou cadeias das bactérias?

3 Algumas bactérias reproduzem-se assexuadamente por meio de formas diferentes da fissão binária transversa? Quais são estes modos alternativos?

Crescimento de uma Cultura Bacteriana

Se você começar com uma única bactéria sofrendo uma divisão binária, o aumento no número da população na cultura é o que segue:

Figura 6.14 Outros tipos de reprodução celular dos procariotos unicelulares: [**A**] brotamento; [**B**] fragmentação; e [**C**] formação de exósporos.

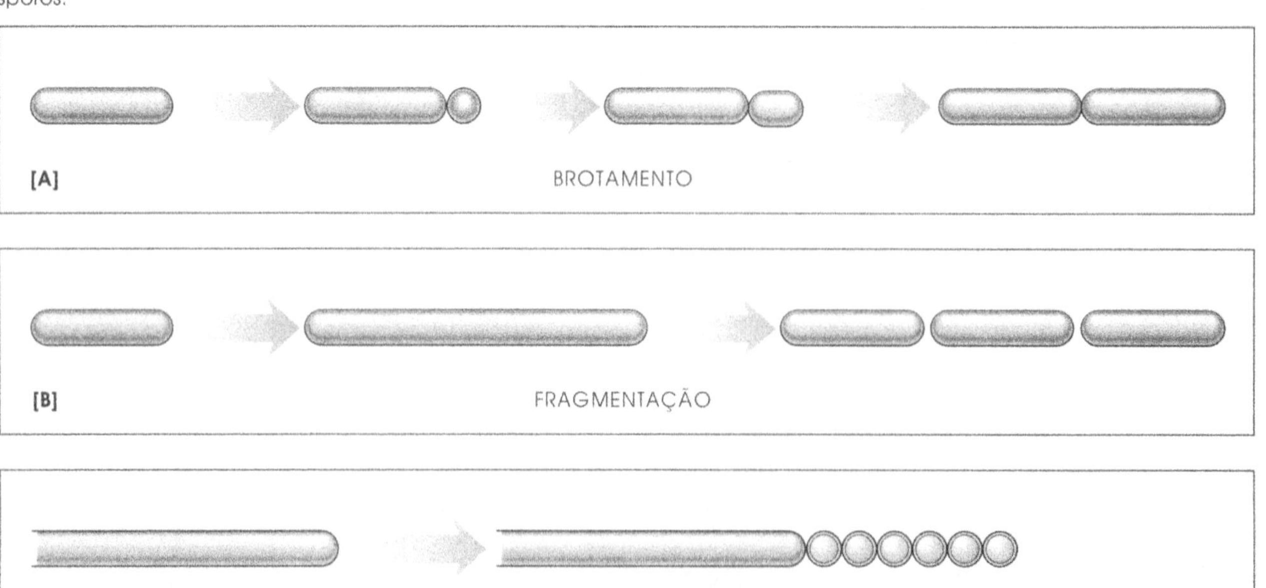

$1 \rightarrow 2 \rightarrow 4 \rightarrow 8 \rightarrow 16 \rightarrow 32 \rightarrow \ldots$

O que significa que uma célula se divide em duas células, as duas se dividem para produzir quatro, e assim por diante.

Este aumento pode ser expresso como uma progressão geométrica da seguinte maneira:

$1 \rightarrow 2^1 \rightarrow 2^2 \rightarrow 2^3 \rightarrow 2^4 \rightarrow 2^5 \rightarrow \ldots 2^n$

onde o exponente n se refere ao número de gerações. O 2^n é uma expressão algébrica para o número máximo de células produzidas em uma dada cultura; assim, o número 2^n depois do crescimento ativo de uma cultura representa o número total de células em uma cultura (que é chamado N). Durante o crescimento ativo de uma cultura microbiana (quando não há morte celular), as populações de células crescem *exponencialmente*, aumentando por meio de uma progressão geométrica.

Tempo de geração. O intervalo de tempo requerido para que cada microrganismo se divida, ou para que a população em uma cultura duplique em número, é conhecido como ***tempo de geração***. Nem todas as espécies de microrganismos têm o mesmo tempo de geração. Para a *Escherichia coli*, o tempo de geração em um meio líquido pode ser de apenas 12,5 min; para a *Mycobacterium tuberculosis*, é de 13 a 15 h. O tempo de geração também não é o mesmo para as espécies particulares de microrganismos sob todas as condições. A *Escherichia coli*, por exemplo, levará muito mais tempo para se dividir em um meio pobre nutricionalmente. Os tempos de geração são fortemente influenciados não somente pela composição nutricional do meio, mas também pelas condições físicas de incubação.

Expressões Matemáticas do Crescimento. O crescimento de uma espécie unicelular em cultura pode ser caracterizado em termos *quantitativos*. Isto inclui o *número de gerações* que se têm desenvolvido em um período de incubação, bem como o tempo de geração e a taxa de crescimento (número de gerações por hora). Estes valores trazem algumas informações sobre a natureza das espécies microbianas. *Bradyrhizobium japonicum*, uma bactéria fixadora de nitrogênio, tem um crescimento lento comparado com a *E. coli*, uma bactéria comumente utilizada em estudos genéticos e bioquímicos. Os organismos de crescimento rápido são mais úteis em muitos tipos de pesquisas e aplicações industriais. Os valores de crescimento permitem aos cientistas predizer e controlar a quantidade de crescimento de qualquer espécie microbiana unicelular. As células resultantes de tal crescimento controlado podem ser utilizadas para estudos celulares fundamentais, tais como microscopia eletrônica do conteúdo de DNA, bem como para propósitos comerciais, incluindo a produção de vacinas.

A população total final N de uma cultura microbiana que começa com *uma* célula pode ser expressa como

$$N = 1 \times 2^n \quad (4)$$

Entretanto, na realidade o número de bactérias inoculadas no tempo zero (N_0) não é 1, mas muitos milhares, então a Equação (4) pode ser reformulada como

$$N = N_0 \times 2^n \quad (5)$$

Nós podemos resolver a Equação (5) para n, o número de gerações, tomando o logaritmo da equação:

$$\log_{10} N = \log_{10} N_0 + n \log_{10} 2 \quad (6)$$

O $\log_{10}$ é utilizado porque os números do inóculo N_0 estão na magnitude de milhares que podem ser facilmente trocados para um valor de $\log_{10}$. A Equação (6) pode ser rearranjada para ser resolvida como:

$$n = \frac{(\log_{10} N - \log_{10} N_o)}{(\log_{10} 2)} \quad (7)$$

Se você substituir o valor de $\log_{10} 2$, que é 0,301, na Equação (7), a equação é simplificada para

$$n = \frac{(\log_{10} N - \log_{10} N_o)}{0{,}301} \quad (8)$$

$$n = 3{,}3(\log_{10} N - \log_{10} N_0) \quad (9)$$

Utilizando a Equação (9), você pode calcular o número de gerações que ocorreram em uma cultura, se os números da populacão inicial e da população final forem conhecidos. Por exemplo, se você começar com 1.000 células e terminar com números acima de 100.000.000 de células, o número de gerações n será 3,3 (8 – 3) = 16,5 gerações.

O tempo de geração g (o tempo que leva para uma população dobrar em número) pode ser determinado pelo número de gerações n que ocorre em um intervalo de tempo particular t, simplesmente pela divisão de t por n:

$$g = \frac{t}{n} \quad (10)$$

Por exemplo, se 16,5 gerações ocorreram em 5 h, o tempo de geração g é igual a 3,3 h. Durante o crescimento exponencial, a taxa de crescimento R (em gerações por hora) é a recíproca do tempo de geração:

$$R = \frac{n}{t} = \frac{1}{g} \quad (11)$$

Continuando com o mesmo exemplo, se o tempo de geração é 3,3 h, a taxa de crescimento R será 0,30 gerações por hora.

Curva de Crescimento de Microrganismos Unicelulares em um Sistema Fechado. As células microbianas crescendo em um frasco ou tubo contendo meio de cultura líquido estão em um ***sistema fechado***, porque nenhum novo nutriente é adicionado ao sistema e nenhum produto de excreção metabólico é removido. Quando adicionadas ao sistema, as células inicialmente se dividem por fissão binária e o número de células aumenta por um período de tempo. Entretanto, este aumento eventualmente cessa quando os nutrientes são utilizados ou quando os produtos de excreção metabólica se acumulam em quantidades suficientes para que o crescimento posterior seja interrompido.

Durante o período de crescimento ativo, a população aumenta a uma taxa constante. Por exemplo, a Figura 6.15 (caderno em cores) ilustra o crescimento de um organismo com um tempo de geração de 30 min. Observe que os dados podem ser agrupados de duas formas: números aritméticos de células *versus* o tempo e número logarítmico de células *versus* tempo. Quando a escala aritmética é utilizada na ordenada do gráfico, as linhas curvas crescem progressivamente. Mas quando o logaritmo do número de células é utilizado na ordenada, o resultado é uma linha reta (durante a fase logarítmica, que será explicada nos próximos parágrafos), mostrando a natureza exponencial do crescimento.

Cada espécie de microrganismo tem seu tempo de geração particular, admitindo-se as condições ótimas do meio para o crescimento. Por exemplo, em um meio particular, uma célula de *E. coli* pode dividir-se em duas células a cada 15 a 20 min. Depois de 4 h e 12 gerações, 4.096 células terão sido produzidas. As conseqüências de um crescimento exponencial ilimitado podem ser ilustradas pelo seguinte exemplo: se uma bactéria do tamanho de uma célula de *E. coli* se divide uma vez a cada hora, em 6 dias ela produzirá uma progênie com um volume total de 10.000 vezes o da Terra.

O crescimento exponencial de uma cultura microbiana, chamado ***crescimento balanceado***, representa somente uma fase do crescimento em um sistema fechado. Durante o crescimento balanceado, existe um aumento ordenado em todos os constituintes de cada célula. Mas, depois de um certo tempo, a população máxima é atingida, ocorre a exaustão de nutrientes e a intoxicação pelos produtos de excreção. Eventualmente a reprodução é inibida e os microrganismos começam a morrer. (De certa forma, um sistema fechado de microrganismos assemelha-se ao planeta Terra com recursos renováveis limitados e uma superpopulação.)

Tomadas juntas, as várias fases de crescimento em uma cultura microbiana constituem uma curva de crescimento típica (Figura 6.16). Esta curva pode ser traçada se inocularmos um meio com um número de células conhecido, determinarmos a população microbiana em intervalos de

Figura 6.16 Curva de crescimento bacteriano típico; *a*, fase lag; *b*, fase log (logarítmica), ou exponencial; c, fase estacionária; d, fase de declínio ou morte.

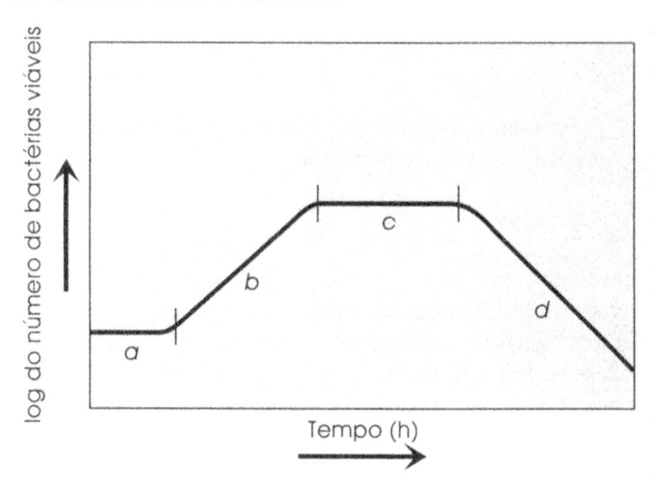

tempo e então estabelecermos os valores logarítmicos de um número de células *viáveis versus* tempo. Esta curva mostra que existem quatro fases distintas, que são caracterizadas na Tabela 6.1. Existe um período inicial no qual parece não haver crescimento em termos do aumento do número de células (***fase lag***). Embora as células não estejam se dividindo durante a fase lag, ainda são metabolicamente ativas, reparam os danos celulares e sintetizam enzimas. A fase lag é seguida por um período de rápido crescimento balanceado (a ***fase de crescimento logarítimico,*** ou ***exponencial***, comumente chamada de *fase log*). A seguinte é a ***fase estacionária***, durante a qual nenhum crescimento novo é evidente; e, finalmente, existe um declínio na população viável até que todas as células microbianas morram (a ***fase de declínio,*** ou ***morte***). Entre cada uma destas fases há um período de transição (as seções encurvadas no gráfico na Figura 6.16). Isto representa o tempo que leva antes que todas as células entrem em uma nova fase.

Medida do Crescimento da População. Os microbiologistas utilizam uma variedade de técnicas para quantificar o crescimento microbiano, desde uma lâmina de microscópio gravada com "grades" até aparelhos eletrônicos sofisticados que contam o número de células em uma suspensão. Os dois métodos quantitativos mais comuns são aqueles que avaliam o número de células e aqueles que medem o peso celular. O crescimento também pode ser determinado pelas medidas das quantidades dos vários constituintes celulares (por exemplo, RNA, DNA ou proteína) presentes, bem como a quantidade de certos produtos metabólicos, tais como ácidos orgânicos. Algumas destas técnicas e suas aplicações estão resumidas na Tabela 6.2. Tais métodos têm sido combinados com outros que identificam os microrganismos, tais como a coloração fluorescente, para desenvolver instrumentos que fazem a contagem do número de patógenos em um espécime, em um tempo muito curto.

Tabela 6.1 Características de crescimento de uma cultura microbiana unicelular em cada fase de uma curva de crescimento típica.

Fase de crescimento	Taxa de crescimento	Características
Lag	zero	Nenhum aumento no número de células. As células individuais aumentam de tamanho. Células fisiologicamente ativas e sintetizando novas enzimas para se adaptarem ao novo meio
Exponencial ou log	Máxima e constante	Condições de crescimento balanceado. As células são aproximadamente uniformes em termos de composição química e atividades metabólicas e fisiológicas. Pico da atividade e eficiência fisiológica
Estacionária	Zero	Acúmulo de produtos metabólicos tóxicos e/ou exaustão de nutrientes. Algumas células morrem enquanto outras crescem e se dividem. O número de células viáveis diminui
Morte	Negativa	Acúmulo adicional de produtos metabólicos inibitórios e depleção dos nutrientes essenciais. A taxa de morte é acelerada. O número de células viáveis diminui de forma exponencial. Dependendo da espécie, muito poucas células vivas resistirão até o final da curva, formando o que pode ser chamado de fase *senescente*. Tipicamente, todas as células normalmente morrem em dias a meses

Cultura Contínua. Algumas vezes é importante manter uma população microbiana crescendo continuamente em uma taxa particular, na fase logarítmica. Por exemplo, em pesquisa pode-se desejar simular o hábitat natural de uma espécie microbiana para estudar sua estabilidade genética em relação ao tempo. Na indústria, manter as células em fase de crescimento logarítmico ativo gerará o volume máximo de produtos desejados. Para assegurar novos crescimentos contínuos, o volume da cultura e a concentração celular são mantidos constantes pela adição de meio estéril fresco na mesma proporção em que é removido o meio utilizado contendo as células. Este sistema de cultivo é conhecido como um ***sistema aberto*** ou uma ***cultura contínua*** (Figura 6.17). Sob estas condições, a taxa na qual as novas células são produzidas nos frascos de cultura é equilibrada pela taxa na qual as células estão sendo removidas como parte de um extravasamento do frasco.

O ***quimiostato*** é amplamente utilizado para o crescimento contínuo dos microrganismos. Este aparelho é baseado no princípio de que a concentração de um substrato essencial na cultura controlará a taxa de crescimento das células. A concentração deste substrato, por sua vez, é controlada pela taxa de diluição, ou pela taxa na qual os frascos com meio de cultura estão sendo substituídos com meio fresco. Portanto, pelo ajuste da taxa de diluição, pode-se controlar a taxa de crescimento celular.

Figura 6.17 Princípio de uma cultura contínua de microrganismos.

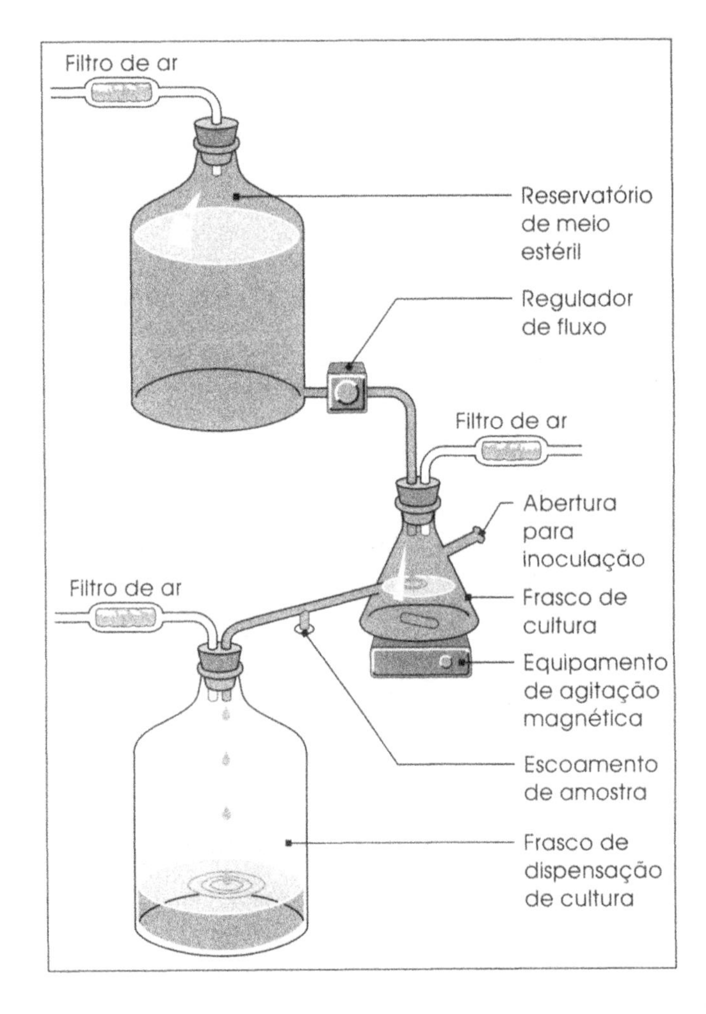

Cultura Sincrônica. As células em uma cultura microbiana não se dividem ao mesmo tempo. A linha reta que caracteriza a fase logarítmica de uma cultura microbiana deve-se à divisão celular ao acaso (Figura 6.18, caderno em cores). Entretanto, existem técnicas de laboratório que

Tabela 6.2 Resumo de alguns métodos para medida do crescimento microbiano.

Método	Exemplos de aplicações	Maneira pela qual o crescimento é expresso
Contagem microscópica	Número de células em vacinas, leite e culturas	Número de células por ml
Contagem celular eletrônica	(O mesmo que para contagem microscópica)	Número de células por ml
Contagem em placa	Número de células em vacinas, de leite, culturas, solo, alimentos	Colônia – unidades formadoras por ml ou g
Membrana filtrante	(O mesmo que para contagem de placa)	Colônia – unidades formadoras por ml ou g
Turbidez	Ensaio microbiológico, estimativa de unidades de absorbância da massa de células em caldo ou outras suspensões	
Conteúdo de nitrogênio	Medida indireta da massa celular	mg de nitrogênio por ml
Peso seco	(O mesmo que conteúdo de nitrogênio)	mg de células por ml
Produtos metabólicos	Ensaios microbiológicos, medidas indiretas da atividade metabólica (crescimento)	Quantidade de produto (por exemplo, miliequivalentes de ácido) por ml

manipulam o crescimento das culturas de tal forma que todas as células se dividem ao mesmo tempo, ou crescem sincronicamente. Uma população pode ser sincronizada pela mudança de seu meio físico ou da composição química do meio. Por exemplo, se as células são semeadas no meio de cultura em uma temperatura razoável e mantidas a esta temperatura, elas metabolizarão lentamente, mas não se dividirão. Quando a temperatura é rapidamente aumentada para a de crescimento ótimo, as células sofrerão divisões sincronizadas.

Um outro método para obter o crescimento sincronizado utiliza a filtração ou centrifugação diferencial, pois as menores células em uma cultura na fase log são aquelas que acabaram de se dividir. Quando separadas pelo tamanho, as células são razoavelmente sincronizadas umas com as outras. Infelizmente, a sincronia das células microbianas normalmente dura por apenas algumas gerações (Figura 6.18, caderno em cores). Mesmo as células-filhas de uma única célula parental logo estarão fora da fase em relação às outras.

As culturas sincrônicas permitem aos pesquisadores estudar o crescimento microbiano, a organização e a morfogênese durante estágios particulares do ciclo de divisão celular. Não é prático analisar uma única célula microbiana, por causa de seu tamanho diminuto. Entretanto, se todas as células em uma cultura estão no mesmo estágio de crescimento, a informação que se pode extrair de toda a população de células pode ser extrapolada para fornecer informações aplicáveis a uma única célula.

Responda

1. Qual é o significado do crescimento *exponencial* de uma cultura bacteriana?
2. Quais são as diferenças entre o número de gerações, o tempo de geração e a taxa de crescimento?
3. Quais são as fórmulas para o cálculo do tempo de geração e a taxa de crescimento de uma cultura bacteriana?
4. O que significa crescimento *balanceado*? E crescimento *sincrônico*?
5. Por que uma cultura contínua de microrganismos é descrita como um sistema aberto?
6. Como a taxa de crescimento celular é controlada em um quimiostato?

Resumo

1. O cultivo bem-sucedido de microrganismos requer um nutriente apropriado e condições físicas apropriadas. Isto permite aos microbiologistas estudar em laboratório os processos associados com a reprodução e o crescimento microbiano.

2. As temperaturas de incubação influenciam o crescimento das células. O número de divisões celulares por hora, chamado de *taxa de crescimento*, é maior em uma temperatura de crescimento ótima. As temperaturas de crescimento mínima, ótima e máxima de um organismo são as suas temperaturas *cardinais*. Com relação ao crescimento em uma variação de temperatura particular, os microrganismos podem ser divididos em três grupos: psicrófilos, mesófilos e termófilos.

3. Gases atmosféricos apropriados também devem ser fornecidos para que os microrganismos sejam cultivados com sucesso. O oxigênio e o dióxido de carbono são os dois gases principais que afetam o crescimento dos microrganismos. Com base na resposta ao oxigênio livre, os microrganismos podem ser divididos em quatro grupos fisiológicos: aeróbios, anaeróbios, microrganismos facultativos e microaerófilos. A toxicidade ao oxigênio deve-se à formação de radicais superóxido, peróxido de hidrogênio e radicais hidroxila. Os microrganismos se protegem destas formas tóxicas produzindo enzimas tais como superóxido dismutase, catalase e peroxidase.

4. Os microrganismos também devem ser cultivados em uma variação de pH apropriada para o seu crescimento. O pH ótimo para muitos organismos é em torno de 7, embora outros organismos tenham variações de pH diferentes. Os sistemas tampões são normalmente adicionados ao meio de cultura para prevenir mudanças bruscas de pH.

5. Outras condições que afetam o crescimento dos microrganismos incluem a pressão osmótica e a pressão hidrostática.

6. O crescimento em uma cultura microbiana é devido à reprodução de células individuais. As células eucarióticas reproduzem por reprodução sexuada e assexuada, mas na reprodução sexuada a mitose e a meiose devem ocorrer, para assegurar o número de cromossomos apropriado nas células-filhas. A fissão binária transversa é o processo mais comum da reprodução assexuada em organismos procarióticos unicelulares. Outras formas de reprodução microbiana incluem brotamento, fragmentação e formação de esporos.

7. As diferentes espécies de microrganismos apresentam tempos de geração diferentes. O crescimento de uma espécie microbiana unicelular pode ser caracterizado em termos quantitativos. O número de gerações, o tempo de geração e a taxa de crescimento podem ser calculados para qualquer crescimento das espécies microbianas.

8. Quando as células estão crescendo em um recipiente tal como um tubo de ensaio ou um frasco com uma quantidade de meio fixa, o sistema é chamado de *sistema fechado*. Durante o crescimento balanceado em um sistema fechado, há um aumento ordenado em todos os constituintes químicos de uma célula microbiana. Os microrganismos semeados em um meio líquido exibem uma curva de crescimento típica, consistindo em quatro fases: as fases lag, log, estacionária e de morte.

9. Os dois métodos principais para medida do crescimento são aqueles que medem o número de células e aqueles que medem a massa celular.

10. Por meio do quimiostato, as culturas microbianas podem ser mantidas em crescimento contínuo em uma fase logarítmica a uma taxa de crescimento fixa. Outras técnicas de laboratório são utilizadas para induzir a sincronia nos microrganismos.

Palavras-Chave

Aeróbios
Anaeróbios
Anáfase
Barófilos
Catalase
Centríolos
Centrômero
Crescimento balanceado
Cultura contínua
Fase de declínio (ou morte)
Fase logarítimica de crescimento (ou exponencial)
Fase estacionária
Fase lag
Fuso mitótico
Gametas
Intérfase
Meiose
Mesófilos
Metáfase
Microaerófilos
Microrganismos facultativos
Mitose
Peroxidase
Pressão hidrostática
Prófase
Psicrófilos
Quimiostato
Radicais hidroxila
Radical superóxido
Sistema aberto
Sistema fechado
Superóxido dismutase
Taxa de crescimento
Telófase
Temperaturas cardinais
Temperatura ótima de crescimento
Tempo de geração
Termófilos
Zigoto

Revisão

INTRODUÇÃO

1. Os microrganismos são cultivados em ____________, os quais fornecem nutrientes.

2. Os microrganismos mostram grandes diferenças no que diz respeito às condições físicas requeridas para________________.

3. Os eucariotos desenvolveram processos elaborados para assegurar que cada célula-filha receba o número correto de ________________ seguindo a reprodução sexuada.

4. Que palavra descreve apropriadamente a situação com relação ao suprimento de nutrientes às culturas puras desenvolvidas em laboratório?

(**a**) complexo (**b**) superabundante (**c**) deficiente

CONDIÇÕES FÍSICAS PARA O CULTIVO DE MICRORGANISMOS

5. Na variação de temperaturas de crescimento de um microrganismo, o ________________geralmente dobra para cada 10°C de aumento de temperatura.

6. Em qual das seguintes temperatura de crescimento há a maior taxa de crescimento?

(**a**) ótima (**b**) mínima (**c**) máxima (**d**) cardinal

7. As temperaturas máxima, ótima e mínima para o crescimento dos microrganismos são conhecidas como temperaturas ____________________.

8. Os microrganismos podem ser divididos em três grupos com base nas suas necessidades de temperatura para o crescimento: _____________,______________ e _________________.

9. Os psicrófilos crescem melhor em uma variação de temperatura_________a________°C.

10. Os microrganismos saprófitas crescem em que parte da variação de temperatura mesófila?

(**a**) superior (**b**) mediana (**c**) inferior (**d**) toda

11. Os microrganismos patogênicos para humanos e outros que afetam animais de sangue quente crescem melhor em torno de __________°C.

12. O ________________é um gás utilizado por todas as células.

13. Os microrganismos podem ser divididos em quatro grupos fisiológicos, de acordo com a sua resposta ao ____________________.

14. A adição de um único elétron a uma molécula de oxigênio pode resultar na formação de um radical ________________.

15. A enzima__________________elimina os radicais descritos na questão 14, convertendo-os ao peróxido de hidrogênio.

16. A atmosfera gasosa em uma câmara anaeróbia equipada com luvas contém todos os seguintes gases, exceto: (**a**) oxigênio; (**b**) nitrogênio; (**c**) dióxido de carbono; (**d**) hidrogênio.

17. Para sobreviver efetivamente em um meio ácido ou básico, um microrganismo deve ser capaz de manter seu pH intracelular em torno de um________________.

18. O pH ótimo para o crescimento dos fungos é geralmente__________________do que a maioria das bactérias.

19. As mudanças no pH dos meios em laboratório podem ser prevenidas pela incorporação de um ____________________no meio.

20. As substâncias dissolvidas em uma solução são denominadas ____________________.

21. Uma solução na qual a água flui igualmente para dentro ou para fora da célula é denominada solução_______________________.

22. Quando o meio externo de uma célula é hipertônico, a célula _______________água.

REPRODUÇÃO E CRESCIMENTO DOS MICRORGANISMOS

23. A forma de reprodução que permite uma maior eficiência na propagação de uma espécie é a reprodução ________________________.

24. A divisão celular dos organismos eucarióticos deve ser precedida pela_____________.

25. As quatro fases da mitose são ______________, ________________, ______________ e__________________.

26. O sistema de microtúbulos conectados aos centrômeros e aos centríolos é chamado de ________________________.

27. Uma vez que todas as células dos organismos eucarióticos são formados pela mitose a partir do zigoto, cada célula tem o mesmo número e tipo de ___________________.

28. O zigoto é formado a partir da fusão dos gametas durante a ___________________.

29. As células diplóides sofrem _______________ para formar gametas haplóides.

30. O processo pelo qual as células diplóides se alternam com as células haplóides no ciclo de vida é denominado ____________________.

31. Qual(is) o(s) estágio(s) que não é(são) considerado(s) como parte da mitose?

(**a**) prófase (**b**) metáfase (**c**) telófase (**d**) intérfase (**e**) anáfase

32. Um zigoto resulta do processo de:

(**a**) alternância de gerações (**b**) mitose (**c**) sinapse (**d**) meiose (**e**) fertilização

Nas questões 33 a 36, indicar se a afirmação é verdadeira (V) ou falsa (F). Se a afirmação for falsa, reescreva-a.

33. Na citocinese a célula se divide em duas células-filhas com um núcleo passando para cada progênie celular.____

____

34. O estágio de anáfase é normalmente a fase mais curta da mitose.____

____

35. Na reprodução sexuada, um novo indivíduo é formado pela fusão de duas células de sexos diferentes chamadas zigotos._____

____

36. O processo meiótico é necessário para manter um número constante de cromossomos de geração a geração._____

____

37. As duas partes principais do ciclo celular são _________________ e______________.

38. A intérfase consiste em três fases: _______________________, ____________________ e ________________________.

39. A distribuição do material genético em dois conjuntos iguais em dois núcleos-filhos é chamada ________________________.

40. O processo mais comum da reprodução assexuada em organismos procariotos unicelulares é a ____________________transversa.

41. Associar as espécies bacterianas à direita com o modo de reprodução assexuada à esquerda.

_____Fragmentação	(a) *Escherichia coli*
_____Brotamento	(b) *Norcardia* sp.
_____Esporulação	(c) *Rhodopseudomonas acidophila*
_____Fissão binária transversa	(d) *Streptomyces* sp.

42. O intervalo de tempo requerido para que cada célula se divida é conhecido como________.

43. A recíproca do tempo de geração é conhecido como ________________________, que pode ser descrito como o número de ________________________ por hora.

44. Quando há um aumento ordenado em todos os constituintes químicos de uma célula, o tipo de crescimento é caracterizado como ____________________.

45. Uma contagem direta das células ao microscópio em um sistema fechado *versus* tempo não mostrará uma fase de ____________________________.

46. A taxa de crescimento é máxima e constante em qual fase de uma curva de crescimento típica em um sistema fechado de cultivo microbiano?

(**a**) log (**b**) lag (**c**) declínio (**d**) estacionária

47. Um aparelho para cultura contínua que trabalha sob o princípio de que a concentração de um substrato essencial em um frasco de cultura controlará a taxa de crescimento das células é chamado __________________________.

48. Quando todas as células em uma cultura estão-se dividindo ao mesmo tempo, elas estão em crescimento_______________________.

49. Quando o meio utilizado para o crescimento dos microrganismos está em um recipiente fechado sem adição de meio fresco durante o crescimento, o sistema de cultivo é um sistema ______________________________.

50. A forma mais conveniente para colocar em um gráfico o grande aumento do crescimento em uma cultura microbiana é empregar uma escala____________________.

Questões de Revisão

1. Quais são as principais condições físicas que devem ser consideradas no cultivo dos microrganismos?
2. Comparar as temperaturas nas quais as eubactérias mesófilas e termófilas crescem melhor.
3. Dar alguns fatores fisiológicos prováveis que são responsáveis pelas baixas temperaturas ótimas das psicrófilas.
4. Descrever os quatro grupos fisiológicos dos microrganismos baseados na resposta ao oxigênio livre.
5. Explicar por que os microrganismos anaeróbios não podem tolerar o oxigênio molecular.
6. Como as bactérias catalase-positivas são identificadas?
7. O que é pressão osmótica e como afeta o crescimento das células microbianas?
8. Além da fissão binária, quais outras formas de reprodução assexuada ocorrem nas bactérias?
9. Explicar qual é o significado para *crescimento balanceado, crescimento exponencial* e *crescimento sincrônico.*
10. Descrever as várias fases de uma curva típica de crescimento de uma cultura microbiana em um sistema fechado.
11. Desenhar um diagrama para explicar o trabalho em um aparelho de cultura contínua.
12. Descrever o processo de mitose.
13. Explicar qual é o significado para a *alternância de gerações.*
14. Descrever as várias fases do ciclo celular eucariótico.

Questões para Discussão

1. Dar uma razão científica para a sobrevivência de uma arqueobactéria termófila extrema.
2. Por que devemos tomar precauções ao extrapolar os dados obtidos a partir dos estudos de cultura pura em laboratório para o comportamento de suas partes constituintes na natureza?
3. Por que as diferentes espécies de microrganismos têm temperaturas cardinais diferentes para o crescimento?
4. Quais são as vantagens e desvantagens de utilizar uma jarra de anaerobiose?
5. Comparar o uso de uma jarra de anaerobiose e a câmara de anaerobiose (*glove box*) e explicar como a anaerobiose é obtida.
6. O que o conteúdo de superóxido dismutase nas células de uma espécie microbiana nos diz quanto à fisiologia destas células?
7. Explicar por que os sistemas tampões são utilizados em meios microbiológicos e descrever alguns tampões que são comumente utilizados em laboratório para o crescimento das células.
8. Como a pressão osmótica afeta o crescimento das células microbianas?
9. Por que a meiose é importante no ciclo de vida dos organismos eucarióticos?
10. Correlacionar a biossíntese de macromoléculas com as diferentes fases do ciclo de vida eucariótico.
11. Explicar como a taxa de crescimento é controlada em um quimiostato.
12. Avaliar os prós e os contras de alguns dos métodos utilizados na obtenção das células sincronizadas.

Parte III

Controle de Microrganismos

Capítulo 7

Controle de Microrganismos: Fundamentos e Agentes Físicos

Objetivos

Após a leitura deste capítulo, você deve ser capaz de:

1. Descrever o padrão geral de morte em uma população microbiana, após exposição a um agente microbicida.
2. Identificar as condições que podem limitar a eficiência de um agente antimicrobiano.
3. Descrever de um modo geral como um agente antimicrobiano pode matar ou inibir o crescimento dos microrganismos.
4. Explicar como a autoclave e a esterilização pelo calor seco destroem os microrganismos e por que o calor úmido é mais eficiente que o calor seco.
5. Diferenciar agentes microbicidas de microbiostáticos.
6. Citar algumas situações nas quais baixas temperaturas são utilizadas para o controle de microrganismos.
7. Identificar as radiações ionizantes e não-ionizantes que podem destruir os microrganismos, descrevendo sua utilização prática.
8. Explicar como são utilizados os filtros microbiológicos e os processos de filtração para remover microrganismos de líquidos e do ar.
9. Explicar como a dessecação e a alta pressão osmótica afetam o crescimento e a sobrevivência microbiana.

Introdução

O manuseio efetivo dos microrganismos nos laboratórios, no lar, nos hospitais e nas indústrias depende essencialmente dos conhecimentos de como controlar (isto é, destruir, inibir ou remover) os microrganismos em seu meio. Esta abordagem da microbiologia é denominada "controle de microrganismos". Vários agentes físicos e químicos podem ser utilizados para manter os microrganismos em níveis aceitáveis. A escolha do melhor agente depende em parte se você quer destruir ou remover todos os microrganismos presentes, destruir somente certos tipos ou simplesmente prevenir a multiplicação daqueles microrganismos já presentes.

Este capítulo descreve como os agentes físicos e os processos tais como o aquecimento, as baixas temperaturas, a radiação, a filtração e a dessecação podem controlar o número de microrganismos. O método de escolha depende não somente da natureza do agente, mas também do tipo de material que contém os microrganismos que está sendo tratado. Por exemplo, faz diferença se os microrganismos estão presentes em meios de cultura, em produtos farmacêuticos, na superfície de instrumentos cirúrgicos, na sala cirúrgica de um hospital ou em alimentos de consumo humano.

Estes agentes físicos, assim como os agentes químicos descritos no Capítulo 8, são bastante utilizados na indústria, nos cuidados com a saúde e no lar. Entre os procedimentos mais comuns para o controle de microrganismos empregando agentes físicos, incluem-se o cozimento completo de aves e carnes para matar *Salmonella* e a pasteurização do leite para destruir as bactérias que podem causar a tuberculose e a febre tifóide.

Fundamentos do Controle Microbiano

Embora os conceitos de fisiologia microbiana sejam relativamente novos, os alimentos têm sido preservados por meio da secagem e salinização há centenas de anos. Estas técnicas de preservação, juntamente com o cozimento dos alimentos, são alguns dos métodos mais antigos de controle microbiano empregados até hoje, cuja evolução tem resultado em uma variedade de métodos disponíveis. Os microbiologistas e os manipuladores de alimentos podem escolher uma técnica de controle que melhor se adapte a uma situação particular, conforme os princípios da fisiologia microbiana obtidos da pesquisa científica moderna.

No século XVIII, os cientistas descobriram que havia pequenos "animais" capazes de deteriorar alimentos e crescer em ambiente natural. Durante as controvérsias sobre a teoria da geração espontânea, foi constatado que a fervura poderia matar muitas dessas criaturas, embora bactérias esporuladas pudessem sobreviver devido à sua extraordinária resistência ao calor. Descobriu-se também que os microrganismos poderiam ser destruídos por várias substâncias químicas ou removidos do ar ou dos líquidos por meio de filtros especiais. Estas observações iniciais foram rapidamente aplicadas na produção industrial de vinho, cerveja e produtos alimentícios. Os filtros de algodão e as elevadas temperaturas foram utilizados no controle da fermentação e deterioração de alimentos; agentes químicos como o fenol foram utilizados para destruir microganismos do ar. Os mesmos conceitos foram inicialmente aplicados em hospitais durante o século XIX, quando alguns médicos perspicazes defenderam as técnicas de limpeza, como a lavagem rotineira das mãos e a esterilização de instrumentos cirúrgicos.

Substâncias que matam os microrganismos ou previnem o seu crescimento são chamadas de agentes ***antimicrobianos***. Mais especificamente, são agentes ***antibacterianos***, ***antivirais***, ***antifúngicos*** e ***antiprotozoários***, dependendo do tipo de microrganismo afetado.

Os agentes antimicrobianos que matam os microrganismos são agentes ***microbicidas***. As denominações ***bactericida***, ***viricida*** e ***fungicida*** indicam o tipo de microrganismo destruído. A destruição de todos os microrganismos presentes em um material, incluindo esporos, é denominada ***esterilização***. Agentes que apenas inibem o crescimento dos microrganismos são chamados de agentes ***microbiostáticos***. Novamente, muitas definições específicas podem ser utilizadas, como ***fungistático*** ou ***bacteriostático***.

Os agentes antimicrobianos podem ser agentes físicos ou agentes químicos. Embora neste capítulo sejam abordados principalmente os agentes físicos, há aspectos fundamentais que se aplicam às duas classes de agentes, incluindo: (1) o padrão de morte da população microbiana após exposição a um agente microbicida; (2) as condições que influenciam a eficiência de um agente antimicrobiano; e (3) a forma pela qual as células microbianas podem ser lesadas por um agente antimicrobiano.

Padrão de Morte em uma População Microbiana

Um veterinário pode utilizar vários testes para constatar se um animal está morto ou não (por exemplo, se o animal não respirar, se não apresentar batimento cardíaco ou pressão sanguínea). Evidentemente, não podemos aplicar testes similares em uma única célula microbiana para verificar se está morta ou não. Em microbiologia, o critério de morte de um microganismo é baseado em uma única propriedade: *a capacidade de se reproduzir*. Portanto, quando aplicado para os microrganismos, o termo *morte* é definido como a perda da capacidade de reprodução. Para avaliar a eficiência de um agente microbicida, uma amostra do material tratado é cultivada para determinar o número de sobreviventes, isto é, aqueles que podem crescer e multiplicar-se (DESCOBERTA 7.1).

Alguns informes sobre determinados agentes antimicrobianos afirmam que eles "matam os microrganismos por contato". Tecnicamente esta afirmação está correta, porque as células microbianas devem entrar em contato com um agente para serem mortas. Mas é errôneo concluir que todos os microrganismos são mortos *instantaneamente*, ao contato. *Em vez disso, eles morrem em uma relação constante, em um dado período de tempo*. Este padrão característico de morte é denominado ***morte exponencial***.

Um simples exemplo ilustrará melhor o que significa morte exponencial. Imagine que cada célula em uma enorme população de bactérias é um alvo no qual você está atirando projéteis. Os projéteis são semelhantes a um agente microbicida químico ou físico e, neste modelo, admite-se que um único golpe mata uma célula. Se você atirar aleatoriamente nos alvos, a probabilidade de acertar um alvo é diretamente proporcional ao número de alvos presentes.

Inicialmente, como há muitas células bacterianas, existe uma boa chance de acertar uma delas. Mas à medida que o tempo passa, o número de bactérias vai diminuindo, tornando-se mais difícil acertar aquelas que permanecem. Por exemplo, se há inicialmente 1 milhão de bactérias e após um minuto de ação você consegue eliminar 90% delas (900.000), restam somente 100.000. Há agora somente um décimo de alvos, em relação ao início. Após mais um minuto, 90% das 100.000 células são mortas, restando 10.000 sobreviventes. Este padrão continuaria como segue:

3º min–9.000 bactérias mortas, 1.000 sobreviventes
4º min–900 bactérias mortas, 100 sobreviventes
5º min–90 bactérias mortas, 10 sobreviventes
6º min–9 bactérias mortas, 1 sobrevivente.

Observe que o tempo necessário para matar as últimas 9 bactérias é o mesmo para destruir as primeiras 900.000 células. Certamente, jamais teríamos certeza de que a última célula foi atingida. Tudo o que se pode fazer é atirar suficientemente nos alvos para se ter uma boa probabilidade de que a última célula tenha sido destruída.

O modo como este modelo é aplicado a agentes microbicidas está ilustrado na Figura 7.1, que mostra os resultados da exposição de esporos de *Bacillus anthracis* ao fenol a 5%. O número de esporos sobreviventes está plotado aritmeticamente (Figura 7.1A) e logaritmicamente (Figura 7.1B), com o tempo de exposição ao fenol no eixo horizontal. No gráfico logarítmico, os dados mostram uma linha reta, indicando que o índice de morte é constante. A inclinação da linha é uma medida da taxa de morte. Entretanto, resultados precisos semelhantes a este são obtidos somente quando todas as condições experimentais são estritamente controladas, inclusive a idade e as condições fisiológicas de todos os microrganismos na população tratada.

Condições que Influenciam a Atividade Antimicrobiana

Os agentes antimicrobianos utilizados para inibir ou destruir populações de microrganismos podem sofrer grande influência de muitos fatores ambientais, assim como de características biológicas das células. Algumas variáveis importantes a serem consideradas quando se quer avaliar a eficiência de um agente microbicida são:

1. *Tamanho da população microbiana.* Populações maiores levam mais tempo para morrer do que populações menores (Figura 7.2, caderno em cores).

2. *Intensidade ou concentração do agente microbicida.* Quanto menor a intensidade ou concentração, mais tempo leva para destruir uma população microbiana (Figura 7.3, caderno em cores).

3. *Tempo de exposição ao agente microbicida.* Quanto maior o tempo de exposição, maior será o número de células mortas.

4. *Temperatura em que os microrganismos são expostos ao agente microbicida.* Em geral, quanto mais alta é a temperatura, mais rapidamente uma população é morta (Figura 7.4, caderno em cores).

5. *Natureza do material que contém os microrganismos.* Várias características do material podem afetar o índice de morte celular causado pelo agente microbicida.

Figura 7.1 [**A**] A curva de morte aritmética dos esporos bacterianos expostos à solução de fenol a 5% a uma temperatura constante mostra a população de esporos que morre em um período de tempo. [**B**] A curva de morte logarítmica é baseada nos mesmos dados da curva anterior. Os dados expressos dessa maneira revelam um aumento consistente de morte por unidade de tempo.

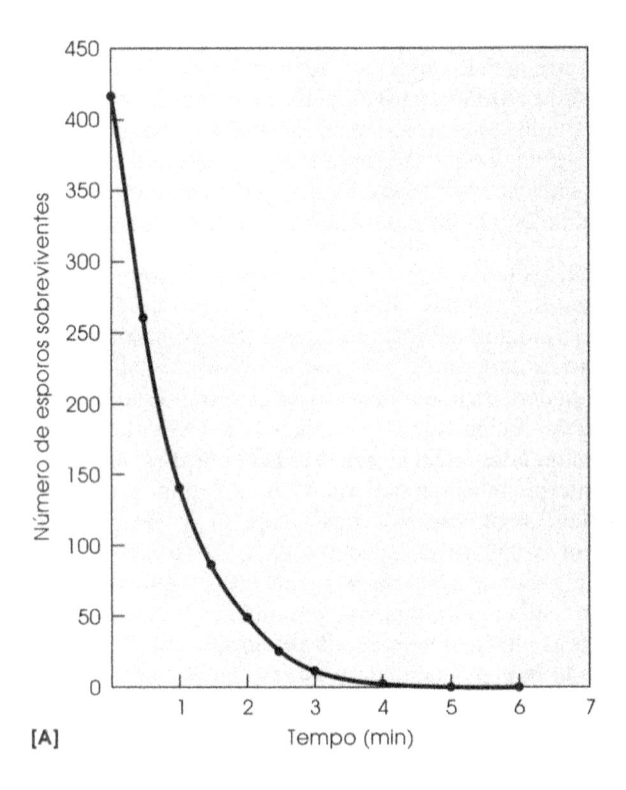

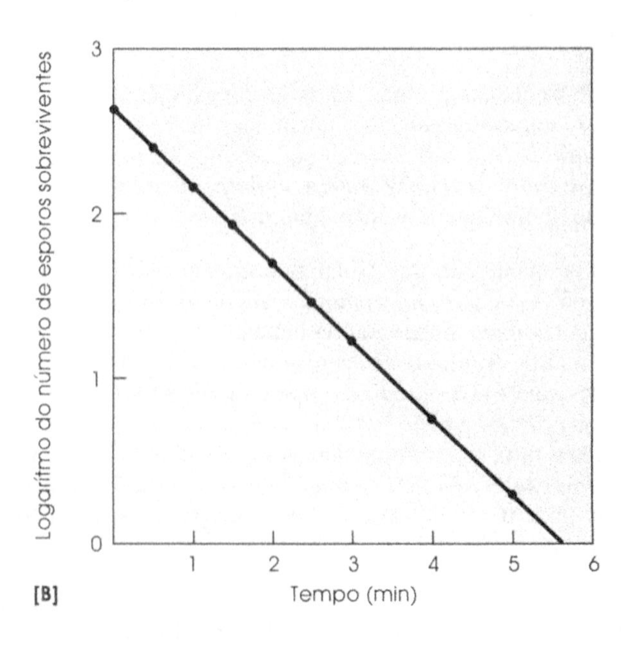

DESCOBERTA!

7.1 QUANDO UM MICRORGANISMO REALMENTE ESTÁ MORTO?

Não há meio pelo qual possamos determinar a "pulsação" de um microrganismo e declarar que ele está morto. Nem podemos medir o fim de todas as funções vitais em uma célula microbiana e constatar que não está mais viva. Por essa razão, normalmente escolhemos como critério de morte de um microrganismo algo que possamos mensurar facilmente: a *capacidade de reprodução*. Uma célula microbiana é considerada viva se ela puder originar uma colônia visível em um meio com ágar, produzir um crescimento turvo em um meio líquido ou multiplicar-se em um hospedeiro animal ou vegetal. Se não puder fazer isso, nós declaramos que está morta.

Mas este conceito de morte microbiana pode ser um artifício controlado pelas condições laboratoriais. O meio de cultura que escolhemos para demonstrar que o microrganismo não se reproduz pode não ser rico o suficiente para satisfazer as necessidades de reprodução dos microrganismos. Ou as condições culturais que são utilizadas, como a temperatura, o pH ou o ar atmosférico, podem ser inadequadas para o organismo. O microrganismo pode possivelmente retornar a um "estado vivo e saudável" se estas necessidades forem satisfeitas.

Por exemplo, um meio seletivo como o ágar bile vermelho-violeta é rotineiramente utilizado para contagem de células viáveis de *E. coli* em produtos alimentícios. A *Escherichia coli* pode normalmente formar colônias neste meio, enquanto muitos outros tipos de bactérias não. Entretanto, se as células de *E. coli* nos alimentos foram afetadas por algum processo, tal como o calor, elas não crescem no ágar bile vermelho-violeta, embora possam ainda crescer em outro meio, como o ágar soja-caseína digerida. Isto ocorre devido a alguns compostos químicos presentes no ágar bile vermelho-violeta que inibem as células afetadas pelo processo, os quais não estão presentes no ágar soja-caseína digerida. Se utilizarmos somente o ágar bile vermelho-violeta, denominaremos as células de "mortas". Se utilizarmos o ágar soja-caseína digerido, poderemos encontrar ainda muitas células vivas.

Este exemplo mostra que a questão de vida e morte de um microrganismo não é sempre facilmente respondida. Precisamos ser muito cautelosos antes de declarar que um determinado microrganismo foi "morto" por um tratamento a quente como a pasteurização, ou por certos antibióticos utilizados no tratamento de pacientes hospitalizados, ou por qualquer outro meio. Se um microrganismo for patogênico, uma conclusão errada sobre se o microrganismo está morto ou não poderá trazer conseqüências importantes para nossas próprias vidas.

Por exemplo, se o calor úmido for utilizado para esterilizar um meio de cultura, será necessário um tempo de exposição menor caso o meio seja fluido em vez de viscoso, ou apresentar um pH 5 em vez de 7. Conservas de chucrutes e grãos (alimentos muito ácidos) requerem temperaturas mais baixas e tempos menores do que aqueles requeridos para conservas de cereais e carnes (alimentos menos ácidos).

6. *Características dos microrganismos que estão presentes.* Os microrganismos variam consideravelmente na resistência a agentes físicos e químicos. Por exemplo, muitas espécies Gram-positivas são mais resistentes ao calor do que espécies Gram-negativas. Algumas substâncias químicas são mais efetivas contra bactérias Gram-positivas do que Gram-negativas.

Mecanismo de Destruição das Células Microbianas

Os agentes antimicrobianos atuam de várias maneiras para inibir ou matar os microrganismos. Conhecendo o mecanismo de ação de um determinado composto, é possível predeterminar as condições sob as quais atuará mais efetivamente. Isso pode também revelar que espécies de microrganismos serão mais susceptíveis àquele agente.

Os possíveis mecanismos de destruição microbiana estão associados com os principais aspectos estruturais de uma célula bacteriana, mostrada na Figura 7.5. Uma compreensão de como um agente atua sobre os microrganismos possibilita a seleção do agente mais efetivo.

Figura 7.5 Agentes antimicrobianos inibem ou matam os micoganismos pela destruição de certas estruturas das células, como a parede celular ou a membrana citoplasmática ou substâncias presentes no citoplasma, como enzimas, ribossomos ou material nuclear. O conhecimento do mecanismo de ação de um agente antimicrobiano é de grande valor para tomar decisões de aplicações práticas.

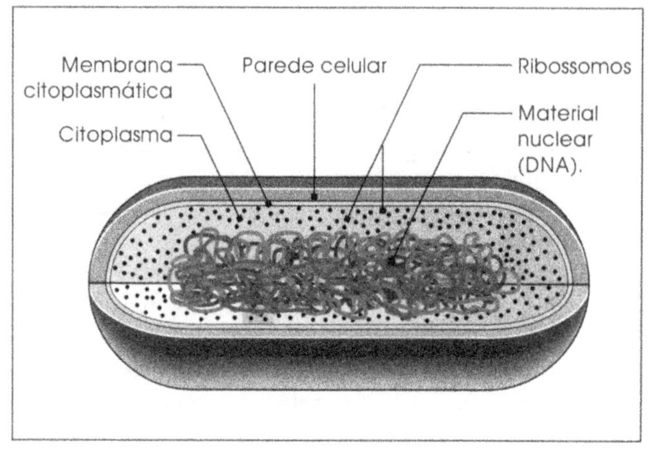

O citoplasma de uma célula viva normalmente está em um estado coloidal, contendo DNA, ribossomos que sintetizam proteínas e centenas de enzimas. A membrana citoplasmática que envolve a célula mantém a integridade do conteúdo celular, controla a passagem de substâncias para dentro e fora da célula e contém as enzimas envolvidas no metabolismo celular. A parede celular promove uma proteção que previne o rompimento das células após a absorção de água. A perda de uma dessas funções – alteração do estado físico do citoplasma, inativação de enzimas, ou rompimento da membrana ou parede celular – pode levar à morte da célula. Informações mais detalhadas do possível modo de ação microbicida estão incluídas nas descrições a seguir dos agentes específicos.

Responda

1 Qual sufixo é utilizado após *micróbio* para designar morte celular? E inibição do crescimento celular?
2 Qual é o padrão de morte de uma grande população bacteriana quando exposta a um agente destruidor?
3 Quais são as condições que influenciam a eficiência de uma substância antimicrobiana?
4 Qual é a importância de conhecer o mecanismo de ação de um agente antimicrobiano?

Altas Temperaturas

A temperatura elevada é um dos métodos de maior eficiência e um dos mais utilizados na destruição de microrganismos. O calor pode ser aplicado tanto em condições úmidas (vapor ou água) quanto secas. O método que utiliza temperaturas extremas para matar os microrganismos é o da *incineração.*

Calor Úmido

O calor úmido é muito mais eficiente que o calor seco para destruir os microrganismos (Tabela 7.1). Isto porque o calor úmido causa *desnaturação* e *coagulação* das proteínas vitais como as enzimas, enquanto o calor seco causa *oxidação* dos constituintes orgânicos da célula (isto é, ele "queima" lentamente as células). A desnaturação de proteínas celulares ocorre com temperaturas e tempos de exposição menores do que aqueles requeridos para a oxidação. Por exemplo, os endósporos de *Bacillus anthracis* são destruídos entre 2 e 15 min pelo calor úmido a 100°C, mas com o calor seco leva mais de 180 min a 140°C para conseguir o mesmo resultado. A Tabela 7.1 mostra mais exemplos do tempo de duração e das maiores temperaturas requeridas para matar esporos pelo calor seco.

Endósporos bacterianos são as formas mais resistentes de vida. Por outro lado, as células vegetativas das bactérias são muito mais sensíveis ao calor e são usualmente mortas dentro de 5 a 10 min pelo calor úmido a 60-70°C. Células vegetativas de leveduras e outros fungos são normalmente destruídas entre 5 e 10 min pelo calor úmido a 50-60°C. Para matar os esporos de fungos no mesmo período de tempo são necessárias temperaturas de 70-80°C. A susceptibilidade dos protozoários e muitos vírus ao calor é similar àquela da maioria das células vegetativas.

Tabela 7.1 Tempos de destruição de alguns esporos bacterianos pelo calor úmido e calor seco.

	Calor úmido		Calor seco	
Espécie de bactérias	**Temperatura (°C)**	**Tempo de morte (min)**	**Temperatura (°C)**	**Tempo de morte (min)**
Bacillus anthracis	100	2-15	140	Acima de 180
	105	5-10	160	9-90
			180	3
Clostridium botulinum	100	300-530	120	50
	110	32-90	130	15-35
	115	10-40	140	5
Clostridium perfringens	100	5-45	120	50
	105	5-27	130	15-35
	115	4	140	5
	120	1		
Clostridium tetani	100	5-90	130	20-40
	105	5-25	140	5-15
			160	12

Tabela 7.2 Temperatura do vapor de água sob pressão.

Pressão de água (lb/pol^2)	Temperatura (°C)
0	100,0
5	109,0
10	115,0
15	121,5
20	126,5

O calor úmido utilizado para matar os microrganismos pode ser na forma de vapor, água fervente ou água aquecida a temperaturas abaixo do seu ponto de ebulição.

Vapor D'água. O uso do *vapor d'água sob pressão* é o método mais prático e seguro de aplicação do calor úmido. Em um sistema fechado de volume constante, um aumento de pressão permitirá um aumento na temperatura. Vapor d'água sob pressão fornece temperaturas maiores do que aqueles possíveis com vapor sem pressão ou água fervente, como mostrado na Figura 7.2. Há a vantagem também de

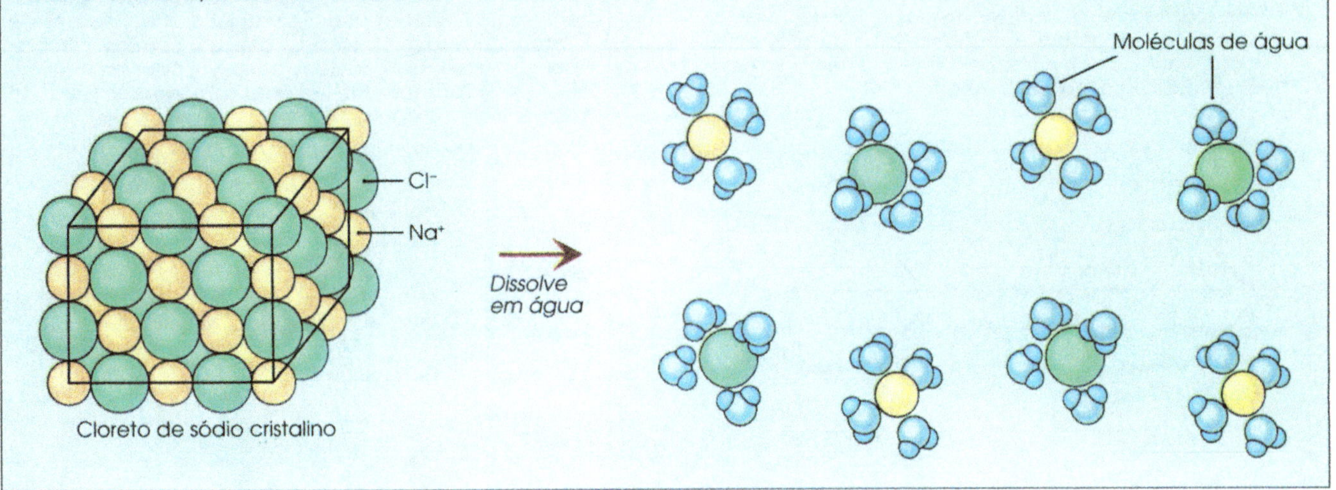

FIGURA 1.7 Um cristal de cloreto de sódio dissolve-se completamente em água porque as moléculas de água, que são eletricamente polares, orientam-se para formar camadas de hidratação ao redor dos íons sódio e íons cloreto. Isto ajuda a manter os íons separados uns dos outros.

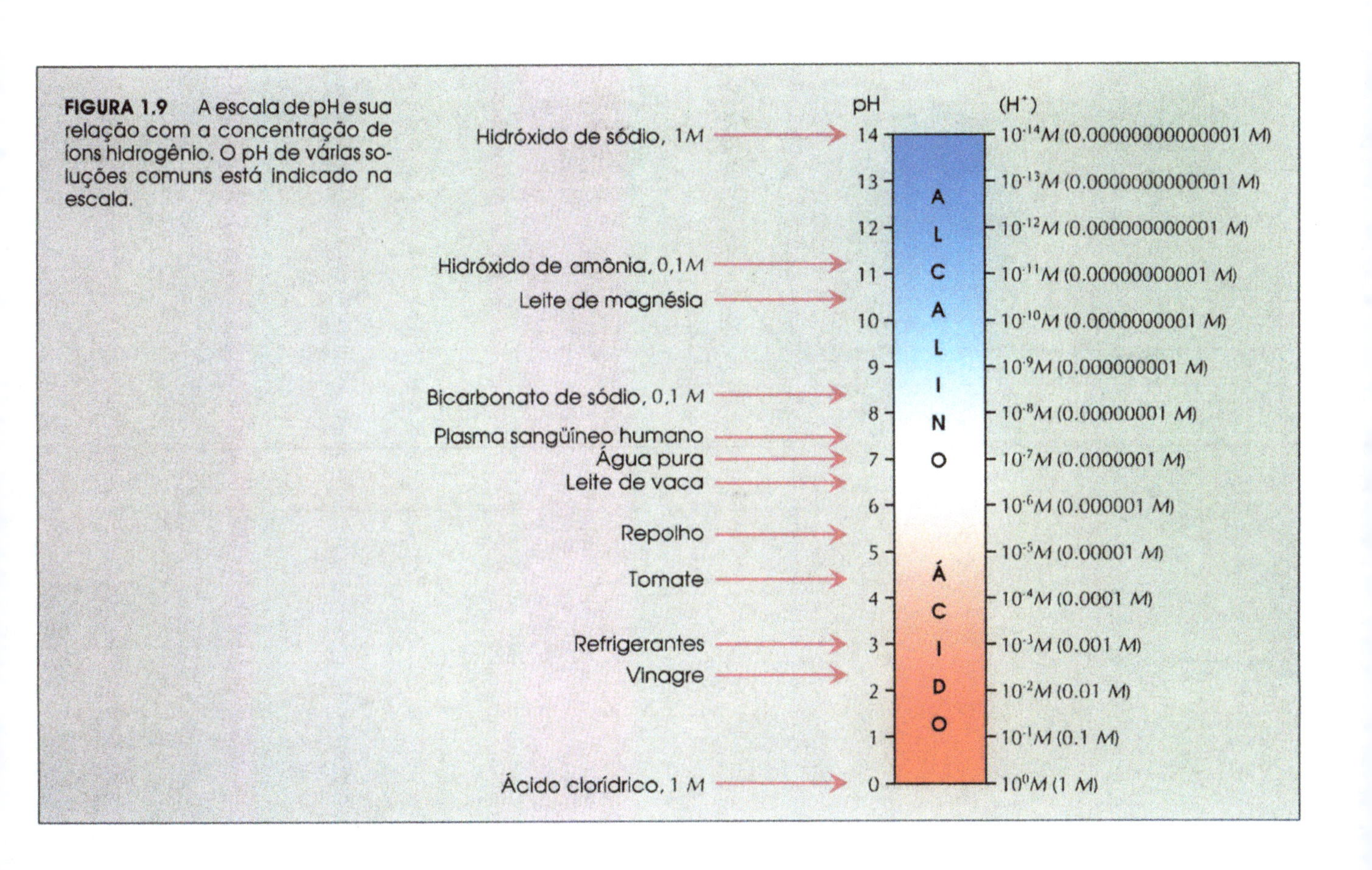

FIGURA 1.9 A escala de pH e sua relação com a concentração de íons hidrogênio. O pH de várias soluções comuns está indicado na escala.

FIGURA 1.11 Os monossacarídeos galactose e glicose diferem somente no arranjo dos grupos –H e –OH (mostrados em vermelho) em um átomo de carbono. A lactose, ou açúcar do leite, é um dissacarídeo composto por uma molécula de galactose e uma molécula de glicose; a ligação entre os dois monossacarídeos é formada pela remoção de uma molécula de água.

GALACTOSE

GLICOSE

H_2O

Remoção de uma molécula de água

LACTOSE
(um dissacarídeo)

FIGURA 1.14 **[A]** O tipo mais simples de fosfolipídeo é composto de uma molécula de glicerol, duas moléculas de ácidos graxos e uma molécula de fosfato. **[B]** Quando em contato com a água, as moléculas anfipáticas de fosfolipídeos formam uma bicamada, com os hidrocarbonetos apolares dos ácidos graxos voltados internamente e os grupos fosfatos carregados negativamente em contato com a água.

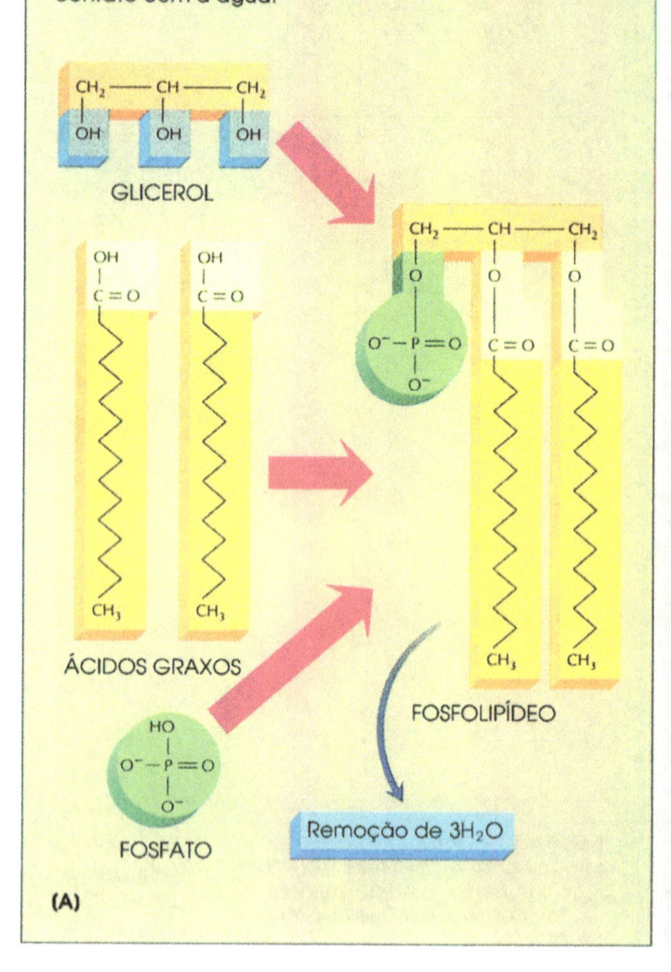

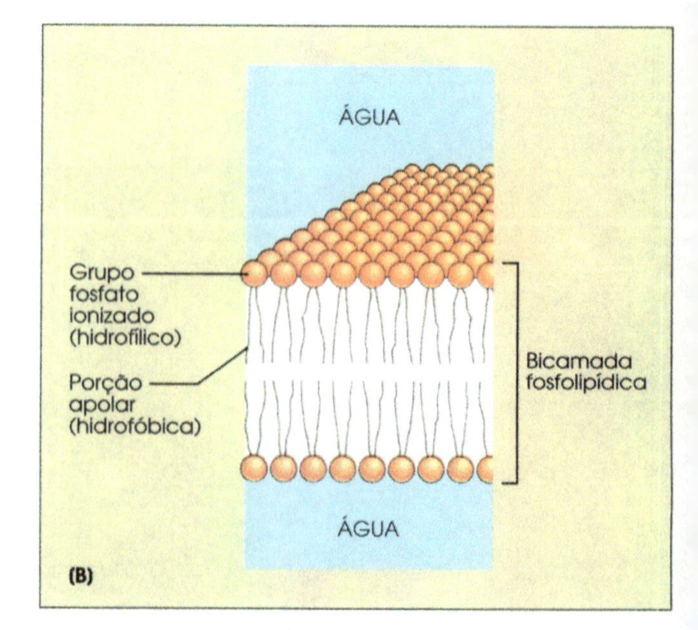

FIGURA 1.17 Os vinte tipos de aminoácidos, a partir dos quais as proteínas são formadas, apresentam uma parte de sua estrutura em comum (quadro púrpura inferior), mas diferem em seus grupos R (quadro magenta superior). A abreviação padrão de cada aminoácido está indicada. O carbono central é assimétrico se os quatro grupos ligados a ele diferem uns dos outros, como ocorre na maioria dos aminoácidos.

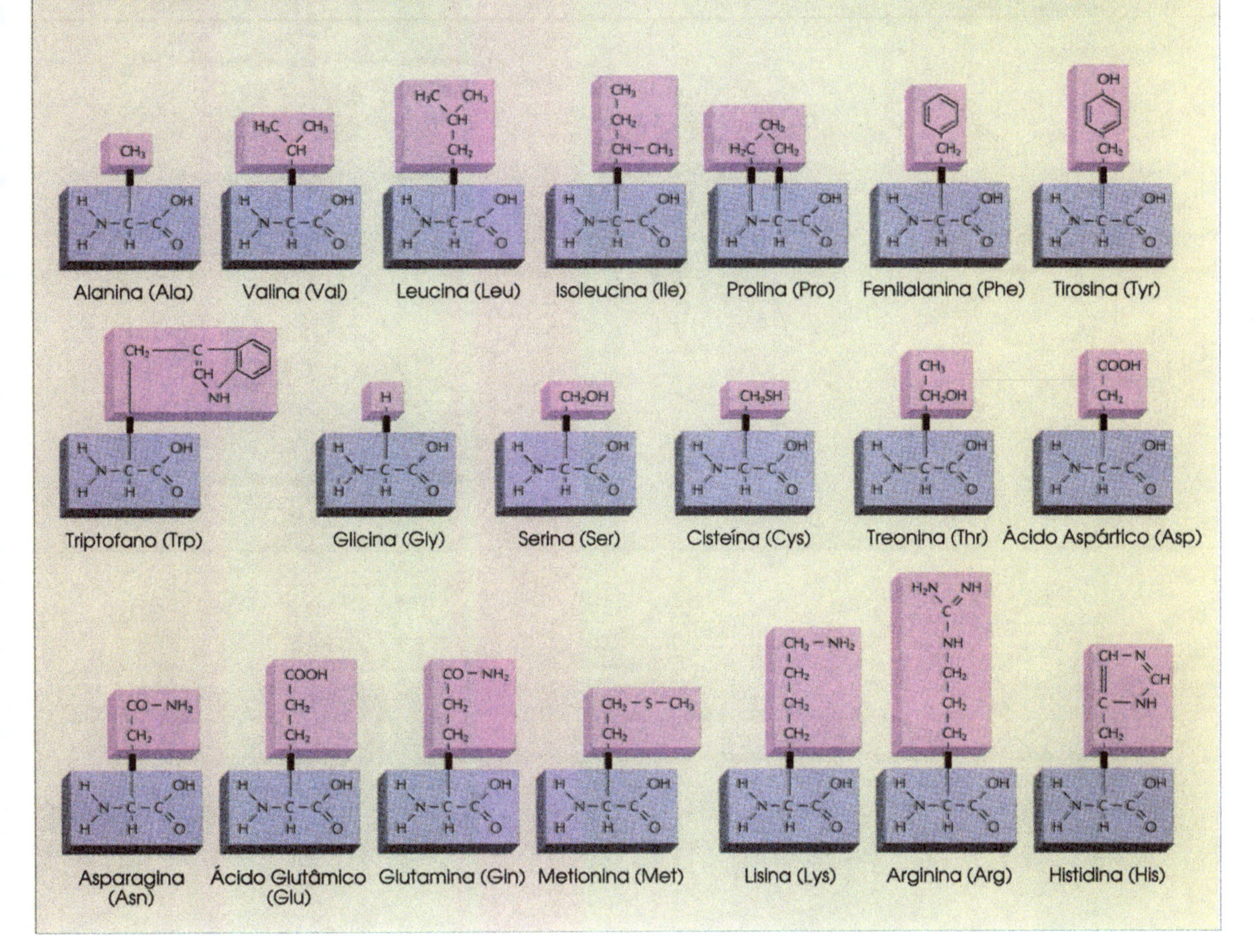

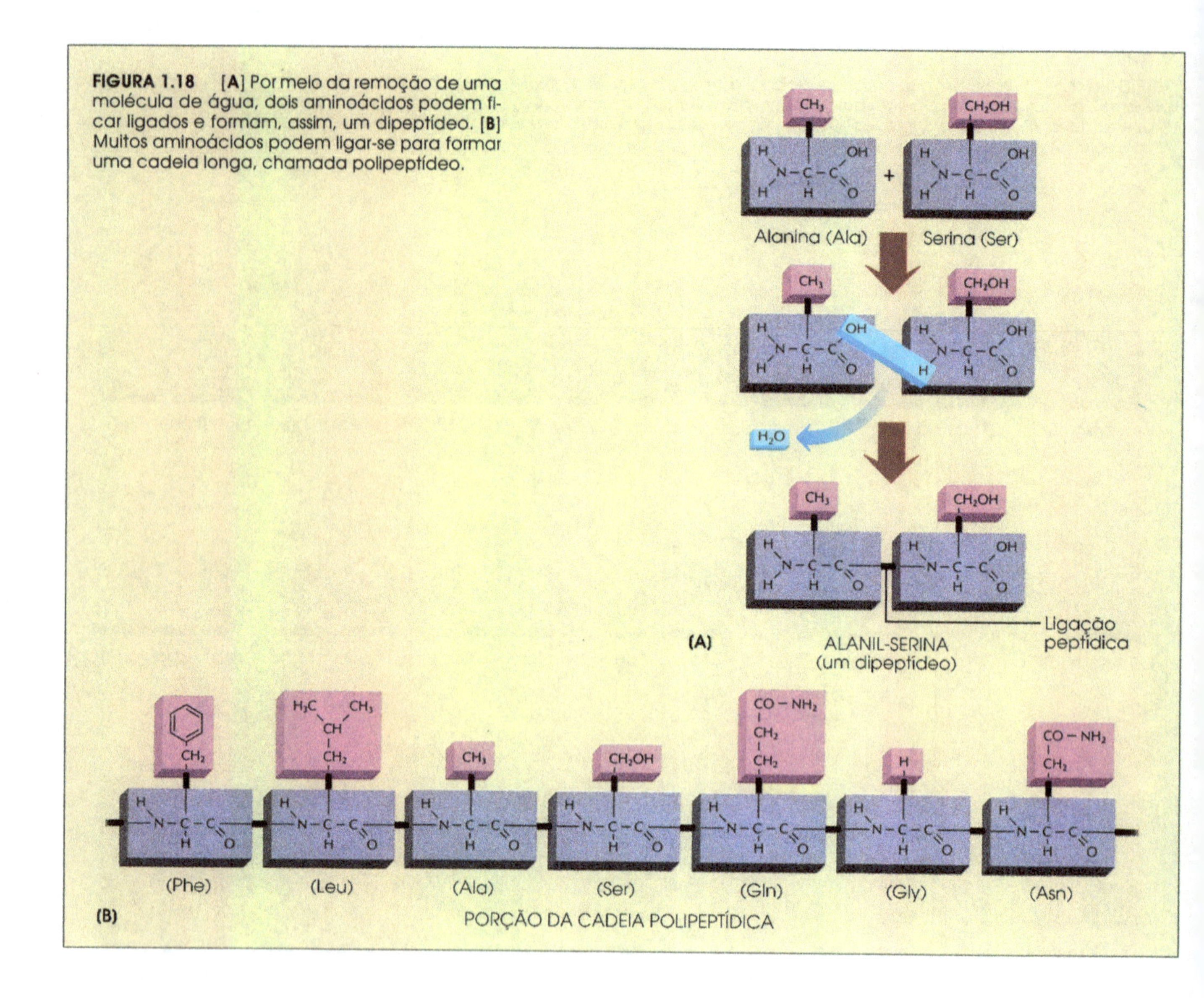

FIGURA 1.18 [**A**] Por meio da remoção de uma molécula de água, dois aminoácidos podem ficar ligados e formam, assim, um dipeptídeo. [**B**] Muitos aminoácidos podem ligar-se para formar uma cadeia longa, chamada polipeptídeo.

FIGURA 1.24 Em uma fita dupla de DNA, as duas fitas enrolam-se entre si para formar uma dupla hélice e são mantidas ligadas por pontes de hidrogênio entre as bases púricas e pirimídicas complementares. P, fosfato; S, o açúcar desoxirribose.

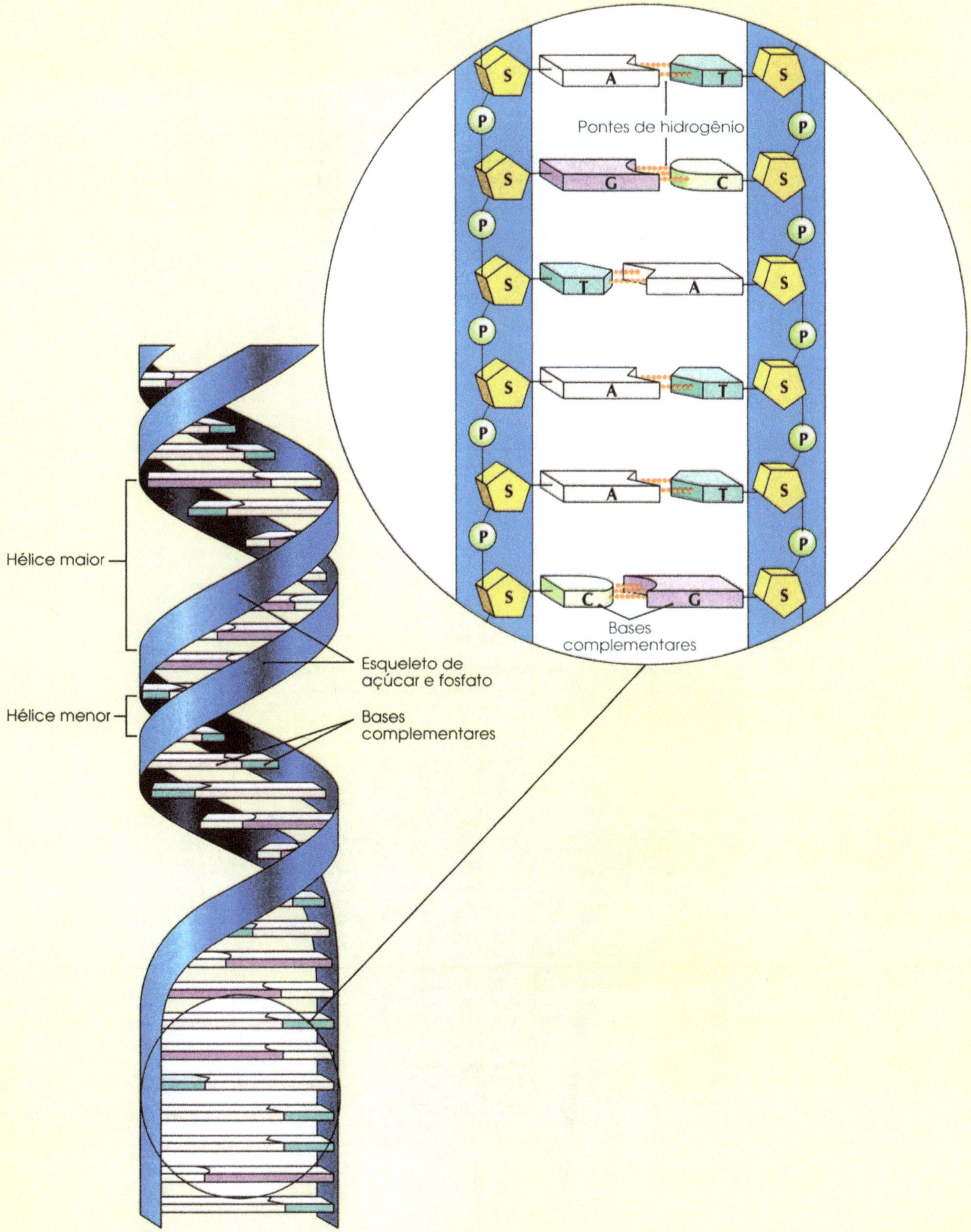

FIGURA 2.2 Ilustração esquemática geral de [**A**] células procarióticas (bactéria), [**B,C**] células eucarióticas (animal e vegetal, respectivamente) ressaltando as diferenças entre elas. A célula bacteriana não tem estruturas intracelulares separadas por membranas. As células vegetais possuem uma parede celular rígida e estruturas intracelulares separadas por uma membrana.

Material nuclear (nucleóide)
Ribossomos
Membrana citoplasmática
Citoplasma
Parede celular

(A) CÉLULA PROCARIÓTICA (BACTERIANA)

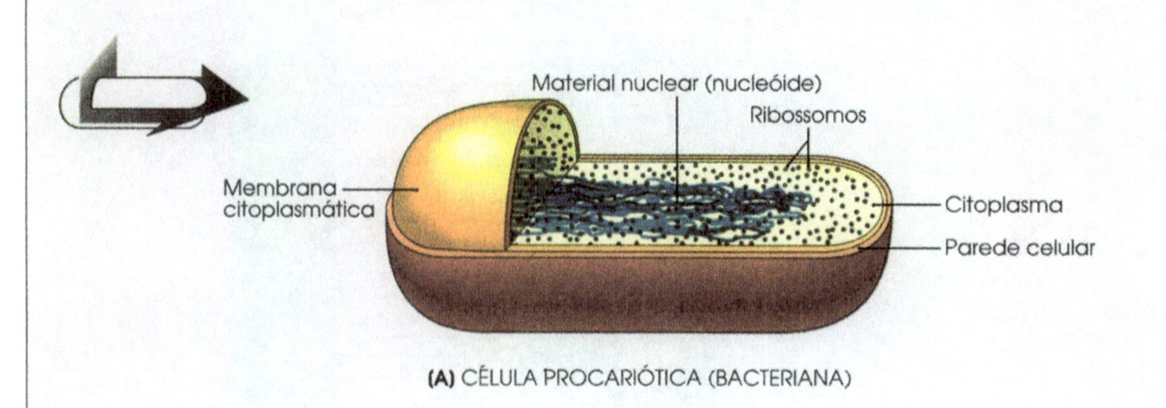

FIGURA 2.4 Esquema simplificado dos cinco reinos de classificação dos organismos vivos de Whittaker.

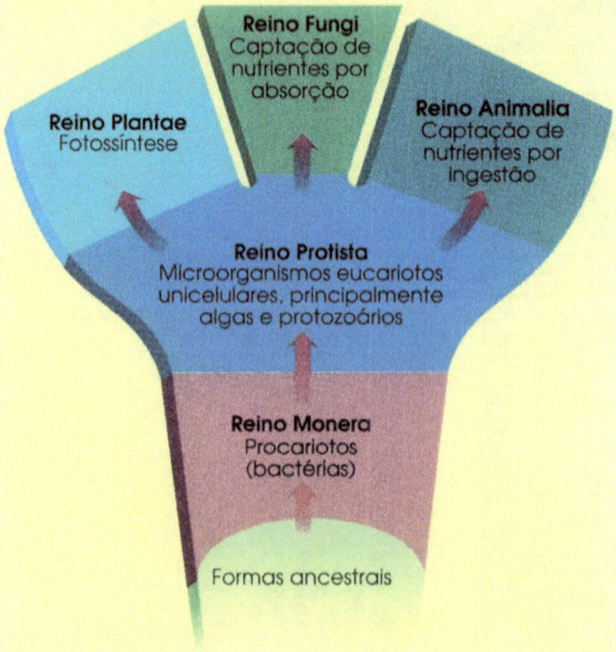

Reino Fungi
Captação de nutrientes por absorção
Reino Plantae
Fotossíntese
Reino Animalia
Captação de nutrientes por ingestão
Reino Protista
Microorganismos eucariotos unicelulares, principalmente algas e protozoários
Reino Monera
Procariotos (bactérias)
Formas ancestrais

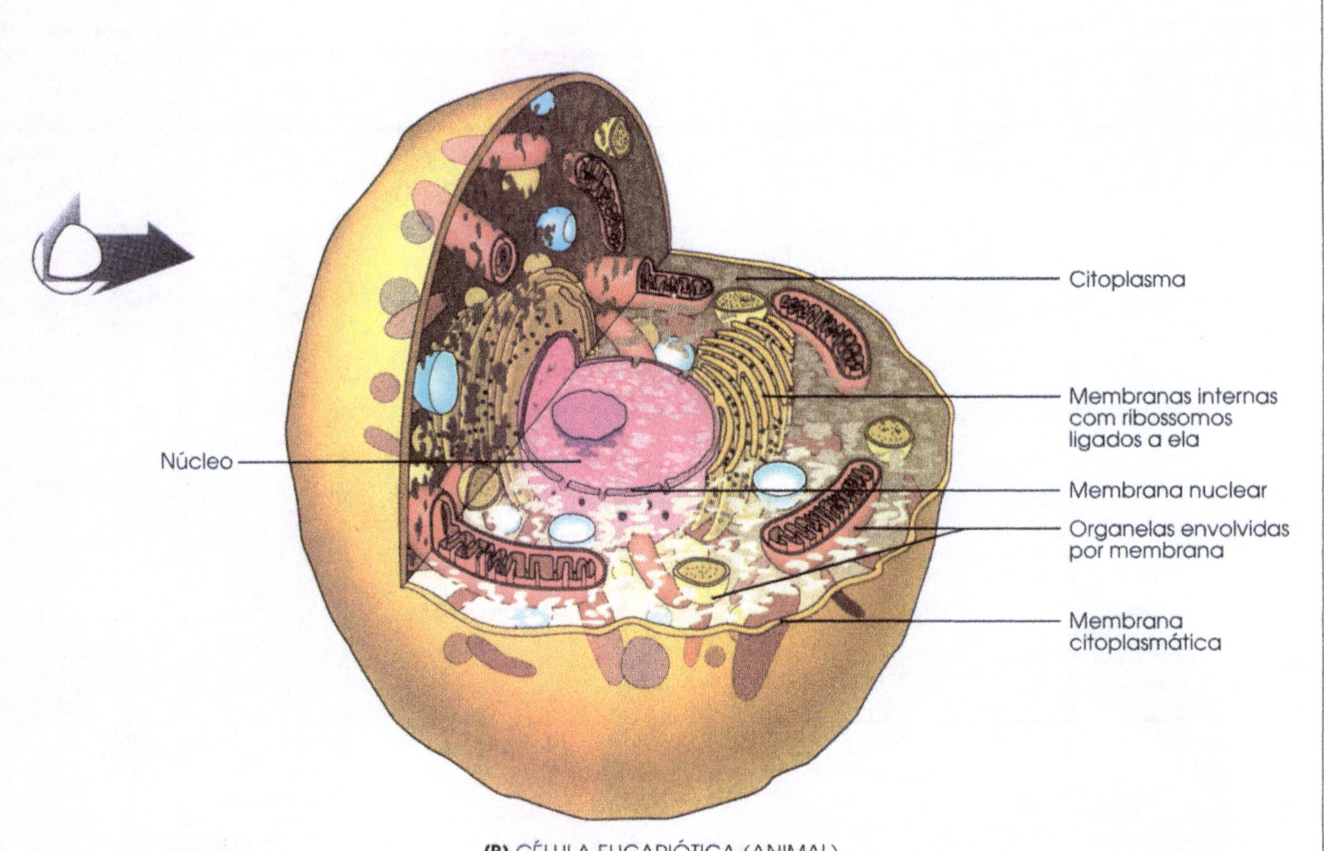

(B) CÉLULA EUCARIÓTICA (ANIMAL)

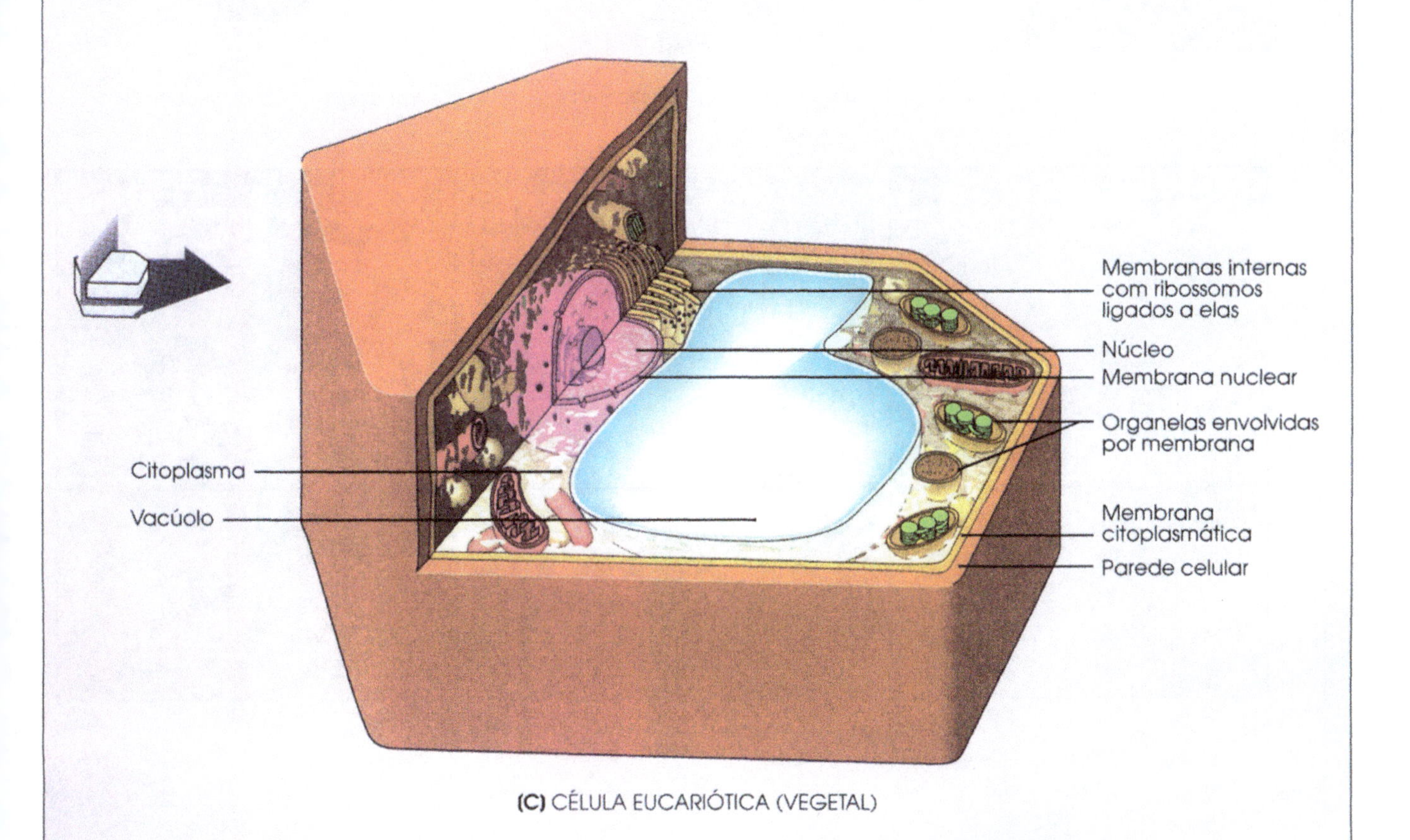

(C) CÉLULA EUCARIÓTICA (VEGETAL)

FIGURA 3.11. Comparação esquemática de um sistema de imagens. [**A**] Microscópio ótico. [**B**] Microscopia eletrônica de transmissão (MET). [**C**] Microscopia eletrônica de varredura (MEV). A imagem da *Escherichia coli* é mostrada abaixo de cada tipo de microscopia.

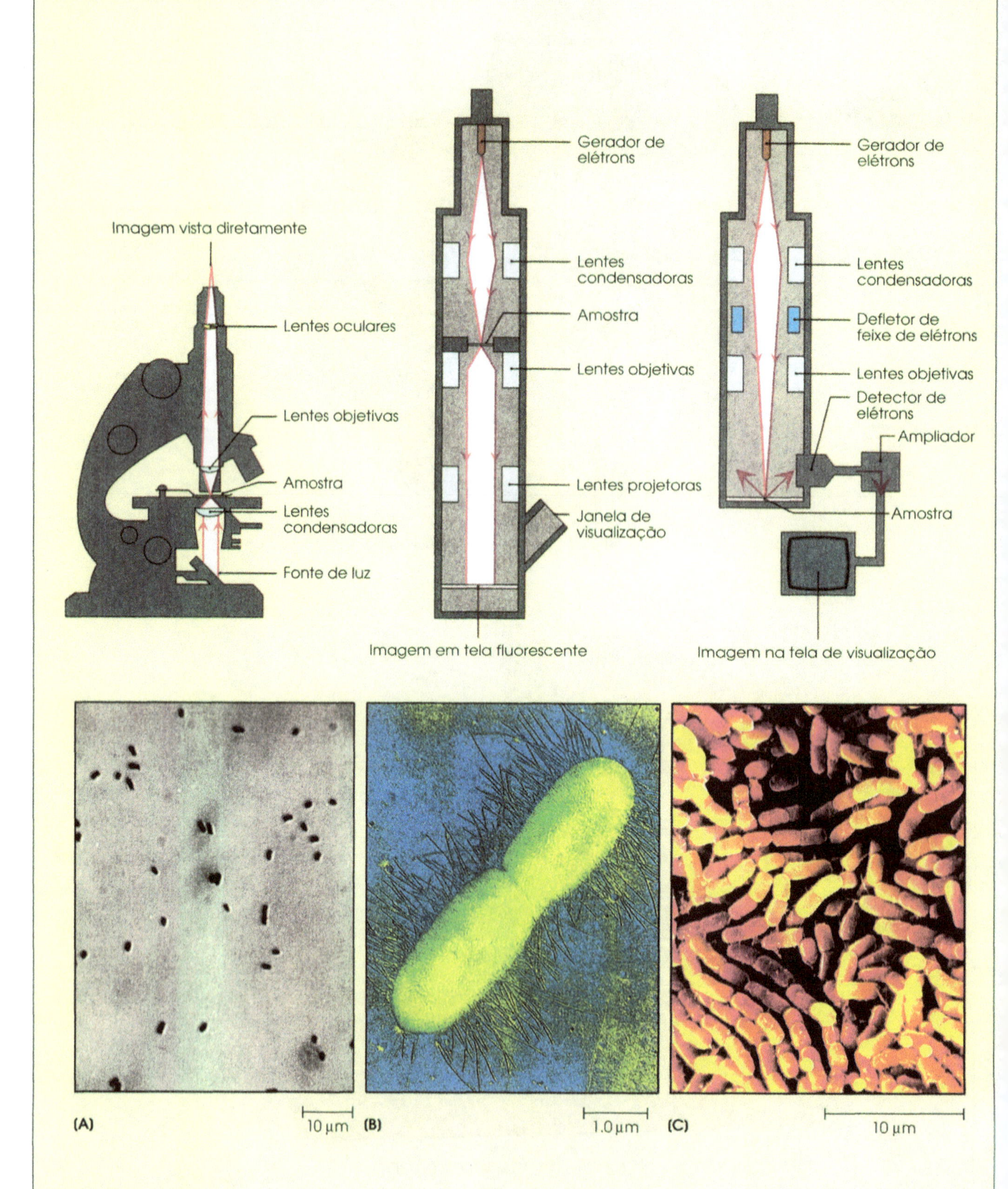

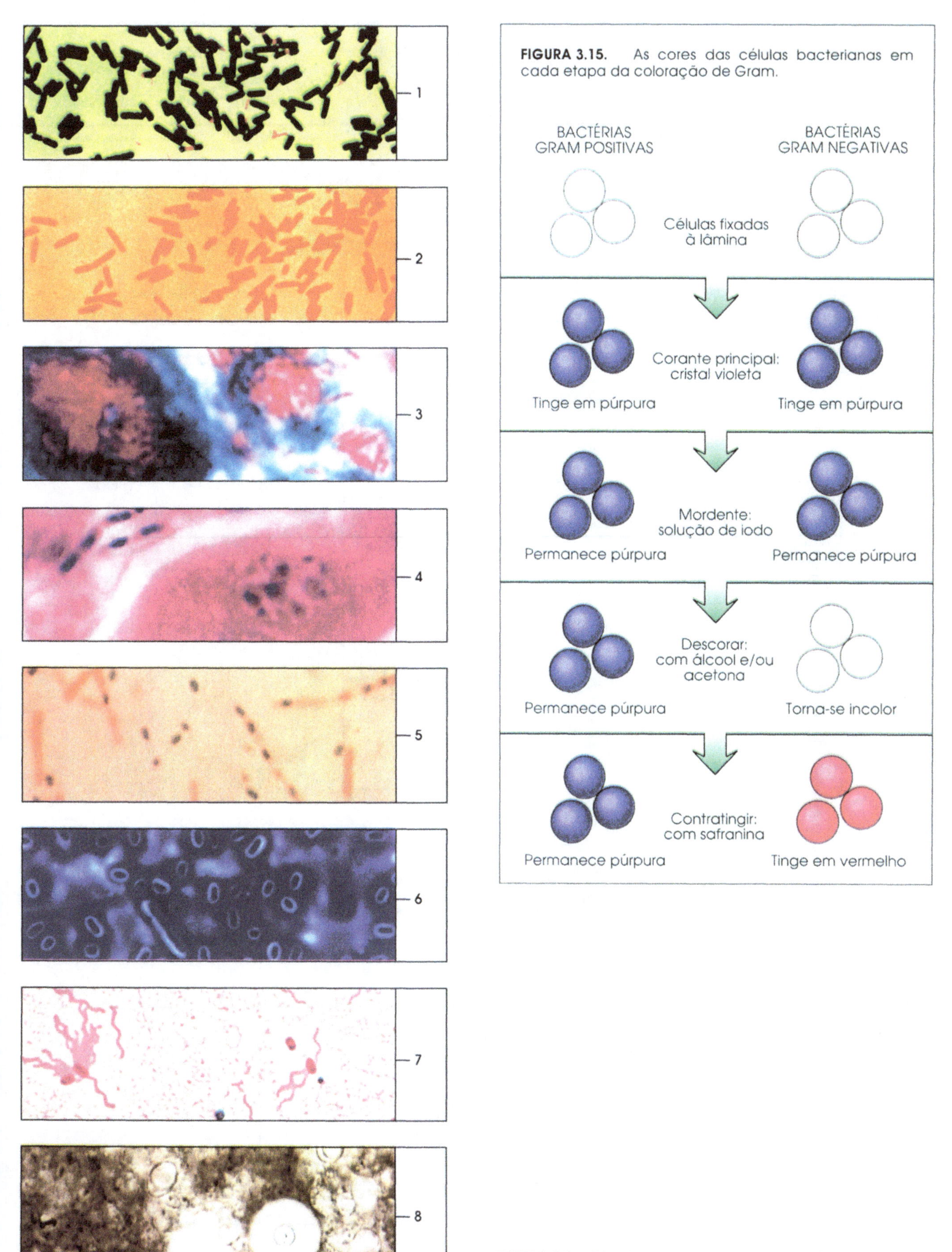

FIGURA 3.15. As cores das células bacterianas em cada etapa da coloração de Gram.

TABELA 3.2 Técnicas de preparação de espécimes para observação por meio de microscópio luminoso.

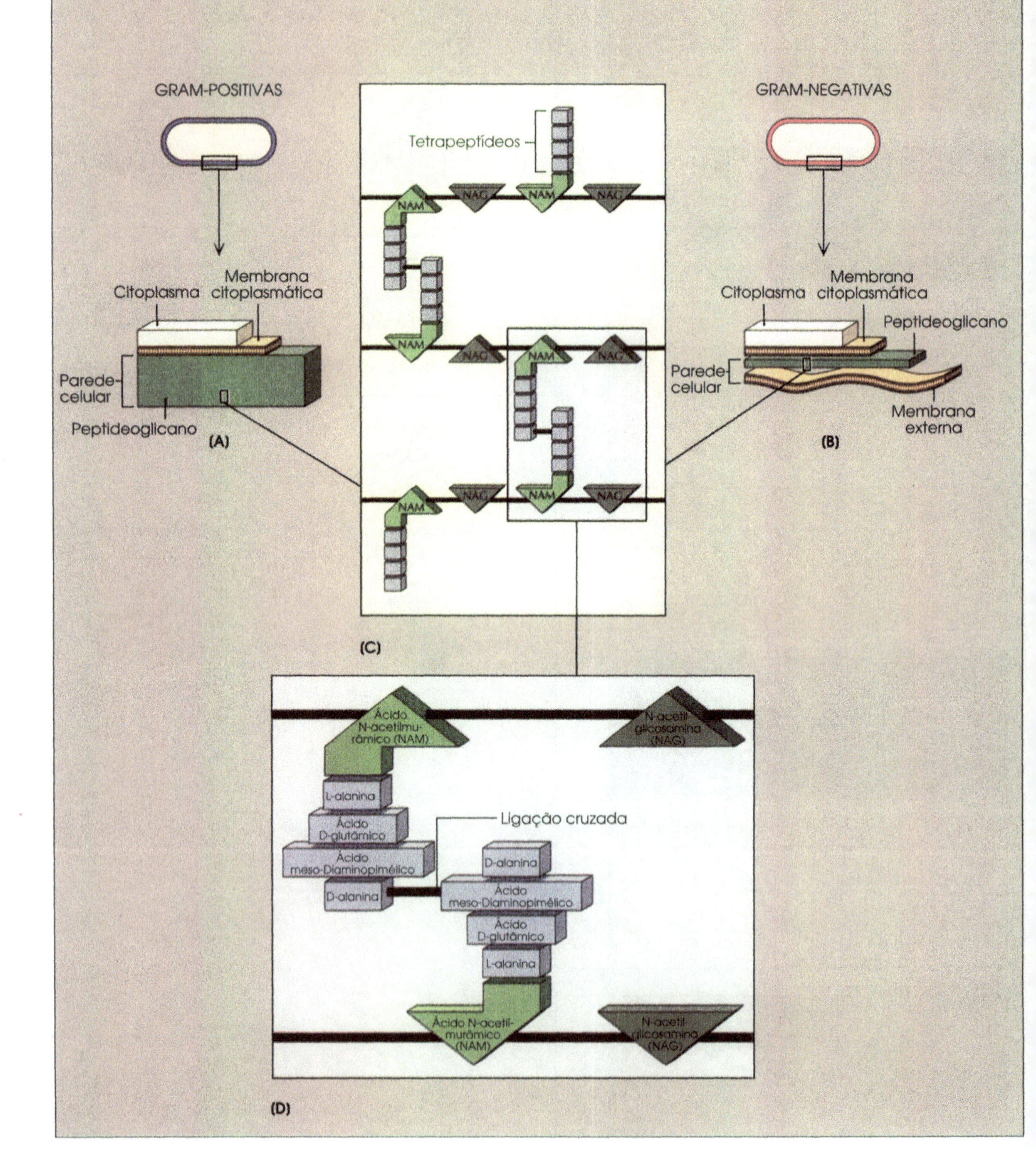

FIGURA 4.16 O peptideoglicano na parede celular de bactérias. [**A**,**B**] Localização do peptideoglicano em bactérias Gram-positivas e Gram-negativas, respectivamente. [**C**] O polímero de peptideoglicano consiste em unidades repetidas de *N-acetilglicosamina* (NAG) ligadas ao ácido *N-acetilmurâmico* (NAM) com uma cadeia lateral peptídica de quatro aminoácidos ligados ao NAM. A área no quadro colorido está aumentada em [**D**]. Este aumento mostra as unidades estruturais básicas dos peptideoglicanos em *Escherichia coli*. As subunidades de NAM de duas cadeias polissacarídicas vizinhas formam ligações cruzadas através das cadeias peptídicas. Outras espécies de bactérias podem formar pontes interpeptídicas, isto é, peptídeos ligados às cadeias peptídicas a partir do NAM.

FIGURA 4.19 Representação esquemática das diferenças entre a estrutura fina da parede celular de bactérias Gram-positivas e da parede celular de bactérias Gram-negativas. **[A]** Estrutura da parede celular de uma bactéria Gram-positiva (*Bacillus* sp). **[B]** Estrutura da parede celular de uma bactéria Gram-negativa. A micrografia eletrônica é de um corte fino corado de uma bactéria marinha *Alteromonas haloplanktis*. O organismo tem as características ultraestruturais simples de uma bactéria típica Gram-negativa. **[C]** Estrutura de uma unidade de lipopolissacarídeo da parede celular de *Salmonella* (LPS). Esta estrutura pode variar sensivelmente de um gênero de bactéria Gram-negativa para outro. Entretanto, todos os LPSs das paredes celulares contêm as três regiões gerais mostradas: lipídeo A, polissacarídeo central e antígeno O (que se estende no meio circundante).

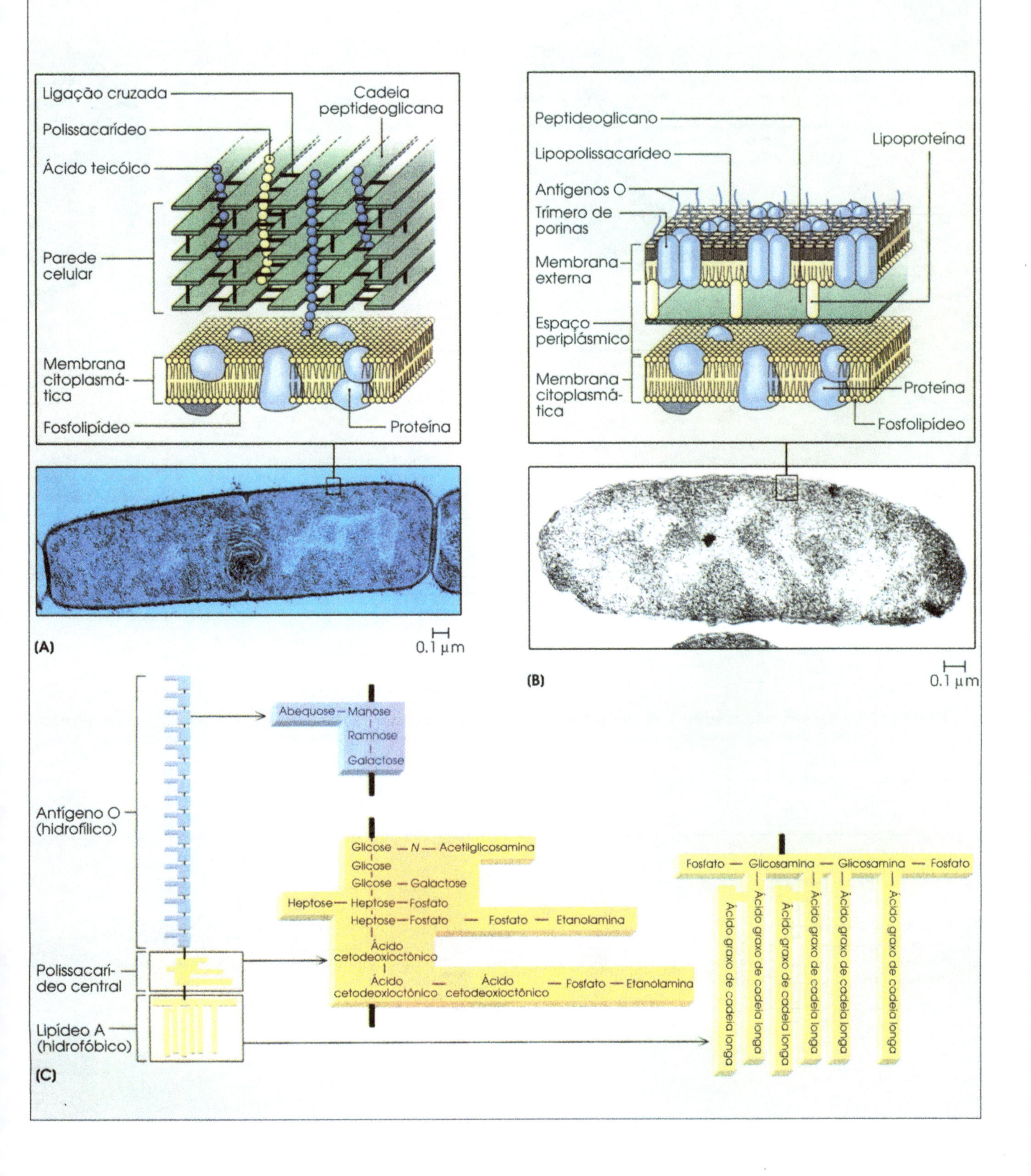

FIGURA 5.4 Diferentes meios com ágar preparados comercialmente em placas de Petri são mostrados semeados através de estrias com bactérias para obter colônias isoladas.

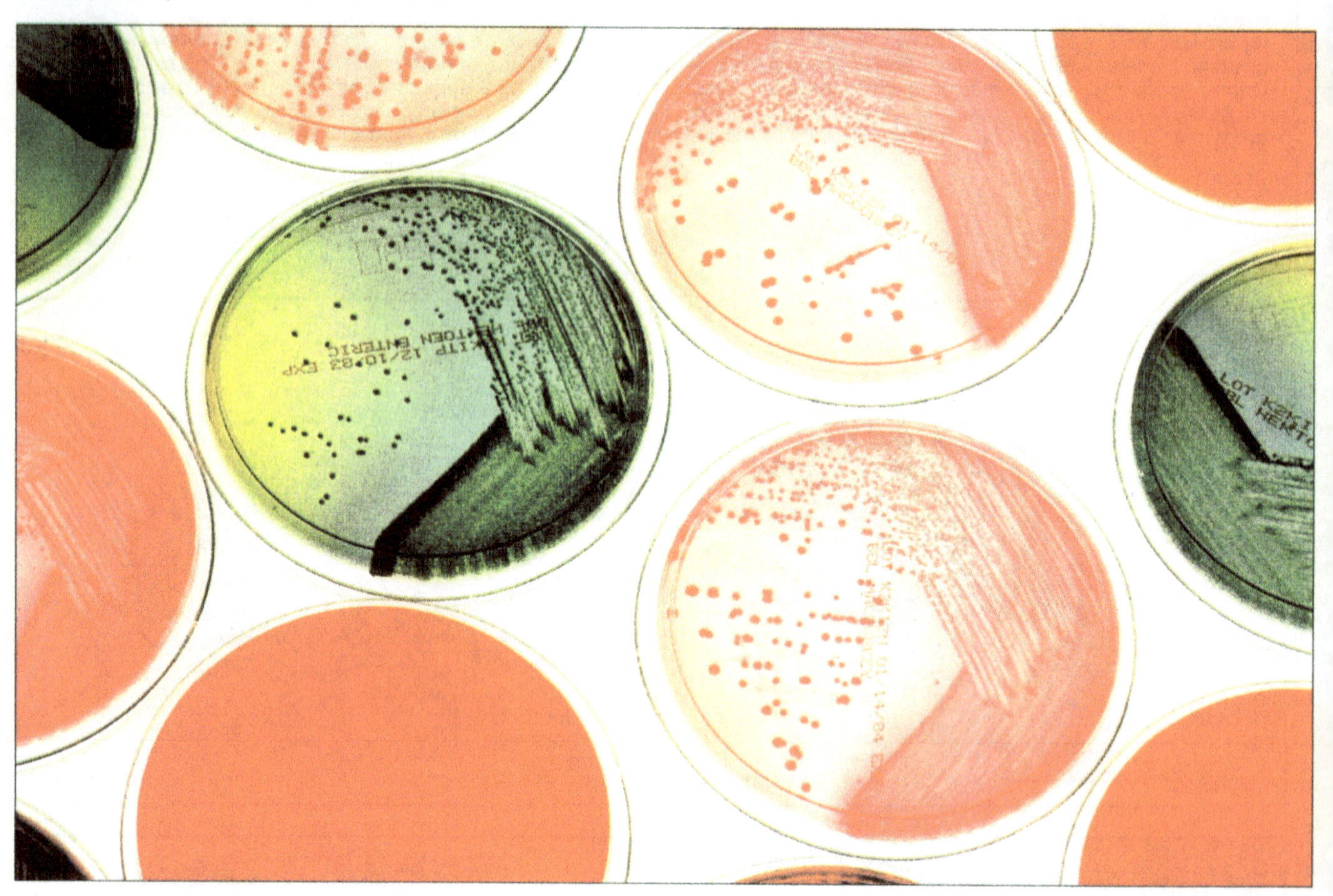

FIGURA 6.8 Os quatro estágios da mitose: prófase, metáfase, anáfase, e telófase. O DNA é duplicado antes que a mitose se inicie, mas no início da prófase os cromossomos não aparecem duplicados. No meio da prófase, entretanto, os cromossomos aparecem duplicados.

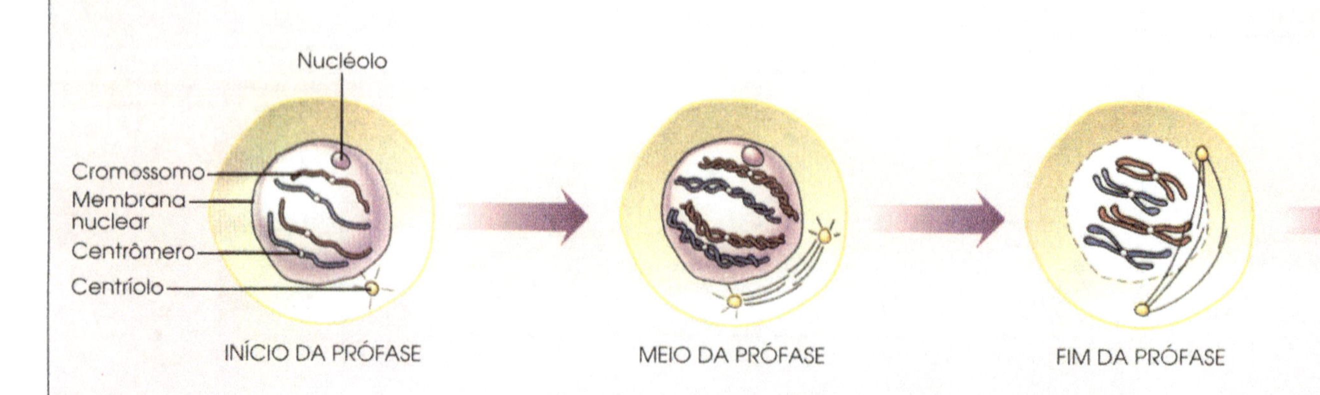

FIGURA 5.8 Os fungos podem crescer nas frutas cítricas. Uma laranja e uma tangerina saudáveis (parte superior) são mostradas; na parte inferior, o que acontece quando elas são colonizadas por fungos.

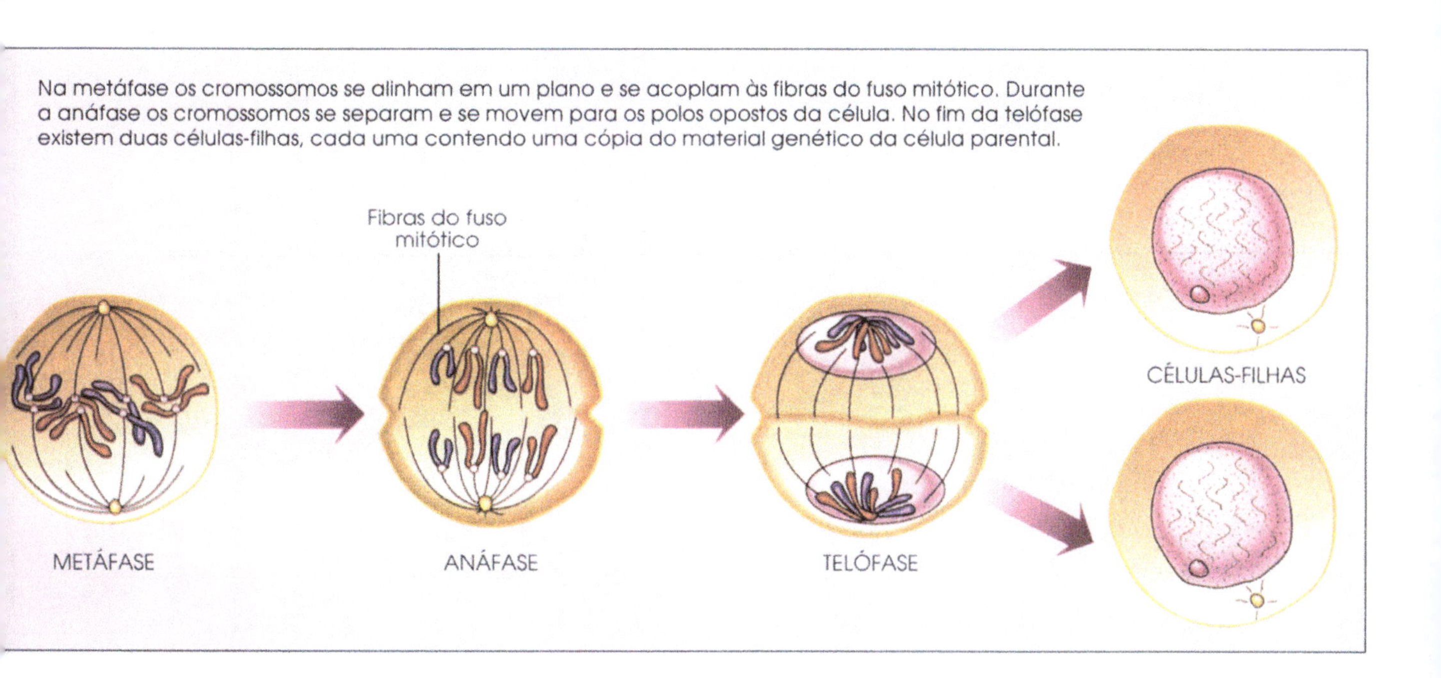

FIGURA 6.10 Esquema geral mostrando a formação de gametas haplóides a partir das células parentais haplóides e a formação de um zigoto haplóide pela fusão dos gametas haplóides.

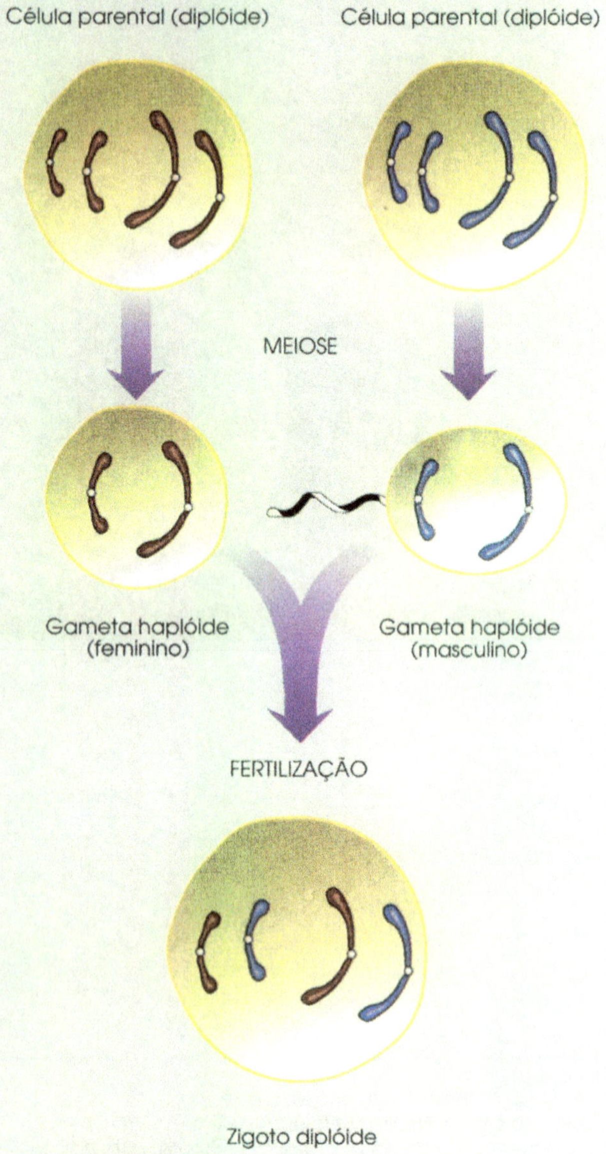

Célula parental (diplóide)

Célula parental (diplóide)

MEIOSE

Gameta haplóide (feminino)

Gameta haplóide (masculino)

FERTILIZAÇÃO

Zigoto diplóide

FIGURA 6.15 Curva de crescimento bacteriano hipotética, admitindo-se que uma célula bacteriana é semeada em um meio e que as divisões ocorrem regularmente em intervalos de 30min (tempo de geração).

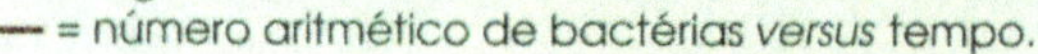

— = logaritmo de um número de bactérias *versus* tempo;
— = número aritmético de bactérias *versus* tempo.

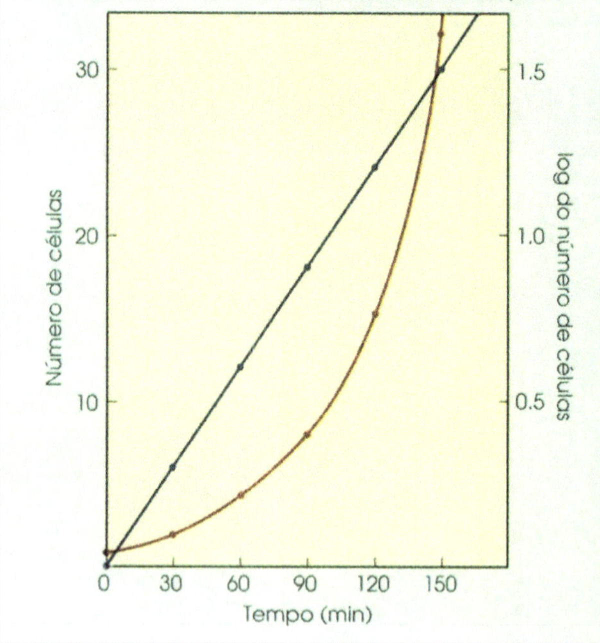

FIGURA 6.18 Divisões celulares ao acaso *versus* divisões celulares sincronizadas. Observe que a sincronia das células ocorre somente por algumas gerações.

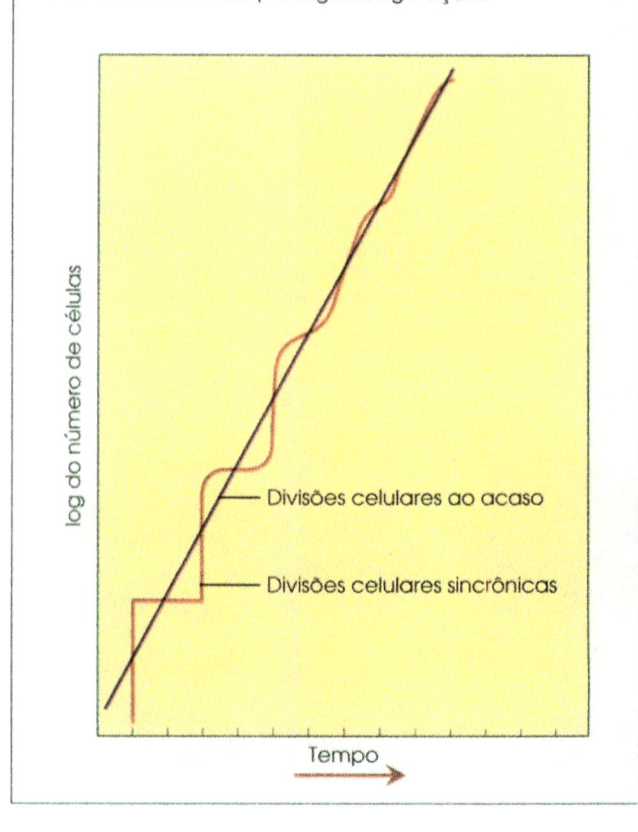

FIGURA 7.2 O gráfico mostra a taxa de morte de três populações diferentes de microrganismos expostos a um mesmo agente microbicida. A população I é a menor e é destruída em um período de tempo mais curto. As populações II e III requerem um período de tempo maior para serem destruídas porque as populações iniciais eram maiores.

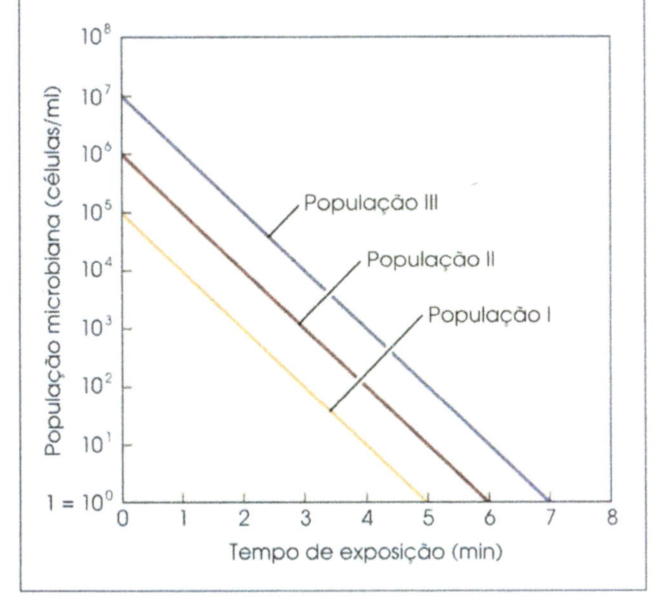

FIGURA 7.3 Efeito da concentração de um agente antimicrobiano na morte bacteriana. Neste experimento, *Escherichia coli* foi exposta a várias concentrações de fenol a 35°C. O número de sobreviventes, expressos logaritmicamente, está relacionado com o tempo. (De R.C. Jordan e S.E. Jacobs, J. Hyg., 43:279, 1944, Cortesia da Universidade de Cambridge.)

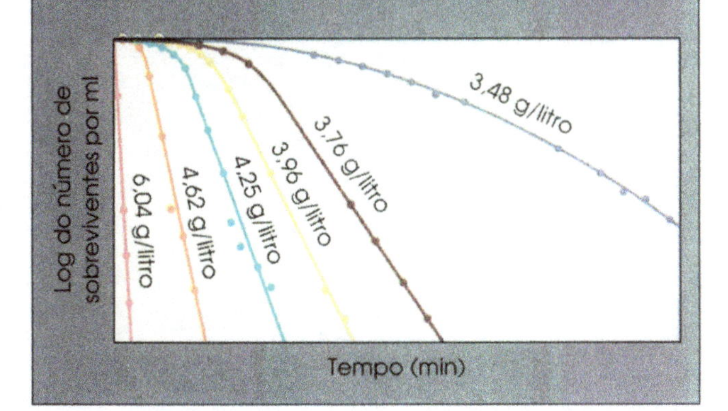

FIGURA 7.4 Um aumento na temperatura diminui a sobrevivência bacteriana quando a concentração de um agente antimicrobiano, permanece constante. Neste experimento a *Escherichia coli* foi exposta ao fenol numa concentração de 4,62 g/l em temperatura de 30 a 42ºC. O número de sobreviventes expressos logaritmicamente, está relacionado com o tempo (R.C. Jordan e S.R. Jacobs, J. Hyg., 44:210, 1945, Cortesia da Universidade de Cambridge).

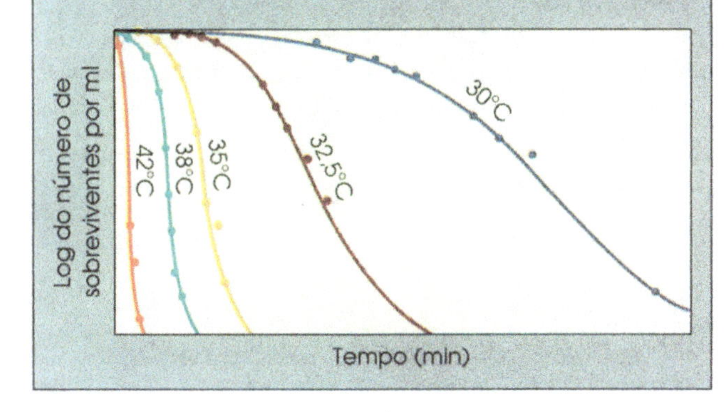

FIGURA 7.9 O espectro eletromagnético.

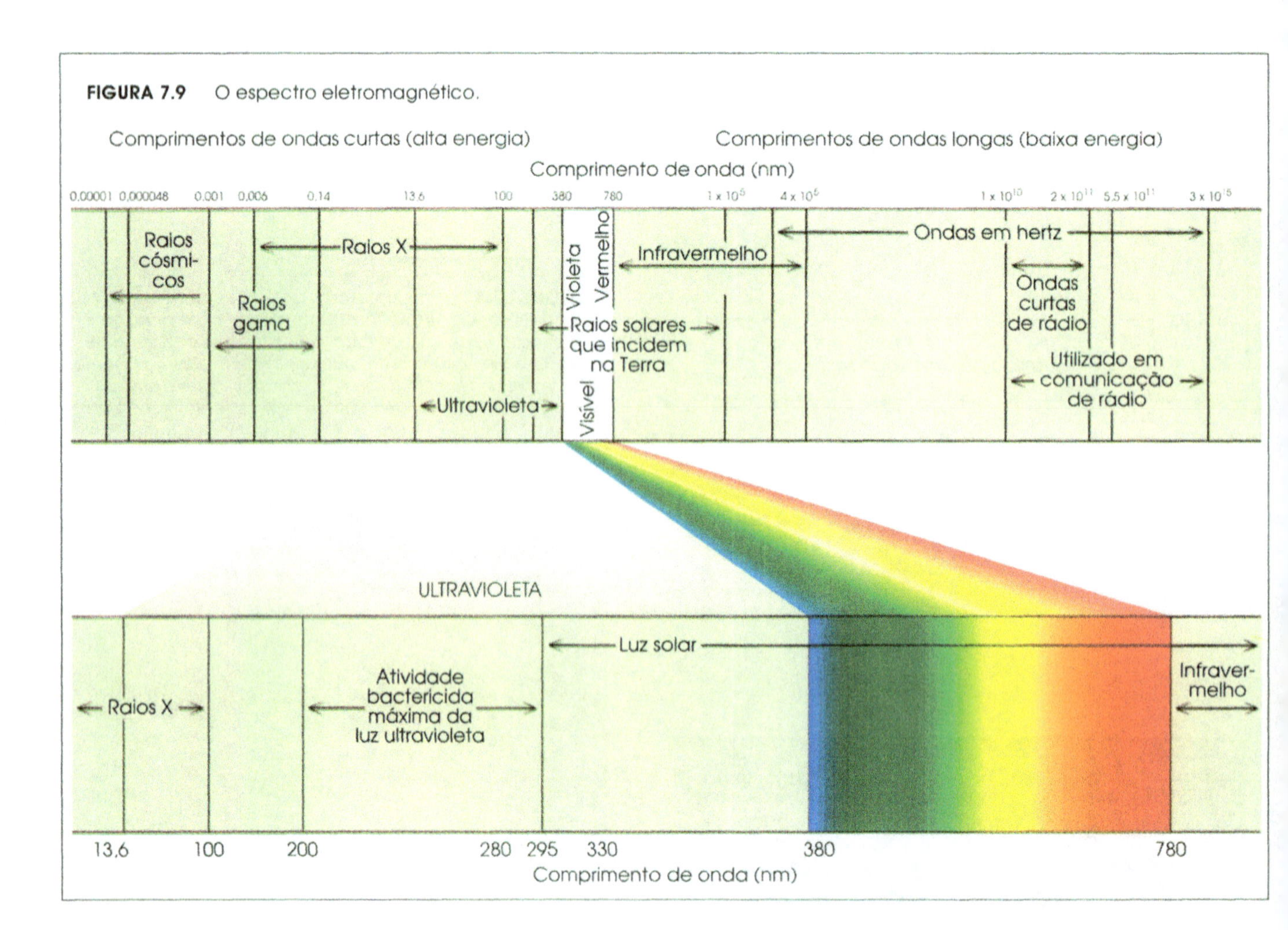

FIGURA 8.6 Ilustração esquemática dos métodos para avaliar atividade antimicrobiana dos desinfetantes e antisépticos. [**A**] Uma quantidade determinada de uma cultura da bactéria teste é adicionada na substância diluída. Em intervalos periódicos, subcultivos são realizados em caldo nutriente; os tubos são incubados e então examinados quanto ao crescimento (sem atividade antimicrobiana) ou não-crescimento (atividade antimicrobiana). Observe que a menor diluição (diluição 1) da substância química é mais eficiente que a maior diluição (diluição 2): a menor diluição mata os microrganismos expostos durante 5 minutos, enquanto que a maior diluição para o mesmo tempo de exposição não mata os microrganismos. [**B**] Diluições de um agente químico são adicionadas no centro de um ágar nutriente previamente inoculado com um microganismo-teste. A adição do composto químico pode ser feita pela saturação de pequenos discos de papel, ou colocando-os em pequenos orifícios realizados no centro do meio de cultura. Após a incubação, as placas são examinadas quanto à zona de inibição de crescimento. Observe que a menor diluição (diluição 1) causa uma zona de inibição, enquanto a maior diluição (diluição 2) não. [**C**] Diluições do composto químico são incorporadas no ágar nutriente que é então inoculado com o microrganismo-teste. Após incubação, as placas são examinadas quanto ao bom crescimento (grande número de colônias), pequeno crescimento (poucas colônias) ou sem crescimento (sem colônias). Observe que as diluições mais baixas (diluição 1) do composto químico inibem completamente o crescimento, enquanto que a maior diluição (diluição 3) não tem efeito algum.

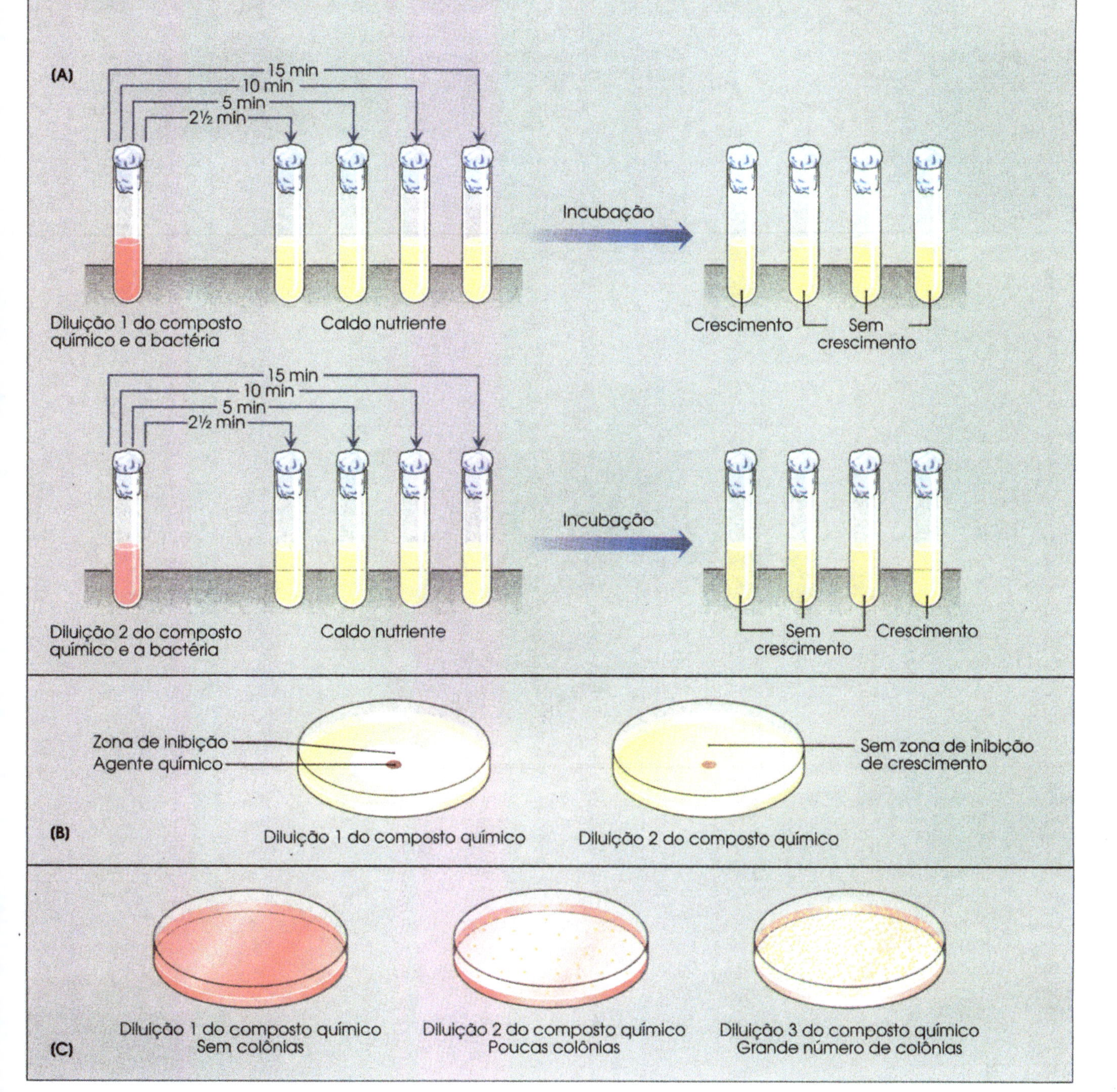

FIGURA 9.30 [A] Coloração de álcool-ácido resistência de micobactérias. Uma vez coradas com fucsina carbólica, as micobactérias não podem ser facilmente descoradas com solução de álcool-ácido, ao contrário de outras bactérias que podem estar presentes. [B] Coloração álcool-ácido resistente de escarro humano mostrando micobactérias (bacilos vermelhos) contra um fundo não álcool-ácido resistente (azul).

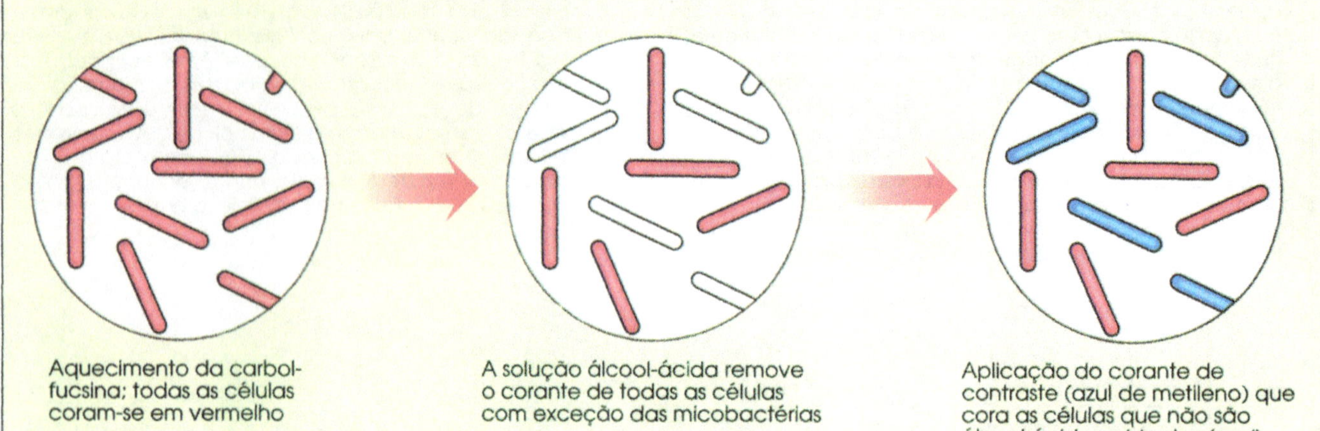

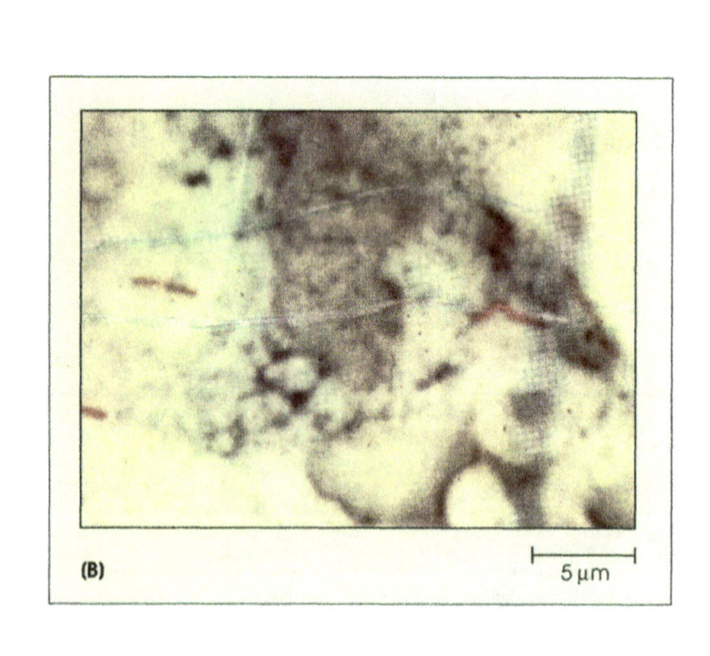

FIGURA 9.34 Desenho de três gêneros de arqueobactérias pertencentes ao grupo das bactérias *metanogênicas*. As células de *Methanobacterium* e *Methanosarcina* são Gram-positivas; as células de *Methanospirillum* são Gram-negativas

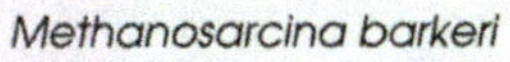

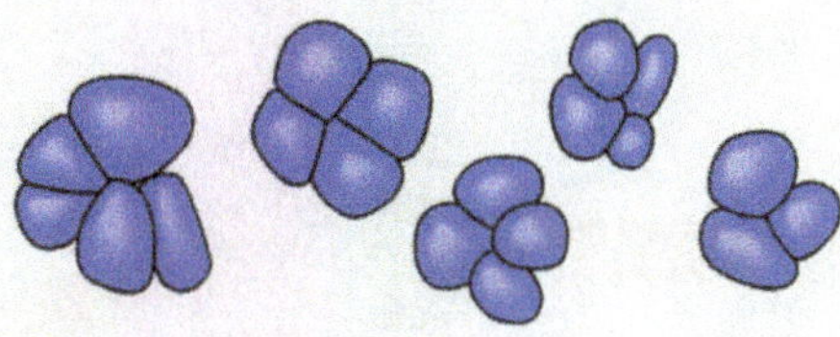

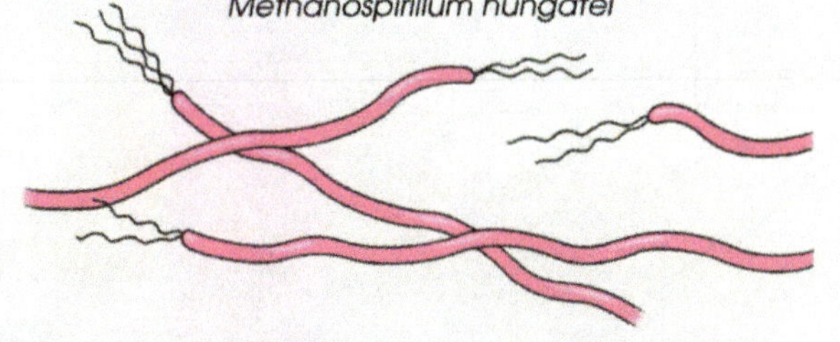

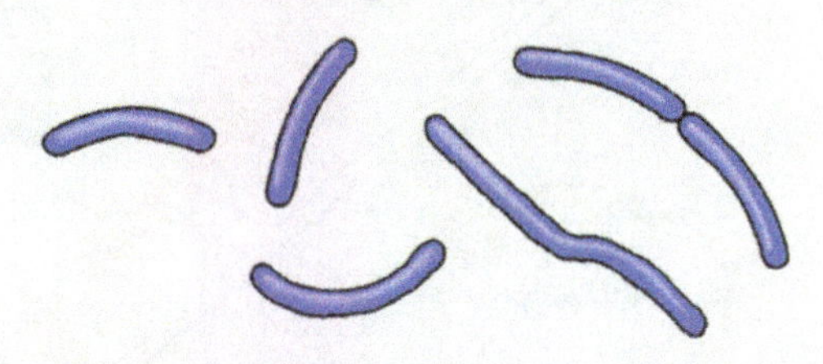

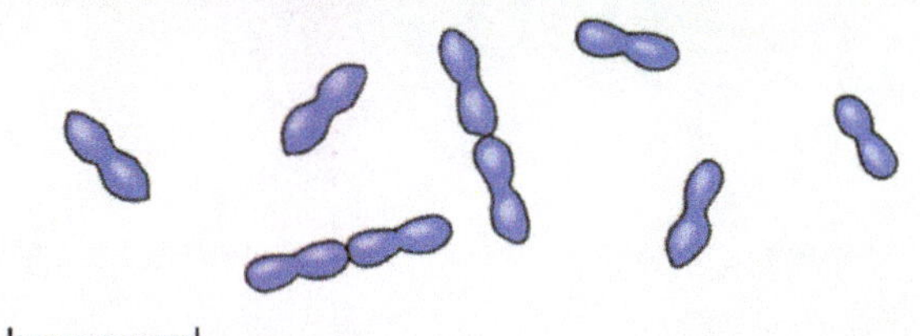

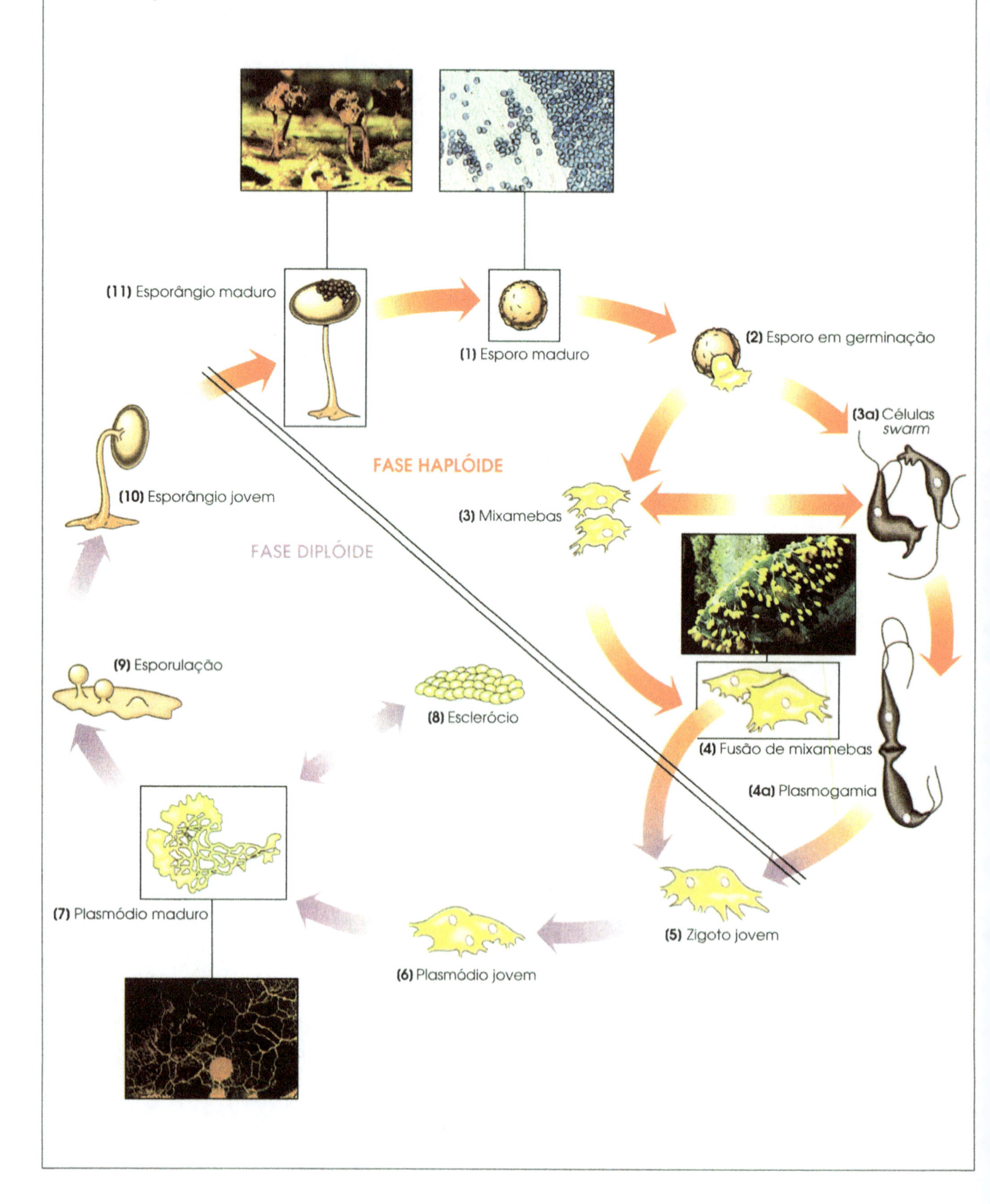

FIGURA 10.2 Ciclo de vida de um mixomiceto típico, ou um fungo limoso acelular. [**1**] Esporos haplóides maduros. [**2**] Germinação de esporos. [**3**] Mixoamebas. [**3a**] Células "swarm". [**4**] Fusão das amebas. [**4a**] Plasmogamia. [**5**] Zigotos jovens. [**6**] Plasmódio jovem. [**7**] Plasmódio maduro. [**8**] Esclerócio. [**9**] Esporulação - início da formação de esporângio. [**10**] Esporângio pré-meiótico jovem com esporos. [**11**] Esporângio pós-meiótico, maduro. A fotomicrografia ilustra algumas etapas do ciclo de vida dos fungos limosos acelulares.

FIGURA 12.1 Ilustração esquemática mostrando como a *Escherichia coli* pode sintetizar as unidades estruturais bioquímicas para a formação das proteínas, polissacarídeos, lipídeos e ácidos nucléicos, bem como todas as estruturas celulares, quando cultivada em meio contendo glicose, sulfato de amônia e outros sais inorgânicos. Algumas estruturas e partes funcionais das células são indicadas por quadros coloridos.

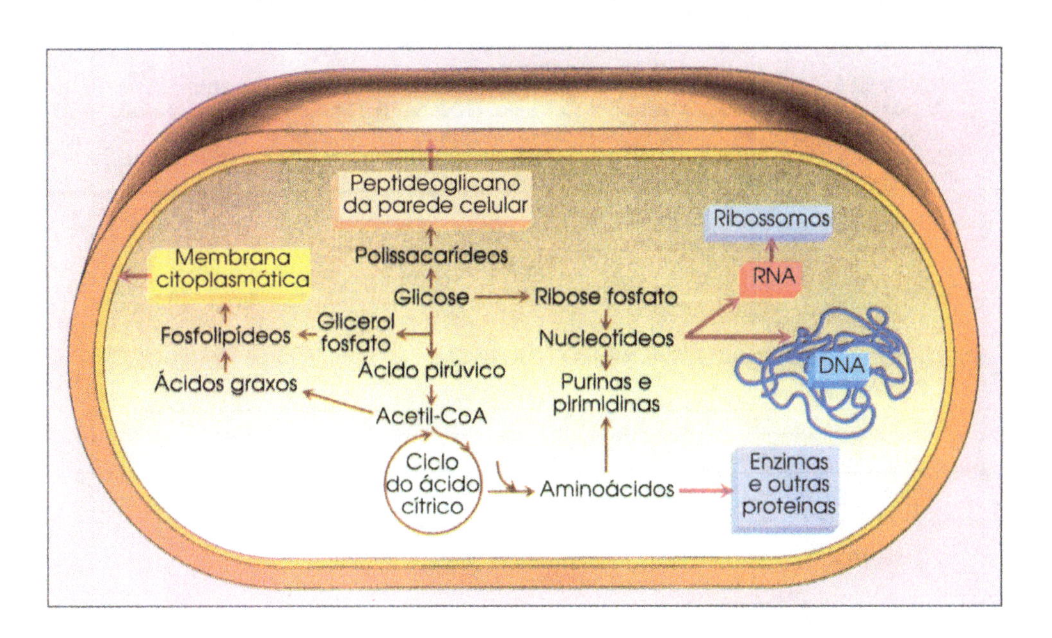

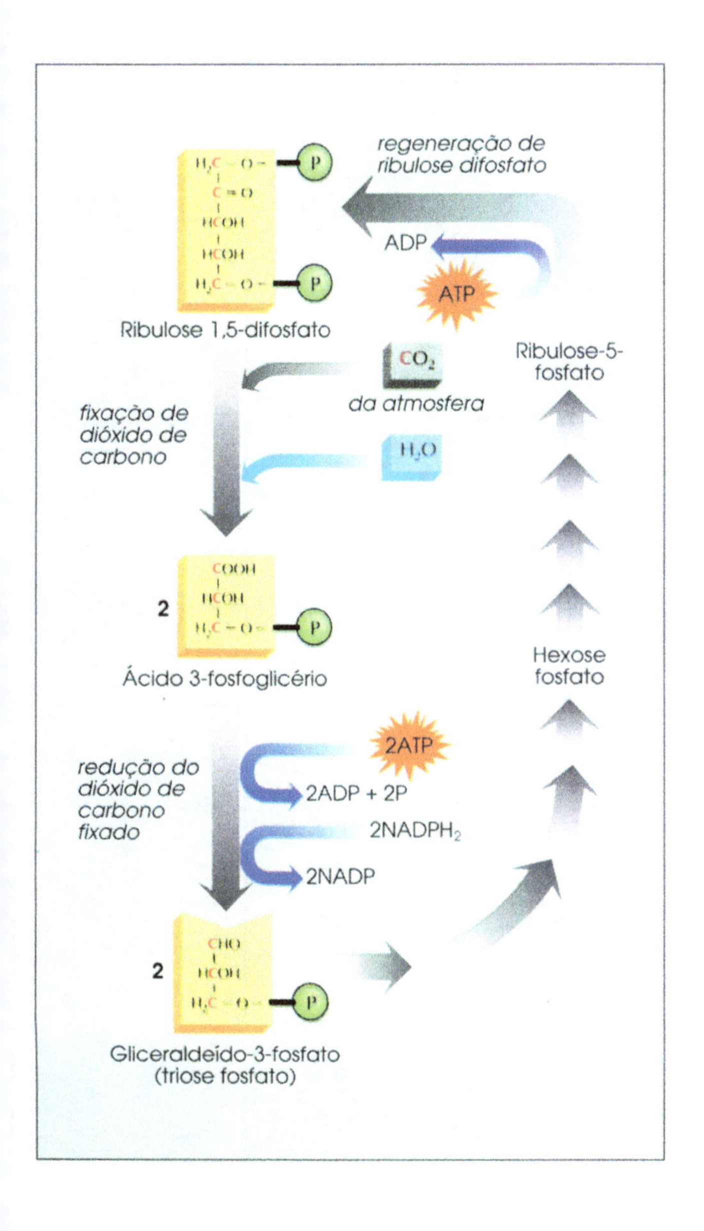

FIGURA 12.5 Ciclo de Calvin para a fixação de dióxido de carbono em organismos autotróficos.

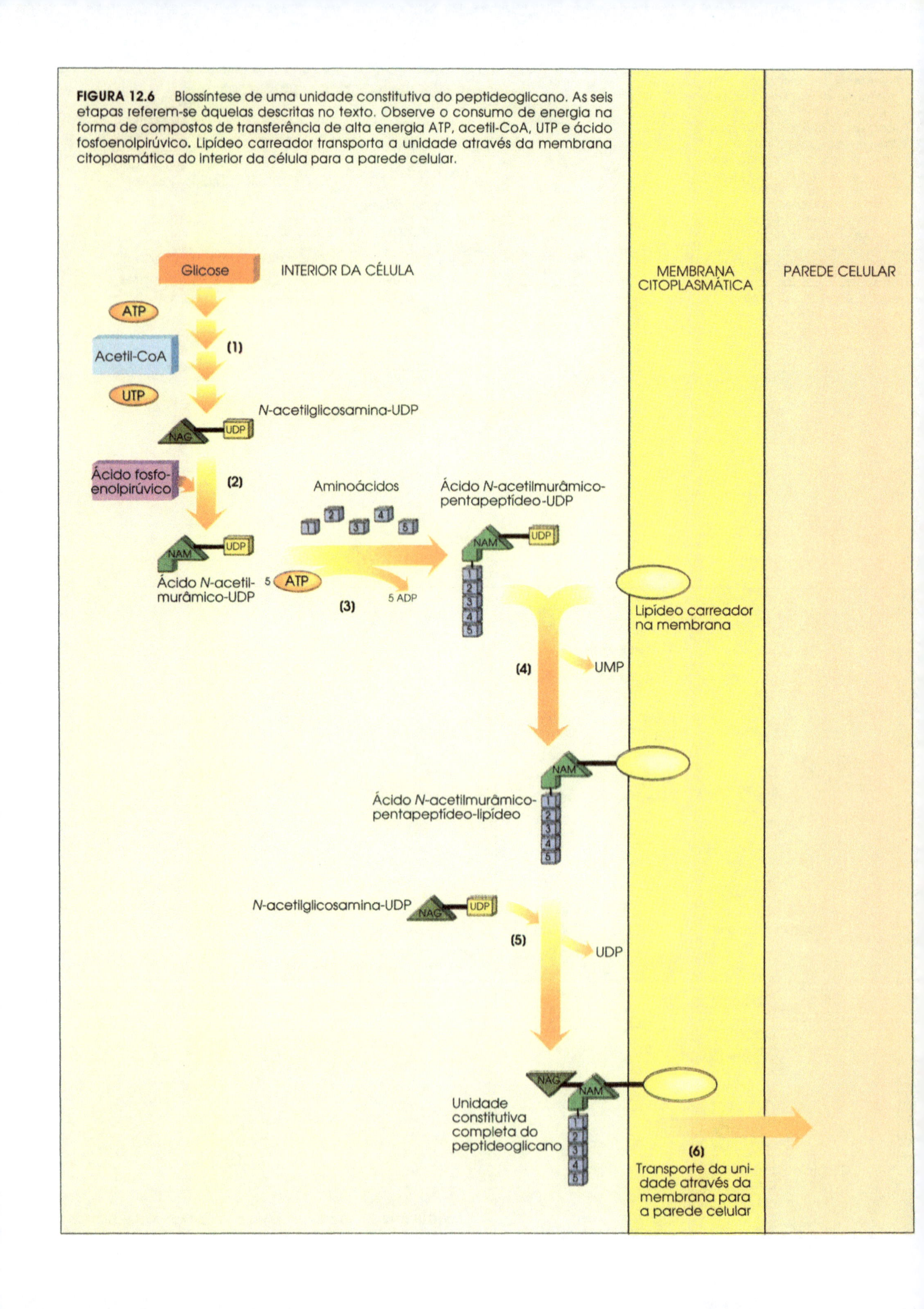

FIGURA 12.6 Biossíntese de uma unidade constitutiva do peptideoglicano. As seis etapas referem-se àquelas descritas no texto. Observe o consumo de energia na forma de compostos de transferência de alta energia ATP, acetil-CoA, UTP e ácido fosfoenolpirúvico. Lipídeo carreador transporta a unidade através da membrana citoplasmática do interior da célula para a parede celular.

FIGURA 12.7 Após o transporte pela membrana citoplasmática, as unidades de peptideoglicano são adicionadas a uma cadeia de peptideoglicano existente. Eventualmente, várias cadeias de peptideoglicano são unidas por ligações cruzadas. A ligação química entre os aminoácidos 4 e 5 de cada pentapeptídeo é quebrada pela enzima transpeptidase e a energia liberada é utilizada para estabelecer as ligações cruzadas, como mostrado.

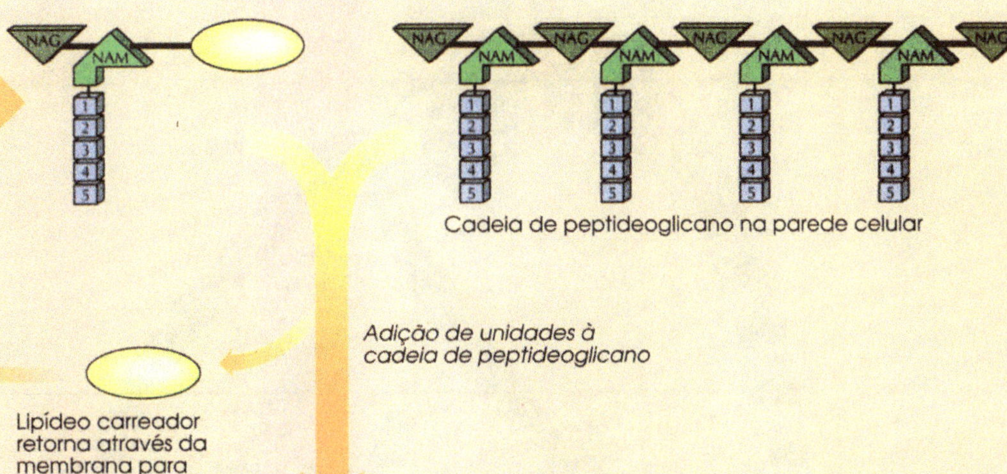

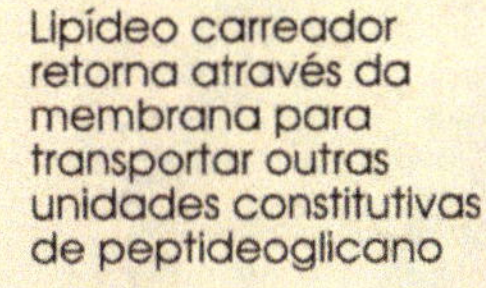

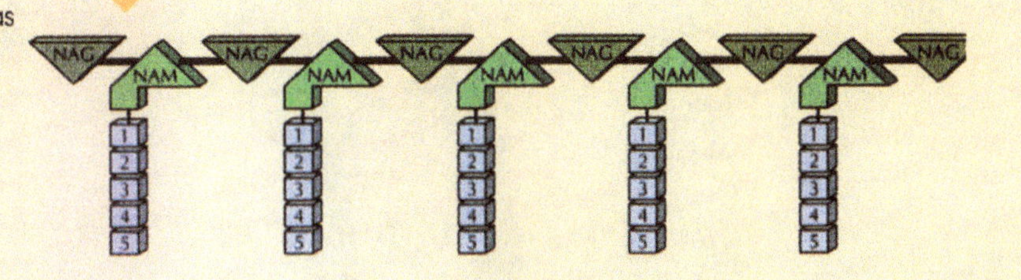

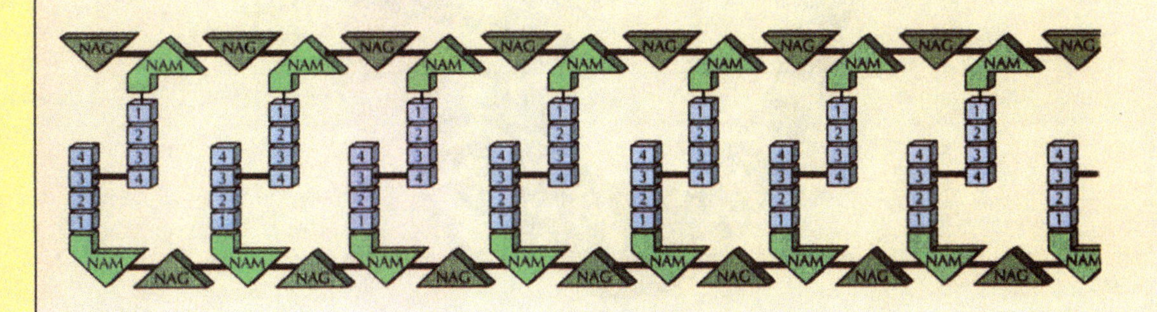

FIGURA 13.2 [A] Estágio inicial na replicação do DNA. Um desenrolamento localizado de duas fitas resulta em duas forquilhas de replicação. Em cada forquilha, nucleotídeos ativados são reunidos em uma nova fita de DNA complementar pela enzima DNA polimerase, utilizando as fitas velhas como molde. Observe que onde há um G na fita de DNA velha, um C é inserido na nova fita, e onde há um A na fita velha, um T é inserido na fita nova. A, adenina; T, timina; C, citosina; G, guanina. [B] Polaridade de um nuleotídeo de DNA. Cada nucleotídeo no DNA tem uma extremidade 3' (desoxirribose) e uma extremidade 5' (fosfato).

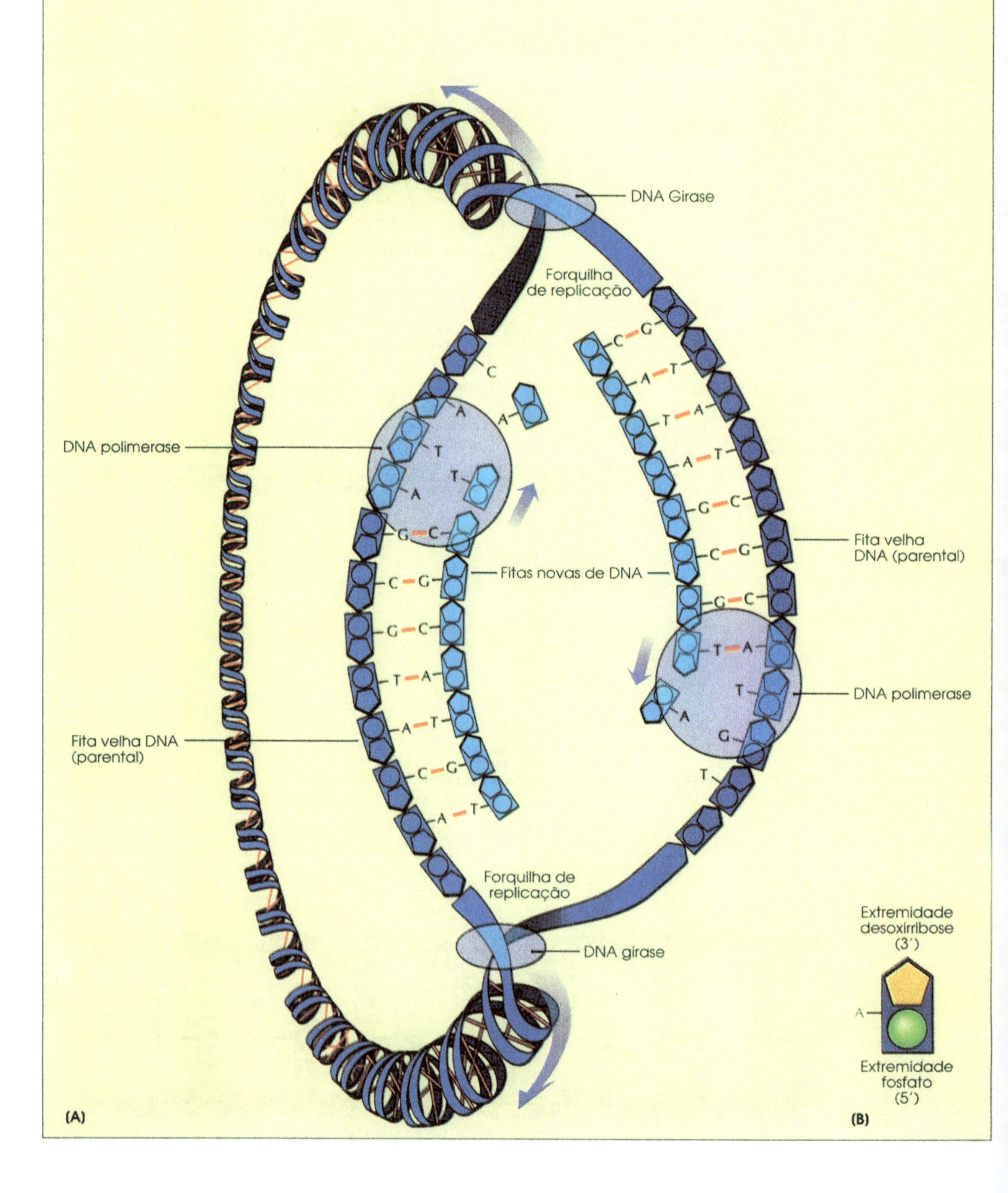

FIGURA 13.3 Ilustração esquemática da replicação completa do DNA bacteriano. Há duas direções de replicação do ponto de origem; isto é, há dois pontos de crescimento (forquilhas de replicação). Em *E.coli* a velocidade média na qual estes dois pontos de crescimento se movem durante a replicação é cerca de 45.000 bases por minuto por forquilha a 37°C, e a velocidade de desenrolamento da dupla hélice parental de cada forquilha é cerca de 4.500 voltas por minuto.

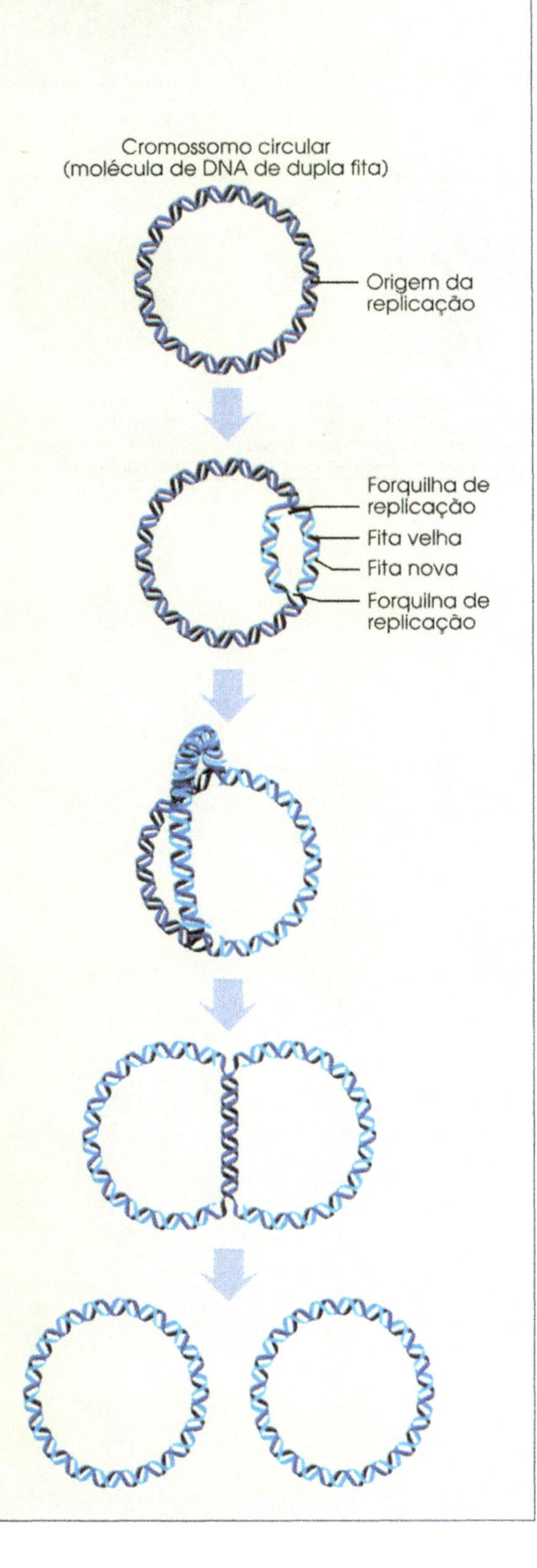

FIGURA 13.12 Desenho esquemático mostrando o *crossing-over* entre cromossomos eucarióticos homólogos durante a meiose. As letras maiúsculas e as letras correspondentes em minúsculas (A e a, B e b etc...) representam os genes alelos correspondentes que diferem em seu estado mutacional.

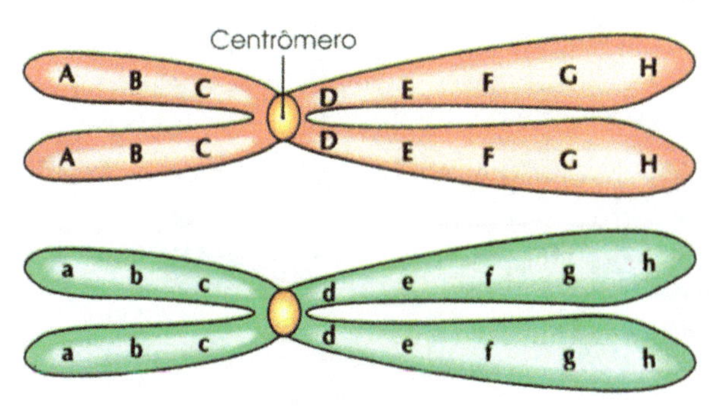

Dois pares de cromossomos homólogos carregando diferentes alelos

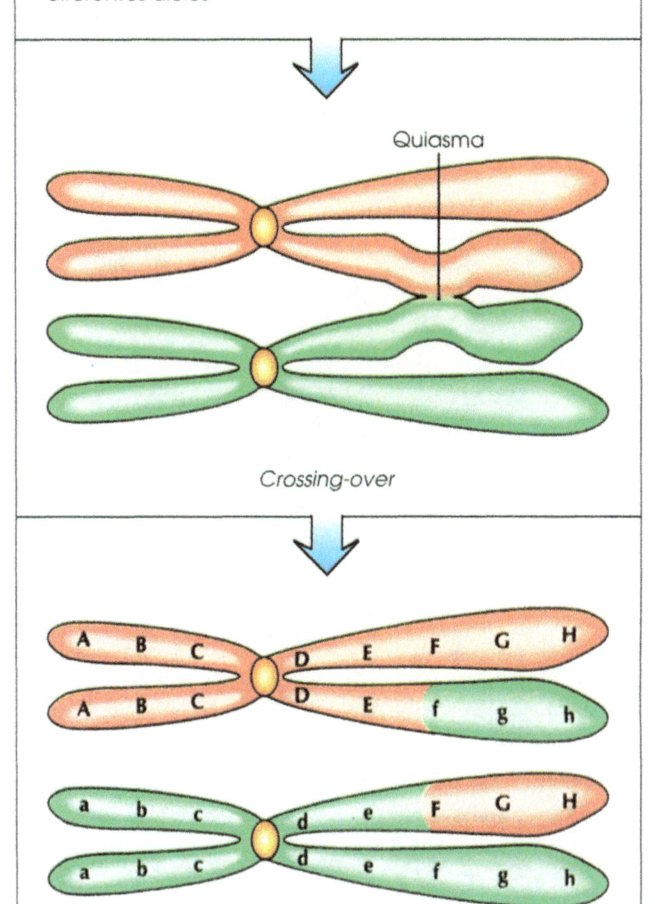

Crossing-over

Cromossomos recombinantes

FIGURA 13.8 [**A**] Modelo de um ribossomo bacteriano mostrando a subunidade menor (azul) e a subunidade maior (vermelho). [**B**] Síntese de uma cadeia protéica em um ribossomo bacteriano. A estrutura em forma de um trevo representa a molécula do tRNA. O aminoácido inicial é sempre a metionina, mas este é geralmente removido mais tarde. O alongamento da cadeia pára quando o ribossomo encontra um códon "sem sentido" (UAA, UAG ou UGA) no *m*RNA; a cadeia protéica é então liberada e o ribossomo se dissocia em subunidades 50 S e 30 S.

(A)

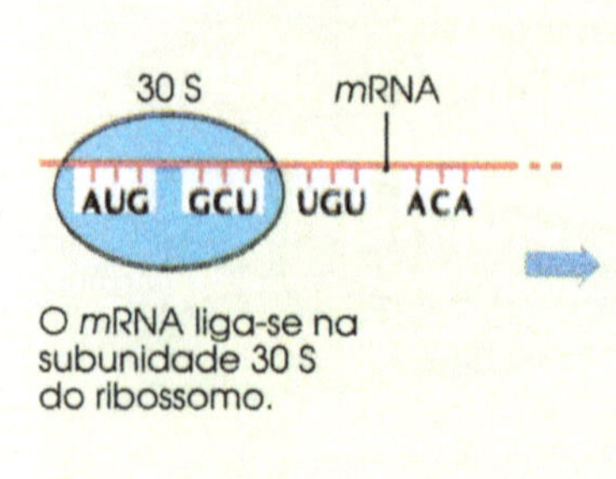

O *m*RNA liga-se na subunidade 30 S do ribossomo.

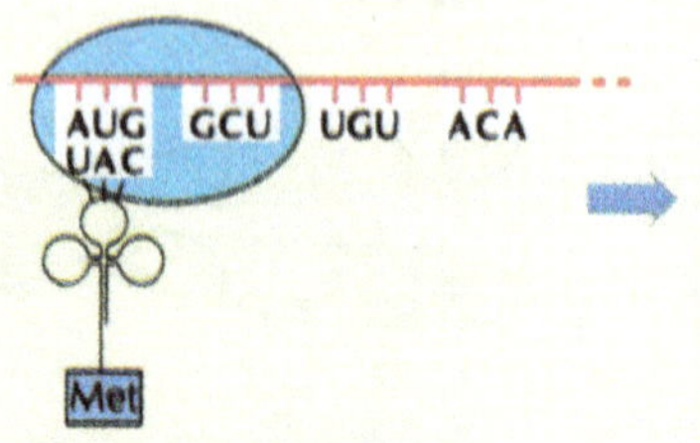

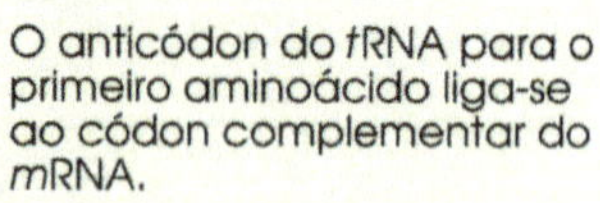

O anticódon do *t*RNA para o primeiro aminoácido liga-se ao códon complementar do *m*RNA.

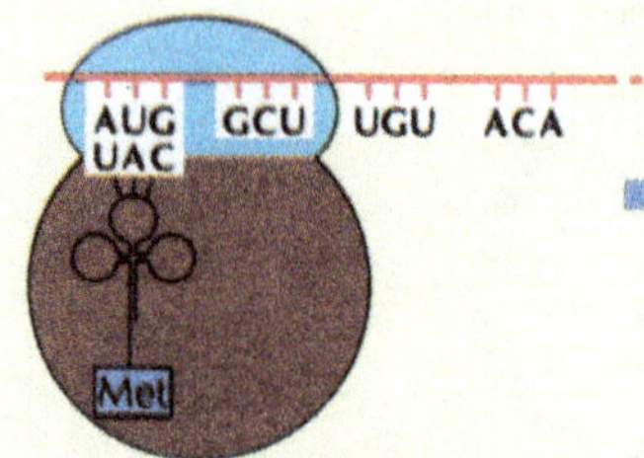

Uma subunidade 50 S do ribossomo torna-se associada com a subunidade 30 S para formar um ribossomo completo.

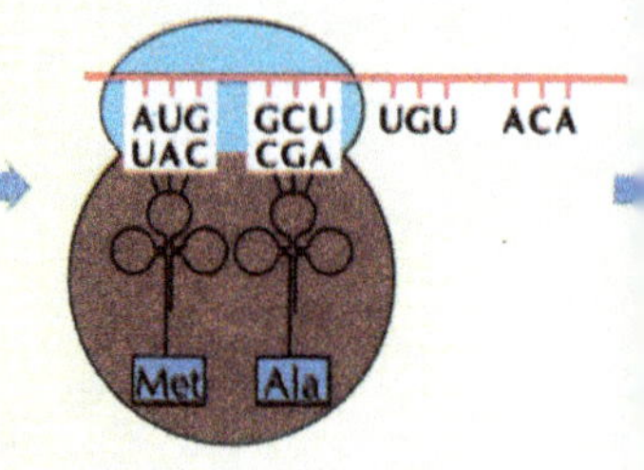

O anticódon do *t*RNA para o segundo aminoácido liga-se ao códon complemer do *m*RNA.

(B)

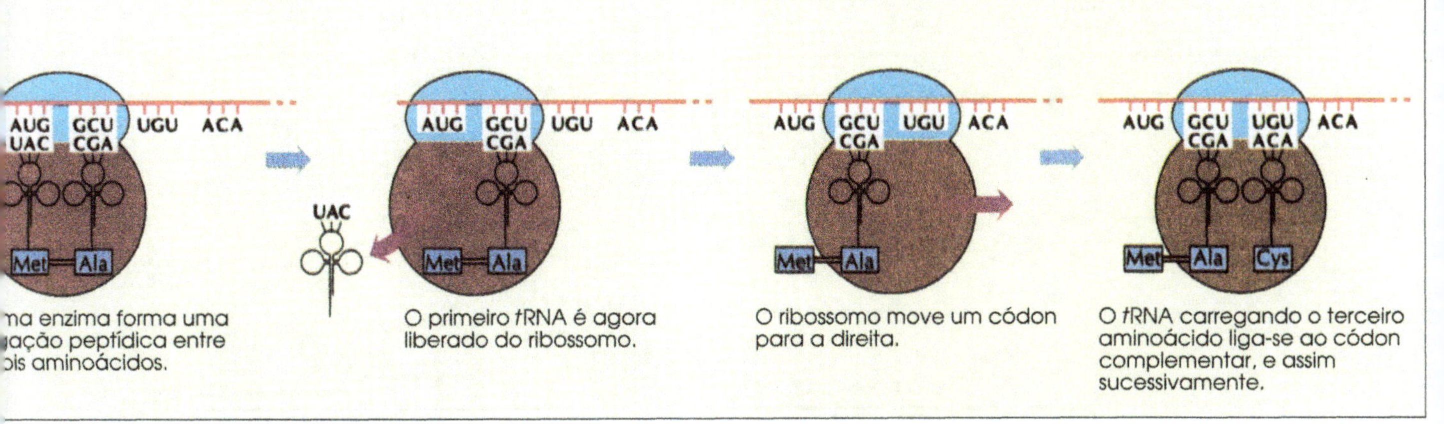

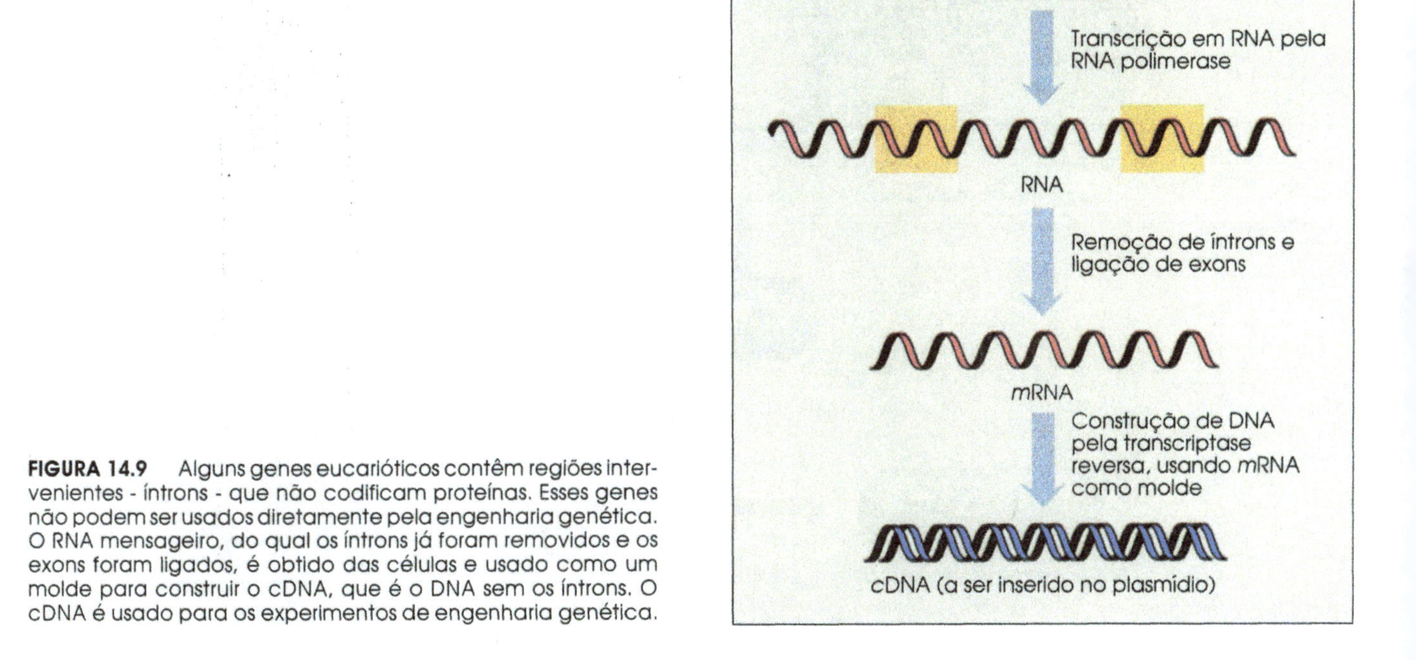

FIGURA 14.9 Alguns genes eucarióticos contêm regiões intervenientes - íntrons - que não codificam proteínas. Esses genes não podem ser usados diretamente pela engenharia genética. O RNA mensageiro, do qual os íntrons já foram removidos e os exons foram ligados, é obtido das células e usado como um molde para construir o cDNA, que é o DNA sem os íntrons. O cDNA é usado para os experimentos de engenharia genética.

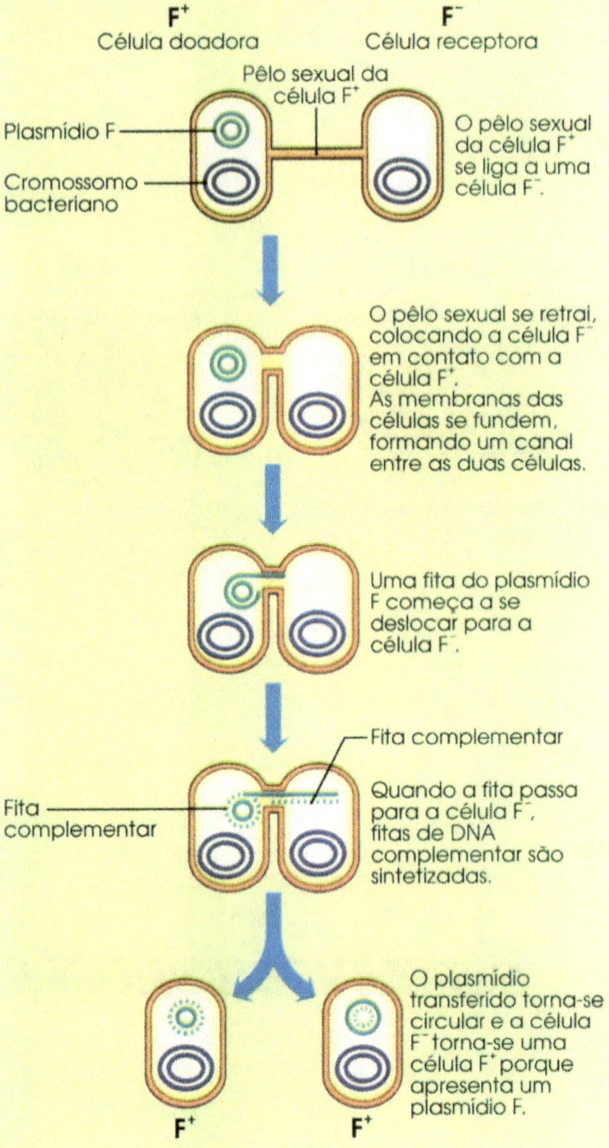

FIGURA 13.16 Seqüências de eventos de uma conjugação F^+ x F^-. A célula F^- adquire uma cópia do plasmídio F e é convertido em uma célula F^+.

F^+
Célula doadora

F^-
Célula receptora

Pêlo sexual da célula F^+

Plasmídio F

Cromossomo bacteriano

O pêlo sexual da célula F^+ se liga a uma célula F^-.

O pêlo sexual se retrai, colocando a célula F^- em contato com a célula F^+.
As membranas das células se fundem, formando um canal entre as duas células.

Uma fita do plasmídio F começa a se deslocar para a célula F^-.

Fita complementar

Fita complementar

Quando a fita passa para a célula F^-, fitas de DNA complementar são sintetizadas.

O plasmídio transferido torna-se circular e a célula F^- torna-se uma célula F^+ porque apresenta um plasmídio F.

F^+ F^+

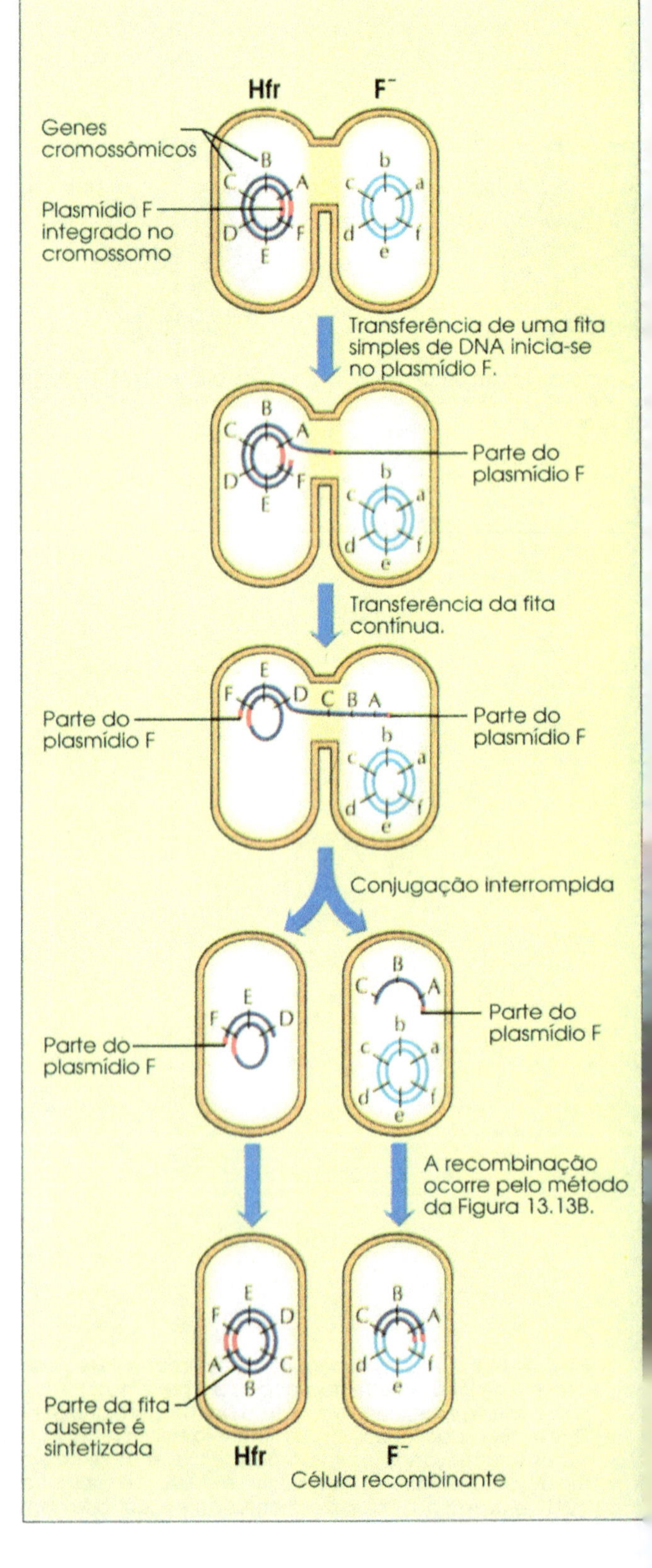

FIGURA 13.18 Seqüência de eventos em uma conjugação Hfr x F^-. Quanto maior o tempo de conjugação, maior número de genes cromossômicos será transferido para a célula F^-. Em tais processos, as células F^- quase sempre permanecem F^-, porque as células Hfr raramente transferem toda a fita de DNA; desta forma, a célula receptora usualmente não adquire um plasmídio F completo.

FIGURA 14.2 Esquema geral para a produção de uma bactéria geneticamente construída.

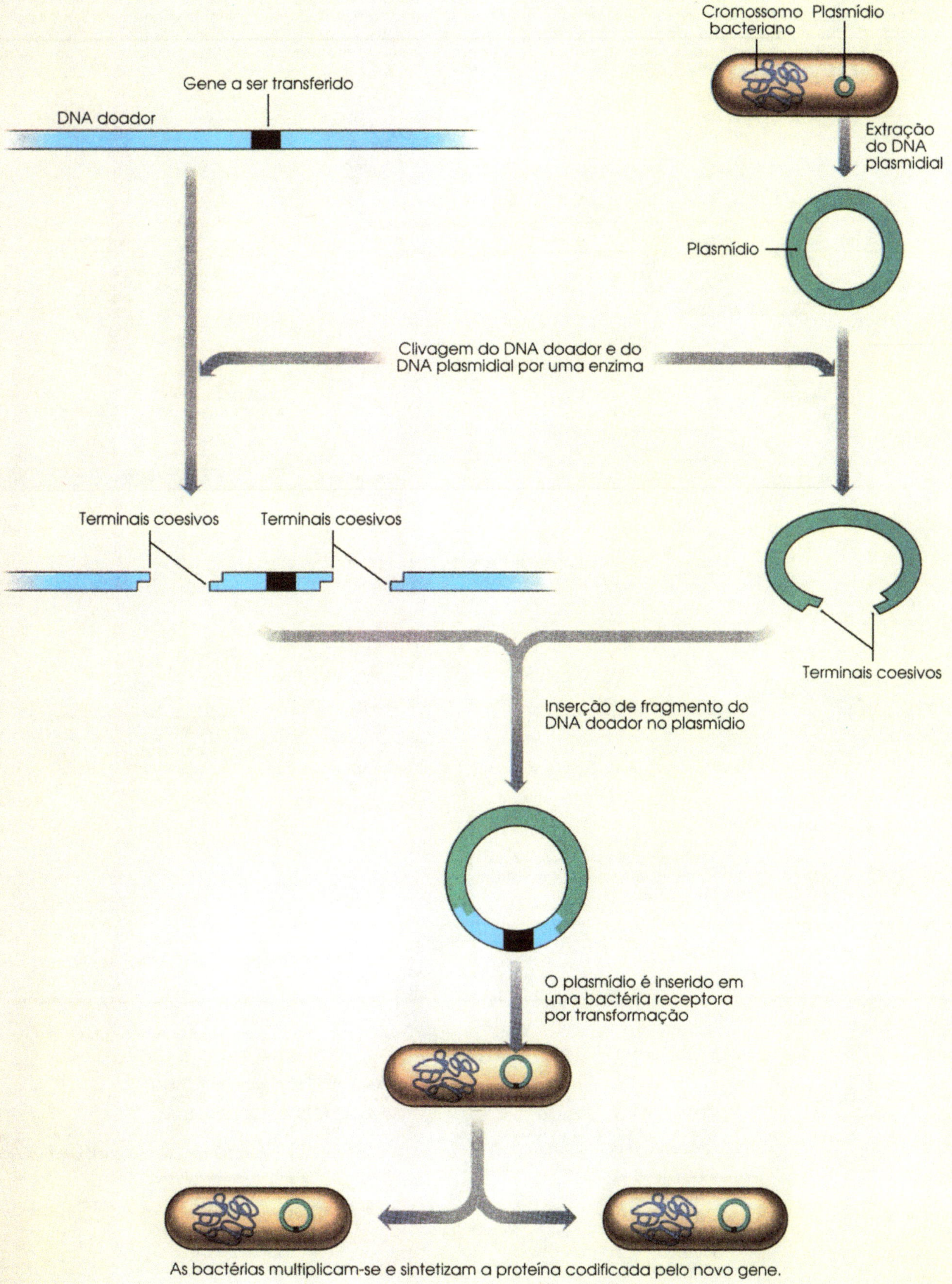

Cromossomo bacteriano

Plasmídio

Gene a ser transferido

DNA doador

Extração do DNA plasmidial

Plasmídio

Clivagem do DNA doador e do DNA plasmidial por uma enzima

Terminais coesivos

Terminais coesivos

Terminais coesivos

Inserção de fragmento do DNA doador no plasmídio

O plasmídio é inserido em uma bactéria receptora por transformação

As bactérias multiplicam-se e sintetizam a proteína codificada pelo novo gene.

FIGURA 14.8 As principais etapas da construção genética de uma bactéria contendo genes de uma rã. Neste exemplo particular, os genes a serem clonados são os que codificam o RNA ribossômico da rã. O plasmídio contém um gene para resistência a um determinado antibiótico. Um plasmídio recombinante é construído, o qual contém o gene de resistência ao antibiótico e também os genes para o RNA ribossômico da rã. Quando o plasmídio recombinante é introduzido nas bactérias receptoras, por transformação, estas tornam-se resistentes ao antibiótico. Ao contrário das bactérias que não receberam o plasmídio, as bactérias receptoras são capazes de crescer em um meio contendo o antibiótico. Esse procedimento permite uma fácil seleção das bactérias que receberam o plasmídio.

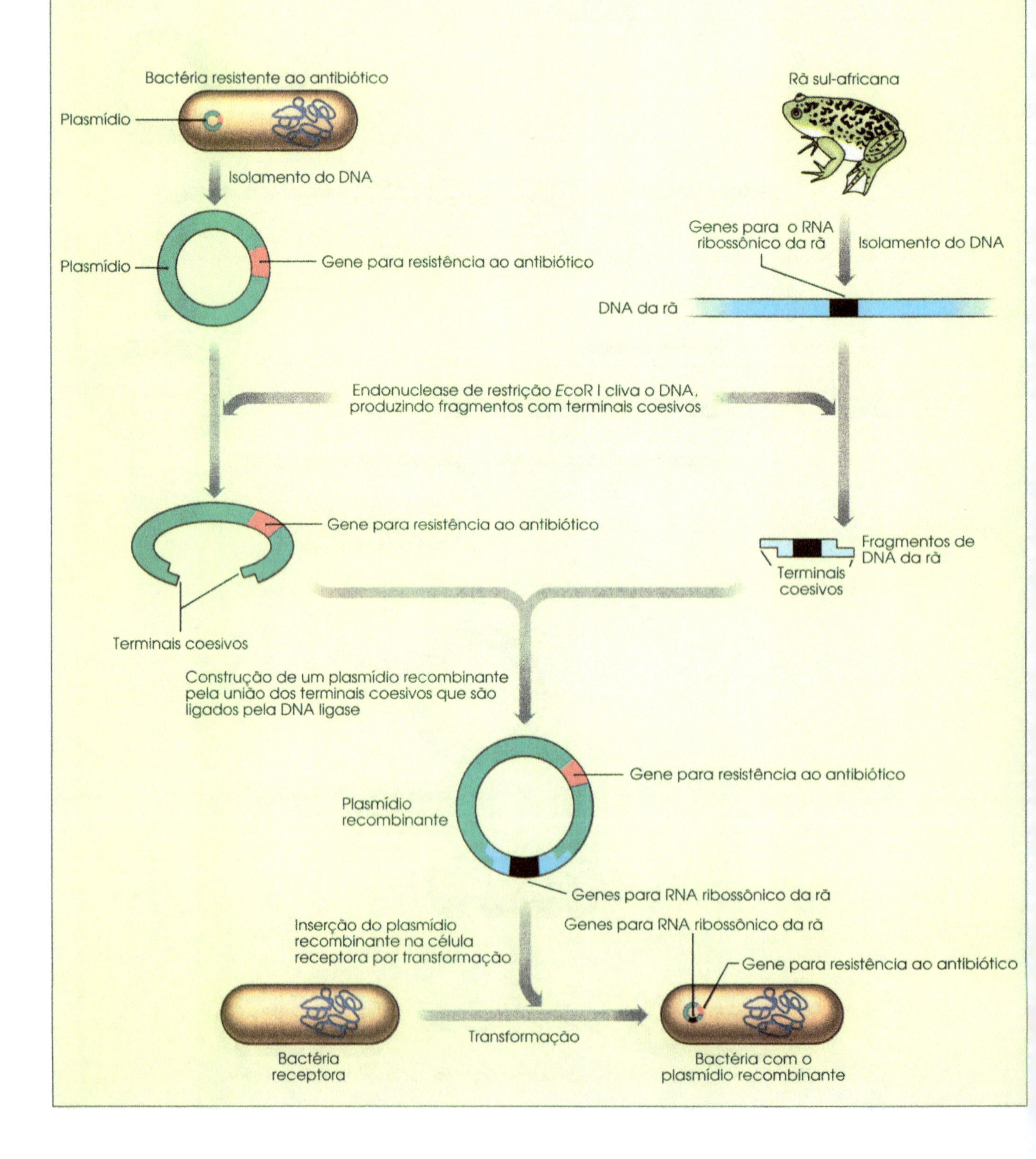

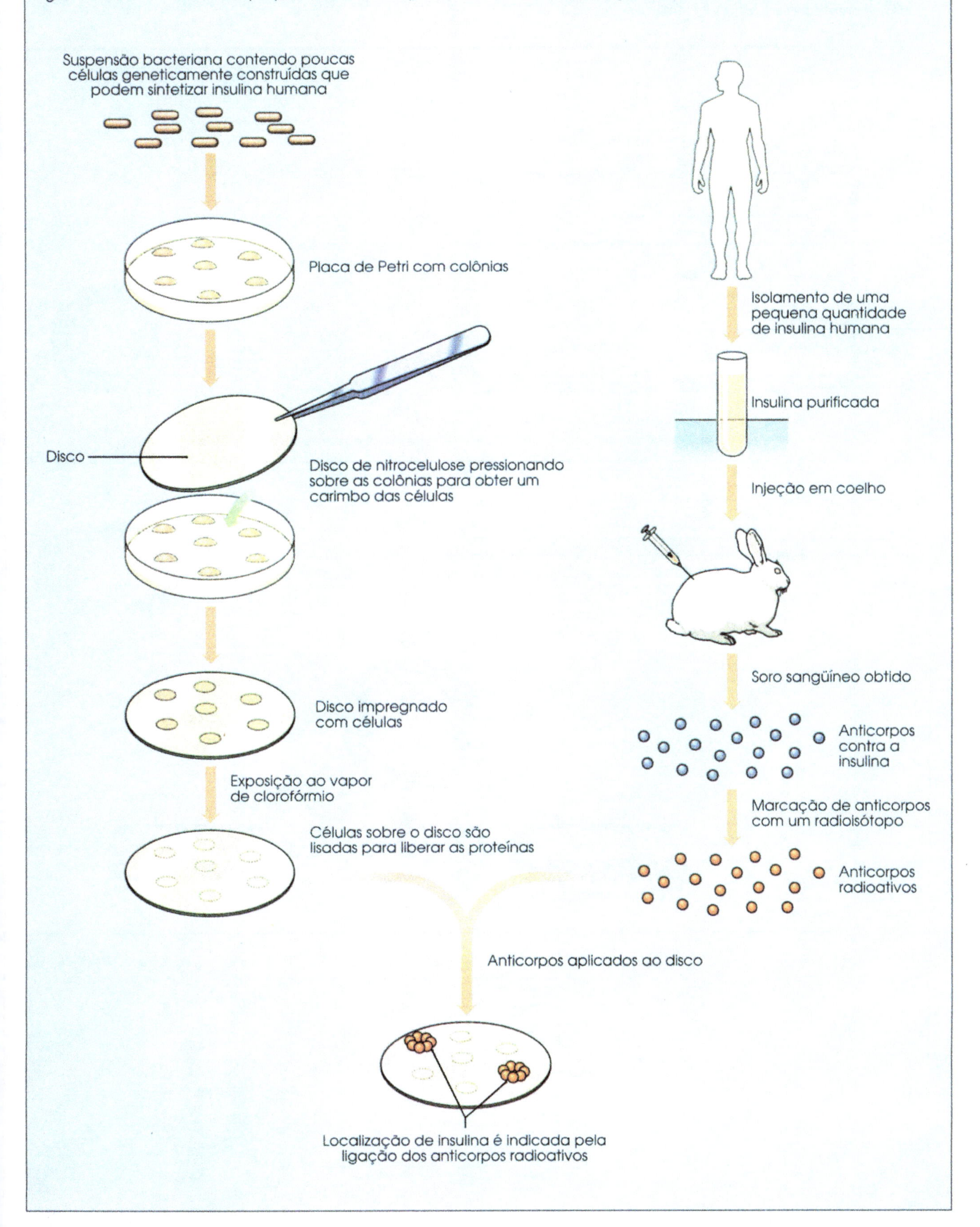

FIGURA 14.11 Anticorpos específicos marcados com elemento radioativo podem ser utilizados para identificar as bactérias geneticamente construídas que podem sintetizar o produto de um determinado gene humano clonado.

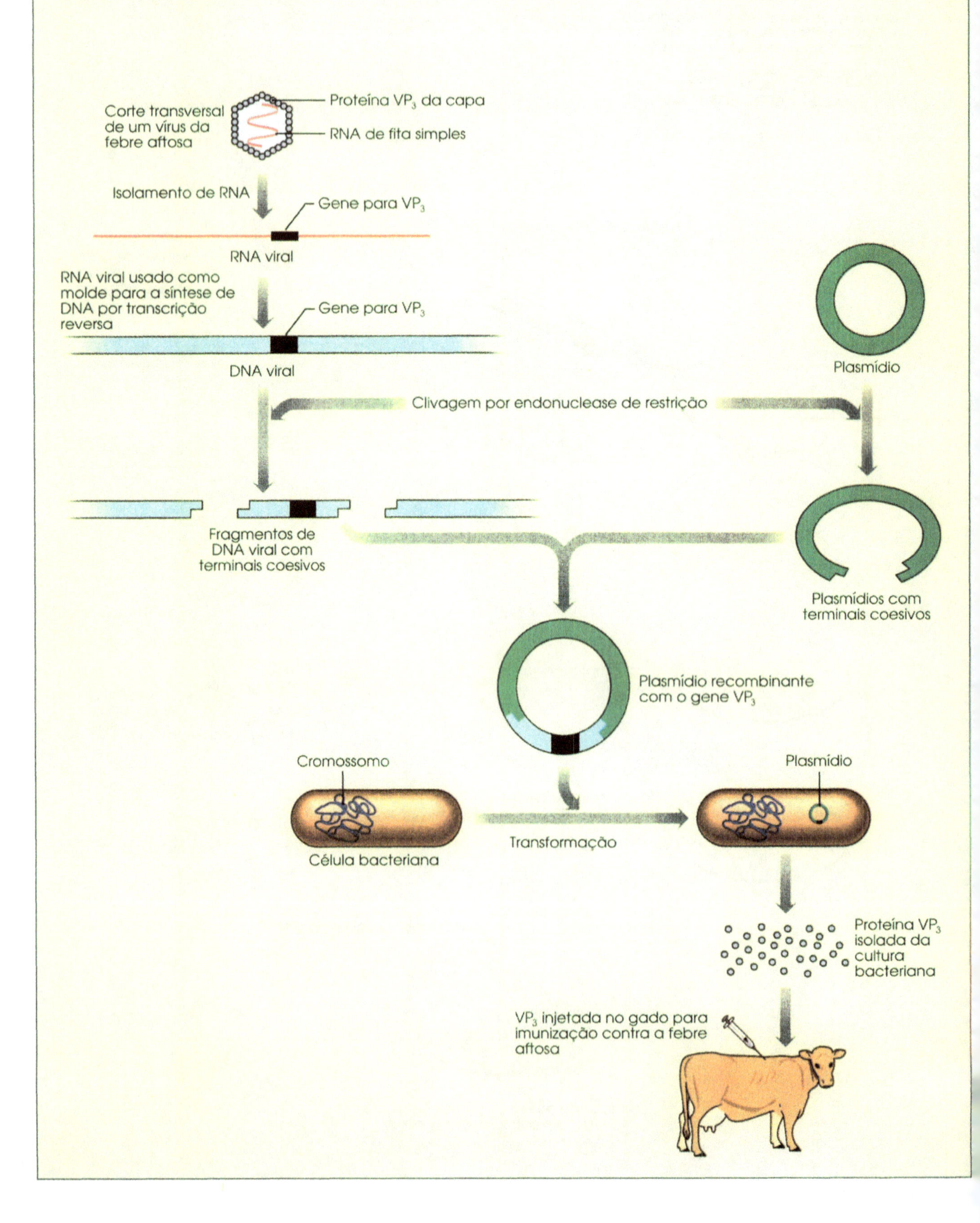

FIGURA 14.12 Estratégia para produzir uma vacina contra a febre aftosa pela engenharia genética. VP$_3$ é uma proteína da capa do vírus causador da doença. A proteína pode ser usada como uma vacina para imunizar o gado contra a doença. A idéia é sintetizar a proteína VP$_3$ sem cultivar o vírus.

FIGURA 15.14 Tipos de processos de transcrição em vírus. A transcrição de ácido nucléico viral em RNA mensageiro (*m*RNA) é um evento-chave na infecção viral. O *m*RNA é utilizado para a síntese de proteínas virais que provocam a interrupção das funções celulares e promovem a replicação do ácido nucléico viral.

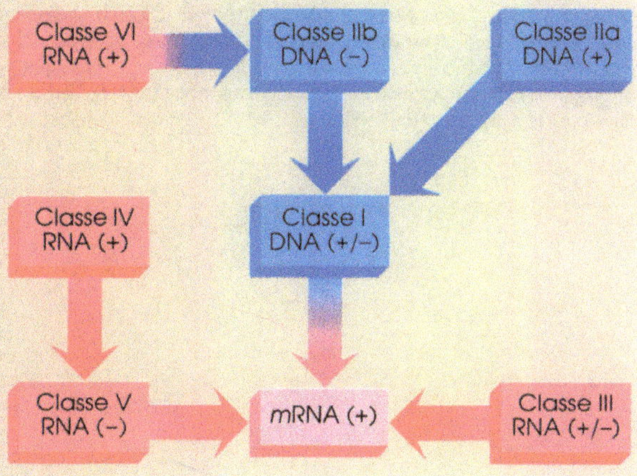

Classe VI RNA (+)
Classe IIb DNA (−)
Classe IIa DNA (+)
Classe IV RNA (+)
Classe I DNA (+/−)
Classe V RNA (−)
*m*RNA (+)
Classe III RNA (+/−)

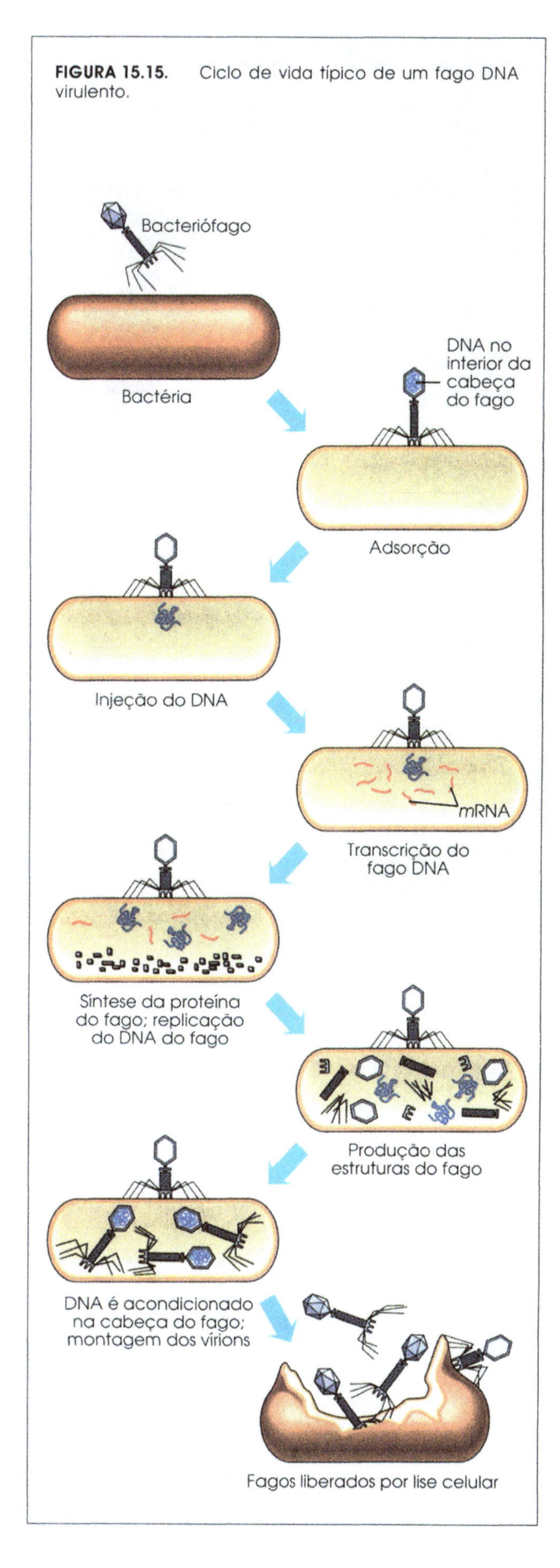

FIGURA 15.15. Ciclo de vida típico de um fago DNA virulento.

(A)

FIGURA 16.8 Ilustrações de infecções causadas por vírus em plantas. [**A**] Folha de *Grammatophyllum scriptum* (orquídea) exibindo manchas circulares necróticas causadas por partículas baciliformes (vírions). [**B**] Flor de *Cattleya* exibindo necrose resultante de infecção pelo vírus do mosaico de *Cymbidium*. [**C**] Folha de *Nicotiana tabacum* (tabaco) exibindo manchas circulares necróticas resultantes de infecção pelo vírus da mancha anelar do tomateiro. [**D**] Folhas de *N. tabacum* (tabaco) exibindo sintomas de mosaico resultantes de infecção pelo vírus do mosaico do pepino; [**E**] Folha de N. glutinosa (tabaco) exibindo lesões localizadas resultantes de inoculações com o vírus do mosaico do tabaco (semelhante ao ensaio do fago em placa descrito no início deste capítulo). O número das lesões localizadas é proporcional à concentração de vírus e são observadas aproximadamente 48 horas após a inoculação.

(B)

(C)

(D)

(E)

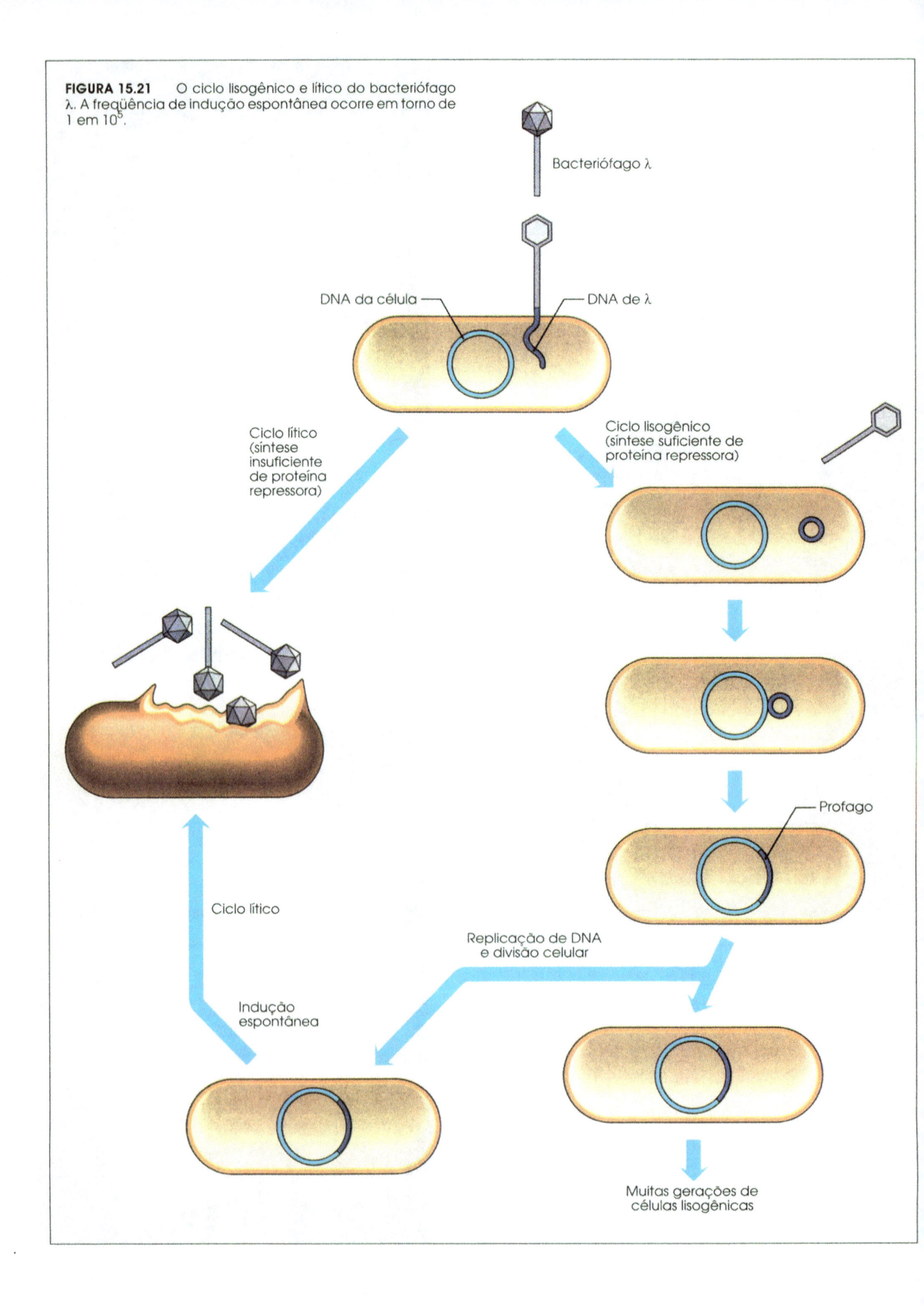

FIGURA 15.21 O ciclo lisogênico e lítico do bacteriófago λ. A freqüência de indução espontânea ocorre em torno de 1 em 10^5.

um aquecimento rápido e maior penetração. O aparelho destinado a esterilizar com vapor sob pressão é a ***autoclave*** (Figura 7.6). Desenvolvida no século XIX, a autoclave é um equipamento essencial em todos os laboratórios de microbiologia. Muitos meios de culturas, soluções e materiais contaminados são esterilizados rotineiramente com este aparelho.

Tabela 7.3 Tempos de exposição necessários para a esterilização em autoclave de líquidos ou soluções aquosas contidos em diversos tipos de recipientes, com razoável índice de segurança.

Recipiente	Tempo de exposição, em minutos, a 121-123°C (250-254°F).
Tubos de ensaio	
18 x 150 mm	12-14
32 x 200 mm	13-17
38 x 200 mm	15-20
Frascos de Erlenmeyer	
50 ml	12-14
500 ml	17-22
1.000 ml	20-25
2.000 ml	30-35
Garrafas de diluição (leite), 100 ml	13-17
Frascos de soro, 9.000 ml	50-55

Fonte: J. J. Perkins, *Principles and Methods of Sterilization in Health Sciences*, Charles C. Thomas, Springfield, Ill., 1983.

A autoclave parece uma panela de pressão no sentido em que ambas utilizam vapor sob pressão, porém a temperatura e a pressão interna na autoclave podem ser mais bem controladas. A câmara de parede dupla da autoclave é primeiramente lavada com vapor fluente, para remover todo o ar. É então preenchida com vapor puro e mantida a uma determinada temperatura e pressão por um período específico de tempo. É essencial que todo o ar residual inicialmente presente na câmara seja completamente substituído por vapor d'água. Se o ar estiver presente, reduzirá a temperatura interna da autoclave. É a temperatura, e não a pressão no interior da câmara, que mata os microrganismos.

Uma autoclave é usualmente operada a uma pressão de 15 lb/pol^2, na qual a temperatura do vapor é 121°C. O tempo necessário para esterilizar nesta temperatura depende do material que está sendo tratado. Leva mais tempo para o calor penetrar em um material viscoso ou sólido do que um material fluido. O tempo necessário também depende do volume do material que está sendo esterilizado (Tabela 7.3). Por exemplo, 1.000 tubos contendo 10 ml cada de um meio líquido podem ser esterilizados em 10 a 15 min a 121°C, enquanto o mesmo volume de meio (10 litros) em um único frasco necessitará de uma hora ou mais, pois mais tempo será requerido para o calor penetrar no centro do material volumoso.

Água Fervente. A água levada ao ponto de ebulição matará os microrganismos vegetativos presentes no líquido. Entretanto, materiais ou objetos contaminados expostos à água em ebulição não serão esterilizados com segurança. Isto porque alguns endósporos bacterianos podem resistir a 100°C por mais de uma hora (Tabela 7.1). A exposição de instrumentos em água fervente por curtos períodos de tempo provavelmente matará todas as células vegetativas presentes, mas não esterilizará necessariamente os instrumentos. Desta forma, água em ebulição não é considerada um método de esterilização.

Pasteurização. Temperaturas de esterilização têm efeitos adversos em muitos alimentos, e tratamentos alternativos devem ser utilizados para reduzir a contaminação microbiana nestes materiais. Em 1860, Pasteur utilizou o aquecimento lento a baixas temperaturas para destruir microrganismos indesejáveis que estariam estragando vinhos franceses. Este tratamento pelo calor controlado é agora chamado de *pasteurização*. Ele mata as células vegetativas de muitos microrganismos, mas não esteriliza. Um método de pasteurização do leite é o método *batch*, em que o leite é mantido a 62,8°C por 30 min. Um outro método de pasteurização é feito pelo escoamento do leite por meio de uma esteira quente, onde é aquecido a 71,7°C e mantido por 15 segundos (s), e então é resfriado rapidamente. A pasteurização elimina as células vegetativas de microrganismos patogênicos ou não, e desse modo prolonga a manutenção da qualidade do produto. As altas temperaturas são freqüentemente evitadas nas indústrias alimentícias quando desnecessárias, uma vez que elas podem afetar o sabor, aspecto ou valor nutritivo dos alimentos como os derivados do leite, sucos de frutas e vegetais.

Medidas de Susceptibilidade Microbiana a Altas Temperaturas. A susceptibilidade dos microrganismos ao calor úmido pode ser expressa em termos da relação entre tempo e temperatura. Duas expressões comumente utilizadas pelos microbiologistas são:

1. ***Tempo de morte térmica (TMT)***. Este é o mais curto espaço de tempo requerido para destruir todos os microrganismos de uma amostra, quando exposta a uma temperatura específica sob condições padrões. Durante os experimentos para determinar o TMT para certos microrganismos, uma temperatura específica é selecionada como ponto fixo. Em vários intervalos de tempo do tratamento pelo calor, amostras da população microbiana são retiradas e cultivadas. Este método determina o tempo mínimo de exposição capaz de destruir todos os organismos.

2. ***Tempo de redução decimal (valor D)***. É o tempo requerido para diminuir uma população microbiana de uma amostra em *90%* (isto é, o tempo exigido para que a curva do tempo de morte térmica passe ao longo de um ciclo logarítmico) a uma temperatura predeter-

Figura 7.6 (**A**) Autoclave, um aparelho que esteriliza a vapor sob pressão. (**B**) Corte longitudinal de uma autoclave ilustrando as partes e a via do fluxo de vapor.

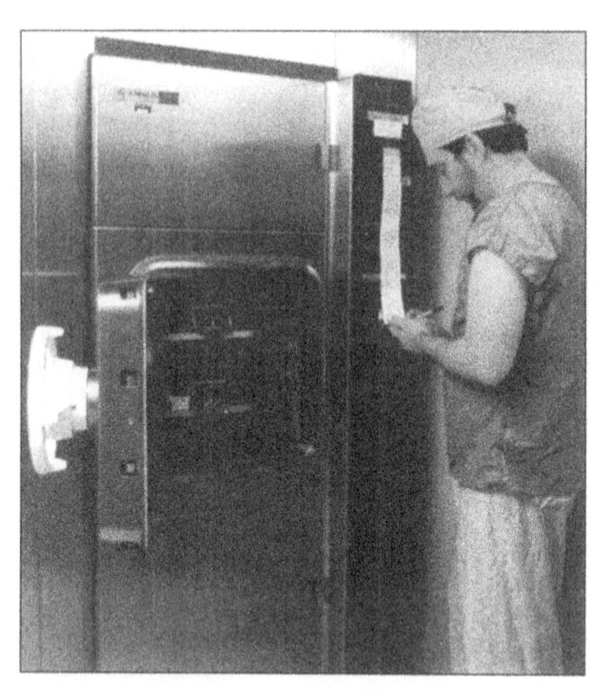

(A)

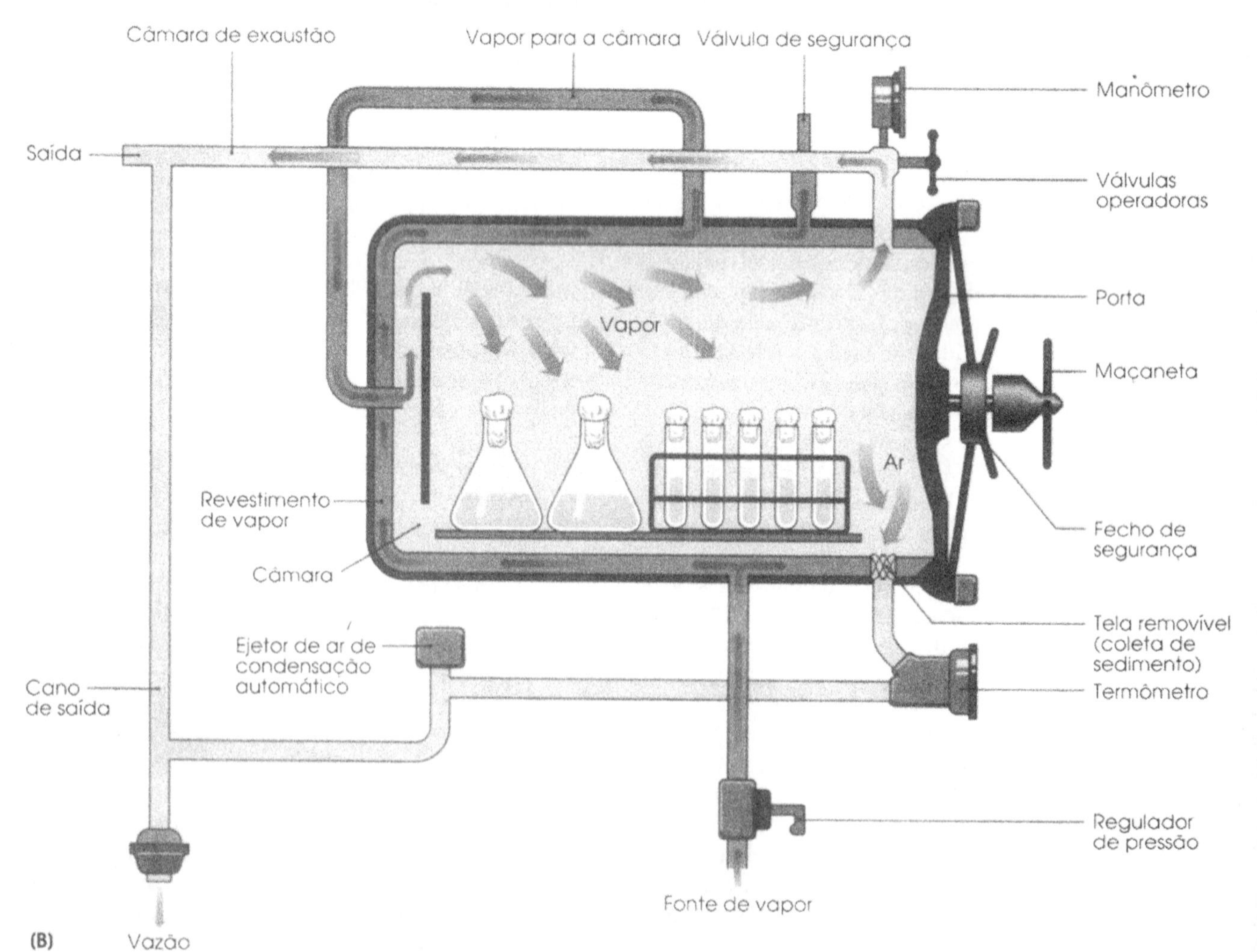

(B)

Figura 7.7 Ilustração gráfica do tempo de redução decimal (valor D), ou tempo em minutos necessários para destruir 90% da população microbiana, ou o tempo exigido para que o tempo de morte térmica passe por um ciclo logarítmico. Nesta ilustração o valor D é aproximadamente 20 min. Observe que este valor é constante para cada ciclo logarítmico.

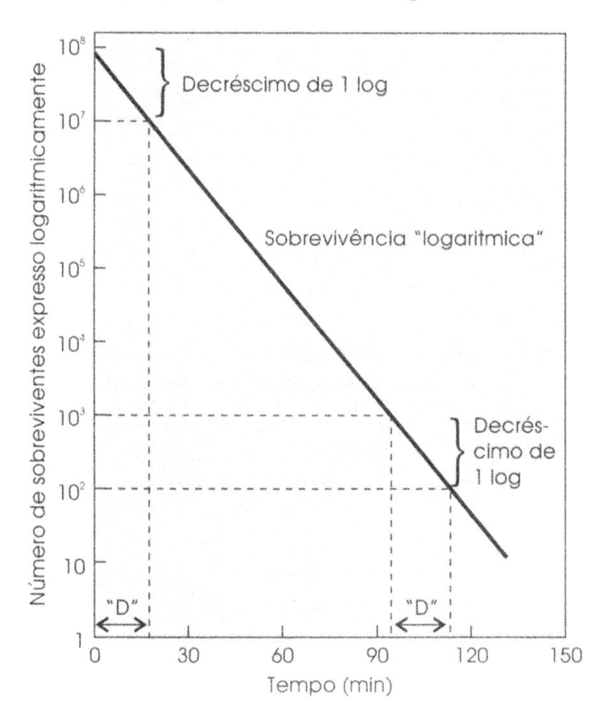

minada (Figura 7.7). Observe a Figura 7.1, que ilustra o padrão de morte em uma população de bactérias. A temperatura serve como um ponto fixo, e uma amostragem da população é realizada em vários intervalos. Entretanto, diferente da medida do TMT que resulta em 0% de sobreviventes, o tempo de exposição que resulta em 10% de sobreviventes é mais bem determinado.

Na determinação do TMT ou do valor D, outros fatores além da temperatura devem ser rigidamente controlados. A natureza do meio de cultura, o pH e a concentração inicial de microrganismos podem influenciar sua susceptibilidade ao calor.

Estas medidas são extremamente importantes na indústria de alimentos, em que o tempo de processamento ótimo e a temperatura devem ser estabelecidos para vários alimentos enlatados. A excessiva exposição ao calor provavelmente prejudica a qualidade dos alimentos e, assim, é imperativo conhecer a menor temperatura e o mais curto espaço de tempo que efetivamente tratará o produto.

Calor Seco

Calor seco ou ar quente em temperaturas suficientemente altas levam os microrganismos à morte. Entretanto, esta técnica não é tão efetiva quanto o calor úmido e, portanto, são necessárias temperaturas muito altas e tempo de exposição maior. Por exemplo, a esterilização de vidrarias de laboratórios (como placas de Petri, pipetas) requer um tempo de 2 h de exposição a 160-180°C, enquanto a esterilização dos mesmos materiais em uma autoclave requer somente 15 min a 121°C. Há situações, entretanto, em que um material não poderá ser exposto à umidade, e o método pelo calor seco é preferido.

Incineração

Destruição dos microrganismos pela ***incineração*** é uma prática de rotina no laboratório; alças ou agulhas de semeadura bacteriológicas são regularmente colocadas na chama do bico de Bunsen ou em incineradores próprios. O aquecimento das alças e agulhas é uma etapa importante na obtenção de colônias isoladas em meios solidificados, na inoculação dos meios em tubos e na remoção de todos os microrganismos, evitando assim a contaminação das culturas subseqüentes (Figura 7.8A e B). Cuidados devem ser observados quando as agulhas são esterilizadas, pois o material aquecido pode emitir gotículas e aerossóis. As gotículas que são emitidas podem carregar microrganismos viáveis que podem causar doenças ou contaminar outras culturas. Isto pode ser evitado ou reduzido pela introdução de alças ou agulhas de semeaduras em um cone aquecido eletricamente (Figura 7.8B).

A incineração é também utilizada para eliminação de materiais contaminados como *swabs* e esponjas, bem como carcaças de animais de laboratórios infectados. A eliminação de lixo hospitalar e outros materiais biológicos tem-se tornado um problema social e político em muitas comunidades. Precauções adequadas são necessárias para assegurar que as fumaças do incinerador não carreguem materiais contendo microrganismos para a atmosfera.

Responda

1 Como o calor úmido pode ser comparado ao calor seco quanto à temperatura e ao tempo necessários para matar os esporos?

2 Quais são os vários métodos que utilizam altas temperaturas para matar microrganismos?

3 Na esterilização pela autoclave, qual é a relação entre a pressão e a temperatura do vapor?

4 Que valores práticos apresentam as informações obtidas a partir da determinação do tempo de morte térmica (TMT) e do tempo de redução decimal (valor D)?

5 Quais são os fatores que podem influenciar as condições de tempo e temperatura quando a autoclave é utilizada para esterilização de materiais?

Figura 7.8 Esterilização pela incineração. [**A**] Uma alça de semeadura pode ser esterilizada colocando-se na chama do bico de Bunsen por alguns segundos. [**B**] Quando a alça de semeadura é colocada na chama como em [**A**], gotículas podem ser formadas, resultando em propagação de organismos vivos. Para prevenir, deve-se esterilizar a alça inserindo-a em um cone de aquecimento elétrico por alguns segundos. Um anteparo de metal previne o contato acidental das mãos com o cone quente.

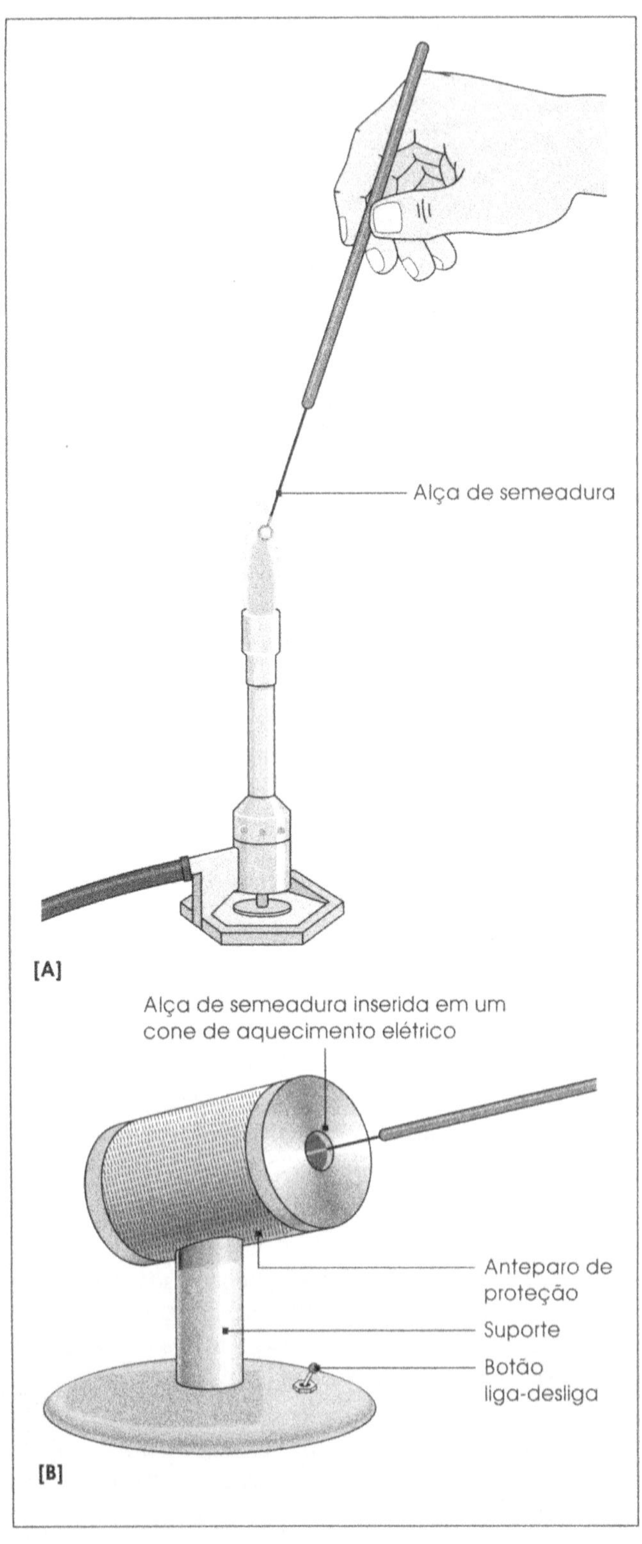

Baixas Temperaturas

Algumas bactérias psicrófilas podem crescer a 0°C, porém temperaturas abaixo de 0°C inibirão o metabolismo dos microrganismos em geral. O congelamento é comumente utilizado para preservar alimentos, drogas e espécimes laboratoriais, porque bloqueia efetivamente o crescimento microbiano. (Um freezer doméstico mantém temperaturas de –20°C.) Entretanto, temperaturas abaixo de zero não podem matar os microrganismos e, desta maneira, conseguem preservá-los por um longo tempo em materiais congelados. Este fenômeno tem sido utilizado pelos microbiologistas para a manutenção indefinida dos microrganismos. Culturas-estoques são congeladas em freezer a –70°C, ou em nitrogênio líquido a –196°C. Estas culturas não sofrerão alterações genéticas ao longo do tempo nem contaminação com outros microrganismos. Tal estabilidade permite aos pesquisadores padronizar seus experimentos e preservar culturas específicas para experimentos futuros.

Altas ou baixas temperaturas realizam um papel importante no controle de microrganismos. A Tabela 7.4 resume as várias aplicações da temperatura discutidas neste capítulo.

Responda

1 Qual o efeito da temperatura de resfriamento e congelamento na viabilidade dos microrganismos? E no metabolismo dos microrganismos?

2 Qual a aplicação do nitrogênio líquido no laboratório de microbiologia?

Radiações

Radiação eletromagnética é a energia na forma de ondas eletromagnéticas transmitida através do espaço ou através de um material. Radiações eletromagnéticas são classificadas de acordo com seus comprimentos de onda, como as de rádio, que apresentam os maiores comprimentos de onda, e os raios cósmicos, que têm os mais curtos (Figura 7.9, caderno em cores). A quantidade de energia de uma radiação é inversamente proporcional ao comprimento de onda: a de menor comprimento de onda tem o maior conteúdo energético. Radiações de alta energia incluem raios gama, raios X e luz ultravioleta. Estas radiações podem matar as células, inclusive microrganismos. Algumas formas de radiações eletromagnéticas ionizam as moléculas, enquanto outras não.

Tabela 7.4 O uso da temperatura no controle de microrganismos.

Método	Temperatura	Aplicações	Limitações
Calor úmido Autoclave	121,6°C à pressão de 15 lb/pol², 15-30 min	Esterilização de instrumentos, bandejas de tratamento, tecidos, utensílios, meios e outros líquidos	Ineficiente contra microrganismos presentes em materiais impermeáveis ao vapor; não pode ser utilizado em materiais termossensíveis
Água em ebulição	100°C, 10 min	Destruição de células vegetativas em instrumentos, recipientes	Endósporos não são mortos; não pode ser utilizado como esterilizante
Pasteurização	62,8°C por 30 min, ou 71,7°C por 15 s	Destruição de células vegetativas de microrganismos patogênicos e de muitos outros microrganismos no leite, suco de frutas e em outras bebidas	Não é esterilizante (ver Capítulo 30 – Volume 2) para mais detalhes
Calor seco Forno de ar quente	170-180°C por 1-2 h	Esterilização de materiais impermeáveis ou danificáveis pela umidade (óleos, vidrarias, instrumentos cortantes, metais)	Destrói materiais que não suportam altas temperaturas por muito tempo
Incineração	Centenas de °C	Esterilização de alças de semeaduras, eliminação de carcaças de animais infectados, eliminação de objetos contaminados que não podem ser reutilizados	O tamanho do incinerador deve ser adequado à queima rápida e completa da maior carga; apresenta potencial de poluição do ar
Baixas Temperaturas Congelamento	Menor que 0°C	Preservação de alimentos e outros materiais	Principalmente microbiostático em vez de microbicida
Nitrogênio líquido	-196°C	Preservação dos microrganismos	Alto custo do nitrogênio líquido

Radiações Ionizantes

Radiações eletrônicas de alta energia, raios gama e raios X têm energia suficiente para causar *ionização* de moléculas: conduzem elétrons constantemente e rompem as moléculas em átomos ou grupo de átomos. Por exemplo, moléculas de água são quebradas em radical hidroxila (OH^-) e íons de hidrogênio (H^+), e os radicais hidroxila são altamente reativos e destroem compostos celulares como DNA e proteínas. As radiações ionizantes podem também atuar diretamente nos constituintes vitais da célula, inclusive os microrganismos.

Além de serem microbicidas, os raios eletrônicos de alta energia, os raios gama e os raios X têm a vantagem de ser capazes de penetrar em pacotes e produtos e esterilizar seus interiores. Os raios gama são mais baratos do que os raios X porque são emitidos espontaneamente de certos isótopos radioativos, como o cobalto 60 (^{60}Co). Como resultado das pesquisas em energia nuclear, grande quantidade de radioisótopos emissores de radiação gama está disponível como produto da fissão atômica. Entretanto, raios gama são difíceis de ser controlados, porque os isótopos emitem seus raios em todas as direções. Além do mais, os isótopos liberam radiações gama constantemente e não podem ser "ligados ou desligados" como uma máquina de raios X.

Apesar destas desvantagens, os raios eletrônicos de alta energia e os raios gama têm sido utilizados para esterilizar alimentos e equipamentos médicos previamente acondicionados, e equipamentos comerciais têm sido projetados para esta finalidade (Figuras 7.10 e 7.11).

Devido à capacidade dos raios gama de penetrar nos materiais, um produto pode ser primeiro acondicionado e então esterilizado. Apesar da esterilização de alimentos com raios gama ser utilizada em vários países, a U. S. Food and Drug Administration aprovou o seu uso somente em alguns itens alimentícios, como os temperos. Este uso limitado deve-se a incertezas sobre o efeito dos raios gama na qualidade do produto, bem como à compreensão pública sobre alguma correlação com radioatividade, embora os alimentos irradiados pelos raios gama não se tornem radioativos (ver Capítulo 30, Volume II).

Radiações Não-ionizantes

A radiação ultravioleta (UV) tem um comprimento de onda entre 136 a 400 nanômetros (nm). (Um nanômetro é igual a 1/1.000 μm.) Em vez de ionizar uma molécula, a luz ultravioleta excita os elétrons, resultando em uma molécula que reage diferentemente das moléculas não-irradiadas. A luz ultravioleta é absorvida por muitos compostos intracelulares, mas o DNA é quem sofre a maior avaria. A maior

Figura 7.10 Processo de esterilização industrial que emprega radiação gama.

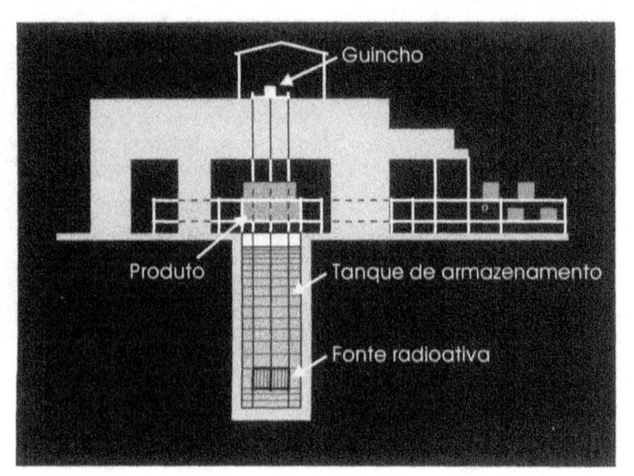

atividade bactericida ocorre no comprimento de onda próximo de 260 nm (Figura 7.11), que é o comprimento de onda mais fortemente absorvido pelo DNA. Após o DNA ter sido exposto à luz UV, ocorre a formação de *dímeros de pirimidina*, quando duas pirimidinas adjacentes na fita de DNA tornam-se unidas. A menos que esses dímeros sejam removidos por enzimas específicas de reparo intracelular, a replicação do DNA pode ser inibida ou alterada, causando mortes ou mutações.

A luz ultravioleta é um componente da luz solar, mas muito dos comprimentos de ondas de UV mais curtos e mais lesivos são filtrados por substâncias da camada atmosférica, como ozônio, gotículas de água das nuvens e fumaças. A radiação UV que alcança a superfície da Terra é restrita ao comprimento de onda de 295 a 400 nm. Portanto, embora a luz solar tenha propriedades microbicidas sob certas condições, esta propriedade tem um certo grau limitado. (Radiação UV do sol parece ter um papel mais importante no desenvolvimento do câncer de pele.)

Lâmpadas especiais que emitem luz UV com comprimento de onda microbicida são utilizadas para matar microrganismos (DESCOBERTA 7.2). Mas a luz UV tem pouca capacidade de penetrar na matéria e somente microrganismos na *superfície* de um objeto são mortos pela radiação UV. Uma camada fina de vidro ou água pode impedir a ação da luz UV. Ainda assim, esta forma de radiação é comumente utilizada para reduzir o número de microrganismos no ar, em superfícies de salas cirúrgicas e em salas assépticas onde produtos esterilizados são distribuídos em garrafas ou ampolas estéreis.

Filtração

Em 1884, Charles Chamberland, que desenvolveu a autoclave, descreveu o uso de um filtro para remover bactérias

Figura 7.11 [**A**] Eficiência germicida relativa da energia radiante entre 200 e 700 nm (Cortesia da General Eletric Company, Divisão Lamp, Publicação LD–11). [**B**] Precaução tomada por um técnico de laboratório para prevenir a contaminação durante o processo de transferência de um espécime para um frasco de cultura. Lâmpadas de luz ultravioleta estão instaladas nesta câmara para o controle de microrganismos.

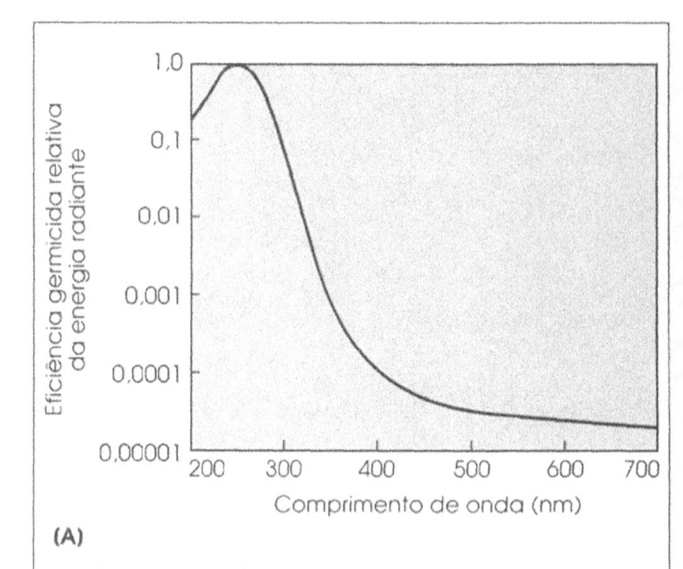

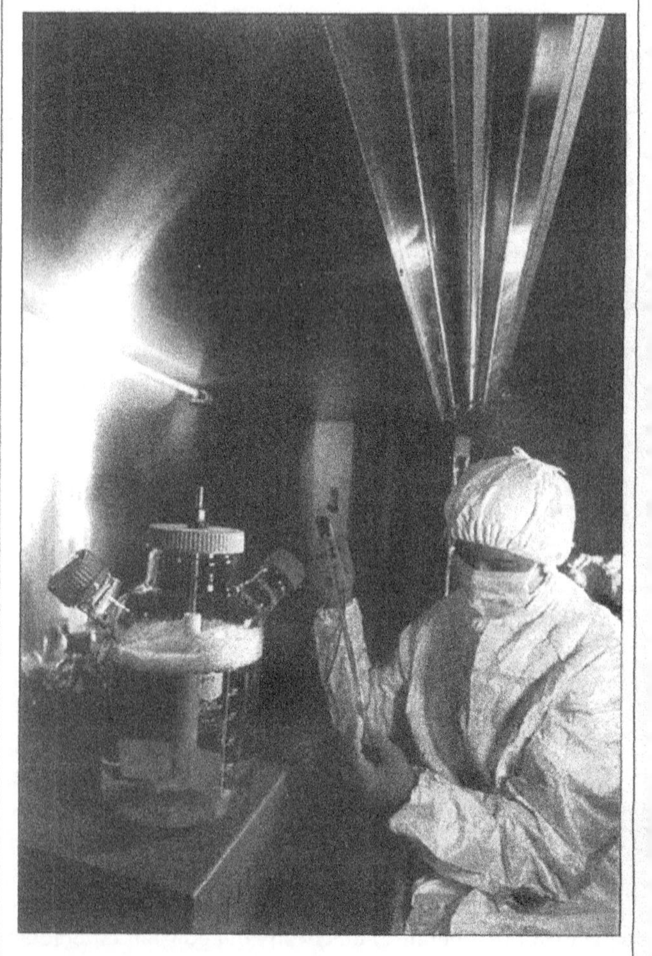

da água potável. Para purificar a água, ele utilizou porcelanas porosas na forma de um funil, uma técnica utilizada no laboratório de Pasteur para separar microrganismos dos seus meios de cultura. Hoje os microrganismos são freqüentemente removidos de líquidos e do ar pela filtração.

Embora a filtração não seja um "agente físico" no sentido tradicional, como a temperatura e a radiação, é um "processo físico" que em muitas ocasiões é o método de esterilização de escolha. Os filtros são utilizados no laboratório e na indústria para esterilizar materiais que não podem ser esterilizados pela autoclavação, como vitaminas ou proteínas termossensíveis. Inicialmente, os filtros eram feitos de cerâmica, asbesto e vidro sinterizado. Muitos deles são agora substituídos por filtros de membrana de celulose, comumente referidos como ***membranas filtrantes***.

Responda

1. Citar os tipos de radiações ionizantes que são utilizadas para esterilizar materiais. Quais são os seus mecanismos de ação?
2. Que tipo de materiais são particularmente adequados para esterilização utilizando radiações ionizantes? Por quê?
3. Qual é o intervalo do comprimento de onda da luz UV que apresenta maior atividade microbicida?
4. Quais são as limitações do uso da luz UV no controle da população microbiana de um ambiente?

Membranas Filtrantes

As membranas filtrantes são discos de ésteres de celulose extremamente finos (cerca de 150 μm), com poros pequenos o suficiente para impedir a passagem de microrganismos. As membranas filtrantes são melhores que os filtros mais antigos porque: (1) os poros das membranas filtrantes são de diâmetros conhecidos e uniformes; (2) os filtros podem ser fabricados com qualquer tamanho de poro desejado; (3) absorvem muito pouco o fluido que está sendo filtrado; (4) filtração com membranas filtrantes é mais rápida do que a obtida com os antigos filtros. Membranas filtrantes são também descartáveis, não sendo necessário lavar e esterilizar os filtros usados. Tipos específicos de equipamentos estão disponíveis para depositar a membrana filtrante enquanto o líquido passa através dela (Figura 7.12).

Além da esterilização, as membranas filtrantes são utilizadas para separar diferentes tipos de microrganismos e para coletar amostras microbianas. Por exemplo, os vírus

Figura 7.12 [**A**] Um conjunto com membrana filtrante utilizado para filtração de líquidos sob pressão negativa (bomba a vácuo). [**B**] Uma membrana filtrante esterilizada acoplada a uma seringa. O líquido é forçado através do filtro pela pressão positiva (isto é, pela impulsão do êmbolo da seringa). O exemplo mostra o meio de cultura líquido esterilizado sendo adicionado aos frascos de cultura. [**C**] Microscopia eletrônica de varredura mostrando as células bacterianas de uma amostra de água que ficaram retidas na membrana filtrante. Observe a diferença do tamanho das células e dos poros do filtro.

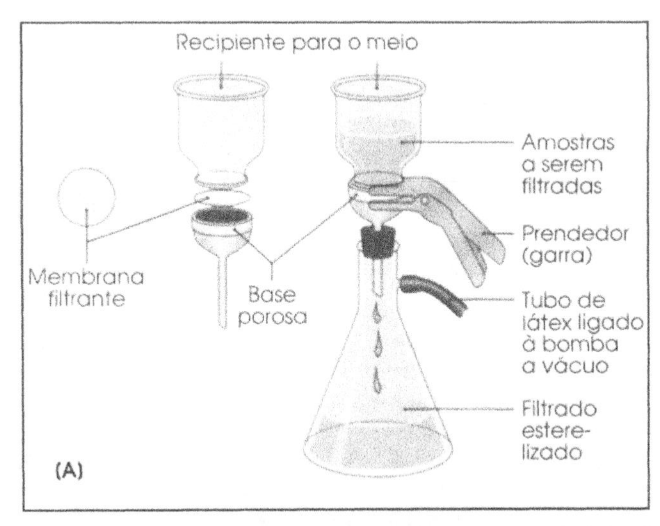

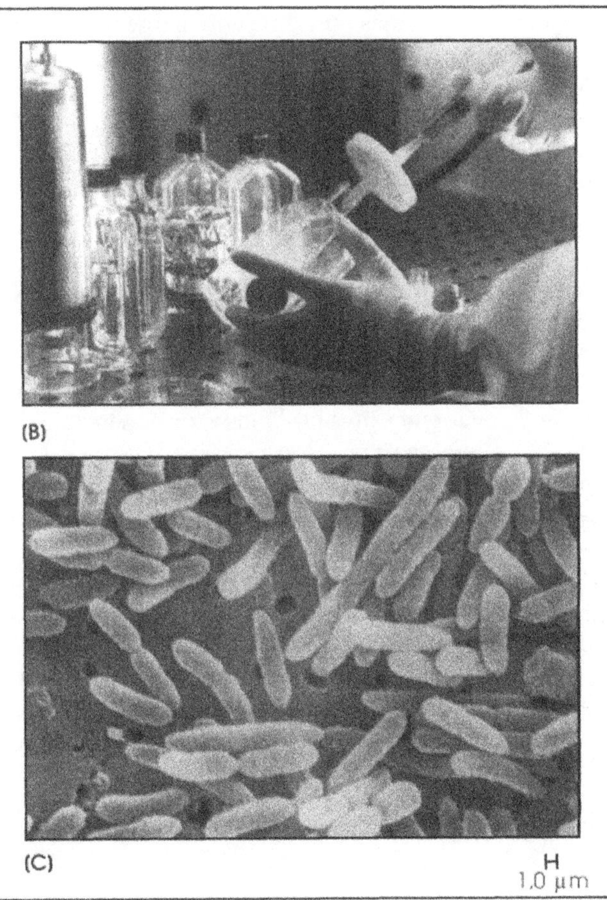

DESCOBERTA!

7.2 DEPURAÇÃO DE MOLUSCO PARA CONTROLE DE MICRORGANISMOS

Alguns moluscos, particularmente ostras e mariscos, são ingeridos crus. Isto representa um problema de saúde pública, se tais moluscos forem coletados de águas contaminadas. A infecção de uma única pessoa em função da ingestão de moluscos contaminados pode comprometer seriamente a indústria que fornece essas iguarias aos restaurantes. Geralmente, os moluscos provenientes de águas "limpas" são microbiologicamente seguros. Entretanto, a ocorrência intermitente de infecção com moluscos crus tem aumentado a sensibilidade pública, a ponto de alguns restaurantes não mais servirem esse tipo de prato.

Como os moluscos vivos poderiam ser tratados para fornecer maior segurança de que estejam livres de microrganismos patogênicos? Uma abordagem desse problema é a *depuração*, um processo de viveiro que armazena ostras em um ambiente de água do mar microbiologicamente limpa. Os moluscos se alimentam à semelhança de um processo de filtração: eles bombeiam um grande volume de água por meio do seu sistema para obtenção de alimentos. Como este processo de bombeamento contínuo ocorre em um ambiente de água limpa, os moluscos livram-se dos microrganismos. Alguns processos de depuração podem incorporar uma etapa para o tratamento de água que passa através dos moluscos. A água do mar limpa pode ser recirculada sobre um leito de moluscos contaminados e, no processo, a água do mar é submetida a um tratamento com luz UV, que mata muitos dos microrganismos.

A depuração de moluscos, que proporciona uma limpeza, tem sido praticada para a obtenção de produtos seguros, na Nova Zelândia, França, Espanha, Austrália e outros países. Nos Estados Unidos tem sido utilizada principalmente para processar mariscos na costa leste, mas há um grande aumento no interesse de aplicar tal técnica em outras áreas.

podem ser separados de outros microrganismos utilizando-se membranas filtrantes com tamanhos de poros progressivamente menores. De fato, um dos primeiros indícios de que os vírus realmente existiam foi a observação de que a remoção de bactérias com um filtro não removia necessariamente a capacidade produtora de doença de um líquido. Membranas filtrantes são também largamente utilizadas na análise microbiológica da água, na qual elas têm função de concentrar os microrganismos a partir de um grande volume da amostra.

Filtros de Partículas de Ar de Alta Eficiência (HEPA)

Algumas técnicas laboratoriais envolvem o trabalho com materiais potencialmente perigosos, como tecido animal doente, microrganismos infecciosos ou a manipulação gênica de microrganismos. Nestes casos, é essencial que os pesquisadores e todas as outras pessoas da área sejam protegidos de uma possível infecção. O manual do Center for Disease Control (CDC) do Serviço de Saúde Pública americano estabeleceu procedimentos de segurança para laboratórios que trabalham com materiais biológicos. Há quatro *níveis de biossegurança* do CDC, diferenciados pelo grau do possível perigo e caracterizados pelos equipamentos de segurança e pelas técnicas requeridas. Por exemplo, o nível 1 requer somente técnicas padrões de rotina em laboratório, enquanto o nível 4 requer um cuidado máximo, com roupas e técnicas de descontaminação e cabines hermeticamente fechadas, com tampo especial.

Cabines especiais de segurança biológica têm sido desenvolvidas para promover uma proteção contra aeros-

Figura 7.13 A cabine de segurança biológica nível 1 é uma cabine ventilada, de pressão negativa, com uma abertura frontal destinada à retirada do ar do seu interior sob um fluxo controlado. O ar exaurido é filtrado através de filtros de partículas de ar de alta eficiência (HEPA). Este tipo de cabine pode ser utilizado de três modos operacionais diferentes: com a face frontal completamente aberta, com um painel frontal fechado instalado, mas que não é equipado com luvas, e com um painel frontal fechado equipado com luvas compridas de borracha (que cobrem todo o braço).

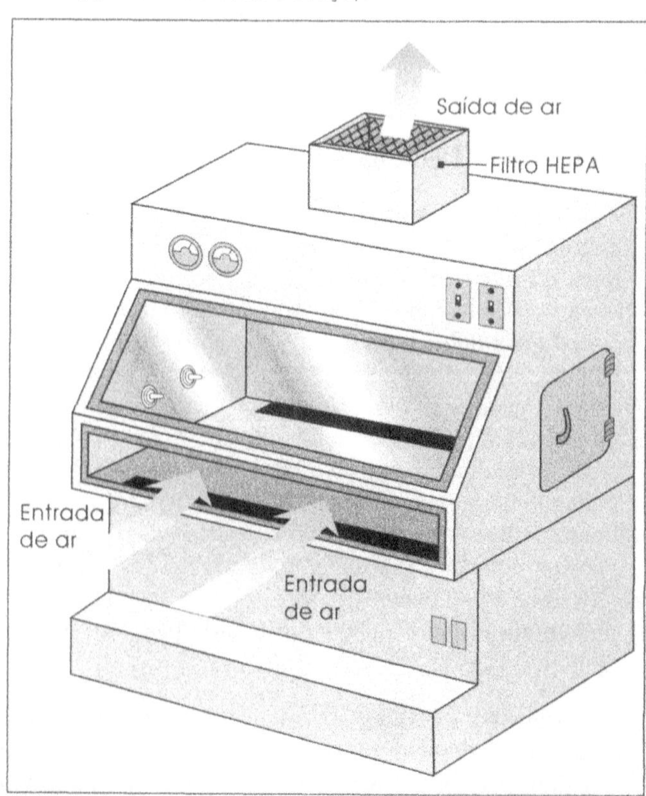

Figura 7.14 [**A**] Cabine de segurança biológica do tipo que permite a realização de toda manipulação dentro de uma cabine fechada e equipada com luvas de borracha. O ar é introduzido ou retirado da cabine através de filtros HEPA. [**B**] Uma manipulação laboratorial realizada em uma cabine do tipo mostrado em [**A**].

(A)

(B)

Figura 7.15 Um equipamento laboratorial no Centers for Disease Control, Atlanta, Georgia, que promove uma proteção máxima dos pesquisadores, assim como dos agentes utilizados nos experimentos. Os pesquisadores estão completamente protegidos por uma vestimenta equipada com uma unidade que fornece suprimento de ar.

sóis contaminados. A mais simples é a cabine de segurança biológica (Figura 7.13). Esta câmara tem uma abertura frontal por meio da qual o ar é aspirado para dentro e sempre a partir do manipulador. Este ar então sai da cabine por meio de um ***filtro de partículas de ar de alta eficiência (HEPA)***, que retém partículas como os microrganismos. Um filtro HEPA é constituído de acetato de celulose aderido a uma folha de alumínio; retém 99% das partículas presentes no ar.

Sistemas mais elaborados (níveis 2, 3 e 4) têm necessidades mais rigorosas. Pessoas que trabalham com microrganismos patogênicos como o vírus da hepatite ou com microrganismos geneticamente construídos devem utilizar cabines equipadas com luvas de borracha que cobrem todo braço, como mostra a Figura 7.14. Precauções mais rigorosas são tomadas no sistema de biossegurança nível 4; a entrada e saída de ar em uma sala é controlada, e cada trabalhador do laboratório é completamente protegido com uma roupa que cobre todo o corpo com equipamento próprio para respiração (Figura 7.15). A biossegurança nível 4 requer que as roupas utilizadas no dia-a-dia sejam retiradas e substituídas por roupas do laboratório e, se possível, que se tome um banho após o trabalho. Numerosas outras precauções e procedimentos são também requeridas.

Dessecação

Células microbianas vegetativas, quando dessecadas, interrompem suas atividades metabólicas, levando a um declínio na população total viável. Este processo físico de controle microbiano foi largamente utilizado antes do desenvolvimento da técnica de resfriamento (congelamento). Indústrias de alimentos ainda utilizam este método quando secam frutas, carnes (charques) ou pães, e os agricultores podem contar com a dessecação para preservação de grãos como o milho e o trigo. O tempo de sobrevivência dos microrganismos após a dessecação depende de muitos fatores:

1. Do tipo de microrganismo.

2. Do material no qual os microrganismos são dessecados.

3. Da intensidade do processo de dessecação.

4. Das condições físicas envolvidas, como a luz, temperatura e umidade.

Responda

1 Quais são os filtros bacteriológicos produzidos no início do século XX?
2 O que é uma membrana filtrante e quais são as vantagens sobre os tipos mais antigos?
3 O que são filtros HEPA?
4 Quais são as características de uma unidade de "biossegurança nível 4" exigida pelo CDC?

Certas espécies de cocos Gram-negativos como *Neisseria gonorrhoeae* e *Neisseria meningitidis* são mais sensíveis à dessecação, morrendo em questão de minutos após a dessecação; as espécies de *Streptococcus* e outros cocos Gram-positivos são muito mais resistentes e podem sobreviver por várias horas, enquanto o *Mycobacterium tuberculosis*, seco em escarro, permanece viável por um longo período de tempo. E, finalmente, os endósporos bacterianos dessecados podem permanecer viáveis indefinidamente.

No processo chamado *liofilização*, os microrganismos são submetidos à desidratação extrema em temperaturas de congelamento e são então mantidos em ampolas fechadas a vácuo. Neste estado, os microrganismos permanecem viáveis por muitos anos e, assim, amostras de culturas de bactérias são preservadas por este método (ver Figura 3.4).

Materiais com altas concentrações de açúcar ou sal, como gelatina, geléia, peixe salgado, têm um efeito desidratante nos microrganismos muito semelhante à dessecação e, portanto, podem inibir o crescimento microbiano. Este é o resultado da *osmose* – que é a remoção de água do interior da célula, onde a concentração das substâncias dissolvidas é menor do que a do lado externo da célula.

Responda

1 Quais são os efeitos da dessecação sobre a viabilidade dos microrganismos? E sobre o metabolismo microbiano?
2 Relacionar alguns materiais do dia-a-dia que são preservados em virtude de estarem desidratados.
3 Quais são as condições que influenciam na sobrevivência da população microbiana?
4 O que é liofilização e como pode ser aplicada na microbiologia?

Resumo

1. Os microrganismos podem ser mortos, inibidos ou removidos utilizando-se um agente físico, um processo físico ou um agente químico. Agentes microbicidas matam os microrganismos, enquanto agentes microbiostáticos inibem o seu crescimento.

2. Quando uma população de microrganismos é exposta a um agente letal, nem todos os indíviduos morrem instantaneamente. Pelo contrário, os microrganismos seguem um padrão característico de morte denominado *morte exponencial.*

3. Condições ambientais como a temperatura e o pH podem interferir na eficiência de um agente antimicrobiano. Agentes antimicrobianos podem matar ou inibir um microrganismo, alterando o estado físico e/ou químico de seu citoplasma, parede celular, membrana citoplasmática, enzimas, ribossomos ou material nuclear.

4. O aquecimento é um dos mais eficientes agentes antimicrobianos. Pode ser utilizado na forma de calor úmido: vapor sob pressão, vapor contínuo, água fervente ou pasteurização. Pode ser utilizado também na forma de calor seco: esterilização pelo ar quente ou incineração.

5. Embora os microrganismos sejam mortos em altas temperaturas, baixas temperaturas são usualmente microbiostáticas. Temperaturas muito baixas são freqüentemente utilizadas para manutenção de amostras em estoque.

6. Radiações ionizantes (raios X e raios gama) e não-ionizantes (luz ultravioleta) são microbicidas, mas possuem algumas limitações de uso prático.

7. Substâncias fluidas podem ser esterilizadas pelo uso da membrana filtrante que remove os microrganismos. Os microrganismos podem ser removidos do ar com um filtro HEPA. Os filtros são partes integrantes de sistemas de refreamento biológico utilizados para prevenir que os microrganismos se disseminem em ambientes hospitalares e laboratoriais.

8. A dessecação dos microrganismos bloqueia as suas atividades metabólicas e é seguida de uma diminuição do número total de microrganismos viáveis. Uma forma especial de dessecação denominada *liofilização* é utilizada na preservação de coleções de culturas.

Palavras-Chave

Antibacteriano
Antifúngico
Antimicrobiano
Antiprotozoário
Antiviral
Autoclave
Bactericida
Bacteriostático
Esterilização
Filtros de partículas de ar de alta eficiência (HEPA)
Fungicida
Fungistático
Incineração
Membranas filtrantes
Microbicida
Microbiostático
Morte exponencial
Radiação eletromagnética
Tempo de morte térmica (TMT)
Tempo de redução decimal (valor D)
Viricida

Revisão

FUNDAMENTOS DO CONTROLE MICROBIANO

1. Uma substância ou processo que mata ou inibe os microrganismos é chamado de agente ________________.

2. O sufixo ____________ refere-se aos agentes que matam os microrganismos; o sufixo ___________ refere-se aos agentes que inibem os microrganismos.

3. O termo *morte* utilizado na microbiologia é definido como a perda irreversível da capacidade de ________________________.

4. Quando os microrganismos são expostos a um agente microbicida, é impossível que a população total seja destruída ______________________________.

5. Se 10% de uma população de células são mortas por um agente antimicrobiano no primeiro minuto de exposição, durante o segundo minuto a porcentagem de células mortas será de _____________________________________%.

6. No conceito amplo da ação de um microbicida, a probabilidade de atingir um alvo (células bacterianas) é _________ ao número de alvos.

7. Quando o log do número de sobreviventes é relacionado com o tempo de exposição a um agente microbicida, os pontos cairão em linha_____________________________.

8. Na questão anterior, a inclinação da linha é referida como uma medida da taxa de _________.

9. A utilização do calor para matar bactérias é _____________ (mais/menos) efetiva sob condições ácidas do que em pH neutro.

10. Um aumento na temperatura geralmente ________________ a eficiência de um agente antimicrobiano.

11. Se um agente antimicrobiano prejudica a capacidade de absorção de nutrientes pela célula, o sítio de ação mais provável será a ______________________________.

ALTAS TEMPERATURAS

12. O calor úmido mata os microrganismos pela _____________ das proteínas, enquanto o calor seco age pela ____________ do material celular.

13. As bactérias na forma vegetativa são mais susceptíveis ao calor do que os ______________.

14. O tempo de morte térmica refere-se ao tempo ___________ requerido para matar uma suspensão de bactérias a uma determinada temperatura e sob condições específicas.

15. O tempo em minutos requerido para reduzir uma população bacteriana em 90% pelo tratamento ao calor é chamado de tempo de ____.

16. Um aparelho que utiliza vapor sob pressão para matar microrganismos é chamado de ________________________________.

17. A forma mais resistente de vida microbiana é o ________________ bacteriano.

18. Três culturas em caldo de bactérias, *Bacillus* sp., *Pseudomonas* sp. e *Clostridium* sp. foram aquecidas em água fervente durante dez minutos. Provavelmente, qual dos cultivos está esterilizado? ____________________________.

19. A exposição de materiais contaminados em água fervente é provável que esteja realizando uma _________________________________, mas não uma esterilização.

20. A esterilização de pequenos objetos (tubos de ensaios contendo meios de cultura) pelo vapor sob pressão (autoclavação) pode ser realizado a _________°C por ___________min.

21. A esterilização de vidrarias de laboratório pelo calor seco requer uma temperatura de pelo menos ______________________°C por ______________________min.

22. A pasteurização destrói muitos microrganismos, mas não resulta em uma ____________.

23. Quais dos seguintes tratamentos podem ser utilizados para esterilizar instrumentos?

(**a**) água fervente

(**b**) vapor sob pressão

(**c**) nitrogênio líquido (–196°C)

(**d**) pasteurização

BAIXAS TEMPERATURAS

24. Algumas bactérias, denominadas *psicrófilas*, podem crescer em temperaturas tão baixas quanto ________________________________.

25. O nitrogênio líquido, que apresenta uma temperatura de ________________, é utilizado para a preservação de culturas de microrganismos.

26. Como regra geral, temperaturas bem altas (100°C) matam os microrganismos; temperaturas bem baixas (–100°C) irão ______________________ os microrganismos.

RADIAÇÃO

27. Um nanômetro é equivalente a ______________________________ µm.

28. A radiação que pode retirar elétrons das moléculas é denominada radiação ___________.

29. Dois exemplos de radiação ionizante são os raios ___________ e os raios ___________.

30. Um exemplo de um tipo de radiação não-ionizante microbicida é a ___________.

31. A luz ultravioleta é mais germicida com um comprimento de onda de ___________ nm.

32. Uma das limitações da luz ultravioleta como um agente microbicida é que ela tem um baixo poder de ______________________________.

33. A luz ultravioleta é fortemente absorvida pelo _________ de uma célula.

34. A luz ultravioleta é responsável pela formação de ______________ entre pirimidinas adjacentes.

35. Associe cada descrição da coluna da direita com o termo apropriado da coluna da esquerda

_____ Dímeros de pirimidinas (**a**) Fontes de raios gama

_____ Raios gama (**b**) Microbicida com alto poder de penetração

_____ Cobalto 60 (**c**) Bactericida com baixo poder de penetração

_____ Raios ultravioleta (UV) (**d**) Esterilização pela ionização

_____ Elétrons (**e**) Resultado da absorção de UV pelo DNA

FILTRAÇÃO E DESSECAÇÃO

36. Modernos filtros microbiológicos (membranas filtrantes) apresentam várias vantagens em relação aos tipos de filtros mais antigos. Enumere quatro vantagens.

(**a**) ____

(**b**) ____

(**c**) ____

(**d**) ____

37. Um aspecto essencial das cabines de segurança biológica são os filtros de ________________________________ (HEPA).

38. ____________________ é um processo de desidratação dos microrganismos a partir do estado congelado.

39. A dessecação impõe (**a**) uma condição microbiostática ou (**b**) uma condição microbicida nos microrganismos?

40. Soluções de alta pressão osmótica, como soluções de sais ou açúcares concentrados, inibem os microrganismos pela ________________________.

Questões de Revisão

1. Fazer a distinção entre agentes microbiostático e microbicida.
2. Descrever o padrão de morte de bactéria quando exposta a um agente microbicida. O que significa o termo *morte exponencial*?
3. Listar as condições que influenciam a eficiência de um agente antimicrobiano.
4. Fazer a distinção entre tempo de morte térmica e tempo de redução decimal. Qual o significado dessas informações?
5. Comparar a resistência das células vegetativas com os endósporos bacterianos em relação ao calor. Comparar a eficiência do calor seco e do calor úmido na morte dos endósporos.
6. Como os microrganismos são afetados em temperaturas de refrigeração e congelamento?
7. Quais são as vantagens proporcionadas pela esterilização com raios gama?
8. Listar as características das membranas filtrantes. O que são filtros HEPA e como eles são utilizados?
9. Qual método de esterilização é apropriado para:

   (**a**) Meio de ágar nutriente?

   (**b**) Solução de vitaminas sensível ao calor?

   (**c**) Condimentos enlatados?

   (**d**) Pó (talco)?

   (**e**) Agulhas de inoculação?

Questões para Discussão

1. Como o termo *morte*, utilizado na microbiologia, difere da denominação de morte entre os organismos superiores?
2. Experimentos realizados na época de Pasteur, para provar ou refutar o conceito da geração espontânea, algumas vezes produziam evidências conflitantes. Por exemplo, de um lado alguns cientistas conseguiam que um caldo aquecido e fechado permanecesse esterilizado; outros cientistas, realizando experimentos similares, não conseguiam manter o caldo estéril por muito tempo, isto é, havia o desenvolvimento de microrganismos. Como você pode interpretar estas diferenças nos resultados?
3. Uma porção de caldo nutriente é preparada e distribuída como segue: 3 litros de meio são distribuídos em alíquotas de 20 ml por tubo de ensaio e outros 3 litros são distribuídos em quantidades de 1 litro por frasco. Seria satisfatória a esterilização dos meios em tubos de ensaio e dos frascos em uma mesma temperatura e tempo na autoclave? Explicar.
4. O mecanismo pelo qual os microrganismos são inibidos pela dessecação e pelas altas concentrações de açúcar é essencialmente o mesmo. Descrever este mecanismo.
5. Citar um exemplo de como o conhecimento do mecanismo de ação de um agente antimicrobiano pode ser utilizado na seleção de um agente específico.

Capítulo 8

Controle de Microrganismos: Agentes Químicos

Objetivos

Após a leitura deste capítulo, você deve ser capaz de:

1. Definir cada um dos termos utilizados para denominar agentes químicos antimicrobianos.
2. Descrever as características de um agente químico antimicrobiano ideal.
3. Identificar os principais grupos de substâncias químicas utilizadas como agentes antimicrobianos e citar uma aplicação específica de cada um.
4. Descrever os mecanismos pelos quais os agentes antimicrobianos químicos atuam nos microrganismos.
5. Discutir três métodos utilizados para avaliar o poder antimicrobiano de um agente químico.
6. Fazer a distinção entre um agente químico esterilizante e um desinfetante.
7. Descrever o uso do óxido de etileno como um agente esterilizante e citar as vantagens e desvantagens sobre outros esterilizantes.

Introdução

Substâncias químicas utilizadas para matar ou inibir o crescimento de microrganismos são denominados *agentes antimicrobianos*. Há centenas de diferentes produtos químicos disponíveis para o controle dos microrganismos. Eles são amplamente divulgados e utilizados no lar, nas escolas e nos locais de trabalho. Alguns compostos químicos antimicrobianos reduzem o número de microrganismos na superfície de material inanimado, como assoalhos, mesas e utensílios domésticos. Outros são aplicados em lesões de pele para prevenir a infecção. Ainda outros eliminam microrganismos patogênicos de água potável e de piscinas.

Certos compostos químicos antimicrobianos matam os microrganismos enquanto outros inibem o crescimento. Alguns podem inibir ou matar, dependendo da concentração utilizada. Alguns são ativos contra um grande número de espécies e são caracterizados como de amplo espectro de atividade, enquanto outros podem afetar somente poucas espécies. Não existe um único composto químico que seja ideal para todos os propósitos. Desta maneira, é necessário determinar as vantagens que o agente apresenta quando utilizado em deteminadas situações. Neste capítulo você conhecerá as principais categorias de agentes químicos antimicrobianos, algumas de suas características e suas utilizações práticas e como atuam nos microrganismos. Você aprenderá também sobre como seu poder antimicrobiano é medido por técnicas laboratoriais.

Definição dos Termos

Antes de discutir a natureza, o modo de ação e as aplicações práticas de cada agente químico antimicrobiano individual, é importante compreender os termos gerais utilizados para descrever estes agentes e suas atividades. No capítulo anterior você aprendeu que os agentes antimicrobianos podem ser divididos naqueles que matam os microrganismos (agente microbicida) e naqueles que meramente inibem seu crescimento (agente microbiostático) (DESCOBERTA 8.1). Como isto é avaliado varia entre os principais tipos de agentes químicos que são descritos nos parágrafos a seguir. Estes agentes podem ser adquiridos no comércio local ou de representantes diretos de indústrias, tais como aqueles que servem às companhias de limpeza ou hospitais.

Esterilizante. *Esterilização* é um processo de destruição ou remoção de todas as formas de vida microscópica de um objeto ou espécime. Desta forma, um objeto estéril, no sentido microbiológico, está completamente livre de microrganismos vivos e um ***esterilizante*** é um composto químico que realiza uma esterilização. ***Estéril*** é um termo absoluto – um material está estéril ou não. Não pode ser "parcialmente estéril" ou "quase estéril".

Desinfetante. Um ***desinfetante*** é uma substância química que mata as formas vegetativas de microrganismos patogênicos, mas não necessariamente suas formas esporuladas. O termo normalmente refere-se a substâncias utilizadas em objetos inanimados. ***Desinfecção*** é o processo que utiliza um agente para destruir microrganismos infecciosos.

Germicida. Um agente químico que mata as formas vegetativas de microrganismos, mas não necessariamente suas formas esporuladas, é denominado ***germicida.*** Na prática, é sinônimo de um desinfetante; entretanto os microrganismos mortos por um germicida não são necessariamente patogênicos. Como descrito no Capítulo 7, termos mais específicos como *fungicida* são algumas vezes utilizados para indicar o tipo de microrganismo afetado.

Anti-séptico. Um ***anti-séptico*** é um composto químico, usualmente aplicado na superfície do corpo humano, que previne a multiplicação dos microrganismos. Isto ocorre em função da morte do microrganismo ou pela inibição do seu crescimento e da sua atividade metabólica. Os anti-sépticos são utilizados em feridas e cortes para evitar uma infecção, e as prateleiras das farmácias estão cheias de cremes, sprays e líquidos anti-sépticos.

Saneador. As normas da saúde pública determinam que, em certos lugares, a população microbiana não deve exceder um número específico. Em atendimento a estas determinações, utiliza-se um ***saneador***, um agente que mata 99,9% dos microrganimos contaminantes de uma área. Saneadores são normalmente aplicados em objetos inanimados, como copos, pratos, talheres e utensílios em restaurantes. Eles também são utilizados diariamente na limpeza de equipamentos de laticínios e indústrias de alimentos.

Cuidados na classificação desses agentes químicos antimicrobianos são importantes porque seu uso pode ter implicações legais. Nos Estados Unidos, há uma decisão judicial sobre os alimentos e a ação das drogas que afirma: "A linguagem utilizada na classificação deve transmitir o significado ordinário para aqueles a que foi endereçada". Em outras palavras, os produtores e os consumidores devem interpretar a classificação de um produto da mesma maneira e também da mesma forma compreender a terminologia utilizada. O U. S. Food and Drug Administration e o U. S. Environmental Protection Agency regulamentam os produtos químicos antimicrobianos.

Responda

1 Qual sufixo é utilizado para denominar um composto químico que mata os microrganismos? E aqueles que inibem o crescimento microbiano?

2 Qual a diferença entre um desinfetante e um anti-séptico? Entre um esterilizante e um saneador?

Características de um Agente Químico Ideal

Um agente químico antimicrobiano "ideal" deve ter características que apresentam eficiência sob todas as condições. Infelizmente, não existe um composto químico que possua todas essas características desejáveis. Todavia, é útil conhecer as principais características que seriam encontradas em um agente. Esses conhecimentos ajudam a selecionar os melhores produtos para uma aplicação específica. Também servem como um guia para os pesquisadores formularem produtos melhores. As especificações de um agente químico ideal podem ser resumidas como:

1. *Atividade antimicrobiana.* A capacidade de uma substância de inibir ou preferencialmente matar os microrganismos é a primeira exigência. O composto químico, em baixas concentrações, deve ter um amplo espectro de atividade antimicrobiana, o que significa que ele deve inibir ou matar muitos tipos diferentes de microrganismos.

DESCOBERTA!

8.1 BACTERIOSTÁTICO OU BACTERICIDA?

Algumas substâncias químicas antimicrobianas são bactericidas em uma determinada concentração e bacteriostáticas em concentrações bem menores. De fato, a atividade bacteriostática pode ser tão grande que pequenas quantidades do composto químico sejam suficientes para inibir o crescimento de uma cultura-teste. Portanto, o resultado de uma avaliação da capacidade antimicrobiana de uma substância após a incubação pode ser duvidosa.

Os compostos quaternários de amônio são um bom exemplo deste fenômeno. Eles são bacteriostáticos a uma diluição de 1.000 vezes ou mais da sua concentração bactericida.

Como diferenciar a atividade bactericida e bacteriostática dos compostos que apresentam um intervalo extremamente grande entre a concentração que mata e a menor concentração que inibe? A resposta é a incorporação de substâncias específicas ao meio de cultura que neutralizarão o desinfetante utilizado. No caso dos compostos quaternários, o agente neutralizante é uma mistura de lecitina e polissorbato (Tween) 80 que adsorve e inativa o desinfetante. Para os desinfetantes mercuriais, o neutralizador é o ácido tioglicólico (um composto contendo enxofre que se liga ao mercúrio) e, para o desinfetante cloro, o tiossulfato de sódio neutraliza todo cloro residual. Como resultado do uso desses neutralizadores, todo excesso residual do desinfetante é inativado, permitindo que as células vivas cresçam nos meios de cultura.

2. *Solubilidade.* A substância deve ser solúvel em água ou em outros solventes (como o álcool) em quantidade necessária ao seu uso efetivo.

3. *Estabilidade.* O armazenamento da substância durante um período razoável não deve resultar em uma perda significativa de ação antimicrobiana.

4. *Ausência de toxicidade.* Não deve prejudicar o homem ou os animais.

5. *Homogeneidade.* As preparações devem ser uniformes em sua composição, de modo que os componentes ativos estejam presentes em cada aplicação. Por exemplo, os componentes não devem se agregar ou depositar-se na superfície do recipiente.

6. *Inativação mínima por material estranho.* Alguns compostos químicos antimicrobianos combinam-se facilmente com proteínas ou outros materiais orgânicos encontrados no material que está sendo tratado. Isto diminui a quantidade de substância química disponível para agir contra os microrganismos.

7. *Atividade em temperaturas ambiente ou corporal.* Não deve ser necessário aumentar a temperatura além daquela normalmente encontrada no ambiente onde o composto químico é utilizado.

8. *Poder de penetração.* A menos que uma substância possa penetrar através da superfície, a ação antimicrobiana é limitada ao local de aplicação. (Entretanto, a ação na superfície é algumas vezes necessária.)

9. *Ausência de poderes corrosivos e tintoriais.* Os compostos não devem corroer ou desfigurar metais nem corar ou danificar os tecidos.

10. *Poder desodorizante.* O desinfetante ideal deve ser inodoro ou apresentar um odor agradável. A capacidade desodorizante é uma característica desejável.

11. *Capacidade detergente.* Um agente antimicrobiano que tem propriedades detergentes tem a vantagem de ser capaz de remover mecanicamente os microrganismos da superfície que está sendo tratada.

12. *Disponibilidade e baixo custo.* O produto deve ser facilmente encontrado e de baixo custo.

Responda

Relacionar as características desejáveis de um agente antimicrobiano.

Principais Grupos de Desinfetantes e Anti-sépticos

Relatos históricos indicam que desinfetantes e anti-sépticos foram utilizados durante o início do século XIX. Ignaz Semmelweis, um médico húngaro, utilizou compostos clorados em 1846 na enfermaria do hospital obstétrico para reduzir a incidência da febre puerperal, uma doença pós-parto freqüentemente fatal para as parturientes. Estudantes de medicina do hospital foram instruídos a lavar as mãos com água e sabão e em seguida imergi-las em uma solução de hipoclorito antes de examinar as pacientes. Este procedimento simples provou ser muito eficiente. Estas observações levaram ao desenvolvimento de muitos compostos químicos antimicrobianos atualmente disponíveis. Substâncias químicas utilizadas para desinfecção ou anti-sepsia

Figura 8.1 Joseph Lister, 1827-1912. Lorde Lister foi nomeado Professor de Cirurgia em Glasgow em 1860, onde iniciou seus experimentos em cirurgia anti-séptica. Ele tomou conhecimento dos estudos sobre a teoria microbiana das doenças de Pasteur e com isso encontrou uma forma de combater as infecções. Ele desenvolveu uma técnica que utilizava um spray de uma solução de ácido carbólico (fenol) nas salas cirúrgicas. Também embebeu ataduras de feridas com solução diluída de fenol. Esta prática foi publicada por Lister em 1867 na revista inglesa *Lancet* sob o título "On the Antiseptic Principle in the Practice of Surgery".

Tabela 8.1 Atividade antimicrobiana dos compostos derivados do fenol (coeficiente fenólico)*.

Nome	*Salmonella typhi*	*Staphylococcus aureus*	*Mycobacterium tuberculosis*	*Candida albicans*
Fenol	1,0	1,0	1,0	1,0
o-Cresol	2,3	2,3	2,0	2,0
m-Cresol	2,3	2,3	2,0	2,0
p-Cresol	2,3	2,3	2,0	2,0
4-Etilfenol	6,3	6,3	6,7	7,8
2,4-Dimetilfenol	5,0	4,4	4,0	5,0

* Um coeficiente fenólico maior do que 1,0 significa que os compostos têm uma atividade antimicrobiana maior do que o fenol.

são divididas em vários grupos principais: *fenol e compostos fenólicos, álcoois, halogênios (iodo* e *cloro), metais pesados* e *seus compostos* e *detergentes*.

Fenol e Compostos Fenólicos

Fenol, também chamado de *ácido carbólico*, tem uma importância por ter sido um dos primeiros agentes químicos utilizados como um anti-séptico. Em meados de 1800, um cirurgião inglês, Joseph Lister utilizou o fenol para reduzir infecção em incisões cirúrgicas (Figura 8.1). Lister tomou conhecimento dos estudos de Pasteur sobre a teoria microbiana das doenças. Assim, ele iniciou a prática de aplicar uma solução de fenol nas incisões cirúrgicas para matar os microrganismos suspeitos de causarem infecção. Isto resultou em uma extraordinária redução na incidência de infecções pós-operatórias.

O fenol é também um composto padrão com o qual outros desinfetantes são comparados. A técnica utilizada para comparar a atividade microbicida de um desinfetante com a do fenol é descrita posteriormente neste capítulo.

Aplicações Práticas do Fenol e de Seus Derivados. Uma solução aquosa de fenol a 5% mata rapidamente as formas

Figura 8.2 Fenol e seus derivados. Apesar de todos esses compostos apresentarem propriedades antimicrobianas, os da série B são mais eficientes do que os da série A. *o*, orto; *m*, meta; *p*, para; *as*, assimétrico.

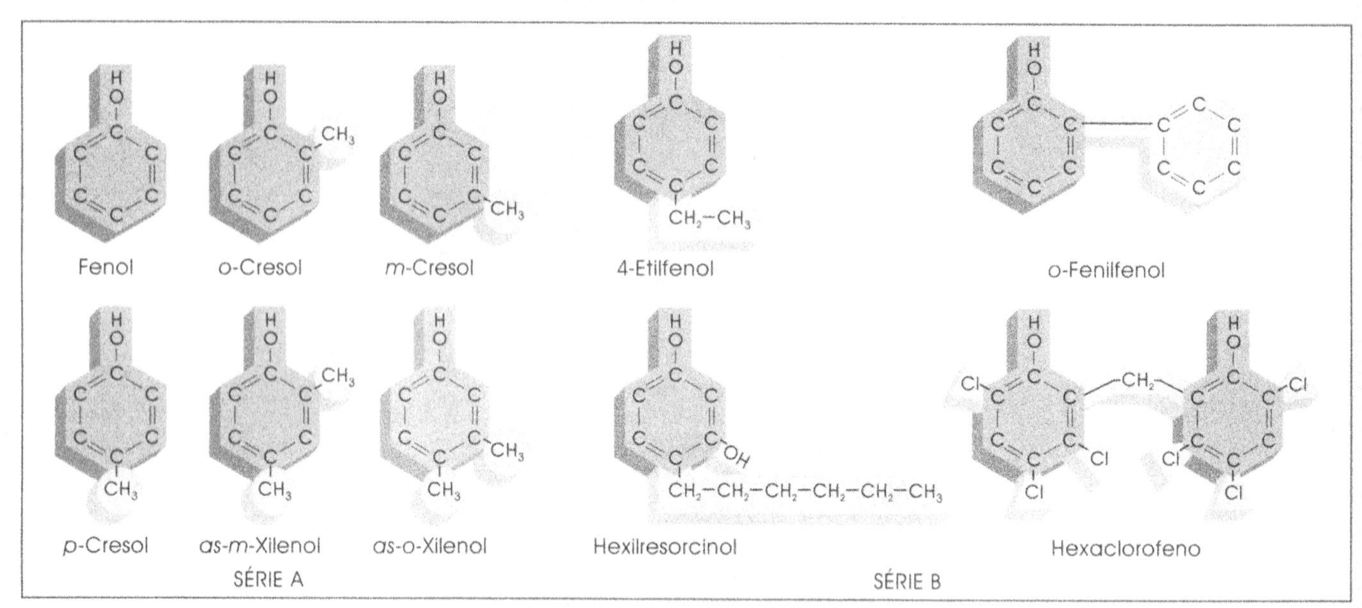

vegetativas dos microrganismos, porém os esporos são muito mais resistentes. O fenol, por ser tóxico e apresentar um odor desagradável, não é muito utilizado como desinfetante ou anti-séptico. Ele tem sido substituído por vários derivados químicos ou compostos químicos relacionados que são menos tóxicos para o tecido e mais ativos contra os microrganismos (Figura 8.2). A atividade antimicrobiana relativa de alguns destes compostos é mostrada na Tabela 8.1.

Lysol é um desinfetante produzido a partir de uma solução de sabão contendo substâncias derivadas do fenol (*o*-fenilfenol, *o*-benzil-*p*-clorofenol, xilenol). O lysol é utilizado para desinfetar objetos inanimados como assoalhos, paredes e superfícies de mesas, objetos hospitalares contaminados, como termômetro retal, e excretas e secreções de pacientes com doenças infecciosas.

Hexaclorofeno (Figura 8.2) atua como um bacteriostático em bactérias Gram-positivas, particularmente em estafilococos. Foi anteriormente incorporado a uma grande variedade de produtos de consumo (em uma concentração de 3%), como sabonetes, xampus, desodorantes, pasta de dentes, ungüentos e cosméticos. Entretanto, aplicações prolongadas do hexaclorofeno são tóxicas e, portanto, a sua utilização prática é restrita.

Mecanismo de Ação do Fenol e Seus Derivados. O fenol e seus derivados lesam as células microbianas pela alteração da permeabilidade seletiva da membrana citoplasmática, causando uma perda das substâncias intracelulares vitais. Estes compostos também desnaturam e inativam proteínas como as enzimas. Dependendo da concentração utilizada, eles podem ser bacteriostáticos ou bactericidas.

Álcoois

Em concentrações entre 70 e 90%, as soluções de álcool etílico (etanol), CH_3CH_2OH, são eficientes contra as formas vegetativas dos microrganismos. Porém, o álcool etílico não pode ser utilizado para esterilizar um objeto, pois não mata os endósporos bacterianos. Por exemplo, os endósporos do *Bacillus anthracis*, agente etiológico do carbúnculo, podem sobreviver no álcool durante 20 anos.

O álcool metílico ou metanol (CH_3OH) não é utilizado como agente antimicrobiano. Algumas vezes denominado *álcool de madeira,* é menos bactericida do que o álcool etílico e é altamente tóxico. Inclusive, o vapor deste composto pode produzir seqüelas permanentes nos olhos.

As propriedades bactericidas do álcool aumentam quanto maior for sua cadeia de carbono (Tabela 8.2). Entretanto, álcoois com cadeias de carbono maiores do que o álcool propílico e isopropílico são menos solúveis em água do que o álcool etílico e, assim, são pouco utilizados como desinfetantes. Os álcoois propílico e isopropílico em concentrações de 40 a 80% são bactericidas para as células vegetativas e são freqüentemente utilizados no lugar do álcool etílico.

Aplicações Práticas dos Álcoois. Álcool etílico (70%) e álcool isopropílico (90%) são utilizados como anti-sépticos de pele e como desinfetantes de termômetros clínicos de uso oral e de certos instrumentos cirúrgicos. O tratamento com álcool é o método mais utilizado para limpar a pele antes de coletar amostras de sangue. Comparado com outras soluções anti-sépticas, o álcool etílico é o mais eficiente na destruição das bactérias (Figura 8.3). O álcool

Tabela 8.2 Atividade antibacteriana de alguns álcoois expressa em termos de coeficiente fenólico.

Álcool	Fórmula	Coeficiente Fenólico	
		Salmonella typhi	*Staphylococcus aureus*
Metílico	CH_3OH	0,026	0,03
Etílico	CH_3CH_2OH	0,04	0,039
n-Propílico	$CH_3CH_2CH_2OH$	0,102	0,082
Isopropílico	$CH_3CHOHCH_3$	0,064	0,054
n-Butílico	$CH_3CH_2CH_2CH_2OH$	0,273	0,22
n-Amílico	$CH_3CH_2CH_2CH_2CH_2OH$	0,78	0,63

Fonte: G. Sykes, *Disinfection and Sterilization*, 2ª ed., Filadélfia, Lippincott, 1965.

Figura 8.3 Eficiência da lavagem das mãos com várias soluções anti-sépticas. Em cada teste, a flora bacteriana calculada imediatamente antes da aplicação do anti-séptico foi considerada 100%. Quanto maior a inclinação da curva, maior o efeito. (Nota: 1:1.000 significa uma parte em 1.000.) (Cortesia de P. B. Price, "Skin Antisepsis", *in* J. H. Brewer, ed., *Lectures on Sterilization*, Durham, N.C., Duke University Press, 1957).

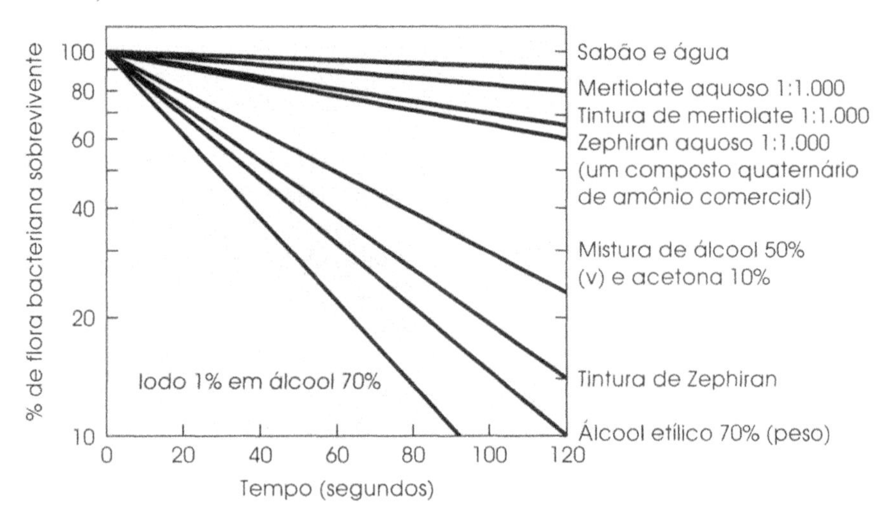

etílico em concentrações entre 60 e 90% é eficiente contra vírus. Entretanto, a presença de outras proteínas diminui a eficiência contra os vírus, porque o álcool combina-se com elas, impedindo a ação sobre as proteínas virais.

Mecanismo de Ação dos Álcoois. A atividade antimicrobiana dos álcoois deve-se principalmente à sua capacidade de desnaturar proteínas. Os álcoois são também solventes de lipídeos, lesando assim as estruturas lipídicas da membrana das células microbianas. Além disso, parte de sua eficiência como desinfetante de superfície pode ser atribuída à ação detergente e de limpeza, que auxilia na remoção mecânica dos microrganismos.

Halogênios

Os elementos químicos do grupo dos halogênios, particularmente o iodo, o cloro e em menor extensão o bromo, são componentes de muitos agentes químicos antimicrobianos. Os halogênios são fortes agentes oxidantes e, em virtude dessa propriedade, são altamente reativos e destroem os componentes vitais da célula microbiana.

Iodo e Compostos Iodados. O iodo é um dos mais antigos e eficientes agentes antimicrobianos. Foi reconhecido pela *Farmacopéia Norte Americana* no início de 1830 e utilizado para tratar ferimentos durante a guerra civil americana. O iodo puro é um elemento cristalino preto-azulado com brilho metálico. É pouco solúvel em água pura porém altamente solúvel em álcool etílico e em solução aquosa de iodeto de potássio (KI) ou iodeto de sódio (NaI). É tradicionalmente utilizado como um agente anti-séptico na forma de *tintura de iodo*. O termo ***tintura*** refere-se a uma solução alcoólica de uma substância medicinal. Várias preparações são utilizadas: iodo 2% com iodeto de sódio 2% diluído em álcool 70%; iodo 7% com iodeto de potássio 5% em álcool 83%; e iodo 5% com solução aquosa iodeto de potássio 10%.

O iodo também é utilizado na forma de substâncias denominadas ***iodóforos***, que são complexos de iodo com compostos que atuam como carreadores e agentes solubilizadores do iodo. Por exemplo, povidine-iodo é um complexo de iodo e polivinilpirrolidona. Iodóforos são germicidas como o iodo, com a vantagem de não corar e não ser irritantes à pele.

Aplicações Práticas do Iodo e Seus Compostos. O iodo é um agente microbicida de alta eficiência contra todas as espécies de bactérias. Ele é também esporicida, fungicida, viricida e amebicida. Entretanto, a velocidade pela qual os endósporos bacterianos são mortos pelo iodo pode ser diminuída pela presença de material orgânico.

Preparações de iodo são utilizadas principalmente para a anti-sepsia da pele, em que são freqüentemente os agentes mais efetivos (Figura 8.3). O iodo nas suas várias formas é também usado para desinfetar pequenas quantidades de água e para sanificar utensílios de alimentação. Os vapores de iodo podem ser utilizados também para desinfetar o ar.

Mecanismo de Ação do Iodo e Seus Compostos. Por ser um forte agente oxidante, o iodo pode destruir compostos metabólitos essenciais dos microrganismos por meio da oxidação. A habilidade do iodo em combinar-se com o aminoácido tirosina resulta na inativação das enzimas e de outras proteínas:

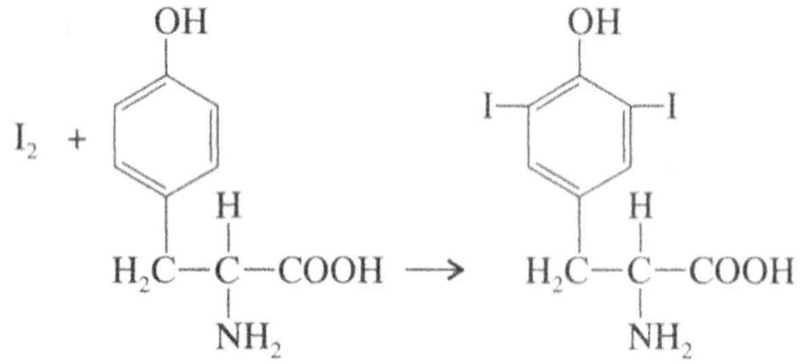

I_2 + Tirosina ($HO-C_6H_4-H_2C-CH(NH_2)-COOH$) → Diiodotirosina ($HO-C_6H_2I_2-H_2C-CH(NH_2)-COOH$)

Iodo | Tirosina (ativa) | Diiodotirosina (inativa)

Cloro e Compostos Clorados. O cloro, na forma gasosa (Cl_2) ou em combinações químicas, representa um dos desinfetantes mais largamente utilizados. O gás comprimido em forma líquida é, com poucas exceções, a escolha universal para a purificação das águas de abastecimento público e piscinas. O cloro gasoso é difícil de ser manipulado, a menos que se disponha de equipamento especializado, o que torna sua aplicação limitada em operações de larga escala, como o tratamento de águas em estações municipais.

Existem muitos compostos clorados que podem ser manuseados mais convenientemente do que o cloro gasoso. Entre eles estão os compostos inorgânicos clorados denominados ***hipocloritos,*** que contêm o grupo químico –OCl. Os hipocloritos mais utilizados são o *hipoclorito de cálcio*, $Ca(OCl)_2$ e *hipoclorito de sódio*, NaOCl, que são utilizados como alvejantes domésticos. As ***cloraminas*** são compostos orgânicos clorados nos quais um ou mais átomos de hidrogênio da amônia (NH_3) ou do grupamento amina ($-NH_2$) são substituídos pelo cloro. O mais simples entre esses compostos é a *monocloramina*, NH_2Cl. A cloramina-T e a azocloramida apresentam estruturas químicas mais complexas.

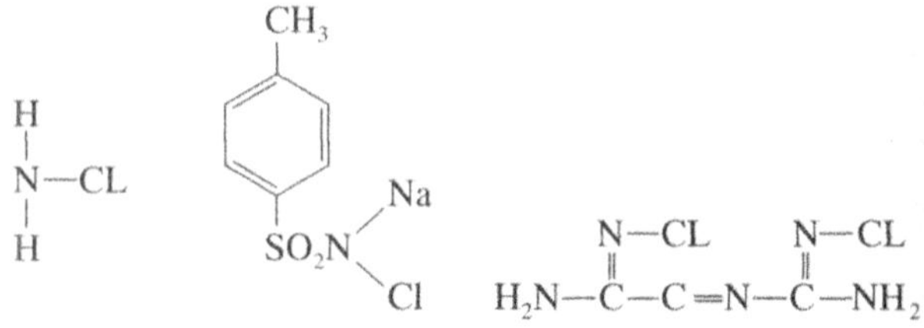

Monocloramina: $H-N(-CL)-H$

Cloramina-T: $CH_3-C_6H_4-SO_2N(Na)Cl$

Azocloramida: $H_2N-C(=N-CL)-C=N-C(=N-CL)-NH_2$

Uma das vantagens das cloraminas é a estabilidade; o cloro é liberado por um período maior do que nos hipocloritos.

Aplicação Prática do Cloro e Seus Compostos. O cloro gasoso liquefeito é o agente de escolha para a desinfecção de água potável e água de piscinas e, nas estações de tratamento, de água de esgoto. Para ser efetivo, a concentração de cloro deve atingir um nível de 0,5 a 1,0 parte por milhão – ppm (miligramas por litro). Produtos contendo hipoclorito de cálcio são usados para a sanificação de utensílios em restaurantes e equipamentos de laticínios. Uma solução de hipoclorito a 1% é usada para a higiene pessoal e como desinfetante doméstico. Concentrações mais elevadas, tais como 5 a 12%, são empregadas como alvejantes e desinfetantes domésticos e como sanificantes em instalações de laticínios e indústrias de alimentos.

Mecanismo de Ação do Cloro e Seus Compostos. O ácido hipocloroso (HClO) formado quando o cloro livre é adicionado à água é responsável pela ação antimicrobiana do cloro e seus compostos:

$$Cl_2 + H_2O \rightarrow \underset{\text{Ácido clorídrico}}{HCl} + \underset{\text{Ácido hipocloroso}}{HClO}$$

Quando adicionados à água, os hipocloritos e as cloraminas sofrem hidrólise, dando origem ao ácido hipocloroso. Este ácido sofre nova reação, originando o oxigênio nascente (O):

$$HClO \rightarrow HCl + \underset{\text{Oxigênio nascente}}{O}$$

O oxigênio nascente liberado nesta reação é um poderoso agente oxidante que pode destruir substâncias celulares vitais. O cloro pode também combinar diretamente com proteínas celulares e destruir as suas atividades biológicas.

Metais Pesados e Seus Compostos

O termo *metais pesados* refere-se a metais tais como mercúrio, chumbo, zinco, prata e cobre. Antigamente a água era armazenada em recipientes de prata e cobre porque as pessoas notaram que os vasilhames de metal conservavam a água para beber. O mercúrio e os compostos mercuriais têm uma longa história no controle de infecções, incluindo a sífilis. O cloreto de mercúrio ($HgCl_2$) era amplamente usado no início do século XX como um desinfetante geral, mas desde então tem sido substituído por outros agentes menos tóxicos e corrosivos.

A capacidade de quantidades extremamente pequenas de certos metais, particularmente a prata, de exercer efeito letal sobre as bactérias é conhecida sob a denominação de *ação oligodinâmica*, termo que se origina do grego: *olígos* = "pequeno", *dinamikós* = "poder". Este fenomeno pode ser demonstrado, no laboratório, colocando-se uma moeda de prata (previamente limpa) sobre a superfície de um meio solidificado previamente inoculado. Após a incubação, uma zona de inibição (sem crescimento) é verificada ao redor da moeda (Figura 8.4). A quantidade de metal dissolvido, responsável pelo efeito de inibição, é extremamente diminuta e pode ser expressa como parte por milhão. Acredita-se que a atividade desses íons metálicos se deve à inativação de certas enzimas que se combinam com o metal.

Aplicações Práticas dos Metais Pesados e Seus Compostos. Alguns compostos contendo mercúrio orgânico possuem maior atividade antimicrobiana e menor toxicidade do que os compostos mercuriais inorgânicos. Entre os compostos orgânicos estão o merbromim (*mercurocromo*), timerosal (*mertiolate*) e nitromersol (*metafen*), que são utilizados para o tratamento de pequenos cortes, feridas e infecções de pele.

Uma solução a 1% de nitrato de prata ($AgNO_3$) era amplamente empregada para prevenir infecções oculares por gonococos em recém-nascidos; atualmente, o nitrato de prata tem sido substituído por antibióticos, tais como penicilina ou eritromicina. Compressas (esponjas ou camadas de gaze) impregnadas com nitrato de prata a 0,5% têm sido utilizadas para prevenir infecções em queimaduras.

O sulfato de cobre ($CuSO_4$) é efetivo como um algicida em reservatórios abertos de água e piscinas. O sulfato de cobre tem também ação fungicida e é utilizado na forma de mistura de Bordeaux no controle de infecções em plantas. Compostos de zinco são também fungicidas e são usados em ungüentos e pós para o tratamento do pé-de-atleta.

Figura 8.4 Neste experimento, uma moeda de prata foi colocada sob a superfíce de um meio de ágar previamente inoculado com uma cultura de bactéria. Observe a zona clara ao redor da moeda após um período de incubação; o crescimento da bactéria próximo à moeda de prata foi inibido. Este tipo de inibição é denominado *ação oligodinâmica*.

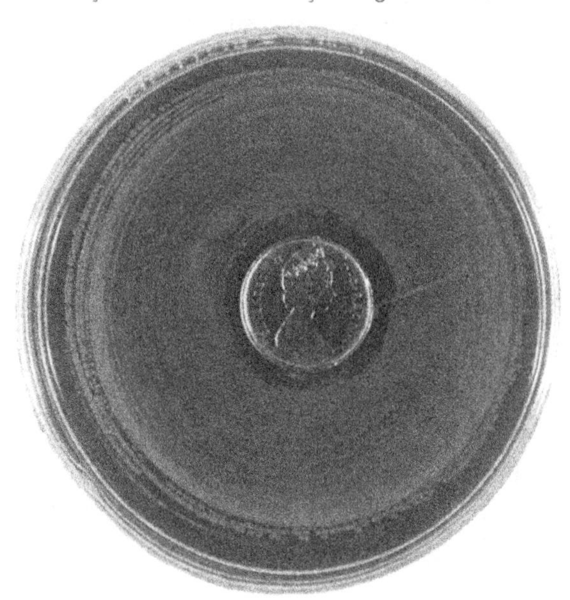

Mecanismo de Ação dos Metais Pesados e Seus Compostos. Os metais pesados inativam as proteínas celulares combinando-se com algum componente da proteína. Por exemplo, o cloreto de mercúrio inativa enzimas que contêm grupos sulfidrilas (–SH):

$$\text{Enzima}\begin{matrix}\diagup SH\\ \diagdown SH\end{matrix} + HgCl_2 \rightarrow \text{Enzima}\begin{matrix}\diagup S\\ \diagdown S\end{matrix}\!\!\!\!>Hg + 2HCl$$

Enzima ativa — Cloreto de mercúrio — Enzima inativa

Detergentes

Os ***detergentes*** são compostos que diminuem a tensão superficial e são utilizados para limpar superfícies. São também denominados ***surfactantes***. A ação umectante deve-se ao fato de serem compostos anfipáticos (ver Capítulo 1). Quando uma substância apolar, como as gorduras, é colocada em uma solução aquosa de detergente, os grupos hidrofóbicos do detergente ligam-se às substâncias, enquanto os grupos hidrofílicos criam uma superfície que pode ser encharcada com a água.

Sabões são exemplos de detergentes. Eles são sais de sódio ou potássio de ácidos graxos de cadeia longa solúveis em água (por exemplo, oleato de sódio, ver Figura 1.8). Os sabões são produzidos quando as gorduras são aquecidas com bases fortes como o hidróxido de sódio ou o hidróxido de potássio. Porém, os sabões têm a desvantagem de precipitar facilmente na presença de água alcalina ou ácida. Por esta razão, novos agentes de limpeza mais eficientes denominados ***detergentes sintéticos*** têm sido desenvolvidos. Eles diferem estruturalmente dos sabões e não formam precipitados.

Quimicamente, os detergentes são classificados em três grupos principais:

1. ***Detergentes aniônicos*** são aqueles em que a propriedade detergente do composto reside na porção aniônica ou no íon da molécula carregado negativamente. Por exemplo:

   $[C_9H_{19}C00]^- Na^+$ $[C_{12}H_{25}OSO_3]^- Na^+$

   Um sabão Dodecil sulfato de sódio (um detergente sintético)

2. ***Detergentes catiônicos*** são aqueles em que a propriedade detergente do composto reside na porção catiônica da molécula (carregada positivamente). Por exemplo:

   $$\left[\text{(piridina)N} \; C_{16}H_{33} \right]^+ Cl^-$$

   Cloreto de cetilpiridínio

3. ***Detergentes não-iônicos*** são aqueles que não ionizam quando dissolvidos em água. Exemplos são o polissorbato 80 e octoxinol.

Os detergentes não-iônicos não são antimicrobianos. Muitos detergentes antimicrobianos pertencem ao grupo catiônico, dos quais os ***compostos quaternários de amônio*** são mais largamente utilizados.

Compostos Quaternários de Amônio. As estruturas dos compostos quaternários de amônio estão relacionadas a do cloreto de amônio, NH_4Cl (Figura 8.5). Na molécula de um composto quaternário de amônio, os grupos R_1, R_2, R_3 e R_4 são grupamentos químicos orgânicos ligados a um átomo de nitrogênio central.

Os compostos quaternários são bactericidas para bactérias Gram-positivas e Gram-negativas, mesmo em concentrações muito baixas. As concentrações bactericidas variam de diluições de uma parte do composto quaternário para poucos milhares a centenas de milhares de partes de água (Tabela 8.3). Outro aspecto importante destes compostos é que apresentam atividade bacteriostática em concentrações muito abaixo daquelas em que são bactericidas. Por exemplo, o limite da ação bactericida de um composto quaternário pode ser igual a uma diluição de 1:30.000, mas o composto pode ser bacteriostático em diluições tão altas quanto 1:200.000. Portanto, a ação desses compostos demonstra a necessidade de se distinguir atividade bacteriostática e bactericida nos testes de avaliação dos desinfetantes.

Tabela 8.3 Algumas concentrações bactericidas de três compostos quaternários de amônio disponíveis comercialmente: cetrimide, ceepryn e zephiran.

	CONCENTRAÇÕES LETAIS*		
Organismo	**Cetrimide**	**Ceepryn**	**Zephiran**
Staphylococcus aureus	1:20.000† 1:35.000 1:218.000	1:83.000 1:218.000	1:18.000 1:20.000 1:38.000 1:50.000 1:200.000
Streptococcus pyogenes	1:20.000	1:42.000 1:127.000	1:40.000
Escherichia coli	1:3.000 1:27.500 1:30.000	1:66.000 1:67.000	1:12.000 1:27.000
Salmonella typhi	1:13.000	1:15.000 1:48.000 1:62.000	1:10.000 1:20.000
Pseudomonas aeruginosa	1:3.500 1:5.000		1:2.500
Proteus vulgaris	1:7.500	1:34.000	1:1.300

* Estes dados foram coletados de várias fontes publicadas, portanto obtidos segundo técnicas e condições experimentais diferentes.
† Os valores são expressos como uma parte do composto quaternário de amônio no volume de diluente mencionado.
Fonte: G. Sykes, *Disinfection and Sterilization*, 2ª ed., Filadélfia, Lippincott, 1965.

Aplicações Práticas dos Compostos Quaternários. Além de sua atividade germicida e ação detergente, os compostos quaternários de amônio caracterizam-se pela baixa toxicidade, alta solubilidade em água, alta estabilidade em solução e por não serem corrosivos. Esta combinação de propriedades faz dos compostos quaternários um excelente agente anti-séptico, desinfetante e sanificante. São largamente aplicados em assoalhos, paredes e outras superfícies em hospitais, enfermarias e outros estabelecimentos públicos. São também utilizados como agentes sanificantes de utensílios de restaurantes, assim como de superfícies e equipamentos em instalações de processamentos de alimentos.

Mecanismo de Ação dos Compostos Quaternários. Os efeitos antimicrobianos dos compostos quaternários de amônio devem-se à desnaturação de proteínas das células, interferência com os processos metabólicos e lesão da membrana citoplasmática.

Um resumo dos principais grupos de anti-sépticos e desinfetantes e suas aplicações é mostrado na Tabela 8.4.

Figura 8.5 Estruturas químicas de compostos quaternários de amônio, comparadas com a estrutura do cloreto de amônio. [**A**] Cloreto de amônio. [**B**] Em uma estrutura geral de um composto quaternário de amônio, R_1, R_2, R_3, e R_4 são grupos contendo carbono e X^- é um íon carregado negativamente, como Br^- ou Cl^-. Também é mostrado o composto quaternário de amônio CTBA ou o

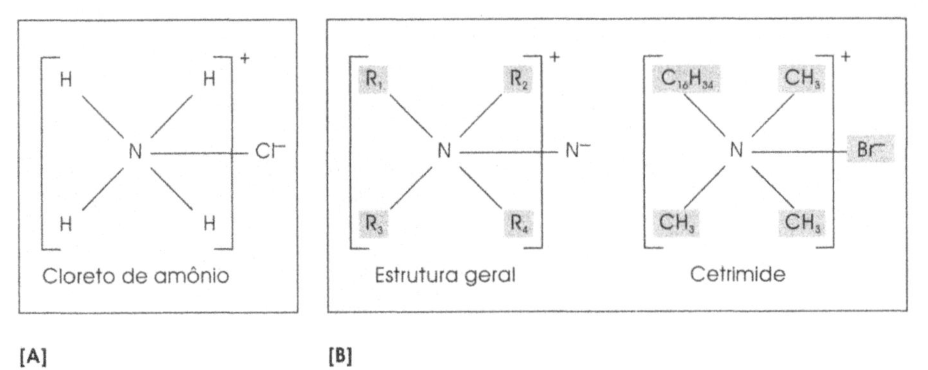

Tabela 8.4 Alguns desinfetantes e anti-sépticos comumente utilizados.

Desinfetante ou anti-séptico	Concentração	Aplicações	Nível de atividade*
Compostos fenólicos			
Hexilresorcinol, o-Fenilfenol, cresóis	0,5-3,0% Solução aquosa	Desinfecção de objetos inanimados como instrumentos, superfícies de mesa, assoalhos e termômetros retais (cresóis)	Intermediário a baixo
Álcoois			
Álcool etílico, Álcool isopropílico	70-90%	Anti-sepsia da pele, desinfecção de instrumentos cirúrgicos e termômetros	Intermediário
Álcool + iodo	70% + 0,5-2,0% de iodo		
Iodo			
Iodóforo (polivinilpirrolidona)	1,0%	Anti-sepsia da pele, pequenos cortes e abrasões; utilizado também para desinfecção de água potável e de piscinas	Intermediário
Tintura de iodo	iodo a 2% + iodeto de sódio a 2% + álcool 70%		
Compostos clorados			
Hipocloritos e cloraminas	0,5-5,0 g de cloro livre por litro	Desinfecção de água, superfícies não-metálicas, equipamentos de laticínios, utensílios de restaurantes, materiais domésticos	Baixo
Compostos quaternários	0,1-0,2%	Saneamento ambiental de superfícies e equipamentos	Baixo
Compostos mercuriais			
Mertiolate, Mercuriocromo	1,0%	Anti-sepsia da pele, desinfecção de instrumentos; utilizado também como preservante em alguns materiais biológicos	Baixo

* Nível de atividade microbicida: alta= mata todas as formas de vida microbiana, inclusive os esporos bacterianos; intermediário= mata o bacilo da tuberculose, fungos e vírus mas não os esporos bacterianos; baixo= não mata esporos bacterianos, bacilo da tuberculose ou vírus não-lipídicos em um tempo aceitável.

Responda

1 Enumerar os quatro principais grupos de compostos químicos utilizados no controle de microrganismos e citar um exemplo da aplicação de uma substância específica de cada grupo.

2 Descrever o modo pelo qual as substâncias dos diferentes grupos de agentes químicos matam ou inibem os microrganismos.

3 Além da atividade antimicrobiana, quais características adicionais desejáveis os agentes destes grupos químicos possuem?

Avaliação do Poder Antimicrobiano dos Desinfetantes e Anti-sépticos

Técnicas laboratoriais são utilizadas para determinar o potencial antimicrobiano dos agentes químicos, possibilitando a escolha de desinfetantes e anti-sépticos apropriados. Entretanto, é necessário enfatizar que um único método laboratorial não pode avaliar *todos* os compostos químicos microbicidas. Um microbiologista deve escolher um método para um agente químico específico que assegure resultados significativos e reprodutíveis.

Os três procedimentos amplamente utilizados no laboratório são a ***técnica de diluição em tubo***, a ***técnica de inoculação em placas*** e a ***técnica do coeficiente fenólico***. Em cada procedimento, o agente químico é testado contra um microrganismo específico denominado *organismo-teste* (usualmente *Staphylococcus aureus* ou *Salmonella typhi*, que são representativos de bactérias patogênicas Gram-positivas e Gram-negativas, respectivamente).

Técnica da Diluição em Tubo

Neste método, o microbiologista faz várias diluições do agente químico e distribui um volume igual (por exemplo, 5,0 ml) de cada diluição em tubos de ensaios esterilizados. Uma quantidade específica (por exemplo, 0,1 ml) da suspensão do organismo-teste é adicionada em cada tubo. Em intervalos de tempo definidos, transfere-se o material desses tubos para outros tubos contendo caldo nutriente estéril (Figura 8.6A, caderno em cores). Os tubos inoculados são incubados por 24-48 horas e, então, examinados quanto ao crescimento microbiano (turvação). Nenhum crescimento (caldo límpido) indica a diluição na qual o agente químico matou o organismo no período de tempo em que foi exposto.

Técnica da Inoculação em Placa

Em vez de utilizar meios líquidos em tubos, você pode medir o potencial antimicrobiano com meios solidificados que claramente mostram as áreas de inibição de crescimento. Uma placa de ágar nutriente é inoculada com o organismo-teste, e o agente químico é colocado no centro da placa. Se o agente químico for líquido, um disco de papel de filtro impregnado com a solução pode ser colocado no meio, ou um pequeno volume da solução é colocado em um cilindro oco depositado na superfície do ágar. Após a incubação de 24-48 h, a placa é observada buscando-se uma zona de inibição (ausência de crescimento) ao redor do agente testado (Figura 8.6B, caderno em cores). Ungüentos ou pomadas podem ser testados com esta técnica.

Pode-se realizar uma modificação da técnica de inoculação em placas por meio da qual, inicialmente, o agente químico é incorporado ao ágar nutriente, que é então distribuído na placa. O meio é inoculado com o organismo-teste, incubado e então examinado para avaliar o crescimento microbiano (Figura 8.6C, caderno em cores).

Técnica do Coeficiente Fenólico

O método do coeficiente fenólico é uma técnica de diluição em tubo modificada, altamente padronizada. Este procedimento é adotado pela Association of Official Analytical Chemists e U. S. Food and Drug Administration. O *coeficiente fenólico* pode ser definido como *o poder de um desinfetante-teste em matar um microrganismo comparado com aquele apresentado pelo fenol*. Utilizado extensivamente para testar desinfetantes, esta técnica utiliza cepas específicas de *Salmonella typhi* ou *Staphylococcus aureus*. O procedimento é ilustrado na Figura 8.7 e pode ser resumido como:

1. É preparada uma série de tubos de ensaio contendo 5,0 ml de diferentes diluições do desinfetante a ser testado.

2. Também é preparada uma série de tubos de ensaio contendo várias diluições do fenol.

3. Os tubos de ambas as séries são inoculados com 0,5 ml de uma cultura da bactéria-teste de 24 horas de cultivo.

4. Em intervalos de 5, 10 e 15 min, uma amostra de cada tubo é retirada com uma alça de semeadura calibrada e transferida para outros tubos de ensaio contendo meio de cultura estéril.

5. Os tubos da subcultura são incubados por 24-48 h e examinados quanto ao seu crescimento.

6. A maior diluição do desifentante que matar o organismo-teste em 10 min, mas não em 5 min, é dividida pela maior diluição do fenol que apresenta o mesmo resultado. O número obtido é o coeficiente fenólico para o desinfetante em questão. A Tabela 8.5 mostra um exemplo dos resultados obtidos neste teste.

Responda	
1	Citar três métodos utilizados para avaliar o poder antimicrobiano dos agentes químicos.
2	Qual dessas técnicas poderia ser mais adequada para avaliar ungüentos ou pomadas?

Esterilizantes Químicos

Esterilizantes químicos são particularmente utilizados para a esterilização de materiais médicos sensíveis ao calor, como bolsas de sangue para transfusão, seringas plásticas descartáveis e equipamentos de cateterização. Também são utilizados para esterilizar ambientes fechados, incluindo câmaras assépticas utilizadas para procedimentos que de-

Figura 8.7 Ilustração esquemática da técnica do coeficiente fenólico para avaliar o poder antimicrobiano de um desinfetante. A eficiência antibacteriana de várias diluições do produto (desinfetante X) é comparada com aquela das várias diluições do fenol (padrão). Os números referem-se a cada etapa descrita no texto. O cálculo do coeficiente fenólico é realizado como mostrado na TabelaA 8.5.

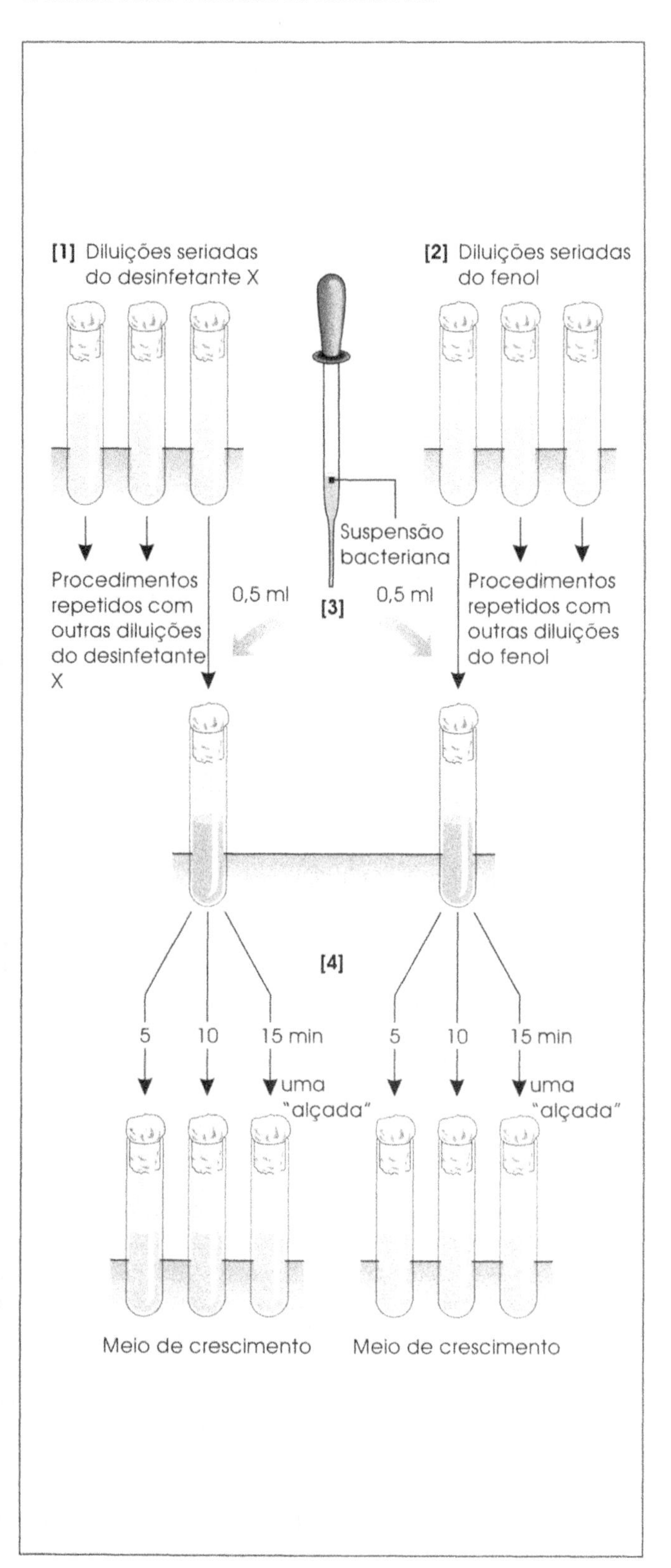

vem ser livres de microrganismos. Os principais esterilizantes químicos utilizados são *óxido de etileno, β-propiolactona, glutaraldeído* e *formaldeído*.

Tabela 8.5 Um exemplo do tipo de resultado obtido com o método do coeficiente fenólico na avaliação de desinfetantes – organismo-teste *salmonella typhi* *.

		Crescimento nos tubos de subcultivos		
Desinfetante	**Diluição**	**5 min**	**10 min**	**15 min**
Desinfetante X	1:100	–	–	–
	1:125	+	–	–
	1:150	+	–	–
	1:175	+	+	–
	1:200	+	+	+
Fenol	**1:90**	+	–	–
	1:100	+	+	+

Coeficiente fenólico do desinfetante X = 150/90 = 1,6

* – Ausência de crescimento
+ Presença de crescimento

Óxido de Etileno

O óxido de etileno é um composto orgânico com a seguinte estrutura cíclica:

$$H_2C\!-\!CH_2 \text{ (ligados por O)}$$

O óxido de etileno é líquido a temperaturas abaixo de 10,8°C, mas acima desta temperatura torna-se um gás. Seus vapores são altamente irritantes para os olhos e mucosas, e ele é inflamável mesmo em baixas concentrações. Este problema de segurança tem sido superado pela preparação de misturas de óxido de etileno com dióxido de carbono e Freon, que são gases não-inflamáveis. Esta mistura mantém a atividade microbicida do óxido de etileno, que mata não somente células vegetativas de microganismos mas também endósporos bacterianos (Figura 8.8).

Outra característica importante e desejável do óxido de etileno é o seu poder de penetração. Ele atravessa e esteriliza o interior de grandes pacotes com objetos, roupas e mesmo certos plásticos. Assim certos materiais, como seringas, podem ser acondicionados e então esterilizados. Entretanto, uma das desvantagens do óxido de etileno é a baixa velocidade de ação contra os microrganismos, necessitando de várias horas de exposição (algumas vezes uma noite) para ser eficiente.

Aplicações Práticas do Óxido de Etileno. A utilização eficiente do óxido de etileno requer o controle preciso da concentração, temperatura e umidade. Algumas autoclaves

Figura 8.8 Inativação de esporos de *Bacillus subtilis* impregnados em tiras de papel pelo óxido de etileno (1.200 mg/l) e 40% de umidade relativa, em várias temperaturas. (Cortesia de R. R. Ernst, "Ethylene Oxide Gaseous Sterilization for Industrial Applications". In: G. B. Phillips e W. S. Miller, eds., *Industrial Sterilization*, Durham, N.C., Duke University Press, 1973).

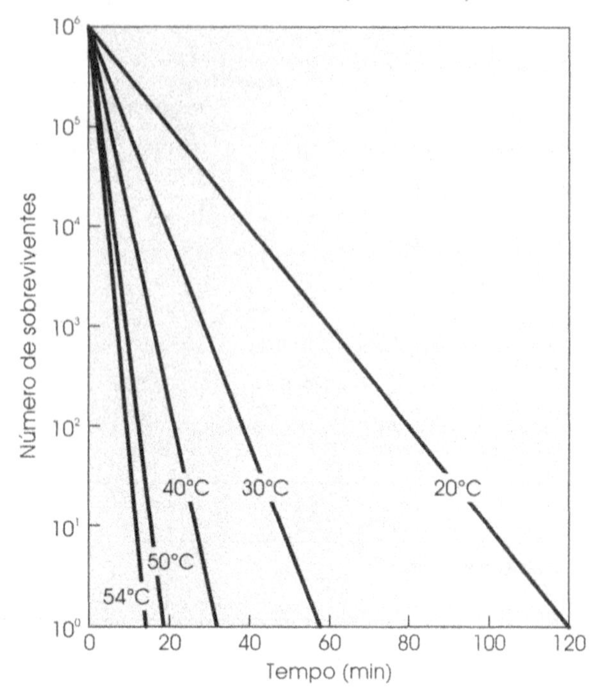

modernas são equipadas para manter condições ótimas para a utilização do óxido de etileno. Além de ser utilizado rotineiramente para a esterilização de materiais médicos e laboratoriais, o óxido de etileno tem sido utilizado no programa espacial pelos cientistas americanos e russos para a descontaminação dos componentes das naves espaciais.

Mecanismo de Ação do Óxido de Etileno. O óxido de etileno inativa enzimas e outras proteínas que têm átomos de hidrogênio lábeis, como em grupos sulfidrilas. Esta reação é denominada alquilação. O anel da molécula do óxido de etileno se rompe para formar $-CH_2CH_2O-$, que se insere entre os átomos de enxofre e hidrogênio do grupo sulfidrila:

$$\underset{\text{Óxido de etileno}}{H_2C\overset{O}{—}CH_2} + \underset{\text{Enzima ativa}}{R-SH} \rightarrow \underset{\text{Enzima inativa}}{R-S-CH_2CH_2O-H}$$

β-Propiolactona

Este composto é um líquido incolor em temperatura ambiente, com ponto de ebulição de 155°C, e tem a seguinte estrutura:

$$\begin{matrix} CH_2 - CH_2 \\ | \quad\quad | \\ O — C{=}O \end{matrix}$$

A β-propiolactona não é inflamável como o óxido de etileno, mas apresenta uma característica indesejável, a de causar bolhas quando em contato com a pele e irritação nos olhos. É bactericida, esporicida, fungicida e viricida. Não apresenta o poder de penetração demonstrado pelo óxido de etileno, mas é consideravelmente mais ativa contra os microrganismos. Somente 2 a 5 mg/l de β-propiolactona são requeridos para fins de esterilização dos materiais, enquanto são necessários 400 a 800 mg/l de óxido de etileno. Entretanto, em virtude do baixo poder de penetração e de sua provável propriedade carcinogênica, sua utilização como agente esterilizante foi restringida.

Glutaraldeído

O glutaraldeído é um líquido oleoso, incolor, com a seguinte estrutura:

$$OHC-CH_2-CH_2-CH_2-CHO$$

Uma solução aquosa a 2% deste agente químico tem um largo espectro de atividade antimicrobiana. É efetivo contra vírus, células vegetativas e esporuladas de bactérias e fungos. É utilizado na medicina para esterilizar instrumentos urológicos, lentes de instrumentos, equipamentos respiratórios e outros equipamentos específicos.

Formaldeído

O formaldeído tem uma estrutura química simples (HCHO). É um gás que se mostra estável somente em altas concentrações e em temperaturas elevadas. É extremamente tóxico e seus vapores são intensamente irritantes às mucosas. Em temperatura ambiente, o formaldeído gasoso polimeriza-se, formando uma substância sólida incolor chamada *paraformaldeído* que rapidamente libera formaldeído pelo aquecimento. O formaldeído é também comercializado em solução aquosa como *formalina*, que contém 37 a 40 % (p/v) da substância. O metanol é usualmente adicionado (10 a 15%) para prevenir a polimerização do formaldeído.

O formaldeído em solução é utilizado para a esterilização de certos instrumentos. Na forma gasosa pode ser utilizado para desinfecção e esterilização de áreas fechadas. A umidade e a temperatura têm uma grande influência sobre a ação microbicida do formaldeído; a fim de esterilizar uma área fechada, a temperatura deve estar próxima de 22°C e a umidade relativa entre 60 e 80%. Uma das desvantagens desse processo é a capacidade limitada de penetração dos vapores de formaldeído em superfícies cobertas.

O formaldeído é um composto químico extremamente reativo e sua atividade microbicida parece dever-se à

Figura 8.9 Resumo esquemático dos sítios e mecanismos de ação de vários compostos químicos antimicrobianos.

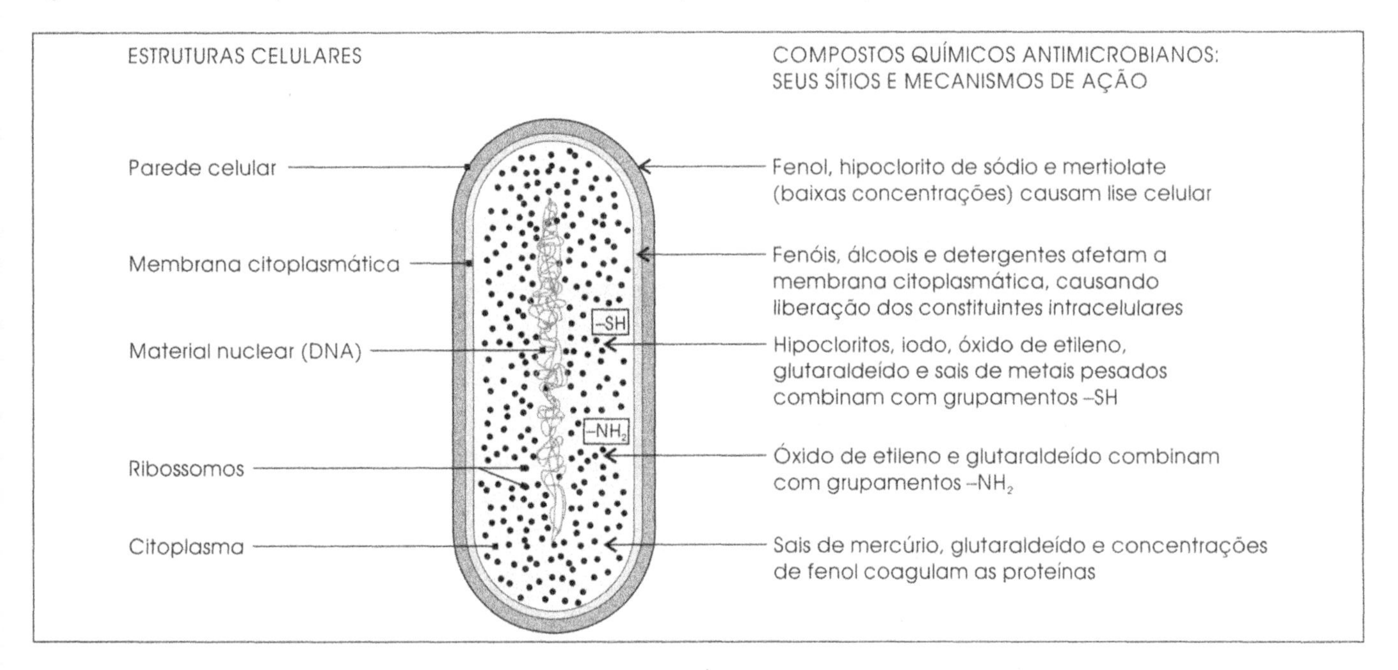

capacidade de inativar constituintes celulares, como proteínas e ácidos nucléicos. As células vegetativas são destruídas mais rapidamente com o formaldeído do que as formas esporuladas.

A Figura 8.9 resume os sítios e os mecanismos de ação dos vários compostos químicos antimicrobianos.

Responda

1 Qual é a principal característica do óxido de etileno como agente esterilizante?

2 Como a β-propiolactona pode ser comparada com outros esterilizantes químicos quanto ao poder antimicrobiano e a outras propriedades?

Resumo

1. Agentes químicos antimicrobianos são denominados com uma terminologia especializada. Esta terminologia pode indicar se os agentes matam os microrganismos ou meramente inibem o seu crescimento e que grupos de microrganismos são afetados. Pode também descrever a provável aplicação do agente (por exemplo, anti-séptico, desinfetante, sanificante, esterilizante).

2. Não há um único agente químico que seja o de escolha para cada aplicação específica. O conhecimento das características de um agente antimicrobiano ideal é útil na seleção de um agente para um propósito específico e pode auxiliar no desenvolvimento de um agente melhor.

3. O modo pelo qual os desinfetantes e anti-sépticos causam lesão nas células microbianas varia com o agente. Como exemplos, o fenol lesa a membrana citoplasmática; o iodo combina com a tirosina das proteínas, inativando-as; o hipoclorito origina um poderoso agente oxidante; e os metais pesados combinam com os grupos sulfidrilas das proteínas.

4. O poder antimicrobiano de um agente químico pode ser medido pela técnica da diluição em tubo, técnica da inoculação em placa, ou pela técnica do coeficiente fenólico.

5. Poucos agentes químicos podem ser utilizados como esterilizantes seja na forma gasosa seja solução aquosa. O gás do óxido de etileno é largamente utilizado para esterilizar materiais termossensíveis. Outros agentes químicos esterilizantes como a β-propiolactona, glutaraldeído e formaldeído têm suas limitações.

Palavras-Chave

Agentes antimicrobianos
Anti-séptico
Cloraminas
Compostos quaternários de amônio
Desinfecção
Desinfetantes
Detergentes
Detergentes aniônicos
Detergentes catiônicos
Detergentes não-iônicos
Detergentes sintéticos
Estéril
Esterilizante
Germicida
Hipocloritos
Iodóforos
Sabão
Sanificar
Surfactante
Técnica da diluição em tubo
Técnica de inoculação em placa
Técnica do coeficiente fenólico
Tintura

Revisão

TERMINOLOGIA DOS AGENTES ANTIMICROBIANOS

1. _______________ é um processo que mata todas as formas de vida microbiana.

2. Uma substância que é usualmente aplicada no corpo humano e se opõe à sépsis, isto é, que destrói organismos ou inibe o seu crescimento e metabolismo, é chamada de __________.

3. Um agente que mata todas as formas vegetativas de microrganismos patogênicos mas não necessariamente as formas esporuladas é denominado _______________.

4. Quais das seguintes afirmações contêm um termo utilizado incorretamente para denotar resultados antimicrobianos?

(**a**) O item é sanificado.

(**b**) O item é desinfetado.

(**c**) O item é quase estéril.

5. Quais dos seguintes termos é o mais próximo de microbicida?

(**a**) anti-séptico

(**b**) bactericida

(**c**) esterilizante

(**d**) germicida

(**e**) saneador

6. Quais são as duas características distintas dos saneadores?

(**a**) ______________________________

(**b**) ______________________________

7. Quais dos seguintes processos não são necessariamente esporicidas?

(**a**) saneamento

(**b**) desinfecção

(**c**) anti-sepsia

(**d**) esterilização

8. Citar duas instituições federais americanas que regulamentam os agentes antimicrobianos.

(**a**) ______________________________

(**b**) ______________________________

CARACTERÍSTICAS DE UM AGENTE QUÍMICO IDEAL

9. Listar cinco características que são desejáveis em um agente químico antimicrobiano ideal.

(**a**) ______________________________

(**b**) ______________________________

(**c**) ______________________________

(**d**) ______________________________

(**e**) ______________________________

10. Em geral, um agente químico antimicrobiano ideal tem um__________espectro de atividade.

PRINCIPAIS GRUPOS DE DESINFETANTES E ANTI-SÉPTICOS

11.Ácido carbólico é sinônimo de ______________________________.

12. Em 1880, Joseph Lister utilizou o __________ como um desinfetante, com o objetivo de diminuir as infecções durante a cirurgia.

13. Compostos fenólicos como o *o*-fenilfenol têm um poder antimicrobiano __________do que o fenol.

14. O fenol e seus derivados matam ou inibem os microrganismos pela desnaturação de suas proteínas e lesão da ______________________________.

15. Soluções de álcool etílico em concentrações de _____ a _____% têm uma boa propriedade anti-séptica.

16. O álcool metílico é menos utilizado que o álcool etílico como agente antimicrobiano por duas razões: (1) tem menor atividade antimicrobiana e (2) é __________ para os tecidos.

17. O iodo e o cloro pertencem a um grupo de elementos denominados __________.

18. Os produtos liberados resultantes da reação do cloro (Cl_2) com a água (H_2O) são __________________ e __________________.

19. Iodóforos são misturas de iodo com compostos que atuam como __________.

20. Na utilização do cloro e seus derivados, a concentração residual de cloro livre deve ser de ______________________________ mg/litro.

21. A ação antimicrobiana do cloreto de mercúrio ocorre por meio de uma reação com o grupo____________________ de enzimas e outras proteínas celulares.

22. O sulfato de cobre é efetivo como um ____________________ em piscinas e reservatórios de água.

23. O metal pesado utilizado para prevenir a infecção gonocócica ocular de recém-nascidos é o __________.

24. Ceepryn é um exemplo de detergente __________, enquanto o dodecil sulfato é um exemplo de detergente __________.

25. Detergentes __________ são mais germicidas do que os detergentes __________.

26. O efeito bacteriostático dos compostos quaternários de amônio é consideravelmente ______________________________ do que seu efeito bactericida.

27. Associar cada substância na coluna da direita que melhor descreve o termo da esquerda:

_____ Anti-séptico	(**a**) Álcool isopropil a 70%
_____ Algicida	(**b**) Sulfato de cobre
_____ Purificação de água	(**c**) Composto quaternário de amônio
_____ Saneador	(**d**) Cloro gasoso comprimido
_____ Desinfetante	(**e**) Lysol

AVALIAÇÃO DO PODER ANTIMICROBIANO DOS DESINFETANTES E ANTI-SÉPTICOS

28. Um meio de ágar liquefeito é inoculado com uma cultura de bactéria-teste e é vazado em uma placa de Petri. Um disco de papel impregnado com um agente químico é colocado na superfície do ágar solidificado e então incubado. Se o agente tem propriedades antimicrobianas, estes serão indicados por ____.

29. Para testar a atividade antibacteriana por meio do método da diluição em tubo, um agente químico é adicionado em um tubo de ensaio contendo meio de cultura, inoculado com a bactéria-teste e incubado. Após este procedimento, não há crescimento bacteriano. Isto pode ser explicado por duas maneiras: (1) o composto químico é um agente __________________________ ou (2) o composto químico é um agente ______________________.

30. No teste do coeficiente fenólico, a maior diluição do agente químico X que mata o *Staphylococcus aureus* em 10 min, mas não em 5 min, foi 1:200. Sob condições similares, a maior diluição do fenol que alcança o mesmo efeito foi 1:100. Portanto, o coeficiente fenólico do agente X é

____________________________.

31. Duas características importantes do óxido de etileno como um agente antimicrobiano são alta __________ e alto _________.

32. O óxido de etileno puro é inflamável e explosivo. Estas propriedades podem ser eliminadas misturando o óxido de etileno com ______________ ou ________________.

33. O óxido de etileno exibe atividade antimicrobiana pelas reações de __________ com os compostos, como as enzimas e outras proteínas.

34. Uma das limitações da β-propiolactona no controle microbiológico é a baixa capacidade de

____.

35. Dois aldeídos químicos que podem ser utilizados em solução para esterilizar equipamentos médicos especiais são ____________ e ___________.

Questões de Revisão

1. Diferenciar os seguintes pares de termos:

   (a) esterilização e desinfecção

   (b) saneamento e desinfecção

   (c) germicida e bactericida

   (d) bacteriostático e bactericida

2. É correto dizer que uma substância é "quase" estéril? Explicar.

3. Descrever várias condições que podem influenciar a eficiência de um agente químico antimicrobiano quando utilizado em situações práticas.

4. Listar as principais categorias de agentes químicos antimicrobianos. Citar um exemplo específico de cada categoria e descrever uma aplicação prática de cada substância.

5. Descrever várias maneiras pelas quais os agentes químicos podem lesar (matar ou inibir) os microrganismos. Citar exemplos específicos.

6. O que significa um coeficiente fenólico de 5,0?

7. Citar os organismos-testes utilizados na determinação dos coeficientes fenólicos.

8. Citar algumas vantagens de utilizar o óxido de etileno como agente esterilizante. Há alguma desvantagem? Explicar.

9. Comparar as propriedades esterilizantes da β-propiolactona com o óxido de etileno. Explicar.

Questões para Discussão

1. Citar várias razões que indiquem por que um único agente químico não é o melhor para o controle de populações microbianas em todas as situações práticas.

2. Que efeitos a presença de material orgânico tem na eficiência dos halogênios quando utilizado sob condições práticas? Justificar.

3. Quais são as semelhanças e diferenças entre um composto químico desinfetante e um anti-séptico?

4. Um novo desinfetante é avaliado quanto ao poder antimicrobiano por meio da técnica da diluição em tubo e da técnica da inoculação em placas. O resultado da técnica da inoculação em placas mostrou pouca atividade antimicrobiana, enquanto o resultado da técnica da diluição em tubo mostrou um alto nível de atividade antimicrobiana. Como isto pode ser explicado?

5. De que maneira a esterilização com óxido de etileno é comparável à esterilização por meio de feixes eletrônicos de alta energia ou radiações gama?

Parte IV

Os Principais Grupos de Microrganismos

Capítulo 9

O Principal Grupo de Microrganismos Procarióticos: as Bactérias

Objetivos

Após a leitura deste capítulo, você deve ser capaz de:

1. Descrever os dois principais grupos de bactérias.
2. Listar as principais características que diferenciam os subgrupos de eubactérias Gram-negativas.
3. Dar as principais características que diferenciam os vários subgrupos de eubactérias Gram-positivas.
4. Identificar a característica distintiva dos micoplasmas.
5. Discutir as diferenças entre os quatro principais grupos de arqueobactérias.

Introdução

Existem centenas de gêneros e milhares de espécies de bactérias, representando uma ampla variedade de propriedades morfológicas e fisiológicas. Quanto à morfologia, muitas bactérias são simples, mas algumas possuem formas e arranjos incomuns. Algumas são capazes de viver em ambientes extremos devido à capacidade metabólica única que apresentam. Como já foi visto, as bactérias são ubíquas e diversificadas, desenvolvendo-se em quase todos os lugares da terra. A admirável organização das bactérias pode ser compreendida se considerarmos alguns gêneros típicos dos principais grupos de bactérias. As bactérias que causam doenças, por motivos óbvios, têm sido estudadas com grande detalhe, mas outras bactérias são igualmente interessantes devido à forma, a hábitos estranhos, exigências nutricionais ou interações entre si e com organismos superiores. Enfatizando as propriedades distintas destes poucos gêneros, este capítulo facilitará a compreensão e a recapitulação dos vários tipos de bactérias, permitindo apreciar a maravilhosa diversidade da vida bacteriana.

Manual de Sistemática Bacteriana de Bergey

Onde os microbiologistas se informam a respeito de um gênero ou espécie particular de bactéria? As bactérias têm sido descritas em vários livros e artigos, mas uma publicação é considerada única devido à ampla abordagem sobre o assunto – o *Bergey's Manual of Systematic Bacteriology.* O manual é um trabalho de referência internacional, resultado de um esforço cooperativo de centenas de microbiologistas, cada um como autoridade em algum grupo de bactérias. Contém não só descrições de todos os gêneros e espécies estabelecidos, mas também fornece uma organização prática para a diferenciação destes organismos, juntamente com esquemas e tabelas de classificação apropriados.

Responda

1 Se você quiser a descrição de um gênero ou espécie de uma bactéria particular, que livro deverá consultar?

2 Por que esse livro é considerado a principal referência para a classificação e identificação bacteriana?

Tabela 9.1 Principais grupos de bactérias.

Eubactéria	
Parede celular presente	**Parede celular ausente**
Gram-negativos:	Micoplasmas
Espiroquetas	
Bacilos encurvados aeróbios e microaerófilos	
Bacilos e cocos aeróbios	
Bacilos anaeróbios facultativos	
Bactérias anaeróbias	
Riquétsias e clamídias	
Fototróficos anoxigênicos	
Fototróficos oxigênicos	
Bactérias deslizantes	
Bactérias com bainha	
Bactérias gemulantes e/ou apendiculadas	
Quimiolitotróficos	
Gram-positivos:	
Cocos	
Bactérias esporuladas	
Bacilos com forma regular	
Bacilos com forma irregular	
Micobactérias	
Actinomicetos	
Arqueobactéria	
Produtores de metano	Termoplasmas
Bactérias halofílicas extremas	
Arqueobactérias dependentes de enxofre	

Eubactéria e Arqueobactéria

Como descrito no início deste livro, existem dois grupos principais de bactérias – *eubactéria* e *arqueobactéria* (Tabela 9.1). Algumas das muitas diferenças fundamentais entre estes dois grupos são:

1. As paredes celulares das eubactérias possuem peptideoglicano (cuja composição inclui o ácido murâmico e os D-aminoácidos), enquanto as paredes celulares das arqueobactérias são constituídas de proteínas ou polissacarídeos.

2. Os fosfolipídeos na membrana citoplasmática de eubactérias são diferentes em sua estrutura química dos encontrados em arqueobactérias. Em vez de conter ácidos graxos de cadeia longa, as arqueobactérias contêm álcoois de cadeia longa ramificada denominados ***fitanóis***.

3. A síntese protéica em eubactérias é significativamente diferente daquela em arqueobactérias. Por exemplo, em eubactérias o aminoácido usado para iniciar a cadeia protéica é sempre a formilmetionina, enquanto em arqueobactérias é sempre a metionina.

Além do mais, as arqueobactérias são notáveis por formarem produtos finais incomuns do metabolismo, que as eubactérias não podem produzir (como o gás metano), ou por habitar ambientes extremamente adversos que muitas eubactérias não podem tolerar. Conforme o sistema de classificação proposto por Woese (Capítulo 2), cada um desses grupos constitui um reino na árvore evolucionária.

Responda

1 Em qual dos dois principais grupos de bactérias está presente o peptideoglicano constituído por ácido murâmico?

2 Qual dos dois principais grupos de bactérias apresentam fosfolipídeos com álcoois de cadeia longa ramificada em vez de ácidos graxos?

3 Em qual dos dois principais grupos de bactérias a formilmetionina é usada para iniciar a síntese da cadeia protéica?

As Eubactérias

As eubactérias podem ser divididas em três grupos principais de acordo com a presença ou a ausência de parede celular e, quando presentes, no tipo de parede celular. As bactérias que formam estes três grupos – as eubactérias Gram-negativas, as eubactérias Gram-positivas e os micoplasmas – estão relacionados na Tabela 9.1. Como descrito anteriormente neste livro, por meio da técnica de coloração de Gram, os microrganismos Gram-negativos aparecem corados em rosa ao microscópio, enquanto os microrganismos Gram-positivos aparecem corados em violeta-púrpura.

Eubactérias Gram-negativas

Além do aspecto característico na coloração de Gram, as eubactérias Gram-negativas possuem uma parede celular complexa composta de uma membrana externa que recobre uma camada muito delgada de peptideoglicano. Muitos dos gêneros bacterianos mais familiares e bem estudados pertencem a este grupo. As eubactérias Gram-negativas podem ser divididas em subgrupos conforme suas características morfológicas e fisiológicas, tais como motilidade e necessidade de oxigênio (Tabela 9.2).

Espiroquetas. Os espiroquetas são bactérias helicoidalmente espiraladas, flexíveis, que se torcem e contorcem. Muitas são tão finas que não podem ser facilmente visualizadas por meio da coloração de Gram, mas podem ser observadas mediante preparações a fresco em microscopia de campo escuro.

Os espiroquetas são móveis, mas diferem de outras bactérias Gram-negativas flageladas na localização de seus flagelos. Em vez de se estenderem para fora das células como os flagelos comuns, os flagelos dos espiroquetas localizam-se sob a membrana externa (geralmente denominada *bainha externa* em espiroquetas). Conseqüentemente, foi-lhes dado um nome especial, *flagelo periplásmico* (Figuras 4.10 e 9.1).

Figura 9.1 Micrografia eletrônica de *Spirochaeta stenostrepta* mostrando a estrutura anatômica. Coloração negativa.

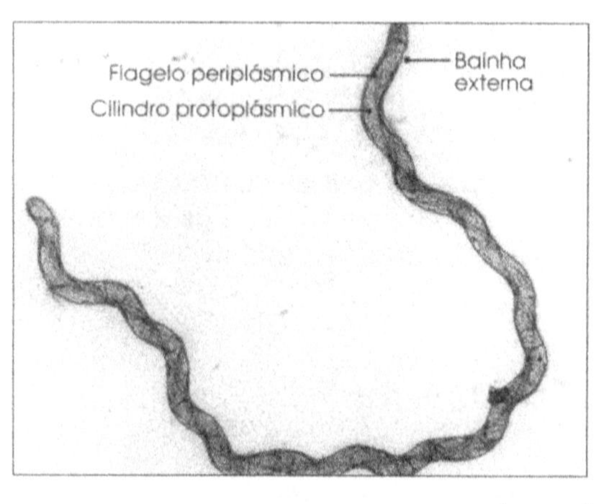

Figura 9.2 Coloração de Giemsa de uma amostra de sangue de paciente com febre recorrente, mostrando o agente etiológico, a *Borrelia recurrentis*. Os objetos grandes circulares são as células sangüíneas vermelhas.

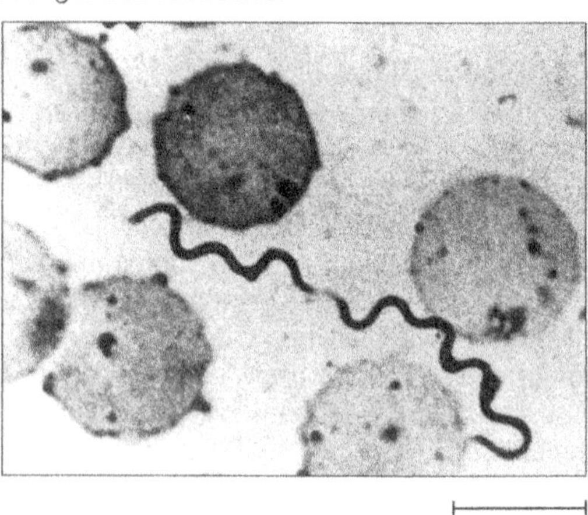

Figura 9.3 Micrografia eletrônica de *Aquaspirillum serpens*, um membro do grupo de *bacilos encurvados aeróbios ou microaerófilos*, mostrando tufos de flagelos polares.

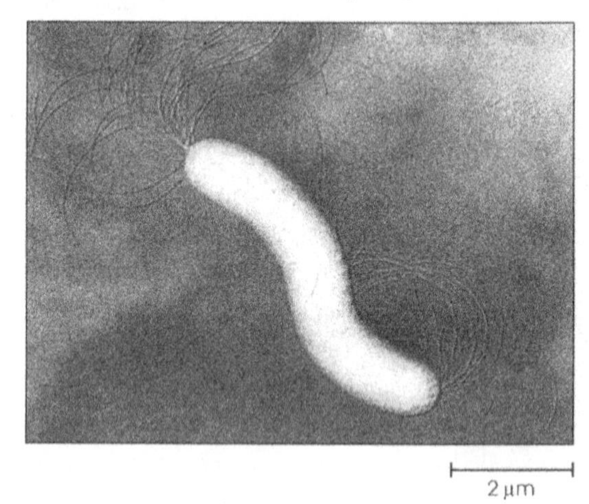

Figura 9.4 Fotomicrografia de contraste de fase mostrando vibriões roliços e células retas de *Azospirillum brasilense*, um membro fixador de nitrogênio do grupo de *bacilos encurvados aeróbios ou microaeróflos*.

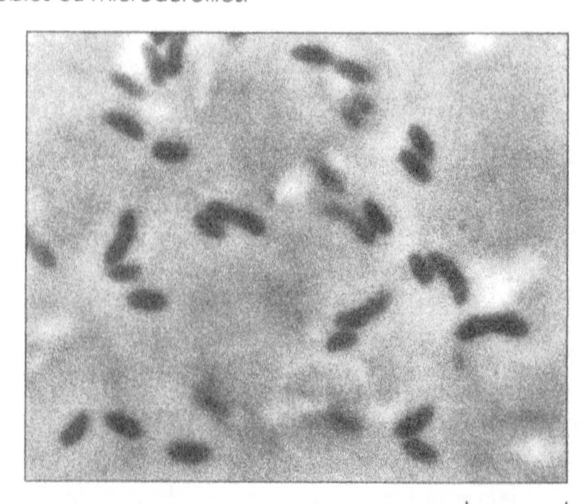

Tabela 9.2 Resumo dos principais grupos de eubactérias Gram-negativas.

Grupo	Principais características	Gêneros representativos
Espiroquetas	Helicoidais; flexíveis; possuem flagelo periplásmico; vivem na água e lodo, em insetos, animais e seres humanos; vários são patógenos humanos	*Borrelia, Cristispira, Leptospira, Spirochaeta, Treponema*
Bacilos encurvados aeróbios ou microaerófilos	Helicoidais, em forma de vibrião ou de anel; móveis com flagelo polar ou imóveis; vivem na água ou no solo ou são parasitas de animais; alguns são patógenos humanos	*Aquaspirillum, Azospirillum, Bdellovibrio, Campylobacter, Flectobacillus, Oceanospirillum, Spirosoma*
Cocos e bacilos aeróbios	Bastonetes ou cocos; alguns vivem na água ou no solo; alguns são patógenos humanos, de animais ou plantas	*Acetobacter, Agrobacterium, Azotobacter, Bordetella, Brucella, Francisella, Legionella, Methylococcus, Moraxella, Neisseria, Rhizobium, Xanthomonas*
Bacilos anaeróbios facultativos	Bastonetes retos ou vibriões; muitos habitam o instestino do homem ou de animais e alguns são patogênicos; outros vivem no solo ou na água ou nas plantas	*Enterobacter, Erwinia; Escherichia, Haemophilus, Pasteurella, Proteus, Salmonella, Serratia, Shigella, Vibrio, Yersinia*
Bactérias anaeróbias	Bastonetes retos, encurvados ou helicoidais e cocos; alguns estão presentes no ambiente e formam H_2S; outros vivem no trato intestinal e causam infecções teciduais	*Bacteroides, Desulfovibrio, Fusobacterium, Megasphaera, Veillonella*
Riquétsias e clamídias	Forma de bastonetes a cocóides; necessitam de hospedeiros vivos para se desenvolver; muitos são patogênicos para o homem ou animais	*Chlamydia, Coxiella, Rickettsia, Rochalimaea*
Fototróficos anoxigênicos	Anaeróbios que usam a luz como fonte de energia e não produzem o oxigênio; bactérias "púrpuras" e "verdes"; vivem em ambientes aquáticos; não-patogênicos	*Chlorobium, Chromatium, Rhodomicrobium, Rhodopseudomonas, Rhodospirillum*
Fototróficos oxigênicos	Usam a luz como fonte de energia e produzem o oxigênio; comumente denominados cianobactérias; vivem no solo e na água; não-patogênicos	*Anabaena, Cylindrospermum, Gloeocapsa, Gloeotrichia, Oscillatoria*
Bactérias deslizantes	Bastonetes ou filamentos sem flagelos que deslizam através de superfícies úmidas; alguns possuem um ciclo de vida complexo e formam corpos de frutificação; vivem no solo e na água; não-patogênicos	*Beggiatoa, Chondromyces, Cytophaga, Flexibacter, Herpetosiphon, Saprospira, Simonsiella, Stigmatella.*
Bactérias com bainha	Bastonetes em cadeia ou filamentos envolvidos por uma bainha tubular; saprófitas aquáticos; não-patogênicos	*Crenothrix, Leptothrix, Sphaerotilus*
Bactérias gemulantes e/ou apendiculadas	Reproduzem-se assimetricamente por brotamento e/ou formam prostecas ou pedúnculos; saprófitas aquáticos e do solo; não-patogênicos	*Ancalomicrobium, Blastocaulis/Planctomyces, Caulobacter, Gallionella, Hyphomicrobium*
Quimiolitotróficos	Obtêm energia pela oxidação da amônia; nitrito, compostos sulfurados reduzidos, ferro ou manganês; muitos são autotróficos; ocorrem no solo e na água; não-patogênicos	*Nitrobacter, Nitrococcus, Nitrosolobus, Nitrosomonas, Siderocapsa, Thiobacillus, Thiospira*

Alguns espiroquetas, como o gênero *Spirochaeta*, estão presentes na água, no lodo e nos sedimentos marinhos. São *saprófitas*, o que significa que vivem em meio orgânico inanimado. Outros espiroquetas obtêm nutrientes de hospedeiros vivos e, portanto, são *parasitas*. Por exemplo, o gênero *Cristispira* vive somente em moluscos marinhos e de água doce. Alguns espiroquetas causam doenças; estes patógenos incluem o agente etiológico da sífilis, *Treponema pallidum*, e espécies de *Borrelia*, que causam a febre recorrente e a doença de Lyme e são disseminados por meio de carrapatos ou piolhos infectados (Figura 9.2).

Figura 9.5 O ciclo de vida de *Bdellovibrio*, um membro do grupo de *bactérias encurvadas aeróbias ou microaerófilas*. Um bdelovíbrio fixa-se a uma bactéria hospedeira, penetra através da parede celular e cresce no espaço periplásmico (entre a parede e a membrana citoplasmática) como uma forma longa e espiralada que eventualmente fragmenta-se em nova progênie de bdelovíbrios. A célula hospedeira é destruída no processo.

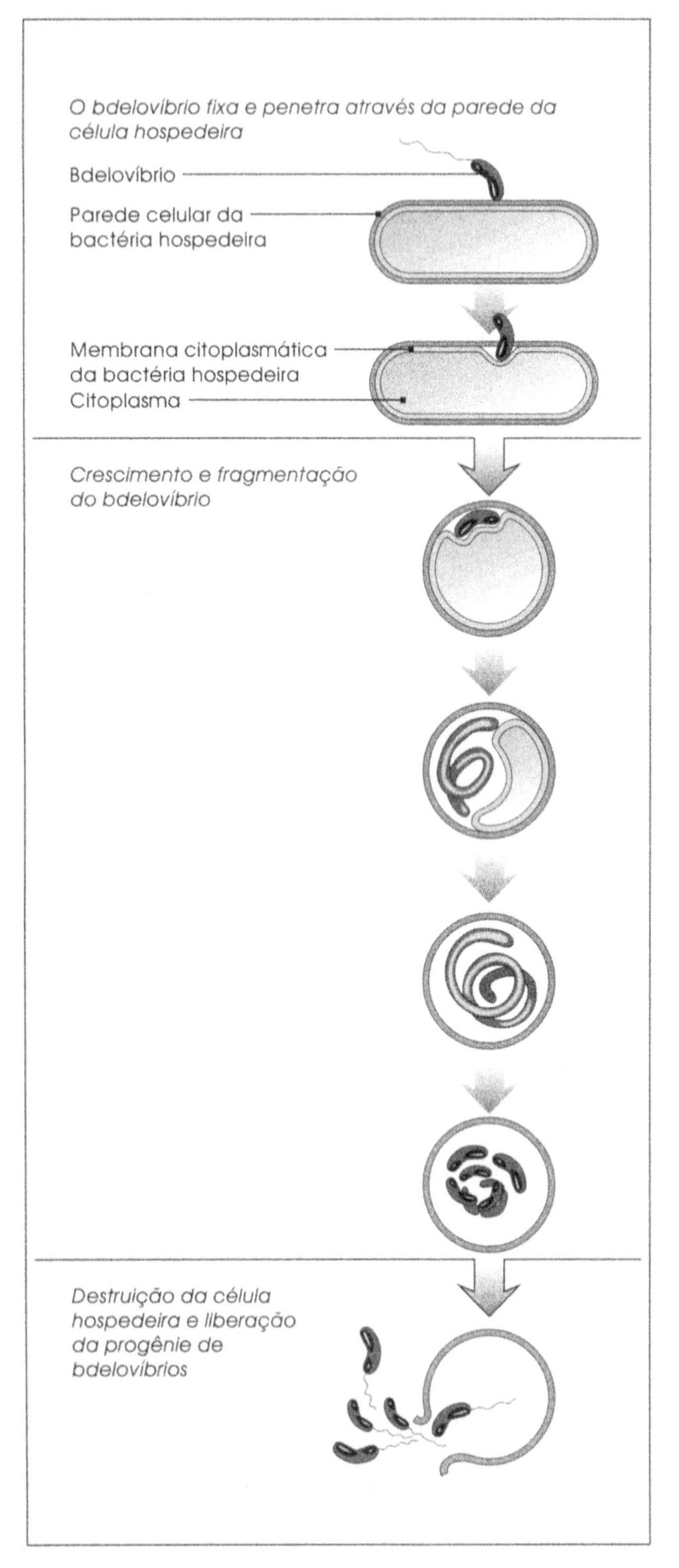

Figura 9.6 Dois membros em forma de anel do grupo de *bacilos encurvados aeróbios ou microaerófilos*. [**A**] Fotomicrografia de contraste de fase de células de *Spirosoma*, mostrando anéis e espiras.[**B**] Desenho de células de *Flectobacillus*, mostrando anéis e espiras.

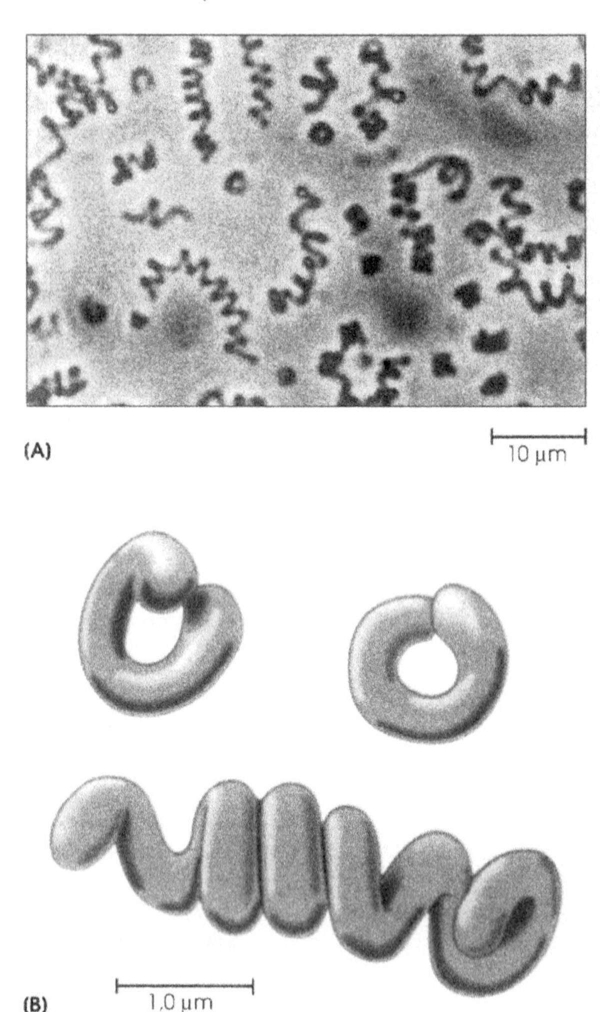

Bactérias Encurvadas Aeróbias e Microaerófilas. Embora algumas bactérias encurvadas aeróbias e microaerófilas sejam helicoidais semelhantes aos espiroquetas, as células são rígidas, não-flexíveis e os organismos são denominados *espirilos*. Os espirilos são móveis pelo fato de possuírem flagelos polares nas extremidades das células (Figura 9.3). As espécies de *Aquaspirillum* são habitantes saprófitas comuns em água doce. As espécies de *A. magnetotacticum* são notáveis devido às suas propriedades magnéticas (DESCOBERTA 9.1).

O gênero *Azospirillum* é constituído de células *vibriões* que se parecem com uma vírgula torcida (Figura 9.4). Os azospirilos são microaerófilos que podem fixar o nitrogênio atmosférico. Vivem no interior das raízes de gramíneas, do trigo, do milho e de muitos outros tipos de plantas. O gênero *Campylobacter* também inclui células vibriões microaerófilas. A única espécie, *C. jejuni*, é notadamente a principal causa de diarréia em humanos. Prova-

DESCOBERTA!

9.1 BACTÉRIA MAGNÉTICA

No início dos anos 1970, um estudante de graduação chamado Richard Blakemore estudava a população microbiana em amostras de lodo e água coletadas de um pântano da Nova Inglaterra, quando observou ao microscópio muitos espirilos móveis presentes em uma gota da amostra. Mas ele observou algo extraordinário: os espirilos deslocavam-se numa única direção geográfica e eventualmente acumulavam-se em um lado da gota. Estas bactérias continuaram a se deslocar para a mesma direção geográfica mesmo quando ele girou o microscópio. No início, o estudante pensou que a bactéria era atraída em direção a uma fonte de luz no laboratório, mas, quando ele cobriu o microscópio com uma caixa de papelão para bloquear a luz, os espirilos continuaram a se deslocar exatamente na mesma direção geográfica.

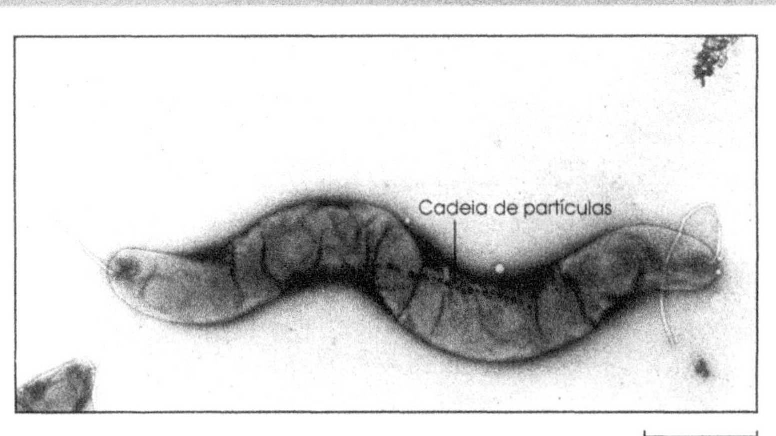

Micrografia eletrônica de uma bactéria magnética, *Aquaspirillum magnetotacticum*, mostrando uma cadeia de partículas de inclusão de magnetita altamente eletrodensa no interior da délula

Blakemore imaginou que talvez o espirilo pudesse estar respondendo ao campo magnético da Terra. Quando trouxe a extremidade de uma barra magnética perto da lâmina, os espirilos instantaneamente viraram e correram para o lado oposto. Quando tentou a extremidade oposta do magneto, os espirilos deslocaram-se em direção ao magneto. Esta extremidade do magneto era a que também atraía a agulha da bússola para a posição norte.

Blakemore escreveu mais tarde: "Desejo enfatizar que esta foi uma descoberta completamente inesperada. Um plano de pesquisa que se propusesse a investigar as bactérias geomagneticamente sensíveis teria encontrado o mesmo apoio que aquele que se propõe a detectar a produção de som pelas bactérias".

O que fez a bactéria responder a um campo magnético? Quando Blakemore e seus colegas olharam as células ao microscópio eletrônico, descobriram uma cadeia de partículas cúbicas minúsculas dentro de cada célula (ver a ilustração). A análise química indicou que o principal constituinte destas partículas era o óxido de ferro magnético, ou magnetita (Fe_3O_4). A cadeia de partículas formava um magneto intracelular que fazia com que cada célula se orientasse em um campo magnético.

Que vantagens teria uma bactéria em ser magnética? Esta questão tornou-se particularmente intrigante quando se descobriu que, embora as bactérias magnéticas isoladas na Nova Inglaterra sempre se deslocassem para o norte, outras isoladas no Brasil sempre se deslocavam para o sul. A explicação mais provável baseia-se na descoberta de que as bactérias magnéticas são microaerófilas: embora precisem do oxigênio para crescer, não podem tolerar níveis normais de oxigênio, como aquelas que estão na superfície das águas. Nas regiões onde a bactéria magnética tem sido encontrada, o campo magnético da Terra possui tantos componentes verticais como horizontais, isto é, há um declínio. Assim, as bactérias magnéticas deslocam-se não só para o norte ou sul, mas para baixo também. Em ambientes aquáticos, isto levaria a bactéria a se deslocar em direção ao fundo, região com baixa concentração de oxigênio que é mais favorável ao seu crescimento.

velmente o gênero mais incomum de bactéria vibrióide é o *Bdellovibrio*; estas bactérias aeróbias são inofensivas para o homem, animais e plantas, mas invadem e destroem as células de muitas outras bactérias (Figura 9.5).

Células do gênero *Spirosoma* e *Flectobacillus* não só formam espiras helicoidais mas também anéis – as células são tão fortemente curvadas que as extremidades se juntam (Figura 9.6). Estas bactérias encurvadas são saprófitas encontradas em água doce e ambientes marinhos.

Cocos e Bacilos Aeróbios. Muitos bacilos Gram-negativos aeróbios estão presentes no solo e na água. Um exemplo comum é o gênero *Pseudomonas* (Figura 9.7), bem conhecido pela habilidade de degradar muitos tipos diferentes de compostos orgânicos complexos e usá-los como fonte de energia. De fato, algumas espécies de *Pseudomonas* podem crescer em qualquer um dos cem ou mais compostos orgânicos diferentes. *Azotobacter* e *Rhizobium* são capazes de fixar o nitrogênio atmosférico. As azotobactérias são de vida livre e fixam o nitrogênio no solo, enquanto os rizóbios fixam o nitrogênio no interior de raízes de plantas leguminosas, como a soja e a alfafa. O gênero *Zoogloea* é caracterizado por células embebidas em um meio gelatinoso, formando massas viscosas em forma de dedos (Figura 9.8). Estas bactérias são comumente encontradas revestindo as pedras nos leitos dos filtros de

Figura 9.7 Coloração de flagelo de *Pseudomonas aeruginosa* mostrando os flagelos polares característicos. O gênero *Pseudomonas* é um membro do grupo de *cocos e bacilos aeróbios.*

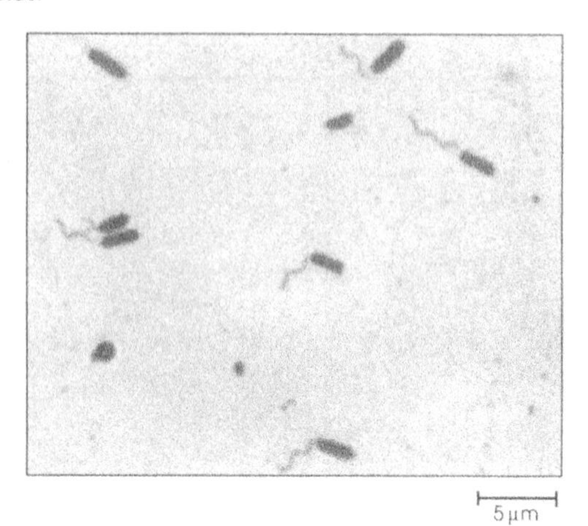

Figura 9.8 Células de *Zoogloea ramigera* embebida em um meio gelatinoso. As projeções em forma de dedo da massa limosa são características do gênero.

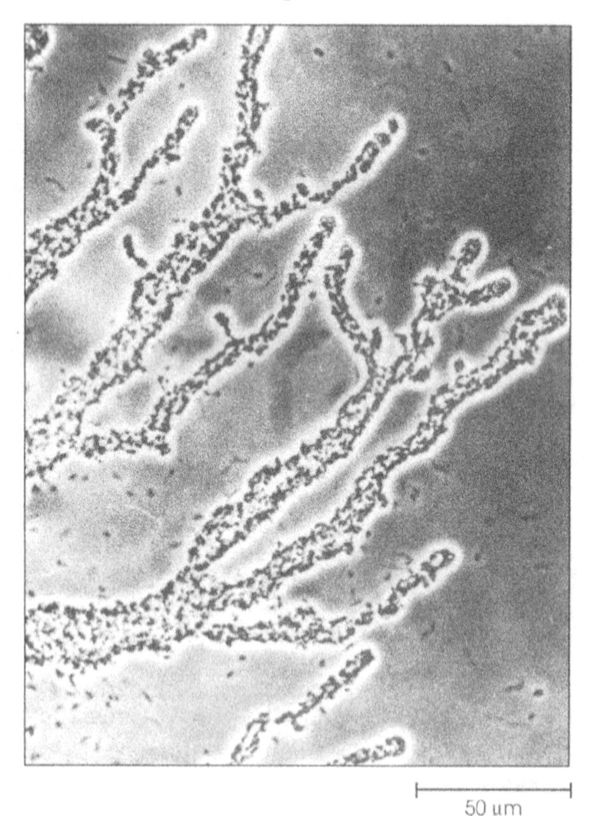

gotejamento em estações de tratamento de esgoto, onde oxidam muitas das substâncias orgânicas presentes na água de esgoto. O gênero *Acetobacter* é importante comercialmente pelo seu papel na produção do vinagre. Talvez o gênero mais estranho dos bacilos aeróbios seja o *Thermus*, que prefere altas temperaturas. Cresce bem em fontes de água quente com 70 a 75°C, temperatura que mata a maioria dos outros organismos.

Alguns bacilos Gram-negativos aeróbios são patogênicos. Exemplos são as espécies de *Brucella,* que causam aborto em animais e podem também infectar o homem, e a *Francisella tularensis*, o agente etiológico da tularemia. Embora normalmente não sejam patogênicas, algumas espécies de *Pseudomonas* podem causar infecções graves no homem cujo mecanismo de defesa contra infecções esteja diminuído. Por exemplo, a *P. aeruginosa* pode causar infecção após ser introduzida em erosões da pele como uma ferida ou queimadura. O gênero *Xanthomonas* é patogênico para plantas; em 1984, uma variedade de *X. campestris* foi responsável pelo maior surto de cancro bacteriano de árvores cítricas na Flórida. Outro gênero, o *Agrobacterium*, é de especial interesse devido ao fato de causar tumores em plantas (Figura 9.9).

Figura 9.9 Planta do girassol mostrando tumores característicos da doença de galha em coroa. Os tumores são causados pela bactéria *Agrobacterium tumefaciens*, um membro do grupo de *cocos e bacilos aeróbios.*

Entre os cocos Gram-negativos aeróbios, a *Lampropedia* é uma bactéria saprófita encontrada em lagos e açudes. Estes cocos são incomuns porque apresentam-se como grandes lençóis planos semelhantes a uma bandeja com bolinhos de trigo (Figura 9.10). Outro gênero, a *Neisseria*, ocorre principalmente como diplococos (Figura 9.11). Duas espécies são importantes patógenos humanos: *N. gonorrhoeae*, que causa a gonorréia, e *N. meningitidis*, que causa a meningite meningocócica.

Bacilos Facultativos. Os bacilos anaeróbios facultativos incluem tanto os bacilos retos como os encurvados. Por serem facultativos, podem crescer aerobicamente ou anae-

Figura 9.10 Preparação de coloração negativa de *Lampopredia hyalina,* um membro do grupo de cocos e bacilos aeróbios, mostrando um lençol de células em crescimento ativo.

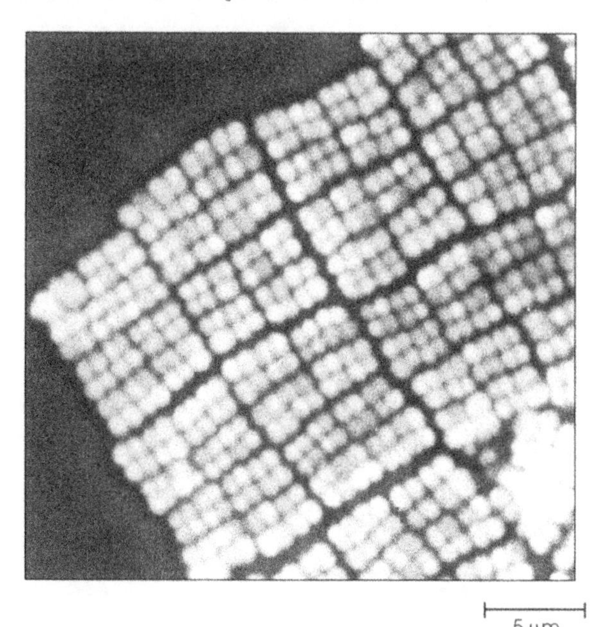

Figura 9.11 Microscopia eletrônica de varredura de células em divisão de *Neisseria meningitidis,* mostrando os arranjos de diplococos característicos. Esta espécie pertence ao grupo de cocos e bacilos aeróbios.

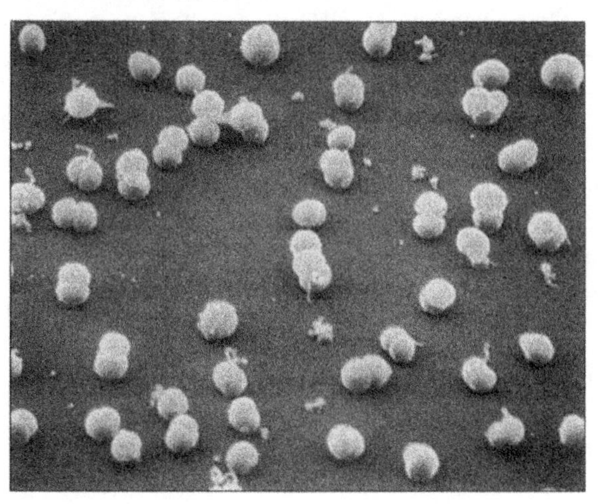

robicamente. Quando crescem em meio anaeróbio, obtêm sua energia pela fermentação. Entre os bacilos facultativos, o grupo mais bem conhecido de bacilos retos é a família ***Enterobacteriaceae,*** cujos membros habitam o trato gastrintestinal do homem e outros animais de sangue quente. Alguns dos organismos mais familiares aos microbiologistas pertencem a esta família, mais notadamente a *Escherichia coli* (Figura 9.12A). Muitas destas espécies são indistinguíveis ao microscópio. Assim, os microbiologistas devem usar um grande número de testes bioquímicos, fisiológicos e sorológicos para diferenciar os organismos.

Figura 9.12 Dois membros da família *Enterobacteriaceae* no grupo dos *bacilos anaeróbios facultativos.* **[A]** Desenho de uma célula de *Escherichia coli,* mostrando os pêlos e os flagelos peritríquios. A porção seccionada mostra as estruturas internas. **[B]** Fotomicrografia de *Salmonella typhi,* o agente etiológico da febre tifóide, corada para mostrar o flagelo.

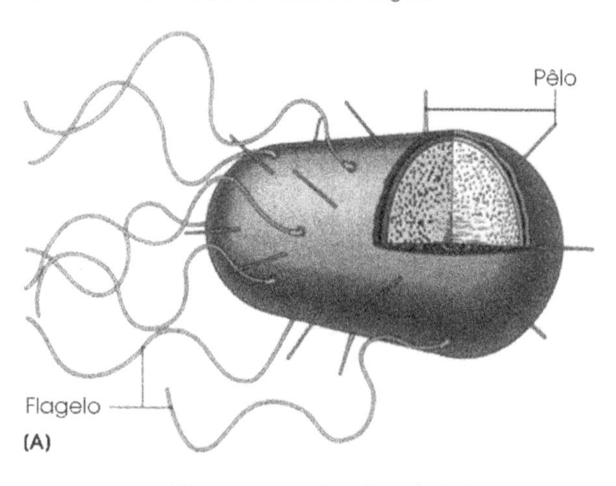

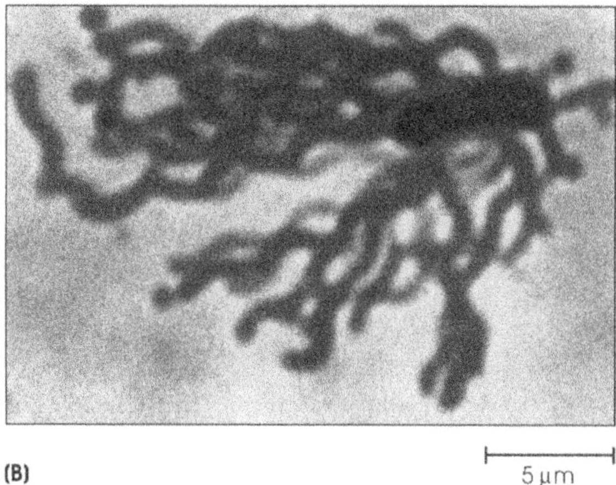

Um elaborado esquema de testes laboratoriais tem sido desenvolvido especificamente com o objetivo de caracterizar e identificar as bactérias pertencentes à família *Enterobacteriaceae,* as quais são freqüentemente denominadas *entéricas.*

Muitos patógenos humanos são entéricos; por exemplo, as espécies de *Salmonella* (Figura 9.12B) causam a febre tifóide e a gastroenterite, as espécies de *Shigella* causam a disenteria bacilar e a *Yersinia pestis* causa a praga. Outros gêneros podem ser patogênicos se forem transferidos do trato intestinal para outras áreas do corpo. Por exemplo, espécies de *Escherichia, Proteus, Klebsiella, Serratia* e *Enterobacter* são causas comuns de infecções do trato urinário. O gênero *Erwinia* difere dos outros membros da família *Enterobacteriaceae* por estar associado principalmente com plantas, nas quais causa a podridão mole e outras doenças.

Os anaeróbios facultativos, além dos entéricos, incluem o *Vibrio cholerae* (Figura 9.13), que causa a cólera,

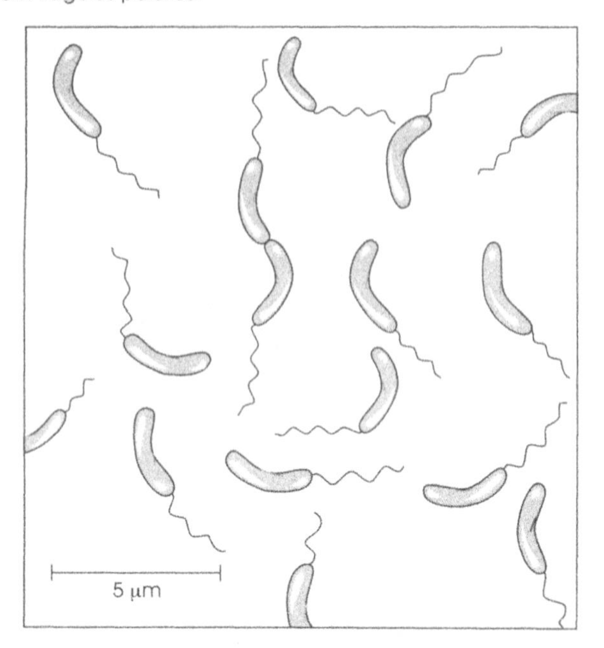

Figura 9.13 O gênero *Vibrio* é um membro do grupo de *bacilos anaeróbios facultativos*. As células são bastões encurvados com flagelos polares.

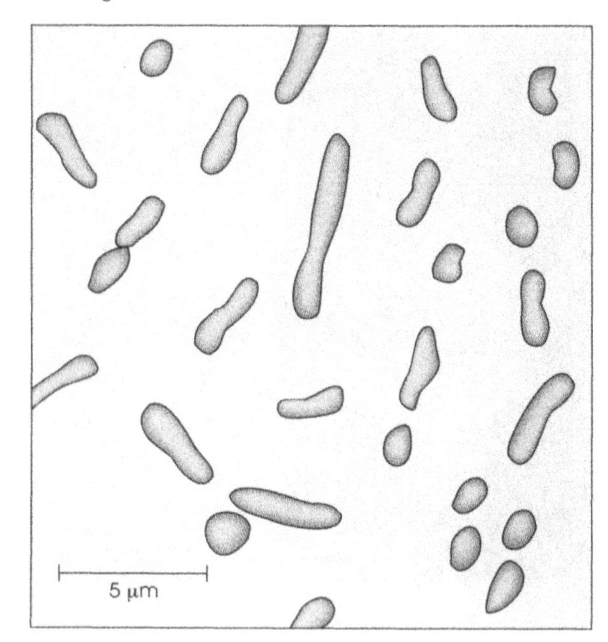

Figura 9.14 Esquema de células de *Bacteroides fragilis*, um membro do grupo dos *anaeróbios*. As células são bacilos com formas irregulares.

e o *Haemophilus influenzae*, a causa de meningite bacteriana em crianças. (Apesar do nome, *H. influenza* não causa a influenza, uma doença de origem viral.)

Anaeróbios. Entre as bactérias anaeróbias Gram-negativas estão os bacilos retos, bacilos encurvados e cocos. Este grupo é dividido em dois subgrupos: aqueles anaeróbios que necessitam do sulfato ou do enxofre elementar e aqueles que não os requerem.

Os anaeróbios que requerem o enxofre ou o sulfato adicionam elétrons ao enxofre e o reduzem a sulfeto de hidrogênio, um gás que é tóxico para o homem e tem um odor desagradável de ovo podre. Um gênero comum, o *Desulfovibrio*, possui células em forma de vibrião e habita o lodo em brejos e outros ambientes aquáticos. Estas bactérias redutoras de sulfato e enxofre liberam toneladas de gás sulfídrico na atmosfera todo ano. As bactérias anaeróbias Gram-negativas que não requerem enxofre ou sulfato produzem ácidos orgânicos, e a identificação é freqüentemente baseada nos tipos de ácidos produzidos.

Os anaeróbios Gram-negativos são os organismos predominantes no intestino humano e no *rúmen*, um compartimento do estômago do gado e carneiro. Alguns são patogênicos para o homem se tiverem acesso a regiões extra-intestinais do corpo. Por exemplo, o *Bacteróides fragilis* (Figura 9.14) é a espécie anaeróbia mais comum isolada das infecções dos tecidos moles em seres humanos.

Riquétsias e Clamídias. Como os vírus, tanto as riquétsias como as clamídias são parasitas intracelulares obrigatórios, o que significa que não podem crescer em meio artificial livre de células. Devem ser cultivadas em sistemas de cultura de tecidos, em ovos embrionados vivos de galinha e em artrópodes ou em hospedeiros animais.

As riquétsias são parasitas em forma de bastões ou bactérias ovais que crescem dentro ou na superfície de células vivas de artrópodes ou vertebrados (Figura 9.15). As espécies de *Rickettsia* causam várias doenças em humanos, incluindo a febre das Montanhas Rochosas (*R. rickettsii*) e o tifo epidêmico (*R. prowazekii*). Muitas delas são transmitidas ao homem por piolhos, pulgas, carrapatos ou outros pequenos acarídeos, que se tornam infectados quando ingerem sangue de um indivíduo infectado.

Figura 9.15 Fotomicrografia de numerosas células em forma de bastão de *Rickettsia akari* crescendo no citoplasma de células de camundongo infectadas. A estrutura escura e grande é o núcleo da célula do camundongo.

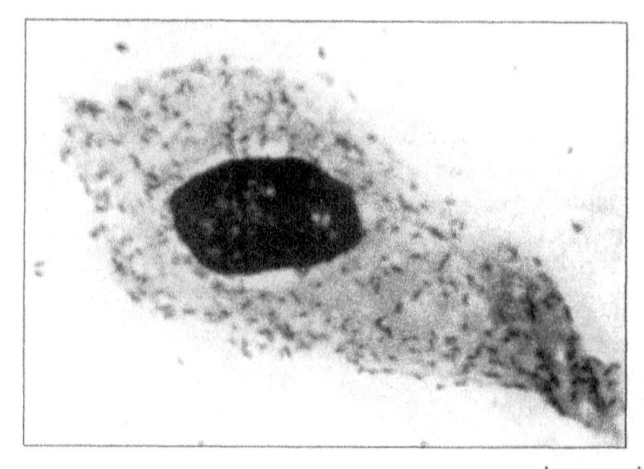

Figura 9.16 [**A**] Ciclo de desenvolvimento de espécies de *Chlamydia*. A forma infecciosa do organismo é o *corpúsculo elementar*, o qual é introduzido na célula hospedeira e englobado em um vacúolo. Dentro dos vacúolos o corpúsculo elementar é reorganizado para formar um *corpúsculo reticulado* (também chamado de corpúsculo inicial). O corpúsculo reticulado sofre fissão binária até que um número de corpúsculos reticulados seja formado. Muitos corpúsculos reorganizam-se em corpúsculos elementares. O agregado total de corpúsculos reticulados e corpúsculos elementares dentro dos vacúolos é visível como uma *inclusão* em células coradas; isto é, aparece como uma única partícula de substância estranha ocorrendo dentro da célula hospedeira. A progênie de corpúsculos elementares é eventualmente liberada da célula hospedeira e infecta outras células. [**B**] Fotomicrografia de células de tecido coradas com iodo onde as clamídias cresceram. Os corpos escuros são as inclusões da célula hospedeira.

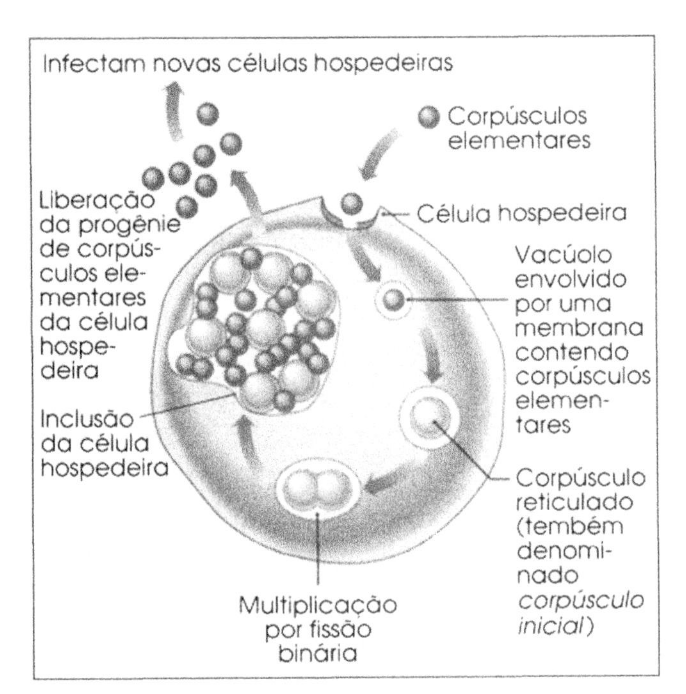

(A)

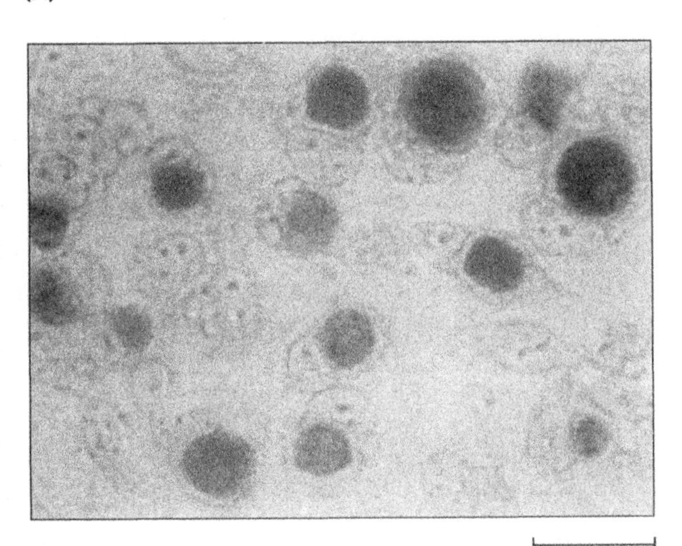

(B) 10 μm

Figura 9.17 Algumas espécies de bactérias púrpuras que pertencem ao grupo das bactérias *fototróficas anoxigênicas*. [**A**] *Rhodomicrobium vannielii*, uma espécie gemulante com prosteca. Os brotos (setas) formam-se na extremidade da prosteca e eventualmente atingem o tamanho da célula-mãe. [**B**]*Rhodopseudomonas acidophila*, uma espécie gemulante sem prosteca. O broto (seta) é formado na extremidade da célula-mãe e separado por constrição quando o broto atinge o tamanho da célula-mãe. Alguns feixes do flagelo polar podem também ser vistos no campo. [**C**] *Rhodopseudomonas palustris*, espécie gemulante sem prosteca. As células são mais estreitas do que as observadas na figura [**B**]. Microscopia de contraste de fase.

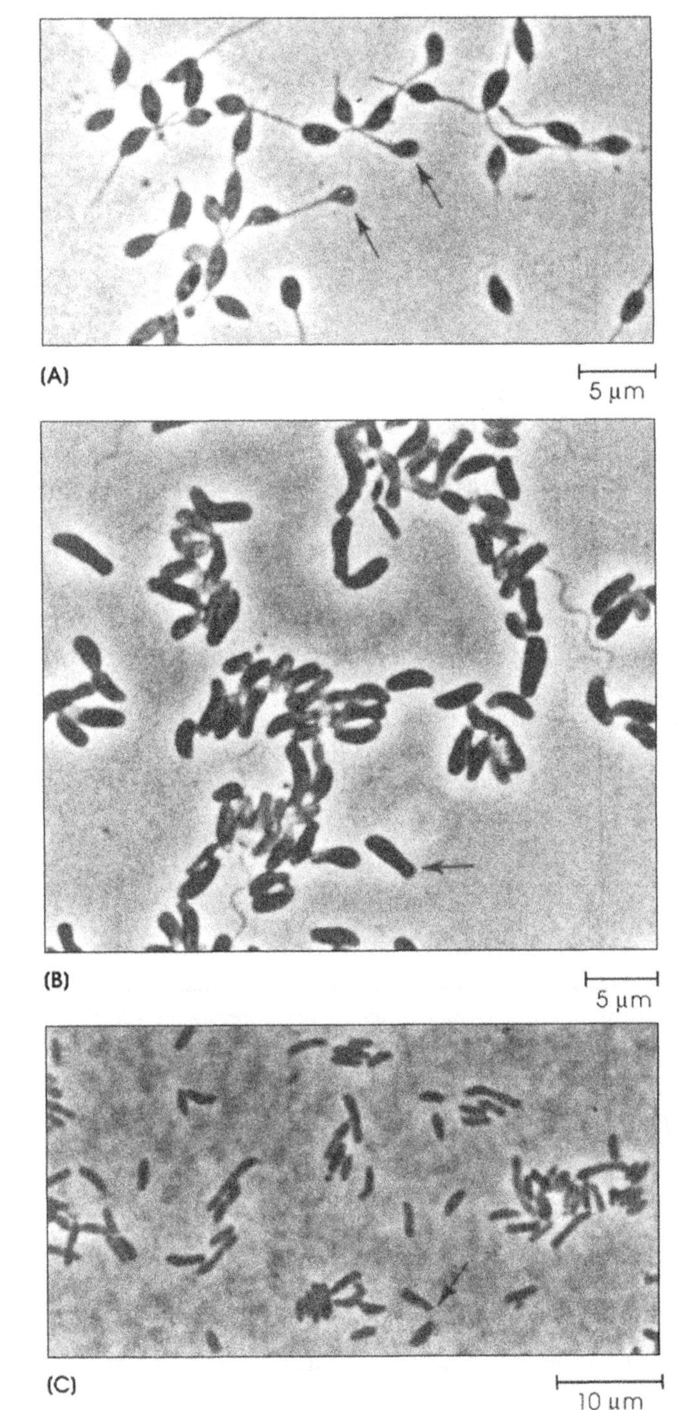

Tabela 9.3 Resumo dos principais grupos de eubactérias Gram-positivas.

Grupo	Principais características	Gêneros representativos
Cocos	Aeróbios, anaeróbios facultativos ou anaeróbios; saprófitas ou parasitas; alguns são resistentes à radiação; alguns são importantes patógenos humanos	*Deinococcus, Micrococcus, Sarcina, Staphylococcus, Streptococcus*
Bactérias esporuladas	Bastonetes ou cocos que formam endósporos resistentes ao calor; aeróbios, anaeróbios facultativos ou anaeróbios; vivem no solo, na água, em insetos, animais e humanos; alguns são patogênicos	*Bacillus, Clostridium, Desulfotomaculum, Sporosarcina*
Bacilos regulares	Aeróbios ou anaeróbios facultativos; vivem no solo, na água, em produtos alimentares, no homem e em animais; alguns causam doença humana	*Brocothrix, Caryophanon, Erysipelothrix, Kurthia, Lactobacillus, Listeria*
Bacilos irregulares	Células que exibem saliências, possuem forma de Y ou V, ou têm um ciclo coco-bacilo; aeróbios, anaeróbios facultativos ou anaeróbios; alguns são patogênicos para os seres humanos, animais ou plantas	*Actinomyces, Arachnia, Arthrobacter, Bifidobacterium, Brevibacterium, Cellulomonas, Corynebacterium, Propionibacterium*
Micobactérias	Bastonetes aeróbios álcool-ácido resistentes; saprófitas ou parasitas; alguns são patogênicos para o homem	*Mycobacterium*
Actinomicetos	Bactérias aeróbias do solo que formam um micélio composto de hifas ramificadas; multiplicam-se por fragmentação ou por produção de conidiósporos ou esporangiósporos; alguns produzem antibióticos	*Actinoplanes, Frankia, Micropolyspora, Nocardia, Pseudonocardia, Streptomyces*

Ao contrário das riquétsias, as clamídias cocóides têm um ciclo de desenvolvimento único durante o qual se apresentam sob várias formas (Figura 9.16). Não apresentam peptideoglicano na sua parede celular e não requerem insetos para a sua transmissão. As espécies patogênicas de *Chlamydia* são: *C. psittaci*, que causa a psitacose em pássaros, e *C. trachomatis*, que causa o tracoma (que no passado foi a maior causa de cegueira no mundo), linfogranuloma venéreo e uretrite não-gonocócica, correntemente a doença sexualmente transmissível de maior prevalência nos Estados Unidos.

Bactérias Fototróficas Anoxigênicas. Os fototróficos anoxigênicos são semelhantes às plantas verdes em um aspecto: possuem a habilidade de converter a energia da luz em energia química para o crescimento. Entretanto, diferentemente das plantas, não produzem oxigênio e, assim, são ***anoxigênicos.*** Além disso, possuem um tipo de clorofila, a ***bacterioclorofila***, que difere da clorofila das plantas verdes. A bacterioclorofila absorve principalmente a luz infravermelha (luz de comprimento de onda longa invisível ao olho humano) em vez da luz vermelha de comprimento de onda curta absorvida pela clorofila das plantas. As células bacterianas também contêm ***carotenóides,*** pigmentos insolúveis em água que absorvem a energia da luz e a transmitem à bacterioclorofila. A cor destes carotenóides é a base para a divisão das bactérias fototróficas anoxigênicas em dois grupos principais: as bactérias "púrpuras" (laranja a vermelho-púrpura) e as bactérias "verdes" (verde a marrom). Ambos os grupos são anaeróbios e vivem sob a superfície de coleções de águas estagnadas e de pântanos salgados ou no fundo dos lagos.

Os fototróficos anoxigênicos são células em forma de bastão ou espiral e cocos. Embora muitos se multipliquem por fissão binária, alguns reproduzem-se por brotamento. O broto aumenta de tamanho e eventualmente dá origem a uma nova célula, que então se separa da célula-mãe. Um exemplo de um gênero fototrófico que pode reproduzir-se por brotamento é o *Rhodomicrobium* (Figura 9.17A). Este organismo é particularmente interessante porque, durante o seu desenvolvimento, uma extensão muito estreita, denominada ***prosteca,*** origina-se da célula-mãe. Um broto forma-se na extremidade da prosteca e dá origem a uma célula-filha. Espécies de *Rhodopseudomonas* podem também reproduzir-se por meio de brotamento, mas os brotos são formados diretamente da célula-mãe (Figura 9.17B e C).

Bactérias Fototróficas Oxigênicas. Diferentemente das bactérias fototróficas anoxigênicas, os fototróficos ***oxigênicos*** produzem o oxigênio como nas plantas verdes. Além disso, possuem a ***clorofila a,*** encontrada nas plantas verdes. Suas células contêm também pigmentos protéicos solúveis em água denominados ***ficobilinas***, que podem absorver luz e transmitir a energia à clorofila. Muitas espécies possuem ficobilinas azuis, as quais conferem uma tonalidade azul-esverdeada aos microrganismos. Assim, os fototróficos oxigênicos são freqüentemente denominados ***cianobactérias***, significando "bactérias azuis". Eles têm

Figura 9.18 Exemplos de cianobactérias filamentosas. [A] *Oscillatoria limosa*, que possui filamentos com 12 a 18 μm de largura. [B] *Anabaena planktonica*. As células têm de 10 a 15 μm de largura e possuem vacúolos de gás (áreas brilhantes). Pode se ver também um heterocisto. [C] *Cylindrospermum majus*. As células possuem de 3 a 5 μm de largura, os heterocistos, que têm localização terminal, são levemente maiores e os acinetos são muito maiores. [D] *Gloeotrichia echinulata*, mostrando filamentos longos e afilados. Os heterocistos possuem de 8 a 10 μm de largura e os acinetos têm de 10 a 20 μm de largura por 45 a 50 μm de comprimento.

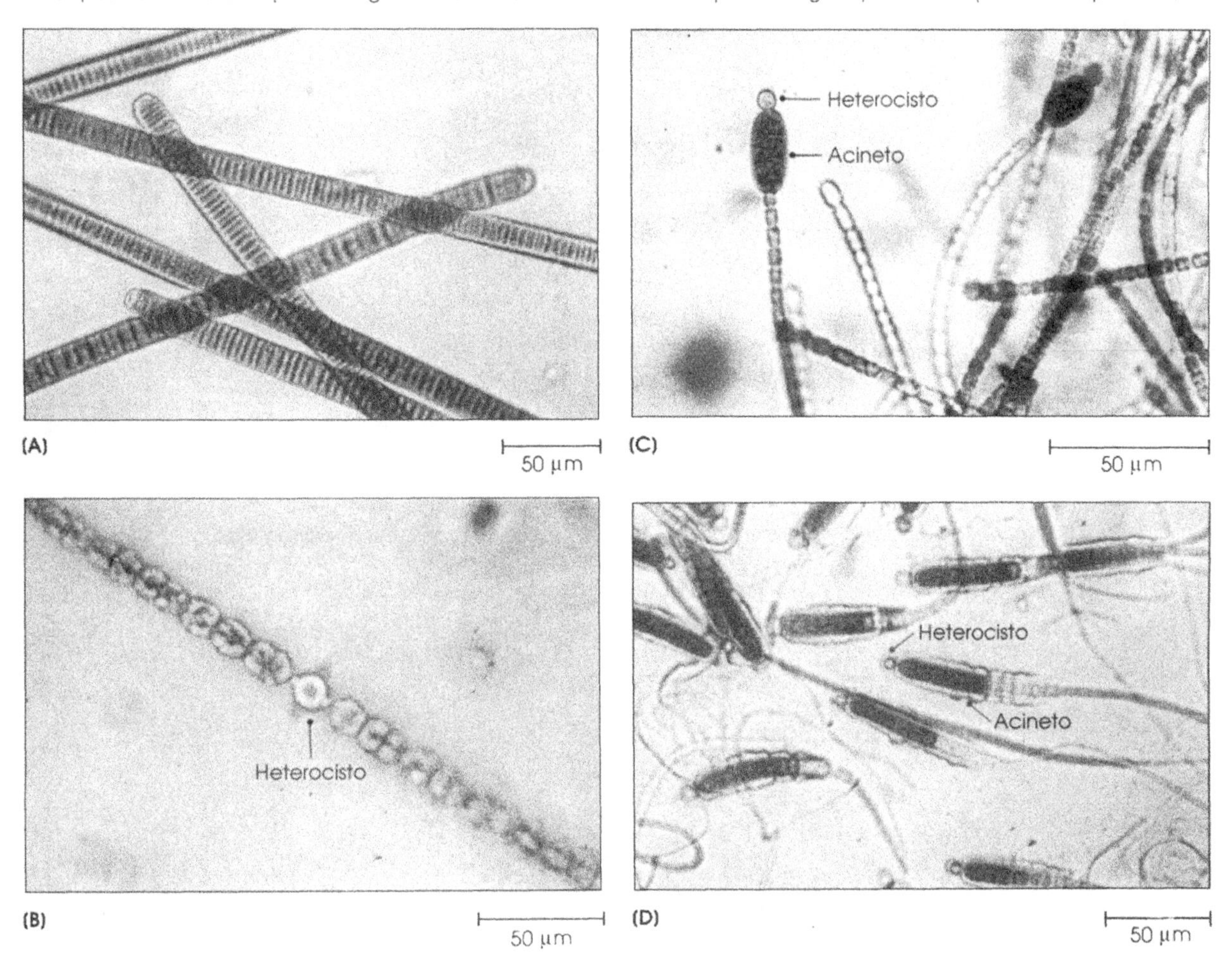

sido também chamados de "algas azul-esverdeadas", mas este não é um termo apropriado porque estes microrganismos são agora classificados como bactérias, e não como algas. Esta mudança na classificação é baseada na natureza procariótica da cianobactéria. Alguns fototróficos oxigênicos possuem ficobilinas vermelhas e, assim, são avermelhados ou amarronzados, em vez de azul-esverdeados.

As cianobactérias exibem uma grande variedade de formas e arranjos, de cocos unicelulares a bacilos e mesmo filamentos longos e multicelulares (Figura 9.18A). As cianobactérias não possuem flagelos, mas as espécies filamentosas geralmente possuem ***movimento deslizante*** e podem migrar através de superfícies úmidas. Em espécies filamentosas, podem desenvolver células especializadas denominadas ***heterocistos*** (Figura 9.18B a D). Os heterocistos podem fixar o nitrogênio porque, ao contrário de outras células no filamento, não produzem oxigênio, que pode danificar o complexo enzimático sensível ao oxigênio que fixa o nitrogênio. Algumas cianobactérias também formam células de repouso grandes, com parede espessa, denominadas *acinetos*, que são altamente resistentes ao dessecamento (Figura 9.18C e D).

As cianobactérias estão amplamente distribuídas no solo, na água doce e em ambientes marinhos. Algumas crescem em fontes de água quente e são termofílicas. Outras podem viver em associação íntima com protozoários, fungos e plantas verdes. Nestas parcerias, as cianobactérias fornecem nutrientes por meio de seus processos fotossintéticos e de fixação de nitrogênio.

Bactérias Deslizantes. Há dois tipos principais de bactérias deslizantes: aquelas que formam estruturas especializadas produtoras de esporos denominadas ***corpos de frutificação*** e aquelas que não formam. As bactérias deslizantes que formam corpos de frutificação possuem algumas características marcantes. As células são bastonetes curtos que lembram bactérias típicas, com exceção de que geralmente são flexíveis. Embora não possuam flage-

Figura 9.19 Ciclo de vida de *Stigmatella aurantiaca*, um membro do grupo das *bactérias deslizantes*. Durante o ciclo vegetativo, as células se multiplicam por fissão binária, mas em alguma etapa do crescimento elas se deslocam juntas em massas e formam mixósporos resistentes à dessecação, que estão contidos dentro de esporângios de um corpo de frutificação pediculado. Sob condições adequadas os mixósporos podem germinar e desenvolver-se como células vegetativas.

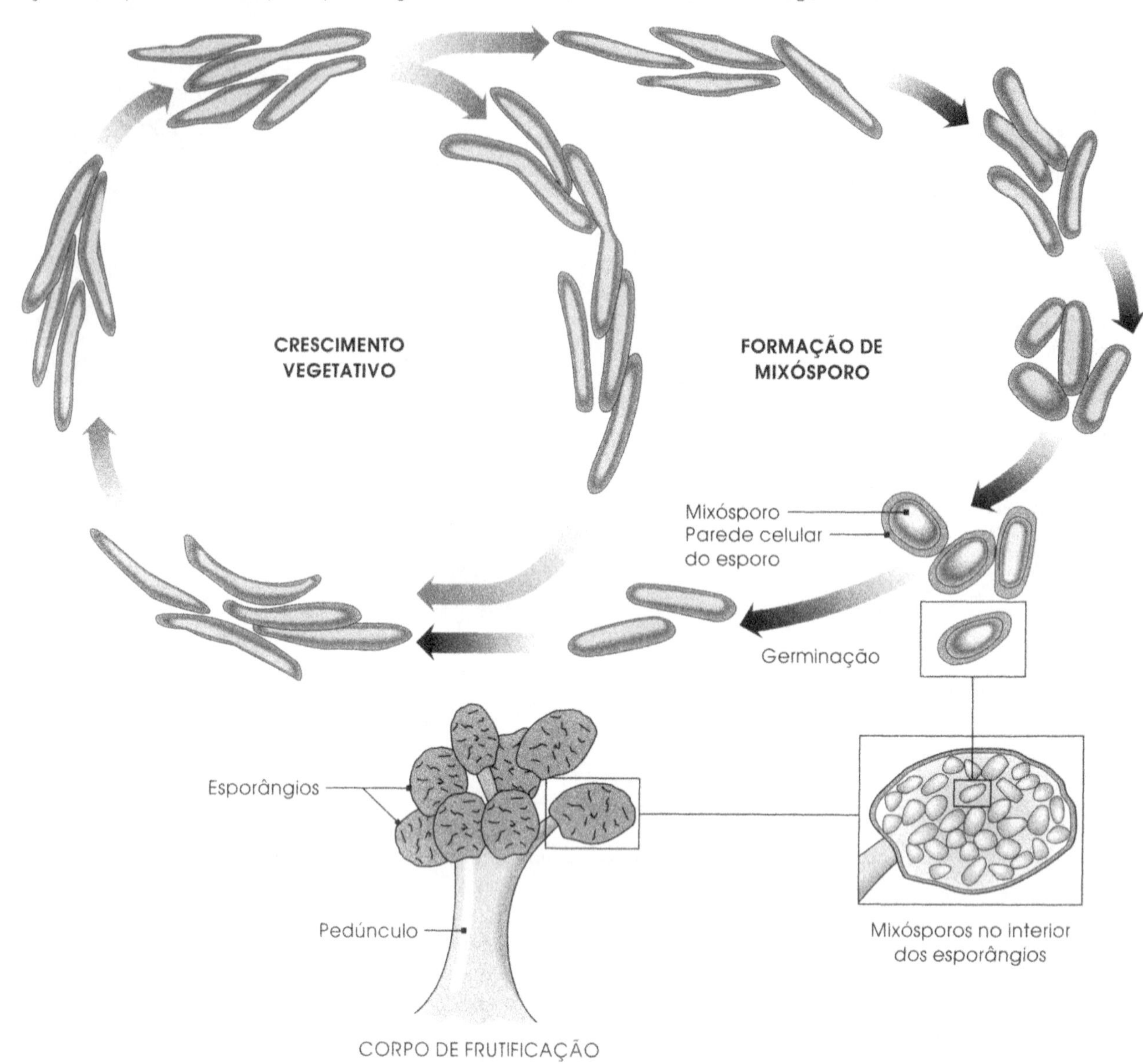

los, as células podem deslizar através de superfícies úmidas, deixando um rastro de limo atrás delas. Portanto, são comumente denominadas *myxobactérias*, significando "bactéria limosa".

Outra característica notável das mixobactérias é que, no mesmo estágio de crescimento, as células deslocam-se juntas em massas e formam corpos de frutificação, os quais são compostos por limo e células de repouso resistentes à dessecação denominadas ***mixósporos*** (Figura 9.19). Os corpos de frutificação podem ser simples amontoados de mixósporos embebidos em limo, ou podem ser muito mais elaborados, com pedúnculos limosos. Sobre estes pedúnculos estão estruturas com paredes denominadas *esporângios* que contêm os mixósporos (Figura 9.20). Os corpos de frutificação em geral são brilhantemente coloridos e grandes o suficiente para serem vistos sem a ajuda de um microscópio. As mixobactérias são aeróbias e vivem em camadas superficiais do solo, matéria orgânica em decomposição, madeiras apodrecidas e esterco animal.

Muitas bactérias deslizantes que não formam corpos de frutificação possuem forma de bastonetes ou são filamentosas (por exemplo, *Flexibacter* e *Herpetosiphon*; Figura 9.21) e não formam mixósporos. São organismos aeróbios ou microaerófilos que vivem no solo ou na água. Como as mixobactérias, muitas espécies podem degradar polímeros naturais tais como celulose, quitina, pectina, queratina ou mesmo ágar.

Figura 9.20 Etapas da formação do corpo de frutificação da mixobactéria *Chondromyces crocatus*. Etapas iniciais: [**A**] início da agregação das células vegetativas; [**B**] etapa do "ovo frito" mostrando a orientação das células periféricas; [**C**] formação do bulbo e desenvolvimento do pedúnculo. Etapas posteriores: [**D**] etapas iniciais da formação do esporângio; [**E**] formação do esporângio após elongação máxima do pedúnculo.

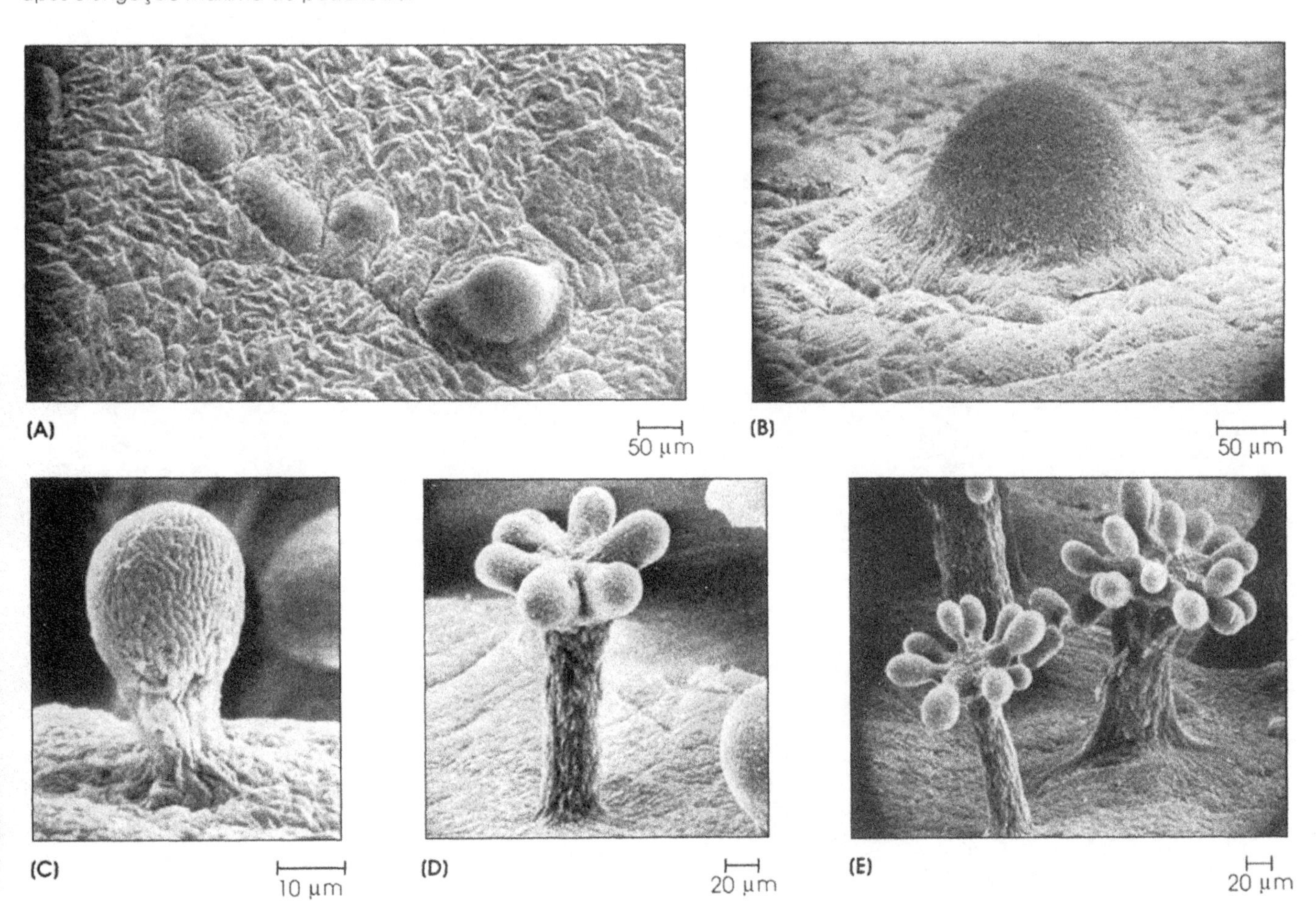

Bactérias com Bainha. Algumas bactérias em forma de bastonete são envolvidas por uma bainha constituída de substância orgânica: uma cadeia de células que parece estar contida em um tubo. As bactérias com bainha habitam a água doce e os ambientes marinhos. Uma espécie comum, o *Sphaerotilus natans* (Figura 9.22), geralmente ocorre em águas poluídas e pode causar problemas no tratamento de água de esgoto. As bainhas deste organismo são normalmente incolores, mas em água contendo ferro as bainhas podem acumular o hidróxido de ferro dando uma coloração amarronzada.

Bactérias Gemulantes e/ou Apendiculadas. Entre os habitantes comuns do solo e da água estão as bactérias gemulantes e apendiculadas. Estes organismos podem ser aeróbios, microaerófilos ou facultativos. Alguns produzem prosteca; outros produzem ***pedúnculos***, que são semelhantes a fitas sem vida ou apêndices tubulares projetados pela célula. Algumas espécies reproduzem-se por fissão binária, enquanto outras reproduzem-se por brotamento. Podem ocorrer várias combinações destas características; por exemplo, as espécies de *Caulobacter* são bactérias não-gemulantes prostecadas (Figura 9.23), enquanto as espécies de *Blastocaulis/Planctomyces* são bactérias gemulantes apendiculadas (Figura 9.24).

Nenhuma das bactérias deste grupo é fototrófica. Entretanto, algumas bactérias fototróficas anoxigênicas podem também formar prosteca ou reproduzir-se por brotamento.

Quimiolitotróficos. As bactérias quimiolitotróficas obtêm energia pela oxidação de compostos químicos inorgânicos – a energia é liberada à medida que removem os elétrons das moléculas destes compostos. Muitas espécies são autotróficas e podem usar CO_2 como sua principal ou única fonte de carbono. A diferenciação das bactérias pertencentes a este grupo baseia-se no tipo de composto inorgânico oxidado. Esta diferença geralmente está refletida no nome do gênero, como pode ser visto a seguir:

1. Gênero com o prefixo *nitro-* obtém energia por oxidação do nitrito ao nitrato. Por exemplo, o *Nitrobacter* e o *Nitrococcus* (Figura 9.25).

Figura 9.21 Alguns membros não-frutificantes do grupo das *bactérias deslizantes*. [**A**] *Flexibacter polymorphus*. Células coletadas na superfície de uma membrana filtrante. [**B**] Filamentos de *Herpetosiphon giganteus* em ágar, mostrando "bulbos" (regiões alargadas brilhantes).

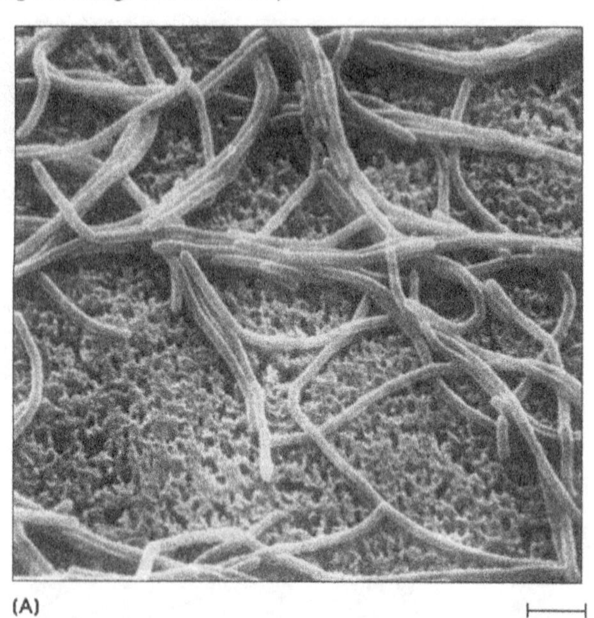

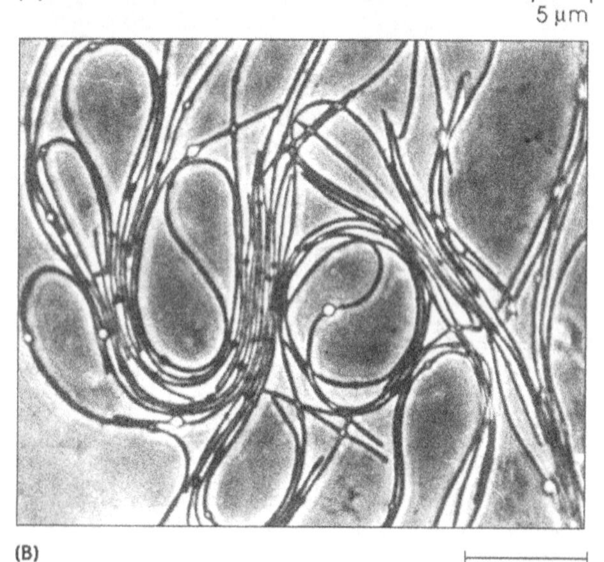

2. Gênero com o prefixo *nitroso-* obtém energia pela oxidação da amônia a nitrito. Um exemplo é o gênero *Nitrosolobus* (Figura 9.25).

3. Gênero com prefixo *thio-* obtém energia pela oxidação do enxofre ou compostos sulfurados reduzidos, tais como o gás sulfídrico, tiossulfato e sulfito; o produto final desta oxidação é o sulfato. Exemplos são a *Thiospira* (Figura 9.25) e o *Thiobacillus*.

4. Gênero com o prefixo *sidero-* deposita o óxido de ferro ou manganês sobre as suas cápsulas ou limo. Acredita-se que estas bactérias obtêm a energia pela

Figura 9.22 *Sphaerotilus natans*, um membro do grupo de *bactérias com bainha*. Uma bainha tubular (setas) pode ser vista envolvendo as células.

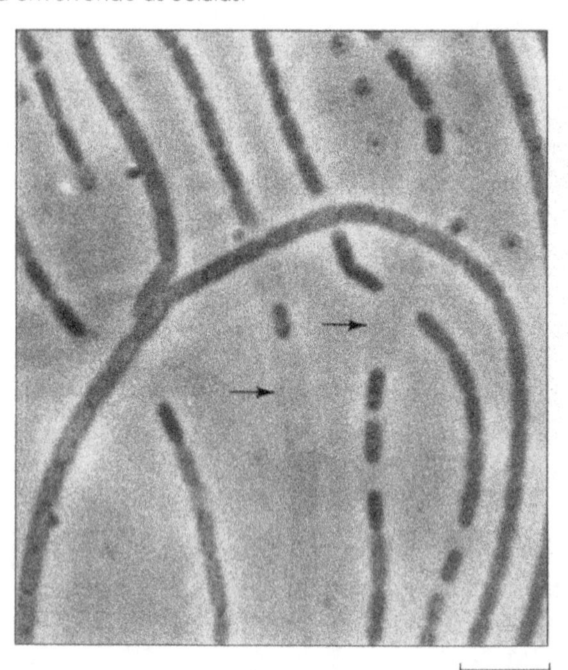

oxidação do ferro ou manganês, embora isso ainda não tenha sido confirmado. Um exemplo é o gênero *Siderococcus*.

Os quimiolitotróficos estão amplamente distribuídos no solo e na água e são de grande importância para a agricultura e na reciclagem dos nutrientes no meio ambiente. Como exemplos, temos as bactérias que oxidam o nitrito, como o *Nitrobacter*, e as que oxidam a amônia, como o *Nitrosomonas*, que juntas convertem a amônia em nitrato, uma forma de nitrogênio utilizado pelas plantas. As bactérias que oxidam o enxofre participam do ciclo do enxofre.

Eubactérias Gram-positivas

A parede celular de eubactérias Gram-positivas é muito mais espessa do que a das eubactérias Gram-negativas e não possui uma membrana externa. Como visto anteriormente, uma grande parte da parede da bactéria Gram-positiva é formada por peptideoglicano. As eubactérias Gram-positivas são divididas em grupos, conforme suas características morfológicas e bioquímicas (Tabela 9.3).

Cocos. Os cocos Gram-positivos são divididos em grupos de acordo com as diferenças de arranjo celular e tipo de metabolismo celular. Um subgrupo contém cocos aeróbios. Um gênero comum é o *Micrococcus*, em que as células estão dispostas irregularmente ou algumas vezes em grupos de quatro. As espécies de *Micrococcus* são

Figura 9.23 [**A**] *Caulobacter*, em divisão binária. [**B**] Ciclo de vida do *Caulobacter*. [**1**] Uma célula pode fixar-se a uma superfície através de um talo de fixação comum, uma região onde é secretado um material adesivo. [**2**] A célula se alonga mais e forma um flagelo. [**3**] Ocorre fissão binária e [**4**] a célula-filha flagelada se destaca e se afasta. [**5**] Eventualmente o seu flagelo é substituído por uma prosteca e pode se fixar a uma superfície através de um talo de fixação terminal comum. As células do *Caulobacter* geralmente são arranjadas em forma de roseta.

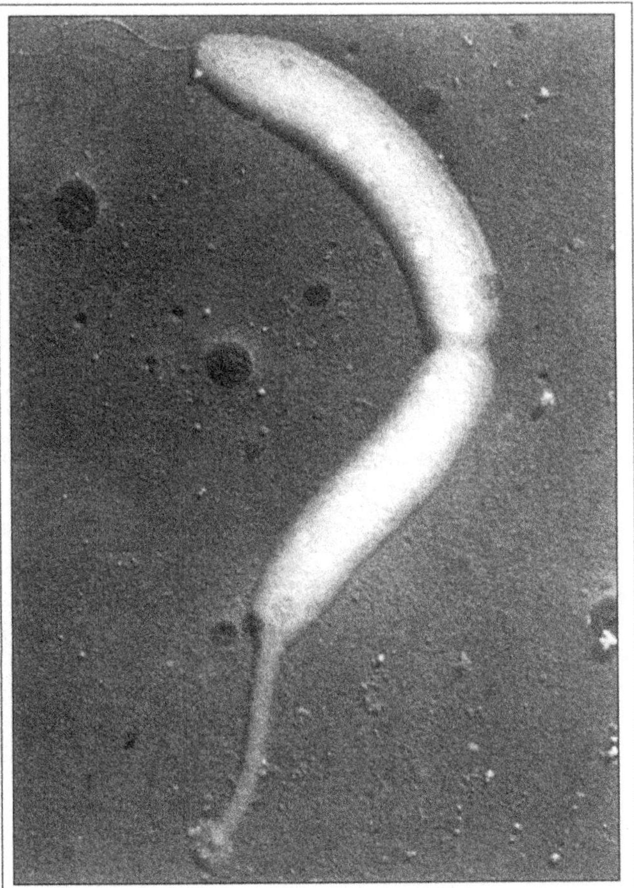

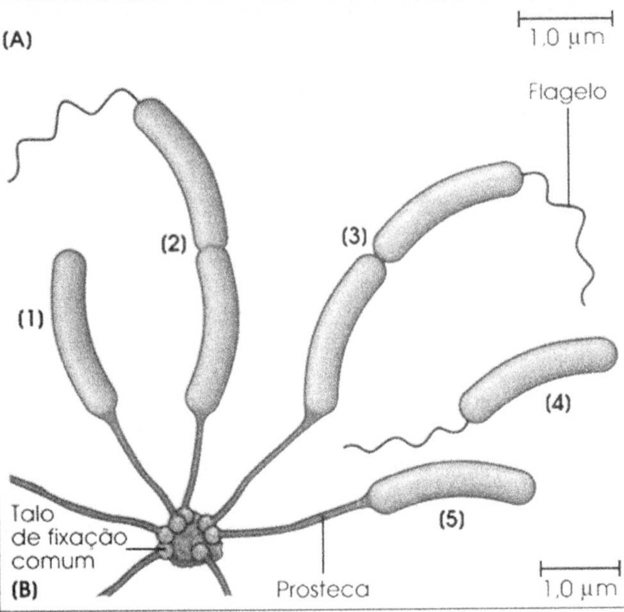

Figura 9.24 Micrografia eletrônica de um membro do grupo de *Blastocaulis/Planctomyces*, morfotipo II. As células em forma de ervilha dão origem a pedúnculos e um broto pode ser visto desenvolvendo-se da célula-mãe.

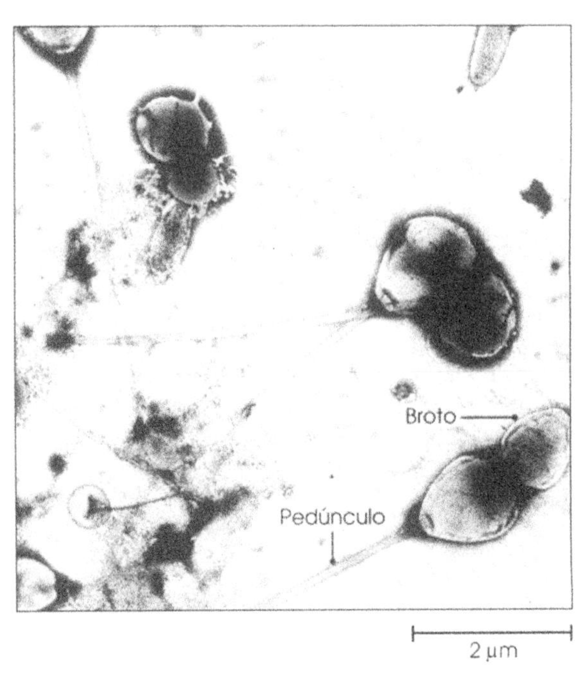

Figura 9.25 Esquema de várias bactérias que pertencem ao grupo *quimiolitotrófico*.

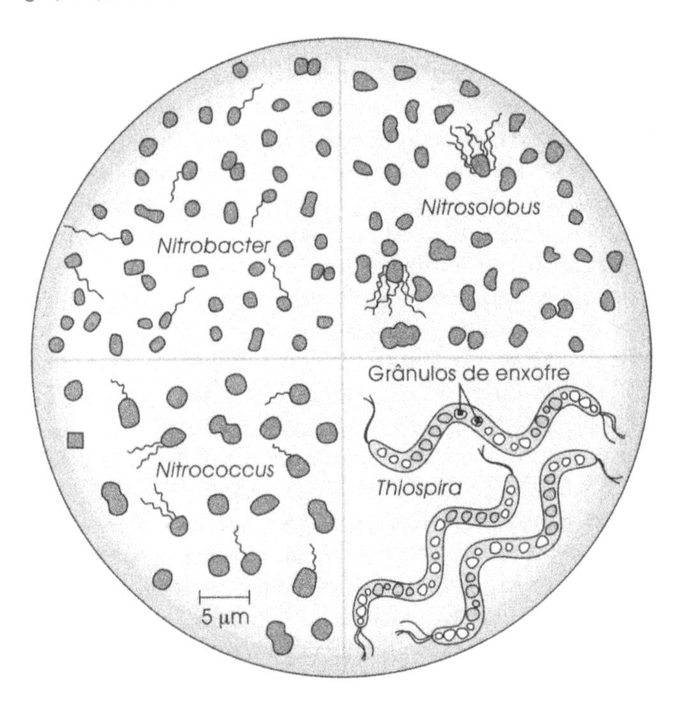

saprófitas que vivem no solo e na água. Talvez o gênero mais notável seja o *Deinococcus*. Estes cocos com pigmentos vermelhos ocorrem aos pares ou grupos de quatro e têm uma capacidade extraordinária de resistir a altas doses de raios ultravioleta ou gama, doses milhares de vezes mais altas do que as que matam muitos outros orga-

Figura 9.26 Esquema das células de *Staphylococcus* e *Streptococcus*, que pertencem ao grupo de cocos *Gram-positivos*.

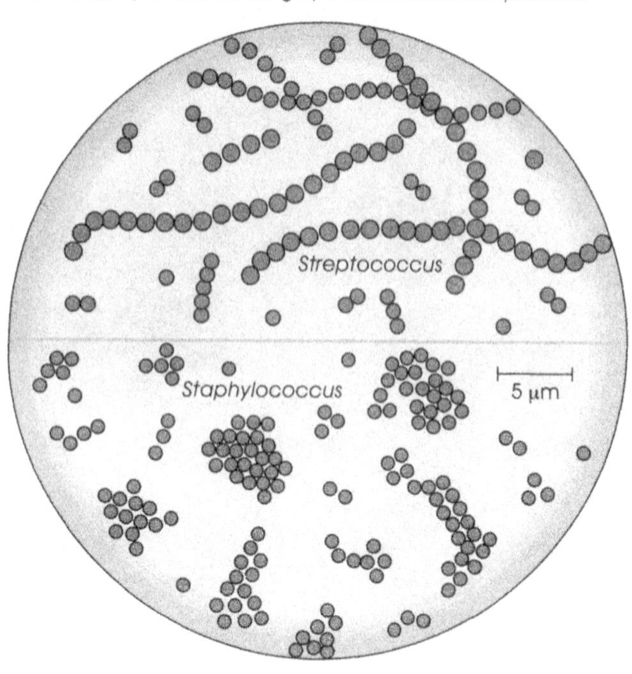

Figura 9.27 Esquema de membros do grupo de *bactérias esporuladas*.

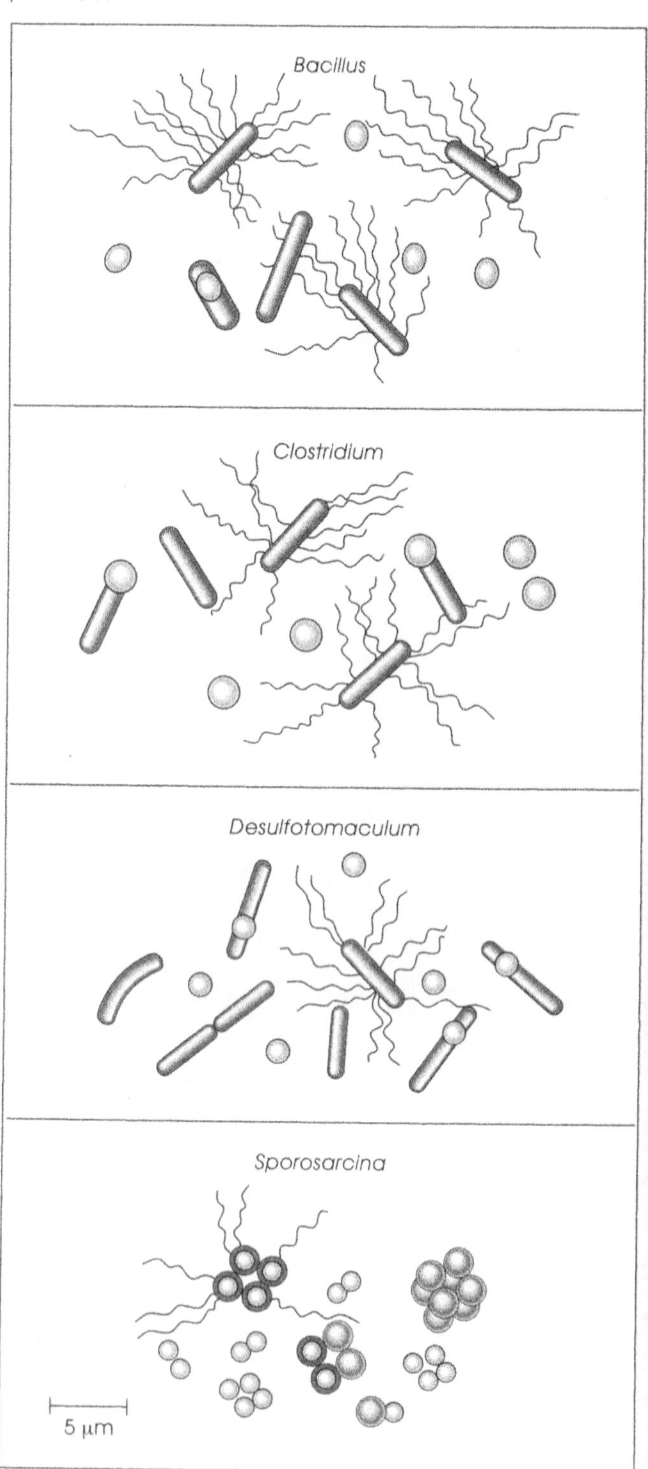

nismos vivos. O que causa esta resistência à alta radiação é ainda um mistério. Os deinococos têm sido isolados de muitos ambientes, mais recentemente da superfície de pedras de granito na Antártica – uma região que recebe um alto nível de raios ultravioleta do sol.

Outro subgrupo de cocos Gram-positivos contém aqueles que são facultativos no que diz respeito à necessidade de oxigênio. Os *Staphylococcus*, com suas células agrupadas, é um dos gêneros mais conhecidos (Figura 9.26). Os estafilococos vivem na pele e nas membranas da mucosa do homem e de outros animais de sangue quente. A principal espécie patogênica é o *S. aureus*, que pode causar infecções pós-operatórias, síndrome do choque tóxico e intoxicação alimentar no homem. Outro gênero conhecido é o *Streptococcus*, cujas células são arranjadas aos pares ou em cadeias (Figura 9.26). O *Streptococcus pyogenes* é a espécie patogênica mais importante e causa a angina estreptocócica, a escarlatina e a febre reumática. Outro patógeno importante é o *S. pneumoniae*, que constitui a principal causa de pneumonia bacteriana no homem. Outras espécies tais como o *S. faecalis* fazem parte da flora normal do trato intestinal do homem e dos animais. O *Streptococcus lactis* é um contaminante inofensivo do leite e seus derivados. É amplamente empregado como "cultura iniciadora" na fabricação de produtos lácteos fermentados como o queijo.

Um terceiro subgrupo de cocos Gram-positivos contém gêneros anaeróbios como os *Peptococcus, Peptoestreptococcus* e *Coprococcus*. Muitas espécies fazem parte da flora normal do homem e de outros animais de sangue quente.

Bactérias Esporuladas. Algumas bactérias formam endósporos, que são altamente resistentes à dessecação, a corantes, desinfetantes, radiação e calor. Muitas bactérias esporuladas são Gram-positivas, pelo menos em culturas jovens, mas espécies de um gênero, o *Desulfotomaculum*, são Gram-negativas. As bactérias formadoras de endósporos têm a forma de bastonete, com exceção das células cocóides de *Sporosarcina* (Figura 9.27). Os gêneros *Bacillus* e *Sporosarcina* são aeróbios ou facultativos, enquanto o *Clostridium* e o *Desulfotomaculum* (ver Figura 9.27) são anaeróbios. Muitas espécies são saprófitas, presentes no solo, na água doce ou no mar. Entretanto, alguns podem causar doenças; por exemplo, o *Bacillus anthracis* causa o carbúnculo e o *Clostridium perfringens* causa a gangrena gasosa e a intoxicação alimentar. O *Clostridium botulinum* e o *C. tetani* secretam poderosas toxinas (neurotoxinas), as quais são responsáveis pelos sintomas do botulismo e tétano, respectivamente. Algumas espécies de *Bacillus* são patogênicas para os insetos e têm sido amplamente usadas como "inseticidas microbianos" para destruir vários tipos de insetos (DESCOBERTA 9.2).

Bacilos Regulares. Entre os bastonetes não-esporulados, existe um grupo que possui uma aparência uniforme; isto é, eles não exibem saliências, ramificações ou outras distorções de forma. São aeróbios, facultativos ou anaeróbios. Um gênero incluído neste grupo é o *Lactobacillus* (Figura 9.28), saprófitas facultativos presentes nos processos de fermentação de produtos animais e vegetais, ou como parasitas na boca, vagina e no trato gastrintestinal do homem e de outros animais de sangue quente. São geralmente considerados como não-patogênicos. De fato, certos lactobacilos são amplamente usados na fabricação do iogurte e do queijo. Entretanto, alguns bastonetes Gram-positivos regulares são patogênicos. A *Listeria monocytogenes*, por exemplo, pode ser adquirida de leite ou queijo pasteurizados inadequadamente e pode ser a causa de natimorto ou aborto espontâneo.

Figura 9.28 Desenho de *Lactobacillus*, que pertence ao grupo de *bacilos Gram-positivos de forma regular.*

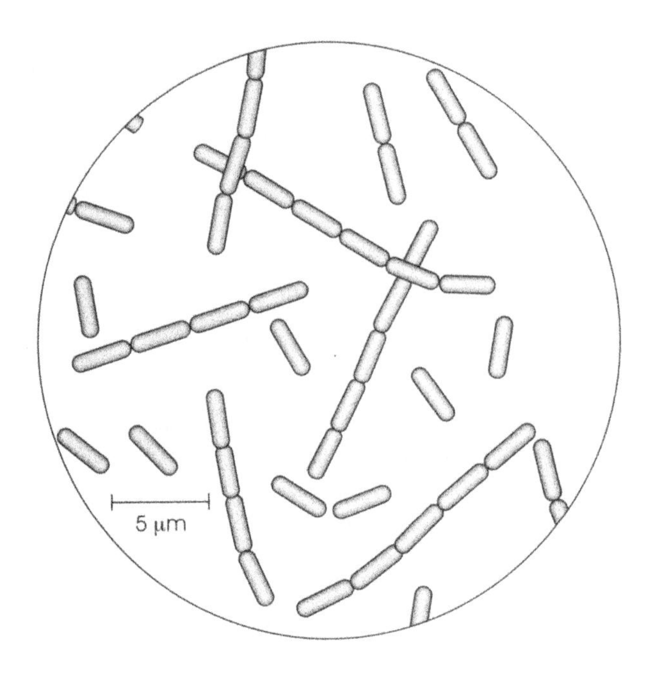

Figura 9.29 Coloração de Gram de *Corynebacterium diphtheriae*, um membro do grupo de *bacilos Gram-positivos de forma irregular.* Observe que coram-se irregularmente e que muitas células são dilatadas em uma das ou em ambas as extremidades.

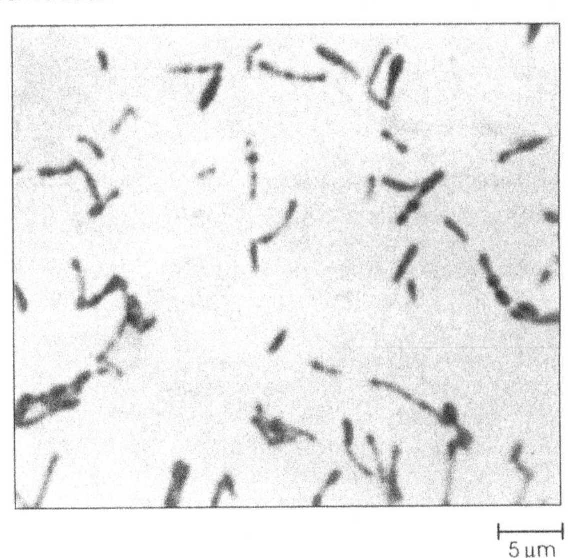

Bacilos Irregulares. As bactérias não-esporuladas também constituem um grupo de bastonetes retos a levemente curvados que podem apresentar saliências, forma de clava, ramificações ou outros desvios da forma regular. Um gênero incomum de bactérias aeróbias do solo, o *Arthrobacter*, exibe um ***ciclo coco-bacilo*** notável: as células crescem inicialmente como bastonetes irregulares, mas mais tarde tornam-se cocos. Quando estes cocos são inoculados em um meio fresco, crescem novamente como bastonetes.

Os bastonetes irregulares mais conhecidos são membros do gênero *Corynebacterium.* Algumas corinebactérias são saprófitas do solo e da água, outras são patogênicas para as plantas e outras são patógenos de animais ou do homem. Dos patógenos humanos, a principal espécie é o *C. diphtheriae* (Figura 9.29), o agente etiológico da difteria.

Micobactérias. Há apenas um gênero de micobactéria: o *Mycobacterium.* A característica marcante destes bacilos é a *álcool-ácido resistência.* Isto refere-se ao fato de que, após as células serem coradas (o que geralmente requer o uso de um corante forte como a carbolfucsina, aquecida na lâmina), dificilmente são descoradas com solução de álcool acidificada (Figura 9.30, caderno em cores). A solução álcool-ácido remove facilmente o corante de bactérias não álcool-ácido resistentes. A álcool-ácido resistência das micobactérias é atribuída a certos lipídeos de alto peso molecular denominados *ácidos micólicos* encontrados na parede celular. Algumas micobactérias são saprófitas, mas outras são patogênicas. Duas espécies patogênicas importantes são o *M. tuberculosis* (tuberculose) e *M. leprae* (hanseníase).

DESCOBERTA!

9.2 BACTÉRIAS ESPORULADAS QUE MATAM INSETOS

Vários microrganismos destruidores de insetos têm sido amplamente empregados como inseticidas microbianos. Um deles é a bactéria Gram-positiva esporulada, *Bacillus popilliae*, que causa a doença leitosa nas larvas de besouros japoneses. Nesta doença o sangue das larvas fica repleto de bactérias e esporos, dando um aspecto leitoso. Os esporos são altamente resistentes à dessecação, ao calor e ao frio e sobrevivem no solo durante anos. Quando eles são aplicados no solo, onde as larvas dos besouros se desenvolvem, algumas larvas são infectadas; como a larva morre, mais esporos bacterianos são introduzidos no solo. Este método tem resultado em eliminação virtual dos besouros japoneses em áreas fortemente infestadas.

Outro micróbio que destrói os insetos e que atualmente está sendo estudado intensivamente é uma bactéria esporulada Gram-positiva, o *Bacillus thuringiensis*. As células destes bacilos possuem cristais de uma toxina protéica (toxina Bt) que matam certas larvas de insetos.

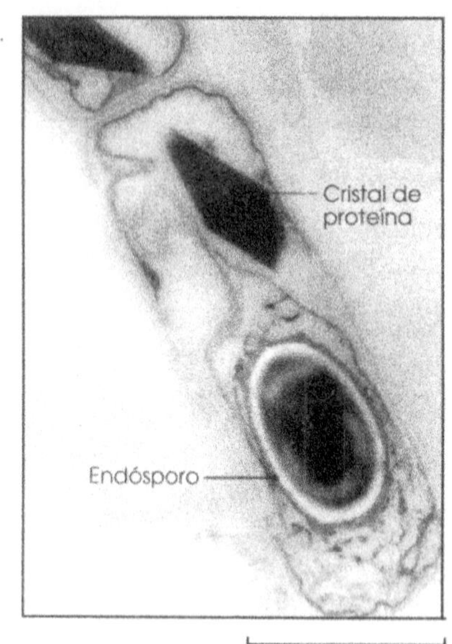

Micrografia eletrônica de uma célula de *Bacillus thuringiensis*, mostrando um cristal de proteína da toxina Bt e um endósporo oval.

Quando os insetos ingerem a bactéria, os cristais de toxinas dissolvem-se e destroem o revestimento do trato intestinal dos insetos. A toxina não é prejudicial a animais e humanos. Por ser uma proteína, a toxina é rapidamente degradada e não se acumula no ambiente.

Recentemente, as técnicas de engenharia genética têm fornecido novos rumos com relação ao uso da toxina Bt. O gene para a toxina, que é a porção do DNA que contém as instruções codificadas que permitem a produção da toxina pelo *B. thuringiensis*, tem sido transferido de uma bactéria para células de plantas. Isto permite que as células vegetais produzam a toxina. A idéia é que, quando o inseto ingere o tecido vegetal, consome a toxina, sendo assim envenenado. Experimentos preliminares com plantas de tomate têm mostrado que plantas que carregam o gene Bt são resistentes ao ataque de pragas tais como vermes do gado e das frutas. O desenvolvimento desta técnica poderá levar a uma nova era no controle das pragas na agricultura.

Actinomicetos. O grupo dos *actinomicetos* é muito grande e variado, caracterizando-se pela tendência em formar *micélio*, um emaranhado de filamentos ramificados denominados *hifas*. Em algumas espécies como a *Nocardia* (Figura 9.31), a reprodução ocorre por meio da *fragmentação*, na qual as hifas fragmentam-se em muitas células baciliformes e cocóides, cada uma capaz de formar um novo micélio. Outras espécies reproduzem-se pela formação de esporos – *esporangiósporos* (se estiverem no interior de sacos especiais) ou conidiósporos (se não estiverem no interior de sacos). Os esporos constituem a principal forma de multiplicação porque são produzidos em grande número, cada esporo com potencial de germinação e crescimento, levando ao surgimento de um novo organismo. Embora não sejam resistentes ao calor, os conidiósporos e os esporangiósporos são resistentes à dessecação e podem auxiliar na sobrevivência das espécies durante a estiagem.

Os actinomicetos são principalmente saprófitas encontrados no solo, embora alguns sejam patogênicos ao homem, a animais ou plantas. No solo, tem função importante na degradação de restos de plantas e animais. O gênero *Frankia* é especialmente interessante porque pode fixar nitrogênio dentro das raízes de plantas lenhosas não leguminosas tais como os álamos. Outro gênero, o *Streptomyces* (Figura 9.32) é famoso pela sua habilidade em produzir uma grande variedade de antibióticos usados no tratamento de doenças humanas, como a tetraciclina e a estreptomicina.

Micoplasmas

O terceiro principal grupo de eubactérias é o grupo dos ***micoplasmas***. Sua característica marcante é que são incapazes de formar uma parede celular, portanto possuem apenas uma membrana citoplasmática como envoltório externo (assim, coram-se como Gram-negativos). A falta de uma parede celular confere aos micoplasmas algumas propriedades incomuns não encontradas na maioria das eubactérias:

Figura 9.31 Células de *Nocardia*, mostrando fragmentação das hifas.

1. As células possuem plasticidade e podem assumir muitas formas diferentes, desde formas esféricas a filamentos ramificados (Figura 9.33).

2. Esta plasticidade permite que muitas das células atravessem os poros de filtros bacteriológicos que retêm muitos outros tipos de bactéria.

3. Os micoplasmas podem inchar e romper-se quando a cultura é repentinamente diluída com água.

4. Os micoplasmas não são inibidos mesmo em altas concentrações de penicilina – que inibem a síntese de parede celular e, assim, não possuem efeito sobre os micoplasmas. Entretanto, os micoplasmas podem ser inibidos por antibióticos que atuam sobre outros processos metabólicos ou celulares.

Ao contrário de outras bactérias, muitos micoplasmas possuem uma membrana citoplasmática que contém um esterol, o colesterol. Normalmente, somente as células eucarióticas possuem esteróis. O meio de cultura para micoplasmas contém soro sanguíneo para fornecer colesterol necessário ao crescimento.

Muitos micoplasmas habitam as mucosas do homem e de outros animais. Muitas espécies causam infecções e algumas são patogênicas para o homem, como o *Mycoplasma pneumoniae*, que causa pneumonia atípica primária, e o *Ureaplasma urealyticum*, que causa uretrites.

Figura 9.32 Fotomicrografia de *Streptomyces viridochromogenes*, mostrando um filamento de hifa produzindo longas cadeias espiraladas de conidiósporos arredondados.

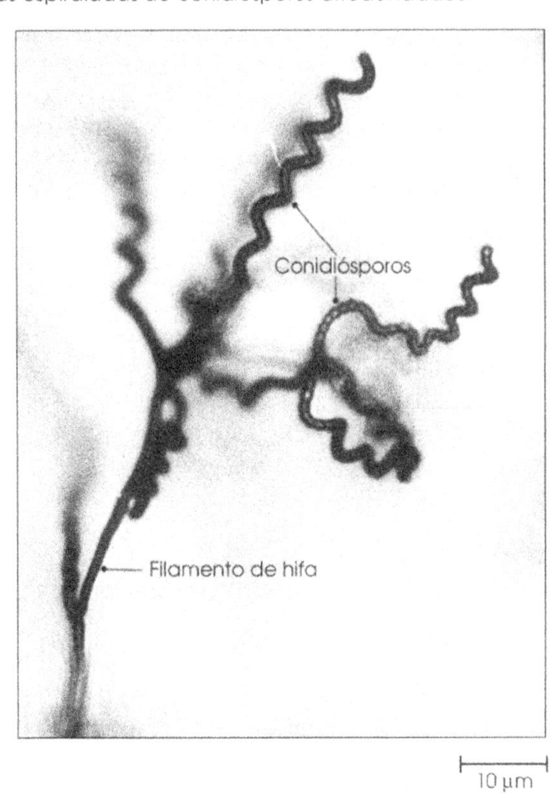

Figura 9.33 Micrografia eletrônica de varredura de *Mycoplasma pneumoniae* de uma cultura de 6 dias, mostrando formas irregulares, filamentos transversais e amontoados de organismos esféricos provavelmente representando uma etapa inicial na formação da colônia.

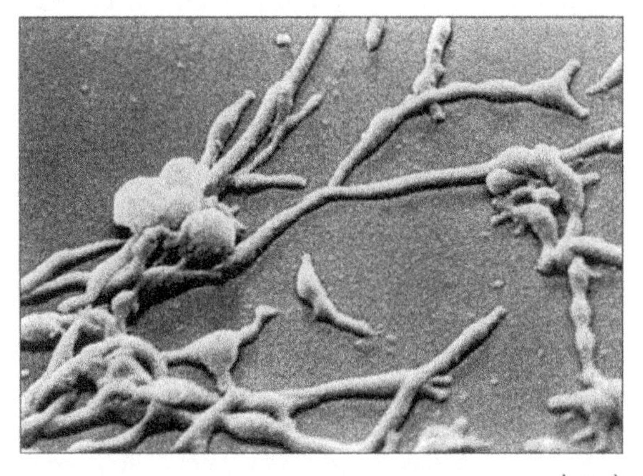

Membros do gênero *Spiroplasma* causam doença em plantas cítricas e são disseminados por insetos. Os espiroplasmas possuem duas características incomuns: (1) as células são helicoidais, mesmo não possuindo parede celular para a manutenção da forma; e (2) são móveis em meio líquido, apesar de não terem flagelos ou outro meio aparente de locomoção. Como os espiroplasmas podem possuir estas características é um mistério a ser desvendado.

Responda

1 Quais são as principais características dos subgrupos de eubactérias Gram-negativas (espiroquetas, bactérias microaerófilas e aeróbias curvadas; cocos e bacilos aeróbios; bacilos aeróbios facultativos; anaeróbios; riquétsias e clamídias; fototróficos anoxigênicos; fototróficos oxigênicos; bactérias deslizantes; bactérias com bainha; bactérias gemulantes e/ou apendiculadas e quimiolitotróficas)?

2 Quais são as principais características dos subgrupos das eubactérias Gram-positivas (cocos, bactérias esporuladas, bacilos regulares, bacilos irregulares, micobactérias e actinomicetos)?

3 Quais são as características distintivas dos micoplasmas?

As Arqueobactérias

Como um grupo, as arqueobactérias são morfológica e fisiologicamente variadas. Algumas possuem propriedades únicas, como constituintes celulares incomuns; outras vivem em ambientes adversos a ponto de inibir muitas outras formas de vida. Atualmente, quatro principais grupos de arqueobactérias são reconhecidos. Os três primeiros incluem organismos que possuem uma parede celular: os *produtores de metano* (***metanogênicas***), as ***halobactérias*** e as *arqueobactérias dependentes de enxofre.* O quarto grupo contém organismos que não possuem parede celular, os *termoplasmas.*

As Bactérias Metanogênicas

As bactérias metanogênicas são arqueobactérias anaeróbias únicas entre os organismos vivos na sua habilidade de produzir grandes quantidades de gás metano (CH_4). Vários tipos de bactérias metanogênicas podem ser diferenciados com base em sua morfologia e na reação de Gram. Por exemplo, as células de *Methanosarcina* são cocos Gram-positivos agrupados, as células de *Methanobacterium* são bastonetes longos Gram-positivos e as células de *Methanospirillum* são filamentos ondulados Gram-negativos (Figura 9.34, caderno em cores).

Os metanogênicos ocorrem em ambientes anaeróbios ricos em matéria orgânica – lodaçal, brejos, açudes e lagos, sedimentos marinhos e rúmen dos bovinos. Eles também se desenvolvem dentro de depósitos digestores anaeróbios em estações de tratamento de águas de esgoto, onde produzem milhares de metros cúbicos de gás metano por dia. Este metano pode ser usado como combustível para aquecimento ou para a geração de energia.

As Bactérias Halofílicas Extremas

Certas bactérias aeróbias Gram-negativas são denominadas *halobactérias* ("bactéria do sal"), ou *bactérias halofílicas extremas,* porque requerem um ambiente que fornece de 17 a 23% de NaCl para um bom crescimento. Elas não podem crescer em soluções com menos de 15% de NaCl; mesmo a água do mar, que contém aproximadamente 3% de NaCl, não é suficientemente salgada para as halobactérias. Portanto, as halobactérias vivem em ambientes inadequados para outros organismos vivos, tais como os lagos salgados (por exemplo, o Mar Morto e o Grande Lago Salgado), tanques industriais que produzem sal pela evaporação da água do mar e alimentos preservados com sal. As colônias têm coloração entre vermelho e laranja devido à presença de carotenóides, os quais parecem proteger as células contra os efeitos danosos da luz solar.

Algumas halobactérias contêm pigmentos púrpuras denominados ***bacteriorrodopsina***, localizados na membrana citoplasmática. A bacteriorrodopsina é fotoativa e permite que a halobactéria converta a energia da luz em energia química. Sob este aspecto, as halobactérias são como as eubactérias fototróficas descritas anteriormente neste capítulo. Entretanto, *as halobactérias não possuem bacterioclorofila nem clorofila.*

As Arqueobactérias Dependentes de Enxofre

Na natureza, as arqueobactérias dependentes de enxofre predominam em fontes de água quente ácidas. Podem crescer em temperatura de 50°C ou mais, chegando a até 87°C. Além disso, preferem condições ácidas; algumas espécies não podem crescer em pH acima de 4,0 a 5,5. Os gêneros aeróbios como os *Sulfolobus* obtêm energia pela oxidação de enxofre ou de compostos orgânicos como açúcares e aminoácidos. Os gêneros anaeróbios tais como *Thermoproteus* obtêm energia pela remoção de elétrons tanto do gás hidrogênio como dos compostos orgânicos, usando os elétrons para reduzir o enxofre a gás sulfídrico.

Os Termoplasmas

Os termoplasmas lembram os micoplasmas por não possuírem parede celular e serem envolvidos apenas pela membrana citoplasmática. Entretanto, são diferentes na habilidade que possuem de crescer a altas temperaturas sob condições ácidas. A temperatura ótima para o crescimento dos termoplasmas é de 55 a 59°C e o pH ótimo de crescimento é 2. De fato, as células dos termoplasmas desintegram-se em pH 7. Estes organismos estranhos têm sido isolados de pilhas de restos de carvão incandescente.

Responda

1 Quais são as principais características das bactérias: (a) metanogênicas; (b) halobactérias; (c) arqueobactérias dependentes do enxofre e (d) termoplasmas?

2 Quais arqueobactérias vivem em ambientes incomuns?

3 Que arqueobactéria produz um produto metabólico final não produzido em quantidade significativa por qualquer outro organismo vivo?

Resumo

1. Informações detalhadas sobre as características de todos os gêneros e espécies de bactérias podem ser encontradas em um trabalho de referência internacional denominado *Bergey's Manual of Systematic Bacteriology*.

2. Os dois principais grupos de bactérias são as eubactérias e as arqueobactérias, que diferem na composição de sua parede celular, na natureza dos fosfolipídeos da membrana e na síntese de suas proteínas.

3. Os principais subgrupos de eubactérias são as eubactérias Gram-negativas, as eubactérias Gram-positivas e as eubactérias que não possuem parede celular.

4. Algumas das principais categorias dentro do grupo das eubactérias Gram-negativas são diferenciadas de acordo com características morfológicas tais como forma, apêndices e motilidade. Outras são caracterizadas com relação ao oxigênio ou pelo tipo de fonte de energia utilizado.

5. As principais categorias de eubactérias Gram-positivas são baseadas nas características morfológicas tais como forma, ocorrência de endósporos, álcool-ácido resistência ou formação de micélio.

6. Os micoplasmas são bactérias pleomórficas que não possuem parede celular e, portanto, não são inibidos pela penicilina. Algumas espécies requerem colesterol para o seu desenvolvimento.

7. As arqueobactérias são divididas naquelas que possuem parede celular e nas que não possuem. Aquelas com parede celular incluem: (1) anaeróbios produtores de metano; (2) bactérias halofílicas extremas; (3) organismos dependentes do enxofre. Um quarto grupo não possui parede celular e cresce melhor a altas temperaturas e baixos valores de pH.

Palavras-Chave

Anoxigênicos
Bacterioclorofila
Bacteriorrodopsina
Carotenóides
Cianobactéria
Ciclo coco-bacilo
Clorofila a
Corpos de frutificação
Enterobacteriaceae
Ficobilinas
Fitanol
Movimento deslizante
Halobactéria
Heterocistos
Manual de Bergey
Metanogênica
Micoplasmas
Mixósporos
Oxigênicos
Prosteca
Pedúnculo

Revisão

MANUAL DE SISTEMÁTICA BACTERIANA DE BERGEY

1. Qual das seguintes afirmativas é incorreta com relação ao *Manual de Bergey*? (**a**) É um trabalho de referência internacional. (**b**) Descreve somente as bactérias que são de importância médica. (**c**) o resultado de um esforço cooperativo de centenas de microbiologistas. (**d**) Lida tanto com a classificação como com a identificação das bactérias. (**e**) Descreve todos os gêneros e espécies de bactérias estabelecidos.

EUBACTÉRIAS E ARQUEOBACTÉRIAS

2. A parede celular de ________________________(eubactéria e arqueobactéria) é constituída de peptideoglicano que contém ácido murâmico e D-aminoácidos, enquanto a parede celular de ________________(eubactéria e arqueobactéria) é constituída de proteínas e polissacarídeos.

3. Os fosfolipídeos das arqueobactérias não contêm ácidos graxos de cadeia longa; em vez disso, possuem álcoois de cadeia longa denominados: (**a**) ácido micólico; (**b**) fenóis; (**c**) fitanóis; (**d**) butanóis; (**e**) pentanóis.

EUBACTÉRIAS

4. Os três principais subgrupos de eubactérias são as eubactérias______________________, as eubactérias______________ e as eubactérias que não possuem uma___________________.

5. Eubactérias Gram-negativas possuem uma parede celular complexa constituída de uma ________________externa e uma camada fina e rígida de______________________.

6. Quais são as três características apresentadas pelos espiroquetas? (**a**) forma helicoidal; (**b**) flagelo que se estende da superfície da célula ao meio externo; (**c**) rigidez celular; (**d**) flagelo periplásmico; (**e**) células flexíveis.

7. As bactérias que retiram nutrientes de um *hospedeiro vivo* são denominadas: (**a**) saprófitas; (**b**) patogênicas; (**c**) de vida livre; (**d**) parasitas; (**e**) micróbios.

8. As bactérias que utilizam nutrientes de um *meio orgânico inanimado* são denominadas: (**a**) saprófitas; (**b**) patogênicas; (**c**) de vida livre; (**d**) parasitas; (**e**) micróbios.

9. Os espiroquetas são mais bem visualizados por microscopia ______________________.

10. Embora os espirilos tenham uma forma helicoidal, diferem dos espiroquetas porque as células são______________________________ e possuem um flagelo bacteriano comum em vez de flagelo________________.

11. As descrições a seguir aplicam-se às eubactérias dos grupos de bacilos encurvados aeróbios e microaerófilos e cocos e bacilos aeróbios. Associar as descrições à direita com os nomes à esquerda:

___*Lampropedia* (**a**) Bactérias vibriões que podem invadir e destruir outras bactérias.

___*Spirosoma* (**b**) Bactérias vibriões que fixam o nitrogênio atmosférico e crescem dentro de raízes de milho e trigo.

___*Agrobacterium* (**c**) Formadores de anéis.

___*Neisseria* (**d**) Bacilos limosos que possuem habilidade de oxidar substâncias orgânicas presentes em águas de esgoto.

___*Azospirillum* (**e**) Bacilos aeróbios que causam tumor em plantas.

___*Zoogloea* (**f**) Bactérias utilizadas para fabricar vinagre.

___*Bdellovibrio* (**g**) Diplococos aeróbios que vivem nas mucosas do homem e animais.

___*Acetobacter* (**h**) Cocos que ocorrem em placas grandes e achatadas.

12. As descrições a seguir aplicam-se a eubactérias dos grupos de *bastonetes anaeróbios facultativos, anaeróbios* e *riquétsias e clamídias.* Associar as descrições à direita com os nomes à esquerda:

____*Erwinia*	(**a**) A família que contém *E. coli* e outros bacilos intestinais.
____*Desulfovibrio*	(**b**) Bacilos anaeróbios facultativos que causam disenteria bacilar.
____*Chlamydia*	(**c**) Bacilos anaeróbios facultativos que causam doenças em plantas.
____*Enterobacteriaceae*	(**d**) Gênero que inclui a bactéria que causa a cólera.
____*Vibrio*	(**e**) Células em forma de vibrião que produzem grande quantidade de gás sulfídrico.
____*Shigella*	(**f**) As espécies anaeróbias mais comuns isoladas de infecções do tecido mole humano.
____*Bacteroides fragilis*	(**g**) Bactérias parasitas que se reproduzem por fissão binária e são transmitidas ao homem por piolho, pulga, carrapato e outros pequenos acarídeos.
____*Rickettsia*	(**h**) Bactérias parasitas que possuem um ciclo de desenvolvimento complexo.

13. Os termos bactéria "púrpura" e "verde" referem-se a bactérias fototróficas_______________.

14. Bactérias fototróficas anoxigênicas podem converter a energia da luz em energia química por meio de um pigmento denominado____.

15. A cor das bactérias "púrpuras" e das bactérias "verdes" deve-se à insolubilidade em água dos pigmentos denominados____.

16. Extensões estreitas de uma célula bacteriana, tais como as formadas pelas células de *Rhodomicrobium*, são denominadas (**a**) pedúnculos; (**b**) flagelos; (**c**) prosteca; (**d**) bainhas; (**e**) carotenóides.

17. As cianobactérias lembram as plantas verdes, pois formam ____________________________ como um produto final do seu metabolismo.

18. As cianobactérias possuem o pigmento fotoativo____________________________; possuem também pigmentos de natureza protéica solúveis em água denominados ____________, que conferem uma tonalidade azul-esverdeada aos organismos.

19. Nas cianobactérias filamentosas, a fixação do nitrogênio ocorre em células especializadas denominadas__________________________.

20. As seguintes características aplicam-se a eubactérias dos grupos de *bactérias deslizantes, bactérias com bainha* e *bactérias apendiculadas e gemulantes.* Associar as descrições à direita com os nomes à esquerda:

____Bainha	(**a**) Este é deixado para trás à medida que as mixobactérias deslizam através de superfícies úmidas.
____Mixósporos	(**b**) Células resistentes à dessecação que são componentes de corpos de frutificação de mixobactérias.
____Limo	(**c**) A estrutura tubular que envolve uma cadeia de células de *Sphaerotilus.*
____Pedúnculo	(**d**) Apêndice tubular ou em forma de fita sem vida como os produzidos pelo grupo *Blastocaulis/Planctomyces.*

21. As espécies de *Nitrosomonas* obtêm energia pela oxidação da amônia a __________, enquanto as espécies de *Nitrobacter* obtêm energia por meio da oxidação do nitrito a __________________.

22. As espécies de *Thiobacillus* e *Thiospira* obtêm energia por meio da oxidação dos compostos sulfurados tais como o gás sulfídrico, tiossulfato ou sulfito a: (**a**) dimetil sulfóxido; (**b**) sulfatiazol; (**c**) sulfoniazida; (**d**) sulfato; (**e**) ácido sulfanílico.

23. As paredes celulares de eubactérias Gram-positivas são mais__________________ do que as de eubactérias Gram-negativas e que não possuem uma __________________externa.

24. Qual dos seguintes termos descreve melhor o arranjo das células de *Staphylococcus?* (**a**) cadeias; (**b**) pares; (**c**) pacotes cúbicos de quatro; (**d**) em cacho de uva; (**e**) isolados.

25.Os *Deinococcus* são especialmente conhecidos pela sua resistência a (**a**) calor; (**b**) congelamento; (**c**) solventes não-polares; (**d**) ressecamento; (**e**) radiação.

26. Uma espécie de *Streptococcus* que é largamente empregada na fabricação de produtos lácteos fermentados tal como o queijo é o *S.*______________________.

27. Muitas bactérias esporuladas têm a forma de bastonetes com exceção do gênero ________________, cujas células têm a forma de cocos.

28. A espécie bacteriana esporulada que é usada para matar as larvas de besouros japoneses no solo é denominada __________________.

29. Os gêneros_____________________e_________________________incluem as bactérias esporuladas anaeróbias.

30. As características a seguir aplicam-se a eubactérias dos grupos de *bacilos regulares, bacilos irregulares* e *actinomicetos*. Associar as descrições à direita com os nomes à esquerda:

___*Arthrobacter*	(**a**) Um gênero de bacilos regulares, alguns dos quais são usados na fabricação de iogurte e queijo.
___Esporangiósporos	(**b**) Um gênero de bacilos regulares que podem causar o nascimento de uma criança morta e aborto.
___*Listeria*	(**c**) Bactéria do solo que apresenta um ciclo coco-bacilo.
___Micélio	(**d**) Gênero de bacilos irregulares ao qual pertence a bactéria que causa difteria.
___*Corynebacterium*	(**e**) Bactérias álcool-ácido resistentes.
___*Mycobacterium*	(**f**) Gênero de actinomicetos cuja reprodução ocorre principalmente pela fragmentação de hifas.
___Conidiósporos	(**g**) Esporos de actinomicetos que estão no interior de sacos.
___*Lactobacillus*	(**h**) Esporos de actinomicetos que não estão no interior de sacos.
___*Nocardia*	(**i**) Um trançado de hifas ramificadas.
___*Streptomyces*	(**j**) Organismos especialmente conhecidos pela sua habilidade em produzir antibióticos.

31. O único revestimento externo de uma célula de micoplasma é: (**a**) cápsula; (**b**) membrana externa da parede celular; (**c**) membrana citoplasmática; (**d**) camada lipopolissacarídica; (**e**) camada de proteína.

32. Devido à ausência de parede celular, os micoplasmas não são inibidos por altas concentrações do antibiótico_______________.

33. O colesterol que ocorre na membrana citoplasmática de alguns micoplasmas é fornecido pelo _______________ no meio de cultura.

34. A maioria dos micoplasmas habita: (**a**) o solo; (**b**) a água doce, (**c**) leite e derivados; (**d**) a mucosa do homem e de animais; (**e**) o ambiente marinho.

35. *Duas* das seguintes características aplicam-se aos espiroplasmas: (**a**) São patogênicos, mas não causam doença. (**b**) São móveis, mas não possuem flagelos. (**c**) São helicoidais, mas não possuem parede celular. (**d**) São prototróficos, mas não possuem clorofila. (**e**) Alimentam-se de outras bactérias.

AS ARQUEOBACTÉRIAS

36. *Duas* das seguintes afirmativas aplicam-se às bactérias metanogênicas: (**a**) São aeróbias ou anaeróbias facultativas. (**b**) Algumas são Gram-positivas e outras são Gram-negativas. (**c**) São encontradas em ambientes anaeróbios tais como o rúmen do boi. (**d**) Vivem na superfície de lagos e açudes. (**e**) Algumas espécies são fototróficas.

37. As halobactérias não podem crescer em meios com menos de 15% de _______________.

38. Algumas halobactérias possuem um pigmento fotoativo púrpura denominado_______________.

39. Os termoplasmas lembram os micoplasmas porque: (**a**) crescem em temperaturas muito altas; (**b**) preferem ambientes muito ácidos; (**c**) não possuem parede celular; (**d**) são patogênicos para plantas e animais; (**e**) produzem conidiósporos.

40. Com relação às necessidades de oxigênio, o gênero *Sulfolobus* é _______________ e o gênero *Thermoproteus* é _______________.

Questões de Revisão

1. Descrever os tipos de bactérias que estão associados com as seguintes características: (**a**) ausência de parede celular; (**b**) patogenicidade para plantas; (**c**) pigmentos fotoativos; (**d**) formação de prostecas; (**e**) produção de gás metano; (**f**) habilidade de fixar nitrogênio.

2. Qual é a característica morfológica mais marcante de cada uma das seguintes bactérias? (**a**) *Sphaerotilus*; (**b**) *Arthrobacter;* (**c**) *Mycobacterium;* (**d**) *Caulobacter;* (**e**) *Rhodomicrobium.*

3. Qual é a característica fisiológica mais marcante de cada uma das seguintes bactérias? (**a**) *Methanobacterium;* (**b**) *Thiospira;* (**c**) *Rhizobium;* (**d**) *Nitrobacter;* (**e**) *Desulfovibrio;* (**f**) *Cyanobacteria.*

4. Que hospedeiros são atacados pelas seguintes bactérias? (**a**) *Salmonella*; (**b**) *Erwinia;* (**c**) *Bdellovibrio;* (**d**) *Bacillus popilliae.*

5. Quais são as diferenças quanto ao modo de reprodução entre *Caulobacter, Hyphomicrobium, Nocardia e Streptomyces?*

6. Em que tipo de ambiente você encontraria (**a**) *Cristispira;* (**b**) *Thermus;* (**c**) *Neisseria;* (**d**) *Escherichia;* (**e**) mixobactérias; (**f**) bactérias metanogênicas; (**g**) *Streptomyces;* (**h**) halobactérias?

Questões para Discussão

1. Se você recebeu uma bactéria isolada sobre a qual não tem nenhuma informação, que procedimento geral você utilizaria para identificá-la? Que características primárias você determinaria para ajudar a decidir a que grupo ou subgrupo principal a bactéria isolada pertence? Que tipos de características ajudariam a identificar subseqüentemente o gênero e a espécie?

2. Suponhar que você tenha recebido uma mistura dos seguintes organismos: *Thermus aquaticus; Oscillatoria limosa; Clostridium sporogenes; Deinococcus radiodurans; Halobacterium halobium e Thiobacillus thiooxidans.* Que tipo geral de tratamento, condições culturais ou meio você poderia usar para permitir o isolamento de cada organismo desta mistura *sem que haja crescimento de qualquer outro organismo?* (Sugestão: Você deverá ser capaz de matar ou suprimir todos os outros organismos, ou deverá fornecer um meio ou condição cultural que permita o crescimento somente do organismo desejado.)

3. Responder à questão 2, mas para a seguinte mistura de bactérias: *Bacillus cereus, Mycoplasma pneumoniae, Nitrosomonas europea, Azotobacter chroococcum, Sulfolobus acidocaldarius* e *Xanthomonas campestris.*

Capítulo 10

Os Principais Grupos de Microrganismos Eucarióticos: Fungos, Algas e Protozoários

Objetivos

Após a leitura deste capítulo, você deve ser capaz de:

1. Listar as características de cada grupo de microrganismos eucarióticos (os fungos, as algas e os protozoários).
2. Citar os critérios utilizados nos esquemas de classificação de fungos, algas e protozoários.
3. Resumir os esquemas de classificação de fungos, algas e protozoários.
4. Discutir algumas das espécies de interesse especial em cada grupo de microrganismos eucarióticos.
5. Esquematizar os ciclos de vida dos microrganismos eucarióticos representativos.

Introdução

Assim como os microrganismos procarióticos, os microrganismos eucarióticos possuem uma ampla variedade de formas e processos celulares. Eles podem ser divididos em três principais grupos: os *fungos*, as *algas* e os *protozoários*. Existem literalmente milhares de espécies de micróbios eucarióticos. Micologistas, ficologistas e protozoologistas têm tentado colocar ordem neste caos aparente (que pode ser também chamado de diversidade). Neste sentido, os pesquisadores criaram esquemas de classificação específicos para os seus respectivos grupos de micróbios. Estes esquemas auxiliarão na compreensão das diversas formas de microrganismos eucarióticos, que serão o objeto de estudo deste capítulo. Os organismos incluídos são representantes destes três grupos principais. Você verá que a classificação de um organismo particular em uma categoria não significa necessariamente que este organismo permanecerá nela para sempre. De um modo geral os microrganismos eucarióticos são fascinantes devido a seu ciclo de vida complexo, sua morfologia variável, seus métodos alternativos de reprodução, seus efeitos como agente de doenças e como fonte de interesse econômico e seu papel no ambiente.

Classificação dos Fungos

Os *fungos* são organismos eucarióticos não-fotossintéticos. Com algumas notáveis exceções, os fungos possuem parede celular – diferentemente das células animais. Eles obtêm seu alimento por absorção e não possuem clorofila. Enquanto muitos fungos são unicelulares, alguns são multicelulares e macroscópicos. Como um grupo, os fungos formam esporos, que são dispersos por correntes de ar. Alguns dos fungos mais primitivos são amebóides, enquanto outros movem-se por meio de flagelos.

A classificação dos fungos baseia-se primariamente nos seguintes critérios:

1. Características dos esporos sexuais e corpos de frutificação presentes durante os estágios sexuais dos seus ciclos de vida.
2. Natureza de seus ciclos de vida.
3. Características morfológicas de seu micélio vegetativo ou de suas células.

Tabela 10.1 Vários gêneros de membros de fungos imperfeitos reclassificados (Classe Deuteromycetes).

Nome de gêneros imperfeitos	Reclassificados para as classes	Nome do gênero perfeito*
Aspergillus	Ascomycetes	*Sartorya, Eurotium, Emericella*
Blastomyces	Ascomycetes	*Ajellomyces*
Candida	Ascomycetes	*Pichia*
Cryptococcus	Basidiomycetes	*Filobasidiella*
Histoplasma	Ascomycetes	*Emmonsiella, Gymnoascus*
Microsporum	Ascomycetes	*Nannizia*
Penicillium	Ascomycetes	*Talaromyces, Carpenteles*
Trichophyton	Ascomycetes	*Arthroderma*

*Dependendo da espécie.

Observação: É difícil mudar o nome da família. Muitos microbiologistas preferem usar os nomes imperfeitos a que estão habituados.

Entretanto, muitos fungos produzem esporos sexuais e corpos de frutificação somente sob certas condições ambientais. Aqueles que possuem todos os estágios sexuais conhecidos são denominados ***fungos perfeitos;*** e os que não possuem, ***fungos imperfeitos.*** Os fungos imperfeitos são classificados arbitrariamente e são colocados provisoriamente em uma classe especial denominada *Deuteromycetes*. Quando o seu ciclo sexual é descoberto posteriormente, são então reclassificados entre as outras classes e recebem novos nomes. A Tabela 10.1 apresenta exemplos de fungos imperfeitos reclassificados.

Os micologistas dividem o reino Fungi em três principais grupos: os *fungos limosos,* os *fungos inferiores flagelados* e os *fungos terrestres.*

Os Fungos Limosos

Os fungos limosos são um enigma biológico e taxonômico devido ao fato de não serem nem um fungo típico, nem um protozoário típico. Durante uma de suas etapas de crescimento, assemelham-se aos protozoários porque não possuem parede celular, possuem movimentos amebóides e ingerem nutrientes particulados. Durante a etapa de propagação, formam corpos de frutificação e esporângios apresentando esporos com paredes como nos fungos típicos. Tradicionalmente, os fungos limosos têm sido classificados com os fungos.

Existem dois grupos de fungos limosos: os ***fungos limosos celulares*** e os ***fungos limosos acelulares*** (Tabela 10.2).

Fungos Limosos Celulares. Durante o estágio vegetativo (de crescimento), os fungos limosos celulares são compostos de células semelhantes aos protozoários; isto é, estão na forma de amebas, ou células isoladas, que variam constantemente suas formas. Movem-se e alimentam-se heterotroficamente pela projeção de pseudópodes (falsos pés) em forma de dedos. Vivem em água doce, em solo úmido e em vegetais em decomposição, especialmente de troncos caídos. As células individuais, semelhantes a protozoários, alimentam-se de bactérias.

Sob condições ambientais adversas, como a depleção de alimentos, agregam-se como uma massa viscosa, formando muitos ***pseudoplasmódios.*** Um *plasmódio* é uma massa de protoplasma amebóide, multinucleado, envolvido por uma membrana citoplasmática, sem tamanho ou forma definida. Os plasmódios de fungos limosos celulares são denominados *pseudoplasmódios* porque as amebas que os compõem retêm sua própria membrana celular.

Tabela 10.2 Principais características dos fungos limosos (Divisão Gymnomycota).

Classe	Características	Espécies representativas
Fungos limosos celulares (Acrasiomycetes)	Células amebóides que se alimentam de bactérias e se agregam para formar corpos de frutificação pedunculados (esporocarpo) que produzem esporos	*Dictyostelium discoideum*
Fungos limosos acelulares (Myxomicetes)	Multicelulares, plasmódio sem parede, que se transforma em esporângio altamente organizado, produzindo esporongiósporos	*Physarum polycephalum*

Estes pseudoplasmódios, envolvidos por uma bainha viscosa, assemelham-se a *lesmas* que podem migrar e eventualmente transformar-se em corpos de frutificação produtores de esporos. Os esporos espalhados germinam e dão origem a amebas, completando o ciclo. A Figura 10.1 mostra o ciclo de vida de um típico fungo limoso celular, o *Dictyostelium discoideum.*

Fungos Limosos Acelulares. Os fungos limosos acelulares (*Myxomycetes*) são diferentes dos fungos limosos celulares porque o seu plasmódio não é celular – os núcleos não são separados por membranas celulares em células individuais. Portanto, os fungos limosos existem como um *verdadeiro* plasmódio, ou uma massa de protoplasma com muitos núcleos. Semelhantemente aos fungos limosos ce-

Figura 10.1 [**A**] Ciclo de vida de um fungo limoso celular, o *Dictyostelium discoideum*. As amebas migram em direção a um centro de agregação, tornando-se associadas pelas extremidades e formando cadeias. Passam por vários estágios multicelulares para formar um corpo de frutificação. Os esporos dispersam-se para encontrar um ambiente adequado antes de germinarem, formando amebas que iniciam o ciclo de vida novamente. [**B**] Fotomicrografias ilustrando alguns dos estágios do ciclo de vida. [**1**] Estágio de agregação das amebas. [**2**] Estágio de agregação. [**3**] Pseudoplasmódio (*pseudo-* porque os constituintes celulares retêm as membranas celulares) em um estágio bem adiantado, composto de muitas amebas. [**4**] Os pseudoplasmódios transformam-se em "lesmas" e podem migrar. [**5**] Estágio de "lesma". [**6**] Estágio de botão: etapa inicial da formação dos corpos de frutificação com o pedúnculo em seu estágio inicial de formação. [**7**] Estágio posterior da formação de corpos de frutificação. [**8, 9, 10**] Estágios seqüenciais na formação de um corpo de frutificação. [**11**] Esporos liberados do corpo de frutificação; estes germinarão para formar amebas, completando o ciclo.

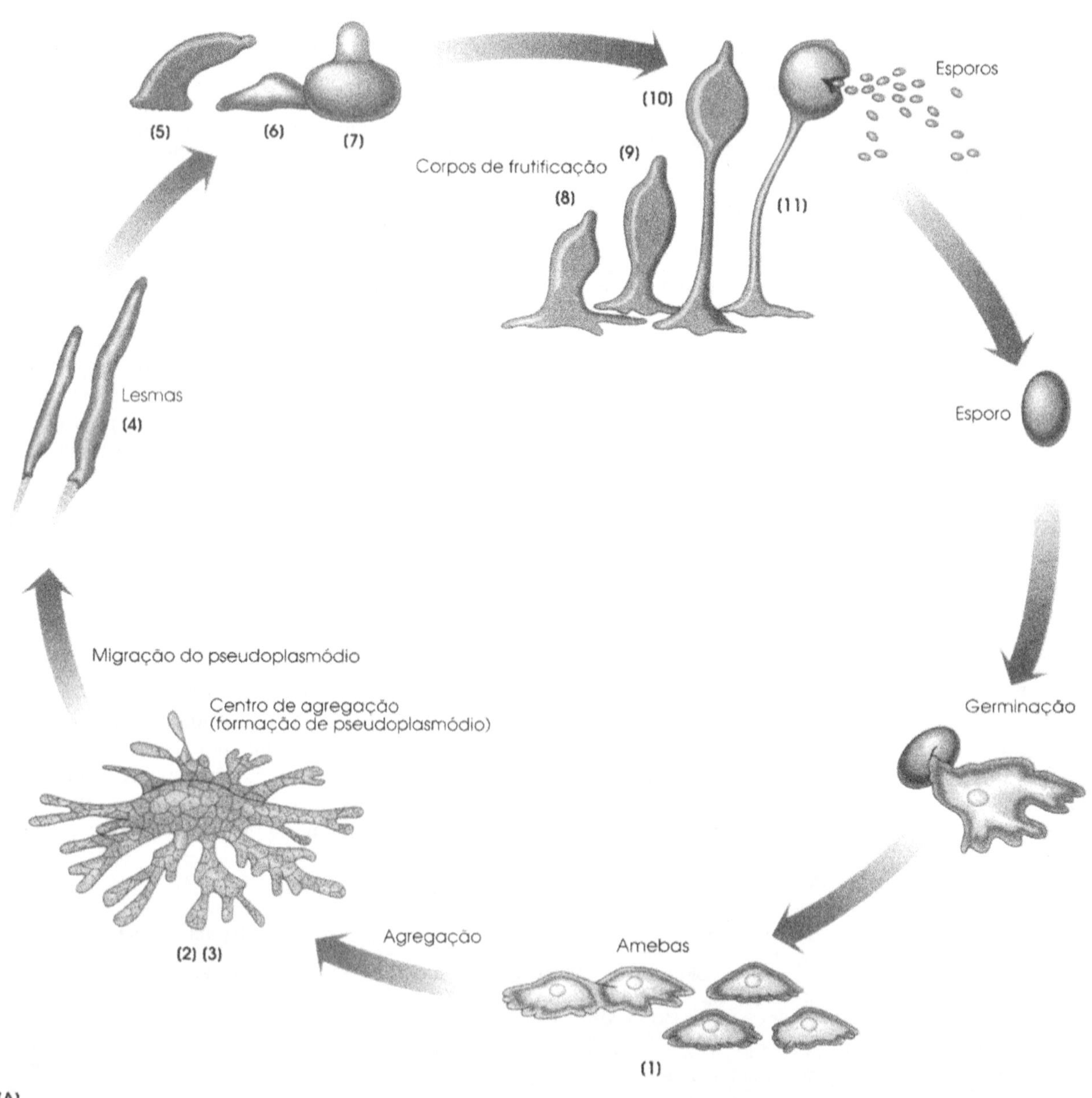

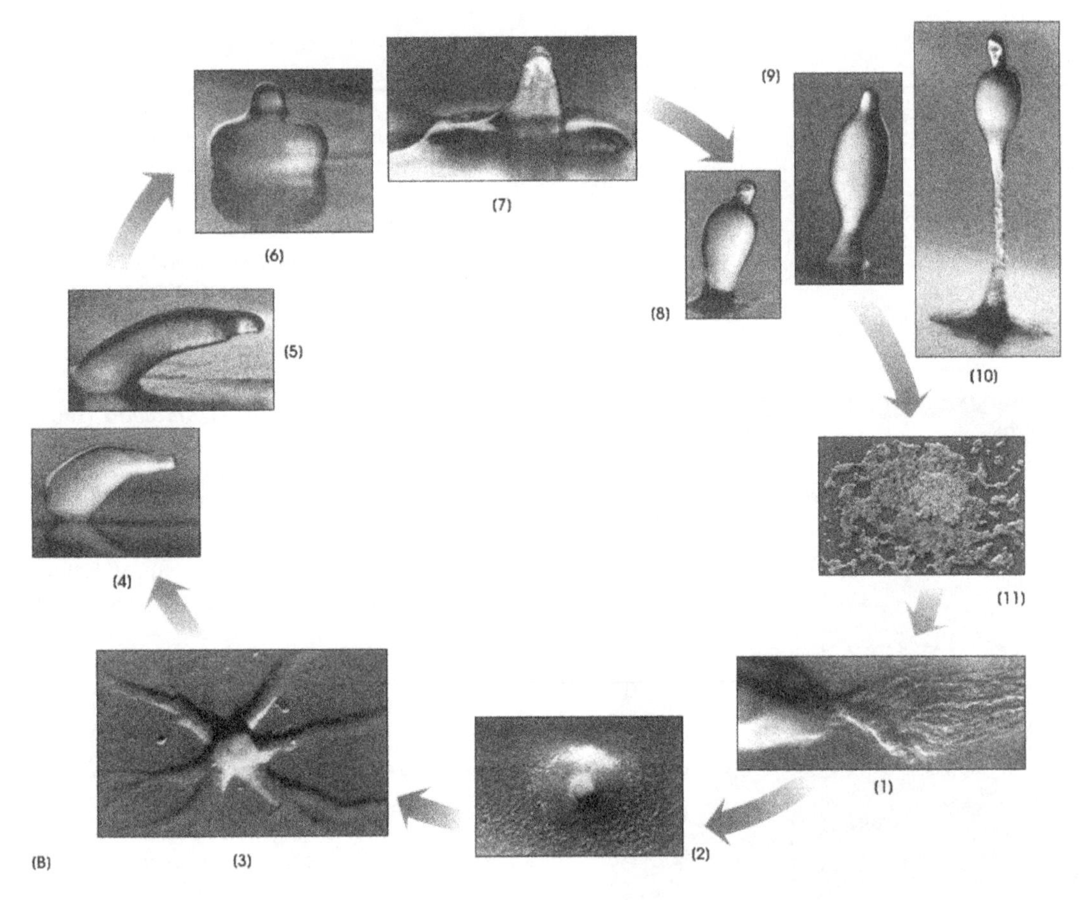

lulares, passam por um estágio amebóide vegetativo em que se alimentam por fagocitose. Na fase de esporulação, formam estruturas de frutificação com pedúnculos que se assemelham a pedúnculos de outros fungos. Entretanto, os fungos limosos acelulares são sexualmente mais evoluídos do que os fungos limosos celulares. Gerações haplóides (possuem um tipo de cromossomo) alternam-se com gerações diplóides (possuem dois tipos de cromossomos), uma propriedade não encontrada em fungos limosos celulares (Figura 10.2, caderno em cores).

Durante o ciclo de crescimento dos fungos limosos acelulares, são formadas células haplóides com dois flagelos. Estas células, denominadas ***células swarm***, podem transformar-se em células amebóides denominadas ***mixamebas***. As mixamebas podem transformar-se prontamente em células *swarm*. As células podem apresentar tipos de reação sexual ou *mating types* (tipos de acasalamento) diferentes. Tanto as mixamebas como as células *swarm* podem fundir-se e formar um zigoto diplóide, que se divide repetidamente por mitose para formar um plasmódio.

Quando um ambiente torna-se mais seco, o protoplasma plasmodial pode tornar-se concentrado, do qual surge um esporângio pedunculado. A meiose ocorre dentro de esporos maduros, levando à formação de células haplóides.

Os plasmódios alimentam-se de vegetais em decomposição. Por outro lado, as células *swarm* e as mixamebas alimentam-se de bactérias e por absorção de nutrientes dissolvidos. São conhecidas cerca de 400 a 500 espécies de fungos limosos acelulares. As características que os distinguem são a cor, a forma e o tamanho das estruturas de frutificação, a presença de pedúnculos e a presença de grânulos externos ou internos nos corpos de frutificação.

Os Fungos Inferiores Flagelados

Os fungos inferiores flagelados incluem todos os fungos, com exceção dos fungos limosos, que produzem células flageladas em alguma fase do seu ciclo de vida. Enquanto os fungos limosos nutrem-se pela ingestão de partículas, os fungos inferiores flagelados alimentam-se pela absorção dos nutrientes. A grande maioria destes fungos são filamentosos, produzindo um micélio cenocítico. Muitos são unicelulares ou unicelulares com rizóides. A reprodução sexuada pode ocorrer por vários meios; a reprodução assexuada ocorre mediante a produção de zoósporos.

Existem quatro grupos principais de fungos inferiores flagelados: ***Chytridiomycetes, Hyphochytridiomycetes, Plasmodiophoromycetes*** e ***Oomycetes.*** As características distintivas são mostradas na Tabela 10.3.

Chytridiomycetes. Os fungos pertencentes a esta classe caracterizam-se por possuírem células móveis apresentando um único flagelo *chicoteante* localizado na extremi-

Figura 10.3 [**A**] Micrografia eletrônica de varredura de um quitrídio unicelular típico, *Chytridium olla*, mostrando um sistema rizóide extenso. [**B**] Ciclo de vida assexual de um quitrídio. Os zóoporos liberados na água nadam durante um período de tempo e depois encistam-se. Estabelecem-se em uma superfície sólida e eventualmente germinam, formando novos esporângios e rizóides (ou funcionando como talo sexual, não mostrado na figura). À medida que o desenvolvimento continua, um sistema de ramificação de rizóides (rizomicélio) é formado para ancorar o fungo à superfície. O crescimento resulta na formação de um zoosporângio esférico que se divide internamente para produzir muitos zoósporos. Os zóoporos podem atravessar os poros do zoosporângio ou este rompe-se, liberando-os.

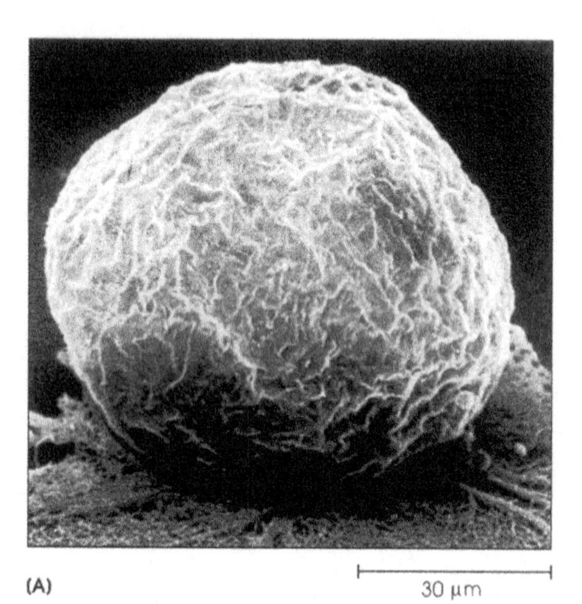

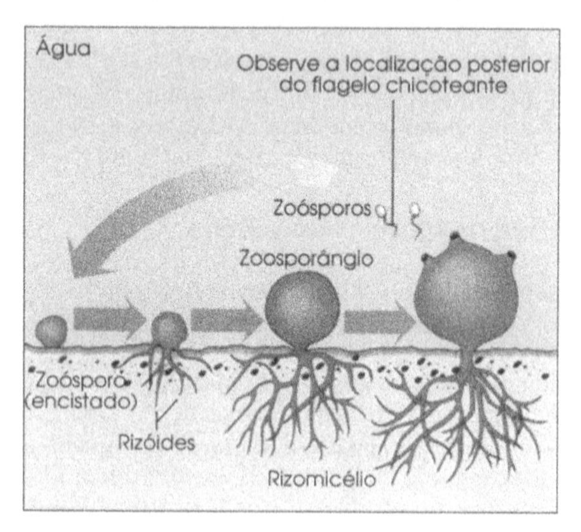

(B)

dade *posterior.* (Existem dois tipos de flagelos – o chicoteante e o falso. O flagelo falso é uma estrutura emplumada com projeções laterais semelhantes a pêlos por todos os lados ao longo de seu comprimento; tais projeções não estão presentes no flagelo chicoteante.)

Estes fungos são microrganismos parasitas ou saprófitas que vivem no solo ou em água doce. Crescem e alimentam-se por meio de hifas cenocíticas que penetram no interior dos hospedeiros vivos ou debris orgânicos. Os quitrídios mais simples crescem e desenvolvem-se inteiramente no interior das células dos hospedeiros. As espécies mais complexas produzem estruturas reprodutivas na superfície dos hospedeiros, mas as partes vegetativas e de nutrição do talo penetram profundamente dentro das células hospedeiras. As paredes celulares dos quitrídios são constituídas de quitina; algumas também possuem celulose.

Alguns quitrídios são unicelulares. Possuem um talo que é uma esfera simples, embora algumas destas espécies também produzam um ***rizomicélio*** (um sistema de hifas ramificadas que emergem da extremidade posterior do talo; Figura 10.3). Outros quitrídios possuem micélio ramificado bem desenvolvido. Muitos deles possuem um ciclo de vida complexo com várias vias de desenvolvimento alternativas. Esta diversidade é comum, tendo em vista os grupos de fungos complexos e variados classificados como quitrídios.

Hyphochytridiomycetes. Como os quitrídios, os hifoquitrídios vivem em água doce e no solo e são parasitas ou saprófitas. Entretanto, ao contrário dos quitrídios, movemse por meio de um único flagelo falso localizado na extremidade *anterior.* Todos os hifoquitrídios produzem zoósporos que emergem através de tubos de descarga do esporângio. Os zoóporos nadam em direção a novos hospedeiros ou substratos. Cada zoósporo pode desenvolver-se formando um talo. Toda reprodução por meio de zoósporos é assexuada; nenhum processo sexual é conhecido para este grupo de micróbios.

Plasmodiophoromycetes. Os plasmodioforomicetos são microrganismos heterotróficos e parasitas obrigatórios. Muitas espécies crescem no interior de plantas, algas e outros fungos, onde geralmente causam um aumento anormal da célula hospedeira denominado ***hipertrofia.*** Causam também uma multiplicação anormal das células hospedeiras denominada ***hiperplasia***. Além disso, durante a fase de alimentação, os plasmodioforomicetos apresentam-se como um plasmódio multinuclear sem parede celular. Sendo assim estes microrganismos têm sido denominados *fungos limosos endoparasitas.*

Estes organismos formam zoósporos com dois flagelos chicoteantes anteriores. Mas os detalhes do seu ciclo de vida geral ainda não são completamente compreendidos. Cistos, zoósporos, plasmódios e zoosporângios parecem estar presentes em muitas espécies. Muitos destes micróbios vivem como parasitas benignos e não causam danos ao seu hospedeiro. Entretanto, há duas espécies de importância econômica: o *Plasmodiophora brassicae,* a causa mais comum de hérnia das crucíferas (entre eles o repolho) e o *Spongospora subterranea*, o agente das escaras pulverulentas dos tubérculos da batata.

Figura 10.4 Ciclo de vida da *Saprolegnia*. A porção somática do organismo consiste em dois tipos de hifas: hifa em forma de rizóide, que penetra no substrato e serve para ancorar o organismo e para absorver nutrientes, e a hifa somática, onde os órgãos reprodutores são formados. Os esporângios afilados são formados na extremidade (ápice) da hifa somática; seu núcleo diferencia-se em zoóporos. Através de uma abertura na extremidade do esporângio, os zoósporos primários em forma de pêra escapam para o ambiente aquoso que os envolve. Nadam de um minuto a cerca de uma hora e então perdem os flagelos e encistam-se. Os cistos, após um período de descanso (2 a 3 h, dependendo da espécie) germinam para liberar um zoósporo secundário em forma de feijão. O zoósporo secundário pode nadar vigorosamente por várias horas antes de se encistar novamente. O esporo encistado germina emitindo um tubo germinativo que se desenvolve em uma hifa, formando uma nova colônia. Quando as condições são favoráveis para a reprodução sexuada, a hifa somática dá origem à oogônia e ao anterídio. Dentro da oogônia, a fertilização dá origem a oósporos haplóides. Antes da germinação, os oósporos sofrem meiose, portanto as hifas geradas dos oósporos são haplóides.

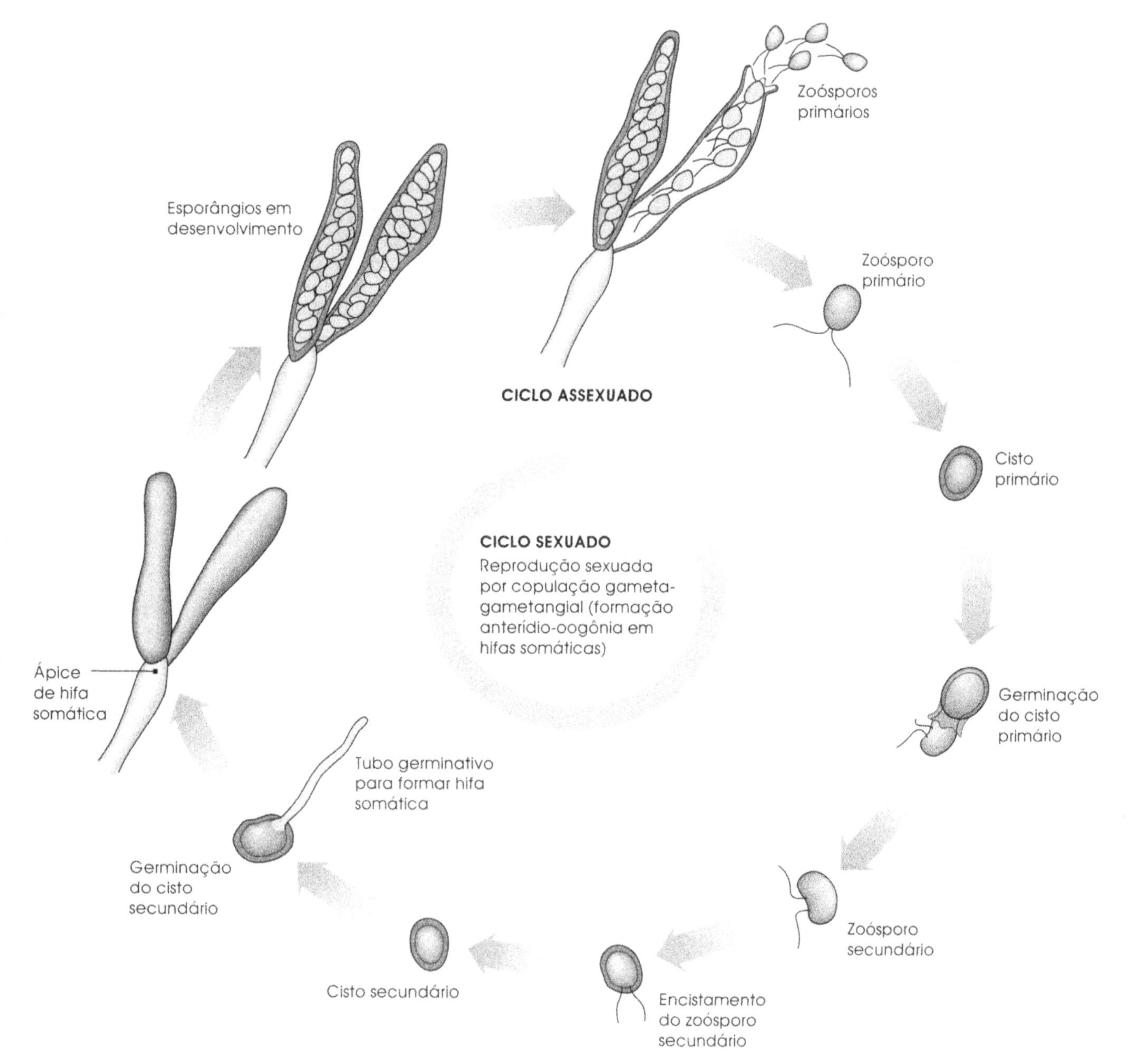

Oomycetes. Ao contrário de outros fungos inferiores flagelados, os oomicetos são geralmente filamentosos, constituídos por um micélio cenocítico. Os oomicetos são saprófitas ou parasitas. Os que possuem estrutura mais simples são fungos aquáticos, seja de vida livre seja como parasitas de algas, pequenos animais e outras formas de vida aquática. Alimentam-se pela introdução das hifas cenocíticas no interior do tecido hospedeiro, onde liberam enzimas digestivas e absorvem os nutrientes resultantes. Os oomicetos mais complexos são parasitas de plantas terrestres que passam sua vida inteira no hospedeiro e dependem da corrente de ar para dispersar seus esporos.

Tabela 10.3 Principais características dos fungos inferiores flagelados (Divisão Mastigomycotina).

Flagelo chicoteante

Flagelo falso

Classe	Características	Espécies representativas
Chytridiomycetes	Células móveis com um único flagelo chicoteante, localizado na extremidade posterior	*Allomyces macrogynus*
Hyphochytridiomycetes	Células móveis com um único flagelo do tipo falso ou emplumado, localizado na porção anterior	*Rhizidiomyces arbuscula, Hyphochytrium catenoides*
Plasmodiophoromycetes	Parasita obrigatório em plantas superiores; estágio vegetativo como plasmódio; células móveis com dois flagelos chicoteantes anteriores desiguais	*Plasmodiophora brassicae*
Oomycetes	Células móveis com dois flagelos inseridos lateralmente, um falso direcionado anteriomente e outro chicoteante direcionado posteriormente	*Saprolegnia ferax*

Entretanto, mesmo nestes oomicetos, a produção de zoósporos biflagelados é comum; cada zoósporo possui um flagelo chicoteante e um flagelo falso.

Um gênero bem conhecido é a *Saprolegnia,* que compreende os fungos mais comumente conhecidos como os *fungos aquáticos.* Comum no solo e na água doce, é saprofítica em restos de plantas e animais. Entretanto, várias espécies como a *S. ferax* e a *S. parasitica* acham-se relacionadas a doenças de peixes e seus ovos. A *Saprolegnia parasitica* causa epidemia grave entre peixes no ambiente natural. É também comumente encontrada em aquários como flocos brancos nas barbatanas dos peixes. O ciclo de vida da *Saprolegnia* é ilustrado na Figura 10.4.

Outra espécie importante de oomicetos é o *Phytophthora infestans*, que causa a mangra tardia da batata. Durante o século XIX, este fungo foi responsável pela destruição de plantações inteiras de batatas na Alemanha e Irlanda, o que levou à migração em massa de pessoas destes países à América do Norte.

Os Fungos Terrestres

Os fungos terrestres são as espécies mais conhecidas entre os fungos. Este grupo inclui leveduras, bolores, orelhas-de-pau, mofo, fungos em forma de taça, ferrugem, carvão, bufa-de-lobo (*puffballs*) e cogumelos. Todos caracterizam-se pela nutrição através da absorção e, com exceção das leveduras (que são geralmente unicelulares), a maioria produz um micélio bem desenvolvido constituído de hifas septadas ou cenocíticas. *As células móveis não são encontradas em fungos terrestres.* A reprodução assexuada ocorre através de brotamento, fragmentação e produção de esporangiósporos ou conídios. A reprodução sexuada neste grupo culmina na produção de zigósporos, ascósporos ou basidiósporos.

Existem quatro principais grupos de fungos terrestres: ***Zygomycetes, Ascomycetes, Basidiomycetes*** e ***Deuteromycetes.*** Suas características primárias são mostradas na Tabela 10.4.

Zygomycetes. Os zigomicetos são formados por hifas cenocíticas, que não possuem septos com exceção das estruturas reprodutivas e do resto das hifas filamentosas. São também conhecidos pela produção de um esporo sexuado de parede celular espessa denominado *zigósporo.* A reprodução assexuada tipicamente ocorre por meio de esporangiósporos que se desenvolvem no interior de esporângios, que se rompem quando maduros. A Figura 10.5 mostra o ciclo de vida de um zigomiceto típico, o *Rhizopus stolonifer*, o bolor preto comumente encontrado no pão.

Tabela 10.4 Principais características diferenciais dos fungos terrestres (Divisão Amastigomycotina).

Classe	Características	Espécies representativas
Zygomycetes	Reprodução sexuada por fusão gametangial; o zigoto é transformado em zigósporo com parede celular espessa; reprodução vegetativa por meio de esporangiósporos no interior de esporângios	*Rhizopus stolonifer, Phycomyces blakesleanus, Mucor rouxii*
Ascomycetes	Esporos sexuais produzidos endogenamente em um asco semelhante a saco produzido em um ascocarpo bem diferenciado; reprodução vegetativa por conídios	*Saccharomyces cerevisiae, Neurospora crassa*
Basidiomycetes	Esporos sexuados produzidos exogenamente em célula em forma de clava denominada *basídio*; os basídios são formados em basidiocarpos bem diferenciados	*Agaricus bisporus*
Deuteromycetes	Reprodução sexuada desconhecida; reprodução vegetativa por meio de conídios que se originam de conidióforos.	*Candida albicans, Trichophyton rubra*

Figura 10.5 O ciclo de vida do bolor preto do pão, *Rhizopus stolonifer*. Após ruptura da parede do esporângio, os esporangiósporos são liberados. Um esporangiósporo germina para desenvolver um talo micelial, os rizóides penetram no meio e os esporangióforos dão origem ao esporângio, completando a fase assexuada do ciclo de vida. A reprodução sexuada requer dois *mating types* (+ e -) sexualmente compatíveis. Quando entram em contato, são formadas ramificações de copulação denominadas *progametângio*. Eles logo se fundem, os protoplasmas misturam-se (através da *plasmogamia*) e os núcleos + e – também se fundem (através da cariogamia) para formar muitos núcleos zigotos. A estrutura contendo o núcleo torna-se corada em preto e com aspecto verrucoso, formando o *zigósporo* diplóide maduro, que repousa em estado dormente por 1 a 3 meses ou mais. O zigósporo germina para formar um novo organismo haplóide e a meiose ocorre durante o processo de germinação.

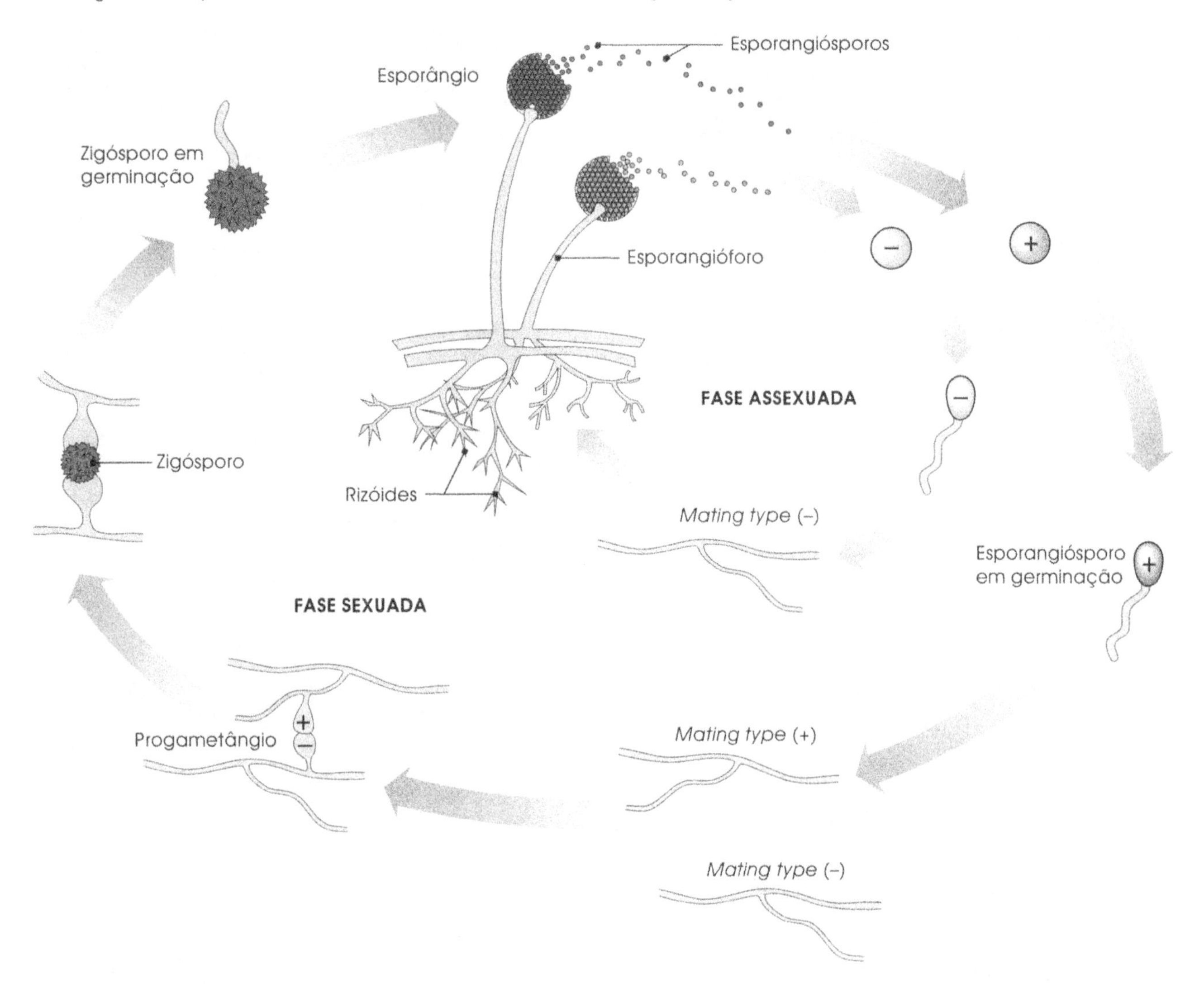

Há cerca de 600 espécies de zigomicetos encontrados em todo o mundo. Muitos são sapróficas, vivendo em vegetais em decomposição; alguns são parasitas, vivendo em animais ou mesmo em fungos (inclusive outros zigomicetos). Alguns zigomicetos são utilizados na elaboração de produtos comercialmente valiosos – molho de soja, ácidos orgânicos e esteróides para drogas contraceptivas e antiinflamatórias.

Ascomycetes. Assim como os basidiomicetos (discutidos posteriormente nesta seção), os ascomicetos são denominados *fungos superiores*, principalmente porque possuem estrutura consideravelmente mais complexa do que os outros fungos. Exemplos bem conhecidos de ascomicetos são as mangras formadoras de ascos, os fungos em forma de taça e as trufas. Este grupo diversificado e economicamente importante compreende dezenas de milhares de espécies.

Os membros dos ascomicetos incluem as formas leveduriformes, miceliais e fungos dimórficos. Quando presente, o micélio é septado e suas células podem possuir um ou mais núcleos. Os ascomicetos distinguem-se de outros fungos pela produção de esporos sexuais denominados ***ascósporos*** contidos em ***ascos***. Tipicamente, possuem oito ascósporos em cada asco. Dependendo da espécie, podem conter de dois a qualquer número múltiplo de oito. Excetuando-se uns poucos casos, os ascomicetos produzem ascos no interior de corpos de frutificação se-

Figura 10.6 Um tipo de ascocarpo de ascomicetos que carrega ascósporos: o peritécio. [**A**] Corte longitudinal de um peritécio de *Ceratocystis fimbriata* visto por microscopia eletrônica de varredura. A parede do peritécio (P) e da hifa (H) pode ser claramente evidenciada. Outras estruturas que podem ser vistas são os ascósporos (A) no interior da cavidade do peritécio (setas) e os conidióforos, que são hifas aéreas especializadas produtoras de conídios. [**B**] Representação de um peritécio.

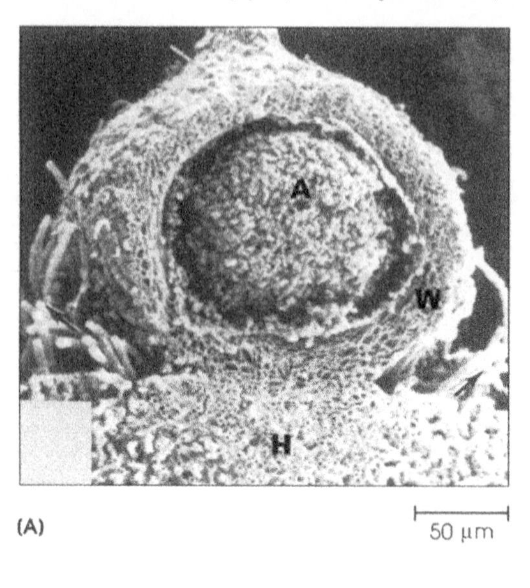

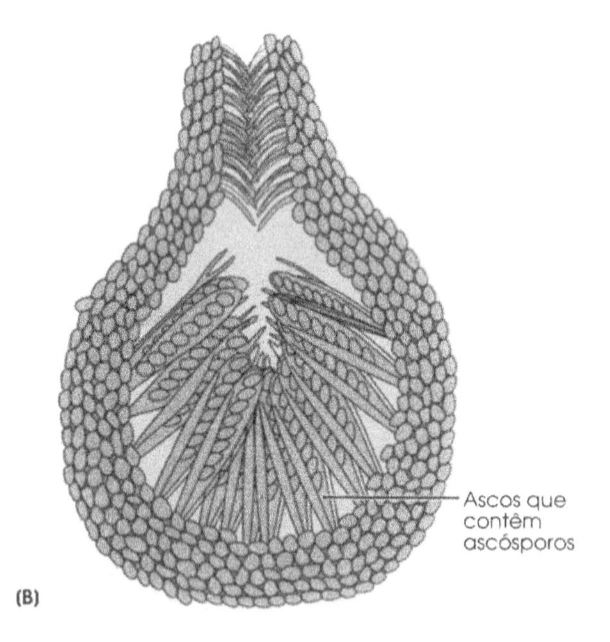

Figura 10.7 Corpos de frutificação assexuados produtores de conídios. [**A**] Corte de um picnídio de *Dothiorella ribis* em tecido de casca de maçã, mostrando conídios compactados na matriz mucilaginosa. [**B**] Corte transversal de um acérvulo subepidermal de *Marsonina juglandis* em folha de noz preta. Conídios maduros (M) e imaturos (setas) são exibidos. A epiderme (E) do hospedeiro pode ser claramente visualizada. [**C**] Representação de um picnídio e um acérvulo.

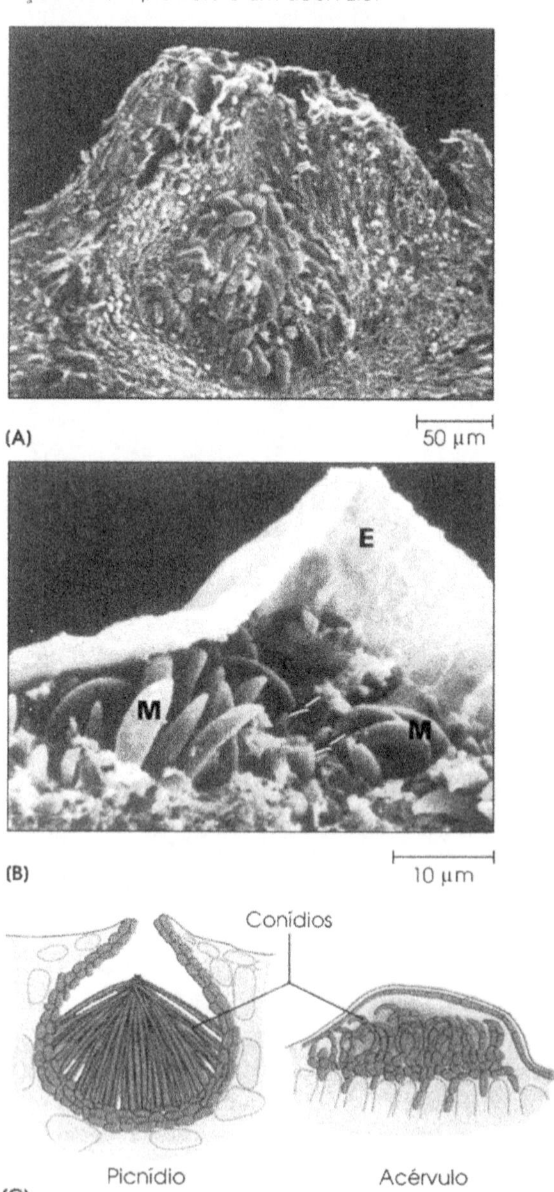

xuados denominados ***ascocarpos.*** Há vários tipos de ascocarpos, cada um característico de uma espécie. Por exemplo, o *peritécio* é formado por um bolor rosa do pão, a *Neurospora crassa.* A Figura 10.6A fornece uma vista microscópica de um ascocarpo no ascomiceto *Ceratocystis fimbriata.*

Os esporos assexuais (conídios) do micélio de ascomicetos são produzidos na extremidade das hifas e apresentam-se geralmente em cadeias. Dependendo da espécie, podem ser nus ou podem ser produzidos no interior de corpos de frutificação *assexuados*, tais como o *picnídio* de *Dothiorella ribis* (Figura 10.7A) ou o *acérvulo* de *Marsonina juglandis* (Figura 10.7B). Os conídios, como os ascósporos, são disseminados através do vento, da água, de insetos ou de animais.

Os ascomicetos desempenham um papel ecológico importante na degradação de moléculas animais e vegetais resistentes como a celulose, a lignina e o colágeno. Os

Figura 10.8 Ciclo de vida de *Neurospora* sp. O elemento feminino é representado pelo *protoperitécio*. Os elementos masculinos são os conídios, que podem fornecer núcleo para um protoperitécio. Isto resulta na formação de ascos que produzem ascósporos haplóides gerados por fusão sexual do núcleo de duas diferentes cepas. A *Neurospora* pode também reproduzir-se assexuadamente através de conídios.

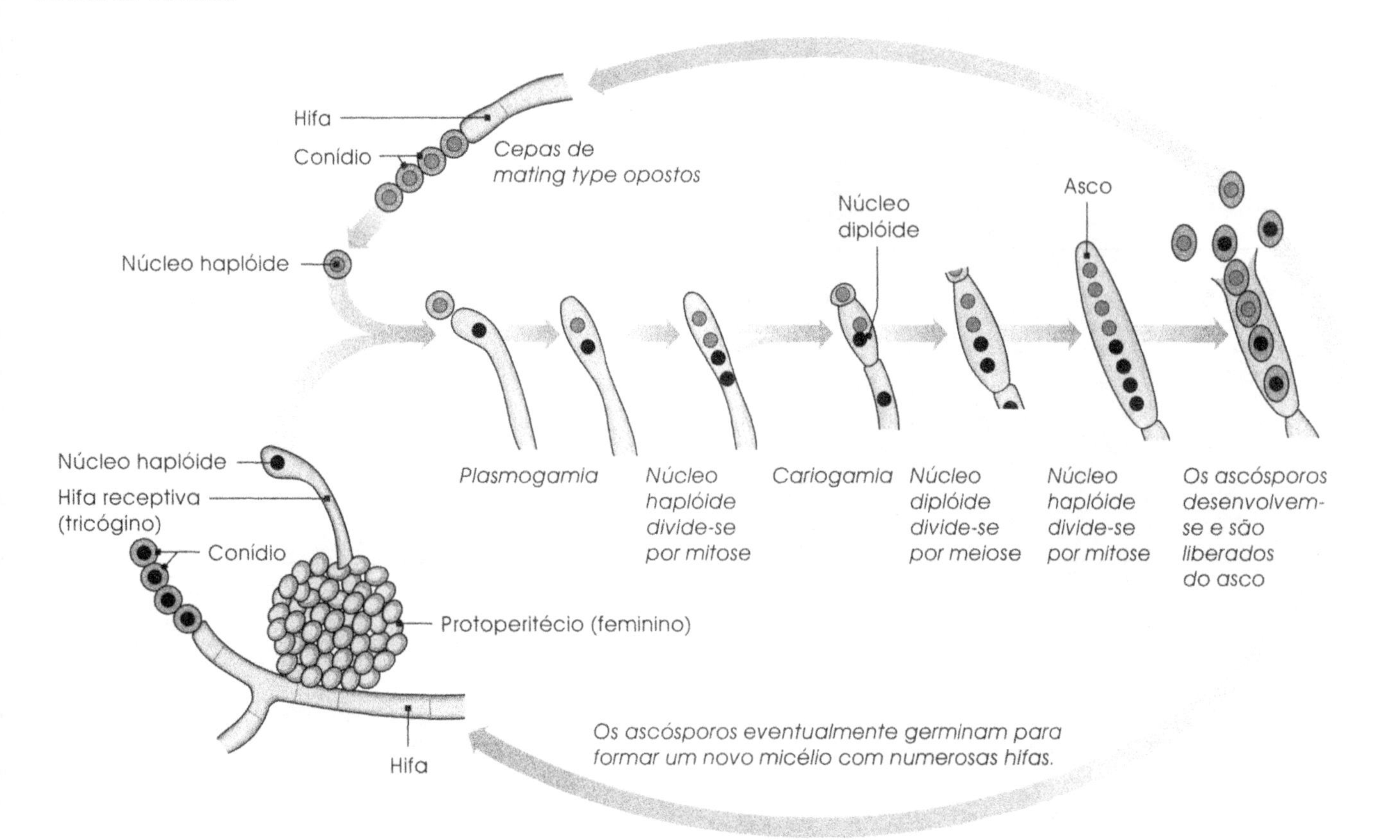

ascomicetos patogênicos têm dizimado árvores como as castanheiras e o ulmeiro na América do Norte. Entretanto, alguns ascomicetos formam ***micorrizas***, associação benéfica entre fungos e raízes de plantas. A parceria é mutualística; ambos se beneficiam, pois há transferência de nutrientes entre eles. Entretanto, em muitos casos há uma dependência absoluta de uma ou de ambas as partes, sendo a associação imprescindível para a sobrevivência. Por exemplo, muitas orquídeas são incapazes de germinar e se desenvolver a menos que sejam infectadas por fungos.

Os ascomicetos *Claviceps purpurea* produzem alcalóides alucinógenos, incluindo os precursores do LSD, quando infectam o centeio ou outro cereal. Esta infecção de grãos é denominada ***fungão*** (*ergot*) e o consumo de grãos contaminados com a toxina (ergotina), produzida pelo fungo, causa comportamentos bizarros, aborto espontâneo ou mesmo morte no homem e em outros animais. Esta condição patológica é denominada ***ergotismo***. Muitas doenças animais são causadas por ascomicetos; muitos dos ascomicetos dimórficos produzem doença sistêmica em animais.

O gênero *Neurospora* tornou-se um dos organismos mais importantes na pesquisa genética, quando foi utilizado por George Beadle e Edward Tatum no início dos anos 1940 como um modelo experimental. Os dois pesquisadores utilizaram o fungo para desenvolver a hipótese da ação gênica "um gene, uma enzima", pela qual receberam o Prêmio Nobel de 1958. Este trabalho representa o marco inicial da biologia molecular. A *Neurospora* é particularmente útil para trabalhos na área de genética porque, dentro de cada asco, os quatro produtos da meiose dividem-se uma vez para formar oito células que permanecem em uma fileira na ordem em que são formadas. Cada ascósporo em um asco pode ser removido em ordem e a sua composição genética pode ser determinada. Isto revela o comportamento do cromossomo durante uma única meiose e a posição dos genes nestes cromossomos. O ciclo da *Neurospora* é mostrado na Figura 10.8.

Morfologicamente, a *Neurospora* produz uma rede frouxa de cadeias longas de hifas aéreas septadas. Os conídios geralmente são ovais, cor-de-rosa e formam cadeias ramificadas nas extremidades das hifas aéreas. Algumas espécies de *Neurospora* são utilizadas na fermentação industrial e algumas são responsáveis pela deterioração de alimentos, principalmente de alimentos à base de amido.

Provavelmente, os mais conhecidos entre os ascomicetos são as leveduras. O *Saccharomyces cerevisiae* é uma

Figura 10.9 [A] As leveduras *Saccharomyces cerevisiae* vistas em microscopia de campo escuro. Observe que algumas células estão no processo de brotamento. [B] Micrografia eletrônica de varredura de *Schizosaccharomyces pombe* exibindo cicatrizes resultantes de fissão.

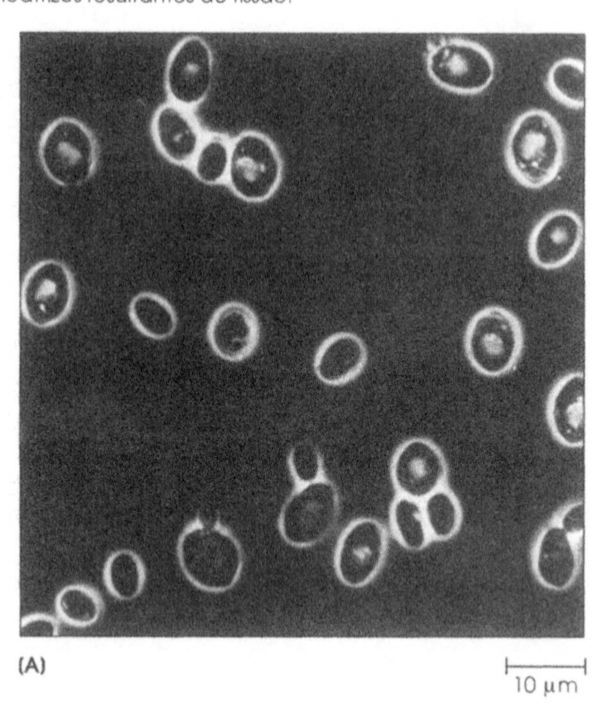

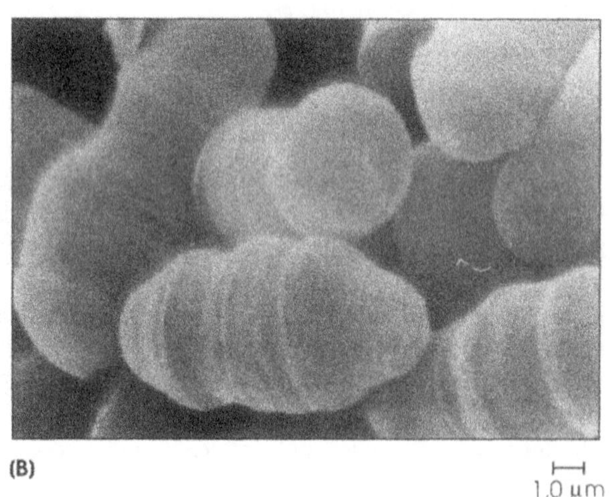

levedura gemulante típica. Cepas desta espécie são utilizadas no processo de fermentação para a produção de bebidas alcoólicas. Na presença de oxigênio, as leveduras oxidam os açúcares a dióxido de carbono que são responsáveis pelas "bolhas de ar" no pão. As leveduras de cervejarias e padarias têm sido utilizadas há milhares de anos. Assim, a *S. cerevisiae* é uma levedura de grande importância econômica há muito tempo.

As células da *S. cerevisiae* são elípticas, medindo cerca de 6 a 8 mm de comprimento por 5 μm de largura (Figura 10.9A). Reproduzem-se assexuadamente por brotamento. Durante o processo de brotamento, o núcleo divide-se por constrição e uma porção dele entra no broto juntamente com outras organelas. A conexão citoplasmática é fechada pela síntese de novo material de parede celular. Outras leveduras podem reproduzir-se assexuadamente por fissão binária transversa. São denominadas leveduras fissuladas (em oposição às leveduras gemulantes). A Figura 10.9B mostra a levedura *Schizosaccharomyces pombe*, que se divide por fissão binária. Observe a cicatriz resultante da fissão nas células.

Figura 10.10 [A] *Saccharomyces cerevisiae* com células aparecendo como formas vegetativas, células em brotamento e ascósporos em arranjo tetraédrico. [B] O ciclo de vida da *Saccharomyces cerevisiae*. Tanto o estágio vegetativo haplóide como o diplóide podem estar presentes. A cariogamia precede um estágio de multiplicação vegetativa diplóide; a meiose precede um estágio de multiplicação vegetativa haplóide com a formação de ascósporos.

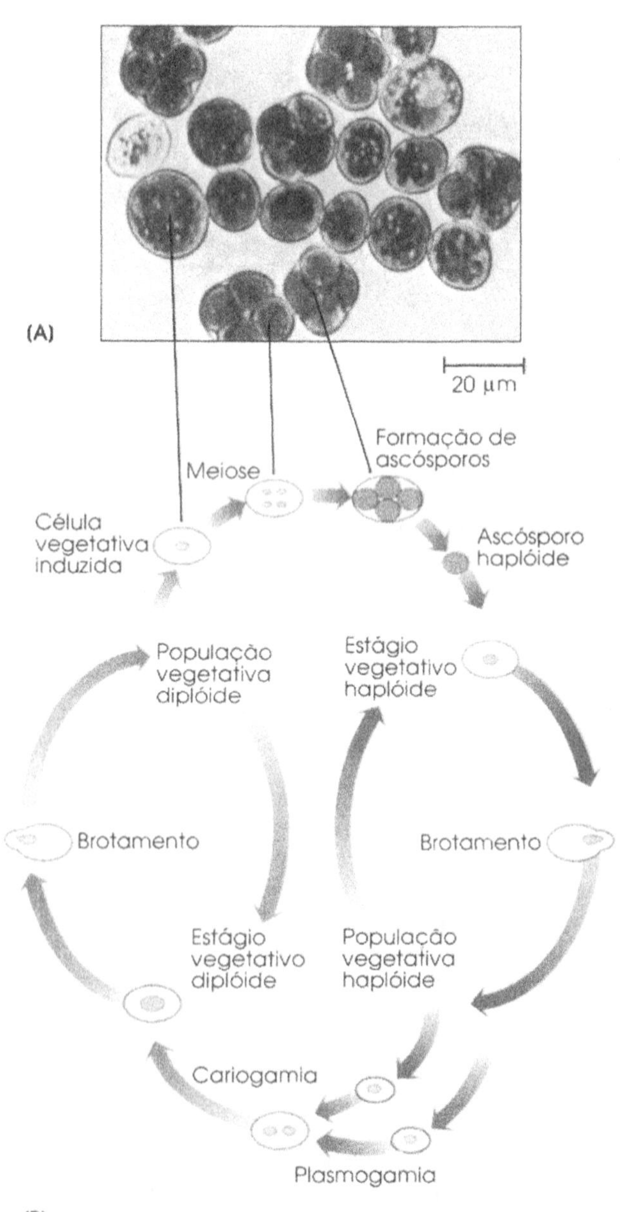

Figura 10.11 Ciclo de vida generalizado dos basidiomicetos.

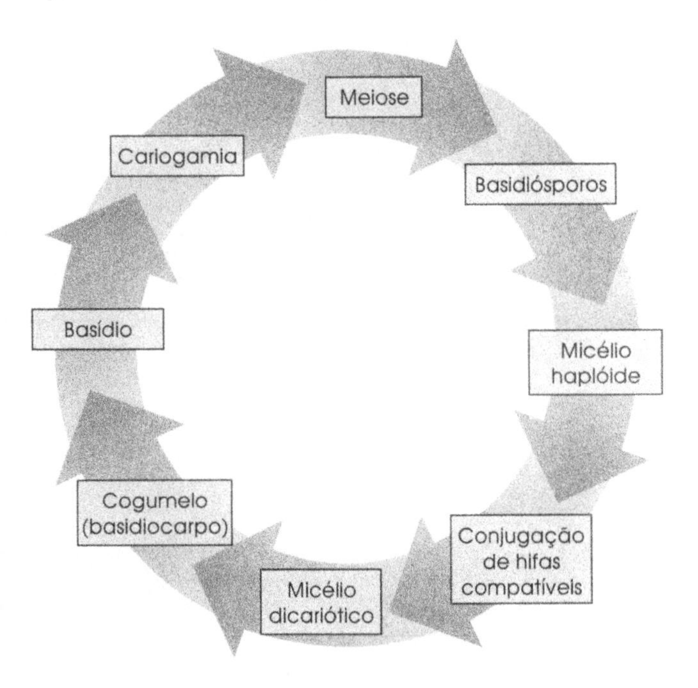

O ciclo de vida da *S. cerevisiae* está representado na Figura 10.10. Nesta levedura, tanto os estágios vegetativos haplóides como os diplóides podem estar presentes. A *cariogamia* (fusão dos núcleos gaméticos) precede o estágio vegetativo diplóide; a meiose precede o estágio vegetativo haplóide. Observe que o ciclo de vida das leveduras pode ser completamente variado. Estas variações podem ser devidas às diferenças de tempo e local em que ocorre a *plasmogamia* (fusão de protoplastos), cariogamia e meiose.

Basidiomycetes. Os basidiomicetos, dos quais existem mais de 25.000 espécies, incluem carvão, ferrugem, fungos limosos, bufa-de-lobo e cogumelos. Várias espécies devastam plantações; por exemplo, o carvão causa doença grave em plantações de cereais. Outros, como o cogumelo cultivável *Agaricus,* são considerados itens alimentícios muito apreciados. Os basidiomicetos podem ser distinguidos de todos os outros fungos por possuírem ***basídio,*** uma estrutura reprodutiva microscópica em forma de clava onde ocorre a cariogamia e a meiose. Cada basídio produz quatro ***basidiósporos*** haplóides, resultado de uma meiose. Assim, os basidiósporos são análogos aos ascósporos, mas são produzidos fora do basídio em vez de se localizarem no interior de estruturas como os ascos.

O ciclo de vida básico dos basidiomicetos é relativamente simples (Figura 10.11), embora haja modificações consideráveis deste ciclo em algumas espécies. Basidiósporos haplóides germinam para formar micélios haplóides

Figura 10.12 O cogumelo é um basidiocarpo dos basidiomicetos. A ilustração mostra o *Agaricus campestris*. Sob o chapéu estão as lamelas, que contêm os basídios, que produzem os basidiósporos.

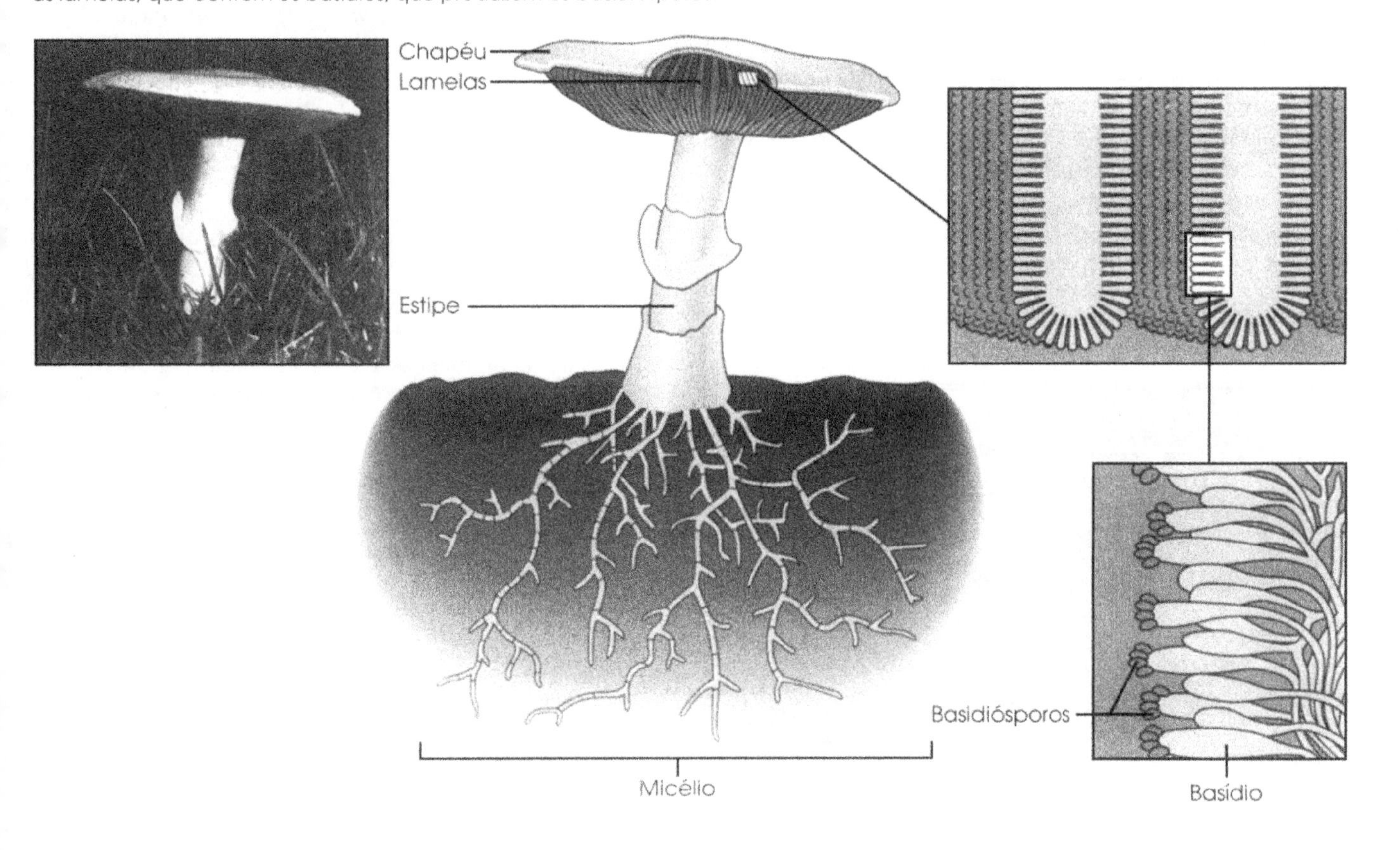

que se unem para formar um micélio *dicariótico*. No estágio dicariótico, dois núcleos pareados podem ser encontrados em cada célula ou segmento de hifa. O micélio dicariótico desenvolve-se pela divisão simultânea dos dois núcleos e a formação de um novo septo. O micélio dicariótico diferencia-se em ***basidiocarpo*** (corpo de frutificação que produz basídio) ou em um micélio produtor de basídio, dependendo da espécie de basidiomiceto. O basídio produz então os basidiósporos.

Em cogumelos e bufa-de-lobo (mas não em ferrugens e carvões), o basidiocarpo é uma estrutura muito conspícua. O cogumelo comum, apreciado por muitos, é um basidiocarpo, e as lamelas superficiais sob o chapéu são carregadas com basídios microscópicos, cada um dando origem a basidiósporos (Figura 10.12). No solo, um amplo sistema subterrâneo de micélios sustenta o basidiocarpo, fornecendo-lhe nutrientes.

A ferrugem, como o carvão, são parasitas microscópicos de grãos de cereais e de algumas outras plantas. Um exemplo é o fungo da ferrugem do trigo, a *Puccinia graminis* (Figura 10.13). O ciclo de vida do fungo da ferrugem é extremamente complexo, possuindo um ou dois hospedeiros alternados e cinco estágios sucessivos e diferentes de esporulação. E culmina com a formação de basidiósporos. O ciclo de vida está relacionado a condições sazonais; por exemplo, os basidiósporos são geralmente formados na primavera e os teliósporos, no verão.

Deuteromycetes. Por não apresentarem reprodução sexuada, os deuteromicetos produzem esporos assexuais ou conídios, que se desenvolvem em micélios septados. Neste aspecto lembram os estágios assexuais de ascomicetos e basidiomicetos, que também produzem esporos assexuais. Desta forma, acredita-se que alguns deuteromicetos possam ser ascomicetos ou basidiomicetos que perderam a capacidade de formar ascos ou basídios. Por outro lado,

Figura 10.13 Teliósporos de *Puccinia graminis*, que romperam a epiderme de uma folha de trigo.

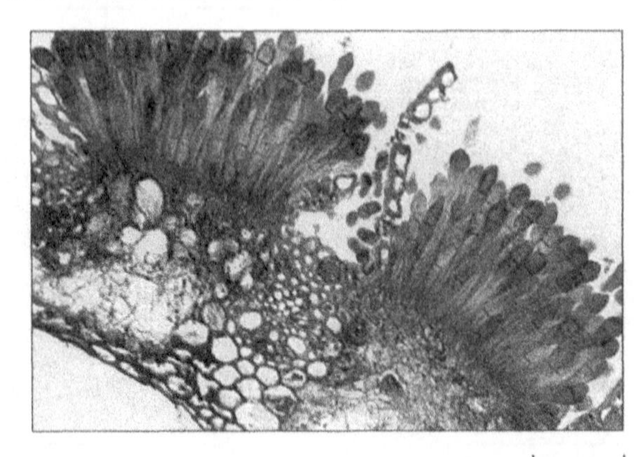

Figura 10.14 Uma cultura de *Penicillium* mostrando numerosas cabeças conidiais típicas.

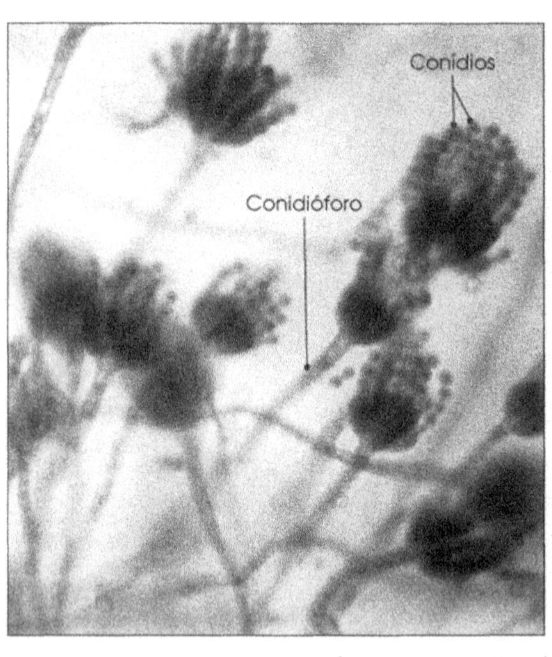

estruturas sexuais têm sido encontradas em algumas espécies originalmente classificadas como deuteromicetos. Quando isto ocorre, a espécie é reclassificada como um ascomiceto ou um basidiomiceto (ver Tabela 10.1).

O gênero *Penicillium* e o *Aspergillus* incluem ambos algumas espécies que são designadas como ascomicetos e outras espécies que são consideradas deuteromicetos. Algumas vezes, mesmo que o estágio sexuado de uma espécie tenha sido descoberto, o nome original é ainda utilizado devido ao hábito e porque o estágio assexual é mais comum e mais bem conhecido (Tabela 10.1). Por exemplo, espécies de *Penicillium* com um estágio sexual têm sido denominadas como o ascomiceto do gênero *Talaromyces*. Entretanto, muitas espécies são ainda referidas como membros do gênero *Penicillium* devido à presença da cabeça conidial que é tão conhecida (Figura 10.14). De forma semelhante, a cabeça conidial de *Aspergillus* é bem conhecida (Figura 10.15).

Existem cerca de 25.000 espécies de deuteromicetos. Alguns deles são importantes na indústria e na medicina. Um dos antibióticos mais conhecidos, a penicilina, é produzida pelo *Penicillium notatum* e *P. chrysogenum*. Um dos patógenos oportunistas mais comuns é a *Candida albicans* (Figura 10.16), que causa a candidíase, uma doença da mucosa da boca, vagina e trato alimentar. Infecções mais sérias por *Candida* podem envolver o coração (endocardite), o sangue (septicemia) e o cérebro (meningite).

Figura 10.15 Cabeça conidial de *Aspergillus nidulans* vista por microscopia eletrônica de varredura.

Responda

1 Quais são os três critérios utilizados para a classificação dos fungos?

2 Por que alguns fungos são denominados fungos *perfeitos* e outros fungos *imperfeitos*?

3 Quais são os três principais grupos de fungos no reino Fungi?

4 Diferenciar fungos limosos acelulares de fungos limosos celulares.

5 Quais são os quatro principais grupos de fungos inferiores flagelados e como são diferenciados entre si?

6 Qual é a única característica que distingue os fungos terrestres dos fungos inferiores flagelados?

7 Quais são os principais grupos de fungos terrestres e suas características diferenciais?

Figura 10.16 *Candida albicans*, uma levedura patogênica para humanos. [**A**] Observe o pseudomicélio e os blastósporos em uma amostra de urina de pacientes infectados. [**B**] A levedura forma também clamidósporos, assim como pseudomicélio e blastósporos, quando cultivados em um meio específico.

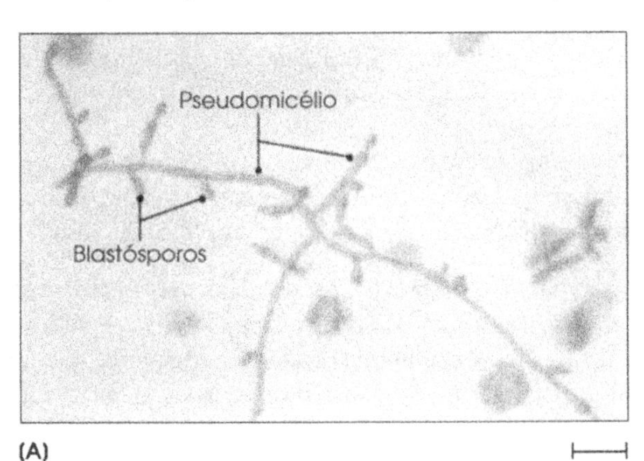

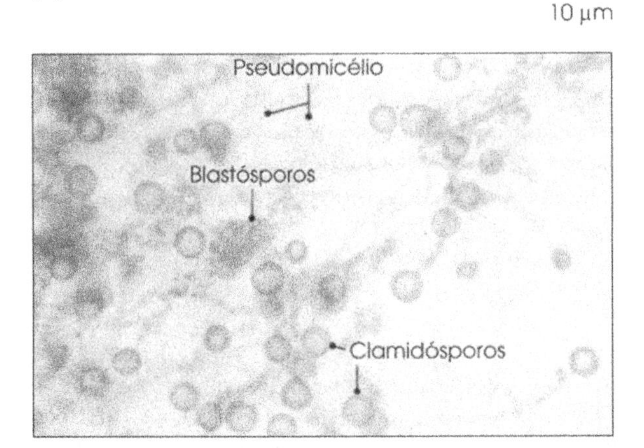

Classificação das Algas

As ***algas*** são fotoautotróficas, embora algumas cresçam heterotroficamente. Quando crescem fotossinteticamente, produzem oxigênio e utilizam dióxido de carbono como a única fonte de carbono. Entretanto, ao contrário das plantas superiores fotossintetizantes, as algas não necessitam de um sistema vascular para transportar nutrientes, uma vez que toda célula algácea é autotrófica e pode absorver nutrientes dissolvidos diretamente. Muitas algas são móveis ou possuem um estágio móvel durante o seu ciclo de vida.

Mesmo os ficologistas que se especializaram em taxonomia não concordam com detalhes da classificação das algas. Por exemplo, em vários esquemas de classificação, o número dos principais grupos (divisões) das algas tem variado entre 4 a 13! Entretanto, as algas são geralmente classificadas conforme as seguintes características:

1. Natureza e propriedades de pigmentos.
2. Natureza dos produtos de reserva e armazenamento.
3. Tipo, número, inserção (ponto de fixação) e morfologia de flagelos.
4. Composição química e características físicas da parede celular.
5. Morfologia e características das células e talos.

Todas estas características devem ser levadas em conta na determinação das divisões das algas.

Tabela 10.5 Características diferenciais dos principais grupos de algas.

Divisão	Hábitat	Morfologia	Pigmentos	Reservas	Composição da parede celular
Algas verdes (Chlorophyta)	Muitas de água doce, algumas de ambientes marinhos	Uni ou multicelulares; algumas microscópicas; dois ou mais flagelos iguais apicais ou subapicais	Clorofila **a** e **b**, carotenóides	Amido	Celulose e pectina
Algas marrons (Phaeophyta)	Quase todas marinhas	Multicelulares e macroscópicas; zoósporos com dois flagelos laterais	Clorofila **a** e **c**, carotenóides	Laminarina e gorduras	Celulose com ácidos algínicos
Algas vermelhas (Rhodophyta)	A maioria é marinha, algumas de água doce	Multicelulares e macroscópicas; sem flagelo	Clorofila **a** e **d** em algumas; carotenóides; ficobilinas	Amido	Celulose e pectina
Algas douradas, diatomáceas (Chrysophyta)	A maioria presente em ambiente marinho	Unicelulares e microscópicas; um ou dois flagelos apicais iguais ou desiguais	Clorofila **a** e **c**; carotenóides	Crisolaminarina, óleos	Compostos pécticos com material silicioso
Dinoflagelados (Pyrrophyta)	Ambiente marinho e água doce	Unicelulares e microscópicas; dois flagelos laterais	Clorofila **a** e **c**; carotenóides	Amido, óleo	Sem parede celular
Euglenóides (Euglenophyta)	Água doce	Unicelulares e microscópicas; um a três flagelos apicais	Clorofila **a** e **b**; carotenóides	Paramilon, óleo	Sem parede celular

Os principais grupos de algas e suas características diferenciais são mostradas na Tabela 10.5. Os membros de alguns destes grupos de algas – as euglenóides, as crisófitas e as pirrófitas – são unicelulares. O outro grupo principal inclui gêneros que são multicelulares. Na discussão de vários grupos de algas, este capítulo considerará apenas as algas microscópicas; as algas marrons (Phaeophyta) e as algas vermelhas (Rhodophyta) não serão discutidas em detalhes.

As algas possuem clorofila *a* como seu pigmento fotossintético primário, assim como pigmentos carotenóides acessórios (Tabela 10.5). A Rhodophyta possui colorofila *a* e ficobilinas; as outras algas possuem clorofila *a* e também clorofila *b* ou *c*. Membros de Euglenophyta e Pyrrophyta são semelhantes a animais; não possuem parede celular. Outras algas possuem parede celular composta por sílica, celulose, outros polissacarídeos ou ácidos orgânicos.

As algas são capazes de armazenar energia na forma de gorduras, óleos e carboidratos. Muitas algas movimentam-se por meio de flagelos, que variam em estrutura, número e ponto de fixação.

As Algas Verdes

As algas verdes são caracterizadas por possuírem clorofilas semelhantes às de plantas verdes vascularizadas terrestres e de algas pertencentes à divisão Euglenophyta. Entretanto, ao contrário das euglenóides, as algas verdes possuem parede celular. A maioria das algas verdes unicelulares possuem um cloroplasto por célula. As algas verdes armazenam seu alimento como amido verdadeiro e têm parede celular rígida, composta de celulose com substâncias pécticas incorporadas na estrutura da parede.

Mais de 7.000 espécies de algas verdes foram descritas. Muitas são aquáticas, embora algumas espécies sejam encontradas em ampla variedade de hábitats, incluindo a superfície da neve, o solo úmido, as manchas verdes em troncos de árvores e como micróbios simbióticos em liquens e protozoários. O tamanho e a forma das algas verdes variam desde as espécies unicelulares de água doce – que incluem tipos coloniais e filamentosos (Figura 10.17) – até as grandes espécies marinhas. Muitas algas unicelulares verdes movem-se por meio de flagelos. Para a reprodução, as algas verdes utilizam meios sexuados ou métodos assexuados como fissão e produção de zoósporos.

A *Chlamydomonas* é uma típica alga verde unicelular móvel (exceto durante a divisão celular), que possui dois flagelos que emergem da extremidade anterior. Move-se rapidamente com um movimento característico de arremesso e é encontrada em açudes, rios e mesmo em águas poluídas. Cada célula esférica ou oval (3 a 30 μm de diâmetro) possui um núcleo e um único grande cloroplasto. No interior do cloroplasto encontra-se uma densa região

Figura 10.17 Algumas algas verdes unicelulares: um estudo das diversas e belas formas. [**A**] Células bilateralmente simétricas de *Micrasterias* sp. [**B**] Uma colônia de *Pediastrum* sp. [**C**] Células lateralmente unidas de *Scenedesmus* sp. [**D**] Células cenocíticas de *Characiosiphon rivularis* .[**E**] Célula filamentosa de *Spirogyra* sp. [**F**] Filamentos de *Hyalotheca* sp.

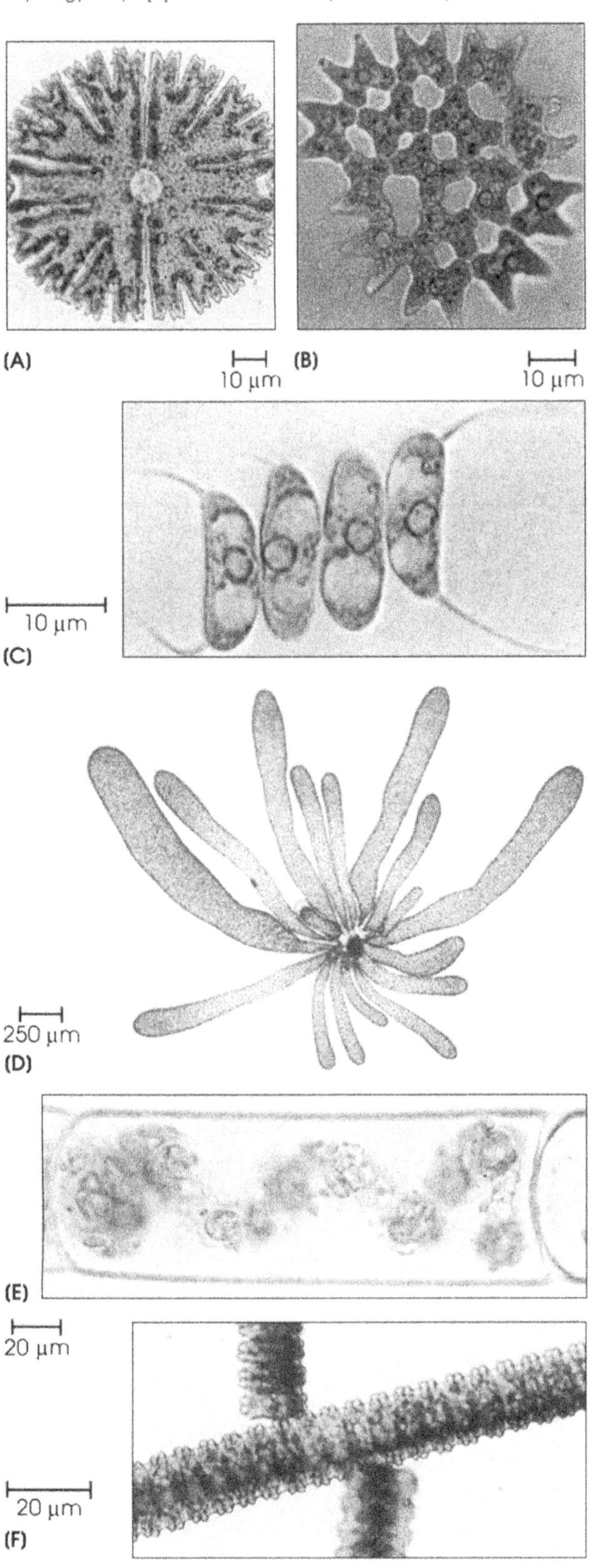

denominada *pirenóide*, onde ocorre a síntese do amido. Existem algumas evidências de que o *ponto ocular* no cloroplasto seja o local de percepção da luz.

Na reprodução assexuada, as células móveis de *Chlamydomonas* tornam-se imóveis, pois recolhem os seus flagelos e sofrem mitose para formar dois, quatro ou oito protoplastos-filhos no interior da parede celular parental. As células-filhas desenvolvem dois flagelos, sintetizam nova parede celular e são então liberadas da estrutura parental (*esporângio*). Este ciclo pode repetir-se indefinidamente (Figura 10.18). Em alguns casos as células-filhas não desenvolvem flagelo e escapam, mas mantêm-se em multiplicação no interior de uma matriz mais ou menos gelatinosa para formar massas de células. A formação destas massas celulares ocorre quando as condições ambientais são favoráveis ao crescimento, mas não à motilidade. Qualquer célula individual, entretanto, pode desenvolver flagelos e escapar da massa.

A reprodução sexuada em *Chlamydomonas* ocorre por conjugação de células haplóides + e – para formar um zigoto diplóide. O zigoto divide-se por meio de meiose para formar dois gametas + ou dois gametas – (Figura 10.18).

Além das algas unicelulares móveis como a *Chlamydomonas*, as algas verdes unicelulares imóveis são também amplamente distribuídas. Uma das mais importantes é a *Chlorella*. Foi a primeira alga a ser isolada em *cultura axênica* (cultura composta de uma única espécie). Serviu como modelo para estudos experimentais na fotossíntese, em fontes de nutrientes suplementares e troca gasosa (fornecimento de oxigênio mediante a utilização de dióxido de carbono exalado pelo homem em sistemas fechados como naves espaciais). Na natureza, a *Chlorella* é amplamente distribuída tanto na água doce como na água salgada e no solo. Cada célula de *Chlorella* possui um único cloroplasto em forma de taça, com ou sem um pirenóide e um único núcleo minúsculo. O único método de reprodução conhecido é o assexuado (Figura 10.19). Pode produzir células-filhas somente no *interior* da célula-mãe, as quais por sua vez nunca são flageladas. São formadas de 2 a 32 células em cada divisão. A *Chlorella* divide-se rapidamente – atingindo crescimento máximo em 2 h.

Além da forma unicelular, as algas verdes podem também ser filamentosas e multicelulares. A *Acetabularia* apresenta uma forma distinta, semelhante a um guarda-chuva constituído de um rizóide (semelhante à raiz), um pedúnculo e um chapéu. O chapéu apresenta raios que contêm cistos (Figura 10.20). Cada cisto possui cerca de 30 a 40 núcleos e pode produzir muitos gametas flagelados do mesmo *mating type*. Isogametas de *mating types* opostos podem conjugar-se para formar um novo organismo.

Figura 10.18 Reprodução em *Chlamydomonas*. Conjugação entre células haplóides flageladas + e – resultando em um zigoto diplóide. O zigoto divide-se por meiose para formar dois zoósporos + e dois – que realizam reprodução assexuada por mitose.

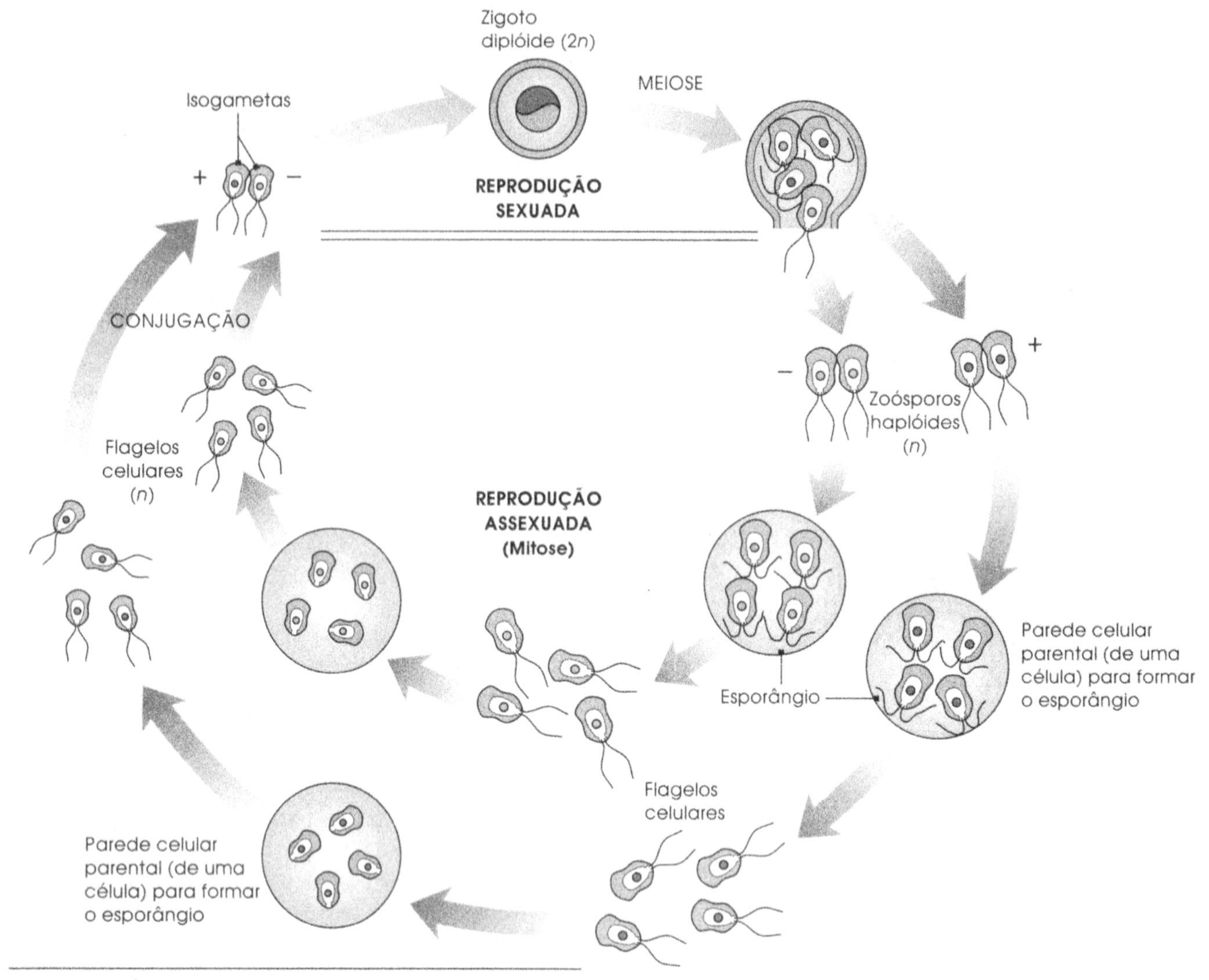

As Diatomáceas e as Algas Douradas

As diatomáceas e as algas douradas, ambas pertencentes à divisão Chrysophyta, são organismos microscópicos, unicelulares, que são componentes muito importantes do fitoplâncton. As crisófitas servem como fonte primária de alimentos para animais aquáticos. Compartilham os mesmos tipos de pigmentos apresentados pelas algas marrons (Phaeophyta), mas as últimas são macroscópicas e multicelulares. Além disso, ao contrário das algas marrons, nas diatomáceas e algas douradas predominam os carotenóides, em comparação com a clorofila *a* e *c*; esta é a razão da cor dourada apresentada por estas algas e, portanto, elas são agrupadas na divisão Chrysophyta. Existem cerca de 6.000 a 10.000 espécies nesta divisão.

Diatomáceas. As ***diatomáceas*** são células únicas (Figura 10.21), que podem juntar-se para formar filamentos ou colônias simples. Existem pelo menos 40.000 espécies destes microrganismos (incluindo as formas fósseis extin-

Figura 10.19 *Chlorella* possui um ciclo de vida simples. Ocorre divisão mitótica da célula e liberação de células de dentro da parede celular parental.

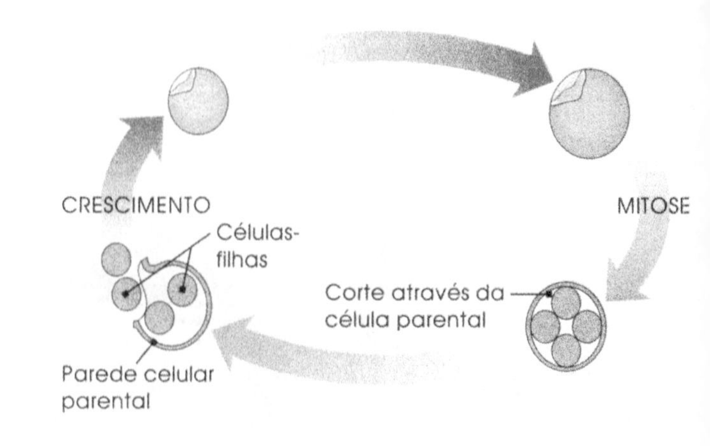

Figura 10.20 Formação de cistos em células da alga verde *Acetabularia.*

tas). Encontradas tanto em água doce como salgada e em solo úmido, as diatomáceas ocorrem em uma ampla variedade de formas, como muitos dos grupos discutidos posteriormente neste capítulo.

Cada célula de diatomácea tem um núcleo proeminente e plastídios maciços, em forma de fitas, ou menores e lenticulados. As paredes celulares são compostas de pectina impregnada com sílica, algumas das quais extremamente elaboradas e bonitas (ver DESCOBERTA 10.1). A parede celular, denominada ***frústula,*** é constituída de duas metades que se sobrepõem, denominadas ***valvas,*** e que se encaixam como uma placa de Petri. As diatomáceas não possuem cílios ou flagelos, mas algumas formas movem-se deslizando em superfícies sólidas. Esta ação deslizante deve-se à secreção mucóide produzida em resposta a estímulos físicos e químicos. O muco é liberado por meio de poros localizados longitudinalmente na parede celular.

Figura 10.21 A diatomácea *Synedra* sp. vista em duas ampliações diferentes. O aumento maior mostra a parede celular de sílica opalina com padrão elaborado.

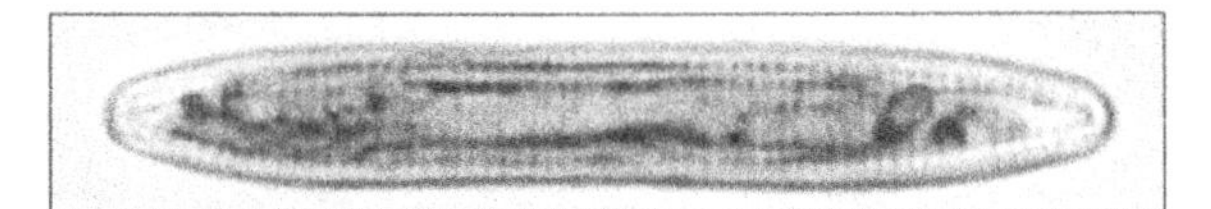

As diatomáceas geralmente reproduzem-se por meio da divisão mitótica. Cada célula-filha retém uma valva da parede celular parental e constrói uma nova valva. A valva original sempre dá origem à tampa da "placa de Petri" de sílica, com a nova valva ajustando-se dentro dela. Conseqüentemente, um dos novos pares de células-filhas tende a ser menor do que a célula parental (Figura 10.22). Em algumas espécies, as paredes celulares podem expandir-se e aumentar pelo crescimento do protoplasma em seu interior. Em espécies com paredes celulares mais rígidas, o tamanho original da célula é recuperado durante a reprodução sexuada pela formação do zigoto (o ***auxósporo***), que se expande ao tamanho máximo, característico da espécie. O auxósporo sintetiza novas frústulas com os mesmos padrões de superfície intrincados da frústula original.

Algas Douradas. Muitas algas douradas movem-se por meio de dois flagelos de comprimentos diferentes; alguns são amebóides, com extensões do protoplasma (pseudópodes). Exceto pela presença de cloroplastos, as células amebóides são indistinguíveis dos protozoários amebóides. A reprodução em algas douradas é assexuada e envolve a formação de zoósporo. Os zoósporos nadam para estabelecer novas colônias.

Ochromonas é um gênero unicelular interessante, exibindo flagelos desiguais (Figura 10.23). Uma espécie apresenta nutrição notadamente versátil; pode crescer fotoautotroficamente, heterotroficamente ou fagotroficamente (DESCOBERTA 10.2).

Os Dinoflagelados

Os ***dinoflagelados*** são biflagelados e unicelulares; são assim denominados por apresentarem movimento rodopiante (*dine*, em grego, significa "girar rapidamente"). Os flagelos batem dentro de dois sulcos – um circunda o corpo como uma cinta e o outro é perpendicular ao primeiro. O movimento chicoteante dos filamentos flagelares em seus respectivos sulcos faz com que a célula gire como um pião movimentando-se através de um líquido. Os dinoflagelados podem deslocar-se a uma distância 100 vezes maior que o seu próprio comprimento a cada segundo! Das milhares de espécies conhecidas, quase todas são formas planctônicas marinhas, embora algumas possam ocorrer

DESCOBERTA!

10.1 A BELA DIATOMÁCEA E AS SUAS MÚLTIPLAS UTILIDADES

Há muito tempo sem vida, mas não esquecidos, os restos de algas denominadas *diatomáceas* são considerados um tesouro. As diatomáceas são algas unicelulares encontradas em água doce e salgada. A parede celular rígida contendo sílica é constituída de duas valvas que se ajustam como duas partes de uma placa de Petri utilizada em laboratório. Apresentam-se em uma miríade de formas, geralmente com desenhos de superfície bonitos que desafiam os grandes artesãos (ver a fotografia).

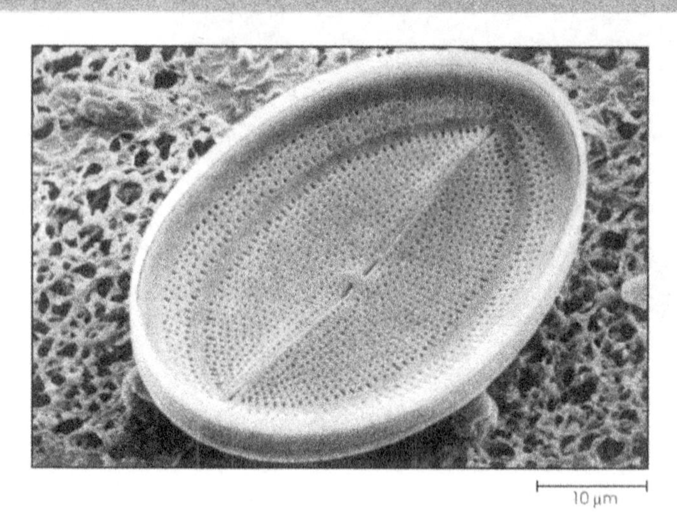

As diatomáceas ocorrem em miríades de formas, muitas com belos desenhos superficiais. A foto mostra uma micrografia eletrônica de varredura de uma diatomácea exibindo desenho simétrico.

Os depósitos das paredes celulares de diatomáceas mortas acumulam-se durante séculos, dando origem à *diatomite* ou *terra de diatomáceas*. Embora tenham sido encontrados depósitos de tempos pré-históricos nos Estados de Oregon, Nevada, Washington, Flórida e New Jersey, a maior e mais produtiva fonte comercial do mundo está localizada em Lompoc, Califórnia.

A terra de diatomáceas é utilizada como material isolante; como filtro para sucos e outras bebidas, cana-de-açúcar e águas de piscina; em fórmulas cosméticas; e como produto de polimento. É um material adequado para filtração, pois não é comprimido ou compactado durante o uso. É dividido em partículas tão finas que um grama representa uma área superficial de 100 metros quadrados. Este produto microbiano é também perfeito para polir superfícies delicadas, uma vez que as paredes das diatomáceas se comprimem sob pressão e não danificam as superfícies. As marcas simétricas elegantes das diatomáceas têm sido utilizadas por microscopistas durante gerações para testes de aberrações ópticas em lentes de microscópios.

Figura 10.22 Reprodução de uma diatomácea.

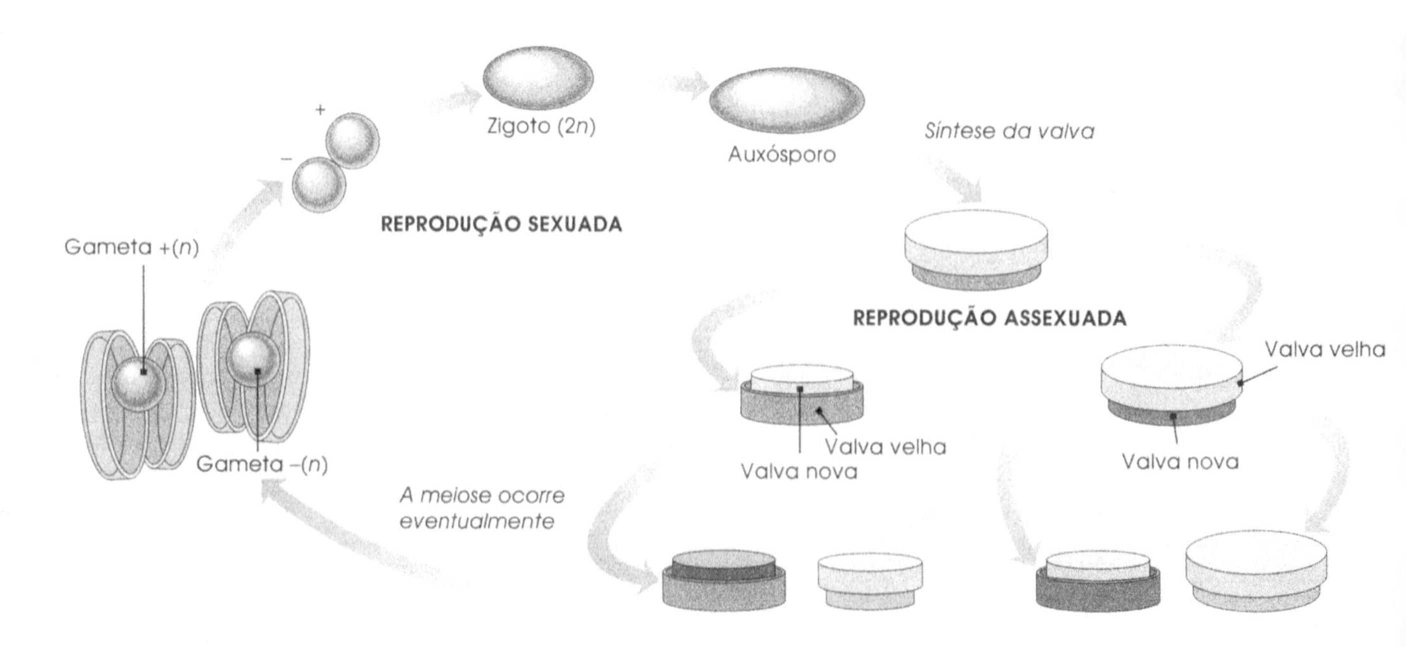

Figura 10.23 A *Ochromonas danica*, uma crisófita unicelular de água doce.

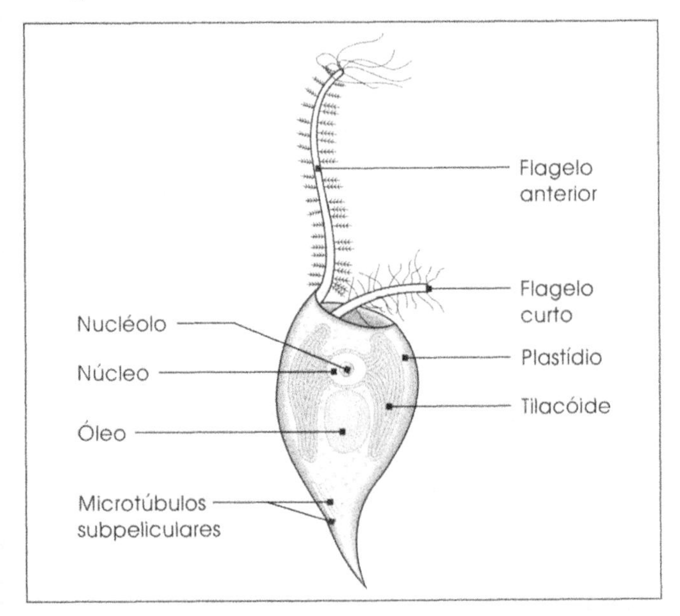

em água salgada e doce. Estas algas morfologicamente diferentes crescem heterotroficamente ou fotossinteticamente; as heterotróficas podem ser saprófitas ou parasitas.

A Figura 10.24 mostra a morfologia de um dinoflagelado. Muitos dinoflagelados marinhos parecem possuir uma capa ou armadura porque são cobertos por placas de celulose esculpida. Os dinoflagelados fotossintéticos possuem plastídios acastanhados. A reprodução assexuada ocorre por meio da divisão longitudinal da célula, com cada célula-filha recebendo um dos flagelos e uma porção da parede celular e então construindo as partes que faltam por meio de uma seqüência muito complexa. A reprodução sexuada é rara entre os dinoflagelados.

Os dinoflagelados marinhos freqüentemente exibem bioluminescência (por exemplo, *Noctiluca miliaris*, espécies que parecem com milhares de luzes noturnas). Esta propriedade de emissão de luz é a base para o nome do grupo: Pyrrophyta, a "alga de fogo". Realmente, o brilho de luzes noturnas nas ondas do oceano é devido a esses microrganismos. Os dinoflagelados são as únicas algas que são luminescentes. Assim como em outros organismos bioluminescentes, a luminescência das algas deve-se ao complexo enzima-substrato de luciferina-luciferase dentro do citoplasma celular.

Talvez os dinoflagelados mais bem conhecidos sejam aqueles que produzem "as marés vermelhas" ou *blooms*, nos quais a concentração de células é tão grande que extensas áreas do oceano podem aparecer vermelhas, marrons e amarelas. Deve haver 10 milhões de células por litro de água do mar. As marés vermelhas ocorrem quase todo

Figura 10.24 [**A**] *Peridinium* sp., um dinoflagelado. [**B**] Representação esquemática da morfologia de uma célula de *Peridinium*.

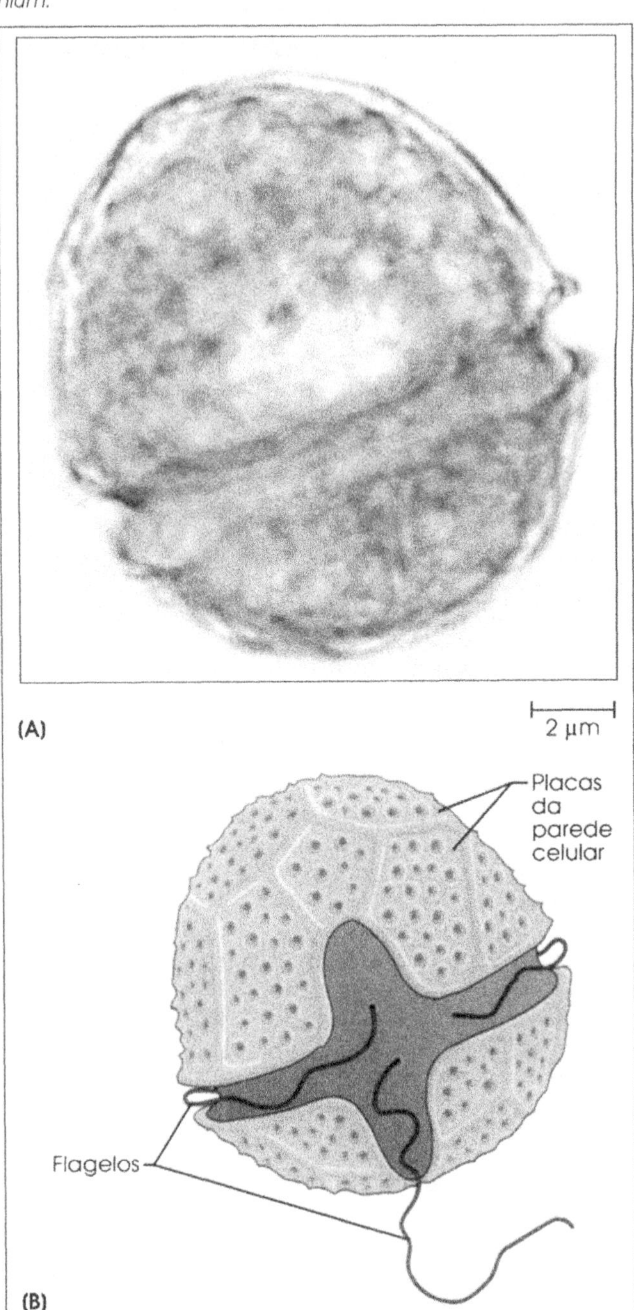

verão nas águas da Flórida e Califórnia, e um *bloom* de espécies de *Gonyaulax* ocorre anualmente nas águas frias da costa de Maine.

Muitos dos dinoflagelados que causam as marés vermelhas são tóxicos, produzindo um veneno que pode ser fatal. São ingeridos não só por peixes mas também por moluscos, que os acumulam (porque os moluscos funcionam como filtros alimentares). A toxina é liberada no peixe à medida que as células dinoflageladas se desintegram durante a passagem pelas guelras do peixe. Como resul-

DESCOBERTA!

10.2 ALGUMAS ALGAS FOTOSSINTÉTICAS TAMBÉM SE ALIMENTAM DE BACTÉRIAS!

Até recentemente acreditava-se que o fitoplâncton recebia toda a sua energia por meio da fotossíntese. Entretanto, estudos mostraram que algumas algas suplementam as necessidades de carbono pela captação de carbono orgânico pré-formado. Em 1986, D. F. Bird e J. Kalff, biólogos marinhos da McGill University, descobriram que a ingestão fagotrófica de bactérias é também importante para estas algas. A taxa de ingestão de bactérias pelas algas é muito semelhante àquelas medidas para flagelados marinhos não-fotossintéticos, que são totalmente dependentes de fontes externas de carbono.

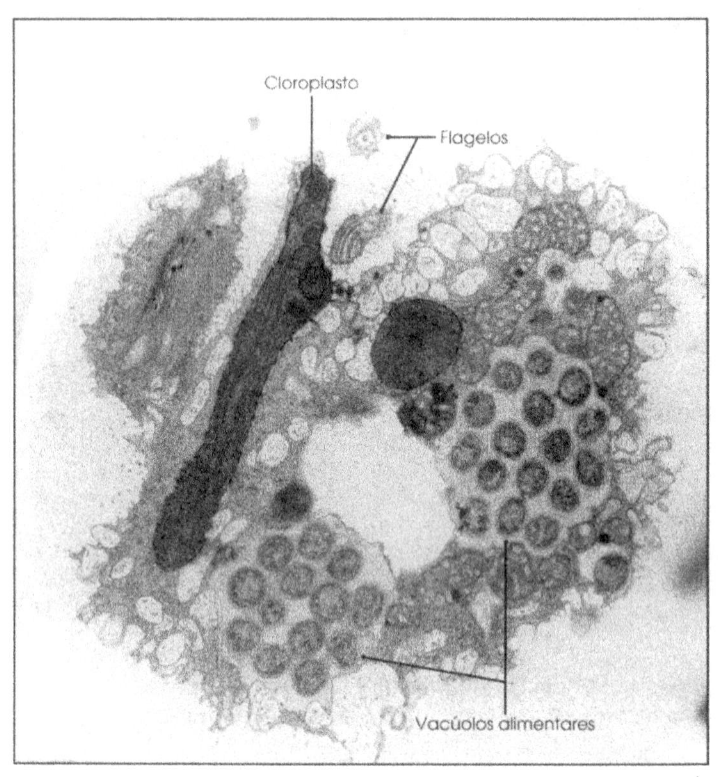

Micrografia eletrônica mostrando células bacterianas no interior de algas crisofíceas, *Dinobryon cylindricum*, de Lake Cromwell. Observe vacúolos alimentares contendo bactérias, cloroplastos e flagelos (corte transversal) e exibindo estrutura "9 + 2"

O estudo revelador foi realizado em Lake Cromwell, Quebec, utilizando uma quantidade de pérolas de látex fluorescentes do tamanho de bactérias como marcadores, que eram ingeridas no lugar das bactérias. As pérolas eram liberadas dentro de uma câmara contendo fitoplâncton. Após intervalos de tempo, as amostras de fitoplâncton eram filtradas e instrumentos especiais mediam a quantidade de fluorescência das algas. Estas medidas correspondiam ao número de pérolas ingeridas. Conforme este experimento, espécies de algas crisofíceas (espécies de *Dinobryon*) mostraram ser os maiores consumidores de bactérias. De fato, esgotam a população bacteriana mais do que os protozoários considerados como tradicionais devoradores de bactérias. Cada célula de *Dinobryon* ingere cerca de três bactérias a cada cinco minutos!

tado, centenas de milhares de peixe podem ser mortos em um *bloom*. A toxina é inócua para os moluscos; entretanto, afeta o homem quando os moluscos infectados são consumidos. Dependendo das espécies de dinoflagelados, tais moluscos tornam-se perigosos ao homem. Algumas espécies, como o *Gonyaulax catenella* e *G. tamarensis*, produzem toxinas poderosas que afetam o sistema nervoso de modo semelhante ao veneno curare. Cerca de 1% dos humanos envenenados morre em conseqüência da toxina, geralmente por deficiência respiratória.

As Euglenóides

As ***euglenóides*** unicelulares são diferenciadas de outras algas pela presença de clorofilas *a* e *b* e a ausência de uma parede celular. Há mais de 800 espécies, muitas das quais são encontradas em água doce, especialmente em águas ricas em matéria orgânica. Por esta razão as euglenóides podem crescer seja como heterotróficas seja como autotróficas. Alguns biólogos também consideram os membros não-fotossintetizantes das euglenóides como protozoários porque podem ingerir alimentos particulados por meio de um esôfago.

As euglenóides possuem formas variadas e o seu tamanho pode variar de 10 μm a mais de 500 μm de comprimento. Muitas espécies de *Euglena* são alongadas (Figura 10.25). A célula de *Euglena* é complexa e contém numerosos cloroplastos pequenos. Possui um núcleo e um longo flagelo, que geralmente é mantido na frente da célula. A *película* (membrana citoplasmática mais as proteínas expostas) que envolve a célula é flexível; não possui parede

Figura 10.25 [**A**] Uma célula de *Euglena acus*. [**B**] Representação esquemática de uma célula de *Euglena*. Como pode ser visto, o flagelo emergente está fixado à base da abertura em forma de frasco, denominada *reservatório*, na extremidade anterior da célula. Os vacúolos contráteis coletam o excesso de água de todas as partes da célula e descarregam no reservatório. A célula é delimitada por uma película flexível.

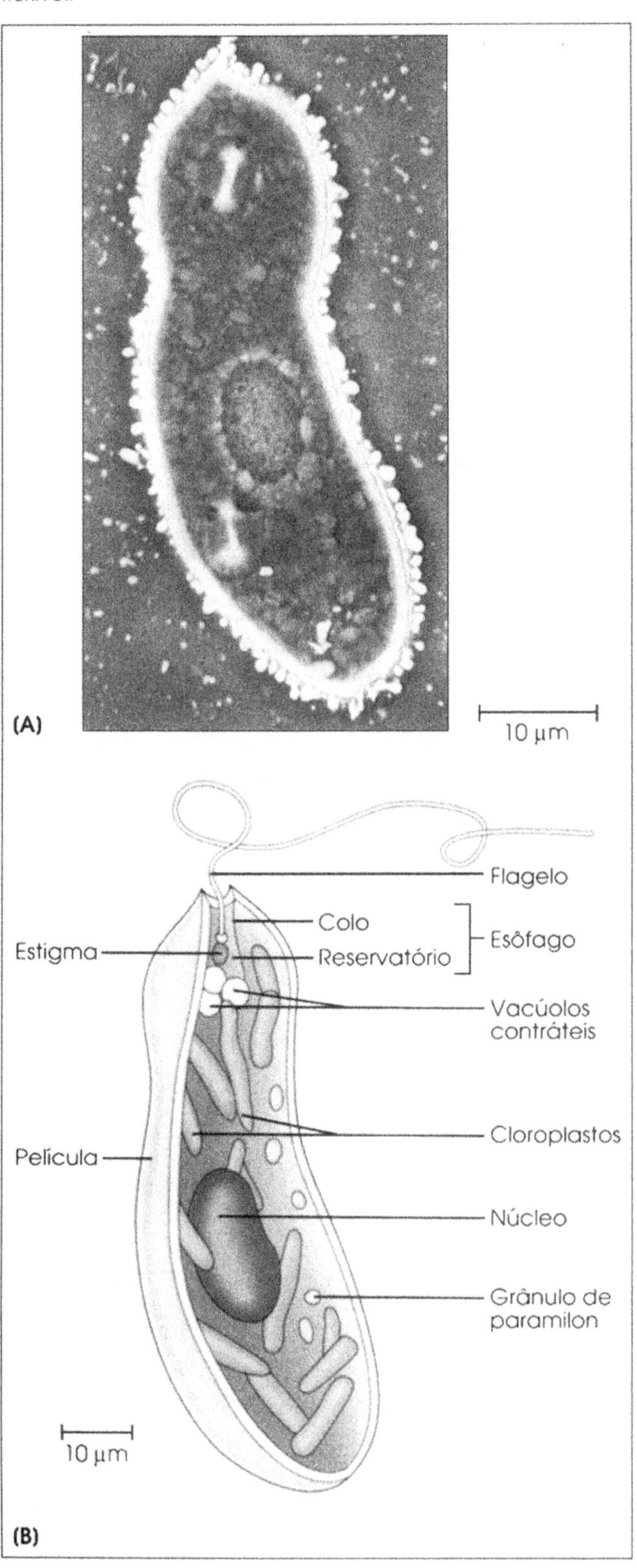

celular. Outras organelas citoplasmáticas ou inclusões compreendem vacúolos contráteis, mitocôndria, paramilon (um polímero de glicose) e um ponto ocular ou estigma.

Os cientistas não observaram nenhum tipo de reprodução sexuada entre as euglenóides. A reprodução assexuada ocorre por divisão binária longitudinal da célula. Certos gêneros podem encistar-se para sobreviver às condições adversas do ambiente.

Responda

1 De que forma as algas se diferenciam das plantas superiores?

2 Que características são utilizadas para classificar as algas?

3 Quais são os seis principais grupos de algas e as suas características diferenciais?

4 Qual é o pigmento fotossintético primário presente em *todas* as algas?

Classificação dos Protozoários

Os ***protozoários*** são microrganismos com características semelhantes a animais, incluindo locomoção, ingestão de alimentos e ausência de uma parede celular rígida. Muitos protozoários absorvem nutrientes dissolvidos, mas alguns são predadores e alimentam-se de bactérias e outros protozoários. Podem ser organismos de vida livre, presentes em água doce e marinha e no solo, ou podem ser simbiontes dentro ou sobre os hospedeiros vivos. Certos protozoários compartilham algumas propriedades com as algas e os fungos. Por exemplo, as euglenóides fotossintéticas e os dinoflagelados são classificados como algas pelos ficologistas e como fitoflagelados pelos protozoologistas. Os fungos limosos amebóides são estudados pelos micologistas e pelos protozoologistas.

As diversas formas de protozoários têm sido classificadas, mas não foram baseadas nas relações evolucionárias. As características estruturais das células (vistas por microscopia eletrônica) desempenham papel importante no novo esquema de classificação desenvolvido em 1980. O novo esquema inclui vários grupos ainda reivindicados por micologistas e ficologistas como fungos e algas, respectivamente. O antigo esquema de classificação dos protozoários era baseado primariamente na presença de organelas ou modos de locomoção.

A Tabela 10.6 descreve os principais grupos de protozoários de interesse aos microbiologistas. Podem ser separados em *flagelados*, *amebas*, *esporozoários* e *ciliados*.

Tabela 10.6 Os principais grupos de protozoários de especial interesse para os microbiologistas e suas características diferenciais.

Grupos taxonômicos	Características
Flagelados (subfilo Mastigophora)	Reprodução assexuada por fissão binária longitudinal. Reprodução sexuada conhecida em alguns grupos. Autotróficos e/ou heterotróficos. Os zooflagelados não possuem cromatóforos. Formas amebóides, com ou sem flagelo. Um ou muitos flagelos. Muitos são comensais, simbiontes e parasitas. Gêneros representativos: *Leishmania, Trypanosoma, Giardia, Trichomonas*
Amebas (subfilo Sarcodina)	A maioria das espécies é de vida livre. Corpos nus ou com esqueleto externo ou interno. Movimento amebóide e alimentação por meio de pseudópodes. Reprodução assexuada por fissão. Reprodução sexuada, quando presente, geralmente está associada com gametas flagelados. Gênero representativo: *Amoeba*
Sporozoa (filo Apicomplexa)	Estágio de formação de esporo durante o ciclo de vida. Reprodução sexuada pela união de gametas. Reprodução assexuada por fissão múltipla. Todas as espécies são parasitas. Geralmente não são móveis, mas a locomoção de organismos maduros é feita pela flexão do corpo, deslizamento ou ondulação do eixo longitudinal. Gêneros representativos: *Toxoplasma, Plasmodium*
Ciliados (filo Ciliophora)	O maior filo. Todos possuem cílios ou estruturas ciliares como organelas de locomoção ou para obtenção de alimentos em alguma fase do ciclo de vida. Muitos ciliados possuem boca ou citóstoma. Dois tipos de núcleos: o macronúcleo (que controla o metabolismo) e o micronúcleo (que controla a reprodução). A fissão é transversal; a reprodução sexuada nunca envolve a formação de gametas livres. Amplamente distribuídos tanto em águas doces como salgadas e em solos. Um terço das espécies é parasita; outras são de vida livre. Gêneros representativos: *Didinium, Balantidium, Tetrahymena, Paramecium, Euplotes*

Os Flagelados

Os ***flagelados*** classificados como protozoários são divididos em dois grupos: as formas semelhantes aos vegetais (fitoflagelados) e as formas semelhantes aos animais (zooflagelados). Os flagelos apresentados pelos flagelados são diferentes dos apresentados por outros principais grupos de protozoários. Alguns dos fitoflagelados já foram discutidos com as algas (por exemplo, *Euglena* e *Chlamydomonas*). Todos eles possuem cloroplastos e são de vida livre. Somente os zooflagelados serão discutidos nesta seção.

Os zooflagelados não possuem clorofila e devem obter seu alimento heterotroficamente. Todos os membros deste grupo têm um ou mais flagelos; alguns membros são capazes de formar pseudópodes. As células são ovóides a alongadas e de modo geral reproduzem-se assexuadamente por fissão binária longitudinal. Uma forma de fissão múltipla ocorre em algumas espécies. A reprodução sexuada é rara. O encistamento é uma forma comum de sobrevivência.

Alguns zooflagelados são de vida livre, enquanto outros são parasitas e podem causar doenças em seres humanos. A *Giardia lamblia* (Figura 10.26) está associada à diarréia em crianças e com menor freqüência em adultos. A forma vegetativa (trofozoíta) ou de alimentação possui oito flagelos e uma ventosa ventral por meio da qual fixa-se à mucosa intestinal. É eliminada do intestino e sobrevive na forma de cisto até ser ingerida por um novo hospedeiro. O diagnóstico da doença, denominada *giardíase*, baseia-se na identificação do cisto nas fezes.

O *Trichomonas hominis* e o *T. vaginalis* são outros zooflagelados parasitas que podem ser encontrados no homem. O *Trichomonas hominis* causa diarréia, enquanto o *T. vaginalis* é uma das causas mais comuns de doença sexualmente transmissível no mundo. O último é encontrado no trato urogenital, onde pode causar inflamação com produção de uma secreção purulenta. É transmitido não só por intercurso sexual mas também por meio de material de toalete e toalhas contaminadas. A cada ano,

Figura 10.26 *Giardia lamblia*, um parasita intestinal que causa gastroenterite no homem. O trofozoíta e o cisto são mostrados com detalhes morfológicos.

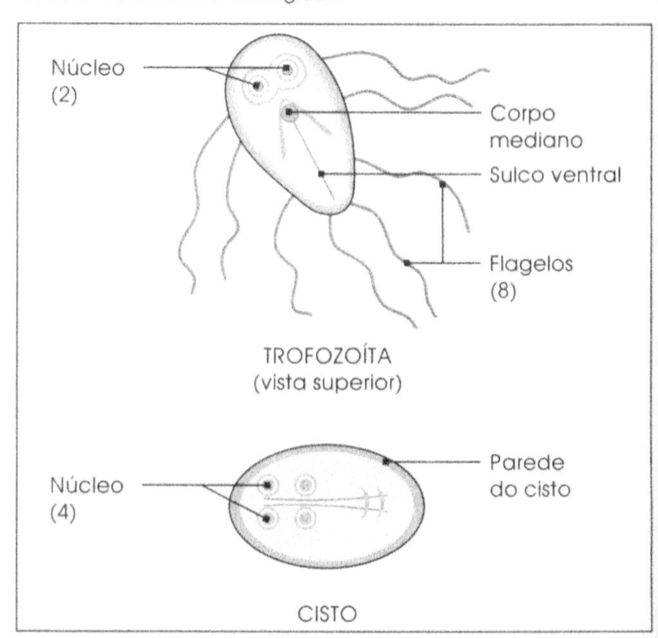

estima-se que 2,5 a 3 milhões de mulheres americanas contraem *tricomoníase* (infecção por *Trichomonas*). Na mulher, a *T. vaginalis* causa vaginite, uma inflamação crônica e irritativa da vagina. Os homens podem possuir o organismo no trato urinário, mas geralmente são assintomáticos. O diagnóstico da doença é feito mediante a observação dos trofozoítas ao microscópio em secreções vaginais e uretrais. *Trichomonas vaginalis* não apresentam o estágio de cisto e não podem sobreviver fora do hospedeiro.

Um outro grupo de zooflagelados são parasitas da corrente sanguínea e, portanto, são denominados *hemoflagelados*. Estes são os tripanossomas que são responsáveis por algumas doenças humanas. Os tripanossomas são caracterizados por apresentarem um corpo em forma de folha e um flagelo que é fixado à célula por uma membrana ondulante que se estende ao longo e além do corpo da célula (ver Figura 4.33C). Possuem um único núcleo e reproduzem-se assexuadamente. Algumas espécies passam por um ciclo de vida complexo, sendo que parte do ciclo ocorre em um inseto hematófago. Os insetos transmitem o parasita ao homem e outros vertebrados animais. Espécies importantes deste grupo incluem o *Trypanosoma gambiense* e *T. rhodesiense*, que são transmitidos pelo mosquito tsé-tsé e causam a doença do sono africano. Estudos desta doença ajudaram os primeiros microbiologistas a entender as interações dos microrganismos e insetos. O *Trypanosoma cruzi*, agente da doença de Chagas, é transmitido ao homem por picada de insetos, como o *Triatoma*, ou percevejo beijador (assim denominado porque é atraído aos lábios). Após penetrar no inseto, um tripanossoma multiplica-se rapidamente por fissão. Enquanto pica a pessoa, o inseto pode defecar e os tripanossomas podem passar através da ferida da picada e entrar na corrente sanguínea do hospedeiro. A partir da corrente sanguínea, os microrganismos estabelecem-se no coração e sistema nervoso central, causando danos fatais.

Um outro gênero de zooflagelado, a *Leishmania*, inclui espécies com estágios móveis e imóveis em seu ciclo de vida. Os insetos hematófagos transmitem a forma móvel para o homem; assim, as formas imóveis (não-flageladas) são produzidas dentro da células do baço e outros órgãos do corpo e algumas vezes dentro das células sanguíneas brancas. *Calazar* é uma doença tropical causada pela *L. donovani*; uma úlcera de pele oriental conhecida como *doença do soro* é causada pelo *L. tropica*. A *Leishmania brasiliensis*, comum na América do Sul, causa uma doença caracterizada por úlceras na boca e no nariz.

As Amebas

O termo ameba deriva da palavra grega *amoibé*, que significa "mudança", devido à mudança constante de sua forma.

Figura 10.27 Micrografia eletrônica de varredura de um trofozoíta de *Entamoeba histolytica*. A estrutura semelhante à maçaneta denominada *uróide* encontra-se na extremidade posterior da ameba. As estruturas semelhantes a cristais são grânulos de amido.

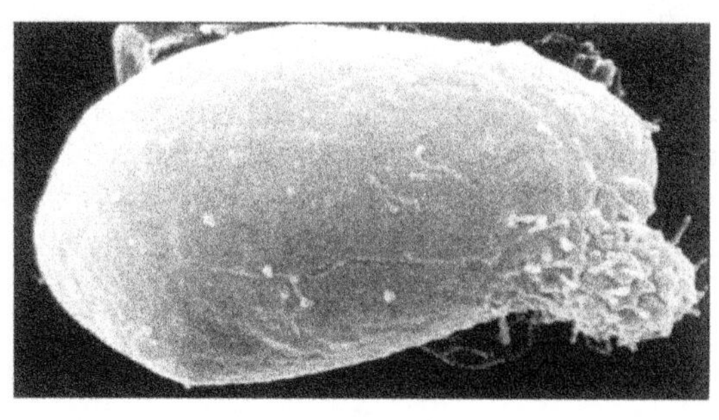

Uma célula de ameba é composta de protoplasma diferenciado em membrana citoplasmática, citoplasma e núcleo (ver Figura 4.44). No citoplasma estão contidos grânulos, assim como vacúolos que contêm alimentos, escórias, água e possivelmente gases. A membrana citoplasmática é seletiva, permitindo a passagem de certos nutrientes solúveis para dentro das células e de materiais de escória para fora da célula. Estes microrganismos estão em constante movimento. Movem-se pela expansão de porções de seu corpo em uma determinada direção, de modo que a célula inteira se desloca para a posição da expansão denominada ***pseudópode***. Vários pseudópodes podem ser emitidos simultaneamente por uma única célula. Estes pseudópodes são também utilizados para capturar alimentos; os pseudópodes envolvem as partículas de alimentos, que ficam contidas no interior de vacúolos, dentro do citoplasma. As enzimas secretadas nestes vacúolos digerem o alimento, que é então usado pela célula para o metabolismo.

A reprodução das amebas realiza-se por fissão binária. Como proteção durante períodos desfavoráveis ao crescimento, algumas amebas podem formar cistos. Os cistos freqüentemente sofrem multiplicação nuclear sem que ocorra divisão celular, resultando em vários núcleos dentro de um único cisto. O número de núcleos é freqüentemente característico de cada espécie e é usado para distinguir protozoários intestinais inócuos como a *Entamoeba coli* de *E. hystolitica,* a causa de disenteria amebiana (amebíase) dos seres humanos.

Os trofozoítas de *E. histolytica* (Figura 10.27) são capazes de invadir tecidos. A extremidade posterior do parasita é conhecido como *uróide*, que é uma pequena estrutura arredondada, ocasionalmente com longas extensões mucóides. Na disenteria amebiana aguda, grande número de células vermelhas do sangue aparece nas fezes como resultado de ulceração e sangramento da mucosa do intestino. As células sangüíneas vermelhas liberadas pelo sangramento são ingeridas pelo parasita.

Outras amebas interessantes incluem as foraminíferas de vida livre, muitas das quais produzem uma carapaça de cálcio com numerosas câmaras. As radiolárias como as foraminíferas são formas marinhas, que em sua maioria constroem carapaças de sílica. Estes microrganismos obtêm seu alimento por meio de pseudópodes que se projetam através dos poros presentes nas carapaças. Os famosos penhascos de Dover na Inglaterra são restos de esqueletos de foraminíferos que se depositaram no fundo do oceano há milhões de anos e foram erguidos mais tarde mediante atividade geológica.

Os Esporozoários

Todos os esporozoários são parasitas de uma ou mais espécies de animal. As formas adultas não possuem órgãos de locomoção, mas as formas imaturas e gametas ocasionalmente movem-se por meio de flagelos, flexão do corpo ou deslizamento. Os esporozoários não podem englobar partículas sólidas e, portanto, alimentam-se de nutrientes dissolvidos nos fluidos orgânicos de seus hospedeiros. Muitos possuem ciclos vitais complicados, com estágios de reprodução sexuada e assexuada alternados que geralmente ocorrem em hospedeiros diferentes. O ***hospedeiro intermediário*** geralmente alberga as formas assexuadas (imaturas) e o ***hospedeiro definitivo*** as formas sexuadas (parasitas adultos tornam-se maduros e reproduzem-se sexuadamente no hospedeiro definitivo). Algumas vezes o homem serve como hospedeiro para as duas formas, dependendo da espécie do esporozoário.

A toxoplasmose e a malária são as principais doenças humanas causadas por esporozoários. *Toxoplasma gondii* é o agente etiológico da toxoplasmose; os sintomas variam muito dependendo da localização dos parasitas no organismo. Podem apresentar sintomas semelhantes a meningite e hepatite. O *Toxoplasma gondii* é o parasita mais amplamente disseminado entre os vertebrados. Mais de 50% dos adultos nos Estados Unidos têm sido infectados, mas a doença geralmente é leve e assintomática. A infecção geralmente regride espontaneamente. Entretanto, a infecção transplacentária (infecção do embrião humano pela mãe) pode levar a sérias conseqüências. O resultado pode ser uma criança natimorta ou uma criança com retardamento mental e outros distúrbios. A doença também pode ser fatal em pessoas com o sistema imunológico comprometido, como os portadores do vírus da AIDS ou os que sofreram radioterapia. O *Toxoplasma gondii* desenvolve-se assexuadamente no homem e em outros animais e nesta forma pode causar doença; a reprodução sexuada ocorre somente nas células intestinais da família do gato, que atuam como transmissores do parasita.

Figura 10.28 Intestino de um mosquito (*Aedes aegypti*) infectado com *Plasmodium gallinacium*. Os oocistos aparecem como corpos esféricos fixados ao epitélio intestinal.

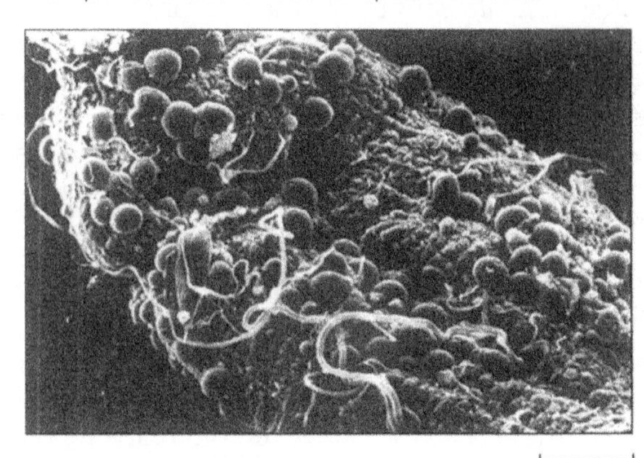

Embora a toxoplasmose possa ser uma doença grave, em termos de sofrimento humano, o esporozoário mais importante que afeta o homem é o que causa a malária. A malária é uma doença humana transmitida por mosquitos, causada por membros do gênero *Plasmodium*. Estes microrganismos invadem o fígado e as células sangüíneas vermelhas. O hospedeiro definitivo é a fêmea do mosquito anófeles, onde ocorre a reprodução sexuada. A forma infectante do parasita é o ***esporozoíta***, que é inoculado no hospedeiro pela picada do mosquito. Os esporozoítas formam-se dentro do ***oocisto***, um corpo circular fixado ao intestino do mosquito (Figura 10.28). A reprodução assexuada ocorre nas células do hospedeiro humano. A malária é considerada uma das maiores causas de morte ao longo dos anos. Estima-se que, em um dado período de tempo, 300 milhões de pessoas no mundo são acometidas pela malária e que, dessas, cerca de 3 milhões morrerão em conseqüência da doença.

Os Ciliados

O maior dos principais grupos de protozoários, os ciliados, inclui cerca de 7.200 espécies, muitas das quais ainda não são bem conhecidas. Estes microrganismos são principalmente unicelulares e possuem cílios em sua superfície. Freqüentemente a célula é inteiramente coberta com centenas de cílios, que são órgãos de locomoção e também servem para orientar os alimentos em direção ao *citóstoma* (Figura 10.29). Os vacúolos alimentares, formados na base do citóstoma, envolvem as partículas de alimento. Então circulam ao redor da célula até que o alimento seja digerido. Partículas não-digeridas são eliminadas da célula por meio do *poro anal*. No interior da célula, o vacúolo contrátil mantém o balanço hídrico da célula. Em algumas espécies, os cílios são restritos a certas áreas ou fundem-se para formar tufos denominados *cirros* (tufos de pêlos), como é

Figura 10.29 Superfície ventral de uma célula de *Euplotes*. [**A**] Micrografia eletrônica de varredura de *E. aediculatus*. Cirros (A). Cada cirro é composto de 80 a 100 cílios individuais que não são fundidos, mas funcionam como uma unidade de locomoção. Cílios (B). De duas a três filas de cílios participam na locomoção bem como na coleta de alimentos. Cavidade bucal (C). Citóstomo ("boca") (D). [**B**] Representação esquemática de uma célula de *Euplotes*.

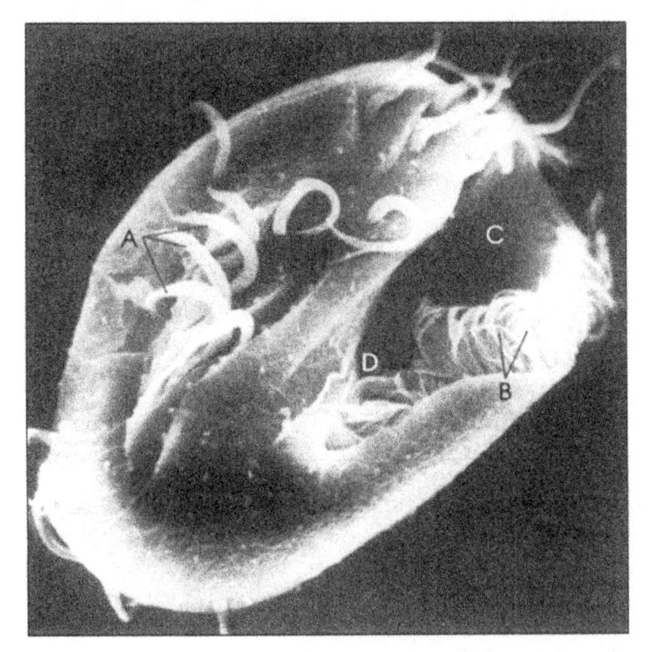

(A) 20 μm

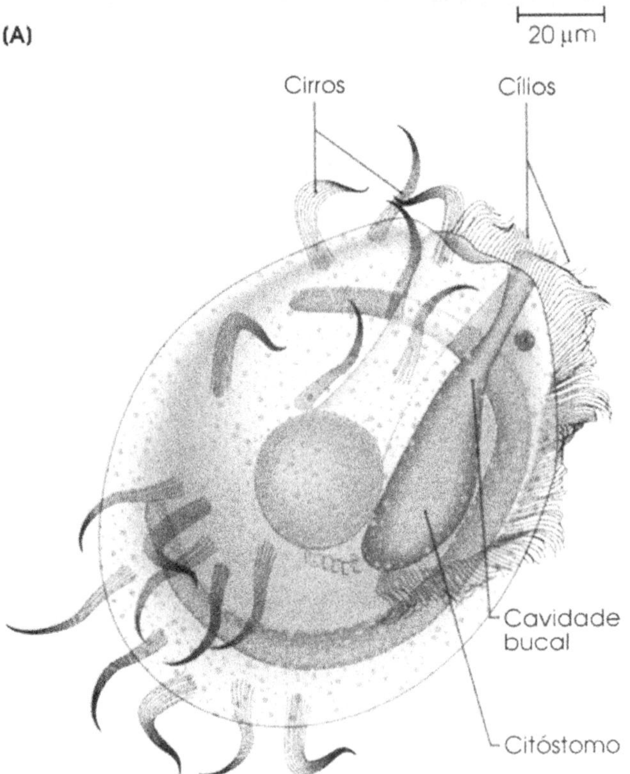

(B)

mostrado na Figura 10.29. Estas estruturas podem funcionar como "pernas" que as células usam para rastejar ao longo das superfícies.

Além de sua morfologia ciliada, os ciliados são também os únicos entre os protozoários que possuem dois tipos de núcleos. O *macronúcleo* é responsável pelo desenvolvimento e pela reprodução assexuada através da fissão binária transversa. O *micronúcleo* exerce papel importante na reprodução sexuada; contém informação genética que é permutada durante a *conjugação*, uma união temporária das células com troca de material nuclear. Os ciliados são os únicos protozoários que realizam a reprodução sexuada por meio da conjugação.

Um exemplo comum de protozoário ciliado é o *Paramecium*. Vive em poços, açudes e lagos de água doce onde existe quantidade adequada de alimentos. A conjugação pode ocorrer quando duas cepas compatíveis de paramécios entram em contato. Os dois indivíduos aproximam-se e unem-se ao longo de seus sulcos orais; os núcleos sofrem divisão e as células permutam seus núcleos haplóides derivados de seus micronúcleos. Em cada conjugante, os dois núcleos haplóides fundem-se para formar um núcleo diplóide. As células então se separam e as divisões nucleares e fissões binárias resultam no processo assexuado. O *Balantidium coli*, uma causa de disenteria, é o único parasita humano.

Responda

1 Quais são as características semelhantes aos animais apresentadas pelos protozoários?

2 Por que alguns protozoários são estudados pelos ficologistas? Quais protozoários são estudados tanto pelos micologistas como pelos protozoologistas?

3 Listar e resumir as diferenças entre os quatro principais grupos de protozoários que são de interesse para os microbiologistas.

Resumo

1. A classificação dos fungos é baseada primariamente nas características dos esporos sexuados e corpos de frutificação, a natureza do ciclo vital, e na morfologia do micélio vegetativo.

2. Os três principais grupos de fungos são os fungos limosos, os fungos inferiores flagelados e os fungos terrestres. Cada um apresenta características distintas; por exemplo, os fungos limosos apresentam estágio vegetativo semelhante ao dos protozoários e a etapa de frutificação semelhante ao dos fungos.

3. Existem fungos parasitas e saprófitas. Alguns causam doenças em plantas e animais. Os fungos possuem ciclo de vida perfeito e imperfeito. Os órgãos de reprodução podem possuir estruturas extremamente elaboradas. Como um exemplo mais conhecido temos os chapéus dos cogumelos comestíveis.

4. As algas são microrganismos fotossintéticos sem um sistema vascular. Todas as algas possuem clorofila como seu pigmento fotossintético primário e pigmentos carotenóides acessórios. Algumas algas podem também ser heterotróficas.

5. As algas microscópicas podem ser divididas em algas verdes, euglenóides, crisófitas (diatomáceas e as algas douradas) e pirrófitas (dinoflagelados). Os três últimos grupos são quase todos unicelulares.

6. Os protozoários são microrganismos com características semelhantes a animais. A classificação baseia-se no modo de locomoção e em detalhes estruturais microcópicos revelados pela microscopia eletrônica. Eles podem ser divididos em flagelados, amebas, esporozoários e ciliados.

7. No grupo dos zooflagelados estão incluídos os agentes etiológicos da tricomoníase, da doença do sono africano e das gastroenterites.

8. As amebas mudam a sua forma constantemente e utilizam os pseudópodes para locomoção e captura de alimentos.

9. Todos os esporozoários são parasitas para animais; neste grupo estão incluídos os agentes etiológicos da toxoplasmose e da malária.

10. Os ciliados possuem cílios na sua superfície. Existem muitas espécies, mas somente uma espécie é parasita humano.

Palavras-Chave

Algas
Ascos
Ascocarpos
Ascomycetes
Ascósporos
Auxósporo
Basidiocarpo
Basidiomycetes
Basidiósporos
Basídios
Células nadadoras
Chytridiomycetes
Deuteromycetes
Diatomáceas
Dinoflagelados
Ergotina
Esporozoíta
Euglenóides
Flagelados
Frústula
Fungos
Fungos imperfeitos
Fungos limosos acelulares
Fungos limosos celulares
Fungos perfeitos
Hiperplasia
Hipertrofia
Hospedeiro definitivo
Hospedeiro intermediário
Hyphochytridiomycetes
Micorriza
Mixamebas
Oocisto
Oomycetes
Plasmodiophoromycetes
Plasmódio
Protozoários
Pseudoplasmódio
Pseudópode
Rizomicélio
Valvas
Zigósporo
Zygomycetes

Revisão

CLASSIFICAÇÃO DOS FUNGOS

1. Os fungos cujo ciclo sexual é conhecido são denominados fungos_____________________.

2. Os fungos limosos assemelham-se aos fungos em uma fase de seu ciclo de reprodução porque eles produzem ____________e esporângios.

3. O plasmódio dos fungos limosos acelulares não é _________________________________.

4. Os fungos inferiores flagelados tipicamente produzem células________________em alguma fase durante o ciclo vital.

5. A *Saprolegnia ferax* tem sido implicada em doenças de___________________________.

6. Os fungos que causam hipertrofia e hiperplasia do tecido hospedeiro pertencem à classe ________________________.

7. Os esporos sexuais produzidos pelos fungos terrestres são os zigósporos, _____________ e___________________.

8. Qual dos seguintes itens não é característica dos fungos? (**a**) forma filamentosa; (**b**) estrutura eucariótica; (**c**) nutrição por absorção; (**d**) clorofila; (**e**) parede celular.

9. Qual das seguintes estruturas é um ascocarpo? (**a**) picnídio; (**b**) peritécio; (**c**) esporângio; (**d**) ascos; (**e**) anterídio.

10. Beadle e Tatum receberam o Prêmio Nobel pelo estudo de (**a**) *Saccharomyces;* (**b**) *Saprolegnia,* (**c**) *Penicillium*; (**d**) *Agaricus;* (**e**) *Neurospora.*

11. Cada célula de uma hifa eucariótica contém (**a**) dois núcleos pareados; (**b**) um núcleo; (**c**) nenhum núcleo; (**d**) três núcleos; (**e**) nenhuma das alternativas anteriores.

CLASSIFICAÇÃO DAS ALGAS

Nos itens 12 a 14, assinalar V para as afirmativas verdadeiras e F para falsas. Reescreva as afirmativas falsas.

12. Os três grupos de algas, euglenóides, crisófitas e pirrófitas são compostos quase totalmente por organismos unicelulares._______

____

____.

13. A característica distintiva das algas verdes é a presença de clorofilas semelhantes às plantas verdes vascularizadas.___

____

____

14. A *Chlamydomonas* é semelhante à *Chorella* porque ambas são algas móveis.___

____

____

15. A *Chlorella* é uma alga verde unicelular_____________________________________.

16. As diatomáceas possuem parede celular impregnada com________________________.

17. As *Ochromonas* são muito versáteis em relação à nutrição; podem crescer heterotroficamente, fotoautotroficamente e ____.

18. A frústula de uma célula diatomácea consiste em duas válvulas sobrepostas denominadas ____.

19. A *Noctiluca miliaris* exibe uma característica peculiar de ______________________.

20. As marés vermelhas ou *blooms* são causadas por: (**a**) diatomáceas; (**b**) euglenas; (**c**) clorelas, (**d**) dinoflagelados; (**e**) algas vermelhas.

21. Qual das seguintes características não é utilizada para a classificação das algas? (**a**) natureza e propriedades de pigmentos; (**b**) ciclo de vida e natureza reprodutiva; (**c**) natureza dos produtos de reserva e armazenamento; (**d**) morfologia e características das células e do talo; (**e**) tropismo em relação ao hospedeiro.

22. Associar cada doença à direita com os agentes à esquerda:

____*Giardia intestinalis*	(**a**) Infecção venérea
____*Trichomonas vaginalis*	(**b**) Diarréia
____*Leishmania tropica*	(**c**) Doença do sono africano
____*Trypanosoma gambiense*	(**d**) Doença do soro
____*Trypanosoma cruzi*	(**e**) Calazar
____*Leishmania donovani*	(**f**) Doença de Chagas

23. A disenteria amebiana humana é causada por____.

24. Os penhascos de Dover são formados por esqueletos de protozoários de ____________________________e________________________________.

25. O *Toxoplasma gondii* é o agente etiológico da ____________________________________.

26. A fêmea do mosquito anófeles é o hospedeiro __________________para o plasmódio que causa a malária.

27. O único parasita humano ciliado é ____.

Questões de Revisão

1. Escrever uma afirmativa a respeito da pigmentação das algas verdes.
2. O que são fungos *imperfeitos*?
3. Por que os fungos limosos acelulares são referidos como *acelulares*?
4. Citar as quatro classes de fungos flagelados inferiores, assim como as características que os distinguem.
5. Decrever o processo de formação dos zigósporos em um zigomiceto típico.
6. Explicar com exemplos o que se entende por corpos ou estruturas de frutificação sexuais e assexuais.
7. Desenhar o ciclo de vida do *Saccharomyces cerevisiae.*
8. O que é um micélio dicariótico?
9. Explicar por que alguns gêneros de bolores, como o *Penicillium* e o *Aspergillus*, possuem algumas espécies que são designadas como ascomicetos e outras espécies como deuteromicetos.

Questões para Discussão

1. Por que a *Candida albicans* é considerada um patógeno oportunista?
2. Qual é o significado do relato de que espécies da alga crisófita *Dinobryon* podem ingerir fagotroficamente as bactérias?
3. Por que os micologistas possuem um grupo taxonômico denominado Deuteromycetes?
4. Explicar por que os fungos limosos são os favoritos no estudo da morfogênese.
5. Comparar todas as propriedades morfológicas dos procariotos com as dos eucariotos e comentar sobre a contribuição da morfologia ao respectivo esquema de classificação.
6. Em comparação ao esquema de classificação dos três grupos de microrganismos eucarióticos (os fungos, as algas e os protozoários), qual esquema você consideraria de maior relevância nos dados ultra-estruturais obtidos por microscopia eletrônica?
7. Discutir o papel da locomoção na classificação dos protozoários.
8. Explicar por que George Beadle e Edward Tatum escolheram o ascomiceto *Neurospora* para o trabalho em genética que lhes rendeu o Prêmio Nobel.
9. Qual é a contribuição da *filogenia* para cada um dos três esquemas de classificação dos microrganismos eucarióticos?
10. Alguns cínicos comparam os moluscos "aficionados" a pessoas jogando a roleta russa. Existe qualquer verdade nesta comparação?

Parte V

Metabolismo Microbiano

Capítulo 11

Metabolismo Microbiano: Processos Bioquímicos na Produção de Energia

Objetivos

Após a leitura deste capítulo, você deve ser capaz de:

1. Diferenciar reações exergônicas (que liberam energia) de reações endergônicas (que requerem energia) e explicar como a célula pode associar os dois tipos de reações.
2. Citar o composto de transferência de energia mais importante em uma célula.
3. Diferenciar fosforilação em nível de substrato, fosforilação oxidativa e fotofosforilação.
4. Fazer o diagrama da seqüência de eventos em um sistema de transporte de elétrons.
5. Explicar a natureza e a importância da força protomotiva.
6. Descrever como os organismos fototróficos convertem energia luminosa em energia química.
7. Explicar como os microrganismos transformam nutrientes complexos em compostos mais simples.
8. Descrever a principal característica da via de degradação, chamada glicólise.
9. Descrever como as leveduras fermentam a glicose em etanol.
10. Diferenciar respiração e fermentação.

Introdução

Os organismos vivos são, de certa forma, máquinas químicas – suas estruturas e funções podem ser determinadas direta ou indiretamente por reações químicas. O termo *metabolismo* denota toda a atividade química realizada pelo organismo. Estas atividades são de dois tipos gerais: aquelas envolvidas na liberação de energia e aquelas envolvidas na utilização da energia. Energia é traduzida como a capacidade de realizar trabalho, e uma célula viva deve realizar diferentes tipos de trabalho, tais como produzir enzimas, sintetizar parede celular e membrana citoplasmática e reparar danos ocorridos na célula. Para realizar este trabalho, a célula necessita de uma grande quantidade de energia. A fonte desta energia para alguns organismos são as moléculas químicas (nutrientes) que são absorvidas pelas células. Quando as ligações químicas desses nutrientes são quebradas, a energia é liberada em forma de energia química que a célula armazena e posteriormente utiliza para executar trabalho. Para outros organismos, a fonte de energia é a luz; quando expostos à luz, eles convertem a energia luminosa em energia química utilizada no metabolismo. Este capítulo discute alguns princípios básicos das reações bioquímicas que produzem energia e descreve como os microrganismos armazenam a energia liberada nessas reações. É importante observar que muitos desses mecanismos metabólicos microbianos são também utilizados por organismos superiores (incluindo o homem) para obter energia.

Energia Requerida pela Célula Microbiana

Uma célula viva requer energia para realizar diferentes tipos de trabalho, incluindo:

1. Biossíntese das partes estruturais da célula, tais como parede celular, membrana ou apêndices externos.
2. Síntese de enzimas, ácidos nucléicos, polissacarídeos, fosfolipídeos e outros componentes químicos da célula.
3. Reparo de danos e manutenção da célula em boas condições.
4. Crescimento e multiplicação.
5. Armazenamento de nutrientes e excreção de produtos de escória.
6. Mobilidade.

Embora alguns microrganismos possam utilizar a luz como fonte de energia, a maioria dos organismos obtém energia pela ***degradação***, isto é, a quebra de nutrientes ou substâncias químicas. Durante o catabolismo a energia é liberada das moléculas nutrientes e é armazenada temporariamente em um *sistema de armazenamento de energia* até sua utilização. O sistema de armazenamento de energia serve também como um *sistema de transferência de energia,* quando ela é necessária para a síntese dos constituintes da célula. O catabolismo das moléculas nutrientes também fornece as unidades básicas a partir dos quais os constituintes da célula podem ser sintetizados.

Ainda que o processo de degradação e síntese sejam opostos, eles são interativos e processados concomitantemente na célula microbiana (Figura 11.1).

Responda

1 Quais os diferentes tipos de trabalho que a célula viva necessita realizar?

2 O que é "catabolismo"?

3 Como o sistema de armazenamento/ transferência de energia está ligado à degradação e à síntese de moléculas?

Figura 11.1 Relação entre os processos de degradação e síntese em células microbianas. Um sistema de armazenamento e transferência de energia (acoplamento) carreando energia entre os dois processos.

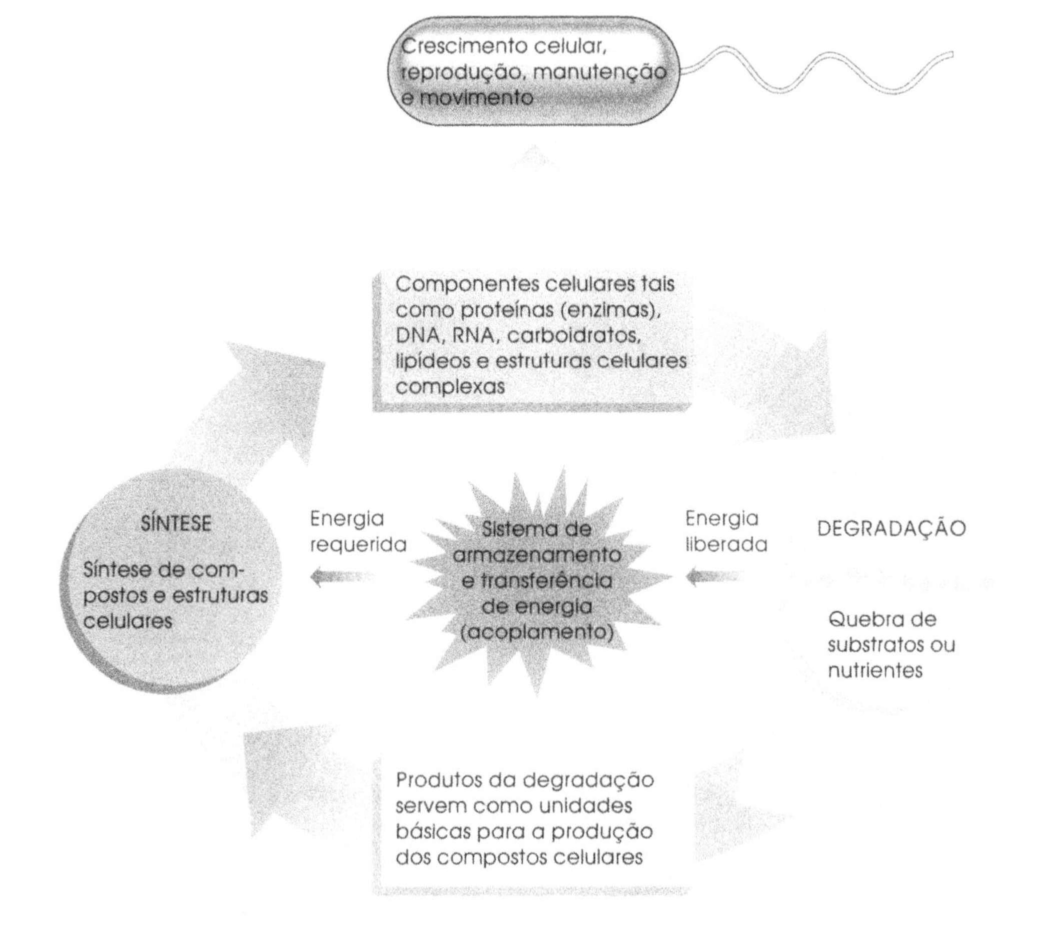

Principais Fontes Energéticas dos Microrganismos

Microrganimos *quimiotróficos* obtêm energia por degradação de nutrientes ou substratos químicos. Durante a degradação, a energia é liberada e armazenada, e os produtos finais são acumulados. Microrganimos *quimioheterotróficos* são organimos quimiotróficos que degradam compostos *orgânicos* para obter energia. Por exemplo:

Streptococcus lactis + glicose → energia + ácido láctico
(Quimioheterotrófico) (Substrato orgânico) (Produto final)

Por outro lado, os microrganimos *quimioautotróficos* degradam compostos inorgânicos para obter energia. Por exemplo:

Nitrosomonas europaea + amônia → energia + nitrito
(Quimiautotrófico) (Substrato inorgânico) (produto final)

Existem alguns microrganimos que não obtêm energia por degradação química de substrato. Ao contrário, esses microrganismos utilizam a luz como fonte de energia e são chamados *fototróficos*. Os microrganismos fototróficos possuem certos pigmentos que absorvem a luz e armazenam sua energia. Por exemplo:

Anabaena cylindrica + luz →
(Fototrófica)

absorção de luz pelo pigmento da célula → energia

Responda

1 Que tipo de nutrientes os microrganimos quimioheterotróficos degradam para obter energia?
2 Que tipo de nutrientes os microrganimos quimioautotróficos degradam para obter energia?
3 Qual é a fonte de energia dos microrganismos fototróficos?

Energia Química e Transferência de Energia

Embora a energia possa existir sob várias formas, a *energia química* é utilizada universalmente pelos organimos vivos. Energia química é a energia contida em ligações químicas das moléculas de nutrientes especiais. Quando essas ligações são quebradas durante a degradação de um nutriente ou substrato químico, a energia química é liberada. Sob condições ótimas, as células bacterianas podem degradar uma quantidade de nutrientes equivalente ao seu próprio peso *em poucos segundos*.

A *energia radiante* (energia da luz) pode ser utilizada por alguns microrganimos, mas estes organimos devem convertê-la em *energia química* para utilizá-la em suas funções celulares.

A energia térmica (energia associada com o movimento ao acaso de moléculas ou átomos) é uma forma de energia que *não pode* ser utilizada pelos seres vivos. Entretanto, uma certa quantidade de energia térmica é necessária para que as reações químicas, mesmo quando catalisadas por enzimas, ocorram numa velocidade suficientemente rápida para a manutenção da vida. Por exemplo, a velocidade da maioria das reações catalisadas por enzimas aumenta por um fator 2 para cada 10°C de aumento de temperatura até a temperatura na qual uma determinada enzima começa a deteriorar-se.

Transferência de Energia entre Reações Químicas Exergônicas e Endergônicas

A degradação de nutrientes e a síntese de constituintes da célula não são processos que ocorrem em uma única etapa. Ao contrário, são processos que envolvem numerosas reações químicas, cada uma catalisada por uma enzima específica. No curso de algumas dessas reações químicas, há tanto liberação como absorção de energia química. Uma reação química que libera energia é chamada de reação ***exergônica***, enquanto a reação química que necessita de energia é denominada reação ***endergônica***. Uma reação endergônica não se processará sem que haja fornecimento de energia. As reações exergônicas estão associadas à degradação de nutrientes ou substratos químicos, enquanto as reações endergônicas estão associadas à *síntese* dos constituintes da célula. *Nos seres vivos, as reações exergônicas fornecem a energia necessária para as reações endergônicas.* Para ligar essas reações, os organismos desenvolveram o processo chamado *acoplamento energético*:

Reação exergônica libera energia.
↓
Parte da energia é armazenada em um *composto de transferência de energia.*
↓
Os compostos de transferência de energia doam a energia armazenada para uma reação endergônica.

Os compostos de transferência de energia mais utilizados pelas células são aqueles capazes de transferir grande quantidade de energia (*compostos de transferência de alto nível energético)*. Vários compostos de transferência de alto nível energético ocorrem nas células, mas um é sem dúvida o mais importante: ***adenosina trifosfato (ATP).*** O ATP é constituído por uma molécula de adenina (purina), uma molécula do açúcar ribose (pentose) e três grupos fosfato (Figura 11.2). O ATP é formado pela adição de um grupamento fosfato a ***adenosina difosfato (ADP)*** que tem somente dois grupos fosfato.

$$\text{ATP} + \text{fosfato} \xrightarrow{\text{Energia}} \text{ATP} + \text{água}$$

A ligação química do terceiro grupamento fosfato à molécula de ATP depende de grande quantidade de energia, por isso a ligação é chamada de ***ligação de fosfato de alta energia.*** A energia armazenada na ligação de fosfato de alta energia do ATP pode ser liberada se esta ligação for quebrada:

$$\text{ATP} + \text{água} \xrightarrow[\text{Energia}]{} \text{ATP} + \text{fosfato}$$

O papel do ATP no acoplamento de energia está ilustrado na Figura 11.3. Assim como o dinheiro constitui um meio comum para comprar e vender materiais na sociedade, o ATP constitui uma "moeda energética corrente" de uma célula durante a troca de energia química entre muitos diferentes tipos de reações exergônicas e endergônicas.

Figura 11.2 O ATP é formado pela base púrica adenina, pelo açúcar ribose e três grupamentos fosfato. O terceiro fosfato está ligado à molécula através de uma ligação de fosfato de alto teor de energia. A clivagem do ATP a ADP libera energia química, enquanto a síntese do ATP a partir de ADP requer energia.

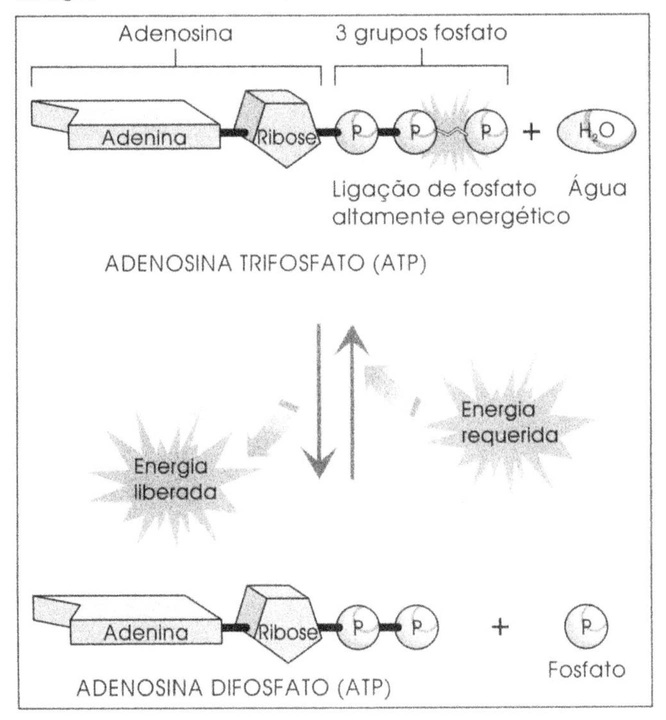

Figura 11.3 Fluxo de energia química da degradação de moléculas nutrientes para o ATP, e deste para as reações que requerem energia (endergônicas) em uma célula microbiana. Energia é sempre perdida sob a forma de calor.

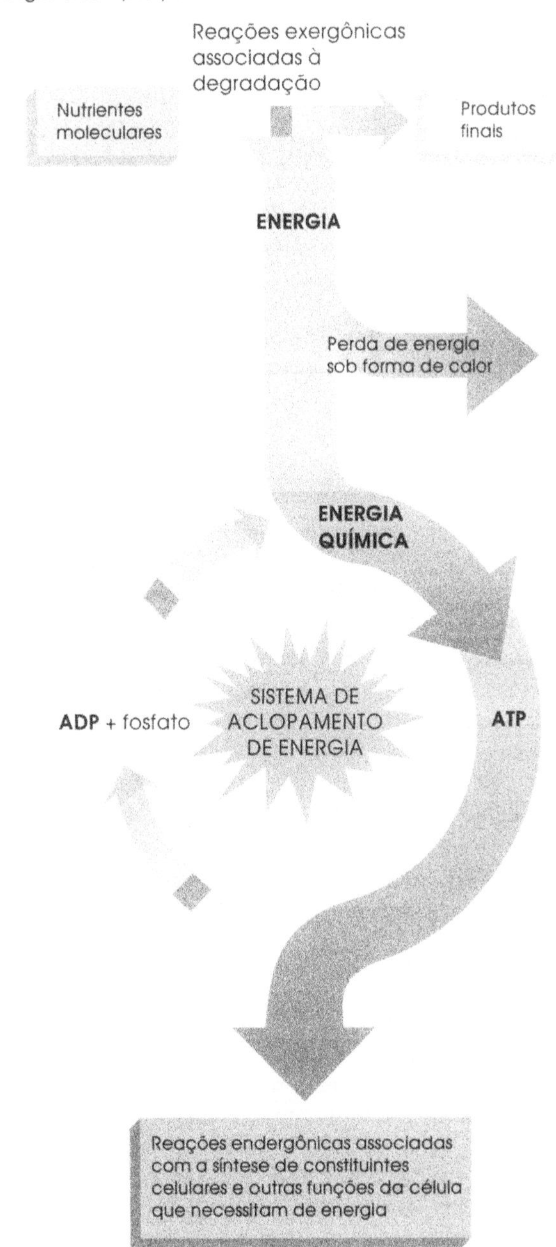

Responda

1 Qual é a diferença entre reações exergônicas e endergônicas?
2 Como as células interagem esses dois tipos de reações?
3 Qual é o mais importante composto de transferência de energia?
4 Como este composto realiza o armazenamento e a liberação de energia?

Produção de ATP pelos Microrganimos

Fosforilação é a adição de um grupo fosfato a um composto. O ATP é formado pela fosforilação do ADP, cuja energia de adição provém de reações exergônicas. Existem três vias gerais nas quais a fosforilação do ADP pode ocorrer:

1. ***Fosforilação em nível de substrato***, processo no qual o grupo fosfato de um composto químico é removido e adicionado diretamente ao ADP.

2. ***Fosforilação oxidativa***, processo no qual a energia liberada pela oxidação de compostos químicos (nutrientes) é utilizada para a síntese de ATP a partir do ADP.

3. ***Fotofosforilação***, processo no qual a energia da luz é utilizada para a síntese de ATP a partir de ADP.

Fosforilação em Nível de Substrato

Os rearranjos de átomos dentro dos compostos químicos, em muitos casos, podem resultar em um novo produto que contém ligações de fosfato de alto teor energético. Estes rearranjos ocorrem quando as células degradam os nutrientes em compostos químicos. O grupo fosfato envolvido nesta ligação pode então ser transferido diretamente ao ADP, formando o ATP, que agora contém a ligação de fosfato de alto teor energético.

Por exemplo, se uma célula utiliza a glicose como nutriente, um dos compostos que pode resultar da quebra da glicose é o *ácido 2-fosfoglicérico.* (O prefixo *fosfo* no nome do composto indica que o grupo fosfato está presente.) A célula faz então o rearranjo de átomos no ácido 2-fosfoglicérico pela remoção de uma molécula de água, formando assim um novo composto, o *ácido fosfoenolpirúvico.* Ao contrário do ácido 2-fosfoglicérico, o ácido fosfoenolpirúvico contém *ligação de fosfato de alto teor energético.* De fato, a ligação tem energia suficiente para permitir que o grupo fosfato do ácido fosfoenolpirúvico seja transferido diretamente ao ADP, formando o ATP (Figura 11.4).

Figura 11.4 Um exemplo de fosforilação em nível de substrato. Muitas células microbianas podem quebrar a glicose em ácido 2-fosfoglicérico, e quando uma enzima remove uma molécula de água do ácido 2-fosfoglicérico, uma molécula de ácido fosfoenolpirúvico é formada. O ácido fosfoenolpirúvico contém ligações de fosfato de alta energia e a energia desta ligação pode ser utilizada para transferir o grupo fosfato diretamente ao ADP para produzir ATP.

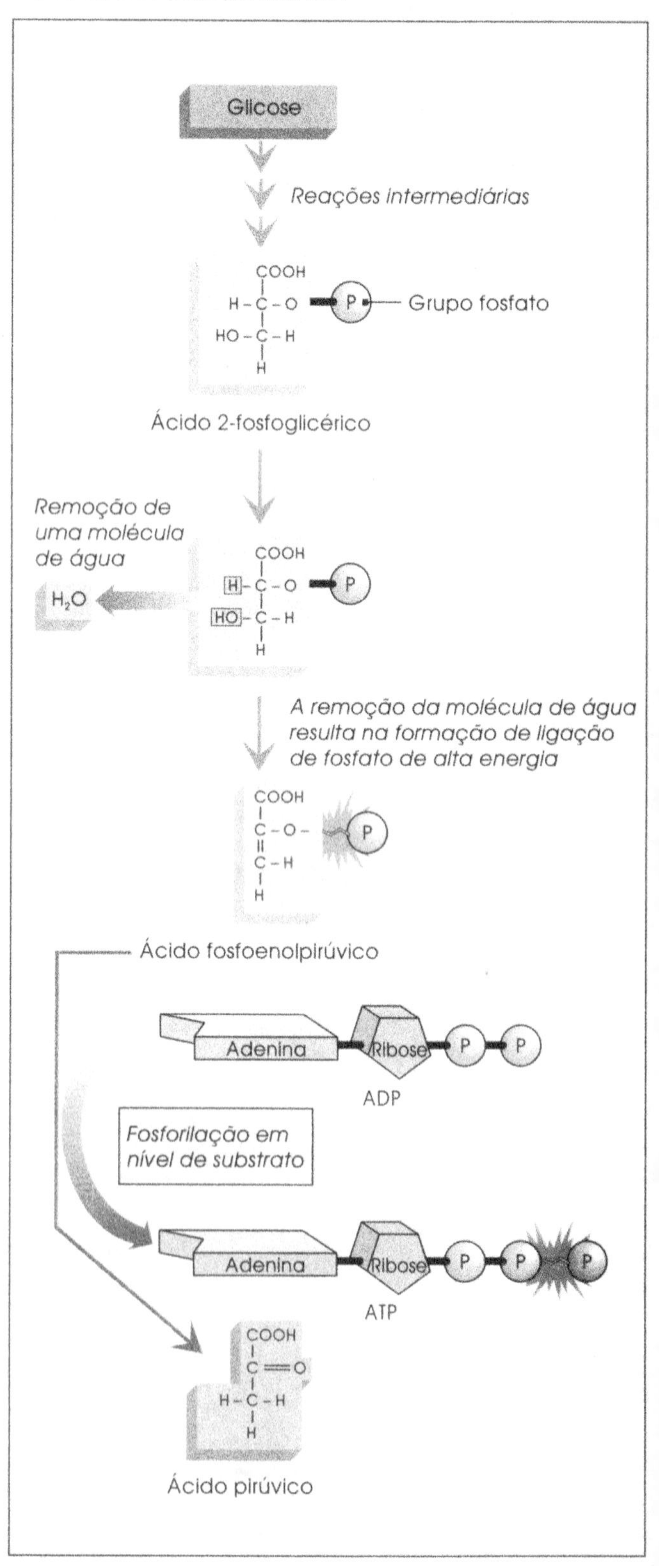

Fosforilação Oxidativa

Todas as reações de oxidação liberam energia e muitos organismos desenvolveram vias que permitem a utilização desta energia para a síntese do ATP. O principal processo de utilização de energia das reações de oxidação para produzir ATP a partir do ADP é denominado *fosforilação oxidativa*. A seqüência de eventos neste processo pode ser resumida como segue:

A energia é liberada por uma série integrada de reações de oxidação seqüenciais denominada *sistema de transporte de elétrons.*

↓

A energia é armazenada temporariamente em forma de *força protomotiva.*

↓

A força protomotiva fornece energia para a síntese do ATP a partir do ADP.

Para compreender completamente o processo de fosforilação oxidativa, é necessário entender a natureza das reações oxidativas e o sistema de transporte de elétrons.

Reações de Oxidação. A ***oxidação*** é a perda de um ou mais elétrons de um átomo ou molécula, com a transferência imediata destes elétrons para os átomos ou moléculas receptoras. Em biologia, a maioria das oxidações envolve a perda de um átomo de hidrogênio de uma molécula; uma vez que o átomo de hidrogênio possui um elétron em adição a seu próton, a molécula que perde um átomo de hidrogênio perde automaticamente um elétron. O oposto da oxidação é a ***redução***, ou ganho de elétrons (ou átomos de hidrogênio).

Exemplos de reações de oxidação:

$H \rightarrow H^{+} + e^{-}$

Átomo de hidrogênio (forma reduzida do átomo) → Íon hidrogênio (forma oxidada do átomo) + Elétron (transferido imediatamente ao átomo ou molécula receptora)

$Fe^{2+} \rightarrow Fe^{3+} + e^{-}$

Íon ferroso (forma reduzida do átomo) → Íon férrico (forma oxidada do átomo) + Elétron

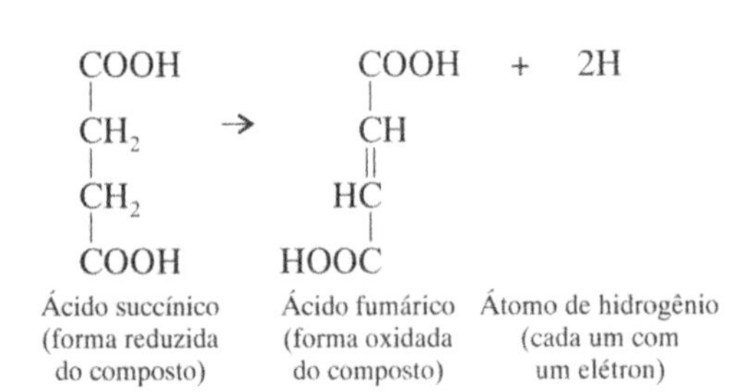

Ao contrário das reações de oxidação, as reações de redução não liberam energia, mas requerem energia para ser processadas. Um exemplo de reação de redução é:

$Fe^{3+} + e^{-} \rightarrow Fe^{2+}$

Íon férrico (forma oxidada do átomo) + e⁻ → Íon ferroso (forma reduzida do átomo)

Por estes exemplos, está claro que *o inverso da oxidação é a redução* e o *inverso da redução é a oxidação.* Em cada reação, um *par* de substância está envolvido – uma na forma oxidada e outra na forma reduzida (por exemplo, Fe^{3+} e Fe^{2+}, H^{+} e H, ácido fumárico e ácido succínico). Cada par destas substâncias é denominado ***sistema de oxidação-redução (O/R)***.

Sistemas de Transporte de Elétrons. As células que utilizam a energia das reações de oxidação para a síntese de ATP não utilizam uma única reação que libera uma grande quantidade de energia. Ao contrário, a célula utiliza uma *série integrada de reações de oxidação seqüenciais* chamada ***sistema de transporte de elétrons,*** que libera a energia gradativamente em várias etapas. Isto faz com que a célula obtenha energia de modo mais eficiente. Um sistema de transporte de elétrons é constituído de uma série de sistemas de O/R no qual cada par sucessivo tem maior capacidade de receber elétrons (maior capacidade oxidante) do que o anterior. Um sistema de transporte de elétrons pode ser descrito em termos gerais como:

SISTEMAS DE TRANSPORTE DE ELÉTRONS

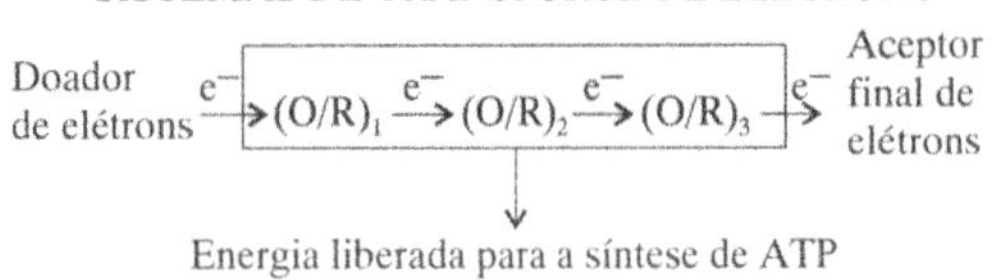

Energia liberada para a síntese de ATP

O sistema inicia com um *doador de elétrons*, um composto reduzido que doa os elétrons. Este composto reduzido pode ser um nutriente que foi absorvido pela célula ou um composto resultante da quebra de um nutriente. Por exemplo, alguns microrganimos utilizam o ácido láctico como doador de elétrons:

Ácido láctico $\rightarrow$ ácido pirúvico + $2H^{+} + 2e^{-}$

Os elétrons provenientes de um doador são removidos pelo sistema O/R inicial. Este sistema O/R é por sua vez oxidado pelo próximo sistema O/R, este sistema O/R é oxidado pelo sistema subseqüente, e assim sucessivamente. Finalmente, os elétrons são trasnferidos ao *aceptor final de elétrons,* um composto oxidado obtido do ambiente em que a célula está presente. Por exemplo, organismos aeróbios utilizam o oxigênio como aceptor final de elétrons; após receber os elétrons do último sistema O/R, o oxigênio é reduzido à água.

$$\frac{1}{2} O_2\ 2e^{-} + 2H^{+} \rightarrow H_20$$

Os organismos anaeróbios apresentam um sistema de transporte de elétrons que não utiliza o oxigênio como aceptor final de elétrons; utilizam, por sua vez, compostos químicos tais como o nitrato, o sulfato ou o ácido fumárico.

Figura 11.5 Ilustração esquemática do sistema de transporte de elétrons. Um doador ($X_{(red)}$) de elétrons, que pode ser um entre uma variedade de compostos reduzidos, inicialmente fornece elétrons para o sistema de transporte de elétrons e transforma-se num composto oxidado ($X_{(ox)}$). Os elétrons são transportados ao longo de uma série de sistemas O/R intermediários ($A_{(ox)}/A_{(red)}$, $B_{(ox)}/B_{(red)}$, $C_{(ox)}/C_{(red)}$, $D_{(ox)}/D_{(red)}$), cada um tendo um poder oxidante maior que o anterior. Os elétrons eventualmente são transferidos ao aceptor final $Y_{(o)}$, que é um composto oxidado como o oxigênio (O_2), nitrato de potássio (KNO_3) ou sulfato de potássio (K_2SO_4). Este composto recebe os elétrons e torna-se reduzido ($Y_{(red)}$). Energia é liberada a cada passo da oxidação ao longo do sistema de transporte de elétrons e em alguns passos a quantidade de energia liberada é suficiente para permitir a síntese de ATP a partir do ADP.

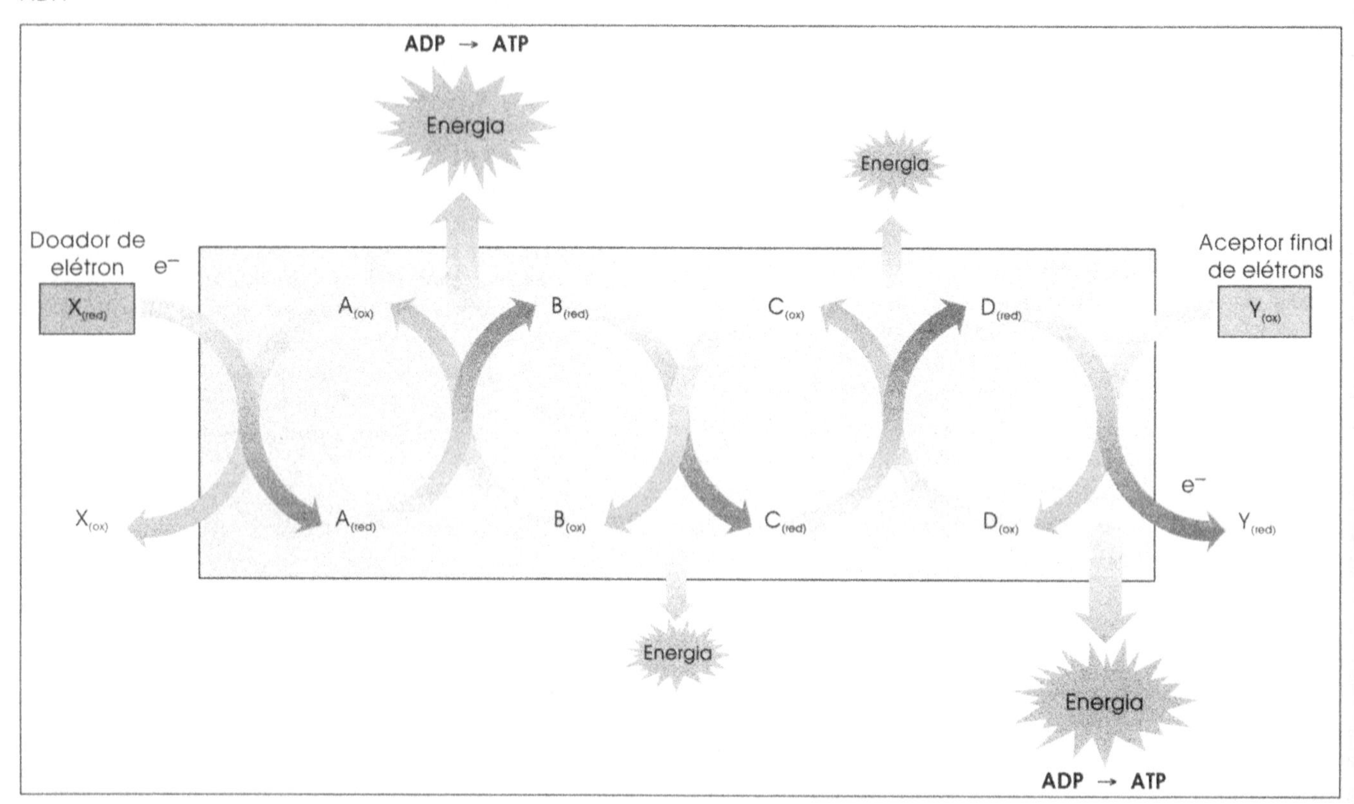

A importância do sistema de transporte de elétrons está ligada ao fato de que a *energia é liberada a cada etapa na série seqüencial de oxidações.* Em algumas etapas, a quantidade de energia liberada é suficiente para permitir a produção de ATP (Figura 11.5). Entretanto, como mencionado anteriormente, esta energia deve ser inicialmente estocada na forma de forças protomotivas (descritas no próximo parágrafo) antes de ser utilizada para produzir ATP.

Onde está localizado o sistema de transporte de elétrons na célula? Em bactérias, o sistema está localizado na membrana citoplasmática, enquanto em células eucarióticas está presente na membrana interna da mitocôndria.

Força Protomotiva. Em 1978, o bioquímico Peter Mitchell recebeu o Prêmio Nobel pela descoberta da via pela qual a energia liberada pelo sistema de transporte de elétrons é utilizada para a síntese do ATP. Ele mostrou que a energia é utilizada para *bombear prótons* (íon hidrogênio, ou H^+) *através da membrana* onde está localizado o transporte de elétrons. Alguns destes prótons são provenientes de átomos de hidrogênio de doadores de elétrons; outros são íons hidrogênio existentes na água. Os prótons, após serem bombeados através da membrana, não podem retornar facilmente, porque a membrana da célula não é permeável a prótons. Assim, *a operação contínua do sistema de transporte de elétrons resulta no acúmulo de prótons em um lado da membrana (lado externo da célula bacteriana) e no déficit de prótons no lado oposto (lado interno da célula bacteriana).* O resultado é que um dos lados da membrana torna-se mais ácido e com mais cargas positivas:

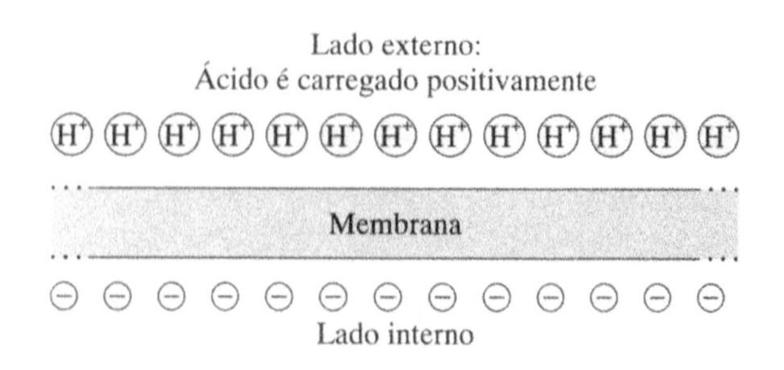

De fato, a concentração de prótons pode ser 100 vezes maior em um lado da membrana em relação ao outro. Esta distribuição desigual de prótons e cargas elétricas através

Figura 11.6 Desenho esquemático ilustrando a concepção da força protomotiva por meio de um modelo mecânico. A energia liberada pelas reações de oxidação do sistema de transporte de elétrons é utilizada para bombear os prótons para o lado externo da membrana citoplasmática bacteriana. Os prótons retornam à célula via uma enzima chamada ATPase que catalisa, por sua vez, a síntese de ATP. Não existe nas células nenhum aparato mecânico representado neste esquema.

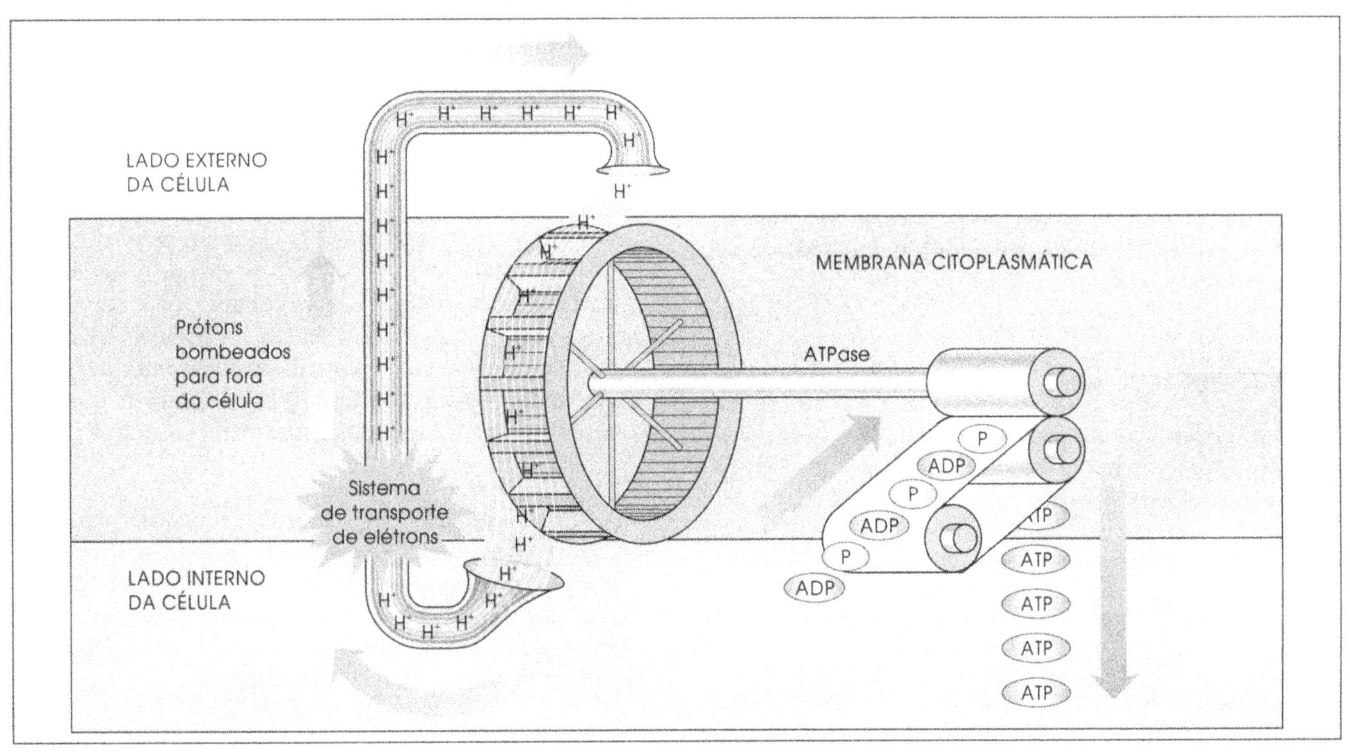

Figura 11.7 Representação esquemática do sistema de transporte de elétrons na membrana citoplasmática de bactérias. Os elétrons provenientes de um doador são transferidos ao longo do sistema de transporte de elétrons e eventualmente alcançam o aceptor final de elétrons (no caso O_2, que é reduzido a água). A energia liberada pelo sistema de transporte de elétrons é utilizada para bombear os prótons (íon hidrogênio, H^+) através de membrana para o lado externo da célula, gerando uma força protomotiva. Os prótons podem retornar para o interior da célula passando através de um canal na enzima ATPase, permitindo à enzima promover a síntese de ATP a partir do ADP.

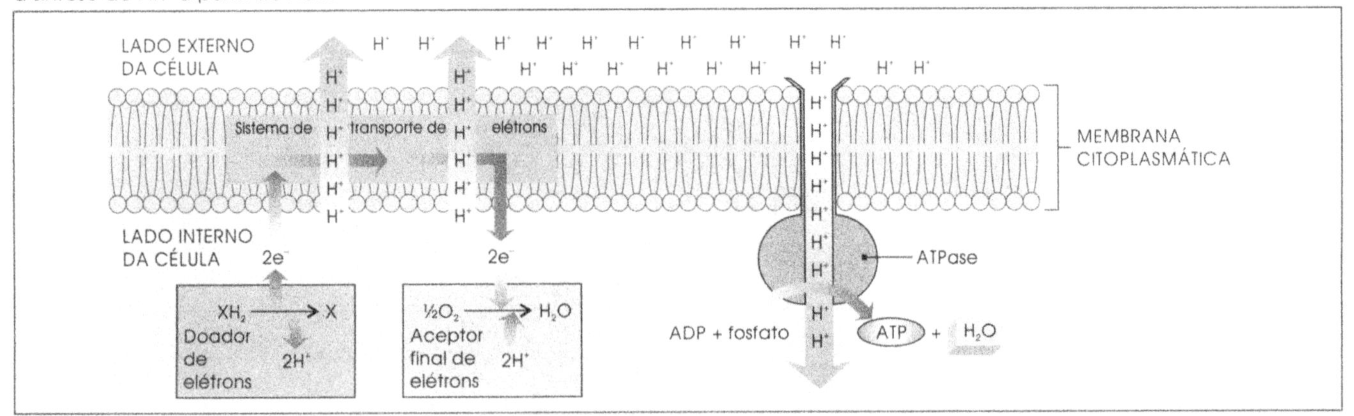

da membrana representa uma importante forma de energia potencial chamada ***força protomotiva***, que é utilizada na síntese do ATP.

A força protomotiva representa energia potencial do mesmo modo que um volume de água mantido por uma barragem. Se a comporta da barragem for aberta, a água deverá fluir da mais alta elevação para o nível mais baixo; este fluxo de água pode mover uma turbina e gerar energia hidrelétrica. A membrana da célula é semelhante à barragem – separa alta concentração de prótons de um lado e baixa concentração de prótons de outro. Se um canal específico para prótons estiver presente na membrana, estes poderão fluir para o lado onde estão menos concentrados. Este fluxo de prótons pode ser usado pela célula para realizar trabalho.

De fato, existem certos canais específicos na membrana citoplasmática que permitem o retorno dos prótons ao outro lado da membrana. O fluxo de prótons por meio destes canais é uma estratégia utilizada pela célula para fazer o trabalho de fosforilação do ADP para produzir ATP. Estes canais estão presentes dentro de moléculas da enzima denominada ***adenosina trifosfatase (ATPase)***, a qual atravessa a membrana. O fluxo de prótons força a enzima a fosforilar o ADP, formando deste modo o ATP. O princípio é ilustrado em termos de um simples modelo mecânico na Figura 11.6. Entretanto, o mecanismo atual é bioquímico, como ilustrado para a célula bacteriana na Figura 11.7. De fato, certos tipos de venenos podem impedir a síntese de ATP por meio de "curtos-circuitos" na força protomotiva (DESCOBERTA 11.1).

Fotofosforilação

A fotofosforilação é o processo no qual a luz é utilizada como fonte de energia para a síntese de ATP. De modo geral, a fotofosforilação ocorre da seguinte maneira:

1. A luz é utilizada para produzir força protomotiva.
2. A força protomotiva promove então a síntese do ATP.

O exemplo mais importante de fotofosforilação é o tipo realizado por cianobactérias, algas e plantas verdes. O sistema de fotofosforilação destes organismos ocorre no interior da célula em compartimentos membranosos especiais denominados *tilacóides*. Em cianobactérias, os tilacóides estão localizados diretamente no citoplasma (Figura 11.8). Mas em algas e plantas verdes estão contidos no grana de cloroplastos. A membrana do tilacóide contém ***clorofila (Chl)***, um pigmento verde que absorve a luz e que tem um importante papel no processo de fotofosforilação.

Além da habilidade de realizar a fotofosforilação, as cianobactérias, as algas e as plantas verdes podem também utilizar dióxido de carbono (CO_2) como única fonte de carbono; são portanto, organismos *autotróficos*. Elas reduzem o CO_2 a carboidrato $(CH_2O)_x$ por um processo denominado ***fixação de CO_2***. Este processo requer dois componentes: (1) ATP, que serve como fonte de energia e é produzido por fotofosforilação; (2) $NADPH_2$, a forma reduzida da co-enzima chamada ***nicotinamida adenina dinucleotídeo fosfato (NADP)***. O $NADPH_2$ é utilizado como um doador de elétrons para a redução do CO_2.

A geração de ATP e $NADPH_2$ depende da atividade de dois tipos diferentes de estruturas contendo clorofila denominadas *fotossistema I (PS I)* e *fotossistema II (PS II)*, que estão localizados na membrana do tilacóide. Os dois fotossistemas trabalham juntos, como ilustrado na Figura 11.9. As três principais etapas envolvidas são:

1. Quando a luz é absorvida pelas moléculas de clorofila em PS I, a energia luminosa conduz as moléculas a

Figura 11.8 Micrografia eletrônica de uma seção fina da cianobactéria, *Anabaena azollae*, mostrando os tilacóides – sítios de fotofosforilação. A maioria dos tilacóides está próxima da periferia da célula, mas alguns se estendem à porção mediana da célula. As estruturas denominadas *corpos poliédricos* são encontradas em muitas bactérias autotróficas. Esses corpos contêm um sistema enzimático que permite à bactéria utilizar o dióxido de carbono como única fonte de carbono.

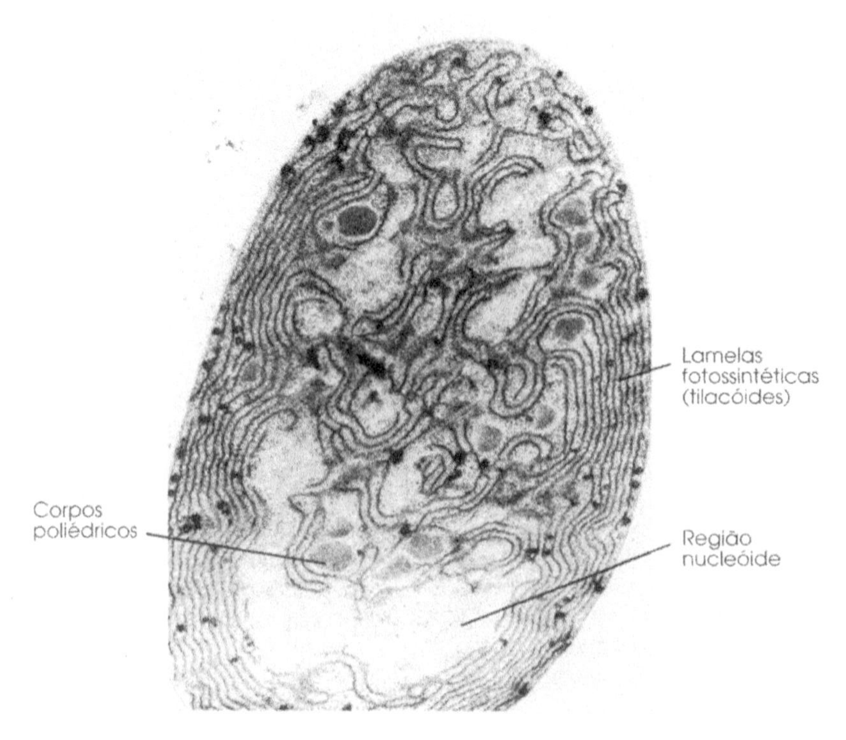

DESCOBERTA!

11.1 AGENTES DESACOPLADORES: UM GRUPO SINGULAR DE VENENOS

Na fosforilação oxidativa, a energia liberada pelo sistema de transporte de elétrons está acoplada a processos que requerem energia para a síntese de ATP. O mecanismo de acoplamento é análogo à embreagem do automóvel: quando o câmbio está engrenado, permite a transmissão de energia do motor para as rodas. Quando o câmbio não está engrenado, a energia do motor não é transmitida às rodas, apesar de a energia continuar sendo produzida.

Certos compostos químicos denominados *agentes desacopladores* são conhecidos como venenos para as células porque desengatam a "embreagem bioquímica" durante a fosforilação oxidativa. Em outras palavras, estes compostos químicos não interrompem o sistema de transporte de elétrons, mas impedem que a energia liberada pelo sistema seja utilizada para produzir ATP. O mecanismo exato do desacoplamento permaneceu um mistério até 1970, quando o bioquímico inglês Peter Mitchell ganhou o Prêmio Nobel ao propor que os agentes desacopladores destroem a força protomotiva que é gerada pelo sistema de transporte de elétrons.

Em bactérias, a força protomotiva é produzida pelo sistema de transporte de elétrons por meio do bombeamento de prótons através da membrana citoplasmática para o lado externo da célula. Os prótons que se acumulam do lado externo podem retornar somente por intermédio de um canal específico existente na enzima ATPase, que atravessa a membrana. O fluxo de prótons obriga a enzima a produzir ATP. Mitchell descobriu que os agentes desacopladores são capazes de destruir a força protomotiva por atuarem como *condutores de prótons*. Estes agentes conduzem livremente prótons através da membrana, um transporte secundário à revelia da ATPase. Conseqüentemente, enquanto o sistema de transporte de elétrons é empregado para bombear prótons para o lado externo da bactéria, o agente desacoplador está conduzindo os elétrons de volta novamente. Assim, não ocorre acúmulo de prótons no lado externo da célula e não há força protomotiva para a síntese de ATP.

Agentes desacopladores carreando prótons (íons hidrogênio) livremente através da membrana citoplasmática. Isto impede o acúmulo de prótons do lado externo da célula bacteriana e elimina a força protomotiva que permite a síntese do ATP.

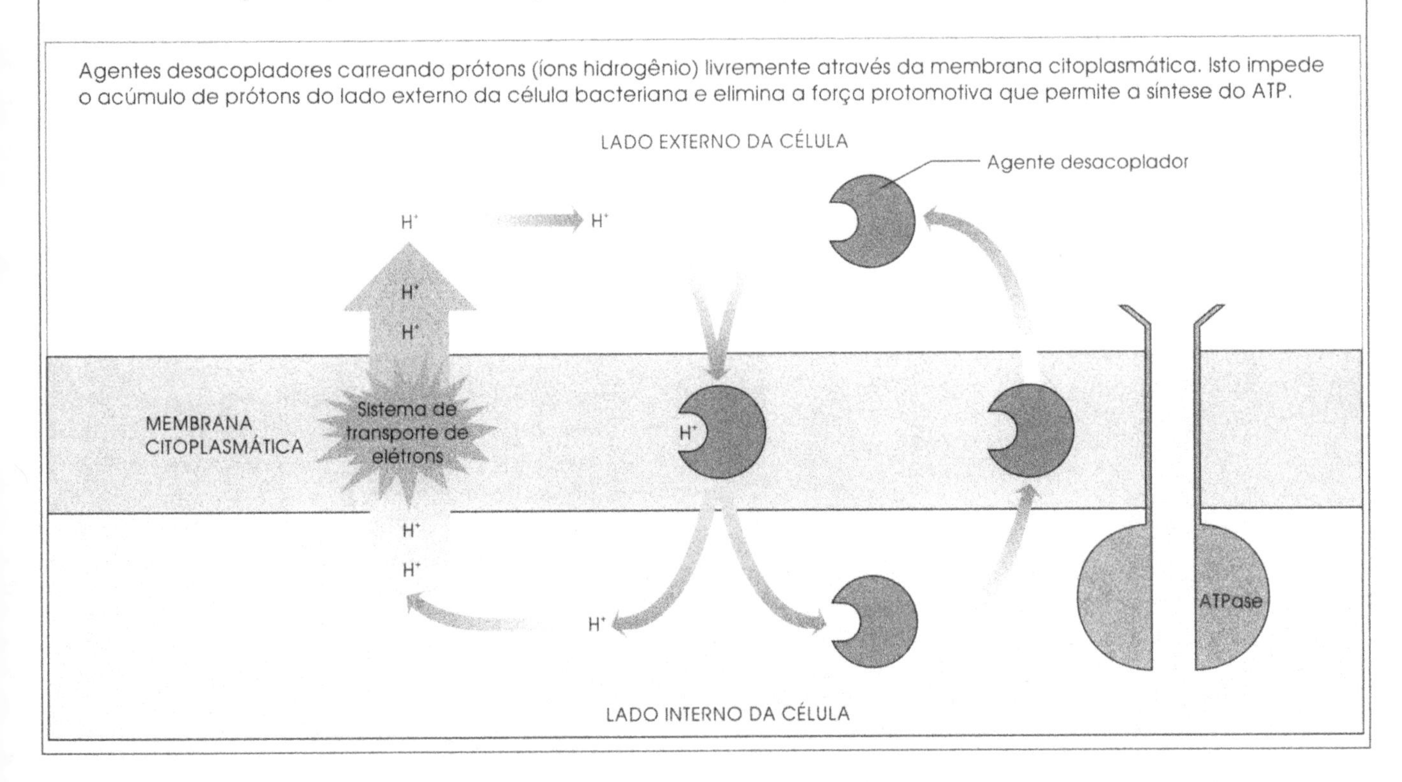

um estado de excitação, provocando a liberação de um elétron de cada molécula. Estes elétrons são utilizados para reduzir NADP a $NADPH_2$:

$$2Chl_{(PS\ I)} \rightarrow 2Chl_{(PS\ I)}^{+} + 2e^- ;\quad NADP + 2H^+ + 2e^- \rightarrow NADPH_2$$

Isto deixa a clorofila de PS I temporariamente deficiente em elétrons, dando-lhe uma carga positiva.

2. Similarmente, a luz é absorvida pela clorofila de PS II, causando a liberação de elétrons desse fotossistema. Esses elétrons passam ao longo do sistema de transporte de elétrons e alcançam a Chl^+ de PS I:

Figura 11.9 Diagrama esquemático mostrando como a energia luminosa é utilizada pela cianobactéria para a produção de ATP e $NADPH_2$. Na presença da luz, os elétrons são ejetados do fotossistema I (PS I) e fotossistema II (PS II), deixando os sistemas deficientes em elétrons. Os elétrons ejetados do PS I são utilizados para reduzir o NADP a $NADPH_2$, enquanto aqueles ejetados do PS II são transferidos ao longo do sistema de transporte de elétrons e atingem o PS I. O sistema de transporte de elétrons gera uma força protomotiva que faz a ATPase sintetizar ATP. O PS II deficiente de elétrons obtém elétrons da água (H_2O), e a oxidação da água resulta na produção de oxigênio gasoso (O_2).

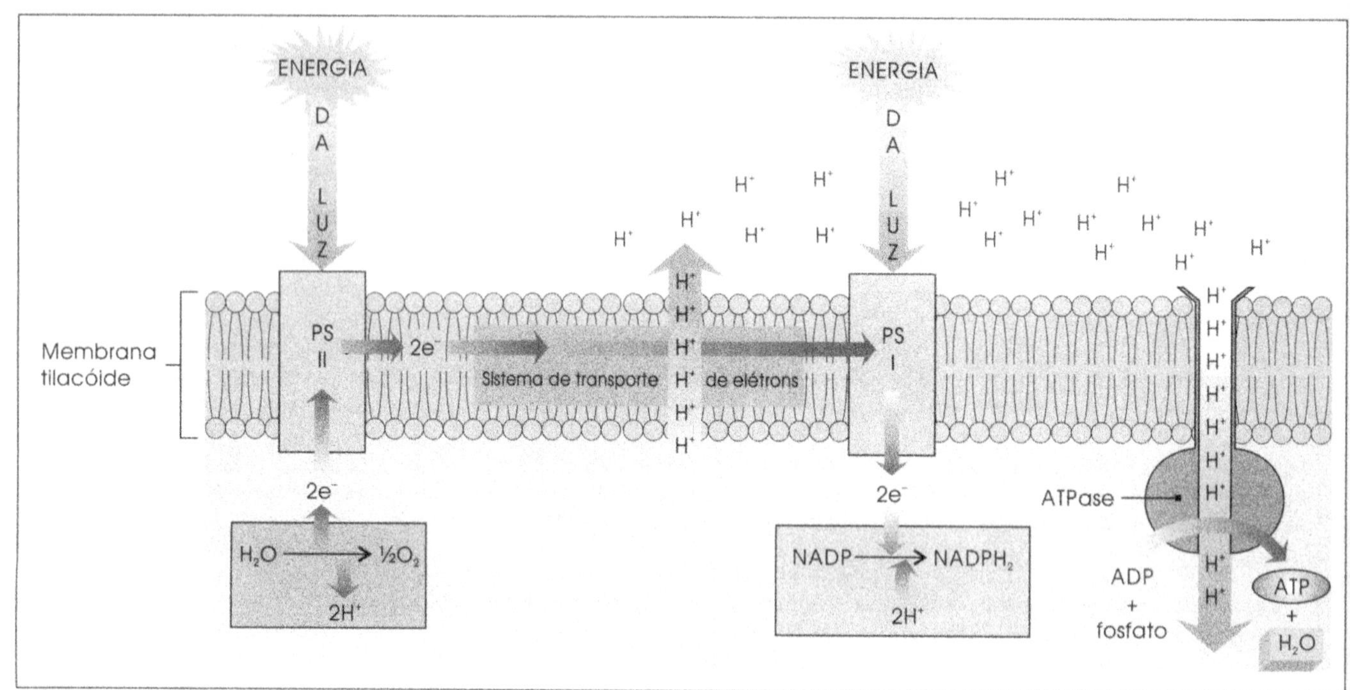

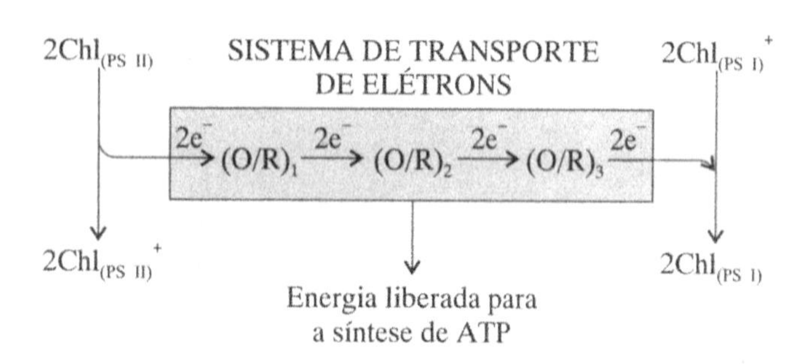

$H_2O \rightarrow 2e^- \rightarrow$; $2Chl_{(PS\ II)}^+ \rightarrow 2Chl_{(PS\ II)}$

$\frac{1}{2}O_2 + 2H^+$

Este sistema de transporte de elétrons é muito semelhante ao sistema de transporte de elétrons descrito anteriormente para a fosforilação oxidativa. Entretanto neste sistema, o doador $Chl_{(PS\ II)}$ e o aceptor final de elétrons $Chl_{(PS\ I)}^+$ *são fornecidos pela própria célula,* e não pelo meio ambiente. Assim, *o resultado é o mesmo que o da fosforilação oxidativa – a força protomotiva é gerada através da membrana e utilizada para a síntese do ATP.*

3. Neste ponto, $Chl_{(PS\ II)}^+$ está ainda deficiente em elétrons. Entretanto, $Chl_{(PS\ II)}^+$ é um agente fortemente oxidante – tão forte que *pode recuperar elétrons removendo-os de moléculas da água.* A oxidação da água resulta na formação de oxigênio gasoso.

Assim, cianobactérias, algas e plantas verdes são organismos *geradores de oxigênio* e são responsáveis pela produção de *quase todo o oxigênio na atmosfera terrestre.* Geologistas estimam que a atmosfera terrestre nos tempos primitivos era essencialmente livre de oxigênio até 1 a 3 bilhões de anos atrás, antes do surgimento das cianobactérias. Somente após acúmulo apreciável de níveis de O_2, surgiram os organismos *aeróbios:* esses organismos utilizam o O_2 como aceptor final de elétrons para a fosforilação oxidativa.

Vias de Degradação de Nutrientes

Como mencionado anteriormente, organismos quimiotróficos usam compostos químicos como fonte de energia. Aqueles que obtêm energia de nutrientes orgânicos devem, inicialmente, decompor o nutriente em compostos que possam ser utilizados para a produção de ATP. Isto é feito por meio de uma série de reações químicas consecutivas, catalisadas por enzimas, chamada ***catabolismo***. As vias catabólicas são úteis não somente para liberar energia dos

Figura 11.10 Esquema geral mostrando algumas das vias de degradação utilizadas pelos organismos para a quebra de nutrientes complexos. Estas vias serão mais bem detalhadas na Figura 11.11 e 11.12.

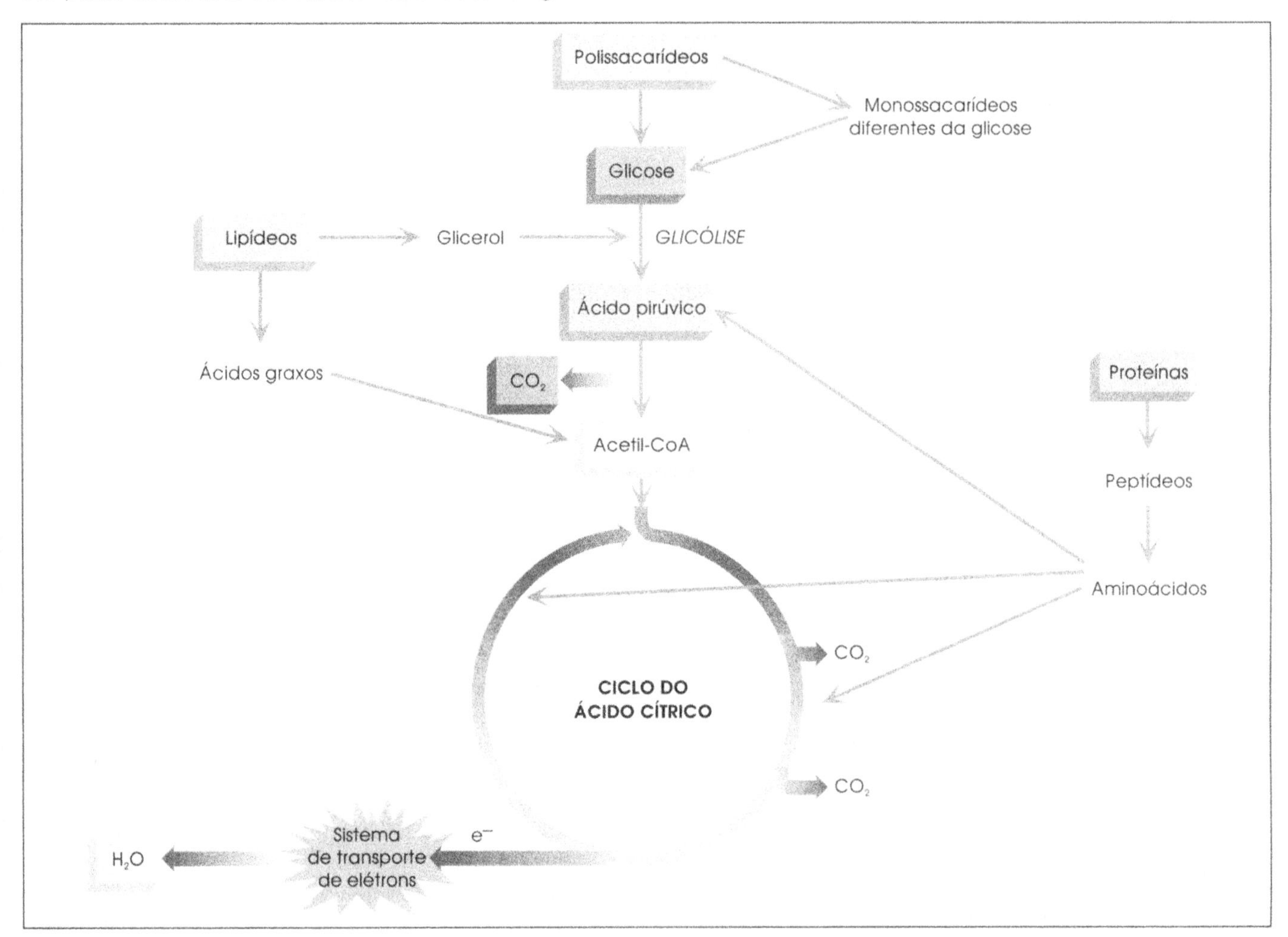

nutrientes mas também para fornecer muitos precursores a partir dos quais a célula pode produzir suas proteínas, lipídeos, polissacarídeos e ácidos nucléicos. A Figura 11.10 mostra as principais vias utilizadas pelos organismos para a degradação de nutrientes.

Responda

1 Quais são as principais diferenças entre fosforilação em nível de substrato, fosforilação oxidativa e fotofosforilação?
2 Qual a diferença entre oxidação e redução?
3 Como é o sistema de transporte de elétrons e qual a sua função na fosforilação oxidativa?
4 O que é força protomotiva e como ela se relaciona com a síntese de ATP?
5 Como os organismos fototróficos convertem a energia luminosa em energia química do ATP?
6 Quais as semelhanças e diferenças existentes entre fotofosforilação e fosforilação oxidativa?

Degradação de Nutrientes Complexos

Os microrganismos podem utilizar uma ampla variedade de compostos como fonte de energia. Algumas vezes, esses compostos são moléculas grandes e complexas como proteínas, lipídeos ou polissacarídeos, os quais devem ser inicialmente transformados em moléculas menores antes de ser utilizados como suprimento energético. Os microrganismos utilizam enzimas para catalisar a degradação de proteínas a aminoácidos, de gorduras a glicerol e ácidos graxos e de polissacarídeos a monossacarídeos. Estes produtos podem, então, ser convertidos em outros compostos que podem ser utilizados pelas principais vias de degradação da célula, como, por exemplo, a glicólise.

Glicólise

Muitos organismos quimioheterotróficos podem degradar monossacarídeos, especialmente o açúcar de seis carbonos, a glicose. Embora existam diferentes vias de degradação da glicose, a mais comum é a ***glicólise***. Esta via é encontrada em muitos microrganismos bem como em animais e plantas. As etapas da via estão indicadas na Figura 11.11. As mais importantes características da glicólise são:

1. *Duas moléculas de ATP são utilizadas* para a conversão da glicose a frutose-1,6-difosfato.

2. *Um total de quatro moléculas de ATP são produzidas* por fosforilação em nível de substrato. Duas moléculas de ATP são formadas durante a conversão de duas moléculas de ácido 1,3-difosfoglicérico a duas moléculas de ácido 3-fosfoglicérico. As outras duas moléculas de ATP são produzidas durante a conversão de duas moléculas de ácido fosfoenolpirúvico em duas moléculas de ácido pirúvico (ver Figura 11.4).

3. Embora quatro moléculas de ATP sejam produzidas, duas moléculas são utilizadas, portanto *a produção líquida por molécula de glicose é de duas moléculas de ATP.*

4. No processo geral da glicólise, uma molécula de glicose, com seis átomos de carbono, é clivada, originando duas moléculas de ácido pirúvico, cada uma com três átomos de carbono.

5. Uma molécula da co-enzima ***nicotinamida adenina dinucleotídeo (NAD)*** é utilizada para oxidar cada molécula de gliceraldeído-3-fosfato em uma molécula de ácido-1,3-difosfoglicérico (o NAD é semelhante à co-enzima NADP mencionada anteriormente neste capítulo, exceto pela ausência do grupo fosfato extra). Uma vez que duas moléculas de gliceraldeído-3-fosfato são oxidadas, *duas moléculas de* $NADH_2$ *são formadas.*

A última característica é um aspecto importante da glicólise, porque a célula possui quantidade limitada de NAD. Deve existir um meio de regenerar continuamente o NAD a partir de $NADH_2$ para permitir que a glicólise continue.

Regeneração do NAD

Os seres vivos usam dois métodos para regenerar o NAD a partir do $NADH_2$: a *fermentação* e a *respiração.*

A *fermentação* é um processo independente do oxigênio no qual o $NADH_2$ que é produzido durante a glicólise ou outra via de degradação é utilizado para reduzir um aceptor orgânico de elétrons produzido pela própria célula. Por exemplo, quando células de leveduras crescem em meio contendo glicose sob condições de anaerobiose, elas realizam a *fermentação alcoólica* (Figura 11.12). Após a produção de ácido pirúvico pela glicólise, as leveduras removem uma molécula de CO_2 do ácido pirúvico para formar o acetaldeído:

$$2 \text{ ácido pirúvico} \rightarrow 2 \text{ acetaldeído} + 2\, CO_2$$

As células utilizam, então, o acetaldeído como o aceptor de elétrons do $NADH_2$ que foi produzido durante a glicólise. O acetaldeído oxida o $NADH_2$ proveniente da glicólise e é reduzido a etanol (álcool etílico), regenerando assim o NAD (Figura 11.12A):

$$2 \text{ acetaldeído} + 2NADH_2 \rightarrow 2 \text{ etanol} + 2\, NAD$$

A capacidade das leveduras de realizar a fermentação alcoólica é a base da indústria de bebidas alcoólicas.

Outros microrganismos utilizam diferentes processos fermentativos para regenerar o NAD. Por exemplo, *Streptococcus lactis* realiza a *fermentação láctica*, utilizando o próprio ácido pirúvico como aceptor final de elétrons:

$$2 \text{ ácido pirúvico} + 2\, NADH_2 \rightarrow 2 \text{ ácido láctico} + 2\, NAD$$

A capacidade do *S. lactis* de produzir ácido láctico como produto da fermentação é de grande importância na indústria de laticínios. Muitos outros tipos de fermentação podem ser realizados por bactérias que podem produzir vários compostos finais (Tabela 11.1). O conhecimento do tipo e da quantidade de substância produzida por uma bactéria em particular é freqüentemente de grande importância na identificação da mesma. Além disso, alguns produtos da fermentação (tais como acetona, isopropanol, butanol, ácido propiônico e ácido butírico) são úteis sob o ponto de vista industrial. Entretanto, os produtos da fermentação são substâncias tóxicas de modo que as células que os produzem estão sempre alertas. Por exemplo, o conteúdo de etanol de um vinho natural raramente excede 12% porque este nível de etanol intoxica a célula e impede que sejam produzidas quantidades adicionais de etanol.

A fermentação é um processo pouco eficiente na produção de energia, porque os produtos finais ainda contêm grande quantidade de energia química. Um exemplo é o etanol produzido por leveduras – a evidência do alto conteúdo energético é o fato de o etanol ser um excelente combustível e liberar uma grande quantidade de calor durante a queima. Como veremos, outro processo, denominado *respiração*, é muito mais eficiente que a fermentação na produção de energia.

Respiração é o processo de regeneração de NAD utilizando o $NADH_2$ como doador de elétrons para um sistema de transporte de elétrons. Se o oxigênio é o aceptor final de elétrons do sistema de transporte de elétrons, o processo é chamado *respiração aeróbica*. Entretanto, muitas bactérias podem realizar a respiração sob condições anaeróbias utilizando um aceptor final de elétrons diferente do oxigênio, tais como o nitrato ou o sulfato. Este processo é denomi-

Figura 11.11 Glicólise. Uma molécula de glicose é quebrada em duas moléculas de ácido pirúvico. Duas moléculas de ATP são consumidas no processo; entretanto, quatro moléculas de ATP são formadas pela fosforilação em nível de substrato. Assim, existe um ganho líquido de duas moléculas de ATP. Duas moléculas de $NADH_2$ são produzidas e devem ser oxidadas a NAD de modo que a glicólise possa continuar a degradar outras moléculas de glicose.

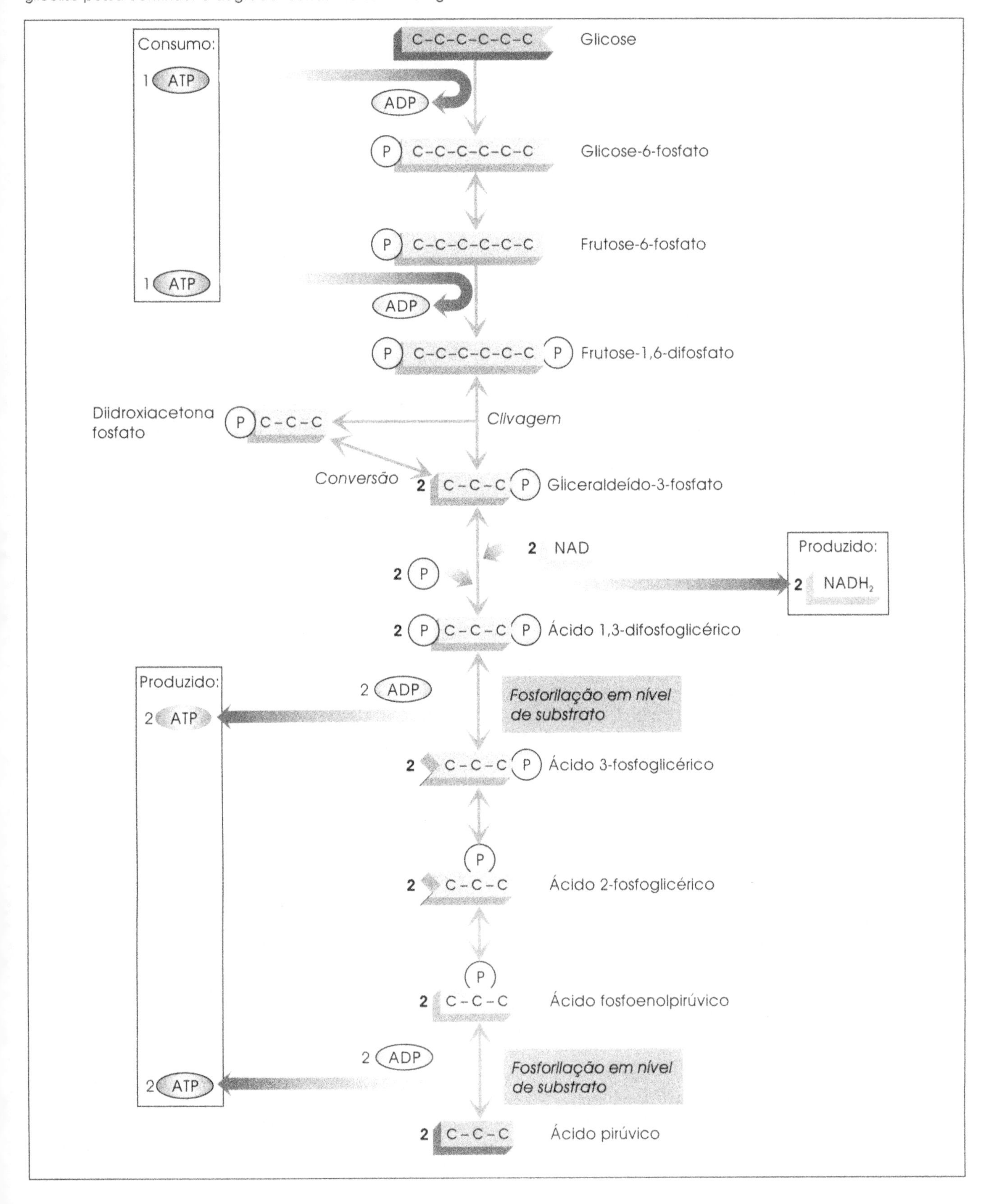

Tabela 11.1 Principais produtos da quebra da glicose por algumas espécies de bactéria.

Espécies	Principal produto da fermentação
Acetivibrio cellulolyticus	Ácido acético
Actinomyces bovis	Ácido fórmico, ácido acético, ácido láctico, ácido succínico
Clostridium acetobutylicum	Acetona, acetil metil carbinol, butanol, etanol, ácido butírico, ácido acético, dióxido de carbono e hidrogênio
Enterobacter aerogenes	Butileno glicol, acetil metil carbinol, etanol, ácido fórmico, dióxido de carbono e hidrogênio
Escherichia coli	Etanol, ácido succínico, ácido láctico, ácido acético, ácido fórmico, dióxido de carbono e hidrogênio
Lactobacillus brevis	Ácido láctico, ácido acético, etanol, glicerol e dióxido de carbono
Propionibacterium acidipropionici	Ácido propiônico, ácido succínico, ácido acético e dióxido de carbono
Streptococcus lactis	Ácido láctico
Succinimonas amylolytica	Ácido succínico e ácido acético

nado *respiração anaeróbia.* A respiração tem uma grande vantagem sobre a fermentação: *não somente o NAD é regenerado, mas o sistema de transporte de elétrons produz uma força protomotiva que pode ser dirigida para a síntese adicional de moléculas de ATP.* Quando as células de leveduras crescem aerobicamente na presença de glicose, as moléculas de $NADH_2$ produzidas durante a glicólise podem doar seus elétrons para o sistema de transporte de elétrons que tem o oxigênio como aceptor final de elétrons. Isso resulta não somente na regeneração do NAD mas também na geração da uma força protomotiva, a qual pode conduzir a síntese de moléculas adicionais de ATP (Figura 11.12B).

A degradação da glicose por organismos aeróbios normalmente não pára com a produção do ácido pirúvico. Posteriormente a quebra inicia-se com a oxidação do ácido pirúvico pelo NAD a *acetil-CoA* (um ácido de dois carbonos, o ácido acético, ligado à co-enzima A). Cada uma das duas moléculas de $NADH_2$ resultante pode servir como doador de elétrons para um sistema de transporte de elétrons, com conseqüente síntese de ATP (Figura 11.13).

Cada uma das duas moléculas de acetil-CoA é, por sua vez, condensada com um ácido de quatro carbonos, o *ácido oxalacético,* para formar um ácido de seis carbonos, o *ácido cítrico* (Figura 11.14). Este é o primeiro passo em uma seqüência cíclica de reações conhecidas como ***ciclo do ácido cítrico***. Para cada duas moléculas de acetil-CoA que entram no ciclo, acontecem os seguintes eventos:

1. *Seis moléculas de $NADH_2$ são produzidas,* as quais podem servir como doadores de elétrons para um sistema de transporte de elétrons, com subseqüente síntese de ATP.

2. *Duas moléculas de guanosina trifosfato (GTP) são geradas* por fosforilação em nível de substrato. As duas GTPs são energeticamente equivalentes a duas moléculas de ATPs:

$$2GTP + 2ADP \rightarrow 2GDP + 2ATP$$

3. *Duas moléculas da co-enzima no estado reduzido chamada flavina adenina dinucleotídeo (FAD) são produzidas.* Cada $FADH_2$ pode servir como doador de elétrons para um sistema de transporte de elétrons, com subseqüente síntese de dois ATPs.

No caso das leveduras respirando aerobicamente na presença de glicose, o total de ATP produzido pela quebra completa de uma molécula de glicose é de 38 moléculas de ATPs. Destes, 34 são formados quando $NADH_2$ e $FADH_2$ servem como doadores de elétrons para o sistema de transporte de elétrons da célula (Figura 11.14). O restante é formado pela fosforilação em nível de substrato durante a glicólise e o ciclo do ácido cítrico.

Quando as células de leveduras crescem anaerobicamente, são produzidas pela fermentação somente duas moléculas de ATPs para cada molécula de glicose. Por isso, pode-se constatar que a respiração aeróbia é mais eficiente que a fermentação na extração de energia química da glicose.

Fermentação e Respiração em Relação ao Hábitat

Os organismos fermentativos de uma maneira geral ocorrem naturalmente em ambientes que são providos de fontes contínuas de nutrientes fermentáveis, tais como o trato intestinal humano e animal. O intestino grosso humano contém um número extraordinariamente alto de bactérias – acima de 10^{11}(100.000.000.000) por grama de fezes. Se a fermentação é um processo pouco eficiente, como explicar a presença de tantas bactérias? A razão é que mesmo um processo ineficiente pode produzir grande quantidade de ATP se quantidades ilimitadas de nutrientes fermentáveis estiverem disponíveis.

Figura 11.12 Métodos utilizados pelas leveduras para regenerar NAD de $NADH_2$ produzido na glicólise.[**A**] Na fermentação alcoólica o $NADH_2$ reduz acetaldeído a etanol. [**B**] Na respiração aeróbia o $NADH_2$ serve como doador de elétrons para um sistema de transporte de elétrons, o qual por sua vez gera uma força protomotiva que resulta em síntese do ATP.

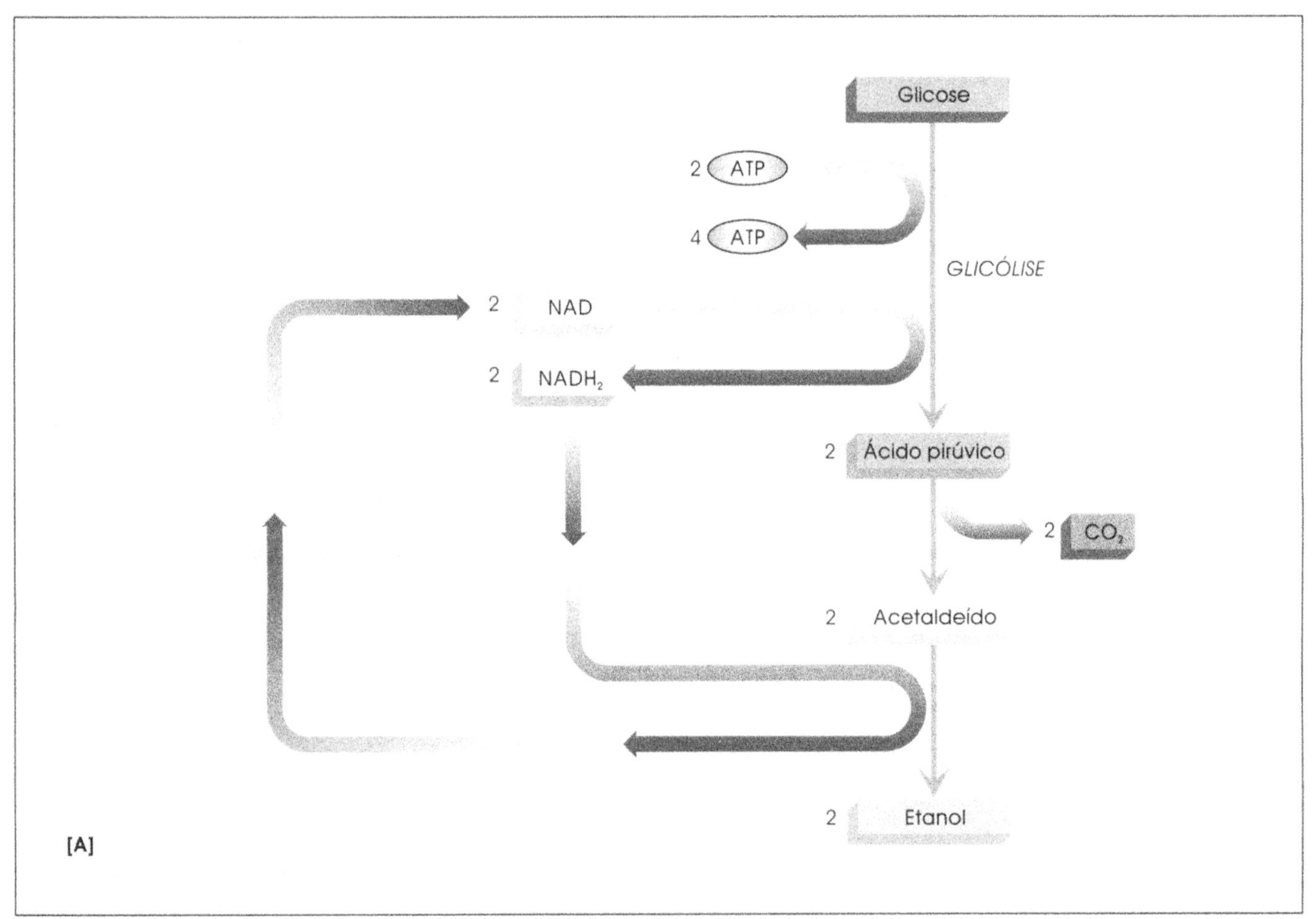

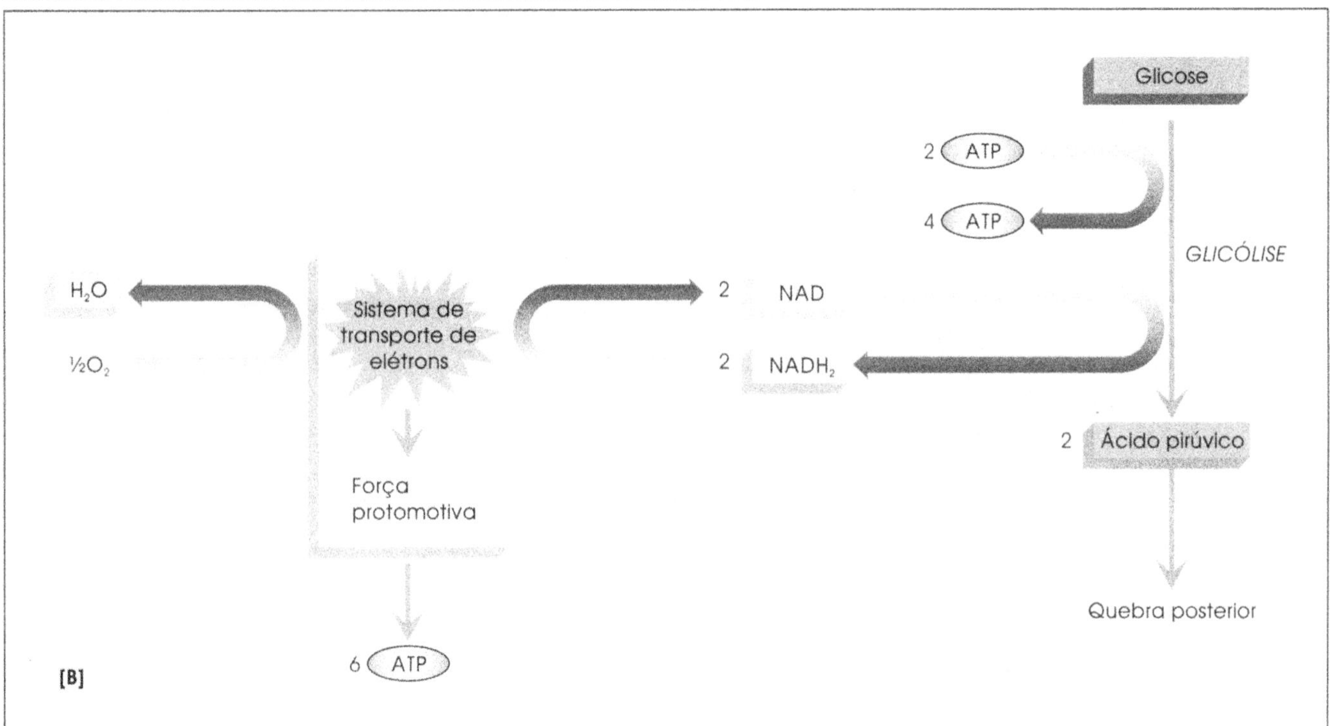

Figura 11.13 O ciclo do ácido cítrico. Inicialmente o ácido pirúvico da glicólise é oxidado em acetil-CoA, que então sofre uma condensação com ácido oxalacético para formar o ácido cítrico. Esta condensação é a primeira reação na série cíclica de reações que regeneram o ácido oxalacético. Moléculas de $NADPH_2$ e $FADPH_2$ são produzidas em várias etapas e podem servir como doadores de elétrons para um sistema de transporte de elétrons que gera uma força protomotiva. O GTP é gerado pela fosforilação em nível de substrato; energeticamente é equivalente ao ATP.

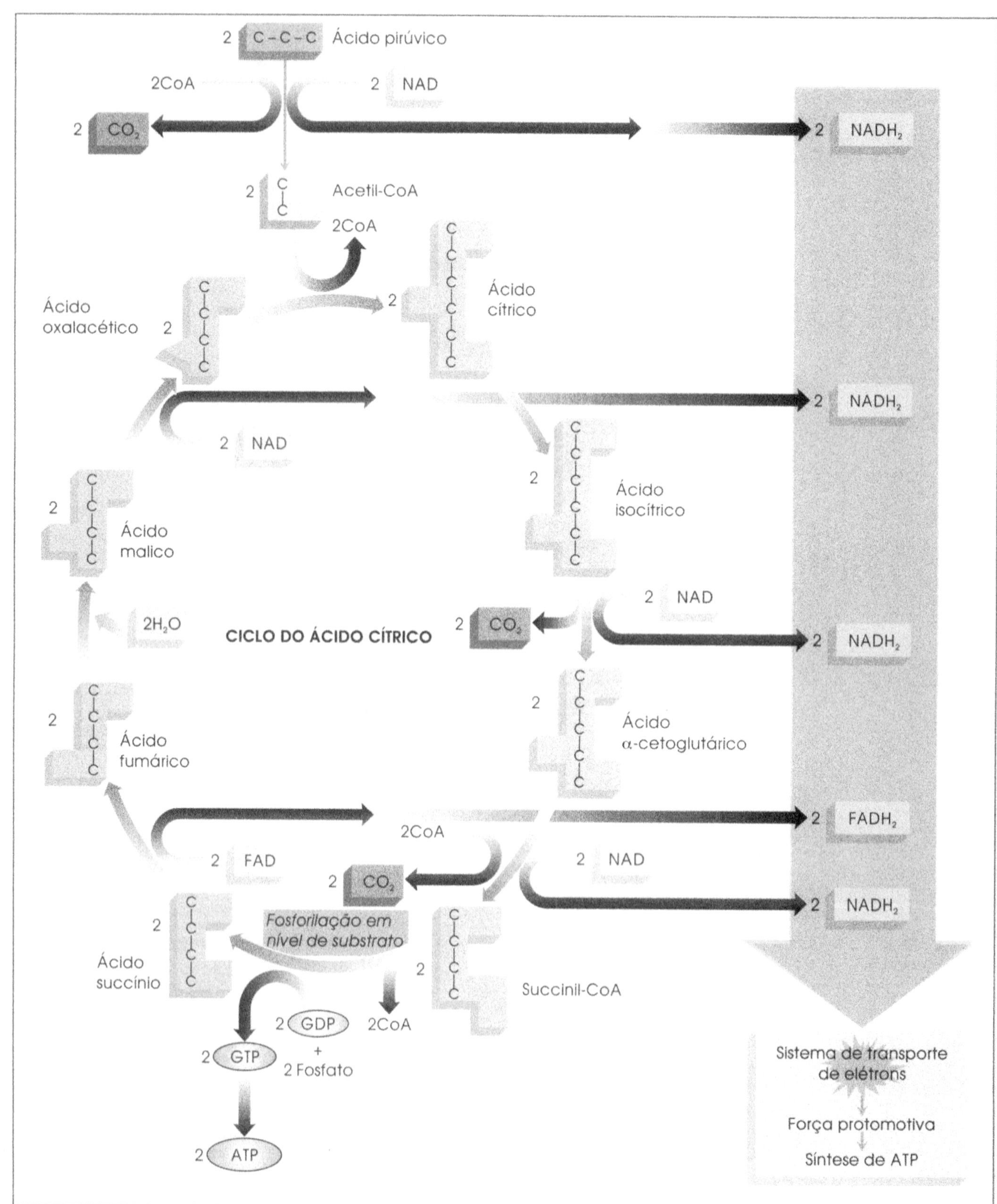

Figura 11.14 Resumo da produção de ATP pelas leveduras em crescimento aeróbio na presença de glicose. A quebra completa da glicose em 6 moléculas de CO_2 resulta num rendimento líquido de 38 moléculas de ATP.

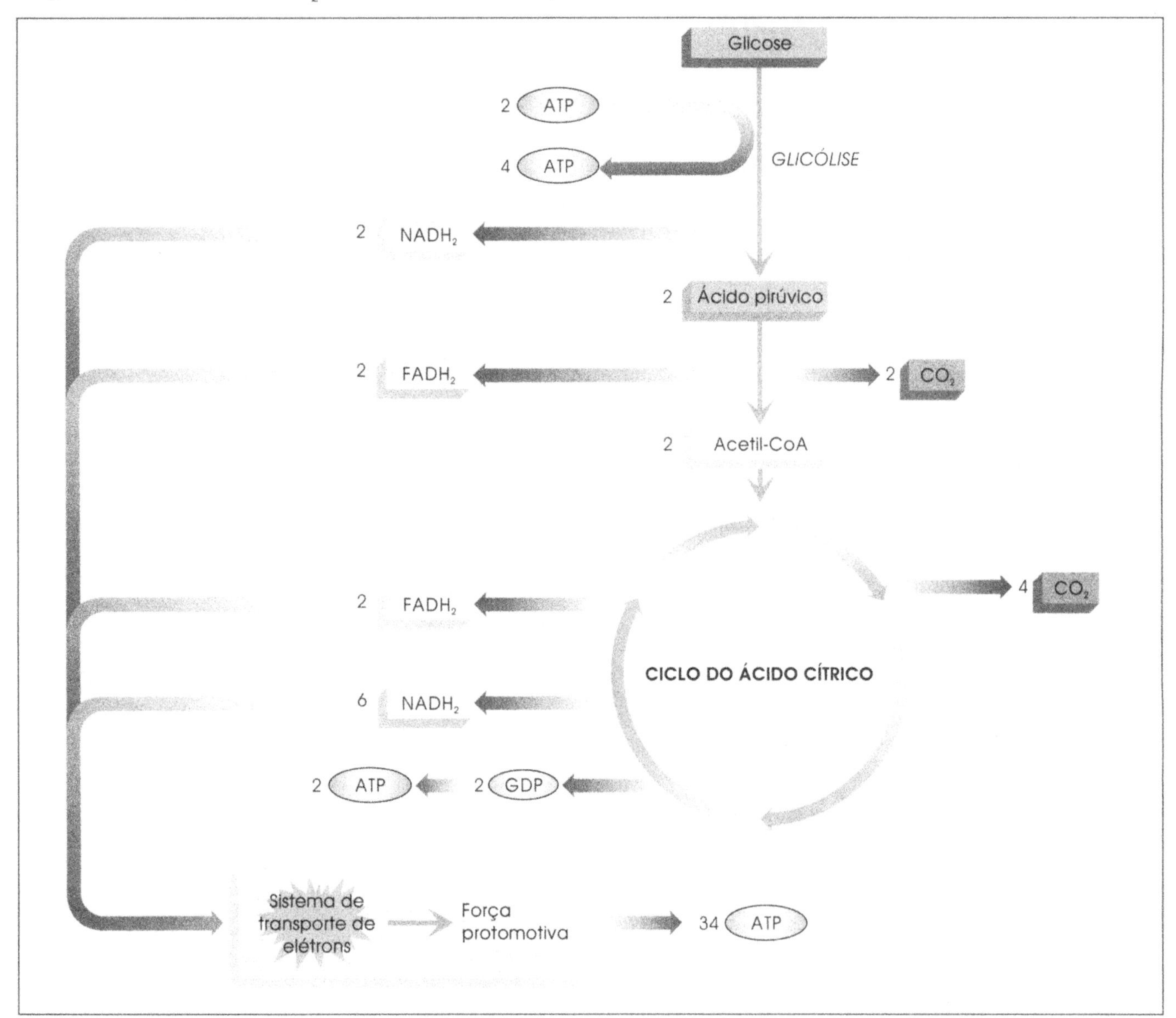

Por outro lado, onde existem somente baixos níveis de nutrientes, como nas superfícies das águas de lagos não-poluídos, os microrganismos heterotróficos devem utilizar um processo mais eficiente (respiração) para obtenção de energia. Um exemplo marcante é o de certos heterotróficos aeróbios, tais como *Aquaspirillum* e *Caulobacter*, que freqüentemente se desenvolvem em recipientes coletores de água destilada em laboratórios! Supõe-se que a água destilada deve estar isenta de qualquer nutriente orgânico e de fato é o que acontece em água recentemente destilada. Entretanto, durante estocagem prolongada, pequeníssimas quantidades de nutrientes gasosos do ar podem dissolver-se na água. As bactérias que obtêm energia desses nutrientes, mesmo em diminutas quantidades, podem fazê-lo por causa da alta eficiência de seus processos respiratórios.

Responda

1. Como os microrganismos decompõem nutrientes complexos em compostos simples?
2. Qual a justificativa para o ganho de duas moléculas de ATP para cada molécula de glicose consumida durante a glicólise? Como as moléculas de $NADPH_2$ são formadas?
3. Como uma célula utiliza a fermentação para regenerar o NAD?
4. Como uma célula utiliza a respiração para regenerar o NAD?
5. Por que a respiração é mais eficiente que a fermentação na extração de energia química da glicose?

Resumo

1. Algumas atividades bioquímicas dos organismos vivos resultam na liberação de energia, enquanto outras requerem energia. O tipo de energia utilizada universalmente pelos organismos vivos é a energia química. A energia da luz pode ser utilizada por alguns microrganimos, mas ela deve ser convertida em energia química para ser útil às funções celulares.

2. As reações químicas que produzem energia são exergônicas; aquelas que requerem energia são endergônicas. Para sobreviver, um organismo deve ser capaz de utilizar a energia das reações exergônicas para realizar as reações endergônicas. Este acoplamento é feito por meio de compostos de transferências de energia. O ATP é o mais importante composto de transferência de energia da célula.

3. O ATP pode ser produzido por três mecanismos: (*a*) fosforilação em nível de substrato, no qual o grupo fosfato é removido de um substrato e é diretamente adicionado ao ADP; (*b*) fosforilação oxidativa, na qual elétrons de um doador são transferidos ao longo de um sistema de transporte de elétrons para um aceptor final, liberando energia que bombeia prótons através da membrana e, assim, gerando uma força protomotiva utilizada para produzir ATP; e (*c*) fotofosforilação, na qual a luz é utilizada como fonte de energia para a síntese de ATP, por meio da geração de uma força protomotiva. $NADPH_2$ é produzido por fixação de CO_2.

4. As células obtêm energia pela degradação dos nutrientes por vias catabólicas. A via catabólica mais comum para a quebra da glicose é a glicólise, na qual cada molécula de glicose é quebrada em duas moléculas de ácido pirúvico, com a produção de duas moléculas de ATP e duas moléculas de $NADH_2$.

5. Para dar continuidade à glicólise, o NAD deve ser regenerado por meio da fermentação ou respiração. A respiração é um processo mais eficiente do que a fermentação na obtenção da energia dos nutrientes.

Palavras-Chave

Adenosina difosfato (ADP)
Adenosina trifosfatase (ATPase)
Adenosina trifosfato (ATP)
Ciclo do ácido cítrico
Clorofila (Chl)
Degradação
Endergônica
Exergônica
Fixação de CO_2
Força protomotiva
Fosforilação
Fosforilação em nível de substrato
Fosforilação oxidativa
Fotofosforilação
Glicólise
Ligação de fosfato de alta energia
Metabolismo
Nicotinamida adenina dinucleotídeo (NAD)
Nicotinamida adenina dinucleotídeo fosfato (NADP)
Oxidação
Redução
Respiração
Sistema de óxido-redução (O/R)
Sistema de transporte de elétrons
Via catabólica

Revisão

REQUERIMENTOS ENERGÉTICOS DAS CÉLULAS MICROBIANAS

1. Catabolismo é a ______________ de nutrientes e durante este processo é liberada _________ das moléculas nutrientes.

2. Quais das seguintes afirmativas estão corretas?

(**a**) A energia liberada pela degradação é utilizada diretamente para a síntese de constituintes celulares, sem a intervenção do sistema de armazenamento de energia.

(**b**) A degradação de nutrientes fornece unidades básicas para a síntese dos constituintes celulares.

(**c**) A energia não é requerida para o reparo de danos e a manutenção de uma célula em boas condições.

(**d**) A síntese de constituintes celulares é um processo que libera energia.

(**e**) A degradação de compostos químicos é um processo que requer energia.

PRINCIPAIS FONTES ENERGÉTICAS DOS MICRORGANISMOS

3. Quimioheterotrófico é um organismo que: (**a**) degrada nutrientes inorgânicos para obter energia; (**b**) utiliza a luz como fonte de energia; (**c**) degrada substrato orgânico para obter energia; (**d**) é exemplificado pela *Nitrosomonas europaea;* (**e**) é exemplificado pela *Anabaena cylindrica*.

ENERGIA QUÍMICA E TRANSFERÊNCIA DE ENERGIA

4. A forma de energia que é utilizada universalmente pelos organismos vivos é a energia ____.

5. Por qual fator a velocidade da maioria das reações catalisadas por enzimas aumenta a cada 10°C de aumento de temperatura, até a temperatura na qual uma enzima começa a deteriorar-se? (**a**) 0,5; (**b**) 2; (**c**) 4; (**d**) 10; (**e**) 100.

6. Associar a descrição da direita com o item correto da esquerda:

_____Calor	(**a**) Reações químicas que liberam energia
_____Transferência de energia	(**b**) Tipo de composto que permite o acoplamento das reações que liberam energia com as reações que requerem energia
_____Endergônica	(**c**) Reações químicas que requerem energia
_____Exergônica	(**d**) Tipo de energia que não pode ser utilizada para as funções celulares que requerem energia

7. Uma molécula de ATP consiste em uma base púrica chamada ____________, uma pentose chamada _____________ e três grupos _______________.

8. A adição de um grupo fosfato a um composto é denominado ___________.

9. Associar a descrição da direita com o item correto da esquerda:

___Sistema O/R	(**a**) Processo no qual o grupo fosfato de um composto é removido e é diretamente adicionado ao ADP
___Fosforilação em nível de substrato	(**b**) Processo no qual a energia liberada por oxidação química é utilizada para a síntese de ATP
___Fotofosforilação	(**c**) Processo no qual a energia da luz é utilizada para síntese do ATP
___Oxidação	(**d**) A perda de elétrons de um átomo ou molécula
___Fosforilação oxidativa	(**e**) O ganho de elétrons por um átomo ou molécula
___Redução	(**f**) Um par de substâncias relacionadas, um na forma oxidada e outro na forma reduzida

10. Quando uma molécula perde um átomo de hidrogênio, diz-se que foi oxidada porque o hidrogênio contém (**a**) um elétron; (**b**) um próton ; (**c**) um nêutron; (**d**) um íon; (**e**) um núcleo.

11. Um íon férrico (Fe^{3+}) pode aceitar um elétron e tornar-se reduzido a íon _________; um íon hidrogênio (H^+) pode aceitar um elétron e ser reduzido a ____________.

12. O composto que fornece elétron para um sistema de transporte de elétrons é chamado de __________, enquanto o último composto que recebe os elétrons é denominado __________.

13. Durante o funcionamento do sistema de transporte de elétrons, os íons _________ são bombeados através da membrana e acumulam-se em um dos lados. A distribuição desigual resultante desses íons representa uma forma de armazenamento de energia denominada força __________, que pode ser utilizada para sintetizar _______.

14. Qual das seguintes enzimas contém um canal que permite que os prótons exteriorizados de uma célula bacteriana retornem através da membrana citoplasmática? (**a**) proteinase; (**b**) fumarase; (**c**) ATPase; (**d**) hidrogenase; (**e**) desidrogenase.

15. Qual par de compostos é requerido para a fixação de CO_2? (**a**) sulfeto de hidrogênio e oxigênio; (**b**) ácido fumárico e ATP; (**c**) tilacóides e proteínas sulfoferrosas; (**d**) citocromo e ATP; (**e**) $NADPH_2$ e ATP.

16. Em cianobactérias, algas e plantas verdes, as membranas dos tilacóides possuem dois tipos de centros de reações contendo clorofila denominados ____________ e _________. Desses, o ________________ é o responsável pela oxidação da água a O_2.

17. Em membranas de tilacóides de cianobactérias, algas e plantas verdes os elétrons ejetados do fotossistema _____ passam ao longo do sistema de transporte de elétrons e alcançam o Chl^+ deficiente em elétrons do fotossistema _______. Este sistema de transporte de elétrons produz uma força ________ que é utilizada para a síntese de ________.

VIAS DE DEGRADAÇÃO DE NUTRIENTES

18. Os nutrientes complexos devem inicialmente ser transformados em moléculas simples antes que possam ser utilizados para produzir energia. As proteínas são quebradas a _________, os polissacarídeos a _________ e as gorduras a ___________ e ácidos _________.

19. A glicólise é uma via de degradação que resulta na quebra de uma molécula de glicose a duas moléculas de ________.

20. Na glicólise, para cada molécula de glicose que é degradada ocorre um ganho líquido de: (**a**) 1 molécula de ATP; (**b**) 2 moléculas de ATP; (**c**) 3 moléculas de ATP; (**d**) 4 moléculas de ATP; (**e**) 6 moléculas de ATP.

21. Durante a glicólise, que tipo de fosforilação produz ATP? (**a**) fotofosforilação; (**b**) fosforilação oxidativa; (**c**) fosforilação em nível de substrato; (**d**) fosforilação cíclica; (**e**) transfosforilação.

22. Na glicólise, além do ácido pirúvico e do ATP, duas moléculas de ___________ são produzidas por moléculas de glicose; estas devem ser reoxidadas a ________ para permitir a continuidade do processo da glicólise.

23. Na fermentação alcoólica pelas leveduras, o $NADH_2$ produzido durante a glicólise é utilizado para reduzir: (**a**) acetaldeído a etanol; (**b**) NADP a $NADPH_2$; (**c**) ácido fumárico a ácido succínico; (**d**) ácido pirúvico a ácido láctico; (**e**) ácido láctico a ácido pirúvico.

24. O *Streptococcus lactis* utiliza o $NADH_2$ produzido durante a glicólise para reduzir: (**a**) acetaldeído a etanol; (**b**) NADP a $NADPH_2$; (**c**) ácido fumárico a ácido succínico; (**d**) ácido pirúvico a ácido láctico; (**e**) ácido láctico a ácido pirúvico.

25. Associar a descrição da direita com o item correto da esquerda:

_____Fermentação	(**a**) Método de regeneração do NAD a partir de $NADH_2$ utilizando o $NADH_2$ como doador de elétrons para o sistema de transporte de elétrons
_____Ciclo do ácido cítrico	(**b**) Uma série de reações que se inicia quando acetil-CoA reage com ácido oxalacético
_____Respiração	(**c**) Método de regeneração do NAD a partir de $NADH_2$ pela utilização do $NADH_2$ para reduzir um aceptor orgânico de elétrons produzido pela própria célula

26. Comparando a eficiência da fermentação com a respiração quanto à produção de ATP, a _______________ é um processo mais eficiente.

27. Apesar de a maioria das bactérias intestinais serem fermentativas, seu crescimento não é limitado pela baixa eficiência da fermentação porque elas têm _______________.

Questões de Revisão

1. O que é acoplamento energético e por que ele é importante para a sobrevivência da célula?

2. Qual é o papel do ATP no armazenamento e na transferência de energia na célula?

3. Quais são as principais diferenças entre fosforilação em nível de substrato, fosforilação oxidativa e fotofosforilação?

4. Na fosforilação oxidativa, como a energia derivada do sistema de transporte de elétrons é utilizada para a síntese do ATP?

5. Explicar por que a fermentação é um processo menos eficiente para obtenção de energia do que a respiração.

6. Em cianobactérias, algas e plantas verdes, quais as diferenças que ocorrem entre as funções do fotossistema I e II?

7. O ciclo do ácido cítrico produz diretamente somente duas moléculas de ATP (derivadas do GTP) para cada duas moléculas de acetil-CoA que entram no ciclo. Por outro lado, o ciclo leva indiretamente à produção de mais moléculas de ATP. Explicar como essas moléculas adicionais de ATP são produzidas.

8. Por que o bioquímico Peter Mitchell recebeu o Prêmio Nobel?

9. Como você explica que a maioria das bactérias que habitam a superfície de lagos de águas não-poluídas obtém preferencialmente energia pela respiração em vez de pela fermentação?

Questões para Discussão

1. Suponha que você tenha uma suspensão de células de *E. coli* que foi mantida em uma solução tampão não-nutriente por um longo tempo. O nível de ATP das células é extremamente baixo, mas as células não podem produzir ATP nem por respiração nem por fermentação porque não há nutriente presente. O pH dentro das células e na solução tampão é 8. Suponha que você adicione ácido clorídrico (HCl) à suspensão, de modo que o pH do meio diminua rapidamente de 8 para 3. O que deve acontecer com o nível de ATP na célula? Como você pode explicar isso? Por que o efeito deve ser somente um evento temporário?

2. Bactérias do gênero *Halobacterium* normalmente produzem ATP por respiração aeróbia. Algumas halobactérias têm um pigmento púrpura chamado *bacteriorodopsina* na membrana citoplasmática. Quando este pigmento é exposto à luz, ele se torna claro, produzindo íons hidrogênio para serem ejetados das células. Estes íons são imediatamente substituídos por outros íons hidrogênio do citoplasma da célula, restaurando assim a cor púrpura do pigmento. Este ciclo de clareamento e restauração da cor pode ser repetido muitas vezes. Com base nestas informações, como você pode explicar a capacidade das halobactérias de produzir ATP sob condições anaeróbias quando expostas à luz? Como esses organismos diferem dos microrganimos fototróficos que contêm clorofila?

Capítulo 12

Metabolismo Microbiano: Processos Bioquímicos na Utilização de Energia

Objetivos

Após a leitura deste capítulo, você deve ser capaz de:

1. Esquematizar as vias pelas quais os constituintes químicos complexos das células são sintetizados.
2. Descrever a importância da inibição por feedback na regulação da síntese dos constituintes bioquímicos estruturais.
3. Citar os constituintes bioquímicos estruturais ativados a partir dos quais polissacarídeos, lipídeos, proteínas e ácidos nucléicos são sintetizados.
4. Listar as etapas envolvidas na biossíntese do peptideoglicano da parede celular bacteriana.
5. Explicar como os ácidos graxos de cadeia longa são sintetizados e como eles são utilizados na síntese dos fosfolipídeos.
6. Indicar as principais reações do ciclo de Calvin e sua importância para os microrganismos autotróficos.
7. Relacionar as diferenças entre difusão simples, difusão facilitada e transporte ativo.
8. Explicar como um microrganismo pode acumular um nutriente em uma concentração dentro da célula maior que a existente fora dela.
9. Identificar a fonte energética responsável pelo movimento rotatório do flagelo bacteriano.

Introdução

Do mesmo modo que um gerador elétrico fornece energia para as máquinas, as reações exergônicas descritas no Capítulo 11 fornecem energia para as atividades celulares. Estas atividades ou processos bioquímicos são endergônicos (requerem energia). A energia utilizada nestes processos é fornecida pela adenosina trifosfato (ATP) ou por outras fontes energéticas tais como a guanosina trifosfato (GTP), uridina trifosfato (UTP), ou uma força protomotiva. Organismos utilizam esta energia para abastecer muitas reações endergônicas requeridas para a vida da célula. Por exemplo, o ATP é necessário para a biossíntese de vários componentes químicos da célula – ácido desoxirribonucléico (DNA), ácido ribonucléico (RNA), enzimas, peptideoglicano da parede celular e fosfolipídeos da membrana célular. O ATP pode ativar aminoácidos, nucleotídeos, monossacarídeos e ácidos graxos precursores, os quais participam em suas respectivas vias metabólicas como unidades estruturais de proteínas, carboidratos e lipídeos. Além da biossíntese, uma célula também necessita de ATP ou de outras formas de energia para processos tais como mobilidade e transporte ativo de nutrientes através da membrana celular.

Utilização de Energia para Processos Biossintéticos

No Capítulo 11 você aprendeu as várias vias por meio das quais uma célula obtém energia. O próximo passo é entender como esta energia é utilizada para abastecer os vários processos endergônicos essenciais para a vida de uma célula. Alguns desses processos que requerem energia são processos *biossintéticos*, mediante os quais os constituintes químicos complexos de uma célula são construídos. A célula é um engenheiro químico fantástico, completamente engajado em reunir intrincadas moléculas da vida. Realmente, muitas das substâncias químicas produzidas facilmente pelas células são tão complexas que ainda não puderam ser sintetizadas artificialmente pelos químicos em laboratórios.

Como observado anteriormente, os microrganismos mostram grande diversidade em suas exigências nutricionais. Essas diferenças são um reflexo de suas habilidades biossintéticas variadas. Por exemplo, alguns microrganismos podem sintetizar todos os seus constituintes celulares a partir de compostos inorgânicos simples. Outros, com menor habilidade biossintética, devem ser suplementados com açúcares, aminoácidos e vitaminas. Um exemplo de um microrganismo que tem exigências nutricionais relativamente simples é a *Escherichia coli*. Esta bactéria pode crescer em um meio contendo somente glicose e uns poucos compostos inorgânicos, incluindo uma fonte de nitrogênio como o sulfato de amônio [$(NH_4)_2SO_4$]. A partir destes nutrientes, as células bacterianas podem sintetizar: (1) substâncias nitrogenadas, incluindo proteínas (tais como enzimas) e ácidos nucléicos (DNA e RNA); (2) carboidratos, incluindo polissacarídeos complexos tais como a porção de carboidrato do peptideoglicano; e (3) fosfolipídeos, os quais são importantes componentes da membrana citoplasmática.

Como a *E. coli* sintetiza todas essas substâncias? A Figura 12.1 (caderno em cores) ilustra o esquema geral; os detalhes das várias vias biossintéticas serão descritos posteriormente neste capítulo. Entretanto, algumas generalizações podem ser feitas sobre essas vias, porque todas compartilham características fundamentais:

1. As vias biossintéticas começam com a síntese das unidades estruturais necessárias para a produção de substâncias mais complexas.
2. As unidades estruturais são então ativadas, usualmente com a energia de moléculas de ATP. Esta energia é necessária para estabelecer as ligações covalentes que subseqüentemente irão ligar as unidades estruturais.
3. As unidades estruturais ativadas são unidas uma à outra para formar substâncias complexas que se tornam parte estrutural ou funcional da célula.

Responda

1 Os processos biossintéticos requerem energia?

2 Qual dos itens relacionados a seguir tem menor habilidade biossintética e qual possui maior habilidade biossintética: (a) um microrganismo autotrófico; (b) um organismo que requer glicose e alguns compostos inorgânicos; ou (c) um organismo que requer glicose, vários aminoácidos e várias vitaminas?

3 Quais são as três características fundamentais de todas as vias biossintéticas?

Biossíntese de Compostos Nitrogenados

Os microrganismos mostram uma grande diversidade quanto ao material que utilizam na síntese de suas substâncias nitrogenadas, como pode ser observado na seqüência generalizada de reações que segue:

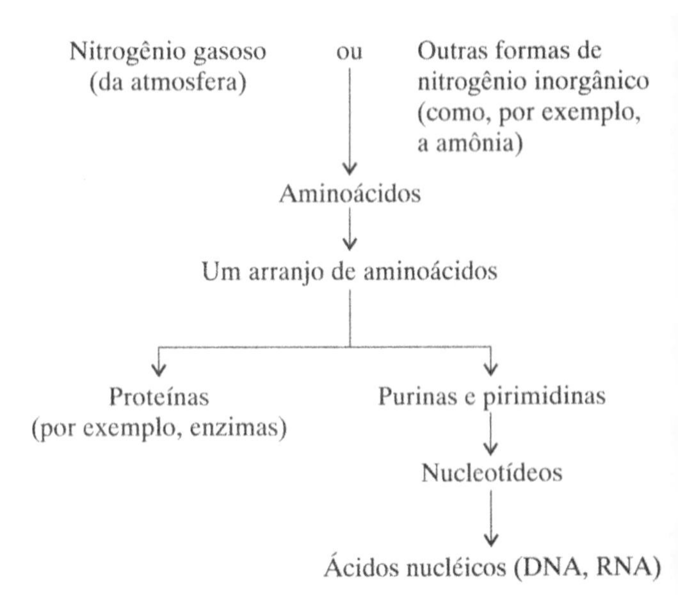

Esta seqüência começa com o nitrogênio gasoso (N_2), que representa 78% da atmosfera da Terra. O N_2 não pode ser utilizado como fonte de nitrogênio pela maioria dos organismos vivos. Entretanto, algumas bactérias, como *Azotobacter chroococcum*, são capazes de utilizar o nitrogênio gasoso para a síntese de compostos nitrogenados (DESCOBERTA 12.1). Estas bactérias retiram N_2 da at-

DESCOBERTA!

12.1 193.000.000 DE TONELADAS!

Embora represente 78% da atmosfera da Terra, o nitrogênio gasoso (N_2) não se encontra na forma útil sob o ponto de vista biológico ou industrial. O N_2 deve ser primeiro "fixado", isto é, reduzido a amônia (NH_3). Entretanto, a fixação de nitrogênio não é um processo fácil. Por exemplo, na produção industrial da amônia, o hidrogênio gasoso (H_2) e nitrogênio gasoso (N_2) reagem entre si:

$$N_2 + 3H_2 \rightarrow 2NH_3$$

Embora esta reação pareça simples, o hidrogênio gasoso é muito caro; além do mais, os dois gases devem ser misturados sob alta pressão e a uma temperatura muito alta (400 a 600°C) na presença de um catalisador orgânico. Contudo, aproximadamente 44 milhões de toneladas de N_2 são fixadas a cada ano por este processo industrial, e grande parte da amônia produzida é utilizada para a produção de fertilizantes que aumentam a fertilidade do solo na agricultura. Infelizmente, muitos países subdesenvolvidos não possuem equipamentos e recursos financeiros para a manufatura industrial de fertilizantes.

A maioria dos organismos é incapaz de fixar N_2, mas algumas bactérias o fazem com muita habilidade. Felizmente, essas bactérias fixam nitrogênio em condições comuns, sem a necessidade de utilizar altas temperaturas ou pressão. Entretanto, são requeridas quantidades consideráveis de energia química na forma de ATP. Para fixar uma molécula de N_2, são necessárias 16 moléculas de ATP. Portanto, do mesmo modo que a fixação de nitrogênio é onerosa para a indústria química, a fixação bacteriana de N_2 é um processo de alto custo, em termos de ATP requerido. Entretanto, foi estimado que as bactérias fixadoras de nitrogênio fixam aproximadamente 193.000.000 de toneladas de N_2 a cada ano – muito mais do que é fixado industrialmente! Na realidade, toda a forma de vida sobre a Terra depende direta ou indiretamente da fixação bacteriana de nitrogênio, porque a amônia produzida é necessária a todos os seres vivos para a biossíntese de aminoácidos, nucleotídeos e outros compostos bioquímicos contendo nitrogênio.

---

mosfera para formar amônia (NH_3). O processo é chamado *fixação de nitrogênio* e requer considerável quantidade de energia na forma de ATP.

$$N_2 + 6e^- + 6H^+ + 16\ ATP \rightarrow 2NH_3 + 16ADP + 16\ \text{fosfatos}$$

Após ter sido formada, a bactéria combina a amônia com um composto contendo carbono para produzir aminoácidos. A partir deste aminoácido inicial, a *A. chroococcum* pode sintetizar todos os outros aminoácidos requeridos para o seu crescimento.

Outros microrganismos, tais como a *Escherichia coli*, não podem utilizar nitrogênio atmosférico, mas podem utilizar outras formas inorgânicas de nitrogênio – tais como o nitrogênio em sulfato de amônia, para produzir aminoácidos. Algumas espécies microbianas não podem utilizar formas inorgânicas de nitrogênio e devem ser providas de uma ou mais formas orgânicas de nitrogênio, como os aminoácidos. Por exemplo, o *Leuconostoc mesenteroides* requer 19 aminoácidos no meio de cultura porque não é capaz de sintetizar esses aminoácidos.

Após a síntese dos aminoácidos (ou adição ao meio de cultura), os microrganismos reúnem os aminoácidos, formando as proteínas. Muitas das proteínas celulares são enzimas de que a célula necessita para catalisar reações bioquímicas. Os microrganismos também utilizam alguns aminoácidos para a síntese de purinas e pirimidinas, as quais são utilizadas para produzir nucleotídeos e, eventualmente, ácidos nucléicos.

Biossíntese de Aminoácidos e Proteínas

Um dos aminoácidos mais importantes que um microrganismo necessita produzir é o ácido glutâmico. A *Escherichia coli* pode produzir o ácido glutâmico combinando amônia (do sulfato de amônia do meio de cultura) e ácido α-cetoglutárico (do ciclo do ácido cítrico; referido na Figura 11.13) como na seguinte reação:

$$\text{Ácido } \alpha\text{-cetoglutárico} + NADPH_2 + NH_3 \rightarrow \text{ácido glutâmico} + NADP + H_20$$

Esta reação, denominada ***aminação redutiva***, é uma reação muito importante, porque o grupo amino ($-NH_2$) do ácido glutâmico pode ser *trocado* por um átomo de oxigênio de vários ácidos orgânicos para convertê-los em aminoácidos. Este processo de troca é chamado de ***transaminação***. Por exemplo, o aminoácido alanina é produzido a partir do ácido pirúvico por transaminação:

$$\underset{\text{Ácido glutâmico}}{HOOCCH_2CH_2\overset{H}{\underset{NH_2}{C}}COOH} + \underset{\substack{\text{Ácido pirúvico}\\\text{(da glicólise)}}}{CH_3\underset{O}{\overset{\|}{C}}COOH} \rightarrow \underset{\text{Ácido } \alpha\text{-cetoglutárico}}{HOOCCH_2CH_2\underset{O}{\overset{\|}{C}}COOH} + \underset{\text{Alanina}}{CH_3\overset{H}{\underset{NH_2}{C}}COOH}$$

Outra via em que o ácido glutâmico pode ser utilizado para produzir outro aminoácido é pela alteração de sua estrutura molecular. Por exemplo, como na produção da prolina (Figura 12.2). Estas alterações estruturais requerem energia na forma de ATP.

Como a célula controla a produção de um aminoácido como a prolina? Uma célula necessita produzir muitos tipos de aminoácidos além da prolina para sintetizar as proteínas e poderia consumir energia na produção excessiva de um único aminoácido. Além disso, se um aminoácido é adicionado ao meio de cultura, poderia ser um desperdício para a célula consumir energia na produção destes aminoácidos. Um tipo de mecanismo de controle utilizado pela célula é denominado ***inibição por feedback***, no qual uma via biossintética torna-se auto-regulável. Isto é ilustrado pela via da prolina, na qual a prolina não é somente o produto final da via, mas também *um inibidor da primeira enzima da via* (Figura 12.2). Além do seu sítio ativo, a primeira enzima possui um sítio para a ligação da prolina; isto permite que a prolina atue como um inibidor alostérico (ver Capítulo 1). Quanto mais prolina a célula produz, maior o grau de inibição da primeira enzima e menor é a taxa de síntese de prolina. De fato, se um grande nível de prolina é suplementado ao meio de cultura, o microrganismo não sintetizará nova prolina.

Ativação de aminoácidos. Como indicado inicialmente neste capítulo, as unidades estruturais devem ser ativadas antes que possam ser utilizadas para produzir substâncias complexas. Desse modo, os aminoácidos precisam ser ativados antes que possam ser ligados entre si para produzir as proteínas. A célula ativa aminoácidos utilizando a energia do ATP, como segue:

Aminoácidos + ATP → aminoácidos-AMP + pirofosfato

Aminoácido ativado Dois grupos fosfatos ligados

O AMP ligado ao aminoácido é a *adenosina monofosfato*, que é formada pela remoção de dois grupos fosfatos do ATP.

Síntese de Proteínas. Um microrganismo sintetiza centenas de diferentes proteínas, cada uma tendo sua própria seqüência de aminoácidos. O molde para a produção de proteínas está contido na seqüência de nucleotídeos do DNA da célula. Este molde deve primeiramente ser transcrito em uma molécula de RNA antes que a proteína possa ser produzida. Assim, a síntese do RNA é um pré-requisito para a síntese de proteínas. O Capítulo 13 inclui a discussão de como a célula sintetiza RNA e proteínas sob a direção do DNA.

Figura 12.2 A biossíntese do aminoácido prolina a partir de ácido glutâmico em *E. coli*. Observe a utilização de energia metabólica na forma de ATP. A produção de excesso de prolina é prevenida pela inibição por feedback, em que níveis elevados de prolina (produto final) inibem a atividade da enzima 1.

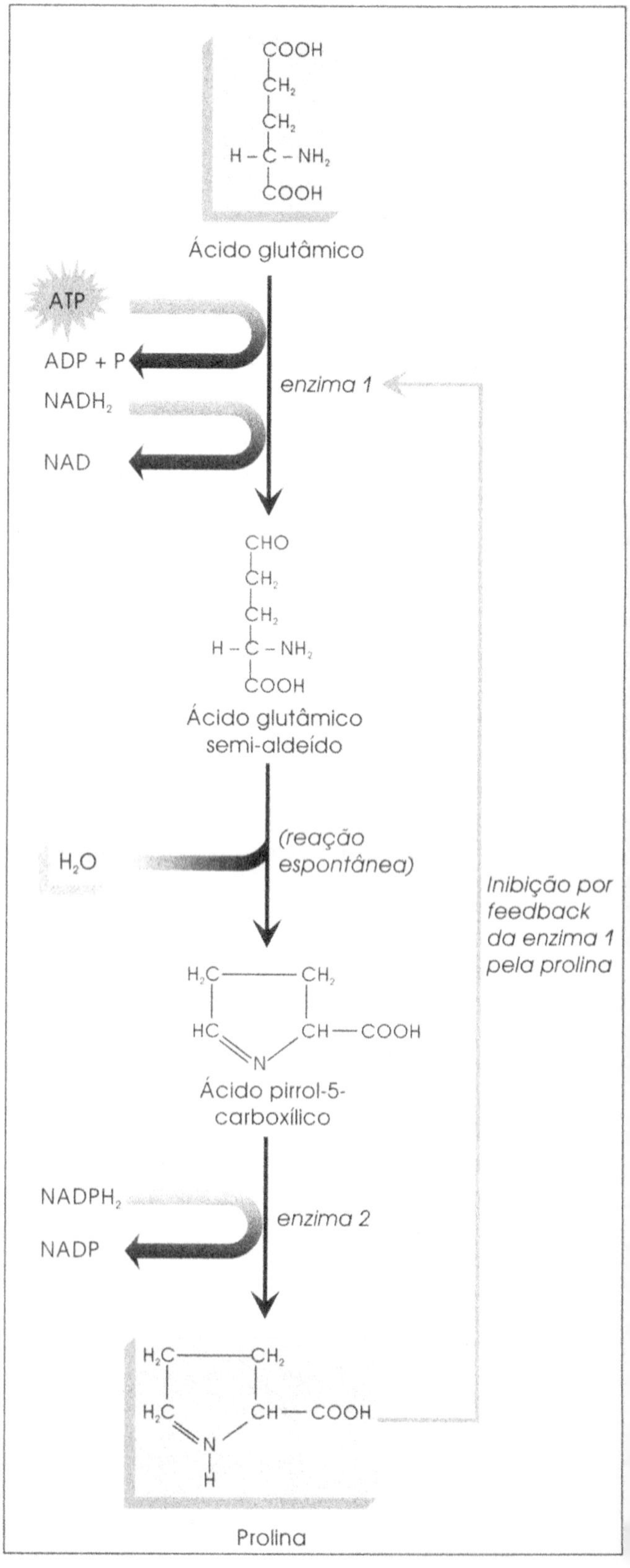

Ácido glutâmico

ATP

ADP + P

$NADH_2$

NAD

enzima 1

Ácido glutâmico semi-aldeído

H_2O

(reação espontânea)

Ácido pirrol-5-carboxílico

$NADPH_2$

NADP

enzima 2

Prolina

Inibição por feedback da enzima 1 pela prolina

Biossíntese de Nucleotídeos e Ácidos Nucléicos

Os aminoácidos não são somente utilizados pela célula para sintetizar proteínas; são também utilizados para sintetizar nucleotídeos, as unidades estruturais de RNA e DNA:

Nucleotídeos → DNA e RNA

No primeiro capítulo deste livro você aprendeu que um nucleotídeo é construído da seguinte maneira:

Nucleotídeo = base nitrogenada-pentose-fosfato

Os nucleotídeos que contêm o açúcar *ribose* como pentose são denominados ***ribonucleotídeos*** e são utilizados para a biossíntese de RNA. Os nucleotídeos contendo o açúcar *desoxirribose* como pentose são chamados ***desoxirribonucleotídeos*** e são utilizados na biossíntese do DNA:

Ribonucleotídeos → RNA

Desoxirribonucleotídeos → DNA

Os ribonucleotídeos e desoxirribonucleotídeos que têm *adenina* ou *guanina* como base nitrogenada são *nucleotídeos de purinas*, enquanto aqueles que têm *citosina, timina* ou *uracila* como base nitrogenada são *nucleotídeos de pirimidinas.* A Tabela 12.1 mostra a lista dos nucleotídeos de purinas e pirimidinas que constituem as unidades estruturais de DNA e RNA.

A seqüência de reações ou a via biossintética utilizada pela célula para produzir os nucleotídeos de purinas é mostrada na Figura 12.3. Observe que os aminoácidos glicina, ácido aspártico e glutamina são requeridos na biossíntese. Energia na forma de ATP e GTP (guanosina trifosfato equivalente em energia ao ATP) também é requerida. A ribose fosfato que inicia as reações da via biossintética é produzida a partir da glicose (ver a seção deste capítulo sobre biossíntese de carboidratos).

A Figura 12.4 ilustra a via biossintética para a produção de nucleotídeos de pirimidinas. É importante observar que os aminoácidos glutamina e ácido aspártico, além de energia na forma de ATP, são requeridos na via de biossíntese.

Ativação de Nucleotídeos. Um nucleotídeo, após ter sido sintetizado, deve ser ativado pelo ATP. Neste processo, o nucleotídeo que já possui um grupamento fosfato adquire mais dois grupos de fosfato. Por exemplo, guanosina monofosfato (GMP) é convertida a sua forma ativada, guanosina trifosfato (GTP):

GMP + 2 ATP → GTP + 2 ADP

É interessante observar que o próprio ATP é uma forma ativada de um nucleotídeo, adenosina monofosfato (AMP). Assim, o ATP não é somente a principal "moeda energética" de uma célula, mas também uma importante unidade estrutural ativada para a síntese de ácidos nucléicos.

Biossíntese de Ácidos Nucléicos. O DNA e o RNA são sintetizados a partir de nucleotídeos ativados. A seqüência de desoxirribonucleotídeos no DNA representa as informações hereditárias de um organismo. Durante a síntese de um novo DNA por um organismo, esta seqüência é copiada com muita precisão. Além disso, a biossíntese do RNA e de proteínas é também dependente da seqüência de nucleotídeos do DNA. Mais adiante você aprenderá os mecanismos pelos quais a célula produz o DNA e o RNA.

Tabela 12.1 Moléculas de purinas e pirimidinas constitutivas de DNA e RNA.

Nucleotídeos	Abreviação	Composição
Utilizados para síntese do RNA		
Ribonucleotídeos de purinas:		
Adenosina monofosfato	AMP	adenina-ribose-fosfato
Guanosina monofosfato	GMP	guanina-ribose-fosfato
Ribonucleotídeos de pirimidinas:		
Citidina monofosfato	CMP	citosina-ribose-fosfato
Uridina monofosfato	UMP	uracila-ribose-fosfato
Utilizados para a síntese do DNA		
Desoxirribonucleotídeos de purinas:		
Desoxiadenosina monofosfato	dAMP	adenina-desoxirribose-fosfato
Desoxiguanosina monofosfato	dGMP	guanosina-desoxirribose-fosfato
Desoxirribonucleotídeos de pimiridinas:		
Desoxicitidina monofosfato	dCMP	citosina-desoxirribose-fosfato
Desoxitimidina monofosfato	dTMP	timina-dexoxirribose-fosfato

Figura 12.3 Via biossintética de nucleotídeos de purinas. Os nucleotídeos AMP e GMP contendo ribose são as unidades estruturais do RNA, enquanto os desoxinucleotídeos dAMP e dGMP contendo desoxirribose são as unidades estruturais de DNA.

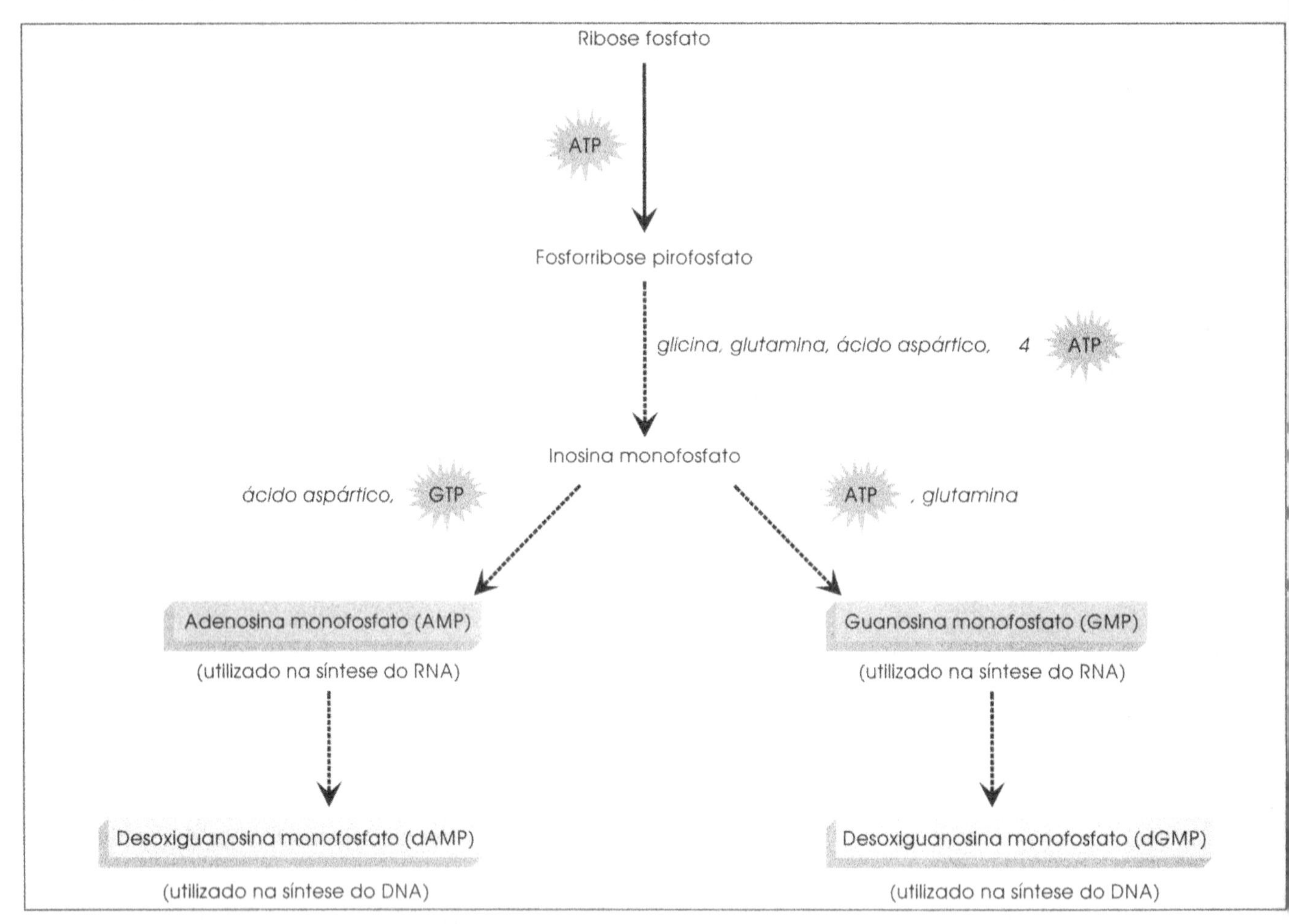

Responda

1 O que é fixação de nitrogênio?

2 Por qual processo o ácido glutâmico é produzido a partir do ácido α-cetoglutárico? Por qual processo a alanina é produzida a partir do ácido pirúvico?

3 Qual é o papel da inibição por feedback na via biossintética da prolina tendo como precursor o ácido glutâmico?

4 Como os aminoácidos são ativados?

5 Quais são as quatro unidades estruturais de ribonucleotídeos constitutivas do RNA? Quais são as quatro unidades estruturais de desoxirribonucleotídeos constitutivas do DNA?

6 Como são ativados os nucleotídeos? O ATP é um nucleotídeo ativado?

Biossíntese de Carboidratos

Os microrganismos sintetizam carboidratos por meio de diversos mecanismos, como mostrado pela seguinte seqüência geral de reações:

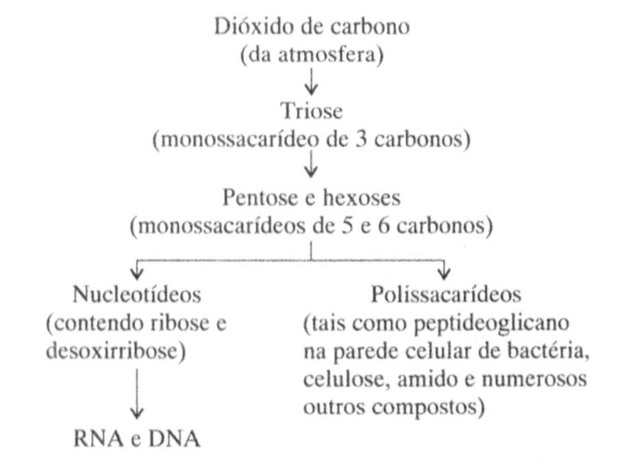

Alguns microrganismos, os *autotróficos*, são capazes de usar dióxido de carbono (CO_2) da atmosfera, converten-

Figura 12.4 Via biossintética de nucleotídeos de pirimidinas. Os nucleotídeos UMP e CMP são unidades estruturais do RNA, enquanto os desoxinucleotídeos dTMP e dCMP são unidades estruturais do DNA.

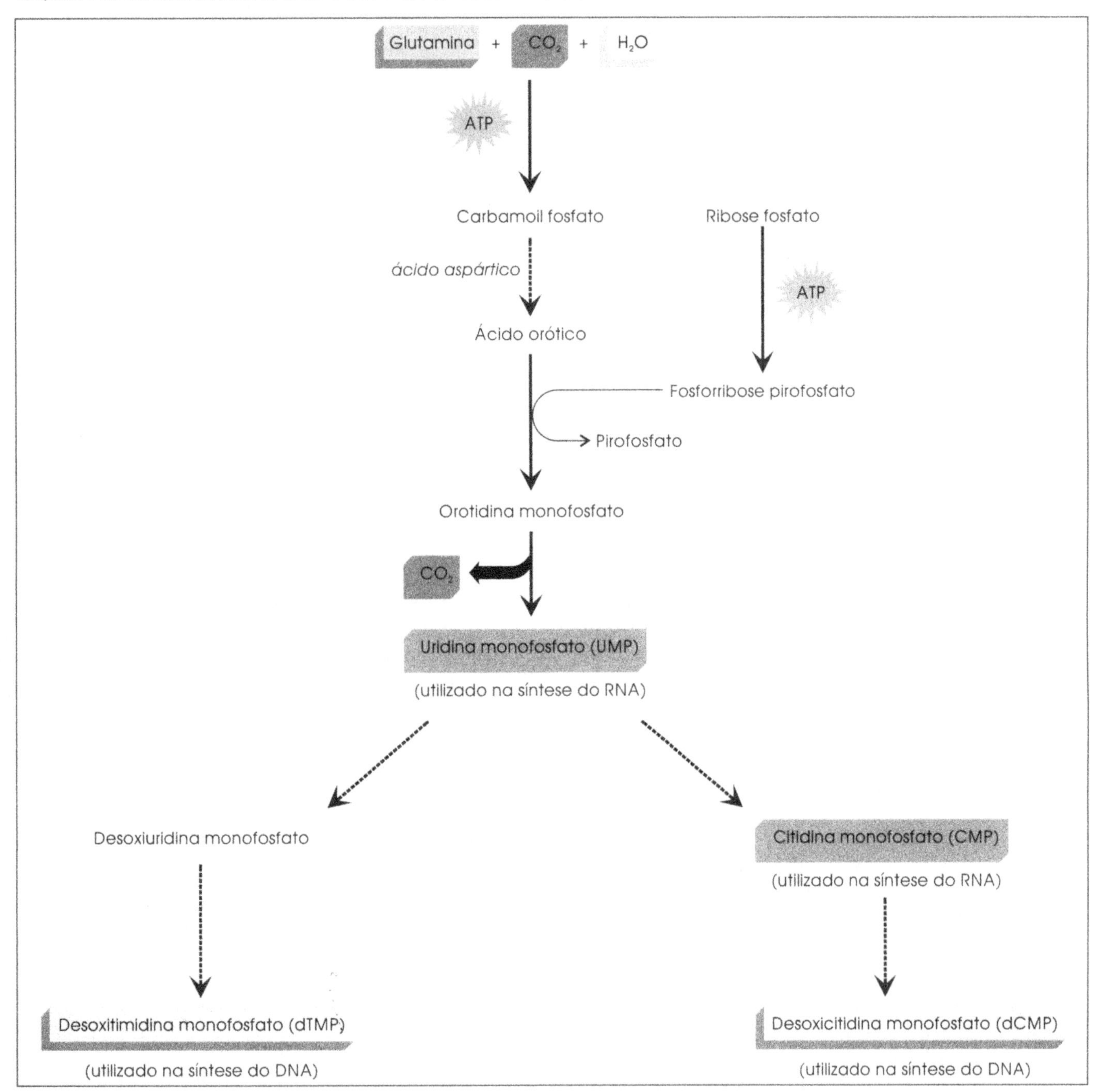

do-o em um composto orgânico. Este processo é chamado de fixação de CO_2. Os organismos autotróficos utilizam o ATP como fonte de energia para a fixação do CO_2. Os *fotoautotróficos*, tais como as cianobactérias, produzem ATP utilizando a energia luminosa, enquanto os *quimioautotróficos* (por exemplo, *Nitrosomonas* e *Thiobacillus*) produzem ATP utilizando energia liberada durante a oxidação de compostos inorgânicos. Compostos oxidados por quimioautotróficos incluem hidrogênio gasoso, amônia, nitritos e compostos sulfurados reduzidos tais como sulfeto de hidrogênio e tiossulfato.

Além do ATP, um organismo autotrófico requer $NADPH_2$ (ou, em alguns organismos, $NADH_2$) como doador de elétrons para reduzir o CO_2 e convertê-lo em material orgânico celular. No Capítulo 11, você aprendeu sobre como os fotoautotróficos tais como as cianobactérias obtêm $NADPH_2$ utilizando os elétrons que são removidos da clorofila na presença da luz. Os quimioautotróficos obtêm $NADPH_2$ utilizando os elétrons que são retirados durante a oxidação de compostos inorgânicos.

O principal método de fixação de dióxido de carbono em organismos autotróficos é o ***ciclo de Calvin*** (Figura 12.5, caderno em cores). Este ciclo foi assim denominado após Melvin Calvin ter descoberto, com seus colegas da Universidade da Califórnia, na década de 1940, as reações específicas deste processo. Na reação inicial do ciclo de Calvin, o CO_2 é adicionado a um açúcar de 5 carbonos chamado *ribulose difosfato*. Isto resulta na formação de duas moléculas de um composto de três carbonos, o *ácido fosfoglicérico:*

CO_2 + ribulose difosfato → 2 ácido fosfoglicérico

(1 átomo de carbono) (5 átomos de carbono) (3 átomos de carbono cada)

Dessa forma, $NADPH_2$ ou $NADH_2$ fornecem elétrons para reduzir o ácido fosfoglicérico a gliceraldeído-3-fosfato (*triose-fosfato*). O ATP fornece a energia necessária para esta etapa. Todos os compostos orgânicos necessários para a célula são então sintetizados a partir do ácido fosfoglicérico e da triose-fosfato. Entretanto, a fixação de CO_2 é dependente de um fornecimento contínuo de ribulose difosfato e, desse modo, a maioria da triose-fosfato produzida deve ser utilizada para regenerar ribulose difosfato (Figura 12.5, caderno em cores). Assim, a fixação de CO_2 é um processo cíclico. Cada volta do ciclo resulta na fixação de uma molécula de CO_2. Após seis voltas do ciclo, seis moléculas de CO_2 são fixadas. Isto fornece átomos de carbono suficientes para a célula produzir uma molécula de glicose, de acordo com a seguinte reação geral:

$6CO_2 + 12NADH_2 + 18ATP + 12H_2O$ →

$C_6H_{12}O_6$ + 12NAD + 18ADP+ 18 fosfato
Glicose

É importante observar a grande necessidade de poder redutor (sob a forma de $NADH_2$) e de energia (sob a forma de ATP) para produzir glicose a partir de CO_2.

Um composto orgânico, como a glicose, deve ser fornecido a organismos heterotróficos tais como a *E. coli* como principal fonte de carbono. A *E. coli* pode converter a glicose do meio de cultura em vários outros monossacarídeos. Por exemplo, a *E. coli* produz ribose fosfato – que é necessária para a síntese de nucleotídeos – a partir da glicose, de acordo com a seguinte reação:

Glicose + ATP + 2NADP →

ribose-5-fosfato + CO_2 + ADP + $2NADPH_2$

Ativação de Monossacarídeos

Assim como os aminoácidos e nucleotídeos devem ser ativados para poder ser reunidos em proteínas e ácidos nucléicos, os monossacarídeos devem ser também ativados para ser reunidos e formar os polissacarídeos. Por exemplo, a forma ativada da glicose é a *uridina difosfato glicose* (UDP-glicose). As fontes de energia utilizadas para produzir a UDP-glicose são o ATP e a uridina trifosfato (UTP), a forma ativada da uridina monofosfato (UMP):

Glicose + ATP + UTP →

UDP-glicose + ADP + pirofosfato

Nem todos os os monossacarídeos são ativados pela UDP. Por exemplo, a forma ativada da ribose fosfato é a *fosforribose pirofosfato*, que é formada pela reação:

Ribose fosfato + ATP →

fosforribose pirofosfato + AMP

Este composto ativado não é utilizado para a síntese de polissacarídeos, mas utilizado na síntese de nucleotídeos de purinas e pirimidinas (ver Figuras 12.3 e 12.4).

Biossíntese de Peptideoglicano de Parede Celular

A síntese de um polissacarídeo bacteriano pode ser ilustrada pela biossíntese do peptideoglicano, substância que confere força e rigidez à parede celular bacteriana. Embora o peptideoglicano esteja localizado na parece celular, grande parte da energia química necessária para sua síntese é consumida no interior da célula.

As etapas envolvidas na síntese da unidade constitutiva do peptideoglicano são mostradas na Figura 12.6 (caderno em cores) e resumidas a seguir:

1. A energia do ATP e outros compostos de transferência de alta energia é utilizada para converter a glicose em uma unidade estrutural ativada denominada *N-acetilglicosamina-UDP* (*NAG-UDP*) por meio de uma série de reações catalisadas por enzimas.

2. Uma segunda unidade estrutural ativada, o *ácido N-acetilmurâmico-UDP (NAM-UDP)*, é produzida a partir de algumas moléculas de NAG-UDP. Energia na forma de ácido fosfoenolpirúvico (da glicólise) é requerida nesta etapa.

3. Cinco moléculas de aminoácidos são adicionadas a cada molécula de NAM-UDP para formar a *cadeia pentapeptídica*, uma cadeia de cinco aminoácidos. A adição de cada aminoácido requer ATP como fonte de energia. Alguns desses aminoácidos são D-aminoácidos, isômeros ópticos de aminoácidos que normalmente são raros na natureza.

4. O grupo UDP do NAM-pentapeptídeo-UDP é agora substituído por uma grande molécula de lipídeo,

denominada ***lipídeo carreador***. (O termo *carreador* refere-se à habilidade deste grupo lipídico de conduzir unidades constitutivas completas do peptideoglicano através da membrana citoplasmática, rica em lipídeos, até a parede celular da bactéria. As unidades constitutivas do peptideoglicano têm muitos grupos polares e não podem passar através da região hidrofóbica da membrana sem a ajuda do lipídeo carreador.)

5. Uma molécula de NAG-UDP é adicionada ao NAM-pentapeptídeo-lipídeo carreador para formar uma unidade constitutiva completa do peptideoglicano.

6. Com o auxílio do lipídeo carreador, a unidade ativada é transportada através da membrana citoplasmática para ser integrada à estrutura da parede celular.

Após o transporte de uma unidade constitutiva ativada pela membrana citoplasmática, uma enzima catalisa a sua adição à cadeia de peptideoglicano já existente, alongando assim a cadeia (Figura 12.7, caderno em cores). Outras unidades são adicionadas até que a cadeia peptideoglicano se torne bastante longa. Agora, é necessário que essas cadeias sejam unidas por meio de *ligações cruzadas* para que o peptideoglicano seja como uma rede rígida ao redor da célula. De algum modo, as cadeias são como as barras de ferro das vigas mestras utilizadas para a construção de um edifício: as vigas devem ser ligadas entre si para formar uma armação rígida.

O processo de ligação cruzada das unidades do peptideoglicano é particularmente interessante por causa da forma como a energia é fornecida para este processo. A energia tem origem no pentapeptídeo ligado à cadeia de peptideoglicano. Uma enzima chamada ***transpeptidase*** quebra a ligação entre o quarto e o quinto aminoácido de cada cadeia pentapeptídica, convertendo desse modo o pentapeptídeo em *tetrapeptídeo*. A quebra destas ligações libera energia que a enzima transpeptidase utiliza para estabeler novas ligações. Neste momento, portanto, as novas ligações são estabelecidas entre o tetrapeptídeo de uma cadeia de peptideoglicano e o tetrapeptídeo de outra cadeia de peptideoglicano (Figura 12.7, caderno em cores). O resultado é um material com ligações cruzadas rígidas que pode manter a forma de uma célula bacteriana (Figura 12.8).

Responda

1 O que é fixação de CO_2? O que é requerido para a fixação de CO_2 no ciclo de Calvin? Quais são as reações iniciais do ciclo?

2 Qual é a forma ativada da glicose? E da ribose?

3 Qual é a composição química completa da unidade constitutiva ativada do peptideoglicano? Qual é a função da porção lipídeo carreador desta unidade estrutural?

4 Qual a origem da energia utilizada para as ligações cruzadas das cadeias de peptideoglicano? Para que servem estas ligações cruzadas?

Biossíntese de Lipídeos

Os principais lipídeos das células bacterianas são os fosfolipídeos, que, junto com as proteínas, formam a estrutura da membrana citoplasmática. A maneira pela qual os microrganismos produzem fosfolipídeos pode ser resumida como segue:

Figura 12.8 Arranjo tridimensional da estrutura completa de peptideoglicano da parede celular bacteriana. Observe que todos os tetrapeptídeos estão unidos por ligações cruzadas.

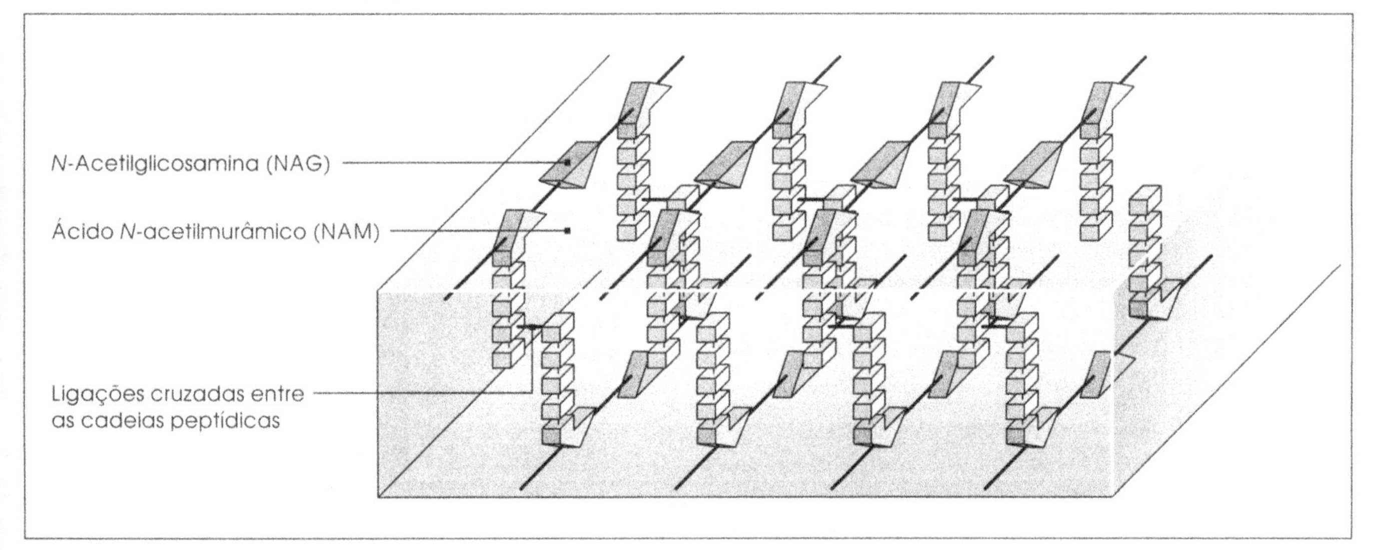

Glicose
↓ Glicólise
Ácido pirúvico
↓
Acetil-co-enzima A e malonil-co-enzima A
↓
Ácidos graxos de cadeia longa
↓ ← Glicerol fosfato
Fosfolipídeos

Observe que duas unidades constitutivas importantes para os ácidos graxos de cadeia longa são a *acetil-co-enzima A (acetil-CoA)* e a *malonil-co-enzima A (malonil-CoA)*. A acetil-CoA é a forma ativada do ácido acético (CH_3COOH) e é usualmente produzida pela oxidação do ácido pirúvico (ver Figura 11.14). Entretanto, algumas bactérias podem produzir acetil-CoA diretamente do ácido acético. Neste caso, a energia do ATP é requerida:

Ácido acético + ATP + co-enzima →
acetil-CoA + AMP + pirofosfato

Malonil-CoA é uma unidade estrutural ativada produzida a partir da acetil-CoA. Diferente do grupo acetil, que contém dois átomos de carbono, o grupo malonil contém três átomos de carbono. O carbono extra é obtido do CO_2, e a energia na forma de ATP é requerida para esta adição:

Acetil-CoA (2 átomos de carbono) + CO_2 (1 átomo de carbono) $\xrightarrow{ATP}$ Malonil-CoA (3 átomos de carbono)

Biossíntese de Ácidos Graxos de Cadeia Longa

Para poder produzir fosfolipídeos, a célula necessita primeiramente sintetizar ácidos graxos de cadeia longa, que são ácidos graxos com muitos átomos de carbono. Os ácidos graxos são produzidos a partir de acetil-CoA e malonil-CoA pelas seguintes etapas seqüenciais catalisadas por enzimas (Figura 12.9):

1. O grupo co-enzima A tanto da malonil-CoA como da acetil-CoA é substituído por uma grande proteína que serve para ancorar a molécula, de modo que enzimas apropriadas possam atuar sobre o composto.

2. Um complexo malonil-proteína reage com um complexo acetil-proteína. Nesta reação, dois dos três átomos de carbono do grupo malonil são adicionados ao grupo acetil para produzir o grupo *butiril,* de quatro átomos de carbono; o terceiro átomo de carbono do grupo malonil é liberado sob a forma de CO_2 (ver ao lado).

Acetil-proteína (2 átomos de carbono) + Malonil-proteína (3 átomos de carbono) →
Butiril-proteína (4 átomos de carbono) + CO_2 (1 átomo de carbono)

3. O grupo butiril, ao ser liberado da proteína, pode tornar-se *ácido butírico*, um ácido graxo de quatro carbonos. Entretanto, um ácido graxo de quatro carbonos não é suficientemente longo para a síntese de lipídeos. Então, o complexo butiril-proteína reage com outro complexo malonil-proteína para adicionar outra unidade de 2 carbonos, resultanto no complexo proteína-ácido graxo de seis carbonos. Este processo de adição sucessiva de dois carbonos para alongar a cadeia do ácido graxo pode continuar até que o comprimento desejado seja obtido (usualmente 16 ou 18 átomos de carbono).

Biossíntese de Fosfolipídeos

Após a obtenção do ácido graxo de cadeia suficientemente longa, a célula utiliza este ácido graxo para sintetizar os fosfolipídeos. Além do ácido graxo, também é necessário *glicerol fosfato* para a síntese dos fosfolipídeos, que é produzido a partir da *diidroxiacetona fosfato*, um composto formado durante a glicólise (ver Figura 11.11).

Diidroxiacetona fosfato + $NADH_2$ →
glicerol fosfato + NAD

Como mostra a Figura 12.10, duas moléculas de ácidos graxos são ligadas a uma molécula de glicerol fosfato para formar a molécula de *ácido fosfatídico,* um fosfolipídeo simples. A célula pode, então, ligar outros grupos químicos ao grupo fosfato do ácido fosfatídico para produzir outros fosfolipídeos. Por exemplo, o aminoácido serina pode ser adicionado ao ácido fosfatídico para produzir o *fosfatidilserina.* Para esta reação, é utilizada a energia da citidina trifosfato (CTP, forma ativada de CMP):

Ácido fosfatídico + CTP + serina →
fosfatidilserina + pirofosfato + CMP

Responda

1. Quais são as duas unidades estruturais ativadas utilizadas na biossíntese de ácidos graxos de cadeia longa?
2. Como são sintetizados os ácidos graxos de cadeia longa a partir das duas unidades estruturais ativadas?
3. A partir de que composto a célula produz o glicerol fosfato e qual via catabólica produz este composto?
4. Como a célula sintetiza o ácido fosfatídico? Como é sintetizada a fosfatidilserina a partir do ácido fosfatídico?

Figura 12.9 Biossíntese de ácidos graxos é processada por adição seqüencial de duas unidades de carbono até a cadeia longa do ácido graxo ser formada, usualmente, 16 ou 18 átomos de carbono.

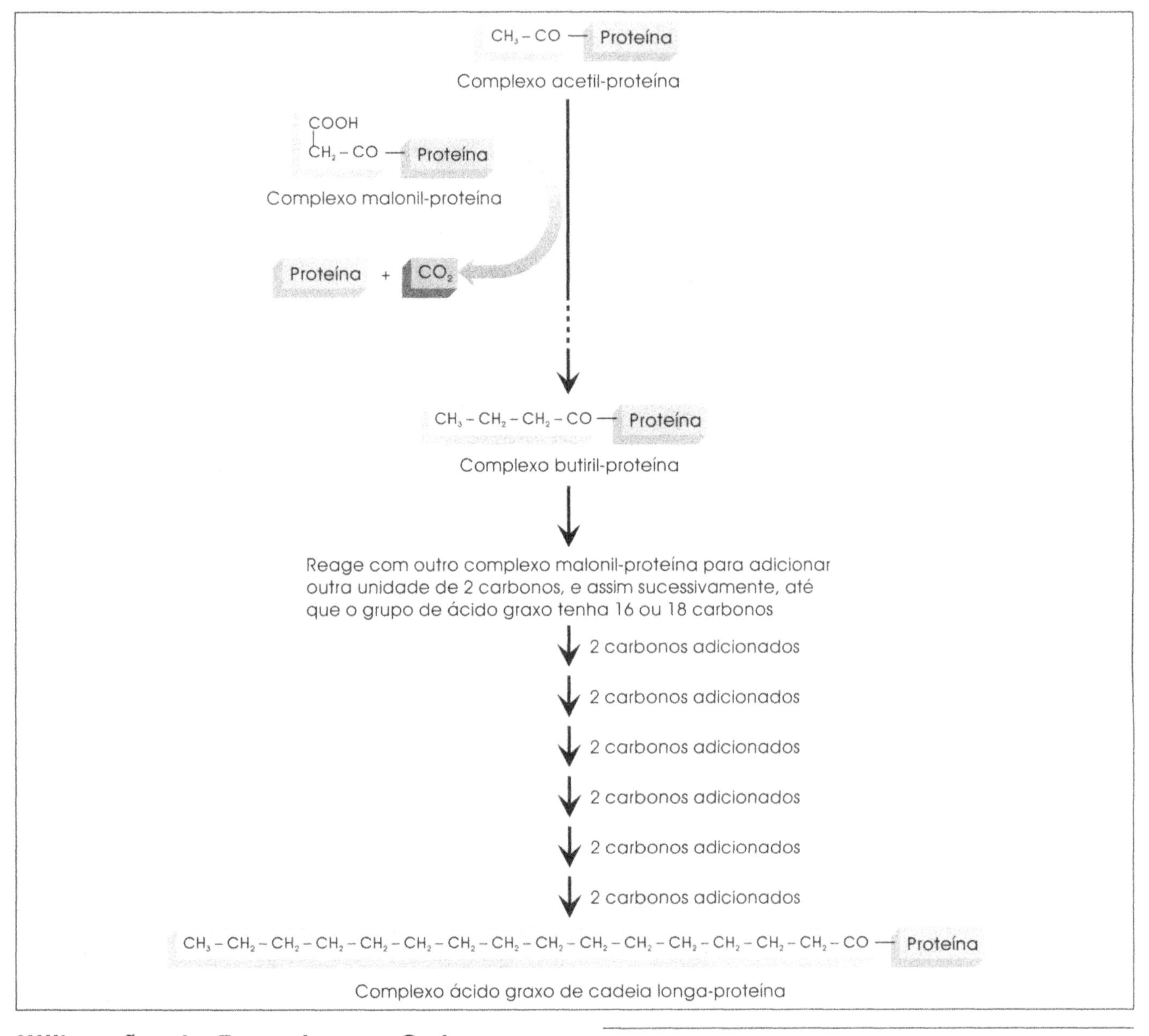

Utilização de Energia por Outros Processos

A célula também requer energia para executar outras funções celulares além da síntese de constituintes químicos complexos. Por exemplo, uma célula bacteriana utiliza energia para operar os mecanismos de transporte que conduzem os nutrientes do ambiente para dentro da célula. Outro processo que requer energia, mas não envolve biossíntese, é a atividade do flagelo na motilidade celular.

Transporte de Nutrientes para o Interior das Células

A membrana citoplasmática, por envolver o protoplasma da célula, controla a passagem dos nutrientes para dentro da célula, constituindo uma barreira que dificulta a entrada da maioria dos nutrientes. Por esta razão, a maioria dos nutrientes é transportada através da membrana citoplasmática por proteínas especiais denominadas ***proteínas carreadoras***. No entanto, moléculas de água e alguns nutrientes solúveis em lipídeos podem passar livremente através da membrana por um processo chamado *difusão simples* (Figura 12.11A). Na difusão simples, as moléculas podem passar através da membrana em uma ou outra direção; entretanto, se a concentração for maior do lado de fora da célula, haverá então um movimento de moléculas

Figura 12.10 Biossíntese de ácido fosfatídico, um fosfolipídeo simples.

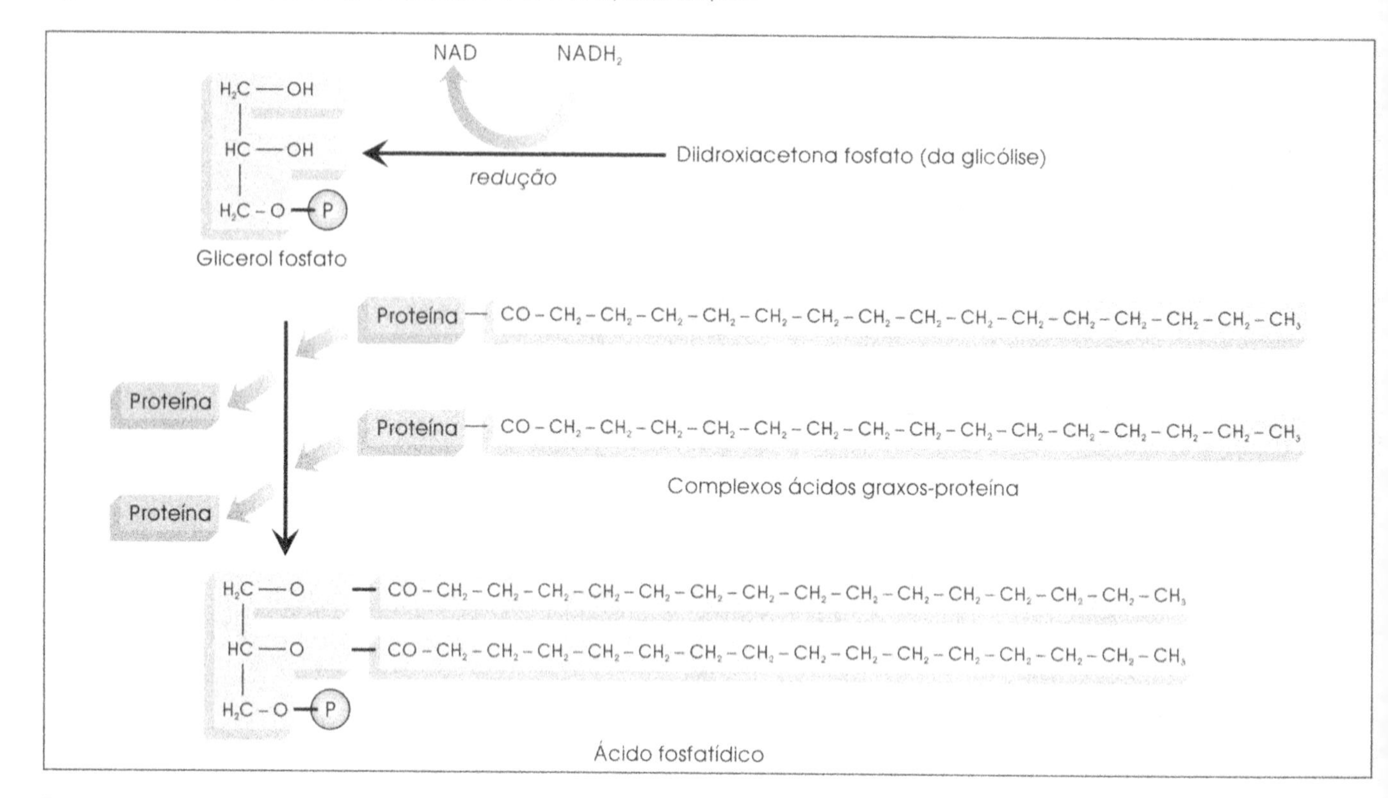

Figura 12.11 Na difusão simples [**A**], moléculas nutrientes passam livremente através da membrana celular, enquanto na difusão facilitada [**B**] os nutrientes são ligados a sítios específicos da proteína carreadora e são transportados através da membrana. Em ambos os casos, quando a concentração dentro da célula se torna igual à concentração fora da célula, as moléculas entram e saem da célula na mesma proporção.

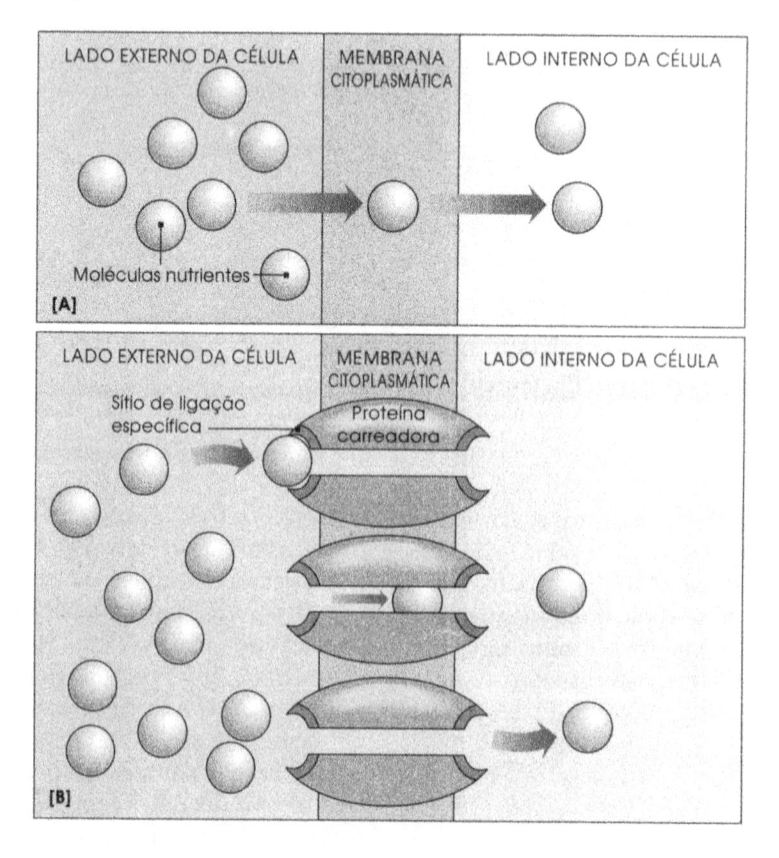

Figura 12.12 O transporte ativo de moléculas de nutriente através da membrana celular resulta em uma maior concentração dentro das células em relação ao seu exterior. [**A**] Em um tipo de transporte ativo, a energia do ATP ou força protomotiva altera os sítios de ligação do carreador, dificultando a saída da molécula da célula, uma vez que ela tenha entrado. [**B**] Em um segundo tipo de transporte ativo, o carreador é uma enzima que adiciona grupo fosfato proveniente do ácido fosfoenolpirúvico à molécula do nutriente durante o transporte. As moléculas de nutrientes alteradas não se adaptam novamente ao sítio de ligação do carreador, portanto acumulam-se dentro de célula.

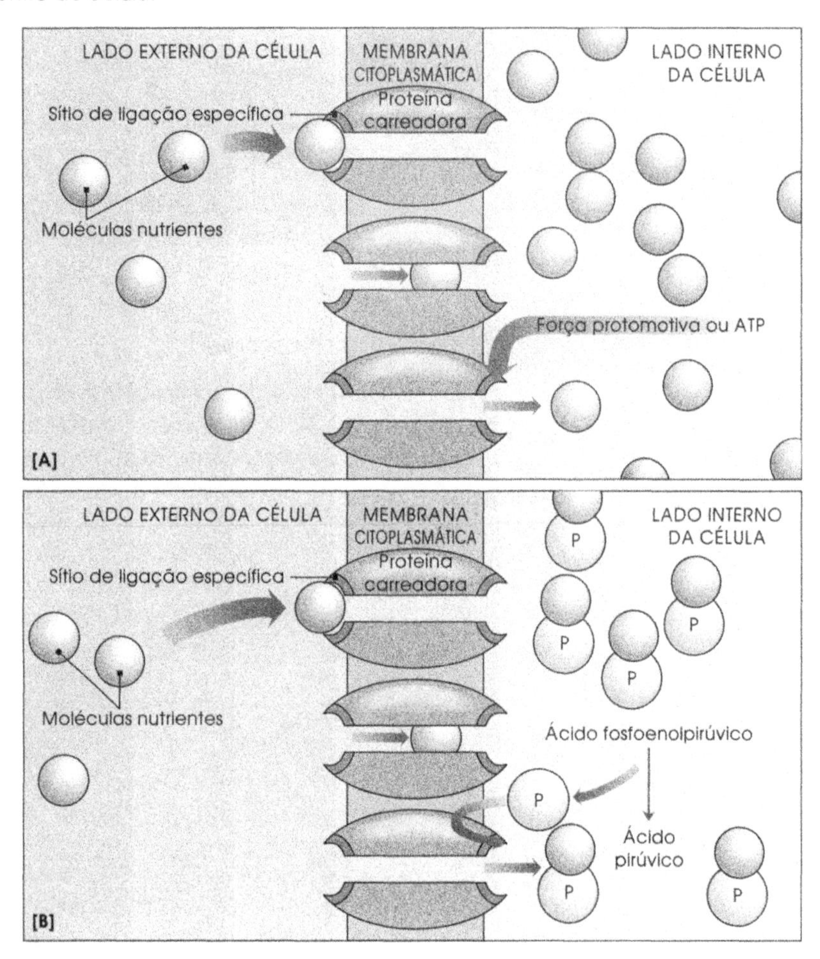

através da membrana para dentro da célula até que a concentração se torne igual em ambos os lados. *Difusão simples não requer a participação de energia metabólica nem resulta em uma concentração maior de moléculas nutrientes dentro da célula do que a existente fora dela.*

A maioria dos nutrientes não entra na célula por difusão simples, mas é transportada através da membrana por proteínas carreadoras. Existe uma proteína carreadora específica para cada tipo de nutriente. Existem duas categorias de transporte mediado por carreadores, denominadas ***difusão facilitada*** e ***transporte ativo***.

Difusão Facilitada. O processo de difusão facilitada difere da difusão simples pelo fato de que as moléculas nutrientes devem inicialmente ligar-se à proteína carreadora para serem transportadas através da membrana (Figura 12.11B). Entretanto, a difusão facilitada possui certas características comuns com a difusão simples: não requer energia metabólica, e ocorre um movimento de moléculas de uma maior concentração para uma menor até que a concentração do lado interno e do lado externo estejam em equilíbrio.

Transporte Ativo. A maioria dos nutrientes é transportada para dentro da célula pelo transporte ativo. Por meio deste processo, a célula pode concentrar altos níveis de nutrientes que são adequados para as atividades metabólicas, níveis que podem ser centenas de vezes maiores dentro da célula que aqueles existentes fora dela. Este transporte de nutrientes, que ocorre no sentido de uma baixa para uma alta concentração, *requer o consumo de energia metabólica* (Figura 12.12).

Motilidade

A bactéria móvel se locomove na água pelo movimento rotatório, em forma de saca-rolhas, do seu flagelo. O aparato motor que permite o movimento rotatório está associa-

Figura 12.13 O motor rotatório que movimenta o flagelo bacteriano está associado com os discos da porção basal do flagelo e é conduzido pela força protomotiva.

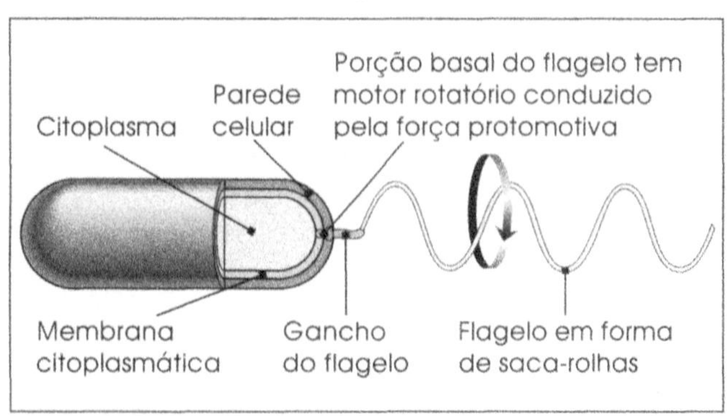

do ao disco encontrado no corpo basal do flagelo (ver Figura 4.8) Sua composição assemelha-se a um motor elétrico com proteínas no lugar de cabos e rotor, e os microbiologistas ainda não entendem completamente como ele funciona. Entretanto, sabe-se que o movimento rotatório é impulsionado pela *força protomotiva* produzida pela passagem de prótons através da membrana citoplasmática. Assim, o motor flagelar é um *motor de próton,* impulsionado por um fluxo de prótons (Figura 12.13).

Ao contrário do flagelo bacteriano, os cílios e os flagelos das células eucarióticas não fazem movimentos rotatórios, mas simplesmente um movimento vibratório complexo. Este movimento requer energia na forma de ATP.

Responda

1. Quais são os dois processos que requerem energia e que não envolvem biossíntese?
2. Quais são as diferenças entre difusão simples, difusão facilitada e transporte ativo?
3. Como o motor rotatório localizado na base do flagelo bacteriano obtém energia para funcionar?
4. Qual a diferença existente entre os flagelos e cílios de células eucarióticas e os flagelos das células bacterianas com relação ao tipo de movimento e fonte de energia?

Resumo

1 A maioria dos processos que requerem energia realizados pelos seres vivos são processos biossintéticos. Nestes processos, unidades estruturais são produzidas, ativadas e, então, reunidas para formar constituintes celulares complexos. As vias biossintéticas podem ser auto-reguladas, tais como a via da síntese de prolina, na qual ocorre inibição por feedback.

2. Para produzir compostos nitrogenados, algumas bactérias podem fixar o nitrogênio da atmosfera reduzindo-o à amônia. Outros microrganismos utilizam compostos inorgânicos como a amônia, e outros requerem formas orgânicas de nitrogênio tal como os aminoácidos.

3. O aminoácido ácido glutâmico pode ser produzido a partir de ácido α-cetoglutárico por aminação redutiva; muitos outros aminoácidos podem subseqüentemente ser produzidos a partir do ácido glutâmico por conversão estrutural ou transaminação. Os aminoácidos são ativados pelo ATP para formar moléculas de aminoácido-AMP, que são utilizadas pela célula para sintetizar centenas de diferentes proteínas.

4. Aminoácidos são utilizados na síntese de nucleotídeos de purinas e pirimidinas, que são unidades estruturais do RNA e DNA. A energia para este processo é fornecida pelo ATP e por outros compostos de transferência de energia. A reunião dos desoxirribonucleotídeos ativados para formar o DNA requer que os desoxirribonucleotídeos sejam ligados em uma seqüência específica. Existe uma seqüência diferente para cada espécie de organismo. A biossíntese de RNA e proteínas depende da seqüência do DNA.

5. Microrganismos quimioautotróficos e fotoautotróficos podem fixar dióxido de carbono da atmosfera e transformá-lo em compostos orgânicos, principalmente por meio do ciclo de Calvin. O funcionamento deste ciclo depende da energia do ATP e de $NADPH_2$ como doador de elétrons. Organismos heterotróficos precisam ser providos de compostos como a glicose como fonte de carbono.

6. A biossíntese de peptideoglicano envolve a formação de derivados UDP de *N*-acetilglicosamina (NAG) e ácido *N*-acetilmurâmico (NAM). Aminoácidos, NAG e NAM são reunidos; as unidades constitutivas são então transportadas pelo lipídeo carreador por meio da membrana citoplasmática para a parede celular. A transpeptidase promove a ligação cruzada das unidades para formar uma estrutura rígida.

7. Ácidos graxos de cadeia longa (formados a partir de acetil-CoA e malonil-CoA) são necessários para a célula sintetizar os fosfolipídeos. Durante a síntese de ácidos graxos, a cadeia de carbono é alongada por adição seqüencial de duas unidades de carbono até que o ácido graxo alcance comprimento adequado. Então, os ácidos graxos são combinados com glicerol fosfato para formar um fosfolipídeo.

8. Além da biossíntese, uma célula realiza outros processos que requerem energia. Exemplos incluem o transporte de nutrientes e a mobilidade celular.

9. Alguns nutrientes passam para dentro da célula por difusão simples, mas a maioria precisa ser transportada através da membrana citoplasmática por proteínas específicas denominadas *carreadores*. A difusão facilitada é mediada por carreadores, mas, como a difusão simples, não requer consumo de energia e não resulta em uma maior concentração de moléculas de nutrientes no interior das células em relação à existente no lado externo. Porém, o transporte ativo permite o acúmulo de nutrientes em altas concentrações dentro da célula e requer uma fonte de energia tal como a força protomotiva, o ATP ou o ácido fosfoenolpirúvico.

10. A rotação do flagelo bacteriano é conduzida diretamente pela energia da força protomotiva. Cílios e flagelos de células eucarióticas não realizam movimento rotatório, mas apenas um movimento vibratório complexo, o qual requer ATP.

Palavras-Chave

Aminação redutiva
Carreador lipídico
Ciclo de Calvin
Desoxirribonucleotídeos
Difusão facilitada
Inibição por feedback
Proteínas carreadoras
Ribonucleotídeos
Transaminação
Transpeptidase
Transporte ativo

Revisão

UTILIZAÇÃO DE ENERGIA NOS PROCESSOS BIOSSINTÉTICOS

1. Um organismo que apresenta exigências nutricionais simples tem habilidade biossintética ________ do que aquele que requer nutrientes complexos.

2. Em geral, os processos biossintéticos ocorrem da seguinte maneira: (1) síntese das unidades estruturais necessárias para produzir substâncias complexas, (2) ________ das unidades estruturais e (3) reunião das unidades estruturais em substâncias complexas.

3. Na fixação de nitrogênio, o N_2 da atmosfera é combinado com átomos de __________ para formar ________________.

4. Ácido glutâmico pode ser produzido a partir de ácido α-cetoglutárico e amônia pelo processo chamado de ____________________.

5. A troca do grupo amino do ácido glutâmico por um átomo de oxigênio do ácido pirúvico para formar o aminoácido alanina é um exemplo do processo chamado: (**a**) desaminação oxidativa; (**b**) aminação destrutiva; (**c**) transformação; (**d**) transaminação; (**e**) transoxigenação.

6. Na inibição por feedback, o produto de uma via biossintética inibe a ______________ enzima da via.

7. Qual dos seguintes compostos é um exemplo de aminoácido ativado? (**a**) adenosina monofosfato; (**b**) ácido glutâmico; (**c**) alanina-AMP; (**d**) AMP; (**e**) ácido glutâmico-pirofosfato.

8. A informação para produzir proteínas está contida na seqüência de nucleotídeo do ________ da célula.

9. Um desoxirribonucleotídeo é um nucleotídeo que contém o açúcar ________________ ____.

10. Nucleotídeos de pirimidinas são nucleotídeos que: (**a**) contêm adenina e guanina; (**b**) contêm ribose no lugar de desoxirribose; (**c**) contêm uracila, citosina ou timina; (**d**) contêm desoxirribose no lugar da ribose; (**e**) são unidades estruturais de RNA, mas não de DNA.

11. Os dois nucleotídeos de purina que são unidades estruturais de RNA são (dar somente abreviaturas) ___ e ___, enquanto os dois que são unidades estruturais de DNA são ___ e ___.

12. Os dois nucleotídeos de pirimidina que são unidades estruturais de RNA são (dar somente abreviatura) ___ e ___, enquanto os dois que são unidades estruturais do DNA são ____ e ____.

13. Qual dos seguintes compostos é um exemplo de nucleotídeo ativado? (**a**) GMP; (**b**) dCMP; (**c**) UMP; (**d**) dCTP; (**e**) dAMP.

14. A biossíntese de RNA e proteínas é dependente da seqüência de nucleotídeo do ______.

BIOSSÍNTESE DE CARBOIDRATOS

15. A fixação de CO_2 pelo ciclo de Calvin requer __________________________ como fonte de energia. Também requer $NADPH_2$ ou $NADH_2$ como um doador de ________________.

16. Na reação inicial do ciclo de Calvin, um composto de 5 carbonos e um composto de 1 carbono reagem para formar: (**a**) um composto de 4 carbonos e um composto de 2 carbonos; (**b**) um composto de 5 carbonos e um composto de 1 carbono; (**c**) três compostos de 2 carbonos; (**d**) um composto de 6 carbonos; (**e**) dois compostos de 3 carbonos.

17. UDP-glicose é uma forma ativada da glicose que é necessária para a síntese de polissacarídeos. Qual dos seguintes compostos é a forma ativada da ribose que é necessária para a síntese de nucleotídeos? (**a**) ribose fosfato; (**b**) ribulose fosfato; (**c**) fosforribose pirofosfato; (**d**) polirribose; (**e**) UDP-ribose.

18. *Antes* de ser transportadas para fora da célula bacteriana pelo lipídeo carreador, as unidades estruturais ativadas do peptideoglicano possuem uma cadeia de peptídeo consistindo em quantos aminoácidos? (**a**) 2; (**b**) 3; (**c**) 4; (**d**) 5; (**e**) 6.

19. Transpeptidase é uma enzima que catalisa: (**a**) o transporte de unidades estruturais do peptideoglicano através da membrana citoplasmática; (**b**) a formação de ligações cruzadas entre as cadeias de tetrapeptídeos do peptideoglicano; (**c**) a síntese de ácido *N*-acetilmurâmico-pentapeptídeo; (**d**) a adição de aminoácidos ao ácido *N*-acetilmurâmico para formar a cadeia de pentapeptídeo; (**e**) o transporte de peptideoglicano para dentro da célula.

BIOSSÍNTESE DE LIPÍDEOS

20. Quais dos seguintes compostos são unidades estruturais de ácidos graxos de cadeia longa? (**a**) aminoácidos; (**b**) Acetil-CoA e glicerol fosfato; (**c**) malonil-CoA e acetil-CoA; (**d**) ribose e glicose; (**e**) prolina e ácido pirúvico.

21. Os microrganismos geralmente produzem acetil-CoA por oxidação de: (**a**) ácido pirúvico; (**b**) ácido acético; (**c**) ácido α-cetoglutárico; (**d**) ácido fumárico; (**e**) ácido glutâmico.

22. A porção acetil do acetil-CoA tem dois átomos de carbono, enquanto a porção malonil do malonil-CoA tem três átomos de carbono. Isto ocorre porque o malonil-CoA é formado pela reação do acetil-CoA com: (**a**) glicose; (**b**) ATP; (**c**) CO_2; (**d**) ácido graxo de cadeia longa; (**e**) ácido glutâmico.

23. Durante a biossíntese de uma molécula de ácido graxo, quantos átomos de carbono são adicionados a cada estágio até o ácido graxo estar suficientemente longo para ser utilizado na síntese de fosfolipídeos? (**a**) 1; (**b**) 2; (**c**) 3; (**d**) 10; (**e**) 20.

24. Ácidos graxos de cadeia longa se ligam a qual composto para formar os fosfolipídeos? (**a**) glicose fosfato; (**b**) ribose fosfato; (**c**) serina; (**d**) ATP; (**e**) glicerol fosfato.

UTILIZAÇÃO DE ENERGIA POR OUTROS PROCESSOS

25. Se um nutriente passa para dentro da célula por difusão ________ ou difusão ________, este não pode acumular em maior concentração no interior da célula em relação ao seu exterior.

26. Qual dos seguintes processos não envolve transporte mediado por carreador? (**a**) transporte ativo; (**b**) difusão facilitada; (**c**) difusão simples; (**d**) transporte que envolve a adição de grupo fosfato ao nutriente; (**e**) transporte que é promovido por força protomotiva.

27. A fonte de energia diretamente responsável pelo movimento rotatório do flagelo bacteriano é chamada de ____.

28. Os flagelos de células eucarióticas não fazem movimento rotatório como o das bactérias, mas realizam meramente um movimento vibratório complexo. Este movimento vibratório requer energia na forma de ____.

Questões de Revisão

1. Citar as etapas gerais que ocorrem nos processos biossintéticos e dar um exemplo específico de cada etapa.
2. Explicar como a ligação cruzada das cadeias de peptideoglicano na parede celular pode ocorrer na ausência de ATP ou outro composto de transferência de alto nível de energia.
3. O amido é um polissacarídeo que consiste em uma longa cadeia de moléculas de glicose. Por que a célula necessita utilizar UDP-glicose em vez de glicose para produzir a molécula de amido?
4. Como as unidades estruturais de nucleotídeos de DNA diferem daqueles de RNA?
5. Que tipo de problemas dificultam a biossíntese de DNA ou proteína em comparação com a biossíntese de peptideoglicano ou fosfolipídeos?
6. Que vantagem apresenta um sistema de transporte ativo para um microrganismo vivendo em um ambiente com baixa concentração de nutrientes, tal como em lagos não-poluídos?

Questões para Discussão

1. Na reação inicial do ciclo de Calvin, duas moléculas de um composto de três átomos de carbono (ácido fosfoglicérico) são produzidas. Por que um organismo autotrófico deve esperar por seis voltas no ciclo de Calvin para produzir hexoses de seis carbonos em vez de utilizar imediatamente os dois compostos de três carbonos?
2. Algumas vias catabólicas como a glicólise e o ciclo do ácido cítrico funcionam não somente para produzir energia mas também para fornecer unidades estruturais para as vias biossintéticas. Quantos exemplos destes casos você poderia citar?
3. Muitas cianobactérias são autotróficas e fixadoras de nitrogênio. Uma grande quantidade de ATP é requerida para a fixação de CO_2 e a fixação de nitrogênio; ainda assim, as cianobactérias parecem não ter muitas dificuldades para sobreviver, considerando sua ampla distribuição na natureza. O que pode colaborar para isso?
4. Alguns ácidos graxos de cadeia longa têm número ímpar de átomos de carbono em lugar de número par. Como a célula pode sintetizar tais ácidos graxos? (Confira sua resposta em livros de bioquímica.)
5. Enquanto muitos antibióticos, tais como as tetraciclinas e estreptomicinas são bacteriostáticos, a penicilina é um bactericida. Por quê?

Parte VI

Genética Microbiana

Capítulo 13

Herança e Variabilidade

Objetivos

Após a leitura deste capítulo, você deve ser capaz de:

1. Explicar como ocorre a replicação do material genético de uma célula.
2. Diferenciar transcrição e tradução de uma mensagem genética.
3. Descrever o papel do RNA mensageiro na transcrição e o papel do RNA transportador na tradução.
4. Explicar o que é expresso pelo código genético.
5. Distinguir genótipo e fenótipo de um organismo.
6. Diferenciar mutações neutra, errôneas, sem sentido e por deslocamento do quadro de leitura.
7. Resumir as três vias pela qual o material genético pode ser transferido de uma célula bacteriana para outra.
8. Descrever o papel do plasmídio F na transferência do material genético de uma célula de *Escherichia coli* a outra.
9. Explicar como alguns tipos de plasmídios estão relacionados com a resistência de algumas bactérias aos antibióticos.
10. Distinguir o processo de indução e repressão do produto final para a regulação genética do metabolismo celular.

Introdução

Se você utilizar técnicas de isolamento para obtenção de uma cultura pura de um microrganismo particular, como uma levedura ou uma bactéria, uma colônia deste microrganismo cultivado em meio contendo ágar em uma placa de Petri consistirá em uma comunidade de indivíduos semelhantes que descendem de uma célula parental. Estes descendentes são quase idênticos à célula parental, compartilhando muitas características como o tamanho, a forma ou a capacidade de fermentar açúcares. Mas variantes podem aparecer espontaneamente ou como resultado da ação de vários agentes físicos ou químicos, como a luz ultravioleta ou nitrosoguanidina. Conseqüentemente alguns dos descendentes podem mostrar características diferentes dos parentais.

A *genética* é o estudo das semelhanças e diferenças, referido por alguns cientistas como herança e variabilidade, respectivamente. O conceito de herança, então, refere-se àqueles processos responsáveis por alto grau de "semelhança" entre parentais e descendentes. A informação hereditária de uma célula microbiana, semelhante às células vegetais e animais, é encontrada em um arranjo específico de moléculas que formam o próprio código do DNA, ou "cópia". Uma célula pode replicar ou copiar seu DNA com grande exatidão e transmitir esta informação para a próxima geração.

Embora a genética seja freqüentemente considerada como o estudo das semelhanças entre parentais e progênie, algum grau de variabilidade também existe e é uma característica necessária dos organismos vivos.

A capacidade de adaptação ao meio ambiente aumenta as chances de sobrevivência de uma espécie. A incapacidade de adaptação em pequenos aumentos de temperatura da água, por exemplo, poderia resultar na eliminação de espécies microbianas aquáticas. Mas, se um desses organismos contém uma forma alterada de cópias de DNA, permitindo a tolerância a temperaturas maiores, o organismo pode ser capaz de multiplicar e manter sua espécie.

Cromossomos de Células Procarióticas e Eucarióticas

Um *cromossomo* é uma estrutura densa no interior da célula que carrega fisicamente informações hereditárias de uma geração para outra. Cada célula bacteriana contém somente um cromossomo, consistindo em uma única molécula de DNA de fita dupla na forma circular. Recentes estudos têm mostrado que o DNA está associado com proteínas *histonelike*, semelhantes às proteínas ricas em arginina e lisina denominadas histonas que estão combinadas com DNA de células eucarióticas (Capítulo 4). O cromossomo procariótico é nu, sem a membrana nuclear encontrada em células eucarióticas. Por apresentar um comprimento cerca de 1.200 vezes maior que o tamanho da célula, o *cromossomo bacteriano* é enrolado, espiralado e de forma altamente compactada (Figura 13.1).

Além do cromossomo, uma célula bacteriana pode conter uma ou mais estruturas de DNA chamadas ***plasmídios*** (Figura 13.1). Plasmídios são moléculas de DNA de fita dupla menores que os cromossomos e que podem replicar-se independentemente do cromossomo. A maioria são molélulas de DNA circulares, mas plasmídios lineares têm sido encontrados em algumas bactérias, tais como o espiroqueta que causa a doença de Lyme. Os plasmídios

Figura 13.1 Uma célula de *Escherichia coli* rompida mostrando o DNA circular enovelado. Observe o plasmídio (seta), um pedaço de DNA circular que não é parte do cromossomo de *E. coli* e que é auto-replicativo.

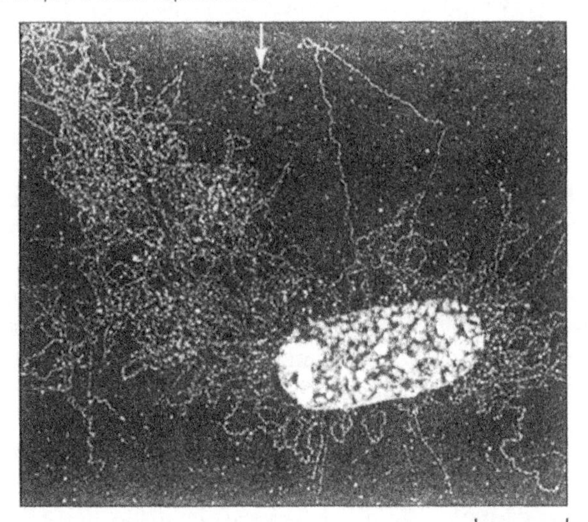

têm sido utilizados extensivamente em técnicas de engenharia genética, e suas propriedades são discutidas posteriormente neste capítulo.

O cromossomo de microrganismos eucarióticos – fungos, algas e protozoários – aparecem no seu estado mais estendido (isto é, durante a intérfase) como um longo cordão de contas quando observado ao microscópio eletrônico. Cada cromossomo consiste em uma única molécula longa de DNA de fita dupla que em intervalos regulares é firmemente enrolado em agregados de proteínas de histonas, formando assim as "contas" de um cordão. Durante a mitose, os cromossomos eucarióticos tornam-se firmemente entrelaçados em uma forma condensada que pode ser vista com um microscópio ótico comum (Capítulo 6). O cromossomo eucariótico difere do cromossomo bacteriano em vários aspectos: (1) cada cromossomo eucariótico é *linear*, em vez de circular; (2) as moléculas de DNA são pelo menos dez vezes mais longas do que as das bactérias; e (3) há normalmente mais do que um cromossomo por célula. Uma célula que contém somente um de cada tipo de cromossomo é um organismo *haplóide*. Desde que as bactérias têm um único cromossomo, elas são necessariamente haplóides. Por outro lado, a maioria das células eucarióticas são *diplóides*, porque elas têm dois de cada tipo de cromossomo.

Responda

1 O que é um cromossomo bacteriano?
2 O que é um plasmídio?
3 Como os cromossomos eucarióticos diferem dos cromossomos bacterianos?

Replicação do DNA

Como mencionado no Capítulo 1, a seqüência ou arranjo ordenado de nucleotídeos de purinas e pirimidinas no DNA constitui a informação hereditária de uma célula. *Replicação do DNA* é o processo que copia as seqüências de nucleotídeos de uma molécula de DNA parental de fita dupla em duas moléculas de DNA-filhas de fita dupla – cada uma das quais estará em uma das células-filhas. Este processo é denominado ***replicação semiconservativa***, porque cada molécula-filha contém uma fita da molécula parental (isto é, uma fita velha ou *conservada*) e uma fita nova sintetizada.

A replicação do DNA bacteriano inicia-se quando duas fitas parentais são desenroladas por uma enzima denominada *DNA girase* em um local específico da molécula de DNA, formando duas forquilhas de replicação (Figura

Figura 13.4 Forquilha de replicação, mostrando a síntese de DNA na extremidade da nova fita complementar de DNA. A extremidade 3' de uma fita nova é alongada pela DNA polimerase de maneira contínua, com desoxinucleotídeos sendo adicionados um por um. Entretanto a extremidade 5' da fita nova é alongada de uma maneira descontínua. Um segmento curto de RNA chamado *primer* é sintetizado próximo da forquilha de replicação.

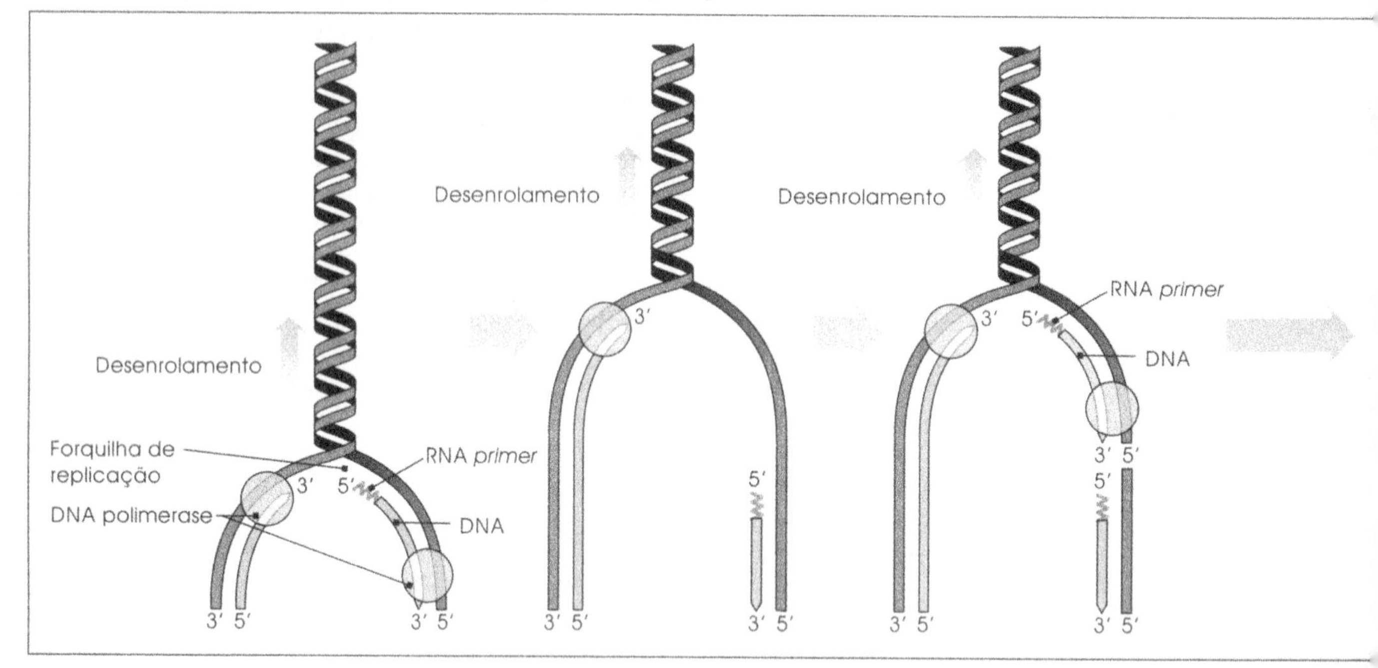

13.2A, caderno em cores). As forquilhas movem-se em direções opostas em torno da molécula circular até eventualmente se encontrarem. Como as duas fitas parentais estão separadas, cada fita serve como um modelo, ou padrão, para a síntese de uma nova fita, que é *complementar* à fita parental. Complementariedade sempre existe entre as bases de purinas e pirimidinas de uma molécula de DNA de fita dupla: *adenina* (A) de uma fita emparelha com *Timina* (T) de outra fita, e *guanina* (G) de uma fita emparelha com a *citosina* (C) da outra fita. Este arranjo é mantido por meio da síntese de novas fitas de DNA.

Uma enzima denominada ***DNA polimerase*** assegura a complementariedade pela adição de nucleotídeos para a fita nova de tal maneira que cada novo nucleotídeo é complementar à base correspondente na fita parental. Por exemplo, se o nucleotídeo da fita parental contém a adenina, a DNA polimerase adicionará uma timina no sítio correspondente da nova fita.

Cada nucleotídeo da fita recentemente sintetizada tem uma *polaridade* que é oposta àquela do nucleotídeo complementar da fita parental. A polaridade refere-se à direção na qual a molécula do nucleotídeo se liga na fita de DNA. Cada molécula de nucleotídeo contém duas extremidades: o *terminal desoxirribose* (chamado de extremidade 3') e o *terminal fosfato* (chamado de extremidade 5'), como mostrado na Figura 13.2B (caderno em cores). Se os nucleotídeos de uma fita parental estão arranjados na direção 5' → 3', os nucleotídeos da nova fita complementar estarão dispostos na direção 3' → 5'. Se os nucleotídeos da fita parental estão dispostos na direção 3' → 5', os nucleotídeos da fita nova estarão dispostos na direção 5' → 3'. Desta forma, a fita parental velha e a fita recentemente sintetizada terão polaridades opostas (Figura 13.2A).

À medida que o DNA circular velho se desenrola, as duas novas fitas continuam a crescer em ambas as forquilhas de replicação. Cada fita nova cresce em duas direções, das extremidades 3' e 5' da fita (Figura 13.3, caderno em cores). Este crescimento bidirecional apresenta um problema para a célula, porque a DNA polimerase pode adicionar nucleotídeos, um de cada vez, somente na extremidade 3' de uma fita em crescimento. Então como a extremidade 5' cresce? Cresce porque um número de pequenos segmentos de DNA são sintetizados pela DNA polimerase e então ligam-se para formar uma fita contínua. Isto ocorre da seguinte maneira. Próximo à forquilha de replicação, uma molécula complementar curta de ácido ribonucléico (RNA) chamado *RNA primer* é produzida por uma enzima específica. Então a DNA polimerase alonga o *primer* pela adição de desoxirribonucleotídeos na extremidade 3' para formar uma fita curta de DNA. A elongação é interrompida quando a extremidade 3' da fita de DNA atinge o RNA *primer* de uma fita previamente sintetizada. A DNA polimerase remove o *primer* e então a enzima chamada ***DNA ligase*** junta os segmentos de DNA (Figura 13.4).

Em organismos eucarióticos, que têm moléculas de DNA linear, a replicação do DNA inicia-se em muitos sítios da molécula (algumas vezes centenas deles) com a formação de "bolhas" de replicação (Figura 13.5). Uma

A DNA polimerase alonga o *primer* pela adição de desoxirribonucleotídeo para formar uma fita curta 5' → 3' de DNA. Após o DNA parental estar completamente desenrolado, um outro RNA *primer* é produzido, outra cadeia curta de DNA é sintetizada pela DNA polimerase, e assim por diante. A fita curta de DNA é então conectada pela DNA ligase para formar uma fita longa contínua.

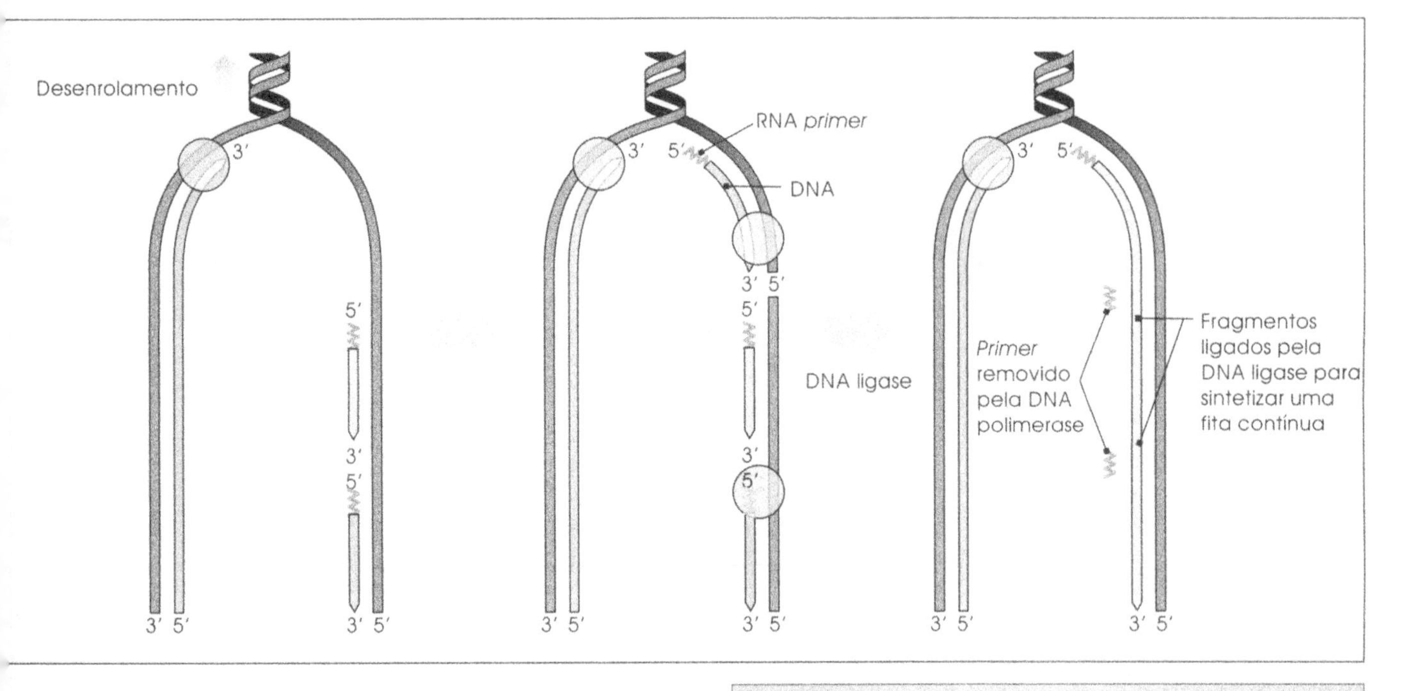

Figura 13.5 O modo de replicação de DNA linear de eucarioto envolve a formação de múltiplas "bolhas" de replicação. (A forma helicoidal da dupla fita de DNA não é mostrada para simplificar)

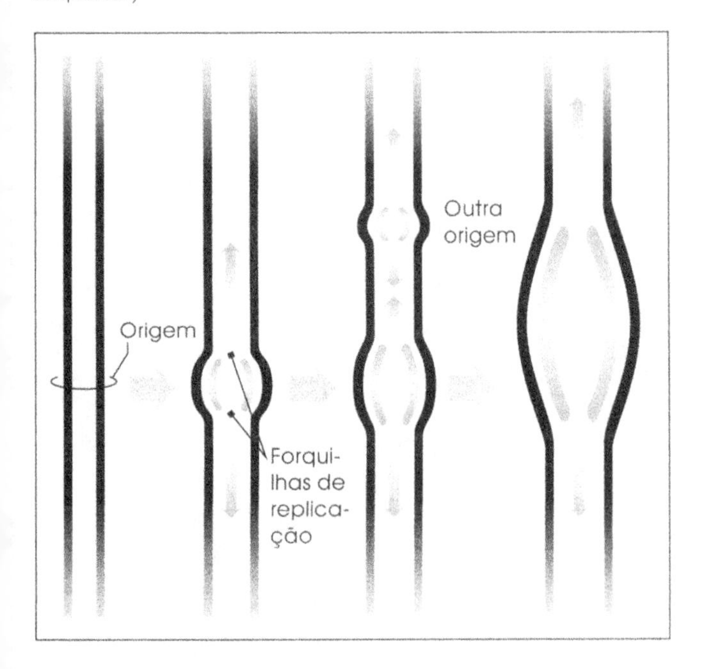

bolha de replicação cresce em tamanho com a replicação do DNA dirigindo-se em direções opostas ao ponto de iniciação. Bolhas adjacentes fundem-se para formar uma maior até, finalmente, duas moléculas lineares de fita dupla estarem formadas.

Responda

1. O que significa *replicação semiconservativa*?
2. Quais enzimas sintetizam fitas complementares novas de DNA?
3. A que é atribuída esta grande exatidão com a qual o DNA é replicado?
4. Uma fita nova de DNA tem a mesma polaridade ou polaridade oposta à da fita parental?
5. Qual é a função da DNA ligase na replicação do DNA?

Transcrição e Tradução da Informação Genética

Ordenadas por seqüências de nucleotídeos específicas no DNA, as mensagens genéticas orientam a produção de RNA e proteínas, que são componentes essenciais de todas as células vivas. Um segmento de DNA que contém a seqüência de nucleotídeos para a produção de uma determinada proteína é denominado ***gene***. Uma vez que as células produzem milhares de proteínas, uma molécula de DNA contém milhares de genes, um para cada proteína. A forma pela qual as células usam a informação no gene para produzir uma determinada proteína pode ser resumida como segue:

Figura 13.6 Transcrição do DNA. A RNA polimerase DNA dependente se liga a uma seqüência do promotor e então adiciona nucleotídeos ativados para construir uma fita de *m*RNA complementar à mensagem do DNA. Observe que onde há um G no DNA, um C é inserido no *m*RNA, e onde há um A no DNA, um U é inserido no *m*RNA. A síntese do *m*RNA termina quando a polimerase encontra uma seqüência terminal. O *m*RNA servirá mais tarde como um molde na síntese de proteínas. A, adenina; T, timina; C, citosina; G, guanina; U, uracila.

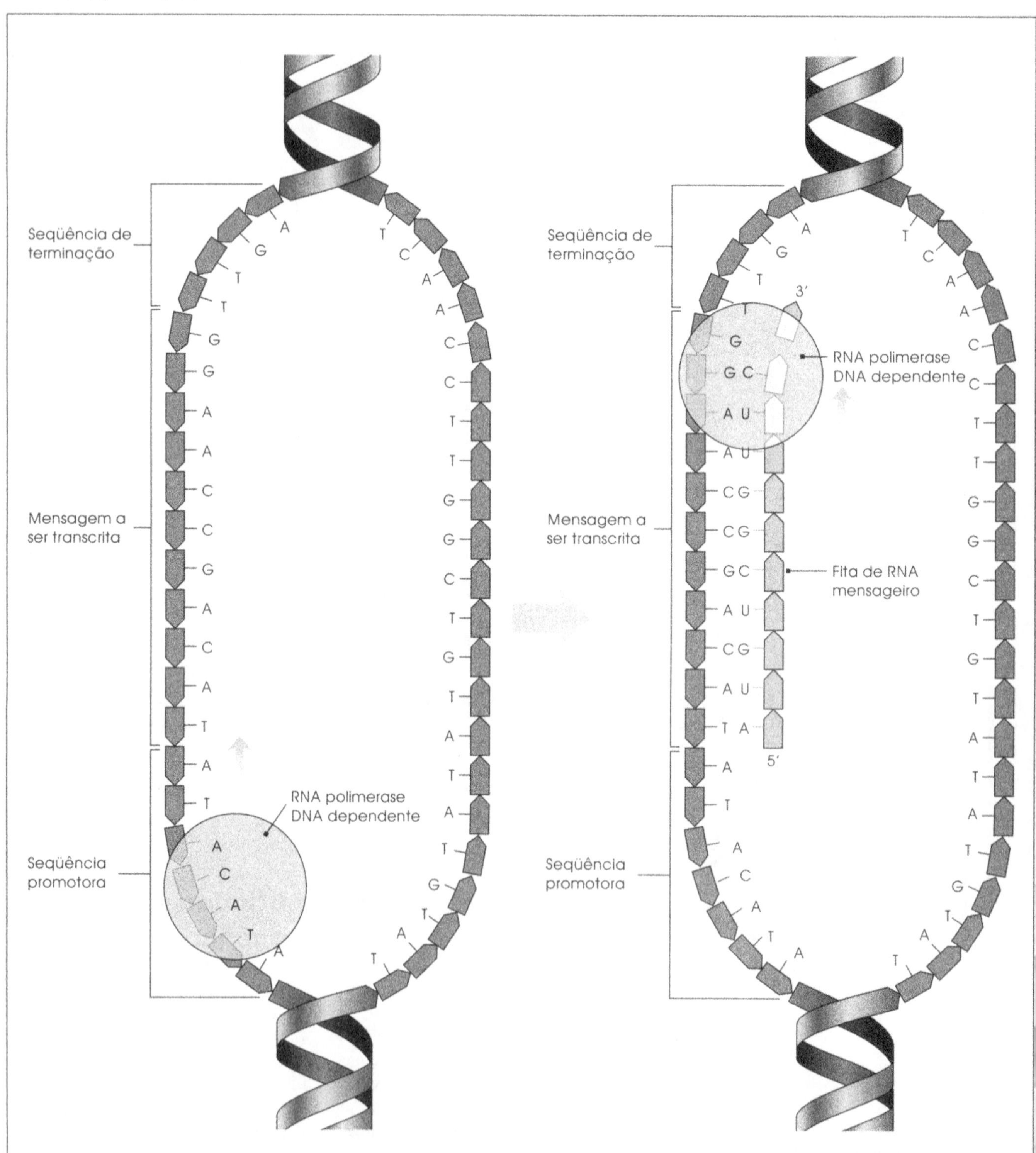

1. A informação no gene (DNA) é copiada para uma molécula de ***ácido ribonucléico (mRNA)*** por um processo chamado ***transcrição.***

2. O *m*RNA carrega as informações transcritas da região nuclear da célula para os ribossomos no citoplasma.

3. Os ribossomos então executam a tradução, um processo em que a informação no *m*RNA é utilizada para sintetizar uma proteína correspondente a partir de aminoácidos.

Transcrição

A transcrição de um determinado gene envolve somente uma das fitas do DNA de fita dupla. Uma enzima chamada ***RNA polimerase DNA dependente*** é responsável por transcrever o gene para o *m*RNA. Primeiro esta enzima liga-se a uma seqüência especial de nucleotídeos de DNA chamada ***região promotora***, onde as duas fitas do DNA separam-se e a polimerase começa a mover e sintetiza uma fita de *m*RNA que é complementar a uma das fitas do DNA (Figura 13.6). Por exemplo, se o desoxinucleotídeo na fita de DNA contém *guanina*, o ribonucleotídeo correspondente na fita de RNA conterá *citosina*, e se um desoxirribonucleotídeo na fita de DNA contém *adenina*, o ribonucleotídeo correspondente na fita de RNA conterá *uracila*. (Ver Figura 1.25; relembrar, conforme o Capítulo 1, que o RNA contém uracila em vez de timina.) Os ribonucleotídeos são adicionados para o crescimento da fita de *m*RNA na extremidade 3', por isso a fita cresce na direção 5' → 3' (Figura 13.6). À medida que os ribonucleotídeos são adicionados, a hélice dupla de DNA abre continuamente na frente do ponto de crescimento e então fecha atrás para preservar a configuração da fita dupla do DNA. A polimerase pára quando alcança o final da mensagem genética, que é indicada por uma seqüência de nucleotídeos no gene chamada *seqüência terminal.*

m*RNA e o Código Genético.** As "palavras" da mensagem genética carregada pelo *m*RNA (inicialmente codificada no segmento do DNA da qual foi transcrita) são escritas em linguagem química chamada ***código genético. Este código é baseado em unidades chamadas *códons m*RNA, cada qual constituída de *três* das quatro bases conhecidas do *m*RNA (adenina (A), guanina (G), citosina (C) e uracila (U)). Durante a tradução, cada códon do *m*RNA informa ao ribossomo qual dos 20 aminoácidos será adicionado na cadeia protéica em formação. O códon UGG (uracila-guanina-guanina), por exemplo, sinaliza a adição do aminoácido triptofano. A Tabela 13.1 relaciona a lista completa do dicionário códon-aminoácido do código genético. Este dicionário, que é praticamente universal para todas as espécies, tem três aspectos particularmente interessantes:

1. O códon AUG, que codifica o aminoácido metionina, é também um *códon iniciador* e sempre aparece no início da mensagem genética. Ele atua como um sinal à célula, informando onde se inicia a tradução do gene. A metionina sempre será o aminoácido inicial na síntese de uma nova molécula de proteína. Entretanto, esta metionina inicial é com freqüência removida posteriormente, deixando o próximo aminoácido como o primeiro na cadeia protéica final. Por exemplo, o aminoácido lisina torna-se o primeiro aminoácido na enzima ribonuclease (ver Figura 1.19).

2. Três códons (UAA, UAG e UGA) são *códons sem sentido*, para as quais não há o aminoácido correspondente. *Estes códons causam o término da tradução e param a síntese da proteína que está sendo traduzida.*

3. Desde que existam 4 bases diferentes, pode haver 4^3 ou 64 tipos de códons. Entretanto, há somente 20 aminoácidos a serem codificados. *Conseqüentemente, alguns aminoácidos são codificados por mais de um códon.* Por exemplo, a leucina é codificada por qualquer dos 6 códons: UUA, UUG, CUU, CUC, CUA e CUG (Tabela 13.1).

Um exemplo mostrará como o código genético opera. Suponha que a seqüência de bases no *m*RNA seja

AUG-AGA-AAA-UUU-AGU-GGG-ACU-UCU-UAA

Conforme a Tabela 13.1, a tradução deste código para a cadeia de aminoácidos pelo ribossomo deveria ser

Met-Arg-Lys-Phe-Ser-Gly-Thr-Ser-TÉRMINO.

Se a metionina for removida mais tarde, a seqüência final deverá ser

Arg-Lys-Phe-Ser-Gly-Thr-Ser-TÉRMINO.

Tradução

Os ribossomos, que são constituídos de proteínas e RNA ribossômico (*r*RNA), traduzem a informação codificada no *m*RNA para sintetizar uma proteína. Como você aprendeu no Capítulo 4, um ribossomo bacteriano é constituído de uma subunidade 50 S e uma subunidade 30 S, que se combinam durante a síntese protéica para formar um ribossomo completo 70 S. Por outro lado, um ribossomo eucariótico é constituído de uma subunidade 60 S e uma subunidade 40 S, que se combinam para formar um ribossomo completo de 80 S.

Antes de um ribossomo produzir uma proteína a partir dos aminoácidos, estes devem ser *ativados* com a energia do ATP, um composto discutido no Capítulo 11. Os aminoácidos ativados são então ligados na extremidade de moléculas especiais de RNA denominadas ***RNA transportador (tRNA)***, que carregam os aminoácidos para o ribossomo (Figura 13.7). As moléculas do RNA transportador são muito mais curtas que as moléculas do *m*RNA e apresentam dobras internas pelo pareamento

DESCOBERTA!

13.1 PCR – UMA FERRAMENTA MARAVILHOSA

É possível comprovar a participação de um suspeito em um crime com base em um único fio de cabelo encontrado na cena do crime? Podem os médicos detectar o vírus da AIDS no sangue de uma pessoa infectada mesmo quando todos os procedimentos para o isolamento do vírus não tiveram sucesso? A resposta é sim para estas questões, graças a um dos mais significativos desenvolvimentos na biologia molecular – a técnica laboratorial chamada *reação de polimerização em cadeia*, ou PCR. Com essa técnica é possível produzir um enorme número de cópias de um ou mais genes de uma diminuta quantidade de DNA – quantidades tão pequenas que não podem ser detectadas por métodos de rotina. Grandes quantidades de DNA podem ser produzidas de pequenas quantidades presentes em substâncias como água, alimentos, sangue, cabelo e amostras clínicas de pacientes. Esta "amplificação" de DNA tem muitas aplicações na microbiologia, incluindo o diagnóstico clínico, a medicina legal e a pesquisa básica. Por exemplo, se somente poucas quantidades de genes do vírus da AIDS estão presentes na amostra de células de um paciente infectado, estes genes podem ser amplificados em uma quantidade suficiente de DNA para identificar esses genes. Isto tem possibilitado aos clínicos (médicos) detectar a infecção pelo vírus da AIDS quando não foi possível detectá-la por outros métodos. O PCR tem-se tornado também uma poderosa ferramenta para o diagnóstico de várias doenças genéticas, como a anemia falciforme, em um indivíduo ainda no útero da mãe. Isto é possível porque a técnica consegue amplificar a informação genética fornecida por umas poucas células fetais que podem ser obtidas sem prejudicar o feto. Há também utilização estimulante do PCR no campo da medicina legal. Traços de DNA em fluidos como o sangue ou sêmen, ou tecidos como cabelos encontrados na cena do crime, podem ser amplificados pelo PCR e então analisados para ver se o DNA é idêntico ao da pessoa suspeita de ter cometido o crime. Os tribunais estão começando a aceitar tais evidências, que ajudarão a solucionar crimes até então insolúveis.

O material inicial para o PCR é um segmento de DNA de fita dupla contendo a seqüência-alvo, uma seqüência de nucleotídeo contendo o gene que interessa. No primeiro ciclo (observar a figura) o DNA é aquecido para separar as duas fitas. Então os dois tipos de primers – curtos pedaços sintéticos de DNA – são adicionados. Cada primer tem uma seqüência de nucleotídeo que é complementar a uma região particular na extremidade do gene a ser amplificado. Quando a mistura de primers e DNA é esfriada, o primer liga-se ao gene. A enzima DNA polimerase então adiciona nucleotídeos ativados um de cada vez na extremidade de cada primer e sintetiza uma fita longa de DNA complementar. No final do ciclo, duas cópias do gene são formadas de cada cópia inicial.

Ciclos subseqüentes são feitos de maneira similar. O valor da técnica de PCR deve-se ao fato de que o número de cópias de um gene-alvo aumenta exponencialmente em cada ciclo: 2, 4, 8, 16, 32 e assim por diante. Depois de 25 ciclos há milhões de cópias da seqüência-alvo, suficientes para serem facilmente analisadas pelas técnicas laboratoriais de rotina.

A técnica do PCR é ainda muito nova para ser utilizada rotineiramente em todos os laboratórios, mas é tão poderosa como ferramenta de detecção que a sua utilização será rapidamente difundida.

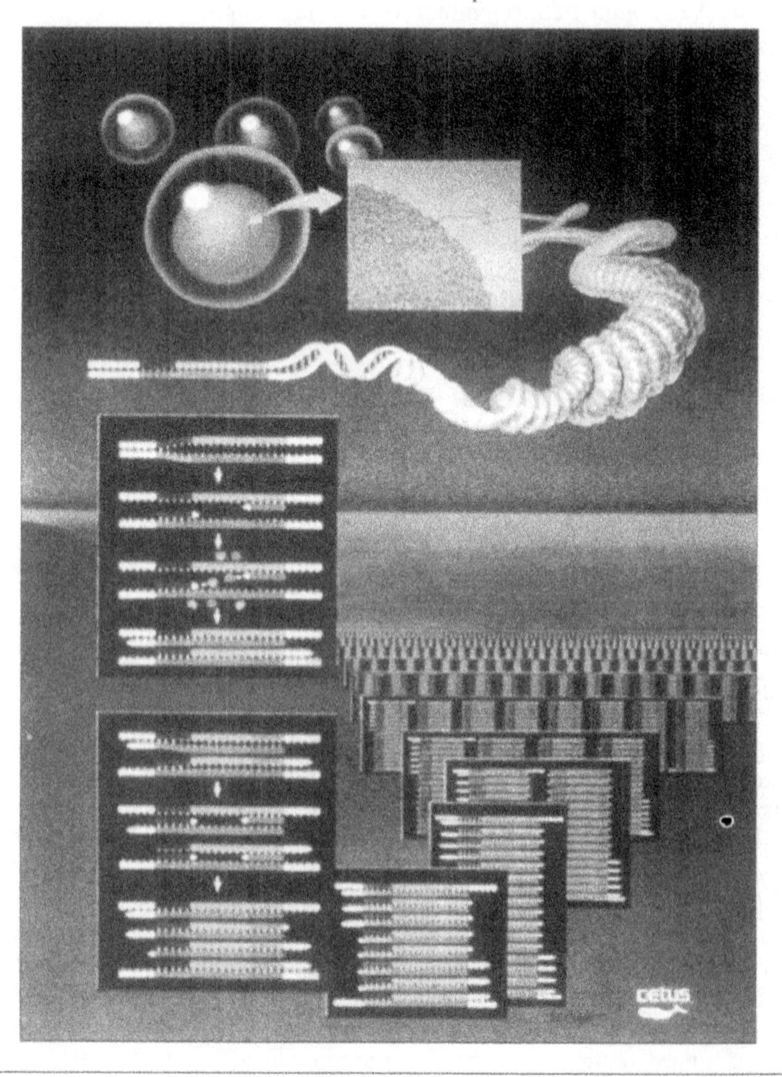

Tabela 13.1 O código genético para os triplets de base do *m*RNA e os aminoácidos para os quais codificam.

	Segunda base								
Primeira base	**U**		**C**		**A**		**G**		**Terceira base**
U	UUU	Phe	UCU	Ser	UAU	Tyr	UGU	Cys	U
	UUC		UCC		UAC		UGC		C
	UUA	Leu	UCA		UAA Terminação*		UGA Terminação*		A
	UUG		UCG		UAG Terminação*		UGG	Trp	G
C	CUU	Leu	CCU	Pro	CAU	His	CGU	Arg	U
	CUC		CCC		CAC		CGC		C
	CUA		CCA		CAA	Gln	CGA		A
	CUG		CCG		CAG		CGG		G
A	AUU	Ile	ACU	Thr	AAU	Asn	AGU	Ser	U
	AUC		ACC		AAC		AGC		C
	AUA		ACA		AAA	Lys	AGA	Arg	A
	AUG	Met†	ACG		AAG		AGG		G
G	GUU	Val	GCU	Ala	GAU	Asp	GGU	Gly	U
	GUC		GCC		GAC		GGC		C
	GUA		GCA		GAA	Glu	GGA		A
	GUG		GCG		GAG		GGG		G

* Os códons UAA, UAG e UGA ocasionam término da síntese de uma proteína.
† O códon AUG, que codifica a metionina, é o triplet inicial do *m*RNA; esta metionina é sempre o primeiro aminoácido presente na síntese de uma molécula nova de proteína (apesar de que geralmente é removida mais tarde).

entre bases complementares (adenina com uracila, guanina com citosina). Estas dobras e pareamentos fornecem a cada molécula de *t*RNA uma configuração de uma folha de trevo (Figura 13.7).

Há um *t*RNA específico para cada um dos 20 aminoácidos. Em cada molécula de *t*RNA, três das bases não-pareadas constituem um *anticódon* (Figura 13.7), que pode reconhecer um códon complementar no *m*RNA. Por exemplo, o *t*RNA em que somente a leucina está ligada (chamado *t*RNA ^{Leu}) tem o anticódon AAC, que é complementar para o códon UUG do *m*RNA para leucina.

Após as moléculas de *t*RNA carregarem aminoácidos ativados para o ribossomo (Figura 13.8A, caderno em cores), este liga os aminoácidos para formar uma proteína. Um ribossomo é igual a um videocassete: da mesma forma que o aparelho produzirá qualquer tipo de imagem, dependendo da fita de vídeo a ser reproduzida, o ribossomo produzirá todo tipo de proteínas, dependendo da espécie de *m*RNA fornecido. A Figura 13.8B (caderno em cores) ilustra as etapas envolvidas na tradução de códigos de instrução contidos em uma molécula de *m*RNA para uma determinada proteína. Observe que é o alinhamento específico dos anticódons do *t*RNA com seus códons complementares de *m*RNA que permite a união dos aminoácidos em uma seqüência correta.

Como mostra a Figura 13.9, vários ribossomos podem estar ativamente envolvidos na tradução de uma única molécula de *m*RNA ao mesmo tempo. A elongação da cadeia protéica pára quando o ribossomo finalmente alcança um códon sem sentido (UAA, UAG ou UGA).

Responda

1 Qual é a diferença entre a transcrição e a tradução de uma mensagem genética?

2 Que enzima sintetiza RNA mensageiro? O que controla onde a enzima inicia e pára a síntese?

3 Qual é a base do código genético?

4 Qual o papel dos ribossomos, do RNA transportador e do RNA mensageiro na tradução?

Variabilidade nos Microrganismos

Até este ponto você aprendeu o mecanismo pelo qual a informação genética pode ser transmitida das células parentais para a progênie com grande exatidão, carregando características específicas de geração para geração. Entretanto, a variabilidade genética é tão necessária para uma espécie biológica quanto a sua constância. Os organismos vivos necessitam manter um balanço próprio entre essas duas características. Conseqüentemente, você deve compreender os mecanismos que resultam em variabilidade.

Variabilidade está associada com duas propriedades fundamentais de um organismo, o seu ***genótipo*** e o seu ***fenótipo***. O genótipo refere-se a toda capacidade genética de um organismo encontrado no DNA. Na célula bacteriana, este inclui o DNA cromossômico mais qualquer DNA plasmidial que possa estar presente; nas células eucarióti-

Figura 13.7 Aminoácidos ativados podem se ligar no RNA transportador (*t*RNA). O *t*RNA tem uma estrutura em forma de trevo porque ocorre um pareamento de bases complementares entre as partes da molécula; das bases não emparelhadas remanescentes, três constituem o anticódon. No *t*RNA ilustrado, o anticódon é AAC; o códon do *m*RNA correspondente é UUG, o códon para leucina. Desta forma este RNA transportador é denominado *t*RNA^{Leu}, e uma molécula de leucina pode se ligar a ele. Há um RNA transportador especifico para cada tipo de aminoácido.

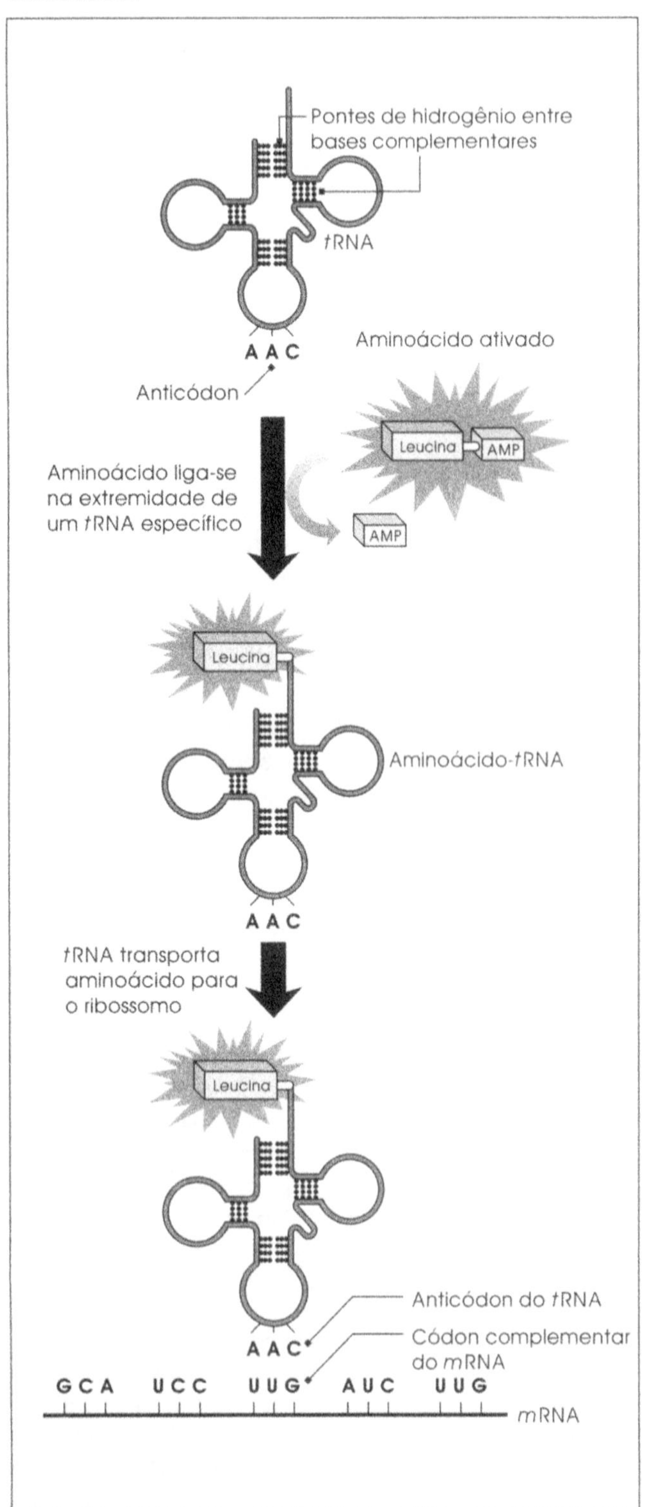

cas, inclui o DNA cromossômico mais o DNA das mitocôndrias, e em algas e células vegetais, o DNA dos cloroplastos. As células obviamente carregam mais informações genéticas do que as utilizadas ou expressas em um determinado momento. Desta forma, o genótipo representa o *potencial hereditário total* de uma célula. Ao contrário, o fenótipo representa a parte do potencial genético que está *atualmente sendo expressa por uma célula sob determinadas condições*. Isto pode ser uma cor particular ou o tamanho de uma colônia bacteriana, ou a utilização de compostos químicos específicos como fonte de energia pelas leveduras. Outro exemplo é a presença de cápsulas bacterianas, que podem ou não ser produzidas por certas bactérias, dependendo do seu ambiente. É importante notar que um único genótipo pode resultar em muitos fenótipos.

Alterações Fenotípicas

Tanto as condições ambientais quanto o genótipo podem influenciar o fenótipo de um organismo. Por exemplo, bactérias do gênero *Azomonas* formam grandes colônias viscosas quando cultivadas com a sacarose e pequenas colônias não-viscosas na ausência deste açúcar (Figura 13.10). Embora a bactéria seja sempre potencialmente capaz de produzir o material viscoso, é a presença ou a ausência do açúcar que determina se esta característica é expressa. Em outras palavras, algumas alterações fenotípicas podem ser causadas por alterações ambientais em vez de por alterações das informações genéticas de uma célula, e um retorno ao fenótipo original deverá ocorrer se as condições ambientais originais forem restabelecidas.

Alterações Genotípicas

Embora algumas das alterações fenotípicas sejam o resultado das condições ambientais, outras são resultantes das alterações no DNA. Isto pode ocorrer como resultado da (1) ***mutação,*** uma alteração na seqüência de nucleotídeos de um gene, ou (2) ***recombinação***, um processo que leva a uma nova combinação de genes em um cromossomo.

Mutação. Qualquer gene pode sofrer uma mutação. Se um gene mutante tem uma seqüência de nucleotídeos alterada, a proteína que ele codifica pode ter uma alteração na seqüência de aminoácidos. Uma célula ou um organismo que carrega um gene alterado é chamado de *mutante*, enquanto o organismo parental com um gene normal (não-mutado) é denominado *tipo selvagem*. Estudando as mutações, os cientistas podem aprender mais sobre bioquímica celular, desordens genéticas, tais como a acondroplasia e a coréia de Huntington, e desenvolvimento de resistência a drogas em microrganismos patogênicos.

Figura 13.9 Um desenho esquemático de vários ribossomos lendo uma molécula de mRNA simultaneamente. Os cubos sólidos representam os aminoácidos.

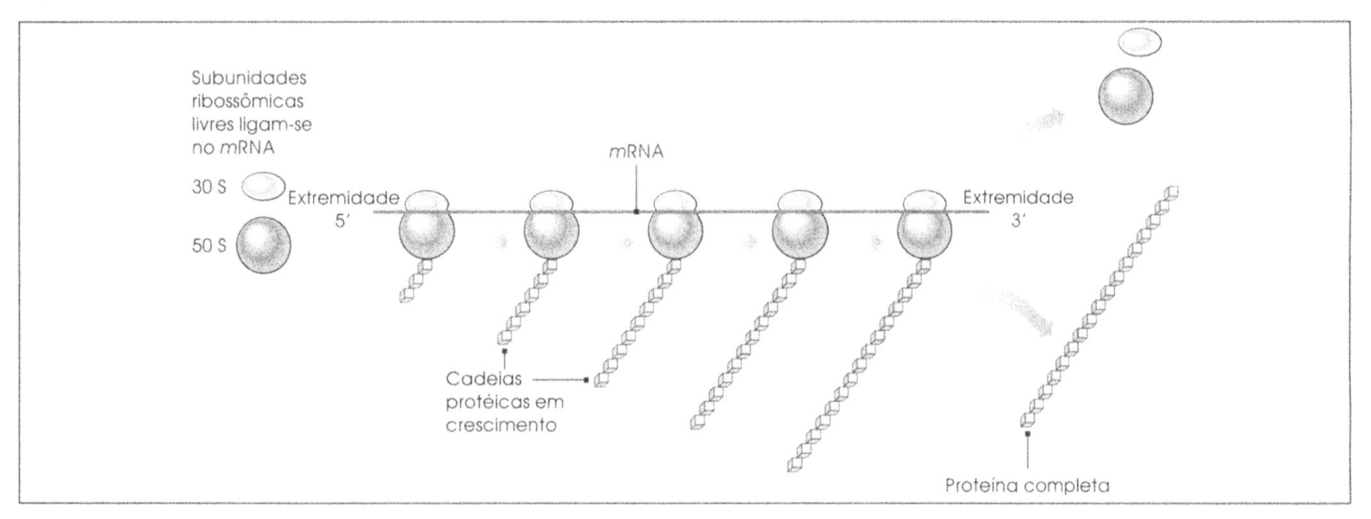

Figura 13.10 Aspecto das colônias de *Azomonas* sp. cultivada em meio solidificado. [**A**] Colônias pequenas, não-viscosas crescidas no meio ágar triptose-soja sem sacarore. [**B**] Colônias grandes, viscosas, crescidas no meio ágar triptose-soja contendo sacarose. Em muitas partes as bordas das colônias estão fundidas, dando um crescimento confluente.

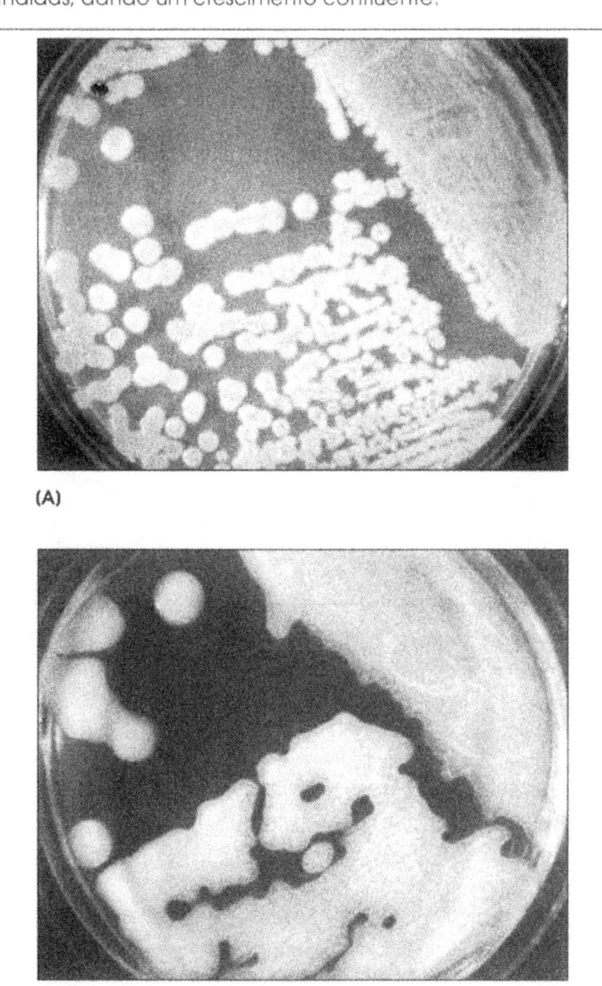

Mutações podem ocorrer em todos os organismos vivos. Por exemplo, um gato albino aparece em uma ninhada de gatos pretos, ou ervilhas amarelas crescem entre muitas ervilhas verdes. O mesmo fenômeno pode ocorrer entre os microrganismos. Na natureza, entretanto, mutações são eventos relativamente raros que podem ocorrer ao acaso, sem uma causa aparente. Em bactérias, tais mutações espontâneas usualmente ocorrem em uma proporção de somente uma mutação em uma população de vários milhões de células bacterianas. Por essa razão, o isolamento de uma célula mutante de uma cultura bacteriana é como "encontrar uma agulha em um palheiro".

Os microbiologistas têm desenvolvido algumas técnicas que auxiliam no isolamento ou seleção desses raros mutantes. Por exemplo, um antibiótico pode ser adicionado a um meio de crescimento para selecionar mutantes que são resistentes a antibióticos. Sob essas condições, as células do tipo selvagem serão mortas e somente as células mutantes sobreviverão e se multiplicarão. Similarmente, um vírus que ataca a bactéria pode ser introduzido em uma cultura bacteriana em crescimento para encontrar mutantes bacterianos que são resistentes ao vírus. *É importante compreender que as mutações ocorrem antes da exposição ao antibiótico ou ao vírus, e não como um resultado de tal exposição.* O antibiótico ou o vírus meramente *seleciona* um mutante que realmente está presente.

Alguns mutantes requerem métodos de seleção mais complicados. Por exemplo, uma célula mutante de *Escherichia coli* pode ser incapaz de sintetizar um aminoácido ou uma vitamina essencial normalmente produzidos por um tipo selvagem. Um engenhoso procedimento é utilizado para aumentar a proporção de cada mutante em uma população, permitindo o seu isolamento:

1. Uma cultura de *E. coli* contendo as células tipo selvagem e algumas células mutantes é inoculada em um

meio que carece do nutriente que o mutante não é capaz de sintetizar (por exemplo, o aminoácido triptofano). As células do tipo selvagem podem reproduzir, mas as mutantes não.

2. Penicilina é adicionada à cultura. Este antibiótico mata somente células que estão se reproduzindo. Desta forma, as células do tipo selvagem são mortas, enquanto as células mutantes não são, *porque elas não estão se reproduzindo.*

3. A enzima penicilinase é adicionada para destruir a penicilina, ou as células podem simplesmente ser centrifugadas e retiradas do meio contendo a penicilina.

4. As células são semeadas em um meio solidificado contendo triptofano. As células mutantes (e todas as células do tipo selvagem que permanecem viáveis) multiplicam-se e formam colônias.

A *técnica da réplica em placa* ("carimbo"), um método de isolamento seletivo desenvolvido em 1952, pode agora ser utilizado para identificar quais das colônias no meio em placa são mutantes (Figura 13.11). Este procedimento utiliza um *replicador de disco de veludo*, um cilindro coberto com tecido de veludo estéril. Quando a extremidade do replicador de veludo é pressionada no meio de cultura em placa, as fibras do veludo captam as bactérias das colônias. O modelo de impressão corresponde ao arranjo das colônias na placa. O replicador é então pressionado em duas placas de ágar estéril, uma contendo triptofano e a outra não. As fibras inoculam as bactérias nessas novas placas no mesmo padrão daquelas colônias na placa original. A bactéria mutante será capaz de crescer somente no meio contendo triptofano, enquanto a selvagem crescerá em ambos os meios. Comparando as duas placas após incubação, você pode identificar as mutantes.

Outras técnicas para seleção de mutantes específicos incluem a utilização de sistemas de filtração e a utilização de vírus que infectam bactérias específicas. Muitas das técnicas tradicionalmente utilizadas pelos microbiologistas para indução e seleção de mutantes têm sido adaptadas para o estudo de células animais e vegetais cultivadas em laboratório. Técnicas automatizadas têm sido desenvolvidas para detecção e isolamento de células mutantes.

As mutações podem ser classificadas em vários tipos, de acordo com a espécie de alterações que produzem no gene. Dois tipos comuns são a *mutação pontual* e *mutação por deslocamento do quadro de leitura* (*frameshift*). Uma mutação pontual é aquela que resulta de uma *substituição de um nucleotídeo por outro* em um gene. Em uma forma de mutação pontual, chamada *mutação neutra*, o códon alterado continua a codificar o mesmo aminoácido como

Figura 13.11 A técnica da réplica em placa é utilizada para o isolamento de mutantes nutricionais de *E. coli*. Nesta ilustração ela é usada para isolar um mutante que perdeu a capacidade de sintetizar o aminoácido triptofano. A etapa-chave é a utilização de um pedaço de veludo para inocular a bactéria, na mesma posição das colônias da placa original. Embora a placa ilustrada tenha somente 6 colônias para simplificar, com esta técnica podem ser analisadas mais de 100 colônias em cada placa.

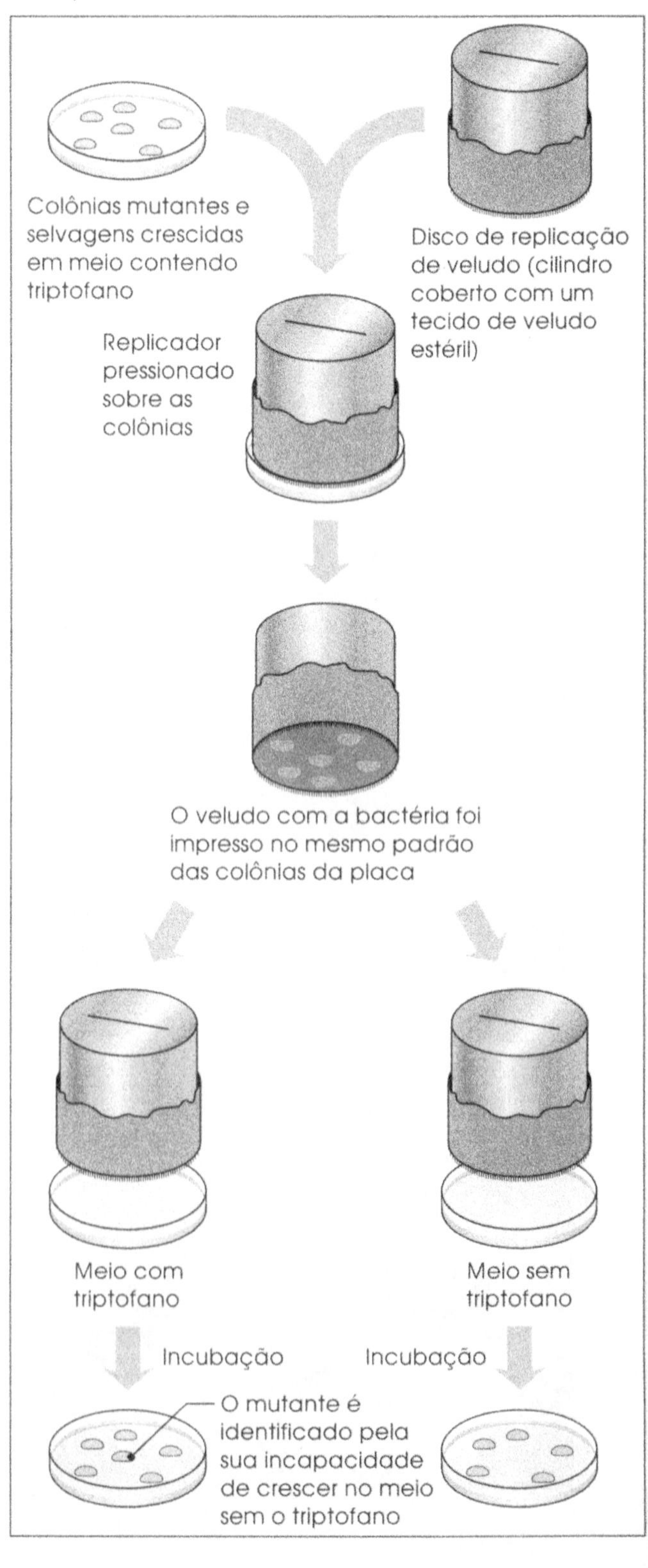

antes e, desta forma, a mesma proteína é sintetizada. Por exemplo, se o códon do *m*RNA AAU tornar-se AAC, ainda assim codificará o aminoácido asparagina, pois mais de um códon pode codificar este aminoácido (Tabela 13.1). Em outra forma de mutação pontual, chamada *mutação errônea*, o códon alterado codifica um aminoácido diferente. Por exemplo, se o códon AAU tornar-se AAG, codificará a lisina em vez da asparagina. Isto pode alterar as propriedades da proteína, ou até torná-la não-funcional.

Um bom exemplo de mutação errônea em humanos é a anemia falciforme. Uma única substituição de base no códon para o sexto aminoácido da hemoglobina A normal muda o aminoácido ácido glutâmico (códon = GAG) para valina (códon = GUG). (Hemoglobina é a proteína das células vermelhas que transporta oxigênio.) O resultado é a síntese de uma hemoglobina anormal, a hemoglobina S, que caracteriza a anemia falciforme. Em baixas concentrações de oxigênio no sangue, as moléculas de hemoglobina S tornam-se empilhadas em cristais, distorcendo as células vermelhas em forma de foice. Essas células de morfologia alterada causam uma variedade de problemas de saúde.

No terceiro tipo de mutação pontual, chamada *mutação sem sentido (nonsense)*, a substituição do nucleotídeo produz um códon de terminação da cadeia (por exemplo, uma alteração de UAU para UAA). Isto resulta em um término prematuro da síntese de proteína durante a tradução. O produto é uma proteína incompleta que provavelmente não é funcional.

A *mutação por deslocamento do quadro de leitura* ocorre com a *adição* ou a *perda* de um ou mais nucleotídeos no gene e é denominada *mutação de inserção* e *mutação de deleção*, respectivamente. Uma vez que o *m*RNA é lido em blocos consecutivos de três bases (códons), uma mutação por deslocamento do quadro de leitura causa uma mudança que é chamada de *quadro de leitura* do gene. Isto usualmente leva à formação de uma proteína não-funcional, uma situação análoga à adição ou deleção de uma ou mais letras na frase. Por exemplo, se a frase começa

Ter uma boa mãe --- --- ---

e você adiciona uma letra a mais, *d*, mas continua mantendo o grupo de letras em triplets, a frase torna

Ter umd abo amã e --- --- ---

o que não tem sentido. Similarmente, se você retirar uma letra na frase original, o resultado também se tornará sem sentido.

As mutações podem ocorrer espontaneamente, sem uma causa aparente, ou podem resultar de uma exposição a um *agente mutagênico*. Mutagênico é todo agente químico ou físico que faz com que a freqüência de mutação (número de mutantes por gene em cada geração) supere a freqüência espontânea normal. Exemplos de agentes físicos mutagênicos são a luz ultravioleta (UV) e os raios X. Mutagênicos químicos incluem o ácido nitroso, corante de acridina, 5-bromouracil, sulfonato de etil metano e nitrosoguanidina. Exposição excessiva ao sol, que contém luz ultravioleta, e compostos químicos presentes nos cigarros são considerados um risco à saúde porque estes agentes têm um grande potencial para causar mutação.

Os mutagênicos atuam alterando a estrutura do DNA ou seus componentes. Por exemplo, quando o raio X passa através de uma célula, pode remover elétrons de átomos e moléculas, deixando um trilho de íons. Estes íons podem direta ou indiretamente causar alterações nas estruturas das bases púricas ou pirimídicas. A luz ultravioleta causa a formação de *dímeros de timina*, nos quais duas pirimidinas adjacentes na fita do DNA se ligam; esta ligação distorce a conformação normal do DNA. Ácido nitroso pode converter bases púricas e pirimídicas normais em bases anormais como uracila e hipoxantina. Moléculas de corantes acridina orange podem ligar-se entre as duas fitas do DNA, desse modo causando deformação na hélice do DNA e mutações por deslocamento do quadro de leitura. O sulfonato de etil metano produz altas proporções de mutações pontuais. Estas e outras alterações causam erros na seqüência de nucleotídeos durante a replicação do DNA.

Muitos mutagênicos também são *carcinogênicos* (agentes que induzem o câncer), assim sustentando a idéia de que as influências genéticas estão de algum modo ligadas ao câncer. Os cientistas agora sabem que as células humanas contêm um número de genes especial, chamado *proto-oncogenes*, que têm o potencial de causar câncer. Sob condições normais, os proto-oncogenes provavelmente codificam proteínas essenciais para o crescimento de células em estágios específicos do desenvolvimento do organismo. Mas se estes genes são alterados ou são expressos em um estágio anormal, talvez pela ação de mutagênicos ou certos vírus, eles aparentemente podem contribuir para o desenvolvimento do câncer e, assim, são denominados ***oncogenes***.

No ínicio dos anos 1970, os pesquisadores descobriram um surpreendente grupo de mutagênicos que são constituídos do próprio DNA. Estes pequenos pedaços móveis de DNA, chamados ***transposons***, contêm informação genética que permite a sua inserção no próprio cromossomo em numerosos locais. Os transposons causam mutações pela interrupção na seqüência de nucleotídeos dos genes nos quais se inserem.

É importante reconhecer que a mutação causada por mutagênicos difere da mutação espontânea *somente na freqüência, e não no tipo*. Por exemplo, a exposição à luz ultravioleta em um laboratório resulta em um grande aumento no número de mutações, mas os tipos de mutações são similares àqueles que ocorrem espontaneamente. A luz ultravioleta é freqüentemente utilizada em laboratório de pesquisas para obter mutantes.

Felizmente, as células contêm enzimas específicas que reparam as lesões do DNA realizadas por mutagênicos. Devido a essas enzimas de reparo, algumas células podem escapar dos efeitos lesivos das mutações e continuar a funcionar normalmente. Tipos de reparos de DNA incluem a remoção dos pares de bases lesados ou emparelhados erroneamente.

Recombinação. É um processo que produz um novo genótipo por meio da troca de material genético entre dois cromossomos homólogos. Cromossomos homólogos têm genes similares em sítios correspondentes. Entretanto, os genes, apesar de similares, podem não ser necessariamente *idênticos*. Por exemplo, o gene de um determinado sítio em um cromossomo pode sofrer uma mutação. Portanto, se isso ocorrer, ele não será idêntico ao gene correspondente no outro cromossomo. Tais genes correspondentes que diferem de outros no seu estado mutacional são chamados de *alelos*.

Em microrganismos eucarióticos como fungos, algas e protozoários, a recombinação genética pode ocorrer durante a meiose (ver Figura 6.9). Neste processo, os pares de cromossomos homólogos podem cruzar, quebrar e então rearranjar-se de uma maneira que um fragmento de cada cromossomo seja trocado (Figura 13.12, caderno em cores). O ponto onde os cromossomos se cruzam é o *quiasma* e o processo da troca completa é denominado *crossing-over*.

Em células procarióticas, há somente um único cromossomo. Portanto, antes que a recombinação possa ocorrer, um cromossomo homólogo (usualmente somente um pedaço dele) deve primeiro ser *transferido* da bactéria doadora para a receptora. Uma vez que o cromossomo doador deve ser homólogo ao cromossomo receptor, a bactéria doadora e ou bactéria receptora usualmente pertencem à mesma espécie ou à espécie relacionada. Após realizada a transferência do cromossomo, a recombinação pode ocorrer por duas vias, dependendo se o DNA doador é de fita dupla ou simples (Figura 13.13).

Em bactérias, a transferência de gene que leva a uma recombinação pode ocorrer de três maneiras diferentes: *transformação, transdução* e *conjugação*. Cada um desses processos de transferência de genes tem uma característica interessante e única.

Transformação é o tipo mais simples de transferência de genes: uma célula receptora adquire genes de moléculas de DNA solúveis no meio. Na natureza, o DNA pode ser proveniente de células mortas que sofreram lise e liberaram seu DNA. No laboratório, entretanto, o DNA é extraído de uma suspensão de bactérias doadoras por métodos químicos e então é adicionado em uma cultura de células receptoras. Na natureza ou no laboratório, uma bactéria receptora deve ser capaz de absorver pequenos fragmentos do DNA do doador e incorporá-los em seu próprio cromossomo pela recombinação (Figura 13.14). Desta forma, uma bactéria receptora pode adquirir uma ou mais características hereditárias de uma bactéria doadora e tornar-se o que é chamado *transformado*. Somente certas espécies de bactérias podem sofrer transformação, e mesmo estas devem estar em estado de crescimento receptivo para incorporar o DNA doador; isto é, devem ser *competentes*. Esta condição usualmente ocorre somente quando as bactérias receptoras estão na fase logarítmica tardia do seu crescimento. As células bacterianas competentes produzem uma proteína especial que liga os fragmentos de DNA doador em sítios específicos na superfície celular.

Embora o DNA cromossômico possa ser facilmente transferido para a bactéria receptora competente, o DNA plasmidial *não* é facilmente transferido por processos de transformação comum, que simplesmente adicionam DNA às células receptoras. Entretanto, procedimentos especiais largamente utilizados na engenharia genética podem ser utilizados para realizar a transformação com DNA plasmidial. Os plasmídios são discutidos em maiores detalhes posteriormente neste capítulo; algumas utilizações práticas na engenharia genética são ilustradas no próximo capítulo.

Transdução é a transferência de genes na qual um *vírus* serve como veículo para transportar o DNA de uma bactéria doadora para a receptora. Os vírus que atacam as bactérias são denominados *bacteriófagos*, ou simplesmente *fagos* (descrito no Capítulo 15). Um fago consiste em um ácido nucléico, geralmente DNA, envolto por uma capa protéica para formar uma cabeça. Um apêndice semelhante a uma cauda serve para ligar o fago à superfície de uma bactéria hospedeira susceptível. Após o fago injetar o DNA na célula hospedeira, o DNA do fago é replicado rapidamente enquanto o DNA bacteriano é degradado. O DNA do fago então direciona a síntese de novas proteínas fágicas pela célula hospedeira. Dentro de 10 a 20 min, a nova molécula de DNA combina com uma nova proteína para formar numerosos fagos completos, que são liberados quando as células hospedeiras se desintegram (Figura 13.15).

Durante a montagem da progênie do fago dentro da célula hospedeira infectada, qualquer fragmento do DNA da bactéria hospedeira que tenha aproximadamente o mesmo tamanho do DNA do fago pode ser acidentalmente incorporado em uma nova cabeça em vez do DNA fágico. Um fago que carrega tal fragmento é chamado de *fago transdutor*, porque se o fago infectar uma outra bactéria,

Figura 13.13 Na recombinação bacteriana, um fragmento de DNA de uma célula doadora substitui um segmento de DNA correspondente na célula receptora. [**A**] Método de recombinação quando o fragmento de DNA é de fita dupla. [**B**] Método quando o fragmento de DNA doador é de fita simples. Genes *D* e *d* e *E* e *e* são alelos.

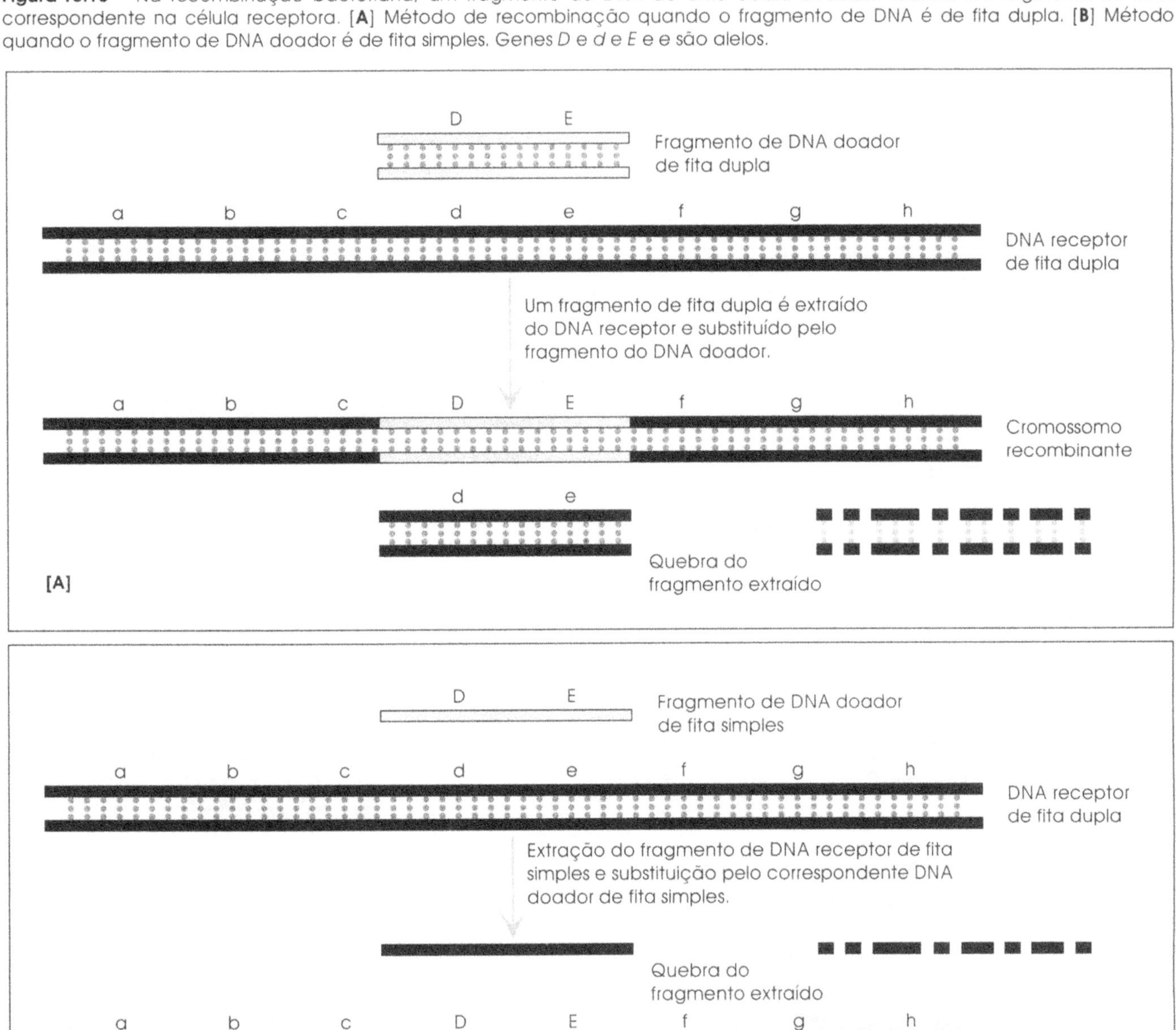

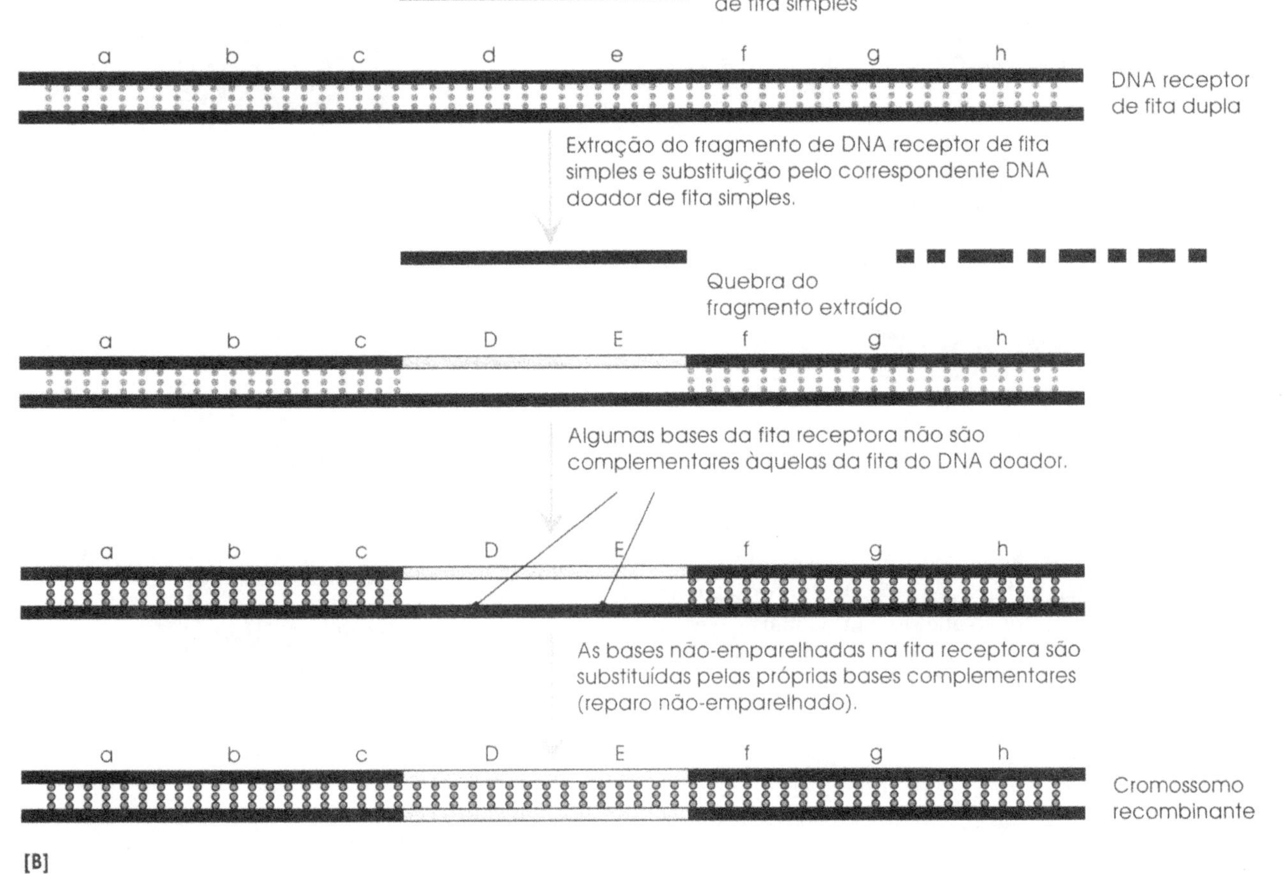

Figura 13.14 Transformação bacteriana. A adição de DNA extraído de uma bactéria doadora para uma bactéria intimamente relacionada pode resultar em absorção do DNA pela receptora e, por recombinação, adquirir uma ou mais características hereditárias da doadora. No sistema representado aqui, a etapa da recombinação ocorre pelo método mostrado na Figura 13.13A. Em alguns sistemas de transformação, uma das fitas do DNA doador de fita dupla pode ser degradado após a transferência para a célula receptora; a fita única remanescente recombina com o cromossomo receptor pelo método mostrado na Figura 13.13B.

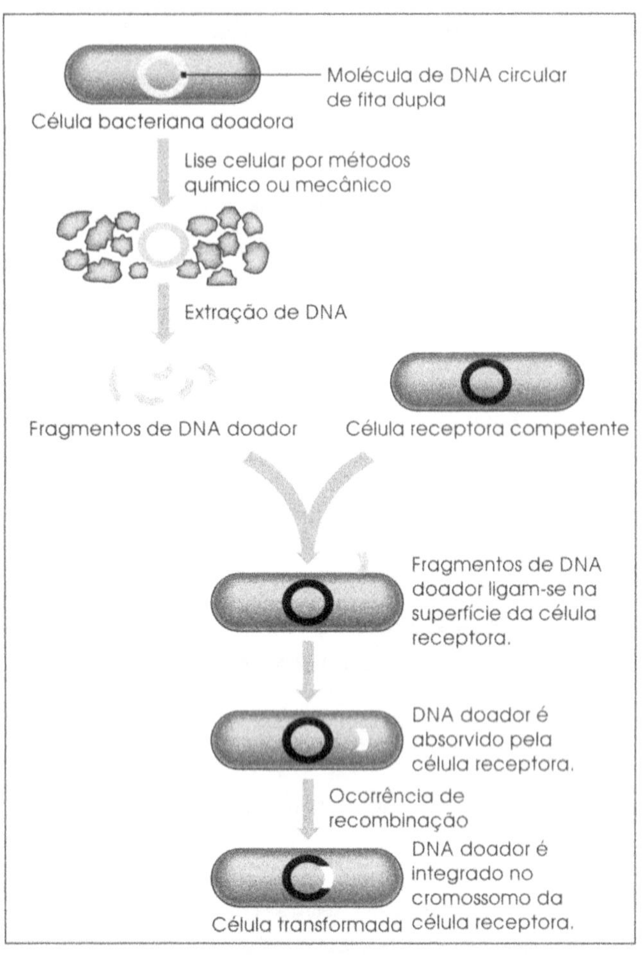

ele injeta o fragmento de DNA bacteriano em um novo hospedeiro. (Como o fago não contém todo o DNA viral, ele não mata a nova célula hospedeira.) O fragmento pode então sofrer recombinação com a parte correspondente do cromossomo do novo hospedeiro e tornar-se uma parte permanente do mesmo (Figura 13.15). Desta forma, o segundo hospedeiro bacteriano adquire um ou mais genes do primeiro hospedeiro. Além dos genes cromossômicos, os plasmídios podem também ser transferidos para a célula receptora por meio dos fagos.

Conjugação é um processo de transferência de genes que requer o *contato célula-célula* e, desta forma, difere da transformação e da transdução. Como resultado da conjugação, o DNA pode ser transferido diretamente de uma bactéria para outra. Isto pode ser considerado como um meio primitivo de reprodução sexuada. Entretanto, a conjugação bacteriana difere da reprodução sexuada em eucariotos, pois não envolve a fusão de dois gametas para formar uma única célula.

Figura 13.15 Transdução. Após um fago injetar o seu DNA em uma bactéria hospedeira, o cromossomo do hospedeiro é degradado em pequenos fragmentos. Durante a maturação da progênie do fago, uma cabeça do fago pode envolver fragmentos de DNA bacteriano em vez do DNA fágico. Quando este DNA bacteriano é introduzido em uma nova célula hospedeira, pode se tornar integrado no cromossomo receptor pela recombinação genética.

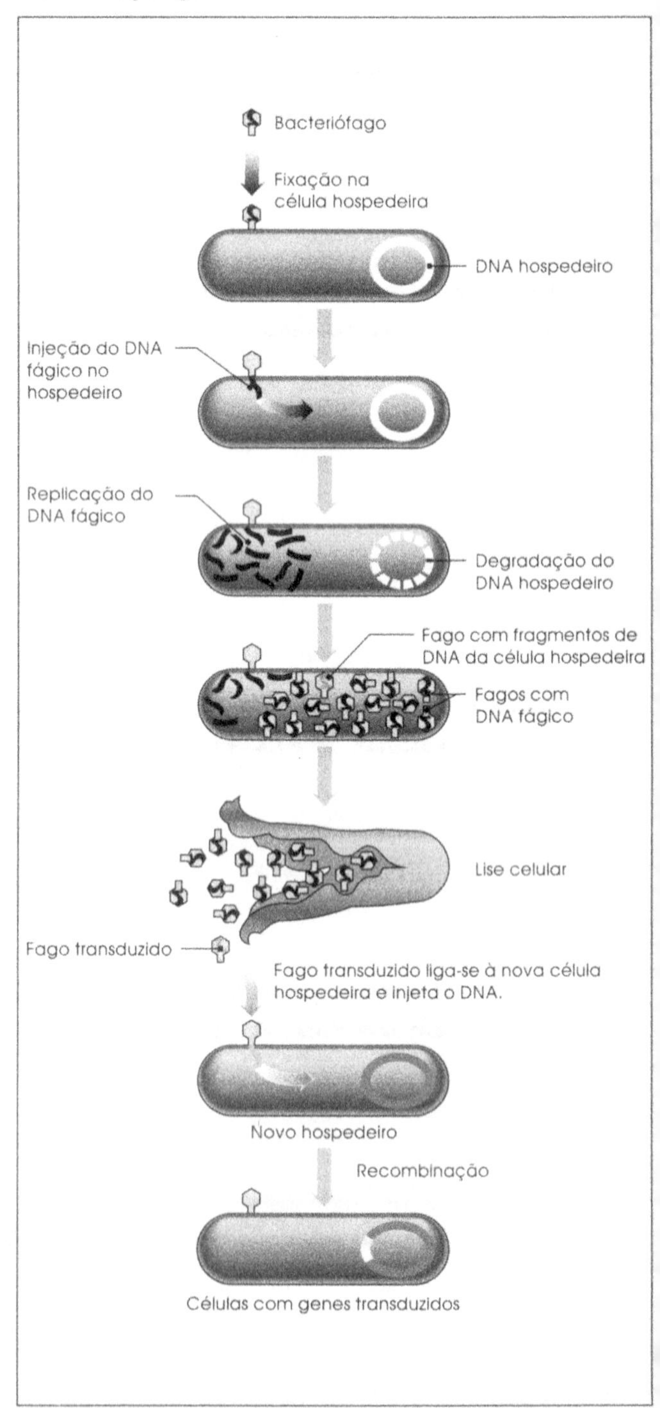

Em alguns tipos de conjugação, somente o plasmídio pode ser transferido da bactéria doadora para a receptora. Em outros tipos, grandes segmentos do cromossomo das células doadoras ou então todo o cromossomo podem ser transferidos para a célula receptora. Este processo difere da transformação e da transdução, em que somente pequenos fragmentos de cromossomo podem ser transferidos.

Estudos de conjugação em *E. coli* têm revelado que esta bactéria tem dois diferentes *mating types*: um doador e um receptor. A célula "doadora" contém um plasmídio chamado ***plasmídio F*** ("F" para fertilidade). Como muitos plasmídios, o plasmídio F é um pequeno fragmento de DNA circular de fita dupla que não faz parte do cromossomo bacteriano e pode replicar-se independentemente. Contém cerca de 40 genes que controlam a replicação do plasmídio e a síntese pela célula hospedeira de um apêndice filamentoso chamado *pêlo sexual* (ver Figura 4.13). As células que contêm o plasmídio F são referidas como células F^+ e são doadoras. As células receptoras não têm o plasmídio F e são denominadas células F^-.

Quando células F^+ e F^- são misturadas (o que é chamado de cruzamento F^+ x F^-), a extremidade do pêlo sexual da F^+ liga-se à célula F^- mais próxima e então se retrai, colocando as células F^+ e F^- em contato (Figura 13.16, caderno em cores). Um canal é formado entre as duas células, por meio do qual é transferida uma fita de DNA do plasmídio F da célula doadora para a célula F^-. Uma vez na célula receptora, a fita de DNA atua como um molde para a síntese da fita de DNA complementar. As extremidades da molécula de DNA de fita dupla então se juntam para formar um plasmídio F circular, e a célula receptora torna-se uma célula F^+ capaz de doar DNA. Desta maneira, a conjugação pode continuar até todas as células F^- da cultura serem convertidas a F^+.

Na conjugação entre F^+ x F^-, normalmente somente o plasmídio F da célula doadora é transferido para a célula F^-. Os genes cromossômicos podem ser transferidos junto com o plasmídio F, mas esse é um evento raro, ocorrendo somente numa freqüência de 1 em 10 milhões de células. Entretanto, há exceções. Certas células F^+ isoladas por pesquisadores podem transferir genes cromossômicos para células F^- numa freqüência pelo menos 1.000 vezes maior do que aquelas realizadas pelas células F^+. Estas células doadoras são chamadas de *células de recombinação de alta freqüência* (Hfr – high-frequency recombination). *São células F^+ em que o plasmídio F torna-se integrado no cromossomo bacteriano* (Figura 13.17), Em outras palavras, o plasmídio F não replica mais independentemente do cromossomo bacteriano. Além disso, as células Hfr diferem das células F^+ porque raramente transferem o plasmídio F durante a conjugação. Desta forma, num cruzamento de Hfr x F^-, a freqüência de recombinação genética é alta, mas a transferência do plasmídio F propriamente dito entre elas é baixa. Isto é justamente o contrário do que acontece com o cruzamento F^+ x F^-. No cruzamento entre Hfr x F^-, ocorrem os seguintes eventos (Figura 13.18, caderno em cores):

1. Uma única fita do cromossomo Hfr é transferida linearmente para a célula receptora, iniciando com um pequeno pedaço do plasmídio F. Os genes entram nas células F^- seqüencialmente como as contas de um colar, começando com aquele que está mais próximo do plasmídio F e, se a conjugação não for interrompida, terminando com o plasmídio F remanescente.

2. A transferência completa da fita dura cerca de 100 min. Entretanto, a conjugação é quase sempre interrompida casualmente antes de se completar a transferência.

3. A parte da fita doadora transferida para a célula receptora incorpora-se no cromossomo receptor por recombinação (Figura 13.13B).

Para a célula receptora adquirir um plasmídio completo, toda a fita doadora teria de ser transferida, assim *muitas células receptoras permanecem F^- após conjugação com células Hfr.*

Responda

1 Qual é a diferença entre o genótipo e o fenótipo de um organismo?
2 O que são mutagênicos e como eles atuam?
3 Quais são as diferenças entre mutações neutras, mutações errôneas, mutações sem sentido e mutações por deslocamento do quadro de leitura?
4 O que é recombinação genética?
5 Quais são as principais diferenças entre as três vias pelas quais o material genético pode ser transferido de uma célula bacteriana para outra?
6 Qual é o papel do plasmídio F na transferência do material genético entre uma célula de *E. coli* para outra? Como diferem as células de *E. coli* F^+, F^- e Hfr?

Plasmídios

Os plasmídios, apesar de serem raros em células eucarióticas (exceto algumas leveduras), são muito comuns em bactérias. Usualmente desnecessárias à sobrevivência do hospedeiro, estas moléculas de DNA podem capacitar suas bactérias hospedeiras a matar outras bactérias, resistir à

Figura 13.17 Uma célula Hfr origina-se de uma célula F^+ quando o plasmídio F torna-se integrado ao cromossomo bacteriano. O processo é reversível, e um plasmídio F que tenha sido integrado pode tornar-se novamente extracromossômico.

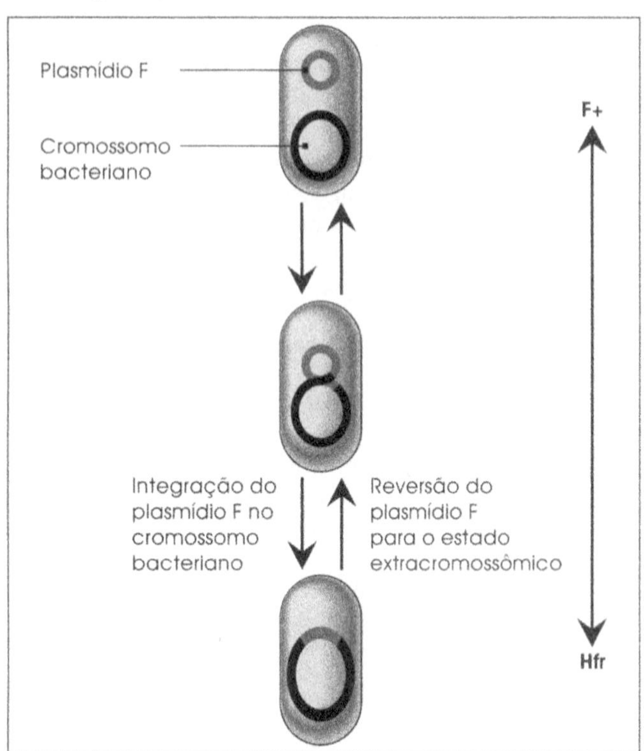

ação dos antibióticos ou servir como diminutos trabalhadores industriais no controle de despejos. Existem diferentes tipos de plasmídios, que podem ser classificados de acordo com suas funções.

Os *plasmídios conjugativos* podem ser transmitidos por conjugação de uma bactéria para outra, como o plasmídio F de *E. coli* descrito na seção anterior. Os *plasmídios não-conjugativos* não são transmitidos pela conjugação, mas podem ser transferidos pela transdução ou pela transformação por meio de técnicas especiais. Os plasmídios não-conjugativos também podem ser transmitidos para uma célula receptora pela ação cooperativa dos plasmídios conjugativos que podem estar presentes na mesma célula.

Os *plasmídios bacteriocinogênicos* contêm um gene que capacita a célula hospedeira a sintetizar uma *bacteriocina*. Uma bacteriocina é uma proteína que mata bactérias pertencentes à mesma espécie ou a espécies relacionadas que não têm o plasmídio. Uma bactéria que produz uma determinada bacteriocina não é morta pela mesma, apesar de ser sensível a outras bacteriocinas. Existem muitas bacteriocinas diferentes, incluindo aquelas produzidas por bactérias normalmente encontradas no intestino. Elas são utilizadas na bacteriologia médica para auxiliar na identificação de diferentes subgrupos de bactérias como a *E. coli* e espécies de *Pseudomonas*. Tais testes auxiliares determinam se as várias etapas de uma doença infecciosa são ocasionadas por uma ou mais espécies particulares de bactéria.

Outros plasmídios carregam genes para resistência a antibióticos. Cada gene de resistência ao antibiótico do plasmídio R codifica uma enzima que destrói ou inativa um determinado antibiótico (Figura 13.19). Por exemplo, muitas cepas de *Staphylococcus aureus* isoladas de hospitais atualmente contêm um plasmídio R com um gene que codifica a β-lactamase, uma enzima que inativa muitas penicilinas. Alguns plasmídios R são conjugativos, facilitando a transferência do gene de resistência ao antibiótico para outra célula bacteriana pela conjugação.

A capacidade de um plasmídio R conjugativo de conferir à bactéria receptora uma resistência simultânea a vários antibióticos pode frustrar o tratamento médico. Em muitos casos, a resistência de várias bactérias mediada por plasmídio a antibióticos freqüentemente utilizados como ampicilina, cloranfenicol, tetraciclina, canamicina e estreptomicina torna difícil o tratamento das infecções com sucesso. O uso indiscriminado dos antibióticos no tratamento de pacientes pode aumentar a incidência de bactérias antibiótico-resistentes.

Os plasmídios que codificam importantes enzimas degradativas são denominados *plasmídios de degradação*. Este tipo de plasmídio é responsável pela capacidade de certas espécies de *Pseudomonas* em degradar solventes industriais como o tolueno e o xileno. Uma combinação de vários plasmídios, quando transferidos para *Pseudomonas*, permite a degradação de hidrocarbonetos complexos e outros compostos presentes no óleo bruto. Esta bactéria tem potencial para ser utilizada no tratamento de ambientes contaminados por derramamento de óleos (DESCOBERTA 13.2).

Alguns plasmídios podem replicar somente em espécies de bactérias intimamente relacionadas, enquanto

Figura 13.19 Plasmídio bacteriano mostrado como uma molécula de DNA enrolado. O plasmídio resistente à droga mostrado é denominado R28K, carrega resistência à ampicilina e tem um comprimento de 21 μm.

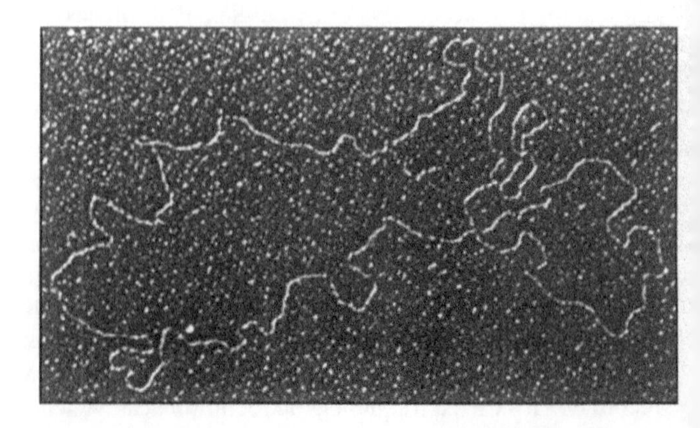

DESCOBERTA!

13.2 BACTÉRIAS DEGRADADORAS DO ÓLEO ESPERAM O CHAMADO PARA O TRABALHO

Quando a primeira patente de um organismo construído geneticamente foi registrada, a "nova" bactéria chamou a atenção porque ela gostava de se alimentar com óleo bruto. Mas, apesar do seu potencial como um "limpador de óleo derramado", ela ainda permanece na prateleira do laboratório. Vinte anos mais tarde, a história ilustrou os problemas e as promessas da utilização da genética microbiana para produzir novos organismos com uma utilização prática.

Em 1971, a microbiologista Ananda Chakrabarty registrou uma patente não-usual nos Estados Unidos, a primeira para um organismo construído geneticamente. O organismo era uma cepa da bactéria *Pseudomonas* na qual Chakrabarty tinha colocado diferentes plasmídios. Cada plasmídio tinha a instrução genética para degradar um dos vários constituintes do óleo bruto. As bactérias que continham somente um plasmídio eram incapazes de degradar o óleo bruto, mas o organismo de Chakrabarty desenvolveu-se no óleo bruto e degradou-o eficientemente. Isto aconteceu porque Chakrabarty tinha colocado vários plasmídios em uma mesma célula bacteriana. Teoricamente, se uma cultura deste organismo contendo múltiplos plasmídios fosse disseminada em um ambiente contaminado por óleo, seria altamente efetiva na eliminação do óleo.

Em 1980 a Suprema Corte regulamentou que o organismo geneticamente construído de Chakrabarty poderia ser patenteado, e uma patente foi editada pelo U. S. Patent Office em março de 1981, uma década após a aplicação ter sido documentada. Surpreendentemente, entretanto, o organismo ainda tem de ser testado no tratamento de grandes derramamentos de óleo. Mesmo após o desastroso derramento de óleo do cargueiro Exxon Valdez em Prince William Sound, Alasca, em 1989, o organismo degradador de óleo permaneceu confinado a testes em laboratório.

Por que ele não foi utilizado para combater o pior desastre de vazamento de óleo da história americana? Basicamente porque há preocupações legais sobre a liberação de organismos construídos pela engenharia genética no ambiente (ver Capítulo 14).

Assim, nenhuma organização comercial está disposta a assumir o desenvolvimento do organismo, e a bactéria degradadora de óleo de Chakrabarty permanece pacientemente na prateleira, esperando a chance de mostrar o que é capaz de fazer.

outros têm um maior espectro de hospedeiros. Um exemplo deste último são os plasmídios conjugativos chamados *plasmídios IncP*, que podem ser transmitidos e replicados em quase todas as espécies de bactérias Gram-negativas. Existem também plasmídios que selecionam seus vizinhos; eles não podem coexistir na mesma célula com outros plasmídios. Com base nisto, os plasmídios têm sido classificados em vários *grupos de incompatibilidade*, nos quais os plasmídios de determinado grupo não podem coexistir com os de um outro grupo.

O tratamento das células bacterianas com certos agentes químicos, como certos corantes, ou com altas temperaturas pode algumas vezes livrá-las do plasmídio. As células tratadas desta forma são ditas "curadas". Por exemplo, *E. coli* pode ser "curada" utilizando-se o corante de acridina.

Responda

1. O que são plasmídios conjugativos? Plasmídios bacteriocinogênicos? Plasmídios R? Plasmídios de degradação?
2. Como os plasmídios estão relacionados à capacidade da bactéria de resistir a vários antibióticos simultaneamente?
3. O que são grupos de plasmídios incompatíveis?
4. Como uma célula pode ser "curada" de um plasmídio?

Regulação da Expressão Gênica

Uma célula viva contém mais de 1.000 enzimas diferentes, cada uma com efetiva atividade catalítica para algumas reações químicas. Estas enzimas podem atuar em conjunto com um esforço coordenado de tal forma que todas as atividades químicas nas células são facilmente integradas umas com as outras. Uma conseqüência desta coordenação enzimática é a síntese e a degradação de materiais, quando necessárias para o crescimento e o metabolismo normal.

Controles próprios do metabolismo celular são finalmente acompanhados pela regulação das enzimas. Os microrganismos têm desenvolvido uma variedade de mecanismos reguladores de enzimas para adaptar as alterações necessárias da célula microbiana às mudanças ambientais. Este mecanismo regulador é classificado em duas categorias gerais: (1) aquela que regula a *atividade* das enzimas, e (2) aquela que regula a *síntese* das enzimas.

No capítulo anterior você aprendeu um mecanismo que pode regular a atividade da enzima: *inibição por feedback*. Neste processo o produto final de uma via biossintética inibe a atividade da primeira enzima da via (ver Figura 12.2). Mas as células também manipulam eventos que ocorrem durante a transcrição do gene para controlar a síntese da enzima. Como mencionado anteriormente, as células carregam mais informações genéticas do que são utilizadas ou expressas sob uma determinada condição ambiental. Desta forma, cada célula tem um mecanismo regulador que, dependendo do ambiente atual, permite a transcrição de alguns genes, enquanto previne a transcrição de outros.

Em bactérias, os genes que codificam as enzimas de uma via metabólica estão geralmente dispostos de maneira consecutiva para formar uma unidade funcional denominada ***operon***. Um exemplo comumente utilizado e bem estudado são os três genes que formam o operon *lac*, necessário para o transporte e metabolismo da lactose (Figura 13.20). Estes três genes são transcritos em uma única molécula de *m*RNA. Assim sendo o controle do processo da transcrição afeta todo operon. Muitos mecanismos de controle da transcrição de operons envolvem *indução enzimática* ou *repressão pelo produto final*.

Indução Enzimática

Uma enzima ou uma proteína transportadora de nutrientes é *constitutiva* se ela é sempre produzida por uma célula, independente da presença ou não do substrato para a enzima ou para a proteína. Isto significa que o gene para aquela proteína é sempre transcrito, como no caso dos genes para as enzimas da via glicolítica. Uma *proteína indutiva*, por outro lado, é produzida por uma célula quando necessário e *somente na presença de um substrato particular*. Esta forma de controle de transcrição do gene, em que este é transcrito somente quando um substrato apropriado para a proteína está presente, é chamada ***indução***. A indução é utilizada principalmente para o controle da síntese de proteínas que são utilizadas para transportar e degradar nutrientes. Isto é útil porque evita que uma célula desperdice energia sintetizando grande quantidade de proteínas para catabolizar um nutriente que não está disponível.

O operon *lac* em *E. coli* dá um bom exemplo de como funciona a indução. Nesta bactéria as proteínas necessárias para o transporte e degradação da lactose são indutivas; isto é, elas são sintetizadas *somente se a lactose (ou algum composto muito similar) estiver presente*. Como mostra a Figura 13.20A o operon *lac* consiste em uma região promotora (os promotores foram discutidos anteriormente neste capítulo; ver Figura 13.6) e uma região operadora seguida por três genes que codificam as proteínas do metabolismo da lactose. Para transcrever esses três genes em *m*RNA, a enzima RNA polimerase deve primeiro ligar-se ao promotor. Antes da ligação da polimerase nesta região, a enzima deve remover mais um obstáculo regulador: a transcrição do operon *lac* está sob o controle de um *gene regulador*, que codifica uma *proteína repressora ativa* (Figura 13.20B). Na ausência da lactose, esta proteína liga-se na região operadora do DNA, desse modo prevenindo a ligação da RNA polimerase na região promotora (Figura 13.20C). Mas se a lactose estiver presente, a proteína repressora é inativada pela ligação da lactose, e a RNA polimerase está livre para se ligar ao promotor e transcrever o operon para *m*RNA (Figura 13.20D).

Repressão pelo Produto Final

Ao contrário das vias responsáveis pela degradação de material como a lactose, a transcrição de um operon para uma via de síntese é freqüentemente regulada pelo seu *produto final*, e não pelo substrato inicial da via. Este tipo de controle de transcrição do gene é denominado ***repressão pelo produto final***. Por exemplo, se uma grande quantidade do aminoácido triptofano estiver presente em um meio de cultura, o microrganismo não desperdiçará energia sintetizando enzimas para a síntese do aminoácido. Isto ocorre porque a repressão pelo produto final previne a transcrição em *m*RNA de qualquer dos genes do operon que codificam estas enzimas.

Em *E. coli*, um promotor, um operador e cinco genes que codificam as enzimas da síntese do triptofano formam o operon *trp* (Figura 13.21A). Um gene regulador *trp* direciona a síntese de uma *proteína repressora inativa* (Figura 13.21B). Ao contrário do mecanismo descrito anteriormente para a proteína repressora ativa, este repressor não pode ligar-se ao operador do operon *trp* se o triptofano é fornecido insuficientemente (Figura 13.21C). Desta forma a RNA polimerase pode transcrever o operon *trp*, e ocorre a síntese da enzima. Entretanto, se o triptofano estiver presente e não for mais necessário, a proteína repressora liga-se ao triptofano e é convertida em uma forma ativa, que agora se liga no operador e previne a transcrição do operon e, subseqüentemente, a síntese da enzima (Figura 13.21D).

Responda

1. Como as enzimas constitutivas diferem das enzimas indutivas?
2. Quais são as funções da região do promotor, região do operador e da proteína repressora na indução?
3. Como o papel do repressor na repressão pelo produto final difere do repressor na indução?
4. Como a repressão pelo produto final difere da inibição por feedback?

Figura 13.20 Indução enzimática. [**A**] O operon *lac* consiste de uma região promotora, uma região operadora e três genes envolvidos no transporte e degradação da lactose. [**B**] O gene regulador *lac* codifica um repressor ativo. [**C**] O repressor ativo liga-se no operador *lac*, impedindo a união da RNA polimerase no promotor. Isto previne a transcrição do operon para o *m*RNA. [**D**] Na presença de lactose o repressor é inativado e a RNA polimerase está livre para ligar -se ao operador e transcrever o operon.

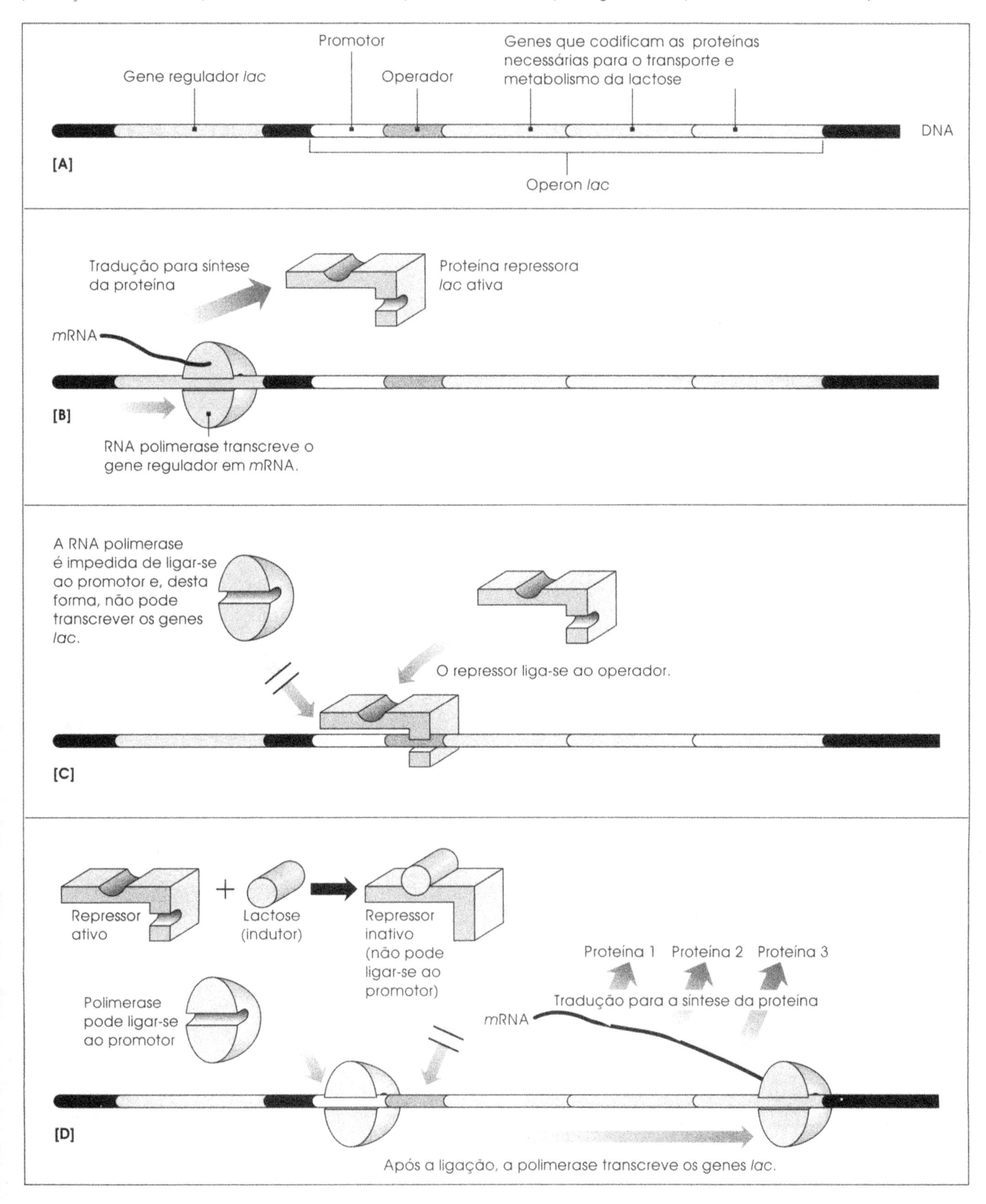

Figura 13.21 Repressão pelo produto final. [**A**] O operon *trp* consiste em uma região promotora, uma região operadora e 5 genes envolvidos na biossíntese do triptofano. [**B**] O gene regulador *trp* codifica uma proteína repressora inativa. [**C**] O repressor inativo não pode ligar-se ao operador e desta forma não impede a ligação da RNA polimerase ao promotor. A RNA polimerase transcreve o operon em *m*RNA. [D] Na presença do triptofano o repressor torna-se ativo e pode ligar-se ao operador. Isto bloqueia a ligação da RNA polimerase no promotor e impede a transcrição do operon.

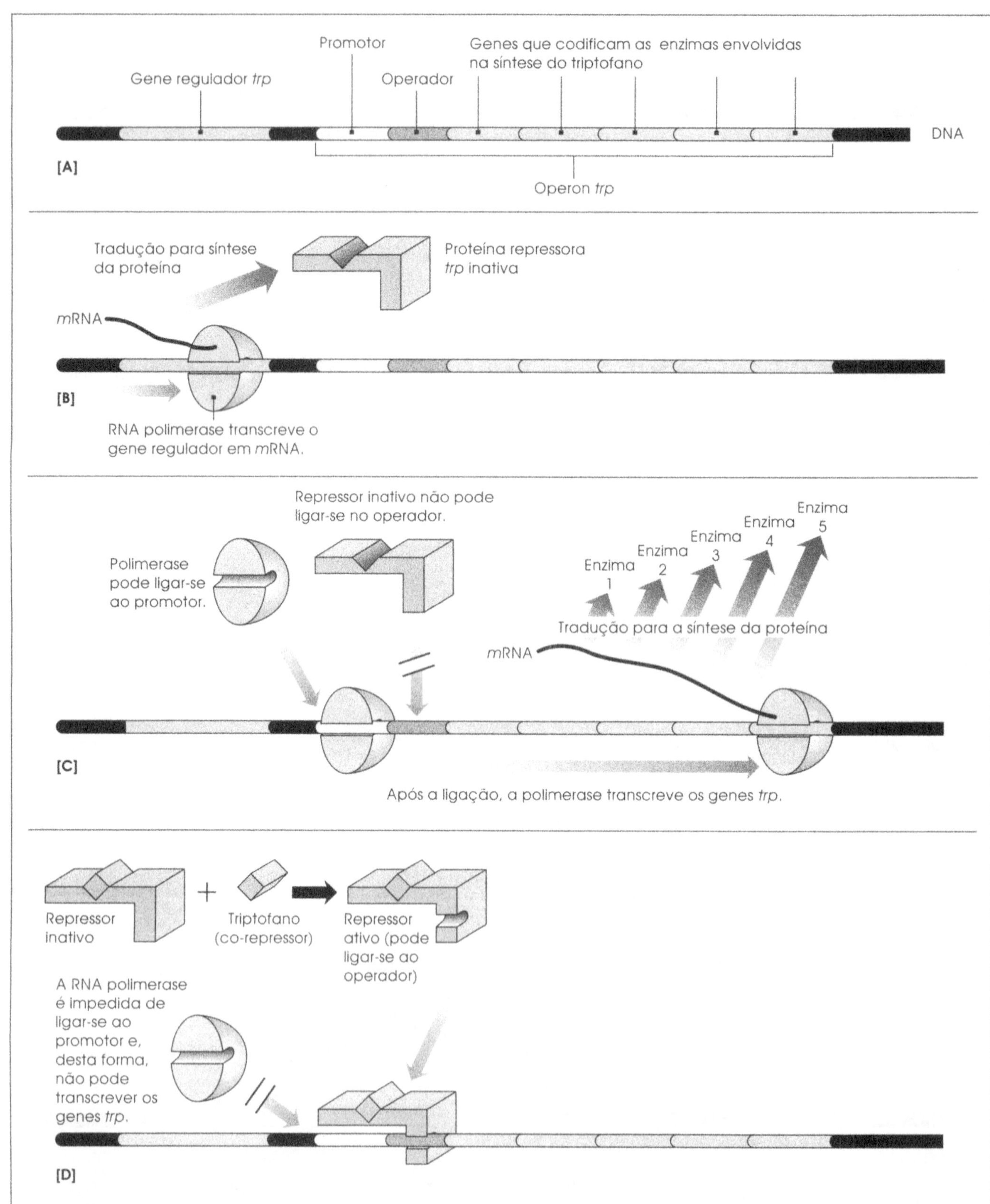

Resumo

1. Uma célula procariótica (bactéria) tem um cromossomo, na forma de uma molécula de DNA circular única. Uma célula eucariótica (como algumas algas ou leveduras) normalmente tem mais de um cromossomo linear.

2. A informação genética de uma célula é representada pela seqüência de nucleotídeos do DNA. Esta informação genética é corretamente transmitida de geração a geração durante a replicação semiconservativa do DNA.

3. As informações genéticas do DNA orientam a síntese de proteínas, muitas das quais são enzimas essenciais ao metabolismo celular. Um gene é um segmento de DNA que contém uma seqüência de nucleotídeos para a produção de uma determinada proteína. A síntese de proteína envolve dois estágios: transcrição e tradução. Transcrição é o processo de cópia da informação de um gene para o *m*RNA. A seqüência de nucleotídeos no *m*RNA é baseada no código genético; cada triplet de nucleotídeo especifica um determinado aminoácido. Durante a tradução, os ribossomos utilizam a informação codificada no *m*RNA para capturar os aminoácidos transportados pelo *t*RNA, agrupando-os em proteínas.

4. Além da herança das características das células parentais, os microrganismos também exibem variabilidade em seus genótipos e fenótipos. O genótipo é a constituição genética de um organismo contido no DNA. O fenótipo é a parte do potencial genético que é expresso pela célula sob certas condições. As alterações fenotípicas podem não ser herdadas e são causadas por alterações no ambiente, ou podem ser herdadas devido a alterações no genótipo. Alterações genotípicas podem ser resultantes da mutação ou recombinação.

5. Os dois tipos comuns de mutação são a mutação pontual (que inclui mutações neutras, errôneas e sem sentido) e mutações por deslocamento do quadro de leitura (que incluem mutações por inserção ou deleção).

6. A recombinação leva a uma nova combinação de genes nos cromossomos. Nas bactérias, este processo pode ocorrer devido à transferência de genes cromossômicos de uma célula para outra. Há três tipos principais de transferência de gene bacteriano: transformação, transdução e conjugação. Na transformação, a célula receptora adquire os genes de uma molécula de DNA livre presente no meio. Na transdução, o DNA da célula doadora é transportado por um vírus (bacteriófago) para a célula receptora. A conjugação é dependente do contato célula-célula; pode envolver a transferência de um plasmídio, como o plasmídio F em *E. coli*.

7. O plasmídio é uma pequena molécula de DNA normalmente circular, auto-replicativa, que não faz parte do cromossomo bacteriano. Além do plasmídio conjugativo como o plasmídio F, existem plasmídios não-conjugativos que podem ser transferidos somente pela transdução ou transformação, ou pela ação conjunta com o plasmídio conjugativo. Alguns plasmídios são plasmídios bacteriocinogênicos; outros carregam genes para resistência a antibióticos ou para enzimas que degradam substâncias químicas complexas.

8. A regulação da expressão gênica em bactérias é realizada por processos denominados *indução* e *repressão pelo produto final*. Na indução enzimática, uma proteína repressora que normalmente se liga à região operadora de um operon é inativada na presença de um indutor como a lactose; isto permite a ligação da RNA polimerase ao promotor e a transcrição do operon. Na repressão pelo produto final, o repressor normalmente é inativo e não impede a transcrição do operon; entretanto, se o produto final da via metabólica particular está presente, o repressor é ativado, ligando-se na região do operador e impedindo a transcrição do operon.

Palavras-Chave

Código genético
Conjugação
DNA ligase
DNA polimerase
Fenótipo
Gene
Genética
Genótipo
Indução
Mutação
Oncogene
Operone
Plasmídio F
Plasmídios
Recombinação
Replicação semiconservativa
Repressão pelo produto final
RNA mensageiro (*m*RNA)
RNA polimerase DNA dependente
RNA transportador (*t*RNA)
Tradução
Transcrição
Transdução
Transformação
Transposons

Revisão

CROMOSSOMOS DE CÉLULAS PROCARIÓTICAS E EUCARIÓTICAS

1. O cromossomo bacteriano ocorre como: (**a**) uma única molécula linear; (**b**) um par de moléculas lineares; (**c**) uma única molécula cilíndrica; (**d**) um agregado de vários cromossomos; (**e**) uma única molécula circular.

2. Além do cromossomo, uma célula bacteriana pode conter uma pequena molécula de DNA circular denominada: (**a**) RNA polimerase; (**b**) plasmídio; (**c**) ribossomo; (**d**) molécula diplóide; (**e**) cromossomo diplóide.

3. Um cromossomo de células eucarióticas, diferentemente do cromossomo bacteriano, apresenta forma ___________ e é pelo menos ___________ vezes mais longo.

REPLICAÇÃO DO DNA

4. Na replicação do DNA, cada molécula de DNA-filha contém uma fita parental e uma fita recém-sintetizada. Isto é denominado: (**a**) replicação conservativa; (**b**) replicação repetitiva; (**c**) replicação semiconservativa; (**d**) replicação ultraconservativa; (**e**) replicação restritiva.

5. Durante a síntese do DNA, a DNA polimerase pode adicionar nucleotídeos um por um em qual das extremidades do crescimento da fita de DNA? (**a**) extremidade fosfato; (**b**) extremidade 5'; (**c**) extremidade 4'; (**d**) extremidade 3'; (**e**) ambas as extremidades.

6. Durante a síntese do DNA, o alongamento da extremidade 5' de uma fita de DNA em crescimento ocorre pela síntese de uma série de fragmentos curtos de 5' → 3' que são então todos ligados e adicionados na extremidade da fita por uma enzima denominada DNA: (**a**) polimerase; (**b**) quinase; (**c**) dismutase; (**d**) ligase; (**e**) hidrolase.

7. A replicação do DNA eucariótico é iniciado em muitos sítios pela formação de: (**a**) "quebras"; (**b**) "bolhas"; (**c**) "círculos"; (**d**) "fitas"; (**e**) "espirais".

TRANSCRIÇÃO E TRADUÇÃO DA INFORMAÇÃO GENÉTICA

8. Associar a descrição da direita com o item correto da esquerda:

____Códon	(**a**) A substância na qual a informação codificada no DNA é transcrita
____RNA polimerase DNA dependente	(**b**) Enzima que sintetiza *m*RNA
____*t*RNA	(**c**) Pequenas partículas no citoplasma que realizam o processo da tradução
____Anticódon	(**d**) Uma seqüência nucleotídica especial de DNA em que a RNA polimerase se deve ligar antes de iniciar a transcrição
____Promotor	(**e**) Um triplet de bases no *m*RNA que codifica um aminoácido
____Ribossomos	(**f**) O aminoácido que o códon "iniciador" sempre codifica
____Metionina	(**g**) O triplet de bases no *m*RNA que causa o término da tradução
____Códon sem sentido	(**h**) A substância que transporta aminoácidos ativados para os ribossomos
____*m*RNA	(**i**) O triplet de bases no *t*RNA que é complementar ao códon do *m*RNA

9. Em uma molécula de RNA transportador (*t*RNA), três bases não-emparelhadas constituem: (**a**) um códon; (**b**) uma configuração em forma de "trevo"; (**c**) uma região promotora; (**d**) um anticódon; (**e**) uma região de terminação.

VARIABILIDADE NOS MICRORGANISMOS

10. A constituição genética de um organismo representado pelo DNA é: (**a**) o fenótipo; (**b**) aquela parte do potencial genético que está sendo expressa pela célula sob uma dada condição; (**c**) o códon; (**d**) indicada pela formação de colônias grandes e viscosas; (**e**) o genótipo.

11. A proporção na qual o potencial genético de uma célula está sendo expressa sob uma dada condição é denominada: (**a**) códon; (**b**) genótipo; (**c**) elemento transponível; (**d**) fenótipo; (**e**) variabilidade.

12. Alterações fenotípicas causadas por alterações no ________________________ em vez de alterações no genótipo não são hereditárias e usualmente envolvem muitas ou todas as células de uma cultura.

13. Uma célula ou organismo que carrega um gene alterado é chamado de ___________, enquanto o organismo não-mutado é chamado de _______________.

14. Associar a descrição da direita com o item correto da esquerda:

_______Sem sentido	(**a**) Uma mutação pontual que resulta em nenhuma modificação da proteína codificada pelo gene
_______Neutra	(**b**) Uma mutação pontual que resulta em uma proteína contendo um aminoácido diferente
_______Errônea	(**c**) Uma mutação pontual que resulta no término prematuro da síntese da proteína
______Alteração do quadro de leitura	(**d**) Um tipo de mutação causada pela inserção ou deleção de um ou mais nucleotídeos no gene

15. Um _________________ é qualquer agente físico ou químico que aumenta a freqüência de mutação em um organismo.

16. Pequenos fragmentos de DNA que podem ser inseridos em vários locais no próprio DNA cromossômico e resultar em uma mutação são denominados: (**a**) carcinogênicos; (**b**) genes tipo selvagem; (**c**) transposons; (**d**) genes de réplica (cópia); (**e**) genes *frameshift.*

17. Os cromossomos de células humanas possuem genes especiais que apresentam o potencial de causar câncer; estes genes são denominados ______________________.

18 Associar a descrição da direita com o item correto da esquerda:

____Transformação	(**a**) Processo de transferência de gene no qual a célula receptora adquire os genes de moléculas DNA livres do meio
____Transdução	(**b**) Processo de transferência de gene no qual um bacteriófago serve como veículo para transportar o DNA de uma bactéria para outra
____Conjugação	(**c**) Processo de transferência de gene que depende do contato célula-célula
____Hfr	(**d**) Genes que ocorrem em sítios correspondentes no cromossomo homólogo, mas que diferem do seu estado mutacional
____Alelos	(**e**) Uma célula F^+ na qual o plasmídio F tornou-se integrado no cromossomo da célula hospedeira

19. No cruzamento entre células F^+ x F^-: (**a**) as células F^+ tornam-se células Hfr; (**b**) as células F^- tornam-se células Hfr; (**c**) as células F^+ tornam-se células F^-; (**d**) As células F^- tornam-se células F^+; (**e**) os genes cromossômicos das células F^+ são freqüentemente transferidos para as células F^-.

20. A recombinação em células eucarióticas pode ocorrer durante a meiose por um processo de troca chamado ______________________________.

PLASMÍDIOS

21. Um plasmídio pode induzir uma bactéria a produzir uma proteína capaz de matar outra bactéria da mesma espécie ou de espécies relacionadas. Esta proteína é chamada: (**a**) bacteriófago; (**b**) bacteriocina; (**c**) carcinogênica; (**d**) histona; (**e**) plasmídio F.

22. Os plasmídios associados com resistência a antibióticos são: (**a**) plasmídios R; (**b**) plasmídios Hfr; (**c**) plasmídios D; (**d**) plasmídios F^-; (**e**) todos os plasmídios.

23. Os plasmídios têm sido classificados em vários grupos de ______________ conforme sua capacidade de coexistir em uma mesma célula com outros plasmídios.

24. Uma célula bacteriana tratada de maneira a eliminar os plasmídios é dita estar __________.

REGULAÇÃO DA EXPRESSÃO GÊNICA

25. Em bactérias, os genes que codificam as enzimas de uma via metabólica estão usualmente dispostos consecutivamente para formar uma unidade funcional denominada: (**a**) sistema de indução; (**b**) sistema de repressão pelo produto final; (**c**) sistema de enzima constitutiva; (**d**) operon; (**e**) cromossomo.

26. Uma enzima ______________ é sintetizada somente em resposta à presença de um determinado substrato, enquanto uma enzima ______________ é sintetizada independentemente da presença ou não do substrato.

27. Na presença da lactose, o repressor *lac* (pode, não pode) ______________ ligar-se na região ______________ do operon *lac* e, desta forma, (pode, não pode) ____________ prevenir a transcrição do operon *lac* pela RNA polimerase.

28. A repressão pelo produto final difere da inibição por feedback pela regulação da: (**a**) atividade enzimática; (**b**) síntese de enzimas; (**c**) estabilidade da enzima; (**d**) estrutura da enzima; (**e**) capacidade catalítica da enzima.

29. Em relação ao operon *trp*, na presença do triptofano a proteína repressora *trp* (pode, não pode) _____________ ligar-se na região ____________ e, desta forma, (pode, não pode) ________________ prevenir a transcrição pela RNA polimerase.

Questões de Revisão

1. Descrever o processo da replicação do DNA e indicar como ele promove a constância nas características da progênie e célula parental.
2. Quais as diferenças funcionais entre *m*RNA e *t*RNA?
3. Quais são as diferenças entre tradução, transformação e transdução?
4. Como pode ocorrer uma alteração fenotípica nas células bacterianas?
5. Por que as mutações por deslocamento do quadro de leitura usualmente resultam na síntese de proteínas não-funcionais?
6. Descrever os eventos que ocorrem durante a conjugação de uma célula Hfr e uma célula F^- de *E. coli.*
7. Resumir as vias pelas quais o DNA pode ser transferido de uma bactéria doadora para uma receptora.
8. Descrever os diferentes tipos de plasmídios que ocorrem na bactéria.
9. Como a indução e a repressão pelo produto final podem beneficiar um microrganismo?

Questões para Discussão

1. Suponha que uma bactéria X seja sensível a ampicilina, tetraciclina, canamicina e estreptomicina, enquanto a bactéria Y, sem relação com X, é resistente a estes antibióticos. Após a adição de algumas células de Y em uma cultura de X e a incubação dessa mistura de células, observou-se que quase todas as células X tornaram-se resistentes aos quatro antibióticos. Quando as células X são subseqüentemente tratadas com acridina orange, muitas perdem essa resistência aos antibióticos. Como esses achados podem ser explicados?

2. Suponha que você tenha as seguintes amostras de *E. coli*: (1) uma amostra Hfr que é sensível à estreptomicina e tem os genes *leu*$^+$, *lac*$^+$ e *gal*$^+$ e (2) uma amostra F^- que é resistente à estreptomicina e tem os alelos *leu*$^-$, *lac*$^-$ e *gal*$^-$. O sinal + (positivo) significa que os genes são funcionais; desta forma, a amostra Hfr pode produzir leucina e pode crescer com lactose ou galactose como fonte de carbono. O sinal negativo sobrescrito significa que os genes sofreram uma mutação e não são funcionais; desta forma a amostra F^- requer leucina para crescer e não é capaz de utilizar a lactose ou a galactose como fonte de carbono para seu crescimento.

   Descrever um experimento que lhe possibilitaria determinar a localização dos genes *leu, lac* e *gal* no cromossomo de *E. coli.* Isto é, como você poderia "mapear" estes genes? (*Sugestão*: a conjugação bacteriana pode ser deliberadamente interrompida em vários momentos pela agitação da amostra. Esta interrupção separa as células emparelhadas.)

3. O vírus da imunodeficiência humana (HIV), que causa a AIDS, não contém DNA como material genético. Em vez disso, contém somente um RNA de fita única. Entretanto, para replicar dentro da célula do hospedeiro humano, estes vírus produzem DNA.

   O HIV contém uma enzima chamada *transcriptase reversa.* A partir deste nome, qual a sua opinião quanto à atividade desta enzima? Como você poderia comparar a função desta enzima com a RNA polimerase DNA dependente da célula hospedeira? Como você supõe que as progênies do vírus HIV são produzidas contendo somente RNA de fita única?

Capítulo 14

Microrganismos e Engenharia Genética

Objetivos

Após a leitura deste capítulo, você deve ser capaz de:

1. Citar as vantagens em produzir insulina humana a partir de bactérias geneticamente construídas, comparando-as com a extração de insulina do tecido pancreático bovino.
2. Descrever a função das endonucleases de restrição em bactérias.
3. Explicar como as endonucleases de restrição e a DNA ligase podem ser utilizadas para construir um plasmídio recombinante.
4. Discutir a importância do *c*DNA para a clonagem de genes eucarióticos em células procarióticas.
5. Explicar como a técnica de transformação com cloreto de cálcio tem contribuído para a engenharia genética.
6. Citar um método para identificar as bactérias que sintetizam o produto de um determinado gene clonado.
7. Listar cinco problemas associados com a clonagem gênica e a síntese de produtos de genes clonados.
8. Sugerir três novas aplicações da engenharia genética que podem beneficiar a sociedade.
9. Discutir como deve ser a regulamentação da engenharia genética para minimizar os riscos desta tecnologia.

Introdução

Por meio dos conhecimentos atuais, é possível mudar a constituição genética das células vivas de tal modo que estas possam produzir novas substâncias. Este processo é denominado *engenharia genética* ou tecnologia do DNA recombinante. Os pesquisadores podem combinar características novas e exclusivas de diferentes células – mesmo aquelas tão distintas como as bactérias e as células humanas. Mediante estas técnicas, microrganismos têm sido construídos para produzir substâncias como o hormônio insulina, o interferon – composto que combate os vírus – e uma nova vacina contra a febre aftosa, para serem comercializadas. Os avanços científicos que tornam possível a engenharia genética têm implicações amplas e excitantes para os futuros cientistas e os consumidores. Por meio da introdução de genes estranhos em microrganismos, é possível desenvolver cepas que oferecem novas soluções para problemas diversos, tais como a poluição, a escassez de alimento e energia e o controle de doenças. Com a possibilidade de patenteamento dos microrganismos novos e úteis pelos cientistas, uma indústria inteira tem-se desenvolvido baseada na engenharia genética.

Introdução à Engenharia Genética

Desde a descoberta da tecnologia do DNA recombinante, em 1973, os cientistas têm desenvolvido técnicas que possibilitam transferir os genes de um tipo celular para outro (por exemplo, de plantas e animais para as bactérias). O futuro da engenharia genética é considerado quase ilimitado em suas aplicações comerciais; ela já resolveu alguns dos maiores problemas de pesquisa. Por exemplo, em vez de contar com a extração de quantidades limitadas de compostos valiosos do tecido vegetal e animal normal, um gene que codifica a produção do composto pode ser retirado da célula vegetal ou animal e ser colocado na célula bacteriana. A célula bacteriana pode, então, sintetizar quantidades ilimitadas de produto codificado pelo gene. Por exemplo, se colocarmos cópias do gene humano que codifica o hormônio insulina dentro de uma célula de *Escherichia coli*, esta e sua progênie podem sintetizar a insulina humana (Figura 14.1). A insulina é, então, extraída das culturas bacterianas. Esse processo industrial produz a insulina humana – de particular importância, pois alguns indivíduos diabéticos devem usar a insulina humana em vez da insulina bovina comumente disponível, porque o sistema imune reage contra a insulina bovina "estranha".

Figura 14.1 [A] Micrografia eletrônica de transmissão de *E. coli* geneticamente construída contendo a proteína insulina. As setas indicam a concentração de proteínas nas células. [B] Os primeiros cristais de insulina humana obtidos por engenharia genética.

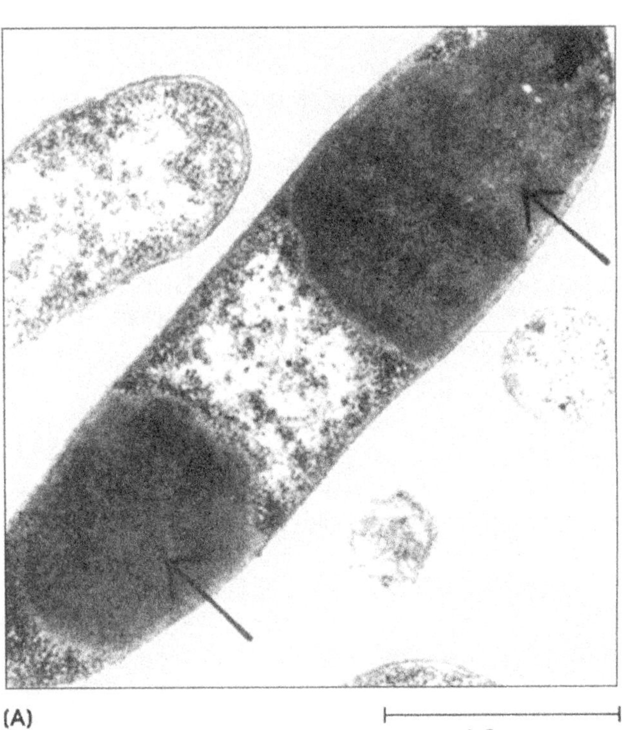

Por Que os Microrganismos São Úteis na Engenharia Genética

Células animais e vegetais usualmente não podem ser cultivadas para a produção de compostos utilizados na medicina, tal como a insulina. Por exemplo, as células tissulares que sintetizam insulina em seres humanos normais perdem a habilidade em produzir esse hormônio quando são isoladas e cultivadas em laboratório. Além disso, o cultivo de células de tecido em laboratório é dispendioso e requer meios complexos altamente enriquecidos.

O uso de microrganismos para produzir compostos de importância médica evita muitos dos problemas associados com a obtenção dos mesmos a partir de organismos superiores. As bactérias que carregam o gene para a insulina humana podem ser cultivadas indefinidamente, portanto este composto será produzido indefinidamente.

Do Laboratório para a Aplicação Industrial

Em 1974, os cientistas estimaram que levaria de cinco a dez anos para colocar-se o gene humano para produção de insulina dentro de uma bactéria. Entretanto, isto foi feito com sucesso após um ano e sucesso similar com o gene para a produção de interferon foi alcançado após dois anos. Atualmente, a produção microbiana de insulina humana, bem como do hormônio de crescimento humano e bovino, vacinas contra hepatite e a febre aftosa e certos aminoácidos deixaram de ser ensaios laboratoriais de pesquisa para se tornarem produtos industriais. Em 1982, a Companhia Eli Lilly anunciou que tinha aprovação do governo da Grã-Bretanha e dos Estados Unidos para a comercialização de insulina humana produzida por engenharia genética. (O microrganismo geneticamente construído que produz insulina humana foi desenvolvido pela Genentech, Inc., uma firma de biotecnologia, em San Francisco.) Assim, em menos de uma década, a biologia molecular evoluiu de um método promissor de pesquisa para o mercado de produtos benéficos para a saúde. É importante reconhecer, contudo, que nem todos os produtos biossintetizados geneticamente saem rapidamente da pesquisa para a aplicação comercial. As exigências de várias agências governamentais devem ser inicialmente atendidas, e isto pode levar tempo considerável e custar milhões de dólares.

Responda

1 Que vantagem a produção de insulina humana por bactérias geneticamente construídas tem sobre a extração de insulina a partir de tecido pancreático bovino?

2 Quais são as limitações do uso de culturas de células animais e vegetais para a produção de compostos úteis na medicina, tal como a insulina?

3 Quanto tempo a biologia molecular levou para evoluir de um método promissor de pesquisa para o mercado de insulina humana sintetizada por engenharia genética?

Construção de uma Bactéria pela Engenharia Genética

Diferentes métodos são usados para combinar o material genético de dois tipos celulares distintos, mas os procedimentos gerais se assemelham uns com os outros. As seguintes etapas básicas são utilizadas para produzir uma bactéria geneticamente construída (Figura 14.2, caderno em cores):

1. O conteúdo de DNA de um determinado gene a ser transferido é obtido de um organismo doador ou, em alguns casos, pode ser sintetizado a partir de nucleotídeos por técnicas laboratoriais.

2. O DNA plasmidial (DNA bacteriano cíclico extracromossômico) é isolado para servir como carreador de um determinado gene.

3. O DNA doador e o DNA plasmidial são tratados com a mesma enzima, uma *endonuclease de restrição*, que cliva ou corta o DNA de maneira a formar fitas simples com terminais complementares ("terminais coesivos"). Estes terminais são capazes de ligar-se a outros fragmentos de DNA que apresentam o mesmo final complementar das fitas simples.

4. O terminal coesivo de um fragmento do DNA doador liga-se com o terminal coesivo do DNA plasmidial, resultando, assim, um plasmídio modificado que agora carrega o fragmento do DNA doador.

5. O plasmídio é então adicionado a uma suspensão de bactérias receptoras que adquirem o plasmídio pelo processo de transformação descrito no Capítulo 13. As bactérias contendo o plasmídio são identificadas e isoladas.

6. As colônias das bactérias contendo o plasmídio, que possuem o gene ou podem elaborar o produto do gene transferido, são identificadas.

7. As bactérias geneticamente construídas são propagadas em grande quantidade e o produto (proteína) codificado pelo gene transferido é extraído das culturas e purificado.

As seções subseqüentes deste capítulo discutirão vários aspectos destas etapas gerais.

Isolamento do DNA Plasmidial

Na década de 1960, os cientistas desenvolveram técnicas para o isolamento do DNA plasmidial de bactérias, isto é, para separá-lo das células e do DNA cromossômico. Um procedimento está ilustrado na Figura 14.3. Uma das etapas-chave desta técnica é o uso de ***centrifugação em gradiente de densidade***. Nesta técnica, um tubo contendo uma solução de cloreto de césio e brometo de etídio é centrifugado em alta velocidade. Isto distribui o cloreto de césio em um *gradiente de concentração* contínuo de forma que a porção superior contenha a menor concentração de cloreto de césio (isto é, a menor densidade) e a parte inferior, a maior concentração (maior densidade). Se o DNA está presente no tubo, ele formará uma banda que "flutua" na região onde sua densidade de flutuação se iguala exatamente com a solução de cloreto de césio. Como o DNA plasmidial e o DNA cromossômico apresentam densidades de flutuação diferentes em solução de cloreto de césio e brometo de etídio, cada DNA formará uma banda distinta (Figura 14.3). A banda contendo o DNA plasmidial pode então ser coletada e usada para os experimentos de enge-

Figura 14.3 Método para separar o DNA plasmidial do DNA cromossômico por centrifugação em gradiente de densidade.

nharia genética. Derivados de plasmídios naturais adequados para clonagem gênica têm sido isolados e são chamados de *plasmídios vetores de clonagem*.

Endonucleases de Restrição e Terminais Coesivos do DNA

O DNA doador e o DNA plasmidial devem ser clivados de maneira que fragmentos com terminais coesivos sejam formados. Enzimas denominadas ***endonucleases de restrição*** são utilizadas para executar este tipo especial de clivagem do DNA. Por causa dos terminais coesivos resultantes é que o fragmento do DNA doador pode ser inserido no plasmídio.

Endonucleases de restrição estão presentes em quase todos os microrganismos. Sua função é identificar e destruir o "DNA estranho" que pode entrar na célula (Figura 14.4). Elas reconhecem certos sítios (seqüências nucleotídicas curtas de quatro a seis pares de bases) em moléculas de DNA fita dupla e então fazem um corte no esqueleto de desoxirribose-fosfato das duas fitas de DNA, como uma tesoura cortando um pedaço de fita. Este processo destrói a atividade biológica do DNA estranho.

Figura 14.4 A função da endonuclease de restrição é destruir o DNA estranho que pode entrar em uma célula bacteriana.

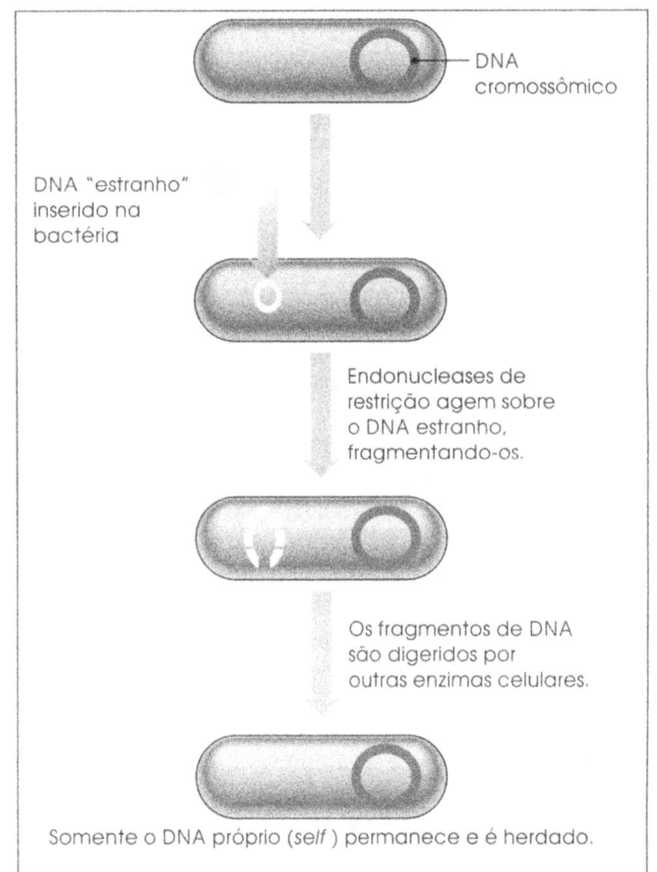

Seria desastroso se uma célula usasse suas endonucleases de restrição para destruir seu próprio DNA ("DNA *self*"). Conseqüentemente uma célula fornece marcas de identificação para o seu próprio DNA na forma de grupos metil ($-CH_3$), que são adicionados a certos nucleotídeos dentro de uma seqüência específica. Este processo de adição de grupos metil é chamado de ***modificação do DNA***. Se uma seqüência específica de DNA foi modificada por metilação, então a cadeia de DNA não pode ser clivada por endonucleases de restrição próprias da célula (Figura 14.5). Assim, uma célula pode distinguir DNA estranho não modificado de seu próprio DNA modificado.

Embora algumas endonucleases de restrição cortem as duas fitas de DNA na mesma posição dentro de uma seqüência específica resultando assim em fragmentos de DNA com *terminais cegos* (*blunt ends* – terminais não-coesivos), as enzimas mais utilizadas na engenharia genética são capazes de fazer o corte em posições diferentes em cada fita. Portanto, os cortes são assimétricos e, assim, a molécula de DNA clivada apresenta duas extremidades de fita simples (Figuras 14.5 e 14.6). Tal DNA é denominado ***DNA com terminal coesivo*** (*sticky ends*) porque, após o corte, os finais das fitas simples complementares podem ligar-se por pontes de hidrogênio (o mesmo tipo de ligação que normalmente mantém unidas as duas fitas de DNA).

Embora os terminais coesivos de uma molécula de DNA possam ligar-se, a estrutura formada é frágil porque as quebras no esqueleto de açúcar-fosfato ainda permanecem. Uma outra enzima chamada ***DNA ligase*** juntamente com o ATP como fonte de energia podem ser usados para conectar ou unir as ligações quebradas entre as moléculas açúcar-fosfato (Figura 14.6).

Figura 14.5 Uma célula distingue seu próprio DNA do DNA estranho por adicionar grupos metil em seu DNA, assim o protege da destruição pela endonuclease de restrição, tal como a *EcoR* I. Esta enzima reconhece a seqüência nucleotídica G-A-A-T-T-C e cliva o DNA neste ponto, a menos que a seqüência tenha sido modificada por metilação. G, guanina; A, adenina; T, timina; C, citosina.

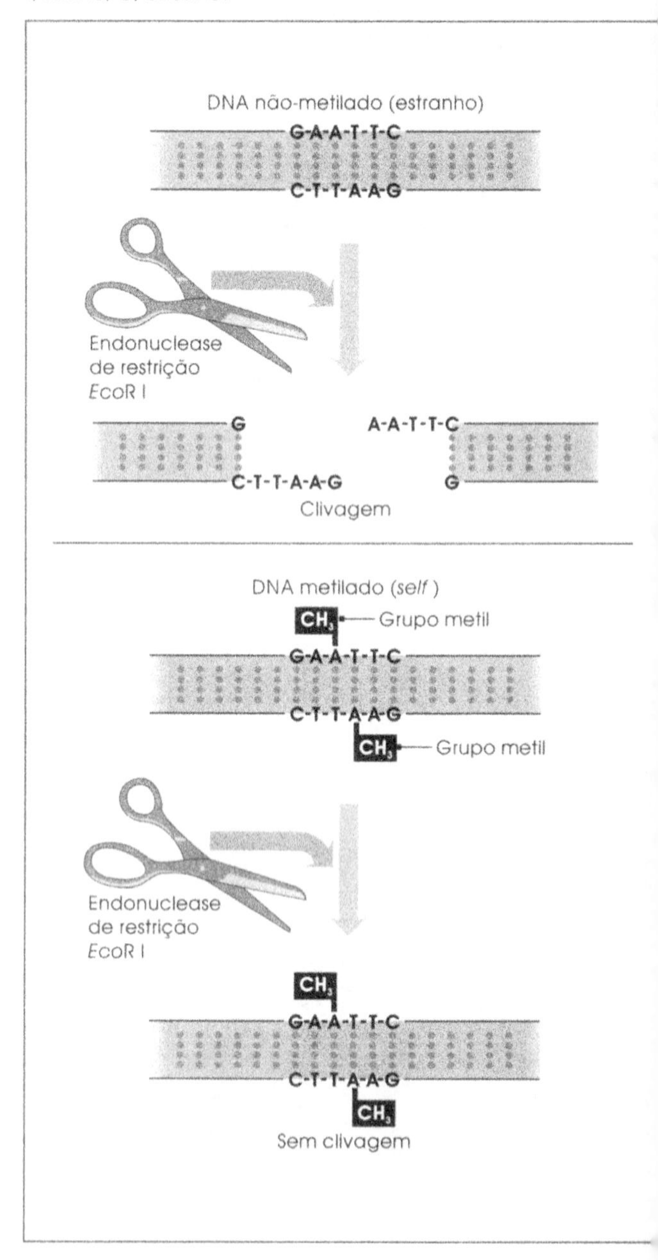

Construção de Plasmídios Recombinantes

Com a descoberta das endonucleases de restrição, é possível tratar dois tipos diferentes de DNA com a mesma enzima, assim cada DNA apresenta terminais coesivos similares. Portanto, os dois DNA podem ser ligados para formar uma molécula de DNA única. Em 1973, Stanley Cohen e Annie Chang, da Escola de Medicina da Universidade de Stanford, e Herbert Boyer e Robert Helling, da Universidade da Califórnia, San Francisco, foram os primeiros a demonstrar que os plasmídios contendo dois diferentes tipos de DNA (***plasmídios recombinantes***) podiam ser construídos (Figura 14.7). Esses cientistas isolaram dois tipos diferentes de DNA plasmidial – um possuía um gene para resistência a um único antibiótico e o outro possuía um gene para resistência a diferentes antibióticos – que foram clivados com uma endonuclease de restrição particular, em seguida foram reunidos e então ligados (por ligações covalentes), resultando em uma molécula circular.

Além da reconstituição das duas fitas parentais de volta ao plasmídio original, os pesquisadores obtiveram um plasmídio recombinante que continha DNA de ambos os tipos de plasmídios: um gene para resistência a um único antibiótico e outro gene para resistência a diferentes antibióticos. A existência desse plasmídio recombinante pode ser confirmada somente quando o novo plasmídio for introduzido em uma célula bacteriana receptora, assim ele pode se

Figura 14.6 Clivagem de um plasmídio bacteriano pela endonuclease *EcoR* I resulta em uma molécula de DNA linear com terminais coesivos. Se a endonuclease é removida e a DNA ligase é adicionada, a molécula pode ser restaurada a sua condição original.

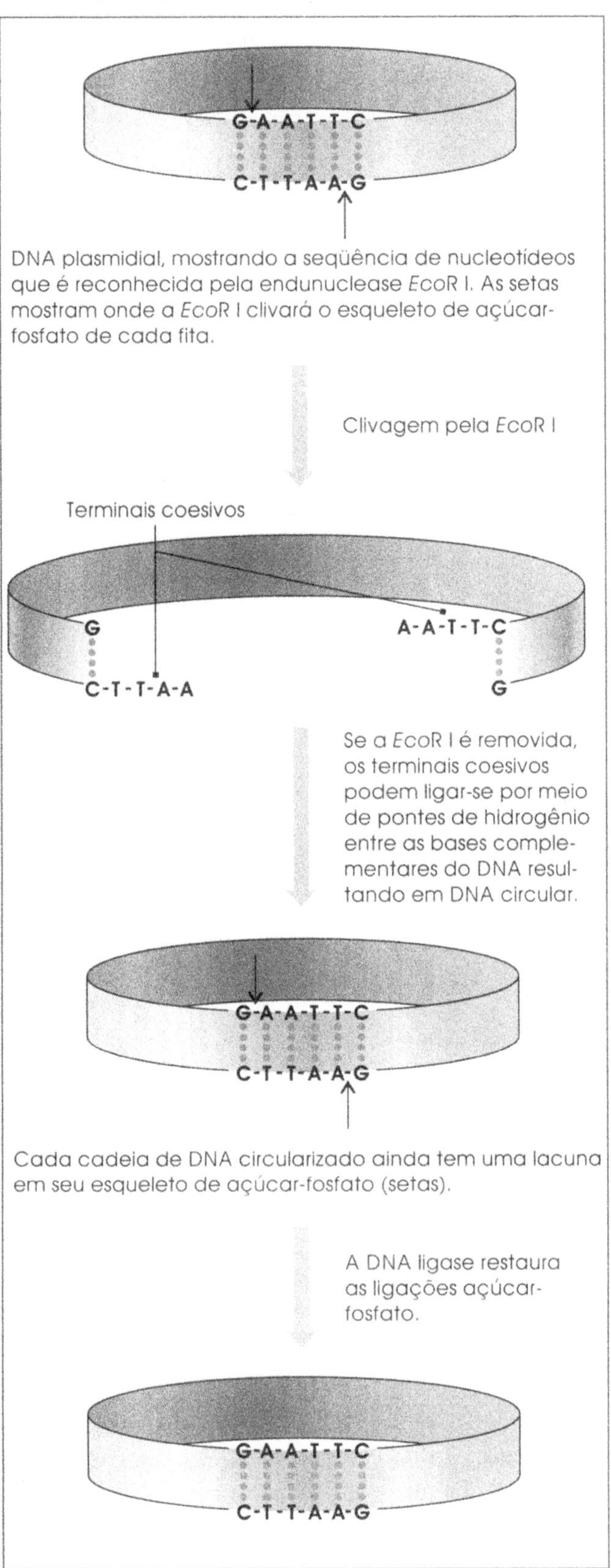

propagado e estudado. Os métodos para a realização deste tipo de experimento serão discutidos posteriormente neste capítulo.

É importante compreender que um plasmídio recombinante pode ser formado porque os produtos de clivagem de uma endonuclease de restrição podem reunir-se independentemente de pertencerem ou não ao mesmo plasmídio. Isso ocorre porque os fragmentos de DNA apresentam terminais coesivos, permitindo o cruzamento de pares de bases complementares, como dois segmentos ligados de DNA.

Plasmídios Recombinantes Contendo DNA Eucariótico. Teoricamente, o uso de endonucleases de restrição poderia resultar na junção de um tipo qualquer de molécula de DNA a outro tipo de molécula de DNA e, possivelmente, na expressão de uma nova seqüência. Inicialmente isto foi provado pela demonstração de que o DNA que codifica o RNA ribossômico (*r*RNA) da rã *Xenopus laevis*, originária da África do Sul, foi incorporado no DNA plasmidial bacteriano, o plasmídio recombinante resultante foi transmitido à bactéria receptora e as células de sua progênie produziram *r*RNA de *Xenopus* (Figura 14.8, caderno em cores).

O gene de um eucarioto como o da rã pode ser inserido em um plasmídio, porém pode não ser necessariamente expresso. Isto significa que a bactéria que eventualmente recebe o plasmídio pode não ser capaz de sintetizar o produto codificado pelo gene eucariótico específico porque:

1. As seqüências de DNA em células eucarióticas que iniciam e interrompem a expressão gênica não funcionam da mesma maneira nas células bacterianas. Para resolver esse problema, é necessário inserir genes eucarióticos no plasmídio de maneira que sua expressão possa ser governada por seqüências de DNA que são apropriadas para a expressão do gene bacteriano.

2. Os genes eucarióticos, ao contrário dos genes bacterianos, usualmente contêm ***íntrons*** (regiões que não codificam proteínas), além dos ***exons*** (regiões que codificam proteínas). Após a transcrição dos genes contendo íntrons em *m*RNA, células eucarióticas processam o *m*RNA e, assim, os íntrons são removidos. Os exons são ligados, originando um RNA mensageiro apropriado que pode ser traduzido em proteína (Figura 14.9, caderno em cores). Infelizmente, as bactérias não realizam o processamento do *m*RNA. Isto significa que simplesmente colocar um plasmídio recombinante contendo um gene eucariótico em uma célula bacteriana provavelmente não resultará em transcrição do gene em um RNA mensageiro apropriado. A solução é isolar o *RNA mensageiro* em vez do DNA das células eucarióticas.

Figura 14.7 Dois plasmídios diferentes, inicialmente circulares, são clivados quando tratados com uma endonuclease de restrição, tal como a *Eco*R I. Os terminais coesivos podem se circularizar (formam pontes de hidrogênio) e se ligar pela ação da DNA ligase, originando um plasmídio recombinante.

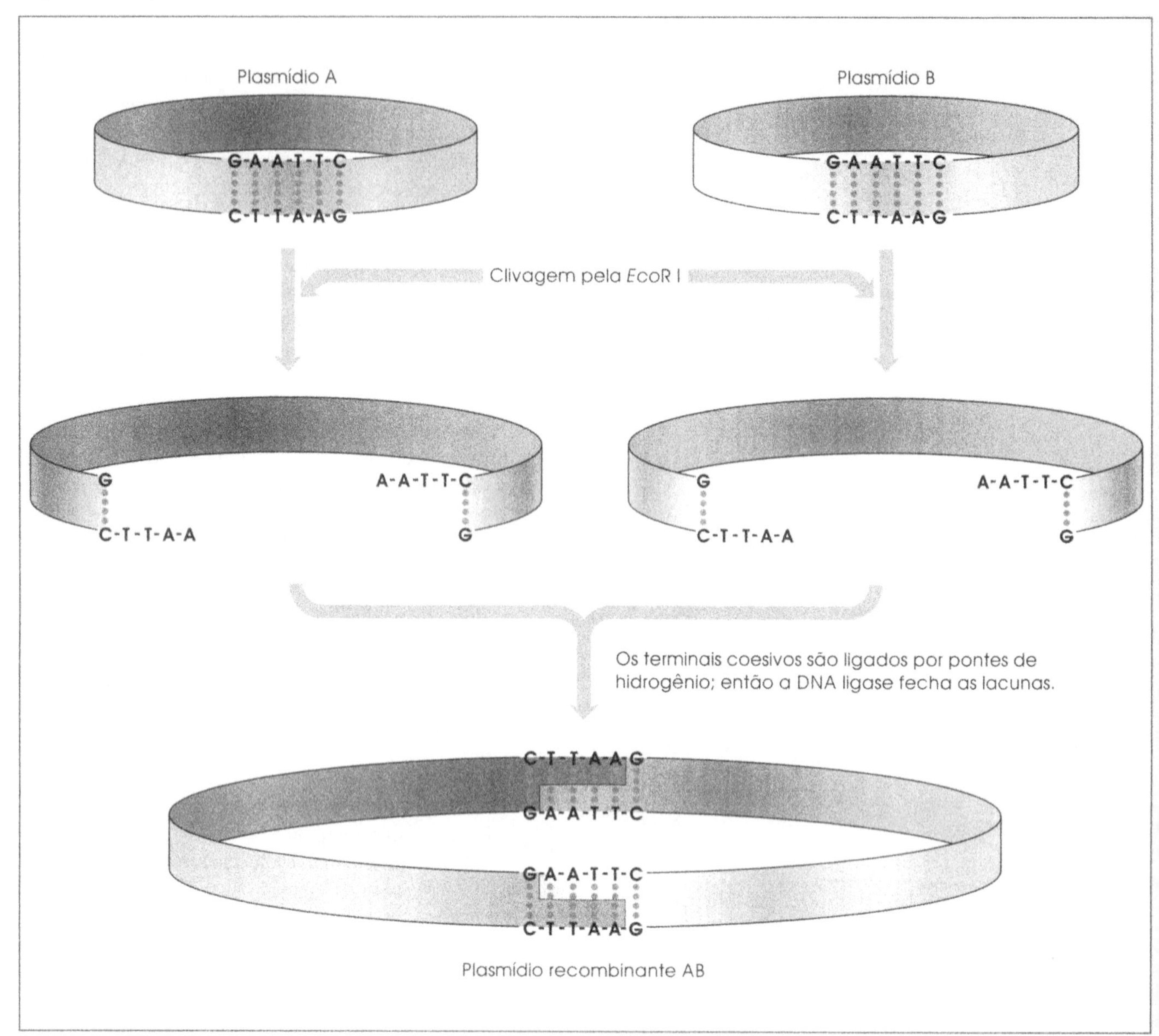

Este RNA mensageiro é então utilizado no laboratório como um molde para a construção de uma molécula de DNA correspondente que pode ser inserida em um plasmídio. A construção da molécula de DNA é realizada por meio de uma enzima denominada ***trancriptase reversa*** (DNA polimerase RNA dependente). Assim, o ***DNA complementar,*** ou ***cDNA,*** artificialmente produzido é inserido no plasmídio, em vez do DNA obtido diretamente das células eucarióticas, e eventualmente é incorporado pela célula bacteriana.

Inserção dos Plasmídios Recombinantes nas Bactérias Receptoras

Nem todos os plasmídios resultantes do experimento de construção plasmidial podem ser adequados para a engenharia genética. Muitos podem não ser plasmídios recombinantes, mas simplesmente apresentam seus terminais coesivos reunidos. Em outros casos, a endonuclease pode ter feito um corte dentro do gene doador e, assim, o plasmídio recombinante conterá somente uma parte do gene desejado. Os microbiologistas não podem saber se construíram um plasmídio recombinante satisfatório até a propagação

Figura 14.10 A técnica de transformação pelo $CaCl_2$ para inserir os plasmídios nas células bacterianas.

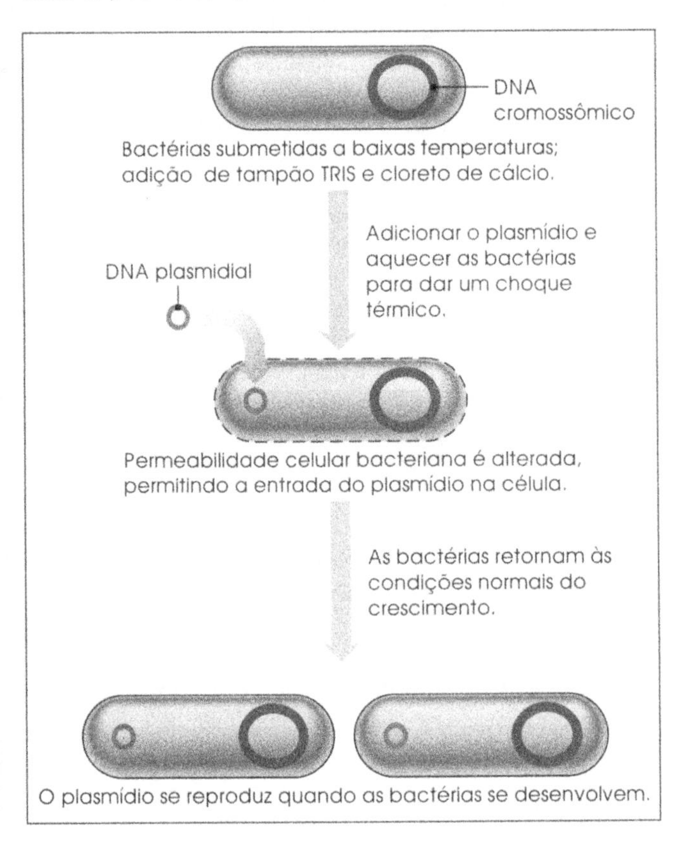

do mesmo em bactérias receptoras adequadas. Contudo, antes que os plasmídios possam ser propagados, primeiro devem ser inseridos na célula receptora.

O método usual para inserir os plasmídios na bactéria receptora é a transformação, um processo descrito no Capítulo 13. Infelizmente, a maioria das bactérias não absorve prontamente o DNA plasmidial. Porém, um método denominado ***transformação pelo cloreto de cálcio*** (***$CaCl_2$***) tem-se mostrado efetivo. Ele envolve o tratamento de células receptoras com $CaCl_2$ sob baixas temperaturas (0 a 4°C para a *E. coli*), adição do plasmídio recombinante e aquecimento das células (42°C para *E. coli*) para dar-lhes um choque térmico (Figura 14.10). Este procedimento altera a permeabilidade bacteriana, permitindo a entrada do DNA nas células. Recentemente tem sido demonstrado que o DNA plasmidial pode ser absorvido pelas células após um choque elétrico (*eletroporação*). Acredita-se que o pulso elétrico curto resulta na formação de poros através dos quais o plasmídio pode difundir-se para dentro da célula receptora.

Identificação da Bactéria que Adquiriu o Plasmídio. Mesmo com o procedimento de transformação com $CaCl_2$, somente uma pequena proporção das células na população receptora adquire o novo plasmídio. Assim, o objetivo inicial é selecionar as poucas células que apresentam o novo plasmídio, uma vez que somente estas terão a chance de conter o novo gene.

Um método para identificar as células transformadas contendo plasmídio é o uso de plasmídios com resistência aos antibióticos. Por exemplo, os genes para resistência a antibióticos, tais como tetraciclina e ampicilina, estão freqüentemente presentes em um plasmídio. Se as bactérias receptoras são inicialmente sensíveis a estes antibióticos, então somente células que incorporaram o DNA plasmidial se tornarão resistentes aos mesmos (ver Figura 14.8, caderno em cores). Quando uma mistura de bactérias com plasmídios e bactérias sem plasmídios é semeada em meio solidificado contendo os antibióticos, somente as bactérias que apresentarem o plasmídio serão capazes de formar colônias.

Propagação dos Plasmídios Recombinantes

Uma vez que o plasmídio recombinante é inserido, com sucesso, em uma célula bacteriana, esta pode proliferar e produzir uma grande população de células idênticas – denominadas ***clone*** – nas quais o novo gene está presente em cada célula. Assim, o novo gene é herdado e é conhecido como ***gene clonado***. Uma vez que o plasmídio foi o veículo pelo qual o novo gene foi inserido na célula bacteriana, o plasmídio é denominado ***vetor de clonagem***. Os plasmídios são os principais tipos de vetores de clonagem porque são herdados sem a necessidade de estar integrados ao cromossomo bacteriano. Algumas vezes, certos bacteriófagos são usados como vetores, mas o DNA viral deve ser integrado ao cromossomo bacteriano para que seja herdado pela progênie bacteriana, a menos que o DNA fágico tenha sido alterado para se comportar como um plasmídio.

Em determinados plasmídios, exposição a baixos níveis do antibiótico cloranfenicol resulta em replicação plasmidial descontrolada, portanto cerca de 100 cópias do plasmídio podem ser formadas (e qualquer novo gene que ele carrega) por cada célula bacteriana. Tal replicação acentuada e anormal do plasmídio é denominada ***amplificação***. Como resultado da amplificação, maior quantidade do produto do gene clonado pode ser sintetizada por cada célula bacteriana (após a remoção do cloranfenicol) quando comparada com as bactérias, que apresentam somente uma ou poucas cópias do plasmídio recombinante.

Identificação das Bactérias Que Expressam o Novo Gene. Após a transformação com $CaCl_2$ e subseqüente seleção das bactérias receptoras que contêm o plasmídio, é necessário identificar quais bactérias contêm o plasmídio recombinante adequadamente construído, ou seja, que contêm o gene a ser clonado. Uma maneira de fazer isso é identificar as bactérias que podem sintetizar o produto do gene clonado. Freqüentemente este procedimento é como procurar uma agulha em um monte de feno. Mesmo que o plasmídio recombinante tenha sido construído adequadamente, existem várias razões pelas quais as bactérias receptoras não podem expressar o novo gene (ver a próxima seção). O problema de identificação das bactérias que sintetizam o produto de um determinado gene pode ser agravado se for utilizado o DNA total de uma célula como doador do novo gene. Este DNA pode conter de 100.000 a 1 milhão de genes, e a localização exata de um gene específico pode ser desconhecida. Portanto, os cientistas necessitam utilizar o arranjo total dos genes a fim de obter o gene desejado. Este processo é denominado ***clonagem de caça*** (*shotgun*). O tratamento do DNA celular total com uma endonuclease resulta em muitos fragmentos ao acaso, cada um com chance de ser inserido em um plasmídio. Conseqüentemente, resultarão muitos plasmídios recombinantes diferentes – mas somente poucos terão o fragmento que contém o gene desejado.

A seleção das colônias, derivadas de milhares de bactérias transformadas, para determinar qual delas sintetiza o produto de um gene particular pode ser muito vagarosa. Todavia, vários métodos têm sido projetados para acelerar a pesquisa. Por exemplo, se o gene de interesse é o que codifica a insulina humana, pode-se injetar uma pequena quantidade de insulina (derivada do tecido humano) em um coelho. O coelho, por sua vez, produz anticorpos (proteínas específicas) em seu soro sangüíneo, que se ligam à insulina humana. Estes anticorpos podem ser purificados do soro do coelho e ser marcados com um elemento radioativo. Assim, podem ser usados para identificar as colônias de bactérias que apresentam o gene para insulina, porque os anticorpos ligam-se à insulina produzida pelas bactérias e podem ser detectados por um aparelho que mede radioatividade (Figura 14.11, caderno em cores).

Responda

1 Quais são as etapas básicas para construir uma bactéria pela engenharia genética?

2 Como o DNA plasmidial é isolado?

3 Qual é a função das endonucleases de restrição em bactérias? Como uma célula bacteriana protege seu próprio DNA de suas endonucleases de restrição? Como as endonucleases de restrição são usadas para construir um plasmídio recombinante?

4 Qual é a importância de usar cDNA para a clonagem de genes eucarióticos em células procarióticas? Como o cDNA é obtido?

5 Qual a contribuição da transformação pelo cloreto de cálcio para a engenharia genética?

6 Como as bactérias que sintetizam o produto de um determinado gene clonado podem ser identificadas?

Muitas das dificuldades envolvidas na clonagem de caça poderiam ser evitadas se somente um doador do gene particular fosse utilizado. Uma alternativa é usar o *c*DNA derivado de um RNA mensageiro apropriado. O *m*RNA pode ser recuperado das células que estão produzindo grande quantidade da proteína (por exemplo, as células da ilhota do pâncreas que produzem insulina). Uma outra tentativa é construir em laboratório um *gene artificial* e inseri-lo em um plasmídio vetor. A construção de genes em laboratório é possível com o emprego de equipamentos especiais e é especialmente útil quando o gene é relativamente curto e codifica uma proteína pequena, tal como o gene para a insulina. A seqüência de aminoácidos da insulina já foi determinada por meio de análises químicas da insulina, extraída de tecido humano. A partir do conhecimento da seqüência de aminoácidos da insulina, é possível deduzir a seqüência de bases nucleotídicas do gene correspondente e construí-la em laboratório a partir de nucleotídeos artificiais. Um gene artificial para insulina foi construído desta maneira, sendo a seguir inserido em um plasmídio vetor e clonado na *E. coli*, com sucesso.

Anticorpos específicos marcados com elemento radioativo podem ser utilizados para identificar as bactérias geneticamente construídas que podem sintetizar o produto de um determinado gene humano clonado.

Problemas Envolvidos na Clonagem do Gene

Em virtude da complexidade das células vivas e da natureza dos processos genéticos, podem existir numerosas dificuldades em clonar genes e sintetizar o produto do gene clonado. Estas dificuldades podem ser resumidas como segue:

1. As endonucleases de restrição utilizadas para a clivagem do DNA doador em fragmentos pequenos com terminais coesivos podem cortar e destruir o gene a ser clonado. Uma outra possibilidade é que mais de um gene esteja envolvido na expressão de uma característica particular, e os genes adicionais não podem ser identificados ou inseridos no vetor.

2. O gene doador pode ser inserido incorretamente no plasmídio vetor. Isto poderia resultar em falha da bactéria em expressar o gene (sintetizar a proteína desejada), porque a bactéria não pode reconhecer os sinais de início e término que fazem parte do gene eucariótico.

3. A proteína sintetizada pode apresentar-se dentro da célula como agregados grandes e insolúveis. Algumas vezes esta agregação é irreversível, assim o isolamento da proteína não produzirá um composto útil.

4. Pode ocorrer síntese em excesso do produto do gene. Algumas vezes, se uma grande quantidade do produto do gene clonado é sintetizada, esta pode ser letal para a bactéria. Por exemplo, quando genes para a síntese descontrolada de fenilalanina (aminoácido usado na síntese do aspartame, um adoçante artificial) foram clonados em bactérias, estas morreram porque produziram altos níveis intracelulares de fenilalanina. A diminuição do número de cópias dos genes clonados resultou em cepas bacterianas que produziam níveis mais baixos (mas ainda razoavelmente altos) de fenilalanina e continuavam a crescer.

5. O produto do gene pode ser destruído após a sua síntese. Embora as bactérias sejam relativamente simples quando comparadas com os organismos superiores, elas têm sistemas para detectar e destruir proteínas estranhas, caso estejam no interior da célula (assim como as endonucleases de restrição destroem o DNA estranho). Uma variedade de proteínas de mamíferos cujos genes foram clonados em bactérias são preferencialmente degradadas dentro das células receptoras.

6. Pode ocorrer instabilidade plasmidial. Embora o DNA estranho possa ser inserido com sucesso em uma célula bacteriana, o plasmídio vetor não pode ser herdado por cada célula-filha durante a divisão celular. Como resultado, a cultura eventualmente pode conter muitas células sem o gene clonado.

7. Pode haver dificuldade na extração e purificação do produto do gene devido à presença de produtos naturais ou estruturas sintetizadas pelas células receptoras. Bactérias Gram-negativas, como a *E. coli*, são normalmente usadas como receptores para genes estranhos, mas tais bactérias não secretam as proteínas no meio de cultura, onde as proteínas podem ser facilmente recuperadas. Isso ocorre porque a membrana externa de bactérias Gram-negativas retém as proteínas e dificulta a excreção das mesmas pela célula. Usualmente é necessário romper as células a fim de extrair a proteína desejada. Bactérias Gram-positivas, tal como *Bacillus subtilis*, não apresentam membrana externa e secretam as proteínas; assim, podem ser mais úteis como sintetizadoras do produto do gene. Entretanto, estas bactérias freqüentemente elaboram enzimas proteolíticas que destroem o produto. As leveduras não apresentam membrana externa e geralmente não sintetizam enzimas proteolíticas, portanto podem ser úteis na expressão de genes estranhos. Recentemente, o gene para a celulase bacteriana (uma enzima que degrada a celulose) foi clonado em leveduras. O gene foi inserido com uma seqüência de DNA auxiliar, que capacita as células leveduriformes eucarióticas a secretarem a enzima bacteriana no meio de cultura.

Responda

1 Que problemas na clonagem gênica podem ser atribuídos ao tipo de endonuclease de restrição utilizada?

2 Suponha que um gene tenha sido clonado adequadamente em um plasmídio vetor e que o vetor tenha sido inserido com sucesso em uma célula bacteriana. O que pode ser responsável pela falha em obter um produto útil a partir da bactéria?

3 Qual a vantagem de clonar genes em leveduras em vez de células bacterianas?

Benefícios e Riscos Potenciais da Engenharia Genética

A engenharia genética fornece possibilidades quase ilimitadas para o benefício da sociedade, por exemplo, o desenvolvimento de vacinas inovadoras que naturalmente fazem as plantas resistir ao ataque de insetos. Por outro lado, dar novas propriedades aos microrganismos pode também trazer problemas para a saúde humana e para o ambiente. Como cidadão da sociedade e habitante do ambiente, você pode ser chamado a tomar decisões sobre a engenharia genética. Certamente você será afetado pelo produto desta tecnologia e deve compreender alguns de seus benefícios básicos e os riscos em potencial.

Benefícios da Engenharia Genética

Tecnologias genéticas atuais e futuras podem contribuir para o melhoramento de nossa saúde, nosso ambiente, nossas fontes de alimento e muitos outros aspectos de nossas vidas. A indústria farmacêutica já tem produzido vários compostos para a terapia humana, tais como insulina humana, fator de crescimento humano, ativador tecidual de plasminogênio e uroquinase (para o tratamento de coágulos sanguíneos), interferon e somatostatina (um hormônio cerebral).

Novas técnicas para o desenvolvimento de vacinas têm emergido da engenharia genética. Por exemplo, o gene para a proteína inócua da capa do vírus que causa a febre aftosa foi inserido no plasmídio de *E. coli* e as bactérias contendo esse plasmídio produziram a proteína viral (Figura 14.12, caderno em cores). Quando a proteína foi extraída da bactéria e injetada no gado, estimulou no animal a produção de anticorpos contra a proteína. Estes anticorpos foram capazes de proteger os animais contra os vírus infecciosos da febre aftosa. Os perigos e as dificuldades associadas com o método usual de síntese de vacinas contra a febre aftosa, segundo o qual o vírus infeccioso deve ser cultivado em laboratório e posteriormente tratado com agentes que destroem sua infectividade, mas não a sua antigenicidade (habilidade para induzir a formação de anticorpos), foram evitados com este novo método. Uma outra vacina, contra o vírus da hepatite B, foi recentemente desenvolvida por técnicas de engenharia genética (DESCOBERTA 14.1).

Uma estratégia similar pode ser eventualmente utilizada para produzir uma vacina contra a AIDS (síndrome da imunodeficiência humana adquirida), uma doença humana fatal. A superfície do vírus da AIDS contém duas proteínas resultantes da quebra de uma proteína grande chamada gp160. O gene viral que codifica a gp160 foi clonado por pesquisadores do Instituto Nacional de Alergia e Doenças Infecciosas em Bethesda, Maryland. Subseqüentemente, os cientistas da MicroGeneSys, uma indústria farmacêutica de Connecticut, foram capazes de inserir o gene no DNA de um baculovírus, um vírus que ataca os insetos. Quando culturas de células de tecido do inseto foram infectadas com o baculovírus recombinante, o gene para a gp160 foi expresso e as culturas produziram a proteína gp160. Atualmente, esta proteína está sendo testada em humanos para verificar se pode induzir uma imunidade efetiva contra a AIDS.

A engenharia genética também tem sido utilizada para melhorar a produção industrial de importantes substâncias químicas. A vitamina C (ácido ascórbico) é um exemplo. A produção mundial de ácido ascórbico equivale a 40 milhões de libras por ano, com venda anual de aproximadamente 400 milhões de dólares. Um novo método para a produção industrial envolve a síntese de ácido ascórbico por meio da seguinte seqüência de reações:

Glicose —(enzima A)→ KGLC (Dicetogluconato) —(enzima B)→ KGUL (Cetogulonato) —(tratamento ácido)→ ácido ascórbico

Era esperado que um microrganismo pudesse ser utilizado para realizar as duas primeiras etapas, mas infelizmente não foi verificada a presença das enzimas A e B no mesmo microrganismo. Algumas bactérias sintetizam a enzima A, mas não a B; outras sintetizam a enzima B, mas não a A. Contudo, quando o gene para a enzima B foi clonado em uma bactéria que podia sintetizar a enzima A, a bactéria construída geneticamente podia converter completamente a glicose em KGUL, fornecendo assim quantidades ilimitadas de KGUL para ser convertido em ácido ascórbico.

A engenharia genética pode também fornecer benefícios para a agricultura. Uma aplicação agrícola em desenvolvimento envolve o uso de cepas de *Pseudomonas syringae* e *Pseudomonas fluorescens* geneticamente alteradas para proteger as frutas contra os danos da geada. As cepas selvagens destas bactérias associadas às plantas secretam uma proteína que permite às células agirem como núcleo na formação do cristal de gelo (isto é, ela atua como centro de iniciação do processo de cristalização) que danifica as plantas. Por meio das técnicas do DNA recombinante, uma parte do gene que codifica a nucleação da proteína foi retirada. Assim, as cepas bacterianas alteradas utilizadas para inocular as árvores frutíferas poderiam substituir as cepas selvagens e proteger a fruta dos danos ocasionados pelos cristais de gelo. Outra aplicação agrícola da engenharia genética pode resultar em aumento da tolerância a temperaturas extremas e resistência à estiagem das safras de plantas, conduzindo a um aumento significativo na produção de alimentos em escala global. Similarmente, o desenvolvimento de plantas com resistência a insetos e microrganismos patogênicos aumentaria a produtividade da safra. Fornecer às bactérias fixadoras de nitrogênio a capacidade de crescer simbioticamente com a safra de grãos de cereais aumentaria a produção agrícola, particularmente naquelas regiões do mundo que apresentam escassez de fertilizantes comerciais.

A engenharia genética pode também fornecer novas maneiras para proteger o ambiente. Por exemplo, os microrganismos têm sido construídos geneticamente para degradar óleo proveniente de derramamentos de óleo. Outras aplicações comerciais provavelmente estão para ser feitas no controle de poluição industrial, bem como na mineração e descoberta de petróleo.

Durante vários anos, centenas de companhias têm-se desenvolvido baseadas na *tecnologia do DNA recombinante*. Um grande setor da indústria está buscando ativamente produtos em potencial sugeridos por estudos da engenharia genética de microrganismos e outras células. A maioria dos órgãos governamentais, cientes da nova tecnologia promissora, tem dado prioridade ao estabelecimento de centros de biotecnologia onde universidades e indústrias possam colaborar.

DESCOBERTA!

14.1 CONSTRUINDO UMA VACINA CONTRA A HEPATITE B

A hepatite viral tipo B (hepatite sérica) é uma infecção humana que danifica primariamente o fígado. O agente etiológico é um vírus chamado HBV, que é transmitido da mesma maneira que o vírus da AIDS. De fato, alguns dos primeiros trabalhos feitos sobre a AIDS envolviam informações deduzidas sobre a hepatite tipo B. Aproximadamente 200.000 pessoas são infectadas pelo HBV a cada ano nos Estados Unidos. Desses, mais de 10.000 requerem hospitalização e 250 morrem da infecção. De distribuição mundial, a hepatite afeta milhões de pessoas. A infecção pode causar uma doença relativamente leve ou causar problemas mais sérios, como o câncer hepático.

Se o HBV pudesse ser cultivado em laboratório em quantidades ilimitadas, ele seria quimicamente inativado e então injetado em humanos como uma vacina para estimular imunidade contra hepatite tipo B. Infelizmente, ainda não é possível cultivar HBV em culturas laboratoriais. O vírus pode ser obtido somente do sangue de humanos e chimpanzés ou outros primatas infectados experimentalmente. Mas estas fontes não fornecem HBV em quantidade suficiente para desenvolver uma vacina comercial.

Entretanto, o sangue de pessoas com infecção crônica contém numerosas partículas de uma proteína viral inócua. Esta proteína, denominada HBsAg, pode ser extraída do sangue, purificada e tratada quimicamente para destruir os vírus infecciosos que podem estar presentes. Quando as partículas de HBsAg são injetadas em humanos, estimulam a imunidade contra o vírus infeccioso completo. Com base nisso, uma vacina efetiva foi licenciada em 1981. Porém, a produção das partículas de HBsAg era onerosa e em pequena escala porque estas eram obtidas somente a partir de pessoas infectadas.

Em 1982, uma nova fonte de partículas de HBsAg tornou-se disponível graças à engenharia genética. Os pesquisadores encontraram uma maneira de clonar o gene para HBsAg em células da levedura comum do pão, o *Saccharomyces cerevisiae*, usando o DNA do HBV. A levedura expressou o gene e sintetizou partículas de HBsAg que podiam ser extraídas após a ruptura das células. Uma vez que as leveduras se proliferam facilmente, foi possível obter quantidades ilimitadas das partículas de HBsAg. Em 1986, a Food and Drug Administration aprovou o uso da nova vacina contendo HBsAg produzida pelas leveduras.

Esta foi a primeira vacina produzida por métodos da engenharia genética contra uma doença humana. Este sucesso sugere que é viável o desenvolvimento de vacinas similares contra outras doenças causadas por agentes infecciosos que não podem ser prontamente cultivados em laboratório, tais como os agentes etiológicos da malária, esquistossomose e sífilis.

Riscos em Potencial da Engenharia Genética

A habilidade de transferir os genes por meio de linhagens de espécies, tal como de animal para bactéria, para criar um organismo novo e remodelado, tem levantado questões sobre os riscos envolvidos em tais experimentos.

Existe a preocupação de que a produção de moléculas recombinantes de DNA funcionais *in vivo* seja biologicamente perigosa. Se as moléculas de DNA recombinantes são carregadas em um micróbio, tal como a *E. coli*, que é um habitante normal do intestino humano e pode trocar informação genética com outros tipos de bactérias, estas possivelmente podem ser disseminadas entre as populações humana, bacteriana, vegetal ou animal, com resultados imprevisíveis.

Um perigo especial é a construção de novos plasmídios bacterianos que podem, se não forem controlados cuidadosamente, introduzir resistência a antibióticos ou formação de toxinas em cepas bacterianas que ainda não apresentam tal propriedade. Os experimentos que permitem a ligação de todo ou parte do DNA de um vírus produtor de tumor ou a multiplicação autônoma de elementos contendo DNA (tais como os plasmídios bacterianos ou outros DNAs virais) por determinados vírus também representam uma ameaça.

Regulamentação da Engenharia Genética

Por causa das preocupações associadas com a engenharia genética, o National Institutes of Health estabeleceu normas para a pesquisa envolvendo moléculas de DNA recombinante. Com essas normas, o National Institutes of Health supervisiona as pesquisas de várias formas, tais como patrocinar programas de avaliação sobre os riscos da tecnologia, certificar-se dos novos sistemas vetor-hospedeiro, servir como um setor de informações e coordenar as atividades locais e federais. Esta função de monitoramento está sendo expandida por meio do Departamento de Agricultura e da Agência de Proteção Ambiental dos Estados Unidos para controlar o uso de organismos geneticamente construídos no ambiente.

Com que rigor a engenharia genética deve ser controlada? A maioria dos cientistas acredita que as normas de segurança atuais são adequadas e que os riscos envolvidos na nova tecnologia são pequenos quando comparados com os vários benefícios. As pesquisas da engenharia genética que têm sido regulamentadas até agora não têm resultado em prejuízos demonstráveis, mas alguns elementos de risco existirão quando qualquer um deliberadamente manipular a constituição genética dos organismos. Por outro lado, não pode haver progresso se a segurança absoluta contra todos os riscos futuros se tornarem o objetivo da prática. Realmente, excessivas restrições na engenharia genética representam um outro tipo de risco – o progresso efetivamente lento no laboratório de pesquisa e no desenvolvimento industrial. Um bom acordo seria o uso de precauções sensíveis na engenharia genética, em vez de imposição de restrições severamente repressivas.

Responda

1. Como as vacinas geneticamente construídas contra a febre aftosa e a hepatite B foram desenvolvidas?
2. Como a engenharia genética foi usada para melhorar a produção industrial do ácido ascórbico?
3. Como uma cepa bacteriana alterada geneticamente pode ser usada para proteger as frutas contra os danos da geada?
4. Quais são alguns dos riscos em potencial da engenharia genética?
5. Com que rigor deve ser feita a regulamentação da engenharia genética? A segurança absoluta contra todos os prejuízos futuros e imaginados devem tornar-se o objetivo de tal controle?

Resumo

1. A engenharia genética é a transferência *in vitro* de segmentos do material genético de uma célula para outra, usando um carreador de gene denominado *vetor*. As bactérias são as receptoras usuais do material genético transferido porque podem crescer indefinidamente em um meio simples e econômico e, assim, produzir quantidades ilimitadas do produto do gene. Os plasmídios têm usualmente sido utilizados como vetores porque são facilmente isolados e manipulados, e não precisam estar integrados ao cromossoma bacteriano a fim de serem replicados nas células receptoras.

2. As etapas de formação de uma bactéria geneticamente construída são as seguintes:

   (**a**) O DNA contendo o gene desejado pode ser isolado de uma célula doadora ou pode ser sintetizado por procedimentos laboratoriais. No caso de genes eucarióticos que contêm íntrons, *c*DNA derivado do RNA mensageiro pela ação da transcriptase reversa é geralmente utilizado como doador de DNA.

   (**b**) O plasmídio vetor é obtido de espécies bacterianas e o gene doador é inserido no mesmo.

   (**c**) O DNA doador e o DNA plasmidial são tratados com a mesma endonuclease de restrição. Os terminais coesivos do fragmento de um DNA doador formam pontes de hidrogênio com os terminais coesivos do DNA plasmidial e a DNA ligase é usada para reparar a quebra no esqueleto açúcar-fosfato.

   (**d**) O plasmídio recombinante resultante é então incorporado na bactéria receptora por meio de uma técnica, tal como a transformação pelo $CaCl_2$ ou eletroporação.

   (**e**) As colônias de bactérias que podem expressar o novo gene são então propagadas e o produto do gene é extraído das culturas.

   O gene deve ser expresso em altos níveis a fim de que a fabricação comercial do produto do gene seja exeqüível. Uma expressão em alto nível pode ocorrer se múltiplas cópias do plasmídio se desenvolvem em cada célula bacteriana e os sinais genéticos apropriados para a expressão do gene estão presentes.

3. O impacto da nova tecnologia já tem sido significativo em muitas áreas e, com o tempo, afetará a saúde e o bem-estar da população mundial. A agricultura e a produção de alimentos, o monitoramento de despejos e a qualidade ambiental, a matéria-prima para a indústria química, os novos produtos farmacêuticos e o controle de doenças são algumas das áreas que poderão ser beneficiadas. Entretanto, a engenharia genética apresenta alguns riscos em potencial que requerem uma avaliação cuidadosa das conseqüências.

Palavras-Chave

Amplificação
Centrifugação em gradiente de densidade
Clonagem de caça
Clone
DNA com terminal coesivo
DNA complementar (*c*DNA)
DNA ligase
Endonucleases de restrição
Engenharia genética
Exons
Gene clonado
Íntrons
Modificação do DNA
Plasmídios recombinantes
Técnica de transformação pelo cloreto de cálcio ($CaCl_2$)
Transcriptase reversa
Vetor de clonagem

Revisão

INTRODUÇÃO À ENGENHARIA GENÉTICA

1. Em vez de contar com a extração de quantidade limitada de substâncias valiosas de humanos, animais ou plantas para uso médico, podemos colocar o ________________________ que codifica a substância em uma célula microbiana e então permitir que esta célula e sua progênie produzam a substância em quantidades ilimitadas.

2. Qual das seguintes afirmativas é correta? (**a**) Uma vez que todos os pacientes diabéticos podem usar a insulina bovina comumente disponível, não há necessidade de produzir insulina humana. (**b**) O cultivo de células bacterianas em laboratório é mais oneroso do que o cultivo de células do tecido animal. (**c**) A insulina humana é o único produto construído geneticamente disponível comercialmente nos dias atuais. (**d**) Uma vez isolado, o gene para insulina pode ser cultivado indefinidamente na ausência de qualquer organismo vivo. (**e**) A tecnologia moderna torna possível transferir um gene de uma célula vegetal ou animal para dentro de uma célula bacteriana.

3. A produção de insulina humana por bactéria geneticamente construída levou menos de uma década, e os métodos de pesquisa e desenvolvimento passaram de fábricas ________________ para a produção ________________.

CONSTRUÇÃO DE UMA BACTÉRIA POR ENGENHARIA GENÉTICA

4. O DNA a ser utilizado para as técnicas da engenharia genética pode, algumas vezes, ser sintetizado por métodos laboratoriais a partir de nucleotídeos, entretanto usualmente ele é obtido por extração de um ________________________.

5. O carreador para um gene particular a ser inserido em uma célula receptora é usualmente um: (**a**) cromossomo; (**b**) alelo; (**c**) plasmídio; (**d**) transposon; (**e**) fita de *m*RNA.

6. DNA doador e DNA plasmidial são clivados pela mesma enzima para formar fragmentos de DNA com terminais simples complementares denominados: (**a**) bolhas de replicação; (**b**) terminais cegos; (**c**) terminais fragmentados; (**d**) terminais circulares; (**e**) terminais coesivos.

7. A enzima na questão 6 é chamada de: (**a**) nucleotídeo transferase; (**b**) RNA polimerase RNA dependente; (**c**) endonuclease de restrição; (**d**) DNA polimerase RNA dependente; (**e**) DNA ligase.

8. O plasmídio modificado pode ser inserido em uma bactéria receptora por um processo denominado: (**a**) transdução; (**b**) conjugação; (**c**) diferenciação; (**d**) transformação; (**e**) transpeptidação.

9. A etapa-chave na separação do DNA plasmidial do DNA cromossômico é o uso de uma técnica chamada: (**a**) transformação; (**b**) transdução; (**c**) centrifugação em gradiente de densidade; (**d**) conjugação; (**e**) procedimento de Svedberg.

10. Na técnica indicada na questão 9, o DNA é adicionado a um tubo contendo uma solução de brometo de etídio e: (**a**) cloreto de cálcio; (**b**) cloreto de rubídio; (**c**) fosfato de sódio; (**d**) fosfato de potássio; (**e**) cloreto de césio.

11. Associar a descrição da direita com o item correto da esquerda:

___ Endonuclease de restrição	(**a**) Substância que, após entrar em uma célula, é destruída por endonucleases de restrição celulares
___ Modificação do DNA	(**b**) Processo que permite à célula distinguir o DNA próprio do DNA estranho
___ DNA estranho	(**c**) Substância que é exemplificada pela *Eco*R I
___ DNA ligase	(**d**) Responsável pela ligação inicial de dois fragmentos de DNA que têm terminais coesivos similares
___ Pontes de hidrogênio	(**e**) Responsável pela ligação permanente de dois fragmentos de DNA por reparar a quebra em seu esqueleto de açúcar-fosfato

12. A separação do DNA plasmidial do DNA cromossômico pela técnica indicada na questão 9 depende da diferença de ________________ dos dois tipos de DNA.

13. Uma célula protege seu próprio DNA do ataque de suas enzimas de restrição por adicionar ________________ a certos nucleotídeos nos sítios que são reconhecidos pelas endonucleases.

14. A idéia de que qualquer tipo de DNA pode ligar-se a um outro tipo de DNA foi inicialmente provada quando o DNA que codifica o________________ de uma rã foi incorporado em um plasmídio bacteriano.

15. A verificação de que um plasmídio recombinante foi construído com sucesso só pode ser feita após o plasmídio ser introduzido em uma ________________, assim ele pode ser propagado e estudado.

16. Associar a descrição da direita com o item correto da esquerda:

___ Íntron	(**a**) Plasmídio contendo dois tipos diferentes de DNA
___ Plasmídio recombinante	(**b**) Uma região do DNA eucariótico que codifica proteína
___ Transcriptase reversa	(**c**) Uma região do DNA eucariótico que não codifica proteína
___ Exon	(**d**) Substância usada para preparar *c*DNA a partir de RNA mensageiro

17. Uma razão pela qual um gene eucariótico não pode ser expresso em uma bactéria receptora é que as seqüências de________________ e de________________ da expressão gênica em células eucarióticas não são operadas pelas células bacterianas.

18. Um método efetivo para colocar um DNA plasmidial em uma bactéria receptora é denominado: (**a**) mutação por inserção; (**b**) transformação por meio de densidade de flutuação; (**c**) transformação pelo cloreto de cálcio; (**d**) gradiente de densidade de cloreto de césio; (**e**) tradução de plasmídio.

19. No método indicado na questão 18, após o tratamento das células receptoras com $CaCl_2$ a frio, o plasmídio é adicionado e então as células são ________________.

20. As células receptoras que receberam o plasmídio podem ser facilmente selecionadas se o plasmídio tem um gene para resistência a: (**a**) endonucleases de restrição; (**b**) um antibiótico; (**c**) $CaCl_2$; (**d**) fosfato de potássio; (**e**) *c*DNA.

21. Se um gene foi transferido para uma célula bacteriana receptora e a célula bacteriana proliferou para produzir um grande número de progênies idênticas, o gene foi: (**a**) clonado; (**b**) transformado; (**c**) dividido; (**d**) conjugado; (**e**) centrifugado.

22. Uma vantagem de usar plasmídios como vetores de clonagem é que eles podem replicar-se ________________ do cromossomo.

23. A amplificação é útil na engenharia genética porque ela resulta em grande quantidade de ________________.

24. Associar cada descrição da direita com o item correto da esquerda:

___ Anticorpo radioativo	(**a**) Uma grande população de células idênticas
___ Gene artificial	(**b**) Replicação anormal e acentuada de um plasmídio para produzir muitas cópias do plasmídio em cada célula
___ Amplificação	(**c**) O uso de um arranjo inteiro de genes de um organismo a fim de obter o gene particular que se deseja clonar

___ Clone | (**d**) Substância que pode ser usada para identificar colônias de bactérias geneticamente construídas que elaboram um produto de um gene particular

___ Clonagem de caça | (**e**) Substância que pode ser construída em laboratório se a sua seqüência de bases nucleotídicas pode ser deduzida a partir da seqüência de aminoácidos da proteína que é codificada por ela

PROBLEMAS ENVOLVIDOS NA CLONAGEM GÊNICA

25. Não será possível clonar um gene se a endonuclease de restrição faz um corte dentro do____.

26. Se um gene eucariótico é incorretamente inserido em um plasmídio vetor, a bactéria receptora pode falhar em expressar o gene porque ela não pode reconhecer: (**a**) RNA polimerase DNA dependente; (**b**) íntrons; (**c**) códons de *m*RNA; (**d**) anticódons de *t*RNA; (**e**) sinais de início e término de transcrição das células eucarióticas

27. O isolamento do produto de um gene das bactérias pode não ser possível se a proteína é formada, mas depois é ________________________________ pela bactéria, ou se a proteína forma grandes ______________________ intracelulares que não podem ser solubilizados.

28. Diminuir o número de cópias de um gene clonado por célula pode prevenir: (**a**) instabilidade do plasmídio; (**b**) produção em excesso do produto do gene; (**c**) clivagem do produto do gene; (**d**) produção de danos pelo produto; (**e**) emaranhamento dos genes.

29. A extração e a purificação do produto de um gene clonado poderiam ser aceleradas se a proteína pudesse ser _______________ pela bactéria no meio; isto ocorre com maior freqüência entre as bactérias Gram- ______________ do que com bactérias Gram- ______________.

BENEFÍCIOS E RISCOS EM POTENCIAL DA ENGENHARIA GENÉTICA

30. Uma vantagem da vacina contra a febre aftosa que foi desenvolvida pela engenharia genética é que não há a necessidade de preparar a vacina a partir de: (**a**) proteína VP_3; (**b**) interferon; (**c**) ativador tecidual de plasminogênio; (**d**) vírus vivo infeccioso; (**e**) anticorpos contra os vírus.

31. Uma vez que o vírus da febre aftosa contém RNA fita simples como seu material genético, o que poderia ser usado previamente pelos pesquisadores para iniciar a construção do plasmídio recombinante contendo o gene para VP_3? (**a**) celulase; (**b**) RNA polimerase DNA dependente; (**c**) uma endonuclease de restrição; (**d**) transcriptase reversa; (**e**) ativador tecidual de plasminogênio.

32. Cepas geneticamente construídas de *Pseudomonas syringae,* que são incapazes de secretar uma proteína de nucleação, podem substituir cepas selvagens e proteger as frutas contra os danos causados por: (**a**) radioatividade; (**b**) insetos da praga; (**c**) formação de cristal de gelo; (**d**) infecção bacteriana; (**e**) vírus da febre aftosa.

33. Um regulamento de segurança absoluta contra os riscos apresentados pela engenharia genética pode prevenir prejuízos biológicos potenciais, mas efetivamente também pode impedir ____.

Questões de Revisão

1. De que maneira o desenvolvimento da engenharia genética dependeu da pesquisa básica sobre plasmídios e endonucleases de restrição?

2. Como uma célula bacteriana protege seu DNA do ataque de suas próprias endonucleases de restrição?

3. Por que os plasmídios são bons vetores de clonagem?

4. Como o DNA plasmidial pode ser separado do DNA cromossômico?

5. Qual o papel da DNA ligase na construção de um plasmídio recombinante?

6. Qual o significado de "gene artificial"? E qual a sua utilidade?

7. Na engenharia genética, o que significa *amplificação* e qual o valor desse processo?

8. Que problemas devem ser considerados se você deseja clonar genes eucarióticos em células procarióticas, isto é, problemas que não existem quando você clona genes procarióticos em células procarióticas? Como você poderia solucionar essas dificuldades?

Questões para Discussão

1. Suponha que você deseja alterar a *E. coli* por engenharia genética, assim ela seria capaz de elaborar uma enzima que só ocorre em *Corynebacterium roseum*. Um problema é que, após a transformação de *E. coli* com o plasmídio vetor que possivelmente carrega o gene de *C. roseum*, somente poucas células de *E. coli* terão adquirido o plasmídio. Seria necessário permitir somente o crescimento de células contendo o plasmídio. Como isso poderia ser realizado?

2. Com referência à questão 1, após você ter selecionado e cultivado as bactérias transformadas, suponha que nenhuma das bactérias transformadas expresse o gene adquirido (isto é, as células de *E. coli* não sintetizam a enzima de *C. roseum*). O que pode ser responsável por isso?

3. Uma proteína humana X hipotética, produzida no organismo em pequena quantidade pelas células X, pode curar certos tipos de câncer. O gene X contém vários íntrons. As células bacterianas não podem retirar os íntrons do *m*RNA, assim, como esse gene humano pode ser clonado em uma célula bacteriana?

4. Suponha que você clone um gene X com sucesso em uma célula bacteriana. A progênie desta célula expressa o gene e produz a proteína X, mas somente uma pequena quantidade de proteína é produzida. Como você pode aumentar a quantidade de proteína produzida por célula? Que problemas poderiam surgir se você aumentasse a produção por célula em um nível maior?

5. Citar três aplicações da engenharia genética que não são mencionadas neste capítulo.

Parte VII

Vírus

Capítulo 15

Vírus: Morfologia, Classificação, Replicação

Objetivos

Após a leitura deste capítulo, você deve ser capaz de:

1. Definir um vírus e discutir se é um ser vivo ou não, assim como relacionar as características gerais dos vírus.
2. Citar a composição química das diferentes estruturas de uma partícula viral.
3. Descrever a importância da descoberta dos bacteriófagos.
4. Desenhar e identificar as partes das estruturas de um vírus bacteriano típico.
5. Classificar os bacteriófagos em famílias de acordo com a morfologia da partícula e a composição de ácidos nucléicos.
6. Descrever o ciclo lítico de um bacteriófago.
7. Explicar o significado de lisogenia em uma bactéria, assim como a regulação molecular que determina sua ocorrência.
8. Comparar a morfologia de alguns vírus representativos que infectam animais, plantas e bactérias.
9. Descrever os esquemas de classificação para vírus de plantas e de animais.
10. Citar as principais características que diferenciam a replicação de bacteriófagos da replicação de vírus animais ou de plantas e a replicação de vírus de plantas da replicação de vírus animais.

Introdução

Os primeiros microbiologistas às vezes não eram capazes de isolar um microrganismo patogênico de tecidos de plantas e animais doentes. Como descrito no Prólogo deste livro, tais observações eventualmente levaram à descoberta dos *vírus*. O vocábulo *vírus*, palavra de origem latina que significa "veneno", é um termo apropriado, devido aos problemas que estes agentes podem causar. Os vírus são agentes infecciosos diminutos que podem ser vistos somente com o auxílio do microscópio eletrônico. São 10 a 100 vezes menores que a maioria das células bacterianas com um tamanho médio aproximado de 20 a 300 nm (0,02 a 0,3 μm). Pelo fato de atravessarem filtros que impedem a passagem de bactérias, foram denominados "vírus filtráveis".

Os vírus não têm a organização complexa das células e são estruturalmente muito simples. São constituídos de DNA ou RNA envolvidos por uma capa protéica. Incapazes de crescer independentemente em meios artificiais, eles somente podem replicar-se em células animais, de plantas ou microbianas. Assim sendo, os vírus são considerados parasitas intracelulares obrigatórios e representam a máxima sofisticação em parasitismo. Eles podem dominar a maquinaria genética da célula hospedeira.

Por causa destas características, os vírus podem ser definidos tão concisamente quanto possível da seguinte forma: *Os vírus são entidades infecciosas não-celulares cujo genoma pode ser DNA ou RNA. Replicam-se somente em células vivas, utilizando toda a maquinaria de biossíntese e de produção de energia da célula para a síntese e transferência de cópias de seu próprio genoma para outras células.* Embora um vírus possua um ácido nucléico como seu material hereditário e seja capaz de se reproduzir, não possui nenhum outro atributo de um organismo vivo. Assim, os vírus são seres que se encontram no limite entre o que pode ser considerado vivo ou não-vivo. Por esta razão, é preferível utilizar termos tais como "funcionalmente ativos" ou "inativos", em vez de "vivos" ou "mortos", quando nos referimos aos vírus.

Este capítulo descreve algumas características básicas dos vírus, incluindo estrutura, composição química, replicação e a forma como tais vírus são classificados em grupos taxonômicos. O Capítulo 16 discute aspectos aplicados da virologia (estudo dos vírus), tais como a habilidade dos vírus em causar doença e os métodos utilizados no estudo dos vírus em laboratório.

Características Gerais dos Vírus

Os vírus estão largamente distribuídos na natureza – há vírus que infectam células animais ou vegetais e outros que infectam microrganismos. Qualquer que seja o tipo de célula hospedeira, todos os vírus são *parasitas obrigatórios*. Isto é, eles podem reproduzir-se somente no interior de uma célula metabolicamente ativa, utilizando os sistemas de síntese protéica e gerador de energia da célula. Entretanto, os vírus diferem no seu grau de dependência da célula hospedeira para a ***replicação***, que consiste na produção de novos vírus no interior da célula hospedeira. Por exemplo, alguns vírus que infectam bactérias, denominados ***bacteriófagos*** ou ***fagos***, possuem menos de 10 genes e dependem quase totalmente das funções da célula bacteriana para a sua replicação. Outros possuem de 30 a 100 genes e são mais independentes da célula hospedeira.

A replicação não é o único processo viral que envolve a célula hospedeira. Os vírus não possuem maquinaria metabólica própria para gerar energia ou para sintetizar proteínas e, assim, dependem das células hospedeiras para executar estas funções vitais. Uma vez dentro da célula, os vírus possuem genes capazes de controlar os sistemas de produção de energia e síntese de proteínas da célula hospedeira. Além de sua forma intracelular, os vírus possuem uma forma extracelular que leva o ácido nucléico viral de uma célula hospedeira a outra. Na forma *infecciosa*, os vírus são simplesmente pacotes de genes envolvidos por uma capa protéica. A capa protege os genes fora da célula hospedeira; serve também como um veículo para entrar em outra célula hospedeira devido a sua ligação a receptores presentes na superfície da célula. A estrutura viral completa é denominada ***vírion***.

Fora da célula hospedeira, na forma extracelular, o vírion é inerte, isto é, não se replica, nem é metabolicamente ativo. Portanto, os vírus têm sido considerados como entidades não-vivas. Entretanto, uma vez dentro da célula hospedeira, o ácido nucléico torna-se ativo e o vírus "torna-se vivo". Um indivíduo não precisa ser convencido de que o vírus é uma entidade ativa, basta perguntar a qualquer um, aflito com as penúrias do vírus do resfriado comum. Assim, durante a replicação na célula hospedeira, os vírus podem causar doenças da mesma forma que as bactérias, fungos e protozoários.

Morfologia Básica dos Vírus

Por meio da microscopia eletrônica, é possível determinar as características morfológicas dos vírus. Os vírions variam em tamanho de 20 a 300 nm (1 nm = 1/1.000 μm). Assim, representam o menor e o mais simples agente infeccioso. Muitos vírus medem menos do que 150 nm, portanto estão além do limite de resolução do microscópio ótico comum e são visíveis somente ao microscópio eletrônico. Mediante a utilização de materiais de tamanho conhecido para comparação, os microscopistas podem utilizar o microscópio eletrônico para determinar o tamanho e a estrutura dos vírions.

Os vírus são constituídos de um cerne de ácido nucléico envolvido por uma capa protéica denominada ***capsídeo*** (Figura 15.1). As proteínas virais agrupam-se espontaneamente para dar ao capsídeo a característica simétrica – geralmente *icosaédrica* ou *helicoidal* (Figura 15.2). O ácido nucléico e o capsídeo juntos constituem o ***nucleocapsídeo*** do vírion.

A maioria dos vírus com aspecto poliédrico ou esférico tem um capsídeo cuja estrutura básica é de um *icosaedro*, o que significa que sua superfície é constituída de 20 faces triangulares e 12 vértices. Cada face triangular é um triângulo equilátero; estas faces juntam-se para formar os 12 vértices (ver Figura 15.2A). No capsídeo, as proteínas virais (***protômeros***) formam grupos conhecidos como ***capsômeros***, os quais são visíveis ao microscópio eletrônico (Figura 15.3). Em capsídeos poliédricos maiores e mais complexos, as faces triangulares do icosaedro básico são subdivididos em um número progressivamente maior de triângulos equiláteros. Assim, um capsídeo pode ser composto de centenas de capsômeros, mas é ainda baseado no modelo do icosaedro simples. O número total de capsômeros que formam o capsídeo é característico de cada grupo de vírus. As cabeças poliédricas de alguns fagos são maiores em comprimento do que na largura, resultando em uma forma icosaédrica distorcida, e podem ser ligadas a caudas (Figura 15.4).

Na cabeça icosaédrica, a molécula de ácido nucléico encontra-se altamente compactada e enovelada, porque o comprimento da molécula é bem maior que o tamanho da cabeça.

Figura 15.1 Estrutura geral de um vírion. Desenhos mostram todos os principais componentes que podem fazer parte de um vírion. Um vírion tem um cerne de ácido nucléico envolvido por um capsídeo protéico; esta combinação é denominada *nucleocapsídeo*. Um vírion pode ter um envelope membranoso (lipoproteína) envolvendo o nucleocapsídeo. O envelope pode ter projeções na sua superfície denominadas *espículas*.

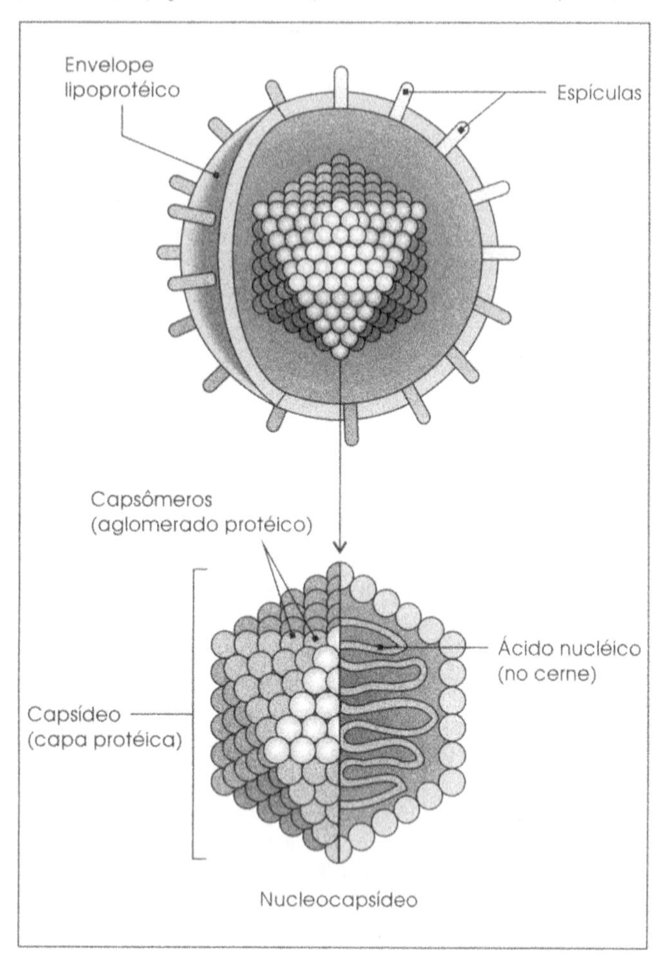

Figura 15.2 [**A**] Diagrama de um capsídeo icosaédrico mais simples. As linhas mostram o icosaédro. As linhas circulares e ovais representam os capsômeros. O ácido nucléico é acondicionado dentro do capsídeo. [**B**] Diagrama de parte de um vírus em forma de bastão com simetria helicoidal. Os capsômeros estão arranjados helicoidalmente em torno do cerne oco contendo um ácido nucléico espiralado.

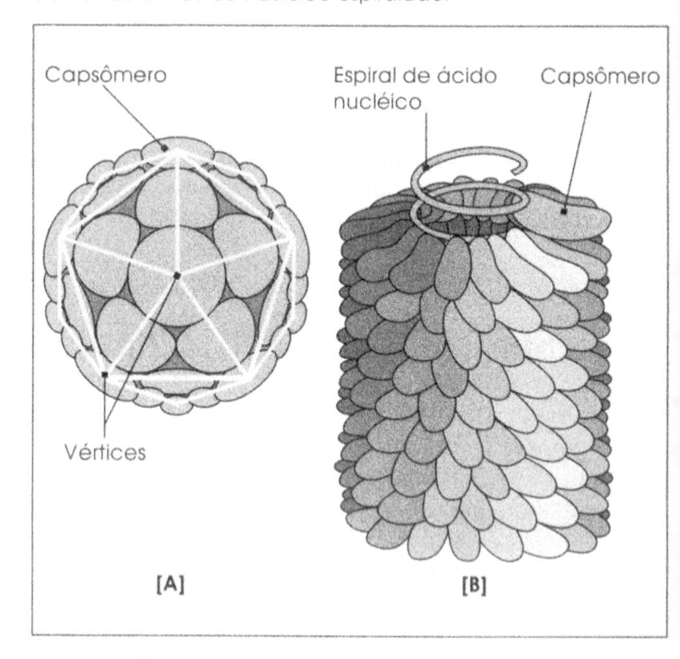

Os vírus com simetria helicoidal têm um capsídeo cujos capsômeros são arranjados em torno do ácido nucléico na forma de uma hélice (ver Figura 15.2B). Os vírus vegetais com simetria helicoidal apresentam-se tipicamente em forma de bastão (Figura 15.5). Um dos primeiros vírus estudados por microscopia eletrônica é o bem conhecido vírus do mosaico do tabaco que é um vírus helicoidal. Vírus animais com capsídeo helicoidal incluem os agentes causadores de sarampo, caxumba, influenza e raiva. Nestes vírus, o capsídeo é envolvido por um envelope lipoprotéico com espículas dispostas radialmente (Figura 15.6).

Há vírus animais com simetria complexa ou indefinida. Por exemplo, os arenavírus e os poxvírus possuem capsídeo com simetria irreconhecível. Embora estes vírus tenham ácido nucléico dentro do vírion, não possuem uma estrutura discreta envolvendo-os (como nos arenavírus) ou são circundados por uma única membrana múltipla (como nos poxvírus; Figura 15.7).

Uma representação esquemática da morfologia de vários vírus é mostrada na Figura 15.8.

Ácidos Nucléicos

Nossa compreensão de genética foi ampliada pela descoberta de que o DNA não é o único constituinte possível do gene viral: alguns genes virais podem ser constituídos de RNA. Os vírus possuem DNA ou RNA, mas nunca ambos no mesmo vírion. Isso, naturalmente, em contraste com todas as formas de vida *celular*, que sem exceção contêm ambos os tipos de ácido nucléico em cada célula. Além disso, o genoma dos organismos superiores tais como animais e vegetais é constituído de DNA de fita dupla (DNAfd). Entretanto, o genoma de um vírus pode ser constituído por DNA ou RNA, que é ou de fita dupla ou de fita única. Todos os quatro tipos de genoma têm sido encontrado entre os vírus bacterianos, animais e de plantas – DNA de fita dupla (DNAfd), DNA de fita única (DNAfu), RNA de fita dupla (RNAfd) e RNA de fita única (RNAfu).

A quantidade de ácido nucléico presente pode variar em diferentes grupos de vírus. Vírus pequenos como os parvovírus e picornavírus contêm cada um cerca de 3 a 4 genes, enquanto vírus maiores como os herpesvírus e poxvírus possuem várias centenas de genes por vírion.

Figura 15.3 Micrografia eletrônica de um adenovírus símio SV 15 mostrando capsômeros distintos. As setas mostram as fibras que se estendem do pentâmero do vírion. Tais fibras raramente são vistas em amostras coradas negativamente. O modelo de uma partícula icosaédrica é mostrado no destaque.

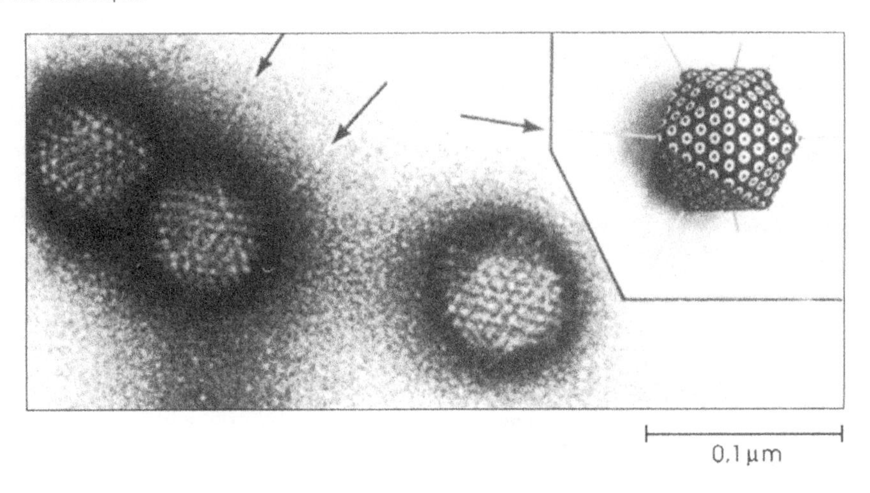

Figura 15.4 A cabeça icosaédrica de alguns bacteriófagos é maior do que sua largura. A cauda de um bacteriófago pode ser muito comprida [**A**] ou pode ser muito curta [**B**]. Uma placa basal complexa com fibras da cauda também pode estar presente na cauda [**C**].

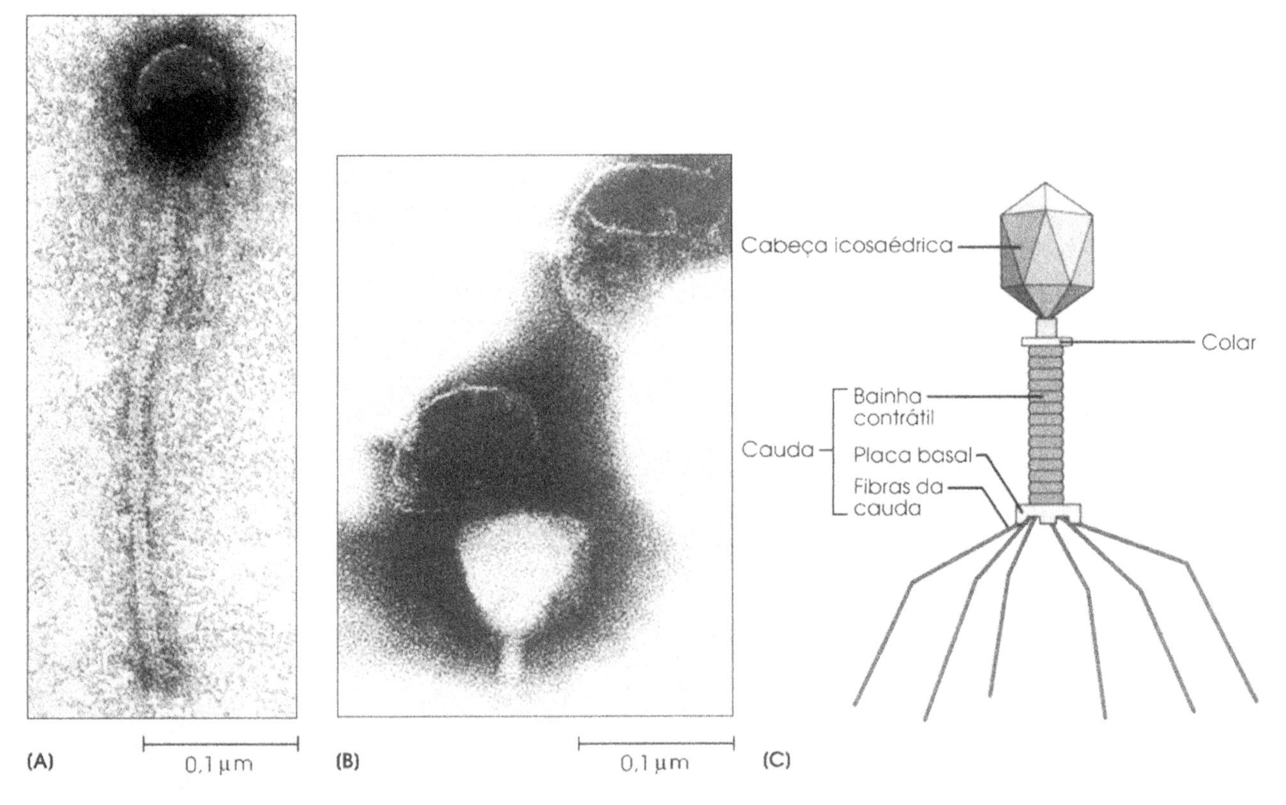

Além disso, a estrutura de DNA de fita dupla ou única no vírion pode ser linear ou circular. Por exemplo, o vírus vacuolizante símio 40 (SV 40) tem DNAfd circular, enquanto os herpesvírus possuem DNAfd linear. Em contraposição, o RNA em vírus animais existe somente como moléculas de fita linear dupla ou única. Contudo, alguns vírus vegetais parecem ter um genoma de RNAfd circular.

O RNA dentro do vírion pode também existir como um genoma *segmentado* (em várias moléculas separadas). Por exemplo, o genoma de muitos vírus da influenza é constituído de 8 segmentos de RNAfu; os reovírus contêm 10 segmentos diferentes de RNAfd; os retrovírus possuem dois genomas de fita única idênticos. Tal organização complexa do material genético requer um mecanismo único

Figura 15.5 Micrografia eletrônica do vírus do mosaico do tabaco. As partículas virais possuem forma de bastões.

Figura 15.7 Vírus da vaccínia, um poxvírus com morfologia complexa. (**A**) Vírion mostrando os túbulos na superfície. (**B**) Vírion imaturo obtido de uma célula infectada mostrando a membrana viral com as subunidades de projeções.

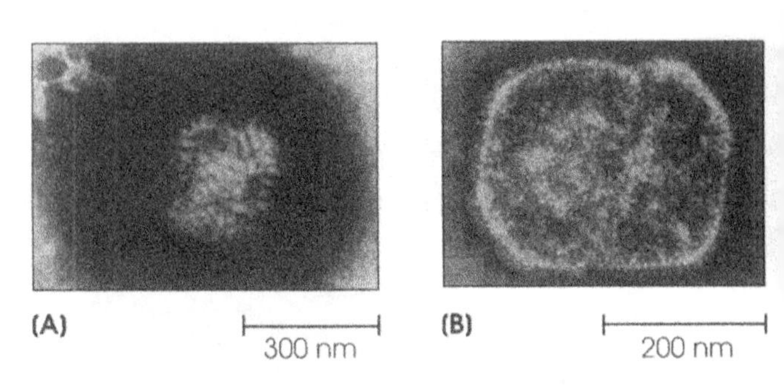

para assegurar sua distribuição apropriada durante a replicação. Isto também propicia aos vírus uma única oportunidade para variar os seus genomas.

Os vírus que possuem RNA de fita única que atuam diretamente como RNA mensageiro (*m*RNA) têm sido designados como vírus de cadeia positiva, ou cadeia (+); tais moléculas de RNAfu são conhecidas como positivas ou (+). Os vírus que devem replicar seu RNA primeiro para depois formar a fita complementar (que atua como *m*RNA) são designados como vírus de fita negativa ou fita (–), e suas moléculas de RNA (que servem como moldes) são

Figura 15.6 Vírus da influenza. Observar a franja de espículas na superfície dos vírions.

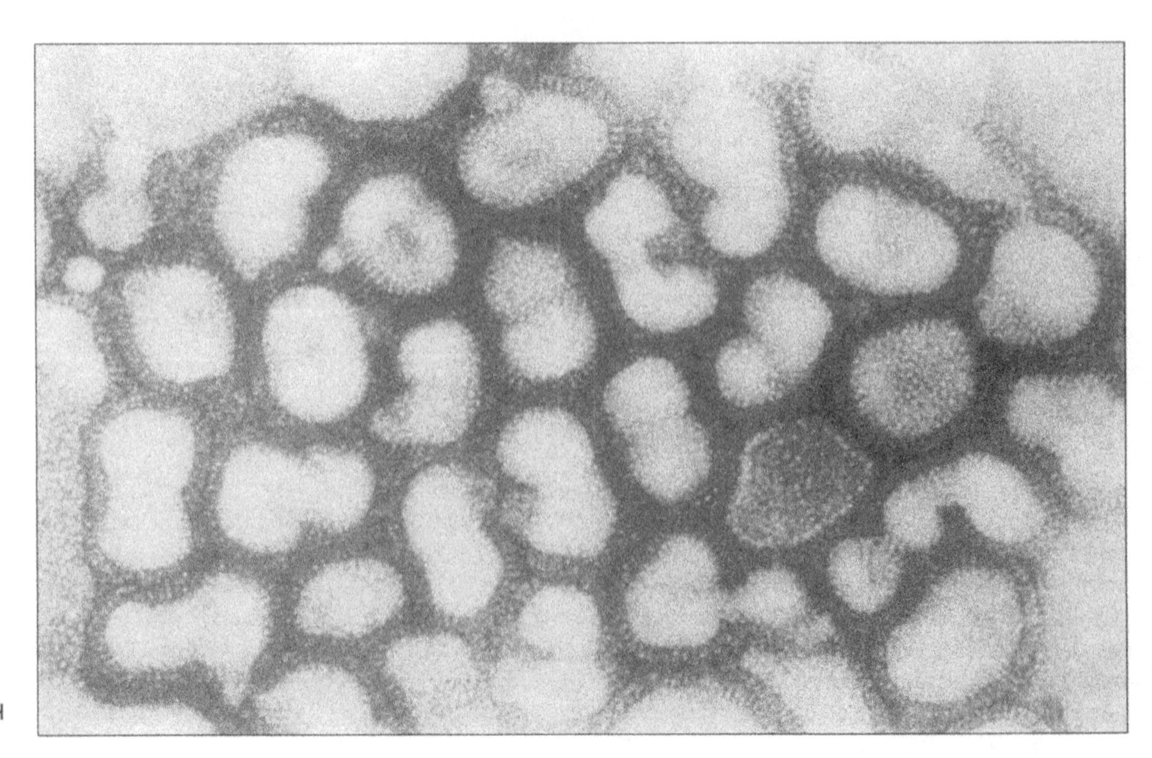

Figura 15.8 Morfologia de alguns vírus bem conhecidos. Simetria icosaédrica: [**A**] polio, verruga, adeno, rota; [**B**] herpes. Simetria helicoidal: [**C**] mosaico do tabaco; [**D**] influenza; [**E**] sarampo, caxumba, parainfluenza; [**F**] raiva. Simetria incerta ou complexa: [**G**] poxvírus; [**H**] fagos T-pares.

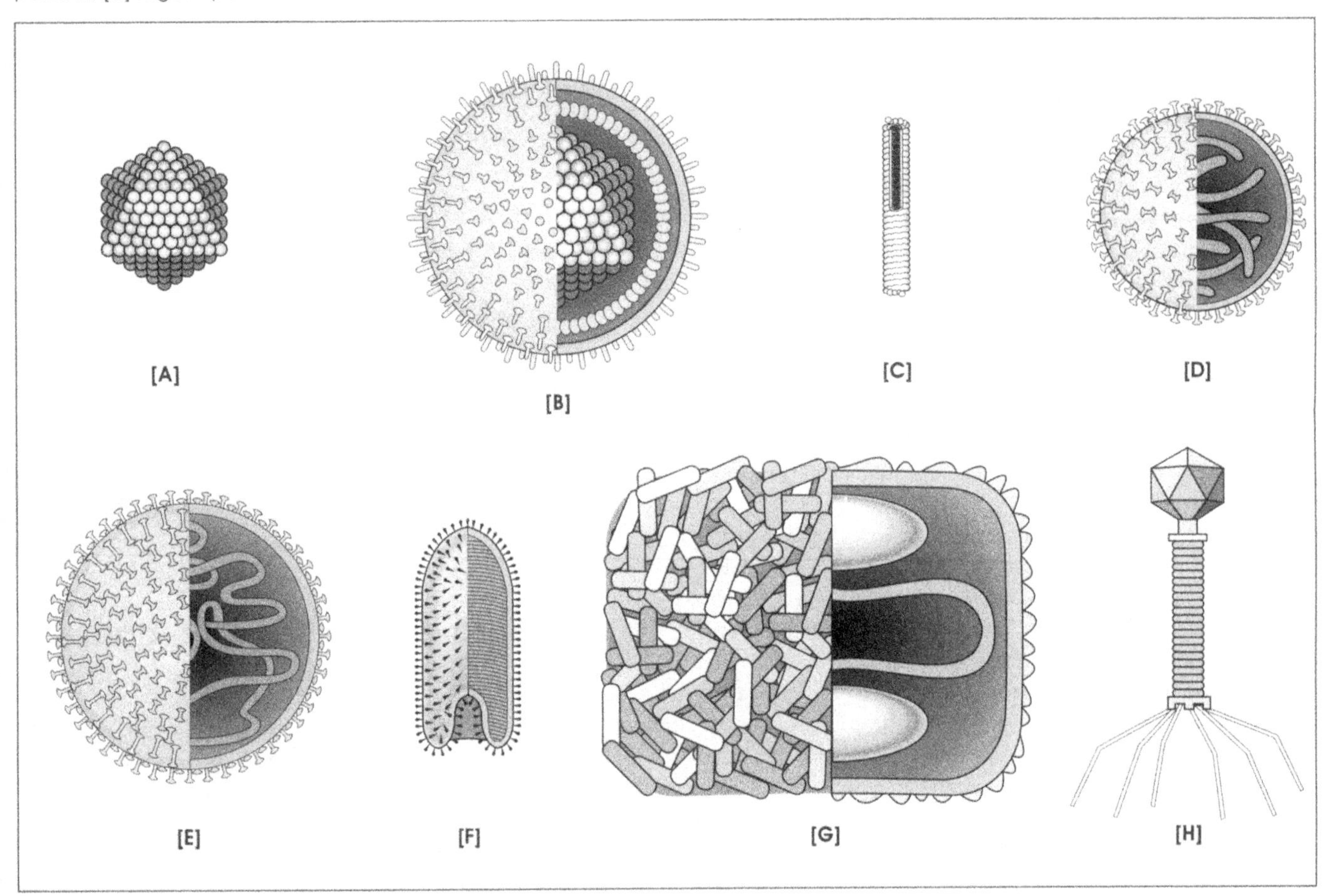

conhecidas como fita negativa ou (–). A replicação da fita negativa é sempre catalisada por uma RNA polimerase contida no vírion.

O DNA viral pode também existir como DNAfu positivo ou negativo, mas o DNAfu deve ser convertido a DNA de fita dupla de forma que seja transcrito pela RNA polimerase para formar *m*RNA. Durante a transcrição do DNAfd, geralmente somente uma fita é lida e é considerada a fita positiva; a fita complementar é considerada a fita negativa.

Outros Componentes Químicos

Além do ácido nucléico, o principal componente químico do vírion é a proteína. Além da sua capa protéica, muitos vírus possuem dentro do capsídeo uma ou mais enzimas que são liberadas após o desnudamento do vírus no interior da célula hospedeira. Estas enzimas atuam na replicação do ácido nucléico do vírus. As enzimas virais mais comuns são as polimerases. Exceto para os vírus RNA que carregam a fita única (+) de *m*RNA, todos os vírus RNA contêm RNA polimerase. A fita positiva dos vírus RNA possui informações para a produção de sua própria RNA polimerase, a qual é sintetizada pela célula hospedeira durante a tradução do *m*RNA viral. Sem uma polimerase viral, o RNA viral não poderia ser transcrito e o vírus não seria replicado. Os retrovírus possuem uma enzima (DNA polimerase RNA dependente ou transcriptase reversa) que sintetiza a fita de DNA, utilizando um genoma de RNA viral como um molde. (Lembre-se de que no Capítulo 14 você aprendeu que esta enzima é muito útil na engenharia genética, quando se precisa fazer *c*DNA de *m*RNA eucariótico). O termo *retrovírus* é derivado das duas primeiras letras de *reverse transcriptase* (transcriptase reversa).

Uma grande variedade de compostos lipídicos tem sido encontrada em vírus. Estes incluem os fosfolipídeos, glicolipídeos, gorduras neutras, ácidos graxos, aldeídos graxos e colesterol. Os fosfolipídeos, encontrados no envelope viral que será discutido posteriormente neste capítulo, são as substâncias lipídicas predominantes nos vírus.

Todos os vírus são constituídos de carboidratos, uma vez que o próprio ácido nucléico contém ribose ou desoxirribose. Alguns vírus animais envelopados, como o vírus da influenza, possuem em seu envelope espículas constituídas de glicoproteínas.

Replicação

Fora da célula hospedeira, as partículas virais não têm atividade metabólica independente e são incapazes de se reproduzir por processos característicos de outros microrganismos (por exemplo, fissão binária nas bactérias). A reprodução dos vírus dá-se pela *replicação*, na qual os componentes protéicos e o ácido nucléico viral são reproduzidos dentro de hospedeiros susceptíveis. Os vírus redirecionam efetivamente os processos metabólicos de muitas células hospedeiras para produzir novos vírions, em vez de produzir material novo para a célula hospedeira.

Muitas enzimas virais específicas, as quais são codificadas pelo gene viral, geralmente não fazem parte do vírion. Isto inclui aquelas enzimas necessárias à replicação. O menor vírion nu (sem envelope) não contém nenhuma enzima pré-formada. Vírions grandes podem conter uma ou poucas enzimas, que geralmente ajudam o vírus a penetrar na célula hospedeira ou a replicar seu próprio ácido nucléico. Aquelas enzimas que estão faltando podem ser sintetizadas somente quando o vírion está dentro da célula hospedeira, que dispende grande parte de sua energia sintetizando enzimas virais em vez de componentes celulares.

O processo completo da infecção celular pelo vírus pode ser generalizado da seguinte forma. O vírion ataca a célula hospedeira susceptível em sítios específicos. Tanto o vírus completo como o ácido nucléico viral podem penetrar no interior da célula. Se um vírus completo entrar numa célula, deve ocorrer o desnudamento do vírus para liberar o ácido nucléico viral, o qual está então livre para converter a célula em uma fábrica para a produção da progênie viral. O local específico para a montagem e maturação do vírus dentro da célula é característico para cada grupo de vírus. Uma vez montado e maduro, os vírions são liberados da célula hospedeira.

Apesar destas semelhanças básicas, há várias diferenças distintivas entre a replicação dos bacteriófagos e a replicação de vírus animal e de plantas. Os vírus de plantas e animais diferem dos fagos no seu mecanismo de penetração na célula hospedeira. Uma vez dentro da célula hospedeira, os vírus animais e vegetais também diferem dos fagos na síntese e reunião de novos componentes virais, em parte devido à diferença entre a célula procariótica bacteriana e a célula eucariótica de plantas e animais. Finalmente, os mecanismos de maturação e liberação e o efeito na célula hospedeira dos vírus vegetais e animais são diferentes dos fagos. Estas diferenças ficarão evidentes à medida que você aprender com maiores detalhes a replicação viral, posteriormente neste capítulo.

Responda

1 Por que os vírus são parasitas obrigatórios?
2 Por que os vírus são considerados entidades não-vivas?
3 Explicar por que nem todos os vírus têm a mesma dependência de funções da célula hospedeira para se replicar.
4 O que são vírus envelopados?
5 Como o sistema genético dos vírus difere de todas as formas celulares de vida?
6 Além do ácido nucléico, que outras substâncias químicas são encontradas nos vírions?

A Descoberta dos Bacteriófagos

Os vírus que infectam bactérias foram descobertos independentemente por Frederick W. Twort, na Inglaterra, em 1915, e por Felix d'Hérelle, no Instituto Pasteur, em Paris, em 1917. Twort observou que as colônias bacterianas algumas vezes dissolviam-se e desapareciam porque ocorria ***lise*** ou rompimento das células. A observação mais importante foi a de que o efeito lítico poderia ser transmitido de colônia a colônia. Mesmo material altamente diluído, proveniente de colônia lisada, que havia sido passado por meio de filtro capaz de reter bactérias, poderia lisar outras bactérias. Entretanto, o aquecimento deste filtrado destruía a propriedade lítica. A partir destas observações, Twort cautelosamente sugeriu que o agente lítico deveria ser um agente infeccioso filtrável.

Quando d'Hérelle descobriu este fenômeno (por isso o termo *fenômeno Twort-d'Hérelle*), designou o agente de *bacteriófago*, que significa "comedor de bactéria". Ele concluiu que o agente filtrável era uma entidade invisível – um vírus – que parasitava bactérias.

Responda

1 Por que Frederick W. Twort pensou que seu agente lítico deveria ser um agente infeccioso filtrável?
2 O que é o fenômeno Twort-d'Hérelle?
3 Quem inventou a palavra *bacteriófago*, e o que ela significa?

DESCOBERTA!

15.1 BACTERIÓFAGOS COMO AGENTES TERAPÊUTICOS

Quando Frederick W. Twort e Félix d'Hérelle descobriram independentemente os bacteriófagos no início do século XX, eles tiveram uma visão particular. Queriam utilizar os "comedores de bactérias" para devorar os patógenos bacterianos no corpo humano! Entretanto, resultados experimentais obtidos por eles e outros, que compartilharam esta perspectiva, não foram promissores. Enquanto os fagos destruíam facilmente as bactérias em laboratório, eles geralmente falhavam em curar pacientes infectados com bactérias – mesmo aqueles pacientes que ingeriram grandes volumes de fagos. Quando ambos, Twort e d'Hérelle, morreram em meados deste século, a idéia de usar os fagos como agentes terapêuticos morreu com eles.

Recentemente, microbiologistas visionários têm revisto os resultados desanimadores obtidos pelos primeiros investigadores que usaram fagos para tratar pacientes com cólera e disenteria. Eles se deram conta de que Tworts e d'Hérelles do passado não possuíam os conhecimentos atuais sobre os vírus, como a especificidade da interação fago-hospedeiro. Não intimidados pelas falhas do passado na literatura médica, Williams Smith e Michael Huggins, do Houghton College do Estado de Nova York, estão trabalhando com os fagos no tratamento de animais infectados. Em um experimento, injetaram um fago específico altamente virulento em um rato com infecção causada pela bactéria hospedeira. Eles descobriram que o fago não só curou o animal, mas era mais efetivo do que quatro dos cinco antibióticos usados para comparação. Além disso, as poucas bactérias mutantes resistentes ao fago que se desenvolveram eram quase avirulentas. Tal sucesso estimulou Smith e Huggins a tentativas maiores, que incluem o uso de animais como bezerros e leitões como objetos de estudo e de misturas de fagos para combater naturalmente a ocorrência de fagos mutantes. Em todos os experimentos, os resultados foram bem-sucedidos.

Esta revisão de insucessos históricos tem repercurtido como uma promessa para o futuro. Agora está claro que a fagoterapia pode funcionar. Fracassos anteriores podem ser atribuídos a controles inadequados, preparações grosseiras de fagos, fraca discriminação na seleção de fagos testados e má escolha de modelos animais. Em alguns casos, a fagoterapia tem vantagens sobre a antibioticoterapia porque: (1) os fagos podem ser ministrados em uma única dose, pois os fagos podem se replicar e não são diluídos pelos fluidos corporais; (2) as bactérias mutantes resistentes ao fago que se desenvolvem são menos virulentas do que os tipos selvagens; (3) os fagos podem atingir os patógenos bacterianos como um míssil termossensível; e (4) nos casos de infecção intestinal, os fagos eliminados com o material fecal prestariam auxílio impedindo a disseminação da infecção, caso o material fecal contaminasse os alimentos ou a água.

Quem sabe? Talvez esta redescoberta seja tão significativa quanto a marcante descoberta das sulfas e dos antibióticos.

Morfologia e Composição Química dos Bacteriófagos

Os microbiologistas têm sido capazes de separar estruturas de bacteriófagos e determinar seu conteúdo químico. Como outros vírus, todos os fagos têm o cerne de ácido nucléico envolvido por um capsídeo de natureza protéica, que protege o genoma de nucleases e outras substâncias prejudiciais. O genoma do fago geralmente consiste em uma única molécula de ácido nucléico, que pode ser DNA de fita única ou dupla, linear ou circular ou RNA linear de fita única. (A única exceção conhecida é o fago θ6, que possui três moléculas de RNA lineares de fita dupla cujas seqüências de bases diferem umas das outras). A Figura 15.9 mostra o aspecto filamentoso da molécula de DNA expelida por um fago T2.

Existem três formas básicas de bacteriófagos: cabeça icosaédrica sem cauda, cabeça icosaédrica com cauda e filamentosa (Figura 15.10). Como indicado anteriormente, as cabeças icosaédricas de alguns fagos têm comprimento maior que a sua largura. No fago filamentoso, o ácido nucléico tem uma forma helicoidal estendida ao longo do comprimento da capa protéica. A cauda do fago pode ser muito curta ou quatro vezes superior ao comprimento da cabeça e pode ser flexível ou rígida. Uma *placa basal* complexa pode também estar presente na cauda; ela possui tipicamente de uma a seis fibras da cauda (ver Figuras 15.4 e 15.11).

Responda

1 Comentar sobre a molécula de ácido nucléico do genoma do fago.

2 Quais são os três tipos morfológicos de bacteriófagos?

3 O que é a placa basal num fago com cauda?

Figura 15.9 O DNA de um fago T2, liberado de um vírion pela ruptura da célula, aparece como um filamento único e entrelaçado nesta micrografia eletrônica. Medida de um filamento de DNA indica um comprimento de cerca de 49 μm. O fago "fantasma" é o objeto em forma de frasco no centro.

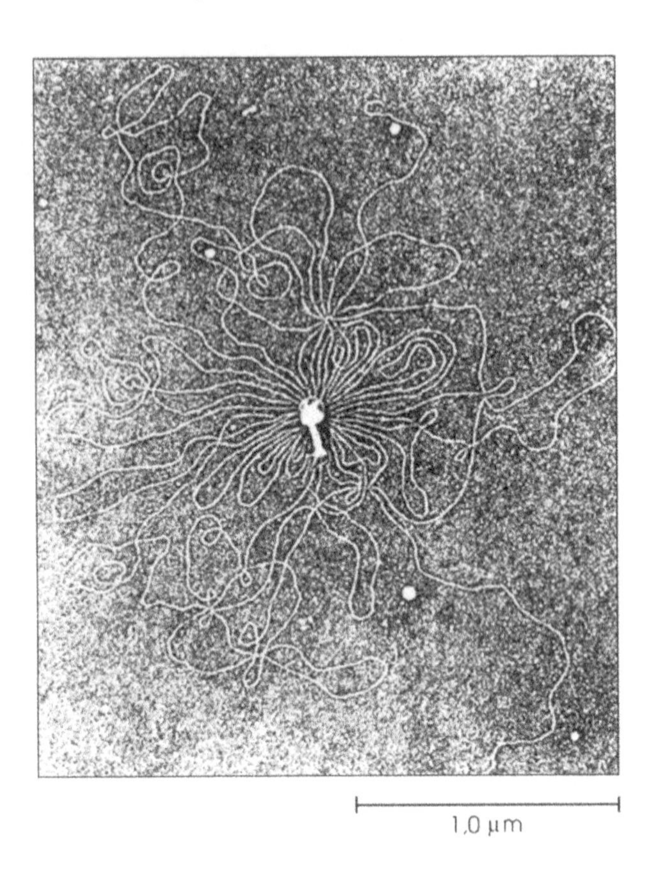

Figura 15.11 Fago da bactéria *Aeromonas salmonicida* mostrando seis fibras da cauda projetando-se da placa basal.

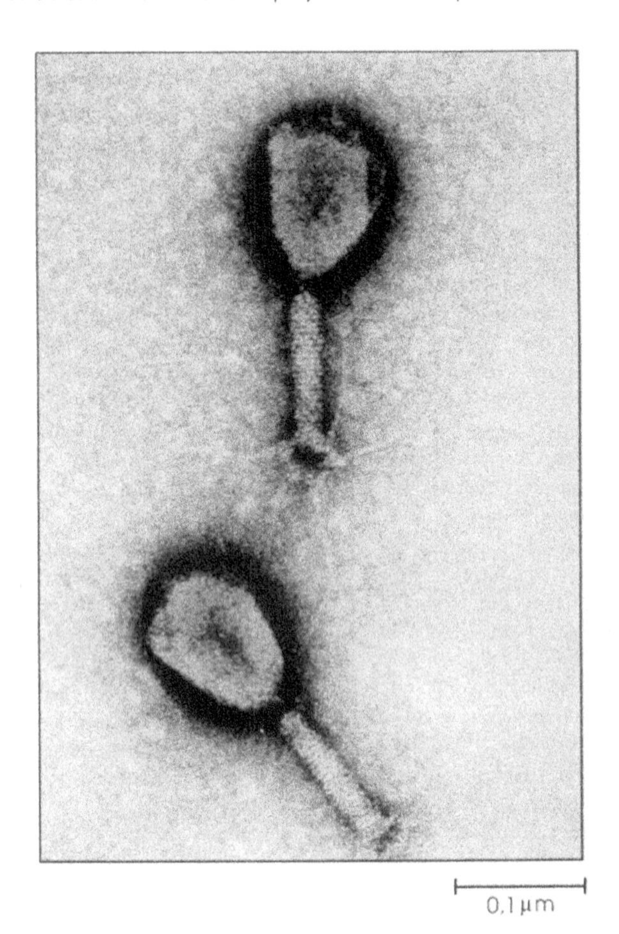

Figura 15.10 Os três tipos morfológicos básicos de bacteriófagos. [**A**] Cabeça icosaédrica sem cauda: fago MS2. [**B**] Cabeça icosaédrica com cauda contrátil: o vírus mostrado é o bacteriófago T4 de *Escherichia coli*. [**C**] Fago filamentoso If1 de *Escherichia coli*.

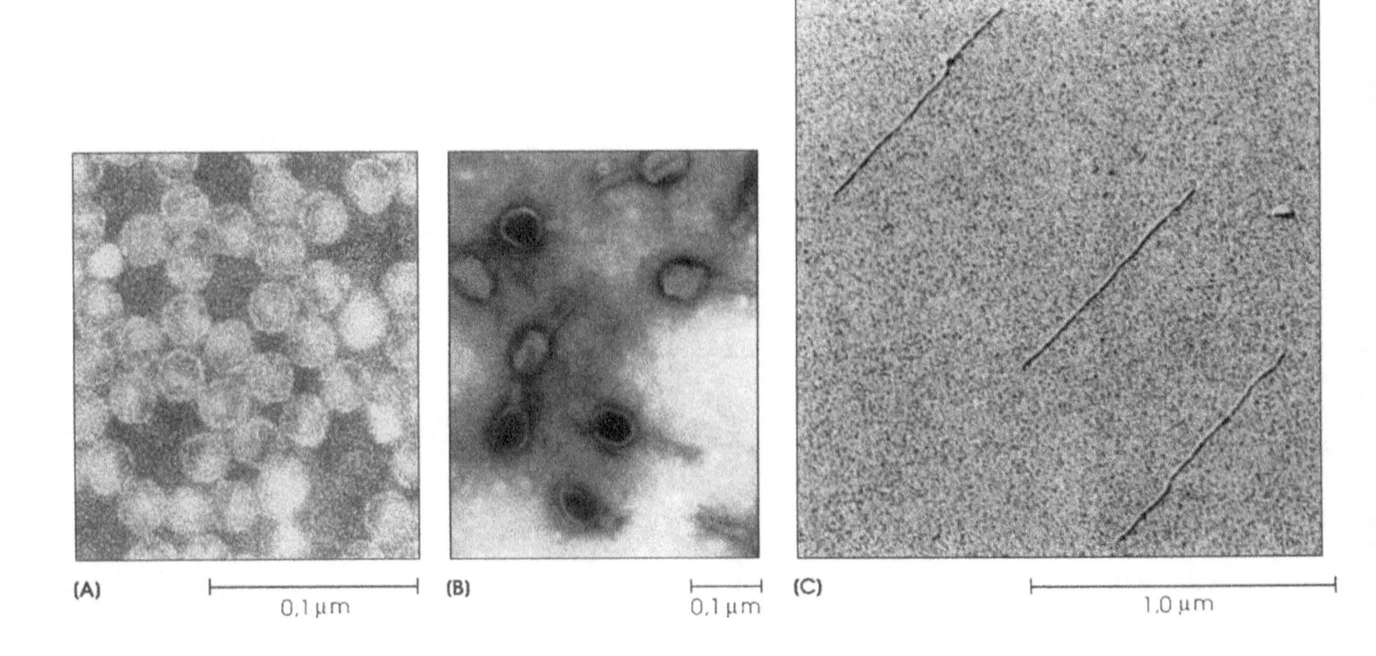

Classificação e Nomenclatura dos Bacteriófagos

Os nomes comuns dos bacteriófagos não seguem regras particulares. São simplesmente designações ou códigos determinados pelos investigadores. Embora sirvam às necessidades práticas dos laboratórios, este é um meio casual de nomear um grupo de entidades infecciosas.

Portanto, o Comitê Internacional de Taxonomia dos Vírus (CITV) tem um subcomitê de vírus bacterianos trabalhando na classificação e nomenclatura de bacteriófagos. As famílias de vírus bacterianos (nomes terminados em *-viridae*) aprovadas pelo CITV são mostradas na Figura 15.12. Elas estão agrupadas conforme as evidentes diferenças de morfologia e composição química (exemplos de vírus estão entre parênteses na figura). Podemos verificar que a família Cystoviridae inclui somente um vírus, enquanto a maior família, Siphoviridae, tem cerca de 1.200 membros. Mais de 95% dos vírus conhecidos que infectam bactérias pertencem a uma das três famílias dos fagos com cauda longa (Figura 15.12). A morfologia da maioria das famílias de bacteriófagos está representada na Figura 15.13.

Sistema de Classificação Baseado nas Diferenças dos Processos de Transcrição

Em 1971, David Baltimore (laureado com o Prêmio Nobel por seu trabalho sobre vírus tumorais) propôs uma classificação dos vírus com um conceito único baseada na replicação e expressão do genoma viral. Todos os vírus foram colocados em uma das seis classes de acordo com a via particular envolvida na síntese de *m*RNA (Figura 15.14, caderno em cores). Um papel importante é designado ao *m*RNA, pois a síntese protéica ocorre pelo mesmo mecanismo em todas as células. Embora este esquema agrupe vírus com etapas replicativas semelhantes, também agrupa vírions muito diferentes na mesma classe (por exemplo, bacteriófagos e vírus animais). Ele também não leva em

Figura 15.12 Representação esquemática das famílias de vírus bacterianos. Observar que todos os diagramas foram desenhados na mesma escala e proporcionam uma boa indicação de formas e tamanhos relativos dos vírions. Para auxiliar o reconhecimento, o nome de um membro representativo bem conhecido da família é colocado entre parênteses, mas as dimensões e formas usadas para o esquema podem não ser exatamente aquelas dos vírus representativos. Observação: fd, fita dupla; fu, fita única.

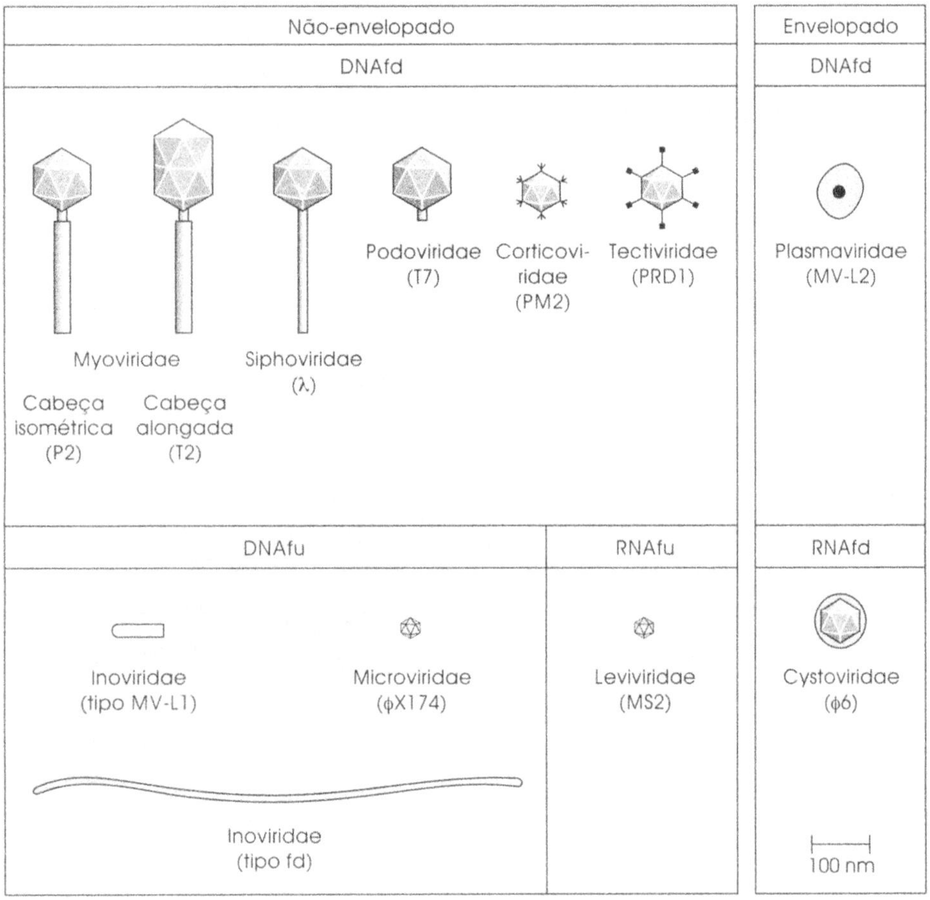

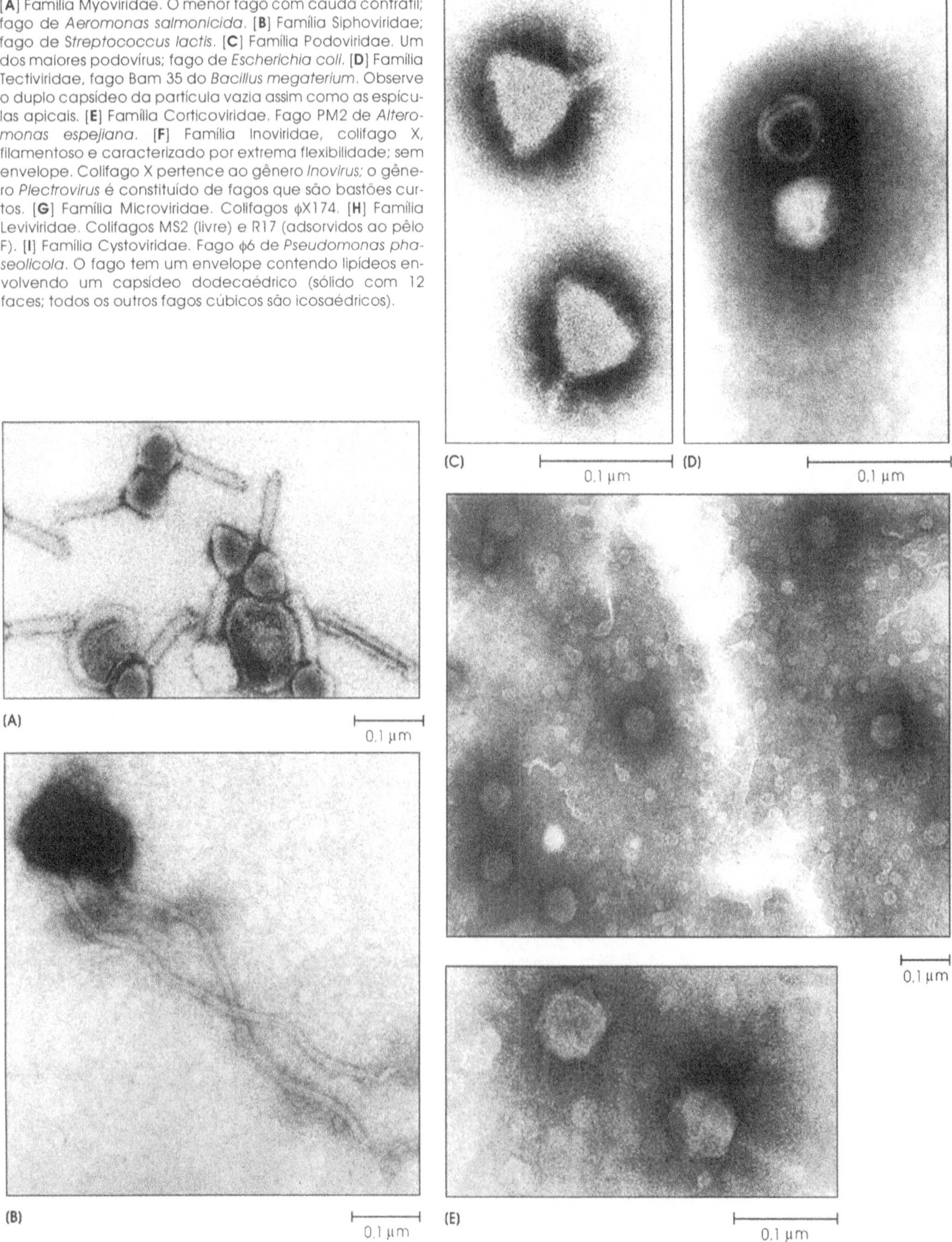

Figura 15.13 Morfologia das famílias de bacteriófagos. [**A**] Família Myoviridae. O menor fago com cauda contrátil; fago de *Aeromonas salmonicida*. [**B**] Família Siphoviridae; fago de *Streptococcus lactis*. [**C**] Família Podoviridae. Um dos maiores podovírus; fago de *Escherichia coli*. [**D**] Família Tectiviridae, fago Bam 35 do *Bacillus megaterium*. Observe o duplo capsídeo da partícula vazia assim como as espículas apicais. [**E**] Família Corticoviridae. Fago PM2 de *Alteromonas espejiana*. [**F**] Família Inoviridae, colifago X, filamentoso e caracterizado por extrema flexibilidade; sem envelope. Colifago X pertence ao gênero *Inovirus*; o gênero *Plectrovirus* é constituído de fagos que são bastões curtos. [**G**] Família Microviridae. Colifagos ϕX174. [**H**] Família Leviviridae. Colifagos MS2 (livre) e R17 (adsorvidos ao pêlo F). [**I**] Família Cystoviridae. Fago ϕ6 de *Pseudomonas phaseolicola*. O fago tem um envelope contendo lipídeos envolvendo um capsídeo dodecaédrico (sólido com 12 faces; todos os outros fagos cúbicos são icosaédricos).

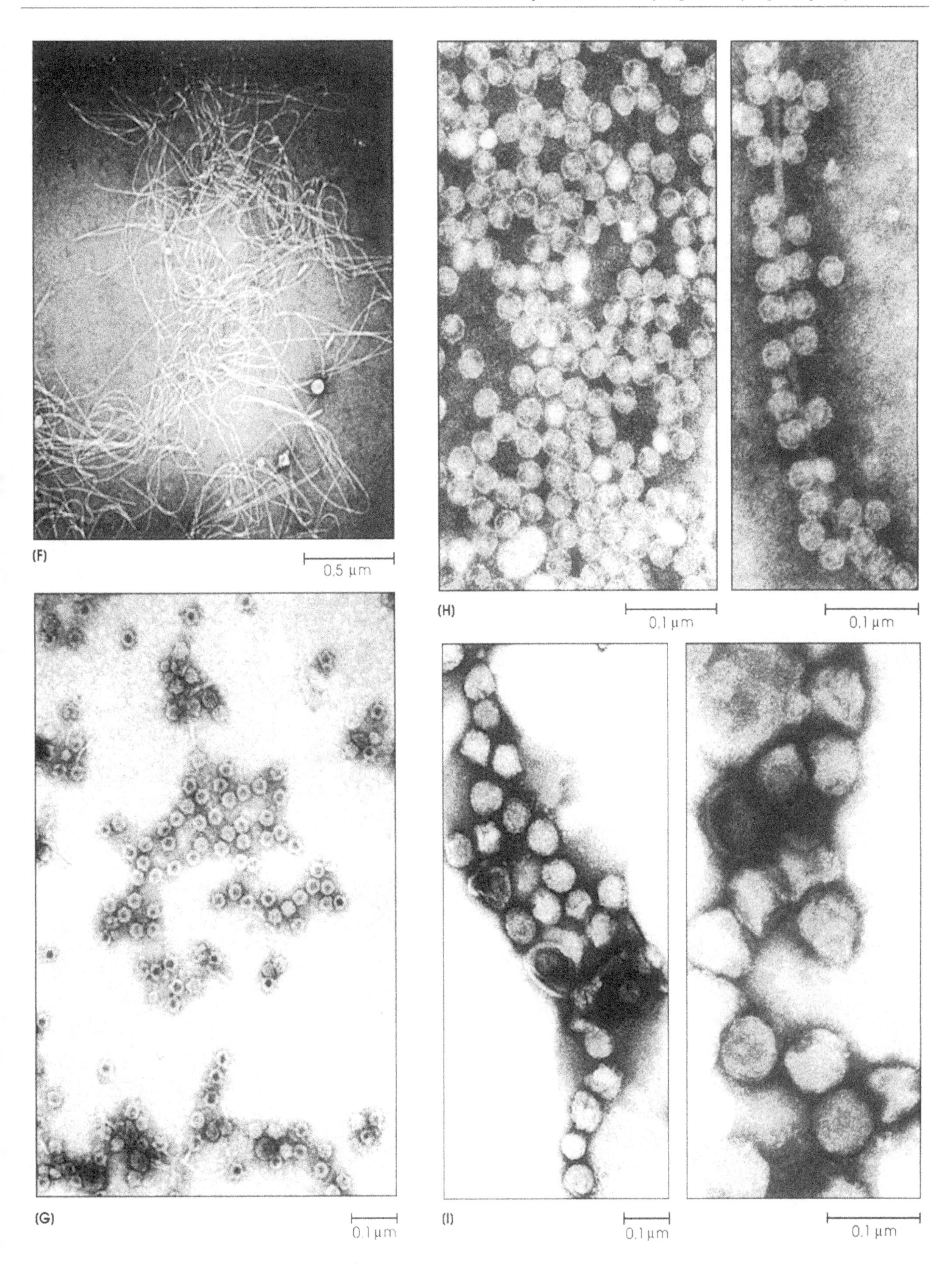
(F)
0,5 μm
(H)
0,1 μm
0,1 μm
(G)
0,1 μm
(I)
0,1 μm
0,1 μm

conta outras propriedades dos vírus, sendo mais aceito por biólogos moleculares que estudam os vírus. Mas virologistas voltados ao estudo da biologia preferem uma classificação mais geral, baseada no modelo de classificação de Linnaeus, utilizando nomenclatura para famílias, gêneros e espécies. A Tabela 15.1 resume o esquema de classificação dos vírus de Baltimore de acordo com as diferenças entre os processos de transcrição.

Tabela 15.1 Classificação dos vírus conforme a diferença dos processos de transcrição (segundo Baltimore).

Classes	Características
I	Os vírus possuem um genoma DNA de fita dupla. Nesta classe as designações de (+) e (-) não têm significado, pois diferentes tipos de *m*RNA podem ser sintetizados de cada cadeia
IIa	Os vírus possuem um genoma de DNA de fita única da mesma seqüência do *m*RNA
IIb	Os vírus têm DNA complementar ao *m*RNA. Antes que a síntese do *m*RNA possa se processar, o DNA deve ser convertido na forma de cadeia dupla
III	Os vírus têm um genoma RNA de fita dupla. Todos os vírus de tipo conhecido possuem genomas segmentados, mas o *m*RNA é sintetizado em apenas uma fita de cada segmento
IV	Os vírus possuem genoma de RNA de fita única na mesma seqüência que o *m*RNA. A síntese de uma cadeia complementar precede a síntese de *m*RNA
V	Os vírus têm um genoma RNA de fita única, o qual é complementar na seqüência de base do *m*RNA
VI	Os vírus possuem genoma RNA de fita simples e têm um DNA intermediário durante a replicação

Bacteriófagos de *Escherichia coli*

Entre os bacteriófagos, o grupo mais bem estudado é o dos ***colifagos,*** um nome que se refere aos fagos que infectam a bactéria *Escherichia coli*. Um grupo de colifagos que infectam *E. coli* é designado T1 a T7 ("T" refere-se ao "tipo"). Todos os vírus deste grupo são compostos quase exclusivamente de DNA e proteína em quantidades aproximadamente iguais. Exceto para T3 e T7, todos possuem forma de girino, com cabeça poliédrica e caudas longas; as caudas de T3 e T7 são muito curtas (ver Figura 15.12). O fago T atinge cerca de 65 a 200 nm de comprimento e 50 a 80 nm de largura. A molécula espiralada de DNA de fita dupla (50 μm de comprimento, cerca de 1.000 vezes o comprimento do fago) está firmemente acondicionada na cabeça protéica.

Outros colifagos têm morfologia e composição química muito diferente dos fagos T. Por exemplo, o fago f2 ("f" de filamento) é muito menor que os fagos T, tem uma molécula de RNA linear de fita única em vez de DNA e não possui cauda.

Há também colifagos que possuem DNA de fita única. Morfologicamente, eles podem ser tanto icosaédricos como filamentosos. Um fago icosaédrico com DNA de fita única circular é o ϕX174.

Responda

1 Como são os nomes comuns dados aos bacteriófagos? Há alguma regra que deva ser seguida para conferir tais nomes?
2 Quais são os dois principais critérios utilizados pelo CITV para agrupar os vírus bacterianos em famílias?
3 Qual família possui apenas um vírus?
4 Por que Baltimore propôs um esquema de classificação baseado na diferença do processo de transcrição?
5 Quais são as limitações do esquema de Baltimore?
6 Descrever a via específica de síntese do *m*RNA para cada uma das seis classes de vírus do esquema de Baltimore na classificação dos vírus.
7 Descrever o grupo T dos colifagos.

Ciclo de Vida dos Bacteriófagos

Há dois tipos principais de bacteriófagos: ***lítico*** (ou ***virulento***) e ***temperado*** (ou ***avirulento***). Os fagos líticos destroem as células hospedeiras bacterianas. No processo infeccioso lítico, após a replicação do vírion, a célula hospedeira rompe-se, liberando nova progênie de fagos para infectar outras células hospedeiras. Este é o chamado ***ciclo lítico***.

Os fagos temperados não destroem suas células hospedeiras. Em vez disso, na infecção do tipo temperado, o ácido nucléico viral é integrado ao genoma da célula hospedeira e replica-se na célula bacteriana hospedeira de uma geração a outra sem que haja lise celular. Este processo é denominado ***lisogenia*** e é realizado somente pelos fagos que possuem DNA de fita dupla. Entretanto, sob determinadas circunstâncias, o fago temperado pode ocasionalmente tornar-se espontaneamente lítico em alguma geração subseqüente e lisar as células hospedeiras.

Figura 15.16 Adsorção do fago T4 e injeção do DNA em esferoplastos de *Escherichia coli*. As partículas de fagos são incubadas com os esferoplastos a 37°C por 10 min, coradas negativamente e examinadas ao microscópio eletrônico.

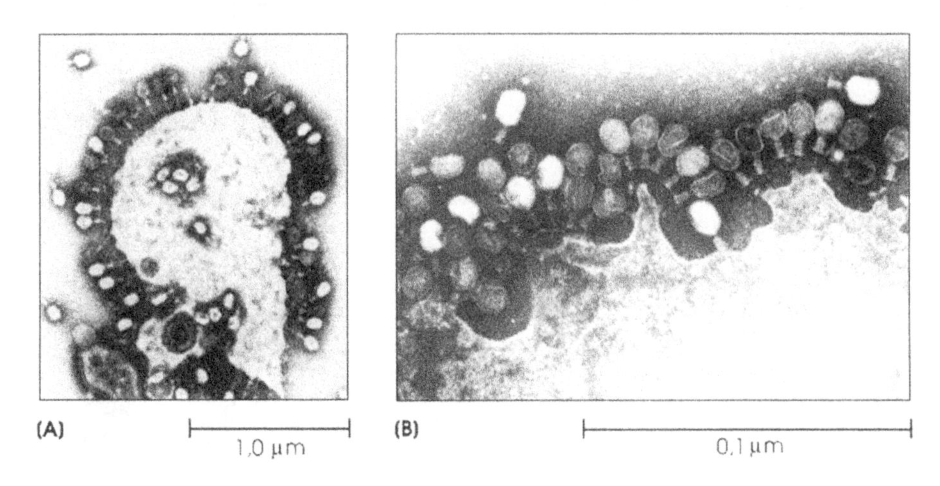

Figura 15.17 Seqüência da injeção de um fago com cauda. No estágio de injeção, a bainha da cauda se contrai e introduz um tubo central de constituição protéica através da parede celular, como uma seringa hipodérmica.

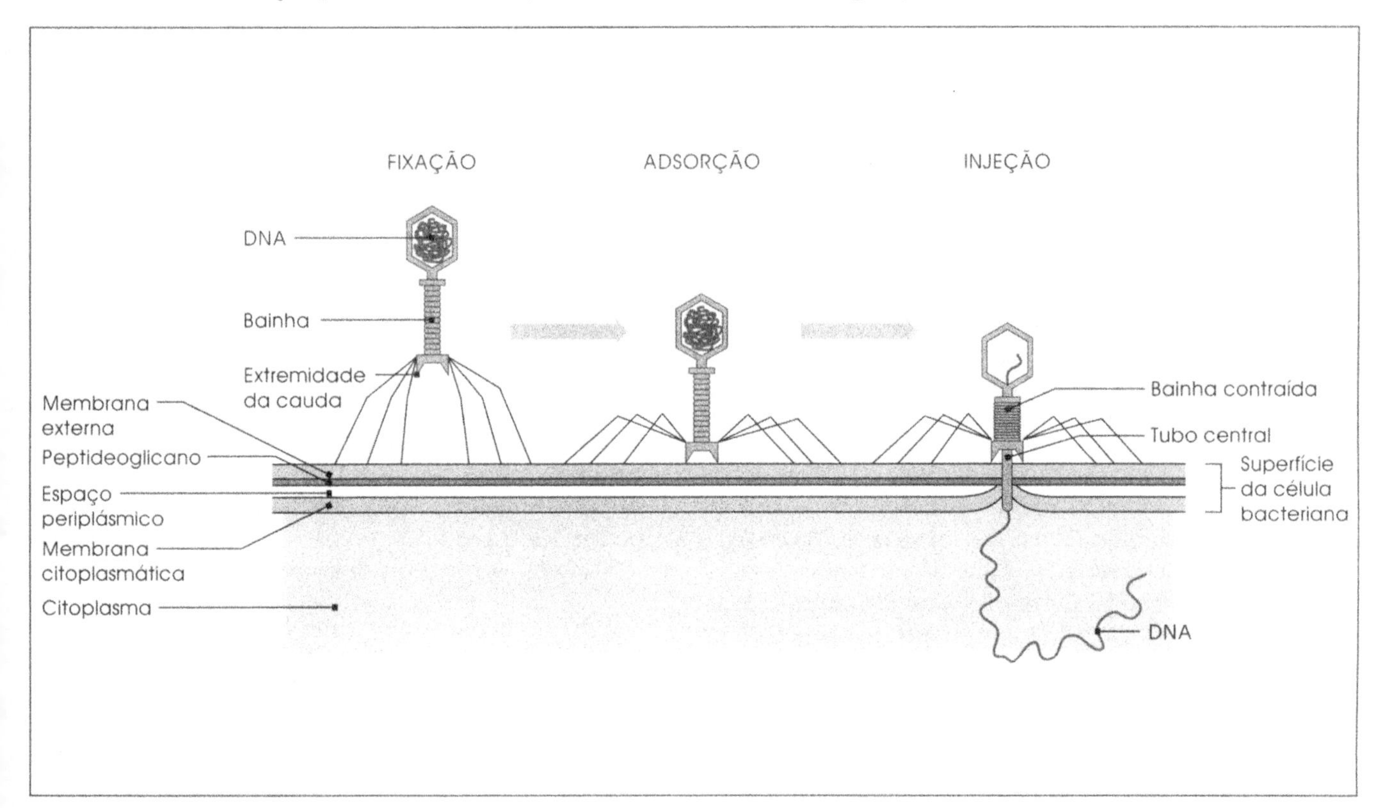

O Ciclo Lítico – Fagos Virulentos

O ciclo lítico básico é mostrado na Figura 15.15 (caderno em cores), utilizando os colifagos T-pares (tipos nomeados com números pares) com DNA de fita dupla como molde. O processo consiste em seis etapas:

I. Adsorção (fixação). A primeira etapa na infecção de uma célula bacteriana hospedeira pelo fago é a fixação do fago a um tipo específico de célula bacteriana (Figura 15.15). A extremidade da cauda do fago torna-se adsorvida ao receptor específico na superfície da célula bacteriana. Esta fixação só ocorre quando a cauda do fago e os receptores bacterianos possuem configurações moleculares que são complementares entre si, como as chaves que se encaixam a uma fechadura específica. A Figura 15.16 mostra a adsorção do fago T4 a seu hospedeiro por meio de sua cauda. A infecção da célula bacteriana hospedeira não pode ocorrer sem adsorção. Algumas bactérias mutantes, que perderam a capacidade de sintetizar receptores específicos, tornam-se resistentes à infecção pelos fagos específicos.

A adsorção inicial do fago no receptor é reversível quando somente as fibras da cauda são fixadas à superfície celular. A adsorção torna-se irreversível quando a extremidade da cauda se fixa; isto é demonstrado na Figura 15.17.

Muitos fagos filamentosos (com DNA de fita única) são adsorvidos à extremidade de um pêlo especial conhecido como pêlo F (descrito nos Capítulos 4 e 13). Ainda não se sabe exatamente como eles entram na célula, mas pode ser que o vírion íntegro seja arrastado para dentro do citoplasma por meio do pêlo F.

II. O genoma do fago penetra na célula. Após o fago ter-se fixado à célula hospedeira, o DNA na cabeça do fago passa através da parede celular para dentro do citoplasma da bactéria (Figura 15.17). Esta passagem pode ocorrer de várias maneiras, dependendo do fago. Nos fagos T-pares, a passagem ocorre mediante as seguintes etapas:

1. A bainha do fago contrai, forçando o tubo central da cauda para dentro da célula através da parede e da membrana celular.
2. O DNA na cabeça do fago passa através do tubo para dentro do citoplasma da célula bacteriana hospedeira.

A capa protéica, que forma a cabeça do fago, e a estrutura da cauda permanecem fora da célula (Figura 15.18). Neste processo, o ácido nucléico injetado para dentro da célula nunca é exposto ao meio externo pela célula hospedeira.

Fagos tais como T1 e T5, que não têm uma bainha contrátil, também injetam o seu ácido nucléico através do envelope celular, possivelmente em sítios de adesão entre as membranas interna e externa. Assim, a contração da bainha não é um pré-requisito para a infecção fágica. Com os fagos sem cauda, a capa protéica pode romper-se e liberar seu ácido nucléico, que atravessa a parede celular e penetra na célula.

Os fagos filamentosos com DNA de fita única (como fd e M13) entram na célula bacteriana como vírions discretos, sem deixar parte de sua estrutura fora da célula. À medida que o DNA penetra na célula, a proteína do capsídeo é incorporada à membrana citoplasmática da célula e é utilizada posteriormente durante a liberação do vírus.

III. Conversão da célula hospedeira em célula produtora de fagos. A síntese dos componentes virais dentro da célula hospedeira pode ser dividida em ***funções precoces*** e ***tardias***. As funções precoces são aqueles eventos que envolvem a invasão da célula hospedeira e a síntese do *m*RNA viral precoce (como discutido nesta seção). As funções tardias incluem a síntese e a montagem do nucleocapsídeo. Enzimas produzidas no início do ciclo de vida (como as nucleases e a RNA polimerase DNA dependente) são denominadas ***proteínas precoces***. As proteínas produzidas tardiamente no ciclo de vida (as ***proteínas tardias***) são diferentes das proteínas precoces e incluem tanto as proteínas enzimáticas como as estruturais (presentes na cabeça do fago, cauda e nas fibras da cauda). As proteínas precoces são codificadas pelo *m*RNA precoce e as proteínas estruturais são codificadas pelo *m*RNA tardio.

Figura 15.18 Micrografia eletrônica de transmissão de um corte através de uma célula de *Escherichia coli*. Partículas de fago são adsorvidas à parede celular e novas cabeças de fagos T2 são sintetizadas dentro da célula.

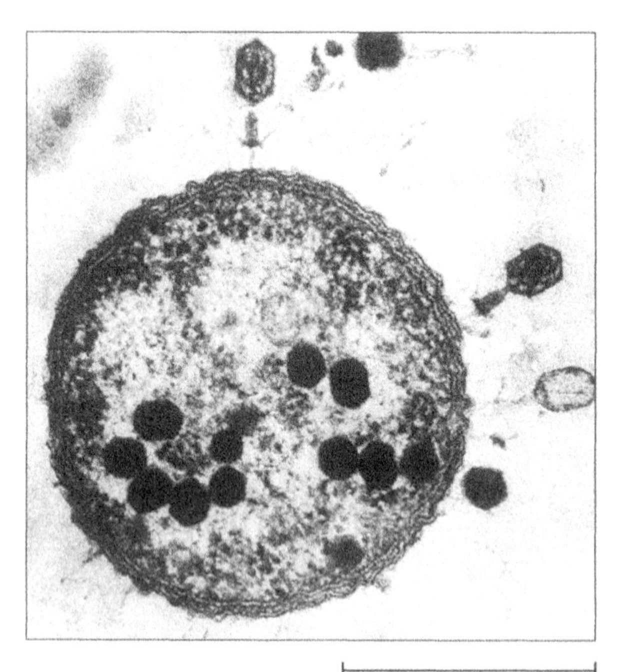

Poucos minutos após a entrada do DNA fágico, a bactéria hospedeira perde a habilidade de se replicar ou de transcrever seu próprio DNA; algumas vezes perde ambas as habilidades. Esta paralisação na síntese de DNA ou RNA bacteriano é efetuada de diferentes maneiras, dependendo da espécie de fagos. Por exemplo, o DNA hospedeiro pode ser rapidamente degradado a pequenos fragmentos, dispersando-se e tornando-se inativado.

O fago orienta a síntese de cópias do ácido nucléico fágico, utilizando vários mecanismos e as proteínas de replicação da bactéria. A transcrição do *m*RNA a partir do DNA fágico é quase sempre iniciada pela RNA polimerase da célula hospedeira, a qual reconhece o promotor viral que governa a transcrição do gene que codifica a síntese da proteína viral. Na maioria das vezes, o *m*RNA do fago

Figura 15.19 Ciclo de vida de um fago RNA de fita única positiva.

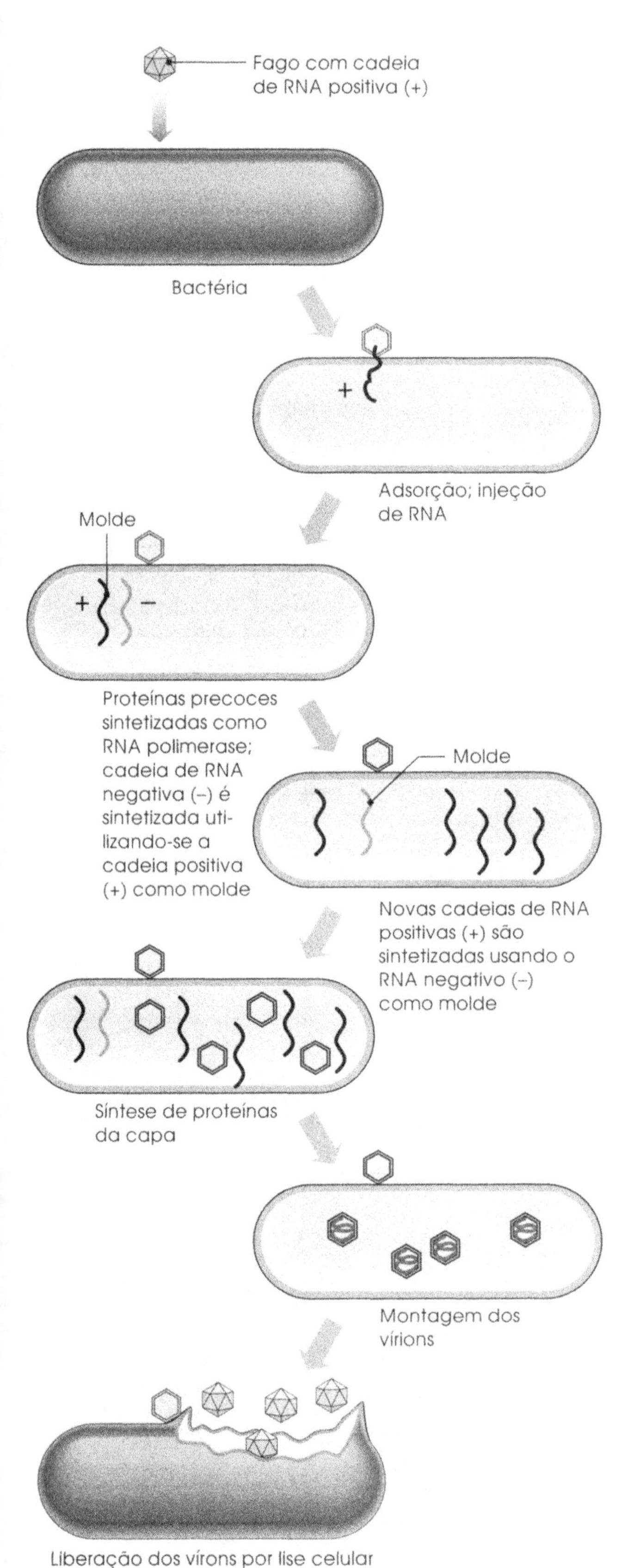

codifica as nucleases que degradam o DNA hospedeiro. Isto faz com que os nucleotídeos do DNA hospedeiro estejam disponíveis para a síntese do DNA do fago. Depois que o primeiro *m*RNA do fago é produzido, ou a polimerase da célula hospedeira é modificada para reconhecer os outros promotores virais, ou uma RNA polimerase fago-específica é sintetizada.

Nos fagos filamentosos, o DNA de fita única (a cadeia de DNA *positiva*) serve como um molde para a síntese de sua cadeia complementar (a cadeia de DNA *negativa*). A DNA polimerase da célula é utilizada, desde que este processo ocorra antes que se inicie a transcrição do *m*RNA. O DNA de fita dupla resultante é a forma replicativa da qual múltiplas cópias da cadeia positiva são sintetizadas, utilizando a cadeia negativa como um molde.

Os fagos contendo RNA diferem dos fagos que contêm DNA no que diz respeito ao uso das enzimas de replicação do hospedeiro. Os fagos RNA devem codificar suas próprias enzimas de replicação porque a célula hospedeira não tem enzimas que replicam RNA. Um fago que possui RNA de fita única utiliza o RNA como uma cadeia positiva (como *m*RNA para a síntese de RNA polimerase e outras proteínas). A RNA polimerase sintetiza a cadeia de RNA negativa (cadeia replicativa) utilizando o genoma viral (cadeia de RNA positiva) como um molde. A cadeia replicativa (cadeia de RNA negativa) é utilizada como um molde para produzir numerosas cadeias de RNA positivas, as quais combinam com a capa protéica para formar muitos vírions infecciosos (Figura 15.19).

Assim, a transcrição viral, que produz *m*RNA a partir do ácido nucléico viral, representa o evento-chave na infecção viral – quando a síntese bioquímica controlada pelo gene celular passa a ser controlada pelo gene viral.

IV. Produção de ácido nucléico do fago e proteínas. A replicação do ácido nucléico, que ocorre após a síntese da proteína precoce, serve como uma linha de demarcação entre as funções precoces e tardias no processo de replicação viral. Como o *m*RNA tardio não é sintetizado até que a replicação do ácido nucléico viral tenha se iniciado, este é transcrito do genoma da progênie viral. Isto significa que a síntese das proteínas tardias ocorre após a replicação do ácido nucléico. A tradução do *m*RNA em proteínas ocorre no citoplasma da célula hospedeira, utilizando os ribossomos, os RNAs transportadores e as enzimas encontradas no citoplasma. (Se o *m*RNA é sintetizado no núcleo da célula hospedeira, ele passa primeiro para o citoplasma antes da tradução.)

No final do ciclo de replicação, os fagos sintetizam proteínas tardias, incluindo proteínas estruturais necessárias para a montagem espontânea do vírion, enzimas envolvidas no processo de maturação e enzimas usadas na liberação dos fagos da célula bacteriana (ver Figura 15.15).

V. Montagem das partículas do fago. Dois tipos de proteínas tardias são necessárias para a montagem do fago: proteínas *estruturais* da partícula do fago e *enzimas* que catalisam reações do processo de montagem mas não se tornam partes integrantes do bacteriófago. A montagem dos fagos icosaédricos ocorre em várias etapas (ver Figura 15.15, caderno em cores):

1. Agregação das proteínas estruturais do fago para formar uma cabeça e uma cauda (se necessário). Neste momento, a cauda não está ligada à cabeça.
2. Condensação do ácido nucléico e entrada na cabeça pré-formada.
3. Fixação da cauda à cabeça completa.

Cerca de 25 min após a infecção inicial da célula hospedeira, geralmente 50 a 1.000 partículas do fago foram montadas (Figura 15.20), sendo que o número depende da espécie e das condições de crescimento da cultura.

VI. Liberação dos fagos. Uma das proteínas tardias sintetizadas no ciclo lítico de infecção é uma enzima chamada ***endolisina.*** Esta enzima lisa a célula bacteriana e libera os fagos maduros.

As células hospedeiras infectadas com fagos filamentosos geralmente não liberam os fagos por meio de lise; em vez disso, liberam partículas de fago continuamente pelo desdobramento da parede celular. À medida que o DNA viral se estende através da membrana, este capta as moléculas de proteínas (sintetizadas recentemente, bem como aquelas derivadas inicialmente de vírions infectantes). Tal processo de extrusão não causa danos à célula, que pode continuar a produzir bacteriófagos por um longo tempo.

O Ciclo Lisogênico – Fagos Temperados

A lisogenia é um ciclo de vida alternativo exibido por alguns bacteriófagos. Boa parte de nossos conhecimentos sobre lisogenia vem de estudos do fago lambda (λ) de *Escherichia coli*. O fago λ pode realizar tanto o ciclo lítico como o ciclo lisogênico. Cada vírion de fago λ é constituído de uma molécula de DNA de fita dupla linear acondicionada em um capsídeo poliédrico com uma cauda por meio da qual o DNA penetra na bactéria hospedeira.

O ciclo lisogênico do fago λ é mostrado na Figura 15.21 (caderno em cores) e consiste nas seguintes etapas:

I. Entrada do genoma do fago na célula. A molécula de DNA de um fago passa para dentro da célula hospedeira pelo mesmo processo descrito para a bactéria lítica e torna-se um círculo fechado.

II. Síntese da proteína precoce. A síntese de *m*RNA pela célula hospedeira por um breve período é necessária a fim de sintetizar a proteína repressora codificada pelo DNA do fago. Esta proteína inibe a síntese do *m*RNA específico que codifica as funções líticas. O fator regulador crucial é com que rapidez um nível crítico de repressor específico pode ser sintetizado. O resultado determina se o fago passará por um ciclo lítico ou lisogênico. Se o repressor estiver em quantidade suficiente, ele bloqueia a transcrição de todos os outros genes fágicos. Como conseqüência, nenhuma das proteínas virais é produzida e a célula não é lisada.

III. Integração do DNA viral. O DNA do fago é inserido ao DNA do cromossomo bacteriano pela ação de uma enzima de inserção de DNA codificada pelo fago (codificado pelo gene *int*). Integrado desta maneira, o genoma viral é agora denominado ***profago***.

O DNA do fago é inserido em uma determinada posição no cromossomo da *E. coli*, entre o gene *gal* (galactose) e o gene *bio* (biotina). Durante esta inserção, o DNA do fago circulariza-se e em seguida ocorre quebra e reunião do DNA do fago e do hospedeiro. Este mecanismo é mostrado esquematicamente na Figura 15.22.

Figura 15.20 A localização intracelular dos fagos montados pode ser vista nesta micrografia eletrônica de um corte fino de uma célula de *Escherichia coli* antes da lise celular. Observe a forma hexagonal das partículas do fago no meio da célula.

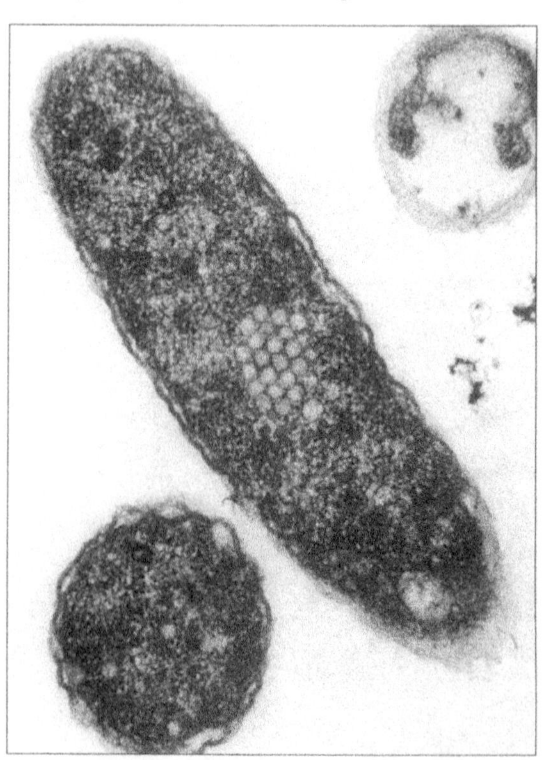

Outros fagos temperados têm seu sítio próprio de integração no cromossomo bacteriano. Entretanto, alguns fagos temperados, tal como o fago Mu, não têm local específico para inserção e podem ser capazes de inserir múltiplas cópias do seu DNA em vários locais em um único cromossomo bacteriano. Onde quer que a inserção ocorra, a inativação do gene bacteriano específico naquele local dará origem a uma célula hospedeira *mutante*; daí o fago ser chamado de Mu.

IV. O fenômeno da lisogenia. A célula bacteriana hospedeira permanece viva e continua a crescer e se multiplicar, apesar de haver um profago integrado em seu gene. Os genes do fago replicam-se como parte do cromossomo bacteriano.

A produção contínua do repressor mantém a condição de profago integrado nas células lisogênicas. Se em qualquer momento o repressor for inativado (por exemplo, pela enzima protease induzida por exposição à luz ultravioleta), os operons do fago tornam-se desreprimidos, começam a funcionar, e o fago entra no ciclo lítico, destruindo a célula hospedeira. Assim, um único gene repressor decide o destino da célula bacteriana e do fago.

Figura 15.22 O mecanismo de inserção do DNA do fago λ no cromossomo da *Escherichia coli* hospedeira. O DNA linear do fago (*A* e *R* representam as extremidades da molécula linear) é primeiro convertido a um anel covalentemente fechado antes da inserção. O local de fixação do fago foi designado *POP'*; o local de fixação da bactéria é *BOB'*. Após a inserção, o profago é flanqueado por dois novos locais de fixação denominado *BOP'* e *POB'*. (A excisão resulta na forma replicativa do fago λ.)

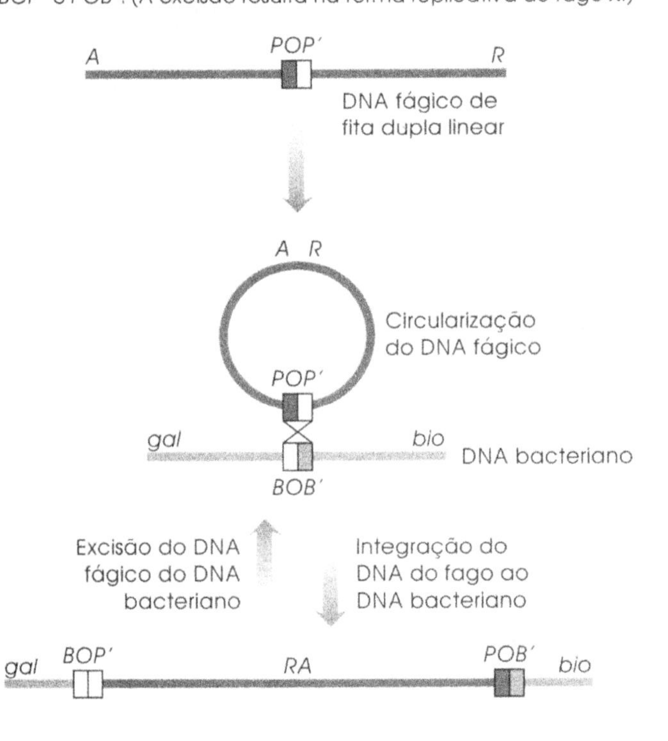

Lisogenia Não-integrativa

Muitos fagos temperados entram no ciclo lisogênico da forma descrita para o fago λ – isto é, inserção de um profago em um único local no cromossomo da bactéria hospedeira. Há um outro tipo menos comum de lisogenia no qual não há sistema de inserção do DNA e o DNA do fago torna-se um *plasmídio* ou uma molécula de DNA circular capaz de se replicar independentemente, em vez de fazer parte do cromossomo hospedeiro. O fago P1 de *Escherichia coli* tipicamente efetua este tipo de ciclo lisogênico. Após a infecção, o DNA de P1 circulariza-se e é reprimido, mas, ao contrário do DNA do fago λ, ele permanece como uma molécula de DNA livre no citoplasma. Durante o ciclo de vida bacteriano, o DNA de P1 replica-se uma vez, num momento que coincide com a replicação do cromossomo bacteriano (a sincronia dos dois eventos é controlada pelo gene do fago). Quando a célula bacteriana se divide, cada célula-filha recebe um plasmídio P1. A forma como ocorre este arranjo ordenado ainda não é conhecida.

Responda

1 Quais são os dois principais tipos de bacteriófagos?

2 A infecção com um fago temperado significa que a célula hospedeira nunca sofrerá lise?

3 Estabelecer a diferença entre funções precoces e tardias na infecção de uma célula hospedeira por um vírion.

4 Qual é o processo que serve como linha de demarcação entre as funções tardias e precoces no processo de replicação viral?

5 Que processo regulatório determina se um fago vai realizar um ciclo lítico ou lisogênico?

6 Quando o genoma do fago é considerado um profago?

Morfologia e Composição Química de Vírus Animais e de Plantas

Vírus animais e de plantas não possuem a forma familiar de girino de alguns bacteriófagos. Em vez disso, eles variam muito em tamanho (ver Figura 15.8) e forma (Figura 15.23 e 15.24). De fato, tamanho e morfologia são propriedades características de cada tipo de vírus.

Figura 15.23 Micrografia eletrônica de alguns vírus vegetais. (**A**) Partículas do vírus da batata X que aparecem como bastonetes flexíveis. Também são mostradas duas esferas de látex utilizadas em microscopia eletrônica para determinar tamanhos relativos. (**B**) O vírus da mancha anelar do tomate possui morfologia icosaédrica. (**C,D**) As partículas do vírus do tabaco apresentam-se como bastões curtos e longos. Partículas de ambos os comprimentos são necessárias para estabelecer a infecção.

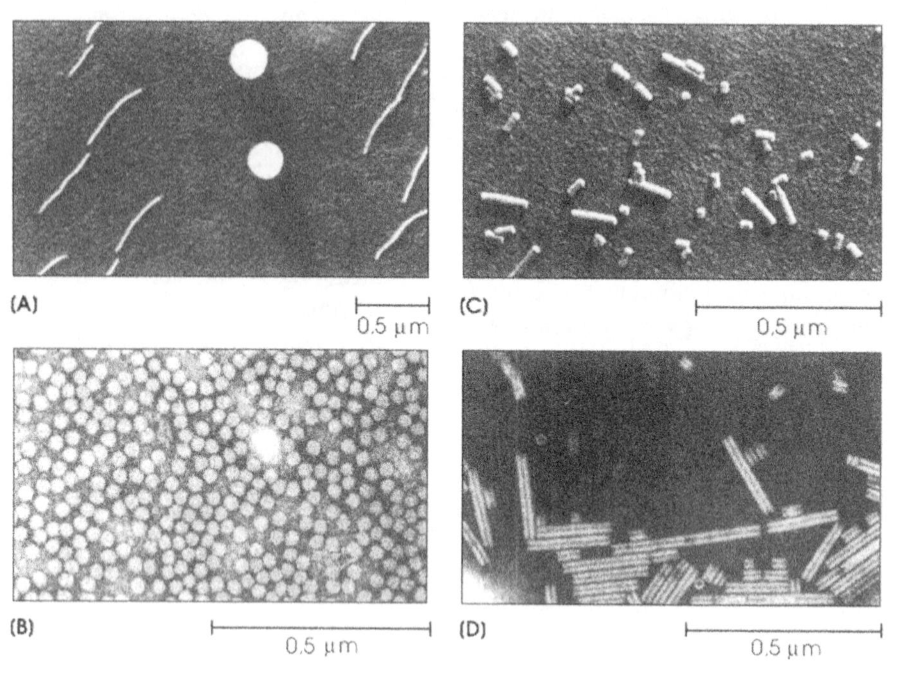

Figura 15.24 Micrografia eletrônica de alguns vírus animais. (**A**) Um adenovírus com morfologia icosaédrica. (**B**) Um herpesvírus icosaédrico envelopado. (**C**) Ebola vírus (que causa febre hemorrágica) são vírus pleomórficos, filamentosos, que exibem uma variedade de formas cilíndricas bizarras e semelhantes a um anzol. Seu tamanho varia consideravelmente de 130 a 14.000 nm. Estrias proeminentes também podem ser observadas.

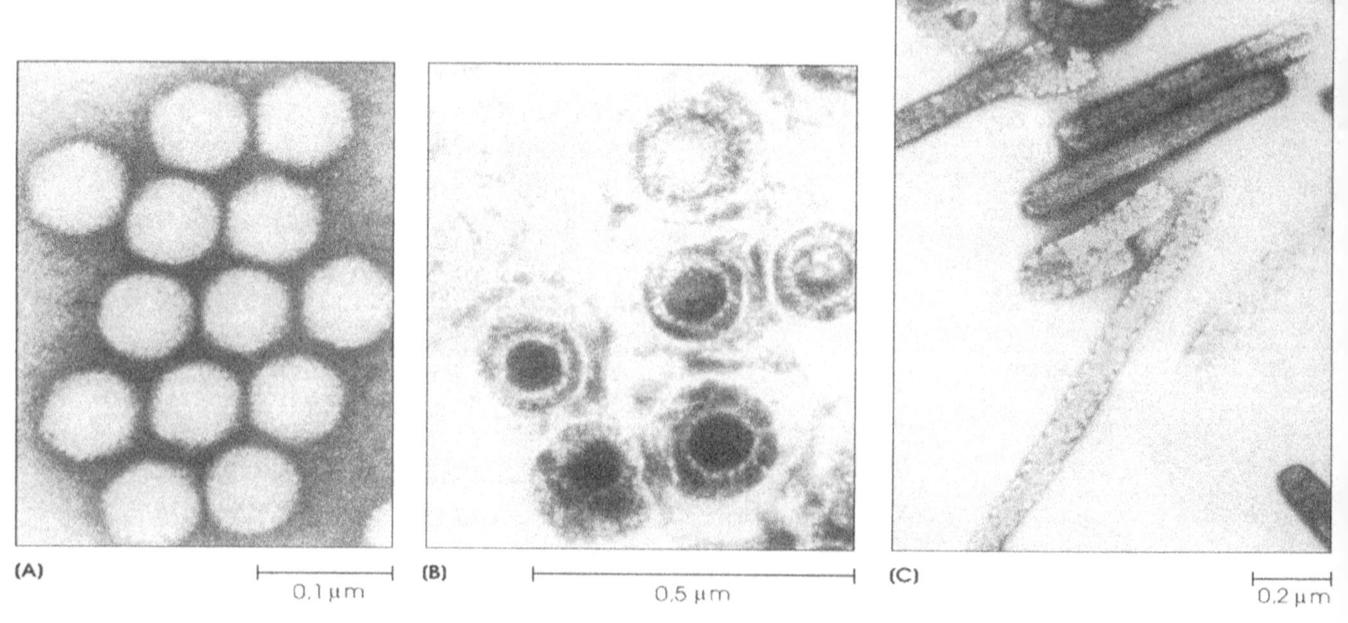

Morfologia

Vírus animais e de plantas com aparência poliédrica ou esférica possuem simetria *icosaédrica*, com uma estrutura básica que é um icosaedro, como descrito anteriormente. Vírus com simetria *helicoidal* têm um capsídeo cujos capsômeros são agrupados como uma espira em torno do ácido nucléico para formar uma hélice (ver Figura 15.2B).

Tabela 15.2 Propriedades utilizadas para a classificação dos vírus.

Características primárias	Características secundárias
Natureza química do ácido nucléico: RNA ou DNA; fita dupla ou única; genoma único ou segmentado; cadeia (+) ou (-); peso molecular	Hospedeiro: Espécie de hospedeiro; tecido específico do hospedeiro ou tipo de células
Estrutura do vírion: Helicoidal, icosaédrico ou complexo; nu ou envelopado; complexidade; número de capsômeros para vírion icosaédrico; diâmetro do nucleocapsídeo para vírions helicoidais	Modo de transmissão: por exemplo, fezes
Local de replicação: Núcleo ou citoplasma	Estruturas específicas de superfície: por exemplo, propriedades antigênicas

Vírus de plantas com simetria helicoidal assemelham-se a bastões (ver Figura 15.5). Os agentes etiológicos do sarampo, caxumba, influenza e raiva possuem simetria helicoidal.

Além dos vírus que apresentam simetria helicoidal ou icosaédrica, existem também vírus animais e de plantas que possuem simetria complexa ou indefinida. Estes vírus possuem ácido nucléico no cerne do vírion; ou não possuem nenhuma estrutura discreta envolvendo o ácido nucléico ou o ácido nucléico é envolvido por múltiplas membranas.

Composição Química

Além do cerne de ácido nucléico, a maioria dos vírus animais e muitos vírus vegetais possuem um capsídeo protéico envolvido por um envelope constituído de lipídeos, proteínas e carboidratos (ver Figura 15.1). (Somente alguns grupos de fagos possuem um envelope lipídico.) O envelope possui projeções na superfície ou espículas de constituição glicoprotéica (ver Figura 15.6). Estas projeções podem ser importantes na fixação do vírus às células hospedeiras e são estudadas como possíveis componentes de vacinas virais. Vírions que possuem envelope podem ser destruídos por solventes lipídicos tais como éter ou clorofórmio. A infectividade destes vírus pode ser então inativada pelos solventes químicos. Vírions não-envelopados são referidos como vírions *nus*. Neste caso, a capacidade de infectar células não é afetada pelos solventes lipídicos.

Independentemente de possuírem ou não um envelope, a maioria dos vírus possui formas simétricas (ver Figura 15.8).

Responda

1 Quais são as formas básicas de vírus de plantas e animais?

2 Quando os vírus animais são considerados "nus"?

3 O que são capsômeros?

Classificação e Nomenclatura de Vírus Animais e de Plantas

Existem muitos esquemas de classificação para vírus animais e de plantas utilizados através dos anos. Um dos primeiros métodos de classificação, ainda em uso limitado, é baseado no tipo de hospedeiro que os vírus normalmente infectam (por exemplo, vírus da cólera suína, vírus da influenza suína, vírus da praga das aves, vírus do mosaico do pepino, vírus do mosaico do tabaco). Um outro esquema anterior baseava-se na afinidade do vírus pelos tecidos; por exemplo, vírus que se fixam às células nervosas são denominados vírus *neurotrópicos* e aqueles específicos para a pele são denominados vírus *dermatotrópicos*. Este método era útil para médicos, epidemiologistas e alguns investigadores ligados à área da saúde. Entretanto, como muito conhecimento a respeito das características físicas, químicas e biológicas dos vírus tem sido acumulado, foram formulados esquemas de classificação baseados em propriedades biológicas fundamentais. Tais propriedades estão resumidas na Tabela 15.2.

Sistema de Classificação Baseado em Características Físicas, Químicas e Biológicas

As características físicas, químicas e biológicas dos vírus têm sido utilizadas pelo Comitê Internacional de Taxonomia dos Vírus (CITV) para classificar os vírus. Assim como os virologistas bacterianos, os virologistas animais têm contríbuido para a sistemática viral. O nome da família termina em *-viridae*, os nomes das subfamílias em *-virinae* e o gênero e as espécies em *-vírus*. Prefixos das famílias conotam descrições das características da mesma. Por exemplo, Picornaviridae significa vírus RNA pequeno *(pico)*; Hepadnavírus, vírus DNA que causa doença do fígado *(hepa)*. Outras denominações de famílias referem-se a origens históricas.

Tabela 15.3 Classificação dos vírus que infectam o homem e outros animais.

Simetria do capsídeo	Envelope (genoma)	Diâmetro do vírion (nm)	Família	Gênero típico ou subfamílias	Vírus típicos	Local de montagem (local de envelopamento)
Icosaédrico	Não (DNAfd)	70-90	Adenoviridae	*Mastadenovirus*	Adenovírus humano 2	Núcleo
Icosaédrico	Não (RNAfd)	65-75	Reoviridae	*Reovirus* *Rotavirus*	Reovírus Rotavírus	Citoplasma
Icosaédrico	Não (DNAfd)	45-55	Papovaviridae	*Polyomavirus* *Papillomavirus*	SV 40 Vírus da verruga	Núcleo
Icosaédrico	Não (RNAfu)	30-37	Caliciviridae	*Calicivirus*	Calicivirus	Citoplasma
Icosaédrico	Não (RNAfu)	24-30	Picornaviridae	*Enterovirus* *Rhinovirus*	Poliomielite Coxsackievirus Resfriado comum	Citoplasma
Icosaédrico	Não (DNAfu)	18-26	Parvoviridae	*Parvovirus*	Vírus do rato de Kilham	Núcleo
Icosaédrico	Sim (DNAfd)	120-200	Herpesviridae	Alphaherpesvirinae	Herpes simples	Núcleo (membrana nuclear e/ou citoplasma)
Icosaédrico	Sim (RNAfu)	80-140	Retroviridae	Oncovirinae	Tumor RNA	Citoplasma (membrana citoplasmática e/ou citoplasma)
Icosaédrico	Sim (RNAfu)	40-70	Togaviridae	*Rubivirus*	Rubéola	Citoplasma (membrana citoplasmática ou citoplasma)
Icosaédrico	Sim (DNAfd)	42	Hepadnaviridae		Hepatite B	Núcleo (citoplasma)
Helicoidal	Sim (RNAfu)	130-300 x 50-100	Rhabdoviridae	*Vesiculovirus* *Lyssavirus*	Estomatite vesicular Raiva	Citoplasma (citoplasma e/ou membrana citoplasmática)
Helicoidal	Sim (RNAfu)	100-150	Paramyxoviridae	*Paramyxovirus*	Caxumba	Citoplasma (membrana citoplasmática)
Helicoidal	Sim (RNAfu)	80-120	Orthomyxoviridae	*Influenzavirus*	Influenza (Gripe)	Citoplasma (membrana citoplasmática)
Helicoidal	Sim (RNAfu)	75-160	Coronaviridae	*Coronavirus*	Coronavirus	Citoplasma (citoplasma)
Helicoidal	Sim (RNAfu)	90-120	Bunyaviridae	*Bunyavirus*	Bunyamwera	Citoplasma (citoplasma)
Complexo ou incerto	Sim (DNAfd)	200-350 x 115-260	Poxviridae	*Orthopoxvirus*	Varíola	Citoplasma (citoplasma)
Complexo ou incerto	Sim (RNAfu)	50-300	Arenaviridae	*Arenavirus*	Lassa	Citoplasma (membrana plasmática e/ou citoplasma)

Entretanto, os virologistas vegetais não classificaram os vírus de maneira semelhante. Os vírus foram classificados em *grupos* de vírus (em lugar de famílias e gênero) que compartilham propriedades semelhantes. Os nomes para estes grupos são geralmente derivados de nomes de protótipos ou membros mais representativos do grupo. Por exemplo, o nome do grupo de vírus relacionado ao vírus do mosaico do tabaco é o grupo *tobamo* ou *tobamovírus*.

A Tabela 15.3 mostra a classificação dos vírus que infectam os animais agrupados de acordo com a simetria e a ordem decrescente de tamanho. As Figuras 15.25 e 15.26 são esquemas mostrando como a morfologia básica é usada para classificar os vírus animais e de plantas. Também foi descrito um sistema alternativo de classificação, o esquema de Baltimore, que se encontra resumido na Tabela 15.1.

Figura 15.25 Esquemas de famílias de vírus que infectam vertebrados. Todos os diagramas foram desenhados na mesma escala. Para cada desenho, o nome da família é indicado junto com um membro bem conhecido (mas as dimensões e formas utilizadas para o desenho podem não ser exatamente aquelas do vírus indicado).

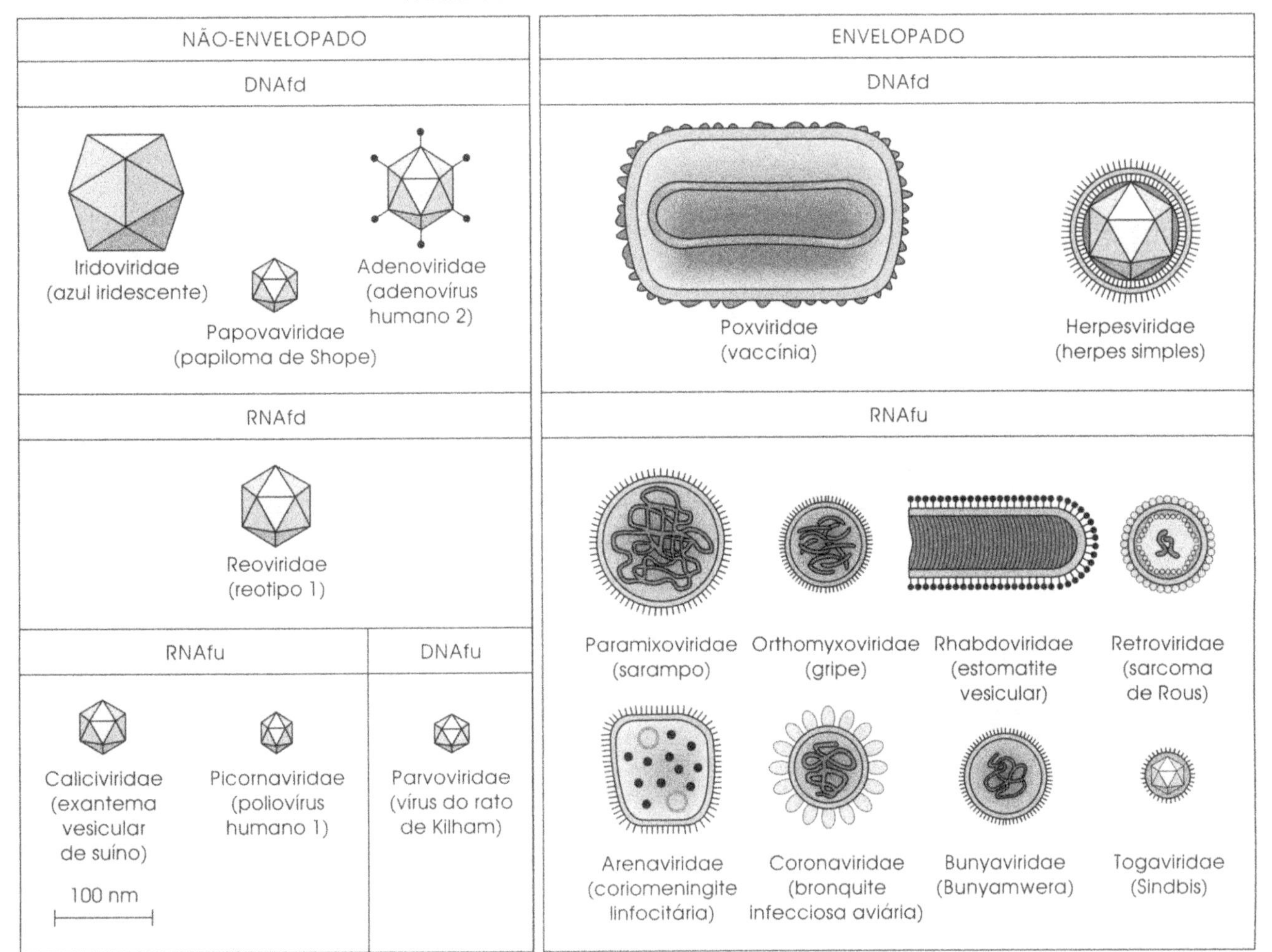

Responda

1 Quais as características utilizadas na classificação dos vírus animais e de plantas no esquema de classificação do CITV?

2 Qual a diferença entre a nomenclatura dos vírus de plantas e dos vírus bacterianos e animais?

3 Citar um membro bem conhecido em cada uma das famílias ou grupos de vírus animais e de plantas.

Replicação de Vírus Animais e de Plantas

Diferenças básicas entre a replicação de bacteriófagos e a replicação de vírus animais e de plantas foram abordadas no início deste capítulo. As seções seguintes discutem a replicação dos vírus animais em detalhes e mostram como este processo difere da replicação dos vírus de plantas.

Fixação (Adsorção)

Um pré-requisito essencial no processo de infecção viral das células animais e bacterianas é a *fixação*, ou adsorção do vírion a receptores específicos presentes na superfície de uma célula susceptível. Uma célula que perde o receptor para um vírus específico não é mais infectada por este vírus.

Para vírions nus, as proteínas da superfície do capsídeo são provavelmente responsáveis pela ligação a um receptor específico da célula. Para vírions envelopados, as glicoproteínas da superfície da membrana do envelope (espículas) são responsáveis pelo reconhecimento de um receptor presente na superfície celular, ocorrendo posteriormente a fixação.

Figura 15.26 Esquemas das famílias e grupos de vírus que infectam plantas. Todos os diagramas foram desenhados na mesma escala. Para cada desenho o nome do grupo é colocado junto com um membro bem conhecido (mas as dimensões e formas utilizadas para o desenho podem não ser exatamente aquelas do vírus em questão).

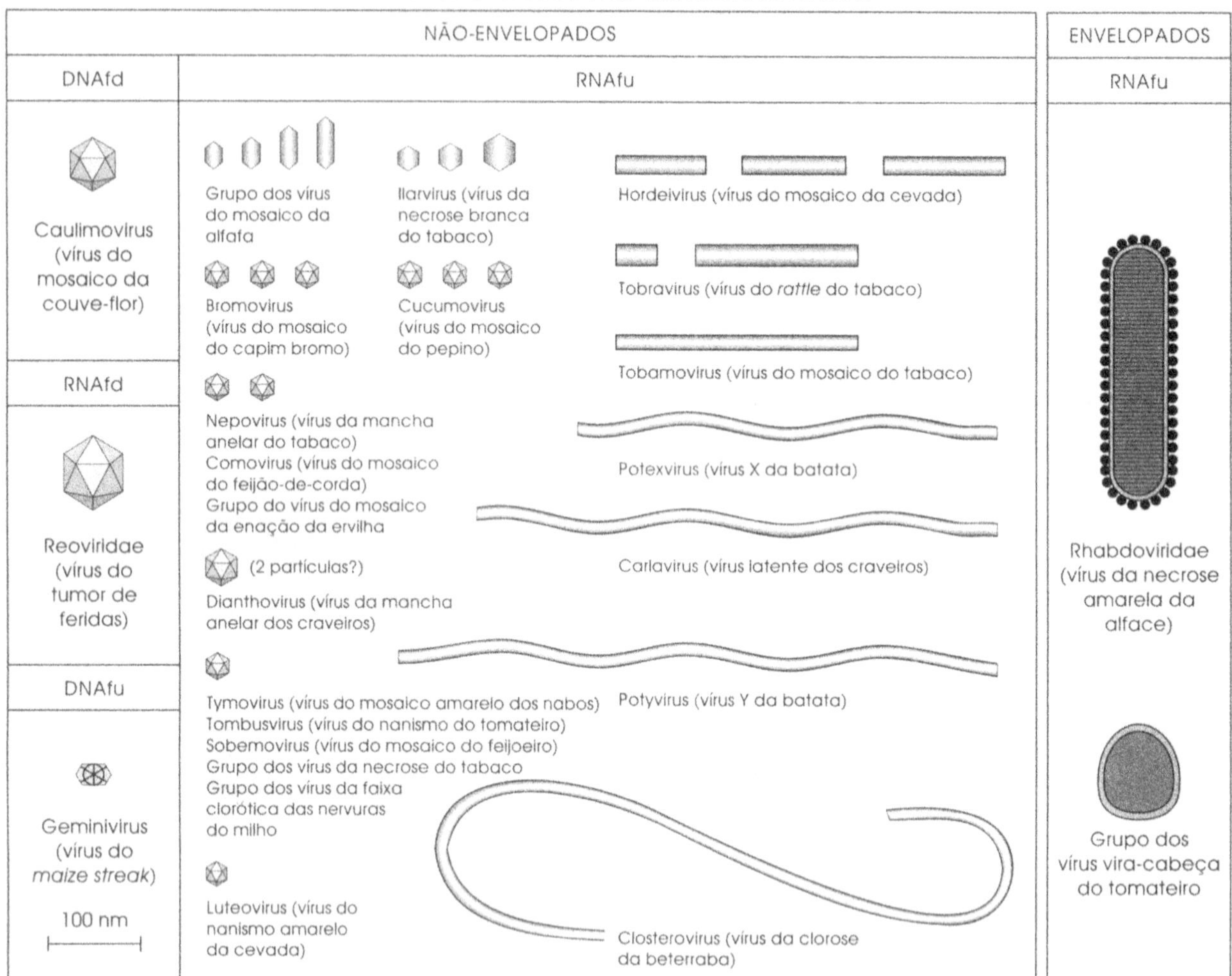

Esta interação específica vírus-célula explica por que certos vírions infectam somente tipos particulares de células. Por exemplo, o vírus da influenza infecta células epiteliais do trato respiratório superior e o vírus da imunodeficiência humana (HIV) invade células específicas do corpo, incluindo células sanguíneas brancas denominadas linfócitos CD4. Em contraposição à adsorção específica dos vírus animais e bacterianos a certos tipos de células, os vírus de plantas parecem não requerer receptores específicos para se fixar às células.

Penetração

A segunda etapa no processo da infecção viral é a *penetração* do vírion na célula hospedeira. Os vírions de alguns vírus, tais como o poliovírus, passam por uma mudança estrutural assim que o seu ácido nucléico é liberado diretamente no citoplasma. Mas muitos vírus envelopados entram na célula hospedeira pela fusão da membrana da célula hospedeira com o envelope viral (Figura 15.27). Este processo resulta em liberação do nucleocapsídeo para dentro do citoplasma da célula. Alguns vírions envelopados e a maioria dos vírions não-envelopados são englobados pela célula hospedeira em um vacúolo envolvido por uma membrana. Os nucleocapsídeos são então liberados dentro do citoplasma por um dos mecanismos ilustrados na Figura 15.28.

O ácido nucléico viral deve ser liberado do capsídeo, tornando-se assim disponível para a transcrição, tradução e replicação. Para liberar o ácido nucléico, alguns vírus são desnudados nos vacúolos fagocíticos na célula hospedeira pela ação das enzimas da célula hospedeira. Estas enzimas digerem o capsídeo, liberando o ácido nucléico viral. Dependendo do vírus, o desnudamento ocorre dentro de vacúolos, no citoplasma ou no núcleo. Na maioria dos casos, o processo de desnudamento é pouco compreendido.

Figura 15.27 Penetração do vírion na célula hospedeira pela fusão do envelope viral e membrana celular. O nucleocapsídeo é liberado diretamente para o citoplasma da célula.

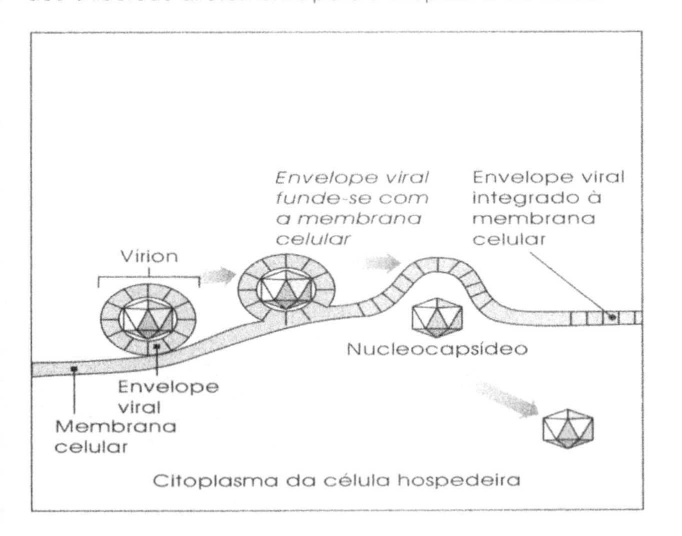

A penetração dos vírus em células de plantas é dificultada pela presença de uma fina parede envolvendo a célula. Provavelmente a forma mais importante pela qual os vírus de plantas atravessam esta parede é por meio dos insetos. Os insetos que abrigam os vírus na boca ou nos tecidos podem inocular estes vírus no interior das células vegetais durante a alimentação. Vírus de plantas também podem penetrar na parede celular das plantas por intermédio de poros que se estendem ao longo da parede. Estes poros normalmente permitem a passagem de água e nutrientes para dentro da célula; eles são também utilizados pela célula para excretar substâncias tais como ceras.

Biossíntese dos Componentes Virais

Como no caso dos bacteriófagos, a biossíntese de vírus animais e vegetais dentro da célula hospedeira pode ser dividida em *funções precoces* e *tardias*. Anteriomente foi visto que funções precoces são aqueles eventos bioquímicos que dominam a célula hospedeira e sintetizam o *m*RNA viral precoce. Funções tardias são aquelas que posteriormente sintetizam outras proteínas e montam o nucleocapsídeo.

Maturação e Montagem

Quando um número crítico de vários componentes virais foram sintetizados, os mesmos são reunidos em partículas virais maduras no núcleo e/ou citoplasma da célula infectada. O período de tempo entre a decapsidação até a montagem de um novo vírion maduro é denominado período de *eclipse*, porque, se a célula hospedeira for rompida neste

Figura 15.28 Penetração de um vírion em uma célula hospedeira por ingestão vacuolar. [A] Com um vírus envelopado, o envelope do vírus adsorve à membrana celular e o vírion completo é englobado num vacúolo, que então funde-se com um lisossomo para formar uma vesícula. O envelope viral funde-se com a membrana da vesícula, liberando o nucleocapsídeo para dentro do citoplasma da célula. [B] Com um vírus não-envelopado, o vírion nu é englobado em um vacúolo temporariamente. A membrana do vacúolo funde-se com um sistema de membranas internas (complexo de Golgi ou retículo endoplasmático), liberando o nucleocapsídeo.

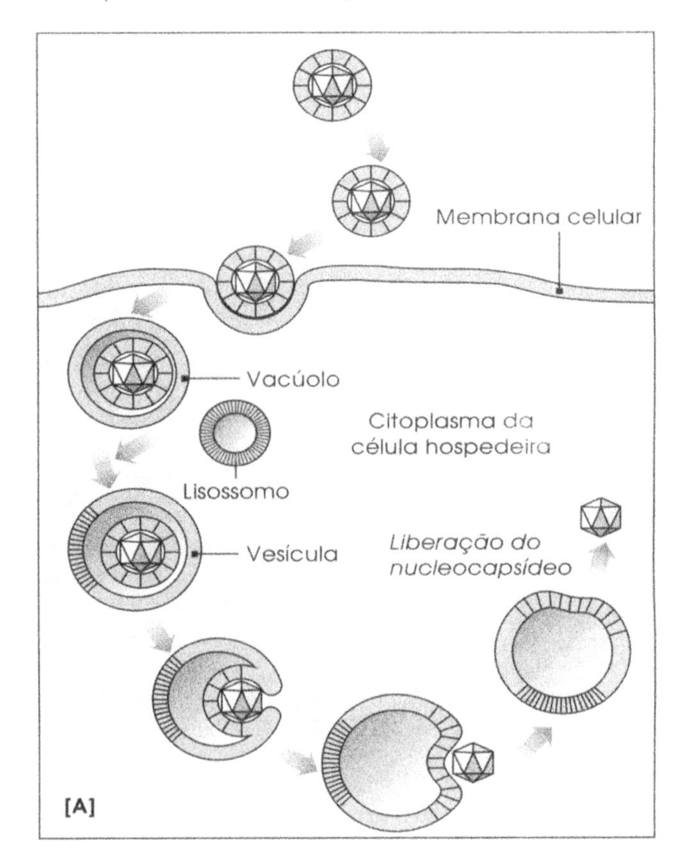

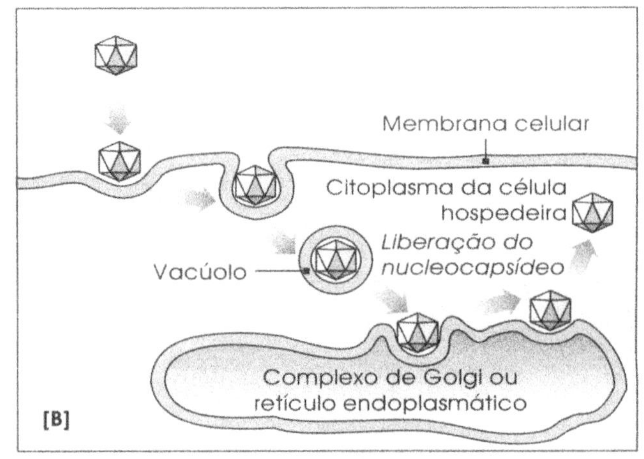

período, nenhum vírus infeccioso será encontrado. O mesmo ocorre no ciclo de vida dos bacteriófagos. Entretanto, ao contrário dos bacteriófagos, o processo de *montagem* parece não envolver a biossíntese de enzimas

Figura 15.29 Replicação do vírus herpes simples. Glicoproteínas específicas presentes no envelope viral são essenciais para a adsorção nos receptores presentes na membrana citoplasmática das células hospedeiras. O envelope viral e a membrana celular fundem-se e o nucleocapsídeo do vírion é liberado no citoplasma. O vírion é desnudado e o DNA viral liberado é transportado para o núcleo. A transcrição precoce e o processamento do *m*RNA são aparentemente catalisados pelas enzimas da célula hospedeira. As enzimas resultantes (proteínas precoces) são utilizadas na replicação do DNA viral. Os RNAs transcritos no núcleo e sintetizados após a replicação do DNA são responsáveis pela síntese de proteínas estruturais que vão formar o capsídeo e o envelope assim como as glicoproteínas da membrana nuclear. As proteínas estruturais entram no núcleo para participar da montagem dos vírions. Os nucleocapsídeos adquirem o envelope durante o processo de brotamento através da membrana nuclear. O vírus é liberado da célula por mecanismos não conhecidos.

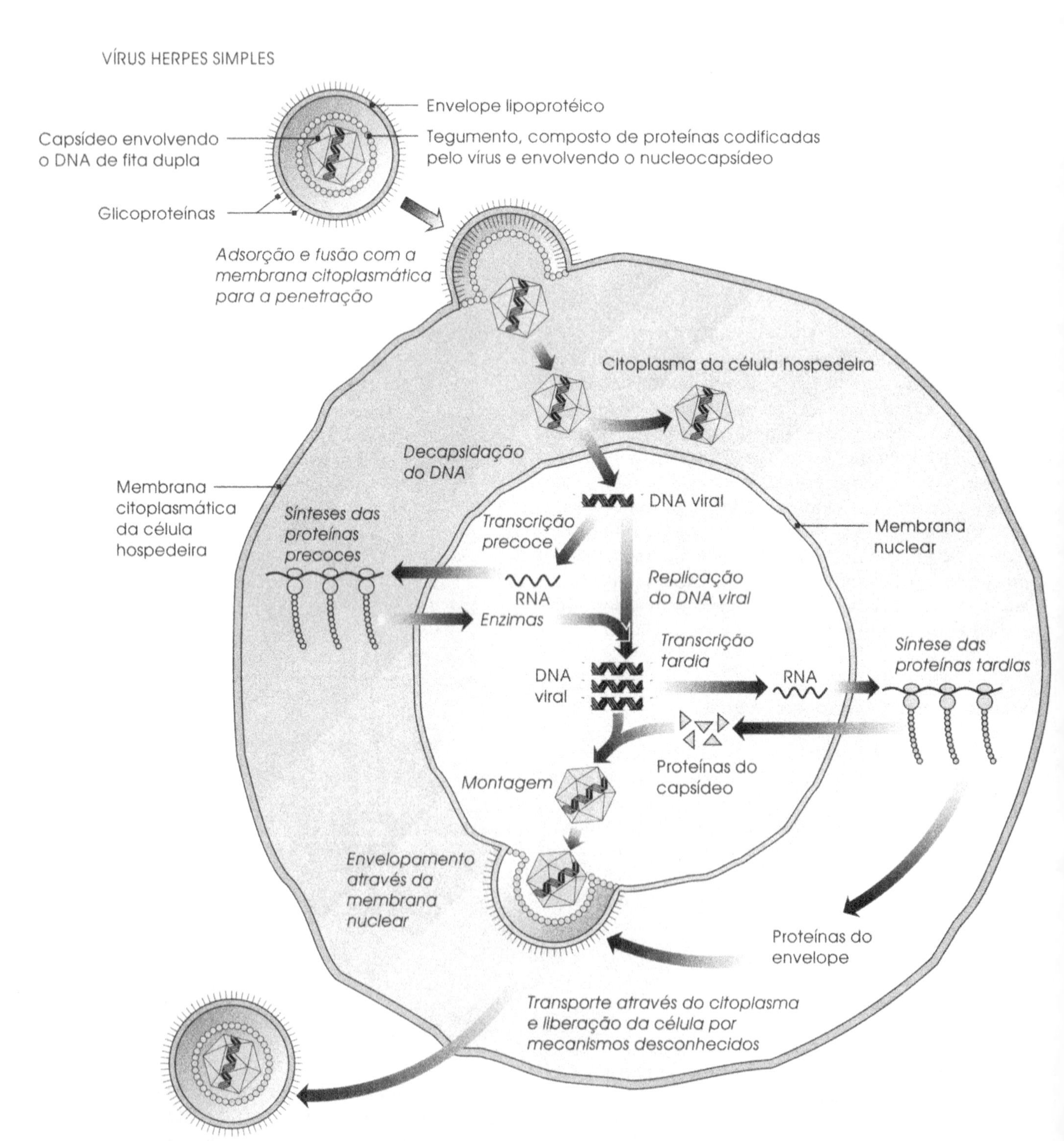

especiais, ocorrendo espontaneamente como resultado da interação molecular altamente específica das macromoléculas do capsídeo com o ácido nucléico viral. Assim, a *maturação* pode ser definida como aquela fase da infecção viral durante a qual os componentes estruturais dos vírions são produzidos e montados juntos com o ácido nucléico viral recentemente replicado, para formar a estrutura do nucleocapsídeo.

Liberação

A *liberação* de vírions maduros da célula hospedeira é a etapa final da multiplicação viral. O mecanismo de liberação varia com o tipo de vírus. Em algumas infecções por vírus animais, as células se desintegram, liberando os vírions. Vírions nus são geralmente liberados todos de uma vez no momento em que ocorre a desintegracão ou lise das células. Alternativamente, podem ser expulsos da célula por determinado período de tempo por meio de exocitose, um processo que é essencialmente o inverso do processo de penetração mostrado na Figura 15.28B. Alguns vírus não envelopados de animais e de plantas não destroem as células hospedeiras. Os vírions deixam as células por canais especiais (túbulos) por um longo período de tempo.

Vírus animais envelopados (e presumivelmente vírus de plantas envelopados) são liberados pelo *brotamento* por meio de áreas especiais da membrana da célula codificada pelo vírus. O brotamento pode ocorrer ao longo da membrana citoplasmática, da membrana nuclear ou mesmo de outras membranas intracitoplasmáticas. Este processo envolve a protusão da superfície ou o brotamento da membrana celular que está associada ao nucleocapsídeo. Esta protusão logo se fecha para formar um saco que envolve completamente o nucleocapsídeo. Então o broto é separado pela ação de enzimas especiais na superfície do envelope. Por exemplo, as espículas que se projetam do envelope do vírus da influenza são constituídas por uma enzima liberadora denominada *neuraminidase* (ver Figura 15.6). Se um vírion torna-se envelopado por meio do brotamento na membrana citoplasmática, este é automaticamente liberado da célula no mesmo momento. Se o envelope origina-se de membranas internas, o vírus maduro é geralmente liberado por exocitose ou por meio de canais especiais. Os poxvírus parecem adquirir seu envelope *de novo* pela biossíntese dentro do citoplasma.

A produção de partículas virais pela célula varia de acordo com o vírus, o tipo de célula e as condições de crescimento. A produção média de vírions animais e de plantas é de vários milhares a cerca de 1 milhão por célula, comparada com a produção de apenas algumas centenas de fagos em uma célula bacteriana.

Como exemplo de um processo replicativo na célula eucariótica, a Figura 15.29 ilustra a replicação dos vírus herpes simples, que causa as vesículas febris (aftas) e herpes genital. Como você pode ver na figura, os eventos relacionados à biossíntese ocorrem tanto no núcleo como no citoplasma, com a montagem do vírion iniciando-se no núcleo. Os nucleocapsídeos destes vírus então migram para a membrana citoplasmática (após envelopamento por brotamento por meio da membrana nuclear). Ali o vírus envelopado maduro aparentemente atinge a superfície da célula mediante canais citoplasmáticos.

Responda

1 Descrever a etapa de adsorção ou fixação dos vírus animais às células hospedeiras.

2 Descrever o processo pelo qual a maioria dos vírus animais envelopados entra na célula hospedeira.

3 Como os vírus de plantas penetram na célula hospedeira?

4 O que significa fase de maturação da infecção viral?

5 Como a produção de partículas virais por célula dos bacteriófagos pode ser comparada com a dos vírus animais e de plantas?

6 Descrever o ciclo de replicação do vírus herpes simples.

Resumo

1. Vírus são entidades infecciosas não-celulares cujos genomas podem ser DNA ou RNA. Replicam-se somente em células vivas, utilizando o sistema biossintético da própria célula para produzir mais vírus, os quais então infectam outras células. Os vírus são constituídos de um cerne de ácido nucléico envolvido por uma capa protéica ou capsídeo.

2. Twort e d'Hérelle descobriram os vírus bacterianos em 1915 e 1917, respectivamente. A palavra *bacteriófago,* escolhida por d'Hérelle, significa "comedor de bactéria". Os três tipos morfológicos básicos dos fagos são: icosaédrico sem cauda, icosaédrico com cauda e filamentoso.

3. Os nomes comuns dos fagos são símbolos codificados. Nomes científicos são dados a famílias de fagos agrupados conforme a morfologia e a composição química da partícula.

4. Há dois tipos principais de fagos: lítico e temperado. O ciclo lítico compreende as seguintes etapas: adsorção, penetração do genoma, conversão da célula hospedeira em uma "fábrica" produtora de fagos, produção do ácido nucléico e proteínas do fago, montagem e liberação de partículas de fagos maduros.

5. Fagos temperados podem realizar tanto um ciclo lítico como um ciclo lisogênico. O ciclo lisogênico envolve os seguintes estágios: adsorção, entrada do genoma, síntese de *m*RNA do fago para formar uma proteína repressora, inserção do DNA fágico no cromossomo bacteriano e replicação do profago como parte do cromossomo bacteriano. Em outro tipo de lisogenia, o fago DNA permanece como um plasmídio no citoplasma hospedeiro.

6. Capsídeos de vírus de plantas e animais são geralmente icosaédricos ou helicoidais, embora alguns possuam simetria mais complexa ou incerta. A maioria dos vírus animais e muitos vírus vegetais são envolvidos por um envelope constituído de lipídeos, proteínas e carboidratos.

7. A replicação de vírus animal e de plantas ocorre por meio das seguintes etapas: fixação, penetração, biossíntese de componentes virais, maturação, montagem e liberação.

8. Além do sistema de classificação dos fagos mencionados anteriormente, os vírus podem ser classificados de acordo com as características físicas, químicas e biológicas, um sistema estabelecido pelo Comitê Internacional de Taxonomia dos Vírus (CITV). Alternativamente, os vírus podem ser agrupados em seis classes, conforme a diferença nos processos de transcrição (esquema de Baltimore).

Palavras-Chave

Avirulento
Bacteriófagos (Fagos)
Capsídeo
Capsômeros
Ciclo lítico
Colifagos
Endolisina
Funções precoces
Funções tardias
Lisadas
Lisogenia
Lítico
Nucleocapsídeo
Profago
Proteínas precoces
Proteínas tardias
Protômeros
Replicação
Temperado
Vírion
Virologia
Virulento
Vírus

Revisão

CARACTERÍSTICAS GERAIS DOS VÍRUS

1. Os vírus podem replicar-se somente dentro de uma célula metabolicamente ativa, utilizando o sistema celular que sintetiza ____________ e produz ___________.

2. Os vírus que infectam bactérias são denominados________________ ou _____________.

3. A capa protéica dos vírus serve também como um veículo para penetrar em outra célula hospedeira porque ela se liga aos____________________________ na superfície da célula.

4. Os vírions atingem em tamanho de __________________a______________________nm.

5. Os vírus são constituídos de um cerne central de _________envolvido por uma capa protéica denominada ______________________________________.

6. As duas simetrias do capsídeo viral são_________________e _______________.

7. No capsídeo viral, as proteínas virais denominadas _________________formam os agrupamentos conhecidos como_______________, os quais são visíveis ao microscópio eletrônico.

8. Ao contrário das células vegetais e animais, o ácido nucléico de um vírion pode somente ser____________________________ou ___________________________.

9. Qual das seguintes características são verdadeiras para o genoma do vírus SV 40? (**a**) cadeia de ácido nucléico linear; (**b**) cadeia de ácido nucléico circular; (**c**) DNAfd; (**d**) DNAfu; (**e**) RNAfu.

10. Cadeia de RNA positivo pode servir como____________________________________.

11. Os retrovírus contêm uma enzima denominada _______________________ que sintetiza uma cadeia de DNA, utilizando o genoma RNA viral como um molde.

A DESCOBERTA DOS BACTERIÓFAGOS

12. O fenômeno da lise bacteriana produzido pelo filtrado é denominado *fenômeno* ____________________________em homenagem aos seus descobridores.

13. A palavra *bacteriófago* significa __________________________________.

MORFOLOGIA E COMPOSIÇÃO QUÍMICA DOS BACTERIÓFAGOS

14. Todos os fagos possuem um ______________________________central envolvido por um capsídeo_______________________________.

15. O material genético dos fagos pode consistir em DNA ou em ______________________.

16. Os três tipos morfológicos básicos de bacteriófagos são (1) cabeça icosaédrica com uma cauda, (2) cabeça icosaédrica sem cauda e (3)______________________________________.

CLASSIFICAÇÃO E NOMENCLATURA DOS BACTERIÓFAGOS

17. Associar cada descrição na coluna à direita com a família de fagos correta na coluna à esquerda:

___Siphoviridae	(**a**) Possui apenas um membro viral
___Cystoviridae	(**b**) Possui cerca de 1.200 membros
___Myoviridae	(**c**) ϕX174 é um dos membros
___Inoviridae	(**d**) Fagos com cauda longa
___Microviridae	(**e**) Fagos filamentosos

Nos itens 18 a 20, indicar se a afirmativa é verdadeira (V) ou falsa (F). Se a afirmativa for falsa, reescreva-a de forma correta.

18. Os nomes comuns de bacteriófagos seguem as regras de nomenclatura viral e são binomiais.______

____

____

19. Menos de 20% dos vírus conhecidos que infectam eubactérias pertencem a uma das quatro famílias dos fagos de cauda longa.______

____

____

20. Os fagos T3 e T7 têm forma de girino e caudas muito curtas.________

____

____

21. Qual dos seguintes critérios não é utilizado pelo Comitê Internacional de Taxonomia dos Vírus (CITV) para classificar os vírus?
(**a**) características biológicas; (**b**) características químicas; (**c**) características físicas; (**d**) diferenças nos processos de transcrição; (**e**) nenhuma das alternativas anteriores.

22. Um sistema de classificação baseado na forma de replicação e expressão do genoma viral foi proposto por um laureado pelo Prêmio Nobel chamado______________________________.

23. Qual classe de vírus (esquema de Baltimore) tem um genoma RNA de fita única e um DNA intermediário durante a replicação? (**a**) Classe I; (**b**) Classe IV; (**c**) Classe V; (**d**) Classe VI.

CICLO DE VIDA DOS BACTERIÓFAGOS

24. Qual termo não descreve os tipos de bacteriófagos? (**a**) lítico; (**b**) temperado; (**c**) avirulento; (**d**) lisogênico; (**e**) virulento.

25. Com relação à infecção de células por um fago virulento, qual dos eventos abaixo *não* ocorre? (**a**) Células infectadas produzem grande número de vírions. (**b**) As células hospedeiras rompem-se ou lisam. (**c**) Novos fagos são liberados para infectar outras células. (**d**) O fago DNA integra-se ao cromossoma hospedeiro. (**e**) Partículas do fago são montadas no interior das células hospedeiras.

26. O processo de lisogenia ocorre somente em fagos que possuem DNA_______________.

27. Durante a adsorção, a extremidade da cauda do vírus é fixada à superfície da célula em ____específicos.

28. O tubo da cauda no interior da bainha de um fago é denominado__________________.

29. Durante a infecção de uma célula bacteriana, a bainha do fago______________________.

30. Minutos após a entrada do DNA fágico em uma bactéria, a célula hospedeira perde sua habilidade para______________________ou para__________________seu DNA.

31. Associar cada item da coluna à esquerda com a descrição mais apropriada na coluna à direta:

____Proteínas precoces	(**a**) Codificadas em *m*RNA tardio
____Suspensão de células hospedeiras lisadas	(**b**) Codificadas em *m*RNA precoce
____Proteínas estruturais	(**c**) Lisa a célula bacteriana
____Extrusão	(**d**) Suspensão de fagos liberados recentemente
____Endolisina	(**e**) Liberação da progênie de fagos continuamente pelo desdobramento da parede celular

Nos itens 32 a 34, indicar se a afirmativa é verdadeira (V) ou falsa(F). Se a afirmativa for falsa, reescreva-a de forma correta.

32. Um fago temperado produz um repressor específico que bloqueia a transcrição de gene fágico.________

____

____

33. No tipo comum de lisogenia, o profago permanece livre no citoplasma como um plasmídeo.______

____

____

34. Embora o fago Mu não tenha um sítio específico para inserção, ele é capaz de inserir somente uma cópia do seu DNA em um cromossomo hospedeiro.________

____

____

35. Vírus animais e de plantas não têm a forma familiar de ________________________ de alguns bacteriófagos.

36. Vírus vegetais e animais são compostos de um cerne de _______________ envolvido por uma capa protéica denominada ______________________.

37. Alguns vírus animais têm um__________________, que possui projeções na superfície denominadas ______________________.

38. Vírus não-envelopados são denominados vírions____________________________.

39. Possuindo ou não envelopes, a maioria dos vírus tem forma____________________.

CLASSIFICAÇÃO E NOMENCLATURA DE VÍRUS ANIMAL E DE PLANTAS

40. Qual o sufixo utilizado para nomes de família de vírus? (**a**) *-virinae*; (**b**) *-viridae*; (**c**) *-virus*.

41. Associe cada família de vírus à esquerda com a descrição mais apropriada à direita:

___Herpesviridae	(**a**) RNAfd
___Reoviridae	(**b**) DNAfd (envelopado)
___Parvoviridae	(**c**) RNAfu (envelopado)
___Retroviridae	(**d**) DNAfu

REPLICAÇÃO DE VÍRUS DE ANIMAIS E DE PLANTAS

42. As letras à direita representam etapas seqüenciais da replicação de vírus animais e vegetais. Correlacione-os com os eventos apropriados à esquerda para indicar a seqüência correta da replicação viral:

___Entrada do genoma na célula	(**a**) a
___Liberação	(**b**) b
___Fixação à célula específica	(**c**) c
___Amplificação do genoma	(**d**) d
___Síntese de *m*RNA precoce	(**e**) e
___Síntese de proteínas tardias com maturação e montagem	(**f**) f

43. Uma célula sem um ________________________ para um vírus específico é resistente à infecção por aquele vírus.

44. Em vírions envelopados, as glicoproteínas presentes na superfície da membrana do envelope denominadas___________________são responsáveis pelo reconhecimento do receptor presente na superfície da célula que leva à adsorção.

45. A maioria dos vírus envelopados entra na célula hospedeira por___________________ da membrana da célula hospedeira e o envelope viral.

46. ___________________é provavelmente o mais importante meio de transferência natural do vírus de plantas.

47. ___________________serve como uma linha de demarcação entre funções precoces e tardias no processo de replicação viral.

Nos itens 48 e 49, indicar se a afirmativa é verdadeira (V) ou falsa(F). Se a afirmativa for falsa, reescreva-a como verdadeira.

48. O processo de montagem viral envolve enzimas biossintéticas especiais._____

____

____

49. A produção média de vírions de plantas e animais por célula é comparável à produção de fagos em uma célula bacteriana._____

____

____

Questões de Revisão

1. Explicar por que os vírus são chamados *parasitas intracelulares obrigatórios*.
2. Dar uma definição concisa de vírus.
3. O que é o nucleocapsídeo de um vírion?
4. Discutir a relação existente entre simetria do capsídeo e os protômeros e capsômeros.
5. Comparar os genomas encontrados em vírus com os encontrados em células vegetais e animais.
6. Dar uma descrição breve e generalizada do processo completo de infecção da célula pelos vírus.
7. O que significa o fenômeno Twort-d'Hérelle?
8. Descrever o fago T.
9. Descrever o ciclo lítico dos bacteriófagos utilizando como exemplo os fagos T-pares de *Escherichia coli.*
10. Fazer um resumo do ciclo lisogênico dos bacteriófagos utilizando como exemplo o fago λ.
11. Qual é a função e a composição química do envelope do vírion animal?
12. De que forma a nomenclatura dos vírus de plantas difere da nomenclatura dos vírus animais e bacteriófagos no sistema CITV de classificação viral?
13. Listar as cinco etapas essenciais do processo de replicação viral.

Questões para Discussão

1. Quais são algumas das contribuições do estudo dos vírus bacterianos que levaram ao desenvolvimento da virologia animal e de plantas?
2. Por que o bacteriófago é considerado um bom modelo para o estudo da virologia em geral?
3. Qual é a base molecular para a regulação da lisogenia no fago λ?
4. Félix d'Hérelle imaginou o uso dos bacteriófagos para o tratamento de pacientes infectados com bactérias. Por que isto não foi possível?
5. Relacionar as considerações a favor e contra inerentes à definição dos vírus como entidades vivas.
6. Discutir as vantagens ou desvantagens do vírion em realizar lisogenia integrativa ou não-integrativa.
7. Citar as vantagens e desvantagens da classificação dos vírus estabelecida pelo CITV em relação à classificação de Baltimore.
8. Por que você acha que não existem antibióticos efetivos para o tratamento de infecções virais?
9. Qual é o modo mais rápido para diagnosticar infecção viral? Utilizar a infecção pelo vírus da hepatite B como exemplo.

Capítulo 16

Vírus: Métodos de Cultivo, Patogenicidade

Objetivos

Após a leitura deste capítulo, você deve ser capaz de:

1. Discutir os métodos utilizados no cultivo de vírus bacterianos.
2. Explicar qual é o significado da curva de crescimento sincrônico.
3. Comparar os vários métodos utilizados para o cultivo de vírus animais.
4. Decrever como os vírus de plantas são cultivados.
5. Explicar o significado de prions e viróides.
6. Apresentar evidências que implicam os vírus como causa de câncer.
7. Relatar a importância dos oncogenes no câncer.

Introdução

Os vírus que infectam células bacterianas, células de plantas ou células animais foram estudados no Capítulo 15. Os vírus também podem infectar outras células vivas, tais como células de fungos, algas e protozoários. De fato, é provável que existam algumas células procarióticas ou eucarióticas que não podem ser infectadas por um vírus. Em muitos organismos, as infecções virais podem passar despercebidas por causarem efeitos leves no hospedeiro, ou podem causar efeitos devastadores.

Em bactérias infectadas por um fago virulento, o efeito visível é a morte da bactéria hospedeira pela lise. Em animais e plantas multicelulares, as células infectadas com vírus geralmente morrem ou continuam funcionando como células anormais. Mas tais organismos multicelulares podem também ter células não-infectadas. Conseqüentemente, o efeito no animal ou na planta pode ser a morte do organismo ou o aparecimento de sintomas não-fatais que dependem do vírus infectante. Por exemplo, a infecção humana pelo vírus da poliomielite pode resultar em debilidade permanente ou morte devido à destruição das células nervosas. Entretanto, outros, como o vírus da verruga, podem acarretar um crescimento relativamente inofensivo das células infectadas.

Outros vírus ainda podem causar mudanças que transformam células normais em células cancerosas, resultando em crescimento tumoral descontrolado no hospedeiro. Há também vírus que causam a síndrome da imunodeficência adquirida (AIDS). As células-alvo do vírus da imunodeficiência humana (HIV) são principalmente as células do sistema imune denominadas linfócitos CD4, juntamente com células chamadas macrófagos e monócitos (o sistema imune será descrito no Capítulo 19 – Volume II). A AIDS e outras doenças virais do homem serão discutidas com maiores detalhes no Volume II – Parte IX.

Quando as células de plantas são infectadas, o efeito visível mais comum é a lesão necrótica, uma área de tecido morto no local da infecção. Mesmo se as lesões necróticas não forem visíveis, as plantas podem desenvolver uma variedade de sintomas relacionados à coloração ou a defeitos estruturais. Estes incluem clorose (amarelamento das partes verdes) e mosaico (variação irregular da cor verde normal). Além disso, alguns vírus de plantas causam doenças caracterizadas pelo crescimento incomum. Por exemplo, o vírus do tumor de feridas produz tumores múltiplos no local onde as plantas foram feridas.

Muito dos conhecimentos adquiridos sobre doenças virais foi possível graças à capacidade de cultivar vírus em laboratório. Este capítulo discute várias técnicas de isolamento e cultivo, assim como algumas das descobertas feitas durante as pesquisas realizadas com os vírus. Entre estas estão a descoberta das partículas infecciosas semelhantes a vírus (*viruslike*) denominadas *viróides* e *prions*, assim como a relação intrigante entre o vírus e o câncer. Os vírus, especialmente os fagos, têm também fornecido aos microbiologistas um modelo conveniente e importante no estudo fundamental da genética em nível molecular.

Cultivo dos Bacteriófagos

Para isolar e cultivar vírus em laboratório, é necessário fornecer células hospedeiras vivas. Os vírus bacterianos são facilmente isolados e cultivados em culturas de bactérias jovens em crescimento ativo em caldo ou meio solidificado em placa. Para o isolamento e o cultivo dos fagos, é importante fornecer condições ótimas para o crescimento dos organismos hospedeiros. As culturas bacterianas em meio líquido com aspecto turvo se tornarão límpidas após a lise bacteriana. Nas culturas em meio solidificado em placa, a lise bacteriana é evidenciada por zonas claras ou ***placas*** sobre uma camada confluente e opaca de bactérias denominada ***tapete*** (Figura 16.1).

A formação de placas ocorre da seguinte maneira. Quando um fago é misturado a uma suspensão bacteriana susceptível em meio nutritivo, este será adsorvido em uma célula bacteriana que posteriormente será semeada no meio em placa. Logo em seguida, a bactéria infectada será lisada e liberará cerca de cem fagos, cada um dos quais será adsorvido pelas bactérias adjacentes. Estas bactérias por sua vez lisarão e liberarão fagos que infectarão outras bactérias vizinhas. Estes ciclos múltiplos de infecção continuam por várias horas até que os fagos tenham lisado todas as bactérias localizadas nesta área. O resultado é a

Figura 16.1 Placas (zonas claras) são formadas quando áreas localizadas de células bacterianas em uma camada (tapete) confluente e opaca são lisadas por bacteriófagos. As placas mostradas foram causadas pelo bacteriófago T4 num tapete de células de *Escherichia coli*.

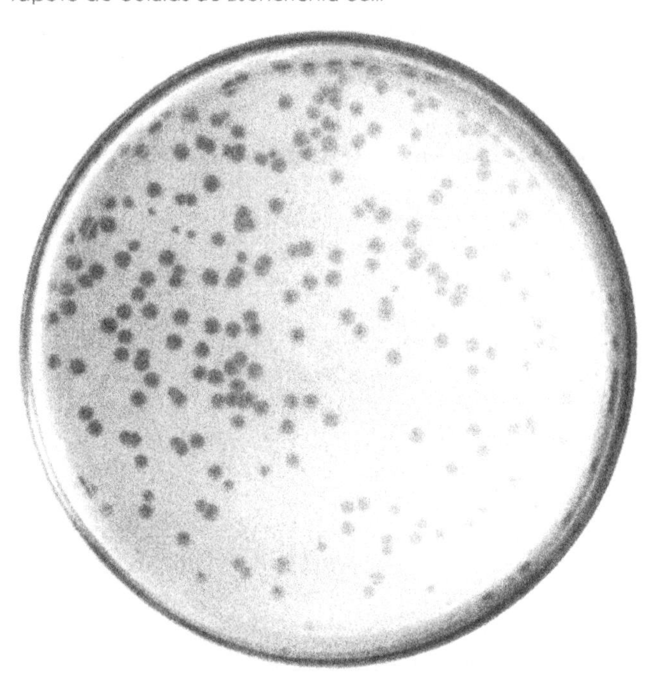

formação de uma placa (zona clara) na superfície do meio solidificado. Considerando que uma placa origina-se da ação de uma partícula de fago inicial, o número de placas sobre um tapete de bactérias fornece um número estimado de partículas de fagos (também denominado *unidade formadora de placas* ou *UFP*) introduzidas na placa. Este procedimento quantitativo é denominado *ensaio em placa*.

Responda

1. Como pode ser determinado se uma cultura de bactéria foi infectada por bacteriófagos virulentos?
2. Explicar como um fago pode formar uma placa em um tapete de células bacterianas.
3. Por que a formação de placas de lise pode ser usada em um ensaio em placa de Petri?
4. Descrever o procedimento para o isolamento de fagos a partir de um hábitat natural.

A melhor e mais conveniente forma de isolar bacteriófagos é a partir do hábitat de uma determinada bactéria. Por exemplo, os colifagos ou outros fagos patogênicos para bactérias encontradas no trato intestinal podem ser mais bem isolados da água de esgoto ou adubo. Isto se faz por meio da centrifugação ou filtração do material de origem para remover partículas grandes e debris, e então pela adição de clorofórmio para matar as células bacterianas. Uma pequena quantidade (cerca de 0,1 ml) desta preparação é misturada ao organismo hospedeiro e espalhada no meio solidificado. O desenvolvimento do fago é indicado pelo surgimento de placas.

Curva de Crescimento Sincrônico

A seqüência de eventos que se inicia pela passagem do ácido nucléico do fago para a célula hospedeira e que termina com a liberação de vírions recém-sintetizados pode ser estudada mediante um experimento clássico denominado ***curva de crescimento sincrônico.*** As células em uma cultura são infectadas simultaneamente com um pequeno número de fagos, assim nenhuma célula pode ser infectada com mais de uma partícula de fago. Em vários intervalos de tempo, as amostras são retiradas para um ensaio em placa. Este ensaio é uma medida quantitativa do número de fagos presentes no meio. Os resultados são plotados como na Figura 16.2. Este gráfico representa a produção da progênie viral pelas células como uma função de tempo após a infecção. Em outras palavras, representa a produção de bacteriófagos em uma cultura de células hospedeiras, em que todas foram infectadas simultaneamente no tempo zero.

Figura 16.2 Curva de crescimento sincrônico de unidades formadoras de placas. Em um experimento de crescimento sincrônico, após a adsorção do vírus no hospedeiro, o anti-soro é adicionado para inativar fagos não-adsorvidos e então a cultura é altamente diluída (1.000 vezes), de forma que os vírions liberados após a primeira etapa de replicação não possam ser fixados a células não-infectadas; assim, pode ocorrer apenas uma etapa de replicação. Cada unidade formadora de placa em um ensaio em placa é igual a uma partícula de fago na suspensão original. O "vírus intracelular" representa a produção de fagos dentro da célula como observado no ensaio em placas pelo acompanhamento da lise artificial das amostras da cultura em intervalos de tempo.

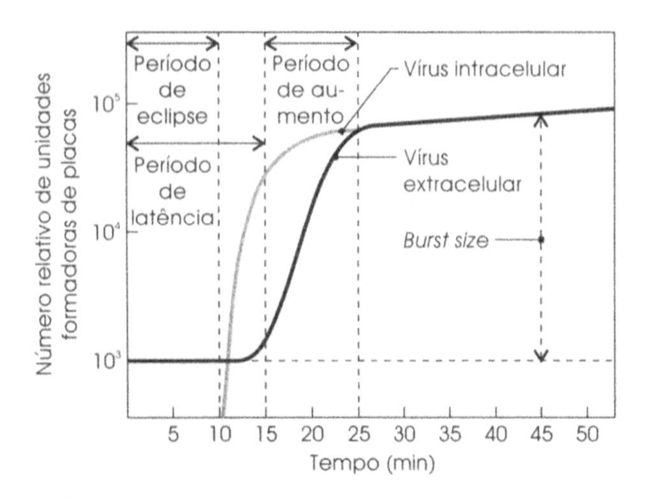

Durante os primeiros 10 min ou logo após a injeção do ácido nucléico do fago, o número de placas é constante (Figura 16.2). As placas são formadas somente por células infectadas, com cada célula produzindo uma placa. Durante este período, denominado ***período de eclipse***, nenhum fago pode ser recuperado das células infectadas pelo *rompimento* das mesmas, o que significa que nenhum vírus maduro da progênie foi produzido. Entretanto, no final do período de eclipse, os fagos maduros começam a se acumular intracelularmente (ver Figuras 15.18 e 15.20) até que eles sejam liberados por lise celular. O tempo desde a infecção até o início da lise compreende o ***período de latência.*** O número de fagos livres no meio (liberados por lise celular) aumenta até atingir um número constante ao final do ciclo de replicação; este intervalo de tempo é denominado ***período de aumento***. A diferença entre o número inicial e final de placas (fagos) é denominado ***burst size*** (Figura 16.2).

Responda

1. Qual é o objetivo de realizar o experimento denominado *curva de crescimento sincrônico*?
2. Listar os tipos de informações que podem ser obtidos de tal experimento.
3. Por que começamos o experimento com um baixo número de fagos?
4. Por que o anti-soro é adicionado à cultura após a adsorção dos fagos na célula hospedeira?
5. Quantas etapas da replicação fágica podem ocorrer em um experimento de curva de crescimento sincrônico?
6. Como são determinados os números de fagos intracelulares?

Cultivo de Vírus Animais

Os microbiologistas cultivam os vírus com a finalidade de isolá-los e produzi-los em quantidade suficiente para estudos ou para a produção de vacinas. Em geral, os vírus podem ser cultivados em animais vivos, em ovos embrionados de galinha (ou pato) e em cultura de células.

Animais Vivos

O uso de animais para o cultivo de vírus é limitado devido ao seu alto custo, por ser muito trabalhoso, além de outros fatores como a contaminação freqüente com bactérias durante o estudo. Entretanto, alguns vírus animais como o vírus da hepatite B podem ser cultivados somente em animais vivos. Os animais vivos também são utilizados em estudos sobre a resposta imune do hospedeiro frente a uma infecção viral. Para experimentos em laboratório, geralmente os animais mais utilizados são camundongos, coelhos, cobaias e primatas não-humanos. A inoculação animal é também uma boa ferramenta para determinar se um vírus é capaz de causar infecção; o animal exibirá sintomas típicos da doença e cortes do tecido infectado podem ser examinados microscopicamente, possibilitando a evidenciação da infecção.

Ovos Embrionados de Galinha

Um dos métodos mais econômicos e convenientes para o cultivo de uma grande variedade de vírus animais é o uso de ovos de galinha fertilizados, ou embrionados (Figura 16.3). A descoberta de que os vírus poderiam ser cultivados por esta técnica simples foi feita em 1931. Ovos embrionados de galinha podem ser inoculados assepticamente com vírus, utilizando-se uma agulha e seringa, por meio de um orifício aberto na casca. A abertura é selada com parafina e os ovos são incubados a 36°C por 2 a 3 dias para permitir a multiplicação dos vírus.

Embriões de galinha possuem vários tipos de células e tecidos (Figura 16.4), nos quais vários vírus podem replicar-se. Utilizando-se embriões de idades variadas e empregando-se métodos diferentes de inoculação é possível cultivar o tipo de vírus desejado. Diferentes tecidos do ovo são inoculados, dependendo do tipo de vírus utilizado. Por exemplo, a membrana corioalantóide favorecerá o crescimento dos herpesvírus, vírus da varíola, vírus do sarcoma de Rous e o vírus da encefalite eqüina do leste; a cavidade amniótica permitirá o crescimento dos vírus da influenza e da caxumba. O vírus da influenza também tem afinidade pela cavidade alantóide. O ovo embrionado de galinha é usado rotineiramente para a produção de vacinas contra a influenza, assim como para vacinas contra a varíola, febre amarela ou outras doenças. Assim, se um vírus como o vírus da vaccínia multiplica-se em uma das membranas embrionárias, há produção de um tipo de lesão bastante distinta denominada *pústula (pock)*. O saco vitelino e o embrião propriamente dito também podem ser usados para o cultivo do vírus (vírus da raiva e da febre amarela no saco vitelino; vírus da encefalite eqüina no embrião).

Cultura de Tecidos

O método mais utilizado para o cultivo de vírus animais é a *cultura de células* ou *cultura de tecidos,* uma única camada de células (monocamada) que cresce em meio líquido em um recipiente de fundo chato. Uma vez obtida, a cultura de células é utilizada como um hospedeiro *in vitro* para um determinado vírus. Os vírus invadem as células, geralmente causando algum tipo de alteração visível na monocamada da cultura de células, próximo ao local da infecção inicial. Esta alteração visível, denominada ***efeito citopático*** (***ECP***), é uma deterioração das células da cultura de tecido causada pelo vírus. O ECP pode ter diferentes aspectos, dependendo do vírus e do tipo de células na cultura. A Figura 16.5 mostra um ECP típico em cultura de células.

Um tipo de ECP é o ***corpúsculo de inclusão,*** que é uma estrutura intracelular anormal. Corpúsculos de inclusão são importantes porque a sua presença pode ajudar a identificar o vírus que esteja causando uma infecção (Figura 16.6). Por exemplo, pequenas partículas denominadas *corpúsculos de Guarnieri* podem ser vistas no citoplasma de células infectadas com o vírus da varíola. Estes são agregados de vírions que se desenvolvem no citoplasma. Os *corpúsculos de Negri* estão presentes no citoplasma das células nervosas de cérebros de animais com raiva e a presença destes é importante no diagnóstico dessa doença. Corpúsculos de inclusões intracitoplasmáticas também ocorrem em outras doenças como a varíola do carneiro, a varíola das aves e o molusco contagioso. Inclusões intranucleares são encontradas em células infectadas com vírus da varíola de galinha e do herpes.

Em cultura de células, grupos de células lisadas (placas) têm sido usados em ensaios para determinar a concen-

Figura 16.3 Um ovo embrionado é utilizado para o cultivo de muitos vírus de mamíferos.

Figura 16.4 Representação esquemática de um corte feito em um ovo embrionado de galinha com idade de 10 a 12 dias. As agulhas hipodérmicas mostram as vias de inoculação no saco vitelino, na cavidade alantóide e no embrião (extremidade cefálica).

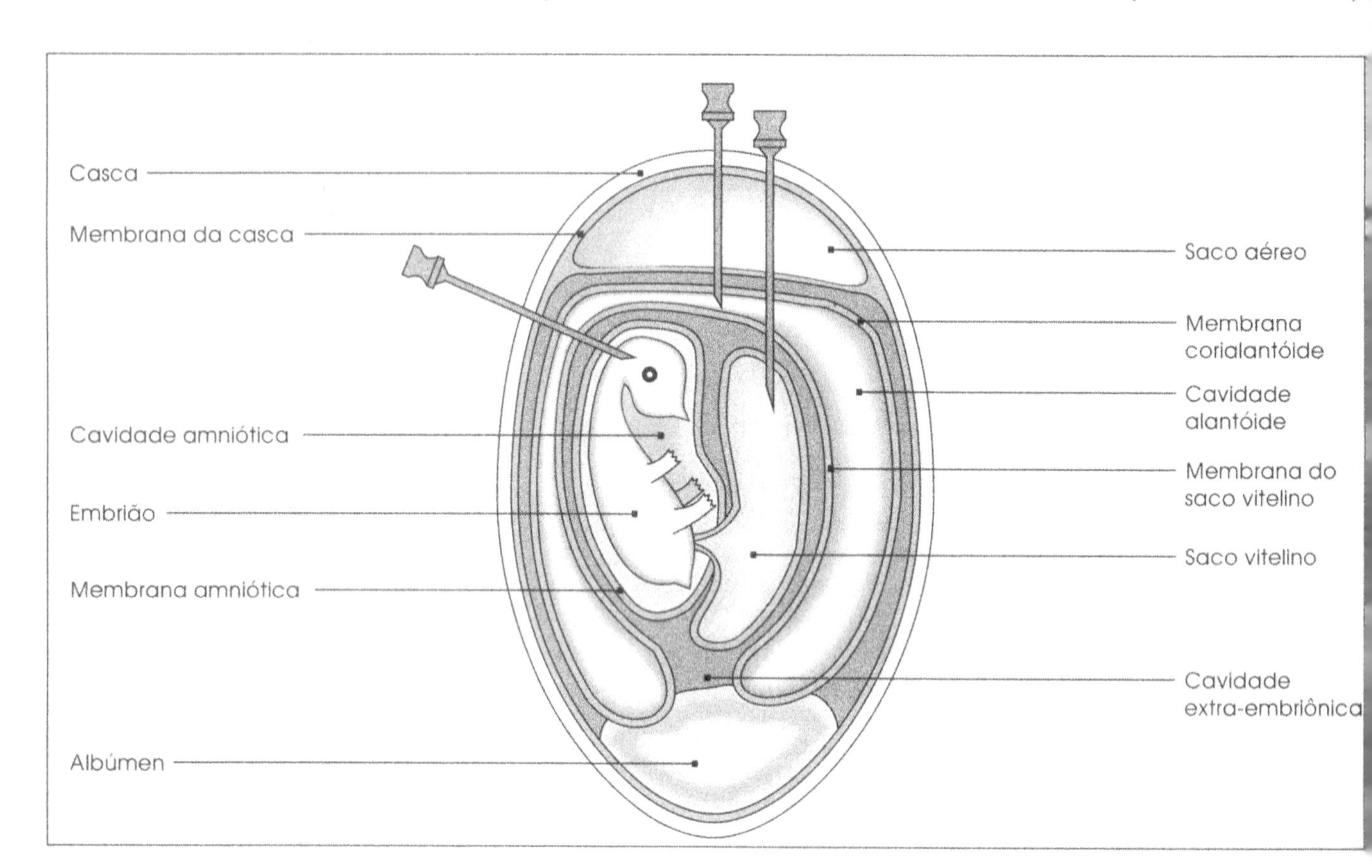

Figura 16.5 Aspecto da cultura de tecido usada no cultivo de vírus observado ao microscópio luminoso.[**A**] Cultura de fibroblasto de pulmão humano normal. [**B**]Cultura de fibroblasto de pulmão humano infectado com adenovírus tipo 3. Observar as características do efeito citopático (ECP): células gigantes e arredondadas.

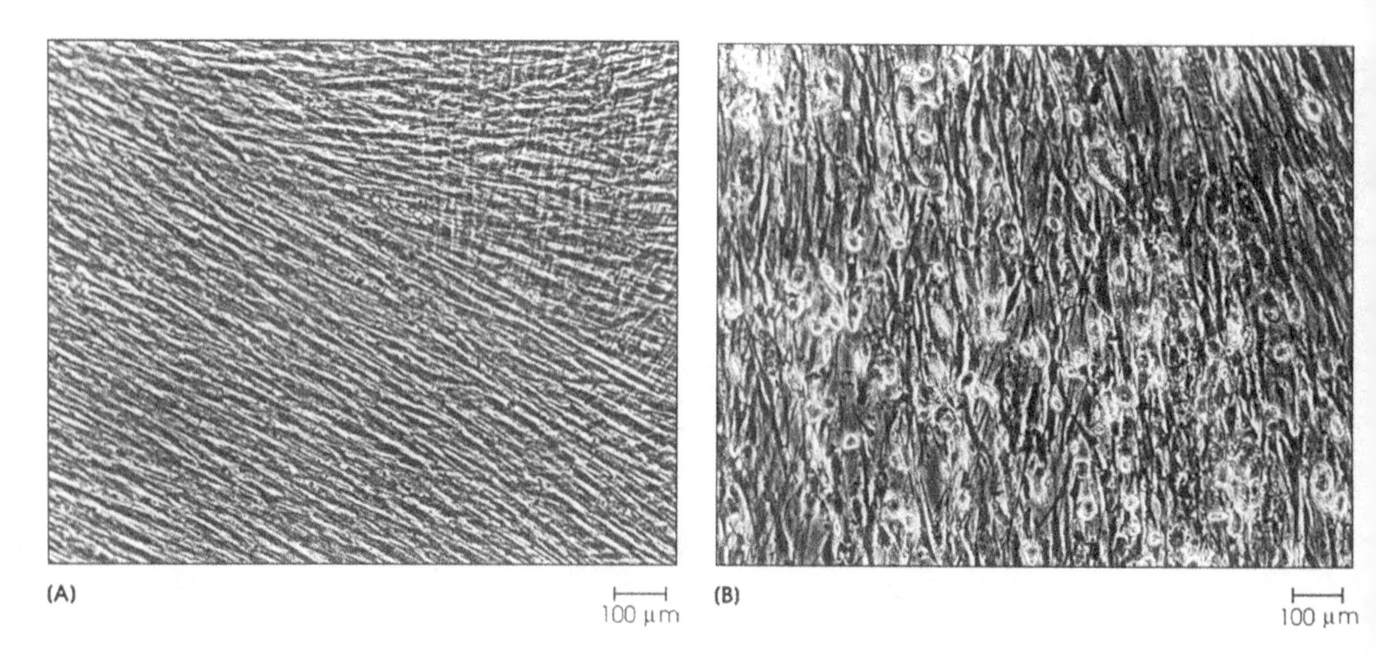

Figura 16.6 Corpúsculos de inclusão produzidos por vírus em certos tecidos hospedeiros. [**A**] Corpúsculo de Guarnieri do vírus da varíola no citoplasma de uma célula de córnea de coelho. [**B**] Corpúsculos de Negri no citoplasma de uma célula de Purkinje (células nervosas do cérebro) infectada com o vírus da raiva. [**C**] Corpúsculos de Bollinger no citoplasma de uma célula infectada com o vírus da varíola das aves. [**D**] Nas infecções com herpesvírus ocorrem células denominadas *células gigantes*, que contêm um conglomerado de vários núcleos. Cada núcleo contém um grande corpúsculo de inclusão circundado por um "halo" claro.

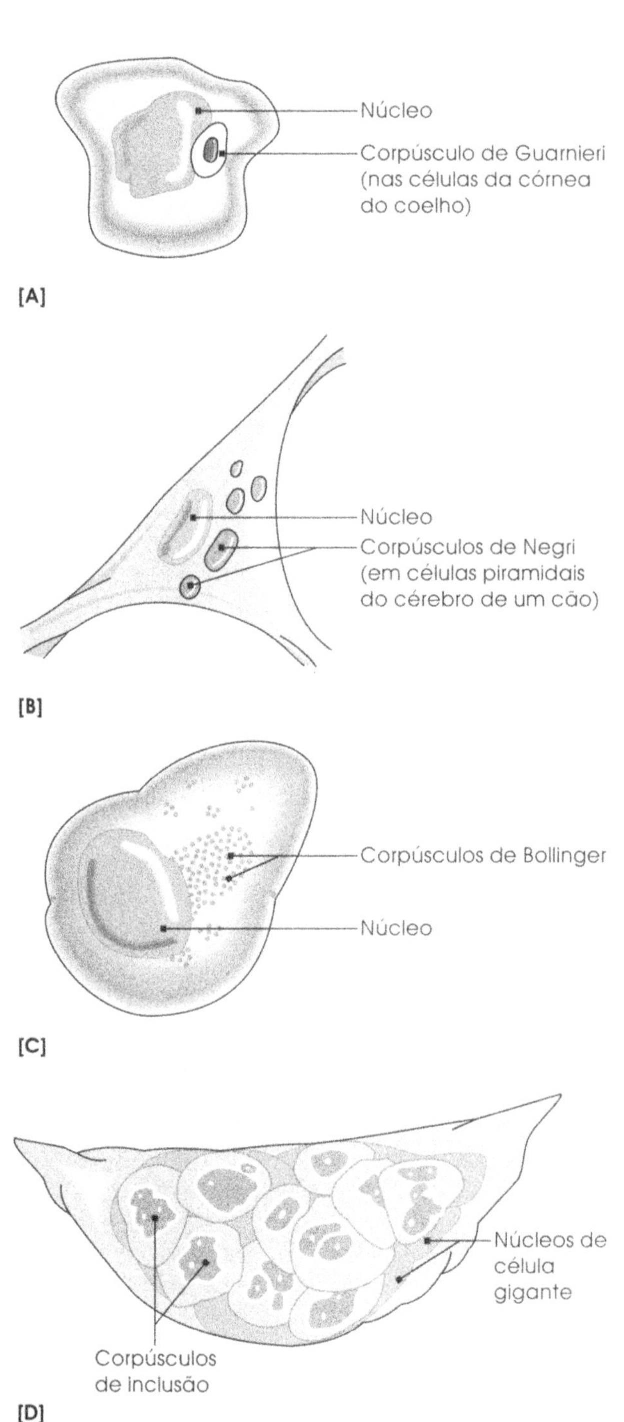

Figura 16.7 Partículas de vírus em uma suspensão podem ser quantificadas através de um ensaio em placa. Placas de poliomavírus podem ser visualizadas em monocamadas de células de rim de camundongo, em cultura de tecido em placas. Observe que à medida que a diluição da suspensão viral aumenta, o número de placas de lise diminui.

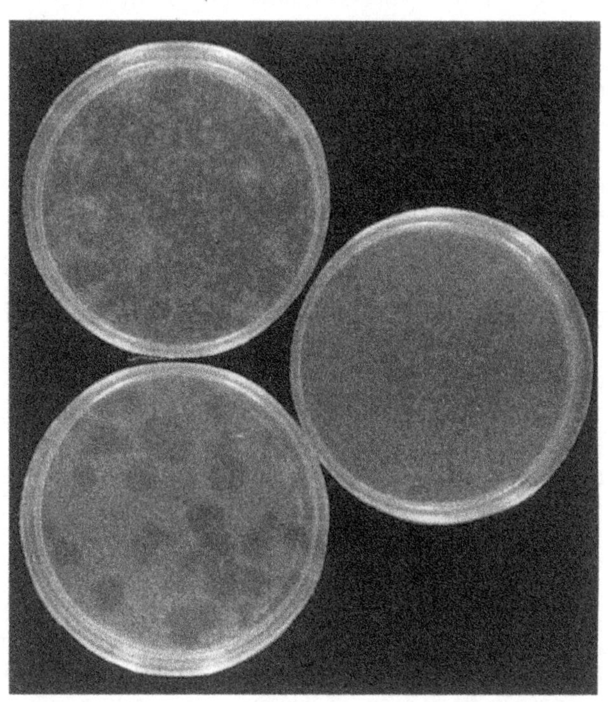

tração de vírus – o número de placas é proporcional ao número de partículas virais infecciosas presentes em uma amostra. Cada vírion animal causa a formação de uma única placa em uma monocamada de células de animal susceptível (Figura 16.7), da mesma maneira que um bacteriófago forma uma placa sobre uma camada de células bacterianas susceptíveis.

Responda

1 Quais são as três principais formas de cultivo dos vírus?

2 Citar as vantagens e as desvantagens para o uso de animais vivos no cultivo dos vírus.

3 Listar algumas vantagens no uso dos ovos embrionados de galinha para o cultivo dos vírus.

4 O que são os ECPs? E os corpúsculos de inclusão?

Cultivo de Vírus de Plantas

Os vírus de plantas causam muitas doenças em culturas economicamente importantes, como o tomate (vírus do vira-cabeça do tomateiro), milho e cana-de-açúcar (vírus do tumor de feridas), batatas (vírus do nanismo amarelo da batata) e alface (necrose amarela da alface). Os efeitos da infecção viral em algumas plantas são mostrados na Figura 16.8 (caderno em cores). Assim como os vírus bacterianos e animais, é de fundamental importância que os vírus de plantas sejam cultivados e estudados em condições controladas no laboratório.

Os vírus de plantas podem ser cultivados pela inoculação de uma suspensão viral em plantas por meio de uma agulha hipodérmica ou de escarificações provocadas nas folhas da planta. As escarificações podem ser provocadas com o auxílio de um abrasivo como o carborundo. Isto pode levar à formação de lesões locais, assim como à infecção generalizada. Alguns vírus de plantas podem replicar-se em grande número em plantas infectadas. Por exemplo, uma única célula de uma planta do tabaco infectada pode conter cerca de 10^7 (10 milhões) vírions do mosaico do tabaco. De fato, aproximadamente 10% do peso seco das folhas infectadas podem ser vírus do mosaico do tabaco.

A transmissão de infecção de uma célula a outra ocorre pela passagem de vírions por meio de pontes que conectam as células dos tecidos vegetais. Além disso, em muitas doenças de plantas, as células infectadas podem continuar produzindo vírus sem que se desintegrem. Amostras de plantas doentes podem ser trituradas para se obter o suco da planta contendo os vírions, o qual pode então ser purificado, algumas vezes na forma de cristais. Por este método, em 1930, Wendell M. Stanley conseguiu obter pela primeira vez um vírus purificado na forma de cristal (o vírus do mosaico do tabaco). Stanley foi agraciado com o Prêmio Nobel de 1946 em química por esta pesquisa.

Responda

1 Descrever alguns sintomas apresentados pelas plantas quando infectadas com vírus.
2 Como se infecta artificialmente uma planta? Como as plantas são infectadas com vírus na natureza?
3 Dar um exemplo descrevendo a produção de vírus em plantas infectadas.
4 Quem cristalizou os vírus pela primeira vez? Que vírus foi utilizado?
5 Culturas de tecidos são utilizadas para o cultivo de vírus de plantas?

Nos últimos anos algum progresso tem sido feito na preparação de células vegetais cujas paredes foram removidas. Estas células sem parede são limitadas apenas pela membrana citoplasmática e são denominadas *protoplastos*. Por exemplo, os protoplastos obtidos de células específicas do tabaco podem ser infectados diretamente com o vírus do mosaico do tabaco. Também têm sido desenvolvidas culturas de monocamadas de células susceptíveis obtidas de insetos que transmitem doenças virais para as plantas. Por exemplo, os rabdovírus têm sido cultivados em cultura de células da cigarrinha, com uma produção de cerca de 10.000 vírions por célula.

Agentes Infecciosos Semelhantes a Vírus (*Viruslike*)

Enquanto estudavam as doenças de plantas e animais, os virologistas descobriram alguns agentes infecciosos incomuns denominados ***viróides*** e ***prions*** que possuem alguns atributos dos vírus. Entretanto, a estrutura destas partículas difere drasticamente dos vírus.

Viróides

Os *viróides* são os menores agentes infecciosos conhecidos. Encontrados apenas em plantas, causam várias doenças importantes em culturas, incluindo os viróides do afilamento do tubérculo da batata, do exocorte do citrus, do enfezamento do crisântemo e da fruta pálida do pepino. Ao contrário dos vírus, os *viróides não possuem uma capa protéica*. Alguns viróides são constituídos de RNA circular de fita única; outros de moléculas de RNA linear de fita dupla. Cada um contém entre 270 e 380 nucleotídeos. Apesar do tamanho reduzido, os viróides replicam-se em células de espécies de plantas susceptíveis, mas até agora não têm sido capazes de codificar suas próprias proteínas. Parecem ser totalmente dependentes da atividade metabólica do hospedeiro para a replicação.

Não se sabe como os viróides causam doença. Sua localização no núcleo, juntamente com a sua inabilidade em atuar como *m*RNA, sugere que os sintomas causados no hospedeiro sejam resultado da interferência direta com a regulação gênica do hospedeiro.

A comparação da seqüência de ácidos nucléicos tem mostrado que os viróides compartilham muitas similaridades de detalhes estruturais com uma certa região de pequenos RNAs nucleares, os quais estão envolvidos na ligação dos íntrons em células animais (Capítulo 14). Esta descoberta sugere que os viróides se originaram de íntrons; sua patogenicidade provavelmente deve-se à interferência com a ligação normal dos íntrons na célula.

DESCOBERTA!

16.1 ONCOGENES E CÂNCER

Oncogenes são genes que, quando ativados nas células, podem transformar células normais em células cancerosas. Todas as células nucleadas possuem oncogenes, incluindo as células humanas normais. Tais genes são muito semelhantes aos genes normais e em alguns casos podem ser até mesmo idênticos. Genes que funcionam normalmente, mas possuem o *potencial* para se tornar oncogenes, são designados como *proto-oncogenes*. Sob condições normais, estes genes provavel- mente codificam proteínas que são necessárias para o desenvolvimento da célula, mas mutações podem modificá-los em genes que causam transformações cancerosas das células. Assim, o câncer pode ser considerado como uma doença de genes, originando-se a partir do dano genético dos proto-oncogenes. Tais danos podem modificar a expressão ou a função bioquímica dos genes.

Torna-se mais fácil entender a participação dos vírus na oncogênese quando se considera que os oncogenes podem ser introduzidos dentro de células normais por meio da infecção por retrovírus. Os genes introduzidos nas células desta forma foram os primeiros oncogenes identificados. Até então, 19 genes transformadores distintos foram isolados de genomas de retrovírus. Estes são denominados oncogenes virais ou genes *v-onc*. Os oncogenes são designados mediante um código de três letras. Assim, o primeiro gene *v-onc* descoberto – no vírus do sarcoma de Rous – é denominado gene *v-src*. Outros exemplos incluem o gene *v-ras* do vírus do sarcoma de Harvey (rato) e o gene *v-sis* no vírus do sarcoma símio. O oncogene *src* e muitos outros oncogenes de retrovírus codificam a síntese da enzima quinase, que fosforila os aminoácidos de proteínas como a tirosina. Exatamente como esta fosforilação produz o câncer ainda não é conhecido. Uma hipótese é que a proteína quinase deve alterar as proteínas-chave no citoesqueleto interno da célula, resultando na principal anormalidade da estrutura e função celular.

Em outros casos, o oncogene já está presente na célula humana normal e precisa somente de uma mutação ou outro evento de ativação capaz de transformar um gene inofensivo, e possivelmente essencial, em um gene oncogênico ativo. Uma variedade de agentes pode ativar um oncogene, incluindo substâncias químicas mutagênicas, radiação de alta energia e vírus oncogênicos. Até o presente momento 30 oncogenes foram identificados em humanos, e estima-se que esse número exceda a 100. Alguns destes proto-oncogenes possuem seqüência de DNA homóloga aos genes *v-onc* e são denominados genes *c-onc*. Isto significa que muitos dos oncogenes encontrados em vírus e células cancerosas possuem duplicatas em células humanas normais. Tem sido postulado que as duplicatas celulares (os genes *c-onc*) são progenitoras de genes *v-onc*!

Prions

Várias doenças transmissíveis têm um curso lento, progressivo e geralmente com resultado fatal. Estas doenças são caracterizadas como doenças crônicas do sistema nervoso central. Os períodos de incubação, da infecção ao aparecimento dos sintomas, são medidos em anos, em vez de horas ou dias! São causadas por agentes transmissíveis peculiares, cujas propriedades e comportamento sugerem um vírus *não-convencional*. Um exemplo das propriedades incomuns é a alta resistência à radiação ultra-violeta e ao calor. Estes agentes são denominados *prions* (partículas protéicas infecciosas), pois parecem não possuir ácidos nucléicos, sendo a proteína seu único componente detectável. Entretanto, como os vírus, reproduzem-se dentro das células. É possível que as proteínas dos prions sejam codificadas por um gene encontrado no DNA de um hospedeiro normal.

Existem várias doenças clássicas causadas por prions, todas doenças neurológicas. Estas incluem o kuru e a doença de Creutzfeldt-Jacob no homem e *scrapie*, uma doença do carneiro. Tem sido sugerido por alguns pesquisadores que a doença de Alzheimer, o tipo mais comum de demência senil e causa de morte entre os idosos, pode ser causada por prions.

Responda

1 Quais são os atributos únicos dos viróides?
2 Descrever o genoma dos viróides.
3 Como os viróides causam doença?
4 Qual é a hipótese acerca da origem dos viróides?
5 Descrever as características das doenças causadas por prions.
6 Quais são as doenças específicas atribuídas aos prions?

Vírus e Câncer

Câncer é o nome coletivo dado a um número de doenças temíveis caracterizadas pelo crescimento descontrolado de células no organismo. Estas células *malignas* originam-se de vários tipos de células de tecido normal. O corpo humano possui mais de 100 diferentes tipos de células, cada qual podendo ter suas funções alteradas de forma distinta, levando ao surgimento do câncer. Mais de 100 tipos clinicamente distintos de câncer são reconhecidos, cada um com um conjunto de sintomas único. Muitos deles podem ser agrupados em quatro categorias principais (ver DESCOBERTA 16.1):

1. ***Leucemias:*** condição em que um número anormal de células brancas (leucócitos) é produzido pela medula óssea.

2. ***Linfomas:*** condição em que um número anormal de linfócitos (um tipo de leucócito) é produzido pelo baço e linfonodos.

3. ***Sarcomas:*** tumores sólidos que crescem de tecido conectivo, cartilagem, ossos, músculo e tecido adiposo.

4. ***Carcinomas:*** tumores sólidos que crescem de tecidos epiteliais e são a forma mais comum de câncer. Tecidos epiteliais são revestimentos da superfície interna e externa do corpo e seus derivados que incluem a pele, glândulas, nervos, seios e os revestimentos dos sistemas respiratório, gastrintestinal, urinário e genital.

Nem todos os tumores são cancerosos; tumores não-cancerosos são denominados ***tumores benignos***. Tumores cancerosos são conhecidos como ***tumores malignos***. Como indicado na relação anterior, os tumores são geralmente denominados pela ligação do sufixo *-oma* ao nome do tecido de onde se origina o tumor. As células cancerosas não são sensíveis aos sinais que inibem a reprodução excessiva das células normais, crescem de forma descontrolada e muitas vezes rapidamente. Muitos indivíduos com câncer morrem não em conseqüência do tumor primário que desenvolvem, mas sim pela disseminação do câncer para outras partes do corpo. As células cancerosas dominam ou substituem o tecido saudável, impedindo os processos normais do organismo. Assim, o câncer possui três principais características:

1. ***Hiperplasia:*** proliferação descontrolada das células.

2. ***Anaplasia:*** anormalidade estrutural das células; as células afetadas perdem ou sofrem redução de suas funções.

3. ***Metástases:*** habilidade de uma célula maligna de se destacar do tumor e estabelecer um novo tumor em outro local no hospedeiro.

Durante muito tempo, os microbiologistas cultivaram a idéia de que pelo menos alguns tipos de câncer pudessem ser causados por vírus. A primeira evidência veio em 1908, quando foi demonstrado que certas leucemias de galinha poderiam ser transferidas a galinhas saudáveis por meio do soro sanguíneo. Três anos depois foi demonstrado que o sarcoma de galinha poderia ser transmitido por extratos filtrados de tumores livres de bactérias. Os carcinomas induzidos por vírus em ratos foram descobertos em 1936 e foi claramente demonstrado que o agente causador do tumor mamário de camundongos poderia ser transmitido da mãe à prole por meio do leite materno. Desde então muitos vírus mostraram ser capazes de induzir câncer em animais. Mas por muitos anos estas descobertas não foram consideradas relevantes como a causa de câncer humano. Além disso, o câncer humano parecia não ser infeccioso e não havia confirmação de isolamento de um vírus de células humanas cancerosas. Portanto, a idéia de que os vírus poderiam ser a causa de câncer humano tornou-se menos atrativa.

Nos últimos anos, entretanto, fortes evidências têm associado os vírus a câncer de animais. Estas descobertas recentes despertaram a idéia de que o câncer humano pode também ser causado pelos vírus. Descobriu-se que tanto os vírus RNA como os vírus DNA podem induzir câncer em animais. Por exemplo, em 1980 um retrovírus denominado *vírus linfotrópico das células T humano tipo I* (HTLV-I) foi identificado como a provável causa de um raro câncer de humanos denominado *leucemia das células T de adultos*. Esta leucemia ocorre no Japão, na África e no Caribe. Em 1982, um vírus relacionado, o HTLV-II, foi identificado como a provável causa de alguns casos de leucemia humana denominada *leucemia "hairy-cell"*. (Curiosamente o HTLV-I e o HTLV-II são semelhantes em muitos aspectos ao HIV, o vírus que causa a AIDS, embora o HIV não seja um vírus oncogênico.) Mesmo antes da descoberta do HTLV-I e HTLV-II, vários outros vírus foram implicados como agentes de câncer humano; por exemplo, o vírus da hepatite B foi associado com uma forma de carcinoma hepático, e o vírus de Epstein-Barr foi associado com uma forma de linfoma. Embora haja fortes evidências circunstanciais de que tais vírus podem causar o câncer humano, provar isto inequivocamente é uma questão muito diferente. Tal prova requer (1) experimentos envolvendo inoculação em voluntários humanos com os vírus, o que está fora de questão por razões éticas, ou (2) demonstração de que o câncer pode ser prevenido por meio de imunização de seres humanos com a vacina viral apropriada. Embora a última forma seja possível, as vacinas virais não têm sido desenvolvidas e, mesmo se fossem, requereriam anos para se obter uma resposta definitiva sobre sua eficiência.

A indução de câncer é designada como ***oncogênese*** (da palavra grega *onkos*, que significa "massa"); os vírus que causam câncer são conhecidos como *oncogênicos*. Em animais com câncer causado por vírus oncogênicos, as células afetadas são *transformadas,* resultando na formação de tumores. Células transformadas adquirem propriedades morfológicas, bioquímicas e outras distintas das células não-infectadas ou células infectadas nas quais os tumores não são produzidos. Uma característica marcante das células transformadas é a perda da *inibição por contato*, uma

DESCOBERTA!

16.2 O VÍRUS DA AIDS POSSUI RNA COMO MATERIAL HEREDITÁRIO

O DNA é o material hereditário em todos os organismos celulares, mas os vírus não são organismos celulares, e alguns possuem RNA como material hereditário em vez de DNA. O vírus da AIDS é um exemplo de um vírus RNA e replica o seu RNA de uma maneira peculiar.

Após penetrar em um célula hospedeira humana, o vírus da AIDS sintetiza uma cadeia de DNA que é complementar ao RNA, assim forma-se um híbrido RNA-DNA (ver a ilustração). Em outras palavras, o vírus da AIDS atua de um modo justamente contrário aos organismos celulares: em vez de utilizar DNA como um molde para sintetizar RNA, utiliza o RNA como um molde para fabricar DNA. O vírus é capaz de fazer isto devido a uma enzima chamada *transcriptase reversa*. Depois que o híbrido RNA-DNA é formado, uma segunda cadeia de DNA complementar à primeira é sintetizada, resultando em uma molécula de DNA de fita dupla. Este DNA viral de fita dupla integra-se ao DNA da célula hospedeira e, assim, torna-se hereditário nesta célula. Na célula hospedeira, o DNA viral pode ser transcrito em molécula de RNA viral de fita única, que pode ser utilizada para produzir a progênie do vírus da AIDS.

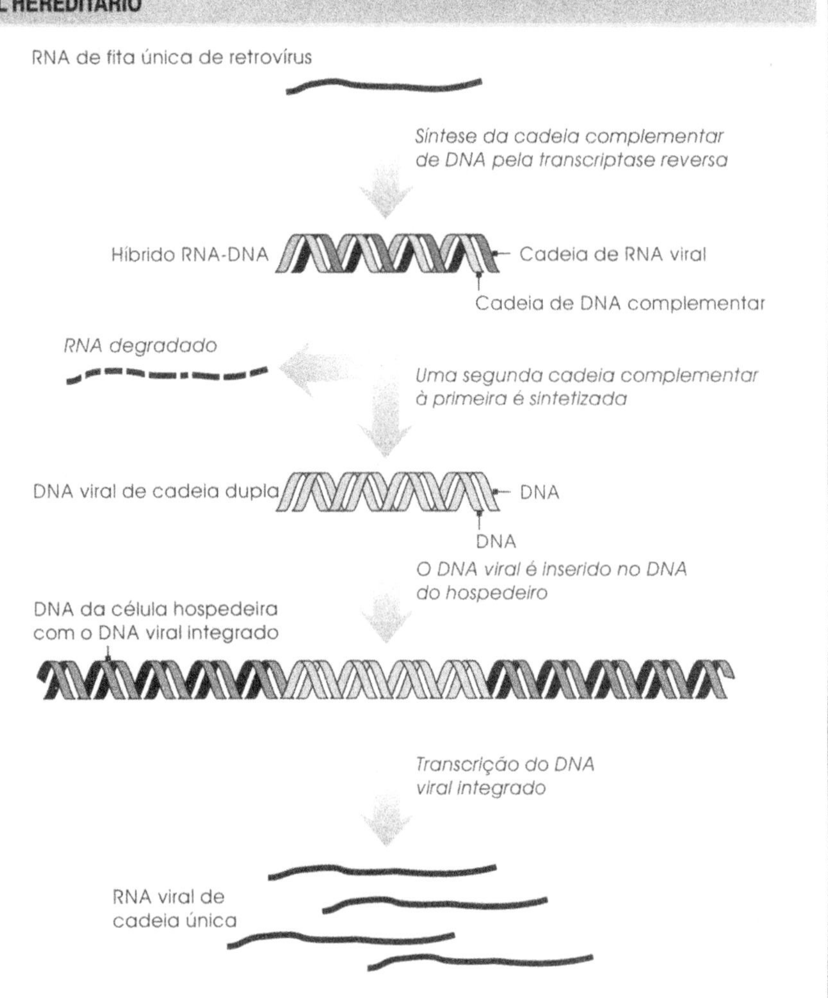

propriedade das células normais. Células normais reconhecem os limites celulares e limitam a população de células por meio do processo de inibição por contato, que significa inibição do crescimento quando as células se tocam. Por esta razão, quando as células normais são propagadas em cultura de tecido, forma-se uma monocamada. Células transformadas, quando cultivadas, reproduzem-se indefinidamente e empilham-se umas sobre as outras. Outras propriedades de células transformadas incluem a invasividade (produzem tumores quando injetados em animais), anormalidades cromossômicas (número incomum de/ou quebras cromossômicas) e uma taxa aumentada de transporte de açúcar por meio da membrana citoplasmática.

Entre os vírus RNA, somente os membros da família Retroviridae (mais comumente conhecidos como vírus do tumor RNA) causam câncer em animais. Replicam-se por meio de um DNA intermediário. Nenhum dos vírus RNA, os quais replicam-se todos por meio de um RNA intermediário, é conhecido como causador de câncer. Entre os vírus DNA, por sua vez, pelo menos três famílias (Herpesviridae, Adenoviridae e Papoviridae) podem causar câncer em animais.

Uma característica comum para todos os vírus oncogênicos é que o genoma viral de alguma forma integra-se ao DNA da célula hospedeira e replica-se juntamente com o cromossomo da célula hospedeira. A célula hospedeira não sofre lise – uma situação semelhante ao fenômeno de lisogenia em bactérias infectadas com fago temperado mencionado no capítulo anterior. Se o genoma viral é RNA, este serve como um modelo para a síntese de uma molécula de DNA complementar; a enzima *transcriptase reversa* é responsável por esta síntese, dando origem ao

DESCOBERTA!

16.3 COMO? O VÍRUS DA VERRUGA PODE SER FATAL?

Os papilomavírus, membros da família Papovaviridae, foram considerados por muito tempo como a causa comum das verrugas benignas, apesar de outros papovavírus mostrarem ser oncogênicos. Entretanto, atualmente sugere-se que os papilomavírus que causam doença sexualmente transmissível podem também causar vários tipos de câncer.

São conhecidos mais de 50 tipos de papilomavírus. Enquanto muitos tipos parecem causar doença benigna, um grande número tem sido associado a câncer cervical e alguns, a outras malignidades. Evidências circunstanciais sugerem que estes vírus sejam fatores na causa e desenvolvimento de câncer.

Menos grave, mas mais comuns, as verrugas genitais causadas por papilomavírus estão causando cada vez mais problemas de saúde. Acredita-se que pelo menos 10% dos adultos na América estão infectados com papilomavírus no trato genital e que pode haver um milhão de novas infecções a cada ano. Muitas destas infecções parecem não ter sérias conseqüências; são autolimitadas e eventualmente desaparecem. Não se sabe se o vírus é completamente erradicado ou se passa para um estado latente e inativo.

Mas algumas infecções aparentemente levam ao câncer cervical. Materiais genéticos dos vírus foram encontrados integrados em células cancerosas de pacientes. O papilomavírus tem sido encontrado em câncer de vulva e vagina e em câncer do pênis e do reto.

Os epidemiologistas do Centers for Disease Control, em Atlanta, afirmam que o relato de casos de infecções genitais com papilomavírus tem-se tornado cada vez mais comum. Reconhece-se que, mesmo não sendo a causa do câncer genital, papilomavírus pelo menos contribuem para a progressão de tal tipo de câncer. Assim, alguns papilomavírus, há muito considerados como causa de nada mais sério do que uma verruga comum, agora constituem a principal ameaça entre as doenças sexualmente transmissíveis, pois há o risco de desenvolverem vários tipos de câncer.

híbrido DNA-RNA. Então, uma segunda cadeia de DNA complementar à primeira é sintetizada. Isto resulta em uma molécula de DNA de fita dupla sintetizada a partir de um RNA viral, que pode agora ser integrada ao DNA hospedeiro como um *provírus*. Desta forma, a transformação e a oncogênese são induzidas nas células do hospedeiro (DESCOBERTA 16.2).

Vírus Oncogênicos DNA

Os vírus oncogênicos são encontrados em vários grupos de vírus DNA. Como mencionado anteriormente, estes grupos incluem os papovavírus, os herpesvírus e os adenovírus.

Os papovavírus incluem os papilomavírus, que causam verrugas benignas no homem e outros animais, e têm sido implicados em câncer cervical (DESCOBERTA 16.3); os vírus polioma que causam vários tipos de tumores quando injetados em camundongo recém-nascido; os vírus símio 40 (SV 40), originalmente isolados de cultura de células utilizadas para o cultivo de poliovírus para produção de vacina contra a poliomielite. O SV 40 não pode induzir tumores em macacos, seu hospedeiro natural, mas pode induzi-los em roedores, no laboratório; este é o motivo pelo qual não foi detectado quando as células de macaco (que não apresentaram efeitos citopáticos mesmo o SV 40 estando presente) foram usadas inicialmente para o cultivo do vírus para a produção de vacina contra a poliomielite.

Entre os herpesvírus que afetam o homem estão os vírus herpes simples e o vírus de Epstein-Barr (EBV). O último é o provável agente do linfoma de Burkitt, um câncer do sistema linfóide. O EBV tem afinidade por células sanguíneas denominadas *linfócitos* e possui o potencial para transformá-las rapidamente em células proliferativas. O EBV também tem sido associado à doença de Hodgkin (outra forma de linfoma) e ao carcinoma nasofaríngeo (câncer do nariz e da garganta). Este vírus causa também a mononucleose infecciosa (considerada por algumas autoridades como uma leucemia autolimitada). O vírus do herpes simples tipo 1 (HSV 1) é a causa das vesículas frias, mas tem sido associado ao câncer dos lábios. O vírus herpes simples tipo 2 (HSV 2), que causa mais de 80% das infecções de herpes genital, tem sido associado ao câncer cervical.

Vírus Oncogênicos RNA

Entre os vírus RNA, somente os retrovírus são oncogênicos. Eles incluem o linfoma, a leucemia e o vírus do sarcoma de gatos, galinhas e camundongos, assim como os vírus do tumor mamário de camundongo. Assim, muitos tipos diferentes de células podem ser transformadas por estes vírus. Alguns exemplos de retrovírus oncogênicos são mostrados na Tabela 16.1.

Tabela 16.1 Exemplos de retrovírus oncogênicos.

Hospedeiro	Vírus	Tipo de câncer
Humano	HTLV-I	Leucemia da célula T em adultos
	HTLV-II	Leucemia *hairy-cell*
Macaco	Vírus do sarcoma de macaco de Woolly	Sarcoma
	Vírus da leucemia de gorila de Gibbon	Leucemia
Galinha	Vírus da eritroblastose aviária	Eritroleucemia; sarcoma
	Vírus da leucose aviária	Linfoma da célula B
	Vírus da mieloblastose aviária	Leucemia mieloblástica
	Vírus do sarcoma de Rous	Sarcoma
Gado	Vírus da leucemia bovina	Leucemia
Camundongo	Vírus do tumor mamário de Bittner	Carcinoma mamário
	Vírus da leucemia murina de Gross	Leucemia
	Vírus da leucemia murina de Moloney	Leucemia
	Vírus do sarcoma murino de Harvey	Sarcoma
Gato	Vírus da leucemia felina	Leucemia

A habilidade destes vírus em serem oncogênicos está relacionada à capacidade de se transformarem em provírus, que são moléculas de DNA de fita dupla sintetizadas a partir do RNA viral que se integrou ao DNA da célula hospedeira. A principal razão pela qual os retrovírus podem causar câncer é que eles introduzem material genético novo no DNA da célula hospedeira e causam transformação.

Responda

1 Quais são as quatro principais categorias de câncer?

2 Descrever as três principais características do câncer.

3 Quando foi descoberta a primeira evidência associando os vírus ao câncer e qual foi esta evidência?

4 Que descoberta recente despertou a idéia de que o câncer humano pode ser causado por vírus?

5 Qual é a peculiaridade da *transcriptase reversa*?

6 Citar os vírus DNA oncogênicos e os tipos de câncer que causam.

7 Quais são as doenças animais causadas por vírus RNA oncogênicos?

Resumo

1. Em culturas fluidas, a lise da bactéria pelo fago clarifica o crescimento opaco de células bacterianas. Em culturas em meio solidificado em placa, a lise bacteriana resulta na formação de placas no tapete de bactérias.

2. O hábitat do hospedeiro bacteriano é a melhor fonte para o isolamento de bacteriófagos. Condições ótimas de crescimento das células hospedeiras constituem a melhor maneira de isolamento e cultivo de fagos específicos.

3. O estudo do ciclo de replicação viral fornece informações sobre as etapas envolvidas na multiplicação dos fagos. Os dados obtidos para o ciclo de replicação viral podem ser plotados como uma curva de crescimento sincrônico.

4. Os vírus animais podem ser cultivados em animais, ovos embrionados de galinha (ou pato) ou culturas de células. Por razões econômicas e outros motivos, a cultura de células é o método de escolha. Plantas ou protoplastos de células vegetais podem ser usados para o cultivo de vírus de plantas.

5. Os viróides são os menores agentes infecciosos conhecidos; são compostos somente de RNA e não possuem proteínas ou outros componentes encontrados nos vírus. Podem ter-se originado de segmentos não-traduzíveis de RNA eucariótico denominados *íntrons.*

6. Os prions são agentes infecciosos transmissíveis que são compostos somente de proteínas.

7. Câncer é considerado atualmente como um grupo de doenças caracterizadas pelo crescimento descontrolado de células no organismo. Há evidências de que os vírus têm um papel no desenvolvimento de alguns tipos de câncer. Os vírus denominados oncogênicos incluem tanto os vírus RNA como os vírus DNA.

Palavras-Chave

Anaplasia
Burst size
Carcinomas
Corpúsculos de inclusão
Curva de crescimento sincrônico
Efeito citopático (ECP)
Hiperplasia
Leucemias
Linfomas
Metástase
Oncogenes
Oncogênese
Período de aumento
Período de eclipse
Período de latência
Placas
Prions
Sarcomas
Tapete
Tumores benignos
Tumores malignos
Viróides

Revisão

CULTIVO DE BACTERIÓFAGOS

1. Lise de uma cultura bacteriana por bacteriófagos específicos *não* resultará em: (**a**) perda de turbidez; (**b**) aumento da turbidez; (**c**) formação de placas; (**d**) zonas claras; (**e**) liberação de fago.

2. A melhor e mais comum fonte para o isolamento de bacteriófagos é o ________________ do hospedeiro.

3. O clorofórmio é utilizado em suspensão de fagos para matar________________________.

CURVA DE CRESCIMENTO SINCRÔNICO

4. Qual das seguintes condições não é incluída em uma curva de crescimento sincrônico? (**a**) As células em uma cultura são infectadas simultaneamente. (**b**) Uma célula é infectada com um fago. (**c**) Cada célula é infectada com vários fagos. (**d**) Soro específico de fago é adicionado a fagos não adsorvidos inativados. (**e**) Células infectadas são altamente diluídas para prevenir uma segunda etapa de infecção e replicação do fago.

5. O tempo decorrido entre a infecção pelo fago e o início da lise celular é denominado: (**a**) período de aumento; (**b**) período de eclipse; (**c**) período de latência; (**d**) período de *burst*.

CULTIVO DE VÍRUS ANIMAIS

6. As três principais formas de cultivo dos vírus animais são a inoculação em animais vivos, em cultura de células e em____.

7. No ovo embrionado, a membrana ____________permitirá o desenvolvimento de herpesvírus, vírus da varíola, vírus do sarcoma de Rous e vírus da encefalite eqüina do leste, enquanto a cavidade______________ permitirá o desenvolvimento do vírus da gripe e vírus da caxumba.

8. Alteração localizada ou deterioração na monocamada da cultura de tecido decorrente da multiplicação viral é denominada____.

9. Os corpúsculos de inclusão utilizados no diagnóstico da raiva são denominados: (**a**) corpúsculos elementares; (**b**) corpúsculos de Paschen; (**c**) corpúsculos de Negri; (**d**) corpúsculos de Guarnieri.

CULTIVO DE VÍRUS DE PLANTAS

10. Os vírus do mosaico do tabaco podem representar cerca de ____ % do peso seco das folhas do tabaco infectadas.

11.______________de células de plantas tem sido usado para o cultivo de vírus de plantas.

12. A primeira cristalização de um vírus foi feita com o vírus de ______________ por Wendell M. Stanley em 1930.

AGENTES INFECCIOSOS SEMELHANTES A VÍRUS (*VIRUSLIKE*)

13. Os viróides, os menores agentes infecciosos conhecidos, possuem qual das seguintes características? (**a**) infectam somente animais; (**b**) infectam somente plantas; (**c**) possuem uma capa protéica; (**d**) são constituídos por uma cadeia linear de RNA de fita única; (**e**) são capazes de codificar suas próprias proteínas.

14. Íntrons são seqüências __________________ presentes nos genes de células eucarióticas.

15. Viróides não possuem um(a)________________________________.

16. Os períodos de incubação das doenças causadas por vírus lentos são medidos em: (**a**) semanas; (**b**) meses; (**c**) dias; (**d**) anos.

17. O único componente químico detectável nos prions é ____________________________ ____________.

18. As doenças clássicas causadas por prions podem ser descritas como doenças __________ ______________________.

VÍRUS E CÂNCER

19. Associar cada tipo de câncer na coluna à esquerda com a definição correta na coluna à direita:

___Linfomas (**a**) Tumores sólidos que crescem em tecidos conectivos, cartilagem, ossos, músculos e tecido adiposo

___Leucemias (**b**) Número anormal de linfócitos produzidos pelo baço e nódulos linfáticos

___Carcinomas (**c**) Número anormal de leucócitos produzidos pela medula óssea

___Sarcomas (**d**) Tumores sólidos originados de tecidos epiteliais

20. A habilidade que uma célula maligna tem de se destacar de um tumor e estabelecer um novo tumor em outro local do hospedeiro é denominada: (**a**) anaplasia; (**b**) metástase; (**c**) hiperplasia; (**d**) metaplasia.

21. A primeira demonstração de que certas leucemias de galinha poderiam ser transferidas para outras galinhas sadias por meio do soro sanguíneo foi feita em: (**a**) 1808; (**b**) 1875; (**c**) 1908; (**d**) 1938; (**e**) 1987.

22. Qual das seguintes características *não* é uma característica das células transformadas? (**a**) inibição por contato; (**b**) perda da inibição por contato; (**c**) invasividade; (**d**) anormalidades cromossômicas; (**e**) aumento médio de transporte de açúcar por meio da membrana citoplasmática.

Nos ítens 23 a 28, indicar se a afirmativa é verdadeira (V) ou falsa (F).

23. Entre os vírus constituídos de RNA, somente os membros da da "família Retroviridae podem causar câncer em animais. ______________

24. Os retrovírus replicam-se através de um DNA intermediário. __________

25. O provírus dos retrovírus é um híbrido DNA-RNA. ________________

26. SV 40 induz tumores em macacos e roedores de laboratório. __________

27. HSV 2 tem sido associado a mais de 80% das infecções genitais por herpes e está implicado como possível causa do câncer cervical. ________________________

28. O vírus da imunodeficiência humana isolado de humanos com AIDS é um retrovírus. _____

Questões de Revisão

1. Descrever brevemente um procedimento para o isolamento de colifagos.
2. Explicar o que é um ensaio em placa.
3. Desenhar uma curva de crescimento sincrônico e explicar as diferentes etapas de replicação dos fagos.
4. Quais são as vantagens de utilizar animais vivos para o cultivo de vírus animais?
5. Descrever como os ovos embrionados são utilizados para o cultivo de vírus animais.
6. Como as plantas geralmente são infectadas com os vírus?
7. De que maneira os prions diferem dos vírus convencionais?
8. Qual é a hipótese para a origem dos viróides?
9. Descrever as três principais características do câncer.
10. Qual a diferença entre células transformadas e células normais?
11. Por que os retrovírus são assim denominados?

Questões para Discussão

1. Lisogenia ocorre em células bacterianas infectadas por fagos temperados. Explicar se tal estado ocorre em células animais.
2. O que acontece a um organismo multicelular quando é infectado por um vírus?
3. O clareamento de uma cultura de bactéria pode ser devido a enzimas líticas ou a lise por bacteriófagos virulentos. Como podemos determinar o agente lítico – enzima ou fago?
4. Explicar o significado do experimento da curva de crescimento sincrônico.
5. Por que você acha que a tecnologia da cultura de tecidos vegetais não se desenvolveu como as culturas de tecido animal?
6. De que maneira os prions diferem dos viróides?
7. Embora a primeira evidência da associação dos vírus como agente de câncer humano tenha sido apresentada em 1908, por que esta possibilidade não foi levada a sério pelos pesquisadores da área médica?
8. Apresentar evidências recentes que sugerem a participação dos vírus em câncer em humanos.
9. Por que é difícil provar que os vírus causam câncer no homem?
10. Que habilidade os vírus possuem que os tornam capazes de serem oncogênicos?
11. Explicar como os retrovírus podem contribuir para a oncogênese.
12. Como foi possível injetar SV 40 em milhares de pessoas sem que estas tivessem conhecimento?

Apêndices

Leitura Complementar

Prólogo

Brock, T., ed: *Milestones in Microbiology*, Prentice-Hall, Englewoods Cliffs, N. J., 1961. *Uma compilação de trabalhos de importância histórica que são úteis como material suplementar. A leitura desses trabalhos dará uma visão de como as teorias correntes têm evoluído desde o passado e auxiliará no desenvolvimento de um modelo experimental compreensível.*

Bulloch, W.: *The History of Bacteriology*, Oxford University Press, Londres, 1938. *A mais completa e autorizada história do desenvolvimento da bacteriologia. Este volume inclui uma extensiva bibliografia e uma longa lista de notas biográficas de alguns pioneiros da bacteriologia.*

Clark, P. F.: *Pioneer Microbiologists of America*, University of Wisconsin Press, Madison, 1961. *As pessoas que fizeram da microbiologia uma ciência nos Estados Unidos. O estilo agradável do autor torna este livro atraente e informativo, e sua familiaridade com muitos dos biografados acrescenta um toque pessoal.*

Dobell, C.: *Antony van Leeuwenhoek and His "Little Animals"*, Dover, Nova Iorque, 1960. *Uma coleção dos escritos do pai da microbiologia, com um fundo histórico sobre o ambiente no qual ele viveu.*

Doetsch, Raymond N.: *Microbiology: Historical Contributions from 1776 to 1908*, Rutgers University Press, New Brunswick, N. J., 1960. *Ilustra o campo da microbiologia geral, como a ciência se relaciona com idéias à medida que elas se originam das condições da época e das circunstâncias.*

Dowling, H. F.: *Fighting Infecction: Conquests of the Twentieth Century*, Harvard University Press, Cambrigde, Mass., 1977. *Uma das estórias de maior sucesso é relatada nesta interessante história do diagnóstico, prevenção e tratamento das doenças infecciosas.*

Dubos, René J.: *Louis Pasteur: Free Lance of Science*, Little, Brown, Boston, 1950. *Um interessante relato da vida e das contribuições de Louis Pasteur, escrito em estilo agradável.*

Lechevalier, H. e M. Solotorovsky: *Three Centuries of Microbiology*, McGraw-Hill, Nova Iorque, 1965. *Uma história definitiva da microbiologia, descrevendo as importantes descobertas e teorias desde a invenção do microscópio até os dias atuais.*

Turner, G. L'e.: *God Bless the Microscope*, Royal Microscopical Society, Oxford, Inglaterra, 1989. *Uma história da Royal Microscopical Society publicada por ocasião do 150º aniversário da sociedade.*

Van Iterson, G., L. Den Dooren de Jong, A. J. Kluyver, C. B. Van Neil e T. D. Brock: *Martinus Beijerinck: His Life and Work*, Science Tech Publishers, Madison, Wis., 1984. *As contribuições de Beijerinck para a fundação da microbiologia geral foram numerosas e altamente significativas. Esta biografia fornece uma excelente história de sua vida e suas realizações profissionais.*

Parte I
Introdução à Microbiologia

Alexopoulos, C. J. e C. W. Mims: *Introductory Mycology*, 3ª ed., Wiley, Nova Iorque, 1979. *Um texto clássico amplamente utilizado em cursos introdutórios à micologia. O estudo dos fungos é tratado desde os aspectos iniciais de taxonomia e morfologia. Um texto de referência útil.*

Boatman, E. S., M. W. Burns, R. J. Walter e J. S. Foster: "Today's Microscopy: Recent Developments in Light and Acoustic Microscopy for Biologists", *Bioscience*, 37:384-394, 1987. *Como o título diz, este artigo revê os desenvolvimentos recentes das técnicas microscópicas.*

Bold, H. C. e M. J. Wynne: *Introduction to the Algae: Structure and Reproduction,* 2ª ed., Prentice-Hall, Englewood Cliffs, N. J., 1985. *Um livro-texto compreensível e bem referenciado, escrito para o ensino de fisiologia geral. Bem ilustrado com fotomicrografias e micrografias eletrônicas.*

Delauney, A. e H. Erni, eds.: *The World of Microbes, Encyclopedia of the Life Sciences,* vol. 4, Doubleday, Garden City, N.Y., 1965. *Um livro muito bem ilustrado e resumido, mostrando a importância dos microrganismos em relação aos seres humanos. É um livro introdutório inspirador para novos estudantes.*

Farmer, J. N.: *The Protozoa: Introduction to Protozoology,* Mosby, St. Louis, 1980. *Este livro-texto é organizado para a aprendizagem do aluno; foi escrito tendo em mente o estudante e não como um texto de referência. Profusamente ilustrado com fotografias e desenhos.*

Frederick, J. F., ed.: *Origins and Evolution of Eukaryotic Intracellular Organelles,* vol. 361, nos Anais da Academia de Ciências de Nova Iorque, 1981. *Uma série de textos sobre evolução, particularmente com relação às células procarióticas e às organelas individuais das células eucarióticas.*

Heden, C. G.,: "Microbiology in World Affairs", *Impact of Science on Society,* 17:187, 1967, UNESCO. *Um texto sobre o potencial da microbiologia para contribuir para o desenvolvimento do bem-estar humano de forma global e em países subdesenvolvidos.*

Isenberg, H. D., ed.: *Clinical Microbiology Procedures Handbook,* American Society for Microbiology, Washington, D.C., 1992. *Uma compilação compreensível (em dois volumes) dos procedimentos laboratoriais microbiológicos que incluem técnicas para o cultivo de bactérias, fungos, vírus e parasitas. Estes volumes também provêm uma boa visão da variedade de técnicas utilizadas em microbiologia.*

Leadbetter, E. R. e J. S. Poindexter, eds.: *Bacteria in Nature,* vol. 1: *Bacterial Activities in Perspective,* Plenum, Nova Iorque, 1985. *Uma série de textos descrevendo a função das bactérias em vários ambientes naturais diferentes.*

Postlethwait, J. H. e J. L. Hopson: *The Nature of Life,* McGraw-Hill, Nova Iorque, 1989. *Um livro-texto impressionante de biologia moderna que objetiva ajudar os estudantes a obter conhecimentos básicos por meio de motivação e explicações claras. Muito bem ilustrado e colorido, de tal forma que inspira o estudante a ler.*

Taylor, D. L., M. Nederlof, F. Lanni e A. S. Waggoner: "The New Vision of Light Microscopy", *American Scientist,* 80:322; julho-agosto, 1992. *Um artigo sobre como lasers, câmeras de vídeo e análises digitais de imagens combinam com o mais venerável instrumento da vida das ciências para criar novas formas de visualizar os eventos na célula viva.*

Vander, A. J., J. H. Sherman e D. S. Luciano: *Human Phisiology: The Mechanisms of Body Function,* 5ª ed., McGraw-Hill, Nova Iorque, 1990. *O Capítulo 2 deste livro-texto fornece uma introdução geral excelente à natureza dos átomos e das moléculas, e aos compostos biologicamente importantes.*

Woese, C. R.: *The Origin of Life,* Carolina Biological Supply Co., Burlington, N. C., 1984. *Nas 31 páginas deste livreto, Woese resume as evidências recentes sobre a origem de organismos vivos, formas celulares, macromoléculas e metabolismo celular.*

Parte II
Nutrição e Cultivo de Microrganismos

American Type Culture Collection: *Media Handbook,* Rockville, Md., 1984. *Um compêndio das composições dos meios microbiológicos utilizados para manutenção e cultivo dos microrganismos na "American Type Culture Collection". Um manual de referência extremamente útil para meios laboratoriais.*

Anderson, O. R.: *Comparative Protozoology,* Springer-Verlag, Nova Iorque, 1988. *Este texto compreensível compara os flagelados, os cíliados e as amebas. É um texto especialmente bom para os ecologistas microbianos, uma vez que ele discute os hábitats e as relações simbióticas com muitos detalhes.*

Berry, D. R., ed.: *Physiology of the Industrial Fungi.* Blackwell Scientific Publications, Palo Alto, Calif., 1988. *Um bom livro de referência sobre a fisiologia dos fungos envolvidos na fabricação de produtos de fermentação. A Seção A trata da fisiologia do crescimento dos fungos, com referência especial à nutrição e ao metabolismo de carbono, nitrogênio e micronutrientes.*

Difco Laboratories: *Difco Manual,* 10ª ed., Detroit, Mich., 1984. *Uma compilação exaustiva dos meios de cultura desidratados e dos reagentes utilizados em microbiologia. A composição e a preparação de cada produto é precedida pela determinação de seu uso, de um breve histórico e dos princípios.*

Gerhardt, P., editor-chefe: *Methods for General and Molecular Bacteriology*, American Society for Microbiology, Washington, D.C., 1993. *Este novo volume é uma versão atualizada da anterior,* Manual of Methods for General Bacteriology, *publicado em 1981. Os temas foram ampliados para incluir técnicas em biologia molecular.*

Neidhardt, F. C., J. L. Ingraham e M. Schaechter: *Physiology of the Bacterial Cell: A Molecular Approach,* Sinauer Associates. Inc., Sunderland, Mass., 1990. *Um texto designado a introduzir estudantes de graduação às propriedades fisiológicas das bactérias.*

Power, D. A. e P. J. McCuen: *Manual of BBL Products and Laboratory Procedures,* 6ª ed., Becton-Dickinson Microbiology Systems, Cockeysville, Md., 1988. *Um manual que pretende servir como uma notável fonte técnica para informações sobre produtos e procedimentos específicos. Fornece aos trabalhadores de laboratório métodos específicos para realizar uma grande variedade de procedimentos microbiológicos nos quais os produtos da companhia podem ser utilizados.*

Sze, P.: *Biology of the Algae,* Wm. C. Brown, Dubuque, Iowa, 1986. *Um texto acessível sobre morfologia, parâmetros evolucionários e importância ecológica das algas.*

Parte III
Controle de Microrganismos

Balows, A., W. J. Hausler, Jr., K. L. Herrmann, H. D. Isenberg e H. J. Shadomy, eds: *Manual of Clinical Microbiology,* 5ª ed., American Society for Microbiology, Washington, D.C., 1991. *A Seção III deste manual descreve os procedimentos para o controle de infecções, esterilização, desinfecção e anti-sepsia.*

Block, S. S., ed.: *Disinfection, Sterilization, and Preservation,* 4ª ed., Lea & Febiger, Baltimore, 1991. *Uma abordagem abrangente sobre o tema da destruição e do controle dos microrganismos.*

Hugo, W. B. e A. D. Russell: *Pharmaceutical Microbiology,* 4ª ed., Blackwell Scientific Publication, Oxford, Inglaterra, 1987. *A Parte II deste volume aborda os agentes antimicrobianos, incluindo informações dos principais grupos, mecanismo de ação antimicrobiana, métodos para ensaios do poder antimicrobiano e o desenvolvimento de resistência.*

Perkins, J. J.: *Principles and Methods of Sterilization in Health Sciences,* 2ª ed., Charles C. Thomas, Springfield, Ill., 1983. *Uma boa abordagem dos fundamentos de esterilização e controle de microrganismos.*

Parte IV
Os Principais Grupos de Microrganismos

Anderson, O. R.: *Comparative Protozoology,* Springer-Verlag, Nova Iorque, 1988. *Este texto possui 20 capítulos abrangendo uma ampla variedade de tópicos. A Seção I possui nove capítulos sobre morfologia e ecologia e inclui um capítulo de protozoários parasitas do homem. A Seção II possui cinco capítulos que abordam a fisiologia básica e a bioquímica. Um bom texto para ecologistas microbianos e um dos mais completos textos disponíveis no momento em protozoologia.*

Balows, A., H. G. Trüper, M. Dworkin, W. Harder & K. H. Schleifer, eds.: *The Prokaryotes: A Handbook on the Biology of Bacteria: Ecophysiology, Isolation, Identification, Applications,* 2ª ed., Springer-Verlag, Nova Iorque, 1992. *Embora a princípio não estejam relacionados com classificação, os quatro volumes deste trabalho de referência monumental fornecem uma riqueza de informações descritivas e ilustrações de vários gêneros de bactérias.*

Krieg, N. R.: "Bacterial Classification: An Overview", *Can. J. Microbiol.* 34:356-540, 1988. *Este artigo é uma breve introdução aos critérios que têm sido utilizados na classificação das bactérias, incluindo o uso da análise de rRNA.*

Krieg, N. R. & J. G. Holt, eds., vol. 1; P. H. A. Sneath e col., vol.2; J. T. Staley e col., eds., vol. 3; S. T. Williams e J. G. Holt, eds., vol. 4: *Berge's Manual of Sistematic Bacteriology,* Williams & Wilkins, Baltimore, 1984-1989 *Os quatro volumes deste trabalho de referência internacional fornecem a mais ampla classificação de bactérias aceita, juntamente com descrições detalhadas de todos os gêneros e espécies estabelecidos.*

Margulis, L., J. O. Corliss, M. Melkonian & D. J. Chapman, eds.: *Handbook of Protoctista,* Jones & Bartlett, Boston, 1990. *Um volume compreensível sobre microrganismos eucarióticos (protistas unicelulares e seus descendentes multicelulares). Este volume sobre protoctista é semelhante ao* Manual de Bergey *para as bactérias.*

Sleigh, M. A.: *Protozoa and Other Protists,* Cambridge University Press, Nova Iorque, 1989. *Os autores fornecem uma visão atual da posição dos Protistas entre os organismos eucarióticos e as relações entre os membros deste grupo taxonômico diversificado.*

Sze, P.: *A Biology of the Algae,* Wm. C. Brown, Dubuque Iowa, 1986. *Uma introdução às algas. O texto dá uma boa noção sobre algas e serve como livro-texto para um curso de ficologia. O Capítulo 1 é uma introdução às algas. Os Capítulos 2 a 6 fornecem uma visão geral sobre os grupos de algas. Os Capítulos 7 a 9 discutem as diferentes comunidades ecológicas das algas. Bem ilustrado.*

Webster, J.: *Introduction to Fungi,* Cambridge University Press, Nova Iorque, 1980. *Além de enfatizar os detalhes morfológicos importantes com excelentes ilustrações, este texto traz também considerações sobre a importância econômica e ecológica dos fungos.*

Parte V
Metabolismo Microbiano

Dawes, I. W. e I. W. Sutherland: *Microbial Physiology,* 2ª ed., Blackwell Scientific Publications, Oxford, Inglaterra, 1992. *Este livro aborda de forma concisa a citologia química microbiana, transporte de nutrientes, produção de energia, biossíntese, regulação metabólica e crescimento microbiano.*

Gottschalk, G.: *Bacterial Metabolism,* 2ª ed., Springer-Verlag, Nova Iorque, 1986. *As 359 páginas deste livro promovem uma abordagem detalhada dos mecanismos de produção e utilização de energia das bactérias.*

Harold, F. M.: "The 1978 Nobel Prize in Chemistry", *Science,* 202:1.174-1.176, 1978. *Este breve artigo realiza uma fascinante descrição da descoberta da força protomotiva pelo bioquímico Peter Mitchell.*

Moat, A. e J. W. Foster: *Microbial Physiology,* 2ª ed., Wiley-Interscience, Nova Iorque, 1988. *O Capítulo 1 promove não somente uma introdução da fisiologia microbiana mas também descreve muitas reações biossintéticas dos microrganismos e correlaciona-as com as estruturas das células. Outros capítulos preocupam-se com o metabolismo dos carboidratos e produção de energia, metabolismo do nitrogênio, biossíntese de lipídeos das células, de nucleotídeos, de DNA, de RNA, de aminoácidos e de proteínas.*

Parte VI
Genética Microbiana

Baum, R. M.: "Biotech Industry Moving Pharmaceutical Products to Market", *Chem. Eng. News,* 20 julho, 1987, 11-32 e "Agricultural Biotechnology Advances toward Comercialization", *Chem Eng. News,* 10 agosto, 1987, 9-14. *Estes dois artigos fornecem um excelente resumo dos cuidados com a saúde e aplicações na agricultura da engenharia genética. Ênfase especial é dada aos problemas científicos, econômicos e legais associados com os vários produtos da engenharia genética.*

Cohen, S. N., A. C. Y. Chang, H. W. Boyer e R. B. Helling: "Construction of Biologically Functional Bacterial Plasmids in Vitro", *Proc. Nat. Acad. Sci. U.S.A.* 70:3240-3244, 1973. *O clássico trabalho que descreve a produção dos plasmídios recombinantes utilizando técnicas com endonuclease de restrição.*

Freifelder, D.: *Essentials of Molecular Biology,* Jones & Bartlett, Boston, 1985. *O Capítulo 13 deste livro descreve os princípios e as aplicações da engenharia genética, de forma compreensível.*

Hershberger, C. L., S. W. Queener e G. Hegeman: *Genetics and Molecular Biology of Industrial Microorganisms,* American Society for Microbiology, Washington D.C., 1989. *Este volume traz todos os trabalhos dos pesquisadores no campo da tecnologia do DNA recombinante.*

Klug, W. S. e M. R. Cummings: *Concepts of Genetics,* 2ª ed., Merrill, Columbus, Ohio, 1986. *O Capítulo 20 deste livro texto discute sucintamente os riscos e benefícios da engenharia genética.*

Postlethwait, J. H. e J. L. Hopson: *The Nature of Life,* McGraw-Hill, Nova Iorque, 1989. *Os Capítulos 9 e 10 deste moderno livro-texto de biologia descrevem o processo da replicação do DNA e síntese de proteínas.*

Parte VII
Vírus

Ackermann, H. W. & M. S. DuBow: *Viruses of Prokaryotes,* vol. I e II, CRC Press, Boca Raton, Fla., 1987. *Estes dois volumes fornecem uma noção geral sobre os bacteriófagos e os discutem comparativamente. Desde a publicação de Bacteriophages, de Adam, em 1959, e Ultraestructure of Bacterial Viruses, de Tikhonenko, em 1968, na Rússia (traduzido para o inglês em 1970), não havia um trabalho amplo sobre bacteriófagos. O volume I inclui oito capítulos sobre aspectos gerais, como, por exemplo, história, taxonomia, ocorrência e freqüência, fisiologia, ciclo lítico e lisogenia. O volume II está relacionado com a sistemática e identificação dos fagos. Um trabalho excelente para estudo e referências.*

Dimmock, N. J. & S. B. Primrose: *Introduction to Modern Virology,* 3ª ed., Blackwell Scientific Publications, Oxford, Inglaterra, 1987. *Um livro-texto sobre virologia que trata os vírus de bactérias, plantas e animais como entidades. Enfatiza os aspectos bioquímicos e genéticos da virologia.*

Doane, F. W. & N. Anderson: *Electron Microscopy in Diagnostic Virology: A Practical Guide and Atlas,* Cambridge University Press, Cambridge, 1987. *Um compêndio prático de procedimentos bem-sucedidos que serve como um auxílio na identificação baseada na ultra-estrutura para virologistas, patologistas e tecnólogos em medicina humana e veterinária.*

Dulbecco. R., & H. S. Ginsberg: *Virology*, 2ª ed., Lippincott, Filadélfia, 1988. Um livro que é também publicado como uma parte de *Microbiology*, 4ª ed, por Davis, Dulbecco, Eisen e Ginsberg. *O texto discute tanto as propriedades biológicas como patogênicas dos vírus.*

Fields, B. N., D. M. Knipe, R. M. Chanock, J. L. Melnick, B. Roizmen & R. E. Shope, eds.: *Fundamental Virology*, Raven Press, Nova Iorque, 1986. *Há um total de 40 colaboradores para este texto, que é destinado a estudantes de graduação e pós-graduação, assim como a pesquisadores cujo interesse está voltado aos aspectos básicos da virologia. Os capítulos iniciais abordam os conceitos básicos da virologia. Os demais capítulos abrangem bioquímica, biologia molecular e aspectos celulares de replicação dos diferentes grupos de vírus.*

Matthews, R. E. F.: "Viral Taxonomy for the Nonvirologist", *Ann. Rev. Microbiol.* 39:451-474, 1985. Annual Reviews. Inc., Palo Alto, Calif. *O artigo apresenta considerações históricas da taxonomia viral e fornece ao leitor um relato da situação atual da taxonomia viral.*

Respostas das Revisões

CAPÍTULO 1. **1** b; **2** a; **3** número; **4** c; **5** ionizado; **6** compostos químicos; **7** a; **8** a, e, c, b, d; **9** d; **10** moléculas de água; **11** sódio; acetato; **12** c e d; **13** hidrofóbicas; **14** d, c, a, b, e; **15** 5; p/p; **16** 5; p/v; **17** b; **18** e, a, c, b, d; **19** d e e; **20** 100; **21** ácido; **22** b; **23** d, b, e, c, a, f; **24** a; **25** c; **26** isômeros óticos, ou isômeros D e L; **27** assimétricos; **28** monossacarídeos; **29** c; **30** glicerol; ácidos graxos; **31** b; **32** e, g, a, f, c, d, b; **33** adenina; guanina; **34** d; **35** uracila; ribose; **36** reação inversa; **37** e, d, f, b, a, c; **38** substrato; **39** b.

CAPÍTULO 2. **1** Robert Hooke; **2** estruturais; **3** protoplasma; **4** proteínas; nucléicos; **5** núcleo; nucleóide; **6** organismos vivos; **7** c; **8** espécie; **9** reino; **10** espécie; **11** binomial; **12** c, d, a, b, e; **13** vegetal; animal; **14** Protista; **15** fotossíntese; absorção; ingestão; **16** Monera; Protista; **17** procariotos; **18** nucleotídeo; *r*RNA ou RNA ribossômicos; **19** (a) Monera; (b) Protista; (c) Fungi; (d) Fungi; (e) Protista; **20** d; **21** mitocôndria; cloroplastos; **22** animais; **23** cílios; flagelos; **24** clorofila; parede celular; **25** bolores; hifa; **26** leveduras; **27** eubactéria; arqueobactéria; **28** cocos; bacilos; espirilos; **29** arqueobactéria; **30** células hospedeiras ou vivas; **31** d, b, e, c, a; **32** (a) V; (b) V; (c) V; (d) F; (e) V; **33** 50; **34** Contém bilhões de diferentes espécies; **35** ubiqüitário; **36** F; **37** reciclagem; **38** básica; aplicada; **39** c, d, e; **40** V; Muitas reações biológicas aplicadas às formas superiores de vida, incluindo o homem, são idênticas àquelas realizadas pelos microrganismos, e os microrganismos são muito mais convenientes de ser utilizados em experimentos laboratoriais em nível molecular.

CAPÍTULO 3. **1** mistas; **2** cultura pura; **3** pura; **4** inóculo; **5** colônia; **6** esgotamento por estrias; semeadura em superfície; **7** de cultura estoque; **8** liofilização; **9** e; **10** F; **11** resolução; **12** (a) baixo poder; (b) alto poder; (c) de imersão; **13** 10; **14** comprimento de onda da luz (feixe de elétrons); abertura numérica das objetivas; **15** 2.000; **16** de imersão; **17** b; **18** c; **19** b; **20** e; **21** vivos; **22** transmissão (MET); varredura (MEV); **23** V; **24** V; **25** F; **26** viáveis; **27** esfregaço; **28** simples; **29** diferencial; **30** violeta; vermelho; **31** vermelha; **32** diferencial; **33** álcool; **34** campo claro; **35** d; **36** c, a, d, e, b; **37** F; **38** metabolismo; **39** patogênico; não-patogênico; **40** antigênica; **41** genéticas; **42** (c); **43** substratos ou compostos bioquímicos; **44** varredura ótica.

CAPÍTULO 4. **1** desintegrar; **2** patogênicos; **3** 0,5; 1,0; **4** espirilos; **5** esféricas; **6** em forma de pêra; em forma de disco; **7** a; **8** estreptococos; **9** roseta; **10** c; **11** dois; **12** flagelinas; **13** lofotríquio; **14** periplásmicos; **15** caminho tridimensional ao acaso; **16** *tumble* (cambalhota); **17** aderência; **18** sexual; **19** cápsula; **20** protoplasto; **21** mais delgadas; **22** mureína; **23** *N*-acetilglicosamina; ácido *N*-acetilmurâmico; **24** peptideoglicano; **25** teicóicos; **26** Gram-negativa; **27** lipopolissacarídeo; **28** periplásmico; **29** endotoxina; **30** lipídeo A; cerne de polissacarídeo; **31** porinas; **32** mesossomos; **33** poli-β-hidroxibutirato; **34** nucleóide; **35** c, b, a; **36** sobrevivência; **37** refráteis; **38** um; **39** temperaturas; **40** *Azotobacter*; **41** b, c, a; **42** algas marinhas; cogumelos; **43** filamentosos; **44** dimorfismo; **45** parede celular; alimentos particulados; **46** fotossintéticas; **47** d, a, c, b, e; **48** c, a, d, e, g, f, b; **49** protozoários; **50** verde-azulada; pretos; **51** sexuais; **52** de proteção; de reprodução.

CAPÍTULO 5. **1** inorgânicas; orgânicas; **2** dissolvido; **3** meio; **4** a; **5** síntese; **6** carbono; nitrogênio; **7** b; **8** autotróficos; **9** d; **10** V; **11** aminoácidos; **12** cistina; cisteína; **13** ácidos nucléicos; **14** ativar; **15** quimiotróficos; radiação ou luz; **16** quimioautotróficos; **17** fotoautotróficos; **18** F; Sob condições de anaerobiose, *Rhodospirillum rubrum* depende da luz como fonte principal de energia e vive como um fotoheterotrófico; **19** d; **20** peptona; **21** vitaminas; **22** 40; **23** açúcar; pH; **24** de Sabouraud; **25** c;

26 anaeróbias; **27** autoclavação; **28** seletivos; **29** diferencial; **30** de enriquecimento; **31** cultura de tecido; células animais; **32** seletiva; **33** *explants*; **34** primárias; **35** transformadas; **36** insetos; vetores; **37** calo; **38** reguladores de crescimento.

CAPÍTULO 6. **1** meios de cultura; **2** crescimento; **3** cromossomos; **4** b; **5** índice de crescimento; **6** a; **7** cardinais; **8** psicrófilos; mesófilos; termófilos; **9** 15; 20; **10** c; **11** 37; **12** dióxido de carbono; **13** oxigênio; **14** superóxido; **15** superóxido dismutase; **16** a; **17** 7,5; **18** mais baixo; **19** tampão; **20** solutos; **21** isotônica; **22** perde; **23** assexuada; **24** mitose; **25** prófase; metáfase; anáfase; telófase; **26** fuso mitótico; **27** cromossomos; **28** fertilização; **29** meiose; **30** alternância de gerações; **31** d; **32** e; **33** V; **34** V; **35** F; Na reprodução sexuada, um novo individuo é formado pela fusão de duas diferentes células denominadas gametas; **36** V; **37** intérfase; mitose; **38** $crescimento_1$ (G_1); Síntese de DNA (S); $crescimento_2$ (G_2); **39** cariocinese; **40** fissão binária; **41** b, c, d, a; **42** tempo de geração; **43** índice de crescimento; gerações; **44** crescimento balanceado; **45** morte ou declínio; **46** a; **47** quimiostato; **48** sincrônico; **49** fechado; **50** logarítmica.

CAPÍTULO 7. **1** antimicrobiano; **2** -cida; -stático; **3** reprodução; **4** instantaneamente; **5** 10; **6** proporcional; **7** reta; **8** morte; **9** mais; **10** aumenta; **11** membrana citoplasmática; **12** coagulação ou desnaturação; oxidação; **13** esporos; **14** mais curto; **15** redução decimal; **16** autoclave; **17** endósporo; **18** *Pseudomonas* sp.; **19** desinfecção; **20** 121; 15; **21** 160; 120; **22** esterilização; **23** b; **24** 0ºC; **25** -196ºC; **26** inibir; **27** 0,001; **28** ionizante; **29** gama; X; **30** radiação UV; **31** 265; **32** penetração; **33** DNA; **34** dímeros; **35** e, b, a, c, d; **36** (a) uniformidade no tamanho dos poros; (b) poros de tamanhos conhecidos; (c) rapidez na filtração; (d) menor quantidade de material retido no filtro; **37** alta eficiência de partículas do ar; **38** liofilização; **39** a; **40** dessecação (desidratação).

CAPÍTULO 8. **1** esterilização; **2** anti-séptica; **3** desinfetante; **4** c; **5** d; **6** a; A população microbiana é reduzida a limites seguros. A limpeza ocorre durante o processo; **7** a, b, c; **8** U. S. Food and Drug Administration (FDA); Environmental Protection Agency (EPA); **9** Qualquer um dos seguintes: atividade antimicrobiana; solubilidade; estabilidade; baixa toxicidade; homogeneidade; inativação mínima por material estranho; atividade na temperatura ambiente; capacidade de penetração; não-corrosivo e poder de remoção; desodorizante; capacidade detergente; disponibilidade e baixo custo; **10** amplo; **11** fenol; **12** fenol; **13** maior; **14** membrana celular; **15** 70, 90; **16** tóxico; **17** halogênios; **18** HClO; HCl; **19** carreadores e agentes solubilizantes; **20** 0,5 a 1; **21** sulfidrila; **22** algicida; **23** nitrato de prata; **24** catiônico, aniônico; **25** catiônicos; aniônicos; **26** maior ou mais alto; **27** a, b, d, c, e; **28** uma zona clara (sem crescimento) ao redor do disco; **29** bacteriostático; bactericida; **30** 2; **31** atividade antimicrobiana; poder de penetração; **32** dióxido de carbono; Freon; **33** alquilação; **34** penetração; **35** formalina (formaldeído); glutraldeído.

CAPÍTULO 9. **1** b; **2** eubactéria; arqueobactéria; **3** c; **4** Gram-negativas; Gram-positivas; parede celular; **5** membrana; peptideoglicano; **6** a, d, e; **7** d; **8** a; **9** de campo escuro; **10** rígidas; periplásmico; **11** h, c, e, g, b, d, a, f; **12** c, e, h, a, d, b, f, g; **13** anoxigênicas; **14** bacterioclorofila; **15** carotenóides; **16** c; **17** oxigênio; **18** clorofila a; ficobilinas; **19** heterocistos; **20** c, b, a, d; **21** nitrito; nitrato; **22** d; **23** espessas; membrana; **24** d; **25** e; **26** *lactis*; **27** *Sporosarcina*; **28** *Bacillus popilliae*; **29** *Clostridium*; *Desulfotomaculum*; **30** c, g, b, i, d, e, h, a, f, j; **31** c; **32** penicilina; **33** soro sanguíneo; **34** d; **35** b, c; **36** b, c; **37** NaCl; **38** bacteriorodopsina; **39** c; **40** aeróbio; anaeróbio.

CAPÍTULO 10. **1** perfeitos; **2** corpos de frutificação; **3** celular; **4** flageladas; **5** peixe; **6** *Plasmodiophoromycetes*; **7** ascósporos; basidiósporos; **8** d; **9** b; **10** e; **11** a; **12** V; **13** V; **14** F; *Chlamydomonas* é uma alga verde unicelular móvel, enquanto a *Chlorella* é uma alga verde unicelular imóvel; **15** imóvel; **16** sílica; **17** fagotroficamente; **18** valvas; **19** bioluminescência; **20** d; **21** e; **22** b, a, d, c, f, e; **23** *Entamoeba histolytica*; **24** radiolárias; foraminíferas; **25** toxoplasmose; **26** definitivo; **27** *Balantidium coli.*

CAPÍTULO 11. **1** degradação; energia; **2** b; **3** c; **4** química; **5** b; **6** d, b, c, a; **7** adenina; ribose; fosfato; **8** fosforilação; **9** f, a, c, d, b, e; **10** a; **11** ferroso; átomo de hidrogênio; **12** doador de elétrons; aceptor final de elétron; **13** hidrogênio; protomotiva; ATP; **14** c; **15** e; **16** fotossistema I ou PS I; fotossistema II ou PS II; PS II; **17** II; I; protomotiva; ATP; **18** amino; monossacarídeos; glicerol; graxos; **19** ácido pirúvico; **20** b; **21** c; **22** NADH; NAD; **23** a; **24** d; **25** c, b, a; **26** respiração; **27** um suprimento ilimitado de nutrientes.

CAPÍTULO 12. **1** maior; **2** ativação; **3** hidrogênio; amônia; **4** aminação redutiva; **5** d; **6** primeira; **7** c; **8** DNA; **9** desoxirribose; **10** c; **11** AMP; GMP; dAMP; dGMP; **12** CMP; UMP; dCMP; dTMP; **13** d; **14** DNA; **15** ATP; elétrons; **16** e; **17** c; **18** d; **19** b; **20** c; **21** a; **22** c; **23** b; **24** e; **25** simples; facilitada; **26** c; **27** força protomotiva; **28** ATP.

CAPÍTULO 13. **1** e; **2** b; **3** linear; dez; **4** c; **5** d; **6** d; **7** b; **8** e, b, h, i, d, c, f, g, a; **9** d; **10** e; **11** d; **12** ambiente; **13** mutante; tipo selvagem; **14** c, a, b, d; **15** mutagênico; **16** c; **17** proto-oncogenes; **18** a, b, c, e, d; **19** d; **20** *crossing-over*; **21** b; **22** a; **23** incompatibilidade; **24** "curada"; **25** d; **26**

induzida; constitutiva; **27** não pode; operadora; não pode; **28** b; **29** pode; operadora; pode.

CAPÍTULO 14. **1** gene; **2** e; **3** piloto; industrial ou comercial; **4** organismo doador; **5** c; **6** e; **7** c; **8** d; **9** c; **10** e; **11** c, b, a, e, d; **12** gradiente de densidade; **13** grupos metil; **14** RNA ribossômico (*r*RNA); **15** célula bacteriana receptora; **16** c, a, d, b; **17** início; término; **18** c; **19** aquecidas ou sofrem choque térmico; **20** b; **21** a; **22** independentemente; **23** o produto de um gene clonado; **24** d, e, b, a, c; **25** gene a ser clonado; **26** e; **27** degradada ou destruída; agregados; **28** b; **29** secretada; positivas; negativas; **30** d; **31** d; **32** c; **33** qualquer progresso na pesquisa e no desenvolvimento industrial sob um aspecto benéfico da engenharia genética.

CAPÍTULO 15. **1** proteína; energia; **2** bacteriófagos; fagos; **3** receptores; **4** 20; 300; **5** ácido nucléico; capsídeo; **6** icosaédrica; helicoidal; **7** protômeros; capsômeros; **8** RNA; DNA; **9** b, c; **10** *m*RNA; **11** transcriptase reversa; **12** Twort-d'Hérelle; **13** "comedor de bactérias"; **14** ácido nucléico; protéico; **15** RNA; **16** filamentoso; **17** b, a, d, e, c; **18** F; Os nomes comuns dos bacteriófagos não seguem as regras da nomenclatura e são simplesmente símbolos; **19** F; Mais de 95 % dos vírus conhecidos que infectam eubactérias pertencem a uma das três famílias dos fagos de cauda longa; **20** V; **21** d; **22** David Baltimore; **23** d; **24** d; **25** d; **26** DNAfd; **27** sítios receptores; **28** cerne; **29** contrai-se; **30** replicar; transcrever; **31** b, d, a, e, c; **32** V; **33** F; No tipo comuml de lisogenia, o profago é o genoma fágico integrado no cromossomo bacteriano; **34** F; Fago Mu não tem sítio específico para inserção e é capaz de inserir múltiplas cópias do seu DNA em um único cromossomo do hospedeiro; **35** girino; **36** ácido nucléico; capsídeo; **37** envoltório; espículas; **38** nus; **39** simétrica; **40** c; **41** b, a, d, c; **42** b, f, a, d, c, e; **43** receptor; **44** espículas; **45** fusão; **46** picada de insetos; **47** replicação do ácido nucléico; **48** F; O processo de montagem viral parece não envolver enzimas biossintéticas especais, mas sim ocorre espontaneamente; **49** F; A média de produção de vírus animais e vegetais é de vários milhares a cerca de 1 milhão por célula, comparada com a produção de várias centenas de fagos a partir de uma célula bacteriana.

CAPÍTULO 16. **1** b; **2** hábitat; **3** bactérias; **4** c; **5** c; **6** ovo embrionado de galinha; **7** corioalantóide; amniótica; **8** efeito citopático; **9** c; **10** 10; **11** protoplastos; **12** mosaico do tabaco; **13** b; d; **14** não-traduzíveis; **15** capa protéica; **16** d; **17** proteína; **18** neurológicas; **19** b, c, d, a; **20** b; **21** c; **22** a; **23** V; **24** V; **25** F; **26** F; **27** V; **28** V.

Testes Bioquímicos para a Diferenciação de Espécies Bacterianas

TESTES BIOQUÍMICOS PARA A DIFERENCIAÇÃO DE ESPÉCIES BACTERIANAS

						Enterobacter			*Serratia*		*Proteus*			
	Escherichia coli	*Salmonella tipica*	*Salmonella typhi*	*Citrobacter freundii*	*Klebsiella pneumoniae*	*cloacae*	*aerogenes*	*Hafnia alvei*	*marcescens*	*liquefaciens*	*vulgaris*	*mirabilis*	*Providencia alcalifaciens*	*Yersinia enterocolitica*
Indol	+	–	–	–	–	–	–	–	–	–	+	–	+	V
Vermelho de metila	+	+	+	+	V	–	–	V	V	V	+	+	+	+
Voges–Proskauer	–	–	–	–	+	+	+	V	+	V	–	V	–	V
Citrato de Simmons	–	V	–	+	+	+	+	V	+	+	V	(V)	+	–
Gás sulfídrico (TSI)	–	+	$+^{W}$	+	–	–	–	–	–	–	+	+	–	–
Uréia	–	–	–	V^{W}	+	V^{W}	–	–	Vw	V^{W}	+	V	–	+
KCN	–	–	–	+	+	+	+	+	+	+	+	+	+	–
Motilidade	V	+	+	+	–	+	+	+	+	+	+	+	+	–37°C +22°C
Gelatina (22°C)	–	–	–	–	–	V	V	–	(V)	+	+	+	–	–
Lisina descarboxilase	V	+	+	–	+	–	+	+	+	(V)	–	–	–	–
Arginina di–hidrolase	V	(V)	–	V	–	+	–	V	–	–	–	–	–	–
Ornitina descarboxilase	V	+	–	V	–	+	+	+	+	+	–	+	–	+
Fenilalanina desaminase	–	–	–	–	–	–	–	–	–	–	+	+	+	–
Malonato	–	–	–	V	+	V	V	V	–	–	–	–	–	–
Gás a partir de D–glicose	+	+	–	+	+	+	+	+	V	V	V	+	V	–
Lactose	+	–	–	(V)	+	(V)	+	V	–	V	–	–	–	–
Sacarose	V	–	–	V	+	+	+	V	+	+	+	V	V	+
D–manitol	+	+	+	+	+	+	+	+	+	+	–	–	–	+
Dulcitol	V	V*	–	V	V	V	–	–	–	–	–	–	–	–
Salicina	V	–	–	V	+	(V)	+	V	+	+	V	V	–	V
Adonitol	–	–	–	–	V	V	+	–	V	V	–	–	+	–

TESTES BIOQUÍMICOS PARA A DIFERENCIAÇÃO DE ESPÉCIES BACTERIANAS (*Continuação.*)

						Enterobacter			*Serratia*		*Proteus*			
	Escherichia coli	*Salmonella típica*	*Salmonella typhi*	*Citrobacter freundii*	*Klebsiella pneumoniae*	*cloacae*	*aerogenes*	*Hafnia alvei*	*marcescens*	*liquefaciens*	*vulgaris*	*mirabilis*	*Providencia alcalifaciens*	*Yersinia enterocolitica*
Meso–inositol	–	V	–	–	+	V	+	–	V	(V)	–	–	–	(V)
D–sorbitol	V	+	+	+	+	+	+	–	+	+	–	–	–	+
L–arabinose	+	+*	–	+	+	+	+	+	–	+	–	–	–	+
Rafinose	V	–	–	V	+	(+)	+	–	–	+	–	–	–	–
L–ramnose	V	+	–	+	+	+	+	+	–	V	–	–	–	–

+ = 90% ou mais de positividade em 48 h
– = menos de 10% de positividade em 48 h

V = 10 a 89,9% de positividade em 48 h (+) = 90% ou mais de positividade entre 3 a 7 dias
(V) = mais de 50% de positividade em 48 h e mais de 90% de positividade em 3 a 7 dias
W = reação fraca

* Alguns sorotipos, incluindo a *S. choleraesuis*, *S. paratyphi* A, *S. pullorum*, não fermentam o dulcitol em 48 h. A *S. choleraesuis* não fermenta a arabinose.

Obs: Esta tabela tem a finalidade de servir como um guia resumido das reações das espécies de *Enterobacteriaceae* de maior importância clínica. Somente 25 dos 60 ou mais testes utilizados para fazer a distinção entre as espécies encontram-se relacionados. Biotipos específicos (*E. coli* H_2S^+ e *Y. enterocolitica* lactose$^+$ e rafinose$^+$ etc.), cepas fastidiosas e cepas atípicas não são tratadas aqui. Para provas mais sofisticadas para estas ou outras espécies de *Enterobacteriaceae*, o leitor deve consultar publicações específicas que fornecem informações adicionais e porcentagens.

Fonte: Modificado de *Enteric Section and Bacteriology* – Training Branch, Centers for Disease Control, Atlanta.

Uso da Notação Exponencial e de Logaritmos em Microbiologia

Os microbiologistas freqüentemente utilizam notações científicas para expressar números. Um elemento importante de notação científica é a notação exponencial. Por exemplo, uma notação científica pode ser utilizada para indicar o grande número de células em uma população (cultura) de microrganismos. Em vez de dizer que há 10 milhões ou 10.000.000 de células em uma cultura, podemos dizer que há 1×10^7 ou simplesmente 10^7 células. O número 1 é o coeficiente, o número 7 é um *expoente*, e o número de células é expresso em *notação exponencial*, que é como uma potência do número 10, ou especificamente como 10^7, onde 7 é a potência ou expoente da base 10. Quando um número é multiplicado por ele mesmo uma ou mais vezes, este é elevado à potência (expoente). Se é multiplicado por ele mesmo uma vez, este é elevado ao quadrado ou à segunda potência. Se é multiplicado por ele mesmo duas vezes, é elevado ao cubo ou à terceira potência. Se é multiplicado por ele mesmo três vezes, é elevado à quarta potência, e assim por diante. Assim, 10^7 significa a multiplicação por ele mesmo seis vezes. A potência de um número é escrita no canto superior direito do número; neste caso, 10 é elevado à potência 7. É importante lembrar que qualquer outro número pode ser multiplicado por ele mesmo; por exemplo, $2 \times 2 \times 2 \times 2 = 2^4$ ou 16. Mas somente o número 10 serve como base para a notação científica, que combina notação exponencial com coeficiente numérico não-inteiro em um sistema que permite expressar um número muito grande ou muito pequeno de forma relativamente simples.

Os números não precisam ser arredondados como 10.000.000, citado no primeiro exemplo. Se considerarmos o número 5.450.000.000, este pode ser expresso em notação científica como $5{,}45 \times 10^9$. Neste caso, 5,45 vem a ser o coeficiente, uma quantidade ou número, que é multiplicado por outra quantidade que é expressa em notação exponencial com a base de 10 (isto é, 10^9). O coeficiente é determinado colocando-se uma vírgula no número, de forma que um dígito diferente de zero fique à sua esquerda; o expoente é determinado pela contagem do número de lugares (números) no número original à direita do dígito diferente de zero, que está antes da vírgula. Esta é a razão pela qual $5{,}45 \times 10^9$ é obtido de 5.450.000.000.

Os microbiologistas algumas vezes também trabalham com números pequenos. Por exemplo, ao trabalhar com taxas de mutação, deve-se observar que uma mutação ocorre uma vez a cada 1 milhão de divisões celulares. A taxa de mutação pode ser descrita como 1/1.000.000, ou 0,000001 vezes o número de divisões. O coeficiente é novamente obtido colocando-se uma vírgula no número, de forma que haja somente um dígito diferente de zero à sua esquerda. A seguir, a contagem dos números, a partir da vírgula, que foram movidos para a direita dará origem ao expoente, que vem a ser o valor negativo. Assim, o número 0,000001 é expresso como 1×10^{-6}. (Multiplicar 1×10^{-6}, que significa multiplicar 10^{-1} por ele mesmo cinco vezes, para obter $1/10^6$, ou 1/1.000.000 ou 0,000001.)

Para multiplicar os números escritos em notação científica, os expoentes são simplesmente *somados*. Por exemplo, a taxa pela qual as mutações ocorrem em 2 genes separados é o produto da taxa para os genes individuais. Se o gene A sofre mutação em uma taxa de 10^{-5} e o gene B sofre mutação em uma taxa de 10^{-6}, a taxa de formação de um mutante contendo mutações em ambos os genes é de $10^{-5} \times 10^{-6} = 10^{-11}$. Os coeficientes, se presentes, são simplesmente *multiplicados*; por exemplo, $(2 \times 10^6) \times (3 \times 10^{-3}) = (2\ 3) \times 10^{+6-3} = 6 \times 103$.

Para dividir os números em notação científica, você simplesmente *divide* os coeficientes e *subtrai* os expoentes. Por exemplo, dividir (8×10^4) por (2×10^3). Isto é solucionado da seguinte forma: $(8/2) \times 10^{4-3} = 4 \times 10^1 = 4 \times 10$.

Um logaritmo (log) é a potência à qual uma base é elevada para produzir determinado número. Estamos mais familiarizados com logaritmos na base 10, indicados como *log 10*. Os microbiologistas freqüentemente trabalham com $\log_{10}$ porque o número de células, em uma cultura microbiana, é expresso como múltiplos da potência de 10, por exemplo, em milhares ou milhões de células. O primeiro passo para determinar o log_{10} de qualquer número é escrevê-lo em notação exponencial. Se o coeficiente é exatamente 1, $\log_{10}$ é simplesmente igual ao expoente. No exemplo de 1×10^7, $\log_{10}$ é escrito como 7. Se o coeficiente não for 1, uma calculadora (ou uma tabela logarítmica) pode ser empregada para determinar o logaritmo. Por exemplo, para determinar o logaritmo para a base 10 ($\log_{10}$) de $3{,}2 \times 10^7$, utilize uma calculadora para determinar $\log_{10}$ de 3,2. O valor é 0,5051. Portanto, $\log_{10}$ de $3{,}2 \times 10^7$ é igual a 7,5051. Valores como este sobre o período de incubação de uma cultura podem ser plotados nas ordenadas (eixo *y*), e o tempo em minutos ou horas, na abcissa (eixo *x*). Isto é denominado um gráfico semilogaritmo, pois somente os valores nas ordenadas estão em valores log. Tal gráfico, utilizando logaritmos do número de células para qualquer base (por exemplo, $\log_{10}$) contra o tempo, sempre dá origem a uma linha reta *quando o crescimento é exponencial*, e por esta razão o crescimento exponencial é também denominado *crescimento logarítmico*.

Embora o número de células seja geralmente plotado em $\log_{10}$, a utilização do $\log_2$ apresenta a vantagem de que cada unidade da ordenada corresponde ao dobro (aumento duplicado) ou a uma geração (desde que a bactéria se divida por fissão binária). Tal marcação facilita a leitura do número de gerações em um intervalo de tempo ou tempo de geração diretamente a partir do gráfico. Valores de $\log_2$ podem ser obtidos da relação $\log_2 X = 3{,}3219 \log_{10} X$. Assim, se X = 3.000, $\log_2 3.000 = 3{,}3219 \times 3{,}48 = 11{,}56$.

Endonucleases de Restrição

As endonucleases de restrição são instrumentos importantes para a engenharia genética (ver Capítulo 14, Volume I) e mais de 200 endonucleases de restrição diferentes têm sido isoladas. Algumas cortam o DNA de maneira assimétrica (produzindo terminais coesivos) e são mais utilizadas que as que produzem terminais cegos. Os terminais cegos de uma molécula de DNA são freqüentemente reunidos pela DNA ligase para formar um DNA circular não-recombinante de pouca aplicação em engenharia genética. Entretanto, esse problema pode ser resolvido por meio de várias técnicas de manipulação, tais como utilizar uma alta concentração de um fragmento de DNA em uma mistura de vários fragmentos, adicionar um "ligante" (*linker* – segmento de DNA curto contendo um sítio de restrição) aos terminais cegos da molécula e então utilizar uma endonuclease para cortar o ligante de maneira assimétrica, ou pela adição de caudas *homopoliméricas* artificiais (tal como, -A-A-A-A- e -T-T-T-T-) nos terminais cegos da molécula.

O nome de cada endonuclease de restrição é escrito da seguinte maneira: as três primeiras letras, em itálico, indicam o nome da bactéria a partir da qual a enzima foi isolada (por exemplo, *Alu* refere-se ao *Arthrobacter luteus*; *Bal* refere-se ao *Brevibacterium albidum*). A letra ou número subseqüente, quando presente, indica a cepa particular da espécie bacteriana (por exemplo, *Sau*[96] refere-se à cepa número 96 do *Staphylococcus aureus*; *Eco*R refere-se à cepa R de *Escherichia coli*). Finalmente, o número romano indica o tipo particular de endonuclease de vários tipos presentes em determinadas espécies ou cepas bacterianas (por exemplo, *Sst* I e *Sst* II referem-se a duas endonucleases de restrição diferentes, isoladas do *Streptomyces stanford*).

A tabela seguinte fornece alguns exemplos de endonucleases de restrição, os sítios de clivagem e as fontes das mesmas.

Endonuclease de restrição	Sítio de clivagem do DNA	Tipo de corte	Bactéria–fonte
ENZIMAS QUE RECONHECEM SEQÜÊNCIAS COM 4 PARES DE BASES			
Alu I	5′ -A-G ↓ C-T- 3′ 3′ -T-C ↑ G-A- 5′	cego	*Arthrobacter luteus*
Dpn I	5′ -G-m^{6}A ↓ T-C- 3′ 3′ -C-T ↑ m^{6}A-G- 5′	cego	*Streptococcus pneumoniae*
Hha I	5′ -G-C-G ↓ C- 3′ 3′ -C ↑ G-C-G- 5′	coesivo (extremidade 3′)	*Haemophilus haemolyticus*
Mbo I	5′ ↓ G-A-T-C- 3′ 3′ -C-T-A-G ↑ 5′	coesivo (extremidade 5′)	*Moraxella bovis*
*Bsaj*I	5′ -C ↓ C-N-N-G-G- 3′ 3′ -G-G-N-N-C ↑ C- 5′	coesivo (extremidade 5′)	*Bacillus stearothermophilus*
Sau96 I	5′ -G ↓ G-N-C-C- 3′ 3′ -C-C-N-G ↑ G- 5′	coesivo (extremidade 5′)	*Staphylococcus aureus*

Endonuclease de restrição	Sítio de clivagem do DNA	Tipo de corte	Bactéria–fonte
ENZIMAS QUE RECONHECEM SEQÜÊNCIAS COM 5 PARES DE BASES			
Ava II	5′ -G ↓ G-W-C-C- 3′ 3′ -C-C-W-G ↑ G- 5′	coesivo (extremidade 5′)	*Anabaena variabilis*
BstN I	5′ -C-C ↓ W-G-G- 3′ 3′ -G-G-W ↑ C-C- 5′	coesivo (extremidade 5′)	*Bacillus stearothermophilus*
Alw I	5′ -G-G-A-T-C-N-N-N -N ↓ N-N- 3′ 3′ -C-C-T-A-G-N-N-N-N -N ↑ N- 5′	coesivo (extremidade 5′)	*Acinetobacter lwoffii*
ENZIMAS QUE RECONHECEM SEQÜÊNCIAS COM 6 PARES DE BASES			
Bal I	5′ -T-G-G ↓ C-C-A- 3′ 3′ -A-C-C ↑ G-G-T- 5′	cego	*Brevibacterium albidum*
EcoR I	5′ -G ↓ A-A-T-T-C- 3′ 3′ -C-T-T-A-A-↑ G- 5′	coesivo (extremidade 5′)	*Escherichia coli*
Kpn I	5′ -G-G-T-A-C ↓ C- 3′ 3′ -C ↑ C-A-T-G-G- 5′	coesivo (extremidade 3′	*Klebsiella pneumoniae*
Sst I	5′ -G-A-G-C-T ↓ C- 3′ 3′ -C ↑ T-C-G-A-G- 5′	coesivo (extremidade 3′)	*Streptomyces stanford*
Sst II	5′ -C-C-G-C ↓ G-G- 3′ 3′ -G-G ↑ C-G-C-C- 5′	coesivo (extremidade 3′)	*Streptomyces stanford*
Sty I	5′ -C ↓ C-W-W-G-G- 3′ 3′ -G-G-W-W-C ↑ C- 5′	coesivo (extremidade 5′)	*Salmonella typhi*
BstE II	5′ -G ↓ G-T-N-A-C-C- 3′ 3′ -C-C-A-N-T-G ↑ G- 5′	coesivo (extremidade 5′)	*Bacillus stearothermophilus*
Bgl I	5′ -G-C-C-N-N-N-N- ↓ N-G-G-C- 3′ 3′ -C-G-G-N- ↑ N-N-N-N-C-C-G- 5′	coesivo (extremidade 3′)	*Bacillus globigii*
ENZIMAS QUE RECONHECEM SEQÜÊNCIAS COM 7 PARES DE BASES			
PpuM I	5′ -R-G ↓ G-W-C-C-Y- 3′ 3′ -Y-C-C-W-G ↑ G-R- 5′	coesivo (extremidade 5′)	*Pseudomonas putida*
Rsr II	5′ -C-G ↓ G-W-C-C-G- 3′ 3′ -G-C-C-W-G ↑ G-C- 5′	coesivo (extremidade 5′)	*Rhodopseudomonas sphaeroides*
ENZIMAS QUE RECONHECEM SEQÜÊNCIAS COM 8 PARES DE BASES			
Not I	5′ -G-C↓ G-G-C-C-G-C- 3′ 3′ -C-G-C-C-G-G↑ C-G- 5′	coesivo (extremidade 5′)	*Nocardia otitidis-caviarum*
Pac I	5′ -T-T-A-A-T↓ T-A-A- 3′ 3′ -A-A-T↑ T-A-A-T-T- 5′	coesivo (extremidade 3′)	*Pseudomonas alcaligenes*
SgrA I	5′ -C-R↓ C-C-G-G-Y-G- 3′ 3′ -G-Y-G-G-C-C↑ R-C- 5′	coesivo (extremidade 5′)	*Streptomyces griseus*
Sfi I	5′ -G-G-C-C-N-N-N-N ↓ N-G-G-C-C- 3′ 3′ -C-C-G-G-N ↑ N-N-N-N-C-C-G-G- 5′	coesivo (extremidade 3′)	*Streptomyces fimbriatus*

Símbolos: A, adenina; T, timina; C, citosina; G, guanina; R, guanina ou adenina; Y, citosina ou timina; W, adenina ou timina; N, qualquer base (adenina, citosina, guanina ou timina); m^6A, 6-metil-adenina.

Fontes: New England Biolabs Inc. 1990 to 1991 catalog, Beverly, Mass.; Boehringer Mannheim Biochemicals, 1990 catalog, Indianápolis, Ind.; J. Sambrook, E. F. Fritsch, e T. Maniatis, *Molecular Cloning: A Laboratory Manual*, Cold Spring Harbor Laboratory Press, Cold Spring Harbor, N.Y., 1989.

Créditos

Somos muito gratos a muitas pessoas e organizações que gentilmente forneceram numerosas fotografias e desenhos que engrandeceram a qualidade de *Microbiologia: Conceitos e Aplicações.*

PRÓLOGO **P.1**: Parke-Davis Division of Warner-Lambert Company. **P.2: [A]** Da coleção do Instituto de Patologia das Forças Armadas, Washington, D.C.; **[B]** C. E. Dobell, *Anthony van Leeuwenhoek and His "Little Animals"*, Russel & Russel, New Iorque, 1932. **P.3**: Wellcome Institute of the History of Medicine. Cortesia de Wellcome Trustees. **P5:** Parke-Davis Division of Warner-Lambert Company. **P.6:** Instituto Pasteur, Paris. **P8:** C. W. Hesseltine, Northern Regional Research Center, USDA. **P.9:** American Society for Microbiology Archives. **P.10:** The Bettmann Archive. **P.11:** American Society for Microbiology Archives. **P.12:** American Society for Microbiology Archives. **P.13** Parke-Davis Division of Warner-Lambert Company. **P.14:** National Library of Medicine. **P.16:** Parke-Davis Division of Warner-Lambert Company. **P.17:** Dr. Robert I. Krasner, Professor de Biologia, Providence College. **P.18:** René Dubos. **P.19: [A,B]** Waksman Institute of Microbiology, Rutgers University. **[B]** Edward L. Tatum; **[C]** Joshua Lederberg.

CAPÍTULO 2 **2.1. [A, B]** National Library of Medicine. **2.3. [A]** Dr. K. S. Kim/ Peter Arnold; **[B]** W. L. Dentler, University of Kansas/Biological Photo Service. **2.6.**: Redesenhado de acordo com J. H. Postlethwait & J. L. Hopson, *The Nature of Life*, McGraw-Hill, Nova Iorque, 1989. **2.8.: [A]** J. R. Waaland/BPS; **[B]** Paul W. Johnson/BPS; **[C]** Eric Grave/Phototake. **2.9.: [A]** E. Guehd/CNRI/Photo Researchers; **[B]** Stanley Flegler/Visuals Unlimites; **[C]** Merna Pelczar; **[D]** Photo Researchers. **2.10:** George Svihla, Argonne National Laboratory Annual Report, 1965. **2.11:** Phototake. **[C]** Eric Grave/ Phototake. **DESCOBERTA 2.1: [A]** Woods Hole Oceanographic Institution; **[B]** S. Frederick Grassle/WHOI; **[C]** Holger W. Jannasch/WHOI e o National Oceanic and Atmospheric Administration.

CAPÍTULO 3 **3.1.:** Environmental Services Branch, National Institutes of Health. **3.2: [A, B]** Becton Dickinson Microbiology Systems, Baltimore, Md. **3.3: [A, B]** Becton Dickinson Microbiology Systems, Baltimore, Md. **[C]** Liliane Therrien & E. C. S. Chan, McGill University. **DESCOBERTA 3.1:** American Type Culture Collection. **3.6: [A, B]** Nikon, Inc., Instrument Group. **3.7:** Carl Zeiss, Inc., Thornwood, N. Y. **3.8: [C]** E. C. S. Chan. **3.9:** Virginia Uy, Orion Welcome Diagnostics. **3.10: [A-C]** O. W. Richards, Research Departament, American Optical Company. **3.11:** (superior) Redesenhado de acordo com J. H. Postlethwait & J. L. Hopson, *The Nature Life*, McGraw-Hill, Nova Iorque, 1989; (inferior) **[A]** Michael J. Pelczar, Jr.; **[B]** CNRI/Science Photo Library/Photo Researchers; **[C]** Jonathan Eisenback/CNRI/Phototake. **3.12:** Dr. V. Hari, Departament of Biological Sciences, Wayne State University, Detroit, Michigan. **3.13:** DNA Plant Technology Corporation, Cinnaminson, N. J. **3.17: [B, C]** Biolog, Hayward, Ca. **TABELA 3.2:** (de cima para baixo) Centers for Disease Control, Atlanta, Ga.; Centers for Disease Control, Atlanta, Ga.; John D. Cunningham/Visuals Unlimited; G. W. Willis, MD/BPS; Dustman & Lukas/McGraw-Hill, Inc.; BPS; G. W. Willis, MD/BPS; BPS.

CAPÍTULO 4 **4.1: [B]** A. M. Siegelman/Visuals Unlimited. **4.2. [A]** Manfred Kage/ Peter Arnold; **[B]** Fred Hossler/Visuals Unlimited; **[C]** E. C. S. Chan. **4.3.:** Cortesia de E. C. S. Chan & *Can. J. Microbiol.* **4.4:[A, B]** David M. Phillips/Visuals Unlimited; **[C]** Liliane Therrien and E. C. S. Chan, McGill University; **[D]** Al Lamme/Phototake; **[E]** Leon J. LeBeau/BPS. **4.5: [A]** Liliane Therrien

E. C. S. Chan, McGill University; **[B]** V. B. D. Skerman; **[C]** Jack M. Bostrack/Visuals Unlimited. **4.6:** G. J. Hageage, Jr. **4.8: [A, B]** T. Iino, University of Tokyo. **4.9: [A-D]** Liliane Therrien E. C. S. Chan, McGill University; **4.10: [A]** S.-L. Cheng, Anna Campana & E. C. S. Chan, McGill University. **DESCOBERTA 4.2:** E. C. S. Chan. **4.11:** Redesenhado de acordo com o diagrama, cortesia de R. M. MacNab & M. K. Ornston, *J. Mol. Biol.* 112:1, 1977. **4.12:** J. W. Coulton, McGill University. **4.13:** C. Brinton, Jr. & Judith Camahan, Universidade de Pittsburgh. **4.14:** Jack M. Bostrack/Visuals Unlimited. **4.15: [A]** J. W. Coulton, McGill University. **[B]** Russell Siboo, McGill University. **4.16:** Adaptado de V. Braun & *J. Bacteriol.* 114:1.264-1.270, 1973. **4.17:** W. Baumeister, Max Planck Institut für Biochimie. **4.18:** A. Ryter & C. Frebel. **4.19: [A, B]** R. A. Macleod, Macdonald College of McGill University. **4.20:** J. W. Coulton, McGill University. **4.23:** J. W. Coulton, McGill University. **4.24:** Instituto Pasteur, Departamento de Biologia Molecular. **4.25:** S. W. Watson. **4.27:** R. L. Gherna, American Type Culture Collection. **4.28:** G. Auling, M. Reh, C. M. Lee & H. G. Schlegel, *Int. J. Syst. Bacteriol.* 28:82, 1978. **4. 29: [B]** E. C. S. Chan. **4.30:** Redesenhado com modificações, de L. E. Hawker & A. H. Linton, *Microorganisms: Function, Form and Environment, 2ª. ed.,* University Park Press, Baltimore, 1979. **4.31: [A, B]** SAB photos LS 203 e 204. G. Knaysi, R. F. Baker & J. Hillier, *J. Bacteriol.* 53:525, 1947. **4.32:** Y.-T. Tchan & P. B. New, de N. R. Krieg & J. G. Holt, eds., *Bergey's Manual of Systematic Bacteriology*, vol. 1, Williams & Wilkins, Baltimore, 1984. **4.33: [A]** David Scharf/Peter Arnold; **[B]** David M. Phillips/Visual Unlimited; **[C]** Runk-Schenberger/Grant Heilman; **[D]** BPS. **4.34: [A, B]** E. C. S. Chan. **4.35: [A]** Manfred Kage/Peter Arnold. **DESCOBERTA 4.3:** Cabisco/Visuals Unlimited. **4.36: [A-E]** James L. van Etten, Lee A. Bulla, Jr. & Grant St. Julian e o American Society for Microbiology. **4.37:[A, B]** Bob Lee & E. C. S. Chan, *McGill University*. **4.38: [A]** R. G. Kessel & C. Y. Shih, *Scanning Electron Microscopy in Biology*, Springer Verlag, Berlim, 1974. **4.39: [A]** Dennis Kunkel, Universidade de Washington. **4.41:** Viqar Zaman, National University of Singapore. **4.42:** Viqar Zaman, National University of Singapore. **4.43: [A]** Peter R. Gardiner, International Laboratory for Research on Animal Diseases, Nairobi, Kenia e a Sociedade de Protozoologistas; **[B]** Adaptado de P. W. Davis & E. P. Solomon, *The World of Biology*, McGraw-Hill, Nova Iorque, 1979. **4.44: [A]** K. Jean/Visuals Unlimited. **4.45: [A, B]** Nathalie Chaly, *Carleton University,* Ottawa, Canadá. **4.52: [B]** Stanley F. Flegler, Pesticide Research Center, Michigan State University. **4.53 [B]** B. Kendrick, University of Waterloo. **4.54: [A]** Dustman and Lukas, Slides for *Microbiology*, unidade 5, McGraw-Hill, Nova Iorque; **[B]** L. Kapika & E. C. S. Chan, McGill University. **4.55: [B, C]** Orson K. Miller, Jr., Virginia Polytechnic Institute and State University, Blacksburg; **[D]** H. E. Huizar, J. T. Ellzey & W. L. Steffens, The University of Texas, em El Paso.

CAPÍTULO 5 **5.1:** E. C. S. Chan. **5.2.:** E. C. S. Chan. **5.3.:** Liliane Therrien & E. C. S. Chan, McGill University. **5.4:** Becton Disckinson Microbiology Systems. **5.5: [A, B]** Becton Dickinson Microbiology Systems. **5.6:** Liliane Therrien & E. C. S. Chan, McGill University. **5.7:** Liliane Therrien & E. C. S. Chan, McGill University. **5.8.:** E. C. S. Chain. **5.10:** E. C. S. Chan, J. de Vries & R. F. Harvey, *J. Clin. Microbiol.* 9:124-126, 1978. **5.11: [A, B]** E. C. S. Chan. **5.12:** Liliane Therrien and E. C. S. Chan, McGill University. **5.13:** Liliane Therrien and E. C. S. Chan, *McGill University.* **5.14:** E. C. S. Chan. **5.15:** Michael G. Gabridge/Visuals Unlimited. **5.16:** E. C. S. Chan.

CAPÍTULO 6 **6.3:** Cetus Corporation. **6.4:** E. C. S. Chan. **6.5:** The Germfree Laboratories, Inc. **6.6: [B]** Becton Dickinson Microbiology Systems. **6.9:** Adaptado de J. H. Postlethwait & J. L. Hopson, *The Nature of Life*, McGraw-Hill, Nova Iorque, 1989. **6.13: [A, B]** I. D. J. Burdett & R. G. E. Murray, *J. Bacteriol.* 119:1.039, 1974.

CAPÍTULO 7 **7.7: [A]** SIU/Visuals Unlimited. **7.10:** Nordian International, Inc., Ontário, Canadá. **7.11: [B]** Bill Varie/AMGEN, Inc. **7.12: [B]** Gelman Sciences, Inc.; **[C]** Pall/Visuals Inlimited. **7.14: [A, B]** Centers for Disease Control, Atlanta. Ga. **7.15:** Centers for Disease Control, Atlanta. Ga.

CAPÍTULO 8 **8.1:** National Library of Medicine. **8.4:** E. C. S. Chan.

CAPÍTULO 9 **9.1:** R. Joseph & E. Canale-Parola. **9.2:** J. Nowak, *Documenta Microbiologica*, Parte 1, "Bakterien", Gustav Fischer Verlag, Jena, Alemanha, 1927. **9.3:** N. R. Krieg. **9.4:** N. R. Krieg, *Bacteriol. Rev.,* 40:55, 1976. **DESCOBERTA 9.1:** D. L. Balkwill, D. Maratea & R. P. Blakemore, *J. Bacteriol.* 141: 1.399, 1980. **9.6: [A]** J. M. Larkin, P. M. Williams & R. Taylor, *Int. J. Syst. Bacteriol.* 27:147, 1977. **9.7:** Centers for Diseases Control, Atlanta, Ga. **9.8:** R. Unz, de N. J. Palleroni em M. P. Starr *et al.*, eds., *The Prokaryotes: A Handbook on Habitats, Isolation and Identification of Bacteria,* Springer-Verlag, 1981. **9.9:** John D. Cunningham/Visuals Unlimited. **9.10:** R. G. E. Murray, de *Bergey's Manual od Determinative Bacteriology,* 8ª ed., Williams & Wilkins, Baltimore, 1974. **9.11:** Manfred Kage/Peter Arnold. **9.12: [B]** A. M. Siegelman/Visuals Unlimited. **9.15:** N. J. Kramis e o Rocky Mountain Laboratory, U. S. Public Health Service. **9.16: [B]** Centers for Disease Control, Atlanta,

Ga. **9.17: [A-C]** N. Pfenning, *J. Bacteriol.* 99:597, 1969. **9.18: [A-D]** George J. Schumacher, *State University of New York* em Binghamton. **9.19:** H. Reinchenbach, de Martin Dworkin, "The Myxobacterales", em A. I. Laskin & H. A. Lechevalier, eds., *Handbook of Microbiology*, CRC Press, Boca Raton, Fla., 1974. **9.20: [A-E]** P. L. Grilione & J. Pangborn e *J. Bacteriol.* 124:1.558, 1975. **9.21: [A]** H. F. Ridgeway, Jr., Scripps Institutuion of Oceanography; **[B]** Hans Reinchenbach. **9.22:** EPA/Visuals Unlimited. **9.23: [A]** A. L. Houwink & W. van Iterson, *Biochem. Biophys. Acta.* 5:10, 1950. **9.24:** Jean M. Schmidt, Arizona State University. **9.29:** Centers for Disease Control, Atlanta. Ga. **DESCOBERTA 9.2:** David J. Vitale & George B. Chapman. **9.30: [B]** Centers for Disease Control, Atlanta. Ga. **9.31:** Mary P. Lechevalier. **9.32:** Mary P. Lechevalier. **9.33:** G. Biberfeld & P. Biberfeld, *J. Bacteriol.* 102:855, 1970.

CAPÍTULO 10 **10.1: [B]** All, Cabisco/Visuals Unlimited. **10.2:** (sentido horário de cima para baixo) Ray Simons/Photo Researchers; Robert Knauft/Biology Media/Photo Researchers; Biophoto Associates/Photo Researchers. **10.3: [A]** M. W. Miller, University of Maryland. **10.6: [A]** M. F. Brown & H. G. Brotzman, Universidade de Missouri. **10.7: [A, B]** M. F. Brown & H. G. Brotzman, Universidade de Missouri. **10.9: [A]** I. Benda e Avi Publishing Co., Inc., **[B]** Dr. Teena Walker, National Research Council of Canada, Ottawa, Ontário. De L. C. Sowden & T. Walker, 1988, *Can. J. Microbiol.* 34:577-582, 1986. **10.10: [A]** George Svihla e The Microscope and Crystal Front. **10.12:** George Knauphus/Visuals Unlimited. **10.13:** Patrick Lynch/ Photo Researchers. **10.14:** John D. Cunningham/Visuals Unlimited. **10.15:** Dr. T. C. Sewall, Universidade de Georgia, Athens, Ga. De C. W. Mims, E. A. Richardson & W. E. Timberlake, *Protoplasma* 144:132-141, 1988. **10.16**: [A, B] L. Kapica & E. C. S. Chan, McGill University. **10.17: [A-F]** *U. S. Departament of Commerce.* **10.20:** Dennis D. Kunkel, Universidade de Washington, Concurso Internacional de Fotomicrografia Instantânea Polaroid de 1985. **10.21: [A, B]** U. S. Departament of Commerce. **DESCOBERTA 10.1:** Concurso Internacional de Fotomicrografia Instantânea Polaroid de 1986; foto de Carol Strong Weidman. **10.4: [A]** U. S. Departament of Commerce. **DESCOBERTA 10.2:** D. F. Bird & J. Kalff, McGill University. **10.25: [A]** Biophoto Associates/Science Source/Photo Researchers. **10.27:** Viqar Zaman, National University of Singapore. **10.28: [A]** Viqar Zaman, National University of Singapore. **10.29: [A]** John A. Kloetzel, Universidade de Maryland, Baltimore.

CAPÍTULO 11 **11.8:** Norma J. Lang e *J. Phycol.* 1:127-134, 1965.

CAPÍTULO 13 **13.1:** Com permissão de J. D. Griffith, *University of North Carolina.* **DESCOBERTA 13.1:** Cetus Corporation. **13.8: [A]** N. R. Krieg. **13.10: [A, B]** N. R. Krieg. **13.19:** Michiko Egel-Mitani.

CAPÍTULO 14 **14.1: [A, B]** Eli Lilly Co.

CAPÍTULO 15 **15.3:** Kendall O. Smith & Melvin D. Trosdale. **15.4: [A, B]** H. -W. Ackermann, Laval University. **15.5:** CNRI/Phototake. **15.6:** Centers for Disease Control, Atlanta, Ga. **15.7: [A]** Margaret Gommersall McGill University; **[B]** K. B. Easterbrook, Dalhousie University **15.9:** A. K. Kleinschmidt, University of Ulm, Alemanha, de A. K. Kleinschmidt *et al., Biochim. Biophys. Acta* 61: 857-864, 1962. **15.10: [A]** H. -W. Ackermann, Laval University. **[B]** Runk-Schoenberger/Grant Heilman; **[C]** R. L. Wiseman, The Public Health Research Institute of the City of New York, Inc. **15.11:** H. -W. Ackermann, Laval University. **15.12:** De desenhos feitos por H. -W. Ackermann, Laval University. Reproduzido de R. E. F. Matthews, "Classification and Nomenclature of Viruses", *Intervirology* 17:1-199, 1982. Autorizado por S. Karger AG, Basel. Switzerland. **15.13:** H. -W. Ackermann, Laval University. **15.16: [A, B]** S. Mizushima, Nagoya University. De H. Furukawa, T. Kuroiwa e S. Mizushima, "DNA Injection During Bacteriophage T4 Infection of *Escherichia coli*", *J. Bacteriol.* 154:938-945, 1983. **15.18:** Lee D. Simon, The Waksman Institute, Rutgers University, New Brunswick, N. J. **15.20:** J. W. Coulton. *McGill University.* **15.23: [A-D]** M. K. Corbett, Universidade de Maryland. **15.24: [A-C]** Centers for Disease Control, Atlanta, Ga. **15.25:** Reproduzido de desenhos de Mrs. J. Keeling em R. E. F. Matthews, "Classification and Nomenclature of Viruses", *Intervirology* 17:1-99, 1982. Autorizado por S. Karger AG, Basel, Suíça. **15.26:** Reproduzido de desenhos de Mrs. J. Keeling em R. E. F. Matthews, "Classification and Nomenclature of Viruses", *Intervirology* 17:1-99, 1982. Autorizado por S. Karger AG, Basel, Suíça.

CAPÍTULO 16 **16.1:** Bruce Iverson/BSC. **16.3:** Departamento de Saúde do Estado do Texas. **16.5: [A]** W. Siegel, American Type Culture Collection; **[B]** W. Siegel. **16.7:** E. C. S. Chan. **16.8: [A-E]** M. K. Corbett, Universidade de Maryland.

Glossário

Abertura. A magnitude de um ângulo formado entre o eixo ótico e os raios mais externos captados pela objetiva.

Abiogênese. *Ver* ***Geração espontânea***. (*Abio*, sem vida; *genesis*, origem.)

Abiótico. Refere-se à ausência de organismos vivos.

Abscesso. Uma coleção localizada de pus em uma cavidade formada pela degeneração dos tecidos.

Ação oligodinâmica. Efeito letal exercido por pequena quantidade de determinados metais em bactérias.

Acérvulo. Um corpo de frutificação assexuado ou estrutura reprodutiva em um fungo.

Ácido desoxirribonucléico. Portador da informação genética; um tipo de ácido nucléico que ocorre nas células, contendo ácido fosfórico, D-2-desoxirribose, adenina, guanina, citosina e timina. Abreviação: DNA.

Ácido diaminopimélico. Um ácido diamino de sete carbonos que ocorre como um dos componentes do peptideoglicano da parede celular de várias bactérias.

Ácido nucléico. Uma classe de moléculas constituída por nucleotídeos complexos; os tipos são ácido desoxirribonucléico (DNA) e ácido ribonucléico (RNA).

Ácido para-aminobenzóico (PABA). Composto bioquímico natural, cuja estrutura central é semelhante à da sulfonamida.

Ácido ribonucléico. Ácido nucléico que existe no citoplasma e no nucléolo contendo ácido fosfórico, D-ribose, adenina, guanina, citosina e uracila. Abreviação: RNA.

Ácido teicóico. Polímero de ribitol fosfato ou glicerol fosfato que ocorre na parede celular de certas bactérias Gram-positivas.

Ácido tetraidrofólico. Co-enzima sensível ao oxigênio, composta por tetraidropteridina, ácido p-aminobenzóico e ácido glutâmico; atua como um transportador intermediário na transferência de grupos de 1 carbono (C1).

Ácido. Substância que ioniza na água e libera um íon hidrogênio.

Acinetos. Uma única célula de parede espessa de esporo de repouso assexuado não-móvel formado pelo espessamento da parede celular da célula parental; formados por algumas cianobactérias.

Actinomicetes. Bactérias Gram-positivas que são caracterizadas pela formação de filamentos ramificados.

Adenina. Uma purina componente de nucleosídeos, nucleotídeos e ácidos nucléicos.

Adenosina difosfato (ADP). Um composto constituído de adenosina e dois grupos fosfatos.

Adenosina trifosfatase (ATPase). Uma enzima que catalisa a quebra ou a síntese de adenosina trifosfato (ATP).

Adenosina trifosfato (ATP). Um composto constituído de adenosina e três grupos fosfatos.

Adenosina. Mononucleosídeo constituído de adenina e D-ribose, produzido pela hidrólise de adenosina monofosfato.

Adenovírus. Um grupo de vírus DNA de fita dupla icosaédrico.

Adjuvante. Uma substância que, quando administrada juntamente com antígenos, aumenta a produção de anticorpos.

Aeróbio. Organismo que pode utilizar o oxigênio como aceptor final de elétrons na cadeia respiratória, pode crescer em um nível de O_2 equivalente ou maior que o presente no ar atmosférico (21%) e tem um metabolismo estritamente respiratório. *Comparar com* **Anaeróbio, Microaerófilo, Anaeróbio facultativo**.

Aerossol. Partículas atomizadas ou gotículas suspensas no ar.

Aflatoxina. Toxina produzida por algumas amostras do fungo *Aspergillus flavus*; apresenta propriedades carcinogênicas.

Ágar. Um polissacarídeo seco extraído de algas vermelhas (*Rhodophyceae*), utilizado como agente solidificante em meios de cultura microbiológicos.

Agente antimicrobiano. Agente químico ou biológico que destrói ou inibe o crescimento de microrganismos.

Agente quelante. Composto orgânico no qual os átomos formam mais do que uma ligação coordenada com metais, mantendo-os em solução.

Agente quimioterapêutico sintético. Composto produzido por meio de síntese em laboratório para fins terapêuticos.

Agentes biogeoquímicos. Microrganismos que mediam transformações de elementos em um ciclo global.

Agentes desacopladores. Substâncias químicas que envenenam a célula por transportar prótons livremente por meio da membrana, destruindo o gradiente de próton necessário para a síntese de ATP.

Agentes quimioterápicos. Substâncias químicas utilizadas no tratamento de doenças.

Aglutinação. Aglomerado de células ou de partículas.

Água de esgoto. Água utilizada e descartada por uma comunidade.

Álcool-ácido resistência (coloração). Propriedade que certas bactérias apresentam de reter um corante; uma vez coradas, dificilmente são descoradas quando tratadas com uma mistura de álcool e ácido.

Alelos. Dois genes que ocupam alternadamente o mesmo loco cromossômico em um par de cromossomos homólogos.

Alergia. Um tipo de reação antígeno-anticorpo caracterizada por uma exagerada resposta fisiológica a uma substância, em indivíduos sensíveis.

Alga. Membro de um grupo heterogêneo de organismos eucarióticos, fotossintéticos, unicelulares ou multicelulares.

Aloenxerto. Enxerto (tecido) de membros geneticamente diferentes de uma mesma espécie.

Alvéolo. Saco de ar do pulmão.

Amilase. Enzima que hidrolisa o amido.

Aminação redutiva. Reação em que o ácido glutâmico é produzido a partir da amônia e do ácido α-cetoglutárico.

Aminoácido. Um composto orgânico que contém um grupo amino ($-NH_2$) e um grupo carboxila ($-COOH$).

Amonificação. Decomposição de compostos orgânicos nitrogenados, tais como proteínas, por microrganismos, com liberação de amônia.

Anabolismo. Processo de síntese de constituintes celulares a partir de moléculas mais simples, geralmente requer energia. *Comparar com* **catabolismo.**

Anaeróbio estrito. Microrganismo que não tolera o oxigênio.

Anaeróbio. Organismo que não utiliza O_2 para obter energia; não pode crescer na presença do ar atmosférico porque o O_2 é tóxico. *Comparar com* **aeróbio**.

Anaeróbios facultativos. Organismos que não requerem O_2 para crescer (mas podem usá-lo se estiver disponível) e que crescem bem em condições de aerobiose ou de anaerobiose; o oxigênio não é tóxico.

Anafilatoxina. C5a, um peptídeo derivado do sistema complemento, que causa a liberação de histamina a partir dos mastócitos.

Anafilaxia. Hipersensibilidade de um animal após injeção parenteral de um antígeno.

Anaplasia. Anormalidade estrutural em uma célula ou células.

Anel beta (β)-lactâmico. Estrutura cíclica constituída de três átomos de carbono e um átomo de nitrogênio (um anel de quatro membros) presentes em alguns antibióticos.

Anfipática. Característica de compostos que contêm um grupo polar ou ionizado em uma das extremidades da molécula e uma região apolar na outra extremidade.

Anfitríquios. Organismos que têm um flagelo em cada pólo da célula.

Animalia. Reino que inclui os animais que se alimentam por ingestão.

Ânion. Íon com uma carga negativa.

Anoxigênico. Que não produz oxigênio na conversão da energia luminosa em energia química.

Antagonismo. Morte, dano ou inibição do crescimento de uma espécie de microrganismo provocados por outro microrganismo quando este modifica o ambiente de modo adverso.

Anterídio. Gametângio masculino.

Antibacteriano. Definição de agentes que matam ou previnem o crescimento de bactérias.

Antibiose. Associação antagônica entre dois organismos, na qual um deles é afetado de maneira adversa.

Antibiótico. Substância de origem microbiana que, em pequenas quantidades, tem atividade antimicrobiana.

Antibióticos aminoglicosídeos. Uma classe de antibióticos que impede a síntese de proteínas.

Antibióticos de amplo espectro. Agentes antimicrobianos produzidos por microrganismos que são efetivos contra muitas espécies de microrganismos.

Antibióticos poliênicos. Uma classe de antibióticos que apresentam em sua estrutura química um grande anel e aumentam a permeablidade celular.

Anticódon. Uma seqüência de três nucleotídeos (em um aminoácido *t*RNA) complementar ao *triplet* codificado no *m*RNA.

Anticorpo heterófilo. Um anticorpo que reage com microrganismos ou células que não estão relacionados com o antígeno que estimulou a sua produção. A aglutinação de *Proteus* com soros de pacientes com febre tifóide é um exemplo.

Anticorpo monoclonal. Anticorpo produzido por um clone de células geneticamente idênticas derivadas de uma única célula produtora de anticorpos denominada *hibridoma*. O anticorpo é homogêneo e específico para um único epitopo.

Anticorpo. Classe de substâncias (proteínas) produzida por um animal em resposta à introdução de um antígeno.

Anticorpos imunes. Imunoglobulinas produzidas pelo sistema imune, induzidas por um antígeno.

Antifúngico. Agente que mata ou previne o crescimento de fungos.

Antigenicidade. Propriedade de uma substância que pode induzir uma resposta imune.

Antígeno H. Antígeno protéico termolábil encontrado no flagelo de certas bactérias.

Antígeno heterófilo. Um antígeno que reage com anticorpos estimulados por espécies não relacionadas.

Antígeno. Substância que, quando introduzida num organismo animal, estimula a produção de substâncias específicas (anticorpos), que reagem ou se ligam ao antígeno.

Antígenos de Forssman. Antígeno heterófilo largamente distribuído na natureza.

Antígenos O. Cadeia polissacarídica longa de lipopolissacarídeo que se estende da membrana externa de bactérias Gram-negativas para o meio ambiente.

Antiprotozoário. Agente que mata ou previne o crescimento de protozoário.

Anti-sepsia. Prevenção de infecção pela inibição ou destruição dos agentes causadores de doenças.

Anti-séptico. Ação contrária ou oposta à sepsia, putrefação ou deterioração, pela prevenção ou pelo impedimento do crescimento de microrganismos.

Anti-soro. Soro sanguíneo que contém anticorpos.

Antitoxina. Anticorpo capaz de se unir a e neutralizar uma determinada toxina.

Antiviral. Agente que mata ou previne o crescimento de vírus.

Antramicina. Um antibiótico antitumor.

Aplanósporo. Um esporo imóvel; um zoósporo abortivo.

Apoenzima. Porção protéica de uma enzima.

Apófise. Base do esporângio.

Apotécio. Corpo de frutificação sexuado em fungos.

Arqueobactéria. Grupo principal de bactérias que inclui as bactérias metanogênicas, halofílicas extremas e termoacidófilas, e que diverge de outros grupos de bactérias nos estágios evolucionários iniciais. Também chamada *archaebacteria.*

Arranjo em paliçada. Células dispostas lado a lado, como no gênero *Corynebacterium.*

Artrópode. Invertebrado com patas articuladas, tal como um inseto ou um crustáceo.

Artrósporo. Um esporo assexuado formado pela fragmentação do micélio.

Ascocarpo. Corpo de frutificação sexuado no qual são produzidos os esporos.

Ascomicetes. Classe de fungos que se distinguem pelos ascos.

Ascos. Estruturas semelhantes a um saco, típicas dos fungos que produzem ascósporos.

Ascósporo. Esporo sexuado característico dos ascomicetes, produzido em uma estrutura semelhante a um saco conhecida como "asco", após a união de dois núcleos.

Assepsia cirúrgica. Procedimentos e condições que previnem a entrada de microrganismos nos ferimentos e tecidos durante a cirurgia.

Assepsia médica. Prática para conseguir que pessoas, pacientes e ambientes fiquem livres de microrganismos infecciosos.

Assepsia. Uma condição em que microrganismos prejudiciais estão ausentes. Adjetivo: **asséptico**.

Asseptado. Não é dividido por parede celular; relacionado com hifas de fungos.

Assimilação. Conversão de material nutritivo dentro do protoplasma.

Assintomáticas (doenças). Sem sintomas.

Atenuação. Diminuição ou redução da virulência.

Ativador tissular de plasminogênio. Protease que catalisa a conversão de plasminogênio sanguíneo a plasmina, uma enzima que dissolve a fibrina do coágulo sanguíneo. Um produto obtido por meio de engenharia genética que é utilizado para o tratamento de pacientes com doenças cardíacas.

Átomo. Estrutura individual que constitui a unidade básica de todo elemento químico.

ATP. *Ver* **Adenosina trifosfato.**

Autoclave. Aparelho que utiliza o vapor d'água sob pressão para realizar a esterilização.

Autólise. Desintegração de uma célula pela ação de suas próprias enzimas.

Autolisinas. Enzimas presentes nas células que catalisam a quebra das estruturas celulares.

Autotróficos. Microrganismos que utilizam matérias inorgânicas como fontes nutritivas; o dióxido de carbono é a única fonte de carbono. *Comparar com* **heterotrófico.**

Avirulento. Organismo que perdeu a capacidade de causar doença.

Bacilos. Bactérias em forma de bastão.

Bacteremia. Condição na qual as bactérias se encontram na corrente sanguínea.

Bactéria lisogênica. Bactéria portadora de profago.

Bactéria metanogênica. Arqueobactéria anaeróbia que produz metano.

Bactéria. Grupo diverso e ubiqüitário de microrganismos procarióticos unicelulares.

Bactérias do nódulo da raíz. Bactérias pertencentes ao gênero *Rhizobium*, família *Rhizobiaceae*, que vivem simbioticamente nos nódulos de raízes de plantas leguminosas e fixam o nitrogênio atmosférico.

Bactericida. Agente que destrói as bactérias.

Bacteriocina. *Ver* **Fator bacteriocinogênico.**

Bacterioclorofila. Um pigmento semelhante à clorofila presente nas bactérias fotossintéticas anoxigênicas.

Bacteriófago. Vírus que infecta as bactérias, podendo causar sua destruição.

Bacteriófago temperado. Bacteriófago capaz de se integrar no DNA do genoma do hospedeiro, sendo desta forma transmitido por meio da divisão celular sem causar lise do hospedeiro.

Bacteriolisina. Substância que causa a desintegração das bactérias.

Bacteriorrodopsina. Um pigmento púrpura que ocorre na membrana citoplasmática de um grupo de arqueobactérias chamadas halofílicas extremas; semelhante à rodopsina que ocorre no bastão retinal dos vertebrados superiores.

Bacteriostase. Inibição do crescimento e da reprodução de bactérias sem matá-las.

Bacteriostático. Agente ou substância capaz de inibir o crescimento de bactérias.

Bacteróides. Aspecto morfológico de células de *Rhizobium* nos nódulos de raízes de legumes.

Bainha. Uma estrutura tubular oca que envolve uma cadeia de células ou filamento; também refere-se ao revestimento que envolve o flagelo de certas bactérias Gram-negativas.

Barófilo. Organismo que se desenvolve sob condições de alta pressão hidrostática.

Base. Uma substância que, quando ionizada, libera um íon de carga negativa que recebe um íon hidrogênio.

Basídio. Uma estrutura especial semelhante a uma clava, onde se originam os basidiósporos exógenos; presente nos basidiomicetos.

Basidiocarpo. Corpo de frutificação que carrega basídios, os quais produzem os basidiósporos.

Basidiomicetes. Classe de fungos que formam basidiósporos.

Basidiósporo. Esporo sexuado produzido após a união de dois núcleos numa estrutura especial, semelhante a uma clava, conhecida como basídio.

BCG, vacina. Bacilo de Calmette-Guérin; amostra atenuada de *Mycobacterium bovis* utilizada na imunização contra a tuberculose.

Bentos. Termo coletivo para os microrganismos que vivem no fundo de oceanos e de lagos.

Bergey's Manual of Sistematic Bacteriology. Um trabalho de referência internacional que classifica e descreve as bactérias.

Beta (β)-Hemólise. Zona de hemólise bem definida, incolor e transparente, que circunda certas colônias bacterianas desenvolvidas em ágar sangue.

Beta (β)-lactamases. Enzimas que destroem o anel β-lactâmico na estrutura central dos antibióticos como as penicilinas.

Biodegradável. Capaz de ser degradado por microrganismos.

Biogênese. Origem de organismos vivos somente a partir de outros organismos vivos. *Comparar com* **geração espontânea**.

Bioinseticidas. Substâncias químicas produzidas por microrganismos (ou os próprios microrganismos) utilizadas na destruição de insetos.

Bioluminescência. Emissão de luz por organismos vivos.

Biomassa. Massa de matéria viva, presente em uma área específica.

Bioquímica. Um ramo da química que se preocupa especificamente com a química em relação aos processos da vida.

Biosfera. Zona do globo que compreende a camada inferior da atmosfera e as camadas superiores do solo e das águas.

Biossólidos. Partículas orgânicas sólidas em água de esgoto, também chamadas *borra*.

Biorremediação. Uso de agentes biológicos (microrganismos) naturais ou construídos geneticamente para remover poluentes tóxicos do meio ambiente.

Biotecnologia. A combinação de princípios científicos e de engenharia que utilizam agentes biológicos para transformar materiais em produtos de valor comercial.

Biovar. Uma subdivisão de uma espécie baseada em características fisiológicas. Também denominado *biotipo*.

Blastósporos. Esporos produzidos por um processo de brotamento ao longo da hifa ou por uma célula isolada.

Bloom. Uma área colorida na superfície do leito da água causada por um crescimento pesado de plâncton. Também conhecido como *maré vermelha* ou *florescência*.

BOD. *Ver* **Demanda bioquímica de oxigênio.**

Bolor. Fungo caracterizado pela estrutura filamentosa.

Brônquios. Ramificações da traquéia.

Brotamento. Uma forma de reprodução assexuada típica de leveduras, em que uma nova célula é formada a partir de um crescimento para fora de uma célula-mãe.

Bubão. Inchaço do linfonodo infectado.

Burst size. Número de bacteriófagos produzidos durante a lise de uma célula bacteriana.

Cadeia respiratória. *Ver* **Sistema transportador de elétrons.**

Calo. Massa desorganizada de uma célula de planta quando crescida em ágar.

Caloria. Unidade de calor; a quantidade de calor necessária para elevar de 1°C a temperatura de um grama de água.

Camada limosa. Uma capa gelatinosa desorganizada aderida à parede celular.

Capsídeo. Envoltório protéico de um vírus.

Capsômero. Uma subunidade morfológica de um capsídeo quando observado por microscopia eletrônica.

Cápsula. Um envelope ou camada limosa que circunda a parede circular de alguns microrganismos.

Carcinomas. Tumores sólidos que crescem a partir de tecidos epiteliais.

Cardiolipina. Componente lipídico da membrana citoplasmática de células humanas e outros mamíferos.

Carioplasma. Material interno à membrana nuclear.

Cariótipo. A aparência diplóide de um conjunto de cromossomos.

Carotenóide. Pigmento insolúvel em água, geralmente amarelo, laranja ou vermelho, que consiste em uma longa cadeia poliênica alifática constituída de unidades de isopreno.

Catabolismo. Desassimilação ou degradação de moléculas orgânicas complexas; parte de um processo metabólico total. *Comparar com* **anabolismo.**

Catalase. Enzima que transforma o peróxido de hidrogênio em água e oxigênio.

Catalisador. Substância que acelera uma reação química, mas permanece inalterada em forma e em quantidade.

Cátion. Íon com carga total positiva.

Cavitação. O uso de ondas sonoras de alta freqüência em líquidos para produzir pequenas bolhas que colapsam violentamente, desintegrando as células microbianas.

Ceco. Bolsa intestinal distendida na qual abre-se o íleo, o cólon e o apêndice.

Célula. Unidade microscópica, estrutural e funcional básica de todos os organismos vivos.

Célula *natural killer* (NK). Linfócitos que matam células indesejáveis como células tumorais e células infectadas com vírus.

Célula *null*. Linfócitos que perdem os marcadores superficiais que caracterizam os linfócitos B e T, como os linfócitos *natural killer* e linfócitos *killer* dependentes de anticorpos.

Células HeLa. Linhagem pura de células cancerosas humanas, utilizada para cultivo de vírus.

Células imunes. Células produzidas pelo sistema imune, induzidas pelo antígeno.

Células *swarm*. Células haplóides com dois flagelos formadas no ciclo de crescimento celular dos fungos.

Células transformadas. Células que têm uma nova propriedade hereditária devido à aquisição de um fragmento do DNA do meio.

Células tronco. Células da medula óssea que dão origem a células especializadas, como os linfócitos.

Celulase. Enzima extracelular que libera celobiose pela hidrólise da celulose.

Celulose. Polissacarídeo complexo, constituído de várias moléculas de glicose; é um material estrutural característico das paredes celulares dos vegetais.

Cenocítico. Termo aplicado a uma célula ou uma hifa não-septada contendo vários núcleos.

Centrífuga. Aparelho usado para separar ou remover material particulado suspenso em um líquido por meio da força centrífuga.

Centrifugação por gradiente de densidade. Técnica na qual uma mistura de proteínas ou ácidos nucléicos é centrifugada em um líquido cuja densidade aumenta gradativamente em direção ao fundo do tubo. Cada substância na mistura localiza-se em um determinado nível de densidade.

Centríolos. Cilindros de microtúbulos protéicos encontrados em células eucarióticas que migram para lados opostos da célula durante a mitose.

Centrômero. Anel de proteína que une cromossomos duplicados no processo de mitose.

Cepa padrão. Cepa que é uma amostra de referência permanente de uma espécie; é a amostra à qual todas as outras amostras podem ser comparadas para serem incluídas na espécie.

Cepa. Todos os descendentes de uma cultura pura; geralmente uma sucessão de culturas derivadas de uma colônia inicial.

Cercária. Forma infectante de esquistossoma.

Cestódeos. Solitária (tênias).

***Chytridiomycetes*.** Uma classe de fungos que produzem zoósporos e possuem um único flagelo chicoteante posterior.

Cianobactérias. Fototróficos oxigênicos, vulgarmente denominados algas azul-esverdeadas.

Ciclo do ácido cítrico. Uma seqüência cíclica de reações bioquímicas por meio da qual o ácido pirúvico é oxidado a dióxido de carbono e água com a redução concomitante de NAD para $NADH_2$ e FAD para $FADH_2$.

Ciclo do ácido tricarboxílico. *Ver* **Ciclo do ácido cítrico.**

Ciclo do glioxilato. Uma seqüência de reações bioquímicas em que o acetato é convertido a ácido succínico (uma via secundária do ciclo de Krebs).

Ciclo eritrocítico (na malária). Ciclo da invasão das células sangüíneas vermelhas na malária. Quando um merozoíta de *Plasmodium* infecta uma célula vermelha humana, transforma-se em um trofozoíta, que se divide para produzir mais merozoítas. Como ocorre a destruição das células sangüíneas, os merozoítas são liberados e atacam outras células vermelhas.

Ciclo hidrológico. Ciclo completo no qual a água passa do oceano por meio da atmosfera para a terra e volta para o oceano.

Ciclo lítico. Processo de replicação de bacteriófagos virulentos (lítico), com o rompimento da célula hospedeira e liberação de novos fagos que podem infectar outras células hospedeiras.

Cílio. Certas células eucarióticas apresentam apêndices relativamente curtos, semelhantes a pêlos, que são capazes de realizar movimentos chicoteantes vibratórios.

Cisticerco. Forma encistada latente de solitária (tênias).

Cisto. Forma latente de um organismo, com parede espessa, resistente à dessecação; por exemplo, os cistos formados por certas bactérias como o *Azotobacter* ou por vários protozoários.

Cistóstomo. Abertura por meio da qual o alimento é ingerido nos ciliados.

Cístrons. Unidade genética portadora de informação para a síntese de uma enzima ou molécula protéica; determinada pelo teste de complementação cis-trans.

Citocinese. Divisão do citoplasma após a divisão nuclear.

Citocromo. Um dos grupos de porfirinas férricas que servem como transportadores reversíveis de oxirredução no processo respiratório.

Citoesqueleto. Rede de fibrilas que ajuda a manter a forma da célula.

Citofaringe. Região por meio da qual os nutrientes devem passar para serem inseridos em um vacúolo alimentar.

Citólise. Destruição ou desintegração de uma célula.

Citoplasma. Material vivo de uma célula, localizado entre a membrana celular e o núcleo.

Citotoxicidade mediada por células (CMC). Reação citolítica, específica com linfócitos sensibilizados, citotóxicos somente para células-alvo que possuem os mesmos epitopos das células estimuladoras.

Clamidósporo. Esporo resistente, de paredes espessas, formado pela diferenciação direta do micélio.

Classificação. O arranjo sistemático de unidades (por exemplo, organismos) em grupos e freqüentemente arranjados posteriormente em grupos maiores.

Clonagem de caça. Tratamento do DNA celular total com endonuclease, resultando em muitos fragmentos aleatórios, alguns contendo os genes desejados.

Clone. População de células descendentes de uma única célula.

Cloraminas. Compostos orgânicos contendo cloro utilizados como desinfetantes.

Clorofila. Pigmento verde que utiliza essencialmente a luz como um doador de elétron na fotossíntese e serve como um doador de elétrons na síntese de ATP.

Cloroplasto. Plastídeo celular (organela especializada) em plantas e algas que possuem clorofila e atuam na fotossíntese.

Coagulase. Enzima produzida pelos estafilococos patogênicos, capaz de coagular o plasma sanguíneo.

Coalho ácido. Proteína do leite coagulado pelo ácido.

Coalho de Rennet. Resultado da coagulação do leite pela ação da enzima renina. Referido como *coalho doce*.

Coalho. Caseína de leite coagulado.

Coco. Bactéria de forma esférica.

Código genético. Informação genética carregada pelo RNA mensageiro que foi transcrita do DNA. A informação é dada em termos de códons, (*triplet* de nucleotídeos) que designam um determinado aminoácido a ser adicionado na cadeia protéica em crescimento.

Códon. Seqüência de três nucleotídeos (em *m*RNA) que codifica um aminoácido, o início ou o término de uma cadeia polipeptídica.

Coeficiente fenólico. Relação entre a maior diluição de um germicida em prova, capaz de matar um organismo teste em 10 min, mas não em 5 min, e a maior diluição do fenol que tem o mesmo efeito.

Co-enzima. Porção não-protéica de uma enzima.

Co-fator. Íon metálico que funciona em combinação com a proteína enzimática e é considerado como coenzima.

Coleção de cultura tipo. Depósito de microrganismos e células mantidos para uso como referência.

Colifago. Vírus que infecta a *Escherichia coli.*

Colônia. Crescimento de microrganismos, macroscopicamente visíveis num meio de cultura sólido ou solidificado.

Coloração bipolar. Processo no qual as células se coram profundamente em ambas as extremidades.

Coloração de Gram. Uma coloração diferencial em que as bactérias são classificadas em Gram-positivas e Gram-negativas, dependendo da capacidade de reter ou não o corante principal (cristal violeta), quando submetido a um tratamento com um agente descorante.

Coloração diferencial. Uma técnica que utiliza uma série de soluções corantes ou reagentes para expor diferenças das células microbianas.

Coloração simples. Coloração de bactérias ou outros organismos pela aplicação de uma única solução corante em um esfregaço.

Colostro. Primeiro leite secretado pela mãe após o parto.

Columela. Ápice resistente em forma de cúpula do esporangióforo presente em alguns ficomicetes.

Comensalismo. Relacionamento entre membros de diferentes espécies que vivem próximas (no mesmo ambiente nutritivo), no qual um dos participantes se beneficia da associação, enquanto o outro não é afetado.

Competição. Forma de simbiose na qual as espécies competem por nutrientes disponíveis.

Complemento. Proteína termolábil normal encontrada no soro sanguíneo que participa na reação antígeno-anticorpo.

Complexo de Golgi. Uma organela membranosa no retículo endoplasmático de células eucarióticas.

Compostos apolares. Compostos que não ionizam e não têm grupo polar; pouco solúveis em água.

Compostos inorgânicos. Substâncias que não contêm carbono. O dióxido de carbono (CO_2) é considerado inorgânico e, portanto, é uma exceção.

Compostos orgânicos. Substâncias que contêm carbono (exceto o dióxido de carbono, que é considerado um composto inorgânico).

Compostos quaternários de amônio. Detergentes catiônicos, amplamente empregados, cuja estrutura básica está relacionada com a do cloreto de amônio.

Compostos. Substâncias constituídas de uma única espécie de molécula.

Concentração mínima inibitória (MIC). A menor concentração de um agente capaz de impedir o crescimento de um microrganismo.

Conídio tuberculado. Conídio de *Histoplasma capsulatum* que apresenta projeções.

Conidióforo. Hifa que produz conidiósporos.

Conídios. Esporos assexuados que podem ter uma ou várias células de formas e tamanhos diversos. Também denominados *conidiósporos.*

Conidiósporos. Qualquer esporo assexuado formado na extremidade de uma hifa que não está contido em um saco (diferentemente dos esporangiósporos). Também denominado *conídio.*

Conjugação. Processo de acasalamento caracterizado pela fusão temporária dos parceiros e transferência de genes; ocorre particularmente em organismos unicelulares.

Conjuntiva. Membrana que recobre o globo ocular e é revestida pela pálpebra.

Contagioso. Pertinente a uma doença cujo agente etiológico é prontamente transmitido de um indivíduo a outro.

Contaminação. Entrada de organismos indesejáveis em algum material ou objeto.

Contra-imunoeletroforese. Técnica utilizada para detectar antígenos e anticorpos induzindo-os a reagirem em um campo elétrico.

Corante ácido. Corante constituído por um grupamento de átomos orgânicos ácidos (ânions), que forma a parte ativa do corante, combinado com um metal; tem afinidade pelo citoplasma.

Corante básico. Corante constituído por um grupamento de átomos orgânicos básicos (cátions), que formam a porção ativa do corante, combinado com um ácido, em geral inorgânico; tem afinidade pelos ácidos nucléicos.

Corpo basal. Extremidade inferior de um flagelo ou cílio que os ancora na célula.

Corpo cromatínico. Material nuclear bacteriano.

Corpo de frutificação. Um órgão especializado produtor de esporos.

Corpo reticulado. Ciclo de desenvolvimento das clamídias, uma forma intracelular não-infecciosa que se desenvolve a partir de um corpo elementar e tem um arranjo menos denso de material nuclear. Também denominado *corpo inicial.*

Corpúsculos de Guarnieri. Corpúsculos de inclusões citoplasmáticas encontrados em células epidérmicas de pacientes com varíola.

Corpúsculos de inclusão. Agregados discretos de vírions e/ou componentes virais que se desenvolvem no interior de uma célula infectada por vírus.

Crescimento em diauxia. Crescimento em duas fases separadas devido à utilização preferencial de uma fonte de carbono em relação a outra; ocorre uma fase lag temporária.

Crescimento sincrônico. Crescimento de uma população de células pelo qual todas as células se dividem ao mesmo tempo.

Crista. Invaginação da membrana interna da mitocôndria que aumenta a área superficial para a atividade respiratória.

Cromatina. Filamento de DNA combinado a proteínas.

Cromatóforo. Corpúsculo portador de pigmento; especialmente aplicável aos grânulos de clorofila das bactérias.

Cromatografia gasosa. Um aparelho que permite a separação e a identificação de vários compostos químicos voláteis em uma mistura gasosa por meio de adsorção seletiva.

Cromogênese. Produção de pigmentos pelos microrganismos.

Cromossomo. Estrutura filamentosa, contendo os genes e presente no núcleo celular; o número de cromossomos por célula é constante para cada espécie.

Crustose. Uma superfície, com crescimento de liquens semelhantes a crosta.

Cultura. População de microrganismos cultivados em um meio.

Cultura axênica. População de uma única espécie (por exemplo, bactérias, fungos, algas ou protozoários) que cresce em um meio livre de outros organismos vivos.

Cultura contínua. Cultura cujo crescimento contínuo é assegurado pela adição de meio fresco estéril na mesma proporção em que o meio utilizado pelas células é removido. Também conhecido como *sistema aberto.*

Cultura de tecido. Crescimento de tecido celular em meio laboratorial.

Cultura iniciadora. Cultura conhecida de microrganismos utilizada para inocular leite, picles e outros alimentos para produzir uma fermentação desejável.

Cultura mista. Cultura em que mais de uma espécie de organismos está em crescimento.

Cultura pura. Cultura que contém somente uma espécie de organismo.

Culturas padrões. Espécies conhecidas de microrganismos mantidas em laboratório para diversos fins (testes, estudos etc...).

Curva de crescimento. Representação gráfica do crescimento bacteriano em um meio de cultura.

Curva de crescimento sincrônico. Procedimento empregado no estudo quantitativo do ciclo lítico dos bacteriófagos.

Demanda bioquímica de oxigênio. Medida da quantidade de oxigênio consumido em processos biológicos que degradam a matéria orgânica em água; medida da carga de poluente orgânico. Abreviação: BOD.

Dermatófitos. Fungos patogênicos.

Dermatomicoses. Infecções de cabelos, unhas e pele pelos fungos patogênicos.

Dermatotrópicos. Possuem afinidade seletiva pela pele.

Derme. Camada de tecido conectivo sob a epiderme.

Desaminação. Remoção de um grupo amino, especialmente de um aminoácido.

Desaminase. Enzima envolvida na remoção de um grupo amino de uma molécula; a amônia é liberada.

Desassimilação. Reações químicas que liberam energia pela degradação de nutrientes ou subtâncias químicas.

Descamação. Liberação de células epiteliais da superfície do corpo.

Descarboxilação. Remoção de um grupo carboxila (–COOH).

Descarboxilase. Enzima que libera dióxido de carbono do grupo carboxila de uma molécula; por exemplo, um aminoácido.

Desidratação. Remoção de água.

Desidrogenase. Enzima que oxida um substrato pela remoção de um átomo de hidrogênio.

Desinfecção. Processo em que se utiliza uma substância química para destruir microrganismos patogênicos.

Desinfetante. Agente que elimina as células vegetativas de microrganismos, dotados de potencial patogênico, de materiais ou ambientes inanimados.

Desmide. Qualquer tipo de alga de água doce.

Desmineralização. Processo em que o ácido produzido pelas bactérias dissolve o cálcio do esmalte dos dentes.

Desnaturação. Modificação, por ação física ou química, da estrutura de uma substância orgânica, especialmente uma proteína.

Desnitrificação. Redução de nitrato a nitrogênio molecular.

Desoxirribonucleotídeos. Nucleotídeos que possuem o açúcar desoxirribose, como a pentose; são utilizados para a biossíntese de DNA.

Desoxirribose. Açúcar de cinco carbonos que possui um átomo de oxigênio a menos do que a ribose; um componente do DNA.

Dessulfurase. Uma enzima que remove enxofre de um composto.

Detergente. Agente sintético de limpeza, contendo substâncias tensioativas que não precipitam em águas salobras.

Detergentes aniônicos. Detergentes nos quais a propriedade umectante está na porção da molécula carregada negativamente.

Detergentes catiônicos. Substâncias que possuem propriedades detergentes na porção carregada positivamente.

Detergentes não-iônicos. Detergentes que não ionizam quando dissolvidos em água.

Determinante antigênico. Parte de uma molécula antigênica que, como o complemento estrutural de certos grupamentos químicos de certas moléculas de anticorpo, determina a especificidade de uma reação antígeno-anticorpo.

Detrito. Matéria orgânica particulada suspensa em água.

Deuteromycetes. Grupo de fungos em que não se conhece o estágio sexuado no ciclo de vida.

Dextrana. Polissacarídeo (polímero de glicose) produzido por vários tipos de microrganismos, algumas vezes em grande quantidade.

Dialisar. Passar por meio de uma membrana semipermeável.

Diálise. Separação de substâncias solúveis de colóides pela difusão por meio de uma membrana semipermeável.

Diatomáceas. Agregado de algas unicelulares com parede celular composta de sílica; um componente do fitoplâncton.

Diatomite. Carapaça contendo sílica (parede celular), resultado do crescimento de diatomáceas durante séculos.

Diferença de histocompatibilidade. Propriedade de enxertos que são antigenicamente muito diferentes dos tecidos do receptor e geralmente são rejeitados.

Difusão facilitada. Uma categoria de transporte por meio da membrana celular, mediada por carreadores.

Difusão simples. Movimento de solutos por meio de uma membrana semipermiável.

Diluição seriada. Diluição sucessiva de uma amostra; por exemplo, uma diluição 1:10 é igual a 1 ml da amostra mais 9 ml de diluente; uma diluição 1:100 é igual a 1 ml da diluição 1:10 mais 9 ml do diluente.

Dimorfismo. Que apresenta duas formas.

Dinoflagelados. Algas unicelulares com dois flagelos, que produzem um movimento rotatório.

Diplobacilos. Bacilos que se dispõem aos pares.

Diplococos. Cocos que se dispõem aos pares.

Diplóide. Que tem cromossomos pares; os membros dos pares são homólogos, de modo que está presente duas vezes o número haplóide.

Dissacarídeo. Açúcar constituído de dois monossacarídeos.

DNA complementar (cDNA). DNA artificialmente produzido pela DNA polimerase diretamente do RNA.

DNA ligase. Enzima que pode conectar ou ligar o "esqueleto" açúcar-fosfato no DNA.

DNA. *Ver* **Ácido desoxirribonucléico**.

Doença autoimune. Uma condição em que o organismo desenvolve uma reação imunológica contra seu próprio tecido.

Ecologia. Estudo da relação que existe entre os seres vivos e o meio ambiente.

Ecossistema. Sistema funcional que inclui os organismos de uma comunidade natural juntamente com o seu ambiente.

Ectotrófico. Uma associação dos fungos com as raízes, na qual os fungos parasitas crescem na superfície externa da raiz, retirando nutrientes da planta.

Edema. Acúmulo excessivo de líquido nos tecidos corporais.

Efeito citopático (ECP). Destruição de células de uma cultura de tecido causada por um vírus.

Efluente. Dejetos líquidos do esgoto e processos industriais.

Elefantíase. Condição em que partes do corpo estão inchadas.

Elemento genético extracromossômico. Elemento genético, chamado *plasmídio*, que é capaz de se autoreplicar no citoplasma de uma célula bacteriana.

Elemento. Substância que consiste em um tipo de átomo, definido pelo número atômico.

Eletroforese. Processo eletroquímico no qual partículas suspensas com uma carga elétrica migram em uma solução sob a influência de uma corrente elétrica.

Eletroimunoensaio. Técnica que combina ensaio de imunoeletroforese e imunodifusão radial.

Elétron. Partícula elementar (isto é, um componente de um átomo) que tem uma unidade de carga elétrica negativa, e é cerca de 1.840 vezes mais leve do que o próton ou nêutron.

ELISA (enzyme-linked immunosorbent assay). Técnica de diagnóstico sorológico que utiliza um anticorpo ligado quimicamente a uma enzima. Também denominado de *EIE (enzima imunoensaio)*.

Endêmico. Refere-se a uma doença que tem baixa incidência, mas está constantemente presente em uma determinada região geográfica.

Endergônica. Pertinente a uma reação química que requer energia livre para sua realização.

Endocardite. Inflamação da membrana que recobre o coração e as suas válvulas.

Endoenzima. Enzima formada dentro da célula que não é excretada para o meio. Também denominada *enzima intracelular*.

Endofítico. Pertinente a algas que não têm vida livre, mas que vivem em outros seres.

Endoflagelo. *Ver* **Flagelo periplásmico**.

Endógeno. Produzido ou originado no interior.

Endolisina. Enzima que lisa uma célula bacteriana infectada com fago e libera fagos maduros.

Endonuclease de restrição. Endonuclease (uma enzima) cuja função é destruir DNA estranho que pode entrar na célula; reconhece certos sítios estranhos no DNA de dupla fita e quebra a ligação desoxirribose-fosfato da cadeia principal do DNA. Endonuclease de restrição é utilizada extensivamente como ferramenta na engenharia genética.

Endonuclease. Enzima que hidrolisa ligações localizadas no meio de uma molécula de ácido nucléico (ao contrário das *exonucleases*, que hidrolisam ligações presentes nas extremidades das moléculas de ácido nucléico).

Endósporo. Esporo de parede espessa formado pelas células bacterianas. Muito resistente a agentes químicos e físicos.

Endossimbionte. Organismo que vive no interior do corpo hospedeiro sem produzir efeitos deletérios sobre o mesmo.

Endotérmico. Reação química em que a energia é totalmente consumida.

Endotoxina. Toxina termo-estável que consiste na porção do "lipídeo A" do lipopolissacarídeo; localiza-se na membrana externa das bactérias

Gram-negativas e é liberada somente com a desintegração da célula produtora.

Endotrófico. Associação dos fungos com as raízes, em que os fungos parasitas crescem dentro das células da raiz, retirando nutrientes da planta.

Energia química. Energia contida em ligações químicas de um composto.

Engenharia genética. Alteração deliberada do mapa genético de células vivas pela transferência de fragmentos de DNA de células de um organismo para as células de organismos diferentes, que posteriormente podem produzir novas substâncias. Também denominada *tecnologia do DNA recombinante.*

Ensaio. Determinação qualitativa ou quantitativa de um componente em um material, como uma droga.

Entérico. Referente ao intestino.

Enterobacteriaceae. Família que inclui os bacilos Gram-negativos geneticamente inter-relacionados; estão presentes no trato gastrintestinal.

Enterotoxina. Toxina protéica excretada de células microbianas que causa diarréia quando ingerida.

Entomopatógenos. Grupo de microrganismos que causam doenças em insetos.

Enzima. Catalisador orgânico produzido por um ser vivo. *Ver também* **Enzima adaptativa; Endoenzima; Exoenzima;** e **Enzima constitutiva**.

Enzima adaptativa. Enzima produzida por um organismo em resposta à presença de seu substrato ou análogo; também chamada de *enzima indutiva*.

Enzima constitutiva. Enzima cuja formação não depende da presença de um substrato específico.

Enzima destruidora de receptores (RDE). Enzima que destrói receptores específicos por meio dos quais um vírus pode ligar-se a uma célula susceptível.

Enzima indutora. *Ver* **enzima Adaptativa.**

Enzima intracelular. *Ver* **endoenzima.**

Enzima lipolítica. Enzima que hidrolisa lipídeos.

Enzimas alostéricas. Enzimas reguladoras, que possuem um sítio de ligação (ou catalítico) para o substrato e um sítio diferente (*o sítio alostérico*), onde atua um modulador.

Epibactérias. Bactérias que aderem a superfícies sólidas.

Epicelular. Superfície da célula hospedeira.

Epidemia. Refere-se a um aumento súbito na incidência de uma doença em uma determinada região geográfica.

Epidemiologia. Estudo da ocorrência e distribuição das doenças.

Epiderme. Superfície externa da pele.

Epítopos. Sítio específico da superfície do antígeno com o qual o anticorpo reage.

Ergotina. Toxina resultante da infecção de grãos que, quando ingerida, causa aborto ou morte em seres humanos e outros animais.

Escarro. Muco obtido por meio da tosse de um paciente.

Esferoplasto. Célula bacteriana Gram-negativa sem o peptideoglicano, o que a deixa sem rigidez.

Esfregaço de Breed. Um método microscópico de contagem de bactérias em uma película de leite seca e corada.

Esfregaço. Camada fina de material; por exemplo, cultura bacteriana distribuída em uma lâmina de vidro para exame microscópico. Também denominado *película.*

Espaço periplásmico. Espaço entre a membrana citoplasmática e a membrana mais externa de bactérias Gram-negativas.

Espécie. Grupo taxonômico básico; em bacteriologia, uma espécie consiste em um tipo de amostra com todas as outras amostras consideradas suficientemente semelhantes ao tipo de amostra que justifique a inclusão na espécie.

Espécies padrões. Espécies que servem como exemplar referencial permanente de um gênero.

Espectrofotômetro. Instrumento que mede a transmissão da luz, permitindo o exame detalhado da cor, ou comparação precisa da intensidade luminosa de duas fontes de comprimentos de onda específicos.

Espermátide. Estrutura masculina especial no fungo.

Espirilo. Bactéria helicoidal rígida. Um gênero de bactéria helicoidal é o *Aquaspirillum.*

Espiroqueta. Bactéria helicoidal que é flexível e possui flagelo periplásmico.

Esporângio. A célula-mãe, uma estrutura semelhante a um saco no interior da qual são produzidos esporos assexuados; sacos contendo mixósporos; ocorre em corpos de frutificação formados por certas mixobactérias. Também denominados *cistos.*

Esporangióforo. Ramificação miceliana especializada que contém um esporângio.

Esporangiósporos. Esporos assexuados que se desenvolvem no interior do esporângio.

Esporicida. Agente que mata esporos.

Esporo. Organela de resistência formada por certos microrganismos.

Esporóforo. Ramificação miceliana especializada em que são produzidos os esporos.

Esporogênese. (1) Reprodução por meio de esporos. (2) Formação de esporos.

Esporozoítos. Estágio infeccioso, móvel, de certos esporozoários, resultante da reprodução sexuada e capaz de originar um ciclo assexuado no novo hospedeiro.

Esporulação. Processo de formação de esporos.

Esquistossomo. Verme sangüíneo (platelmintos) do gênero *Schistosoma*.

Esquizogonia. Reprodução assexuada por múltipla fissão de um trofozoíta (protozoário vegetativo).

Esquizonte. Estágio do ciclo de vida assexuado dos parasitas da malária.

Estafilococos. Bactérias esféricas (coco) que ocorrem em grupamentos irregulares em forma de cacho de uva.

Esterase. Enzima que catalisa a hidrólise de ésteres.

Estéril. Livre de organismos vivos.

Esterilização. Processo de esterilizar; morte de toda e qualquer forma de vida.

Esterilização fracionada. Esterilização de materiais pelo aquecimento a 100°C em três dias sucessivos com um período de incubação entre os aquecimentos.

Esteróide. Substância química complexa contendo o sistema de anel de carbono tetracíclico dos esteróis; é utilizado muitas vezes como agente terapêutico.

Esterol. Todo produto natural derivado do núcleo esteróide.

Estreptobacilos. Bacilos em cadeia.

Estreptococos. Cocos que se dividem de tal modo que formam arranjos em cadeia.

Estreptolisina O. Hemolisina e leucocidina estreptocócica que é inativada pelo oxigênio.

Estreptolisina S. Hemolisina e leucocidina estreptocócica estável na presença do oxigênio.

Estreptoquinase. *Ver* **Fibrinolisina**.

Estuário. Extensão de águas costeiras, semifechada, que apresenta uma ligação livre com o mar aberto.

Etiologia. O estudo da causa de uma doença.

Eubactéria. Um dos dois principais grupos de bactérias (o outro é a arqueobactéria). As eubactérias possuem características fundamentais que são consideradas típicas da maioria das bactérias.

Eucarioto. Uma célula que possui um núcleo definitivo ou verdadeiro. *Comparar com* **procarioto.**

Euglenóides. Algas com clorofila a e b que pertencem à divisão *Euglenophyta*.

Eutróficos. Descrição de um lago ou açude enriquecido com nutrientes resultantes de um crescimento microbiano maciço e que causa depleção de oxigênio.

Evapotranspiração. Evaporação de superfícies do solo, lagos e rios e pela transpiração de plantas para a atmosfera.

Exergônica. Liberação de energia a partir de uma reação química.

Exoenzima. Enzima secretada por um microrganismo no meio ambiente. Também denominada *enzima extracelular*.

Exógeno. Produzido ou originado externamente.

Exons. Regiões que codificam as proteínas nos genes eucarióticos.

Exonuclease. Enzima que hidrolisa um ácido nucléico, a partir de uma extremidade.

Exósporos. Esporos resistentes ao calor e à dessecação formados externamente à célula vegetativa por brotamento; por exemplo, os exósporos do gênero *Methylosinus*.

Exotérmica. Descreve uma reação química que libera energia.

Exotoxina. Toxina protéica excretada por um microrganismo no meio ambiente.

***Explants*.** Pequeno fragmento de tecido animal ou vegetal imerso em uma solução balanceada de sais, estéril, para o crescimento *in vitro*.

Exsudato. Um material mais ou menos fluido encontrado em lesões ou tecido inflamado.

Extremidade coesiva do DNA. DNA de dupla fita que foi cortado de maneira assimétrica por uma endonuclease, fornecendo extremidades de fita única complementar que podem unir-se por pontes de hidrogênio.

Fab. Parte do anticorpo que se liga ao antígeno, resultante da ação da papaína em uma imunoglobulina monomérica. Os fragmentos Fab do anticorpo contêm os sítios de ligação específicos ao antígeno.

Fagócito. Célula capaz de ingerir microrganismos ou outras partículas estranhas.

Fago. *Ver* **Bacteriófago**.

Fago lítico. Vírus bacteriano virulento.

Fagolisossomos. Vacúolo digestivo formado pela fusão do lisossomo e do fagossomo nos fagócitos.

Fagossomo. Fusão do pseudópode que está envolvendo um micróbio, durante a ingestão fagocítica, para formar um vacúolo.

Fase de crescimento exponencial. O período de crescimento de uma cultura em que as células se dividem constantemente. Também denominada *fase logarítmica* (comumente, *fase log*).

Fase de morte. Declínio da população viável até a morte total das células microbianas em um sistema fechado de cultivo microbiano. Também denominada *fase de declínio*.

Fase estacionária. Intervalo que ocorre imediatamente após a fase de crescimento, quando o número de bactérias viáveis permanece constante.

Fase lag. Período de crescimento lento e regular, observado após a inoculação de um meio de cultura estéril.

Fase logarítmica. Comumente denominada *fase log*. *Ver* **Fase de crescimento exponencial.**

Fase trófica. Fase vegetativa de protozoários de vida livre.

Fase vegetativa. Fase de crescimento ativo, que se opõe às fases de dormência ou de esporulação.

Fator bacteriocinogênico. Um plasmídio presente em algumas bactérias; determina a produção de bacteriocinas, que são proteínas que matam a mesma espécie de bactérias ou espécies intimamente relacionadas.

Fator corda. Derivado tóxico do ácido micólico, trealose dimicolato, que ocorre nas paredes celulares de corinebactérias e micobactérias.

Fator de inibição da migração (MIF). Uma linfocina liberada por linfócitos T sensibilizados após entrar em contato com o antígeno sensibilizante. Previne que os macrófagos migrem para longe do local onde estão os antígenos. Também denominado *fator de inibição da migração dos macrófagos*.

Fator V. Nicotinamida adenina dinucleotídeo; requerido para o crescimento de certos *Haemophilus* sp.

Fator X. Heme; requerido para o crescimento de certos *Haemophilus* sp.

Fc. Fragmento cristalizável resultante da ação da papaína em imunoglobulinas monoméricas. É idêntico em todos os anticorpos de uma mesma classe e determina muitas propriedades de uma molécula de anticorpo.

Fenótipo. Parte do potencial genético de um organismo que está sendo expresso.

Fermentação. Processo de produção de energia que não envolve a cadeia respiratória e um aceptor final de elétrons exógeno, mas auxilia na fosforilação em nível de substratô e gera um aceptor de elétrons (por exemplo, piruvato da glicólise, que pode ser reduzido para lactato). Diferenciar de **respiração.**

Fibrina. Proteína insolúvel formada durante a coagulação do sangue.

Fibrinolisina. Substância produzida por estreptococos hemolíticos, capaz de liquefazer coágulos de fibrina; também conhecida como *estreptoquinase*.

Ficobilinas. Pigmentos solúveis em água, como a ficocianina e ficoeritrina, que podem transmitir a energia da luz absorvida para a clorofila.

Ficobilissomos. Grânulos na superfície dos tilacóides que contêm pigmentos de ficobilinas.

Ficologia. Estudo das algas.

Filamentoso. Caracterizado pela presença de estruturas filiformes.

Filárias. Um grupo de nematódeos patogênicos.

Filo. Uma taxa constituída por um grupo de classes relacionadas.

Filogenia. A história ancestral ou evolucionária dos organismos.

Filtro bacteriano. Um tipo especial de filtro, através do qual as bactérias não passam.

Filtro de gotejamento. Processo de tratamento secundário no qual as águas de esgoto gotejam sobre um leito de pedras de modo que as bactérias possam degradar resíduos orgânicos.

Filtros bacteriológicos. Um tipo especial de filtro por meio do qual as bactérias não podem passar.

Fímbria. Apêndice de superfície de certas bactérias Gram-negativas, constituída de subunidades protéicas. É mais fina e curta que o flagelo. Também denominada *pêlo*.

Fisiologia. Estudo dos processos vitais dos seres vivos.

Fissão. Um processo assexuado em que alguns microrganismos se reproduzem; divisão transversal das células em bactérias.

Fissão binária transversa. Processo reprodutivo assexuado em que uma única célula se divide transversalmente, dando origem a duas células.

Fissão binária. Uma única divisão nuclear seguida pela divisão do citoplasma para formar duas células-filhas de igual tamanho.

Fitanóis. Álcoois ramificados de cadeias longas presentes nos fosfolipídeos das arqueobactérias.

Fitoflagelado. Flagelado semelhante a plantas. *Comparar com* **zooflagelado**.

Fitoplâncton. Um termo coletivo para plantas e organismos semelhantes a plantas presentes no plâncton. *Comparar com* **zooplâncton**.

Fixação de dióxido de carbono (CO_2). Redução de dióxido de carbono (CO_2) a carboidrato (CH_2O) por uma célula.

Fixação de nitrogênio. Formação de amônia a partir de nitrogênio atmosférico livre.

Fixação de complemento. Ligação do complemento a um complexo antígeno-anticorpo de modo que o complemento fique indisponível para uma reação subseqüente.

Flagelados. Membros de um dos subfilos do filo *Protozoa*.

Flagelina. Moléculas de proteínas que constituem a extremidade distal do flagelo.

Flagelo periplásmico. Tipo de flagelos presentes em espiroquetas; estão localizados entre o cilindro periplásmico e a bainha mais externa. Também denominados *fibrila axial* ou *endoflagelo*.

Flagelo. Apêndice celular flexível, fino, semelhante a um chicote, utilizado como órgão de locomoção.

Floco. Um agregado de material coloidal e finamente suspenso em água de esgoto.

Flóculo. Um agregado aderente de microrganismos ou de outro material capaz de flutuar em um líquido.

Flora. Em microbiologia, os microrganismos presentes em um dado ambiente, por exemplo, flora intestinal, flora normal do solo.

Flora normal. Microrganismos que normalmente habitam o corpo humano sadio ou outros ambientes naturais.

Fluido ascítico. Fluido sérico que se acumula na cavidade peritoneal.

Fluido lacrimal. Lágrima.

Fluorescência. Emissão de luz de um determinado comprimento de onda para uma substância que absorve luz de comprimento de onda mais curto (por exemplo, a emissão de luz verde pelas moléculas de fluoresceína que tenha absorvido luz azul).

Fluxo laminar. Circulação de corrente de ar em que os fluxos não se misturam; o ar move-se paralelo ao longo das linhas do fluxo.

Folioso. Semelhante à folha.

Fômites. Objetos inanimados que carregam organismos patogênicos viáveis.

Força protomotiva. Força que resulta de um gradiente eletroquímico de prótons por meio da membrana e pode ser utilizada para a síntese de ATP e outros processos que requerem energia em uma célula viva.

Formalina. Solução aquosa de formaldeído a 37–40 %.

Fosfatase. Enzima que libera o fosfato de uma molécula orgânica.

Fosfatase, teste da. Teste para determinar a eficiência da pasteurização do leite. O teste é baseado na termolabilidade da enzima fosfatase.

Fosfolipídeo. Composto anfipático constituído por uma molécula de glicerol em que estão ligados dois ácidos graxos de cadeia longa (ou, no caso das arqueobactérias, dois álcoois ramificados de cadeia longa) e um grupo fosfato. É o principal tipo de lipídeo da membrana celular.

Fosforilação em nível de substrato. Processo em que um grupo fosfato é removido de um composto químico e é então adicionado a um ADP.

Fosforilação oxidativa. Utilização de energia liberada pela reação de oxidação na cadeia respiratória para produzir ATP a partir do ADP.

Fosforilação. Adição de grupo fosfato em um composto.

Fotoautotrófico. Organismo que obtém energia da luz e utiliza dióxido de carbono como única fonte de carbono.

Fotofosforilação. Utilização da energia luminosa para conduzir a síntese de ATP.

Fotoheterotrófico. Organismo que utiliza a luz como fonte de energia e compostos orgânicos como principal fonte de carbono.

Fotólise. Quebra da molécula de água pela luz.

Fotolitotrófico. Organismo que obtém energia da luz e utiliza compostos inorgânicos como uma fonte de elétrons.

Fotorganotrófico. Organismo que obtém energia da luz e utiliza compostos orgânicos como uma fonte de elétrons.

Fotorreativação. Restauração completa da viabilidade, pela exposição imediata à luz visível, de células lesadas pela exposição à dose letal de luz ultravioleta.

Fotossíntese. Processo em que a clorofila e a energia da luz são utilizados pelas plantas e alguns microrganismos para sintetizar carboidratos a partir do dióxido de carbono.

Fototaxia. Movimento de organismos em resposta a mudanças na intensidade de luz.

Fototrófico. Bactéria capaz de utilizar energia luminosa para o seu metabolismo.

Frei, teste de. Teste intradérmico para determinar a sensibilidade ao agente que causa o linfogranuloma venéreo.

Frústula. Parede celular de diatomáceas.

Fruticose. Semelhante a suco de fruta com álcool.

FTA-ABS, teste de. Teste de fluorescência indireta específica para diagnóstico da sífilis.

Fungicida. Um agente que mata ou destrói os fungos.

Fungistático. Um agente que inibe o crescimento dos fungos.

Fungo limoso acelular. Plasmódio verdadeiro – acelular, é uma massa de protoplasma contendo vários núcleos.

Fungos imperfeitos. Fungos que não possuem um ciclo sexuado.

Fungos limosos celulares. Grupo de fungos semelhantes a protozoários.

Fungos perfeitos. Fungos que apresentam ciclo de vida sexuado e assexuado.

Fungos. Organismos eucarióticos com parede celular, sem clorofila e que absorvem seus alimentos. Bolores e leveduras.

Fusiforme. Em forma de fuso; extremidades afiladas.

Fuso mitótico. Estrutura de um sistema de microtúbulos presentes durante a metáfase da mitose, ligados aos centrômeros à medida que centríolos se separam.

Gamaglobulina. Uma fração da globulina sérica rica em anticorpos.

Gameta. Célula reprodutora que se funde com outra para formar um zigoto, o qual, então, se transforma em um novo indivíduo; célula sexual.

Gametângio. Organela sexual dos fungos.

Gametófito. Um organismo no estágio haplóide, produzindo gameta.

Gastroenterite. Inflamação da mucosa do estômago ou intestino.

Gelatina. Proteína obtida da pele, dos cabelos, dos ossos, dos tendões e tecidos similares; utilizada em meios de cultura para determinação da atividade proteolítica específica de microrganismos ou para a preparação de peptona.

Gelatinase. Uma exoenzima que degrada gelatina.

Gene estrutural. Gene que codifica seqüência de aminoácidos de uma cadeia polipeptídica.

Gene regulador. Gene que codifica uma proteína repressora que controla a transcrição de um gene.

Genes. Um segmento de DNA que contém seqüência de nucleotídeos para sintetizar uma determinada proteína.

Gênero. Um grupo de espécies intimamente relacionadas.

Gengiva. Membrana mucosa e tecido mole que estão ao redor dos dentes.

Genoma. Material genético completo; isto é, um conjunto de genes encontrado em um organismo ou vírus.

Genótipo. Conjunto particular de genes presentes em células de um organismo; constituição genética de um organismo. *Comparar com* **Fenótipo**.

Geração espontânea. Origem da vida a partir de material não-vivo. Também denominada *abiogênese*. *Comparar com* **biogênese.**

Germe. Um micróbio, geralmente patogênico.

Germicida. Um agente capaz de matar germes, geralmente microrganismos patogênicos.

Glicana. Um polímero de glicose.

Glicocálice. Camada de material viscoso que envolve algumas bactérias (cápsula ou camada limosa).

Glicogênio. Carboidrato do grupo dos polissacarídeos armazenado pelos animais; quando hidrolisado, libera glicose.

Glicólise. Degradação anaeróbia da glicose a ácido pirúvico por uma seqüência de reações catalisadas por enzimas. Também denominada *Via de Embden-Meyerhoff.*

Glicose. Carboidrato classificado como monossacarídeo (hexose), utilizado como fonte de energia por muitos microrganismos; também denominado *dextrose* ou *açúcar da uva*.

Globulina. Uma proteína solúvel em soluções diluídas de sais neutros, mas insolúvel em água. Anticorpos são globulinas.

Gnotobióticos. Pertinente a organismos superiores que vivem na ausência de todos os microrganismos viáveis e demonstráveis, além daqueles conhecidamente introduzidos.

Gomas. Lesões semelhantes a tumores que se desenvolvem em pacientes com sífilis terciária.

Gonídia. Célula de reprodução assexuada que se origina em um órgão especial dos eucariotos.

Gonococo. Nome comum para a bactéria que causa a gonorréia.

Grana. Uma pilha de tilacóides contendo clorofila e pigmentos carotenóides que tem função na fotossíntese nos cloroplastos.

Granulócitos. Um grupo de leucócitos que possuem numerosos grânulos em seu citoplasma. Incluem os neutrófilos, basófilos e eosinófilos.

Grânulos metacromáticos. Grânulos intracelulares de polifosfato encontrados em certos microrganismos; tais grânulos coram-se em vermelho púrpura quando as células são coradas com azul de metileno diluído.

Guanina. Base purínica; ocorre naturalmente como um componente fundamental dos ácidos nucléicos.

Hábitat. Ambiente natural de um organismo.

Halobactéria. Arqueobactéria aeróbia Gram-negativa, pigmentada, que requer 17 a 32% de sal para um bom crescimento.

Halófilo. Um microrganismo cujo crescimento é acelerado ou depende de altas concentrações de sal.

Haplóide. Que tem uma única série de cromossomos ímpares em cada núcleo; tem número característico de cromossomos de um gameta maduro de uma dada espécie. *Comparar com* **Diplóide**.

Hapteno. Substância simples que reage como antígeno *in vitro*, combinando-se com o anticorpo, mas não induz a formação desses anticorpos.

Hélice. Espiral cilíndrica.

Helicoidal. Forma semelhante a um saca-rolha, com uma ou mais espiras.

Helmintos. Vermes parasitas.

Hemaglutinação viral. Capacidade de alguns vírus, como aqueles que causam caxumba, sarampo e influenza, de aglutinar células vermelhas do sangue de certas espécies de animais (hemácias de galinha, cobaio ou humanas do tipo O).

Hemaglutinação. Aglutinação das células vermelhas do sangue.

Hematopoiético. Descrição das células tronco na medula óssea que originam os eritrócitos e leucócitos, incluindo os linfócitos.

Hemoglobina. Constituinte das células vermelhas do sangue que lhe confere a cor e transporta o oxigênio.

Hemólise, alfa (α). Destruição parcial de células vermelhas em um meio de ágar sangue, resultando em uma zona esverdeada ao redor da colônia bacteriana.

Hemólise. Processo de dissolução das células vermelhas do sangue. Ver **alfa (α)-hemólise; beta (β)-hemólise.**

Hemolisina. Substância produzida pelos microganismos que lisa as hemácias, liberando a hemoglobina. Também pode referir-se a um tipo de anticorpo que atua juntamente com o complemento, ocasionando a lise das hemácias.

Hemorrágico. Que apresenta sinais de hemorragia (sangramento). O tecido torna-se avermelhado pelo acúmulo de sangue que escapa dos capilares.

Hetero-. Prefixo que significa diferente.

Heterocistos. Células de paredes espessas formadas por certas cianobactérias. Os heterocistos carecem do fotossistema II, mas podem fixar o nitrogênio molecular.

Heterogamia. Conjugação de gametas diferentes.

Heterólogo. Diferente com respeito a tipos ou espécies.

Heterotálico. Descrição de organismos em que um indivíduo produz gametas masculinos e o outro produz o óvulo.

Heterotrófico. Microrganismo que é incapaz de utilizar o dióxido de carbono como sua única fonte de carbono, exigindo um ou mais compostos orgânicos. *Comparar com* **Autotrófico.**

Hialuronidase. Enzima que catalisa o desdobramento do ácido hialurônico. Também denominado *fator de difusão*.

Hibridização. Processo de produção de híbridos, isto é, produto de cepas geneticamente diferentes.

Hibridoma. Célula híbrida resultante da fusão de uma célula de mieloma com linfócito B produtor de anticorpo.

Hidrofobia. Um termo que significa "medo de água", usado para descrever a raiva.

Hidrólise. Quebra de ligações químicas entre moléculas por meio da intervenção de uma molécula de água.

Hifa. Um filamento de um micélio.

Hiperplasia. Proliferação descontrolada de células.

Hipersensibilidade. Sensibilidade extrema a antígenos estranhos, por exemplo, alérgenos.

Hipertrofia. Aumento anormal de células, órgãos ou partes; por exemplo, crescimento de fungos no interior de plantas.

Hipocloritos. Compostos contendo cloro utilizados como desinfetantes e agentes sanificantes.

Holoenzima. Uma enzima completa ativa, contendo uma apoenzima e uma coenzima.

Homoenxerto. Enxerto de tecido de uma espécie animal em um receptor da mesma espécie.

Homólogo. Igual, com respeito a tipo ou espécie.

Homotálico. Descrição de plantas que produzem tanto células sexuais masculinas quanto femininas, podendo realizar a auto-fertilização.

Hormônio de crescimento humano. Secreção da pituitária essencial para o crescimento e metabolismo normal. Disponível como um produto farmacêutico, produzido por meio de engenharia genética de bactérias.

Hospedeiro. Organismo que abriga um outro ser como um parasita (ou como um agente infeccioso).

Hospedeiro comprometido. Um indivíduo enfraquecido por uma doença, má nutrição ou qualquer outra causa.

Húmus. Porção orgânica do solo que aparece após a decomposição microbiana; não é facilmente degradado pelos microrganismos.

***Hyphochytridiomycetes*.** Grupo de fungos que se movem por meio de um único flagelo anterior.

Icosaedro. Estrutura formada de 20 faces triangulares e 12 vértices; forma geométrica de muitos vírions.

IDU. Agente antiviral. 5-iodo-2'-desoxiuridina.

Imunessoro. Soro sanguíneo que contém um ou mais tipos de anticorpos específicos.

Imunidade. Resistência natural ou adquirida contra uma doença específica.

Imunidade ativa. Resistência específica adquirida pelos indivíduos a certas doenças, como resultado das reações orgânicas contra microrganismos patogênicos ou seus produtos.

Imunidade humoral. Imunidade originada pela formação de anticorpos específicos que circulam na corrente sangüínea em resposta à introdução de um antígeno.

Imunidade passiva. Proteção adquirida por meio da injeção de sangue total ou de soro que contém anticorpos.

Imunização. Qualquer processo que desenvolve resistência (imunidade) contra uma doença específica em um hospedeiro.

Imunoeletroforese em foguete. Uma técnica sorológica em que o antígeno migra pela eletroforese de uma cavidade em gel de ágar contendo anti-soro específico, cujo precipitado antígeno-anticorpo apresenta uma configuração semelhante a um foguete.

Imunoeletroforese. Técnica que emprega uma combinação de imunodifusão e eletroforese para identificar vários antígenos.

Imunogenicidade. Capacidade para estimular a formação de anticorpos específicos.

Imunoglobulina (Ig). Qualquer proteína sérica, como a gamablobulina, com atividade de anticorpo.

Imunologia. Estudo da resistência natural e do sistema imunológico.

IMViC. Grupo de testes utilizado para diferenciar *Escherichia coli* de *Enterobacter aerogenes.*

***In situ*.** No local de origem.

***In vitro*.** Refere-se às experiências biológicas realizadas em tubos de ensaio ou qualquer outro frasco de vidro em laboratório.

***In vivo*.** Em organismos vivos; refere-se aos testes biológicos realizados em organismos vivos. *Comparar com* ***In vitro*.**

Inativar. Destruir a atividade de uma substância; por exemplo, aquecer o soro sanguíneo a 56°C durante 30 min para destruir o complemento.

Incineração. Destruição de microrganismos pela combustão, transformando em cinzas.

Incubação. Em microbiologia, significa manutenção de culturas de microrganismos em condições (especialmente temperatura) favoráveis para o seu crescimento.

Indicador. Substância que muda de cor de acordo com as alterações das condições do ambiente; por exemplo, os indicadores de pH refletem a acidez ou alcalinidade de uma substância ou meio.

Índice de crescimento. Número de divisão celular por unidade de tempo.

Indução. Estímulo do aumento na taxa de síntese de uma enzima, geralmente pelo aumento do substrato da enzima ou de um composto intimamente relacionado.

Infecção. Condição patológica devido ao crescimento de microrganismos em um hospedeiro.

Infecção congênita. Uma doença adquirida pelo feto no útero materno.

Infecção fulminante. Uma doença infecciosa inesperada, muito progressiva e severa.

Infecção hospitalar. Pertinente a doenças adquiridas no hospital. Também conhecido como *doença nosocomial.*

Infecção terminal. Infecção com microrganismos patogênicos que termina com a morte do hospedeiro.

Infecção transmitida pela água. Doença adquirida pela contaminação da água potável com microrganismos patogênicos.

Infeccioso. Capaz de produzir doença em hospedeiro susceptível.

Inflamação. Reação tissular, resultante de irritação por um corpo estranho, causando a migração de leucócitos e um aumento de fluxo sanguíneo na região, produzindo inchaço, rubor, calor e dor.

Ingestão. Introdução de alimento.

Inibição competitiva. Inibição da ação de uma enzima por uma molécula que ocupa o local na enzima que deveria ser ocupado pelo substrato.

Inibição não-competitiva. Inibição de uma enzima que não seja por competição com o substrato por um sítio "ativo" na enzima.

Inibição por *feedback*. Mecanismo de controle celular, por meio do qual o produto final de uma série de reações metabólicas inibe a atividade da enzima anterior na seqüência. Conhecido como *inibição por retroalimentação*.

Inibição. Em microbiologia, a prevenção de crescimento ou multiplicação de microrganismos.

Inoculação. Introdução artificial de microrganismos ou substâncias no organismo ou meio de cultura.

Inóculo. Material contendo microrganismos que é utilizado para inoculação.

Intercelular. Entre células.

Interferon. Substância antiviral produzida pelo tecido animal.

Interleucina-1 (IL-1). Interleucina produzida pelo macrófago que induz os linfócitos T estimulados imunologicamente a produzirem interleucina-2. Também conhecido como *fator de ativação dos linfócitos* (*FAL*).

Interleucina-2 (IL-2). Interleucina produzida por linfócitos T em resposta à interleucina-1. Estimula imunogenicamente o linfócito T a multiplicar-se e também a produzir *interferon gama* (INF-γ). Também denominado de *Fator de crescimento de células T (FCCT)*.

Interleucina. Uma linfocina, isto é, uma proteína solúvel mediadora da resposta imune, que é produzida pelos linfócitos T ou macrófagos em resposta a estímulos imunogênicos.

Intoxicação alimentar. Distúrbio estomacal ou intestinal devido à ingestão de alimentos contaminados com certas toxinas microbianas.

Intracelular. Dentro da célula.

Íntrons. Região que não codifica proteínas em genes eucarióticos.

Invertase. Uma enzima que hidrolisa sacarose em glicose e frutose.

Iodóforos. Compostos orgânicos de iodados utilizados como anti-sépticos.

Íon. Um átomo ou grupo de átomos que ganham ou perdem elétrons e adquirem uma carga elétrica líquida.

Isoanticorpo. Anticorpo encontrado somente em alguns membros de uma espécie, que atua em células ou componentes celulares de outros membros de uma mesma espécie.

Isoantígeno. Um antígeno tecidual específico presente em um indivíduo de uma espécie, mas não em outro. Também denominado *aloantígeno*.

Isoenzimas. Enzimas de diferentes formas estruturais que possuem propriedades catalíticas idênticas (ou muito parecidas). Também denominadas *isozimas*.

Isômeros óticos. Duas formas de um composto, em que a imagem de um é a imagem refletida do outro.

Isotônica. Pertinente a uma solução que tem a mesma pressão osmótica que o interior de uma célula em suspensão na solução.

Isótopos. Átomos com o mesmo número de prótons em seus núcleos, mas com diferentes números de nêutrons.

Koch, postulados de. Regral geral para provar que uma doença é causada por um microrganismo específicio.

Krebs, ciclo de. Sistema enzimático que converte ácido pirúvico em dióxido de carbono na presença do oxigênio, com liberação concomitante de energia, captada sob a forma de moléculas de ATP. Também conhecido como *ciclo do ácido cítrico* ou *ciclo dos ácidos tricarboxílicos (TCA)*.

***Krill*.** Um nome aplicado a crustáceos planctônicos.

Lactose. Um carboidrato (dissacarídeo) que, durante a hidrólise, é quebrado em glicose e galactose. Também denominado *açúcar do leite*. Abreviação: *lac*.

Lancefield, grupos de. Grupos de estreptococos classificados de acordo com vários tipos de polissacarídeos da parede celular.

Lecitina. Componente fosfolipídico da membrana celular (fosfatidilcolina).

Lecitinase. Enzima que catalisa a degradação da lecitina.

Leg-hemoglobina. Pigmento vermelho, semelhante à hemoglobina, que se liga ao oxigênio nos nódulos das raízes dos legumes para proteger o complexo de enzimas nitrogenases de serem destruídas pelo excesso de oxigênio.

Lençol d'água. Toda água do subsolo especialmente aquela que ocorre na zona de saturação.

Leucemia. Condição em que um número anormal de células brancas (leucócitos) é produzido pela medula óssea.

Leucocidina. Substância que destrói fagócitos do hospedeiro.

Leucócito. Tipo de célula branca do sangue que é caracterizado por ser polimorfonucleado.

Leucocitose. Um aumento no número de leucócitos que é causado pela resposta do organismo hospedeiro diante de lesões ou infecções.

Leucopenia. Diminuição do número de leucócitos.

Levedura. Um tipo de fungo unicelular que não tem micélio típico.

Ligação covalente. Ligação que compartilha um par de elétrons representado por um traço que une dois elementos em uma fórmula; por exemplo, H-O-H.

Ligação fosfato de alta energia. Ligação entre um grupo fosfato e outro composto químico, quando grande quantidade de energia é requerida para estabelecer a ligação. (Exemplo: a ligação que é formada quando um grupo fosfato é ligado ao ADP para formar ATP.)

Ligações iônicas. Uma ligação química forte baseada na atração elétrica entre um átomo que ganha elétrons e outro que perde elétrons.

Ligante. Molécula que se liga a uma proteína; por exemplo, uma que se liga a uma enzima e controla diretamente a atividade enzimática.

Limnologia. Estudo dos aspectos físicos, químicos, geológicos e biológicos de lagos e rios.

Linfa. Um fluido contendo células brancas do sangue semelhante ao plasma sanguíneo, que é transferido por meio dos vasos linfáticos para a corrente sanguínea.

Linfocinas. Proteínas solúveis produzidas e secretadas por linfócitos T sensibilizados (um tipo de leucócito).

Linfócitos de hipersensibilidade tardia (DHL). Linfócitos T sensibilizados que produzem linfocinas.

Linfócitos derivados da medula óssea (Células B). Uma espécie de célula capaz de responder a um antígeno pela produção de anticorpos.

Linfócitos derivados do timo (Células T ou linfócitos T). Linfócitos que se diferenciam no timo e são responsáveis principalmente pela imunidade mediada por células. Possuem características antigênicas de superfície.

Linfocitose. Uma quantidade elevada de linfócitos no sangue.

Linfomas. Condição na qual um número anormal de linfócitos é produzido pelo baço e pelos linfonados.

Linfonodos. Estruturas ovóides do sistema linfático que apresentam um tamanho de 1 mm a vários milímetros e são largamente distribuídas no organismo. Também denominados *glândulas linfáticas.*

Linhagem de células contínuas. Cultura de células transformadas que podem ser mantidas indefinidamente.

Linhagem de células primárias. Cultura de células animais derivadas de um *explant;* geralmente morrem após poucas gerações.

Liofilização. Preservação de material biológico por congelamento e desidratação rápida em alto vácuo.

Lipase. Enzima que catalisa a hidrólise de lipídeos em glicerol e ácidos graxos.

Lipídeos. Compostos orgânicos solúveis em solventes apolares mas não em água. Exemplos: fosfolipídeos, esteróis, triglicerídeos.

Lipídeo carreador. Uma grande molécula isoprenóide de lipídeo fosfato com capacidade de transportar unidades estruturais de peptideoglicano por meio da membrana citoplasmática para a parede celular.

Lipopolissacarídeos. Uma estrutura molecular complexa composta de açúcares e ácidos graxos; encontrados na membrana externa de bactérias Gram-negativas. Abreviação: LPS.

Lipoproteína. Molécula composta de proteína e lipídeo.

Lipoproteína de Braun. Uma lipoproteína de parede celular que ancora a membrana mais externa de bacilos entéricos Gram-negativos na camada do peptideoglicano.

Liquefação. Transformação de uma substância de um estado gasoso ou sólido para um estado líquido.

Líquen. Associação simbiótica ou mutualista de uma alga com um fungo.

Lise. Destruição de células como as bactérias e eritrócitos, pela ação conjunta de anticorpos específicos e do complemento.

Lisina. Uma enzima, um anticorpo ou outra substância capaz de destruir uma célula (lise).

Lisogenia. Estado de uma bactéria portadora de um bacteriófago (às vezes como profago) para o qual não se mostra susceptível.

Lisossomos. Grânulos envolvidos por membranas que ocorrem no citoplasma de células animais e contêm enzimas hidrolíticas.

Lisozima. Enzima que catalisa a hidrólise de peptideoglicano da parede celular bacteriana.

Litmus. Um extrato de liquens utilizado como indicador de pH e de óxido-redução.

Litotrófico. Um organismo que utiliza compostos inorgânicos reduzidos como doadores de elétrons.

Litro. Unidade métrica de volume contendo 1.000 ml ou 1.000 cm^3.

Lixiviação. Processo que utiliza microrganismos para recuperar metal de um minério.

Loco. Em genética, o local no cromossomo ocupado por um gene, um operon, uma mutação ou um alelo; em alguns casos, identificável pela referência a um marcador.

Lodo. Parte semi-sólida da água de esgoto sedimentada pela ação das bactérias.

Lofotríquios. Bactérias que apresentam um tufo de flagelos polares.

Lúmen. Uma cavidade da hifa preenchida pelo protoplasma; um canal dentro de um órgão tubular, como o lúmen do intestino.

Macrófagos. Células fagocíticas mononucleares grandes que são encontradas nos tecidos e se desenvolvem a partir dos monócitos sanguíneos.

Macroscópico. Visível sem o auxílio de um microscópio.

Magnetossomos. Inclusões intracelulares de magnetita que permitem a orientação das células como um dipolo magnético.

Magnetotaxia. Movimento de um organismo em resposta a um campo magnético.

Maltase. Enzima que catalisa a hidrólise da maltose, produzindo glicose.

Maltose. Carboidrato (dissacarídeo) produzido por hidrólise enzimática do amido pela diastase.

Marinho. Do mar ou relacionado com ambientes oceânicos e estuários.

Matéria. Substância da qual todo objeto físico é constituído.

Meio de enriquecimento. Meio utilizado para o cultivo de espécies de microrganismos exigentes nutricionalmente que ocorrem em pequeno número na amostra.

Meio diferencial. Meio de cultura utilizado para diferenciar espécies de microrganismos pela diferença do aspecto colonial ou pelas diferentes alterações do meio.

Meio quimicamente definido. Meio cuja composição química exata é conhecida.

Meio seletivo. Meio utilizado para proporcionar o crescimento de uma espécie particular de microrganismo e/ou impedir o crescimento de outras espécies.

Meio sintético. Meios constituídos por compostos químicos puros.

Meios de cultura. Substâncias utilizadas para fornecer nutrientes para o crescimento e multiplicação de microrganismos.

Meiose. Processo que ocorre durante a divisão celular em diferentes pontos dos ciclos vitais de diversos organismos, no qual o número de cromossomos fica reduzido à metade; este resultado é compensado pelo efeito de duplicação cromossômica na fertilização. *Comparar com* **Mitose.**

Membrana citoplasmática. Camada fina localizada sob a parede celular, constituída principalmente de fosfolipídeos e proteínas; é responsável pelas propriedades de permeabilidade seletiva da célula. Também denominada *membrana plasmática.*

Membrana filtrante. Filtro fabricado com polímeros, tais como celulose, polietileno ou tetrafluoroetileno, com poros de diâmetros conhecidos e uniformes.

Membrana nuclear. Uma membrana dupla que envolve o núcleo de células eucarióticas.

Membrana plasmática. *Ver* **Membrana citoplasmática**.

Meninges. Membranas que recobrem o cérebro e a coluna vertebral.

Merozoítas. Células-filhas de esporozoítas que se reproduzem dentro das células do fígado, como ocorre com a malária.

Mesófilo. Bactéria que cresce melhor em uma faixa moderada de temperatura (entre 25 a 40°C).

Mesossomo. Invaginação da membrana citoplasmática na forma de vesículas e túbulos enrolados.

Metabolismo. Conjunto de transformações químicas, por meio das quais são mantidas as atividades nutricionais e funcionais de um organismo.

Metabólito. Toda substância química que participa no metabolismo; um nutriente.

Metáfase. Um estágio da mitose ou meiose em que os cromossomos estão arranjados num plano equatorial da célula antes da separação em células-filhas.

Metástase. Processo em que células malignas de um tumor se destacam e estabelecem um novo tumor em um outro local do hospedeiro.

Metazoa. Animais cujos corpos consistem em muitas células.

Método de *pour-plate*. Procedimento para obter colônias isoladas pela mistura do inóculo com ágar liquefeito resfriado e distribuição da mistura em uma placa de Petri estéril.

Método de semeadura em superfície. Procedimento para separar células e obter colônias isoladas pela dispersão do inóculo em uma superfície de ágar estéril com um bastão de vidro inclinado.

Método de semeadura por esgotamento. Um procedimento para separar as células em uma superfície de um ágar estéril para permitir o crescimento individual das células, formando colônias isoladas.

Micélio. Massa de filamentos, ramificados ou enovelados, que constitui a estrutura vegetativa de um fungo.

Micofago. Vírus que infecta fungos.

Micologia. Estudo dos fungos.

Micoplasma. Membro de um grupo de eubactérias caracterizado pela ausência de uma parede celular.

Micorriza. Associação simbiótica de um fungo com as raízes de plantas superiores.

Micose. Doença causada por fungos.

Micoses subcutâneas. Infecções causadas por fungos em tecidos sob a pele.

Micotoxina. Qualquer substância tóxica produzida por fungos.

Microaerófilo. Um microrganismo que requer baixos níveis de oxigênio para crescer, mas que não pode tolerar níveis de oxigênio (21%) presentes no ar atmosférico.

Microbicida. Descrição dos agentes que matam microrganismos.

Microbiologia. Estudo de organismos de tamanho microscópico (microrganismos) incluindo cultivo, importância econômica e patogenicidade.

Microbiologia básica. Estuda a natureza fundamental e as propriedades dos microrganismos.

Micróbios. Todo organismo microscópico; um microrganismo. Adjetivo: *microbiano.*

Microbiostático. Descritivo dos agentes que inibem os microrganismos.

Microfilárias. Formas semelhantes a filamentos de filárias produzidas pelo verme fêmea e liberadas na corrente sanguínea.

Micromanipulador. Um dispositivo para a manipulação de amostras microscópicas ao microscópio.

Micrômetro da ocular. Disco de vidro gravado com linhas eqüidistantes que se ajusta à ocular de um microscópio.

Micrômetro. Uma unidade de medida; um milionésimo de um metro (10^{-6} m). Abreviação: µm.

Microrganismo indicador. Tipo de microrganismo que, quando presente na água, é evidência de poluição da água com material fecal.

Microrganismo oportunista. Microrganismo que normalmente não é patogênico, mas pode causar doença se os mecanismos de defesa do hospedeiro estiverem deprimidos, como uma lesão na pele ou mucosa, por algumas doenças debilitantes ou por terapia com agentes imunossupressores. Também denominado *patógeno oportunista.*

Microrganismo. Qualquer organismo de dimensões microscópicas.

Microscopia. Uso de microscópio por meio de várias técnicas.

Microscopia de campo claro. O uso de fonte de luz clara que ilumina todo o campo microscópico.

Microscopia eletrônica. Instrumento que utiliza um feixe de elétrons controlado por um sistema de campo magnético para produzir ampliação.

Microscopia de campo escuro. Tipo de exame microscópico em que o campo é escuro e qualquer objeto, como os organismos, aparece intensamente iluminado.

Microscopia de contraste de fase. Uso de microscópico luminoso apropriado com condensador e objetivas especiais para mostrar o contraste entre substâncias de diferentes espessuras e densidades.

Microscopia de fluorescência. Microscopia em que as células ou seus componentes são corados com um corante fluorescente e, desta forma, aparecem como objetos fluorescentes em um fundo escuro.

Microscopia eletrônica de transmissão (MET). Técnica em que os elétrons penetram em uma amostra e produzem uma imagem em uma tela fluorescente.

Microscopia eletrônica de varredura (MEV). Técnica que promove uma visão tridimensional da superfície de células.

Microscópio luminoso. Instrumento que amplia um objeto pelo uso de lentes que orientam os raios luminosos entre o objeto e o olho.

Micrótomo. Um instrumento usado para obtenção de cortes finos de tecidos ou de células.

Microtúbulos. Bastonetes muito finos presentes em todos os tipos de células microbianas eucarióticas.

Mieloma. Câncer devido à proliferação de uma célula produtora de anticorpo.

Mineralização. Degradação de compostos orgânicos em compostos inorgânicos e seus elementos constituintes.

Minicélula. Célula-filha pequena que se origina a partir da formação de um septo assimétrico durante a fissão binária, a qual carece de DNA.

Miracídio. Larva ciliada.

Mitocôndria. Uma organela citoplasmática de células eucarióticas; sítio dos processos de respiração celular.

Mitógeno. Substância que induz as células a entrar em mitose.

Mitose. Forma de divisão nuclear caracterizada pelos movimentos complexos do cromossomo e por sua exata duplicação. *Comparar com* **Meiose.**

Mixameba. Uma célula amebóide não flagelada que ocorre no ciclo de vida de bolores acelulares.

Mixósporo. Célula de repouso de mixobactéria resistente à dessecação. Também denominado *microcisto.*

Mixotróficos. Quimiolitotróficos heterotróficos que obtêm energia pela utilização de doadores de elétrons inorgânicos contudo obtêm a maioria de seus carbonos a partir de compostos orgânicos.

Modificação. Uma variação ou mudança temporária das características de um organismo.

Modulador. Metabólito regulador que se liga ao sítio alostérico de uma enzima e altera a sua velocidade máxima. Também conhecido como *efetuador, modificador.*

Mol. O peso de um composto em gramas igual ao valor numérico do seu peso molecular.

Molécula. Combinação de átomos que estão ligados para formar a menor unidade de uma substância química específica.

Moléculas polares. Moléculas com áreas carregadas positivamente e negativamente; geralmente solúveis em água.

Monera. Nome do reino que inclui os procariotos no sistema de classificação dos cinco reinos de Whittaker.

Mononucleotídeo. Unidades estruturais básicas de ácidos nucléicos; consiste em uma base de purina ou pirimidina, ribose ou desoxirribose e fosfato.

Monossacarídeo. Açúcar simples com cinco ou seis carbonos.

Monotríquio. Flagelo polar único.

Mordente. Substância que fixa o corante.

Morfogênese. Processo pelo qual as células são organizadas em estruturas teciduais.

Morfologia. Ramo da biologia que estuda a estrutura e forma dos organismos vivos.

Morte exponencial. Padrão de morte dos microrganismos – índice de morte constante em um período de tempo.

Movimento browniano. Movimento peculiar, apresentado por partículas muito pequenas (inclusive bactérias) em suspensão; deve-se ao bombardeamento das moléculas do líquido.

Movimento deslizante. Um tipo de movimento por meio da superfície que é realizado por algumas bactérias (por exemplo, mixobactérias que não possuem flagelos).

***m*RNA.** *Ver* **RNA mensageiro.**

Mureína. *Ver* **peptideoglicano.**

Mutação. Alteração estável de um gene que é transmitida à progênie celular.

Mutagênico. Agente físico ou substância química que causa mutação.

Mutante. Célula ou organismo que carrega um gene mutado.

Mutante auxotrófico. Organismo que exige nutrientes especiais para seu crescimento, não necessariamente os da amostra que lhe deu origem.

Mutualismo. Simbiose na qual dois ou mais organismos vivem em associação, beneficiando um ao outro.

Nanômetro. Uma unidade de comprimento igual a um bilionésimo de um metro ou 10^{-9} m. Abreviação: nm.

Nasofaringe. Região do trato respiratório acima do palato mole.

Negri, corpúsculos de. Pequenas estruturas patológicas (corpúsculos de inclusão) encontradas em certas células de cérebros infectadas com o vírus da raiva.

Nematódeos. Vermes cilíndricos, muitos dos quais são patogênicos, inclusive para os vegetais.

Neoplasma. Crescimento aberrante de células ou tecidos anormais: um tumor.

Neuraminidase. Enzima que catalisa a hidrólise de polissacarídeos contendo ácido siálico (ácido neuramínico encontrado no muco) e desta forma degrada a camada protetora de muco da membrana mucosa.

Neurotoxina. Toda toxina que afeta o sistema nervoso, como aquela produzida por certas algas marinhas.

Neutralismo. Interação natural entre duas espécies em que não há efeito evidente em nenhuma delas.

Neutralização viral. Inibição da aglutinação viral por anticorpos ligados ao vírus.

Nêutron. Uma partícula elementar sem carga elétrica com aproximadamente o mesmo peso de um próton.

Nicotinamida adenina dinucleotídeo (NAD). Uma co-enzima que funciona nos sistemas enzimáticos relacionados com reações de óxido-redução.

Nicotinamida adenina dinucleotídeo fosfato (NADP). Co-enzima semelhante ao NAD, mas contendo um grupo fosfato adicional.

Nitrificação. Transformação do nitrogênio da amônia em nitrato.

Nitrofuranos. Agentes antimicrobianos sintéticos derivados do furfural.

Nitrogenase. Sistema de enzimas que converte nitrogênio atmosférico em amônia, durante a fixação do nitrogênio.

Nomenclatura. Sistema de nomes científicos como aquele empregado na classificação biológica.

Nomenclatura binomial. Método científico para denominação de vegetais, animais e microrganismos, assim denominados porque os nomes são binomiais, isto é, consistem em dois termos.

Núcleo. Organela das células eucarióticas envolvida por uma membrana onde o DNA está localizado; por isso é a organela que controla a função celular e a hereditariedade. Contrasta com o **nucleóide** de uma célula procariótica, que não está envolvido por uma membrana.

Nucleocapsídeo. O ácido nucléico e capsídeo em um vírion.

Nucleóide. Uma área não-diferenciada dentro da célula bacteriana onde está localizado o DNA. Também denominado *corpo cromatínico, cromossomo bacteriano* ou *equivalente ao núcleo.*

Nucléolo. Pequena estrutura existente no núcleo celular constituída de RNA e proteína; local da síntese de RNA ribossômico.

Nucleoproteína. Uma molécula complexa constituída de ácido nucléico e proteína.

Nucleosídeo. Um açúcar pentose ligado a uma base purínica ou pirimidínica.

Nucleotídeo. Unidade estrutural básica dos ácidos nucléicos (DNA e RNA); constituído por base purínica ou pirimidínica, ribose ou desorribose e fosfato.

Número atômico. O número de prótons do núcleo de um determinado átomo.

Objetiva. Sistema de lentes do microscópio, localizado próximo ao objeto em observação.

Oficial de controle de infecção (ICO). Indivíduo em um hospital responsável pela vigilância e investigação de infecções e que supervisiona as atividades de controle das infecções.

Oídio. Esporo formado pela fragmentação de uma hifa.

Oligotrófico. Condição em que o nível de nutrientes é baixo e o crescimento microbiano é pequeno.

Oncogenes. Genes, presentes ou introduzidos na célula, que podem induzir o desenvolvimento de câncer.

Oncologia. Estudo de causas, desenvolvimento e tratamento de tumores.

Ondas ultra-sônicas. Ondas sonoras de alta intensidade acima do nível de audição utilizadas para a destruição de microrganismos ou limpeza de materiais.

Ondulação. Movimento semelhante a ondas.

Oocinete. Zigoto móvel e alongado de certos protozoários como o parasita da malária.

Oociste. Forma encistada de um ovo fertilizado, um zigoto, que se desenvolve fora do estômago do mosquito.

Oogamia. União de um óvulo e um espermatozóide.

Oogônia. Órgão sexual feminino encontrado em certas algas e fungos, que contêm um ou mais ovos.

Oomicetes. Grupo de fungos filamentosos que possuem hifas cenocíticas.

Oósporos. Esporos formados após a fertilização dos ovos, dentro da oogônia.

Operador. Região da molécula de DNA, à qual uma proteína repressora específica pode ligar-se para inibir a transcrição de um gene adjacente ou conjunto de genes.

Operon. Unidade genética funcional constituída de uma região promotora, uma região operadora e um ou mais genes estruturais adjacentes. Exemplo: operon *lac* de *Escherichia coli.*

Opsoninas. Anticorpos que tornam os microrganismos susceptíveis a ingestão pelos fagócitos.

Ordem. Um grupo de famílias, na classificação sistemática da biologia.

Organela. Estrutura ou corpúsculo celular que executa uma função específica.

Organismo fastidioso. Um organismo difícil de se isolar ou cultivar em meios de culturas comuns porque necessita de fatores nutricionais específicos.

Organotrófico. Organismo que utiliza compostos orgânicos como fonte de elétrons.

Osmose. Passagem de líquidos (geralmente água), de uma solução para outra com uma concentração de soluto maior, através de uma membrana semipermeável que separa as duas soluções.

Ovo. Um óvulo.

Oxidação. Processo de combinação com oxigênio ou a perda de elétrons ou átomos de hidrogênio.

Oxidase. Enzima que realiza uma oxidação.

Oxigênio hiperbárico. Uso de oxigênio puro sob pressão para o tratamento de pacientes com gangrena gasosa.

Palmelóide. Estágio de algumas algas em que grande número das células-filhas sem os flagelos se desenvolvem.

Pandemia. Epidemia generalizada (em todo o mundo).

Papaína. Enzima proteolítica encontrada no suco e nas folhas do mamão.

Paramécio. Um protozoário ciliado apresentando cílios em toda superfície celular.

Parasita. Organismo que vive em ou sobre outro organismo, obtendo sua alimentação.

Parasitismo. Interação em que um microrganismo vive em outro organismo.

Parede celular. Envoltório rígido externo à membrana citoplasmática.

Parenteral. Via de administração no organismo que não seja por meio do trato digestivo.

Pares de bases complementares. A-T ou G-C. Em DNA de fita dupla, adenina (A) em uma das fitas se liga por pontes de hidrogênio à timina (T) na outra fita ou a guanina (G) se liga à citosina (C).

Passagem transovariana. Transmissão de um patógeno por artrópodes por meio dos ovos à prole.

Pasteurização. Processo que consiste no aquecimento, a temperaturas controladas, de alimentos líquidos ou bebidas, a fim de garantir sua qualidade e destruir microrganismos nocivos.

Pasteurização por radiação. Procedimento para matar microrganismos por meio de radiações ionizantes.

Patogênico. Organismo capaz de produzir doença.

Pedúnculo. Apêndice tubular semelhante a uma fita, não-viva, excretada por uma célula bacteriana. *Distinguir de* **Prosteca.**

Película. Um composto que recobre a membrana dos protozoários; filme que se forma sobre a superfície de um meio de cultura líquido, devido ao crescimento de microrganismo.

Pêlos. Apêndices filamentosos, diferentes dos flagelos, encontrados em certas bactérias Gram-negativas.

Penicilina. Nome genérico para um grande grupo de substâncias antibióticas derivadas de várias espécies do fungo *Penicillium*.

Penicilinas naturais. Penicilinas produzidas por microrganismos e quimicamente não-modificadas.

Penicilinas semi-sintéticas. São formas de penicilinas não encontradas na natureza, obtidas pela adição de cadeias laterais (radicais) ao anel da penicilina (ácido 6-aminopenicilâmico).

Penicilinase. Enzima que pode destruir as penicilinas.

Pentose. Açúcar com cinco átomos de carbono; por exemplo, ribose.

Pepsina. Enzima proteolítica dos tecidos gástricos.

Peptidase. Enzima que catalisa a liberação de aminoácidos de um peptídeo.

Peptídeo. Composto constituído por dois ou vários aminoácidos.

Peptideoglicano. Polímero grande que compõe a estrutura rígida da parede celular das eubactérias, formado por três unidades estruturais: (1) acetilglicosamina, (2) ácido acetilmurâmico e (3) um peptídeo constituído por quatro aminoácidos.

Peptona. Proteína parcialmente hidrolisada.

Peptonização. Conversão de proteínas em peptonas; solubilização de caseína do coalho pelas enzimas proteolíticas.

Perífitos. Microrganismos que aderem às superfícies, onde crescem e formam microcolônias, desenvolvendo um filme ao qual se unem outros microrganismos em crescimento.

Período de incubação. Período de tempo que decorre entre a exposição a um agente infeccioso e o aparecimento dos sintomas da doença, ou o período de tempo durante o qual crescem os microrganismos inoculados num determinado meio de cultura.

Periplasto. Membrana superficial ou película de certas algas e bactérias.

Peristaltismo. Contração rítmica e progressiva do intestino.

Peritécio. Ascocarpo esférico, cilíndrico ou oval que, em geral, abre-se em uma fenda ou poro em sua porção superior.

Peritríquios. Apresentam flagelos ao redor de toda superfície celular.

Permeabilidade. Propriedade pela qual moléculas de vários tipos podem passar por meio das membranas celulares.

Permease. Um grupo de proteínas semelhantes a enzimas que está localizado na membrana citoplasmástica e intermedia a passagem de nutrientes por meio da membrana.

Peroxidase. Enzima que catalisa a reação do peróxido de hidrogênio com um substrato reduzido, resultando na formação de água e de um substrato oxidado.

Peso atômico. É a soma do peso de nêutrons e prótons em um núcleo de um determinado átomo.

Peso molecular. A soma do peso atômico de todos os átomos na molécula de um composto.

pH. Símbolo do grau de acidez ou alcalinidade de uma solução; pH = log $(1/[H^+])$, onde $[H^+]$ representa a concentração hidrogeniônica.

Picnídio. Corpo de frutificação assexuado em fungo.

Pinocitose. Absorção de fluidos e nutrientes solúveis por meio de pequenas invaginações na membrana celular que formam vesículas intracelulares.

Piogênico. Capaz de formar pus.

Pirenóide. Em cloroplastos, região densa na qual são formados os grânulos de amido.

Pirogênio. Substância química que afeta o hipotálamo, que regula a temperatura corporal.

Placa dental. Agregação de bactérias e material orgânico na superfície dos dentes.

Placas. Zonas claras produzidas pela lise das bactérias pelos fagos em um tapete de bactérias.

Plâncton. Termo coletivo que designa a flora e a fauna existentes, de forma passiva, na superfície ou na profundidade das águas; formado principalmente por microrganismos.

Plantae. Reino no qual são encontrados os eucariotos fotossintéticos. Plantas verdes e algas.

Plaqueamento em réplica. Inoculação de um padrão de colônias de uma placa para outra; um disco de material estéril (veludo) é pressionado na superfície da primeira placa, e as bactérias aderidas são impressas na segunda placa.

Plasma sanguíneo. A porção liquída do sangue. Também denominado *plasma*.

Plasma. *Ver* **Plasma sanguíneo**.

Plasmalema. Membrana de dupla camada que envolve o protoplasma de uma hifa.

Plasmídio F. Fragmento de DNA de fita dupla de fertilidade (não é parte do cromossomo bacteriano), que replica independentemente; geralmente chamado *fator F*.

Plasmídio recombinante. Plasmídio contendo dois diferentes tipos de DNA unidos, geralmente por meio artificial, para formar uma única molécula de DNA circular.

Plasmídios. Moléculas de DNA de fita dupla, auto-replicativas e menores que os cromossomos.

Plasmina. Enzima que dissolve a fibrina do coágulo sanguíneo.

Plasmódio. Massa multinucleada do protoplasma envolvida por uma membrana citoplasmática que geralmente é móvel; variável no tamanho e na forma.

Plasmodiophoromycetes. Um grupo de fungos heterotróficos que são parasitas obrigatórios.

Plasmogamia. União de duas células e a fusão de seus protoplastos no processo de reprodução sexuada.

Plasmólise. Desidratação do conteúdo celular, como resultado da retirada da água por osmose.

Plastídio. Corpúsculo de inclusão pigmentado, encontrado em algas.

Pleomorfismo. Existência de formas diferentes na mesma espécie ou amostra de microrganismo. Também denominado *polimorfismo*.

Polar. Localizado em uma ou em ambas as extremidades.

Poli-β-hidroxibutirato. Polímero de ácido β-hidroxibutírico solúvel em clorofórmio; ocorre na forma de grânulos intracelulares em certas bactérias e pode ser corado por corantes lipídicos solúveis. Abreviação: PHB.

Polimorfismo. Diversas formas em diferentes estágios no ciclo de vida de um organismo.

Polipeptídeo. Molécula formada pela união de muitos aminoácidos.

Polissacarídeo. Carboidrato formado pela combinação de várias moléculas de monossacarídeos; exemplos: amido, celulose e glicogênio.

Polissomo. Complexo de ribossomos ligados por uma única molécula de *m*RNA. Também denominado *polirribossomo*.

Pontes de hidrogênio. Ligações químicas relativamente fracas baseadas na ligação de um átomo de hidrogênio polar com outro átomo polar que é eletronegativo.

Porinas. Proteínas contendo canais que atravessam a membrana mais externa das bactérias Gram-negativas.

Portador. Indivíduo, aparentemente sadio, que alberga um microrganismo patogênico.

Portadores crônicos. Pessoas convalescentes da febre tifóide ou outras doenças que continuam a excretar o patógeno.

Potável. Adequada para ser bebida.

Precipitina. Anticorpo que causa a precipitação de antígenos homólogos solúveis.

Predação. Interação em que um organismo, o predador, alimenta-se e digere outro organismo, a presa.

Preparação entre lâmina e lamínula. Técnica para observar organismos vivos colocando uma gota da amostra em uma lâmina de vidro e cobrindo-a com uma lamínula.

Pressão hidrostática. Pressão exercida sobre as células pelo peso da água.

Pressão osmótica. Pressão equivalente, necessária para prevenir que um solvente passe através de uma membrana semipermeável durante a osmose.

Prions. Agentes infecciosos sem ácidos nucléicos; a proteína é o único componente detectável.

Procarioto. Tipo de célula em que a substância nuclear não é envolvida por uma membrana; por exemplo, bactéria ou cianobactéria. *Comparar com* **Eucarioto.**

Processamento asséptico. Processo de esterilização de alimentos e distribuição em recipientes esterilizados sob condições assépticas.

Processo de lodo ativado. O uso da ativação biológica de esgotos para acelerar a quebra de matéria orgânica em esgoto bruto, durante o tratamento secundário.

Processos biossintéticos. Produção de compostos químicos por células a partir de compostos inorgânicos simples.

Produtor primário. Microrganismo fototrófico que produz matéria orgânica por via fotossintética.

Profago. DNA viral de um fago temperado incorporado ao DNA do hospedeiro.

Prófase. Na mitose, o estágio durante o qual o cromossomo condensado, estrutura semelhante a um filamento, é visível, os centríolos migram para lados opostos das células, o fuso mitótico começa a se formar e a membrana nuclear é desintegrada. Na meiose há dois estágios de prófase; prófase I tem cinco subestágios e ocorre na primeira divisão meiótica e a prófase II ocorre durante a segunda divisão meiótica. *Crossingover* entre cromossomos pode ocorrer durante a prófase I.

Profilaxia. Tratamento preventivo para proteger contra certas doenças.

Promotor. Sítio de ligação da RNA polimerase, próximo ao operador.

Prosteca. Um pequeno apêndice semirígido da célula bacteriana. *Comparar com* **Caule.**

Proteína. Classe de compostos nitrogenados orgânicos e complexos formados por um número muito grande de aminoácidos, unidos por meio de ligações peptídicas.

Proteína M. Antígeno protéico antifagocitário localizado na superfície da parede celular de estreptococos.

Proteína de célula única. Proteína obtida de microrganismos cultivados em detritos industriais ou em subprodutos, usada como suplemento alimentar.

Proteínas V e W. Um complexo de duas proteínas da parede celular em *Yersinia pestis* que inibem a fagocitose.

Proteinase. Enzima que hidrolisa proteínas em polipeptídeos.

Proteólise. Quebra enzimática das proteínas.

Protista. Nome de um terceiro reino que inclui microrganismos que apresentam características dos animais e dos vegetais; nome utilizado para microrganismos unicelulares do reino *Protista*.

Protômeros. Proteínas virais no capsídeo viral.

Próton. Partícula elementar que tem uma unidade de carga elétrica positiva (+) e é 1.840 vezes mais pesado que um elétron.

Protoplasma. Sinônimo de matéria viva ou substância viva de uma célula; geralmente refere-se à substância circundada pela membrana citoplasmática.

Protoplasto. Célula esférica resultante da degradação completa da parede celular de bactérias Gram-positivas; o limite mais externo é a membrana citoplasmática.

Prototrófico. Organismo que é nutricionalmente independente e capaz de sintetizar todos os fatores de crescimento necessários a partir de substâncias mais simples.

Protozoários. Microrganismos eucarióticos com características animais, como a ingestão de alimento.

Pseudópode. Projeção temporária do protoplasto de uma célula ameboide, ocupada pelo citoplasma durante a extensão e a retração.

Psicrófilos. Organismos que crescem melhor a temperaturas de 15 a 20°C.

Pus. Uma massa esbranquiçada, descorada, composta principalmente de neutrófilos e fluido diluído; formado em resposta à infecção por certos microrganismos patogênicos, como os estafilococos.

Putrefação. Decomposição de proteínas por microrganismos, produzindo odor desagradável.

Quellung, reação de. Aumento na visibilidade da cápsula bacteriana que resulta da reação entre o antígeno capsular e o soro anticapsular específico.

Queratina. Uma proteína resistente constituinte do cabelo, da unha e da camada mais externa da epiderme.

Química. Ciência que estuda a composição, estrutura e as propriedades das substâncias e suas transformações.

Quimioautotrófico. Organismo que obtém energia pela oxidação de compostos inorgânicos. O dióxido de carbono é a única fonte de carbono.

Quimioheterotrófico. Organismo que utiliza substâncias químicas (orgânicas) como fonte de energia e compostos orgânicos como fonte de carbono.

Quimiolitotrófico. Organismo que utiliza compostos inorgânicos como doadores de elétrons e necessita de compostos químicos para obtenção de energia.

Quimioprofilaxia. Uso de compostos químicos tais como antibióticos para prevenir doenças.

Quimiorreceptores. Proteínas localizadas na membrana citoplasmática que apresentam um gradiente sensorial e são específicas para várias substâncias atraentes e repelentes.

Quimiostato. Um dispositivo para a manutenção de organismos em cultura contínua; regula a taxa de crescimento dos organismos mediante a regulação da concentração de um nutriente essencial.

Quimiotaxia. Movimento de organismos em resposta a um estímulo químico.

Quimioterapia. Tratamento de uma doença pelo uso de substâncias químicas.

Quimiotrófico. Organismo que utiliza compostos químicos para obtenção de energia. *Comparar com* **Fototrófico.**

Quitina. Polímero de *N*-acetilglicosamina presente na camada que reveste os artrópodes e nas paredes celulares de muitos fungos.

Radiação eletromagnética. Energia na forma de ondas transmitida por meio do espaço ou por meio de um material.

Radicais hidroxila (OH). Radicais produzidos a partir de radicais superóxidos que podem destruir os componentes vitais da célula.

Radical superóxido. Radical livre (um ânion) resultante da adição de um elétron no oxigênio molecular. $O_2 + e^- O_2^-$.

Radioimunoensaio. Técnica sorológica extremamente sensível que emprega antígenos marcados com material radioativo; ensaios utilizando componentes radioativos.

Radioisótopo. Isótopo que apresenta radioatividade.

Raios ultravioleta. Radiações eletromagnéticas que têm um comprimento de onda de cerca de 3.900 a 2.000 Å.

Reação de linfócitos mistos (Cultura Mista de Linfócitos – CML). Interação mútua que ocorre quando os linfócitos de dois indivíduos são misturados e cultivados.

Reação de polimerização em cadeia (PCR). Uma técnica da biologia molecular em que um grande número de cópias de um ou mais genes pode ser produzido a partir de uma quantidade muito pequena de DNA.

Reação química. Interação de moléculas, átomos ou íons resultando na formação de uma ou mais substâncias novas.

Reagina. Anticorpos contra cardiolipina, como ocorre em pacientes sifilíticos. Também denominados *anticorpos de Wassermann*. O termo algumas vezes é utilizado em referência aos anticorpos IgE que estão envolvidos na hipersensibilidade imediata.

Recombinação. Processo que resulta em uma nova combinação de genes no DNA. Pode ocorrer naturalmente por meio da troca de material genético entre dois cromossomos homólogos, ou pode ocorrer por meio artificial mediante a engenharia genética.

Recombinante. Uma célula ou clone de células resultante da recombinação.

Redução. Processo químico que envolve a remoção do oxigênio, a adição de átomos de hidrogênio ou o ganho de elétrons.

Redução assimilativa de nitrato. Um processo em que bactérias heterotróficas convertem nitrato em amônia.

Redução de nitrato. Redução de nitratos a nitritos e amônia.

Renina. Enzima que transforma a caseína solúvel do leite em paracaseína insolúvel. A enzima é obtida do suco gástrico bovino.

Replicação semiconservativa. Replicação de uma molécula de DNA completa, resultando em duas moléculas de fita dupla, cada uma contendo uma fita original e uma fita nova.

Repressão pelo produto final. Tipo de regulação de uma via biossintética na qual o produto final da via ativa um repressor que inibe a transcrição do gene.

Reprodução assexuada. Produção de novos indivíduos por um organismo ou por uma célula parental.

Reprodução sexuada. Fusão de duas células (gametas) originando uma célula fertilizada.

Reservatórios de infecção. Organismos vivos que abrigam patógenos e substâncias ou objetos que carregam microrganismos patogênicos.

Resolução. No microscópio, a menor distância em que dois objetos podem ser distinguidos.

Respiração. Processo de produção de energia em que os elétrons de um substrato oxidável são transferidos via uma série de reações de óxido-redução para um receptor de elétrons exógeno.

Respiração aeróbia. Respiração na qual o oxigênio é o aceptor final de elétrons no sistema de transporte de elétrons. *Diferenciar de* **Respiração anaeróbia.**

Respiração anaeróbia. Respiração em que um composto diferente do oxigênio é o aceptor final de elétrons na cadeia respiratória. O aceptor final de elétrons pode ser um composto inorgânico como o fumarato ou óxido de trimetilamina. *Diferenciar de* **Respiração aeróbia.**

Resposta anamnéstica. Reação imunológica a uma segunda exposição a um antígeno.

Ressurgência. Fenômeno em que a água do oceano sobe de regiões mais profundas para zonas mais rasas; a água do fundo carrega nutrientes para a região superficial.

Retículo endoplasmático. Extensos arranjos de membranas internas, presentes nas células eucarióticas.

Ribonucleotídeos. Nucleotídeos que contêm como pentose o açúcar ribose e são utilizados para a síntese de RNA.

Ribossomo. Unidade estrutural citoplasmática constituída por RNA e proteínas; é o local da síntese de proteínas.

Riquétsias. Parasitas intracelulares obrigatórios de artrópodes; muitas são patogênicas para o homem e para outros mamíferos.

Rizinas. Pequenas hélices enroladas de hifas que servem de ancoramento ao conjunto alga-fungo, semelhantes a liquens.

Rizóide. Estrutura unicelular ou multicelular semelhante a um pêlo que tem a aparência de uma raiz.

Rizomicélio. Sistema de hifa ramificada que emerge da extremidade posterior do talo para ancorar o substrato.

Rizosfera. Região do solo submetida à influência das raízes dos vegetais e caracterizada por ser uma zona de intensa atividade microbiana.

RNA mensageiro. Uma substância intermediária que passa informações do DNA da região nuclear para os ribossomos no citoplasma. Abreviação *m*RNA.

RNA polimerase DNA dependente. Enzima que catalisa a síntese de RNA utilizando o DNA como um molde.

RNA polimerase. Enzima que sintetiza *m*RNA a partir do DNA.

RNA ribossômico. O RNA dos ribossomos, que constitui cerca de 90% do RNA celular total. Abreviação: *r*RNA.

RNA transportador. RNA específico para cada aminoácido que se torna esterificado para a adenosina terminal. Cada um dos 60 ou mais *t*RNAs possui uma seqüência de trinucleotídios que interage com uma seqüência de *m*RNA complementar. Abreviação: *t*RNA. Também é conhecido como *RNA solúvel* (*s*RNA).

RNA. *Ver* **ácido ribonucléico.**

***r*RNA.** *Ver* **RNA ribossômico.**

Rúmen. Primeira câmara do estômago de ruminantes.

Sacarolítico (micróbios). Capaz de desdobrar compostos açucarados.

Saco vitelino. Membrana que cobre a gema de um ovo.

Salmonelose. Infecção por *Salmonella* sp. que afeta o trato gastrintestinal.

Salvarsan. Primeiro composto químico sintetizado em laboratório que podia curar uma doença sem prejudicar o paciente.

Sanificante. Agente que reduz a níveis consideráveis, garantidos pelas autoridades de saúde pública, a flora microbiana presente em materiais ou artigos como utensílios de restaurantes.

Saprófitas. Organismos que vivem em matéria orgânica morta.

Sarcina. Grupo de oito células esféricas bacterianas em forma de um cubo.

Sarcoma. Tumor sólido que cresce a partir do tecido conectivo, da cartilagem, do osso, do músculo e das gorduras.

Schick, teste de. Teste intradérmico utilizado para determinar a susceptibilidade humana à difteria.

Sepsis. Envenenamento pelos produtos da putrefação; um estado tóxico severo resultante de uma infecção com microrganismos piogênicos.

Septado. Que possui paredes transversais.

Septicemia. Doença sistêmica causada pela invasão e multiplicação de microrganismos patogênicos na corrente sangüínea.

Septo. Parede transversal.

Shunt. Uma via alternativa, uma passagem secundária.

Simbiose. Vida conjunta de dois ou mais seres; associação microbiana.

Sinergismo. Capacidade de dois ou mais organismos realizarem modificações, geralmente químicas, que nenhum deles pode efetuar separadamente.

Sintrofismo. Tipo de mutualismo envolvendo troca de nutrientes entre duas espécies.

Sistema de canalização de esgoto. Sistema que coleta e transporta a água de esgoto da fonte para um ponto de tratamento e distribuição.

Sistemas de óxido-redução (O/R). Pares de substâncias, onde um está na forma oxidada e o outro na forma reduzida.

Sistema de transporte de elétrons. Série integrada de reações de oxidação seqüenciais nas quais ocorre liberação de energia. Também *denominado cadeia respiratória.*

Sistema linfóide periférico. Sistema de um corpo humano incluindo linfonodos, baço, adenóides, amígdala e placas de Peyer.

Sistema reticuloendotelial. Sistema de células em vários órgãos ou tecidos como baço, fígado e medula óssea que são importantes na resistência e imunidade.

Sistemática. Ciência da classificação animal, vegetal e microbiana.

Sistêmico. Relativo a todo organismo, em vez de a uma só parte.

Sobrenadante. Líquido presente sobre um precipitado ou um sedimento; a porção líquida que permanece após a remoção do material suspenso.

Solitária. Helmintos que são achatados no corte transversal.

Solução hipertônica. Solução contendo maior concentração de solutos do que o interior das células suspensas na mesma.

Solução hipotônica. Solução cuja concentração molar dos solutos é menor do que no interior das células suspensas nesta solução.

Solutos. Substâncias dissolvidas em um solvente.

Solvente. Um líquido, como a água, que tem a capacidade de dissolver uma grande variedade de substâncias.

Sonda de DNA. Um pedaço de DNA de fita dupla marcado de alguma forma (por exemplo, por meio de um radioisótopo), que é utilizado para detectar a presença de uma seqüência de DNA complementar, que se liga especificamente ao mesmo.

Soro sanguíneo. Porção líquida do sangue obtida após a coagulação do sangue ou do plasma.

Soro. *Ver* **Soro sanguíneo.**

Sorologia. Estudo *in vitro* da interação envolvendo um ou mais de um dos constituintes do soro.

Sorotipo. *Ver* **Sorovar.**

Sorovar. Subdivisão de uma espécie baseada na sua composição antigênica. Também denominado *sorotipo*.

Subclínico. Pertinente a uma pequena infecção em que não há sinais clínicos detectáveis ou sintomas.

Subcutâneo. Abaixo da pele.

Subterminal. Situado próximo da extremidade, mas não na extremidade de uma célula.

Sulfonamida. Agente quimioterápico sintético caracterizado pelo grupamento químico $-SO_2N <$.

Superóxido dismutase. Enzima que catalisa a dismutação do radical peróxido para formar O_2 e H_2O_2.

Supuração. Formação de pus.

Surfactante. Composto solúvel que reduz a tensão superficial de um líquido ou reduz a tensão interfacial entre dois líquidos ou um líquido e um sólido.

Talo. Corpo vegetal ou microbiano, sem qualquer sistema de tecidos ou órgãos, que pode variar desde uma única célula até uma estrutura multicelular ramificada.

Talo de fixação comum. Uma base aderente que fixa o talo de certos microrganismos a uma superfície.

Talófita. Vegetal que não tem caule verdadeiro, raízes ou folhas; o grupo inclui as algas e os fungos.

Talósporo. Esporo que se desenvolve por brotamento de hifas ou de células vegetativas.

Tampão. Mistura química que possibilita a uma solução resistir a alterações de pH.

Tanque séptico. Unidade que utiliza um sistema de anaerobiose para o tratamento de um volume limitado de água de esgoto.

Tapete (bacteriano). Uma turva camada de bactérias em uma cultura em placa; bacteriófagos produzem placas (zonas claras) no tapete.

Taxa. Grupo taxonômico, como a espécie, gênero ou família em que os membros participam com características em comum.

Taxia. Movimento em direção a ou contra uma substância química ou uma condição física.

Taxonomia. Classificação (arranjo), nomenclatura (denominação) e identificação de organismos.

Taxonomia numérica. Método utilizado em taxonomia para determinar e expressar numericamente o grau de similaridade entre as cepas de um determinado grupo.

Tecido. Conjunto de células formando uma estrutura.

Técnica asséptica. Medidas de precaução para prevenir uma contaminação.

Técnica da gota pendente. Uma técnica de observação microscópica de germes suspensos em uma gota de um líquido.

Técnica de difusão em placa. Procedimento que determina se um microrganismo é resistente ou susceptível a vários antibióticos.

Tecnologia do DNA recombinante. Técnica de transferência de um fragmento de DNA de um organismo para outro; também denominada *engenharia genética*.

Temperatura cardinal. Temperatura de crescimento mínimo, ótimo e máximo de uma espécie microbiana.

Temperatura ótima de crescimento. Temperatura em que uma espécie de microrganismo cresce mais rapidamente.

Tempo de geração. Intervalo de tempo necessário para a célula se dividir.

Tempo de morte térmica (TMT). Tempo necessário para matar os microrganismos em uma dada temperatura.

Tempo de redução decimal (valor D). Intervalo de tempo, a uma determinada temperatura, suficiente para reduzir a população microbiana viável em 90%.

Tensão superficial. Força que atua na superfície de um líquido na tentativa de reduzir a área superficial.

Teoria da seleção clonal de imunidade. Teoria de formação de anticorpos. Linfócitos selecionados cujos receptores interagem com um antígeno específico, sofrem mitose e produzem um clone de células que expressam os mesmos receptores específicos e secretam o mesmo tipo de anticorpo.

Teoria microbiana das doenças. Pressupõe que os micróbios causam algumas doenças.

Teoria quimiosmótica. Teoria que estabelece que a energia liberada pelas reações de óxido-redução de uma cadeia respiratória pode ser conservada na forma de um gradiente eletroquímico de prótons por meio da membrana; esse gradiente então é usado para sintetizar ATP.

Terapêutica. Pertinente ao tratamento ou cura de uma doença.

Termodúrico. Capaz de sobreviver à exposição a uma alta temperatura.

Termoestável. Relativamente resistente ao aquecimento; resistente a temperaturas de 100°C.

Termófilo. Organismo que cresce melhor a temperaturas acima de 45°C.

Termolábil. Sensível a destruição por temperaturas inferiores a 100°C.

Teste da oxidase. Teste para determinar a presença do citocromo c; bactérias que respiram com o oxigênio; colônias tornam-se púrpuras quando tratadas com tetrametil-p-fenilenodiamino.

Teste de histoplasmina. Teste intradérmico que detecta indivíduos infectados com *Histoplasma capsulatum*.

Teste de inibição da hemaglutinação. Técnica de diagnóstico, baseada na inibição de aglutinação de células vermelhas do sangue.

Teste de redução do acetileno. Uma técnica para avaliar a atividade da nitrogenase.

Teste rápido de reagina em plasma (RPR). Teste de aglutinação macroscópica para detecção de reagina (anticorpos contra cardiolipina); utilizado como teste preliminar de triagem no diagnóstico laboratorial da sífilis.

Tetraciclinas. Uma classe de antibióticos de largo espectro que inibe a síntese de proteínas.

Tétrade. Grupo de quatro microrganismos cocóides na forma de um quadrado.

Tilacóides. Sacos membranosos achatados que contêm pigmentos fotossintéticos das células. Em cianobactérias, ocorrem no citoplasma; em eucariotos fotossintéticos, estão dentro dos cloroplastos.

Timina. Um tipo de pirimidina, um componente do DNA, mas não do RNA.

Tindalização. Processo de esterilização fracionada com vapor contínuo.

Tinea. Dematomicose que dá uma aparência em forma de círculo; infecção causada por fungos. Também conhecida como *tinha*.

Tinha. *Ver* **Tinea.**

Tintura. Solução alcoólica de uma substância medicinal.

Toxemia. Presença de toxinas no sangue.

Toxigenicidade. Habilidade de produzir toxina.

Toxina. Substância tóxica, como a toxina bacteriana, elaborada por organismos.

Toxina 1 TSS. Toxina associada com a síndrome do choque tóxico. Produzida por certas cepas de *Staphylococcus aureus*.

Toxina eritrogênica. Toxina produzida por algumas cepas de *Streptococcus pyogenes* que causa o exantema da escarlatina.

Toxina murina. Substância protéica produzida pela *Yersinia pestis* que contribui para a sua patogenicidade.

Toxina-antitoxina. Mistura de toxina e antitoxina contendo mais toxina do que antitoxina. Antigamente era utilizada para produzir imunidade ativa.

Toxóide. Toxina tratada para destruir a sua propriedade tóxica sem afetar a sua propriedade antigênica.

Tradução. Processo em que a informação genética do *m*RNA orienta a seqüência dos aminoácidos específicos durante a síntese de proteínas pelos ribossomos.

Transaminação. Reação bioquímica em que o grupo amino (-NH2) do aminoácido é trocado por um grupo ceto (-C=O) de um α-ceto ácido para formar um novo aminoácido e um novo α-ceto ácido.

Transcrição. Processo no qual um *m*RNA de fita única complementar é sintetizado a partir de uma das cadeias de DNA de um gene.

Transcriptase reversa. Enzima envolvida na síntese de DNA utilizando RNA como molde.

Transdução. Transferência de material genético de uma bactéria a outra por intermédio de um vírus.

Transformação. (1) Um tipo de transferência na qual uma célula receptora adquire um fragmento de DNA que está presente em forma livre no meio circundante. (2) Mudança de uma célula animal ou vegetal normal para uma que apresenta propriedade de uma célula tumoral ou cancerígena, como a perda da inibição por contato.

Transformação pelo cloreto de cálcio (CaCl2). Um método para inserir DNA ou plasmídio em uma bactéria receptora.

Transpeptidase. Enzima que quebra a ligação entre o quarto e o quinto aminoácido, convertendo o pentapeptídeo a tetrapeptídeo na biossíntese da parede celular bacteriana.

Transporte ativo. Fluxo de íons ou de solutos por meio de uma membrana celular, de uma concentração mais baixa a uma mais alta, com a utilização de energia.

Transposons. Pequenos pedaços de DNA contendo informação genética que permite a sua inserção em vários locais no próprio cromossomo, causando, desse modo, mutações.

Tratamento primário. Primeira etapa do tratamento das águas de esgoto, em que os sobrenadantes sólidos ou sedimentos são removidos mecanicamente por meio da filtração e sedimentação.

Trematódeos. Vermes achatados denominados *fascíolas*.

Tribo. Grupo taxonômico contendo um número de gêneros relacionados em uma família.

Tricoma. Uma fila única de células distintas em que há uma grande área de contato entre as células adjacentes (ao contrário das células em cadeia).

Tripsina. Enzima proteolítica do suco pancreático.

Trismo. Um sintoma do tétano que consiste na contração violenta dos músculos da maxila, dificultando a abertura da boca.

t**RNA**. *Ver* **RNA transportador.**

Trofozoíta. Forma vegetativa de um protozoário.

Tuberculina. Extrato do bacilo da tuberculose capaz de provocar uma reação inflamatória no organismo animal previamente sensibilizado pela presença de bacilos vivos ou mortos. Utilizado no teste intradérmico para o diagnóstico da tuberculose.

Tubérculo. Nódulo, lesão específica da tuberculose.

Tumor benigno. Tumor não-cancerígeno.

Tumores malignos. Crescimento canceroso.

Turbidimetria. Método para estimar o crescimento ou a população bacteriana pela medida do grau de opacidade (turbidez) de uma suspensão.

Ultracentrífuga. Uma centrífuga de alta velocidade utilizada para a determinação de partículas do tamanho de vírus e proteínas.

Ultrafiltração. Método para remoção de todas as menores partículas, por exemplo, vírus, de um meio fluido.

Unicelular. Possui uma única célula.

Unidade de ataque de membrana. Uma unidade formada pelas vias clássica e alternativa do complemento que gera o complexo lítico, formando um canal por meio da membrana citoplasmática de uma célula.

Unidade formadora de colônia (UFC). Célula ou agregado de células que dão origem a uma única colônia na técnica de cultivo em placa.

Urease. Enzima que catalisa a hidrólise da uréia.

Uréia. Composto nitrogenado solúvel, $H_2N\text{-}CO\text{-}NH_2$, encontrado na urina do homem e outros mamíferos.

Vacina. Preparação de microrganismos atenuados ou mortos, ou de seus componentes, ou de seus produtos, que é utilizada para induzir imunidade ativa contra uma doença.

Vacina autógena. Vacina preparada de bactérias isoladas do próprio paciente.

Vacina Sabin. Vacina contra a pólio, contendo amostras de três sorotipos de poliovírus vivos atenuados.

Vacina Salk. Vacina contra a poliomielite contendo três sorotipos de poliovírus mortos.

Vacinação. Inoculação com uma preparação biológica (uma vacina) para produzir imunidade.

Vacúolo. Um espaço claro no citoplasma de uma célula.

Variante. Organismo que apresenta alguma variação da cultura parental.

Vascular. Vasos especializados para a condução de fluidos. Sangue e linfa em animais, seiva e água em plantas.

VDRL, teste de. Teste de "Veneral Disease Research Laboratory"; teste de aglutinação microscópica para a detecção da reagina (anticorpos contra a cardiolipina) no soro dos pacientes sifilíticos.

Venérea. Sexualmente transmitida.

Vetor. Agente, como um inseto, capaz de transferir biologicamente ou mecanicamente um patógeno de um organismo para outro.

Vetor de clonagem. Um plasmídio no qual um fragmento de DNA estranho foi inserido e que serve como um veículo para introduzir o fragmento de DNA em uma célula receptora.

Vetor mecânico. Um artrópode que meramente transmite patógenos que aderem em suas patas ou em partes da sua boca.

Vetores biológicos. Artrópodes que transmitem doenças nos quais os patógenos crescem e se desenvolvem.

Via alternativa. Uma via do sistema complemento que não depende do anticorpo para ser ativada. *Comparar com* **Via clássica.**

Via clássica. Via do sistema de complemento que é ativada por anticorpos.

Via metabólica. Uma série de etapas na transformação química de moléculas orgânicas.

Viável. Capaz de viver, crescer e desenvolver-se; com vida.

Vibrio. Bactéria encurvada, mas que não possui uma espiral completa (ao contrário da bactéria helicoidal). Vibrio é um gênero de bactéria Gram-negativa.

Viremia. Presença de vírus na corrente sanguínea.

Viricida. Agente que mata os vírus.

Vírion. Partícula viral completa.

Vírion nu. Vírus não-envelopado.

Virologia. Estudo dos vírus.

Viropexia. Englobamento de vírions pelas células no processo fagocitário.

Virulência. Grau de patogenicidade exibido por cepas de microrganismos.

Vírus. Agentes infecciosos acelulares que passam por meio de filtros que retêm as bactérias; parasitas intracelulares obrigatórios.

Voges-Proskauer, reação de. Teste para determinar a presença de acetil metilcarbinol para auxiliar na diferenciação entre espécies do grupo coliforme. Abreviação: Teste VP.

Volutina. Ver Grânulos metacromáticos.

Wassermann, teste de. Teste de fixação de complemento para sífilis.

Weil-Felix, teste de. Teste de aglutinação para o diagnóstico do tifo utilizando Proteus sp. como antígeno.

Western blot. Detecção de proteínas imobilizadas em um filtro pela reação complementar com articorpos específicos.

Widal, teste de. Teste de aglutinação em lâmina para a febre tifóide ou paratifóide.

Zigósporo. Um tipo de esporo sexuado resultante da fusão de gametas similares, em alguns fungos.

Zigoto. Organismo produzido pela união de dois gametas.

Zona de equivalência. Zona de concentração ótima de antígeno e anticorpo, para que ocorra a precipitação completa.

Zona fótica. Camada no leito da água em que ocorre a fotossíntese.

Zona limnética. Região superficial de um conjunto de águas distante do litoral.

Zona litorânea. Área ao longo da costa onde a luz penetra até o fundo da água.

Zoneamento. Distribuição dos organismos em zonas; especificamente, a estratificação de certos tipos de algas a certas profundidades e localizações no oceano.

Zooflagelado. Flagelado semelhante ao animal. Comparar com **Fitoflagelado.**

Zoogléia. Massa composta de microrganismos que estão embebidos em uma matriz comum de limo.

Zoonose. Doença animal transmissível ao homem.

Zooplâncton. Termo geral para organismos não-fotossintéticos presentes no plâncton. Comparar com **Fitoplâncton.**

Zoósporo. Esporo flagelado móvel.

Zygomycetes. Um dos quatro grupos de fungos terrestres. Paredes transversais estão ausentes nas hifas deste grupo.

Índice Onomástico

Números de páginas em **negrito** indicam ilustrações ou tabelas.

Índice de Organismos

As referências são por nomes genéricos ou específicos. Categorias superiores estão no índice Geral. Número de páginas em **negrito** *indicam ilustrações ou tabelas.*

Índice Analítico

Números de páginas em **negrito** indicam ilustrações ou tabelas.

B

C

S